T0280700

Der Bauratgeber

Handbuch für das gesamte Baugewerbe und seine Grenzgebiete

Achte, vollständig neubearbeitete und wesentlich erweiterte Neuauflage von

Junk „Wiener Bauratgeber“

Herausgegeben unter Mitwirkung hervorragender Fachleute aus der Praxis

von

Ing. **Leopold Herzka,** Wien

Mit zahlreichen Tabellen und 752 Abbildungen im Text

Springer-Verlag Berlin Heidelberg GmbH 1927

URSPRÜNGLICH ERSCHIENEN BEI JULIUS SPRINGER, VIENNA 1927
SOFTCOVER REPRINT OF THE HARDCOVER 8TH EDITION 1927

ISBN 978-3-662-36202-0 ISBN 978-3-662-37032-2 (eBook)
DOI 10.1007/978-3-662-37032-2

Vorwort

Der Verlag Julius Springer, Wien, ist im Jahre 1925 mit dem ehrenden Antrag an mich herangetreten, den im Jahre 1879 vom Baurat D. V. Junk begründeten „Wiener Bauratgeber", dessen letzte (7.), von Ob.-Ing. R. Müller bearbeitete Auflage im Jahre 1915 erschien, einer vollständigen Neubearbeitung zu unterziehen.

Ich war mir der Schwierigkeit der übernommenen Aufgabe wohl bewußt; einmal mußte wegen des Umfanges und der Vielgestaltigkeit der zu erfassenden Gebiete ein genaues Arbeitsprogramm festgelegt werden; dann aber war der Unsicherheitsgrad zu bannen, der aus der zahlenmäßigen Festlegung von Arbeitslöhnen und Materialpreisen — als den maßgeblichen Grundlagen für ein der gewissenhaften Kalkulation dienendes, verläßliches Nachschlagewerk und Handbuch — sich ergeben würde, da jene immer noch innerhalb ziemlich weiter Grenzen — je nach den örtlichen Verhältnissen — nicht leicht anzugebenden Schwankungen unterliegen. Um daher die zutreffenden Berechnungsunterlagen für alle Bau- und Professionistenarbeiten, für die Materialien und Erzeugnisse der Industrie richtig erfassen zu können, war weitestgehende Fühlungnahme mit der werktätigen Praxis erforderlich; ich habe mich daher entschlossen, die Bearbeitung der einzelnen Abschnitte namhaften Fachleuten und berufenen Vertretern der in Betracht kommenden Baugewerbe und Handwerke zu übertragen.

Vorweg möchte ich anerkennend vermerken, daß dem Unternehmen zur Schaffung eines zeitgemäßen Handbuches — unter Einhaltung der von Junk in vorbildlicher Weise vertretenen Darstellungsweise — seitens meiner Mitarbeiter vollstes Verständnis entgegengebracht wurde. Insbesondere muß ich aber den Herren Arch. Josef Hahn, Hofrat Ing. Richard Pelikan und Hofrat Ing. Arthur Schulz für ihre vielfachen Anregungen danken, die es mir ermöglichten, das im „Bauratgeber" verarbeitete Stoffgebiet zu einem lückenlosen Ganzen zusammenzuschließen.

Im Wesen habe ich die Stoffbearbeitung, wie sie im alten Wiener Bauratgeber bestand, beibehalten, weil meines Erachtens gerade diese ausschlaggebend war für die hohe Wertung und Anerkennung und demnach für die weiteste Verbreitung dieses Werkes. Da jedoch seit dem Erscheinen der letzten Auflage (1915) ungeahnte Fortschritte im Bauwesen zu verzeichnen sind und dieses durch neue Bauweisen und neuartige Baustoffe eine nicht mehr zu missende Bereicherung erfahren hat, der durch Aufnahme eigener Abschnitte und durch Um- bzw. Ausbau der bestehenden Abschnitte Rechnung getragen werden mußte, sah ich mich veranlaßt, für die Darstellung eine übersichtlichere und meines Erachtens brauchbarere Form zu wählen, einerseits, um mit Rücksicht auf die erwünschte Handlichkeit den Umfang des Werkes nicht über Gebühr zu erhöhen, anderseits aber, um das Aufsuchen vergleichender Kalkulationsdaten zu vereinfachen. Namentlich die letztere Erwägung war für mich vom ersten Augenblick an bestimmend, für die Darstellung von Gebrauchswerten — wo nur tunlich — die Tabellenform zu wählen, die Tabellarisierung in diesem Werke gleichsam zum System zu erheben.

Die Stoffeinteilung wurde im Wesen dem alten Bauratgeber angepaßt, doch waren gewisse Umstellungen im Interesse der Übersichtlichkeit unvermeidlich; hiebei wurde getrachtet, die Aufeinanderfolge der einzelnen Abschnitte den technischen Vorschriften für Bauleistungen, aufgestellt vom Reichsverdingungsausschuß, anzupassen, welche Einteilung im übrigen auch für die Bearbeitung dieser Vorschriften seitens des österreichischen Normenausschusses für Industrie und Gewerbe angenommen wurde.

Um bei der Fülle des Stoffes die Übersichtlichkeit zu fördern und den Gebrauch des Buches noch weiter zu erhöhen, sind einzelne Gebiete in Kapitel zusammengefaßt und jedem derselben ein kurzer Inhaltsauszug vorangestellt.

An die Spitze des Werkes wurde ein Abschnitt allgemeinen Inhaltes gesetzt, der in gebotener Kürze den Hilfswissenschaften (Mathematik, Festigkeitslehre und Baustatik), ferner der teilweisen Wiedergabe der wichtigsten, vom österreichischen Normenausschuß für Industrie und Gewerbe herausgegebenen Berechnungs- und Baunormen gewidmet ist. Dieser Ausschuß hat in liebenswürdigem Entgegenkommen dem Abdruck derselben zugestimmt.

Daran schließt sich nun in oben schon erwähnter Reihenfolge die aus dem Inhaltsverzeichnis ersichtliche Stoffeinteilung.

Bei den Baumeister- und Zimmererarbeiten wurde ausnahmlos von festen Preisangaben Abstand genommen; sie wären unangebracht und sicherlich nur irreführend. Unanfechtbare Berechnungsgrundlagen, soferne solche aus Erfahrungsdaten überhaupt abgeleitet werden können, vermag zweifellos nur die immer mehr sich einbürgernde Methode der Preiszergliederung zu bieten. Selbstverständlich setzt aber die Anwendung solcherart verfaßter Tabellen vollstes Vertrautsein mit dem Fache voraus und erfordert insbesondere ein verständnisvolles Eingehen auf die je nach der Örtlichkeit schwankenden Arbeits- und Materialverhältnisse, also auf Einzelheiten, deren Erörterung — weil über den Rahmen eines Handbuches hinausgehend — hier unterbleiben mußte. Sie bieten aber unstreitig den Vorteil, dem Ratsuchenden innerhalb gewisser Grenzen die sicherste Handhabe zur Erstellung ungefärbter, einwandfreier Kostenberechnungen zu liefern.

Selbstverständlich müssen noch die einzelnen Tabellenwerte den persönlichen Erfahrungen angepaßt und vor allem mit den Einrichtungen des in Frage kommenden Betriebes in Einklang gebracht werden: endlich sind sie noch hinsichtlich der Höhe der in Rechnung zu stellenden Regien und der sonstigen Unkosten zu ergänzen.

Nicht unerwähnt mag bleiben, daß in die einzelnen Abschnitte über Baumeister- und Professionistenarbeiten die notwendigen Erläuterungen über die Art der Verrechnung der Leistungen eingeflochten, und ferner, daß jene vielfach durch Angaben über das Verhältnis von Lohn und Material ergänzt wurden.

Für solche Arbeiten und Herstellungen, die nicht unmittelbar den Tätigkeitsbereich des Bautechnikers berühren, wurden mittlere Preise eingesetzt. Sie dürften ausreichen zur Aufstellung überschlägiger Kostenberechnungen innerhalb der durch die schwankenden Verhältnisse gezogenen Genauigkeitsgrenzen; im Falle genaue Kostenberechnungen erstellt werden müssen, wird die Einholung von Sonderanboten nicht zu umgehen sein.

Es ist begreiflich, daß bei Bearbeitung der Neuauflage Veraltetes weggelassen und, wie schon oben bemerkt, den Errungenschaften des neuzeitlichen Bauwesens im weitesten Maße Rechnung getragen wurde. Aus diesem Grund erfuhr der Abschnitt über Eisenbeton, der im alten Bauratgeber kaum nur gestreift war, eine vollständige Neubearbeitung und eine unseres Erachtens nach wertvolle Ergänzung durch Einflechtung einer ausführlichen Zusammenstellung über die wichtigsten Betonschutzmittel und Betonmörtelzusätze. Die verschiedenen Arten der Herstellung des Betons auf maschinellem Weg und das Wesen der Eisenbetonpfähle werden in diesem Abschnitt in scharf umrissenen Formen besprochen und durch wichtige Gebrauchswerte ergänzt.

Der Abschnitt über Straßenbau ist durch Angaben über neuzeitliche Straßenherstellungen erweitert worden und schließt mit einer kurzen Zusammenfassung über das Wesen moderner Straßenbauweisen.

Eingehende Würdigung wurde der Gesundheitstechnik und den Kühl- und Kläranlagen zuteil.

Der Abschnitt Elektrotechnik wurde lehrhaft behandelt, da dieses Gebiet dem Bautechniker ferner liegt, dieser jedoch vielfach in die Lage kommt, dem Bauherrn bei der Planung elektrischer Anlagen beratend zur Seite zu stehen. Hiebei wurde besonderer Wert darauf gelegt, die Grundlagen für die Kalkulation elektrischer Anlagen, soweit solche für das Bauwesen in Frage kommen, entsprechend ausführlich darzustellen und auf alle jene Umstände hinzuweisen, die für den Ausführenden bei der Planung und Verlegung elektrischer Anlagen von Bedeutung werden können.

Neuaufgenommen wurden die überaus wichtigen Abschnitte über Wasserkraft-, Garagen- und Tankanlagen, die trotz aller Kürze das für den Techniker wertvolle Kalkulationsmaterial in ausgezeichneter Zusammenstellung enthalten.

Die Abschnitte über Holzkonservierung und über „Werkzeuge und Maschinen" sind einer zeitgemäßen Umarbeitung unterzogen worden.

Weiters wurden kurze Abschnitte dem Siedlungswesen, dem Wesen und der Erwirkung gewerblicher Schutzrechte und endlich dem Arbeitsrecht und den sozialen Gesetzen gewidmet.

Die im alten Bauratgeber vielfach enthaltene ausführliche Darlegung einzelner für das Bauwesen in Betracht kommenden Vorschriften wurde ausnahmslos unterdrückt, weil schließlich in einem Handbuche, das sich vornehmlich mit der Kalkulation zu befassen hat, deren Wiedergabe nicht am Platz ist und außerdem die Auswahl solcher Gesetze doch nur einzelnen Lesern zugute kommen könnte. Dagegen wurde dem Werke eine ausführliche Zusammenstellung der für das Bauen in Frage kommenden Gesetze und Verordnungen, geordnet nach Schlagwörtern und Ländern, einverleibt.

Die Abschnitte über Liegenschaftsbewertungen, Feuerversicherungen, Bahn- und Flußtransporte sind zeitgemäß umgestaltet.

Nicht unerwähnt mag bleiben, daß das Kapitel über Statik, wenn auch kurz, so doch in solchem Umfange behandelt erscheint, daß mit Hilfe der angegebenen, fertigen Gebrauchsformeln und namentlich der zahlreichen Tabellen auch schwierigere Aufgaben rasch berechnet werden können.

Das Gebiet der Mathematik wurde auf das Allernotwendigste beschränkt und von der Wiedergabe umfangreicher und im allgemeinen leicht zugänglicher Tabellen abgesehen.

Ich übergebe der Fachwelt den Bauratgeber in dem Bewußtsein, im Verein mit meinen Mitarbeitern ein der Tradition des „Wiener Bauratgebers" würdiges Werk geschaffen zu haben. Sollte es mir gelungen sein, hiedurch für das Baugewerbe einen tragfähigen Untergrund für seine längst erstrebte Festigung und Beruhigung vorbereitet zu haben, so wäre dies reichste Anerkennung für aufgewendete Mühe und Arbeit.

Besonderes Lob gebührt dem Verlag, der weder Mühe noch Kosten gescheut hat, um die Gebrauchsfähigkeit des Werkes durch vorzüglichen Druck und durch klare Wiedergabe der Abbildungen zu erhöhen.

Wien, August 1927

Herzka

Inhaltsverzeichnis

Berichtigungen

Seite 74, 7. Zeile von unten: statt **Fugenklassen** richtig **Fugenklaffen.**
„ 105, die Abbildung steht verkehrt.
„ 114, 13. Zeile von unten: statt **fast** richtig **faßt.**
„ 120, 2. Tabelle, 1. Reihe: statt **1,1** und **0·12** richtig **1,2** und **0·11.**
„ 176, 5. Zeile von oben: statt **„Dichten Beton“ (S. 164)** richtig **„Dichter Beton“ (S. 163).**
„ 248, in der Seitenanschrift ist **Ignaz Joksch** zu streichen.
„ 267, 1. Zeile von oben: statt **V** richtig **IV.**
„ 403, 8. Zeile von oben: der Ausdruck in der Klammer gilt als eigene (9.) Zeile.
„ 433, 23. Zeile von unten: statt **H, 1, b** richtig **IX, 1, b.**

Allgemeines

Bearbeitet von Ing. L. Herzka

Maße und Gewichte — Spezifische Gewichte verschiedener Stoffe — Die Münzeinheiten der bedeutendsten Staaten — Angaben aus der Mechanik — Statistische Angaben aus der Wärme- und Energiewirtschaft — Mathematik

Aus der Festigkeitslehre und Baustatik

Von Oberbaurat Ing. Dr. Josef Schreier

Allgemeines — Zur Berechnung von Eisenkonstruktionen (Tabellen) — Zur Berechnung von Mauerwerkskonstruktionen — Beton- und Eisenbetontragwerke

Die österreichische Normung — Tabellenwerte

Belastung des Baugrundes — Beanspruchung des Mauerwerkes im Hochbau — Beanspruchung des Holzes im Hochbau — Eisenbeanspruchungen im Hochbau — Belastungen im Hochbau — Eigengewichte — Schneelasten und Winddrucke bei verschiedenen Dachneigungen (Tabelle) — Dachneigungen und Gesamtdachlasten — Normen für Portlandzement und Luftkalk — Gips

Allgemeines

Bearbeitet von Ing. L. Herzka

Maße und Gewichte

Das metrische Maß und Gewicht sind seit 1. Jänner 1876 gesetzlich und daher ausschließlich anzuwenden, hingegen der Gebrauch der alten Wiener Maße und Gewichte — mit Ausnahme der „Seemeile“ und „Schiffstonne“ im Schiffahrtsverkehr — untersagt.

Im nachstehenden sind die gesetzlichen Maße und Gewichte und zum Vergleich die alten Wiener Maße und Gewichte angeführt.

Metermaß

Einheit für das Längen-, Flächen- und Körpermaß ist das Meter bzw. Quadrat- und Kubikmeter, für das Bodenflächenmaß das Ar, für Hohlmaße das Liter.

Die gesetzlichen Maße sind fett gedruckt; die abgekürzte Schreibweise ist in () beigesetzt. Die mit * bezeichneten Reduktionszahlen sind im Gesetz ausdrücklich angeführt.

Längenmaße	Flächenmaße	Körpermaße
1 **Meter** (m)	1 **Quadratmeter** (m^2 oder qm)	1 **Kubikmeter**
= 10 dm	= 100 dm^2	(m^3 oder kbm)
= 100 cm	= 10 000 cm^2	= 1000 l
= 1000 mm	*= 0,278036 □Klafter	= 10 hl
= 0,001 km	*= 10,00931 □Fuß	*= 0,146606 Kubikklafter
= 0,0001 mam	1 **Quadratdezimeter**	*= 31,66695 Kubikfuß
*= 0,5272916 Wr. Klafter	(dm^2 oder qdm)	1 **Kubikdezimeter**
*= 3′ 1″ 11,58‴	= 0,01 m^2	(dm^3 oder kbdm)
= 3,16375 Wr. Fuß	= 100 cm^2	= 1 l
= 37,965 Wr. Zoll	= 0,1000931 □Fuß	= 0,001 m^3
*= 1,286077 Wr. Ellen	= 14,4134 □Zoll	= 1000 cm^3
1 **Dezimeter** (dm)	1 **Quadratzentimeter**	= 0,031667 oder nahe
= 0,1 m	(cm^2 oder qcm)	$^1/_{32}$ Kubikfuß
= 10 cm	= 0,01 dm^2	= 54,7206 Kubikzoll
= 100 mm	= 100 mm^2	1 **Kubikzentimeter**
1 **Zentimeter** (cm)	= 0,144134 □Zoll	(cm^3 oder kbcm)
= 0,01 m	= nahe $^1/_7$ □Zoll	= 1000 mm^3
= 0,1 dm	= 20,7553 □Linien	= 0,0547206 Kubikzoll
= 10 mm	1 **Quadratmillimeter**	= 94,577 Kubiklinien
= 0,37965 Wr. Zoll	(mm^2 oder qmm)	1 **Kubikmillimeter**
= 4,5558 Wr. Linien	= 0,01 cm^2	(mm^3 oder kbmm)
*= 0,094912 Faust	= 0,207553 □Linien	= 0,01 cm^3
1 **Millimeter** (mm)	= nahe $^1/_5$ □Linien	= 0,094577 oder nahe
= 0,001 m	1 **Quadratkilometer**	0,1 Kubiklinien
= 0,01 dm	(km^2 oder qkm)	1 **Liter** (l)
= 0,1 cm	= 0,01 mam^2	= 1,00 dm^3
= 0,45558 Wr. Linien	= 100 ha	= 0,01 hl
1 **Kilometer**	= 173,7727 n.-ö. Joch	= 10 dl
= 1000 m	1 **Quadratmyriameter**	= 100 cl
= 0,1 mam	(mam^2 oder qmam)	= 0,7068515 Wr. Maß
*= 0,131823 österr. Meilen	= 100 km^2	= 2,8274 Wr. Seidel
= 527,2916 Wr. Klafter	= 10 000 ha	*= 0,01626365 Wr. Metzen
= 3163,75 Wr. Fuß	*= 1,737727 ö. □Meilen	= 0,2602184 Maßel

Längenmaße	Flächenmaße	Kubikmaße
1 Myriameter (mam) = 10 000 m = 10 km *= 1,318229 österr. Meilen	**1 Ar** (a) = 100 m^2 = 0,01 ha *= 27,80364 □ Klafter = 1000,931 □ Fuß **1 Hektar** (ha) = 100 a = 0,01 km^2 *= 1,737727 n.-ö. Joch	**1 Deziliter** (dl) = 0,1 l = 0,1 dm^3 **1 Zentiliter** (cl) = 0,01 l **1 Hektoliter** (hl) = 100 l = 0,1 m^3 *= 1,767129 Wr. Eimer *= 1,626365 Wr. Metzen

Zu den Abkürzungen wird in Schrift und Druck die „lateinische Schrift“ derart angewendet, daß die Zeichen in derselben Zeile in gleicher Höhe mit den Zahlen und bei Dezimalen erst nach der letzten Dezimalstelle ohne Punkt beigesetzt werden.

Als Urmaß gilt derjenige Glasstab, welcher sich im Besitz der Regierung befindet und in der Achse seiner sphärischen Enden gemessen, bei der Temperatur des schmelzenden Eises, gleich 999,99764 mm des im französischen Staatsarchiv zu Paris deponierten Mètre prototype gefunden worden ist.

Alte Wiener Maße

Längenmaße	Flächenmaße	Kubikmaße
1 Wiener Klafter = 6 Wr. Fuß = 72 Wr. Zoll *= 1,896484 Meter **1 Wiener Fuß** = 12 Wr. Zoll = 144 Wr. Linien *= 0,316081 Meter = 31,6081 Zentimeter = 316,081 Millimeter **1 Wiener Zoll** = 12 Wr. Linien = 2,63401 Zentimeter = 26,3401 Millimeter **1 Wiener Linie** = 12 Punkte = 2,195 Millimeter **1 Wiener Elle** = 2,46 Fuß = 29 Zoll 6¼ Linien *= 0,777558 Meter **1 Faust** (Pferdemeter) = 4 Wr. Zoll *= 10,53602 Zentimeter **1 österr. Postmeile** = 4000 Wr. Klafter = 7585,936 Meter *= 7,585936 Kilometer **1 österr. Seemeile** = $^1/_{60}$ Äquatorialgrad = $^1/_4$ geogr. Meile = 976,4 Wr. Klafter = 1,8517 Kilometer	**1 □ Klafter** = 36 □ Fuß *= 3,596652 m^2 **1 □ Fuß** = 144 □ Zoll *= 0,099907 m^2 = nahe 0,1 m^2 = 9,9907 dm^2 = nahe 10 dm^2 = 999,07 cm^2 = nahe 1000 cm^2 **1 □ Zoll** = 144 □ Linien = 0,06938 dm^2 = 6,938 cm^2 = nahe 7 cm^2 = 693,8 mm^2 **1 □ Linie** = 0,04815 cm^2 = nahe $^1/_{20}$ cm^2 = 4,815 mm^2 = nahe 5 mm^2 **1 n.-ö. Joch** = 1600 □ Klafter *= 57,54642 Ar *= 0,5754642 Hektar **1 österr. □ Meile** = 16 000 000 □ Klafter = 10 000 n.-ö. Joch = 57,54642 □ Kilometer *= 0,5754642 mam^2 **1 geogr. □ Meile** = 0,953 österr. □ Meile = 54,86 □ Kilometer	**1 Kubikklafter** = 216 Kubikfuß *= 6,820992 m^3 **1 Kubikfuß** = 1728 Kubikzoll *= 0,03157867 m^3 = nahe $^1/_{32}$ m^3 = 31,57867 Liter **1 Kubikzoll** = 1728 Kubiklinien = 18,275 cm^3 **1 Kubiklinie** = 10,57 mm^3 = 0,01057 cm^3 **1 Schachtrute** = 100 Kubikfuß = 3,157867 m^3 **1 Wiener Metzen** = 16 Maßel = 1,947 Kubikfuß *= 0,6148682 Hektoliter *= 61,48682 Liter **1 Maßel** = 3,842926 Liter **1 Eimer** = 40 Maß = 1,792 Kubikfuß *= 0,56589 Hektoliter = 56,589 Liter **1 Maß** = 4 Seidel *= 1,414724 Liter **1 Seidel** = 0,353681 Liter

Gewichte und Vergleich der metrischen Gewichte mit den alten Wiener und Zollgewichten

a) Metrische Gewichte

1 Tonne (t)
*= 1000 Kilogramm
*= 1785,523 Wr. Pfund
= 17,85523 Wr. Zentner
= 20 Zollzentner

1 metrischer Zentner (q)
*= 100 Kilogramm
= 178,552 Wr. Pfund
= 2 Zollzentner

1 Kilogramm (kg)
= 100 Dekagramm
= 1000 Gramm
= 0,001 Tonnen
*= 1,785523 Wr. Pfund
*= 1 Pfund 25,137 Lot
*= 2 Zollpfund
*= 3,56928 Wr. Mark Silbergewicht
*= 2,380697 Apothekerpfd.

1 Dekagramm (dkg)
*= 0,01 Kilogramm
= 10 Gramm
= 0,01785523 Wr. Pfund
= 0,2 Zollpfund
*= 0,571367 Wr. Lot
= 0,6 Postlot
= 2,28547 Quentchen

1 Gramm (g)
*= 0,001 Kilogramm
= 0,1 Dekagramm
= 10 Dezigramm
= 100 Zentigramm
= 1000 Milligramm
= 0,228547 Quentchen
*= 0,06 Postlot
*= 0,286459 Dukaten Goldgewicht
*= 4,855099 Wr. Karat

1 Dezigramm (dg)
= 0,1 Gramm
*= 0,0001 Kilogramm

1 Zentigramm (cg)
= 0,01 Gramm
*= 0,00001 Kilogramm

1 Milligramm (mg)
= 0,001 Gramm
*= 0,000001 Kilogramm

b) Alte Wiener Gewichte

1 Wiener Zentner
= 100 Wr. Pfund
= 112,012 Zollpfunde
= 1,12012 Zollzentner
*= 56,006 Kilogramm
= 0,056006 Tonnen (metr.)

1 Wiener Pfund
= 32 Wr. Lot
= 33,6 Postlot
*= 0,56006 Kilogramm

1 Wiener Lot
= 4 Quentchen
= 1,0501122 Postlot
*= 1,750187 Dekagramm

1 Wiener Quentchen
*= 4,37547 Gramm

1 Wiener Karat
*= 0,205969 Gramm

1 Wiener Mark Silbergewicht
*= 0,280668 Kilogramm

1 Dukaten Goldgewicht
*= 3,490896 Gramm

1 Apothekerpfund
*= 0,420045 Kilogramm

1 österr. Schiffstonne
= 20 Zentner

c) Zollgewichte

1 Zollzentner
*= 50 Kilogramm
= $^1/_{20}$ Tonne
= 100 Zollpfund
= 0,89276 Wr. Zentner

1 Zollpfund
*= 0,5 Kilogramm
= 30 Postlot

1 Postlot (Zollot)
= 0,9523 Wr. Lot
*= 16,666667 Gramm

Die Einheit des Gewichtes ist das Kilogramm, gleich dem Gewicht eines Kubikdezimeters destillierten Wassers im luftleeren Raume bei der Temperatur von + 4 Grad des hundertteiligen Thermometers.

Als Urgewicht gilt das im Besitz der Regierung befindliche Kilogramm aus Bergkristall, welches im luftleeren Raume gleich 999997,8 Milligramm des in dem französischen Staatsarchiv zu Paris aufbewahrten „Kilogramme prototype“ gefunden worden ist.

Maße und Gewichte anderer Staaten und Länder

Die Meter-Konvention vom 20. Mai 1875, welche die Einführung eines einheitlichen Maß- und Gewichtssystems bezweckt, hat die Geltung und den Gebrauch der Landesmaße nicht überall aufgehoben; so in England, Nordamerika und Rußland. Nordamerika hat das englische System.

Englisches Maßsystem

Längenmaße

1 engl. Zoll
= 25,4 mm

1 engl. Fuß
= 12 engl. Zoll
= 0,3048 m

1 Yard
= 3 engl. Fuß
= 36 engl. Zoll
= 0,9144 m

1 Fathom
= 2 Yard
= 6 engl. Fuß
= 72 engl. Zoll
= 1,8288 m

1 Rod (Rute) (pole, perch)
= 5½ Yard
= 16½ engl. Fuß
= 5,029 m

1 Chain
= 100 Links
= 22 Yards
= 20,117 m

1 Statute mile (Meile)
= 8 Furlongs
= 80 Chains
= 320 Rod
= 1609,315 m

1 Nautical mile (Seemeile)
= 6080 engl. Fuß
= 1853,150 m

Flächenmaße

1 Qu. Zoll
= 6,451 cm²

1 Qu. Fuß
= 0,0929 m²

1 Qu. Yard
= 0,836 m²

1 Acre
= 160 Qu. Rod
= 4840 Qu. Yard
= 0,40467 ha

1 Yard of Land
= 30 Acres
= 12,140 ha

1 Hide of Land
= 100 Acres
= 40,467 ha

1 Mile of Land
= 640 Acres
= 2,59 km²

Körpermaße

1 Kub. Fuß
= 0,0283 m³

1 Imperial Gallon
= 4 Quarts
= 8 Pints
= 277,27 engl. Kub. Zoll
= 4,5435 l

1 Imperial Quarter
= 8 Bushels
= 64 Gallons
= 290,78 l

1 Last
= 10 Quarters
= 80 Bushels
= 320 Peks
= 640 Gallons
= 29,0789 hl

1 Barrel
= 2 Kilderkin
= 4 Firkin
= 1,635 hl

1 Anker
= 0,45435 hl

1 Tun
= 2 Pipes
= 4 Hogsheads
= 11,45 hl

1 Pipe
= 7 Rundlets
= 126 Gallons
= 504 Quarts
= 1008 Pints

1 Pipe
= 4032 Gills
= 5,725 hl

1 Kub. Yard
= 0,7645 m³

1 Reg.-Ton
= 2,83 m³

1 Schiffston
= 1,189 m³

Gewichtsmaße

1 Pound
Handels- oder Avoirdupois-Gewicht
= 16 Ounces
= 256 Drames
= 453,598 g

1 Hundredweight (ctw) (engl. Zentner)
= 4 Quarters
= 112 Pound
= 50,802 kg

1 Ton (Tonne)
= 20 Hundredweight
= 80 Quarters
= 224 Pound
= 1016,047 kg

1 Schiffston
= 2000 Pound
= 907,19 kg

1 Imperial Troy-Pound
= 12 Ounces
= 373,24 g

Russisches Maßsystem

Längenmaße

1 Fuß
= 1 engl. Fuß
= 0,3048 m

1 Arschin (Elle)
= 28 engl. Zoll
= 0,711 m

1 Saschehn
= 3 Arschin
= 7 engl. Fuß
= 2,133 m

1 Werst
= 500 Saschehn
= 3500 Fuß
= 1066,781 m

1 Meile
= 10 Werst
= 10,6678 km

Flächenmaße

1 Dessatin
= 1,0925 ha

1 Quadratsaschehn
= 4,5521 m²

1 Quadratwerst
= 1,138 km²

Körpermaße

1 Tschetwert
= 8 Tschetwerik
= 64 Garnez
= 2,099 hl

1 Wedro
= 100 Tscharka
= 12,299 l

1 Botschka
= 40 Wedro
= 4,9195 hl

1 Kubiksaschehn
= 9,7123 m³

Gewichtsmaße

1 Pud
= 40 Pfund
= 1280 Lot
= 16,3805 kg

1 Pfund
= 32 Lot
= 0,409531 kg

1 Berkowitz
= 10 Pud
= 400 Pfund
= 163,8048 kg

1 Tonne
= 12 Berkowitz
= 1965,66 kg

Spezifische Gewichte verschiedener Stoffe[1])

(Wasser 1,00)

Die Zahlen geben gleichzeitig das absolute Gewicht in kg per dm³ oder t per m³ an

a) Feste Körper

Namen des Körpers	Spezifisches Gewicht
Äpfel und Birnen, gelagert	0,35
Alabaster	2,71
Alaun	1,7 —2,0
Alaunschiefer	2,34—2,59
Aluminium	2,58
,, gehämmert	2,75
Aluminiumbronze	7,7
Amalgam, natürlich	13,75
Anthrazit	1,4 —1,7
Antimon	6,65—6,72
Antimonglanz	4,6 —4,7
Argentan	8,4 —8,7
Arsenik	5,67—5,96
Arsenikkies	6,1
Asbest	2,2 —2,8
Asbestpappe	1,2
Asphalt (Erdpech)	1,1 —1,5
Asphaltkitt	1,64
Baumwolle, lufttrocken	1,47—1,50
Bergkristall	2,65
Bergteer	1,13
Bimsstein, natürlich	0,37—0,91
,, Wiener	2,2 —2,5
Bitterkalk	2,88
Bittersalz	1,75
Bleidraht	11,4
Bleiglätte	9,3 —9,5
Bleiglanz	7,4 —7,6
Bleioxyd-Schwefelsäure	6,5
Bleispat	6,45
Bleiweiß	2,4
Bleizucker	2,55
Blende	4,03
Brauneisenstein	3,7 —3,95
Braunstein	3,70—4,60
Bronze	8,3
Bücher, geschlichtet	0,84
Buntkupfererze	5,0
Chilesalpeter	2,26
,, geschüttet	1,00
Chlorbaryum	2,83
Chlorkalzium	2,22
Chrom	5,9
Chromeisenstein	4,35
Dachschiefer	2,76
Diamant	3,51
Dolomit	2,90
Eis, 0°	0,92
Eisen, chemisch rein	7,88
Eisendraht	7,6 — 7,5
Eisenerz	3,1 — 7,75
Eisenglanz	5,23— 3,8
Eisenvitriol	1,9
Elfenbein	1,87
Erbsen, geschüttet	0,85
Erdkobalt	2,25
Fahlerz	4,36— 5,36
Feldspat	2,54
Fette	0,93
Feuerstein	2,6 — 2,75
Flußspat	3,15
Formsand, geschüttet	1,20
,, gestampft	1,65
Franzosenholz (Guajak)	1,33
Galmei	4,1 — 4,5
Getreide, geschüttet	0,51— 0,66
Gips, gebrannt	1,81
,, gegossen, trocken	0,97
,, gesiebt	1,25
Gipsmehl	1,36
Gipsspat	2,31
Glaubersalz	1,47
Glimmer	2,78— 3,15
Glockenmetall	8,81
Gneis	2,4 — 2,7
Gold, gediegen	19,3
,, gegossen	19,28
,, gehämmert	19,33—19,6
Golddraht	19,36
Granat, edler	4,03
,, gem.	3,71
Graphit	1,9 — 2,3
Gras und Klee, gelagert	0,35
Grieß, geschüttet	0,66
Grünspan	1,91
Grünstein	2,89
Guajak (Franzosenholz)	1,33

[1]) Siehe auch: Belastungen im Hochbau.

Namen des Körpers	Spezifisches Gewicht
Gummiarabikum	1,33
Gummielastikum	1,81
Guttapercha	0,98
Hafer, geschüttet	0,43
Harz, Fichten-	1,07
Holz:	
Ahorn, frisch gefällt	0,89
,, lufttrocken	0,76
Akazie, frisch gefällt	0,85
,, lufttrocken	0,73
Apfelbaum, wild, frisch gefällt	0,92
Apfelbaum, wild, lufttrocken	0.603
Birke, frisch gefällt	0,89
,, lufttrocken	0,72
Birne, wild, frisch gefällt	1,09
,, ,, lufttrocken	7,25
Buche, frisch gefällt	0,95
Buchsbaum, lufttrocken	0,94
Ebenholz, frisch gefällt	1.21
,, lufttrocken	1,19
Eiche, frisch gefällt	1,03
Erle, frisch gefällt	0,82
,, lufttrocken	0,55
Esche, frisch gefällt	0,85
,, lufttrocken	0,79
Faulbaum, frisch gefällt	0,879
,, lufttrocken	0,586
Fichte, frisch gefällt	0,87
Kastanie, frisch gefällt	0,90
,, lufttrocken	0,58
Kiefer, Föhre, frisch gefällt	0,9
Kirsche, frisch gefällt	1,041
Kirsche, Vogel-, lufttrocken	0,853
Kork, trocken	0,24
Lärche, frisch gefällt	0,92
Linde, lufttrocken	0,79
Mahagoni, ,,	0,75
Nußbaum, ,,	0,66
Pappel, ,,	0,39
Pflaumenbaum, trocken	0,79
Pock (Guajak), lufttrocken	1,26
Tanne, frisch gefällt	0,87
Ulme, frisch gefällt	0,94
,, lufttrocken	0,67
Weide, frisch gefällt	0,85
,, lufttrocken	0,49
Zeder	0,57

Namen des Körpers	Spezifisches Gewicht
Holzkohle von Eichenholz	0,56
Holzkohle von Nadelholz und Buchenholz	0,3
Hornblende	3,17
Hülsenfrüchte, gelagert, im Mittel	0,80
Indigo	0,77
Jaspis	2,66
Jod	4,95
Jodkalium	3,07
Jodsilber	5,61
Kadmium	8,69
,, gegossen	8,6
,, gehämmert	8,69
Kalium	0,87
Kalk, gebrannt, geschüttet	0,9 —1,3
,, gelöscht	1,15—1,25
Kalkspat	2,71
Kalkstein, dicht	2,7
Kalktuff	2,39
Kalomel	7,18
Kalziumkarbid	2,26
Kanonenmetall	8,79
Kaolin	2,2
Kartoffeln, geschlichtet	0,7
Kautschuk	0,93
Kieselerde	2,66
Kieselstein	2,5
Kleie, geschüttet	0,44—0,60
Knochen	1,66
Kobalt, gegossen	8,71
,, gehämmert	9,15
Kobaltglanz	6,3
Kochsalz	2,16
Kopal	1,1
Korkholz	0,24
Kreide	1,9 —2,7
Kunstsandstein	2,1
Kupferblech	8,88
Kupferdraht	8,8 —9,0
Kupfererz, rotes	5,9
Kupferglanz	5,7
Kupferkies	4,10—4,3
Kupfervitriol	2,2
Laub, geschüttet	0,60
Lava	2,85
Leder	0,86—1,02
Leim	1,27
Linoleum in Rollen	1,15—1,30
Lötzinn	8,9

Namen des Körpers	Spezifisches Gewicht
Magnalium	2,4 —2,6
Magnesia	2,24
Magneteisenstein	5,1
Magnetkies	4,54—4,64
Malachit	3,46
Mangan	7,51
Marmor	
schles., weißer	2,65
grüner	2,7
italien., weißer	2,72
„ schwarzer	2,71
ägypt., grüner	2,67
Mastix	1,05
Meerschaum	1,3
Mehl, lose	0,4 —0,5
„ in Säcken	0,7 —0,8
Mennige	8,6 —9,1
Mergel	2,5
Messing, gegossen	8,15
„ gehämmert	8,52
Messingblech	8,57
Messingdraht, geglüht	8,43
„ ungeglüht	8,74
Milchzucker	1,54
Molybdän	8,05
Mühlsteinquarz	2,5
Natrium	0,97
Neusilber	8,56
Nickel, gegossen	8,28
„ gehämmert	8,67
Ocker	3,5
Onyx	2,73
Opal	1,91
Packfong (Neusilber)	8,4 —8,7
Palladium	11,3
Papier	0,7 —1,15
Paraffin	0,87—0,91
Pech	1,07
Pechblende	6,65
Pechstein	2,21
Pflanzenfaser	1,5
Phosphor, gelb	1,83
„ rot	2,19
Phosphormetall	2,34
Platin, gegossen	20,15
„ gehämmert	21,31
„ geprägt	21,35
„ gewalzt	21,6
Platindraht	21,4
Platinerz	16,0
Porzellan	2,15—2,3
Pottasche	2,26
Preßkohle	1,25
Quarz	2,66
Quarzsand, frisch	1,95
„ trocken	1,63
Quecksilber	14,2
Raseneisenstein	2,75
Roggen in Masse	0,776
Roteisenstein	4,9
Rotkupfererz	5,65
Rüben, geschüttet	0,57—0,65
Sägespäne, festgedrückt	0,30
Salmiak	1,46
Salpeter	1,95
Sandstein	2,35
Schamottestein	1,85
Schiefer	2,67—2,74
Schießpulver, gestampft	1,75
„ locker	0,9
Schlacke	2,5 —3,0
Schmirgel	4,0
Schnee, gestampft	0,80
„ locker	0,125
Schwefel, natürlich	2,07
„ rein	1,38
Schwefelblumen	2,09
Schwefelkies	4,9 —5,2
Schwefelzinn	5,27
Schwerspat	4,45
Selen	4,31
Serpentin	2,64
Silber, gegossen	10,48
„ gehämmert	10,62
„ gewalzt	10,55
Silberdraht	10,48
Silberglanz	7,05
Silberhornerz	6,7
Smaragd	2,77
Soda, geglüht	2,5
„ kristallisch	1,45
Spateisenstein	3,75
Speckstein	2,6
Stärkemehl	1,53
Stearin	0,97
Steinsalz	2,28
Stroh, gepreßt	0,14
Strontium	4,5
Syenit	2,7
Talk	0,95
Talkerde	2,35
Talkschiefer	2,74

Namen des Körpers	Spezifisches Gewicht
Tellur	6,11
Titan	5,3
Titaneisen	4,75
Ton, frisch	2,5
,, trocken	1,8
Tonerde, rein	2,1
,, trocken	1,5
Tonschiefer	2,82
Topas	3,52
Torf	0,64—0,84
Torfstreu, gepreßt	0,21—0,23
Trachit	2,6 —2,8
Tragant	1,32
Traß, gemahlen	0,95
Tripel	1,6
Tuffstein	1,3
Turmalin	3,15
Umbra	2,2
Uran	9,0
Wachs	0,97

Namen des Körpers	Spezifisches Gewicht
Walkerde	1,75
Wasserglas	1,25
Weißmetall	7,1
Weizen, geschüttet	0,7 —0,8
Wismut	9,822
Wolfram	17,6
Zink, gegossen	6,9
,, gehämmert	7,31
Zinkblende	3,9 —4,2
Zinkdraht	7,14
Zinkoxyd	5,5
Zinkspat	4,44
Zinkvitriol	1,9
Zinn, gegossen	7,29
,, gewalzt	7,39
Zinnober	8,1
Zinnstein	6,3
Zink, gewalzt	7,2
,, gegossen	6,9
Zucker, weiß	1,61

b) Tropfbarflüssige Körper

Namen des Körpers	Spezifisches Gewicht
Äther, bei 20° C	0,736
Aldehyd	0,79
Alkohol, absolut., bei 20° C	0,789
Ammoniak, flüssig, bei 0° C	0,875
Baumöl, bei 12° C	0,919
Benzin	0,68—0,7
Benzol, bei 0° C	0,9
Bier	1,015—1,034
Blausäure, bei 0° C	0,705
Brom, bei 0° C	2,966
Chlorwasserstoffsäure, konzentriert	1,208
Essig, destillierter	1,009
,, Wein-	1,011

Namen des Körpers	Spezifisches Gewicht
Flußsäure, bei 0° C	1,061
Fuselöl, bei 0° C	0,83
Glyzerin, bei 0° C	1,26
Holzgeist	0,8
Kalilauge	1,1 —1,7
Kochsalzlauge, gesättigt	1,208
Kreosot, bei 0° C	1,037
Leinöl, bei 12° C	0,94
Milch	1,03
Mohnöl, bei 0° C	0,924
Natronlauge, Soda	1,15—1,17

Namen des Körpers	Spezifisches Gewicht	Namen des Körpers	Spezifisches Gewicht
Ölstoff, bei 0° C	0,913	Spiritus	0,81—0,86
Olivenöl, bei 15° C	0,918	Stearinsäure	0,854
		Steinkohlenteeröl	0,744
Petroleum	0,8	„ rektifiziert	0,91
Quecksilber, bei 0° C	13,598	Steinöl	0,8
Rapsöl	0,914	Teer, Teeröl	1,2
		Terpentinöl	0,82
Salpetersäure, bei 12° C	1,522	„ gereinigt	0,87
Salzsäure, bei 15° C	1,192	Tran	0,93
Schwefeläther, bei 0° C	0,715		
Schwefelkohlenstoff, bei 0° C	1,272	Wasser, bei 4° C	1,0
		Wein	0,99—1,00
Schwefelsäure, englische	1,83		
Seewasser	1,03	Zitronensäure, bei 0° C	0,852

c) Gasförmige Körper

Bei 0° C und unter 760 mm Druck

Das spezifische Gewicht der atmosphärischen Luft, das in Hinsicht auf Wasser = 0,0012934 ist, = 1 gesetzt

Namen des Körpers	Mittleres spezifisches Gewicht	Gewicht per 1 m³ in kg	Namen des Körpers	Mittleres spezifisches Gewicht	Gewicht per 1 m³ in kg
Ätherdampf	2,586	3,344	Kohlenwasserstoffgas, ölbildend	0,985	1,274
Alkoholdampf	1,613	2,086			
Ammoniakgas	0,589	0,758			
Arsenikdämpfe	10,58	13,684	Phosphorwasserstoffgas	1,214	1,57
Atmosphärische Luft	1,0	1,293			
Bromdampf	5,54	7,164	Quecksilberdampf	6,976	9,023
Chlorgas	2,47	3,156	Sauerstoffgas	1,106	1,43
Chlorwasserstoff	1,247	1,615	Schwefeldampf	6,617	8,56
			Schwefelkohlenstoff	2,644	3,42
Grubengas	0,559	0,721	Schwefelwasserstoffgas	1,177	1,517
Holzgeistdampf	1,12	1,45	Steinkohlengas	0,34—0,45	0,439—0,581
			Stickstoffgas	0,972	1,26
Joddampf	8,716	11,27			
Jodwasserstoff	4,443	5,75	Terpentinölgas	4,763	6,16
Kohlenoxydgas	0,967	1,246			
Kohlensäure	1,53	1,979	Wasserdampf von 100° C	0,456	0,623
Kohlenwasserstoffgas, Grubengas	0,56	0,725	Wasserstoffgas	0,069	0,089

Die Münzeinheiten der bedeutenderen Staaten und ihr Wert

Werte in Schilling, Mark und Schweizer Franken, ohne Berücksichtigung der Kursschwankungen nach dem ungefähren Stande vom 1. Jänner 1927

Staat	Münzeinheit	Deren Wert in ö. S.	Mark	Frk.
Ägypten	1 äg. Pfund à 100 Piaster à 10 Millièmes	35,25	20,81	25,69
Argentinien	1 Peso à 100 Centavos	2,94	1,74	2,14
Australien	Englische Währung			
Belgien	1 Belga = 5 Franc à 100 Centimes	98,72 für 100 Belgas	58,405	72,00
Brasilien	1 Milreis à 1000 Reis	0,827	0,496	0,60
Bulgarien	1 Leva à 100 Stotinki	5,12 für 100 Leva	3,035	3,75
Canada	1 can. Dollar à 100 Cents	ungefähr gleich der amerikan. Währung		
Chile	1 Peso à 100 Centavos	0,82	0,49	0,60
Cuba	1 Goldpeso à 100 Cents	gleich der amerikan. Währung		
Dänemark	1 Krona à 100 Öre	1,89	1,12	1,38
Deutschland	1 Mark à 100 Pfennige	1,687	—	1,23
Danzig	1 Gulden à 100 Pfennige	1,37	0,815	1,00
England	1 Pfund à 20 Shilling à 12 Pence à 4 Farthing	34,425	20,365	25,12
Estland	1 Estimark à 100 Pfennige	1,88 für 100 Estimark	1,10	1,35
Finnland	1 Finmark à 100 Penni	17,89 für 100 Finmark	10,56	13,05
Frankreich	1 Franc à 100 Centimes	28,10 für 100 Franc	16,595	20,475
Griechenland	1 Drachme à 100 Lepta	8,93 für 100 Drachmen	5,29	6,50
Italien	1 Lira à 100 Centesimi	31,91 für 100 Lire	18,89	23,25
Japan	1 Yen à 100 Sen	3,46	2,052	2,50
Indien	1 Rupie à 16 Annas à 12 Pies	2,50	1,48	1,82
Jugoslawien	1 Dinar à 100 Paras	12,51 für 100 Dinare	7,40	9,12
Lettland	1 Lat à 100 Centimes	1,37	0,81	1,00
Litauen	1 Litas à 100 Centas	0,70	0,40	0,50
Mexiko	1 Peso (mex. Dollar) à 100 Centavos	3,50	2,10	2,50
Niederlande	1 Gulden à 100 Cents	2,84	1,68	2,07
Norwegen	1 Krona à 100 Öre	1,793	1,067	1,305
Polen	1 Złoty à 100 Groschen	78,51 für 100 Złoty	46,30	57,50
Portugal	1 Escudo à 100 Centavos	0,36	0,21	0,26
Rumänien	1 Leu à 100 Bani	3,74 für 100 Lei	2,215	2,74
Rußland	1 Tscherwonetz = 10 Goldrubel à 100 Kopeken	3,66 nur für Goldmünzen	2,17	2,67
Schweden	1 Krona à 100 Öre	1,89	1,12	1,38
Schweiz	1 Franken à 100 Rappen	1,37	0,81	—
Spanien	1 Peseta à 100 Centesimos	1,09	0,64	0,79
Tschechoslowakei	1 Krone à 100 Heller	21,00 für 100 Kronen	12,43	15,32
Türkei	1 türk. Pfund à 100 Piaster à 40 Para	3,56	2,11	2,61
Ungarn	1 Pengő à 100 Fillér	124,11 für 100 Pengő	73,44	90,50
Uruguay	1 Peso à 100 Centesimos	7,24	4,29	5,27
Ver. Staaten	1 Dollar à 100 Cents	7,10	4,20	5,17

Angaben aus der Mechanik

Einheit der Geschwindigkeit: m/sek oder km/St., der **Beschleunigung:** m/sek².

Tabelle einiger mittlerer Geschwindigkeiten

Gegenstand	Für eine Sek/m	Für eine St./km	Gegenstand	Für eine Sekunde
Fußgänger	1,4	5	Artilleriegeschosse	350 m
Pferd im Schritt	1,0	3,6	Umdrehungsgeschwindig-	
„ „ Galopp	4,5	16	keit der Erde am Äquator	448 m
Frachtwagen	0,8	3	Fortschreitende Bewegung	
Postwagen	3,0	10	der Erde	29,4 km
Maximalgeschwindigkeit auf			Lichtgeschwindigkeit	300 000 km
Hauptbahnen: Güterzüge	12	45	Elektrischer Strom in der	
Personenzüge	17	60	Telegraphenleitung	12 000 km
Eilzüge	25	90	Schallgeschwindigkeit in	
Flußdampfer: Talfahrt	4,2	15	der Luft bei 0°	332,5 m
Bergfahrt	2,5	9	„ 200°	344,4 m
Ozeandampfer	11,6	41,7	Wind	3—7 m
Flugzeuge bis	55,5	200	Sturm	18—40 m

Einheit der Kraft in der Technik ist das kg.

„ „ **Masse,** das $m = \frac{P}{g} = \frac{\text{Kraft}}{\text{Erdbeschleunigung}}$, ist kgsek²/m.

Physikal. Maßsystem: Masseneinheit 1 g, Krafteinheit: 1 Dyn = 1 g cm/sek² = = 0,000001019 kg.

Einheiten der Leistung in der Technik sind: mkg/sek, 1 Pferdestärke (P. S.) = = 75 mkg/sek, 1 Voltampere = 1 Watt = 0,1019 mkg/sek, 1 P. S. = 736 Watt = 0,736 Kilowatt.

Motor	Gewicht in kg	Art der Arbeit	Vorteilhafteste Kraft in kg	Vorteilhafteste Geschwindigkeit c in m	Arbeit per 8 Stunden in Kilogrammmetern	Pferdestärken
Mensch	70	ohne Maschine	12 (5)	0,8	—	—
		am Hebel	15 (6)	1,1	—	—
		im Taglohn	—	—	138 000	1/15
		im Akkord	—	—	200 000	1/10
Pferd	300	ohne Maschine	56	1,3	2 100 000	1
		am Göpel	44	0,9	1 140 000	—
Ochse	280	ohne Maschine	60	0,8	1 400 000	2/3
		am Göpel	65	0,6	1 120 000	—

Reibung. Die Reibung R ist dem Drucke N senkrecht zur Reibungsfläche proportional.

$$R = \mu N$$

μ = Reibungszahl. (Über μ siehe Statik S. 74.)

Temperaturskalen:

	° Celsius	° Reaumur	° Fahrenheit
Siedepunkt des Wassers	100	80	212
Gefrierpunkt „ „	0	0	32

1° C = 0,8° R = 1,8° F.

Die absolute Temperatur beträgt: $T^0\,C = (t + 270)^0\,C$.

Wärmeeinheit (1 WE) = Kalorie ist die zur Erwärmung von 1 kg Wasser von 14,5° C auf 15,5° C erforderliche Wärmemenge.

Spezifische Wärmemenge ist die Wärmemenge in WE, die notwendig ist, um 1 kg einer Substanz um 1° C zu erwärmen.

Wärmeleitfähigkeit einiger Stoffe

(das ist diejenige Wärmemenge, welche in einer Stunde durch eine Platte von 1 m² Querschnitt und 1 m Dicke durchfließt, wenn zwischen den Endflächen der Platte ein Temperaturgefälle von 1° C besteht)

Stoff	Wert
Aluminium	173
Blei	29
Eisen und Stahl:	
Flußeisen	43
Gußeisen	54
Stahl	47
Kupfer	320
Messing	50—100
Rotguß	58
Zink	95
Zinn	54
Asbest	0,13—0,2
Asphalt	0,6
Beton 1:4	0,65
„ 1:12	0,70
Bruchsteinmauerwerk	1,3—2,1
Eis	1,5
Gips	0,32
Glas	0,75
Holz: Eiche, quer	0,18
„ längs	0,31
Kiefer, quer	0,11
„ längs	0,30
Hohlziegelmauerwerk	0,28
Kalkstein	0,81
Linoleum	0,16
Kalk	0,26
Kork	0,26
Sandstein	1,4
Sägemehl	0,06
Sägespäne, gepreßt	0,04
Schiefer	0,3—1,3
Ton, feuerfest	0,72
Verputz	0,70
Wasser	0,52
Zement	0,76
Ziegel	0,44
Ziegelmauerwerk	0,36
Luft in lotrechten Schichten bei einer Schichtendicke von 1 cm	0,02
bei einer Schichtendicke von 10 cm	0,07

Statistische Angaben aus der Wärme- und Energiewirtschaft

Zur Erzeugung einer Kilowattstunde (kWh) sind erforderlich:

1,2 kg Steinkohle (7000 WE per kg).
1 m³ Gas (5000 WE per m³).
0,35 kg Braunkohlenteeröl zu 10000 WE per kg.
130 l/sek Wasser bei 1 m Gefälle.

Leistung einer Kilowattstunde:

Hält ein Bügeleisen mittlerer Größe 2½ Stunden lang im Betrieb.
Versorgt eine Bogenlampe von 2000 H. K. rund 2 Stunden lang mit Strom.
Erzeugt im Motor 1 P. S. eine Stunde lang.
Bringt siebenmal je 1 l Wasser zum Kochen.
Läßt eine Glühbirne von 25 H. K. 40 Stunden lang brennen.
„ „ „ „ 50 H. K. 20 „ „ „
Läßt einen Tramwaywagen rund 1,5 km weit fahren.

Zur Erzeugung von 1 m³ Gas sind notwendig:

3,3 kg Steinkohle; außerdem werden hiebei gewonnen: 2,3 kg Gaskoks und 0,15 kg Teer.

Leistung von 1 m³ Gas:

Erzeugt 2 P. S. eine Stunde lang.
Liefert ein Bad von 150 l Wasser mit einer Temperatur von 35° C.
Versorgt eine Lampe von 50 H. K. 20 Stunden lang.
Bringt 25mal je 2 l Wasser zum Kochen.
Hält einen ungefähr 100 m³ großen Raum eine Stunde lang auf 20° C.

Für die Erzeugung von 100000 W. E. (Wärmeeinheiten) werden benötigt:

40	kg	Steinkohlenhaldenstaub	à	2500 WE per kg
27	,,	Hartholz (lufttrocken)	,,	3700 ,,
13	,,	Holzkohle	,,	7700 ,,
25	,,	Torf (lufttrocken)	,,	4000 ,,
12	,,	Anthrazit	,,	7900 ,,
14	,,	Steinfettkohle	,,	7000 ,,
21	,,	Braunkohlenbriketts	,,	4800 ,,
14	,,	Zechenkoks	,,	7000 ,,
15	,,	Gaskoks	,,	6800 ,,
11	l	Petroleum	,,	10 000 WE per Liter

Kohleverbrauch in Kilogramm für die Herstellung von:

1 kg Romanzement	0,16 bis 0,24 kg	Kohle zu 7000 WE per kg	
1 ,, Portlandzement	0,35 ,, 0,45 ,,	,, ,, 7000 ,,	
1 ,, Kalk	0,25 ,,	,,	
1 ,, Kupfer	0,4 ,,	,,	oder 0,5 kWh[1])
1 ,, Roheisen	1,0 ,,	Koks ,,	2,5 kWh+0,3 kg Koks
1 ,, Stahl	0,4 ,,	Kohle ,,	1,5 kWh
1 ,, Gummi	16,11 ,,	,,	
1 ,, Leim	3,2 ,,	,,	
1 ,, Garn	2,5 bis 3,0 ,,	,, ,,	2,4 kWh+0,6 kg Kohle
1 ,, Papier	0,7 ,, 0,8 ,,	,, ,,	0,44 kWh+0,42 ,, ,,
1 ,, Leder	3,4 ,,	,, ,,	0,7 kWh+2,7 ,, ,,
1 ,, Eis	0,05 ,,	,,	
1 ,, Zucker	1,0 bis 1,5 ,,	,,	
1 ,, Mehl (Walzenmühle)	0,12 ,, 0,15 ,,	,, ,,	0,2 kWh
1 ,, Grieß ,,	0,12 ,, 0,15 ,,	,, ,,	0,2 kWh
1 ,, Schokolade	1,0 ,,	,,	
1 m Tuch	4,5 ,,	,,	
1 l Bier	0,18 ,,	,, ,,	0,03 kWh+0,15 kg Kohle
1 l Spiritus	1,50 ,,	,,	
1 Stück Mauerziegel	0,15 ,,	,,	
$^1/_5$ m² = 2,25 kg Glas	11 bis 12 ,,	,,	
100 Schachtel Zündhölzer	1,12 ,,	,, ,,	1,73 kWh+0,39 kg Kohle
Für das Schmieden eines Hufeisens aus 1 kg Hufeisenstab	0,83 ,,	,,	
Für eine Schnellzugslokomotive bei Zurücklegung von 1000 km	13 000 ,,	,,	
Für eine Schnellzugslokomotive bei Zurücklegung von 1000 km per Person	22 ,,	,,	
Für eine Badeanstalt per Besucher	5 bis 8 ,,	,,	

[1]) 1 kWh = 860 WE = 1,359 PSh.

Wärmedurchgang von Wänden verschiedener Bauweisen im Verhältnis zu einer 1½ Stein starken (deutsches Format) beiderseits verputzten Ziegelmauer:

1½ Stein starkes Ziegelmauerwerk .... Wärmedurchgang 100
1 „ „ „ .... „ 130
1½ „ „ Kalksandsteinmauerwerk .... „ 121
1 „ „ rheinisches Schwemmsteinmauerwerk ... „ 68
1 „ „ Münchener Löschsteinmauerwerk ...... „ 53
Hohlmauerwerk aus Ziegelsteinen mit einer Luftschichte .. „ 97
„ „ „ gefüllt mit Isoliermitteln „ 68 bis 74
Ziegelmauerwerk, 1 Stein stark, innen verkleidet mit einem Isolierstoff beliebiger Art .... 68 „ 74
Fachwerk mit ½ Stein starken Ziegelausmauerung, innen verkleidet mit einem Isolierstoff .... 78 „ 87
Barackenwand, außen Schalung mit Deckleisten, Dachpappelage, Torfmullfüllung, innen Gipsdielenverkleidung 39
Bohlenwand aus 3 cm starken Bohlen mit innerem Verputz, auf Holzstäben und Dachpappezwischenlage 100

Die angegebenen Daten sind Wandtafeln der Ausstellung für Wasserstraßen- und Energiewirtschaft in München 1921 entnommen.

Mathematik

Einige Zahlenwerte für π

Größe	Zahlenwert	Größe	Zahlenwert	Größe	Zahlenwert
π	3,1 415 927	$\frac{\pi}{180}$	0,01 745	$\frac{\pi}{\sqrt{2}}$	2,221 492
π^2	9,8 696 047	$\sqrt{\pi}$	1,7 724 539	$\frac{1}{\sqrt{\pi}}$	0,5642
$\frac{1}{\pi}$	0,318 310	$\frac{\pi^2}{4}$	2,4 674 011	$\sqrt{2\pi}$	2,506 628
$\frac{1}{\pi^2}$	0,101 321	$\pi\sqrt{2}$	4,4 428 829	$\sqrt{\frac{\pi}{2}}$	1,253 314

Quadrat- und Kubikwurzeln einiger Brüche

n	$\sqrt{n}$	$\sqrt[3]{n}$	n	$\sqrt{n}$	$\sqrt[3]{n}$	n	$\sqrt{n}$	$\sqrt[3]{n}$	n	$\sqrt{n}$	$\sqrt[3]{n}$
0,01	0,1000	0,2154	0,20	0,4472	0,5848	$^2/_3$	0,8165	0,8736	$^6/_7$	0,9258	0,9499
0,02	0,1414	0,2714	0,25	0,5000	0,6300	$^1/_4$	0,5000	0,6300	$^1/_8$	0,3536	0,5000
0,03	0,1732	0,3107	0,30	0,5477	0,6694	$^3/_4$	0,8660	0,9086	$^3/_8$	0,6124	0,7211
0,04	0,2000	0,3420	0,40	0,6325	0,7368	$^1/_6$	0,4083	0,5503	$^5/_8$	0,7906	0,8550
0,05	0,2236	0,3684	0,50	0,7071	0,7937	$^5/_6$	0,9129	0,9410	$^7/_8$	0,9354	0,9565
0,06	0,2449	0,3915	0,60	0,7746	0,8434	$^1/_7$	0,3780	0,5228	$^1/_9$	0,3333	0,4808
0,07	0,2646	0,4121	0,70	0,8367	0,8879	$^2/_7$	0,5345	0,6586	$^2/_9$	0,4714	0,6057
0,08	0,2828	0,4309	0,80	0,8944	0,9283	$^3/_7$	0,6547	0,7540	$^4/_9$	0,6667	0,7631
0,09	0,3000	0,4481	0,90	0,9487	0,9655	$^4/_7$	0,7559	0,8298	$^5/_9$	0,7454	0,8221
0,10	0,3162	0,4642	$^1/_3$	0,5774	0,6934	$^5/_7$	0,8452	0,8939	$^7/_9$	0,8819	0,9296

In der Mathematik gebräuchliche Zeichen

Man schreibt	$=$	$>$	$<$	$+$	$-$	$\cdot$	$:$	$\sim$	∞
statt	gleich	größer als	kleiner als	plus (mehr)	minus (weniger)	mal	durch	ähnlich	unendlich
Man schreibt	$\doteq$	$\cong$	$\parallel$	$\#$	$\perp$	Σ	$\int$	$\sphericalangle$	
statt	nahezu gleich	kongruent	parallel	gleich u. parallel	rechtwinklig zu	Summe von	Integral	Winkel	

Griechische Buchstaben

$A\,\alpha$ Alpha	$B\,\beta$ Beta	$\Gamma\,\gamma$ Gamma	$\Delta\,\delta$ Delta	$E\,\varepsilon$ Epsilon	$Z\,\zeta$ Zeta	$H\,\eta$ Eta	$\Theta\,\vartheta$ Theta
$I\,\iota$ Jota	$K\,\varkappa$ Kappa	$\Lambda\,\lambda$ Lambda	$M\,\mu$ My	$N\,\nu$ Ny	$\Xi\,\xi$ Xi	$O\,o$ Omikron	$\Pi\,\pi$ Pi
$P\,\varrho$ Rho	$\Sigma\,\sigma$ Sigma	$T\,\tau$ Tau	$Y\,\upsilon$ Ypsilon	$\Phi\,\varphi$ Phi	$X\,\chi$ Chi	$\Psi\,\psi$ Psi	$\Omega\,\omega$ Omega

Zahlen zur Umwandlung von Bogenmaß in Gradmaß und umgekehrt

arc 1^0 = 0,0174532925 log arc 1^0 = 0,2418774—2
arc $1'$ = 0,0002908882 log arc $1'$ = 0,4637261—4
arc $1''$ = 0,0000048481 log arc $1''$ = 0,6855749—6

Arithmetik

Potenzen:

$$(-a)^{2n}=+a^{2n};\quad (-a)^{2n+1}=-a^{2n+1};\quad a^m\cdot a^n=a^{m+n};\quad a^m:a^n=a^{m-n};$$

$$a^m\cdot b^m=(ab)^m;\quad a^m:b^m=\left(\frac{a}{b}\right)^m;\quad \frac{1}{a^m}=a^{-m};\quad (a^m)^n=a^{mn};\quad \frac{a^{n+1}}{a^n}=a;\quad \frac{a^n}{a^{n-1}}=a;$$

$$a^2-b^2=(a+b)\,(a-b);\quad (a\pm b)^2=a^2\pm 2\,a\,b+b^2;$$

$$a^3\pm b^3=(a\pm b)\,(a^2\mp a\,b+b^2);\quad (a\pm b)^3=a^3\pm 3\,a^2\,b+3\,a\,b^2\pm b^3;$$

$$(a+b+c)^2=a^2+2\,a\,b+b^2+2\,a\,c+2\,b\,c+c^2.$$

Wurzeln:

$$\sqrt[n]{a^n}=a;\quad \sqrt[n]{a^{mn}}=a^m;\quad \sqrt[n]{a\,b}=\sqrt[n]{a}\cdot\sqrt[n]{b};\quad \sqrt[n]{\frac{a}{b}}=\frac{\sqrt[n]{a}}{\sqrt[n]{b}};$$

$$\sqrt[n]{\frac{1}{a}}=\frac{1}{\sqrt[n]{a}}=a^{-\frac{1}{n}};\quad \sqrt[n]{a^m}=a^{\frac{m}{n}};\quad \sqrt[n]{\sqrt[m]{a}}=\sqrt[m]{\sqrt[n]{a}}=\sqrt[mn]{a};$$

$$\sqrt{a^2}=\pm a;\quad \sqrt{(a+b)^2}=\pm(a+b).$$

Logarithmen: Ist $\overset{b}{\log}\,a=c$, so ist $b^c=a$. Für $b>1$ ist $\overset{b}{\log}\,0=-\infty$;

$$\overset{b}{\log}\,b=1;\quad \overset{b}{\log}\,(a\,c)=\overset{b}{\log}\,a+\overset{b}{\log}\,c;\quad \overset{b}{\log}\,\frac{a}{c}=\overset{b}{\log}\,a-\overset{b}{\log}\,c;$$

$$\overset{b}{\log}\,(a)^n=n\,\overset{b}{\log}\,a;\quad \overset{b}{\log}\,\sqrt[n]{a}=\frac{1}{n}\,\overset{b}{\log}\,a.$$

[10] Die Grundzahl der gemeinen oder Briggschen Logarithmen ist 10; statt $\log a$ schreibt man $\log a$; die Grundzahl der natürlichen Logarithmen ist

$$e = 2{,}718\,281\,828\,459\ldots,$$

wofür man $ln\, a$ statt $\log a$ schreibt.

Gleichungen zweiten Grades:

$$x^2 + px + q = 0, \qquad x = -\frac{p}{2} \pm \sqrt{\frac{p^2}{4} - q};$$

$$ax^2 + bx + c = 0, \qquad x = \frac{-b \pm \sqrt{b^2 - 4ac}}{2a}.$$

Sind x_1, x_2 die beiden Wurzeln einer Gleichung zweiten Grades, so ist

$$x_1 + x_2 = -p \text{ und } x_1 x_2 = q.$$

Gleichungen dritten Grades:

$$z^3 + az^2 + bz + c = 0.$$

Führt man $z = x - \frac{a}{3}$ ein, so erhält man die reduzierte Form

$$x^3 - 3px - 2q = 0;$$

hiebei ist:

$$3p = \frac{a^2}{3} - b, \qquad 2q = \frac{ab}{3} - c - \frac{2}{27}a^3.$$

α) $p^3 < q^2$. Eine Lösung ist reell, die beiden andern konjugiert komplex. Man benütze die Cardanische Formel:

$$u = \sqrt[3]{q + \sqrt{q^2 - p^3}}, \qquad v = \sqrt[3]{q - \sqrt{q^2 - q^3}}.$$

$$x_1 = u + v, \qquad x_{23} = -\frac{1}{2}(u + v) \pm \frac{i}{2}\sqrt{3}(u - v).$$

β) $p^3 > q^2$. Alle drei Lösungen sind reell:

Die Auflösung geschieht mittels Kreisfunktionen

$$\cos 3\varphi = \frac{q}{p\sqrt{p}};$$

$$x_1 = 2\sqrt{p}\cos\varphi, \qquad x_2 = 2\sqrt{p}\cos(\varphi + 120^0), \qquad x_3 = 2\sqrt{p}\cos(\varphi + 240^0),$$

γ) $p^3 = q^2$

$$x_1 = 2\sqrt{p}, \quad x_2 = x_3 = -\sqrt{p}.$$

Beispiele:

1. $x^3 + 9x - 26 = 0$: $\quad p = -3, \quad q = 13, \quad$ also $p^3 < q^2$

daher $\sqrt{q^2 - p^3} = 14, \quad u = \sqrt[3]{13 + 14} = 3, \quad v = \sqrt[3]{13 - 14} = -1;$

$$x_1 = 2, \; x_{23} = -\tfrac{1}{2} \cdot 2 \pm \tfrac{i}{2}\sqrt{3} \cdot 4 = -1 \pm 2i\sqrt{3}.$$

2. $x^3 - 15x + 6 = 0$: $\quad p = 5, \quad q = -3, \quad$ also $p^3 > q^2$.

$$\cos 3\varphi = \frac{-3}{5\sqrt{5}} = -0{,}268328, \qquad 3\varphi = 105^0\,33'\,53'', \qquad \varphi = 35^0\,11'\,18''$$

$$x_1 = 2\sqrt{p} \cdot \cos\; 35^0\,11'\,18'' = +3{,}6549,$$

$$x_2 = 2\sqrt{p} \cdot \cos 155^0\,11'\,18'' = -4{,}0593,$$

$$x_3 = 2\sqrt{p} \cdot \cos 275^0\,11'\,18'' = -0{,}4044.$$

Zeichnerisches Verfahren zur Auswertung von Gleichungen. Der Verlauf der Gleichung $y = f(x)$ sei in Abb. 1 dargestellt. Durch Versuch wurden die Wurzeln x_1 und x_2 gefunden, denen die Werte y_1 und y_2 zukommen. Durch gradlinige Zwischenschaltung (Interpolation) findet man aus

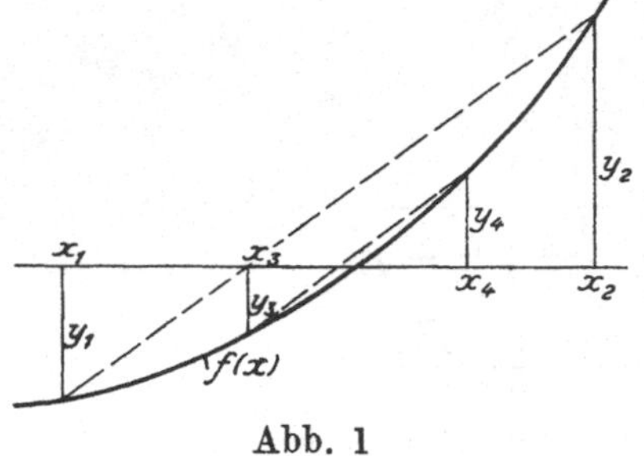

Abb. 1

$$x_3 = x_1 + \frac{x_2 - x_1}{y_1 - y_2} y_1$$

schon einen genaueren Wurzelwert x_3, dem ein y_3 entspricht; man wählt nun x_4, berechnet y_4 und gewinnt aus obiger Gleichung die fast schon ausreichend genaue Wurzel; dieses Verfahren kann weiter fortgesetzt werden.

Beispiel: $y = x^3 - 3x^2 + 4x - 10;$

$x_1 = 2 \ldots\ldots y_1 = -6,$
$x_2 = 3 \ldots\ldots y_2 = +2,$ $\qquad x_3 = 2 + \frac{3-2}{-6-2} \cdot (-6) = 2{,}75,$

$x_3 = 2{,}75 \ldots y_3 = -0{,}891,$
$x_4 = 2{,}90 \ldots y_4 = +0{,}759,$ $\qquad x_5 = 2{,}75 + \frac{2{,}9 - 2{,}75}{-0{,}891 - 0{,}759} \cdot (-0{,}891) \doteq 2{,}831.$

Der genaue Wert ist $x = 2{,}833$.

Arithmetische Reihe:

$$S = a + (a+b) + (a+2b) + (a+3b) + \ldots [a + (n-1)b] = \left[a + \frac{(n-1)b}{2}\right] n.$$

Geometrische Reihe:

$$S = a + aq + aq^2 + aq^3 + \ldots a q^{n-1} = \frac{a(q^n - 1)}{q-1}.$$

Binomische Reihe:

$$(a \pm b)^n = a^n \pm n a^{n-1} b + \frac{n(n-1)}{1 \cdot 2} a^{n-2} b^2 \pm \frac{n(n-1)(n-2)}{1 \cdot 2 \cdot 3} a^{n-3} b^3 + \ldots$$

Zinseszins- und Rentenrechnung

Ist K das Anlagekapital, p % der Zinsfuß, so ist der Endwert K_n des Kapitals nach n Jahren mit $q = 1 + \frac{p}{100}$.

(1) $$K_n = K q^n,$$

wenn die Zinsen am Ende eines jeden Jahres zum Kapital geschlagen werden.

Bei halbjährigem Zinszuschlag mit $q = \left(1 + \frac{p}{200}\right)$ ist

(2) $$K_n = K q^{2n}.$$

Wird am Ende eines jeden Jahres ein Betrag k eingezahlt, so ist der Endwert nach n Jahren

(3) $$S_n = k \frac{(q^n - 1)}{q - 1}.$$

Wird dieser Betrag k zu Anfang eines jeden Jahres eingezahlt, so ist die Endsumme am Ende des $n$ten Jahres

(4) $$S_n = k \frac{q(q^n - 1)}{q - 1}.$$

Tilgung, Amortisation. Ist ein Betrag K, der mit p % verzinst wird, in n Jahren zu tilgen, so beträgt die jährliche Zahlung k

$$k = K\frac{q^n(q-1)}{q^n-1}. \qquad (5)$$

Abschreibung. Ist der Anschaffungswert A in n Jahren abzuschreiben, so beträgt die jährliche Abschreibung a

$$a = A\frac{q-1}{q^n-1}.$$

Trigonometrie

Geometrische Definition (Abb. 2)

$$\sin\alpha = \frac{a}{c}, \quad \cos\alpha = \frac{b}{c}, \quad \operatorname{tg}\alpha = \frac{a}{b},$$

$$\operatorname{cotg}\alpha = \frac{b}{a}, \quad \operatorname{cosec}\alpha = \frac{1}{\sin\alpha}, \quad \sec\alpha = \frac{1}{\cos\alpha}.$$

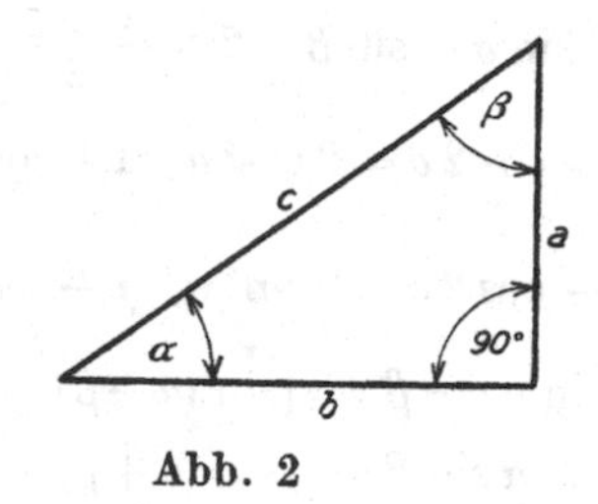

Abb. 2

Beziehungen zwischen Komplement- und Supplementwinkeln (Abb. 3)

$\varphi =$	$90 \pm \alpha$	$180 \pm \alpha$	$270 \pm \alpha$	$(n \cdot 360 \pm \alpha)$ oder $\pm \alpha$
$\sin\varphi$	$\cos\alpha$	$\mp\sin\alpha$	$-\cos\alpha$	$\pm\sin\alpha$
$\cos\varphi$	$\mp\sin\alpha$	$-\cos\alpha$	$\pm\sin\alpha$	$+\cos\alpha$
$\operatorname{tg}\varphi$	$\mp\operatorname{cotg}\alpha$	$\pm\operatorname{tg}\alpha$	$\mp\operatorname{cotg}\alpha$	$\pm\operatorname{tg}\alpha$
$\operatorname{cotg}\varphi$	$\mp\operatorname{tg}\alpha$	$\pm\operatorname{cotg}\alpha$	$\mp\operatorname{tg}\alpha$	$\pm\operatorname{cotg}\alpha$

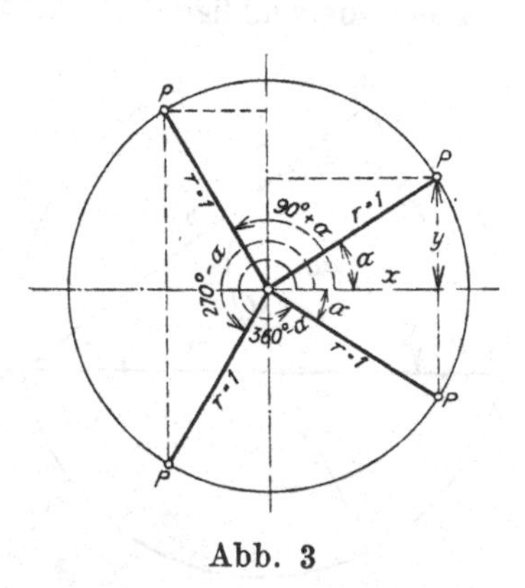

Abb. 3

Grundbeziehungen:

$$\sin(-\alpha) = -\sin\alpha, \quad \cos(-\alpha) = \cos\alpha,$$

$$\operatorname{tg}(-\alpha) = -\operatorname{tg}\alpha, \quad \operatorname{cotg}(-\alpha) = -\operatorname{cotg}\alpha,$$

$$\sin^2\alpha + \cos^2\alpha = 1, \quad \operatorname{tg}\alpha = \frac{\sin\alpha}{\cos\alpha}, \quad \operatorname{tg}\alpha\cdot\operatorname{cotg}\alpha = 1.$$

Beziehungen zwischen den Funktionen zweier Winkel und Funktionen mehrfacher Winkel.

$$\sin(\alpha \pm \beta) = \sin\alpha\cos\beta \pm \cos\alpha\sin\beta,$$

$$\cos(\alpha \pm \beta) = \cos\alpha\cos\beta \mp \sin\alpha\sin\beta,$$

$$\operatorname{tg}(\alpha \pm \beta) = (\operatorname{tg}\alpha \pm \operatorname{tg}\beta) : (1 \mp \operatorname{tg}\alpha\cdot\operatorname{tg}\beta),$$

$$\operatorname{cotg}(\alpha \pm \beta) = (\operatorname{cotg}\alpha\cdot\operatorname{cotg}\beta \mp 1) : (\operatorname{cotg}\beta \pm \operatorname{cotg}\alpha).$$

$$\sin 2\alpha = 2\sin\alpha\cdot\cos\alpha = \frac{2}{\operatorname{cotg}\alpha + \operatorname{tg}\alpha},$$
$$\cos 2\alpha = \cos^2\alpha - \sin^2\alpha = 1 - 2\sin^2\alpha = 2\cos^2\alpha - 1,$$
$$\operatorname{tg} 2\alpha = \frac{2\operatorname{tg}\alpha}{1-\operatorname{tg}^2\alpha} = \frac{2}{\operatorname{cotg}\alpha - \operatorname{tg}\alpha},$$
$$\operatorname{cotg} 2\alpha = \frac{\operatorname{cotg}^2\alpha - 1}{2\operatorname{cotg}\alpha} = \frac{\operatorname{cotg}\alpha - \operatorname{tg}\alpha}{2}.$$

$$\sin\alpha + \sin\beta = 2\sin\frac{\alpha+\beta}{2}\cdot\cos\frac{\alpha-\beta}{2}, \qquad \cos\alpha + \cos\beta = 2\cos\frac{\alpha+\beta}{2}\cdot\cos\frac{\alpha-\beta}{2},$$
$$\sin\alpha + \sin\beta = 2\cos\frac{\alpha+\beta}{2}\cdot\sin\frac{\alpha-\beta}{2}, \qquad \cos\alpha - \cos\beta = -2\sin\frac{\alpha+\beta}{2}\cdot\sin\frac{\alpha-\beta}{2}.$$

$$1+\cos 2\alpha = 2\cos^2\alpha, \quad 1+\cos\alpha = 2\cos^2\frac{\alpha}{2}, \quad \frac{1-\cos 2\alpha}{1+\cos 2\alpha} = \operatorname{tg}^2\alpha, \quad \frac{1-\cos\alpha}{1+\cos\alpha} = \operatorname{tg}^2\frac{\alpha}{2},$$
$$1-\cos 2\alpha = 2\sin^2\alpha, \quad 1-\cos\alpha = 2\sin^2\frac{\alpha}{2}, \quad 1+\operatorname{tg}^2\alpha = \frac{1}{\cos^2\alpha}, \quad 1+\operatorname{cotg}^2\alpha = \frac{1}{\sin^2\alpha}.$$

$$\sin\alpha\cos\beta = \tfrac{1}{2}[\sin(\alpha+\beta) + \sin(\alpha-\beta)], \qquad \sin\alpha\sin\beta = \tfrac{1}{2}[\cos(\alpha-\beta) - \cos(\alpha+\beta)],$$
$$\cos\alpha\sin\beta = \tfrac{1}{2}[\sin(\alpha+\beta) - \sin(\alpha-\beta)], \qquad \cos\alpha\cos\beta = \tfrac{1}{2}[\cos(\alpha-\beta) + \cos(\alpha+\beta)].$$

Das schiefwinklige Dreieck, Abb. 4. Formeln.

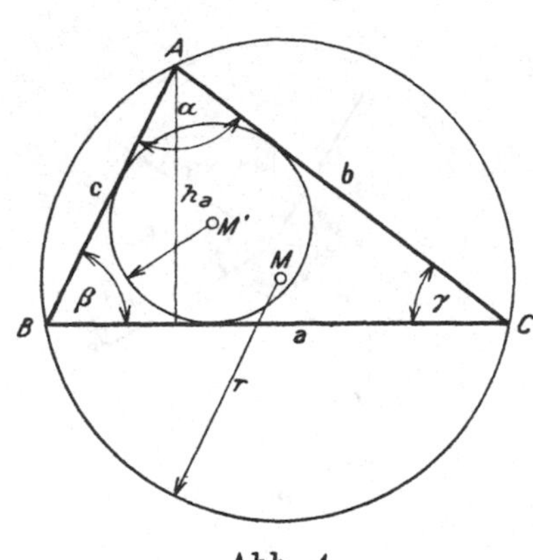

Abb. 4

Sinussatz:

$$\frac{a}{\sin\alpha} = \frac{b}{\sin\beta} = \frac{c}{\sin\gamma} = 2r.$$

Projektionssatz:

$$a = b\cos\gamma + c\cos\beta,$$
$$b = c\cos\alpha + a\cos\gamma,$$
$$c = b\cos\alpha + a\cos\beta.$$

Cosinussatz:

$$a^2 = b^2 + c^2 - 2bc\cos\alpha =$$
$$= (b+c)^2 - 4bc\cos^2\frac{\alpha}{2} =$$
$$= (b-c)^2 + 4bc\sin^2\frac{\alpha}{2}.$$

Tangentensatz:

$$(a+b) : (a-b) = \operatorname{tg}\frac{\alpha+\beta}{2} : \operatorname{tg}\frac{\alpha-\beta}{2}.$$

Mollweidesche Gleichungen:

$$(b+c)\sin\frac{\alpha}{2} = a\cos\frac{\beta-\gamma}{2}, \qquad (b-c)\cos\frac{\alpha}{2} = a\sin\frac{\beta-\gamma}{2}.$$

Halbwinkelsätze:

$$\sin\frac{\alpha}{2} = \sqrt{\frac{(s-b)(s-c)}{b\cdot c}}, \qquad \cos\frac{\alpha}{2} = \sqrt{\frac{s(s-a)}{b\cdot c}},$$
$$\operatorname{tg}\frac{\alpha}{2}\sqrt{\frac{(s-b)(s-c)}{s(s-a)}}, \qquad s = \tfrac{1}{2}(a+b+c).$$

Innerer Halbmesser ϱ, äußerer Halbmesser r:

$$\varrho = \sqrt{\frac{(s-a)(s-b)(s-c)}{s}} = (s-a)\,\mathrm{tg}\,\frac{\alpha}{2} = (s-b)\,\mathrm{tg}\,\frac{\beta}{2} = (s-c)\,\mathrm{tg}\,\frac{\gamma}{2}.$$

Grundaufgaben.

1. Gegeben eine Seite a und die anliegenden Winkel β, γ:

$$b = \frac{a \sin\beta}{\sin\alpha}, \qquad c = \frac{a \sin\gamma}{\sin\alpha}, \qquad \alpha = 180^0 - \beta - \gamma.$$

2. Gegeben zwei Seiten a, b und der eingeschlossene Winkel γ:

a) $c = \sqrt{a^2 + b^2 - 2ab\cos\gamma}, \qquad \sin\alpha = a\frac{\sin\gamma}{c}, \qquad \sin\beta = b\frac{\sin\gamma}{c}.$

b) $\frac{\alpha+\beta}{2} = 90 - \frac{\gamma}{2}, \qquad \mathrm{tg}\frac{\alpha-\beta}{2} = \frac{a-b}{a+b}\,\mathrm{tg}\frac{\alpha+\beta}{2}, \qquad c = \frac{a\sin\gamma}{\sin\alpha} = \frac{b\sin\gamma}{\sin\beta}.$

3. Gegeben zwei Seiten a, b und der Gegenwinkel β:

α) $b > a$: $\alpha < 90^0, \qquad \sin\alpha = \frac{a\sin\beta}{b}, \qquad c = \frac{b\sin\gamma}{\sin\beta} = \frac{a\sin\gamma}{\sin\alpha}, \qquad \gamma = 180^0 - \alpha - \beta.$

Es besteht nur eine Lösung.

β) $b < a$: Aus $\sin\alpha = \frac{a\sin\beta}{b}$ entstehen für α zwei Werte, der eine $< 90^0$, der andere $> 90^0$. Im übrigen wie vor. Ist $a\sin\beta > b$, so besteht überhaupt keine Lösung.

4. Gegeben die drei Seiten a, b, c $\left\{s = \frac{1}{2}(a+b+c)\right\}$:

a) $\cos\alpha = \frac{b^2+c^2-a^2}{2bc}, \qquad \sin\beta = \frac{b\sin\alpha}{a}, \qquad \gamma = 180^0 - \alpha - \beta,$

b) $\cos\frac{\alpha}{2} = \sqrt{\frac{s(s-a)}{bc}}, \qquad \cos\frac{\beta}{2} = \sqrt{\frac{s(s-b)}{ac}}, \qquad \gamma = 180^0 - \alpha - \beta.$

Ebene Figuren und Körper

Dreieck (Abb. 4):

$$\text{Fläche: } F = \frac{1}{2}a\,h_a = \frac{1}{2}a\,b\sin\gamma = \frac{a^2\sin\beta\cdot\sin\gamma}{2\sin\alpha},$$

$$= \sqrt{s(s-a)(s-b)(s-c)} = 2r^2\sin\alpha\sin\beta\sin\gamma = \frac{abc}{4r}.$$

Der Schwerpunkt liegt im Drittel der Höhe.

Trapez (Abb. 5): $\qquad F = \frac{a+b}{2}h.$

Schwerpunktsabstand:

$$x = \frac{h}{3}\,\frac{a+2b}{a+b};$$

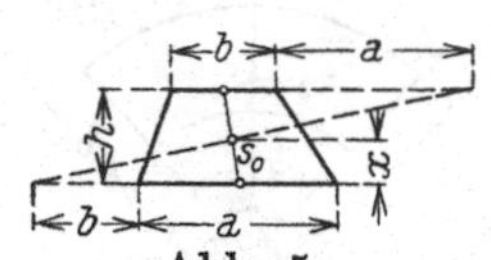

Abb. 5. Schwerpunktsbestimmung

Regelmäßige Vielecke. Ist a die Seite eines regelmäßigen n-Eckes, R der Halbmesser des umschriebenen, r jener des eingeschriebenen Kreises, F der Flächeninhalt des n-Eckes, so ist:

$$a = 2\ R \sin\frac{180}{n} = 2\ r\ \mathrm{tg}\frac{180}{n},$$

$$F = \frac{1}{2}\ r\ a\ n = \frac{1}{4}\ n\ a^2 \cot g\ \frac{180}{n} = $$

$$= \frac{1}{2}\ n\ R^2 \sin\frac{360}{n}.$$

Tabelle über regelmäßige Vielecke

n	F		R	a
3	0,4330 a^2	1,2990 R^2	0,5774 a	1,7321 R
4	1,0000 a^2	2,0000 R^2	0,7071 a	1,4142 R
5	1,7205 a^2	2,3776 R^2	0,8507 a	1,1756 R
6	2,5981 a^2	2,5981 R^2	1,0000 a	1,0000 R
7	3,6339 a^2	2,7364 R^2	1,1524 a	0,8678 R
8	4,8284 a^2	2,8284 R^2	1,3066 a	0,7654 R
9	6,1818 a^2	2,8925 R^2	1,4619 a	0,6840 R
10	7,6942 a^2	2,9389 R^2	1,6180 a	0,6180 R
12	11,1962 a^2	3,0000 R^2	1,9319 a	0,5176 R

Kreis: Halbmesser r, Durchmesser D;

Fläche: $F = \frac{D^2 \pi}{4} = r^2 \pi$; Umfang $U = D \pi$.

Kreisring: Äußerer Durchmesser D, innerer Durchmesser d | Wandstärke:
„ Halbmesser R, „ Halbmesser r | $s = \frac{D-d}{2}$;

mittlerer Durchmesser: $D_m = \frac{D+d}{2}$;

Fläche: $F = \frac{D^2 - d^2}{4} \pi = (R^2 - r^2)\ \pi = D_m \cdot s \cdot \pi$.

Kreisausschnitt (Abb. 6): $F = \frac{b\ r}{2} = \frac{\varphi}{360} r^2 \pi$;

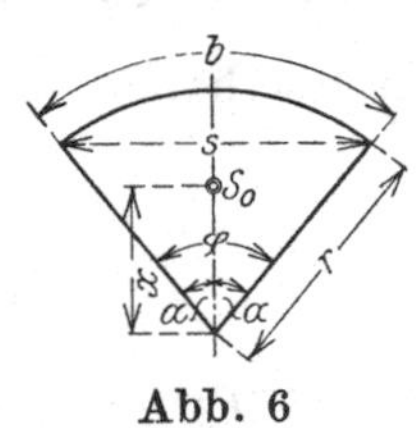

Abb. 6

Schwerpunkt: $x = \frac{2}{3} r \frac{s}{b} = \frac{2}{3} \sin\alpha \frac{180}{\alpha^0 \pi} = \frac{r^2 s}{3 F}$;

Schwerpunktslage für die Sonderfälle:

Sechstelkreis	Viertelkreis	Halbkreis
$x = \frac{2 r}{\pi} = 0{,}6366\, r$	$x = \frac{4\sqrt{2}}{3}\frac{r}{\pi} = 0{,}6002\, r$	$x = \frac{4}{3}\frac{r}{\pi} = 0{,}4244\, r$

b = Bogenlänge $= r\,\pi \frac{\varphi^0}{180}$; φ^0 = Zentriwinkel.

Kreisabschnitt (Abb. 7): $F = \frac{r^2}{2}\left(\frac{\varphi^0 \pi}{180} - \sin\varphi\right) = \frac{r\,(b-s) + s\,h}{2}$;

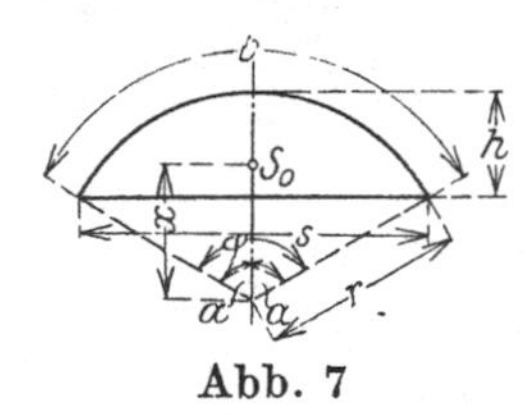

Abb. 7

Schwerpunkt: $x = \frac{s^3}{12 F} = \frac{2}{3}\frac{r^3 \sin^3\alpha}{F} = \frac{4}{3}\frac{r \sin^3\alpha}{\frac{\alpha^0}{90}\pi - \sin 2\alpha}$,

$r = \frac{s^2}{8 h} + \frac{h}{2}$; $b = \frac{r\,\pi\,\varphi^0}{180}$ = Bogenlänge $= 0{,}01745\ r\ \varphi$,

$s = 2\ r \sin\frac{\varphi}{2} = 2\sqrt{h\,(2\,r - h)}$ = Sehnenlänge,

$h = r - r\cos\frac{\varphi}{2}$ = Bogenhöhe.

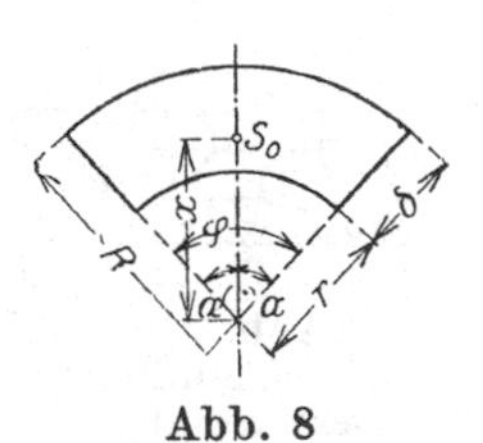

Abb. 8

Kreisringstück gleicher Dicke (Abb. 8):

$F = \frac{\varphi^0 \pi}{360}(R^2 - r^2) = \frac{\varphi^0 \pi}{180} R_m\,\delta$, $R_m = \frac{R + r}{2}$ = mittlerer Halbmesser;

Schwerpunkt: $x = \frac{2}{3}\frac{R^3 - r^3}{R^2 - r^2}\sin\alpha\frac{180^0}{\alpha^0 \pi}$.

Kreisringstück ungleicher Dicke (Gewölbe), Abb. 9:

$$\text{Fläche: } F = \frac{R^2 \pi \alpha_1}{360} - \frac{r^2 \pi \alpha_2}{360} - \frac{m S}{2},$$

$$r = \frac{s^2}{8 h_2} + \frac{h_2}{2}; \quad R = \frac{S^2}{8 h_1} + \frac{h_1}{2},$$

$$\sin \frac{\alpha_2}{2} = \frac{s}{2 r}; \quad \sin \frac{\alpha_1}{2} = \frac{S}{2 R},$$

$$S = 2 \sqrt{h_1 (2 R - h_1)}; \quad s = \sqrt{h_2 (2 r - h_2)}.$$

$$h_1 = R - R \cos \frac{\alpha_1}{2}; \quad h_2 = r - r \cos \frac{\alpha_2}{2}.$$

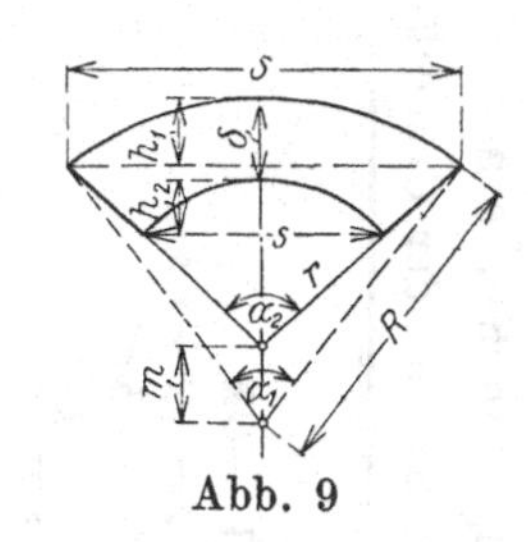

Abb. 9

Parabel, Abb. 10:

$$F = \frac{2}{3} s h, \quad \text{Umfang } U \doteq s \left[1 + \frac{8}{3} \left(\frac{h}{s}\right)^2 - \frac{32}{5} \left(\frac{h}{s}\right)^4 \right], \text{ wenn } \frac{h}{s} \text{ nicht zu groß ist.}$$

Sinuslinie, Abb. 10:

$$F = \frac{2}{\pi} s h, \quad U \cong s \left[1 + \frac{\pi^2}{4} \left(\frac{h}{s}\right)^2 - \frac{\pi^4}{8} \left(\frac{h}{s}\right)^4 \right], \text{ für}$$

kleine Werte von $\frac{h}{s}$.

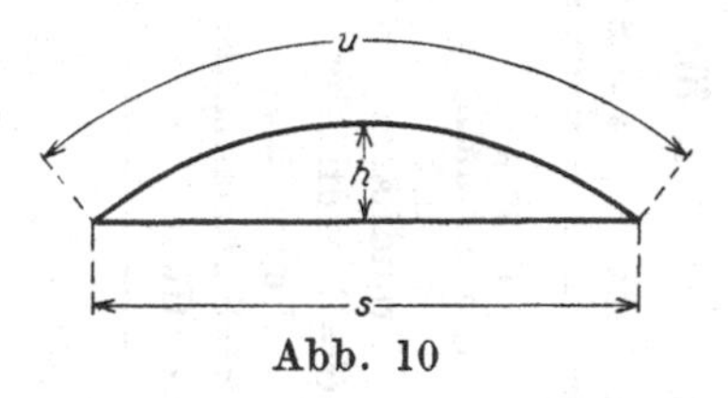

Abb. 10

Ellipse: Halbachsen a und b:

$$F = a b \pi;$$

Umfang U, siehe die folgende Tabelle:

$b:a$	0,1	0,2	0,3	0,4	0,5	0,6	0,7	0,8	0,9
$U:a$	4,0640	4,2020	4,3860	4,6026	4,8442	5,1054	5,3824	5,6723	5,9732.

Beliebige Fläche (Abb. 11). Simpsonsche Regel.

Die Fläche wird in eine beliebige gerade Anzahl gleicher Teile x geteilt und auf deren Teilpunkten die Ordinaten y_1 bis y_n errichtet. Es ist dann

$$F = \frac{x}{3} (y_1 + 4 y_2 + 2 y_3 + 4 y_4 + 2 y_5 + \ldots y_n).$$

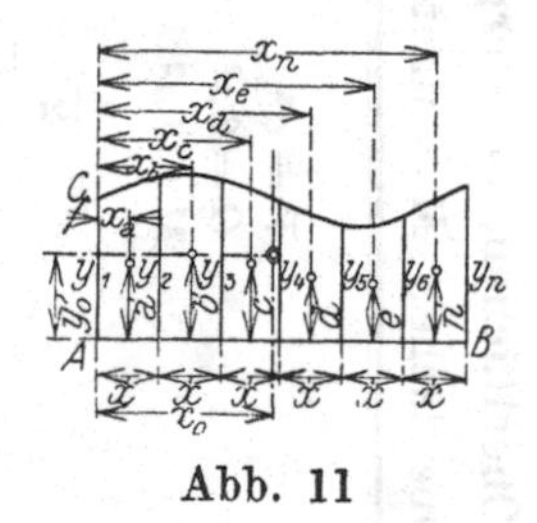

Abb. 11

Schwerpunktsermittlung. Die Fläche wird in einzelne Teilflächen zerlegt, deren Schwerpunktslagen bekannt sind. Dann wählt man zwei beliebige, senkrecht aufeinanderstehende Achsen (AC und AB).

Der Abstand des Gesamtschwerpunktes ist, wenn $f_a, f_b, f_c \ldots$ die einzelnen Flächeninhalte, $a, b, c \ldots n$; $x_a, x_b, x_c \ldots x_n$ die zugehörenden Schwerpunktsabstände sind:

$$x_0 = \frac{f_a x_a + f_b x_b + \ldots f_n x_n}{F}; \quad y_0 = \frac{f_a a + f_b b + \ldots f_n n}{F};$$

$$F = f_a + f_b + \ldots f_n.$$

Inhalte, Oberflächen, Schwerpunkte und sonstige Angaben für die Berechnung von Körpern

V = Inhalt; O = Oberfläche; M = Mantelfläche; G = Grundfläche. s = Schwerpunktsabstand von der Grundfläche.

Körper	Formeln	Körper	Formeln
Würfel 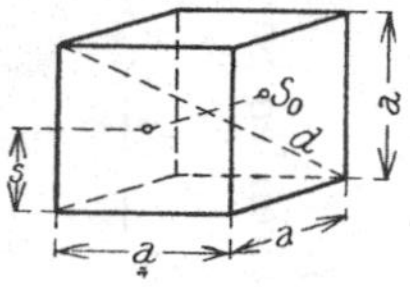	$V = a^3$ $O = 6a^2$ $M = 4a^2$ $s = \frac{a}{2}$ $d = a\sqrt{3} = 1{,}7321\,a$	**Prisma** mit regelmäßiger Vieleck-Grundfläche: G = Grundfläche a = Seitenlänge n = Seitenanzahl h = Höhe	$V = Gh$ $O = 2G + nha$ $M = nha$ $s = \frac{h}{2}$
Pyramide 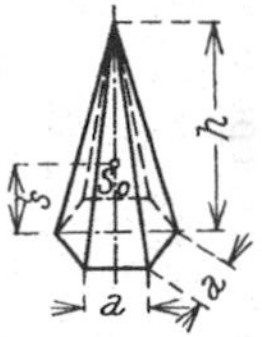	$V = \frac{Gh}{3}$ $s = \frac{h}{4}$	**Abgestumpfte Pyramide** 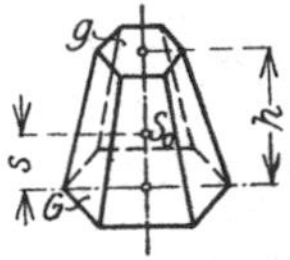	G = Grundfläche, g = Kopffläche, h = Höhe, $x = \left(\frac{g}{G}\right)$ Inhalt: $V = \frac{h}{3}(G + \sqrt{Gg} + g) = \frac{Gh}{3}(1 + \sqrt{x} + x) = \frac{Gh}{3} \cdot C_v$ Schwerpunktsabstand s: $s = \frac{h}{4} \cdot \frac{G + 2\sqrt{Gg} + 3g}{G + \sqrt{Gg} + g} = \frac{h}{4}\left[2 - \frac{1 - x}{1 + \sqrt{x} + x}\right] = \frac{h}{4} \cdot C_s$ Über C_v und C_s siehe Tabelle S. 26
Obelisk 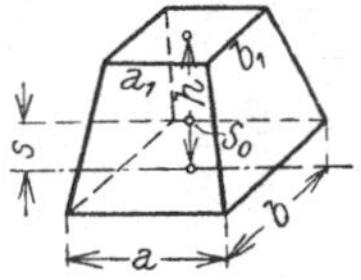	$V = \frac{h}{6}[(2a + a_1)b + (2a_1 + a)b_1]$ $= \frac{h}{6}[ab + (a + a_1)(b + b_1) + a_1 b_1]$ $s = \frac{h}{2} \cdot \frac{ab + ab_1 + a_1 b + 3a_1 b_1}{2ab + ab_1 + a_1 b + 2a_1 b_1}$	**Zylinder** 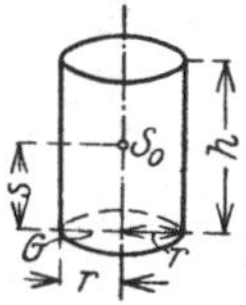	$V = r^2 \pi h = G \cdot h$ $O = 2\pi r(r + h)$ $M = 2\pi r h$ $s = \frac{h}{2}$

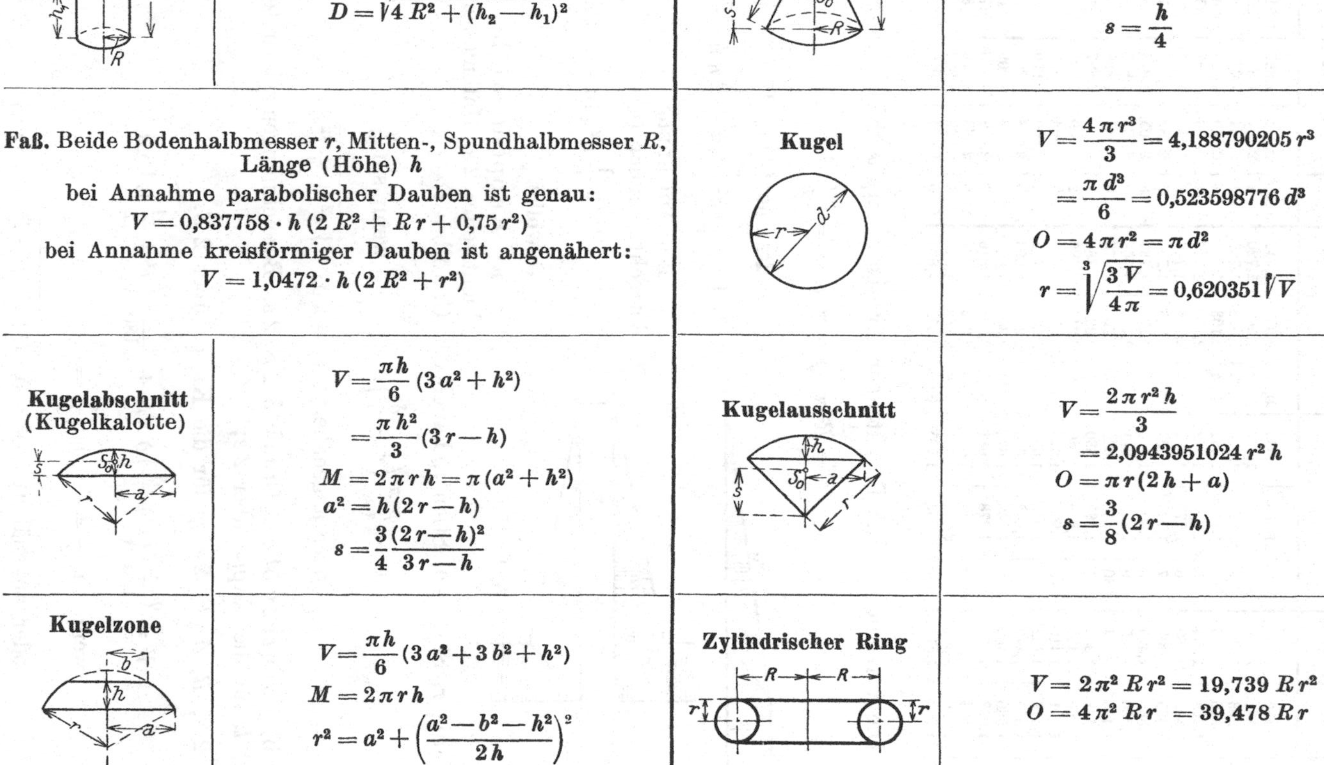

Körper	Formeln	Körper	Formeln
Abgestumpfter Zylinder	$V = R^2 \pi \frac{h_1 + h_2}{2}$ $M = R \pi (h_1 + h_2)$ $D = \sqrt{4 R^2 + (h_2 - h_1)^2}$	**Kreiskegel**	$V = \frac{\pi R^2 h}{3}$ $M = 4 \pi R s$ $S = \sqrt{R^2 + h^2}$ $s = \frac{h}{4}$
Faß. Beide Bodenhalbmesser r, Mitten-, Spundhalbmesser R, Länge (Höhe) h bei Annahme parabolischer Dauben ist genau: $V = 0{,}837758 \cdot h (2 R^2 + R r + 0{,}75 r^2)$ bei Annahme kreisförmiger Dauben ist angenähert: $V = 1{,}0472 \cdot h (2 R^2 + r^2)$		**Kugel**	$V = \frac{4 \pi r^3}{3} = 4{,}188790205\, r^3$ $= \frac{\pi d^3}{6} = 0{,}523598776\, d^3$ $O = 4 \pi r^2 = \pi d^2$ $r = \sqrt[3]{\frac{3 V}{4 \pi}} = 0{,}620351 \sqrt[3]{V}$
Kugelabschnitt (Kugelkalotte)	$V = \frac{\pi h}{6} (3 a^2 + h^2)$ $= \frac{\pi h^2}{3} (3 r - h)$ $M = 2 \pi r h = \pi (a^2 + h^2)$ $a^2 = h (2 r - h)$ $s = \frac{3}{4} \frac{(2 r - h)^2}{3 r - h}$	**Kugelausschnitt**	$V = \frac{2 \pi r^2 h}{3}$ $= 2{,}0943951024\, r^2 h$ $O = \pi r (2 h + a)$ $s = \frac{3}{8} (2 r - h)$
Kugelzone	$V = \frac{\pi h}{6} (3 a^2 + 3 b^2 + h^2)$ $M = 2 \pi r h$ $r^2 = a^2 + \left(\frac{a^2 - b^2 - h^2}{2 h}\right)^2$	**Zylindrischer Ring**	$V = 2 \pi^2 R r^2 = 19{,}739\, R r^2$ $O = 4 \pi^2 R r = 39{,}478\, R r$

Tabelle der C_v und C_s für abgestumpfte Pyramiden (nach Herzka)

x	C_v	C_s	x	C_v	C_s	x	C_v	C_s	x	C_v	C_s	x	C_v	C_s
0,01	1,110	1,109	0,21	1,668	1,526	0,41	2,050	1,712	0,61	2,391	1,837	0,81	2,710	1,930
2	1,161	1,156	2	1,689	1,538	2	2,068	1,720	2	2,407	1,842	2	2,726	1,934
3	1,203	1,193	3	1,710	1,550	3	2,086	1,727	3	2,424	1,847	3	2,741	1,938
4	1,240	1,226	4	1,730	1,561	4	2,103	1,734	4	2,440	1,853	4	2,757	1,942
5	1,274	1,254	5	1,750	1,572	5	2,121	1,741	5	2,456	1,858	5	2,772	1,946
6	1,305	1,280	6	1,770	1,582	6	2,138	1,748	6	2,472	1,862	6	2,787	1,950
7	1,335	1,303	7	1,790	1,592	7	2,156	1,754	7	2,489	1,867	7	2,803	1,954
8	1,363	1,325	8	1,809	1,602	8	2,173	1,761	8	2,505	1,873	8	2,818	1,958
9	1,390	1,345	9	1,829	1,611	9	2,190	1,767	9	2,521	1,877	9	2,833	1,961
0,10	1,416	1,364	0,30	1,848	1,621	0,50	2,207	1,773	0,70	2,537	1,882	0,90	2,849	1,965
1	1,442	1,382	1	1,867	1,630	1	2,225	1 780	1	2,553	1,887	1	2,864	1,969
2	1,466	1,400	2	1,886	1,640	2	2,242	1,786	2	2,569	1,891	2	2,879	1,972
3	1,491	1,416	3	1,905	1,648	3	2,258	1,792	3	2,584	1,896	3	2,894	1,976
4	1,514	1,432	4	1,923	1,657	4	2,275	1,798	4	2,600	1,900	4	2,910	1,980
5	1,537	1,447	5	1,942	1,665	5	2,292	1,803	5	2,616	1,904	5	2,925	1,983
6	1,560	1,462	6	1,960	1,673	6	2,308	1,809	6	2,632	1,909	6	2,940	1,987
7	1,582	1,476	7	1,978	1,681	7	2,325	1,816	7	2,648	1,913	7	2,955	1,990
8	1,604	1,489	8	1,996	1,690	8	2,342	1,821	8	2,663	1,918	8	2,970	1,993
9	1,626	1,501	9	2,015	1,697	9	2,358	1,826	9	2,679	1,922	9	2,985	1,997
0,20	1,647	1,514	0,40	2,033	1,705	0,60	2,375	1,832	0,80	2,694	1,926	1,00	3,000	2,000

Die vorstehende Tabelle gilt auch für abgestumpfte Kreiskegel mit

$$G = R^2 \pi, \quad g = r^2 \pi, \quad x = \left(\frac{r}{R}\right)^2.$$

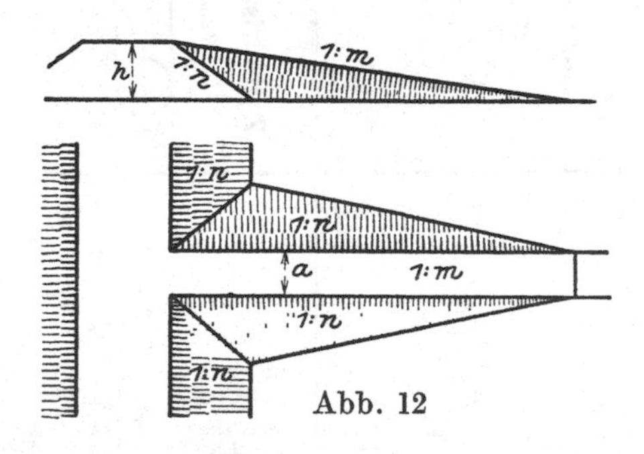

Abb. 12

Rampe (Abb. 12):

$$V = \frac{1}{6} h^2 \left\{ 3a + 2nh \frac{m-n}{m} \right\} (m-n).$$

Bei Anlehnung der Rampe an eine lotrechte Mauer ($n=0$):

$$V = \frac{1}{6} h^2 (3a + 2hn)\, m.$$

Gewölbe.

a) Kappengewölbe. Spannweite (Lichtweite) $2s$, Halbmesser der inneren Leibung r, Stärke δ, Stich f, Länge des Gewölbes l.

$$V = \frac{\varphi^0 \pi}{180}\left(r + \frac{\delta}{2}\right)\delta \cdot l, \qquad \text{wenn } \sin\frac{\varphi}{2} = \frac{s}{r}$$

oder angenähert: $V = 2\delta l \cdot \sqrt{s^2 + \frac{4}{3} f^2}$.

b) Kreuzgewölbe. Grundriß $2S \cdot 2s$. Bezeichnungen wie unter a) mit $2S$ statt l, für die Kappe über $2s$;

$2S$, R, Δ, F, $2s$, ψ für die Kappe über $2S$.

$$V = \frac{\varphi^0 \cdot \pi}{180}\left(r + \frac{\delta}{2}\right)\delta \cdot S + \frac{\psi^0 \cdot \pi}{180}\left(R + \frac{\Delta}{2}\right)\Delta \cdot s,$$

wenn $\sin\frac{\varphi}{2} = \frac{s}{r}$, $\sin\frac{\psi}{2} = \frac{S}{R}$

oder angenähert: $V = \delta \cdot S\sqrt{s^2 + \frac{4}{3} f^2} + \Delta \cdot s \cdot \sqrt{S^2 + \frac{4}{3} F^2}$.

Konstruktionen

Konstruktion der Zahl π (nach Herzka). Der Umfang eines rechtwinkligen Dreieckes, dessen Seiten $a = 1{,}2$, $b = 0{,}6$ und $c = 1{,}3416 = \sqrt{a^2 + b^2}$ ergibt sich mit: $\pi \doteq 3{,}1416$.

Parabelkonstruktion (Abb. 13). Man verbinde O mit 1, ziehe beliebig $\overline{O\,2}$, $\overline{22'}//\overline{11}$, $\overline{p\,2'}//\overline{O\,m}$; p ist ein Parabelpunkt.

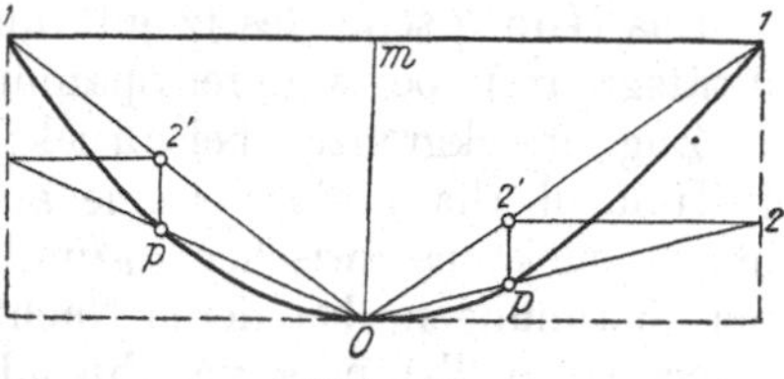

Abb. 13

Schwanenhals (Abb. 14) (zweimittiger Korbbogen); Bogenanfang 1, Bogenende 2; $1—1'//2—2'$; $1—1' \perp A\,1$; aus dem Mittelpunkt M drei Kreise zeichnen, von denen zwei die Parallelen berühren, der dritte durch 1 und 2 geht; jeder Punkt p auf diesem dritten Kreise ist einem Korbbogen gemeinsam; die Tangente an dem innersten Kreis schneidet in O_1 und O_2 die Mittelpunkte der beiden Kreisteile mit den Halbmessern $r_1 = \overline{1\,O_1} = \overline{p\,O_1}$ und $r_2 = \overline{2\,O_2} = \overline{p\,O_2}$ heraus; die Berührende $t—t$ an dem Mittelkreis ist es auch für den Korbbogen. (Nach Herzka: Zeitschr. des österr. Ing.- und Arch.-Ver., 1903.)

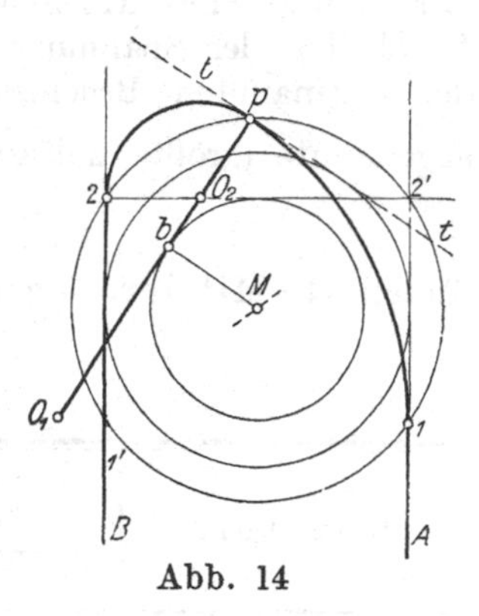

Abb. 14

Aus der Festigkeitslehre und Baustatik

Von Oberbaurat Ing. Dr. Josef Schreier

A. Allgemeines

I. Normalspannungen

Wirkt normal zum Querschnitt eines festgehaltenen Körpers im Querschnittsschwerpunkt eine Kraft P (Zug bzw. Druck), so ist die Inanspruchnahme über den Querschnitt gleichmäßig verteilt und beträgt $\sigma \left(\text{in } \frac{\text{kg}}{\text{cm}^2}\right) = \frac{P}{F}$, wenn P in kg und F, der Flächeninhalt des Querschnittes, in cm^2 ausgedrückt werden. Ist der Körper stabförmig und von der Länge l[1]), so entsteht bei Wirkung einer mit der Stablängsachse zusammenfallenden Kraft P eine Längenänderung (Verlängerung bzw. Verkürzung): $\Delta l = \frac{l\,\sigma}{E}$ (Hookesches Gesetz), wobei E $\left(\text{in } \frac{\text{kg}}{\text{cm}^2}\right)$ das Elastizitätsmaß bedeutet, das bei den meisten Baustoffen innerhalb einer bestimmten Spannungsgrenze als unveränderlich betrachtet werden kann (siehe Tabelle 1).

---

[1]) Bei Druckstäben an gewisse Grenzen gebunden (siehe Knickung).

$\frac{1}{E} = \alpha \left(\text{in} \frac{\text{cm}^2}{\text{kg}}\right)$ ist die Dehnzahl; daher auch $\Delta l = \alpha l \sigma$[1]).

$\frac{\Delta l}{l} = \varepsilon$ heißt spezifische Dehnung.

Das Hookesche Gesetz gilt nur bis zu einer gewissen Grenze σ_P (Proportionalitätsgrenze); bei weiterer Spannungszunahme wird schließlich die Fließgrenze σ_S (bei Zug Streckgrenze, bei Druck Quetsch- oder Stauchgrenze genannt) überschritten, oberhalb welcher eine auffallend rasche und bleibende Längenänderung eintritt. Meistens zwischen σ_P und σ_S liegt die Elastizitätsgrenze σ_E als Grenze jener Spannungen, bei deren Nachlassen die stattgefundenen Längenänderungen wieder fast vollständig verschwinden. Wird σ_S überschritten, so tritt oft nach Erreichung eines Höchstwertes σ_B unter Nachlassen der Kraftwirkung der Bruch bei der Spannung σ_B' (Bruchgrenze) ein. Von der Höchstspannung σ_B, der sogenannten Bruchfestigkeit, ausgehend, wird bei n-facher Sicherheit die sogenannte (größte) zulässige Inanspruchnahme bestimmt: . . . $\sigma_{zul} = \frac{\sigma_B}{n}$.

Tabelle 1. Mittlere Festigkeitswerte und zulässige Beanspruchungen von Baustoffen

a) Eisen

Baustoff	E	σ_P	σ_S	Bruchfestigkeit	Zulässige Inanspruchnahmen[1]) kg/cm²	
	kg/cm²				Zug, Druck, Biegung	Abscherung
Schweißeisen	2 000 000	1500	2000	3600	1000	750
Flußeisen	2 150 000	2000	2700	4000	1200, ausn. bis 1600	1000
Flußstahl	2 200 000	>3000	—	>5000	1500	—
Stahlguß	2 150 000	>2500	—	>5000	1200	—
Gußeisen	~1 000 000	—	—	{1800 Zug 7000 Druck	300 Biegung 1000 Druck	} 200

b) Holz

Baustoff	E	Biegung σ_P	Bruchfestigkeit kg/cm²				Zulässige Beanspruchungen[1]) kg/cm²			
			Zug // Faser	Druck // Faser	Biegung	Schub // Faser	Zug bzw. Biegung	Druck	Abscherung	
	kg/cm²								// Faser	⊥ Faser
Eiche	105 000	220	850	400	620	75	120	90	15	80
Kiefer	100 000	200	840	270	500	60	100	60	12	50
Fichte	100 000	200	670	260	560	65	90	60	12	50
Tanne	100 000	200	675	310	600	60	90	60	12	50

[1]) Ähnlich folgt für Längenänderungen infolge Wärmeänderung um Δt^0 Celsius mit der Wärmeausdehnungszahl α_t (siehe Tabelle 2) . . . $\Delta l_t = \alpha_t \cdot l \cdot \Delta t$.

c) Steine, Mauerwerk und Baugrund

Baustoff	E	Druckfestigkeit[1])	Zulässige Druckbeanspruchung
	kg/cm²		
Basalt	300 000	1000—3000	bis 75
Granit	300 000	800—2000	„ 60
Kalkstein	—	200—1800	„ 45
Sandstein	—	200—1500	„ 40
Tuff	—	200—1200	„ 30

Baustoff	E	Druckfestigkeit	Zulässige Druckbeanspruchung[2])
	kg/cm²		
Beton	100 000—300 000	50—300	10—70
Ziegel	—	120 u. mehr	—
Klinker	—	300—900	—
Ziegelmauern in Kalkmörtel	25 000	20—30	bis 7
Ziegelmauern in Zementmörtel	50 000	40—60	„ 12
Klinkerpfeiler	80 000	80—120	„ 30
Fester Felsgrund	—	—	5—10 und mehr
Guter Baugrund	—	—	2,5—3 höchstens 6
Schüttung	—	—	0,4—1

Anmerkung von a) bis c)

[1]) Die Zugfestigkeit der natürlichen Bausteine beträgt nach Bauschinger im Mittel $^1/_{25}$ ihrer Druckfestigkeit.
[2]) Näheres siehe im Anhang unter Vorschriften.

Tabelle 2. Wärmeausdehnungszahlen α_t einiger Baustoffe

Bei 1° Erwärmung dehnt sich ein Stab von der Länge 1 aus um folgende Längen in Millionstel:

Porzellan	3	Nickel	13
Holz, Längsrichtung	3 bis 9	Kupfer	17
Glas	6 „ 9	Bronze	18
Kalkstein	8	Messing	19
Eisen und Stahl	11	Aluminium, Zinn	23
Zement und Beton	10 „ 12,5	Blei, Zink	29

II. Scher- (Schub-) Spannungen

Fällt die im Querschnittsschwerpunkt angreifende Kraft Q kg in die Querschnittsfläche und wirkt in der dicht benachbarten parallelen Querschnittsfläche eine entgegengesetzte Kraft, so entstehen in jeder der beiden Flächen vom Inhalt F cm² gleichförmig verteilte Scherbeanspruchungen $\tau = \frac{Q}{F}$ (in kg/cm²).

Sind jedoch die Querschnitte, in denen die Kräfte Q wirken, nicht unmittelbar nebeneinander, dann kommen zugleich Biegungsspannungen vor, und tritt die größte Scher- (richtiger Schub-) Beanspruchung in der neutralen Achse (siehe Biegung) auf, wobei mit der in der Nullinie vorhandenen Querschnittsbreite $b \ldots \tau_{max} = \frac{Q\,S}{b\,J}$ wird, wenn das auf die Nullinie NN bezogene Flächenmoment des oberhalb derselben gelegenen Querschnittsteiles S (in cm³) und das ebenso auf NN bezogene Trägheitsmoment des ganzen Querschnittes J (in cm⁴) ist. Es gilt: für den rechteckigen Querschnitt, Breite b, Höhe $h \ldots \tau_{max} = \frac{3}{2}\frac{Q}{b\,h}$,

„ „ Kreis mit Halbmesser $r \ldots \tau_{max} = \frac{4}{3}\frac{Q}{r^2 \pi}$,

„ „ Kreisring äußerer Halbmesser R, innerer Halbmesser r (nur wenn $\delta = R - r$ verhältnismäßig gering gegen r ist): $\tau_{max} = \frac{2\,Q}{\pi \delta (R + r)}$.

Ist τ_B die Bruchinanspruchnahme bei Scherung, so wird bei n-facher Sicherheit die (größte) zulässige Scherbeanspruchung $\tau_{zul} = \frac{\tau_B}{n}$.

III. Torsions- (Verdrehungs-) Spannungen

sind eine besondere Form der Schubbeanspruchungen, die in einem an einer Endfläche festgehaltenen Stabe durch ein Kräftepaar vom Moment M_d hervorgerufen werden, wenn letzteres in einer zur Stabachse senkrechten Ebene wirkt.

Als größte Torsionsbeanspruchung ergibt sich $\tau_{max} = \frac{M_d}{W_d}$, wobei W_d das sogenannte Torsionswiderstandsmoment darstellt. Dieses nimmt für nachbenannte Querschnitte folgende Werte an:

Querschnittform	Abmessungen	Torsionswiderstandsmoment $W_d =$	Die größte Torsionsbeanspruchung tritt auf
Kreisquerschnitt	Durchmesser d	$\frac{\pi}{16} d^3$	am Umfang
Kreisringquerschnitt	Außendurchmesser D Innendurchmesser d	$\frac{\pi}{16} \frac{D^4 - d^4}{D}$	am Umfang
Quadratquerschnitt	Seitenlänge a	$\frac{a^3}{4{,}81}$	in den Seitenmitten

Auf Verdrehung und Biegung gleichzeitig beansprucht sind Balkon- und Erkerträger. Liegt beispielsweise ein solcher in Form eines Halbringes vom Mittellinienradius r (in m) vor, und ist dieser aus einem I-Träger vom Widerstandsmoment W gebildet, so ergibt sich bei gleichförmig verteilter Belastung desselben mit p kg/m angenähert die größte Inanspruchnahme, welche an den beiden Einspannungsstellen des Trägers auftritt: $\sigma = 112 \frac{pr^2}{W}$ kg/cm².

IV. Knickspannungen

Ist die Länge l_0 (in cm) eines durch Druck achsrecht beanspruchten Stabes im Vergleich zu seinem Querschnitt groß, so liegt der Fall der Knickung vor. Bezeichnet F (in cm²) die volle Querschnittsfläche, J (in cm⁴) das bezügliche kleinste achsiale Trägheitsmoment und E (in kg/cm²) das Elastizitätsmaß, so ist

a) nach Euler:

Bei Einführung von $\pi^2 \doteq 10$ in die Euler-Formel im Falle n-facher Sicherheit die **zulässige** Stabbelastung P mit Rücksicht auf Knickung aus nachstehender Tafel zu entnehmen:

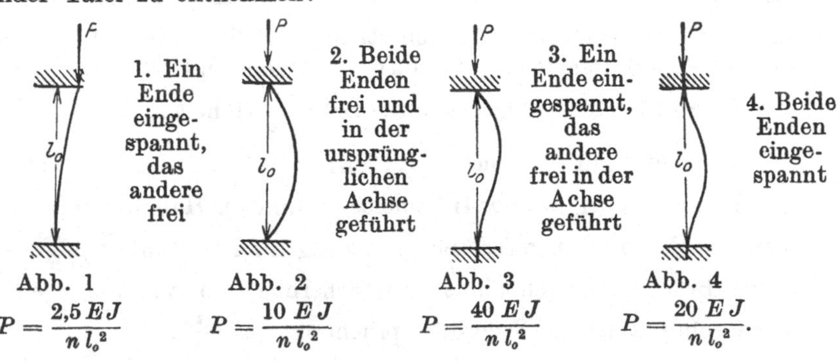

Abb. 1 $P = \frac{2{,}5\,EJ}{n\,l_0^2}$ Abb. 2 $P = \frac{10\,EJ}{n\,l_0^2}$ Abb. 3 $P = \frac{40\,EJ}{n\,l_0^2}$ Abb. 4 $P = \frac{20\,EJ}{n\,l_0^2}$.

Als Sicherheitsbeizahl kann gesetzt werden: bei Gußeisen $n = 8$, bei Schweiß- wie Flußeisen und Flußstahl $n = 5$, bei Holz $n = 10$.

Bei Berechnungen auf Grund der Eulerschen Formeln ist stets zu untersuchen, ob die zulässige Druckspannung $\sigma_{zul} = \frac{P}{F_n}$ nicht überschritten wird, wobei F_n die nutzbare Querschnittsfläche darstellt.

Erforderliche Trägheitsmomente in cm⁴ für Druckstäbe aus verschiedenen Baustoffen und für die Stabkraft $P = 1$ t

Berechnung nach Euler, Befestigungsfall 2

Knicklänge l_0 in m	Gußeisen	Schweißeisen	Flußeisen	Kiefernholz
	Sicherheitsgrad $n =$			
	8	5	5	10
1,00	8,00	2,500	2,380	100,00
1,10	9,68	3,025	2,880	121,00
1,20	11,52	3,600	3,427	144,00
1,30	13,52	4,225	4,022	169,00
1,40	15,68	4,900	4,665	196,00
1,50	18,00	5,625	5,355	225,00
1,60	20,48	6,400	6,093	256,00
1,70	23,12	7,225	6,878	289,00
1,80	25,92	8,100	7,711	324,00
1,90	28,88	9,025	8,592	361,00
2,00	32,00	10,000	9,520	400,00
2,10	35,28	11,025	10,496	441,00
2,20	38,72	12,100	11,519	484,00
2,30	42,32	13,225	12,590	529,00
2,40	46,08	14,400	13,709	576,00
2,50	50,00	15,625	14,875	625,00
2,60	54,08	16,900	16,089	676,00
2,70	58,32	18,225	17,350	729,00
2,80	62,72	19,600	18,659	784,00
2,90	67,28	21,025	20,016	841,00
3,00	72,00	22,500	21,420	900,00
3,10	76,88	24,025	22,872	961,00
3,20	81,92	25,600	24,371	1024,00
3,30	87,12	27,225	25,918	1089,00
3,40	92,48	28,900	27,513	1156,00
3,50	98,00	30,625	29,155	1225,00
3,60	103,68	32,400	30,845	1296,00
3,70	109,52	34,225	32,582	1369,00
3,80	115,52	36,100	34,367	1444,00
3,90	121,68	38,025	36,200	1521,00
4,00	128,00	40,000	38,080	1600,00

Beispiel: Säule aus Flußeisen mit $n = 5$. $P = 44{,}52$ t. $l_0 = 3{,}90$ m. Wie groß erforderliches Trägheitsmoment?

$$J_{erf} = 44{,}52 \cdot 36{,}200 = \sim 1611{,}6 \text{ cm}^4.$$

b) Nach Tetmajer:

Bezeichnet l die freie Knicklänge, $i = \sqrt{\frac{J}{F}}$ den Trägheitshalbmesser in der Knickrichtung, so kann die ein Ausknicken herbeiführende spezifische Belastung (Knickungsfestigkeit) σ_k in Tonnen per Quadratzentimeter gesetzt werden:

Baustoff	Reine Druckfestigkeit σ_d in t/cm²	$\frac{l}{i}$ von	$\frac{l}{i}$ bis	Knickungsfestigkeit σ_k in t/cm² =
Schweißeisen	3,5	10	112	$3{,}03 - 0{,}0129 \frac{l}{i}$
		> 112		$19\,740 \left(\frac{i}{l}\right)^2$
Flußeisen	3,8	10	105	$3{,}1 - 0{,}0114 \frac{l}{i}$
		> 105		$21\,220 \left(\frac{i}{l}\right)^2$
Flußstahl	6,0	10	90	$3{,}35 - 0{,}0062 \frac{l}{i}$
		> 90		$22\,210 \left(\frac{i}{l}\right)^2$
Siemens-Martinstahl (nach Kármán)	6,8	10	91	$3{,}84 - 0{,}0136 \frac{l}{i}$
		> 91		$21\,420 \left(\frac{i}{l}\right)^2$
Graues Gußeisen	8,0	10	80	$7{,}76 - 0{,}12 \frac{l}{i} + 0{,}00053 \left(\frac{l}{i}\right)^2$
		> 80		$9870 \left(\frac{i}{l}\right)^2$
Nadelholz	0,280	10	100	$0{,}293 - 0{,}00194 \frac{l}{i}$
		> 100		$3530 \left(\frac{i}{l}\right)^2$

Ist σ_d die reine Druckfestigkeit, so ergibt sich mit dem Verhältnis $\frac{\sigma_k}{\sigma_d} = \eta$, dem sogenannten Abminderungskoeffizienten, die zulässige Knickungsbeanspruchung $s_k = \eta\, s$, wenn s die zulässige Druckbeanspruchung ist. Wirkt also die Kraft P auf einen Bruttoquerschnitt F, so darf $\frac{P}{F}$ höchstens den Wert s_k erreichen. Setzt man für

	Holz	Gußeisen	Schweißeisen	Flußeisen
$\sigma_d =$	0,28	8,00	3,5	3,8 t/cm²,

so ergeben sich für die Verhältniszahlen (Schlankheitsziffern) $\frac{l}{i}$ die Abminderungszahlen η aus nachstehenden Tafeln:

Holzstreben

Runde Balken; *d* Durchmesser				Rechteckige Balken; *a* kleinere Seite			
$\frac{l}{d}$	η	$\frac{l}{d}$	η	$\frac{l}{a}$	η	$\frac{l}{a}$	η
10	0,769	30	0,245	10	0,806	30	0,326
15	0,631	35	0,180	15	0,686	35	0,239
20	0,492	40	0,138	20	0,566	40	0,184
25	0,353	45	0,109	25	0,446	45	0,145

Gußeiserne Säulen

$\frac{l}{i}$	η	$\frac{l}{i}$	η	$\frac{l}{i}$	η
10	0,827	60	0,308	110	0,101
20	0,696	70	0,244	120	0,086
30	0,580	80	0,193	130	0,073
40	0,476	90	0,152	140	0,063
50	0,385	100	0,123	150	0,055

Säulen und Streben aus Schweißeisen

$\frac{l}{i}$	η	$\frac{l}{i}$	η	$\frac{l}{i}$	η	$\frac{l}{i}$	η
10	0,829	60	0,644	110	0,459	160	0,220
20	0,792	70	0,607	120	0,392	170	0,195
30	0,755	80	0,570	130	0,334	180	0,174
40	0,718	90	0,533	140	0,288	190	0,156
50	0,681	100	0,496	150	0,251	200	0,141

Säulen und Streben aus Flußeisen

$\frac{l}{i}$	η	$\frac{l}{i}$	η	$\frac{l}{i}$	η	$\frac{l}{i}$	η
10	0,786	60	0,636	110	0,462	160	0,218
15	0,771	65	0,621	115	0,423	165	0,205
20	0,756	70	0,606	120	0,388	170	0,193
25	0,741	75	0,591	125	0,357	175	0,182
30	0,726	80	0,576	130	0,331	180	0,171
35	0,711	85	0,561	135	0,307	185	0,165
40	0,696	90	0,546	140	0,285	190	0,153
45	0,681	95	0,531	145	0,266	195	0,147
50	0,666	100	0,516	150	0,248	200	0,140
55	0,651	105	0,501	155	0,232	210	0,127

Quadratische Holzsäulen

Querschnitt in cm	F cm²	l cm	Zulässige Druckbelastung quadratischer Holzsäulen in Tonnen nach Tetmajer für $\sigma_{zul} = 80\ kg/cm^2$ bei einer Knicklänge l in cm																					
			100	120	140	160	180	200	220	240	260	280	300	320	340	360	380	400	450	500	550	600	650	700
7/7	49	2,02	2,76	2,49	2,22	1,95	1,68	1,41	1,17	0,98	0,84	0,72	0,63	0,55	0,49	0,44	0,39	—	—	—	—	—	—	—
8/8	64	2,31	3,82	3,52	3,21	2,90	2,59	2,29	1,98	1,67	1,42	1,23	1,07	0,94	0,83	0,74	0,67	0,60	—	—	—	—	—	—
9/9	81	2,60	5,05	4,71	4,36	4,02	3,67	3,33	2,98	2,63	2,29	1,97	1,71	1,51	1,33	1,19	1,07	0,96	0,76	0,62	—	—	—	—
10/10	100	2,89	6,45	6,07	5,68	5,30	4,92	4,53	4,15	3,76	3,38	3,00	2,61	2,30	2,03	1,81	1,63	1,47	1,16	0,94	0,78	—	—	—
12/12	144	3,46	9,75	9,29	8,83	8,37	7,91	7,45	6,99	6,52	6,06	5,60	5,14	4,68	4,22	3,76	3,38	3,05	2,41	1,95	1,61	1,35	1,15	—
13/13	169	3,75	11,7	11,2	10,7	10,2	9,65	9,16	8,66	8,16	7,66	7,16	6,66	6,16	5,66	5,16	4,65	4,20	3,31	2,69	2,22	1,87	1,59	1,37
14/14	196	4,04	13,7	13,2	12,6	12,1	11,6	11,0	10,5	9,96	9,42	8,88	8,34	7,81	7,27	6,73	6,19	5,66	4,46	3,61	2,99	2,51	2,14	1,84
15/15	225	4,33	16,0	15,4	14,8	14,2	13,7	13,1	12,5	11,9	11,3	10,8	10,2	9,62	9,04	8,47	7,89	7,32	5,88	4,76	3,93	3,31	2,82	2,43
16/16	256	4,62	18,4	17,7	17,1	16,5	15,9	15,3	14,7	14,1	13,4	12,8	12,2	11,6	11,0	10,4	9,76	9,14	7,61	6,16	5,09	4,28	3,65	3,14
18/18	324	5,20	23,7	23,0	22,3	21,6	20,9	20,2	19,5	18,8	18,1	17,4	16,8	16,1	15,4	14,7	14,0	13,3	11,6	9,84	8,16	6,85	5,84	5,04
20/20	400	5,77	29,6	28,9	28,1	27,3	26,6	25,8	25,0	24,3	23,5	22,7	22,0	21,2	20,4	19,7	18,9	18,1	16,2	14,3	12,4	10,4	8,90	7,67
22/22	484	6,35	36,3	35,4	34,6	33,8	32,9	32,1	31,2	30,4	29,5	28,7	27,8	27,0	26,2	25,3	24,5	23,6	21,5	19,4	17,3	15,2	13,0	11,2
24/24	576	6,93	43,6	42,7	41,8	40,8	39,9	39,0	38,1	37,2	36,2	35,3	34,4	33,5	32,6	31,6	30,7	29,8	27,5	25,2	22,9	20,6	18,3	15,9
26/26	676	7,51	51,6	50,6	49,6	48,6	47,6	46,6	45,6	44,6	43,6	42,6	41,6	40,6	39,6	38,6	37,6	36,6	34,1	31,6	29,1	26,6	24,1	21,6
28/28	784	8,08	60,3	59,2	58,1	57,0	56,0	54,9	53,8	52,7	51,7	50,6	49,5	48,4	47,4	46,3	45,2	44,1	41,4	38,7	36,1	33,4	30,7	28,0
30/30	900	8,66	69,6	68,4	67,3	66,1	65,0	63,8	62,7	61,5	60,4	59,2	58,1	56,9	55,8	54,6	53,5	52,3	49,4	46,5	43,7	40,8	37,9	35,0

Runde Holzsäulen

Querschnitts-durchmesser in cm	F cm	i cm	Zulässige Druckbelastung runder Holzsäulen in Tonnen nach Tetmajer für $\sigma_{zul} = 80\ kg/cm^2$ bei einer Knicklänge l in cm											
			150	200	250	300	350	400	450	500	550	600	650	700
15	177	3,75	10,9	9,57	8,26	6,96	5,65	4,38	3,46	2,80	2,32	1,95	1,66	1,43
16	201	4,00	12,7	11,3	9,87	8,48	7,08	5,69	4,48	3,63	2,99	2,52	2,15	1,85
18	254	4,50	16,6	15,0	13,5	11,9	10,3	8,76	7,20	5,81	4,80	4,04	3,44	2,97
20	314	5,00	21,1	19,3	17,6	15,9	14,1	12,4	10,6	8,89	7,32	6,15	5,24	4,52
22	380	5,50	26,1	24,2	22,2	20,3	18.4	16,5	14,6	12,7	10,7	9,01	7,68	6,62
24	452	6,00	31,6	29,5	27,4	25,3	23,2	21,2	19,1	17,0	14,9	12,8	10,9	9,37
26	531	6,50	37,7	35,4	33,1	30,9	28,6	26,3	24,1	21,8	19,5	17,3	15,0	12,9
28	616	7,00	44,2	41,8	39,4	36,9	34,5	32,0	29,6	27,2	24,7	22,3	19,9	17,4
30	707	7,50	51,3	48,8	46,1	43,5	40,9	38,3	35,7	33,1	30,4	27,8	25,2	22,6

Tragfähigkeit gußeiserner Säulen in kg bei zehnfacher Sicherheit nach Tetmajer

Äußerer Durchmesser	Wandstärke	Trägheitsmoment	Trägheitsradius	Querschnittsfläche	bei einer Höhe in m von										Gewicht des schlichten Säulenschaftes
mm	mm	cm⁴	cm	cm²	2,0	2,5	3,0	3,5	4,0	4,5	5,0	5,5	6,0	6,5	per m in kg
100	12	327,11	2,98	33,175	6 930	4 680	3 220	2 390	—	—	—	—	—	—	25
	15	373,01	3,05	40,055	8 690	5 890	4 090	3 000	—	—	—	—	—	—	30
	18	408,52	2,97	46,370	9 640	6 450	4 500	3 290	—	—	—	—	—	—	34
120	12	600,95	3,84	40,715	12 010	8 920	6 600	4 850	3 710	—	—	—	—	—	30
	15	640,05	3,60	49,480	13 510	9 800	7 130	5 200	3 960	—	—	—	—	—	37
	18	773,48	3,66	57,679	16 090	11 770	8 480	6 230	4 790	—	—	—	—	—	43
140	15	1 167,04	4,45	58,906	20 260	15 850	12 190	9 420	7 190	5 710	—	—	—	—	44
	20	1 394,86	4,30	75,398	25 030	15 380	14 850	11 230	8 600	6 790	—	—	—	—	57
	25	1 563,67	4,60	90,321	29 080	22 220	16 800	12 550	9 660	7 590	—	—	—	—	67
160	15	1 843,94	5,20	68,330	26 850	22 000	17 770	14 210	11 410	8 950	7 310	—	—	—	51
	20	2 199,10	5,00	87,965	33 510	27 180	21 730	17 240	13 630	10 730	8 710	—	—	—	65
	25	2 498,28	4,85	106,029	39 340	31 600	25 020	19 720	15 370	12 190	9 860	—	—	—	78
180	15	2 667,93	5,86	77,754	33 280	27 990	23 400	19 280	15 860	12 980	10 570	8 710	—	—	58
	20	3 267,23	5,68	100,531	42 320	35 190	29 150	23 930	19 500	15 880	12 770	10 560	—	—	74
	25	3 750,98	5,55	121,737	50 160	41 760	34 330	27 800	22 640	18 260	14 850	12 300	—	—	90
200	15	3 754,12	6,56	87,179	40 020	34 520	29 470	25 020	21 010	17 610	14 730	12 210	10 290	—	65
	20	4 636,95	6,40	113,097	51 230	43 880	37 320	31 440	26 350	21 940	18 320	15 150	12 670	—	84
	25	5 368,89	6,25	137,444	61 300	52 370	44 260	37 110	30 920	25 700	21 300	17 460	14 710	—	102
220	15	5 101,86	7,27	96,604	—	—	35 840	31 010	26 660	22 800	19 420	16 620	14 010	11 880	71
	20	6 345,97	7,01	125,664	—	—	45 740	39 460	33 800	28 780	24 380	20 730	17 470	14 820	93
	25	7 399,13	6 95	153,154	—	—	54 680	46 870	39 970	33 840	28 640	24 200	20 220	17 310	113
240	15	6 739,4	7,97	106,028	—	—	42 310	37 220	32 550	28 310	24 600	21 210	18 340	15 690	78
	20	8 431,97	7,75	138,230	—	—	54 050	47 270	41 190	35 660	30 690	26 400	22 810	19 350	102
	25	9 888,82	7,65	168,860	—	—	65 350	57 070	49 480	42 890	36 810	31 580	27 190	23 130	125
260	15	8 695,03	8,67	115,453	—	—	48 950	43 640	38 680	34 170	30 020	26 320	22 980	20 090	85
	20	10 932,66	8,51	150,796	—	—	63 180	56 100	49 610	43 730	38 300	33 480	29 100	25 480	112
	25	12 885,09	8,36	184,568	—	—	76 610	67 550	59 620	51 310	45 770	39 870	34 700	30 080	137
	30	14 577,66	8,20	216,770	—	—	88 440	78 040	68 720	60 050	52 240	45 520	39 450	34 250	160
280	20	13 885,73	9,22	163,363	—	—	72 210	64 860	57 990	51 620	45 910	40 680	35 780	31 530	121
	25	16 435,06	9,06	200,276	—	—	87 520	78 510	70 100	62 290	55 080	48 670	42 860	37 650	148
	30	18 672,70	8,90	235,619	—	—	101 790	90 950	81 050	71 860	63 380	55 840	49 010	42 880	174
	35	20 625,13	8,76	269,391	—	—	115 030	102 640	91 320	80 550	71 120	62 230	54 690	47 680	199
300	20	17 328,89	9,92	175,929	—	—	81 100	73 710	66 500	59 990	53 830	48 200	42 930	38 180	130
	25	20 585,86	9,76	215,984	—	—	98 700	89 420	80 560	72 350	64 800	57 880	51 620	45 790	160
	30	23 474,58	9,60	254,469	—	—	115 270	104 080	93 640	83 970	75 070	66 930	60 560	52 420	188
	35	26 023,91	9,45	291,382	—	—	130 540	117 720	114 580	94 700	84 210	74 890	66 440	58 570	216

Für l ist nur dann die ganze Länge l_0 des gedrückten Stabes einzuführen, wenn die sonst festgehaltenen Enden eine drehbare Bewegung zulassen, wie dies bei nicht eingespannten Säulen der Fall ist (Abb. 2). Erscheint die Säule am Fuße eingespannt und ist das obere Ende wagrecht verschiebbar und drehbar, so gilt $l = 2\, l_0$ (Abb. 1). Im Falle vollständiger Einspannung vom Säulenkopf wie -fuß (Abb. 4) gilt $l = 0{,}6\, l_0$. Wenn laut Abb. 3 das eine Ende eingespannt, das andere unverschiebbar aber drehbar ist, wird $l = 08\, l_0$ gesetzt.

Nähers über Knicklängen siehe „Berechnung gedrückter Tragwerksteile mit Rücksicht auf Knickung" ÖNORM B 1002.

Tragfähigkeit von Bausäulen aus nahtlos gewalzten Mannesmann-Stahlrohren

Mannesmann-Röhren-Werke A. G., Komotau

Die Bausäulen laut Abbildung werden aus einem Material mit einer Festigkeit von 55 bis 65 kg/mm² und einer Minimaldehnung von 15% hergestellt. Spezifisches Gewicht 7,85. Die Knickbeanspruchung wurde nach folgenden eigens abgeleiteten Formeln berechnet:

$$\frac{l}{i} < 82 \ldots \sigma_K = 3{,}35 - 0{,}0043 . \frac{l}{i}$$

$$\frac{l}{i} > 82 \ldots \sigma_K = \frac{20234}{\left(\frac{l}{i}\right)^2} .$$

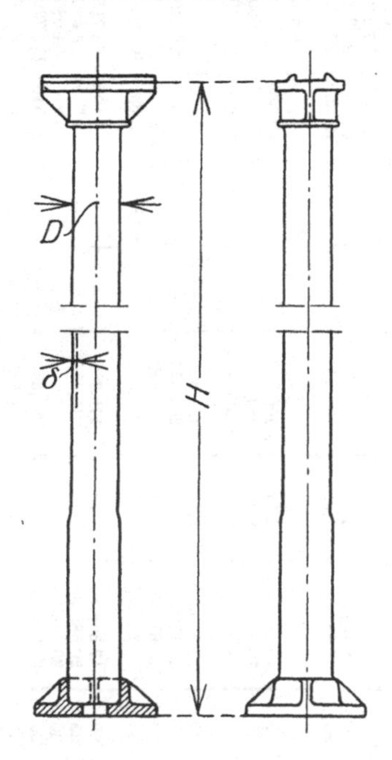

Hierin ergibt sich die Knickbeanspruchung in t/cm², wenn die Knicklänge l und der Trägheitsradius i in cm eingesetzt werden.

Die Knicklänge kann mit Rücksicht auf die Art der beiderseitigen Lagerung mit 0,75 H angenommen werden.

In den folgenden Tabellen ist die Tragfähigkeit mit vierfacher Sicherheit berechnet.

Beispiele:

1. Säulenlänge: $L = 400$ cm, Knicklänge: $l = 0{,}75 . L = 300$ cm

$D = 121$ mm, $\delta = 5$ mm, $F = 18{,}22$ cm², $J = 307{,}05$ cm⁴

$$i = \sqrt{\frac{J}{F}} = 4{,}11 \text{ cm}, \left(\frac{l}{i}\right) = 73{,}0 < 82; \text{ daher:}$$

$$\sigma_K = 3{,}35 - 0{,}0043 \left(\frac{l}{i}\right) = 3{,}036 \text{ t/cm}^2.$$

Tragfähigkeit bei vierfacher Sicherheit:

$$P = \frac{F \cdot \sigma_K}{4} = 13{,}85^t.$$

2. Die Tabellen können auch benützt werden, um die Abmessungen bei gegebener Last für eine andere Sicherheit zu bestimmen.

Säulenlänge: $L = 350$ cm, Knicklänge $l = 0{,}75 \cdot 350 = 262{,}5$ cm.

Auflast: $P = 20{,}0^t$; Abmessungen für fünffache Sicherheit?

$$P = \frac{F \cdot \sigma_K}{5} = 20^t$$

bei vierfacher Sicherheit und gleichem Querschnitt kann die Säule tragen:

$$P_1 = \frac{F \cdot \sigma_K}{4} = P \cdot \frac{5}{4} = 25^t$$

Aus den Tabellen entnimmt man: $D = 178$ mm, $\delta = 6$ mm, $G = 25{,}45$ kg/m.

Die gußeiserne Armatur, bestehend aus Kopf und Fuß, kann mit folgenden Gewichten angenommen werden:

Rohrdurchmesser in mm:	102 bis 165,	165 bis 305
Gewicht der Armatur in kg:	22 „ 50,	50 „ 165

Zwischenliegende Werte können nach dem Rohrdurchmesser geradlinig interpoliert werden. Schmiedeeiserne Armaturen sind leichter und werden nur über Wunsch geliefert.

Preisangaben: Je nach Stückzahl und Rohrdurchmesser ist mit einem Kilogrammpreise von Kč 3,00 bis 4,00 zu rechnen. Dieser Preis gilt für das Rohr und die Armatur.

Äußerer Durchmesser D	Wandstärke δ	Fläche des Rohrquerschnittes F cm²	Trägheitsmoment J cm⁴	Widerstandsmoment W cm³	Gewicht G kg/m	Tragfähigkeit in Tonnen bei einer Säulenhöhe in Metern						
mm						3,0	3,5	4,0	4,5	5,0	5,5	6,0
102	4	12,32	148,09	29,0	9,668	9,45	9,35	8,35	6,65	5,35	4,45	3,70
	4,5	13,78	164,14	32,2	10,821	10,60	10,45	9,20	7,30	5,90	4,85	4,10
	5	15,24	179,68	35,4	11,961	11,70	11,55	10,05	7,90	6,40	5,30	4,45
	5,5	16,67	194,72	38,1	13,089	12,80	12,60	10,90	8,55	6,95	5,75	4,85
108	4	13,07	177,00	32,8	10,259	10,05	9,95	9,75	7,85	6,40	5,25	4,45
	4,5	14,63	196,30	36,4	11,486	11,25	11,15	10,90	8,70	7,05	5,85	4,90
	5	16,18	215,00	39,8	12,701	12,45	12,30	12,05	9,55	7,80	6,40	5,40
	5,5	17,71	233,00	43,2	13,903	13,65	13,50	13,15	10,45	8,45	7,00	5,85
114	4	13,82	210,00	36,7	10,851	10,70	10,55	10,40	9,35	7,55	6,25	5,25
	4,5	15,48	232,00	40,8	12,152	12,00	11,85	11,65	10,30	8,35	6,90	5,80
	5	17,12	254,81	44,7	13,440	13,30	13,10	12,90	11,25	9,10	7,55	6,35
	5,5	18,75	277,00	48,5	14,716	14,55	14,35	14,15	12,30	9,95	8,25	6,95
121	4	14,70	252,00	41,6	11,541	11,45	11,30	11,15	10,95	9,05	7,45	6,30
	4,5	16,47	280,00	46,3	12,928	12,80	12,70	12,50	12,25	10,05	8,30	7,00
	5	18,22	307,05	50,7	14,303	14,20	14,05	13,85	13,55	11,05	9,10	7,65
	5,5	19,96	334,00	55,2	15,666	15,55	15,35	15,15	14,85	12,00	9,95	8,35
127	4	15,46	292,61	46,0	12,134	12,05	11,95	11,80	11,65	10,60	8,75	7,35
	4,5	17,32	325,29	51,0	13,595	13,55	13,40	13,20	13,05	11,70	9,65	8,10
	5	19,16	357,14	56,2	15,044	14,95	14,80	14,60	14,45	12,80	10,60	8,90
	5,5	20,99	388,19	61,1	16,481	16,40	16,20	16,00	15,85	14,00	11,55	9,70

Äußerer Durchmesser D (mm)	Wandstärke δ (mm)	Fläche des Rohrquerschnittes F cm²	Trägheitsmoment J cm⁴	Widerstandsmoment W cm³	Gewicht G kg/m	Tragfähigkeit in Tonnen bei einer Säulenhöhe in Metern						
						3,0	3,5	4,0	4,5	5,0	5,5	6,0
133	4,5	18,17	375,00	56,4	14,261	14,25	14,10	13,90	13,75	13,45	11,10	9,35
	5	20,11	412,40	62,0	15,784	15,75	15,60	15,40	15,20	14,80	12,25	10,30
	5,5	22,03	448,50	67,5	17,294	17,25	17,10	16,85	16,70	16,15	13,35	11,20
	6	23,94	483,72	72,7	18,793	18,75	18,60	18,30	18,10	17,40	14,40	12,05
140	4,5	19,16	440,12	63,0	15,038	15,05	14,95	14,75	14,60	14,45	13,10	11,00
	5	21,21	483,76	69,0	16,647	16,65	16,50	16,35	16,15	16,00	14,40	12,10
	5,5	23,24	526,40	75,2	18,244	18,25	18,10	17,90	17,70	17,50	15,65	13,20
	6	25,26	568,06	81,1	19,828	19,85	19,70	19,45	19,25	19,05	16,85	14,15
146	4,5	20,00	501,16	68,7	15,703	15,80	15,60	15,45	15,30	15,15	14,85	12,55
	5	22,15	551,10	75,5	17,386	17,50	17,30	17,10	16,95	16,75	16,40	13,80
	5,5	24,28	600,00	82,2	19,057	19,15	18,95	18,75	18,55	18,40	17,85	15,00
	6	26,39	647,00	88,8	20,715	20,80	20,60	20,40	20,20	20,00	19,25	16,20
152	4,5	20,85	568	74,7	16,369	16,50	16,35	16,20	16,00	15,85	15,70	14,20
	5	23,09	624	82,0	18,126	18,30	18,10	17,90	17,75	17,55	17,35	15,60
	5,5	25,31	680	89,5	19,871	20,05	19,85	19,65	19,45	19,25	19,05	17,00
	6	27,52	734	96,6	21,603	21,80	21,60	21,35	21,15	20,90	20,70	18,35
159	4,5	21,84	652	82,0	17,146	17,30	17,20	17,00	16,80	16,65	16,55	16,25
	5	24,19	718	90,0	18,989	19,20	19,05	18,85	18,65	18,45	18,30	17,90
	5,5	26,52	782	98,5	20,820	21,05	20,85	20,65	20,40	20,20	20,05	19,50
	6	28,84	845	106,0	22,639	22,85	22,70	22,45	22,20	22,00	21,85	21,10
165	4,5	22,69	731	88,6	17,812	18,00	17,85	17,70	17,55	17,45	17,25	17,05
	5	25,13	805	97,5	19,730	19,95	19,80	19,65	19,40	19,30	19,10	18,90
	5,5	27,56	877	106,4	21,635	21,90	21,70	21,50	21,30	21,15	20,95	20,70
	6	29,97	948	115,0	23,528	23,80	23,60	23,40	23,15	23,00	22,80	22,55
171	4,5	23,54	816	95,4	18,478	18,75	18,55	18,45	18,25	18,15	17,95	17,75
	5	26,08	899	105,1	20,469	20,80	20,60	20,40	20,25	20,10	19,85	19,65
	5,5	28,60	980	114,6	22,448	22,80	22,55	22,40	22,20	22,00	21,80	21,55
	6	31,10	1060	124,0	24,415	24,80	24,55	24,35	24,15	23,95	23,70	23,45
178	5	27,18	1016	114,0	21,332	21,65	21,55	21,30	21,15	20,95	20,80	20,55
	5,5	29,81	1110	125,0	23,397	23,75	23,60	23,35	23,20	23,00	22,80	22,55
	6	32,42	1200	135,0	25,450	25,85	25,70	25,40	25,25	25,00	24,80	24,55
	6,5	35,02	1289	145,0	27,491	27,90	27,75	27,45	27,30	27,00	26,80	26,50
191	5,5	32,05	1380	145,0	25,161	25,65	25,45	25,30	25,05	24,85	24,70	24,40
	6	34,87	1493	156,0	27,375	27,90	27,70	27,50	27,25	27,05	26,85	26,55
	6,5	37,68	1605	168,0	29,576	30,15	29,90	29,75	29,45	29,25	29,00	28,70
	7	40,46	1715	180,0	31,765	32,35	32,10	31,90	31,65	31,40	31,15	30,85

Äußerer Durchmesser D	Wandstärke δ	Fläche des Rohrquerschnittes F cm²	Trägheitsmoment J cm⁴	Widerstandsmoment W cm³	Gewicht G kg/m	Tragfähigkeit in Tonnen bei einer Säulenhöhe in Metern						
mm						3,0	3,5	4,0	4,5	5,0	5,5	6,0
203	5,5	34,13	1665	164,0	26,788	27,40	27,20	27,00	26,80	26,60	26,40	26,20
	6	37,13	1803	178,0	29,149	29,80	29,60	29,40	29,20	29,00	28,70	28,50
	6,5	40,13	1939	191,0	31,498	32,20	32,00	31,80	31,50	31,30	31,00	30,80
	7	43,10	2072	204,0	33,835	34,60	34,40	34,10	33,90	33,60	33,30	33,10
216	6	39,58	2184	202,0	31,073	31,90	31,70	31,40	31,20	31,00	30,80	30,60
	6,5	42,78	2349	218,0	33,583	34,40	34,20	34,00	33,80	33,50	33,30	33,10
	7	45,96	2512	233,0	36,079	37,00	36,80	36,50	36,30	36,00	35,80	35,50
	7,5	49,13	2673	248,0	38,564	39,50	39,30	39,00	38,80	38,50	38,30	38,00
229	6,5	45,44	2814	246,0	35,667	36,70	36,40	36,20	36,00	35,80	35,50	35,30
	7	48,82	3010	263,0	38,324	39,40	39,20	38,90	38,70	38,40	38,10	37,90
	7,5	52,19	3204	280,0	40,969	42,20	41,90	41,60	41,30	41,10	40,80	40,50
	8	55,54	3395	297,0	43,601	44,90	44,50	44,30	44,00	43,70	43,40	43,10
241	6,5	47,89	3294	273,0	37,590	38,70	38,40	38,30	38,00	37,80	37,50	37,30
	7	51,46	3525	293,0	40,396	41,60	41,30	41,10	40,90	40,60	40,30	40,10
	7,5	55,02	3753	311,0	43,189	44,50	44,10	44,00	43,70	43,40	43,10	42,90
	8	58,56	3979	330,0	45,969	47,30	47,00	46,80	46,50	46,20	45,90	45,60
254	6,5	50,54	3873	305,0	39,674	41,00	40,70	40,40	40,20	40,00	39,80	39,50
	7	54,32	4146	326,0	42,640	44,10	43,70	43,50	43,20	43,00	42,70	42,50
	7,5	58,08	4415	348,0	45,593	47,10	46,80	46,50	46,20	46,00	45,70	45,40
	8	61,83	4682	369,0	48,534	50,10	49,80	49,50	49,20	48,90	48,70	48,40
267	7	57,18	4833	362,0	44,884	46,40	46,00	45,90	45,60	45,40	45,10	44,80
	7,5	61,14	5151	386,0	47,997	49,60	49,20	49,00	48,70	48,50	48,20	47,90
	8	65,09	5463	409,0	51,098	52,80	52,40	52,20	51,90	51,70	51,40	51,00
	8,5	69,03	5772	432,0	54,187	56,00	55,60	55,40	55,00	54,80	54,50	54,10
279	7,5	63,97	5899	423,0	50,217	52,00	51,70	51,50	51,20	50,80	50,70	50,30
	8	66,11	6258	449,0	53,466	53,70	53,40	53,20	52,90	52,50	52,40	52,00
	8,5	72,23	6613	474,0	56,703	58,70	58,40	58,10	57,80	57,40	57,20	56,80
	9	76,34	6964	499,0	59,928	62,10	61,60	61,50	61,10	60,60	60,50	60,10
292	7,5	67,03	6787	465,0	52,622	54,50	54,20	54,00	53,80	53,40	53,10	52,90
	8	71,38	7202	493,0	56,031	58,00	57,70	57,50	57,20	56,90	56,50	56,30
	8,5	75,71	7613	521,0	59,428	61,60	61,20	60,90	60,70	60,30	60,00	59,70
	9	80,02	8019	549,0	62,813	65,10	64,70	64,40	64,20	63,80	63,40	63,10
305	7,5	70,10	7760	509,0	55,026	57,00	56,90	56,60	56,20	56,10	55,70	55,50
	8	74,65	8236	540,0	58,595	60,70	60,50	60,30	59,90	59,70	59,30	59,10
	8,5	79,18	8708	571,0	62,153	64,40	64,20	64,00	63,50	63,30	62,90	62,70
	9	83,69	9174	602,0	65,698	68,00	67,90	67,60	67,10	67,00	66,40	66,30

V. Biegungsspannungen

a) Reine Biegung

Voraussetzungen: Die Lasten und Auflagerkräfte, Abb. 16, S. 45, wirken in einer Ebene, die mit einer Hauptachse Y des zu untersuchenden Trägerquerschnittes (z. B. Querschnitt Abb. 5) zusammenfällt, und seien zur Balkenachse normal. Das Trägheitsmoment J sei auf eine zur Y-Achse winkelrechte X-Achse bezogen. Von dieser habe die oberste Randfaser I den Abstand e_1, die unterste II den Abstand e_2. Im Querschnitt trete ein Biegungsmoment M und eine Querkraft R auf, beide herrührend von sämtlichen Kräften (Auflagergegendruck und Belastungen), einerseits vom Querschnitt (z. B. links, wobei M im Uhrzeigersinn drehend und R aufwärtsgerichtet als positiv gewertet werden).

Mit den Widerstandsmomenten (-Modulen) $W_1 = \frac{J}{e_1}$ und $W_2 = \frac{J}{e_2}$ ergibt sich als größte Randspannung die Inanspruchnahme oben $\sigma_1 = -\frac{M}{W_1}$, unten $\sigma_2 = \frac{M}{W_2}$.

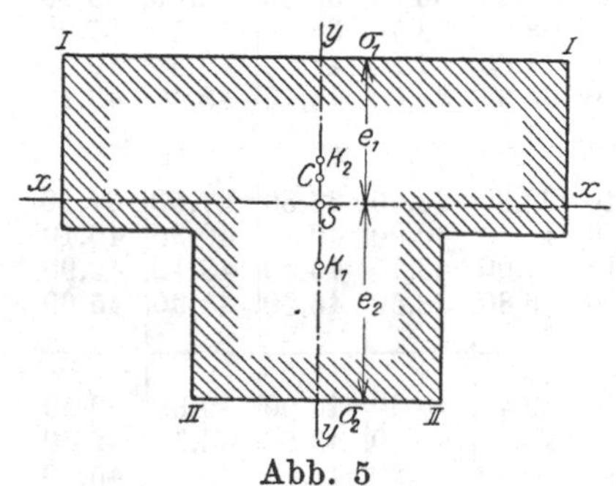

Abb. 5

Bei positivem M ist also oben Druck-, unten Zugspannung. Diese sollen die zulässige Inanspruchnahme auf Druck bzw. Zug (siehe Tabelle 1) nicht überschreiten; zugleich empfiehlt es sich, die Durchbiegung des Trägers unterhalb des Wertes von 1 bis 1,5‰ der Trägerstützweite zu halten.

Fällt die Ebene der Kräfte nicht in die Y-Achse des Querschnittes, sondern schließt mit dieser den Winkel φ ein, so ergeben sich, wenn M das Moment dieser Kräfte bezüglich des Querschnittes ist, bei einfachen wie auch genieteten I- und ⊏-Profilen sowie bei Rechtecksquerschnitten mit den Widerstandsmomenten W_x bezüglich der X- und W_y bezüglich der Y-Achse die größten Inanspruchnahmen an den Eckpunkten $\sigma_{max} = -\sigma_{min} = \frac{M\cos\varphi}{W_x} + \frac{M\sin\varphi}{W_y}$.

Trägheits- und Widerstandsmomente (Längen in cm, J in cm⁴ und W in cm³)

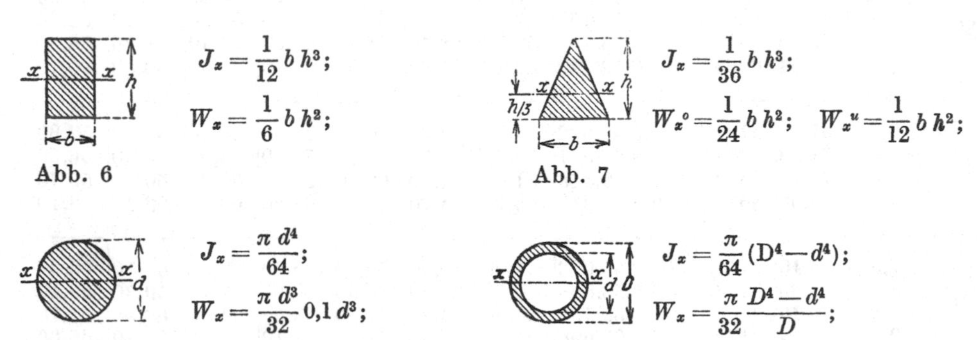

$J_x = \frac{1}{12} b\,h^3$; $W_x = \frac{1}{6} b\,h^2$;

Abb. 6

$J_x = \frac{1}{36} b\,h^3$; $W_x^o = \frac{1}{24} b\,h^2$; $W_x^u = \frac{1}{12} b\,h^2$;

Abb. 7

$J_x = \frac{\pi d^4}{64}$; $W_x = \frac{\pi d^3}{32}\, 0{,}1\, d^3$;

Abb. 8

$J_x = \frac{\pi}{64}(D^4 - d^4)$; $W_x = \frac{\pi}{32}\frac{D^4 - d^4}{D}$;

Abb. 9

$J_x = \frac{h^4}{12}$; $W_x = 0{,}1179\,h^3$; $J_x = 0{,}0781$; $W_{max} = 0{,}1242\,h^3$.

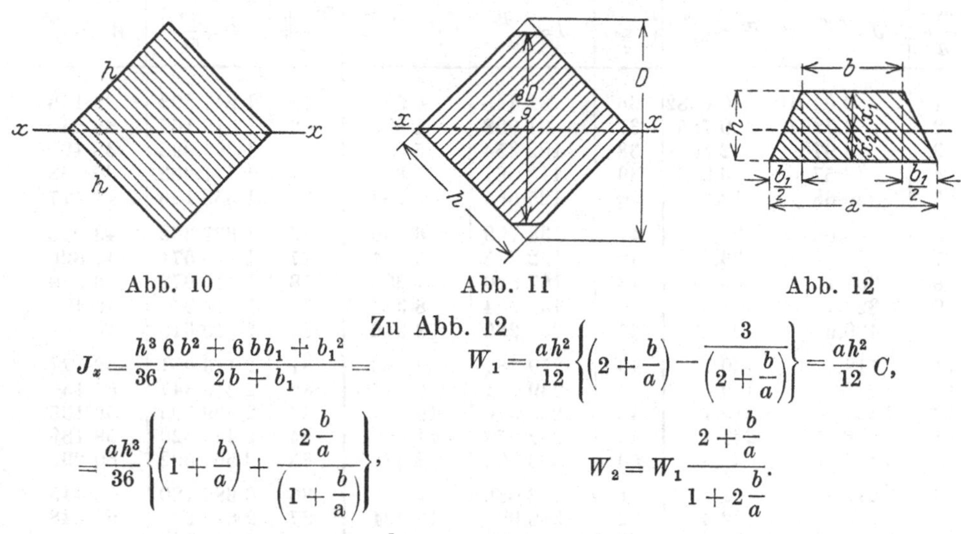

Abb. 10 Abb. 11 Abb. 12

Zu Abb. 12

$$J_x = \frac{h^3}{36}\,\frac{6b^2 + 6bb_1 + b_1^2}{2b + b_1} = \frac{ah^3}{36}\left\{\left(1 + \frac{b}{a}\right) + \frac{2\frac{b}{a}}{\left(1 + \frac{b}{a}\right)}\right\},$$

$$W_1 = \frac{ah^2}{12}\left\{\left(2 + \frac{b}{a}\right) - \frac{3}{\left(2 + \frac{b}{a}\right)}\right\} = \frac{ah^2}{12}\,C,$$

$$W_2 = W_1\,\frac{2 + \frac{b}{a}}{1 + 2\frac{b}{a}}.$$

C ist für verschiedene Werte $\frac{b}{a}$ der Tabelle zu entnehmen (nach Herzka)

$\frac{b}{a}$	C	$\frac{b}{a}$	C	$\frac{b}{a}$	C	$\frac{b}{a}$	C	$\frac{b}{a}$	C
0,01	0,5175	0,21	0,8525	0,41	1,1652	0,61	1,4606	0,81	1,7424
0,02	0,5349	0,22	0,8687	0,42	1,1804	0,62	1,4750	0,82	1,7562
0,03	0,5522	0,23	0,8847	0,43	1,1955	0,63	1,4893	0,83	1,7700
0,04	0,5694	0,24	0,9007	0,44	1,2105	0,64	1,5036	0,84	1,7837
0,05	0,5866	0,25	0,9167	0,45	1,2255	0,65	1,5179	0,85	1,7974
0,06	0,6037	0,26	0,9326	0,46	1,2405	0,66	1,5322	0,86	1,8111
0,07	0,6207	0,27	0,9484	0,47	1,2554	0,67	1,5464	0,87	1,8248
0,08	0,6377	0,28	0,9642	0,48	1,2703	0,68	1,5606	0,88	1,8384
0,09	0,6546	0,29	0,9800	0,49	1,2852	0,69	1,5748	0,89	1,8520
0,10	0,6714	0,30	0,9957	0,50	1,3000	0,70	1,5889	0,90	1,8655
0,11	0,6882	0,31	1,0113	0,51	1,3148	0,71	1,6030	0,91	1,8790
0,12	0,7049	0,32	1,0269	0,52	1,3296	0,72	1,6171	0,92	1,8925
0,13	0,7215	0,33	1,0425	0,53	1,3443	0,73	1,6311	0,93	1,9060
0,14	0,7381	0,34	1,0580	0,54	1,3589	0,74	1,6451	0,94	1,9195
0,15	0,7547	0,35	1,0734	0,55	1,3735	0,75	1,6591	0,95	1,9331
0,16	0,7712	0,36	1,0888	0,56	1,3881	0,76	1,6731	0,96	1,9465
0,17	0,7875	0,37	1,1042	0,57	1,4027	0,77	1,6870	0,97	1,9599
0,18	0,8039	0,38	1,1195	0,58	1,4172	0,78	1,7009	0,98	1,9733
0,19	0,8201	0,39	1,1348	0,59	1,4317	0,79	1,7148	0,99	1,9867
0,20	0,8364	0,40	1,1500	0,60	1,4462	0,80	1,7286	1,00	2,0000

Die Formel für W_1 (bzw. W_2) ist unabhängig von b_1; sie gilt, ebenso wie die Tabelle, ganz allgemein auch für unsymmetrische Trapeze

Trägheitsmomente J und Widerstandsmomente W kreisförmiger Querschnitte

Durchmesser d	$J=\frac{\pi \cdot d^4}{64}$	$W=\frac{\pi \cdot d^3}{32}$	Durchmesser d	$J=\frac{\pi \cdot d^4}{64}$	$W=\frac{\pi \cdot d^3}{32}$	Durchmesser d	$J=\frac{\pi \cdot d^4}{64}$	$W=\frac{\pi \cdot d^3}{32}$
1	0,0491	0,0982	36	82 448	4 580	71	1 247 393	35 138
2	0,7854	0,7854	37	91 998	4 973	72	1 319 167	36 644
3	3,976	2,651	38	102 354	5 387	73	1 393 995	38 192
4	12,57	6,283	39	113 561	5 824	74	1 471 963	39 783
5	30,68	12,27	40	125 664	6 283	75	1 553 156	41 417
6	63,62	21,21	41	138 709	6 766	76	1 637 662	43 096
7	117,9	33,67	42	152 745	7 274	77	1 725 571	44 820
8	201,1	50,27	43	167 820	7 806	78	1 816 972	46 589
9	322,1	71,57	44	183 984	8 363	79	1 911 967	48 404
10	490,9	98,17	45	201 289	8 946	80	2 010 619	50 265
11	718,7	130,7	46	219 787	9 556	81	2 113 051	52 174
12	1018	169,6	47	239 531	10 193	82	2 219 347	54 130
13	1402	215,7	48	260 576	10 857	83	2 329 605	56 135
14	1886	269,4	49	282 979	11 550	84	2 443 920	58 189
15	2485	331,3	50	306 796	12 272	85	2 562 392	60 292
16	3217	402,1	51	332 086	13 023	86	2 685 120	62 445
17	4100	482,3	52	358 908	13 804	87	2 812 205	64 648
18	5153	572,6	53	387 323	14 616	88	2 943 748	66 903
19	6397	673,4	54	417 393	15 459	89	3 079 853	69 210
20	7854	785,4	55	449 180	16 334	90	3 220 623	71 569
21	9547	909,2	56	482 750	17 241	91	3 366 165	73 982
22	11499	1045	57	518 166	18 181	92	3 516 586	76 448
23	13737	1194	58	555 497	19 155	93	3 671 992	78 968
24	16286	1357	59	594 810	20 163	94	3 832 492	81 542
25	19175	1534	60	636 172	21 206	95	3 998 198	84 173
26	22432	1726	61	679 651	22 284	96	4 169 220	86 859
27	26087	1932	62	725 332	23 398	97	4 345 671	89 601
28	30172	2155	63	773 272	24 548	98	4 527 664	92 401
29	34719	2394	64	823 550	25 736	99	4 715 315	95 259
30	39761	2651	65	876 240	26 961	100	4 908 738	98 175
31	45333	2925	66	931 420	28 225			
32	51472	3217	67	989 166	29 527			
33	58214	3528	68	1 049 556	30 869			
34	65597	3859	69	1 112 660	32 251			
35	73662	4209	70	1 178 588	33 674			

Tragfähigkeit hochkantig gestellter rechteckiger Holzbalken

Querschnitt cm	Widerstandsmoment cm³	Zulässige gleichförmig verteilte Gesamtbelastung $P=pl$ in kg von Holzbalken einschließlich Eigengewicht bei $\sigma_{zul}=80\ \text{kg/cm}^2$ und einer Stützweite l in cm							
		300	350	400	450	500	550	600	650
10/10	166,67	0,356	0,307	0,267	0,237	0,213	0,194	0,178	0,164
9/12	216,00	0,461	0,395	0,346	0,307	0,276	0,251	0,230	0,213
12/12	288,00	0,614	0,527	0,461	0,410	0,369	0,335	0,307	0,283
10/13	281,67	0,601	0,515	0,451	0,401	0,361	0,328	0,301	0,278
13/13	366,17	0,781	0,670	0,586	0,521	0,469	0,426	0,391	0,360

Querschnitt cm	Widerstandsmoment cm³	Zulässige gleichförmig verteilte Gesamtbelastung $P = pl$ in kg von Holzbalken einschließlich Eigengewicht bei $\sigma_{zul} = 80$ kg/cm² und einer Stützweite l in cm							
		300	350	400	450	500	550	600	650
10/15	375,00	0,800	0,686	0,600	0,533	0,480	0,436	0,400	0,369
12/16	512,00	1,092	0,936	0,819	0,728	0,655	0,596	0,546	0,504
13/16	554,67	1,183	1,014	0,887	0,789	0,710	0,645	0,592	0,546
16/16	682,67	1,456	1,248	1,092	0,971	0,874	0,794	0,728	0,672
13/18	702,00	1,497	1,284	1,123	0,998	0,899	0,817	0,749	0,691
16/18	864,00	1,843	1,580	1,382	1,229	1,106	1,005	0,922	0,850
18/18	972,00	2,073	1,777	1,555	1,382	1,244	1,131	1,037	0,957
15/21	1102,5	2,352	2,016	1,764	1,568	1,411	1,283	1,176	1,085
18/21	1323,0	2,822	2,419	2,117	1,881	1,693	1,539	1,411	1,302
16/24	1536,0	3,276	2,809	2,458	2,184	1,966	1,787	1,639	1,512
18/24	1728,0	3,686	3,160	2,765	2,457	2,212	2,011	1,844	1,701
20/24	1920,0	4,096	3,511	3,072	2,730	2,458	2,234	2,048	1,890
24/24	2304,0	4,915	4,213	3,686	2,376	2,949	2,681	2,458	2,268
18/26	2028,0	4,326	3,708	3,245	2,884	2,596	2,360	2,164	1,996
20/26	2253,3	4,807	4,120	3,605	3,204	2,884	2,622	2,404	2,220
26/26	2929,3	6,249	5,356	4,687	4,166	3,750	3,408	3,125	2,883
20/28	2613,3	5,574	4,778	4,181	3,716	3,345	3,041	2,788	2,572
24/28	3136,0	6,690	5,735	5,018	4,460	4,014	3,649	3,346	3,087
28/28	3658,7	7,804	6,690	5,854	5,203	4,683	4,257	3,903	3,601
20/30	3000,0	6,399	5,485	4,800	4,266	3,840	3,491	3,201	2,953
24/30	3600,0	7,679	6,583	5,760	5,119	4,608	4,189	3,841	3,544
28/30	4200,0	8,959	7,680	6,720	5,973	5,376	4,887	4,481	4,134
30/30	4500,0	9,599	8,228	7,200	6,399	5,760	5,236	4,801	4,429

b) Der Kern des Querschnittes

Der Querschnitt sei symmetrisch und wirke normal zu diesem eine Kraft N in der Symmetrieachse YY (Abb. 5, S. 40). Trägt man vom Schwerpunkt S aus auf SY gegen den Rand I zu die Strecke $\overline{SK_2} = \frac{W_2}{F}$, desgleichen nach der entgegengesetzten Seite $\overline{SK_1} = \frac{W_1}{F}$ auf, so erhält man hiemit die Kernweite $\overline{K_1 K_2}$.

1. N sei eine Druckkraft: a) liegt der Angriffspunkt C innerhalb der Kernweite, so ist im ganzen Querschnitt Druckbeanspruchung; b) liegt C zwischen K_1 und dem Rande II, so weist dieser Druck, die Gegenseite bei I Zug auf; c) ist C zwischen K_2 und dem Rande I, so erhält dieser Druck-, der Rand II Zugspannung.

2. N sei eine Zugkraft: für Angriff laut 1a) über den ganzen Querschnitt Zugspannungen, laut 1b) bei II Zug-, bei I Druckspannung, laut 1c) bei I Zug- und bei II Druckbeanspruchung.

Soll Mauerwerk keine Zugspannungen aufnehmen, so muß die Druckkraft innerhalb der Kerngrenzen angreifen. Fällt ihr Angriffspunkt in den Kernrand, so kommt im Querschnittsrand jenseits von S die Randspannung Null zustande. Daselbst tritt Fugenklaffen auf, wenn der Angriffspunkt den Kernrand überschreitet und das Mauerwerk nicht zugaufnahmsfähig ist.

c) Beanspruchung durch eine Längskraft und durch Biegung

Tritt zu dem vorbeschriebenen Belastungsfall der Biegung mit dem Moment M (kg/cm) noch eine Belastung durch eine Kraft N (kg) in der Stabachse, so werden mit dem nutzbaren Querschnitt F (cm²) des Stabes die Randinanspruchnahmen (kg/cm²) (z. B. Abb. 13), $\sigma_1 = -\frac{M}{W_1} \pm \frac{N}{F}$ bzw. $\sigma_2 = \frac{M}{W_2} \pm \frac{N}{F}$, worin das obere Vorzeichen für eine Zugkraft N, das untere für eine Druckkraft N gilt.

d) Belastung durch eine ausmittige (exzentrische) Längskraft

Es sei die Querschnittsfläche (Abb. 5, S. 336) mit dem Schwerpunkt S symmetrisch bezüglich der Achse SY, und liege der Angriffspunkt C der Längskraft N in dieser und dem Rande I zugewandt, wobei $SC = c$ (cm).

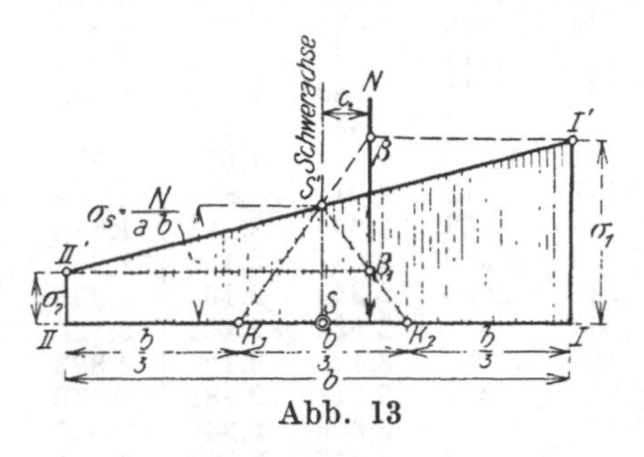

Abb. 13

Es tritt die größte Inanspruchnahme im Rande I, die kleinste im Rande II auf, und zwar

$$\left.\begin{aligned}\sigma_1 &= N\left(\frac{1}{F} + \frac{c}{W_1}\right)\\ \sigma_2 &= N\left(\frac{1}{F} - \frac{c}{W_2}\right)\end{aligned}\right\}\ldots\text{I.)}$$

Ist N eine Druckkraft, so bedeuten σ_1 und σ_2 (wenn positiv) Druckspannungen; ist N eine Zugkraft, dann sind die Randspannungen, falls sie positive Werte aufweisen, Zugbeanspruchungen.

Bei rechteckigem Querschnitt ergeben sich folgende Fälle (Abb. 13 bis 15), wenn N die in der Rechtecksymmetrale angreifende Normalkraft, wobei in Zentimeter gemessen, a die Fugenlänge, b die Fugenbreite und c der Kraftabstand von der Mitte S ist.

1. Die Normalkraft N liegt innerhalb des Kernquerschnittes $\left(c < \frac{b}{6}\right)$ (Abb. 13).

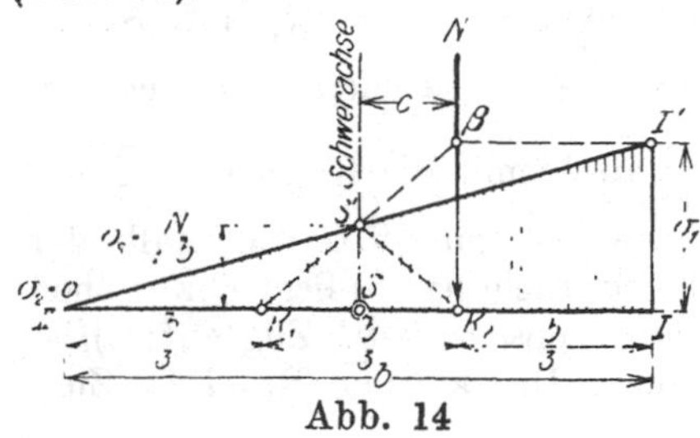

Abb. 14

Es treten nur Spannungen gleichen Vorzeichens auf.

$$\sigma_1 = \frac{N}{ab}\left(1 + \frac{6c}{b}\right), \quad \sigma_2 = \frac{N}{ab}\left(1 - \frac{6c}{b}\right).$$

2. Die Normalkraft N liegt auf der Kerngrenze $\left(c = \frac{b}{6}\right)$ (Abb. 14).

Eine Kantenpressung wird Null.

$$\sigma_1 = \frac{2N}{ab}, \quad \sigma_2 = 0.$$

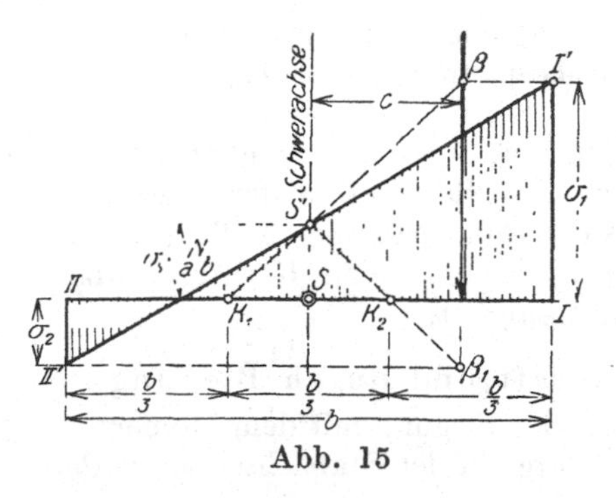

Abb. 15

3. Die Normalkraft N liegt außerhalb des Kernquerschnittes $\left(c > \frac{b}{6}\right)$ (Abb. 15).

Es treten Spannungen ungleichen Vorzeichens auf.

$$\sigma_1 = \frac{N}{ab}\left(1 + \frac{6c}{b}\right), \quad \sigma_2 = \frac{N}{ab}\left(1 - \frac{6c}{b}\right).$$

Zeichnerische Bestimmung der Kantenpressungen.

Auf der Schwerachse S (Abb. 5 bis 7) trägt man die mittlere Spannung $\sigma_s = \frac{N}{a\,b} = \overline{SS'}$ auf, zieht aus den Kernpunkten K_1 und K_2 Verbindungsstrahlen durch S' bis zum Schnitt β und β_1 mit der Normalkraftlinie N. Die Abschnitte auf dieser Kraftlinie, von der Fugenachse aus gemessen, ergeben die Kantenpressungen σ_1 bzw. σ_2. Zur Darstellung der Spannungsverteilung ziehe man β I′ und β_1 II′//I II und verbinde I′ mit II′. Diese Verbindungslinie muß durch S' gehen.

4. Der Baustoff ist nur gegen Druck (nicht gegen Zug) widerstandsfähig. Diese Annahme wird der Sicherheit wegen bei gewöhnlichem Mauerwerk gemacht, bei dem keine Zugübertragung durch den Mörtel, sondern ein Klaffen der Fugen zu erwarten ist und das durch seitliche Kräfte (Winddruck, Erddruck o. dgl.) belastet wird.

Greift nun die Kraft N außerhalb des mittleren Drittels der Mauerbreite a im Abstand z von der nächsten Kante I an, so verteilt sich der Druck auf die Breite $3z$, und ist die Kantenpressung

$$\sigma_{max} = \frac{2\,N}{3\,a\,z} \text{ in kg/cm}^2 \text{....II.)}$$

wenn a wie z in cm und N in kg eingesetzt werden.

Trägt man σ_{max} bei I auf einer Normalen II′ auf, so daß $\overline{\text{II}'} = \sigma_{max}$, und verbindet man I′ mit v, so stellt das hiedurch begrenzte Dreieck die Spannungsverteilung dar.

e) Träger auf zwei Stützen

Die Auflagerdrücke sind (Abb. 16):

$$A = \frac{1}{l}(P_1 b_1 + P_2 b_2 + P_3 b_3 \ldots), \qquad B = P_1 + P_2 + P_3 + \ldots - A.$$

Der gefährliche Querschnitt ist dann derjenige, für den die Querkraft Null ist, bzw. das Vorzeichen wechselt, für den also

$$A - (P_1 + P_2 + \ldots) \gtrless 0.$$

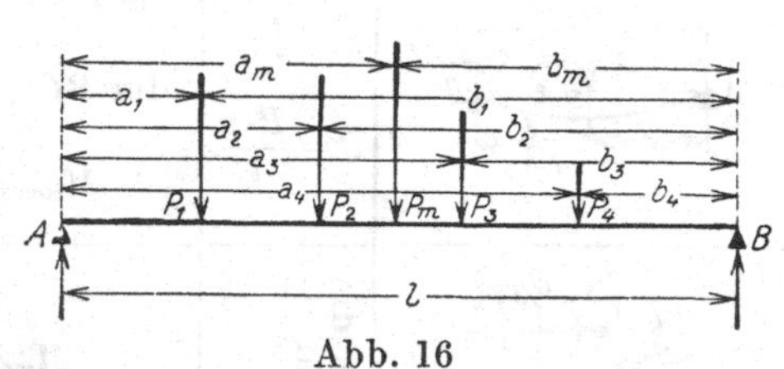

Abb. 16

Ist der gefährliche Querschnitt bestimmt — er sei (im allgemeinen) unter P_m — so ist das größte Moment $M_{max} = A\,a_m - P_1(a_m - a_1) - P_2(a_m - a_2) - \ldots\ldots P_{m-1}(a_m - a_{m-1})$, so findet sich bei einer zulässigen Beanspruchung σ_{zul} das erforderliche Widerstandsmoment W_x des Trägers mit:

$$W_x = \frac{M_{max}}{\sigma_{zul}}.$$

f) Einfeldriger Krangleisträger

Zwei gleichgroße Lasten P (Abb. 17) im unveränderlichen Abstand a bewegen sich auf einem Träger von der Stützweite l. Dann ist, wenn

$$c = \frac{l}{2} - \frac{a}{4}, \quad M_{max} = \frac{2\,P\,c^2}{l}. \text{ Auflagerdruck } A = P\frac{2l + a}{2\,l},$$

$$B = 2\,P - A.$$

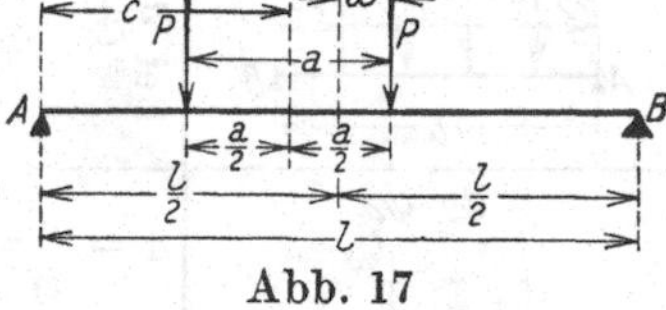

Abb. 17

Diese Formeln gelten nur, falls beide Lasten P auf der Länge l stehen. Ist $a \geq 0{,}5857\,l$, so bringen nicht die beiden Lasten P, sondern nur eine einzige, in der Mitte des Trägers stehende Last das größte Moment, und zwar $M_{max} = \frac{Pl}{4}$ hervor.

g) Auflagerdrücke, Momente, Durchbiegung usw. für verschiedene Belastungsfälle

Belastungsfall	Auflagerdrücke	Biegungsmomente	Größte Durchbiegung	Gefährl. Querschnitt
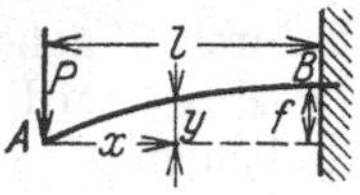	$B = P$	$M_x = P \cdot x$ $M_{max} = P \cdot l$	$f = \frac{P l^3}{3 E J}$	bei B
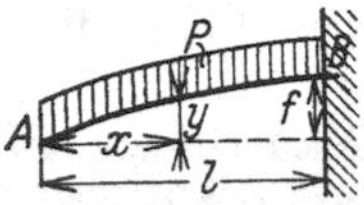	$B = P$	$M_x = \frac{P \cdot x^2}{2 l}$ $M_{max} = \frac{P \cdot l}{2}$	$f = \frac{P l^3}{8 E J}$	bei B
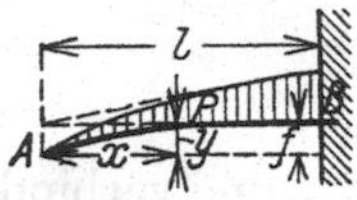	$B = P$	$M_x = \frac{P \cdot x^3}{3 l^2}$ $M_{max} = \frac{P \cdot l}{3}$	$f = \frac{P \cdot l^3}{15 E J}$	bei B
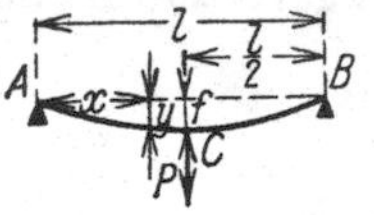	$A = B = \frac{P}{2}$	$M_x = \frac{P \cdot x}{2}$ $M_{max} = \frac{P \cdot l}{4}$	$f = \frac{P l^3}{48 E J}$	in der Mitte
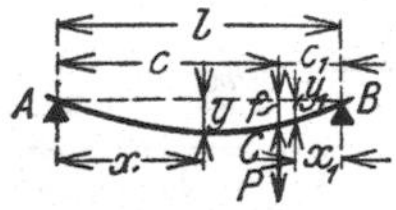	$A = \frac{P \cdot c_1}{l}$ $B = \frac{P \cdot c}{l}$	für AC: $M_x = \frac{P \cdot c_1 x}{l}$ für BC: $M_x = \frac{P \cdot c \cdot x}{l}$ $M_{max} = \frac{P \cdot c \cdot c_1}{l}$	$f = \frac{P}{3 E J} \cdot \frac{c^2 \cdot c_1^2}{l}$ f_{max} bei $x = c\sqrt{\frac{1}{3} + \frac{2}{3}\frac{c_1}{c}}$, wenn $c > c_1$	bei C
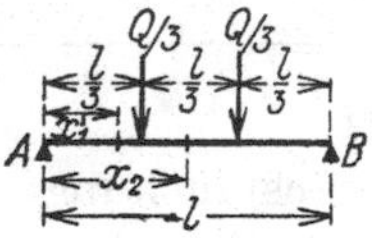	Bei diesen drei Fällen ist die Gesamtlast für ein Feld $Q = b \cdot l \cdot q$, $A = B = Q/_2$	$M_{max} = \frac{Q \cdot l}{9}$	$f = \frac{23 Q l^3}{1944 E J}$	im mittleren $l/_3$
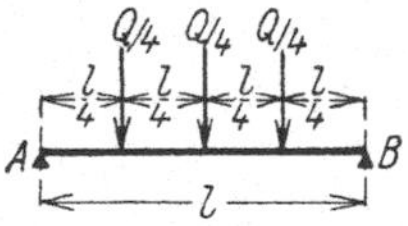		$M_{max} = \frac{Q \cdot l}{8}$	$f = \frac{19 Q l^3}{1536 E J}$	in der Mitte
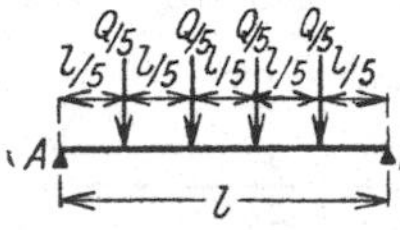		$M_{max} = \frac{3 Q l}{25}$	$f = \frac{63 Q l^3}{5000 E J}$	im mittleren $l/_5$
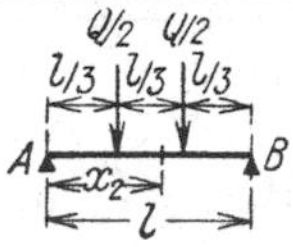	$A = B = \frac{Q}{2}$	$M_{max} = \frac{Q \cdot l}{6}$	$f = \frac{23 Q l^3}{1296 E J}$	im mittleren $l/_3$

Belastungsfall	Auflagerdrücke	Biegungsmomente	Größte Durchbiegung	Gefährl. Querschnitt
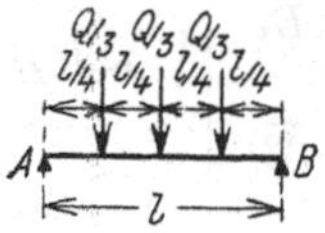 Q/3 Q/3 Q/3; l/4 l/4 l/4 l/4; A B; l	$A = B = \frac{Q}{2}$	$M_{max} = \frac{Q \cdot l}{6}$	$f = \frac{19\,Q l^3}{1152\,EJ}$	in der Mitte
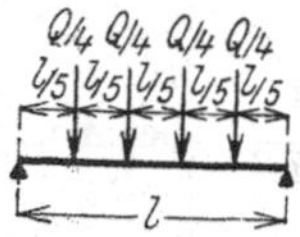 Q/4 Q/4 Q/4 Q/4; l/5 l/5 l/5 l/5 l/5; l	$A = B = \frac{Q}{2}$	$M_{max} = \frac{3\,Q l}{20}$	$f = \frac{63\,Q l^3}{4000\,EJ}$	im mittleren $l/5$
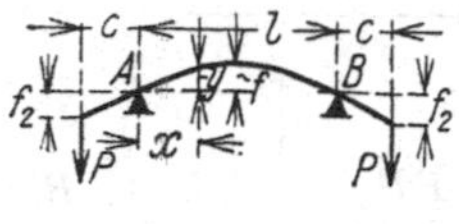 c l c; A B; y f; f_2 f_2; x; P P	$A = B = P$	Für A und B: $M = P \cdot c$	$f = \frac{P l^2 \cdot c}{8\,EJ}$ $f_2 = \frac{P c^2}{EJ}\left[\frac{c}{3} + \frac{l}{2}\right]$	in den Punkten A und B
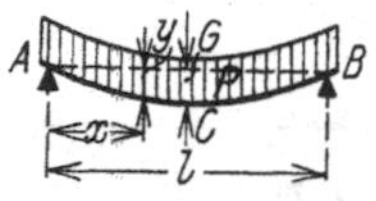 A B; y G; P; C; x; l	$A = B = \frac{P}{2}$	$M_x = \frac{P \cdot x}{2}\left(1 - \frac{x}{l}\right)$ $M_{max} = \frac{P \cdot l}{8}$	$f = \frac{5\,P l^3}{384\,EJ}$	in der Mitte
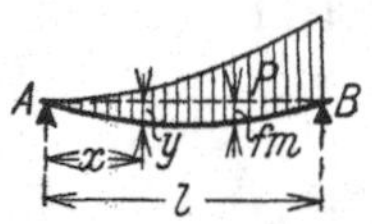 A B; P; y; fm; x; l	$A = \frac{1}{3} P$ $B = \frac{2}{3} P$	$M_x = \frac{P \cdot x}{3}\left(1 - \frac{x^2}{l^2}\right)$ $M_{max} = \frac{2}{9\sqrt{3}} P \cdot l = 0{,}128\, P \cdot l$	$f_{max} = \frac{0{,}01304\, P l^3}{EJ}$ bei $x = 0{,}5193\, l$	bei $x = 0{,}5774\, l$
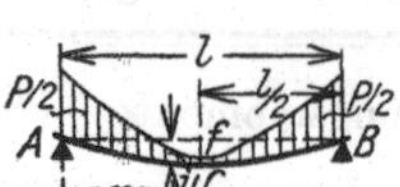 l; l/2; P/2 P/2; A B; f; x; y C	$A = B = \frac{P}{2}$	$M_x = P \cdot x\left(\frac{1}{2} - \frac{x}{l} + \frac{2\,x^2}{l^2}\right)$ $M_{max} = \frac{P \cdot l}{12}$	$f = \frac{3\,P l^3}{320\,EJ}$	in der Mitte
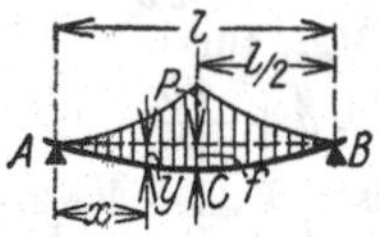 l; l/2; P; A B; x; y C f	$A = B = \frac{P}{2}$	$M_x = P \cdot x\left(\frac{1}{2} - \frac{2\,x^2}{3\,l^2}\right)$ $M_{max} = \frac{P \cdot l}{6}$	$f = \frac{P l^3}{60\,EJ}$	in der Mitte
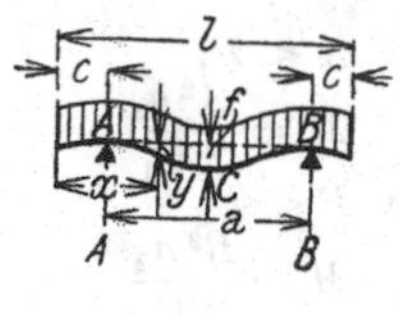 l; c c; A B; f; x; y C; a; A B	$A = B = \frac{P}{2}$	$M_x = -\frac{Px}{2}\left(\frac{x}{l} - 1 + \frac{c}{x}\right)$ $M_A = M_B = -\frac{P c^2}{2\,l}$ $M_c = -\frac{P \cdot l}{4}\left(-\frac{1}{2} + \frac{2\,c}{l}\right)$	$f = \frac{P l^3}{24\,EJ}\left[\frac{5}{16} - \frac{5}{2}\frac{c}{l} + 6\frac{c^2}{l^2} - 4\frac{c^3}{l^3} - \frac{c^4}{l^4}\right]$	bei A, B oder C

Belastungsfall	Auflagerdrücke	Biegungsmomente	Größte Durchbiegung	Gefährdeter Querschnitt
	$A = \frac{3}{8}P$ $B = \frac{5}{8}P$	$M_x = \frac{Px}{2}\left(\frac{3}{4} - \frac{x}{l}\right)$ $M_{max} = M_B = -\frac{Pl}{8}$ $M_C = \frac{9}{128}Pl$ } Größtes positives Moment	$f_{max} = \frac{Pl^3}{192\,EJ}$ für $x =$ $= \frac{l}{16}(1 + \sqrt{33})$	bei B
	$A = B = \frac{P}{2}$	$M_x = -\frac{Pl}{2}\left(\frac{1}{6} - \frac{x}{l} + \frac{a^2}{l^2}\right)$ $M_A = M_B = -\frac{Pl}{12}$ $M_C = +\frac{Pl}{24}$	$f = \frac{Pl^3}{384\,EJ}$	bei A und B
	$A = B = \frac{P}{2}$	$M_x = \frac{Pl}{2}\left(\frac{x}{l} - \frac{1}{4}\right)$ $M_A = M_B = -\frac{Pl}{8}$ $M_C = +\frac{Pl}{8}$	$f = \frac{Pl^3}{192\,EJ}$	bei A, B und C
	$A = \frac{5P}{16}$ $B = \frac{11P}{16}$	$M_C = +\frac{5Pl}{32}$ $M_{max} = M_B = -\frac{3Pl}{16}$	$f_{max} = \sqrt{\frac{1}{5}}\,\frac{Pl^3}{48\,EJ}$ für $x = 0{,}447\,l$	bei B

Auflagerdrücke und Biegungsmomente für besondere Trägerbelastungsfälle

Belastungsfall	Auflagerdrücke	Biegungsmomente
	$A = \frac{P(2c + b)}{2l}$ $B = \frac{P(2a + b)}{2l}$ Für $a = c$ ist $A = B = \frac{P}{2}$	$M_x = Ax - \frac{P(x-a)^2}{2b}$ M_{max} für $x = a + \frac{Ab}{P}$ Für $a = c$ ist: $M_{max} = M_{Mitte} =$ $= \frac{Al}{2} - P\frac{b}{8} = \frac{P}{4}\left(l - \frac{b}{2}\right)$
	$A = \frac{P_1(2l - a_1) + P_2 a_2}{2l}$ $B = \frac{P_2(2l - a_2) + P_1 a_1}{2l}$	für $A < P_1$ $M = \frac{A^2 a_1}{2P_1}$ für $B < P_2$ $M = \frac{B^2 a_2}{2P_2}$

a) Einfach unterspannter Träger (Dreieckhäng-[spreng-]werk)

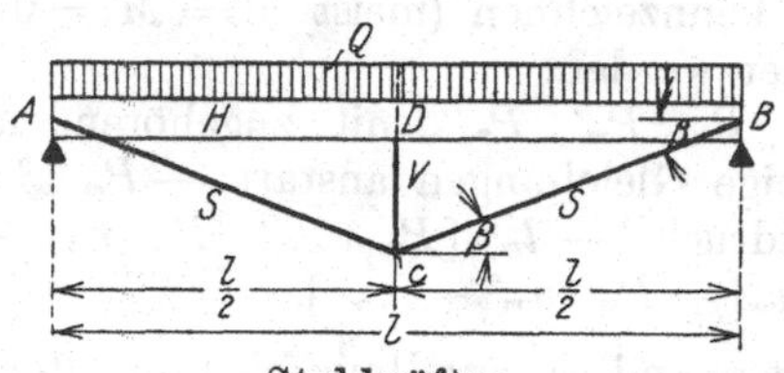

Stabkräfte:

$$V = -\frac{5Q}{8},\ S = +\frac{5Q}{16\sin\beta},\ H = -\frac{5Q}{16\,\mathrm{tg}\,\beta}$$

b) Doppelt unterspannter Träger (Trapezhäng-[spreng-]werk)

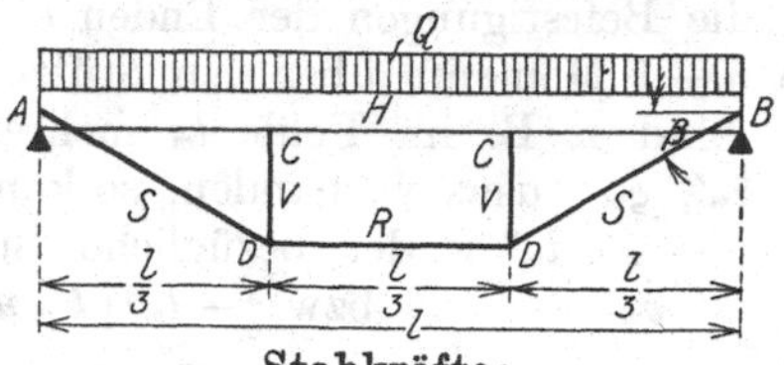

Stabkräfte:

$$V = -\frac{11Q}{30} \qquad H = -\frac{11Q}{30\,\mathrm{tg}\,\beta}$$

$$S = \frac{11Q}{30\sin\beta} \qquad R = +\frac{11Q}{30\,\mathrm{tg}\,\beta}$$

Der über die ganze Länge gleich starke Obergurt ist auf Druck und Biegung zu berechnen:

F = Querschnitt des Gurtes in cm², W = Widerstandsmoment des Gurtquerschnittes in cm³.

Gurtinanspruchnahme:

a) beim einfach unterspannten Träger

$$\sigma = \frac{5Q}{16F\,\mathrm{tg}\,\beta} + \frac{Ql}{32W}.$$

b) beim doppelt unterspannten Träger

$$\sigma = \frac{11Q}{30F\,\mathrm{tg}\,\beta} + \frac{Ql}{90W}.$$

h) Träger auf mehreren Stützen

Gehen Träger ungestoßen oder biegungssicher gestoßen über mehrere Felder durch, so bezeichnet man sie als Durchlaufträger (kontinuierlicher Träger) (Abb. 18).

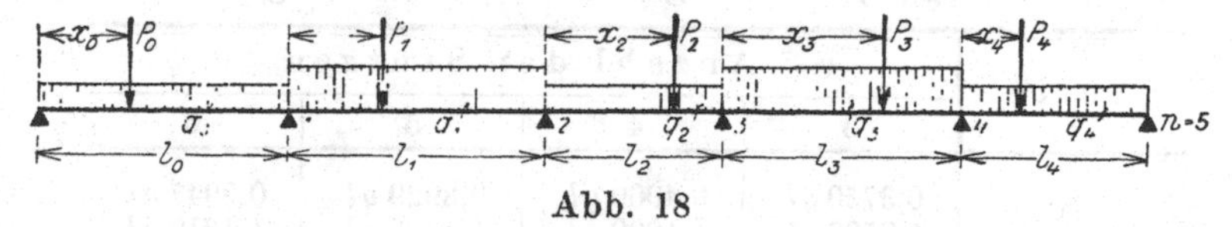

Abb. 18

Momente

Bezeichnen M_0, M_1, $M_2 \ldots$ die Momente über den aufeinander folgenden Stützen 0, 1, 2..., so lautet die Clapeyronsche Gleichung, wenn sämtliche Stützen gleich hoch liegen und der Träger durch gleichmäßig verteilte Lasten q_0, q_1, $q_2 \ldots$ belastet ist, weiters im Felde l_0 durch eine Last P_0 im Abstand x_0 von 0 und im Felde l_1 durch eine Last P_1 im Abstand x_1 von 1 usw.

$$M_0 l_0 + 2M_1(l_0 + l_1) + M_2 l_1 = -\frac{1}{4}(q_0 l_0^3 + q_1 l_1^3) - P_0 l_0^2 v_0 - P_1 l_1^2 w_1,$$

$$M_1 l_1 + 2M_2(l_1 + l_2) + M_3 l_2 = -\frac{1}{4}(q_1 l_1^3 + q_2 l_2^3) - P_1 l_1^2 v_1 - P_2 l_2^2 w_2 \text{ usw.}$$

(durch Erhöhung jeder Indexzahl um 1). Hiezu ist $\frac{x_0}{l_0} = \xi_0$, $\frac{x_1}{l_1} = \xi_1$, $\frac{x_2}{l_2} = \xi_3$ usw. zu ermitteln und findet man zu jedwedem ξ in nachstehender Tabelle ein v und w (dem der gleiche Zeiger beizufügen ist).

ξ = 0	0,1	0,2	0,3	0,4	0,5	0,6	0,7	0,8	0,9	0,0
v = 0	0,099	0,192	0,273	0,336	0,375	0,384	0,357	0,288	0,171	0
w = 0	0,171	0,288	0,357	0.384	0,375	0,336	0,273	0,192	0,099	0

Sind n-Felder, also $n+1$ Stützen vorhanden, so lassen sich $n-1$ Gleichungen von obiger Form aufstellen. Es können dann aus diesen und den beiden Gleichungen, die die Befestigungen der Enden des Trägers kennzeichnen (meist $M_o = M_n = 0$), die $n+1$ Momente über den Stützen berechnet werden.

Sind z. B. im Felde l_m mehrere Lasten P_m, P_m', P_m'' mit zugehörendem ξ_m, ξ_m', ξ_m'' usw. vorhanden, so kommt in obige Gleichungen anstatt $-P_m l_m^2 v$ und $-P_m l_m^2 w$ der bezügliche Summenausdruck $-l_m^2 [P_m v_m + P_m' v_m' + + P_m'' v_m'' + \ldots]$ bzw. $-l_m^2 [P_m w_m + P_m' w_m' + P_m'' w_m^2 + \ldots]$.

Für zwischenliegende Werte von $\frac{x}{l} = \xi$ ist v und w geradlinig einzuschalten.

Stützendrücke

Der Gesamtstützendruck über Stütze O ist:.. $T_0 = \frac{q_0 l_0}{2} + \frac{M_1}{l_0} + P_0(1-\xi_0)$

über Stütze 1:.. $T_1 = \frac{q_0 l_0 + q_1 l_1}{2} - M_1\left(\frac{1}{l_0} + \frac{1}{l_1}\right) + \frac{M_0}{l_0} + \frac{M_2}{l_1} + P_0 \xi_0 + P_1 (1-\xi_1)$;

für die obigen Lasten P_m, P_m', P_m''..... gilt hier anstatt $P_m \xi_m$ dann $P_m \xi_m + + P_m' \xi_m' + P_m'' \xi_m'' + \ldots$ bzw. anstatt $P_m(1-\xi_m)$, dann $P_m(1-\xi_m) + + P_m'(1-\xi_m') + P_m''(1-\xi_m'') + \ldots$

Für die anderen Zwischenstützen, z. B. die Stütze m, ergibt sich der Stützendruck T_m, wenn in der Gleichung für T_1 sämtliche Indices um $(m-1)$ erhöht werden.

Für die Endstütze T_n gilt allgemein: $T_n = \frac{q_{n-1} l_{n-1}}{2} + \frac{M_{n-1}}{l_{n-1}} + P_{n-1} \xi_{n-1}$.

Momente und Stützendrücke für durchlaufende Träger auf gleich hohen und gleich weit voneinander entfernten Stützen.

1. Bei gleichmäßig verteilter Belastung

Werte	Anzahl der Stützen			
	3	4	5	6
T_0	0,3750 ql	0,4000 ql	0,3929 ql	0,3947 ql
T_1	1,2500 ql	1,1000 ql	1,1428 ql	1,1317 ql
T_2			0,9286 ql	0,9736 ql
M_1	0,1250 ql^2	0,1000 ql^2	0,1071 ql^2	0,1053 ql^2
M_2			0,0714 ql^2	0,0789 ql^2
M_{1max}	0,0703 ql^2	0,0800 ql^2	0,0772 ql^2	0,0779 ql^2
M_{2max}		0,0250 ql^2	0,0364 ql^2	0,0332 ql^2
M_{3max}				0,0461 ql^2

Hiebei bezeichnen:
T_0, T_1,.....die Gesamtstützendrücke,
M_1, M_2.....die (negativen) Momente über den Stützen,
M_{1max}, M_{2max}......die größten Momente in den einzelnen Feldern,
l die überall gleich großen Stützweiten,
q die gleichmäßig verteilte Belastung für die Längeneinheit.
In bezug auf die Trägermitte ist alles symmetrisch; die Angaben sind daher nur bis zur Mitte durchgeführt.

2. Für gleich große und gleich weit voneinander entfernte Einzellasten

1. Träger auf 3 Stützen

Belastungsfälle	Momente			Auflagerdrücke	
	(+) M_{1max}	(+) M_{2max}	(—) M	A	B
	0,156 $P \cdot l$	—	0,188 $P \cdot l$	0,312 P	1,376 P
	0,222 $P \cdot l$	—	0,333 $P \cdot l$	0,667 P	2,667 P
	0,270 $P \cdot l$	—	0,460 $P \cdot l$	1,040 P	3,920 P
	0,360 $P \cdot l$	—	0,600 $P \cdot l$	1,400 P	5,200 P
	2. Träger auf 4 Stützen				
	0,175 $P \cdot l$	0,100 $P \cdot l$	0,150 $P \cdot l$	0,350 P	1,150 P
	0,245 $P \cdot l$	0,067 $P \cdot l$	0,267 $P \cdot l$	0,734 P	2,270 P
	0,317 $P \cdot l$	0,125 $P \cdot l$	0,375 $P \cdot l$	1,125 P	3,375 P
	0,410 $P \cdot l$	0,122 $P \cdot l$	0,478 $P \cdot l$	1,520 P	4,480 P

i) Ausführungsarten von Gelenkträgern

Die beigeschriebenen Momentengleichungen und Werte für a) gelten nur, wenn gleichmäßig verteilte Gesamtbelastungen in Frage kommen, wobei die Gelenkanordnung derart erfolgt, daß die Absolutwerte der Momente an den Stützen sowie in den Feldern einander alle möglichst gleich werden.

1. Zwei Felder (Abb. 19).

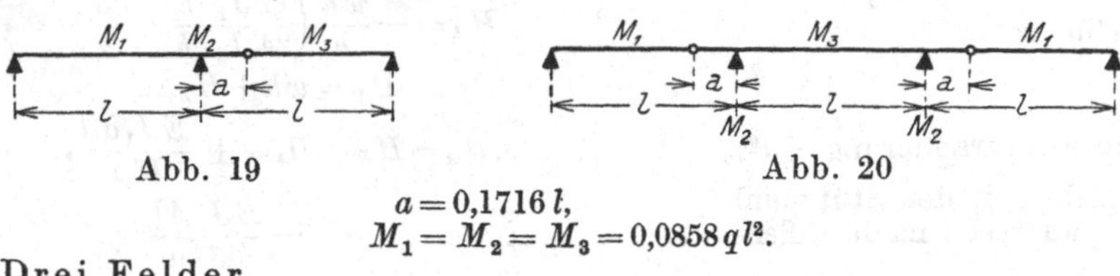

Abb. 19 Abb. 20

$$a = 0{,}1716\, l,$$
$$M_1 = M_2 = M_3 = 0{,}0858\, q l^2.$$

2. Drei Felder.

Laut Abb. 20:

$$a = 0{,}125\, l = \frac{l}{8},$$
$$M_1 = 0{,}0957\, q l^2,$$
$$M_2 = M_3 = 0{,}0625\, q l^2 = \frac{q l^2}{16}.$$

Laut Abb. 21:

$$a = 0{,}22\, l,$$
$$M_1 = M_2 = 0{,}0858\, q l^2,$$
$$M_3 = q\,\frac{(l - 2a)^2}{8} = 0{,}0392\, q l^2.$$

3. Vier Felder (Abb. 22).

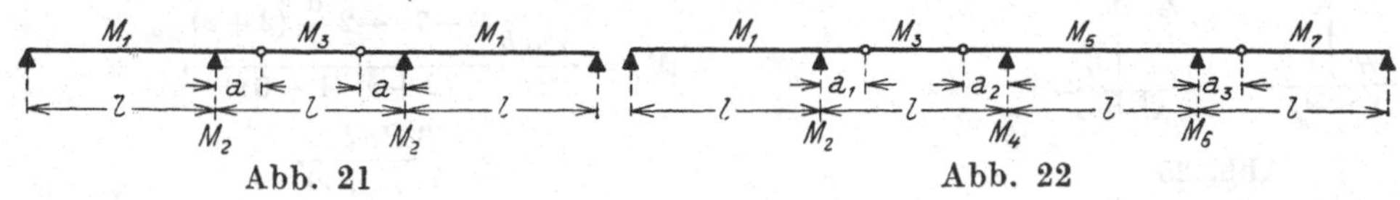

Abb. 21 Abb. 22

$$a_1 = 0{,}2035\,l,$$
$$a_2 = 0{,}157\,l,$$
$$a_3 = 0{,}125\,l.$$
$$M_1 = M_2 = 0{,}0858\,q l^2,$$
$$M_3 = 0{,}05111\,q l^2,$$
$$M_4 = M_5 = M_6 = 0{,}0625\,q l^2 = q\frac{l^2}{16},$$
$$M_7 = 0{,}0957\,q l^2.$$

Soll
$$M_1 = M_2 = M_6 = M_7 = 0{,}0858\,q l^2,$$
so muß sein
$$a_3 = 0{,}1716\,l$$
und wird
$$M_5 = 0{,}0511\,q l^2.$$

k) Rahmenträger mit einer Öffnung

Es bezeichnen: J_1 und J_2 = Trägheitsmomente, l = Stützweite, h = Ständerhöhe, E = das Elastizitätsmaß, a_t = Längenänderungsverhältnis für 1° Temperaturänderung, t = Temperaturänderung in Celsiusgraden gegenüber dem spannungslosen Anfangszustand, $\mu = 1 + \frac{2hJ_1}{3lJ_2}$ bzw. $\nu = \frac{J_2}{J_1}\frac{h}{l}$.

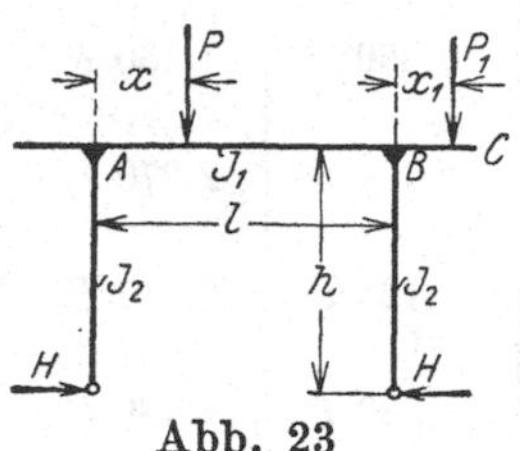

Abb. 23

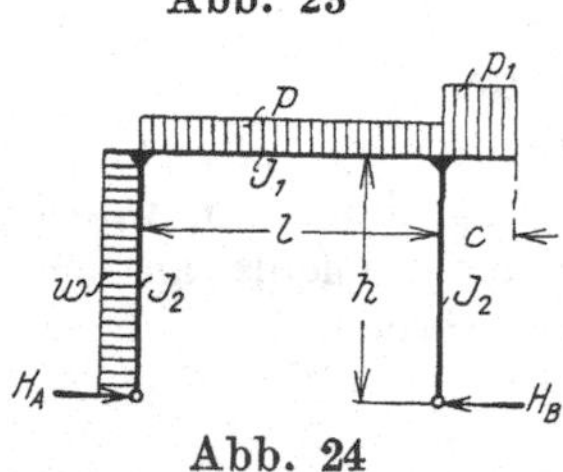

Abb. 24

Symmetrischer Zweigelenkrahmen

α) Einzellast P (Abb. 23):

A bis B: $H = P\frac{x(l-x)}{2hl\mu}$

B bis C: $H_1 = -P_1\frac{x_1}{2h\mu}$

Anmerkung: Längs- und Querkräfte bei der Ermittlung von H vernachlässigt

β) Wenn p allein wirkt (Abb. 24) ($p' = w = 0$):

$$H_A = H_B = \frac{p l^2}{12 h\mu}.$$

γ) Wenn p' allein wirkt (Abb. 24) ($p = w = 0$):

$$H_A = H_B = -\frac{p' c^2}{4h\mu}.$$

δ) Wenn w allein wirkt (Abb. 24) ($p = w = 0$):

$$H_A = -\frac{wh}{\mu}\left(\frac{11}{24}\frac{J_1}{J_2}\frac{h}{l} + \frac{3}{4}\right),$$
$$H_B = wh + H_A,$$

ε) Temperaturänderung $\pm t^0$ .... $H_A = H_B = H_t = \pm\frac{EJ_1 a_t t}{h^2\mu}$,

ζ) Nachgiebigkeit der Stützpunkte um Δl wagrecht nach außen .... $H_{\Delta l} = -\frac{EJ_1\Delta l}{h^2 l\mu}$.

Beiderseits eingespannter Rahmen

α) Infolge der Einzellast (Abb. 25):

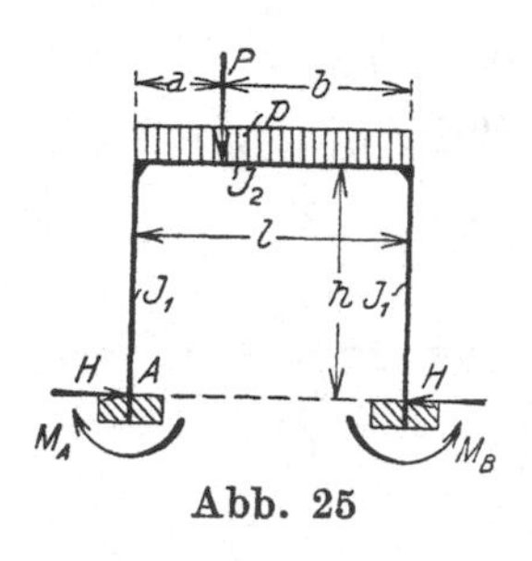

Abb. 25

$$M_A = \frac{Pab}{2l}\,\frac{5\nu - 1 + 2\frac{a}{l}(2+\nu)}{(2+\nu)(1+6\nu)},$$

$$M_B = \frac{Pab}{2l}\,\frac{3 + 7\nu - 2\frac{a}{l}(2+\nu)}{(2+\nu)(1+6\nu)},$$

$$H = \frac{3Pab}{2hl(2+\nu)}.$$

β) Infolge gleichförmig verteilter Last (Abb. 25):

$$M_A = M_B = \frac{p\,l^2}{12\,(2+\nu)},\quad H = \frac{p\,l^2}{4\,h\,(2+\nu)}.$$

γ) Infolge gleichförmiger Seitenlast w (Abb. 26):

$$M_A = -\frac{w\,h^2}{24}\left(12 - \frac{9+5\nu}{2+\nu} - \frac{12\nu}{1+6\nu}\right),$$

$$M_B = +\frac{w\,h^2}{24}\left(\frac{9+5\nu}{2+\nu} - \frac{12\nu}{1+6\nu}\right),$$

$$H_B = \frac{w\,h}{8}\,\frac{3+2\nu}{2+\nu}.$$

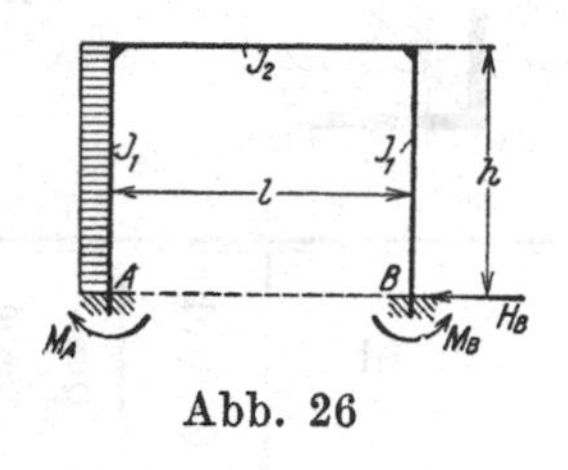

Abb. 26

l) Dreieckrahmen (Abb. 27)

Gleichförmig verteilte Belastung¹)

α) q auf die Länge l

$$A = B = 0{,}50\,q\,l,$$

$$-H_A = H_B = 0{,}1562\,\frac{q\,l^2}{h};$$

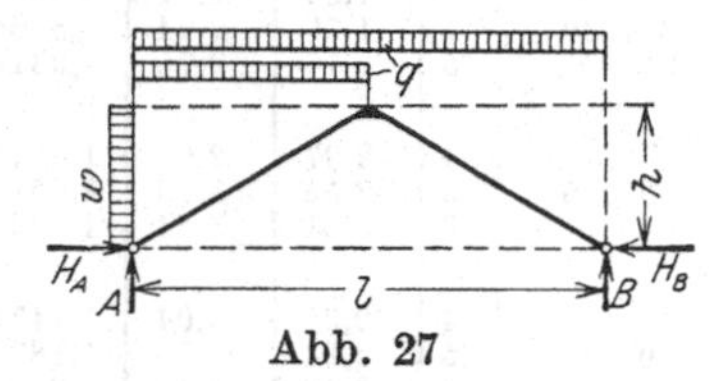

Abb. 27

β) q auf die Länge $\frac{l}{2}$

$$A = 0{,}375\,q\,l,\qquad B = 0{,}125\,q\,l,$$

$$-H_A = H_B = 0{,}07813\,q\,\frac{l^2}{h};$$

γ) w auf die Höhe h

$$-A = B = 0{,}50\,w\,\frac{h^2}{l},$$

$$H_A = w\,h - H_B,$$

$$H_B = 0{,}3125\,w\,h.$$

m) Dachrahmen (Abb. 28)

Mit $k = \frac{J_2}{J_1}\,\frac{h}{s}$

und $m = h^2\,(3+k) + h_1\,(3\,h + h_1)$

wird bei gleichförmiger Belastung¹) durch:

α) q auf die Länge l

$$A = B = 0{,}5\,q\,l,$$

$$-H_A = H_B = 0{,}0312\,q\,l^2\,\frac{8\,h + 5\,h_1}{m};$$

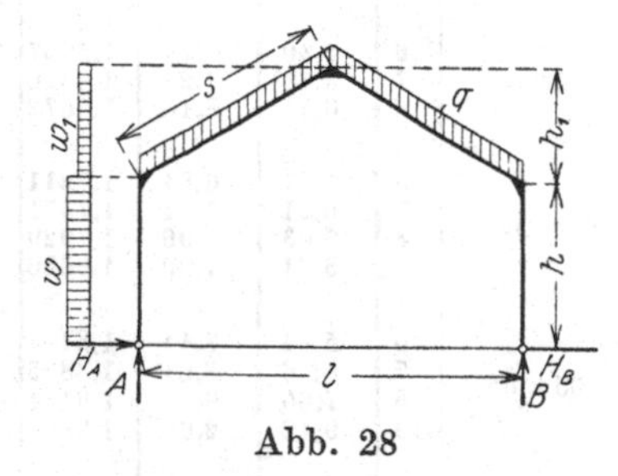

Abb. 28

β) q auf die Länge $\frac{l}{2}$

$$A = 0{,}375\,q\,l,\qquad B = 0{,}125\,q\,l,$$

$$-H_A = H_B,$$

$$= 0{,}01563\,q\,l^2\,\frac{8\,h + 5\,h_1}{m};$$

γ) w auf die Höhe h

$$-A = B = 0{,}50\,w\,\frac{h^2}{l},$$

$$H_A = w\,h - H_B,$$

$$H_B = 0{,}0625\,w\,h^2\,\frac{5\,h\,k + 6\,(2\,h + h_1)}{m};$$

δ) w_1 auf die Höhe h_1

$$-A = B = 0{,}5\,w_1\,\frac{h_1\,(2\,h + h_1)}{l},$$

$$H_A = w_1\,h_1 - H_B,$$

$$H_B = 0{,}0625\,w_1\,h_1\,\frac{8\,h^2\,(k+3) + 5\,h_1\,(4\,h + h_1)}{m}.$$

¹) Es zeigt an: { + nach oben oder links wirkend / — „ unten „ rechts „ } für A, B und H.

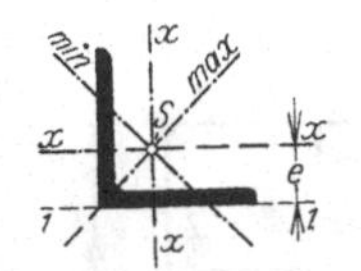

B. Zur Berechnung von Eisenkonstruktionen

I. Walzeisentabellen

a) Gleichschenkelige Winkeleisen

Profil		Gewicht	Querschnittsfläche	Lage des Schwerpunktes e	Trägheitsmoment cm⁴				Trägheitsradius cm		
mm		kg/m	cm²	cm	J_1	J_x	J_{max}	J_{min}	i_x	i_{max}	i_{min}
30×30	3	1,34	1,71	0,8605	2,72	1,46	2,32	0,59	0,92	1,17	0,59
	4	1,76	2,24	0,8964	3,66	1,86	2,94	0,77	0,91	1,15	0,59
	5	2,16	2,75	0,9318	4,60	2,22	3,49	0,94	0,90	1,13	0,58
35×35	4	2,07	2,64	1,0220	5,78	3,03	4,81	1,24	1,07	1,35	0,69
	5	2,55	3,25	1,0577	7,27	3,64	5,76	1,51	1,06	1,33	0,68
	6	3,01	3,84	1,0930	8,78	4,20	6,61	1,78	1,05	1,31	0,68
40×40	4	2,39	3,04	1,1474	8,61	4,61	7,34	1,88	1,23	1,55	0,79
	5	2,94	3,75	1,1833	10,81	5,56	8,83	2,29	1,22	1,53	0,78
	6	3,49	4,44	1,2189	13,04	6,45	10,20	2,70	1,21	1,52	0,78
45×45	5	3,34	4,25	1,3088	15,35	8,07	12,84	3,31	1,38	1,74	0,88
	6	3,96	5,04	1,3446	18,51	9,39	14,89	3,89	1,37	1,72	0,88
	7	4,56	5,81	1,3801	21,70	10,63	16,80	4,47	1,35	1,70	0,88
50×50	5	3,73	4,75	1,4342	21,02	11,25	17,91	4,59	1,54	1,94	0,98
	6	4,43	5,64	1,4702	25,32	13,13	20,85	5,40	1,53	1,92	0,98
	7	5,11	6,51	1,5059	29,66	14,90	23,59	6,20	1,51	1,90	0,98
	8	5,78	7,36	1,5413	34,05	16,57	26,15	6,98	1,50	1,88	0,97
55×55	6	4,90	6,24	1,5957	33,63	17,74	28,22	7,26	1,69	2,13	1,08
	7	5,66	7,21	1,6316	39,37	20,18	32,02	8,34	7,67	2,11	1,08
	8	6,41	8,16	1,6672	45,17	22,49	35,59	9,39	1,66	2,09	1,07
60×60	6	5,37	6,84	1,7211	43,59	23,33	37,14	9,52	1,85	2,33	1,18
	7	6,21	7,91	1,7571	51,01	26,59	42,25	10,92	1,83	2,31	1,18
	8	7,03	8,96	1,7929	58,49	29,69	47,07	12,30	1,82	2,29	1,17
	10	8,64	11,00	1,8636	73,67	35,46	55,92	15,01	1,80	2,25	1,17
65×65	6	5,84	7,44	1,8464	55,35	29,99	47,78	12,20	2,01	2,53	1,28
	7	6,76	8,61	1,8825	64,74	34,23	54,45	14,01	1,99	2,51	1,28
	8	7,66	9,76	1,9184	74,21	38,29	60,79	15,78	1,98	2,50	1,27
	10	9,42	12,00	1,9896	93,38	45,87	72,50	19,25	1,96	2,46	1,27
70×70	7	7,31	9,31	2,0079	80,75	43,22	68,81	17,63	2,15	2,72	1,38
	8	8,29	10,56	2,0439	92,52	48,41	76,95	19,87	2,14	2,70	1,37
	9	9,26	11,79	2,0798	104,38	53,39	84,70	22,07	2,13	2,68	1,37
	10	10,21	13,00	2,1154	116,33	58,16	92,08	24,24	2,12	2,66	1,37
75×75	7	7,86	10,01	2,1332	99,21	53,66	85,49	21,83	2,32	2,92	1,48
	8	8,92	11,36	2,1694	113,64	60,18	95,75	24,62	2,30	2,90	1,47
	9	9,96	12,69	2,2053	128,17	66,45	105,55	27,35	2,29	2,88	1,47
	10	10,99	14,00	2,2411	142,79	72,48	114,92	30,04	2,28	2,86	1,46
	11	12,00	15,29	2,2766	157,53	78,28	123,86	32,70	2,26	2,85	1,46
80×80	8	9,55	12,16	2,2947	137,76	73,73	117,38	30,08	2,46	3,11	1,57
	9	10,67	13,59	2,3308	155,33	81,50	129,57	33,42	2,45	3,09	1,57
	10	11,78	15,00	2,3667	173,00	88,98	141,25	36,72	2,44	3,07	1,56
	11	12,87	16,39	2,4023	190,79	96,20	152,44	39,97	2,42	3,05	1,56
	12	13,94	17,76	2,4378	208,72	103,17	163,16	43,18	2,41	3,03	1,56

Profil		Gewicht	Querschnittsfläche	Lage des Schwerpunktes e	Trägheitsmoment cm⁴				Trägheitsradius cm		
mm		kg/m	cm²	cm	J_1	J_x	J_{max}	J_{min}	i_x	i_{max}	i_{min}
85×85	8	10,17	12,96	2,4201	165,08	89,18	142,06	36,29	2,62	3,31	1,67
	9	11,37	14,49	2,4562	186,08	98,67	156,99	40,35	2,61	3,29	1,67
	10	12,56	16,00	2,4922	207,21	107,83	171,33	44,33	2,60	3,27	1,66
	12	14,88	18,96	2,5636	249,85	125,25	198,35	52,14	2,57	3,23	1,66
90×90	9	12,08	15,39	2,5816	220,67	118,10	188,03	48,17	2,77	3,50	1,77
	10	13,35	17,00	2,6176	245,67	129,18	205,42	52,95	2,76	3,48	1,76
	11	14,59	18,59	2,6536	270,80	139,91	222,17	57,65	2,74	3,46	1,76
	12	15,83	20,16	2,6893	296,09	150,29	238,29	62,29	2,73	3,44	1,76
	13	17,04	21,71	2,7249	321,54	160,35	253,81	66,88	2,72	3,42	1,76
100×100	9	13,49	17,19	2,8322	302,21	164,32	261,88	66,77	3,09	3,90	1,97
	10	14,92	19,00	2,8684	336,33	180,00	286,58	73,43	3,08	3,88	1,97
	11	16,32	20,79	2,9045	370,62	195,23	310,48	79,98	3,06	3,86	1,96
	12	17,71	22,56	2,9404	405,07	210,01	333,59	86,44	3,05	3,85	1,96
	13	19,08	24,31	2,9762	439,70	224,37	355,92	92,83	3,04	3,83	1,95
	14	20,44	26,04	3,0118	474,53	238,32	377,49	99,15	3,03	3,81	1,95
	15	21,78	27,75	3,0473	509,56	251,88	398,33	105,43	3,01	3,79	1,95
110×110	10	16,49	21,00	3,1190	447,00	242,70	386,75	98,65	3,40	4,29	2,17
	11	18,05	22,99	3,1553	492,43	263,54	419,59	107,50	3,39	4,27	2,16
	12	19,59	24,96	3,1913	538,04	283,83	451,44	116,23	3,37	4,25	2,16
	13	21,12	26,91	3,2273	583,87	303,59	482,34	124,84	3,36	4,23	2,15
	14	22,64	28,84	3,2631	629,91	322,83	512,29	133,36	3,35	4,21	2,15
	15	24,14	30,75	3,2988	676,19	341,58	541,33	141,83	3,33	4,20	2,15
120×120	11	19,77	25,19	3,4059	638,44	346,23	551,68	140,78	3,71	4,68	2,36
	12	21,48	27,36	3,4421	697,42	373,26	594,26	152,25	3,69	4,66	2,36
	13	23,17	29,51	3,4782	756,64	399,63	635,67	163,59	3,68	4,64	2,35
	14	24,84	31,64	3,5142	816,10	425,36	675,94	174,79	3,67	4,62	2,35
	15	26,50	33,75	3,5500	875,81	450,48	715,08	185,88	3,65	4,60	2,35
	16	28,13	35,84	3.5857	935,80	474,99	753,12	196,87	3,64	4,58	2,34
130×130	12	23,36	29,76	3,6927	885,60	479,78	764,44	195,12	4,02	5,07	2,56
	13	25,21	32,11	3,7289	960,60	514,11	818,51	209,71	4,00	5,05	2,56
	14	27,03	34,44	3,7650	1035,88	547,67	871,22	224,13	3,99	5,03	2,55
	15	28,85	36,75	3,8010	1111,44	580,48	922,58	238,39	3,97	5,01	2,55
	16	30,65	39,04	3,8369	1187,30	612,56	972,62	252,51	3,96	4,99	2,54
	18	34,19	43,56	3,9083	1339,97	674,61	1068,82	280,41	3,94	4,95	2,54
140×140	13	27,25	34,71	3,9796	1198.37	648,66	1033,46	264,86	4,32	5,46	2,76
	14	29,23	37,24	4,0158	1292,06	691,50	1100,94	282,07	4,31	5,44	2,75
	16	33,16	42,24	4,0879	1480,40	774,53	1231,66	317,91	4,28	5,40	2,74
	18	37,02	47,16	4,1595	1670,12	854,16	1355,22	353,11	4,26	5,36	2,74
150×150	14	31,43	40,04	4,2664	1587,44	858,61	1367,90	349,33	4,63	5,84	2,95
	15	33,56	42,75	4,3026	1702,69	911,27	1450,83	371,72	4,62	5,83	2,95
	16	35,67	45,44	4,3387	1818.30	962,91	1531,93	393,88	4,60	5,81	2,94
	18	39,85	50,76	4,4106	2050,66	1063,19	1688,79	437,59	4,58	5,77	2,94
	20	43,96	56,00	4,4821	2284,67	1159,65	1838,67	480,63	4,55	5,73	2,93
160×160	14	33,63	42,84	4,5170	1924,82	1050,75	1674,90	426,59	4,95	6,25	3,16
	15	35,91	45,75	4,5533	2064,31	1115,81	1777,58	454,04	4.94	6,23	3,15
	16	38,18	48,64	4,5895	2204,19	1179,68	1878,15	481,20	4,92	6,21	3,15
	18	42,67	54,36	4,6616	2485,20	1303,94	2073,11	534,77	4,90	6,18	3,14
	20	47,10	60,00	4,7333	2768,00	1423,73	2260,00	587,47	4,87	6,14	3,13

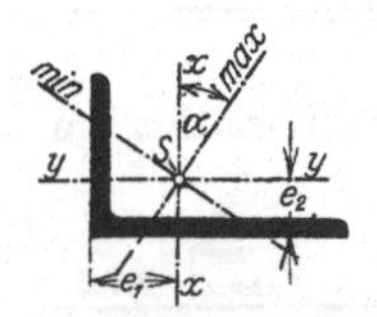

b) Ungleichschenkelige Winkeleisen

Profil mm		Gewicht kg/m	Querschnittsfläche cm²	Lage des Schwerpunktes e_1 cm	Lage des Schwerpunktes e_2 cm	Lage der Hauptachse tg α	Trägheitsmoment cm⁴ J_1	J_2	J_x	J_y	J_{max}	J_{min}	Trägheitsradius cm i_x	i_y	i_{max}	i_{min}
30×45	4	2,23	2,84	1,4993	0,7493	0,4389	12,21	3,69	5,82	2,09	6,71	1,20	1,43	0,86	1,54	0,65
	5	2,75	3,50	1,5357	0,7857	0,4325	15,29	4,67	7,04	2,51	8,08	1,46	1,42	0,85	1,52	0,65
	6	3,25	4,14	1,5717	0,8217	0,4256	18,40	5,68	8,17	2,89	9,34	1,72	1,40	0,83	1,50	0,64
40×60	5	3,73	4,75	1,9868	0,9868	0,4404	36,14	10,89	17,40	6,27	20,07	3,59	1,91	1,15	2,06	0,87
	6	4,43	5,64	2,0234	1,0234	0,4358	43,44	13,19	20,35	7,28	23,42	4,22	1,90	1,14	2,04	0,86
	7	5,11	6,51	2,0597	1,0597	0,4308	50,78	15,54	23,16	8,23	26,56	4,83	1,89	1,12	2,02	0,86
45×60	5	3,93	5,00	1,9000	1,1500	0,5533	36,17	15,42	18,12	8,80	22,23	4,70	1,90	1,33	2,11	0,97
	6	4,66	5,94	1,9364	1,1864	0,5492	43,48	18,61	21,21	10,25	25,94	5,52	1,89	1,31	2,09	0,96
	7	5,38	6,86	1,9725	1,2225	0,5449	50,84	21,87	24,15	11,62	29,44	6,33	1,88	1,30	2,07	0,96
	8	6,09	7,76	2,0082	1,2582	0,5410	58,23	25,19	26,94	12,90	32,73	7,11	1,86	1,29	2,05	0,96
50×65	6	5,13	6,54	2,0592	1,3092	0,5798	55,24	25,43	27,51	14,22	34,24	7,48	2,05	1,47	2,29	1,07
	7	5,93	7,56	2,0954	1,3454	0,5759	64,57	29,83	31,38	16,15	38,94	8,58	2,04	1,46	2,27	1,07
	8	6,72	8,56	2,1313	1,3813	0,5722	73,95	34,31	35,07	17,97	43,39	9,65	2,02	1,45	2,25	1,06
	10	8,24	10,50	2,2024	1,4524	0,5637	92,88	43,50	41,94	21,35	51,54	11,75	2,00	1,43	2,22	1,06
50×75	6	5,60	7,14	2,4744	1,2244	0,4413	84,69	25,50	40,98	14,79	47,31	8,46	2,40	1,44	2,57	1,09
	7	6,48	8,26	2,5110	1,2610	0,4377	98,93	29,94	46,85	16,81	53,97	9,69	2,38	1,43	2,56	1,08
	8	7,35	9,36	2,5474	1,2974	0,4338	113,22	34,48	52,48	18,72	60,30	10,90	2,37	1,41	2,54	1,08
	10	9,03	11,50	2,6196	1,3696	0,4256	141,96	43,83	63,04	22,26	72,06	13,24	2,34	1,39	2,50	1,07
50×100	8	8,92	11,36	3,6394	1 1394	0,2642	267,38	34,92	116,91	20,17	125,09	11,80	3,21	1,34	3,31	1,02
	9	9,96	12,69	3,6769	1,1769	0,2593	301,00	39,74	129,44	22,16	137,72	14,52	3,20	1,33	3,29	1,01
	10	10,99	14,00	3,7143	1,2143	0,2543	334,67	44,67	141,53	24,03	149,44	16,51	3,19	1,31	3,27	1,00
50×125	7	9,23	11,76	4,7398	0,9898	0,1841	456,22	30,52	192,02	18,99	198,11	12,91	4,04	1,27	4,10	1,05
	9	11,73	14,94	4,8175	1,0675	0,1796	586,93	40,32	240,20	23,30	274,44	16,06	4,01	1,25	4,07	1,04
60×80	7	7,31	9,31	2,5455	1,5455	0,5523	120,07	51,23	59,75	29,00	73,24	15,50	2,53	1,76	2,80	1,29
	8	8,29	10,56	2,5818	1,5818	0,5492	137,42	58,83	67,03	32,41	81,98	17,45	2,52	1,75	2,79	1,29
	10	10,21	13,00	2,6538	1,6538	0,5427	172,33	74,33	80,78	38,78	98,31	21,24	2,49	1,73	2,75	1,28
	12	12,06	15,36	2,7250	1,7250	0,5356	207,56	90,32	93,51	44,61	113,17	24,94	2,47	1,70	2,71	1,27
60×90	8	8,92	11,36	2,9986	1,4986	0,4389	195,29	59,00	93,14	33,49	107,38	19,25	2,86	1,72	3,07	1,30
	9	9,96	12,69	3,0351	1,5351	0,4358	219,94	66,77	103,04	36,86	118,55	21,35	2,85	1,70	3,06	1,30
	10	10,99	14,00	3,0714	1,5714	0,4325	244,67	74,67	112,60	40,10	129,28	23,41	2,84	1,69	3,04	1,29
	12	13,00	16,56	3,1435	1,6435	0,4256	294,36	90,89	130,73	46,16	149,43	27,46	2,81	1,67	3,00	1,29

Profil		Gewicht	Querschnitts-fläche	Lage des Schwer-punktes		Lage der Hauptachse	Trägheitsmoment cm⁴						Trägheits-radius cm			
				e_1 cm	e_2 cm											
mm		kg/m	cm²			tg α	J_1	J_2	J_x	J_y	J_{max}	J_{min}	i_x	i_y	i_{max}	i_{min}
70 × 105	8	10,50	13,36	3,4494	1,6994	0,443	309,75	93,12	150,79	54,54	172,07	31,89	3,36	2,02	3,59	1,53
	9	11,73	14,94	3,4875	1,7361	0,440	348,77	105,23	167,06	60,20	192,86	34,55	3,34	2,01	3,59	1,52
	10	12,95	16,50	3,5227	1,7727	0,437	387,88	117,50	183,12	65,65	210,87	37,93	3,32	1,99	3,58	1,52
	11	14,17	18,04	3,5591	1,8091	0,434	427,08	129,94	198,56	70,90	228,27	41,20	3,32	1,98	3,56	1,51
	12	15,36	19,56	3,5954	1,8454	0,432	466,39	142,56	213,54	75,95	242,19	44,26	3,30	1,97	3,53	1,50
80 × 100	8	10,80	13,76	3,0744	2,0744	0,6302	267,90	138,10	137,84	78,89	176,67	40,06	3,16	2,39	3,58	1,71
	9	12,08	15,39	3,1108	2,1108	0,6281	301,73	155,81	152,79	87,24	195,51	44,52	3,15	2,38	3,56	1,70
	10	13,35	17,00	3,1471	2,1471	0,6260	335,67	173,67	167,30	95,30	213,70	48,90	3,14	2,37	3,55	1,70
	12	15,83	20,16	3,2190	2,2190	0,6215	403,92	209,87	195,01	110,60	248,14	57,47	3,11	2,34	3,51	1,69
	14	18,24	23,24	3,2904	2,2904	0,6167	472,70	246,80	221,10	124,89	280,14	65,85	3,08	2,32	3,47	1,68
80 × 120	10	14,92	19,00	3,9737	1,9737	0,4404	578,33	174,33	278,32	100,32	321,16	57,48	3,83	2,30	4,11	1,74
	12	17,71	22,56	4,0468	2,0468	0,4358	695,12	211,02	325,66	116,51	374,68	67,48	3,80	2,27	4,08	1,73
	14	20,44	26,04	4,1194	2,1194	0,4308	812,44	248,63	370,56	131,67	425,01	77,22	3,77	2,25	4,04	1,72
90 × 120	10	15,70	20,00	3,8000	2,3000	0,5533	578,67	246,67	289,87	140,87	355,59	75,14	3,81	2,65	4,22	1,94
	11	17,18	21,89	3,8364	2,3364	0,5515	637,10	272,14	314,92	152,64	385,77	81,79	3,79	2,64	4,20	1,93
	12	18,65	23,76	3,8727	2,3727	0,5492	695,69	297,82	339,34	164,06	415,05	88,35	3,78	2,63	4,18	1,93
	13	20,10	25,61	3,9089	2,4089	0,5471	754,44	323,74	363,13	175,13	443,45	94,82	3,77	2,61	4,16	1,92
	14	21,55	27,44	3,9449	2,4449	0,5449	813,35	349,90	386,32	185,87	470,99	101,21	3,75	2,60	4 14	1,92
	16	24,37	31,04	4,0165	2,5165	0,5404	931,70	403,00	430,96	206,43	523,56	113,83	3,73	2,58	4,11	1,91
90 × 130	10	16,49	21,00	4,2143	2,2143	0,4750	735,00	247,00	362,04	144,04	425,55	80,52	4,15	2,62	4,50	1,96
	12	19,59	24,96	4,2875	2,2875	0,4709	883,29	298,40	424,46	167,79	497,60	94,65	4,12	2,59	4,46	1,95
	14	22,64	28,84	4,3602	2,3602	0,4666	1032,22	350,81	483,93	190,16	565,71	108,38	4,10	2,57	4,43	1,94
	16	25,62	32,64	4,4324	2,4324	0,4621	1181,84	404,36	540,60	211,26	630,04	121,82	4,07	2,54	4,39	1,93
90 × 135	10	16,88	21,50	4,4244	2,1744	0,4429	822,79	247,17	401,92	145,51	464,49	82,94	4,32	2,60	4,65	1,96
	12	20,06	25,56	4,4979	2,2479	0,4389	988,64	298,68	471,54	169,53	543,60	97,47	4,30	2,58	4,61	1,95
	14	23,19	29,54	4,5709	2,3209	0,4347	1155,13	351,27	537,96	192,15	618,52	111,59	4,27	2,55	4,58	1,94
	16	26,25	33,44	4,6433	2,3933	0,4303	1322,30	405,05	601,33	213,51	689,43	125,40	4,24	2,53	4,54	1,94
100 × 140	10	18,06	23,00	4,4565	2,4565	0,5057	917,66	337,66	460,87	198,87	550,92	108,83	4,48	2,94	4,89	2,18
	12	21,48	27,36	4,5298	2,5298	0,5022	1102,67	407,37	541,26	232,27	645,46	128,07	4,45	2,91	4,86	2,16
	14	24,84	31,64	4,6027	2,6027	0,4984	1288,40	478,19	618,12	263,87	735,21	146,78	4,42	2,89	4,82	2,15
	16	28,13	35,84	4,6750	2,6750	0,4945	1474,94	550,26	691,63	293,81	820,40	165,04	4,39	2,86	4,78	2,15
100 × 150	10	18,84	24,00	4,8750	2,3750	0,4448	1128,00	338,00	557,63	202,63	645,20	115,05	4,82	2,91	5,18	2,19
	12	22,42	28,56	4,9487	2,4487	0,4413	1355,07	407,95	655,63	236,69	756,97	135,36	4,79	2,88	5,15	2,18
	14	25,94	33,04	5,0220	2,5220	0,4377	1582,87	479,11	749,57	268,95	863,44	155,08	4,76	2,85	5,11	2,17
	16	29,39	37,44	5,0949	2,5949	0,4338	1811,47	551,63	839,61	299,53	964,82	174,32	4,74	2,83	5,08	2,16
	18	32,78	41,76	5,1672	2,6672	2,4298	2040,94	625,66	925,93	328,57	1061,29	193,22	4,71	2,80	5,04	2,15

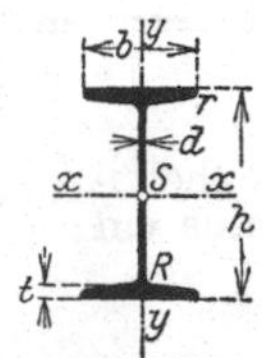

c) I-Eisen, Österreichische Normalprofile

Abrundungsradius zwischen Steg und Flansch $R = 1{,}2\,d$

„ am Flanschenrand $r = 0{,}6\,d$

Flanschneigung .... $p\% = 0{,}02\,h + 7$

Profil	Gewicht	Abmessungen mm				Querschnittsfläche	Trägheitsmoment cm⁴		Trägheitsradius cm		Widerstandsmoment cm³	
Nr.	kg/m	h	b	d	t	cm²	J_x	J_y	i_x	i_y	W_x	W_y
6	5,43	60	44	4,0	5,5	6,92	40,5	7,15	2,42	1,02	13,50	3,25
8	7,13	80	52	4,0	6,0	9,08	97,13	12,74	3,27	1,18	24,28	4,90
10	9,75	100	60	4,5	7,0	12,42	207,93	22,78	4,09	1,35	41,59	7,59
12	12,78	120	68	5,0	8,0	16,28	392,69	37,76	4,91	1,52	65,45	11,11
13	14,66	130	72	5,5	8,5	18,68	524,00	47,60	5,30	1,60	80,61	13,22
14	16,13	140	76	6,0	8,5	20,55	659,55	55,58	5,67	1,64	94,22	14,62
15	17,73	150	80	6,0	9,0	22,58	840,34	68,50	6,10	1,74	112,05	17,12
16	19,96	160	84	6,5	9,5	25,43	1068,4	83,57	6,48	1,81	133,55	19,90
18	24,50	180	90	7,0	11,0	31,21	1662,6	119,69	7,30	1,96	184,73	26,60
18a	32,27	180	135	7,0	11,0	41,11	2363,7	380,65	7,58	3,04	262,64	56,39
20	29,50	200	96	8,0	12,0	37,58	2429,25	158,31	8,04	2,05	242,92	32,98
21	32,18	210	99	8,5	12,5	40,99	2899,2	180,76	8,41	2,1	276,11	36,52
22	34,79	220	102	9,0	13,0	44,55	3434,1	205,50	8,78	2,15	312,19	40,29
22a	41,71	220	135	9,0	13,0	53,13	4346,4	457,77	9,05	2,94	395,13	67,82
23	37,81	230	105	9,0	14,0	48,17	4098,8	242,12	9,22	2,24	356,42	46,12
24	40,82	240	108	9,5	14,5	52,00	4785,1	272,87	9,59	2,29	398,76	50,53
24a	46,97	240	135	9,5	14,5	59,83	5773,9	517,02	9,82	2,94	481,16	76,60
25	43,96	250	111	10,0	15,0	56,00	5556,4	306,24	9,96	2,34	444,51	55,18
26	47,22	260	114	10,5	15,5	60,15	6417,3	342,56	10,33	2,39	493,64	60,10
28	53,93	280	120	11,0	17,0	68,70	8526,8	439,00	11,14	2,53	609,06	73,17
28a	61,94	280	150	11,0	17,0	78,90	10279	831,16	11,41	3,25	734,19	110,82
30	61,25	300	126	12,0	18,0	78,02	11003	537,20	11,88	2,62	733,50	85,27
32	69,05	320	132	13,0	19,0	87,96	13982	650,90	12,61	2,72	873,85	98,62
35	81,36	350	141	14,0	21,0	103,64	19694	876,85	13,79	2,91	1125,34	124,38
40	104,30	400	156	16,0	24,0	132,86	32710	1354,09	15,69	3,19	1635,47	173,60
45	130,05	450	171	18,0	27,0	165,67	51283	2000,88	17,59	3,48	2279,29	234,02
50	158,63	500	186	20.0	30,0	202,08	76804	2852,19	19,50	3,75	3072,14	306,68

d) ⌐-Eisen, Österreichische Normalprofile

Profil					Gewicht	Fläche	Lage der Hauptachse	Trägheitsmoment cm⁴				Trägheitsradius cm		Widerstandsmoment cm³		
Nr.	h	b	d	t	kg/m	cm²	tg α	J_y	J_x	J_{max}	J_{min}	i_{max}	i_{min}	W_x	W_{max}	W_{min}
6	60	40	5,5	8,0	6,92	8,82	0,7121	27,64	47,51	67,95	7,20	2,78	0,90	15,84	14,76	3,00
8	80	45	6,0	9,0	9,28	11,82	0,5548	44,58	114,54	145,65	13,47	3,51	1,07	28,64	26,31	6,11
10	100	50	6,5	9,5	11,59	14,77	0,4621	64,92	224,02	267,23	21,71	4,25	1,21	44,80	41,11	9,00
12	120	55	7,0	10,5	14,51	18,48	0,4100	95,93	403,88	466,10	33,71	5,02	1,35	67,31	62,18	12,22
14	140	60	7,5	11,0	17,31	22,05	0,3695	130,97	653,17	735,76	48,38	5,78	1,48	93,31	86,39	15,60
16	160	65	8,0	12,0	20,79	26,48	0,3445	182,22	1023,8	1137,2	68,87	6,55	1,61	128,0	119,1	20,11
18	180	70	8,5	12,5	24,08	30,68	0,3217	237,73	1493,5	1638,5	92,73	7,31	1,74	166,0	154,9	24,71
20	200	75	9,0	13,5	28,12	35,82	0,3074	316,50	2152,3	2343,8	124,96	8,09	1,87	215,2	201,5	30,75

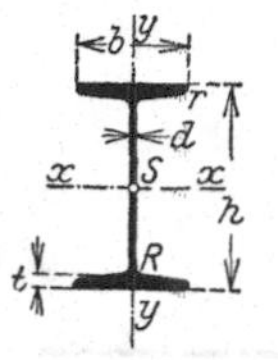

e) I-Eisen, Deutsche Normalprofile

Abrundungshalbmesser: $R = d$; $r = 0{,}6\,d$

Profil	Abmessungen mm				Gewicht	Querschnitt	Trägheitsmoment cm⁴		Trägheitshalbmesser cm		Widerstandsmoment cm³	
Nr.	h	b	d	t	kg/m	cm²	J_x	J_y	i_x	i_y	W_x	W_y
8	80	42	3,9	5,9	5,95	7,58	77,8	6,29	3,20	0,91	19,5	3,00
9	90	46	4,2	6,3	7,07	9,00	117	8,78	3,61	1,00	26,0	3,82
10	100	50	4,5	6,8	8,32	10,6	171	12,2	4,01	1,07	34,2	4,88
11	110	54	4,8	7,2	9,66	12,3	239	16,2	4,41	1,15	43,5	6,00
12	120	58	5,1	7,7	11,15	14,2	328	21,5	4,81	1,23	54,7	7,41
13	130	62	5,4	8,1	12,64	16,1	436	27,5	5,20	1,31	67,1	8,87
14	140	66	5,7	8,6	14,37	18,3	573	35,2	5,61	1,40	81,9	10,7
15	150	70	6,0	9,0	16,01	20,4	735	43,9	6,00	1,47	98,0	12,5
16	160	74	6,3	9,5	17,90	22,8	935	54,7	6,40	1,55	117	14,8
17	170	78	6,6	9,9	19,78	25,2	1166	66,6	6,80	1,63	137	17,1
18	180	82	6,9	10,4	21,90	27,9	1446	81,3	7,20	1,71	161	19,8
19	190	86	7,2	10,8	24,02	30,6	1763	97,4	7,60	1,80	186	22,7
20	200	90	7,5	11,3	26,30	33,5	2142	117	8,00	1,87	214	26,0
21	210	94	7,8	11,7	28,57	36,4	2563	138	8,40	1,95	244	29,4
22	220	98	8,1	12,2	31,09	39,6	3060	162	8,80	2,02	278	33,1
23	230	102	8,4	12,6	33,52	42,7	3607	189	9,21	2,10	314	37,1
24	240	106	8,7	13,1	36,19	46,1	4246	221	9,59	2,20	354	41,7
25	250	110	9,0	13,6	39,01	49,7	4966	256	10,00	2,27	397	46,5
26	260	113	9,4	14,1	41,92	53,4	5744	288	10,38	2,32	442	51,0
27	270	116	9,7	14,7	44,90	57,2	6626	326	10,77	2,40	491	56,2
28	280	119	10,1	15,2	47,96	61,1	7587	364	11,14	2,45	542	61,2
29	290	122	10,4	15,7	50,95	64,9	8636	406	11,55	2,50	596	66,6
30	300	125	10,8	16,2	54,24	69,1	9800	451	11,91	2,56	653	72,2
32	320	131	11,5	17,3	61,07	77,8	12510	555	12,70	2,67	782	84,7
34	340	137	12,2	18,3	68,14	86,8	15695	674	13,45	2,80	923	98,4
36	360	143	13,0	19,5	76,22	97,1	19605	818	14,21	2,90	1089	114
38	380	149	13,7	20,5	84,00	107,0	24012	975	15,00	3,02	1264	131
40	400	155	14,4	21,6	92,63	118,0	29213	1158	15,73	3,13	1461	149
42½	425	163	15,3	23,0	103,62	132,0	36973	1437	16,73	3,30	1740	176
45	450	170	16,2	24,3	115,40	147,0	45852	1725	17,65	3,43	2037	203
47½	475	178	17,1	25,6	127,96	163,0	56481	2088	18,60	3,60	2378	235
50	500	185	18,0	27,0	141,30	180,0	68738	2478	19,60	3,72	2750	268
55	550	200	19,8	30,0	167,21	213,0	99184	3488	21,42	4,02	3607	349
60	600	215	21,6	32,4	199,40	254,0	138957	4668	23,40	4,30	4632	434

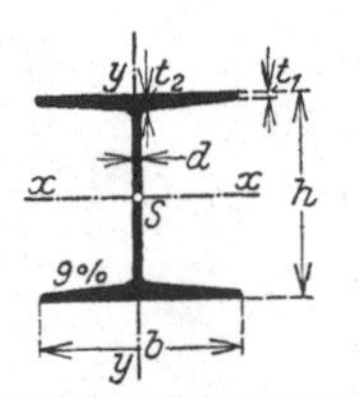

f) I-Eisen, Differdinger Träger

Abrundungshalbmesser $R = d$

Profil	Abmessungen mm					Gewicht	Querschnitt	Trägheitsmoment cm^4		Trägheitshalbmesser cm		Widerstandsmoment cm^3	
Nr.	h	b	t_1	t_2	d	kg/m	cm^2	J_x	J_y	i_x	i_y	W_x	W_y
18 B	180	180	9,0	16,72	8,5	47,0	59,9	3 512	1 073	7,66	4,23	390	119
20 B	200	200	9,5	18,12	8,5	55,3	70,4	5 171	1 568	8,57	4,72	517	157
22 B	220	220	10,0	19,5	9,0	64,8	82,6	7 379	2 216	9,45	5,18	671	201
24 B	240	240	10,5	20,85	10,0	76,0	96,8	10 260	3 043	10,30	5,61	855	254
25 B	250	250	10,9	21,7	10,5	82,5	105,1	12 066	3 575	10,71	5,83	965	286
26 B	260	260	11,7	22,9	11,0	90,7	115,6	14 352	4 261	11,14	6,07	1 104	328
27 B	270	270	11,95	23,6	11,25	96,7	123,2	16 529	4 920	11,58	6,32	1 224	365
28 B	280	280	12,35	24,4	11,5	103,4	131,8	19 052	5 671	12,02	6,56	1 361	405
29 B	290	290	12,7	25,2	12,0	110,8	141,1	21 866	6 417	12,45	6,74	1 508	443
30 B	300	300	13,25	26,25	12,5	119,4	152,1	25 201	7 494	12,88	7,02	1 680	500
32 B	320	300	14,1	27,0	13,0	126,2	160,7	30 119	7 867	13,69	7,00	1 882	524
34 B	340	300	14,6	27,5	13,4	131,4	167,4	35 241	8 097	14,51	6,95	2 073	540
36 B	360	300	16,15	29,0	14,2	142,5	181,5	42 479	8 793	15,30	6,96	2 360	586
38 B	380	300	17,0	29,8	14,8	150,1	191,2	49 496	9 175	16,09	6,93	2 605	612
40 B	400	300	18,2	31,0	15,5	159,8	203,6	57 834	9 721	16,85	6,91	2 892	648
42 ½ B	425	300	19,0	31,75	16,0	167,9	213,9	68 249	10 078	17,86	6,85	3 212	672
45 B	450	300	20,3	33,0	17,0	180,0	229,3	80 887	10 668	18,78	6,82	3 595	711
47 ½ B	475	300	21,35	34,0	17,6	190,0	242,0	94 811	11 142	19,79	6,79	3 992	743
50 B	500	300	22,6	35,2	19,4	205,5	261,8	111 283	11 718	20,62	6,69	4 451	781
55 B	550	300	24,5	37,0	20,6	226,1	288,0	145 957	12 582	22,51	6,61	5 308	839
60 B	600	300	24,7	37,2	20,8	236,0	300,6	179 303	12 672	24,42	6,49	5 977	845
65 B	650	300	25,0	37,5	21,1	246,9	314,5	217 402	12 814	26,29	6,38	6 690	854
70 B	700	300	25,0	37,5	21,1	255,3	325,2	258 106	12 818	28,17	6,28	7 374	854
75 B	750	300	25,0	37,5	21,1	263,4	335,7	302 560	12 823	30,02	6,18	8 068	855
80 B	800	300	26,0	38,5	21,5	278,6	354,6	360 486	13 269	31,9	6,1	9 012	885
85 B	850	300	26,0	38,5	21,5	287,0	365,6	414 887	13 274	33,7	6,0	9 762	885
90 B	900	300	26,0	38,5	21,5	295,5	376,4	473 964	13 279	35,5	5,9	10 533	885
95 B	950	300	27,0	39,5	21,9	311,0	396,2	550 974	13 727	37,3	5,9	11 600	915
100 B	1000	300	27,0	39,5	21,9	319,7	407,2	621 287	13 732	39,1	5,8	12 425	915

g) Kranbahnschienen (Witkowitzer Bergbau- und Eisenhüttengewerkschaft)

Profil				Querschnittsfläche	Gewicht	Schwerpunktabstand	Momente für die xx-Biegungsachse		Momente für die yy-Biegungsachse		Raddruck in kg (Maße in cm) $R = D \cdot s\ (b - 2r)$			Raddurchmesser D
							Trägheitsmoment J_x	Widerstandsmoment W_x	Trägheitsmoment J_y	Widerstandsmoment W_y	Spezifischer Druck s per cm^2			
Nr. B	H	b	r	cm^2	kg	cm	cm^4	cm^3	cm^4	cm^3	40 kg	50 kg	60 kg	mm
2 — 150	65	55	4	41,1	32,2	2,65	185,0	48,0	328,8	43,8	11 280	14 100	16 920	600
3 — 175	75	65	5	55,8	43,8	3,06	328,6	74,0	646,1	73,8	17 600	22 000	26 400	800
4 — 200	85	75	6	72,6	57,0	3,52	523,4	105,1	988,7	98,9	25 200	31 500	37 800	1000
8 — 200	100	85	6	102,5	80,1	4,33	957,9	168,6	1333,2	133,3	35 040	43 800	52 560	1200

Anmerkung: r = Radius der oberen Eckabrundung im Schienenkopfe.

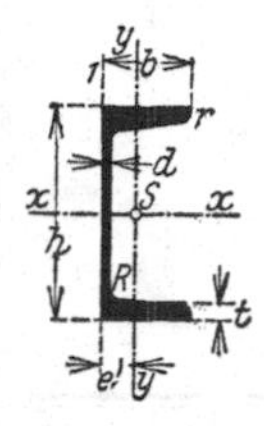

h) [-Eisen, Österreichische Normalprofile

Abrundungsradius zwischen Steg und Flansch $R = 1{,}5\,\delta$
Abrundungsradius am Flanschenrand $r = 0{,}6\,\delta$
Neigung der inneren Flanschenfläche p in % $= 0{,}01\,h + 7$

Profil	Abmessungen in mm				Schwerpunktabstand e	Gewicht	Querschnittsfläche	Trägheitsmoment cm⁴			Widerstandsmoment cm³		Trägheitsradius cm	
Nr.	h	b	d	t	cm	kg/m	cm²	J_x	J_y	J_1	W_x	W_y	i_x	i_y
6	60	40	5,5	8,0	1,47	7,07	9,01	48,05	12,97	31,53	16,02	5,06	2,32	1,20
8	80	45	6,0	9,0	1,54	9,47	12,06	116,09	21,92	50,47	29,02	7,40	3,11	1,35
10	100	50	6,5	9,5	1,58	11,80	15,03	227,06	33,27	72,63	45,41	9,84	3,90	1,49
12	120	55	7,0	10,5	1,74	14,77	18,81	409,68	50,09	106,73	68,28	13,31	4,67	1,63
13	130	60	7,0	10,5	1,86	16,14	20,56	533,41	65,30	136,81	82,06	15,79	5,11	1,78
14	140	60	7,5	11,0	1,83	17,58	22,40	662,21	69,94	144,31	94,60	16,74	5,44	1,77
16	160	65	8,0	12,0	1,95	21,12	26,90	1038,42	98,13	199,90	129,80	21,55	6,22	1,91
18	180	70	8,5	12,5	2,03	24,44	31,13	1513,87	129,81	258,60	168,21	26,14	6,98	2,04
20	200	75	9,0	13,5	2,16	28,54	36,35	2182,21	173,50	343,04	218,22	32,49	7,75	2,18
22	220	80	9,5	14,0	2,25	32,35	41,21	2979,50	220,78	429,35	270,86	38,40	8,51	2,32
24	240	85	10,0	15,0	2,38	37,01	47,15	4057,95	284,63	551,00	338,16	46,48	9,28	2,45
26	260	90	10,5	15,5	2,47	41,32	52,63	5293,54	351,80	672,22	407,20	53,85	10,03	2,59
28	280	95	11,0	16,5	2,59	46,55	59,30	6919,98	441,03	840,40	494,28	63,87	10,80	2,73
30	300	100	11,5	17,0	2,69	51,35	65,41	8727,45	532,79	1004,56	581,83	72,84	11,55	2,85

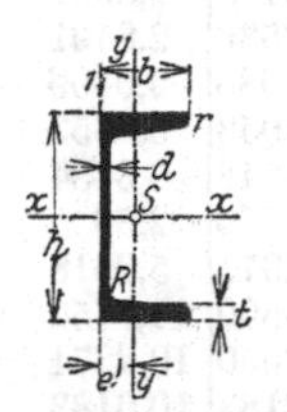

i) [-Eisen, Deutsche Normalprofile

Abrundungsradius $R = t;\ r = \frac{R}{2}$

Profil	Abmessungen in mm				Schwerpunktabstand in mm	Gewicht für 1 m in kg	Querschnitt F in cm²	Trägheitsmoment cm⁴			Widerstandsmoment cm³		Trägheitshalbmesser cm	
Nr.	h	b	d	t				J_x	J_y	J_1	W_x	W_y	i_x	i_y
3	30	33	5,0	7,0	19,9	4,27	5,44	6,39	5,33	14,7	4,26	2,68	1,08	0,99
4	40	35	5,0	7,0	21,7	4,87	6,21	14,1	6,68	17,7	7,05	3,08	1,50	1,04
5	50	38	5,0	7,0	24,3	5,59	7,12	26,4	9,12	22,5	10,6	3,75	1,92	1,13
6 ½	65	42	5,5	7,5	27,8	7,09	9,03	57,5	14,1	32,3	17,7	5,07	2,52	1,25
8	80	45	6,0	8,0	30,5	8,64	11,0	106,0	19,4	42,5	26,5	6,36	3,10	1,33
10	100	50	6,0	8,5	34,5	10,60	13,5	206,0	29,3	61,7	41,2	8,5	3,91	1,47
12	120	55	7,0	9,0	39,0	13,35	17,0	364,0	43,2	86,7	60,7	11,1	4,62	1,59
14	140	60	7,0	10,0	42,5	16,01	20,4	605,0	62,7	125	86,4	14,8	5,45	1,75
16	160	65	7,5	10,5	46,6	18,84	24,0	925,0	85,3	167	116,0	18,3	6,21	1,89
18	180	70	8,0	11,0	50,8	21,98	28,0	1354,0	114,0	217	150,0	22,4	6,95	2,02
20	200	75	8,5	11,5	54,9	25,28	32,2	1911,0	148,0	278	191,0	27,0	7,70	2,14
22	220	80	9,0	12,5	58,6	29,36	37,4	2690,0	197,0	368	245,0	33,6	8,48	2,26
24	240	85	9,5	13,0	62,7	33,31	42,3	3598,0	248,0	458	300,0	39,6	9,22	2,42
26	260	90	10,0	14,0	66,4	37,92	48,3	4823,0	317,0	586	371,0	47,8	9,88	2,56
28	280	95	10,0	15,0	69,7	41,84	53,3	6276,0	399,0	740	448,0	57,2	10,85	2,74
30	300	100	10,0	16,0	73,0	46,16	58,8	8026,0	495,0	924	535,0	67,8	11,69	2,90

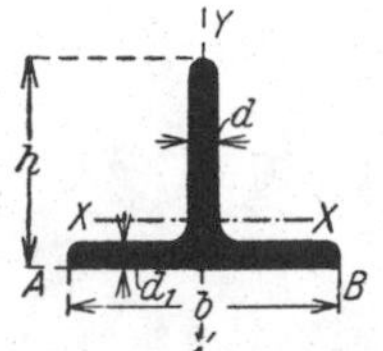

T-Eisen
(Eisenwerk Witkowitz)

Breite b (mm)	Höhe h (mm)	Stegstärke d (mm)	Fußstärke d_1 (mm)	Lage des Schwerpunktes e in cm	Gewicht per Meter G kg	Trägheitsmoment cm⁴: J_1 (Achse A—B)	Trägheitsmoment cm⁴: J_x	Trägheitsmoment cm⁴: J_y	Trägheitsradius: $i_x = \sqrt{\frac{J_x}{F}}$ cm	Trägheitsradius: $i_y = \sqrt{\frac{J_y}{F}}$ cm	$\frac{\text{Fläche}}{\text{Trägheitsm.}} = \frac{1}{i^2}$: $\frac{F}{J_x}$	$\frac{\text{Fläche}}{\text{Trägheitsm.}} = \frac{1}{i^2}$: $\frac{F}{J_y}$	Widerstandsmoment W_x cm³
20	20	3	3	0,6095	0,93	0,8153	0,4029	0,2038	0,6025	0,4284	2,7550	5,4465	0,2897
25	25	4	4	0,7707	1,4	2,1281	1,0352	0,5320	0,7501	0,5377	1,7774	3,4586	0,5986
25	30	4	5	0,9167	1,8	3,6875	1,7967	0,6644	0,8936	0,5434	1,2523	3,3865	0,8624
30	25	4	4	0,7147	1,6	2,1388	1,0968	0,9112	0,7333	0,6683	1,8600	2,2388	0,6144
30	25	4,5	4,5	0,7503	1,83	2,5118	1,1979	1,0091	0,7164	0,6575	1,9484	2,3132	0,6846
30	30	4	4	0,85	1,77	3,3529	1,72	0,87	0,87	0,62	1,3139	2,5977	0,80
35	35	4,5	4,5	0,99	2,33	6,0109	3,10	1,57	1,04	0,73	0,9581	1,8917	1,23
40	40	5	5	1,1833	2,9	10,8125	5,5618	2,7031	1,2178	0,8490	0,6742	1,3875	1,9746
50	30	5,5	5,5	0,7754	3,29	5,1909	2,6746	5,6479	0,7994	1,1616	1,5648	0,7410	1,2023
50	50	6	6	1,4702	4,4	25,3168	13,1260	6,3292	1,5256	1,0596	0,4297	0,8911	3,7186
70	30	5,5	5,5	0,6712	4,15	5,3018	2,9209	15,4417	0,7434	1,7091	1,8094	0,3423	1,2542
70	30	7	6	0,7286	4,6	6,7536	3,6322	17,2186	0,7859	1,7112	1,6189	0,3415	1,5991
70	40	7	7	0,9908	5,6	15,6136	8,5757	20,1027	1,0906	1,6698	0,8408	0,3586	2,8491
70	50	8,5	8,5	1,358	7,6	36,2672	18,3918	23,7235	1,378	1,5645	0,5271	0,4086	5,0499
70	55	8	8	1,5047	7,3	45,4248	24,2326	23,0672	1,6091	1,5698	0,3862	0,4058	6,0653
70	55	9	9	1,5359	8,37	50,3575	25,1660	25,1725	1,5350	1,5354	0,4243	0,4242	6,3484
80	40	7	7	0,88	6,21	15,9355	7,81	28,5	0,99	1,90	1,0128	0,2776	2,50
80	50	8,5	8,5	1,2834	8,27	36,4719	19,1077	35,4909	1,3463	1,8347	0,5518	0,2971	5,9618
80	80	9	9	2,3308	10,6	155,3253	81,4959	38,8313	2,4489	1,6904	0,1668	0,3500	14,3752
95	65	9,5	10	1,6532	11,6	89,8146	49,5689	71,8409	1,8348	2,2088	0,2971	0,2050	10,2271
95	65	10,5	10,5	1,7089	12,58	97,6683	50,8735	73,4246	1,7816	2,1405	0,3151	0,2183	10,6183

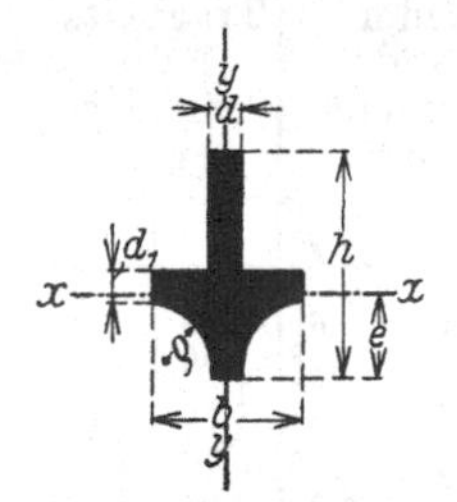

Ganze Fenstereisen
Eisenwerk Witkowitz

h (mm)	b (mm)	d (mm)	d_1 (mm)	ϱ (mm)	F cm²	e cm	J_x cm⁴	J_y cm⁴	W_x cm³	W_y cm³	r_x cm	r_y cm	$\frac{F}{J_x}$	$\frac{F}{J_y}$	Gewicht per Lfm. kg
20	16	4	4	6	1,435	0,876	0,3160	0,1643	0,2811	0,2054	0,4693	0,3384	4,5396	8,7310	1,1261
25	18	4	4	7	1,770	1,099	0,6038	0,2359	0,4310	0,2621	0,5840	0,3650	2,9320	7,5045	1,3897
29	20	4	3	8	1,915	1,245	0,9651	0,2594	0,5832	0,2594	0,7099	0,3680	1,9839	7,3813	1,5030
35	20	4	4	8	2,315	1,488	1,7154	0,3287	0,8525	0,3287	0,8609	0,3768	1,3494	7,0420	1,8170
40	20	4	5	8	2,675	1,815	2,3276	0,3975	1,0654	0,3975	0,9332	0,3854	1,1419	6,7288	2,0996

Gewichte von Flacheisen in kg/m

Dicke in mm	Breite in mm 5	10	20	30	40	50	60	70	80	90
1	0,039	0,079	0,157	0,236	0,314	0,393	0,471	0,550	0,628	0,707
2	0,079	0,157	0,314	0,471	0,628	0,785	0,942	1,099	1,256	1,413
3	0,118	0,236	0,471	0,707	0,942	1,178	1,413	1,649	1,884	2,120
4	0,157	0,314	0,628	0,942	1,256	1,570	1,884	2,198	2,512	2,826
5	0,196	0,393	0,785	1,178	1,570	1,963	2,355	2,748	3,140	3,533
6	0,236	0,471	0,942	1,413	1,884	2,355	2,826	3,297	3,768	4,239
7	0,275	0,550	1,099	1,649	2,198	2,748	3,297	3,847	4,396	4,946
8	0,314	0,628	1,256	1,884	2,512	3,140	3,768	4,396	5,024	5,652
9	0,353	0,707	1,413	2,120	2,826	3,533	4,239	4,946	5,652	6,359
10	0,393	0,785	1,570	2,355	3,140	3,925	4,710	5,495	6,280	7,065
11	0,432	0,864	1,727	2,591	3,454	4,318	5,181	6,045	6,908	7,772
12	0,471	0,942	1,884	2,826	3,768	4,710	5,652	6,594	7,536	8,478
13	0,510	1,021	2,041	3,062	4,082	6,103	6,123	7,144	8,164	9,185
14	0,550	1,099	2,198	3,297	4,396	5,495	6,594	7,693	8,792	9,891
15	0,589	1,178	2,355	3,533	4,710	5,888	7,065	8,243	9,42	10,60
16	0,628	1,256	2,512	3,768	5,024	6,28	7,536	8,792	10,05	11,30
17	0,667	1,335	2,669	4,004	5,338	6,673	8,007	9,342	10,68	12,01
18	0,707	1,413	2,826	4,239	5,652	7,065	8,478	9,891	11,30	12,72
19	0,746	1,492	2,983	4,475	5,966	7,458	8,949	10,44	11,93	13,42
20	0,785	1,570	3,140	4,710	6,280	7,850	9,420	10,99	12,56	14,13

Dicke in mm	Breite in mm 100	200	300	400	500	600	700	800	900	1000
1	0,785	1,57	2,36	3,14	3,93	4,71	5,50	6,28	7,07	7,85
2	1,570	3,14	4,71	6,28	7,85	9,42	10,99	12,56	14,13	15,70
3	2,355	4,71	7,07	9,42	11,78	14,13	16,49	18,84	21,20	23,55
4	3,140	6,28	9,42	12,56	15,70	18,84	21,98	25,12	28,26	31,40
5	3,925	7,85	11,78	15,70	19,63	23.55	27,48	31,40	35,33	39,25
6	4,710	9,42	14,13	18,84	23,55	28,26	32,97	37,68	42,39	47,10
7	5,495	10,99	16,49	21,98	27,48	32,97	38,47	43,96	49,46	54,95
8	6,280	12,56	18,84	25,12	31,40	37,68	43,96	50,24	56,52	62,80
9	7,065	14,13	21,20	28,26	35,33	42,39	49,46	56,52	63,59	70,65
10	7,850	15,70	23,55	31,40	39,25	47,10	54,95	62,80	70,65	78,50
11	8,635	17,27	25,91	34,54	43,18	51,81	60,45	69,08	77,72	86.35
12	9,42	18,84	28,26	37,68	47,10	56,52	65,94	75,36	84,78	94,2
13	10,21	20,41	30,62	40,82	51,03	61,23	71,44	81,64	91,85	102,1
14	10,99	21,98	32.97	43,96	54,95	65,94	76,93	87,92	98,91	109,9
15	11.78	23,55	35,33	47,10	58,88	70,65	82,43	94,2	106,0	117,8
16	12,56	25,12	37,68	50,24	62,80	75,36	87,92	100,5	113,0	125,6
17	13,35	26,69	40,04	53,38	66,73	80,07	93,42	106,8	120,1	135,5
18	14,13	28,26	42,39	56,52	70,65	84,78	98,91	113,0	127,2	141,3
19	14,92	29,83	44,75	59,66	74,58	89,49	104,4	119,3	134,2	149,2
20	15,70	31,40	47,10	62,80	78,50	94,20	109,9	125,6	141,3	157,0

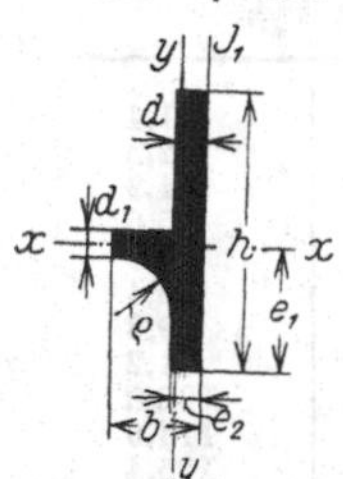

Halbe Fenstereisen

Eisenwerk Witkowitz

h mm	b mm	d mm	d_1 mm	ϱ mm	F cm²	e_1 cm	e_2 cm	J_1 cm⁴	J_x cm⁴	J_y cm⁴	W_x cm³	W_y cm³	r_x cm	r_y cm	$\frac{F}{J_1}$	$\frac{F}{J_x}$	$\frac{F}{J_y}$	Gewicht per Lfm.
20	10	4	4	6	1,117	0,920	0,331	0,1905	0,2953	0,0684	0,2735	0,1022	0,5141	0,2475	5,8651	3,7836	16,3348	0,8771
25	11	4	4	7	1,385	1,153	0,338	0,2566	0,5695	0,0982	0,4230	0,1289	0,6411	0,2662	5,3990	2,4323	14,1059	1,0874
29	12	4	3	8	1,537	1,323	0,328	0,2773	0,9022	0,1125	0,5720	0,1289	0,7663	0,2704	5,5438	1,7020	13,6649	1,2068
35	12	4	4	8	1,857	1,587	0,331	0,3456	1,6022	0,1417	0,8373	0,1631	0,9287	0,2762	5,3740	1,1593	13,1070	1,4580
40	12	4	5	8	2,137	1,885	0,337	0,4117	2,2518	0,1696	1,0645	0,1964	1,0264	0,2816	5,1913	0,9491	12,6020	1,6778

Gewichtstabelle für Quadrateisen

Stärke in mm	Gewicht per Lfm. in kg	Stärke in mm	Gewicht per Lfm. in kg	Stärke in mm	Gewicht per Lfm. in kg
6	0,28	15	1,76	33	8,5
6,5	0,33	16	2,0	34	9,0
7	0,38	17	2,25	35	9,6
7,5	0,44	18	2,53	36	10,1
8	0,50	19	2,82	38	11,3
8,5	0,56	20	3,12	40	12,5
9	0,63	21	3,4	42	13,8
9,5	0,70	22	3,8	44	15,1
10	0,78	23	4,1	46	16,5
10,5	0,86	24	4,5	48	18,0
11	0,94	25	4,9	50	19,5
11,5	1,03	26	5,3	52	21,1
12	1,12	27	5,7	55	23,6
12,5	1,22	28	6,1	58	26,4
13	1,32	29	6,6	60	28,1
13,5	1,42	30	7,0	—	—
14	1,53	32	8,0	—	—

Schließeneisen

	Nr. 2er	3er	4er	5er	6er	7er
Gewicht in kg/m	10,3	7,4	5,0	4,3	3,6	2,8
Breite in mm	53	53	46	46	46	46
Stärke „ „	24	18	14	12	10	8

Die Nummer gibt die Zahl an der in Bunden von 50 kg befindlichen Stücke von 2,8 m Länge.

k) Gewichtstabelle für Metallbleche

Blechdicke in mm	1 m² Blech aus					
	Gußeisen	Gußstahl	Kupfer	Messing	Zink	Blei
	wiegt kg					
1	7,25	7,87	8,9	8,55	6,9	11,4
2	14,5	15,74	17,8	17,1	13,8	22,8
3	21,75	23,61	26,7	25,65	20,7	34,2
4	29,0	31,48	35,6	34,2	27,6	45,6
5	36,25	39,35	44,5	42,75	34,5	57,0
6	43,5	47,22	53,4	51,3	41,4	68,4
7	50,75	55,09	62,3	59,85	48,3	79,8
8	58,0	62,96	71,2	68,4	55,2	91,2
9	65,25	70,83	80,1	76,95	62,1	102,6
10	72,5	78,70	89,0	85,5	69,0	114,0
11	79,75	86,57	97,9	94,05	75,9	125,4
12	87,0	94,44	106,8	102,6	82,8	136,8
13	94,25	102,31	115,7	111,15	89,7	148,2
14	101,5	110,18	124,6	119,7	96,6	159,6
15	108,75	118,75	133,5	128,25	103,5	171,0
16	116,0	125,92	142,4	136,8	110,4	182,4
17	123,25	133,79	151,3	145,35	117,3	193,8
18	130,5	141,66	160,2	153,9	124,2	205,2
19	137,75	149,53	169,1	162,45	131,1	216,6
20	145,0	157,40	178,0	171,0	138,0	228,0

II. Trägerbemessungstabellen

a) Erforderliche Widerstandsmomente beliebiger Profileisen

für gleichförmig-stetig verteilte Belastungen und 1000 kg/cm² größte Biegungsspannung

Gleichförmig verteilte Last P	Freitragende Länge l in Metern										
	1,0	1,5	2,0	2,5	3,0	3,5	4,0	4,5	5,0	6,0	7,0
kg	Erforderliches Widerstandsmoment W in cm³										
40	0,5	0,75	1	1,25	1,5	1,75	2	2,25	2,5	3	3,5
80	1	1,5	2	2,5	3	3,5	4	4,5	5	6	7
120	1,5	2,25	3	3,75	4,5	5,25	6	6,75	7,5	9	10,5
160	2	3	4	5	6	7	8	9,0	10	12	14
200	2,5	3,75	5	6,25	7,5	8,75	10	11,25	12,5	15	17,5
240	3	4,5	6	7,5	9	10,5	12	13,5	15	18	21
280	3,5	5,25	7	8,75	10,5	12,25	14	15,75	17,5	21	24,5
320	4	6	8	10	12	14	16	18	20	24	28
360	4,5	6,75	9	11,25	13,5	15,75	18	20,25	22,5	27	31,5
400	5	7,5	10	12,5	15	17,5	20	22,5	25	30	35
440	5,5	8,25	11	13,75	16,5	19,25	22	24,75	27,5	33	38,5
480	6	9	12	15	18	21	24	27	30	36	42
520	6,5	9,75	13	16,25	19,5	22,75	26	29,25	32,5	39	45,5
560	7	10,5	14	17,5	21	24,5	28	31,5	35	42	49
600	7,5	11,25	15	18,75	22,5	26,25	30	33,75	37,5	45	52,5
640	8	12	16	20	24	28	32	36	40	48	56
680	8,5	12,75	17	21,25	25,5	29,75	34	38,25	42,5	51	59,5
720	9	13,5	18	22,5	27	31,5	36	40,5	45	54	63
800	10	15	20	25	30	35	40	45	50	60	70
880	11	16,5	22	27,5	33	38,5	44	49,5	55	66	77
960	12	18	24	30	36	42	48	54	60	72	84
1 040	13	19,5	26	32,5	39	45,5	52	58,5	65	78	91
1 120	14	21	28	35	42	49	56	63	70	84	98
1 200	15	22,5	30	37,5	45	52,5	60	67,5	75	90	105
1 280	16	24	32	40	48	56	64	72	80	96	112
1 360	17	25,5	34	42,5	51	59,5	68	76,5	85	102	119
1 440	18	27	36	45	54	63	72	81	90	108	126
1 520	19	28,5	38	47,5	57	66,5	76	85,5	95	114	133
1 600	20	30	40	50	60	70	80	90	100	120	140
1 760	22	33	44	55	66	77	88	99	110	132	154
1 920	24	36	48	60	72	84	96	108	120	144	168
2 080	26	39	52	65	78	91	104	117	130	156	182
2 240	28	42	56	70	84	98	112	126	140	168	196
2 400	30	45	60	75	90	105	120	135	150	180	210
2 560	32	48	64	80	96	112	128	144	160	192	224
2 720	34	51	68	85	102	119	136	153	170	204	238
2 880	36	54	72	90	108	126	144	162	180	216	252
3 040	38	57	76	95	114	133	152	171	190	228	266
3 200	40	60	80	100	120	140	160	180	200	240	280
3 520	44	66	88	110	132	154	176	198	220	264	308
3 840	48	72	96	120	144	168	192	216	240	288	336
4 160	52	78	104	130	156	182	208	234	260	312	364
4 480	56	84	112	140	168	196	224	252	280	336	392
4 800	60	90	120	150	180	210	240	270	300	360	420
5 120	64	96	128	160	192	224	256	288	320	384	448
5 440	68	102	136	170	204	238	272	306	340	408	476
5 760	72	108	144	180	216	252	288	324	360	432	504
6 080	76	114	152	190	228	266	304	342	380	456	532
6 400	80	120	160	200	240	280	320	360	400	480	560

Gleichförmig verteilte Last P kg	Freitragende Länge l in Metern										
	1,0	1,5	2,0	2,5	3,0	3,5	4,0	4,5	5,0	6,0	7,0
	Erforderliches Widerstandsmoment W in cm³										
7 040	88	132	176	220	264	308	352	396	440	528	616
7 680	96	144	192	240	288	336	384	432	480	576	672
8 320	104	156	208	260	312	364	416	468	520	624	728
8 960	112	168	224	280	336	392	448	504	560	672	784
9 600	120	180	240	300	360	420	480	540	600	720	840
10 240	128	192	256	320	384	448	512	576	640	768	896
10 880	136	204	272	340	408	476	544	612	680	816	952
11 520	144	216	288	360	432	504	576	648	720	864	1 008
12 160	152	228	304	380	456	532	608	684	760	912	1 064
12 800	160	240	320	400	480	560	640	720	800	960	1 120
14 080	176	264	352	440	528	616	704	792	880	1 056	1 232
15 360	192	288	384	480	576	672	768	864	960	1 152	1 344
16 640	208	312	416	520	624	728	832	936	1 040	1 248	1 456
17 920	224	336	448	560	672	784	896	1 008	1 120	1 344	1 568
19 200	240	360	480	600	720	840	960	1 080	1 200	1 440	1 680
20 480	256	384	512	640	768	896	1 024	1 152	1 280	1 536	1 792
21 760	272	408	544	680	816	952	1 088	1 224	1 360	1 632	1 904
23 040	288	432	576	720	864	1008	1 152	1 296	1 440	1 728	2 016
24 320	304	456	608	760	912	1064	1 216	1 368	1 520	1 824	2 128
25 600	320	480	640	800	960	1120	1 280	1 440	1 600	1 920	2 240
28 160	352	528	704	880	1056	1232	1 408	1 584	1 760	2 112	2 464
30 720	384	576	768	960	1152	1344	1 536	1 728	1 920	2 304	2 688
33 280	416	624	832	1040	1248	1456	1 664	1 872	2 080	2 496	2 912
35 840	448	672	896	1120	1344	1568	1 792	2 016	2 240	2 688	3 136
38 400	480	720	960	1200	1440	1680	1 920	2 160	2 400	2 880	3 360
40 960	512	768	1024	1280	1536	1792	2 048	2 304	2 560	3 072	3 584
43 520	544	816	1088	1360	1632	1904	2 176	2 448	2 720	3 264	3 808
46 080	576	864	1152	1440	1728	2016	2 304	2 592	2 880	3 456	4 032
48 640	608	912	1216	1520	1824	2128	2 432	2 736	3 040	3 648	4 256
51 200	640	960	1280	1600	1920	2240	2 560	2 880	3 200	3 840	4 480
56 320	704	1056	1408	1760	2112	2464	2 816	3 168	3 520	4 224	4 928
61 440	768	1152	1536	1920	2304	2688	3 072	3 456	3 840	4 608	5 376
66 560	832	1248	1664	2080	2496	2912	3 328	3 744	4 160	4 992	5 824
71 680	896	1344	1792	2240	2688	3136	3 584	4 032	4 480	5 376	6 272
76 800	960	1440	1920	2400	2880	3360	3 840	4 320	4 800	5 760	6 720
81 920	1024	1536	2048	2560	3072	3584	4 096	4 608	5 120	6 144	7 168
87 040	1088	1632	2176	2720	3264	3808	4 352	4 896	5 440	6 528	7 616
92 160	1152	1728	2304	2880	3456	4032	4 608	5 184	5 760	6 912	8 064
97 280	1216	1824	2432	3040	3648	4256	4 864	5 472	6 080	7 296	8 512
102 400	1280	1920	2560	3200	3840	4480	5 120	5 760	6 400	7 680	8 960
112 640	1408	2112	2816	3520	4224	4928	5 632	6 336	7 040	8 448	9 856
122 880	1536	2304	3072	3840	4608	5376	6 144	6 912	7 680	9 216	10 752
133 120	1664	2496	3328	4160	4992	5824	6 656	7 488	8 320	9 984	11 648
143 360	1792	2688	3584	4480	5376	6272	7 168	8 064	8 960	10 752	12 544
153 600	1920	2880	3840	4800	5760	6720	7 680	8 640	9 600	11 520	13 440
163 840	2048	3072	4096	5120	6144	7168	8 192	9 216	10 240	12 288	14 336
174 080	2176	3264	4352	5440	6528	7616	8 704	9 792	10 880	13 056	15 232
184 320	2304	3456	4608	5760	6912	8064	9 216	10 368	11 520	13 824	16 128
194 560	2432	3648	4864	6080	7296	8512	9 728	10 944	12 160	14 592	17 024
204 800	2560	3840	5120	6400	7680	8960	10 240	11 520	12 800	15 360	17 920

b) Tragfähigkeit der I-Eisen bei einer Inanspruchnahme von 1000 kg/cm² [1])

Die Profile sind Normalprofile des Österreichischen Ingenieur- und Architektenvereines bis auf die mit d bezeichneten, welche deutsche Normalprofile sind

Profil-nummer	Tragfähigkeit in Kilogrammen bei gleichmäßig verteilter Belastung für frei aufliegende I-Träger [2])												
	Spannweite in Metern												
	1,0	1,5	2,0	2,5	3,0	3,5	4,0	4,5	5,0	5,5	6,0	6,5	7,0
6	1 080	710	530	420	340	290	250	220	—	—	—	—	—
8 d	1 550	1 030	770	610	500	430	370	320	—	—	—	—	—
8	1 940	1 290	960	760	630	530	460	400	—	—	—	—	—
9 d	2 070	1 380	1 030	810	670	570	490	430	380	—	—	—	—
10 d	2 730	1 810	1 350	1 070	890	750	650	570	510	—	—	—	—
10	3 320	2 200	1 650	1 310	1 080	920	790	700	620	—	—	—	—
11 d	3 460	2 300	1 710	1 360	1 130	960	830	730	650	—	—	—	—
12 d	4 370	2 900	2 170	1 720	1 430	1 210	1 050	920	820	730	—	—	—
12	5 220	3 470	2 590	2 060	1 710	1 450	1 260	1 110	980	880	800	—	—
13 d	5 360	3 560	2 660	2 120	1 750	1 490	1 290	1 140	1 010	910	820	—	—
13	6 430	4 280	3 200	2 540	2 110	1 790	1 550	1 370	1 220	1 090	990	—	—
14 d	6 540	4 350	3 250	2 580	2 140	1 820	1 580	1 390	1 240	1 110	1 010	—	—
14	7 520	5 000	3 740	2 970	2 460	2 100	1 820	1 600	1 430	1 280	1 160	—	—
15 d	7 820	5 200	3 890	3 100	2 570	2 180	1 900	1 670	1 490	1 340	1 210	1 100	1 010
15	8 940	5 950	4 450	3 540	2 930	2 500	2 170	1 910	1 700	1 530	1 390	1 260	1 160
16 d	9 340	6 210	4 640	3 700	3 070	2 610	2 270	2 000	1 780	1 600	1 450	1 320	1 210
16	10 660	7 090	5 300	4 220	3 500	2 980	2 590	2 280	2 040	1 830	1 660	1 510	1 390
17 d	10 940	7 280	5 440	4 330	3 590	3 060	2 660	2 350	2 090	1 820	1 710	1 560	1 430
18 d	12 830	8 540	6 380	5 090	4 220	3 600	3 130	2 760	2 460	2 220	2 010	1 840	1 680
18	14 750	9 810	7 340	5 850	4 850	4 140	3 600	3 170	2 830	2 550	2 320	2 110	1 940
18 a	20 980	13 960	10 440	8 380	6 910	5 890	5 130	4 530	4 040	3 640	3 310	3 020	2 780
19 d	14 780	9 840	7 350	5 860	4 860	4 150	3 600	3 180	2 840	2 570	2 320	2 130	1 950
20 d	17 110	11 390	8 520	6 790	5 630	4 800	4 180	3 690	3 300	2 970	2 700	2 470	2 260
20	19 400	12 910	9 660	7 700	6 390	5 450	4 740	4 190	3 740	3 370	3 060	2 800	2 570
21	22 060	14 680	10 980	8 750	7 270	6 200	5 390	4 760	4 260	3 840	3 490	3 190	2 930
21 d	19 490	12 970	9 700	7 740	6 420	5 460	4 770	4 210	3 760	3 390	3 080	2 820	2 590
22 d	22 230	14 790	11 070	8 820	7 330	6 250	5 440	4 810	4 300	3 880	3 520	3 220	2 960
22	24 950	16 600	12 420	9 910	8 220	7 020	6 110	5 390	4 820	4 350	3 950	3 620	3 320
22 a	31 570	21 010	15 730	12 540	10 410	8 890	7 740	6 840	6 110	5 520	5 020	4 590	4 220
23	28 470	18 950	14 180	11 310	9 390	8 010	6 980	6 170	5 510	4 980	4 530	4 140	3 810
23 d	25 090	16 700	12 490	9 970	8 270	7 060	6 150	5 430	4 860	4 380	3 990	3 650	3 350
24 d	28 270	18 820	14 080	11 230	9 330	7 960	6 930	6 130	5 480	4 950	4 500	4 120	3 790
24	31 880	21 220	15 880	12 670	10 520	8 980	7 820	6 910	6 180	5 580	5 080	4 650	4 270
24 a	38 430	25 580	19 150	15 270	12 690	10 830	9 430	8 340	7 460	6 740	6 130	5 610	5 170
25	35 510	23 630	17 690	14 110	11 720	10 000	8 710	7 700	6 890	6 220	5 660	5 180	4 770
25 d	31 640	21 060	15 760	12 570	10 440	8 910	7 760	6 860	6 140	5 560	5 050	4 630	4 250
26 d	35 300	23 500	17 590	14 030	11 660	9 950	8 670	7 670	6 860	6 200	5 640	5 170	4 760
26	39 440	26 260	19 650	15 680	13 020	11 120	9 680	8 560	7 670	6 920	6 300	5 770	5 310
27 d	39 240	26 120	19 550	15 600	12 960	11 070	9 640	8 530	7 630	6 890	6 280	5 750	5 300
28 d	43 300	28 830	21 580	17 220	14 310	12 220	10 650	9 420	8 430	7 620	6 940	6 360	5 860
28	48 670	32 400	24 260	19 360	16 080	13 730	11 970	10 590	9 480	8 560	7 800	7 150	6 580
28 a	58 670	39 070	29 240	23 340	19 390	16 570	14 440	12 770	11 440	10 340	9 420	8 630	7 960
29 d	47 470	31 600	23 660	18 880	15 690	13 400	11 680	10 330	9 250	8 390	7 620	7 000	6 430
30 d	52 210	34 760	26 020	20 770	17 260	14 740	12 850	11 370	10 180	9 210	8 390	7 690	7 090
30	58 620	39 030	29 220	23 320	19 380	16 550	14 430	12 760	11 430	10 330	9 410	8 630	7 950
32 d	62 500	41 700	31 160	24 870	20 670	17 660	15 390	13 640	12 210	11 040	10 060	9 230	8 510
32	69 840	46 500	34 810	27 790	23 090	19 730	17 200	15 220	13 640	12 330	11 240	10 310	9 500
34 d	73 770	49 140	36 780	29 370	24 410	20 870	18 190	16 100	14 430	13 050	11 900	10 920	10 070
35	89 950	59 900	44 850	35 810	29 770	25 440	22 180	19 640	17 600	15 920	14 520	13 320	12 290
36 d	87 040	57 990	43 400	34 670	28 810	24 630	21 480	19 020	17 040	15 420	14 060	12 910	11 920
38 d	101 040	67 270	50 400	40 240	33 460	28 610	24 950	22 100	19 810	17 920	16 350	15 010	13 850
40 d	116 790	77 760	58 210	46 510	38 650	33 080	28 830	25 540	22 890	20 730	18 910	17 370	16 030
40	—	87 070	65 210	52 080	43 300	37 020	32 290	28 610	25 650	23 220	21 180	19 450	17 960
42,5 d	139 100	92 740	69 390	55 440	46 090	39 440	34 390	30 480	27 320	24 750	22 580	20 750	19 160
45 d	162 840	108 430	81 250	64 840	53 970	46 150	40 280	35 700	32 010	28 990	26 470	24 320	22 470
45	—	—	90 950	72 640	60 420	51 660	45 080	39 950	35 830	32 450	29 620	27 220	25 150
47,5 d	190 110	126 600	94 860	75 780	63 030	53 940	47 050	41 730	37 410	33 910	30 940	28 450	26 290
50 d	219 860	146 540	109 720	87 650	72 910	62 430	54 440	48 280	43 290	39 240	35 820	32 960	30 440
50	—	—	—	97 910	81 450	69 670	60 810	53 900	48 360	43 810	40 010	36 780	34 000

[1]) Für eine Inanspruchnahme von 1200 kg/cm² sind sämtliche Tafelwerte P mit dem Faktor $\left(1{,}2 + \frac{l}{1000}\right)$ zu multiplizieren, um die bezügliche Tragfähigkeit zu erhalten.

[2]) Tragfähigkeit in Kilogrammen bei gleichmäßig verteilter Belastung für frei aufliegende I-Träger, berechnet nach der Formel $P = \frac{8 \cdot \sigma \cdot W}{100\, l} - G \cdot l$, wobei die Inanspruchnahme $\sigma = 1000$ kg/cm², das Widerstandsmoment W in cm³, die Spannweite l in Metern und das Eigengewicht des I-Trägers G in kg per Meter bedeuten.

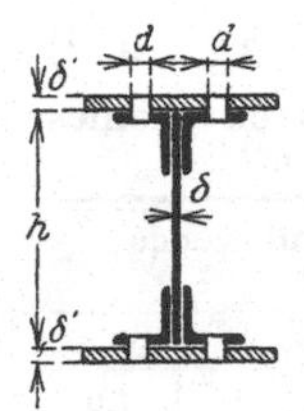

c) Tabellen für genietete Träger

Widerstandsmomente W_0 in Zentimetern mit Abzug der Nietlöcher in den horizontalen Winkeleisenschenkeln und Gewicht g in Kilogramm per Lfm. von Stehblech und Winkeleisen (d = Nietdurchmesser und δ = Stahlblechstärke)

Trägerhöhe h	$\frac{60 \cdot 60}{6}$ $d = 16, \delta = 7$		$\frac{60 \cdot 60}{8}$ $d = 16, \delta = 8$		$\frac{65 \cdot 65}{7}$ $d = 16, \delta = 8$		$\frac{65 \cdot 65}{9}$ $d = 18, \delta = 9$	
mm	W_0	g	W_0	g	W_0	g	W_0	g
150	134	29,5	167	37,3	163	36,2	192	44,5
200	207	32,3	259	40,4	252	39,3	300	48,0
250	289	35,0	362	43,6	352	42,5	419	51,5
300	378	37,7	472	46,7	460	45,6	549	55,0
350	473	40,5	590	49,8	576	48,7	687	58,5
400	574	43,2	715	52,9	699	51,8	834	62,1
450	681	45,9	847	56,0	829	54,9	988	65,6
500	795	48,6	986	59,2	966	58,1	1151	69,1
550	914	51,4	1132	62,3	1110	61 2	1321	72,6
600	1040	54,1	1285	65,4	1261	64,3	1499	76,1
650	—	—	1444	68,5	1418	67,4	1685	79,6
700	—	—	1611	71,6	1583	70,5	1878	83,1
750	—	—	—	—	—	—	2079	86,6
800	—	—	—	—	—	—	2287	90,1
—	—	—	—	—	—	—	—	—

Trägerhöhe h	$\frac{70 \cdot 70}{7}$ $d = 16, \delta = 8$		$\frac{70 \cdot 70}{9}$ $d = 18, \delta = 9$		$\frac{70 \cdot 70}{11}$ $d = 20, \delta = 10$		$\frac{80 \cdot 80}{8}$ $d = 18, \delta = 9$	
mm	W_0	g	W_0	g	W_0	g	W_0	g
200	267	41,5	318	50,8	363	59,9	325	52,0
250	372	44,6	445	54,3	510	63,8	455	55,5
300	486	47,8	583	57,8	669	67,7	596	59,0
350	609	50,9	729	61,4	838	71,6	747	62,5
400	738	54,0	884	64,9	1017	75,5	906	66,0
450	875	57,1	1047	68,4	1205	79,4	1074	69,5
500	1019	60,2	1218	71,9	1402	83,3	1250	73,0
550	1170	63,4	1397	75,4	1607	87,2	1434	76,5
600	1327	66,5	1584	78,9	1821	91,1	1626	80,1
650	1492	69,6	1778	82,4	2044	95,0	1826	83,6
700	1663	72,7	1980	85,9	2275	98,9	2033	87,1
750	—	—	2190	89,4	2515	102,8	2248	90,6
800	—	—	2407	92,6	2763	106,7	2470	94,1
850	—	—	—	—	3020	110,6	2700	97,6
900	—	—	—	—	3285	114,5	2938	101,1

Trägerhöhe h	$\frac{80 \cdot 80}{10}$ $d = 20, \delta = 10$		$\frac{80 \cdot 80}{12}$ $d = 22, \delta = 11$		$\frac{90 \cdot 90}{9}$ $d = 20, \delta = 9$		$\frac{90 \cdot 90}{11}$ $d = 22, \delta = 10$	
mm	W_0	g	W_0	g	W_0	g	W_0	g
200	380	63,4	427	72,6	—	—	—	—
250	533	66,3	603	76,9	532	65,6	615	77,5
300	700	70,2	794	81,2	698	69,1	808	81,4
350	878	74,1	997	85,4	874	72,6	1014	85,3
400	1065	78,0	1211	89,7	1060	76,1	1230	89,2
450	1262	81,9	1435	94,0	1255	79,6	1457	93,1
500	1468	85,8	1670	98,3	1458	83,1	1693	97,0
550	1683	89,7	1914	102,6	1699	86,6	1938	100,9
600	1907	93,6	2168	106,9	1889	90,1	2192	104,8
650	2139	97,5	2432	111,2	2116	93,6	2455	108,7
700	2380	101,4	2705	115,5	2351	97,2	2727	112,6
750	2630	105,3	2988	119,8	2594	100,7	3008	116,5
800	2888	109,2	3280	124,1	2845	104,2	3297	120,4
850	3154	113,1	3581	128,3	3103	107,7	3594	124,3
900	3429	117,0	3891	132,6	3369	111,2	3901	128,2
950	—	—	4211	136,9	3643	114,7	4215	132,1
1000	—	—	4540	141,2	3924	118,2	4538	136,0
—	—	—	—	—	—	—	—	—
—	—	—	—	—	—	—	—	—

Trägerhöhe h	$\frac{90 \cdot 90}{13}$ $d = 24, \delta = 11$		$\frac{100 \cdot 100}{10}$ $d = 22, \delta = 10$		$\frac{100 \cdot 100}{12}$ $d = 22, \delta = 11$		$\frac{100 \cdot 100}{14}$ $d = 24, \delta = 12$	
mm	W_0	g	W_0	g	W_0	g	W_0	g
250	689	89,2	624	78,8	722	91,8	802	104,6
300	909	93,5	820	82,7	950	96,1	1058	109,3
350	1142	97,8	1030	86,6	1193	100,4	1332	114,0
400	1387	102,1	1251	90,5	1450	104,7	1620	118,7
450	1644	106,3	1482	94,4	1718	109,0	1922	123,4
500	1911	110 6	1723	98,3	1997	113,3	2235	128,0
550	2189	114,9	1974	102,2	2287	117,6	2560	132,7
600	2476	119,2	2234	106,1	2586	121,9	2896	137,4
650	2774	123,5	2502	110,0	2896	126,2	3243	142,1
700	3080	127,8	2780	113,9	3215	130,4	3601	146,8
750	3397	132,1	3066	117,8	3544	134,7	3969	151,4
800	3723	136,4	3361	121,7	3883	139,0	4347	156,1
850	4058	140,7	3665	125,6	4231	143,3	4736	160,8
900	4403	145,0	3977	129,5	4588	147,6	5136	165,5
950	4757	149,2	4297	133,4	4955	151,9	5545	170,2
1000	5120	153,5	4626	137,3	5332	156,2	5965	174,8
1050	5492	157,8	4964	141,2	5717	160,5	6395	179,5
1100	5874	162,1	5310	145,1	6112	164,8	6835	184,2
1150	—	—	—	—	—	—	7286	188,9

Trägerhöhe h	$\frac{110 \cdot 110}{10}$ $d=22, \delta=10$		$\frac{110 \cdot 110}{12}$ $d=24, \delta=11$		$\frac{110 \cdot 110}{14}$ $d=26, \delta=12$		$\frac{120 \cdot 120}{11}$ $d=22, \delta=11$	
mm	W_0	g	W_0	g	W_0	g	W_0	g
300	882	88,9	1009	103,6	1127	118,1	1025	104,3
350	1107	92,8	1269	107,9	1420	122,7	1288	108,6
400	1345	96,7	1544	112,2	1729	127,4	1567	112,9
450	1594	100,6	1830	116,5	2052	132,1	1858	117,2
500	1853	104,5	2129	120,8	2388	136,8	2162	121,5
550	2122	108,4	2438	125,1	2736	141,5	2476	125,8
600	2400	112,3	2758	129,4	3095	146,1	2802	130,1
650	2688	116,2	3088	133,6	3466	150,8	3137	134,4
700	2984	120,1	3427	137,9	3847	155,5	3483	138,7
750	3290	124,0	3777	142,2	4239	160,2	3839	142,9
800	3604	127,9	4136	146,5	4642	164,9	4205	147,2
850	3927	131,8	4505	150,8	5056	169,5	4580	151,5
900	4258	135,7	4884	155,1	5479	174,2	4965	155,8
950	4599	139,6	5272	159,4	5913	178,9	5359	160,1
1000	4947	143,5	5669	163,7	6358	183,6	5763	164,4
1050	—	—	6067	168,0	6812	188,3	6176	168,7
1100	—	—	6492	172,3	7277	192,9	6608	173,0
1150	—	—	—	—	7752	197,6	—	—
1200	—	—	—	—	8237	202,3	—	—

Trägerhöhe h	$\frac{120 \cdot 120}{13}$ $d=24, \delta=12$		$\frac{120 \cdot 120}{15}$ $d=26, \delta=13$		$\frac{140 \cdot 140}{13}$ $d=24, \delta=12$		$\frac{140 \cdot 140}{15}$ $d=26, \delta=13$	
mm	W_0	g	W_0	g	W_0	g	W_0	g
300	1160	120,2	1284	135,7	1306	136,4	1400	154,2
350	1460	124,8	1619	140,8	1641	141,0	1826	159,3
400	1777	129,5	1974	145,9	1998	145,7	2226	164,4
450	2109	134,2	2345	150,9	2372	150,4	2646	169,4
500	2455	138,9	2731	156,0	2762	155,1	3083	174,5
550	2813	143,6	3131	161,1	3165	159,8	3535	179,6
600	3183	148,2	3543	166 1	3582	164,4	4001	184,6
650	3564	152,9	3968	171,2	4011	169,1	4481	189,7
700	3956	157,6	4405	176,3	4451	173,8	4974	194,8
750	4359	162,3	4854	181,4	4902	178,5	5479	199,9
800	4773	167,0	5315	186,4	5365	183,2	5996	204,9
850	5197	171,6	5787	191,5	5839	187,8	6525	210,0
900	5632	176,3	6270	196,6	6324	192,5	7066	215,1
950	6078	181,0	6765	201,6	6819	197,2	7618	220,1
1000	6533	185,7	7271	206,7	7325	201,9	8182	225,2
1050	7000	190,4	7789	211,8	7841	206,6	8757	230,3
1100	7476	195,0	8317	216,8	8368	211,2	9344	235,3
1150	—	—	8857	221,9	8905	215,9	9942	240,4
1200	—	—	9407	227,0	9453	220,6	10551	245,5

Für die Kopfbleche von der Breite B und Dicke δ' samt h (in cm) ergibt sich: $W' = (B - 2\,d)\,\delta'\left[h + 2\,\delta'\left(1 + \frac{2\,\delta'}{h}\right)\right]$, daher das Gesamtwiderstandsmoment in cm³ angenähert: $W_1 = W_0 + W'$ oder genauer $W = \frac{h}{h + 2\,\delta'}\,W_1$. Das Gewicht in kg per Lfm. beträgt: $g' = g + 1{,}58\,B\,\delta'$.

C. Zur Berechnung von Mauerwerkskonstruktionen

Zu den belasteten Mauerkörpern, welche laut V. a) bis c) zu untersuchen sind, gehören Mauerpfeiler, gemauerte Säulen, Stützmauern, Staumauern, Schornsteine und Gewölbe.

I. Gemauerte Pfeiler und Säulen

Die zulässigen Inanspruchnahmen von gemauerten Pfeilern und Säulen richten sich nach dem Verhältnis des kleinsten Querschnittsmaßes zur Höhe (siehe ÖNORM B 2102).

II. Stützmauern u. dgl.

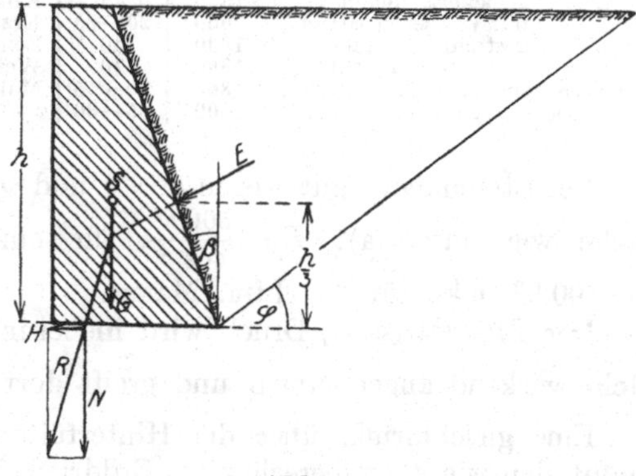

Abb. 29

Bei Stützmauern (Abb. 29) ist die Resultierende R aus dem Erddruck E und dem Gewicht G des oberhalb der zu untersuchenden Lagerfläche befindlichen Mauerkörpers in eine Komponente N normal und eine H parallel zu dieser Fläche zu zerlegen. N bestimmt nach einer der obigen Gleichungen die Randspannungen, während H die Bedingung zu erfüllen hat, daß zum Schutz gegen das Gleiten in der Lagerfläche $\frac{H}{N} < \frac{1}{4}$, wenn die Reibungszahl vom Mauerwerk bei zweifacher Sicherheit mit $^1/_4$ angenommen wird. Auch darf die Beanspruchung auf Abscheren der Lagerfläche vom Inhalt F, das ist $\tau = \frac{H}{F}$, das zulässige Maß (bei gewöhnlichem Mörtel 2, bei Zementmörtel 3 bis 3,5 kg/cm²) nicht überschreiten.

Ist γ das Gewicht von 1 m³ Schüttstoff (z. B. Erde), dessen Böschungswinkel φ^0 betrage (siehe nachfolgende Tabelle), so ergibt sich unter Vernachlässigung der Reibung zwischen Wand und Erde bei wagrechter Erdoberfläche und einer Mauerhöhe h für 1 m Mauerlänge unter der Annahme

a) einer nach vorn unter dem Winkel β zur Lotrechten geneigten Mauerrückenfläche

$$E = \frac{\gamma h^2}{2 \cos \beta} \left[\frac{\cos(\varphi - \beta)}{\cos \beta + \sin \varphi}\right]^2;$$

b) einer lotrechten Rückenfläche (also $\beta = 90^0$), wenn $K = \operatorname{tg}^2\left(45^0 - \frac{\varphi}{2}\right)$ gesetzt wird

$$E = \frac{K \gamma h^2}{2}.$$

Für $\varphi =$	20	25	30	35	37	40	42	45	50 und 60⁰
wird $K =$	0,490	0,406	0,333	0,271	0,250	0,217	0,198	0,171	0,132 und 0,072

Tabelle der Einheitsgewichte γ und Böschungswinkel φ verschiedener Schüttstoffe

Schüttstoff	γ kg/m³	φ^0	Schüttstoff	γ kg/m³	φ^0
Dammerde, gelockert, trocken	1400	40	Sand, trocken	1600	35
„ „ feucht	1600	45	„ feucht	1800	40
„ mit Wasser gesättigt	1800	27—30	„ mit Wasser gesättigt	2000	25
„ gestampft, trocken	1700	42	Schutt und Sand, trocken	1400	35
„ „ feucht	1900	37	„ „ „ naß	1800	30
Lehmerde, gelockert, trocken	1500	40—45	Kohle	850	45
„ gelockert, feucht	1550	45	Koks	500	45
„ mit Wasser gesättigt	2000	20—25	Erz	1800	45
„ gestampft, trocken	1800	40	Zement	1400	40
„ „ feucht	1850	70	Weizen	800	25
Kies, trocken	1800	30—45	Malz	500	22
„ feucht	2000	25—30			

Bei Staumauern gilt wegen $\varphi = 0$ und $\gamma = 1000$ kg/m³ für eine Mauerrückenfläche wie unter a): $E = \frac{500 h^2}{\cos \beta}$, für eine lotrechte Rückenfläche laut b): $E = 500$ h² in kg für das Lfm. Mauer.

Der Erd- (Wasser-) Druck wird hiebei in allen Fällen als normal zur Rückenfläche wirkend angenommen und greift dort in der Höhe $\frac{h}{3}$ an.

Eine gleichförmig über die Hinterfüllung verteilte Nutzlast von q (kg/m²) erhöht den wie oben berechneten Erddruck E auf E' und ist mit dem Hilfswert $h_o = \frac{q}{\gamma}$, dann $E' = E\left(1 + 2\frac{h_o}{h}\right)$, welcher in der Höhe $h' = \frac{h + 2h_o}{h + 3h_o} \cdot \frac{h}{3}$ oberhalb der Lagerfläche normal zur Rückenfläche angreift.

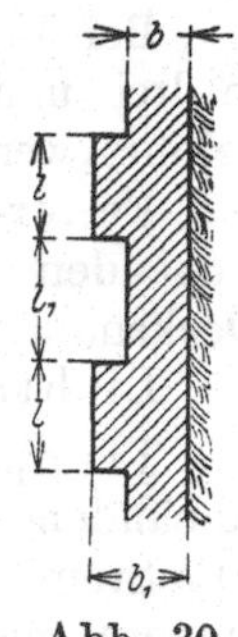

Abb. 30

Wird die Mauer durch Strebepfeiler verstärkt, die am zweckmäßigsten an der Vorderseite der Mauer angebracht werden (Abb. 30), so zerlegt man (nach Häseler) die Resultierende aus dem Erddruck und dem Mauergewicht ohne Pfeiler in zwei Kräfte, eine Kraft P, die durch das Drittel der Fundamentbreite b geht, und in eine horizontale Kraft P_h, die von dem Pfeiler aufgenommen werden muß. Auf diesen letzteren wirken sonach die Kräfte $E\,l$, $P_h\,l_1$ und sein Gewicht, und darf die Resultierende der drei Kräfte nicht aus dem mittleren Drittel der Basisbreite b fallen.

Es wird empfohlen: $l_1 = 80\,b\sqrt{\frac{h}{P_h}}, \quad l = b_1.$

Erfahrungsregeln für die Stärke von Gebäudemauern sowie Trocken-, Stütz- und Futtermauern[1])

Hohe freistehende Gebäudemauern erhalten gewöhnlich die Stärke von $^1/_{10}$ der Höhe derselben. Werden sie für einen Winddruck auf die volle Fläche von 125 kg/m² bemessen, so folgt ihre Stärke in Metern bei der Höhe h in Metern aus

$$d = \sqrt{\frac{3\,h}{38{,}4 - h}}.$$

Hiebei wurde die größte zulässige Pressung σ_{zul} mit 8 kg/cm² angenommen.

Bei Höhen über 6 m ist es vorteilhafter, die Wand aus kräftigen Mauerpfeilern mit Füllmauerwerk (Abb. 31) zu bilden. Die Pfeilerabmessungen bestimme man auf Grund einer statischen Untersuchung. Die Stärken d_1 wähle man bei

Entfernung B bis 3 m .... d = 15—25 cm
,, B ,, 4,5 ,, ... d = 30—38 ,,
,, B ,, 6 ,, ... d = 45—51 ,,

je nach dem Ziegelmaß.

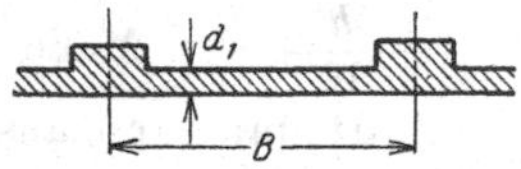

Abb. 31

Längs- und Giebelwände von Hallen sind als freistehende Mauern zu betrachten.

Mauerstärken bei Wohngebäuden

Trakttiefe ≤ 6,5 m. Mauerstärken in Steinlängen zu 30 cm

Geschoß	Hauptmauern					Mittelmauern				
IV. Stock	$1^1/_2$					2				
III. ,,	$1^1/_2$	$1^1/_2$				2	2			
II. ,,	2	$1^1/_2$	$1^1/_2$			2	2	$1^1/_2$		
I. ,,	2	2	$1^1/_2$	$1^1/_2$		2	2	$1^1/_2$	$1^1/_2$	
Erdgeschoß	$2^1/_2$	2	2	$1^1/_2$	$1^1/_2$	$2^1/_2$	$2^1/_2$	$1^1/_2$	$1^1/_2$	$1^1/_2$
Keller	3	$2^1/_2$	$2^1/_2$	2	2	3	3	2	2	2

Kommen Dippelböden zur Verwendung, so sind die Stärken der Hauptmauern, vom vorletzten Geschoß angefangen, um ½ Stein größer zu nehmen. Die Mittelmauern müssen dann mindestens 60 cm stark sein.

[1]) Aus Bleich-Melan: Taschenbuch für Ingenieure und Architekten. Wien I, Julius Springer, 1926.

Bei Verwendung von Traversen- (Träger-) Decken dürfen die Mittelmauern in drei- und vierstöckigen Gebäuden im letzten Geschoß bloß 1½ Stein stark ausgeführt werden.

Feuer- oder Nachbarmauern sind durchwegs 1 Stein stark, bei vierstöckigen Gebäuden zu ebener Erde aber 1½ Stein stark auszuführen. Dienen sie auch als Deckenauflager, so sind sie 1½ Stein stark zu machen.

Lichthofmauern 1 Stein stark, wenn unbelastet, sonst 1½ Stein stark.

Treppenmauern erhalten, falls die Treppen nicht freitragend sind, in Gebäuden mit höchstens 2 Stockwerken 1 Stein Stärke, in höheren Gebäuden 1½ Stein Stärke. Bei freitragenden Treppen sind in allen Fällen die Treppenmauern mindestens 45 cm stark zu machen.

Gangmauern im Erdgeschoß 1 Stein, in allen übrigen Stockwerken ½ Stein stark.

In Fällen, wo diese allgemeinen Regeln nicht ausreichen oder die Baugesetze nicht bestimmte Normen vorschreiben, sind die Mauerstärken auf Grund statischer Untersuchungen zu bestimmen. Hinsichtlich der bei Mauerwerk in Betracht kommenden zulässigen Beanspruchungen siehe ÖNORM B2102: „Beanspruchung des Mauerwerkes im Hochbau."

Trockenmauern erhalten gewöhnlich $^2/_3$füßige Böschung; bei über 10 m Höhe ist dieselbe zu brechen und im unteren Teil $^4/_5$füßig zu dosieren. $^1/_2$füßige Böschungen sind bis zu 6 m Höhe zulässig.

Die Hinterfläche macht man vertikal oder mit $^1/_6$ geneigt bis zum gewachsenen Boden und von da parallel zur Vorderfläche.

Kronenstärke d bei sichtbarer Höhe h der Mauer, h_1 Höhe der Überschüttung: $d = 1 + \frac{h}{10} + \frac{h_1}{12}$. Maße in Metern.

Stützmauern aus lagerhaften Bruchsteinen, in Mörtel ausgeführt, erhalten vorn eine Böschung von $^1/_5$ bis $^1/_{12}$ und eine vertikale oder schwachgeböschte oder eine mit 0,3 bis 0,5 m breiten Absätzen versehene Hinterfläche. Wenn jedoch die Erde hinter der Mauer nicht gestampft oder letztere nicht mit Steinen hinterbeugt wird, so veranlassen Absätze häufig Setzrisse im Erdreich, durch welche Wasser eindringen kann.

Niedere Mauern werden in der Krone mindestens 0,6 m stark gemacht.

Bei $^1/_6$füßiger Vorder- und vertikaler Hinterfläche bestimmt sich die Kronenstärke d der h m hohen Mauer aus

$$d = 0{,}44 + 0{,}2\,h.$$

Diese Stärke gilt auch noch für eine Überschüttung der Mauer bis zu 1 m Höhe. Bei größerer Überschüttungshöhe H ist die Kronenstärke zu vergrößern um $\frac{1}{30} H\left(2 - \frac{H}{3h}\right)$; für $H \geqq 3\,h$ ist diese Verstärkung konstant mit $0{,}1\,h$ anzunehmen.

Bei Hinterbeugung der Mauer kann d um $0{,}08\,h$ vermindert werden.

Futtermauern können im allgemeinen — zu Rutschungen geneigter Boden ausgenommen — schwächer gehalten werden als Stützmauern, da die Kohäsion des gewachsenen Bodens den Erddruck vermindert. Für trockenes Erdreich kann man bei $^1/_6$füßiger Böschung der Vorderfläche die Kronenbreite $d = 0{,}30 + 0{,}17\,h$ annehmen. Verkleidungsmauern vor Felswänden erhalten 0,4 bis 0,6 m Stärke.

Kronenstärke *d* der Stütz- und Futtermauern

nach den Normalien der Österr. Bundesbahnen

A. Stützmauern

Mauerhöhe *h* in m	Überschüttung *H* in m								
	bis 1	2	4	6	8	10	15	20	30
1	0,60	0,60	0,60	0,60	0,60	0,60	0,60	0,60	0,60
2	0,65	0,70	0,70	0,80	0,80	0,80	0,80	0,80	0,80
3	0,79	0,86	0,92	0,98	1,04	1,10	1,10	1,10	1,10
4	0,98	1,06	1,14	1,21	1,28	1,35	1,40	1,40	1,40
5	1,17	1,27	1,36	1,44	1,52	1,60	1,69	1,70	1,70
6	1,36	1,47	1,58	1,67	1,77	1,85	1,96	2,05	2,05
7	1,55	1,68	1,80	1,91	2,01	2,10	2,23	2,34	2,38
8	1,74	1,89	2,02	2,13	2,25	2,35	2,50	2,62	2,70
9	1,92	2,09	2,24	2,37	2,49	2,60	2,77	2,91	3,05
10	2,12	2,29	2,46	2,59	2,74	2,85	3,04	3,19	3,40

Lagerhaftes Bruchsteinmauerwerk, $^1/_5$füßige Anlage

B. Futtermauern

Mauerhöhe *h* in m	bis 1	2	4	6	8	10	15	20	30
1	0,55	0,55	0,55	0,55	0,55	0,55	0,55	0,55	0,55
2	0,60	0,60	0,60	0,60	0,60	0,60	0,60	0,60	0,60
3	0,65	0,65	0,70	0,70	0,75	0,80	0,80	0,80	0,80
4	0,78	0,79	0,84	0,90	0,95	1,00	1,05	1,05	1,05
5	0,96	0,98	1,03	1,09	1,15	1,20	1,29	1,30	1,30
6	1,15	1,17	1,23	1,29	1,35	1,41	1,50	1,55	1,55
7	1,33	1,36	1,42	1,48	1,54	1,61	1,71	1,78	1,80
8	1,51	1,54	1,61	1,68	1,74	1,81	1,93	2,01	2,05
9	1,70	1,73	1,80	1,88	1,94	2,02	2,14	2,24	2,30
10	1,88	1,92	1,99	2,07	2,14	2,22	2,35	2,46	2,60

Konstruktive Bestimmung der Stützmauerstärken nach Schreier, Zeitschrift des Österreichischen Ingenieur- und Architektenvereines, 1902.

Wanddruck in Silozellen

Bezeichnungen (Abb. 32):

Böschungswinkel des Füllgutes φ,
Flächeninhalt der Zellengrundfläche F,
deren Umfang U,
Einheitsgewicht des Füllgutes γ,
Tiefe unter Füllgutoberfläche y,
$\varrho = 0{,}25$ bis $0{,}30$ (höchstens gleich $\operatorname{tg}\varphi$ zu wählen),
K laut Zusammenstellung S. 70.

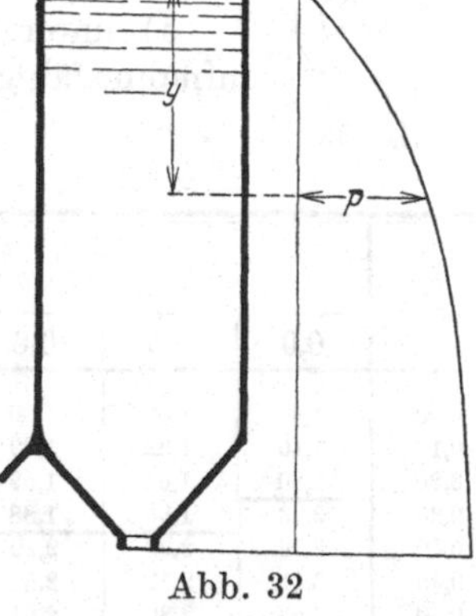

Abb. 32

Es ist zu rechnen: $h = \dfrac{F}{K U \varrho}$,
und findet man aus nachstehender Zusammenstellung zu jedem Werte $\eta = \dfrac{y}{h}$ die Größe $C = 1000\,\dfrac{e^\eta - 1}{e^\eta}$,

$\eta =$ 0,2	0,4	0,6	0,8	1,0	1,2	1,6	2,0	2,4	2,8	3,0
$C =$ 181	330	451	551	632	699	798	865	909	939	950

mit deren Hilfe sich für das Quadratmeter Fläche in der Tiefe y ergibt:

als Wanddruck $p = \dfrac{C}{1000}\,\dfrac{\gamma F}{U \varrho}$, als Bodendruck $q = \dfrac{p}{K}$.

Reibungszahlen der gleitenden Reibung[1])

= bedeutet: die Fasern liegen parallel + „ die Fasern liegen gekreuzt ⊥ „ das Holz liegt als Hirnholz auf	Reibungszahl der Ruhe		
	trocken	mit Wasser	geschmiert
Eichenholz auf Eiche =	0,62	—	0,11
„ „ „ +	0,54	0,71	—
„ „ „ ⊥	0,43	—	—
„ „ Esche, Buche, Tanne =	0,53	—	—
„ „ Muschelkalk ⊥	0,63	—	—
„ „ Stein und Kies	0,60—0,46	—	—
Holz auf Metall	0,60	0,65	0,11
Hartholz auf poliertem Metall oder Granit	—	0,5	—
Stahl auf Stahl	0,15	—	[2])0,12—0,11
„ „ Eis	0,027	—	—
Schmiedeeisen auf Eiche =	—	0,65	0,11
„ „ Schmiedeeisen	0,13	—	0,11
„ „ Gußeisen	0,19	—	—
„ „ Muschelkalk	0,49—0,42	—	—
„ „ Stein und Kies	0,49—0,42	—	—
Gußeisen auf Eiche	—	0,65	—
„ „ Stahl	0,33	—	—
„ „ Gußeisen	—	—	0,16
Ziegelstein auf Muschelkalk	0,67	—	—
Rauher Kalkstein auf desgleichen oder mit frischem Mörtel	0,75	—	—
Muschelkalk auf Muschelkalk	0,70	—	—
Mauerwerk auf Beton	0,76	—	—
„ „ gewachsenem Boden, trocken	0,65	0,30	—

[1]) Aus Foerster: Taschenbuch für Bauingenieure, 4. Aufl. Berlin. Julius Springer. 1921.
[2]) Hoher Druck bis etwa 1000 kg/cm².

III. Gemauerte Schornsteine

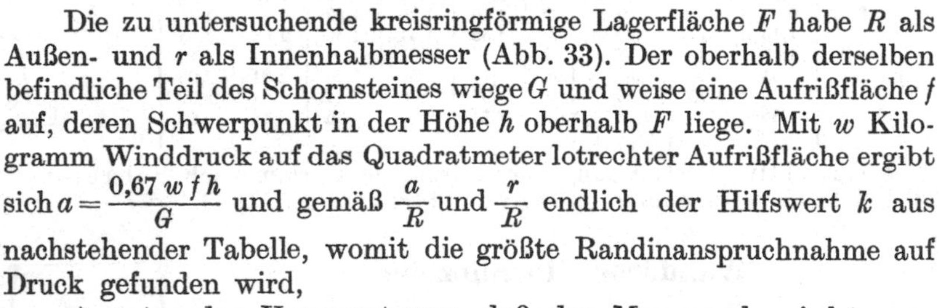

Die zu untersuchende kreisringförmige Lagerfläche F habe R als Außen- und r als Innenhalbmesser (Abb. 33). Der oberhalb derselben befindliche Teil des Schornsteines wiege G und weise eine Aufrißfläche f auf, deren Schwerpunkt in der Höhe h oberhalb F liege. Mit w Kilogramm Winddruck auf das Quadratmeter lotrechter Aufrißfläche ergibt sich $a = \frac{0{,}67\, w\, f\, h}{G}$ und gemäß $\frac{a}{R}$ und $\frac{r}{R}$ endlich der Hilfswert k aus nachstehender Tabelle, womit die größte Randinanspruchnahme auf Druck gefunden wird,

a) unter der Voraussetzung, daß das Mauerwerk nicht zugaufnahmsfähig sei:
$$\sigma_{max} = k\,\frac{G}{F}.$$

Abb. 33

Hilfswerte k

$\frac{a}{R}$	$\frac{r}{R}=$ 0,0	0,5	0,6	0,7	0,8	0,9	1,0	Die Druckübertragung erfolgt	
0,00	1,00	1,00	1,00	1,00	1,00	1,00	1,00		
0,10	1,40	1,32	1,29	1,27	1,24	1,22	1,20	1. auf der ganzen Fläche (Zugspannungen bzw. Fugenklassen nicht auftretend)	
0,20	1,80	1,64	1,59	1,54	1,49	1,44	1,40		
0,30	2,23	1,96	1,88	1,81	1,73	1,66	1,60		
0,40	2,76	2,29	2,20	2,07	1,98	1,88	1,80		
0,45	3,11	2,51	2,39	2,23	2,10	1,99	1,90		
0,50	3,55	2,80	2,61	2,42	2,26	2,10	2,00		Mauerwerk als nicht zugaufnahmsfähig vorausgesetzt
0,55	4,15	3,14	2,89	2,67	2,42	2,26	2,17		
0,60	4,96	3,58	3,24	2,92	2,64	2,42	2,26	2. auf einem Teil größer als die halbe Fläche	
0,65	6,00	4,34	3,80	3,30	2,92	2,64	2,42		
0,70	7,48	5,40	4,65	3,86	3,33	2,95	2,64		
0,75	9,93	7,26	5,97	4,81	3,93	3,33	2,89		
0,80	13,87	10,05	8,80	6,53	4,93	3,96	3,27	3. auf einem Teil kleiner als die halbe Fläche (unzulässig)	

b) Ist das Mauerwerk imstande Zugspannungen aufzunehmen, so kann σ_{max} nur dann wie unter a) mit Hilfe der obigen Tabelle mittels k berechnet werden, wenn k in dem durch die Stufenlinie abgegrenzten Gebiet 1 zu finden ist. Fällt jedoch der Wert k in den Tabellenbereich 2 oder 3, so ergibt sich die Randspannung $\sigma = G\left(\frac{1}{F} \pm \frac{4\,a\,R}{\pi\,(R^4 - r^4)}\right)$, wobei das obere Vorzeichen die größte Druckbeanspruchung, das untere die größte Zugbeanspruchung bestimmt.

IV. Gewölbe

a) Für flache Hochbaugewölbe von der Stärke d_o, der Stützweite l und der Pfeilhöhe f der Mittellinie, beträgt die Inanspruchnahme unter der gleichförmig verteilten Gesamtlast (Eigen- und Nutzlast) q kg/m² angenähert $\sigma_{max} = \frac{q\,l^2}{4\,d_o\,f}$;

b) Gewölbe von größerer Spannweite bis zum Pfeilverhältnis $\frac{f}{l} = \frac{1}{5}$.

Mit den Bezeichnungen der Abb. 34, worin OO' die obere Begrenzung der auf Wölbmauerwerk von γ kg/m³ Einheitsgewicht reduzierten, bleibenden Last darstellt,

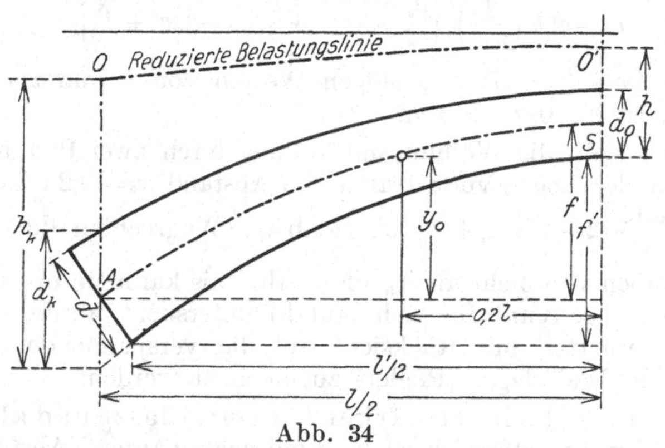

Abb. 34

kann nach Krohn die Gewölbestärke im Scheitel $d_o = \frac{l'^2\,(g + 1{,}8\,p)}{8\,f'\,(10\,\sigma - 35)}$ und im Kämpfer $d = d_o\left(1 + 1{,}6\,\frac{f'}{l'}\right)$ angenommen werden, wobei die Inanspruchnahme des Wölbmaterials σ in kg/cm², p die Verkehrslast und g die Eigenlast im Scheitel per Lfm. und 1 m Breite in t gesetzt wird, weiters l' die Lichtweite und f' die Pfeilhöhe der inneren Leibung darstellt.

Unter Annahme einer nach einem flachen Bogen verlaufenden Wölbungs- wie auch reduzierten Belastungslinie (Abb. 34) gilt auf Grund der Elastizitätsgleichungen[1]) folgendes Annäherungsverfahren zur Berechnung der Inanspruchnahme σ_k im Kämpfer bei A, und zwar für bleibende Last samt Nutzlast von p t/m, welch letztere sich erstreckt

1. über die ganze Gewölbelänge AB,
2. „ „ halbe (linke) „ AS,
3. „ „ „ (rechte) „ SB und
4. für bleibende Last allein.

[1]) Man vergleiche Dr. J. Schreier: „Zur statischen Untersuchung von flachen Gewölben" (Zeitschr. des Österr. Ingenieur- und Architektenvereines, 1905, Nr. 1), woraus obige Näherungsformeln abgeleitet wurden.

Man ermittelt zunächst $u = \frac{h_k - h}{3h}$, $v = \frac{p}{\gamma h}$, $w = 0{,}9\,[0{,}43\,u + k_1 v + 1]$,
$m = \frac{2f}{d_k}$, $n = \left(\frac{l}{4f}\right)^2$ und bestimmt die Beiwerte im Falle 1. $k_1 = 1$ $k_2 = 1$ $k_3 = 1$,

	k_1	k_2	k_3
2.	$\frac{1}{2}$	$\frac{13}{16}$	$\frac{11}{16}$
3.	$\frac{1}{2}$	$\frac{3}{16}$	$\frac{5}{16}$
4.	0	0	0,

womit $C = u + k_2 v + nw + 1$ und $C' = 0{,}6\,u + k_3 v - w + 1$ gefunden wird, und schließlich die bezügliche Inanspruchnahme im Kämpfer A

$$\sigma_k = \gamma\, h\, m\, \{C \mp 2\, m\, (n+1)\, C'\}.$$

Hiebei gilt das obere Vorzeichen für den oberen Rand, das untere für den unteren Rand des Kämpferquerschnittes.

Für den Scheitelquerschnitt ergibt sich ebenso im Falle 1 die Inanspruchnahme

$$\sigma_s = \gamma\, h \left(\frac{l}{2\,d_0}\right)^2 \left[\frac{d_0 w'}{2f} \pm (0{,}3\,u + v - w' + 1)\right],$$

wenn $w' = 0{,}13\,(3\,u + 7\,v + 7)$ mit obigen Werten von u und v eingeführt wird. Im Falle 4. ist $v = 0$ zu setzen.

Es empfiehlt sich, die Wölbungsmittellinie durch zwei Punkte gehend anzunehmen, die von der Bogensymmetralen den Abstand $x_0 = 0{,}2\,l$ haben und in der Höhe $y_0 = \frac{2f}{3}\left\{\frac{0{,}13}{w}(2 + u + v) + 1\right\}$ oberhalb der Wagrechten durch A liegen.

c) Bei Gewölben von mehr als $^1/_5$ Pfeilverhältnis kann ein oberes Segment von diesem Stichmaß abgetrennt für sich laut b) untersucht werden und beiderseits der restliche Kämpferteil mit Rücksicht auf die verspannende Hintermauerung dem angrenzenden Widerlager (Pfeiler) zugerechnet werden.

Gewölbe- und Widerlagerstärken für Durchlässe und kleine Brücken nach den Normalien der österreichischen Bundesbahnbauten. Ausführung in lagerhaftem Bruchstein oder guten Ziegeln.

1. Stichbogengewölbe mit $^1/_4$ L als Pfeilhöhe

Dimensionen	Lichtweite L in Metern											
	1	2	3	4	5	6	7	8	9	10	11	12
r	0,63	1,25	1,88	2,50	3,13	3,75	4,38	5,00	5,63	6,25	6,88	7,50
d	0,45	0,50	0,55	0,60	0,65	0,70	0,75	0,80	0,85	0,90	0,95	1,00
d_1	0,50	0,57	0,63	0,69	0,75	0,82	0,89	0,95	1,02	1,09	1,16	1,23
w	1,00	1,20	1,40	1,60	1,80	2,00	2,20	2,40	2,60	2,80	3,00	3,20

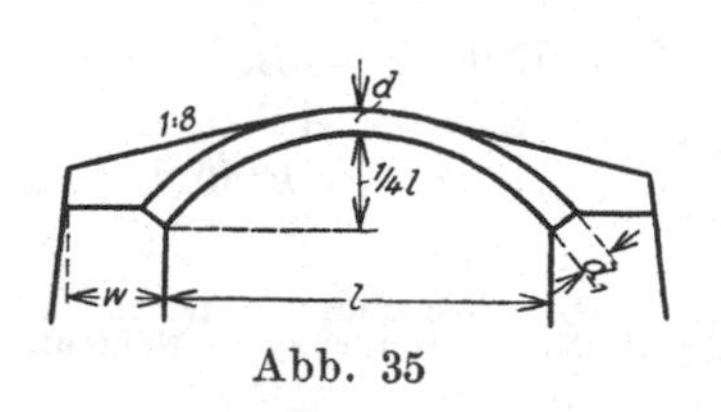

Abb. 35

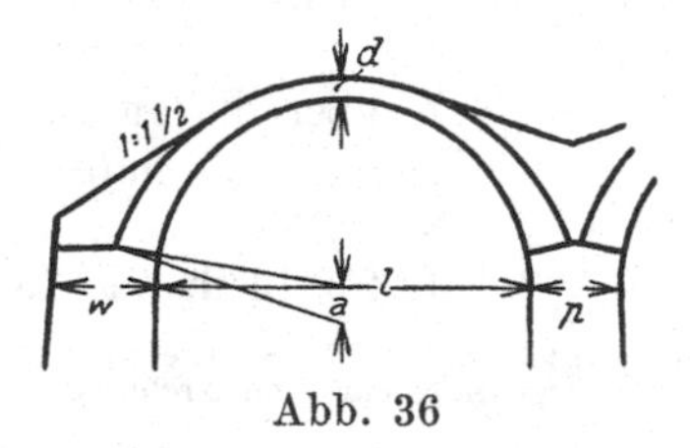

Abb. 36

2. Halbkreisgewölbe

Überschüttungshöhe in m	Dimensionen	Lichtweite L in Metern											
		1	2	3	4	5	6	7	8	9	10	11	12
Bis 2 m	d	0,45	0,49	0,53	0,58	0,62	0,66	0,70	0,74	0,78	0,82	0,86	0,90
	w	0,90	1,03	1,16	1,29	1,41	1,54	1,67	1,79	1,92	2,05	2,17	2,30
	a	0,09	0,10	0,12	0,13	0,15	0,17	0,18	0,20	0,22	0,24	0,26	0,28
	p	1,20	1,20	1,20	1,20	1,20	1,30	1,40	1,60	1,80	2,00	2,20	2,40
4 m	d	0,45	0,50	0,56	0,61	0,66	0,71	0,76	0,81	0,87	0,92	0,97	1,02
	w	0,90	1,04	1,18	1,32	1,46	1,59	1,73	1,87	2,01	2,14	2,28	2,42
	a	0,09	0,11	0,13	0,15	0,17	0,18	0,21	0,23	0,25	0,28	0,30	0,33
6 m	d	0,45	0,51	0,58	0,64	0,70	0,76	0,82	0,88	0,95	1,01	1,07	1,13
	w	0,90	1,05	1,20	1,35	1,50	1,64	1,79	1,94	2,09	2,23	2,39	2,54
	a	0,10	0,12	0,14	0,16	0,18	0,21	0,23	0,26	0,29	0,31	0,34	0,37
8 m	d	0,45	0,52	0,60	0,67	0,74	0,81	0,88	0,95	1,02	1,09	1,17	1,24
	w	0,90	1,06	1,22	1,38	1,53	1,69	1,85	2,06	2,16	2,32	2,48	2,64
	a	0,10	0,12	0,15	0,17	0,20	0,23	0,26	0,29	0,32	0,35	0,39	0,42

3. Hochbaugewölbe[1])

Für die gewöhnlich vorkommenden Fälle erhalten die Gurten in Umfangs- und Mittelmauern bei drei bis vier Stockwerke hohen Gebäuden folgende Scheitelstärken.

Spannweite	Scheitelstärke	
	halbkreisförmig	flach, Pfeilhöhe bis $^1/_6$ Spannweite
bis 2 m	0,30 m	0,45 m
über 2 m bis 3 m	0,45 ,,	0,45 m bis 0,60 m
,, 3 ,, ,, 6 ,,	0,60 ,,	0,60 ,, ,, 0,75 ,,
,, 6 ,, ,, 8 ,,	0,75 ,,	0,75 ,, ,, 0,90 ,,

Bei Tonnengewölben, die bloß den Fußboden eines oberen Stockwerkes zu tragen haben, wird das Gewölbe im Schluß bei einer Spannweite bis einschließlich 4,5 m ½ Ziegel (15 cm) stark gemacht, bei 4,5 bis 6 m Spannweite 1 Ziegel stark. (Dabei ist zu bemerken, daß das Gewölbe gegen die Widerlager zu verstärken ist oder in Entfernungen von 2 zu 2 m Verstärkungsgurten angeordnet werden müssen.)

Gewölbe zwischen Eisenträgern werden entweder aus gewöhnlichen Mauerziegeln in Ringscharen oder aus besonderen Formziegeln (Hönel, Schneider usw.) aufgeführt. Sie erhalten 1,5 m bis höchstens 3 m Spannweite. Die Gewölbe aus Mauerziegeln haben halbe Ziegelstärke bei 0,15 m Pfeil; die Formziegelgewölbe sind gewöhnlich schwächer gehalten (10 cm) und können bei kleiner Spannweite ganz flach ausgeführt werden.

Kreuzgewölbe. Die Kreuzgewölbe werden bei Spannweiten bis zu 6 m in den Kappen ½ Ziegel, in den Graten 1 Ziegel stark gemacht. Die Kappen steigen gewöhnlich $^1/_{20}$ bis $^1/_{30}$ ihrer Länge und die Widerlager erhalten eine Stärke von ¼ bis $^1/_6$ der Diagonale; für die Verstärkung der Widerlager bei größeren Höhen gelten die früher angeführten Bestimmungen.

[1]) Aus Bleich-Melan: Taschenbuch.

Kappen- oder Klostergewölbe erhalten bis zu 4 m Spannweite eine Gewölbestärke von ½ Ziegel, bis 5,5 m einen ganzen Ziegel. Die Widerlagsstärken ergeben sich für die Klostergewölbe wie bei den Tonnengewölben. Da der Schub auf die Widerlagsmauern in der Achsenmitte am größten ist, sollen dieselben durch Anordnung großer Öffnungen nicht geschwächt werden.

Böhmische Platzel erhalten bis einschließlich 5 m bei einer Pfeilhöhe von $^1/_{10}$ der Diagonale eine Gewölbedicke von 0,15 m. Die Widerlager werden $^1/_4$ bis $^1/_5$ der Spannweite stark gemacht, bei Stiegenanlagen wohl auch bis $^1/_3$.

Nachdem gegenwärtig die Maurer in der Ausführung von Kreuz-, Kuppel- usw. Gewölben nicht geübt sind, empfiehlt es sich, entweder solche Gewölbe ganz in Beton herzustellen oder, wenn möglich, deren äußere Formen als Rabitzkonstruktion, das Tragwerk aber als Tonnengewölbe zwischen Traversen auszuführen.

D. Beton- und Eisenbetontragwerke

I. Druckglieder

(Pfeiler, Säulen, Mauern und Gewölbe)

Bezeichnungen (cm und kg zugrundegelegt) (Abb. 37 u. 38):

F_b die Fläche F des ganzen Betonquerschnittes,
F_k die Fläche des von den Quereinlagen umschlossenen Innenteiles,
D_k deren Durchmesser,
D der kleinste[1]) durch den Querschnittsschwerpunkt gezogene Durchmesser,
F_e die Gesamtfläche der Längseisenquerschnitte,
δ deren Durchmesser,
f der Querschnitt eines Umschnürungseisens, wovon
a die Ganghöhe der Windungen bzw. der Abstand der Ringbügel ($\leq D/5$ bzw. $\leq$ 8 cm) (Abb. 38),
$J_i = J_b + 15\, J_e$ das ideelle Trägheitsmoment mit Rücksicht auf Biegung,
J_b und J_e die zugehörigen Anteile von Beton und Eisen bezüglich der gemeinsamen Achse,
L die freie Knicklänge der Stütze in cm,
l_e Abstände der Querverbände ($\leq D$ bzw. $\leq 12\,\delta$) (Abb. 37),
P die Druckkraft,
z deren Exzentrizität (symmetrischer Querschnitt und P in der Symmetralen vorausgesetzt),
e_1 der Abstand der äußersten Faser von der Nullinie auf der Seite von z,
e_2 ebenso auf der Gegenseite, ferner
σ_b die Inanspruchnahme des Betons auf Druck[2]),
σ_e die Inanspruchnahme der Eiseneinlagen[2]),
ω eine Knickzahl,
$\varphi = \frac{100\, F_e}{F_b}$ die perzentuelle Bewehrung,
$\psi = D_k\, f/a$ eine Beizahl.

---

[1]) Für Knickung von Säulen rechteckigen Querschnittes kann allenfalls auch als D die größere Seite eingeführt werden, wenn in der zu D senkrechten Richtung Aussteifungen vorhanden.

[2]) Zulässige Beanspruchung für mittigen (zentrischen) Druck, ferner ausmittigen (exzentrischen) Druck, desgleichen Biegung sowie für Eisenspannungen siehe: „Bestimmungen für Eisenbeton", ÖNORM-Entwurf vom 1. Mai 1927, Prot.-Nr. 378/1.

Bewehrungsart		Längseisen mit Querverbindungen (Abb. 37)		Längseisen mit Umschnürung[1]) (Abb. 38)
Für Stützen, wenn $L/D \geqq 10$	Bewehrungszahl $\varphi = \frac{100\,F_e}{F_b} =$	$> 0{,}8$ und ≤ 3	$< 0{,}8$	$> 0{,}8$
$L/D = 5$		$> 0{,}5$ und ≤ 3	$< 0{,}8$	
Ideelle Fläche in cm²		$F_i = F_b + 15\,F_e$	F_b	$F_i' = F_k + 15F_e + 141\,\psi$ Bedingung: $F_i' \leq 2\,F_b$ $F_e \leq 1{,}05\,\psi$
Inanspruchnahme des Betons in kg/cm² bei	a) zentrischem Druck σ_b	$\omega\,\frac{P}{F_i}$ [2])	$\omega\,\frac{P}{F_b}$ [2])	$\omega\,\frac{P}{F_i'}$ [3])
	b) exzentrischem Druck. $\sigma_b =$ vorausgesetzt, daß positiv bleibt[4]) $\sigma_b' =$	$P\left(\frac{1}{F_i} + \frac{e_1 z}{J_i}\right)$ [5]) $P\left(\frac{1}{F_i} - \frac{e_2 z}{J_i}\right)$	$P\left(\frac{1}{F_b} + \frac{e_1 z}{J_b}\right)$ [5]) $P\left(\frac{1}{F_b} - \frac{e_2 z}{J_b}\right)$	$P\left(\frac{1}{F_i'} + \frac{e_1 z}{J_i}\right)$ [5]) $P\left(\frac{1}{F_i'} - \frac{e_2 z}{J_i}\right)$
Inanspruchnahme des Eisens in kg/cm² bei	zentrischem Druck	$\sigma_e = 15\,\sigma_b$		
	exzentrischem Druck	$\sigma_e < 15\,\sigma_b$		

[1]) Nur eine, einen zylindrischen Kern umschließende Umschnürung darf rechnerisch berücksichtigt werden.

[2]) Wobei für L/D bis 15, 20, 25.
ω = 1, 1,25, 1,75.

[3]) Wobei für L/D bis 13, 20, 25.
ω = 1, 1,70, 2,70.

[4]) Wenn negativ, dann höchstens absolut gleich $^1/_5$ der zulässigen Druckbeanspruchung, anderenfalls siehe: Druckglieder mit Druck- und Zugspannungen.

[5]) Außerdem zu untersuchen, ob nicht laut a) eine größere Inanspruchnahme erhältlich.

a) Druckglieder ohne Zugspannungen

Aus vorstehender Tabelle sind, je nach der Art und Stärke der Bewehrung (Zeile 1 und 2), in der entsprechenden Spalte von φ die Formeln für die Hilfsgrößen und schließlich für die Inanspruchnahmen zu entnehmen. In der Anmerkung sind die noch zulässigen Inanspruchnahmen angegeben, deren dem betreffenden Mischungsverhältnis entsprechende Zahlwerte in den österreichischen Vorschriften über die Herstellung von Tragwerken aus Eisenbeton oder Stampfbeton vom Jahre 1911 und 1918, die auch sonst hier zugrunde gelegt erscheinen, zu finden sind.

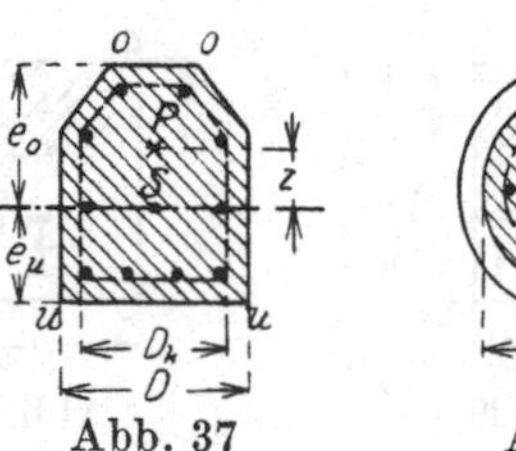

Abb. 37

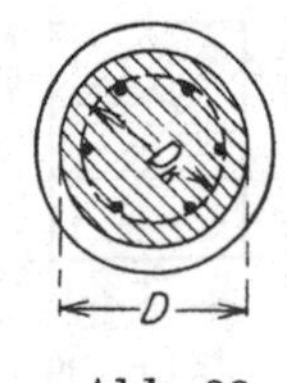

Abb. 38

b) Druckglieder mit Druck- und Zugspannungen

Im einfachsten Fall eines symmetrisch bewehrten rechteckigen Querschnittes (Abb. 39) von der Breite b und der Höhe h, je mit Eiseneinlagen im Abstand a vom Druckrand wie vom Zugrand, wovon jede den Querschnitt F_e aufweise, wenn in der Höhenachse im Abstand v vom Druckrand die Druckkraft P angreift, ist der Abstand x der Nullinie vom Druckrand aus der kubischen Gleichung zu bestimmen:

$$c\,x^3 - 3\,c\,v\,x^2 + (h - 2\,v)\,x = 2\,a^2 + h^2 - h\,(2\,a - v), \text{ worin } c = \frac{b}{90\,F_e}.$$

Die Druckbeanspruchung des Betons beträgt:

$$\sigma_{bd} = \frac{2\,P\,x}{b\,x^2 - 30\,F_e\,(2\,x - h)},$$

welche Spannung im Falle $\frac{L}{i} < 60$ höchstens gleich s_b sein darf, wie auch (siehe unter a) $\sigma_{bc} \leq s_{bc}$ sein soll, während im Falle $\frac{L}{i} \gtrless 60$ σ_{bd} höchstens gleich $s_b - \frac{1 - \alpha}{\alpha}\sigma_{bc}$ sein darf.

Eine allfällige Umschnürung kommt rechnerisch nicht in Betracht.

II. Berechnung von Balken

a) Platten und Rechteckbalken

1. Einfache Bewehrung

α) Steife Eiseneinlagen

Bezeichnet (Abb. 40) h die Höhe, b die Breite des Balkens, F_e die Fläche des Eisenquerschnittes, J_I dessen Trägheitsmoment auf die eigene Schwerachse, deren Abstand vom Druckrand $OO = h'$ ist, so ergibt sich mit $\lambda = \frac{15\,F_e}{b}$ der Abstand der Nullinie von OO:

$$x = -\lambda + \sqrt{\lambda^2 + 2\,h'\,\lambda} \text{ und damit } J = \frac{1}{3}\,b\,x^3 + 15\,[J_I + F_e\,(h' - x)^2]$$

sowie die größte Inanspruchnahme des Betons auf Druck: $\sigma_b = \frac{M\,x}{J}$

und „ „ „ „ Eisens auf Zug: $\sigma_e = \frac{15\,M\,(h - a - x)}{J}$,

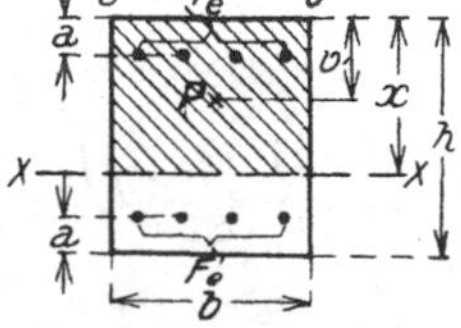

Abb. 39 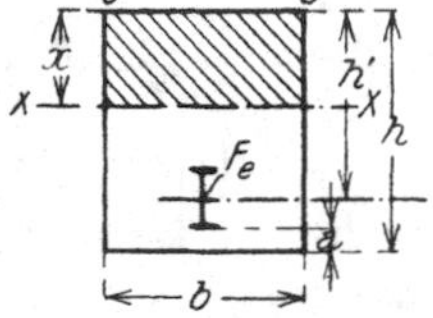 Abb. 40 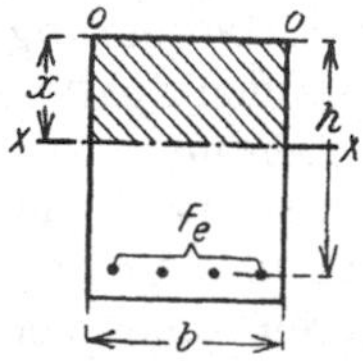 Abb. 41 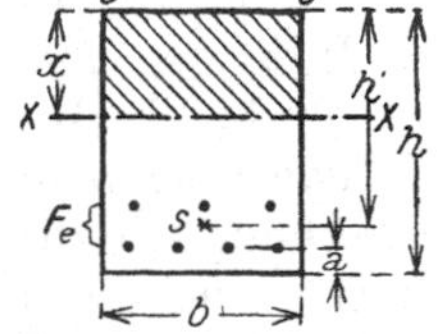 Abb. 42

wenn a der Abstand der äußersten Eisenfaser vom Zugrand UU ist und die Betonzugspannungen nicht berücksichtigt werden.

β) Schlaffe Einlagen

(Bezeichnungen und x wie zuvor)

Eine Reihe (Abb. 41) im Abstand h' von OO. Es ist: $J = {}^1/_3\, b\, x^3 + 15\, F_e\,(h' - x)^2$.

$$\sigma_b = \frac{M\,x}{J}, \quad \sigma_e = \frac{15\,M\,(h' - x)}{J}.$$

Mehrere Reihen (Abb. 42), deren gemeinsamer Schwerpunkt[1]) den Abstand h' von OO, deren von OO entfernteste Schichte den Abstand a von UU habe. (Bezeichnungen und x wie zuvor.) Es ist:

$$J = \tfrac{1}{3}\, b\, x^3 + 15\, F_e\,(h' - x)^2, \quad \sigma_b = \frac{M\,x}{J}, \quad \sigma_e = \frac{15\,M\,(h - a - x)}{J}.$$

Aus nachfolgender Tabelle A können zu jedem Werte $v = \frac{F_e}{b\,h'}$ und $w = \frac{\sigma_e}{\sigma_b}$ Faktoren u gefunden werden, die $\sigma_b = u\,\frac{M}{b\,h'^2}$ und $\sigma_e = w\,\sigma_b$ unmittelbar zu berechnen gestatten, wobei im Falle steifer oder mehrreihiger Einlagen σ_e nur einen Mittelwert darstellt, der erst mit $\frac{h - a - x}{h' - x}$ zu multiplizieren ist, um zur maßgebenden Eisenbeanspruchung σ_e' zu gelangen. Die Tabelle B gilt für $\sigma_e = 1200$ kg/cm².

2. Doppelte Bewehrung

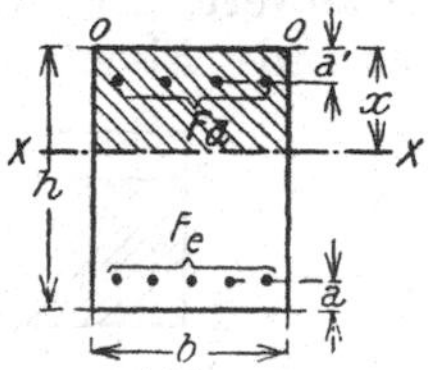

(Abb. 43.) Durch je eine Reihe schlaffer Eisen von F_d bzw. F_z Querschnitt und a' bzw. a Abstand vom bezüglichen Rande OO bzw. UU. Mit $\lambda = \frac{15\,F_z}{b}$ und $\lambda' = \frac{15\,F_d}{b}$ ergibt sich:

Abb. 43

$$x = (\lambda + \lambda')\left[-1 + \sqrt{1 + 2\,\frac{\lambda\,h' + \lambda'\,a'}{(\lambda + \lambda')^2}}\right], \quad J = \tfrac{1}{3}\, b\, x^3 + 15\,[F_d\,(x - a')^2 + F_z\,(h' - x)^2],$$

$$\sigma_{bd} = \frac{M\,x}{J}, \quad \sigma_{ez} = \frac{15\,M\,(h' - x)}{J}.$$

Für bestimmte Werte von σ_e (z. B. 1200 kg/cm²) und σ_b (z. B. 30 bis 55 kg/cm²) lassen sich je nach dem angenommenen Verhältnis $\alpha = \frac{F_d}{F_z}$ Konstante ϱ und r tabellarisch[2]) bestimmen, wodurch man erhält: $F_z = \varrho\, b\, h'$, $F_d = \alpha\, F_z$ und $h' = r\,\frac{M}{b}$. (Siehe Tabelle C.)

3. Am Umfang gelagerte Platten

Für rechteckige, kreuzweise bewehrte, mit q kg/m² belastete **Platten** mit den Seitenlängen a und b des Stützrandes, die **am ganzen Umfang gelagert** sind, gelten obige Formeln unter 1 wie 2, wobei die auf 100 cm Breite bezogenen Momente für die Stützweite a bzw. b . . . $M_a = 3\,q\,\mu\,\nu \cdot b^2$, $M_b = 3\,q\,\mu\,\nu \cdot a^2$,

[1]) Angenähert als Zugmittelpunkt.

[2]) Tabelle nach Geyer: „Armierter Beton". 1913. S. 81.

und hierin für: $\frac{a}{b}=$ 1 1·1 1·2 1·3 1·4 1·5
zu setzen ist[1]: $\mu = 0{,}00874$ 0,00682 0,00651 0,00609 0,00562 0,00515
weiters bei frei gelagerten Rändern: $\nu = 3\ (1-60\,\mu)$,
bei voll eingespannten Rändern: $\nu = 1-20\,\mu$ (bei teilweiser Einspannung zwischenzuschalten),
für das Einspannungsmoment selbst: $\nu = 2$ und im Falle, daß die Ecken gegen Abheben nicht gesichert sind, $\nu = 3$.

b) Plattenbalken oder Rippenplatten

1. Schlaffe, einfache Bewehrung

α) Einreihig: Betonzug nicht berücksichtigt. Betondruck in der Rippe vernachlässigt. Mit den Bezeichnungen der Abb. 44 findet man, wenn (nach Herzka) $b\,d^2 > 30\,F_e\,(h'-d)$ [2] $x = \dfrac{\frac{b\,d^2}{2} + 15\,F_e\,h'}{b\,d + 15\,F_e}$. $y = x - \dfrac{d}{2} + \dfrac{d^2}{6\,(2\,x - d)}$ und die Inanspruchnahmen des Eisens auf Zug: $\sigma_e = \dfrac{M}{F_e\,(h' - x + y)}$, des Betons auf Druck: $\sigma_b = \dfrac{x}{15\,(h' - x)}\,\sigma_e$.

β) Mehrreihig: Mit dem Abstand h' des Schwerpunktes[3] der Bewehrung von OO (Abb. 45) ergibt sich σ_e und σ_b wie unmittelbar zuvor, jedoch ist σ_e nur ein Mittelwert, der, noch durch Multiplikation mit $\dfrac{h - a - x}{h' - a}$ vergrößert, die maßgebende Eisenbeanspruchung σ_e' liefert.

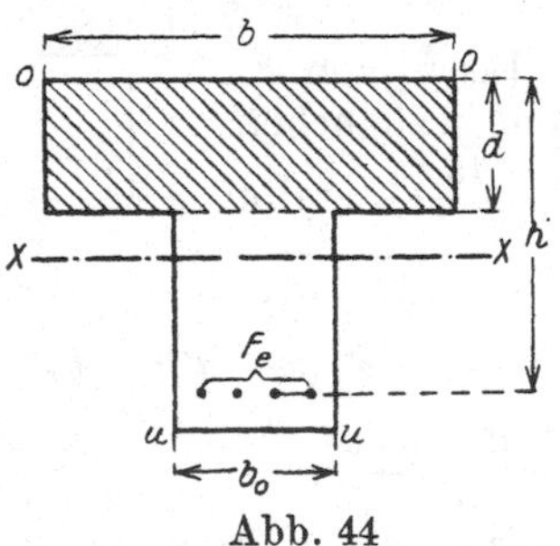

Abb. 44

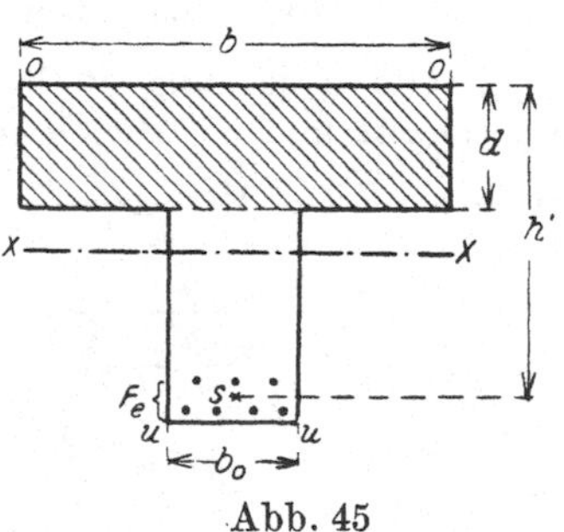

Abb. 45

Bei gegebenem b in cm, σ_e (z. B. 1200 kg/cm²) und σ_b (z. B. 24 bis 48 kg/cm²) sowie M (in kgcm) und Annahme von $\delta = \dfrac{d}{h'}$ findet man aus nachstehender Tabelle D die Beiwerte u, v und w, womit sich bestimmt:

$$h' = u\sqrt{\frac{M}{b}},\quad f_e = v\,b\,h' \text{ oder } f_e = w\sqrt{M\,b}.$$

2. Schlaffe doppelte Bewehrung

Bezeichnungen laut Abb. 46. Ähnlich wie zuvor gilt:

$$x = \frac{\frac{b\,d^2}{2} + 15\,(F_e\,h' + F_e'\,a')}{b\,d + 15\,(F_e + F_e')},$$

[1] μ nach der Gleichung gerechnet: $\mu = \dfrac{a^2\,b^2}{72\,(a^4 + b^4)}$.

[2] Sonst gilt wegen $x \leqq d$ das unter a) zuvor Angeführte.

[3] Angenähert als Zugmittelpunkt.

$$y = x - \frac{d}{2} + \frac{d^2}{6\,(2\,x - d)},$$

$$\sigma_b = \frac{M\,x}{\frac{b\,d}{2}\,(2\,x - d)\,y + 15\,[F_e\,(h' - x)^2 + F_e'\,(x - a')^2]},$$

und damit

$$\sigma_e = 15\,\sigma_b\,\frac{h' - x}{x} \qquad \text{sowie} \qquad \sigma_e' = 15\,\sigma_b\,\frac{x - a'}{x}.$$

c) Ergänzende Untersuchungen

1. Die Schubspannung

des Betons ergibt sich bei der größten Querkraft Q (einschließlich Eigengewicht) mit den obigen Bezeichnungen für den Rechteckbalken bzw. die Platte gleich (Abb. 47)

$$\tau_0 = \frac{Q}{b\left(h' - \frac{x}{3}\right)},$$

für die Rippenplatte gleich

$$\tau_0 = \frac{Q}{b_0\,(h' - x + y)}$$

oder angenähert

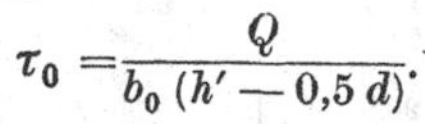

$$\tau_0 = \frac{Q}{b_0\,(h' - 0{,}5\,d)}.$$

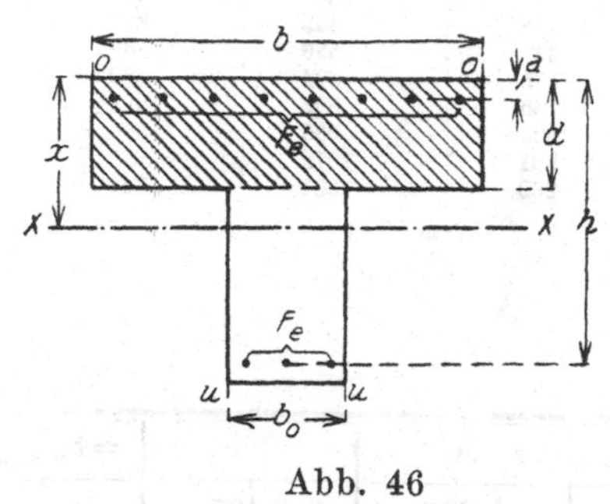

Abb. 46

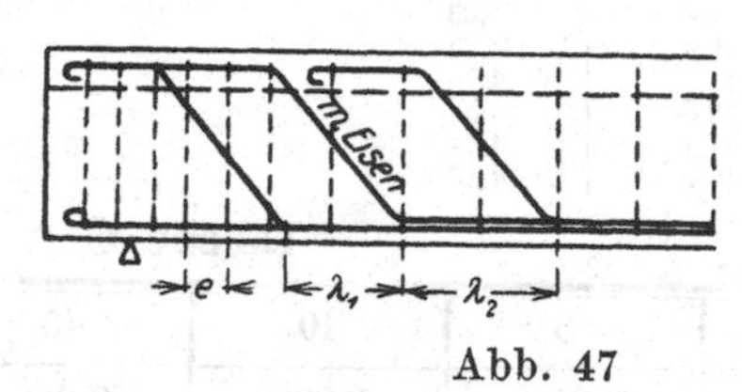

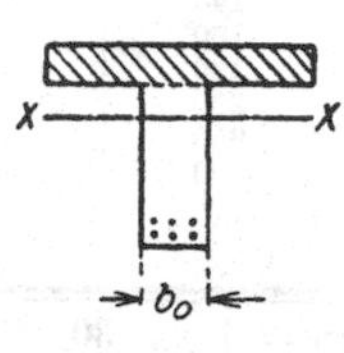

Abb. 47

Überschreitet τ_0 den zulässigen Wert t_0 (4 bis 5,5 kg/cm²) für Beton, so darf immerhin τ_0 höchstens $\frac{10}{3}\,t_0$ betragen, und ist dann bei Anordnung von B ü g e l n im Abstand e der gesamte Scherquerschnitt f jedes Bügels wenigstens gleich $\frac{b\,e}{700}\,\tau_0$ zu halten, wobei als zulässige Scherbeanspruchung des Eisens 700 kg/cm² zugrunde gelegt sind.

2. Die Zugspannung der Aufbiegungen

Ist obiges τ_0 größer als t_0, so sind Aufbiegungen aus statischen Gründen erforderlich. Sind in zwei in den Intervallmitten von λ_1 und λ_2 (Abb. 47) liegenden Querschnitten die größten Betonschubspannungen τ_1 und τ_2, so entfällt beim wagrechten Längsabstand λ_1 und λ_2 der aufgebogenen Eisen (m Stück vom Durchmesser δ in einer Schichte) auf ein solches die Zugbeanspruchung $\sigma_z = 0{,}225\,\frac{b_0\,(\lambda_1 + \lambda_2)\,(\tau_1 + \tau_2)}{m\,\delta^2}$, wobei σ_z höchstens gleich $t_z = 1200$ kg/cm² sein soll.

3. Die Haftspannungen

Sie sind aus der Gleichung:

$$\tau_h = \frac{Q}{U \cdot z}$$

zu berechnen und dürfen 5 kg/cm² nicht überschreiten; Z ist der innere Hebelarm; derselbe ist für die Platte mit $z = \left(h' - \frac{x}{3}\right)$, für die Rippenplatte mit $z = (h' - x + y) = (h' - 0{,}5d)$ gegeben. u = Umfang aller Eisen im Querschnitt. Wenn die Enden der Eisen mit runden oder spitzwinkeligen Haken versehen und die Eisen nicht stärker als 25 mm sind, brauchen die Haftspannungen nicht berechnet werden.

d) Tabellen für Eisenbetonträger

Tabelle A

$v = \frac{F_e}{b\,h'}$	$w = \frac{\sigma_e}{\sigma_b}$	u
0,0010	79,4	13,30
20	54,2	9,95
30	43,1	8,48
40	36,5	7,61
50	32,0	7,00
60	28,6	6,57
70	26,1	6,23
80	24,0	5,98
90	22,3	5,75
0,0100	20,9	5,56
120	18,6	5,26
140	16,8	5,03
160	15,4	4,85
180	14,2	4,70
200	13,3	4,58
250	11,4	4,34
300	10,0	4,16

Tabelle B

für $\sigma_e = 1200$ kg/cm²

σ_b	K	v	C
20	0,731	0,00167	0,933
25	602	248	921
30	518	341	909
35	458	443	899
40	410	556	889
45	375	674	880
50	345	802	872
55	321	935	864
60	301	1072	857
65	269	1361	844

Tabelle C

$\sigma_b =$	30		35		40		45		50		55		$= \sigma_b$
$s =$	0,273		0,304		0,333		0,360		0,385		0,407		$= s$
a	r	ϱ	r	ϱ	r	ϱ	r	ϱ	r	ϱ	r	ϱ	a
0,0	0,518	0,00341	0,457	0,00443	0,411	0,00555	0,375	0,00675	0,345	0,00802	0,322	0,00932	0,0
0,1	0,512	0,00350	0,451	0,00457	0,404	0,00574	0,368	0,00701	0,338	0,00837	0,314	0,00978	0,1
0,2	0,505	0,00359	0,444	0,00471	0,397	0,00595	0,360	0,00730	0,331	0,00875	0,307	0,01025	0,2
0,3	0,498	0,00369	0,437	0,00486	0,390	0,00616	0,353	0,00760	0,323	0,00917	0,299	0,01081	0,3
0,4	0,492	0,00379	0,430	0,00502	0,382	0,00641	0,345	0,00794	0,315	0,00963	0,291	0,01142	0,4
0,5	0,485	0,00390	0,423	0,00519	0,375	0,00666	0,338	0,00831	0,307	0,01013	0,282	0,01210	0,5
0,6	0,478	0,00402	0,415	0,00538	0,367	0,00694	0,330	0,00871	0,299	0,01070	0,274	0,01286	0,6
0,7	0,471	0,00414	0,408	0,00558	0,359	0,00725	0,322	0,00915	0,291	0,01132	0,265	0,01373	0,7
0,8	0,464	0,00427	0,400	0,00579	0,351	0,00757	0,313	0,00965	0,282	0,01202	0,256	0,01472	0,8
0,9	0,456	0,00441	0,393	0,00601	0,343	0,00794	0,305	0,01019	0,273	0,01284	0,247	0,01587	0,9
1,0	0,449	0,00455	0,385	0,00626	0,335	0,00833	0,296	0,01080	0,263	0,01375	0,237	0,01720	1,0
1,1	0,441	0,00471	0,377	0,00653	0,327	0,00877	0,287	0,01149	0,254	0,01480	0,227	0,01880	1,1
1,2	0,434	0,00488	0,369	0,00683	0,318	0,00926	0,278	0,01227	0,244	0,01605	0,216	0,02070	1,2
1,3	0,426	0,00506	0,360	0,00715	0,309	0,00980	0,268	0,01317	0,234	0,01750	0,205	0,02310	1,3
1,4	0,418	0,00525	0,352	0,00750	0,300	0,01040	0,258	0,01421	0,223	0,01925	0,193	0,02600	1,4
1,5	0,410	0,00546	0,343	0,00789	0,290	0,01110	0,248	0,01543	0,211	0,02140	0,180	0,02985	1,5
1,6	0,402	0,00569	0,334	0,00832	0,280	0,01190	0,237	0,01688	0,199	0,02410	0,166	0,03500	1,6
1,7	0,393	0,00594	0,325	0,00880	0,270	0,01280	0,225	0,01863	0,186	0,02750	0,151	0,04225	1,7
1,8	0,385	0,00621	0,315	0,00934	0,260	0,01390	0,213	0,02075	0,173	0,03210	0,135	0,05330	1,8
1,9	0,375	0,00650	0,305	0,00995	0,249	0,01510	0,201	0,02350	0,157	0,03850	0,116	0,07220	1,9
2,0	0,366	0,00683	0,295	0,01064	0,237	0,01660	0,187	0,02700	0,141	0,04810	0 093	0,11190	2,0

Tabelle D

$\sigma_e = 1200$ kg/cm²

σ_b	$\delta = \frac{d}{h'}$	u	v	w
24	0,10	0,747	0,00157	0,00118
	15	687	203	135
	20	630	228	143
	231	626	232	145
36	0,10	0,589	0,00252	0,00149
	15	511	342	174
	20	473	408	194
	25	454	450	204
	30	447	467	208
	31	447	467	208
48	0,10	0,502	0,00347	0,00175
	15	432	480	207
	20	394	587	231
	25	373	667	249
	30	362	720	261
	35	357	747	267
	375	356	750	267

Tabelle der Rundeisen für Eisenbeton

Durchmesser cm	Gewicht kg/m	Umfang cm	Anzahl der Rundeisen										15 F
			1	2	3	4	5	6	7	8	9	10	
			Querschnitt cm²										
0,5	0,15	1,57	0,20	0,39	0,59	0,78	0,98	1,18	1,37	1,57	1,76	1,96	2,95
0,6	0,22	1,89	0,28	0,57	0,85	1,13	1,41	1,70	1,98	2,26	2,55	2,83	4,25
0,7	0,30	2,20	0,38	0,77	1,16	1,54	1,93	2,31	2,70	3,08	3,47	3,85	5,70
0,8	0,40	2,51	0,50	1,01	1,51	2,01	2,52	3,02	3,52	4,02	4,53	5,04	7,50
0,9	0,50	2,83	0,64	1,27	1,91	2,54	3,18	3,82	4,45	5,09	5,72	6,36	9,54
1,0	0,62	3,14	0,79	1,57	2,36	3,14	3,93	4,71	5,50	6,28	7,06	7,85	11,85
1,1	0,75	3,46	0,95	1,90	2,85	3,80	4,75	5,70	6,65	7,60	8,55	9,50	14,25
1,2	0,89	3,77	1,13	2,26	3,39	4,52	5,65	6,78	7,91	9,04	10,17	11,30	17,00
1,3	1,04	4,08	1,33	2,66	3,99	5,32	6,65	7,98	9,31	10,64	11,97	13,30	19,95
1,4	1,21	4,40	1,54	3,08	4,62	6,16	7,70	9,42	10,78	12,32	13,86	15,40	23,10
1,5	1,39	4,71	1,77	3,54	5,31	7,08	8,85	10,62	12,39	14,14	15,93	17,70	27,50
1,6	1,58	5,03	2,01	4,02	6,03	8,04	10,05	12,06	14,07	16,08	18,09	20,10	30,16
1,7	1,78	5,34	2,27	4,54	6,81	9,08	11,35	13,62	15,89	18,16	20,43	22,70	34,05
1,8	2,00	5,65	2,54	5,08	7,62	10,16	12,70	15,24	17,78	20,32	22,86	25,40	38,10
1,9	2,23	5,97	2,84	5,68	8,52	11,36	14,20	17,05	19,88	22,72	25,56	28,40	42,52
2,0	2,47	6,28	3,14	6,28	9,42	12,57	15,70	18,84	21,98	25,12	28,26	31,40	47,10
2,1	2,72	6,60	3,46	6,92	10,38	13,84	17,30	20,76	24,22	27,68	31,14	34,60	51,90
2,2	2,98	6,91	3,80	7,60	11,40	15,20	19,00	22,80	26,60	30,40	34,20	38,00	57,02
2,3	3,26	7,23	4,15	8,30	12,45	16,60	20,75	24,90	29,05	33,20	37,35	41,50	62,25
2,4	3,55	7,54	4,52	9,04	13,56	18,08	22,60	27,12	31,64	36,16	40,68	45,20	67,85
2,5	3,85	7,85	4,91	9,82	14,73	19,64	24,55	29,64	34,37	39,28	44,19	49,10	73,65
2,6	4,19	8,17	5,31	10,62	15,93	21,24	26,55	31,86	37,17	42,48	47,79	53,10	79,65
2,7	4,50	8,48	5,73	11,46	17,19	22,92	28,65	34,38	40,11	45,84	51,57	57,30	85,95
2,8	4,84	8,80	6,16	12,32	18,48	24,63	30,80	36,96	43,12	49,28	55,44	61,60	92,36
2,9	5,19	9,11	6,61	13,22	19,83	26,44	33,05	39,66	46,27	52,88	59,49	66,40	99,15
3,0	5,55	9,42	7,07	14,14	21,21	28,28	35,35	42,42	49,49	56,56	63,63	70,70	106,00
3,1	5,93	9,74	7,55	15,09	22,64	30,19	37,74	45,29	52,83	60,38	67,93	75,48	113,22
3,2	6,31	10,05	8,04	16,08	24,13	32,17	40,21	48,26	56,30	64,34	72,38	80,42	120,63
3,3	6,72	10,37	8,55	17,11	25,66	34,21	42,76	51,32	59,87	68,42	76,97	85,53	128,29
3,4	7,13	10,68	9,08	18,16	27,24	36,32	45,40	54,48	63,56	72,63	81,71	90,79	136,19
3,5	7,56	11,00	9,62	19,24	28,86	38,48	48,11	57,73	67,34	76,97	86,59	96,21	144,39
3,6	8,00	11,31	10,18	20,36	30,54	40,72	50,90	61,07	71,26	81,43	91,61	101,79	152,69
3,7	8,45	11,62	10,75	21,50	32,26	43,01	53,76	64,51	75,27	86,02	96,77	107,52	161,28
3,8	8,89	11,94	11,34	22,68	34,02	45,36	56,70	68,04	79,38	90,73	102,07	113,41	170,11
3,9	9,40	12,25	11.94	23,89	35,84	47,78	59,73	71,68	83,62	95,57	107,51	119,46	179,19
4 0	9,86	12,57	12,56	25.13	37,70	50,26	62,83	75,40	87,96	100,53	113,09	125,66	188,49

Die österreichische Normung

Der Österreichische Normenausschuß für Industrie und Gewerbe (ÖNIG) wurde vom Hauptverband der Industrie Österreichs im September 1920 unter Mitwirkung des Österreichischen Verbandes des Vereines deutscher Ingenieure gegründet. Neben dem Ausschuß für wirtschaftliche Betriebsführung (AWB), und der Gesellschaft für Wärmewirtschaft (GW) bildet er nunmehr einen Teil der Technischen Abteilung des Hauptverbandes der Industrie.

Der ÖNIG ist die Zentralstelle für die Normung in Österreich und bezweckt die Durchführung des Vereinheitlichungsgedankens in der Erzeugung industrieller und gewerblicher Produkte nach folgenden Richtlinien:

1. Anlehnung bzw. Anschluß an bestehende oder im Entstehen begriffene deutsche Industrienormen durch grundsätzliche Anerkennung derselben als Richtlinien für die österreichische Normung unter Vorbehalt jeweils notwendig erscheinender Änderungen.

2. Aufstellung von österreichischen Landes- und Fachnormen unter Berücksichtigung und Nachprüfung bereits vorhandener derartiger Normen, sowie Entgegennahme von weiteren Normungsvorschlägen seitens der interessierten Körperschaften und Personen.

3. Zusammenarbeit mit den Normenausschüssen des übrigen Auslandes und Anschluß an das vorzubereitende internationale Normenwerk.

Die ÖNIG umfaßt Abteilungen für Allgemeine Normen, Bauwesen, Chemische Industrie, Elektrotechnik, Maschinenbau und Verkehrswesen.

Die österreichischen Normen werden in Ausschüssen aufgestellt, in denen grundsätzlich Erzeuger, Verbraucher, Händler, Wissenschaft und die Behörden vertreten sind. Die Aufstellung einer Norm geht in der Weise vor sich, daß auf Grund einer Anregung ein Ausschuß gebildet wird, der im Wege der Gemeinschaftsarbeit einen Entwurf ausarbeitet. Dieser Entwurf wird dann, um auch der breiten Öffentlichkeit Gelegenheit zur Kritik zu geben, in der Zeitschrift „Sparwirtschaft, Zeitschrift für wirtschaftlichen Betrieb“, bzw. der Zeitschrift „Elektrotechnik und Maschinenbau“ und fallweise auch in anderen Fachzeitschriften mit einer entsprechenden Einspruchsfrist veröffentlicht. Falls gegen einen Entwurf Einsprüche erhoben werden, so wird er unter Zuziehung der Einspruchserhebenden im Ausschuß nochmals so lange behandelt, bis eine vollständige Einigung zustande kommt. Abstimmungen werden hiebei grundsätzlich vermieden.

Schließlich wird der Entwurf nach vorhergegangener Prüfung durch die Normprüfstelle, wo er namentlich auf Übereinstimmung mit den anderen Normen, sowie auf formell und systematisch richtigen Aufbau geprüft wird, dem Vollzugsausschuß zur Genehmigung und letzten Überprüfung vorgelegt, worauf die Herausgabe als ÖNORM erfolgt.

Zum Aufgabenkreis der Geschäftstelle des ÖNIG gehört vornehmlich auch die Beratung der Industrie und des Gewerbes bei der praktischen Einführung der Normen. Sie erteilt Auskunft und Beratung in allen Normungsangelegenheiten auch schriftlich.

Zeichenerklärung

Die Kennzeichnung des Entwicklungsstandes durch Ziffern entspricht der internationalen Vereinbarung der Normenausschüsse, und zwar bedeuten:

1 = Normung beschlossen,
2 = Entwurf in Arbeit,
3 = Entwurf zur Kritik veröffentlicht,
4 = Vorstandsvorlage,
5 = Norm beschlossen, demnächst bezugsfertig,
6 = Bezugsfertig,
R = Norm in Revision.

Stand der Normung für Bauwesen, Jänner 1927

Normblatt- oder Prot.-Nr.	Titel	Ent-wicklungs-stand	Ausgabetag
	Allgemeines		
B 1001	Links- und Rechtsbezeichnung für Fenster und Türen, Bänder u. Schlösser, Treppen u. Stufen sowie Herde	6	15. 3. 1922
B 1002	Berechnung gedrückter Tragwerksteile auf Knickung	6	1. 2. 1926
	Bauvorschriften		
222/1	Allgemeine Baubedingnisse, Entwurf 2	2	—
	Besondere Baubedingnisse	1	—
309/1	Belastung des Baugrundes	3	—
B 2102	Mauerwerksbeanspruchungen im Hochbau	6	15. 4. 1927
B 2103	Holzbeanspruchungen im Hochbau	6	1. 5. 1926
340/1	Eisenbeanspruchungen im Hochbau	3	—
B 2101	Belastungen im Hochbau	6	15. 4. 1927
B 2201	Vorschriften über die Standfestigkeit gemauerter hoher Schornsteine	6	1. 10. 1922
378/1	Bestimmungen für Eisenbeton	3	—
354/2	Baukontrolle bei Beton- und Eisenbetonbauten	3	—
360/1	Bedingungen für die Lieferung von Eisenbauwerken	3	—
	Baustoffe		
339/1	Natürliche Gesteine: Bezeichnungen	5	—
339/1	Natürliche Gesteine: Prüfungsmethoden	5	—
	Natürliche Gesteine: Prüfungszeugnisse	3	—
	Natürliche Gesteine: Dachschiefer	2	—
	Natürliche Gesteine: Mörtel- und Betonzuschlagstoffe	2	—
	Natürliche Gesteine: Straßen- und Eisenbahnschotter	2	—
144/1, 145/1	Natürliche Gesteine: Bruchsteine und Pflastersteine	3	—
338/1	Lehm und Ton als Baustoff	5	—
48/3	Mauerziegel, 2. geänderte Ausgabe	5	—
	Feuerfeste Steine, Formate	2	—
	,, ,, Kupolofensteine	2	—
334/1	Radialziegel	5	—
335/1	Pflasterziegel	5	—
336/1	Klinkerziegel	5	—
337/1	Schwimmziegel	5	—
	Dachziegel	2	—
	Ofenkacheln	2	—
	Kachelöfen	1	—
	Drainrohre	2	—
	Einteilung der Bindemittel	2	—
B 3311	Portlandzement	6	30. 4. 1926
	Hochofenzement	1	—
B 3321	Gips	6	30. 4. 1926
357/1	Luftkalk	3	—
B 3411	Korksteine	6	15. 11. 1925
341/1	Gips- und Zementschlackenplatten, Gipsdielen	3	—
B 3421	Asbestzementschiefer (Kunstschiefer)	6	15. 11. 1925
B 3431	Kalksandziegel	6	30. 11. 1924
289/2	Glas für Bauzwecke	3	—
B 3621	Schlacke	6	15. 11. 1925
B 3432	Schlackenziegel und Schlackensteine	6	15. 11. 1925
B 3641	Stukkaturrohr	6	15. 11. 1925
B 3642	Stukkaturrohrgewebe	6	15. 11. 1925
B 3651	Linoleum	6	15. 11. 1925

Normblatt- oder Prot.-Nr.	Titel	Entwicklungsstand	Ausgabetag
	Türen und Fenster		
B 5201	Einläufige Holztreppen für Kleinwohnungen	R	15. 3. 1922
B 5202	„ „ „ „	R	15. 3. 1922
B 5203	„ „ „ „	R	15. 3. 1922
B 5204	„ „ „ „ , Einzelheiten für gerade Treppen	R	15. 3. 1922
B 5301	Fenster für Kleinwohnungen. Einfaches Fenster, nach innen aufgehend, 2, 3 und 4 Scheiben hoch	R	15. 3. 1922
B 5302	Fenster für Kleinwohnungen. Einflügeliges Fenster und Doppelfenster, nach innen aufgehend, 1 und 2 Scheiben hoch	R	15. 3. 1922
B 5303	Fenster für Kleinwohnungen. Einfaches und Doppelfenster mit Kämpfer, nach innen aufgehend, 4 Scheiben hoch	R	15. 3. 1922
B 5304	Fenster für Kleinwohnungen. Doppelfenster, nach innen aufgehend, 2, 3 und 4 Scheiben hoch....	R	15. 3. 1922
B 5305	Fenster für Kleinwohnungen. Einzelheiten der einfachen Fenster, nach innen aufgehend	R	15. 3. 1922
B 5306	Fenster für Kleinwohnungen. Einzelheiten der Doppelfenster, nach innen aufgehend	R	15. 3. 1922
B 5307	Türen für Kleinwohnungen	R	15. 3. 1922
	Brückenbau		
126/1	Straßenbrückenabmessungen	5	—
127/1	Straßenbrückenbelastungen	5	—
128/1	Straßenbrückenberechnungsgrundlagen	5	—
141/1	Straßenbrücken, zulässige Eisenbeanspruchungen ..	5	—
142/1	„ „ Holzbeanspruchungen...	5	—
	„ „ Mauerwerksbeanspruchungen	5	—
	Kanalisation		
143/1	Gußeiserne Abflußrohre	5	—
201/1	„ „ Bogen	5	—
202/1	„ „ S-Stück.................	5	—
203/1	„ „ Übergang und Übergangsbogen	5	—
204/1	„ „ Einfach- und Doppelabzweige	5	—
205/1	„ „ T-Stück	5	—
206/1	„ „ Eck- und Doppelabzweige	5	—
207/1	„ „ Doppel- und Übermuffen	5	—
208/1	„ „ Aufstandsbogen, Aufstandbogen mit Übergang ..	5	—
347/1	„ „ Putzrohre	3	—
247/1	Steinzeugabflußrohre	5	—
248/1	„ Bogen......................	5	—
249/1	„ Abzweige	5	—
250/1	„ Eckdoppelabzweige	5	—
251/1	„ Übergangsrohre, Sprungrohre und Doppelmuffen	5	—
	„ Putzrohre	2	—
376/1	Steinzeugsohlenschalen und Wandplatten für Verkleidung von schliefbaren Betonkanälen	3	—

Belastung des Baugrundes

Nach ÖNORM-Entwurf 1

I. Ermittlungsverfahren. Die zulässige Bodenbeanspruchung ist in allen Fällen, wo nicht mit Sicherheit anwendbare Versuchsergebnisse oder Erfahrungen vorliegen, mit dem normgemäßen Bodenprüfer (Abb.) zu ermitteln.

II. Kegeldruckversuch. Die im Querschnitt ungefähr 50 cm² messende zylindrische Nadel des Bodenprüfers ist mit ihrer 20 cm langen, glatten, stählernen Kegelspitze auf Spitzenlänge senkrecht einzutreiben und sodann durch ruhigen Druck allmählich bis zum Doppelten der beabsichtigten spezifischen Pressung — bezogen auf den Querschnitt der Nadel — zu belasten.

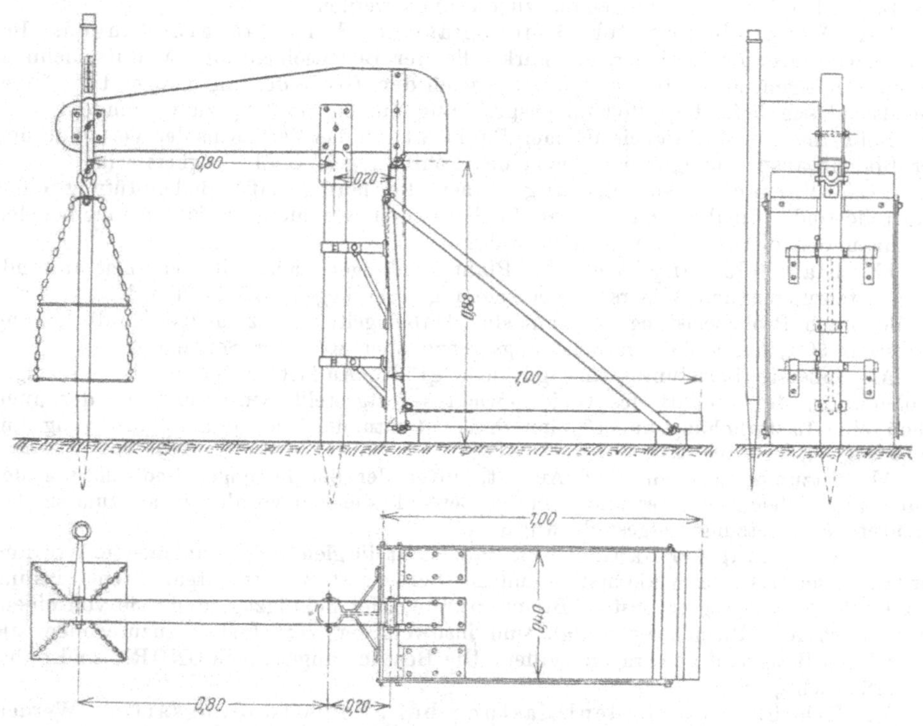

Bodenprüfer

III. Belastungsweise. Bei den Versuchen sind gleiche Laststufen in gleichen Zeitabschnitten aufzubringen. Bei lehm- oder tonreichen Böden höheren Plastizitätsgrades ist das Wagschalengewicht nach je fünf Minuten um je 0,5 kg, bei geringerem Plastizitätsgrad um je 1 kg zu erhöhen. Nach erreichter Gesamtlast ist die Prüfstelle noch während zwölf Stunden mit Wasser überflutet zu erhalten. Ist dann die Nadel nicht mehr als im Punkt IV angegeben in den Boden eingedrungen, so gilt der halbe Druck als zulässiger Bodendruck.

IV. Eindringungsgrenzen. Die Gesamteindringung soll bei Bauwerken mit zulässigen Setzungen bis höchstens 30 mm nicht mehr als 6 mm, bei Bauwerken mit höchstens 10 mm zulässiger Setzung, wie hohen Schornsteinen, Brückengewölben, dichten Behältern, gegen Stützensetzung empfindlichen Tragwerken u. dgl., nicht mehr als 4 mm betragen. Diese Maße sind als Mittel aus mindestens drei einwandfreien Versuchen zu bestimmen.

V. Verfahren bei niedriger Fließgrenze. Wird bei der allmählichen Drucksteigerung schon innerhalb der Eindringungstiefe von 6 mm die Fließgrenze des Baubodens überschritten, so gilt die Hälfte jenes größten Bodendruckes als zulässig, unter dem die allmählich zu entlastende Nadel bei überfluteter Prüfstelle durch zwölf Stunden nicht mehr einsinkt.

VI. Feststellung der Mächtigkeit. Durch Probegruben oder Bohrlöcher ist festzustellen, ob die Mächtigkeit der zu belastenden Bodenschichte mindestens der 20fachen Quadratwurzel aus der örtlich kleinsten Grundkörperbreite (in Zentimetern) gleichkommt und — insofern die Mächtigkeit diese Grenze nicht überschreitet — welche Beschaffenheit das Liegende dieser Bodenschichte besitzt.

Wenn das Liegende zweifellos tragfähiger ist als das Hangende, kann die Mächtigkeit des Liegenden jener des Hangenden zugerechnet werden.

VII. Verminderung der Bodenbelastung bei Flachgründungen. Bei nicht achsrechter Lastwirkung, bei stark fallender Bodenschichtung, an Rutschlehnen, bei kurzklüftigem Felsgestein u. dgl. ist, je nach dem Grade der ungünstigen Umstände, die als zulässig befundene Bodenbeanspruchung um 25 bis 35% zu vermindern.

Bei geringerer Mächtigkeit als nach Punkt VI soll das Verhältnis der Verminderung der Bodenbeanspruchung gleich jenem des Fehlbetrages an Mächtigkeit sein.

VIII. Versuchsbescheinigung. Über die normgemäße Bodenprüfung einer Baustelle sind Aufnahmeschriften mit fortlaufenden Nummern zu führen und bei den Planurkunden der Bauführung zu verwahren.

IX. Pfahlbelastung. Wenn bei Pfahlgründungen nicht mit Sicherheit anwendbare Erfahrungen und Widerstandsberechnungen vorliegen, ist die Tragfähigkeit der Pfähle durch Probebelastung zu ermitteln. Dabei gelten als zulässige Pfahlbelastung höchstens 50% der äußersten Belastungsgrenze oder 80% der Setzungsgrenze.

Als äußerste Belastungsgrenze gilt jene größte Auflast, unter der bei 14tägiger Beobachtung der Eintritt des Gleichgewichtes festgestellt wurde und bei der auch schon eine Lasterhöhung um 1% innerhalb 24 Stunden die Gesamteindringung um mehr als 1% vergrößert.

Als Setzungsgrenze gilt jene Auflast, unter der bei 14tägiger Beobachtung der Eintritt des Gleichgewichtes und keine größere als die von vornherein als zulässig betrachtete Pfahlsetzung festgestellt wurde.

X. Ermittlung der Baulast. Als Baulast ist die gleichzeitige ungünstige Wirkung der ständigen Last, der Verkehrslast und der Schneelast zu betrachten. Bremswirkung und Fliehkräfte bewegter Lasten, Bremswirkung oder Schrägzug, wenn sie von einem Kran herrühren, Riemenzug u. dgl. sind insoweit der Verkehrslast zuzurechnen, als sie auf den Baugrund übertragen werden. Die Bestimmungen nach ÖNORM sind dabei zu berücksichtigen.

XI. Erhöhung der Bodenbelastung bei allen Gründungsarten. Werden außer den unter X. genannten Lasten die Einwirkung der Windlast und der Bremskräfte von mehr als einem Krane, der Einfluß von Wärmeschwankungen oder auch der des Quellens und Schwindens von Tragwerken aus Holz oder Beton, soweit sie auf den Baugrund übertragen werden, gleichzeitig berücksichtigt, so dürfen die zulässigen Beanspruchungen des Baugrundes um 10% erhöht werden.

Beanspruchung des Mauerwerks im Hochbau

ÖNORM B 2102

A. Werksteinmauern aus natürlichen Gesteinen

Sicherheit für Werksteine:

a) 10fache bei Verwendung als Auflagersteine,

b) 15fache in Pfeilern, deren geringste Stärke größer ist als $^1/_{10}$ der Höhe, und in Gewölben,

c) 25fache in Pfeilern und Säulen, deren geringste Stärke kleiner ist als $^1/_{10}$ der Höhe (schlanke Pfeiler und Säulen).

Druckfestigkeit nach ÖNORM natürliche Gesteine.

Zulässige Druckbeanspruchung in kg/cm².

Baustoff	Verwendung a) Als Auflagersteine	b) In Pfeilern und Gewölben	c) In schlanken Pfeilern u. Säulen
I Sandsteine	20	15	10
II Ablagerungsgesteine (ausgenommen Sandstein), z. B. Kalkstein, Marmor, Grauwacke, Dolomit	30	20	15
III Gesteine vulkanischen Ursprunges, z. B. Basalt, Granit, Porphyr, Melaphyr, Diorit, Syenit, Diabas, Basaltlava	65	45	30

Die angegebenen Werte gelten nur bei Belastung annähernd rechtwinklig zur Lagerfläche, bei der Verwendung von Portlandzement nach ÖNORM oder einem gleichwertigen Mörtel und dürfen nicht überschritten werden, wenn kein Festigkeitsnachweis erbracht wird.

B. Anderes Mauerwerk aus natürlichen Gesteinen

Zulässige Druckbeanspruchung in kg/cm².

Gewöhnliches Bruchsteinmauerwerk und gemischtes Mauerwerk in Kalkmörtel	6
Lagerhaftes Bruchsteinmauerwerk und gemischtes Mauerwerk in verlängertem Zementmörtel (Kalkzementmörtel: 1 Raumteil Zement, 2 Kalk, 8 Sand)	9
Bruchsteinmauerwerk aus zugerichteten Steinen in verlängertem Zementmörtel (Kalkzementmörtel 1: 2: 8). Zulässige Beanspruchung der Steine als Auflagersteine mindestens 20 kg/cm²	12
Schichtenmauerwerk in verlängertem Zementmörtel (Kalkzementmörtel 1:2 : 8). Zulässige Beanspruchung der Steine als Auflagersteine mindestens 30 kg/cm²	18

Die angegebenen Werte gelten für Mauern von mindestens 40 cm Stärke und Pfeiler, deren geringste Stärke mindestens $^1/_6$ der Höhe ist.

C. Mauerwerk aus künstlichen Steinen

Zulässige Druckbeanspruchung in kg/cm².

Art des Mauerwerks	Kalkmörtel	Kalkzementmörtel	Zementmörtel
I Schwachbrandziegel, ÖNORM B 3201	bis 3	—	—
II Gewöhnliche Mauerziegel, ÖNORM B 3201. oder Kalksandsteinziegel, ÖNORM B 3431	bis 7	10	12
III Hartbrandziegel, ÖNORM B 3201	—	15	18
IV Klinkerziegel, ÖNORM	—	—	30

In Zementmörtel gemauerte, ½ Stein starke Wände dürfen durch zwei Geschosse mit Zwischendecken belastet werden, wenn die Geschoßhöhe, von Fußboden zu Fußboden gemessen, nicht mehr als 3,3 m beträgt und die Länge zwischen den versteiften Querwänden sowie die Spannweite der aufliegenden Decken 5 m nicht überschreiten.

In Scheidewänden und Mauerpfeilern von einem Stein Stärke kann bei Verwendung von Hartbrandziegeln und Klinkerziegeln in Zementmörtel bis 15 kg/cm² Druckspannung unter der Voraussetzung zugelassen werden, daß die betreffenden Wandteile genügend, z. B. durch eine Querwand, versteift sind. Andernfalls ist die Beanspruchung nach dem Verhältnis der kleinsten Stärke zur Höhe nach folgender Zahlentafel festzusetzen. Zulässige Druckbeanspruchung freistehender Mauerpfeiler in kg/cm² sowie zulässige Randspannung bei ausmittiger Kraftwirkung.

Art des Mauerwerks		Verhältnis der kleinsten Stärke zur Höhe $^1/_4$ bis $^1/_6$	$^1/_6$ bis $^1/_8$	$^1/_8$ bis $^1/_{12}$
Gewöhnliche Mauerziegel ÖNORM B 3201 oder Kalksandziegel ÖNORM	Kalkmörtel	5	3	—
	Kalkzementmörtel 1:2:8	8	6	5
	Zementmörtel	10	8	6
Hartbrandziegel ÖNORM B 3201	Kalkzementmörtel 1:2:8	12	10	8
	Zementmörtel	15	12	10
Klinkerziegel ÖNORM	Zementmörtel	25	20	15

Der Kantendruck ausmittig beanspruchten Mauerwerks gegen einen vortretenden Bauteil, z. B. eine verbreiterte Unterlage oder einen eingespannten Balken, darf bis zum Eineinhalbfachen der angegebenen Werte steigen, wenn gleichzeitig die Schwerpunktpressung in der gedrückten Fläche den zulässigen Wert nicht überschreitet.

Ausdrückliche Voraussetzungen für A, B, C:

a) Für die Querschnittbemessung maßgebend ist stets derjenige Belastungsfall, der den größten Querschnitt erfordert.

b) Die kunstgerechte und sorgfältige Ausführung des Mauerwerks sowie ausreichende Erhärtung der Mörtelfugen muß gewährleistet sein.

c) Der verwendete Zement muß dem Portlandzement nach ÖNORM oder einem gleichwertigen Zement entsprechen.

d) Die geeignete Zusammensetzung der Mörtelmasse nach ÖNORM muß gewährleistet sein.

e) Als Baustoff sind den ÖNORMEN entsprechende Mauersteine oder gleichwertige künstliche Steine zu verwenden.

D. Besondere Vorschriften

1. Die unter A und B angegebenen Beanspruchungen gelten bei gleichzeitiger ungünstiger Wirkung der ständigen Last, der Verkehrslast und der Schneelast. Bremswirkung oder Schrägzug, soweit sie von einem Kran herrühren, Riemenzug und dgl., die auf das Mauerwerk übertragen werden, sind der Verkehrslast zuzurechnen.

2. Werden außer den vorgenannten Lasten der Einwirkung der Windlast und der Bremskräfte von mehr als einem Kran, der Einfluß von Wärmeschwankungen oder auch der des Quellens und Schwindens von Tragwerken aus Holz oder Beton, soweit sie auf das Mauerwerk übertragen werden, gleichzeitig berücksichtigt, so dürfen die zulässigen Werte um $^1/_{10}$ erhöht werden.

Beanspruchung des Holzes im Hochbau

ÖNORM B 2103

A. Allgemeine Vorschriften

1. Zulässige Beanspruchung in kg/cm².

Art	Eiche, Buche	Lärche	Kiefer, Fichte, Tanne	Anmerkung
a) Mittiger Druck in der Faserrichtung	90	80	60	—
b) Örtlicher Druck rechtwinklig zur Faserrichtung auf ganzer Breite (Schwellendruck)	40	30	20	Überstand der Schwellenenden in deren Längsrichtung mindestens gleich dem 1½fachen der Schwellenhöhe

Art	Eiche, Buche	Lärche	Kiefer, Fichte, Tanne	Anmerkung
c) Örtlicher Druck rechtwinklig zur Faserrichtung auf einem Bruchteil der Breite (Stempeldruck)	60	40	25	Stempelfläche höchstens halb so groß wie das Quadrat aus der Schwellenhöhe. Überstand der Schwelle über dem Stempel in der Breitenrichtung mindestens 2 cm, wenn die gedrückte Fläche geradlinig begrenzt ist. Überstand der Schwelle über dem Stempel in der Längsrichtung mindestens gleich dem $1\frac{1}{2}$fachen der Schwellenhöhe
d) Zug in der Faserrichtung, Biegung und ausmittiger Druck in der Faserrichtung	100	100	90	Im Schwerpunkt des Querschnittes darf die nach a) zulässige Beanspruchung nicht überschritten werden
e) Abscherung in der Faserrichtung	15	15	12	—
f) Dehnmaß bei Längsbeanspruchung und Biegung	110,000	110,000	110,000	—

2. Maßgebend für die Querschnittsbestimmung ist jener Belastungsfall, der den größten Querschnitt ergibt.

3. Die in diesem Abschnitt und im Abschnitt B, 1 und 2, angeführten zulässigen Beanspruchungen gelten bei ungünstigster Wirkung der ständigen Last, der Verkehrslast und der Schneelast (nach ÖNORM B 2101). Bremswirkung oder Schrägzug, soweit sie von einem Kran herrühren, Riemenzug u. dgl. sind der Verkehrslast zuzurechnen.

4. Die unter 1. angeführten zulässigen Beanspruchungen beziehen sich auf den ganzen Querschnitt, das heißt Kern- und Splintholz zusammen. Sie setzen fehlerfreies, lufttrockenes, geradwüchsiges Holz ohne jede Astbildung im gefährlichen Querschnitt oder in dessen Nähe voraus. Als lufttrockenes Holz gilt im allgemeinen solches mit nicht mehr als 15% Wassergehalt, bezogen auf das Darrgewicht.

5. Für Knickung gilt ÖNORM B 1002.

6. Bei Trägern, die aus zwei oder mehreren Balken zusammengesetzt sind (verdübelte oder verzahnte Träger), ist das Trägheitsmoment des ganzen Querschnittes, und zwar:

bei 2 verzahnten oder längsverdübelten Balken bloß mit 80%
„ 3 „ „ „ „ „ „ 60%
„ 2 querverdübelten Balken bloß mit 70%
„ 3 „ „ „ „ 50%

in Rechnung zu stellen (Querdübel aus hartem Holz vorausgesetzt).

7. Die rechnerisch ermittelte Durchbiegung von Deckenbalken bei mehr als 7 m Stützweite darf $^{1}/_{500}$ der Stützweite nicht überschreiten. Bei Durchlaufbalken auf drei oder mehr Stützen darf sich eine Durchbiegung von höchstens $^{1}/_{230}$ der Stützweite ergeben, wenn der betreffende Balken bei der Berechnung als auf den Stützen unterbrochen angesehen wird. Beim Bau von Kleinwohnungen darf die rechnerisch ermittelte Durchbiegung von Deckenbalken, die auf zwei Stützen ruhen, $^{1}/_{400}$ der Stützweite nicht überschreiten.

B. Besondere Vorschriften

für erhöhte oder ermäßigte zulässige Beanspruchungen.

1. Die Beanspruchungen im Abschnitt A, 1, a und d sind bei nicht lufttrockenem oder dauernd durchnäßtem Holz um $^1/_4$ zu ermäßigen.

2. Bei Bauhilfsgerüsten und sonstigen Bauten für vorübergehende Zwecke dürfen die nach Abschnitt A, 1, und B, 1, zulässigen Beanspruchungen um $^1/_4$ erhöht werden. Dächer und Hallenbinder von mehr als 10 m Spannweite sind hievon ausgenommen, selbst wenn sie vorübergehenden Zwecken dienen.

3. Wenn außer den unter Abschnitt A, 3, genannten Lasten die Einwirkung der Windlast und der Bremskräfte von mehr als einem Kran, bei Tragwerken über 20 m Stützweite auch der Einfluß des Quellens und Schwindens gleichzeitig berücksichtigt werden, dürfen die zulässigen Beanspruchungen um $^1/_6$ erhöht werden.

Das Maß des Quellens und Schwindens von lufttrockenem Nadelholz in der Längsrichtung ist mit 0,0003 der Länge in Rechnung zu stellen.

4. Bei Dach- und Hallenbauten ist die Erhöhung der unter Abschnitt A, 1, B, 1 und 2, angeführten zulässigen Beanspruchungen um $^1/_6$ zulässig, wenn für sorgfältige Auswahl des Holzes und für eine den strengsten Anforderungen genügende Durchbildung, Berechnung und Ausführung des Bauwerkes volle Sicherheit gewährleistet ist.

Falls auch die unter Abschnitt B, 3, genannten, also sämtliche möglichen Einwirkungen berücksichtigt werden, so dürfen die Beanspruchungen unter A, 1, und B, 1, um $^1/_3$ gesteigert werden.

Zulässige Eisenbeanspruchungen bei Hochbauten

ÖNORM-Entwurf

1. Die folgenden Beanspruchungen gelten nur in der Voraussetzung, daß die Baustoffe die im Absatz 3 festgesetzte Beschaffenheit aufweisen und die Eisenbauwerke nach den „Bestimmungen über die Ausführung von Eisenbauwerken“ (ÖNORM B 6206) hergestellt werden.

2. Zulässige Beanspruchungen in kg/cm²

Baustoffe	Punkt	Verwendungsform	Art der Beanspruchung	Beanspruchung kg/cm²	Anmerkungen
Stahl (Flußstahl)	a	Walzprofile, gegliederte Bauteile, Stützen, Träger u. dgl.	Zug, Druck oder Biegung	1200	Die Knickung ist nach ÖNORM B 6203 zu berücksichtigen
	b		Abscherung	900	
	c	Nieten und gedrehte Schraubenbolzen	Abscherung	900	Für Nieten und gedrehte Schraubenbolzen ist der Bohrungsdurchmesser, für rohe Schrauben der Schaftdurchmesser in Rechnung zu setzen
	d		Leibungsdruck	1800	
	e	Gewöhnliche Schraubenbolzen (rohe Schrauben)	Abscherung	750	
	f		Leibungsdruck	1500	
	g	Ankerschrauben	Zug	800	Im Kern
	h	Altes, wieder zu verwendendes Eisen	—	—	Die Beanspruchung ist je nach der Beschaffenheit des Eisens herabzusetzen
Gußeisen	i	Säulen oder Streben	Zug bei Biegung	300	Bei Lagerteilen, wie Rollen, Kipp- oder Wälzzapfen u. dgl., kann für Druck bei gehinderter Querdehnung die zulässige Beanspruchung mit dem 3,5fachen Werte der in der Tabelle enthaltenen Werte für Druck genommen werden
	k		Druck	600	
	l	Lagerkörper und Platten	Zug bei Biegung	350	
	m		Druck	1000	
Stahlguß	n	Lagerkörper und Platten	Zug, Druck oder Biegung	1200	

3. Erforderliche Eigenschaften der Baustoffe:

a) Stahl (Flußstahl): Handelsgüte nach ÖNORM, das heißt Zugfestigkeit unter 50 kg/mm²; weder kalt- noch rotbrüchig.

b) Gußeisen: nach ÖNORM, Zugfestigkeit mindestens 12 kg/mm²; Druckfestigkeit mindestens 50 kg/mm².

c) Stahlguß: nach ÖNORM, Zugfestigkeit mindestens 57 kg/mm².

Werkstoffprüfung nach ÖNORM.

4. Bei Verwendung von Baustoffen anderer als der unter 3. vorausgesetzten Beschaffenheit sind die zulässigen Beanspruchungen angemessen zu ändern.

5. Die vorstehenden Beanspruchungen gelten in der Voraussetzung, daß der Baustoff ausreichend gegen Verrosten geschützt wird.

6. Führen Festigkeitsberechnungen bei Eisenhochbauten zu sehr kleinen Blech- oder Profilstärken, so sind bei Haupttragteilen aus praktischen Gründen nur Querschnitte zu verwenden, deren kleinste Abmessung 4 mm nicht unterschreitet.

7. Die unter 2. angeführten zulässigen Beanspruchungen gelten bei gleichzeitiger ungünstiger Wirkung der ständigen Last, der Verkehrslast (einschließlich Bremswirkung und Schrägzug vorhandener Krane, Riemenzug u. dgl.), der Schnee- und Windlast.

8. Maßgebend für die Querschnittsbestimmung ist stets derjenige Belastungsfall durch einzelne oder mehrere der unter 7. angeführten Belastungen, der den größten Querschnitt ergibt.

Zulässige Erhöhungen der Beanspruchungen

9. Bei Hallenbauten dürfen Stützen, Fachwerkwände und Träger zur Unterstützung von Fachwerkwänden sowie Bogenbinder, die gleichzeitig als Wandträger dienen, ferner Windverbände in jenen Teilen, in denen die ungünstigste Wirkung des Winddruckes auftritt, auf Zug, Druck oder Biegung mit 1400 kg/cm² beansprucht werden. Ohne Berücksichtigung des Winddruckes darf die Beanspruchung jedoch 1200 kg/cm² nicht überschreiten.

10. Bei Verwendung von Stahl (Flußstahl) von Übernahmsgüte (ÖNORM Prot.-Nr. 270/1), das ist mit einer Zugfestigkeit von 40 ± 5 kg/mm² und einer Mindestdehnung von 30% bei der Meßlänge λ 5 und 25% bei der Meßlänge λ 10, dürfen die im Absatz 2, Punkt a) bis g), festgesetzten zulässigen Beanspruchungen um $^1/_6$ erhöht werden.

11. Ist für eine den strengsten Anforderungen genügende Berechnung, Durchbildung und Ausführung nach den Bestimmungen für die Ausführung von Eisenbauwerken (ÖNORM B 6206) sowie Verwendung von Stahl nach Absatz 10 volle Sicherheit gewährleistet und wird die Bauausführung durch einen zuverlässigen Fachmann überwacht, so ist bei Verwendung von Stahl (Flußstahl) von Übernahmsgüte (Absatz 10) bei Dächern, Hallenbauten und hallenartigen Gebäuden für die unter 7. genannten Lasten die Erhöhung der unter 2. festgesetzten Beanspruchungen um $^1/_3$ zulässig.

Durchbiegung

Die Einhaltung eines bestimmten Höchstmaßes für die Durchbiegung von Trägern ist nicht allgemein vorgeschrieben, wird aber in besonders gearteten Fällen zu verlangen sein, so insbesondere bei stark beanspruchten Transmissionsträgern sowie bei über 7 m langen Trägern und Unterzügen, die ein Gebäude aussteifen und an Stelle der sonst vorhandenen Quer- und Längswände treten. In solchen Fällen soll die Durchbiegung $^1/_{500}$ der Stützweite nicht überschreiten.

Anmerkung

Für Schweißeisen sind die zulässigen Beanspruchungen um $^1/_6$ niedriger als die in 2. für Stahl (Flußstahl) festgesetzten Werte zu nehmen.

Belastungen im Hochbau

ÖNORM B 2101

A. Eigengewichte

Wenn nicht besondere Nachweise geführt werden, sind folgende Eigengewichte in t/m³ für 1 bis 10, in kg/m² für 11 und 12 anzunehmen:

1. Metalle:

Blei	11,4	Stahl	7,85
Kupfer	9,0	Gußeisen	7,3
Bronze, Messing	8,6	Zink, gewalzt	7,2
Stahlguß	7,85		

2. Werkstücke und Mauerwerk aus natürlichen Steinen:

Granit, Diorit, Basalt, Porphyr	2,5 bis 3,3 .... i. M.	2,8
Kalkstein, Sandstein, Marmor	1,5 „ 2,8 .... i. M.	2,5
Tuffstein, Kalktuff	1,3 „ 2,0 .... i. M.	1,8

3. Mauerwerk aus künstlichen Steinen, trocken:

Klinkerziegel	1,9	Zementschlackenplatten	1,2
Gewöhnliche Mauerziegel	1,6	Gipsschlackenplatten	0,9
Kalksandziegel	1,8	Gipsdielen, je nach Füllstoff, 0,6 bis	0,9
Lochziegel	1,3	Korksteine	0,6

4. Mörtel:

Zementdrahtputz	2,4	Kalkmörtel	1,7
Zementmörtel	2,1	Rabitz und Drahtputz	1,3
Kalkzementmörtel	1,9	Gipsmörtel	1,0

5. Beton:

Kiessand und Schotter		2,2
Desgleichen mit Eiseneinlagen (Eisenbeton)		2,4
Schmelzschlacke	1,8 bis 2,4 .... i. M.	2,0
Ziegelbrocken		1,8
Bimskies mit Sand		1,6
Rostschlacke und Sand	1,2 bis 1,9 .... i. M.	1,5
Rostschlacke		1,2
Asche	0,8 bis 1,4 .... i. M.	1,1

6. Bauhölzer, lufttrocken:

Buche, Eiche, Gelb- und Pechkiefer	0,9	Fichte und Tanne	0,6
Lärche, Kiefer (Föhre)	0,7		

7. Glas:

Gewöhnliches Glas und volle Glasziegel	2,6	Drahtglas	2,7

8. Füllstoffe:

Erde und Lehm, naß	1,7 bis 2,5 .... i. M.	2,0
Sand, Kies, Schotter, naß	1,5 „ 2,3 .... i. M.	1,8
Erde, Sand, Kies, Schotter, Lehm, trocken	1,4 „ 1,8 .... i. M.	1,6
Mauerschutt		1,4
Schmelzschlacke	1,2 bis 1,6 .... i. M.	1,4
Schmelzschlackensand	0,5 „ 1,4 .... i. M.	1,0
Rostschlacke	0,7 „ 1,1 .... i. M.	1,0
Steinkohlenasche, Kohlenlösche	0,6 „ 0,9 .... i. M.	0,7

9. Lagerstoffe:

Zement in Schüttung	1,4	Braunkohle	0,75
Papier	1,1	Gaskoks	0,45

Preßkohle	1,0	Holz in Scheiten	0,4
Steinkohle	0,9	Hausmüll	0,7

10. Pflaster, Estriche und Belage:

Steinpflaster aus Granit, Basalt	2,7	Stampfasphalt, Terrazzo, Tonfliesen	2,0
Steinpflaster aus Kalkstein, Sandstein	2,5	Steinholz, Xylolith	1,8
Klinkerplatten	2,2	Gußasphalt, Linoleum	1,3
Gußasphalt mit Rieselschotter, Teermakadam	2,1	Holzstöckel	1,1
		Korksteine	0,36

11. Decken in kg/m²:

Gewöhnliche Tramdecke mit 8 cm Beschüttung, Blind- und Brettelboden, Stukkaturschalung und Stukkaturung	230
Gewöhnlicher Dippelboden, sonst wie vor	330
Derselbe, jedoch mit 4-cm-Ziegelpflaster	350
Einschubtramboden zwischen Trägern mit 8 cm Beschüttung, Blind- und Brettelboden, Stukkaturschalung und Stukkaturung samt eisernen Trägern	250
Für je 1 cm höhere Beschüttung mehr um	14
15 cm starke Gewölbe aus Mauerziegeln samt Trägern mit 8 cm Beschüttung am Gewölbescheitel, Verputz und Fußboden, bei einer Verlagsweite der Träger bis 1,40 m	480
Dasselbe, bei einer Verlagsweite der Träger von 1,50 bis 3,0 m	550

12. Dacheindeckungen in kg/m² schiefe Dachfläche einschließlich Schalung oder Lattung und Sparren, jedoch ohne Tragwerk:

Einfaches Ziegeldach (Biberschwänze)	100
Doppeltes Ziegeldach	125
Falzziegeldach	65
Einfaches Schieferdach, diagonale Eindeckung	70
Doppeltes Schieferdach, parallel zum First eingedeckt	80
Preßkiesdach mit zwei Pappelagen und zwei Teeranstrichen, mit eingewalztem Dachriesel	52
Dasselbe mit drei Teeranstrichen	55
Kunstschieferdach (Eternit) mit Dachpappeunterlage	41
Einfaches Teerpappedach	35
Doppelpappedach, zwei Pappelagen und zwei Teeranstriche	40
Holzzementdach, eine Lage starke Pappe, drei Lagen Papier in Holzzementmasse, 5 cm lehmiger Sand und 5 cm Kies	240
Zinkblechdach auf Schalung (Zinkblech Nr. 13)	48
Eisenblechdach	38
Wellblechdach aus verzinktem Eisenblech auf Winkeleisen	25
Glasdach auf Sprosseneisen, einschließlich dieser, bei 6 mm starkem Rohglas	30
Dasselbe bei 6 mm starkem Drahtglas	35
Für jedes Millimeter Mehrstärke des Glases mehr um	3

Das Gewicht der Dachbinder für 1 m² Grundrißfläche kann je nach dem Gewicht der Deckung und bei Stützweiten bis 16 m angenommen werden für:

eiserne Tragwerke	10—20
hölzerne Tragwerke	20—30

B. Verkehrslasten

I. Allgemeine Vorschriften

a) Sofern sich aus der Benutzung der Räume in besonderen Fällen nicht größere Lastwirkungen ergeben, sind folgende ruhige Verkehrslasten in kg/m² für 1 bis 11, in kg/m für 12 und 13, in kg/m³ für 14 anzunehmen:

1. Leichte Scheidewände (geputzte Holzwände, Gipsdielen, Schlackenwände, Drahtputzwände u. dgl. bis 7 cm Dicke einschließlich des beiderseitigen Putzes) als gleichverteilter Zuschlag zur Verkehrslast, sofern er bei dieser nicht schon berücksichtigt ist (Punkt 7 und 10) 75

2. Flache Dächer zum zeitweiligen Betreten durch einzelne Menschen, einschließlich Schnee und Wind 100

3. Dachbodenräume für hauswirtschaftliche Zwecke 125

4. Wohn- und Nebenräume in Kleinhäusern durch Hausrat, Menschen usw. nach behördlicher Genehmigung 150

5. Wohn- und Nebenräume in anderen Wohnhäusern durch Hausrat, Menschen usw. 200

6. Flache Dächer zum Aufenthalt von Menschen, einschließlich Schnee und Wind 250

7. Kanzleien und Diensträume, Krankensäle, Schulzimmer, Hörsäle, weiter Laden-, Verkaufs- und Ausstellungsräume bis 50 m² Grundfläche, Dachbodenräume zu anderen als hauswirtschaftlichen Zwecken, sämtliche Räume einschließlich des Gewichtes leichter Scheidewände (Punkt 1) 300

8. Treppen und Zugänge in Kleinhäusern 350

9. Zugänge und Treppen jeder Art mit Ausnahme Punkt 8, Hausbalkone, Versammlungssäle, Schau- und Lichtspielhäuser, Tanzsäle, Turnhallen, Gastwirtschaften, ferner Laden-, Verkaufs- und Ausstellungsräume mit mehr als 50 m² Grundfläche, nicht befahrbare Höfe, Räume zur Einstellung unbeladener Kraftwagen 400

10. Geschäfts-, Waren- und Kaufhäuser, Fabriken, Werkstätten, sämtliche einschließlich des Gewichtes leichter Scheidewände (Punkt 1) 500

11. Befahrbare Höfe und Durchfahrten 800

12. Wagrechter Geländerholmdruck bei Hausbalkonen und Treppen mit Ausnahme Punkt 13, in kg/m 40

13. Geländerholmdruck in Versammlungsräumen, Schau- und Lichtspielhäusern, in kg/m 100

14. Von Aktengerüsten und Schränken umschlossene Räume in Kanzleien, Diensträumen, Büchereien, Urkundensammlungen usw. in kg/m³ umschlossenem Raum 500

15. Winkelrecht in der Mitte jedes Tragteiles (z. B. Fachwerkstabes, Dachhaut, Pfetten, Sprossen), ohne Berücksichtigung von anderen Beanspruchungen als vom Eigengewicht, eine Einzellast von kg 100

16. Die Bremskraft bei Laufkranen mit $^1/_7$ der abgebremsten größten Raddrücke, der Schrägzug mit $^1/_{15}$ der abgebremsten Tragkraft eines Krans, bei mehreren Kranbahnen der Schrägzug eines, und zwar des größten Krans.

b) Die zulässige verteilte Belastung, Einzel-, Rad- oder Wagenlast der Decken in Fabriken, Lagerräumen, befahrbaren Höfen, von Kranbahnen usw. ist durch eine dauerhafte Aufschrift anzugeben.

II. Lastvermehrung

Für Tragteile, auf die Stöße, Erschütterungen oder Schwingungen einwirken, sind die ruhigen Verkehrslasten, je nach der Stärke dieser Einflüsse, auf das 1,2- bis 1,5fache, ausnahmsweise auf das 2fache zu erhöhen. Die Lastvermehrung ist für unmittelbar betroffene und leichte Bauteile größer anzunehmen als für mittelbar beanspruchte und schwerere. Beispielsweise wird die Abstufung unruhiger Verkehrslasten im Verhältnis 1,5 : 1,3 : 1,1 : 1,0 für Deckenplatten, Deckenbalken, Unterzüge und Säulen erfolgen, wenn 1 die ruhige Verkehrslast bedeutet.

III. Lastverminderung

Unter der Voraussetzung, daß die Bauart und Gründung des Bauwerks den strengsten Anforderungen genügt, ist eine Ermäßigung der Verkehrslasten in der Regel in folgenden Fällen zulässig:

a) Die Biegemomente von Trägern, die ein Lastfeld mit wenigstens 30 m² Fläche und 400 kg/m² ruhiger Verkehrslast aufnehmen, dürfen auf 0,9 der Vollwerte aus den Verkehrslasten ermäßigt werden.

b) In mehrgeschossigen Gebäuden ist für die unteren Bauteile (Säulen, Mauerpfeiler, Unterzüge, Grundkörper), welche die Lasten aus den oberen Geschossen tragen, eine nach unten wachsende Ermäßigung der Verkehrslastsumme nach der Regel zulässig:

Bei	Verkehrslasten	aus	2	Geschossen	ist	die volle Summe zu rechnen.
„	„	„	3	„	„	0,9
„	„	„	4	„	„	0,8
„	„	„	5	„	„	0,7
„	„	„	mehr	„	„	²/₃

der Verkehrslastsumme zu rechnen. Belastete Dachböden gelten als Geschoß.

Schnee und Wind sind hiebei der ständigen Last zuzurechnen, leichte Scheidewände nach I, a, 1, dagegen gelten als Verkehrslast. Die ständige Last ist überall mit dem vollen Betrag einzusetzen.

C. Winddruck

Die Windrichtung ist im allgemeinen wagrecht anzunehmen. Der Winddruck auf 1 m² winkelrecht getroffene Fläche ist einschließlich der Saugwirkung im Windschatten

für Wände und Dächer bis 7 m Höhe mit .... $w = 75$ kg/m²,
„ „ „ „ „ 15 „ „ „ .... $w = 100$ kg/m²,
„ „ „ „ „ 25 „ „ „ .... $w = 125$ kg/m²,
„ höhere Bauwerke als 25 m sowie für alle Gerüste, Gitterwerke, Maste und Schornsteine mit $w = 125 + 0{,}6\,h$ zu berechnen, worin h die Höhe des Bauwerks über dem Erdboden in Metern bedeutet. In Hochgebirgsgegenden ist der Winddruck um 25 bis 50% größer.

Für dauernd windgeschützte Lage kann die Baubehörde eine Verminderung der Windlasten bis auf zwei Drittel der Regelwerte zulassen.

Auf die Fläche, die mit der Windrichtung den $\sphericalangle\,\alpha$ einschließt, ist ein rechtwinklig zur Fläche wirkender Winddruck von $w_n = w \sin^2 \alpha$ auf 1 m² der Fläche anzunehmen.

Bei offenen Hallen und freistehenden Dächern ist außerdem eine von innen nach außen wirkende Windbelastung von 60 kg auf 1 m² Wand- und Dachfläche in der ungünstigsten Gesamtwirkung zu berücksichtigen.

Gebäude, die durch Wände und Decken in der bauüblichen Weise ausgesteift sind, müssen in der Regel nicht auf Wind berechnet werden.

Für wagrechte und schwach geneigte Dächer ist mit einer lotrechten Windbelastung von mindestens 25 kg/m² Grundriß zu rechnen.

D. Schneelast

Die Schneelast einer wagrechten oder bis 25° geneigten Fläche ist mit 75 kg/m² Grundriß anzunehmen.

Bei einer Dachneigung von	30°	35°	40°	45°	50° und mehr
ist die Schneelast auf	70	65	60	50	0 kg/m² Grunddriß

zu vermindern. Zwischenwerte sind geradlinig einzuschalten.

Bei gleichzeitigem Wind- und Schneedruck ist die Schneelast auf der Windseite auf zwei Drittel obiger Werte zu ermäßigen.

Wenn sich auf steilen Dachflächen Schneesäcke bilden können, ist von der Verminderung der Schneelast abzusehen.

In Hochgebirgsgegenden sind die Schneedrücke den örtlichen Verhältnissen entsprechend höher anzunehmen.

Tabelle [1])

zur Ermittlung der Eigengewichte, Schneelasten und Winddrücke bei verschiedenen Dachneigungen $h : b = \operatorname{tg} \alpha$

Neigungs-verhältnis $h : b = \operatorname{tg}\alpha$	$\sin\alpha$	$\sin^2\alpha$	$\sin^3\alpha$	$\cos\alpha$	$\cos^2\alpha$	$\frac{1}{\cos\alpha}$	$\sin\alpha\cdot\cos\alpha$	$\sin^2\alpha\cdot\cos\alpha$	$\sin\alpha\cdot\operatorname{tg}\alpha$	$\sin^2\alpha\cdot\operatorname{tg}\alpha$
0,0	0,000	0,000	0,000	1,000	1,000	1,00	0,000	0,000	0,000	0,000
0,1	0,100	0,010	0,001	1,000	1,000	1,00	0,100	0,010	0,010	0,001
0,2	0,196	0,038	0,007	0,980	0,960	1,02	0,193	0,038	0,039	0,008
0,3	0,290	0,084	0,024	0,957	0,916	1,04	0,277	0,080	0,087	0,025
0,4	0,372	0,138	0,051	0,928	0,861	1,08	0,345	0,128	0,149	0,055
0,5	0,449	0,202	0,090	0,894	0,799	1,12	0,401	0,180	0,224	0,101
0,6	0,515	0,265	0,137	0,857	0,734	1,17	0,441	0,228	0,309	0,159
0,7	0,574	0,329	0,189	0,819	0,671	1,22	0,470	0,270	0,402	0,230
0,8	0,625	0,391	0,244	0,781	0,610	1,28	0,488	0,306	0,500	0,312
0,9	0,669	0,448	0,299	0,743	0,552	1,35	0,497	0,332	0,602	0,403
1,0	0,707	0,500	0,353	0,707	0,500	1,42	0,500	0,353	0,707	0,500
1,1	0,739	0,546	0,404	0,673	0,453	1,49	0,498	0,367	0,813	0,601
1,2	0,768	0,590	0,453	0,641	0,411	1,56	0,492	0,378	0,922	0,708
1,3	0,793	0,629	0,499	0,609	0,371	1,64	0,483	0,383	1,031	0,817
1,4	0,814	0,663	0,539	0,581	0,338	1,72	0,473	0,385	1,140	0,927
1,5	0,832	0,692	0,576	0,554	0,307	1,80	0,462	0,384	1,248	1,038
1,6	0,848	0,719	0,610	0,530	0,281	1,89	0,449	0,380	1,357	1,150
1,7	0,863	0,745	0,643	0,505	0,255	1,98	0,437	0,378	1,467	1,265
1,8	0,875	0,766	0,670	0,485	0,235	2,06	0,424	0,371	1,575	1,379
1,9	0,885	0,783	0,693	0,466	0,217	2,14	0,412	0,364	1,681	1,490
2,0	0,895	0,801	0,717	0,446	0,199	2,24	0,400	0,358	1,790	1,602

Anmerkung:

Eigengewicht:

g ... kg/m² Dachfläche

$g_1 = g \cdot \frac{1}{\cos\alpha}$ kg/m² Grundfläche

Schneelast:

s_0 ... kg/m² Grundfläche bei wagrechtem Dach

$s = s_0 \cos\alpha$ kg/m² Grundfläche bei geneigtem Dach

$s_1 = s_0 \cdot \cos^2\alpha$ kg/m² Dachfläche

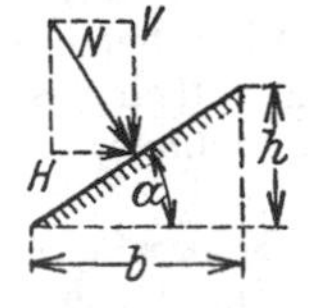

Winddruck:

w ... kg/m² senkrecht getroffene Fläche

$w_n = w \sin^2\alpha$ kg/m² Dachfläche

$w_v = w \sin^2\alpha \cdot \cos\alpha$ kg/m² Dachfläche

$w_h = w \sin^3\alpha$ kg/m² Dachfläche

$w_v = w \cdot \sin^2\alpha$ kg/m² Grundfläche

$w_h = w \sin^2\alpha \cdot \operatorname{tg}\alpha$ kg/m² Grundfläche

$w_n = w \cdot \sin\alpha$ kg/m² Dachfläche

$w_v = w \sin\alpha \cdot \cos\alpha$ kg/m² Dachfläche

$w_h = w \cdot \sin^2\alpha$ kg/m² Dachfläche

$w_v = w \sin\alpha$ kg/m² Grundfläche

$w_h = w \sin\alpha \cdot \operatorname{tg}\alpha$ kg/m² Grundfläche.

[1]) Aus H. Bronneck: Holz im Hochbau. Wien: Julius Springer, 1927.

Dachneigungen

Sie sind von der Art des Eindeckungsmaterials und von den örtlichen Schneeverhältnissen abhängig. Das Dach kann um so flacher sein, je fugenloser die Deckung ist. Bei großen Schneemengen (im Gebirge) sind steile Dächer zu empfehlen, um ein Abgleiten des Schnees zu ermöglichen. Wenn nicht architektonische Rücksichten maßgebend, möglichst flache Dächer mit möglichst fugenloser Deckung! Erfahrungsgemäß richtige Dachneigungen für die gebräuchlichen Dachdeckungsmaterialien[1]):

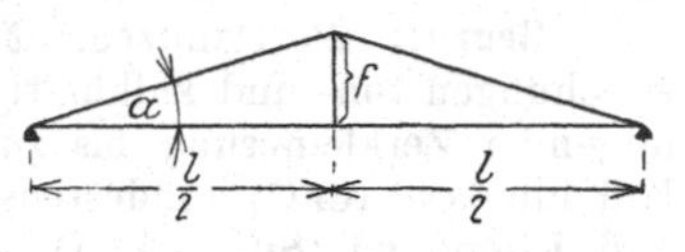

Art der Dachdeckung	Dachneigung tg α		Neigungswinkel α°	
	von	bis	von	bis
Asphaltdach	1:30	1:12	$1\frac{8}{9}$	$4\frac{3}{4}$
Bleiblechdach	1:1,75	und flacher	$29\frac{3}{4}$	und weniger
Eisenblechdach	1:3	1:5	$18\frac{1}{2}$	$11\frac{1}{4}$
Eternitdach	1:3,5	1:1	15	45
Glasdach	1:3,5	1:1	15	45
Holzzementdach	1:12,5	1:10	$4\frac{1}{2}$	$5\frac{2}{3}$
Kiespappedach, doppellagig	1:7,5	—	$7\frac{1}{2}$	—
Kupferblechdach	1:12,5	1:10	$4\frac{1}{2}$	$5\frac{2}{3}$
Pappedach	1:10	1:5	$5\frac{2}{3}$	$11\frac{1}{4}$
Rohrdach	1:1	3:2,5	40	$50\frac{1}{6}$
Schieferdach	1:2	1:1,5	$26\frac{1}{2}$	$33\frac{2}{3}$

Art der Dachdeckung	Dachneigung tg α		Neigungswinkel α°	
	von	bis	von	bis
Schieferdach, englisch	1:2,5 (mindestens)	—	$21\frac{3}{4}$	
Schindeldach	1:1,5	—	$33\frac{2}{3}$	—
Strohdach	1:1	3:2,5	40	$50\frac{1}{6}$
Wellblechdach	1:1,5	1:1,25	$33\frac{2}{3}$	$38\frac{2}{3}$
Ziegeldächer, doppelte	1:2,5	1:1,5	$21\frac{3}{4}$	$33\frac{2}{3}$
,, einfache	1:1,5	1:1	$33\frac{2}{3}$	45
Falzziegeldach	1:3	1:1,5	$18\frac{1}{2}$	$33\frac{2}{3}$
Kronendach	1:2,5	1:1,5	$21\frac{3}{4}$	$33\frac{2}{3}$
Pfannendach	1:1,25	1:1	$38\frac{2}{3}$	45
Zinkblechdach	1:17,5	1:5	$7\frac{1}{2}$	$11\frac{1}{4}$

[1]) Aus Bronneck: Holz im Hochbau, 1927.

Lotrechte Gesamtdachlasten aus Eigengewicht, Schnee und Wind in kg/m² Grundriß (nach Saliger)

Dachneigung	10°	15°	20°	25°	30°	35°	40°	45°
Einfaches Ziegeldach	—	—	—	253	264	277	290	306
,, ,, in Mörtel	—	—	—	264	275	289	303	320
Doppeltes Ziegeldach	—	—	—	275	287	301	316	335
Kronendach	—	—	—	286	299	314	329	349
Falzziegeldach	—	—	—	242	252	265	277	292
Mönch- oder Nonnendach	—	—	—	280	293	307	323	342
Engl. Schieferdach	—	—	204	220	229	240	251	264
,, ,, auf Schalung	—	—	215	231	241	252	264	278
Deutsches ,,	—	—	225	242	252	265	277	292
Zinkdach	170	185	199	214	223	234	244	257
Wellblechdach	154	169	183	198	206	216	225	235
Einfaches Pappedach	164	179	193	209	218	228	—	—
Eisenbetondach	312	330	358	369	385	405	427	455
Holzzementdach	312	—	—	—	—	—	—	—
Glasdach, 5 mm	—	169	183	198	206	216	225	235
,, 6 ,,	—	174	188	203	212	222	231	242

Für überschlägige Berechnungen darf die Größe der Eigenlast gesetzt werden:

Eiserne Pfetten	7 bis 15	kg/m² Dachfläche
Freitragende Holzbinder, 10 bis 18 m Stützweite,	20 ,, 40	,, ,,
Eisenfachwerksbinder ,, 10 ,, ,,	15	,, ,,
Größere Dachbinder	20 bis 25	,, ,,
Schwere ,,	25 ,, 40	,, ,,

Portlandzement

Nach ÖNORM 3311

Aufgestellt im Einvernehmen mit dem Österr. Ingenieur- und Architekten-Verein

Begriff: Portlandzement wird aus natürlichen Kalkmergeln oder künstlichen Mischungen ton- und kalkhaltiger Stoffe durch Brennen bis zur Sinterung und darauffolgender Zerkleinerung bis zur Mahlfeinheit gewonnen, wobei die Gesamtmenge an Kalziumoxyd (CaO) mindestens das 1,7fache der Gesamtmenge an Kieselsäure, Tonerde und Eisenoxyd ($SiO_2+Al_2O_3+Fe_2O_3$) betragen muß.

Von anderen Bestandteilen dürfen im geglühten Portlandzement an Schwefelsäureanhydrid (SO_3) höchstens 2,5% und an Magnesia (MgO) höchstens 5% vorhanden sein.

Fremde Stoffe können zur Regelung technisch wichtiger Eigenschaften bis höchstens 3% ohne Änderung des Namens Portlandzement zugesetzt werden.

Einteilung und Handelsbezeichnungen:

Nach der gewährleisteten Mindestbindekraft werden unterschieden:

1. Portlandzement,
2. Frühhochfester Portlandzement, das ist ein Portlandzement, der in den ersten Tagen der Erhärtung eine besonders hohe Bindekraft aufweist.

Eigenschaften:

1. Abbindeverhältnisse. Nach dem Abbindebeginn werden unterschieden: Raschbinder, Abbindebeginn unter 10 Minuten; Mittelbinder, Abbindebeginn zwischen 10 Minuten und 1 Stunde; Langsambinder, Abbindebeginn über 1 Stunde.

Die Abbindezeit gilt an der Luft ohne Sandzusatz vom Zeitpunkt der Wasserzugabe an gerechnet.

Rasch- und Mittelbinder sind nur über ausdrückliches Verlangen zu liefern.

2. Raumbeständigkeit. Portlandzement muß an der Luft und unter Wasser raumbeständig sein, das heißt, er muß — mit Wasser ohne Sandzusatz angemacht — an der Luft und unter Wasser die beim Abbinden angenommene Form dauernd beibehalten. Portlandzement ist raumbeständig, wenn er die Darrprobe und die Kuchenprobe unter Wasser besteht.

3. Mahlfeinheit. Der Siebrückstand darf auf einem Sieb von 4900 Maschen/cm² (0,05 mm Drahtstärke) 25% und auf einem Sieb von 900 Maschen/cm² (0,1 mm Drahtstärke) 3% nicht überschreiten.

4. Bindekraft. Sie wird bestimmt an einem Gemenge von 1 Gewichtsteil Portlandzement und 3 Gewichtsteilen Regelsand. Die Mindestfestigkeiten für Mittel- und Langsambinder, wobei die Probekörper die ersten 24 Stunden nach der Anfertigung an der Luft, dann bis zur Durchführung der Probe unter Wasser gelagert sind, müssen betragen:

Erhärtungsdauer in Tagen	Portlandzement		Frühhochfester Portlandzement	
	Zug-	Druck-	Zug-	Druck-
	Mindestfestigkeit in kg/cm²			
2	12	130	18	220
7	18	220	27	400

Die Festigkeit ist als Mittel der vier besten Ergebnisse von 6 Probekörpern der betreffenden Altersklasse zu berechnen. Die 2-Tages-Probe gilt nur als Vorprobe, die 7-Tages-Probe ist die entscheidende.

Bei Prüfung von Probekörpern nach mehr als 7tägiger Lagerung darf kein Festigkeitsrückgang gegenüber den nach 7 Tagen ermittelten Festigkeiten eintreten.

Die ermittelten Festigkeiten geben nur Vergleichswerte für die Bindekraft von Portlandzementen.

Prüfung: Die Proben sind grundsätzlich aus einzelnen Säcken oder Fässern, deren Inhalt durch äußere Einflüsse nicht verdorben ist, zu entnehmen und unvermischt zu prüfen. Für eine vollständige Normenprobe sind mindestens 5 kg Zement erforderlich.

Es wird empfohlen, die Zahl der Proben dem Umfang und der Wichtigkeit der Bauausführung anzupassen.

1. *Abbindeverhältnisse, Abbindebeginn und Abbindezeit* werden bestimmt an einem Zementbrei von Regelwasserzusatz mittels Regelnadel. Die Versuche sind bei einem Wärmestand des Zementes, des Wassers und der Luft von 15 bis 18° C vorzunehmen. Abweichungen hievon sowie der Feuchtigkeitsgrad der Luft sind anzugeben.

a) *Wasserzusatzmesser.* Das Gerät zur Bestimmung des Wasserzusatzes besteht aus einem Gestell, an dem eine Teilung in Millimetern angebracht ist. In einer Führung bewegt sich ein aufhaltbarer Metallstab, der am oberen Ende eine Metallscheibe trägt, während sich am unteren Ende ein Messingstab von 1 cm Durchmesser (der Wasserzusatzmesser) befindet. Der Wasserzusatzmesser wiegt samt dem Führungsstab und der Scheibe 300 g.

Die zum Gerät gehörige, zur Aufnahme des Zementbreies bestimmte Dose ist aus Hartgummi, schwach kegelförmig, von 8 cm Durchmesser in der Mitte und 4 cm Höhe. Beim Gebrauch wird dieselbe auf eine starke Glasplatte aufgesetzt, welche gleichzeitig den Boden der Dose bildet. Wird der Wasserzusatzmesser bis auf diese Bodenfläche herabgelassen, so zeigt der am Führungsstab befindliche Zeiger auf den Nullpunkt der Teilung, so daß der jedesmalige Stand der unteren Fläche des Wasserzusatzmessers über der Bodenfläche der Dose unmittelbar an der Teilung abgelesen werden kann.

b) *Ermittlung des Regelwasserzusatzes.* Man rührt 400 g Portlandzement mit einer vorläufig angenommenen Wassermenge bei Langsam- und Mittelbindern durch drei Minuten, bei Raschbindern durch eine Minute mit einem löffelartigen Spatel zu einem steifen Brei, welcher, ohne gerüttelt oder eingestoßen zu werden, in die Dose gebracht und an der Oberfläche in gleicher Ebene mit dem oberen Rande der Dose abgestrichen wird. Die so gefüllte Dose wird mit der Glasplatte, auf der sie aufsitzt, unter den Wasserzusatzmesser gebracht, welcher sodann behutsam auf die Oberfläche des Zementbreies aufgesetzt und der Wirkung seines eigenen Gewichtes überlassen bleibt.

Der Brei von Regelwasserzusatz ist hergestellt, wenn der in den Zementbrei eindringende Wasserzusatzmesser mit seinem unteren Ende 6 mm über der Bodenfläche stecken bleibt, das heißt, der Zeiger des Gerätes auf den sechsten Teilstrich der Teilung zeigt. Gelingt dies beim ersten Versuch nicht, so muß der Wasserzusatz so lange geändert werden, bis ein Brei von Regelwasserzusatz zustande gebracht wird.

c) *Ermittlung des Abbindebeginnes.* In dem unter a) beschriebenen Gerät wird statt des Wasserzusatzmessers die Regelnadel, das ist eine Stahlnadel von 1,13 mm Durchmesser (1 mm² Querschnitt), welche senkrecht zur Achse abgeschnitten ist, eingesetzt. Diese Nadel hat die gleiche Länge wie der Wasserzusatzmesser und wiegt samt Führungsstab, Scheibe und dem aufzulegenden Ergänzungsgewicht 300 g.

Man füllt die Dose mit einem Brei von Regelwasserzusatz in der vorbeschriebenen Weise, setzt die Nadel auf dessen Oberfläche behutsam auf und überläßt sie der Wirkung des eigenen Gewichtes. Dieser Vorgang wird in kurzen Zeiträumen an verschiedenen Stellen des Kuchens wiederholt. Die Nadel wird anfänglich den Kuchen bis auf die Glasplatte durchdringen, bei den späteren Versuchen aber im erhärteten Brei stecken bleiben. Der Zeitpunkt, in welchem die Nadel den Kuchen nicht mehr in seiner ganzen Höhe zu durchdringen vermag, gilt als Abbindebeginn.

d) *Ermittlung der Abbindezeit.* Ist der Kuchen so weit erstarrt, daß die Nadel beim Aufsetzen keinen merkbaren Eindruck hinterläßt, so ist der Portlandzement abgebunden; die Zeit, welche von der Zugabe des Wassers bis zu diesem Zeitpunkt verstrichen ist, heißt Abbindezeit.

2. *Raumbeständigkeit.*

a) An der Luft. Probe hiefür: *Darrprobe.* Bestehen über den Ausfall einer Darrprobe Zweifel, dann entscheidet eine *Kochprobe.*

b) Unter Wasser. Probe hiefür: *Kuchenprobe unter Wasser.*

Darrprobe. Man rührt den Portlandzement mit der bei der Vornahme der Abbindeproben ermittelten Wassermenge zu einem Brei von Regelwasserzusatz an, breitet denselben auf ebenen Glasplatten oder gehobelten Stahlplatten in Kuchen aus, welche ungefähr 10 cm Durchmesser und ungefähr 1 cm Dicke in der Mitte haben, und legt diese zur Vermeidung von Schwindrissen in einen feuchtgehaltenen Kasten, wo sie vor Zugluft und Einwirkung der Sonnenstrahlen geschützt sind. Nach 24 Stunden, jedenfalls aber erst nach erfolgtem Abbinden, werden die auf den Platten liegenden Kuchen in einem Trockenschrank einer Wärme ausgesetzt, welche allmählich von der Luftwärme auf 120° C gesteigert und auf dieser Höhe durch 2 bis 3 Stunden, für alle Fälle aber eine halbe Stunde über den Zeitpunkt hinaus gehalten wird, bei dem ein sichtbares Entweichen von Wasserdämpfen aufgehört hat.

Die Kuchen sind in den Trockenkasten nicht lotrecht übereinander, sondern treppenförmig nebeneinander einzulegen.

Zeigen die Kuchen nach dieser Behandlung Verkrümmungen oder gegen die Ränder hin sich erweiternde Risse von strahlenförmiger Richtung, so sind diese Risse als Treibrisse anzusehen und ist der Portlandzement als an der Luft nicht raumbeständig zu bezeichnen. Bei der Darrprobe treten infolge zu raschen Austrocknens durch Raumverminderung manchmal Rißbildungen auf, welche als Schwindrisse bezeichnet werden und von Treibrissen wohl zu unterscheiden sind. Diese Schwindrisse erscheinen gewöhnlich als gegen die Mitte hin sich erweiternde Risse ohne bestimmte Richtung.

Kochprobe. Nach der unter Darrprobe gegebenen Vorschrift werden Kuchen aus reinem Zement hergestellt und im Feuchtschrank aufbewahrt; 24 Stunden nach der Herstellung, jedenfalls aber erst nach erfolgtem Abbinden, werden die auf den Platten liegenden Kuchen in ein Wasserbad gebracht, das allmählich von der Luftwärme auf 100° C erhitzt und auf diesem Wärmezustand 3 Stunden erhalten wird.

Sind die Kuchen nach dieser Behandlung zerfallen, rissig, verkrümmt oder von mürber, zerreiblicher Beschaffenheit, so hat dieser Zement die Kochprobe nicht bestanden.

Kuchenprobe unter Wasser. Ein nach der unter Darrprobe gegebenen Vorschrift auf ebener Glasplatte hergestellter und im Feuchtschrank aufbewahrter Kuchen aus Portlandzement wird 24 Stunden nach der Herstellung, jedenfalls aber erst nach erfolgtem Abbinden, samt der Glasplatte unter Wasser von 15 bis 18° C gelegt und daselbst bei möglichster Erhaltung des Wärmestandes mindestens 10 Tage belassen.

Zeigen sich während dieser Zeit an dem Kuchen Verkrümmungen oder gegen den Rand hin sich erweiternde Kantenrisse von mehr oder weniger strahlenförmiger Richtung, so deutet dies unzweifelhaft auf Treiben des Portlandzementes hin. Bleiben die Kuchen unverändert, so ist der Portlandzement als unter Wasser raumbeständig anzusehen.

Zusatz zu a) und b). Bei zu dünn auslaufenden Rändern der Kuchen, welche bei der Herstellung zu vermeiden sind, können feine Risse auftreten, welche, wenn die Kuchen eben geblieben sind, nicht Treiberscheinungen, sondern Spannungs- oder Schwindrisse darstellen.

3. Mahlfeinheit. Zu jeder Siebeprobe sind 100 g Portlandzement zu verwenden.

4. Bindekraft. Die Prüfung erfolgt durch Ermittlung der Zug- und Druckfestigkeit nach einheitlichem Verfahren an Probekörpern in der Regelmörtelmischung von 1 Gewichtsteil Portlandzement mit 3 Gewichtsteilen Regelsand.

a) Regelsand. Als solcher gilt der vom staatlichen Materialprüfungsamt Berlin-Dahlem überprüfte Regelsand aus Freienwalde a. d. Oder. Dieser ist ein natürlicher, reiner Quarzsand, der durch ein Drahtgewebe von 60 Maschen auf 1 cm² geht und auf einem solchen von 120 Maschen liegen bleibt. Zur Nachprüfung der Korngröße dienen Siebe aus 0,25 mm starkem Messingblech mit kreisrunden Löchern von 0,778 bzw. 1,357 mm Durchmesser. Der Sand ist vom Laboratorium des Vereines Deutscher Portlandzementfabrikanten in Berlin-Karlshorst in Säcken zu beziehen. Die Säcke sind mit der Plombe des staatlichen Prüfungsamtes verschlossen.

b) Ermittlung des Regelmörtelwasserzusatzes. Aus 800 g Trockenmörtelstoff (Portlandzement und Regelsand) wird mit einer vorläufig angenommenen Wassermenge ein Mörtel hergestellt. Das Mischen des Mörtels soll mittels der Mörtelmischmaschine, Bauart Steinbrück-Schmelzer (siehe Abb.), wie folgt geschehen: 200 g Portlandzement und 600 g Sand werden zunächst mit einem leichten Löffel in einer Schüssel eine Minute lang trocken gemischt. Diesem Gemisch wird eine vorläufig angenommene Menge Wasser zugesetzt. Die feuchte Masse wird sodann eine Minute lang mit dem Löffel gemischt und darauf in dem Mörtelmischer gleichmäßig verteilt und durch 24 Schalenumdrehungen desselben 3 Minuten lang bearbeitet. Der so gewonnene Mörtel wird auf einmal in die Form der zur Herstellung der Druckprobekörper dienenden Rammvorrichtung gefüllt und durch 150 Schläge eines 3,2 kg schweren Fallgewichtes aus 0,5 m Fallhöhe verdichtet.

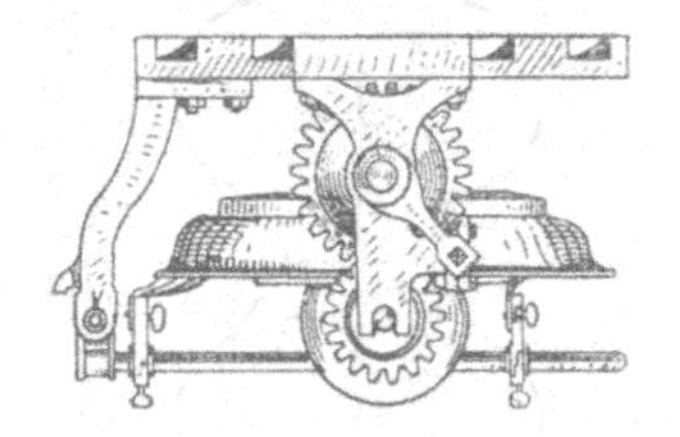

Tritt nach ungefähr 100 Schlägen in der Fuge zwischen Form und Aufsatzkasten eine mäßige Absonderung von Wasser auf, so gilt dies als Zeichen, daß die Wassermenge richtig gewählt worden ist. Andernfalls ist der Versuch mit einer jedesmal geänderten Wassermenge bis zur Erreichung dieser Wasserabsonderung zu wiederholen. Die derart ermittelte Wassermenge gibt den Regelmörtelwasserzusatz.

Der Mörtelmischer soll folgenden Bedingungen entsprechen:

Gewicht der Mischwalze mit Achse	21,5 bis 22,0 kg
„ „ „ ohne „	19,1 „ 19,4 „
Dicke der Mischwalze	8,08 cm
Durchmesser derselben	20,25 bis 20,35 cm
Abstand der Walze von der Schale	5 bis 6 mm
Abstand vom Drehpunkt der Schale bis Mitte der Walze	19,7 bis 19,8 cm

c) Herstellung der Probekörper. Diese muß maschinell erfolgen. Für jede Probegattung und Altersklasse gehören sechs Probekörper. Die Arbeit, welche bei der Herstellung der Probekörper zu leisten ist, wird mit 0,3 kgm auf 1 g Trockenmörtelstoff festgesetzt.

Es sind auf einmal 1000 g Mörtelmischung mit Regelmörtelwasserzusatz und derart, wie bei Mischen des Mörtels angegeben, aufzubereiten, welche für einen Druckprobekörper und für einen Zugprobekörper ausreichen.

Die aufbereitete Mischung wird auf einmal in die mit Füllkasten versehenen Formen gefüllt und mittels eines genau in die Form passenden Kernes bei den Druckprobekörpern durch 150 Schläge eines 0,5 m hoch herabfallenden 3,2 kg schweren Fallgewichtes, bei den Zugprobekörpern durch 120 Schläge eines 0,25 m hoch herabfallenden 2 kg schweren Fallgewichtes verdichtet. Unmittelbar nach dem letzten Schlag entfernt man den Kern und den Aufsatz des Formkastens, streicht den die Form überragenden Mörtel mit einem Messer ab und glättet die Oberfläche. Sobald der Mörtel vollständig abgebunden ist, nimmt man den Probekörper aus der Form. Die zur Herstellung der Probekörper dienenden Geräte sollen auf Mauerwerk aufliegen.

Die Herstellung der Probekörper muß unter allen Umständen vollendet sein. bevor der Erhärtungsbeginn des Portlandzementes eingetreten ist. Es ist daher namentlich bei Raschbindern in dieser Beziehung besondere Sorgfalt geboten und bei solchen Zementen die Anzahl der Schalenumdrehungen sowie die Menge des auf einmal aufbereiteten Mörtels entsprechend zu vermindern. Nötigenfalls kann bei rasch bindenden Portlandzementen die Mischung der Probekörpermasse durchaus von Hand erfolgen.

Die durchschnittliche Dichte der Probekörper ist sofort nach ihrer Herstellung zu erheben und den Versuchsergebnissen beizufügen.

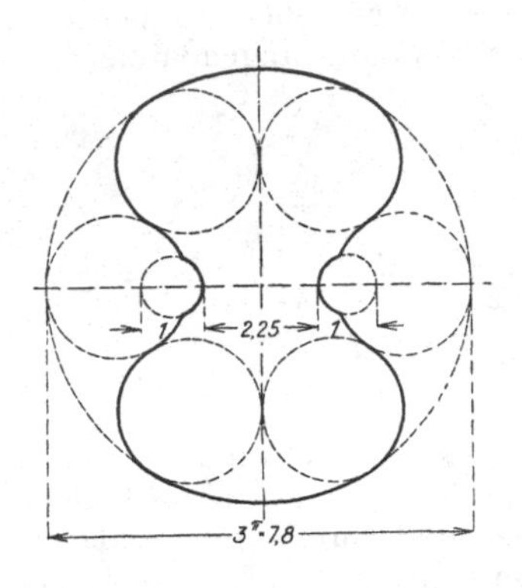

d) Zerreißproben. Probekörper der 8-Form mit der Bruchfläche von 5 cm² Querschnitt (2,25 × 2,22 cm) (siehe nebenstehendes Bild).

e) Druckproben. Probekörper in Würfelform von 50 cm² Seitenfläche (7,07 cm Kantenlänge).

f) Aufbewahrung der Probekörper. Nach der Anfertigung sind die Probekörper die ersten 24 Stunden an der Luft, und zwar, um sie vor ungleichmäßiger Austrocknung zu schützen, in einem geschlossenen, feuchtgehaltenen Kasten aufzubewahren. Bei der Aufbewahrung der Probekörper im Wasser müssen diese immer von Wasser bedeckt sein.

g) Vornahme der Festigkeitsproben. Die Probekörper sind sofort nach der Entnahme aus dem Wasser zu prüfen. Die Zunahme der Belastung während des Versuches soll bei der Prüfung auf Zugfestigkeit 5,0 kg/sek, entsprechend einem Schrotzulauf von 0,1 kg/sek beim Zerreißapparat nach Dr. Michaëlis, und bei der Prüfung auf Druckfestigkeit 500 kg/sek betragen.

Beim Einspannen der Zugprobekörper ist darauf zu achten, daß der Zug genau in einer zur Bruchfläche senkrechten Richtung stattfindet.

Bei der Prüfung auf Druckfestigkeit soll der Druck stets auf die Seitenflächen der Würfel (im Sinne der Herstellung) ausgeübt werden, nicht aber auf die Bodenfläche und die bearbeitete obere Fläche.

5. Bestimmung des Raumgewichtes. Den Versuchsergebnissen der Festigkeitsproben ist das jeweilige Gewicht des Portlandzementes und des Regelsandes für 1 Liter im lose eingesiebten Zustand beizufügen, zu welchem Zweck Portlandzement und Sand in ein 1 Liter fassendes trommelförmiges Blechgefäß von 10 cm Höhe eingesiebt werden. Hiebei ist ein Sieb von 60 Maschen auf 1 cm² zu verwenden. Dieses ist während des Siebens in einer Entfernung von ungefähr 15 cm über dem oberen Rand des Litergefäßes zu halten. Das Sieben ist so lange fortzusetzen, bis sich ein Kegel gebildet hat, der mit seiner Grundfläche die ganze obere Öffnung des Litergefäßes bedeckt. Dieser Kegel ist mit einem geradlinigen Streicheisen eben abzustreichen. Während der ganzen Dauer der Verrichtung ist jede Erschütterung des Litergefäßes zu vermeiden.

Aufbewahrung: Portlandzement wird durch längeres Lagern meist langsamer bindend und gewinnt bei trockener, zugfreier Aufbewahrung im allgemeinen an Güte. Bei nicht sorgfältiger, diesen Voraussetzungen nicht entsprechender Lagerung wird dessen Güte ungünstig beeinflußt.

Handelsgebräuche: Portlandzement wird nach Gewicht mit der Preisstellung für 100 kg Rohgewicht verkauft. Ohne besondere Vereinbarung wird Portlandzement in Fässern von 200 kg Rohgewicht oder in Säcken von 50 kg Rohgewicht geliefert. Schwankungen im Einzelrohgewicht sind bis zu 2% zulässig. Das Gewicht der Verpackung darf bei Fässern nicht mehr als 5%, bei Säcken nicht mehr als 1,5% des Rohgewichtes betragen.

Die Lieferung von frühhochfestem Portlandzement muß ausdrücklich vereinbart worden sein.

Auf der Verpackung muß das Wort „Portlandzement“ oder „Frühhochfester Portlandzement“, der Geschäftsname des Werkes, der Herstellungsort und das Rohgewicht vermerkt werden.

Auf Verlangen des Bestellers sind die Säcke durch einen Verschluß zu sichern, welcher den Namen des Lieferwerkes und die Bezeichnung des Portlandzementes trägt.

Unbeschadet der handelsgesetzlichen Bestimmungen können Einwendungen gegen die Lieferung aus dem Titel der Eigenschaften des Portlandzementes nur auf Grund von Prüfungen erhoben werden, welche längstens innerhalb 14 Tagen vom Einlangen des Zementes beim Empfänger begonnen wurden.

Luftkalk

Auszug aus der ÖNORM

Begriff:

Luftkalk (Weißkalk) wird durch Ausglühen hiezu geeigneter Kalksteine bei einer Temperatur von 1000 bis 1200° C gewonnen. Er besteht in der Hauptsache aus Kalziumoxyd und darf insgesamt bis 10% Magnesiumoxyd und Silikatbildner (Kieselsäure, Tonerde, Eisenoxyd) enthalten, bezogen auf das gebrannte Erzeugnis.

Ein Erzeugnis, welches mehr als die angeführten Höchstsätze an fremden Bestandteilen enthält, ist nicht als Luftkalk zu bezeichnen.

Handelsbezeichnungen:

Luftkalk kommt in den Handel als ungelöschter Kalk (Weißkalk, Stückkalk), naß gelöschter Kalk und trocken gelöschter Kalk (Sackkalk, Kalkhydrat).

Eigenschaften:

Ungelöschter Luftkalk, $Ca\,O$, ist entweder weiß oder wenig, aber durchaus gleichmäßig gefärbt und darf nicht mehr als 10% Stücke unter 15 mm Stückgröße enthalten. Die Bruchfläche größerer Stücke soll keinen andersfarbigen Kern aufweisen, die Außenhaut derselben nur wenig mit Brennstoffschlacke belagert sein. Zu Kalkmilch gelöscht und abgesetzt, muß Luftkalk mindestens 22 m³ naß gelöschten Kalkes ergeben und nicht mehr als 2% steinige oder sandige Rückstände aufweisen. Die Ausbeute ist in der gemauerten oder betonierten, wiederholt benutzten Kalkgrube in jenem Zeitpunkt festzustellen, in welchem sich an der Oberfläche der eingelassenen Kalkmilch die ersten Haarrisse als Zeichen dafür zeigen, daß die dem jeweiligen Luftkalk eigene Wassermenge knapp unterschritten wurde.

Naß gelöschter Kalk, $Ca\,(OH_2)\;H_2\,O$, muß stichfest sein und darf keine gefrorenen Partien aufweisen. Steinige und sandige Rückstände oder nicht vollkommen abgelöschte Luftkalkteilchen dürfen nicht vorhanden sein.

Trocken gelöschter Kalk, $Ca\,(OH_2)$, muß mahlfein sein (über dem 900-Maschen-Siebe nicht mehr als 10% Rückstände aufweisen) und soll sich weder ballen noch Klumpen bilden.

Handelsgebräuche:

Ungelöschter Kalk wird in losem Zustand nur nach dem Gewicht für 100 kg Reingewicht gehandelt, in geschlossenen Waggons transportiert und ist, weil er die Begierde hat, Wasser und dann Kohlensäure aus der Luft anzunehmen, wodurch ein die Löschfähigkeit einschränkender Zerfall eintritt, in möglichst trockenen Räumen zu lagern.

Naß gelöschter Kalk wird in losem Zustand mit Preisstellung für den Kubikmeter gehandelt und ist in stichfestem Zustand zu verladen.

Trocken gelöschter Kalk wird in Säcken von mindestens 40 kg Rohgewicht verpackt und mit Preisstellung für 100 kg einschließlich Packung gehandelt. Etwaige Schwankungen im Einzelrohgewicht (einschließlich der Streuverluste) bis zu 5% werden nicht beanstandet.

Gips

Auszug aus der ÖNORM B 3321

Gips ist ein Erzeugnis, das aus natürlichem Gipsstein ($CaSO_4\,2\,H_2O$) durch Austreiben des entsprechenden Teiles des Kristallwassers gewonnen wird. Mit einer entsprechenden Menge Wasser angemacht, muß dieses Gemenge nach einer bestimmten Zeit in starren Zustand übergehen.

Einteilung: Je nach der Gesteinsart, der Farbe, der Brenntemperatur und der Mahlfeinheit wird unterschieden:

Baugips (Stukkaturgips), Alabastergips,
Formgips (Modellgips), Estrichgips.

Eigenschaften:

a) Mahlfeinheit. Der Sieberückstand auf dem 900-Maschensieb (0,1 mm Drahtstärke) soll nicht überschreiten bei

Baugips . . . . 50% Alabastergips 5%
Formgips . . . . 10% Estrichgips 50%

Beim 64-Maschensieb muß das Material ohne Rückstand hindurchgehen.

b) Raumgewicht. Das Litergewicht von Bau-, Form- und Alabastergips, lose eingesiebt, schwankt zwischen 650 und 850 g, eingerüttelt, zwischen 1200 und 1500 g.

Für Estrichgips gelten die entsprechenden Zahlen von 1000 bis 1200 g bzw. 1500 bis 1700 g.

c) Einstreumenge. Die Einstreumenge ist jene Menge Gips, welche von 100 cm^3 Wasser noch aufgenommen werden kann, um einen gießfähigen Gipsbrei zu ergeben. Sie darf bei Bau-, Form- und Alabastergips 190 g nicht überschreiten. Die Einstreumenge von Estrichgips ist jene Menge, welche nötig ist, um einen Mörtel von der Konsistenz eines steifen Breies zu erhalten. Sie darf bei Estrichgips 300 g nicht überschreiten.

d) Gießzeit. Die Gießzeit ist der Zeitraum vom Beginn des Einstreuens bis zum Aufhören der Gießfähigkeit. Gipse, deren Gießzeit weniger als vier Minuten beträgt, sind Raschbinder, alle anderen Langsambinder.

e) Streichzeit. Die Streichzeit ist der Zeitraum vom Beginn des Einstreuens bis zum Aufhören der Glätt- und Streichfähigkeit. Langsambinder haben eine Streichzeit von über acht Minuten.

f) Zugfestigkeit. Abgebundener Bau-, Form- und Alabastergips muß in ausgetrocknetem Zustand mindestens folgende Zugfestigkeit aufweisen:

nach 1tägiger Lagerung . . . . . 8 kg/cm^2, nach 7tägiger Lagerung . . . . . 16 kg/cm^2.

Aus dem Feuchtkasten kommender Estrichgips muß mindestens folgende Zugfestigkeiten aufweisen:

nach 7tägiger Lagerung . . . . . 10 kg/cm^2, nach 28tägiger Lagerung . . . . 25 kg/cm^2.

g) Druckfestigkeit. Abgebundener Bau-, Form- und Alabastergips muß in ausgetrocknetem Zustand mindestens folgende Druckfestigkeiten aufweisen:

nach 1tägiger Lagerung . . . . . 30 kg/cm^2, nach 7tägiger Lagerung . . . . . 60 kg/cm^2.

Aus dem Feuchtkasten kommender Estrichgips muß mindestens folgende Druckfestigkeiten aufweisen:

nach 7tägiger Lagerung . . . . 100 kg/cm^2, nach 28tägiger Lagerung . . . 150 kg/cm^2.

Baumeisterarbeiten

Von Ing. Rudolf Schmahl, beh. aut. Zivilingenieur für das Bauwesen und Stadtbaumeister

Unkosten — Arbeitslöhne und Fuhrwerksleistungen — Preise der wichtigsten Baumaterialien — Erdarbeiten — Materialverführung — Pölzungen — Kalklöschen — Mörtelerzeugung und Bedarf — Mauerstärken — Gerades Ziegelmauerwerk — Verschiedene Mauerwerksgattungen — Ziegelgewölbemauerwerk — Gesimse — Verputzherstellungen — Fassadenrenovierungen — Pflasterungen — Kleinere Kanalarbeiten — Versetzarbeiten — Kachelherd- und Kachelofensetzen — Verputz- und Ausbesserungsarbeiten — Demolierungsarbeiten — Ausführung und Abrechnung von Bauarbeiten

Baugerüst-Herstellungen

a) Überschlägige Einheitspreise für das Wiener Baugebiet, laut Mitteilung von Karl Michna, Hänge- und Leitergerüstbauanstalt, Wien

b) Kosten, berechnet auf Grund des erforderlichen Arbeitsaufwandes von Ing. Rudolf Schmahl, beh. aut. Zivilingenieur für das Bauwesen und Stadtbaumeister

Schornsteine für Dampfkesselanlagen und Industrieöfen

von L. Gussenbauer & Sohn, Wien

Kesseleinmauerungen

Stukkaturarbeiten

Laut Mitteilung der Fa. R. A. Bergmann & Co., Bauunternehmung, Wien

Isolierungen — Trockenlegung feuchter Mauern — Linoleum-Unterböden —

Beton- und Eisenbetonarbeiten

Dichte Mörtel und Betonmischungen — Zeitangaben für Betonarbeiten — Schalungen — Eisenbedarf — Abbruch- und Stemmarbeiten

Betonherstellung auf maschinellem Wege

Von Ing. Karl Fischer der Fa. Wayss & Freytag A. G., Meinong G. m. b. H., Wien

Das Betonspritzverfahren — Preßbetonverfahren — Rüttelbeton

Grundlage zur Preisermittlung von Beton und Eisenbetonarbeiten

Von Zivilingenieur Walter Hoffmann, Baumeister, Prokurist der Fa. H. Rella & Co., Wien

Stampfbeton — Eisenbeton — Decken aus Eisenbeton

Einfriedungen aus Eisenbeton

Von Ing. Arthur Swoboda, Oberingenieur der Fa. H. Rella & Co., Wien

Betonschutzmittel

Von Ing. L. Herzka

Anstrichmittel — Mörtelzusätze

Betonpfahlgründungen

Von Ing. Richard Kafka, Wien

Anwendungsgebiet der Betonpfähle — Kostenvergleiche mit normaler Gründung — Einteilung der Betonpfahlsysteme — Tragfähigkeit der Pfähle und Pfahlbelastung — Anordnung der Pfähle — Anwendbarkeit verschiedener Pfahlsysteme — Einige charakteristische Pfahlsysteme

Eisenbauwerke, Schmiede- und Kunstschmiedearbeiten

Auf Grund von Mitteilungen zusammengestellt von Ing. L. Herzka

Modellierte Gußsachen — Bauträger aus Eisen — Eiserne Fenster, Türen, Oberlichten, Treppen — Geländer, Gitter — Spundwandeisen — Ankerschienen — Schornstein- und Ventilationsaufsätze — Jalousien, Rouleaux, Rollbalken — Eiserne Kassen — Wellbleche — Drahtstifte und Draht — Nieten und Schrauben — Maschinengeflechte

Baumeisterarbeiten

Von Ing. Rudolf Schmahl, beh. aut. Zivilingenieur für das Bauwesen und Stadtbaumeister

Die Ansätze der folgenden Aufstellungen sollen einerseits die Erstellung von überschlagsweisen und detaillierten Kostenvoranschlägen, anderseits eine Überprüfung von Offerten selbst ermöglichen.

Eine genaue Angabe von aus Erfahrungstatsachen abgeleiteten Ansätzen ist kaum möglich, da hiebei viele Nebenumstände mitspielen, wie z. B. Lage und Art der Baustelle, ihre Entfernung vom Materialplatz, vom Wohnsitz des Bauführers und der Arbeiter, die Möglichkeit, die Bauausführung nach vorgefaßtem Plane durchzuführen, die Qualität der Baumaterialien usw.; hiebei muß auch berücksichtigt werden, ob es sich um einen vollständigen Neubau von kleineren Abmessungen handelt, oder um einen großen Komplex (Bau eines großen Zins- oder Geschäftshauses, eines Fabriksgebäudes), bei dem vielfach maschinelle Anlagen zur Anwendung kommen, dem wieder kleinere Reparatur-, Renovierungs- oder sonstige Umbauarbeiten gegenübergestellt werden müssen.

Die Ansätze stellen daher Mittelwerte dar; es muß dem Kalkulanten überlassen bleiben, bei Erstellung von Kostenvoranschlägen allen bei einer Bauausführung in Betracht kommenden Nebenumständen Rechnung zu tragen, um damit die gegebenen Verhältnisse vollständig zu erfassen.

Hervorzuheben wäre noch, daß die Aufstellung dieser Ansätze auf den heutigen Arbeitsbedingungen aufgebaut ist, insbesondere auf dem Achtstundentag und den damit zusammenhängenden Kollektivverträgen, worüber auf das Kapitel „Arbeitsrecht und soziale Gesetze" hingewiesen wird.

Unkosten

Die folgenden Analysen nach Zeit und Material dienen zur Ermittlung der Selbstkosten von Maurerarbeiten. Für Ermittlung der Unkosten jedes einzelnen Betriebes können nur allgemeine Richtlinien aufgestellt werden.

Die Unkosten eines Betriebes setzen sich zusammen aus den Betriebsunkosten und den Geschäftsunkosten, bzw. bei größeren Unternehmungen mit eventuellem Filialbetrieb aus den Generalunkosten und den Geschäftsunkosten.

A. Betriebsunkosten

1. Die sozialen Abgaben[1]):

Unfallversicherung,
Krankenkasse (Entgelt bei Erkrankungen),
Arbeitslosenversicherung und -vermittlung,
Bundes-Wohn- und Siedlungsfonds,
Kinderzuschüsse,
Urlaubsentgelt,

[1]) Siehe auch Abschnitt über Arbeitsrecht und soziale Gesetze in Österreich.

Fürsorgeabgabe,
Angestelltenversicherung
Abfertigung
Fahrgelder
Vertretung in Urlaubs- und Krankheitsfällen
allfällige Prämien

} bei Angestellten.

2. Die unproduktiven Löhne

das sind Löhne für:

Platzmeister,
Tag- und Nachtwächter auf dem Platz und auf dem Bau,
Kutscher,
Chauffeure,
Hilfsarbeiter für Botengänge, für Dienstleistungen, die nicht unmittelbar mit dem Bau im Zusammenhang stehen, z. B. Reinigen und Heizen der Kanzleilokale an der Baustelle, Hilfsleistungen bei Aufnahmsarbeiten, Straßenreinigung, Schneesäuberung usw.

(Selbstverständlich sind bei diesen Löhnen die sozialen Abgaben zuzurechnen.)

3. Unkosten an der Baustelle selbst:

Aufstellen und Abbrechen der Bau- und Materialhütten,
Anlage von Aborten,
Kosten der Bauwasserleitung und eventueller Baukanalisation,
Zu- und Abfuhrkosten der Baugerüste (Bauholz, Maschinen usw.),
Auf- und Abladen der Baumaterialien mit eventuellen Zufuhrkosten.

B. Geschäftsunkosten bzw. Generalunkosten

Diese setzen sich zusammen aus den Kosten:

1. für das technische Bureau

in welche auch die Kosten für

Bauleitung und
Bauaufsicht einzurechnen sind;

2. für das kaufmännische Bureau

wie:

Investionen,
Abschreibungen usw. für Geräte und Maschinen (Gerüstholz, Baumaschinen usw., einschließlich der Erhaltungskosten derselben),
Versicherungen (Feuerversicherung, Haftpflichtversicherung usw.),
Drucksorten und alle damit zusammenhängenden Auslagen,
Miete für die Bureauräumlichkeiten,
Kapitalverzinsung (sei es eigenes oder fremdes),
allfällige Verluste (z. B. Zinsenverluste durch nicht rechtzeitige Zahlungen, Geschäftsverluste durch nicht eingehende Zahlungen usw.).

In den Kosten für das technische und kaufmännische Bureau sind selbstverständlich die Gehälter und sonstigen Bezüge der Angestellten inbegriffen, unter Zurechnung der für dieselben zu leistenden sozialen Abgaben.

Preisansätze für Arbeitslöhne und Fuhrwerksleistungen nach dem für das Wiener Gebiet gültigen Kollektivvertrag[1]) und Ansätze[2])

1. Löhne:

1. Ein Polier, per Tag .... S 17,50
2. „ „ „ Stunde .... „ 2,64
3. „ Partieführer, per Stunde .... „ 2,30
4. „ Maurer, per Stunde .... „ 1,42
5. „ Fassadenmaurer, Gipsler, Stukkateur, per Stunde .... „ 1,85
6. „ Betonzimmerer, per Stunde .... „ 1,52
7. „ Gerüster, per Stunde .... „ 1,33
8. „ Deichgräber, per Stunde .... „ 1,33
9. „ Betonierer, Eisenbieger, Schaler, Flechter .... „ 1,34
10. Eine männliche Wache, für eine Tag- oder Nachtschichte .... „ 11,00
11. Ein Handlanger, männlich, per Stunde .... „ 1,10
12. „ Gipslerhelfer, per Stunde .... „ 1,27
13. Eine Hilfsarbeiterin, per Stunde .... „ 0,75
14. „ Fassadenhelferin, per Stunde .... „ 0,83
15. „ Stukkaturenhelferin, per Stunde .... „ 0,86
16. „ Mörtelmacherin, per Stunde .... „ 0,88
17. „ Hilfsarbeiterin, mit Beigabe der Reinigungsrequisiten, per Stunde „ 1,10
18. Ein Lehrjunge, per Stunde .... „ 0,89
19. Gerüstzulage für Maurer auf Hänge- und Leitergerüsten, per Stunde „ 0,15
20. Überstunden und Sonntagsarbeit mit einer Aufzahlung von 50 %, Nachtarbeit 100 %, Feiertage, wie Neujahr, Ostermontag, Pfingstmontag, Fronleichnam, die beiden Weihnachtsfeiertage, der 1. Mai und der 12. November, mit einer Aufzahlung von 50 %.
21. Arbeiten, welche zur gewöhnlichen Tageszeit an dunklen Orten, das ist Kellern, Kanälen usw., vorgenommen werden, werden nicht als Nachtarbeiten gerechnet. Bei solchen Arbeiten wird für den Lichtverbrauch ein Zuschlag von 10 % auf die Löhnung der Tagarbeit vergütet.
22. Besonders schmutzige Arbeiten, wie Reparaturen schliefbarer Kanäle, gebrauchter Senkgruben, Auswechslung von in Gebrauch befindlichen Tonrohrkanälen oder Abortrohrsteigsträngen, Reparatur russiger Heizanlagen usw., mit einer Aufzahlung von 30 %.

2. Fuhrwerksleistungen:

1. Ein Paar Pferde samt Wagen und Kutscher, bis zur Verwendungsdauer von
   a) einem Tag .... S 50,00
   b) „ halben Tag .... „ 30,00
2. Zwei Cabs mit einem Kutscher, per Tag .... „ 45,00
3. Ein „ „ „ „ „ „ .... „ 28,00

[1]) Bauarbeiter-Kollektivvertrag für Wien vom 19. März 1926, Angestellten-Kollektivvertrag vom 10. Juni 1925 und Polier-Kollektivvertrag vom 10. Juni 1925.

[2]) M. = 1 Maurer-
G. = 1 Gerüster-
H. = 1 Hilfsarbeiter-
E. = 1 Erdarbeiter-
B. = 1 Betonierer-
P. = 1 Partieführer-
W. = 1 Weiber- (Hilfsarbeiterinnen-)
Z. = 1 Zimmermanns-
} Stunde

4. Eine einspännige Fuhre, per Tag .... S 30,00
5. ,, ,, ,, ,, halben Tag .... ,, 18,00
6. ,, zweispännige Fuhre zum Verführen von Schutt, per Fuhre .... ,, 12,00
7. ,, einspännige Fuhre .... ,, 7,00
8. Ein Wagen ohne Pferde (Stehwagen), per Stunde .... ,, 1,50
9. ,, Paar Vorspannpferde samt Kutscher, ganztägig .... ,, 40,00
10. ,, ,, ,, ,, ,, halbtägig .... ,, 25,00
11. ,, Lastauto mit Anhänger, einem Autolenker und einem Mitfahrer, Grundgebühr S 48,00 plus S 1,60 mal Anzahl der gefahrenen Kilometer.
12. Ein Lastauto mit Lenker, Grundgebühr S 36,00 plus S 1,20 mal Anzahl der gefahrenen Kilometer.

Anmerkung: Normale Zufuhrmöglichkeit vorausgesetzt. Vorspann wird separat vergütet.

Derzeitige gültige Preise der wichtigsten Baumaterialien loco Lagerplatz

1000 St. Mauerziegel, Ö. F., neu	S 100,00
1000 ,, ,, ,, alt, geputzt	,, 70,00
1000 St. Mauerziegel, D. F., neu	,, 85,00
100 kg Stückweißkalk	,, 5,50
1 m³ gelöschter Kalk, stichfest	,, 50,00
100 kg Portlandzement	,, 8,50
100 ,, Gips	,, 7,00
1 m³ Donausand, doppelt geworfen	,, 10,00
1 m³ Ziegeldeckersand, grob	,, 14,00
1 m³ Ziegeldeckersand, fein	S 15,00
1 ,, Schleifsand	,, 14,00
1 ,, Gstettensand	,, 9,00
1 Mörtelkasten mit Weißkalkmörtel, grob	,, 5,00
1 Mörtelkasten mit Weißkalkmörtel, fein	,, 5,70
1 Mörtelkasten mit Portlandzementmörtel, grob	,, 7,00
1 Mörtelkasten mit Portlandzementmörtel, fein	,, 7,50

Erdarbeiten ohne Verführung

Nach der Möglichkeit der Bearbeitung wird das Erdreich in folgende Gattungen eingeteilt:

1. Leichtes Erdreich: Trockenes, leicht mit Schaufel oder Krampen oder Schaufel allein lösbares Material (Böschungswinkel etwa 45°), beispielsweise Flug- oder Alluvialsand, Humus, Gartenerde, leichter Lehm, feiner Schotter.

2. Mittleres Erdreich: Festeres, nur mit Zuhilfenahme von Krampen und Schaufel lösbares Material (Böschungswinkel etwa 60°), beispielsweise grober, jedoch lockerer Schotter, fester Lehmboden, festgewachsener Letten.

3. Schweres Erdreich: Festgelagertes, lediglich mit Spitzhauen und Krampen zu bearbeitendes Material (Böschungswinkel etwa 70°), beispielsweise festgelagerter Schotter, Tegel usw.

4. Lockerer Felsen: Verwitterte, klüftige, weiche Felsarten, mit Brecheisen, Spitzhauen und Keilen zu lösen (Böschungswinkel etwa 80°), beispielsweise Konglomerate, Ton- und Talkschiefer, weicher Sandstein.

5. Schwerer Felsen: Felsarten, die nur durch Sprengung mit Sprengmitteln lösbar sind (Böschungswinkel etwa 90°), beispielsweise Granit, Gneis, sehr fester Kalkstein.

6. Schwimmsand (od. dgl.), das ist schlammiger Boden oder Triebsand; nur mit Schöpfgefäßen auszuheben.

Per 1 m³ Grubenmaß, das ist das Ausmaß des natürlich gewachsenen Bodens, sind notwendig:

	Erdarbeiterstunden ad					
	1	2	3	4	5	6
bei Abgrabung oder Anschüttung bis 0,4 m Höhe	1,8	2,8	3,8	7,8	16,8	6,3
„ „ bis 1 m Tiefe	2,0	3,0	4,0	8,0	17,0	6,5
„ Fundamenten bis 1 m Tiefe	2,5	3,5	4,5	8,5	17,5	7,0

Anmerkung: Bis 6 m Tiefe für jedes begonnene Mehrmeter 20% Zuschlag,
über 6 „ „ „ „ „ halbes Meter 10% „
bei schmalen Gräben, Künetten oder kleinen Baugruben 25% Zuschlag,
„ wasserhältigem Terrain mindestens 15% Zuschlag,
„ schwerem Felsen Sprengmittel verrechnen.

Die Arbeitszeiten enthalten nicht die Auf- und Abladekosten; diese sind separat nach Abschnitt „Materialverführung“ zu berechnen.

Materialverführung

Bei der Materialverführung ist die Transportweite in Betracht zu ziehen, ferner die Bodenbeschaffenheit und das zu verwendende Transportmittel.

Per 1 m³ Aushubmaterial (Grubenmaß, das ist das Ausmaß des natürlich gewachsenen Bodens) sind Arbeitsstunden (einschließlich Auf- und Abladen) notwendig:

bis 30 m Entfernung, bei Verwendung von Schiebtruhen, auf halbwegs horizontalem Gelände .... 2,5 E.
„ 100 „ „ bei Verwendung von Schiebtruhen, auf halbwegs horizontalem Gelände .... 3,0 „
„ 800 „ „ bei Verwendung von Cabs, auf halbwegs horizontalem Gelände .... 6,0 „
über 800 „ „ bei Verwendung von Cabs, auf halbwegs horizontalem Gelände .... 7,5 „

Anmerkung: Auf nicht horizontalem Gelände, bei Verwendung von Schiebtruhen, für jeden halben Meter Steigung 10% Zuschlag. Bei Verwendung von Cabs, für jeden Meter Steigung 10% Zuschlag.

Cabs oder Fuhrwerk nach „Fuhrwerksleistungen“ berechnen. Ein Cabs rund ½ m³, ein zweispänniges Fuhrwerk fast 2 m³ Inhalt.

Bei Transport aus dem Gebäudeinnern durch das Stiegenhaus, über Lauftreppen oder Leitern für je 4 m begonnene Transporthöhe 2,5 E.

Anschüttung

Per 1 m³ sind an Arbeitsstunden erforderlich:

Anschütten mit an der Verwendungsstelle vorhandenem Material in 0,2 m starken Schichten, stößeln oder sonst irgendwie verdichten, jedoch ohne Profilherstellung .... 2,0 E.
Wie vor, jedoch mit Profilherstellung .... 2,5 „
In engen Räumen (Fundamenten, Kanälen, Schächten usw.) .... 4,0 „

Anmerkung: Bei erforderlicher Zufuhr des Materials die Materialberechnung nach „Materialverführung“.

Pölzungen

Um für Kostenberechnungen und Kalkulationen einen Annäherungswert zu haben, sind per 1 m² abgewickelter Fläche an Arbeitsstunden in Rechnung zu stellen:

1 m² gewöhnliche Pölzung, das ist Pfosten, Mann an Mann gelegt oder in einer gewissen Entfernung von einander angeordnet, samt Beigabe des Pölzungsmaterials mit den erforderlichen Auswechslungen und des Rückbaues .... 1,5 G.

1 m² schwere Pölzung wie oben, jedoch mit Hinterfüllungen oder Unterstopfungen .... 2,5 „

1 m² Brückenherstellung über Kanal oder Rohrkünetten, für mittleres Fuhrwerk benützbar .... 3 bis 6 „

Anmerkung Für Holzverschnitt werden 25% Zuschlag vom Materialwert gerechnet. Wenn das Pölzungsmaterial nicht rückgewonnen werden kann, so sind drei Viertel vom Neuwert in Rechnung zu stellen.

Kalklöschen

1 m³ gelöschter Kalk erfordert:

450 kg gebrannten Weißkalk,
1,2 m³ Wasser und
4,2 H. (Arbeitszeit in Stunden),

wobei jedoch angenommen wird, daß das Wasser an Ort und Stelle vorhanden ist.

Mörtelerzeugung

Per m³	Weißkalk, gelöscht m³	Portland-zement kg	Roman-zement kg	Wasser m³	Sand m³	Arbeits-stunden H.
grob 1:3	0,33	—	—	0,22	1 (Gstätten-)	3,5
fein 1:1	0,71	—	—	0,11	0,71 (Donauwell-)	4,0
grob 1:3	—	—	330	0,32	1,05 (Fluß-)	3,5
fein 1:1	—	—	700	0,40	0,8 (Donauwell-)	4,5
grob 1:4	—	370	—	0,30	1,2 (Fluß-)	3,5
fein 1:2	—	630	—	0,35	0,95 (Donauwell-)	4,5
verlängert grob 1:2:10	0,2	150	—	0,2	1,1 (Fluß-)	4,0
verlängert fein 1:1:6	0,15	225	—	0,21	0,97 (Well-)	4,5
Dolomitmörtel	0,24	—	—	0,12	1,2 (Dolomit-)	3,5
Lehmmörtel	Lehm 1,2	—	—	0,13	—	3,5
Gipsmörtel	Gips 1700 kg	—	—	0,85	—	4,0

Mörtelbedarf

für die hauptsächlichsten Maurerarbeiten bei einem Mischungsverhältnis von 1:3.

Für 1 m³ Bruchsteinmauerwerk .... 0,33 m³ Mörtel
„ 1 „ volles Ziegelmauerwerk .... 0,27 „ „

Für 1000 Stück Mauerziegel in Wänden oder Wölbungen vermauern	0,97	m^3 Mörtel
„ 1 m^2 liegendes Ziegelpflaster in Sandbettung, die Fugen mit Mörtel ausgegossen	0,012	„ „
„ 1 „ liegendes Ziegelpflaster mit Mörtelbettung	0,025	„ „
„ 1 „ stehendes „ „ „	0,036	„ „
„ 1 „ gewöhnlichen, groben Anwurf, 10 bis 15 mm stark	0,014	„ „
„ 1 „ glatten Wandputz, grob und fein, 17 bis 20 mm stark	0,022	„ „
„ 1 „ einfachen Fassadenputz mit schwachen Fugen	0,023	„ „
„ 1 „ „ „ „ tiefen Fugen	0,026	„ „

Anmerkung: Bei Regiearbeiten ist die Materiallieferung auch nach Kasten und Schaff üblich. Ein Kasten = 4 Schaff = 0,05 m^3.

Mauerstärken

Ziegellänge ½, 1, 1½, 2 usw.
Österreichisches Format in cm: 15, 30, 45, 60 usw.
Deutsches Format, Breite in cm: 13, 26, 39, 52 usw.

Mauerstärken, die nur durch Abbauen der halben oder der ganzen Ziegel erzielt werden können, werden mit dem vollen Maße der halben bzw. ganzen Ziegellängen verrechnet.

Gerades Ziegelmauerwerk

Für die Berechnung des geraden Mauerwerkes, im Rohbau gemessen, gelten folgende Bestimmungen[1]):

a) Bei durch Zwischendecken unterteilten Gebäuden wird die Höhe der einzelnen Geschosse von 15 cm unter dem Fußboden des einen Geschosses bis 15 cm unter dem Fußboden des nächsten Geschosses gerechnet.

b) Bei Gebäuden, welche nicht durch Zwischendecken unterteilt sind, oder bei Räumen, deren lichte Höhe über 3,5 m beträgt, ist die Höhe von 3,50 m als Geschoßhöhe anzunehmen, so daß je 3,50 m als eine Geschoßhöhe zu rechnen sind.

c) Bei Berechnung des Mauerwerkes werden alle Öffnungen, Tore, Fenster, Türen usw., in Abzug gebracht und werden diese Öffnungen wie folgt berechnet:

1. Öffnungen mit geradem Sturz: aus der Lichthöhe mit der Lichtweite.

2. Öffnungen mit ungeradem Sturz: aus der lichten Höhe bis zum Bogenanlauf mit der lichten Weite.

3. Bei Öffnungen, welche mit Stöcken verkleidet sind, wird das Lichtmaß des Stockes, bzw. bei ins Futter aufgehenden Türen, die kleinere Futterlichte in Rechnung gezogen, im übrigen jedoch nach den in 1 und 2 enthaltenen Bestimmungen vorgegangen.

Tor-, Tür- und Fensterbogen, Fensterparapettmauern, Spaletherstellungen, Versetzen von Tür- und Fensterstöcken, Gewänden u. dgl., werden separat verrechnet.

Nischen (wozu auch Blindtüren und Blindfensteröffnungen gehören) werden von der Mauerwerkskubatur mit ihrem wirklichen Ausmaß in Abzug gebracht.

[1]) Dieser Berechnungsart sind die Bestimmungen des städtischen Preistarifes der Gemeinde Wien aus dem Jahre 1912 zugrunde gelegt, jedoch unter Berücksichtigung der geänderten Verhältnisse.

Schläuche werden nur dann abgezogen, wenn der auf ihre Richtung senkrecht geführte Querschnitt 0,4 m² übersteigt.

Ziegelkreuzscharen bei Fundamentmauerwerk werden in die Kubatur desselben einbezogen.

d) Das Ausmaß der im Ziegelmauerwerk liegenden Beton- und Eisenbetonkonstruktionen wird vom Mauerwerk in Abzug gebracht. Diese Konstruktionen werden separat verrechnet.

e) Steinverkleidungen an den Fassadenflächen werden mit ihrer verglichenen Dicke ohne Rücksicht auf Tor- oder Fensterleibungen von der Mauer in Abzug gebracht, dagegen wird auf die Einbindung einzelner Werkstücke keine Rücksicht genommen.

f) Bei Berechnung von Mauern mit rundem oder polygonalem Grundriß, z. B. bei Stiegenhäusern, wird — wenn der lichte Raum 20 m² nicht übersteigt — dieser Hohlraum nur mit $^5/_6$ seiner Grundfläche abgezogen. Übersteigt die Grundfläche des Hohlraumes dieses Ausmaß, so ist dieser mit dem vollen Flächenmaß in Abzug zu bringen.

g) In Bogen laufende Mauern werden bezüglich ihrer Länge im äußeren Umfang gemessen.

1. Fundamentmauerwerk

ohne Verputz, beiderseits Erdwand, mit Abzug aller Öffnungen, für das erste Tiefenmeter; Mischungsverhältnis 1:3:

Per m³	Materialbedarf					Arbeitszeit in Stunden			
	Ziegel	Weißkalk, gelöscht	Portlandzement	Rescher Sand	Wasser	M.	G.	H.	W.
	Stück	m³	kg	m³					
a) Österreichisch. Format, mit alten Ziegeln, in Weißkalk	285	0,10	—	0,31	0,16	5,2	0,2	3,7	2,5
b) Wie vor, in Portland	285	—	130	0,33	0,10	6,7	0,2	3,7	2,6
c) Österreichisch. Format, mit neuen Ziegeln, in Weißkalk	280	0,10	—	0,30	0,18	5,0	0,2	3,5	2,5
d) Wie oben, in Portland	280	—	128	0,32	0,09	6,5	0,2	3,5	2,6
e) Deutsches Format, mit alten Ziegeln und Weißkalk	408	0,11	—	0,32	0,17	6,3	0,2	4,2	2,5
f) Wie oben, in Portland	408	—	135	0,34	0,095	7,8	0,2	4,2	2,6
g) Deutsches Format, mit neuen Ziegeln, in Weißkalk	400	0,11	—	0,32	0,16	6,0	0,2	4,0	2,5
h) Wie oben, mit neuen Ziegeln, in Portland	400	—	130	0,32	0,095	7,5	0,2	4,0	2,6

Anmerkung: Für das zweite Tiefenmeter kommt ein Zuschlag von 3% auf die Löhne, für das dritte von 7%, für das vierte von 10%, für das fünfte von 14% und für jedes weitere plus 3% auf das vorhergehende.

Gerüsterstunden sind nur für die Herstellung von Fördertreppen und Rutschen zu verrechnen; über Gerüste siehe „Baugerüstherstellung".

Sollte verlängerter Portlandzementmörtel oder Romanzementmörtel in Verwendung kommen, so sind unter Berücksichtigung des Mischungsverhältnisses die Angaben aus der Mörtelmischungstabelle zu verwenden.

2. Kellermauerwerk

mit ein- oder beiderseitiger Lichtmauerung und ohne Verputz und ohne Verbrämen der Fugen. Für das erste Tiefenmeter; Mörtelmischungsverhältnis 1 : 3:

Per m³	Materialbedarf					Arbeitszeit in Stunden			
	Ziegel	Weißkalk, gelöscht	Portlandzement	Rescher Sand	Wasser	M.	G.	H.	W.
	Stück	m³	kg	m³					
a) Österreichisch. Format, mit alten Ziegeln, in Weißkalkmörtel	285	0,10	—	0,31	0,16	6,2	0,2	3,7	2,5
b) Wie oben, in Portlandzementmörtel	285	—	130	0,33	0,10	7,7	0,2	3,7	2,6
c) Österreichisch. Format, mit neuen Ziegeln, in Weißkalkmörtel	280	0,10	—	0,30	0,18	6,0	0,2	3,5	2,5
d) Wie oben, in Portlandzementmörtel	280	—	128	0,32	0,09	7,5	0,2	3,5	2,6
e) Deutsches Format, mit alten Ziegeln und Weißkalkmörtel	408	0,11	—	0,32	0,17	7,3	0,2	4,2	2,5
f) Wie oben, in Portlandzementmörtel	408	—	135	0,34	0,095	8,8	0,2	4,2	2,6
g) Deutsches Format, mit neuen Ziegeln, in Weißkalkmörtel	400	0,11	—	0,33	0,19	7,0	0,2	4,0	2,5
h) Wie oben, in Portlandzementmörtel	400	—	130	0,35	0,10	8,5	0,2	4,0	2,6

Anmerkung: Die Anmerkung von 1 hat auch hier sinngemäße Anwendung zu finden.

Fenster- und Türherstellungen sind separat zu verrechnen. (Siehe Versetzarbeiten.)

3. Geschoßmauerwerk

mit ein- oder beiderseitiger Lichtmauerung, ohne Verputz und ohne Gerüstung, mit Abzug aller Öffnungen, im ebenerdigen Geschoß. Mörtelmischungsverhältnis 1 : 3:

Per m³	Materialbedarf					Arbeitszeit in Stunden			
	Ziegel	Weißkalk, gelöscht	Portlandzement	Rescher Sand	Wasser	M.	G.	H.	W.
	Stück	m³	kg	m³					
a) Österreichisch. Format, mit alten Ziegeln und in Weißkalkmörtel . .	285	0,10	—	0,31	0,16	7,2	0,2	3,7	2,5
b) Wie oben, in Portlandzementmörtel	285	—	130	0,33	0,10	8,7	0,2	3,7	2,6
c) Österreichisch. Format, mit neuen Ziegeln, in Weißkalkmörtel	280	0,10	—	0,30	0,18	7,0	0,2	3,5	2,5
d) Wie oben, in Portlandzementmörtel	280	—	128	0,32	0,09	8,5	0,2	3,5	2,6
e) Deutsches Format, mit alten Ziegeln und Weißkalkmörtel	408	0,11	—	0,32	0,17	8,3	0,2	4,2	2,5
f) Wie oben, in Portlandzementmörtel	408	—	135	0,34	0,095	9,8	0,2	4,2	2,6
g) Deutsches Format, mit neuen Ziegeln, in Weißkalkmörtel	400	0,11	—	0,33	0,19	8,0	0,2	4,0	2,5
h) Wie oben, in Portlandzementmörtel	400	—	130	0,35	0,10	9,5	0,2	4,0	2,6

Anmerkung: Die Anmerkungen von Post 1 und 2 haben auch hier sinngemäße Anwendung zu finden.

Geschoßzuschlag per Geschoß und 1 m³ ö. F. . . . . 1 H. und 0,5 W.
„ „ „ „ 1 „ d. F. . . . . .1,2 H. „ 0,8 W.

Verschiedene Mauerwerksgattungen

1. Fundamentmauerwerk aus Bruchsteinen

ohne Verputz, beiderseits Erdwand, mit Abzug aller Öffnungen mit Ausgleichschichten aus Ziegeln, ohne Gerüstung, für das erste Tiefenmeter:

Per m³	Materialbedarf					Arbeitszeit in Stunden			
	Bruch-stein	Ziegel	Weiß-kalk, gelöscht	Rescher Sand	Wasser	M.	G.	H.	W.
	m³	Stück	m³						
Mit Weißkalkmörtel M.V. 1:3	1,12	15 bis 20	0,10	0,30	0,18	5,0	0,2	4,1	2,5
Mit Portlandzementmörtel M.V. 1:3	1,12		Portland 130 kg	0,35	0,10	6,5	0,2	4,1	2,5
Mit Portlandzementmörtel M.V. 1:4	1,12		100	0,37	0,11	6,5	0,2	4,1	2,5

Anmerkung: Die Anmerkungen von „Geradem Ziegelmauerwerk" haben auch hier sinngemäße Anwendung zu finden.

2. Geschoßmauerwerk aus Bruchsteinen

mit ein- oder beiderseitiger Lichtmauerung, ohne Verputz und ohne Gerüstung, mit Abzug aller Öffnungen, im ebenerdigen Geschoß; Mörtelmischungsverhältnis 1:3:

Per m³	Materialbedarf						Arbeitszeit in Stunden			
	Bruch-steine	Weiß-kalk	Roman-zement	Portland-zement	Sand	Wasser	M.	G.	H.	W.
	m³		kg		m³					
Mit Weißkalkmörtel	1,1	0,12	—	—	0,33	0,18	8,0	0,2	4,1	2,5
Mit Romanzementmörtel ...	1,2	—	100	—	0,35	0,10	9,0	0,2	4,1	2,5
Mit Portlandzementmörtel ...	1,2	—	—	130	0,35	0,10	9,5	0,2	4,1	2,5

Anmerkung: Wie „Gerades Ziegelmauerwerk".

3. Ziegelmauerwerk im Rohbau

oder mit geschlämmten oder gepreßten Ziegeln verkleidet, wird im vollen Mauerkörper, inklusive der Verkleidung, wie „Gerades Ziegelmauerwerk" gerechnet, die Mehrkosten je nach den verwendeten Ziegelgattungen zugeschlagen und außerdem noch die Mehrarbeit per 1 m² hinzugerechnet:

$$0{,}45\ \text{H.} + 0{,}90\ \text{W.}$$

Anmerkung: Bei Verwendung von Klinkerziegeln kommt ein weiterer Zuschlag für Mehrarbeit von 4 M. + 1 H. per 1 m³ hinzu.

4. Riegelmauerwerk

zu ebener Erde, 0,15 cm stark; Mörtelmischungsverhältnis 1:3

Türen und Fenster, sowie die Gehölze, welche von Mauerwerk umgeben sind oder dasselbe begrenzen, werden nicht in Abzug gebracht.

Materialbedarf per 1 m²:

Ziegel, österr. Format	42 Stück	M.	2 Stunden
Gelöschter Weißkalk	0,02 m²	G.	0,03 „
Sand	0,05 „	H.	0,5 „
Wasser	0,02 „	W.	0,4 „

Anmerkung: Geschoßzuschlag per Geschoß und 1 m² 0,15 H. und 0,1 W.

5. Trockenmauerwerk

Per m³	Bruchstein m³	Ziegel Stück	Schotter m³	Arbeitszeit in Stunden	
Bruchstein	1,3	—	—	3,5 M.	3,5 H.
Ziegel	—	330	—	3,5	3,5
Steinwurf	1,1	—	0,12	2,75	2,75

Anmerkung: Geschoßzuschlag per Geschoß und 1 m³.......0,5 H.

6. Gemischtes Mauerwerk

Wird nach seiner Zusammensetzung in dem Verhältnis der entsprechenden Mauerwerksanalysen berechnet.

Bei Unterfangungs- oder sonstigen schwierigen Arbeiten sind die Ansätze der Analysen um mindestens 50% zu erhöhen.

Ziegelgewölbemauerwerk

Für die Berechnung des Ziegelmauerwerks, im Rohbau gemessen, gelten folgende Bestimmungen[1]):

a) Bei der Berechnung der Gurten und Tonnengewölbe ist als Umfang (Länge) die Spannweite mehr der Pfeilhöhe mehr der 1½fachen verglichenen Dicke anzunehmen.

Tonnengewölbe (Platzel) bis zu einer Pfeilhöhe von 30 cm und bis zur Stärke von 15 cm werden nach dem Flächenmaß der Horizontalprojektion verrechnet. Bei Ausführung dieser Gewölbe zwischen Traversen wird die Stegdicke nicht in Abrechnung gebracht.

b) Bei Berechnung der Kreuzgewölbe wird die eine der Durchkreuzungstonnen, und zwar die nach der Längsachse des Gewölbes, als ganz, die andere als halb angenommen.

c) Böhmische Platzel werden in der Weise berechnet, daß man die Länge wie bei den Tonnen, die Breite jedoch als gekrümmte Linie annimmt, wobei die Steigung als Pfeilhöhe gilt.

[1]) Dieser Berechnungsart sind die Bestimmungen des städtischen Preistarifes der Gemeinde Wien aus dem Jahre 1912 zugrunde gelegt, jedoch unter Berücksichtigung der geänderten Verhältnisse.

d) Bei Kuppel- und Kappengewölben nimmt man die innere Umfangslinie im Anlauf des Gewölbes als Länge, die halbe Spannweite mehr der Pfeilhöhe mehr der 1½fachen verglichenen Dicke als Breite an.

e) Bei Gewölbefüßel (vorspringende Gewölbeauflager) wird die Länge mit der Ausladung und der Höhe der Füßel als Prisma gerechnet.

f) Die Gewölbenachmauerung wird, wenn sich eine solche als notwendig herausstellt, als gerades Mauerwerk berechnet.

g) Aufmauerungen auf Gurten werden als gerades Mauerwerk in Rechnung gebracht.

1. Im Keller oder Parterre

ohne Verputz und Lehrgerüst; Mischungsverhältnis 1:3:

Per m³	Materialbedarf					Arbeitszeit in Stunden			
	Ziegel	Weiß-kalk	Portland-zement	Maurer-sand	Wasser	M.	G.	H.	W.
	Stück	m³	kg	m³					
a) Neue Ziegel, österreichisches Format, in Weißkalkmörtel	280	0,10	—	0,30	0,18	8,0	0,2	3,8	2,5
b) Wie oben, in Portlandzementmörtel	280	—	128	0,32	0,09	9,0	0,2	4,0	2,6
c) Alte Ziegel, österreichisches Format, in Weißkalkmörtel	285	0,10	—	0,31	0,16	9,0	0,2	4,0	2,5
d) Wie oben, in Portlandzementmörtel	285	—	130	0,33	0,10	10,0	0,2	4,2	2,6
e) Neue Ziegel, deutsches Format, in Weißkalkmörtel	400	0,11	—	0,33	0,19	9,5	0,2	4,3	2,5
f) Wie oben, in Portlandzementmörtel	400	—	130	0,35	0,10	10,5	0,2	4,5	2,6

Anmerkung: Geschoßzuschlag bei Ziegelgewölbemauerwerk wie bei „Geradem Mauerwerk“.

2. Platzelgewölbe

zwischen Traversen, Gurten oder Mauern, ohne Gerüstung, bis zu 15 cm Stärke und bis zu einer Pfeilhöhe von 30 cm, ebenerdig:

Per m²	Materialbedarf					Arbeitszeit in Stunden			
	Ziegel	Weiß-kalk	Portland-zement	Maurer-sand	Wasser	M.	G.	H.	W.
	Stück	m³	kg	m³					
a) Neue Ziegel, österreichisches Format, in Weißkalkmörtel	54	0,02	—	0,06	0,03	1,6	0,04	0,8	0,5
b) Wie oben, in Portlandzementmörtel	54	—	22	0,06	0,018	1,8	0,04	0,9	0,6
c) Neue Ziegel, deutsches Format, in Weißkalkmörtel	76	0,022	—	0,07	0,036	1,8	0,04	0,9	0,5
d) Wie oben, in Portlandzementmörtel	76	—	23	0,07	0,019	2,0	0,04	1,0	0,5

Anmerkung: Geschoßzuschlag 0,15 H. und 0,10 W. bei ö. F.
„ „ 0,20 H. „ 0,15 W. „ d. F.

Gesimse[1])

Die Berechnung der Gesimse erfolgt nach Auslegen und nach Ziehen.

Unter Auslegen wird verstanden: die Herstellung der Gesimse im Rohzustand, ohne Verputz, einschließlich aller Arbeit und Beigabe sämtlicher Materialien, **per Kubikmeter,** und zwar Länge mal Höhe mal der größten Ausladung.

a) Auslegen: Doppelte Stundenansätze und einfache Materialansätze der in Verwendung kommenden Mauerwerksgattungen (beispeilsweise gewöhnliches Ziegelmauerwerk oder Ziegelmauerwerk im Rohbau). Geschoßzuschläge sind ebenfalls nach der in Verwendung kommenden Mauerwerksgattung zuzurechnen.

Unter Ziehen wird verstanden: das vollständige Anwerfen und Feinverputzen nach bestimmten Profilen, einschließlich aller Arbeit und Beigabe des Mörtels sowie der erforderlichen Schablonen, **per Quadratmeter,** und zwar Länge mal der entwickelten Linie des Naturprofils. Bei Gesimsen mit einfacher oder mehrfacher Wiederkehr gilt für die Länge das Ausmaß der Gesimsoberkante plus dem Ausmaß der Wiederkehr.

b) Ziehen: Dreifache Stundenansätze und einfache Materialansätze der betreffenden Putzgattungen (Abschnitt Verputzherstellung, z. B. gewöhnlicher Verputz, Fugenverbrämung). Geschoßzuschläge sind ebenfalls nach dem angeführten Abschnitt hinzuzurechnen.

---

[1]) Siehe auch „Versetzarbeiten", Seite 133.

Verputzherstellungen[1])

bis zu 2 m von der Arbeitsbühne respektive Standebene, ebenerdig:

Per m²	Materialbedarf						Arbeitszeit in Stunden		
	Sand, grob	Sand, fein	Weiß-kalk	Roman-zement	Portland-zement	Wasser	M.	H.	W.
	m³			kg		m³			
Vollständiger Verputz, grob 10 bis 15 mm stark, fein 6 mm stark, in Weißkalkmörtel	0,02	0,01	0,01	—	—	0,01	0,7	0,2	0,35
Wie oben, in Romanzementmörtel	0,02	0,01	—	10	—	0,01	0,95	0,2	0,4
Wie oben, in Portlandzementmörtel	0,02	0,01	—	—	14	0,01	1,3	0,2	0,4
Grober Anwurf allein, 10 bis 15 cm stark, in Weißkalkmörtel	0,02	—	0,006	—	—	0,008	0,47	0,15	0,25
Wie oben, in Romanzementmörtel	0,02	—	—	7	—	0,008	0,60	0,15	0,30
Wie oben, in Portlandzementmörtel	0,02	—	—	—	10	0,008	0,80	0,15	0,30
Feiner Verputz allein, 6 mm stark	Auf die Gattungen des groben Verputzes 5% Aufschlag; statt groben Sandes feiner Sand								
Fugenverbrämung[2]) bei neuem Ziegelmauerwerk, in Weißkalkmörtel	—	0,005	0,002	—	—	0,005	0,80	—	0,20
Wie oben, in Romanzementmörtel[2])........	—	0,005	—	3,5	—	0,005	0,90	—	0,20
Wie oben, in Portlandzementmörtel[2])........	—	0,005	—	—	4,8	0,005	1,0	—	0,20
Verschließen der Fugen, in Weißkalkmörtel	—	0,01	0,004	—	—	0,005	0,4	—	0,25
Wie oben, in Romanzementmörtel	—	0,01	—	3,5	—	0,005	0,5	—	0,3
Wie oben, in Portlandzementmörtel	—	0,01	—	—	4,8	0,005	0,55	—	0,3
Bei Bruchsteinmauerwerk	Auf die Gattungen der Fugenverschließung 10% Aufschlag								

[1]) Siehe auch: „Verputz- und Ausbesserungsarbeiten", Seite 136.

[2]) Fugenverbrämung bei Bruchstein- oder Quadermauerwerk: auf die Gattungen der Fugenverbrämung 10% Zuschlag.

Fugenverbrämung bei altem bestehenden Ziegelmauerwerk: auf die Gattungen der Fugenverbrämung 15% Zuschlag.

Per m²	Materialbedarf						Arbeitszeit in Stunden		
	Sand, grob	Sand, fein	Weiß-kalk	Roman-zement	Portland-zement	Wasser	M.	H.	W.
	m³			kg		m³			
Spritzwurf, in Weißkalkmörtel	0,03	—	0,01	—	—	0,01	0,75	0,02	0,35
Wie oben, in Romanzementmörtel	0,03	—	—	12	—	0,01	1,0	0,02	0,44
Wie oben, in Portlandzementmörtel	0,03	—	—	—	16	0,01	1,4	0,02	0,40
Gipsverputz, vollständig .	0,018	0,006	0,0085	Gips 8,5	—	0,015	1,0	0,2	0,4
Zierverputz: Nutenziehen oder Quadrieren, Zuschlag zu gewöhnlichem Verputz bei Weißkalkmörtel	0,006	0,003	0,005	—	—	—	1,3	0,2	0,3
Wie oben, in Romanzementmörtel	0,006	0,003	—	3,5	—	—	1,8	0,2	0,4
Wie oben, in Portlandzementmörtel	0,006	0,003	—	—	5,0	—	2,3	0,2	0,4
Rustiken mit Spiegelquadern, Zuschlag zu gewöhnlichem Verputz, in Weißkalkmörtel	0,04	0,02	0,03	—	—	—	3,8	1,4	—
Wie oben, in Romanzementmörtel	0,04	0,02	—	15	—	—	4,8	1,8	—
Wie oben, in Portlandzementmörtel	0,40	0,02	—	—	26	—	5,8	2,2	—
Rustiken mit gestockten oder gespitzten Quadern, in Weißkalkmörtel, Zuschlag zu gewöhnlichem Verputz	0,04	0,02	0,035	—	—	—	3,7	1,2	—
Wie oben, in Romanzementmörtel	0,04	0,02	—	24	—	—	4,5	1,5	—
Wie oben, in Portlandzementmörtel	0,04	0,20	—	—	42	—	6,5	1,8	—
1 m² reiner, geglätteter Verputz mit Gipsmörtel, wobei der grobe Mörtel mit Weißkalk und mit Gipszusatz, der feine tunlichst mit reiner Gipsmischung herzustellen und in die Latte zu ziehen ist	0,018	0,006	0,0085	—	8,5	0,01	1,0	0,20	0,40

Per m²	Materialbedarf						Arbeitszeit in Stunden		
	Sand, grob	Sand, fein	Weiß-kalk	Roman-zement	Portland-zement	Wasser	M.	H.	W.
	m³			kg		m³			
1 Kurrentmeter Fugenschnitt, Nute ohne Gliederung, und zwar:									
a) bei neuen Verputzflächen an Aufzahlung auf die neuen Verputzpreise:									
1. mit Weißkalk	—	—	—	—	—	—	0,20	—	—
2. „ Romanzement .	—	—	—	—	—	—	0,25	—	—
3. „ Portlandzement	—	—	—	—	—	—	0,30	—	—
b) auf alten Verputzflächen:									
1. mit Weißkalk	—	0,002	0,001	—	—	0,01	0,35	0,15	—
2. „ Romanzement .	—	0,002	—	1,5	—	0,01	0,40	0,15	—
3. „ Portlandzement	—	0,002	—	—	2,5	0,01	0,45	0,15	—
c) in neuem Betonpflaster, Zuschlag per m	—	—	—	—	—	—	5,05	—	—
d) in altem Betonpflaster, Zuschlag per m........	—	0,003	—	—	3,0	0,01	1,0	0,20	—

Geschoßzuschläge:

Bei vollständigem Verputz und Spritzwurf ......0,25 H., per Geschoß und 1 m²
„ grobem Verputz ....0,20 „ „ „ „ 1 „
„ allen übrigen Verputzgattungen ....0,12 „ „ „ „ 1 „

Anmerkung: Mischungsverhältnis bei grobem Verputz 1:3,
„ „ feinem „ 1:2.

Deckenverputz an ebenen, gewölbten Decken oder Stiegenuntersichten: Zuschlag bei vollständigem Verputz 0,65 M. per m²,
„ grobem „ 0,56 „ „ „
„ feinem „ Fugenverbrämung oder Fugenverschließung 0,45 M. per 1 m².

Bei stärkerem Verputz als angegeben sind die Ansätze proportional zu erhöhen.

Bei Schleifen von Verputz in Portlandzementmörtel Aufschlag 1,3 M. per m².

Fassadenrenovierungen

ohne Gerüst

Die Fläche der Fassade wird als Produkt der Höhe von der Oberkante des Hauptgesimses bis zum Gehsteig in Vertikalprojektion berechnet. Aufbauten oberhalb des Hauptgesimses werden mit ihrer Vertikalprojektion in die Fassadenfläche einbezogen. Seitenflächen von Vorsprüngen (Risaliten, Erker usw.) werden nur dann in die Berechnung der Fassadenfläche einbezogen, wenn der Vorsprung größer als 15 cm ist. Die Berechnung der Gerüstung hat auf gleiche Weise zu erfolgen.

per m²	Materialbedarf					Arbeitszeit in Stunden		
	Sand, grob	Sand, fein	Kalk	Zement	Wasser	M.	H.	W.
	m³			kg	m³			
Einmalige Weißigung	—	—	0,0006	—	0,001	0,07	—	—
Zweimalige Weißigung	—	—	0,001	—	0,0015	0,12	—	—
Dreimalige Weißigung	—	—	0,0014	—	0,0015	0,17	—	—
Einmalige Färbelung in einer oder zwei Farben	—	—	0,0006	Farbe kg 0,05	0,001	0,08	—	—
Zweimalige Färbelung wie oben	—	—	0,001	0,1	0,0015	0,13	—	—
Dreimalige Färbelung wie oben	—	—	0,0014	0,15	0,002	0,18	—	—
Abscheren (abhängig vom Verputz), daher nur ungefähre Angabe)	—	—	—	Zement kg —	—	0,09	—	0,02
Abscheren und Abwaschen, für Zimmermaler vorrichten (wie oben)	—	—	—	—	—	0,18	—	0,02
Abkratzen von Tapeten (abhängig von der Tapetenart), daher nur ungefähre Angabe)	—	—	—	—	—	0,23	—	0,02
Patschokierung mit Weißkalkmörtel und Donausand	—	0,01	0,0008	—	0,0001	0,14	—	0,03
Einfache, glatte Gassen- oder Lichthofflächen abscheren, abwaschen und aufrauhen, bis 10% Verputzschäden ausbessern mit Weißkalkmörtel, mit dem Brettel überreiben ..	0,006	0,003	0,003	—	0,01	0,6	0,3	0,2
Wie oben, jedoch patschokieren .	0,006	0,003	0,003	—	0,01	0,4	0,2	0,15
Schauflächen mit reicher Architektur bis 10% Verputzschäden, sonst wie oben, mit dem Brettel überreiben	0,006	0,003	0,003	—	0,01	0,9	0,45	0,2
Wie oben, jedoch patschokieren	0,006	0,003	0,003	—	0,01	0,6	0,25	0,2
Feuermauer bis 10% Verputzschäden, sonst wie oben, mit dem Brettel überreiben	0,006	0,003	0,003	—	0,01	0,7	0,3	0,2
Wie oben, jedoch patschokieren.	0,006	0,003	0,003	—	0,01	0,45	0,2	0,2

Anmerkung: Bei Verputzschäden bis 30% sind die Ansätze um 30% zu erhöhen
„ „ „ 60% „ „ „ „ 50% „ „
„ „ „ 80% „ „ „ „ 90% „ „

Für je weitere 5% ist die Erhöhung proportional zu errechnen.

Der Perzentsatz der Verputzschäden wird derart festgestellt, daß das Ausmaß der gesamten Schaufläche weniger sämtlichen Öffnungen (Fenster, Türen, Tore, usw.) zu den Schäden in das perzentuelle Verhältnis gebracht wird:

Berechnung des Perzentsatzes der Verputzschäden:

Fassadenfläche in m² = ... F

Öffnungen (Türen, Fenster usw.) in m² = ... O

Verputzarbeiten in m² (nach Naturmaß, wenn sämtliche losen Verputzteile der ganzen Mauerfläche abgeschlagen sind) = ... V

Perzentsatz der Verputzschäden = ...p%

$$\text{daher } p\% = \frac{100 \times V}{F-O}$$

Beispiel: Mit F = 500 m², O = 100 m² und V = 366 m² erhält man daher:

$$p\% = \frac{100 \times 366}{500 - 100} = 91{,}5\%$$

Pflasterungen

1. Mit Ziegeln, liegend:

Per m²	Materialbedarf					Arbeitszeit in Stunden		
	Ziegel	Weiß-kalk	Portland-zement	Sand	Wasser	M.	H.	W.
	Stück	m³	kg	m³				
Österreichisches Format, in Weißkalkmörtel	24	0,01	—	0,025	0,02	0,6	0,2	0,5
Wie oben, in Portlandzementmörtel	24	—	10	0,025	0,01	0,7	0,2	0,5
Deutsches Format, in Weißkalkmörtel	32	0,012	—	0,03	0,02	0,7	0,2	0,5
Wie oben, in Portlandzementmörtel	32	—	10	0,03	0,01	0,8	0,2	0,5
Trocken verlegt, mit Ausgießen der Fugen: Österreichisches Format	24	0,005	—	0,012	0,005	0,5	0,2	0,25
Wie oben: Deutsches Format...	32	0,006	—	0,014	0,006	0,6	0,2	0,3
Ohne Ausgießen der Fugen: Österreichisches Format	24	—	—	—	—	0,5	0,2	—
Wie oben: Deutsches Format...	32	—	—	—	—	0,6	0,2	—
Ausfüllen der Fugen mit Sand: Österreichisches Format	24	—	—	0,02	—	0,5	0,25	—
Wie oben: Deutsches Format...	32	—	—	0,025	—	0,6	0,3	—

Anmerkung: Geschoßzuschlag 0,2 H. und 0,25 W., per Geschoß und 1 m². Bei Verwendung von Klinkerziegeln Aufschlag 0,3 M., 0,1 H. per 1 m². Für stehendes Ziegelpflaster sind die Ansätze zu verdoppeln.

2. Mit anderen Materialien:

Per m²	Stück-Anzahl	Materialbedarf Weißkalk	Portlandzement	Sand	Wasser	Arbeitszeit in Stunden M.	H.
		m³	kg	m³			
Kelheimer Platten [1]), in Weißkalkmörtel	—	0,012	—	0,035	0,02	1,8	0,9
Wie oben, in Portlandzementmörtel...	—	—	10	0,022	0,01	1,8	0,9
Zement- oder Tonplatten [1]), in Portlandzementmörtel	—	—	12	0,035	0,02	3	1,5
Werksteinplatten [1]), in Weißkalkmörtel	—	0,02	—	0,04	0,03	3	3
Wie oben, in Portlandzementmörtel ...	—	—	18	0,04	0,02	3	3
Bruchstein, in Weißkalkmörtel	—	0,03	—	0,09	0,03	1,8	1,8
Wie oben, in Portlandzementmörtel ...	—	—	31	0,09	0,03	1,8	1,8
Kiesstein, 15 cm stark, hochkantig, in Weißkalkmörtel	Kieselsteine m³ 0,15	0,25	—	0,08	0,02	2,5	2,5
Wie oben, in Portlandzementmörtel ...	0,15	—	27	0,08	0,02	2,5	2,5
Wie oben, trocken verlegt	0,15	—	—	0,1	—	2	2

[1]) Gebräuchliche Plattengrößen angenommen.

Anmerkung: Geschoßzuschlag 1,25 H. per Geschoß und 1 m².

Kleinere Kanalarbeiten

Gegenstand	Material Sand	Portlandzement	Ziegel	Wasser	Arbeitszeit in Stunden M.	G.	H.	W.
	m³	kg	Stück ö. F.	m³				
1 m³ Beton für Kanalherstellungen:								
a) bei Schächten								
M.V. 1: 6	1,30	300	—	0,18	—	1	16	3
M.V. 1: 9	1,30	175	—	0,18	—	1	16	3
b) bei aufgehendem Mauerwerk								
M.V. 1: 12	1,30	135	—	0,18	—	1	14	1
c) bei Fundierung, Untermauerung usw.								
M.V. 1: 9	1,30	175	—	0,18	—	—	14	1
M.V. 1: 12	1,30	135	—	0,18	—	—	14	1
M.V. 1: 15	1,30	115	—	0,18	—	—	14	1

Gegenstand	Material				Arbeitszeit in Stunden			
	Sand	Portland-zement	Ziegel	Wasser	M.	G.	H.	W.
	m^3	kg	Stück ö. F.	m^3				
1 m^3 gerades, volles, aufgehendes Kanalmauerwerk mit neuen Ziegeln österr. Format, in Portlandzementmörtel, M.V. 1: 3	0,32	128	280	0,08	7	—	7	7
1 m^3 Kanalgewölbemauerwerk mit neuen Ziegeln österr. Format, in Portlandzementmörtel, M.V. 1: 3..................	0,32	128	280	0,09	8	2	8	8
Ausmauerungen alter, aufzulassender Kanäle mit alten Ziegeln, in Portlandzementmörtel, per m^3	0,30	70	280	0,05	6	—	14	—
1 m^2 stehendes, muldenförmiges Ziegelpflaster, in Portlandzementmörtel, in neuen Kanälen	0,08	27	50	—	1,5	—	1	0,5
1 m^2 stehendes, muldenförmiges Pflaster aus Klinkerziegeln, in Portlandzementmörtel versetzen und die Fugen mit dünnem Portlandzementmörtel satt ausgießen, in neuen Kanälen	0,08	27	45	—	2	—	—	2
1 m^2 Kanalsohlenpflaster aus Granitsteinen, in Portlandzementmörtel gelegt und die Fugen mit dünnem Portlandzementmörtel ausgegossen:			Granitsteine					
a) mit ordinären Steinen, ohne Unterschied der Dimensionen	0,10	30	25—30	—	1,5	—	3	—
b) mit rein bearbeiteten Steinen	0,08	24	25—30	—	1,2	—	2,4	—
1 m^2 18 mm starken Verputz an den inneren Flächen von Kanälen, wobei die untere, 16 mm starke Schichte aus Mörtel aufzutragen und darauf noch vor Erhärtung eine 2 mm starke, mit eisernen Reibinstrumenten vollkommen glattzureibende Schichte aus reinem Portlandzement herzustellen ist	0,017	15	—	—	1	—	1	—
1 m^2 29 mm starker Verputz an der Außenseite von Kanalgewölben, M.V. 1: 2, in Portlandzement aufgetragen und glattzustreichen	0,02	12	—	—	0,5	—	0,5	—

Gegenstand	Material				Arbeitszeit in Stunden			
	Sand	Portland-zement	Ziegel	Wasser	M.	G.	H.	W.
	m³	kg	Stück ö. F.	m³				
1 eisernes Kanalschacht- oder Wassereinlaufgitter oder einen Deckel samt Rahmen bei bereits aufgebrochener Straßendecke auslösen und seitlich deponieren:								
a) 45 × 45 cm Gitter	—	—	—	—	1	—	1	—
b) 60 × 60 „ „	—	—	—	—	1,5	—	3	—
1 m² glatten Verputz oder Fugenverbrämung in bestehenden Kanälen erneuern, vorher alten Anwurf abschlagen, die Fugen auskratzen................	0,015	15	—	—	1,5	—	1	—
Aufrauhen des Betons in Kanälen zur Erneuerung des Verputzes, per m²	—	—	—	—	0,5	—	1	—
1 m² Mauerwerk, Seitenwände, Gewölbe oder Sohle in Kanälen ausstemmen, neue Ziegel in Zementkalkmörtel einsetzen, die Fugen verbrämen:								
a) bis 15 cm Tiefe	0,08	25	50	—	3	—	6	—
b) über 15 bis 25 cm Tiefe.....	0,12	40	60	—	4	—	7	—
c) „ 25 „ 30 „ „	0,15	45	70	—	4,5	—	9	—
Einzelne schadhafte Ziegel in Kanälen (Binder oder Läufer) durch neue ersetzen	0,001	0,5	1	—	0,5	—	0,25	—
Herstellen der Einmündung für einen neuen Schacht in altem Kanalmauerwerk, Durchbrechen des Mauerwerks, Herstellen der Gurtungen:								
a) bis 45 cm Schachtlichte	0,08	20	30	—	4	—	8	—
b) „ 70 „ „	0,14	35	50	—	7	—	14	—
Herstellung einer Rohreinmündung, sonst wie vor:								
a) bis 16 cm des inneren Rohrdurchmessers	0,01	5	—	—	2	—	2	—
b) bis 30 cm des inneren Rohrdurchmessers	0,02	10	—	—	3	—	3	—
c) über 30 cm des inneren Rohrdurchmessers	0,03	15	—	—	4	—	4	—

Gegenstand	Material				Arbeitszeit in Stunden			
	Sand	Portland-zement	Ziegel	Wasser	M.	G.	H.	W.
	m³	kg	Stück ö. F.	m³				
Versetzen eines Drainagerohres bis 10 cm Durchmesser in Kanälen einschließlich des Ausstemmens der Öffnungen und der Instandsetzung des Verputzes:								
a) bei alten Kanälen, bis 30 cm Wandstärke	0,002	1	—	—	1	—	1	—
b) bei alten Kanälen, über 30 cm Wandstärke	0,003	1,5	—	—	1,5	—	1,5	—
c) bei neuen Kanälen, bis 30 cm Wandstärke	0,002	1	—	—	—	—	0,5	—
d) bei neuen Kanälen über 30 cm Wandstärke	0,003	1,5	—	—	—	—	0,75	—
1 m Pfostenrinne zur Ableitung des Unrates bei Umbau (Reparatur) von Kanälen, Beistellung derselben nach Bedarf und Verdämmung mit Tegel:								
a) bis 30 cm breite Pfostenrinnen	—	—	—	—	0,5	—	1,5	—
b) über 30 cm breite Pfostenrinnen	—	—	—	—	0,5	—	2,5	—
1 m Steinzeugsohlenschale einschließlich zweier Wandplatten in Betonkanälen unter Verwendung von Portlandzementmörtel versetzen und die Fugen mit dünnem Portlandzementmörtel ausgießen:								
a) in neuen Kanälen	0,07	20	—	—	1	—	1	—
b) „ bestehenden Kanälen	0,07	20	—	—	3	—	6	—
1 m Steinzeugsohlenschale ohne Wandplatten versetzen, sonst wie vor:								
a) in neuen Kanälen	0,03	10	—	—	0,5	—	0,5	—
b) „ bestehenden Kanälen	0,03	10	—	—	1,5	—	3	—
1 Stück gußeisernes Kanalgitter oder gußeisernen Kanaldeckel oder Wechselkastendeckel samt Rahmen versetzen, einschließlich des etwa erforderlichen Einklaubens des Pflasters oder mit Anschüttung:								
a) 45 × 45 cm Größe des Kanalgitters	0,05	10	—	—	2,5	—	2,5	—
b) 60 × 60 cm Größe des Kanalgitters	0,10	15	—	—	3	—	6	—

Gegenstand	Material				Arbeitszeit in Stunden			
	Sand	Portland-zement	Ziegel	Wasser	M.	G.	H.	W.
	m³	kg	Stück ö. F.	m³				
1 Stück Kanalschacht-Steigeisen versetzen:								
a) in alten Schächten mit Ausstemmen der Löcher und der Verputzherstellung	—	2	—	—	1,5	—	1,5	—
b) in neuen Schächten.........	—	—	—	—	0,5	—	0,25	—

Anmerkung: Für etwa erforderliche Beleuchtung 10% Zuschlag von der Arbeitszeit. Bei Arbeiten in alten Kanälen 25% Zuschlag von der Arbeitszeit. Die Gerüsterstunden sind nur zur Herstellung von Födertreppen, Rutschen usw. Etwa erforderliche sonstige Gerüstungen sind nach Abschnitt „Baugerüstherstellungen" zu berechnen.

Versetzarbeiten

1 m glatte Tür- oder Torgewände, Sohlbänke, Kämpferstücke, Torstürze, Kanal- oder Brunnendeckeleinfassungen aus Stein versetzen:

Zu ebener Erde: a) bis zum Querschnitt von 0,05 m²: 0,5. M., 0,5 H., 6 kg Portlandzement, 0,01 m³ Sand; b) über 0,05 m² Querschnitt: 1,5 M., 1,5 H., 18 kg Portlandzement, 0,03 m³ Sand.

Anmerkung: Für höhere oder tiefere Geschosse 15% Zuschlag per Geschoß vom Lohnaufwand.

1 m steinerne Stiegenstufen in neue Mauern versetzen, das Lager ausstemmen und vermauern:

Im Ebenerdgeschoß: a) beiderseits eingemauerte oder einerseits auf Trägern liegende Stufen: 1 M., 1,5 H., 3 Ziegel, 0,003 m³ Kalk, 0,01 m³ Sand; b) freitragende Stufen: 2 M., 2,5 H., 3 Ziegel, 6 kg Portlandzement, 0,01 m³ Sand.

Anmerkung: Für höhere oder tiefere Geschosse, Zuschlag per 1 m und Geschoß 0,4 H. Bei Arbeiten in alten Mauern sind die Stundenansätze um 50% zu erhöhen.

1 m Kanalrinne aus Steinzeug oder Zement versetzen: a) bis zur lichten Weite von 50 cm: 1 M., 1 H., 24 kg Portlandzement, 0,04 m³ Sand; b) über 50 cm lichte Weite: 1,25 M., 1,25 H., 36 kg Portlandzement, 0,06 m³ Sand.

1 m² glatte Deck- oder Sockelplatte bis 10 cm Stärke ohne Befestigungsklammern versetzen:

Zu ebener Erde: 2,5 M., 2,5 H., 30 kg Portlandzement, 0,05 m³ Sand.

1 m² glatte Gesimshängeplatten bis zu einer Ausladung von 50 cm versetzen:

Bis zur Höhe des ersten Geschoßfußbodens: 2,5 M., 3 H., 0,1 m³ Kalk, 0,03 m³ Sand.

Anmerkung: Für je 10 cm Mehrausladung eine Aufzahlung von 50%. Bei profilierten Platten ein Zuschlag von 20% auf die Stundenansätze. In höheren Geschossen per Geschoß ein Zuschlag von 0,75 H.

1 m² Stiegenruheplätzeplatten versetzen:

Bis zur Höhe des ersten Geschoßfußbodens: 4 M., 5 H., 7 Ziegel, 18 kg Portlandzement, 0,03 m³ Sand.

Anmerkung: In höheren Geschossen per Geschoß ein Zuschlag von 1 H.

1 m² Balkenplatten versetzen: Im ersten Geschoß 5 M., 6 H., 7 Ziegel, 18 kg Portlandzement, 0,03 m³ Sand, in höheren Geschossen 1,5 H. Zuschlag per Geschoß.

1 m² Abortschlauchaufstandsplatten versetzen: 2,5 M., 2 H., 18 kg Portlandzement, 0,03 m³ Sand.

1 Rauchfang- oder Ventilationsaufsatz aus Steinzeug versetzen: 1,5 M., 2 H., 6 kg Portlandzement, 0,01 m³ feiner Sand.

1 m² Verkachelung in gebräuchlicher Größe von 15/15 cm: 2,5 M., 1,25 H., 18 kg Portlandzement, 0,03 m³ feiner Sand.

1 m² Verkleidung mit Fliesen in gebräuchlicher Größe von 15/15 cm: 3,5 M., 1,75 W., 18 kg Portlandzement, 0,03 m³ feiner Sand.

Anmerkung zu Verkachelung und Verfliesung: Profil- oder Ornamentstücke werden bei der Verrechnung dem Ausmaß einer Vollschar gleichgehalten.

Eiserne Abortbestandteile, wie Schläuche, Gainzen usw., weiters gußeiserne Luftheizrohre, Wasserablaufrohre, eiserne Säulen und Radabweiser und ähnliches zur ebenen Erde per 1 kg versetzen: 0,05 M., 0,06 H., 10% für Material, d. i. Dichtungsmaterial, jedoch ohne Befestigungsrosen.

Anmerkung: Versetzen der Rohrschellen oder -haken siehe Verputz- und Ausbesserungsarbeiten. Für höhere oder tiefere Geschosse Zuschlag per Geschoß und 1 kg: 0,01 H.

1 kg genietete oder gewalzte Traversen aus Eisen sowie Eisenbahnschienen und U-Eisen samt Unterlagsplatten versetzen oder aber ausbrechen und abwiegen zur ebenen Erde, ohne Gerüstbeistellung: 0,02 M., 0,04 H.

Anmerkung: Geschoßzuschlag: 0,02 H.

1 kg eiserne Schließen oder Konstruktionseisen zur ebenen Erde versetzen: 0,3 M., 0,03 H.

Anmerkung: Geschoßzuschlag: 0,01 H.

1 kg eiserne Türen im Erdgeschoß versetzen: 0,08 M., 0,08 H., 5% für Material.

Anmerkung: Geschoßzuschlag: 0,02 H.

1 Stück schmiedeeisernen Schachtdeckel zur ebenen Erde versetzen: 1 M., 0,5 H., 12 kg Portlandzement, 0,02 m³ feinen Sand.

1 Stück gußeisernen oder schmiedeeisernen Siphon zur ebenen Erde versetzen: 1 M., 2 H., 6 kg Portlandzementmörtel 0,01 m³ feinen Sand.

Anmerkung: Zuschlag für beide Posten bei höheren oder tieferen Geschossen: 0,5 H.

1 Stück Ventilationsklappe, Gitter oder Schuber aus Eisen oder Metall samt Rahmen versetzen, ohne Unterschied der Größe und des Geschosses: 0,75., 0,5 H., 0,002 m³ Kalk, 0,005 m³ feinen Sand.

1 Stück einfaches oder doppeltes Rauchfangputztürl ohne Unterschied des Geschosses versetzen: 0,75 M., 0,5 H., 0,002 Kalk, 0,005 m³ feinen Sand.

1 Stück eisernes Kellerfenstertürl samt Bratzen versetzen: 2 M., 1 H., 6 kg Portlandzementmörtel, 0,01 m³ feinen Sand.

1 kg eiserne Fenster oder Fenstergitter zur ebenen Erde versetzen: 0,06 M., 0,03 H., 15% für Material.

Anmerkung: Geschoßzuschlag: 0,02 H.

1 Stück hölzernen Türstock versetzen, verzwicken und verputzen: a) bis 3 m² Stocklichte zu ebener Erde: 2,5 M., 1,5 H., 0,01 m³ Kalk, 0,02 m³ Sand.; b) über 3 m² Stocklichte zu ebener Erde: 3,5 M., 2 H., 0,015 m³ Kalk, 0,03 m³ Sand.

1 Stück Pfostenstockfenster versetzen wie vor: a) bis 3 m² Stocklichte: 3,5 M., 2 H., 0,005 m³ Kalk, 0,01 m³ Sand; b) über 3 m² Stocklichte: 4,5 M., 2,5 H., 0,006 m³ Kalk, 0,012 m³ Sand.

Einen inneren oder äußeren Fensterstock versetzen wie vor: a) bis 3 m² Stocklichte: 1,5 M., 1,0 H., 0,004 m³ Kalk, 0,008 m³ Sand; b) über 3 m² Stocklichte: 2,5 M., 1,5 H., 0,005 m³ Kalk, 0,01 m³ Sand.

Anmerkung: Vorstehende Ansätze sind zur ebenen Erde. Geschoßzuschlag per Geschoß: 0,5 H.

Ein Fensterbrett versetzen: 1 M., 0,3 H., 0,002 m³ Kalk, 0,005 m³ feinen Sand.

Kachelherdsetzen per Stück[1])

Plattengröße in Zoll	Herdkachel $^{21}/_{24}$ St.	Mauerziegel St.	Schaff Mörtel 1:4	Schaff Lehm	Schamotteziegel St.	Dachziegel St.	Bindedraht kg	Stunden		+ Zuschläge in %				Anmerkung
								Hafner	Hilfsarbeiter	Type II		Type III		
										Mat.	Zeit	Mat.	Zeit	
$^{18}/_{21}$	60	70	18	3	—	15	0,3	20	8	10%	15%	10% (von den Kacheln 30%)	25%	Siehe auch folgende Tabelle. Annahme: Drei Reihen Wandkachel. Bis Plattengröße $^{18}/_{24}$ ein, sonst zwei Bratrohre. Eisenzeug! Type I Type II Type III
$^{18}/_{24}$	66	75	18	3	—	15	0,3	22	8					
$^{21}/_{24}$	80	90	20	4	—	18	0,4	26	8					
$^{21}/_{27}$	84	95	23	4	—	20	0,4	30	10					
$^{21}/_{30}$	88	100	25	4	6	24	0,5	35	10					
$^{24}/_{30}$	105	115	28	4	8	25	0,5	40	12					
$^{24}/_{36}$	120	125	30	5	10	26	0,6	48	15					
$^{27}/_{36}$	130	140	32	5	10	26	0,6	54	18					
$^{27}/_{39}$	138	160	33	5	12	26	0,7	60	18					
$^{30}/_{36}$	138	160	33	6	12	28	0,7	60	18					
$^{30}/_{42}$	148	190	38	6	15	30	0,8	75	20					
$^{33}/_{48}$	170	225	45	6	20	35	1,0	96	24					

[1]) Entnommen: A. Ilkow: Material- und Zeitaufwand bei Bauarbeiten. 3. Aufl. Wien: Julius Springer, 1927.

Kachelofensetzen (glatte) per Stück[1])

Größe in Kacheln 21/24 breit	tief	hoch	Ofenheizfläche m²	Schaff Lehm	Schamotteziegel St.	Dachziegel St.	Bindedraht kg	Stunden Hafner	Stunden Hilfsarbeiter
1½	1½	5	1,8	7	—	15	0,2	16	5
1½	1½	6	2,1	8	—	18	0,2	17	5
2	1½	5	2,2	8	3	18	0,2	20	5
2	1½	6	2,5	9	5	20	0,3	23	6
2	2	6	2,9	10	7	22	0,3	24	6
2	2½	6	3,3	12	10	25	0,4	26	7
3	2	6	3,7	14	12	30	0,4	30	8
3	2½	6	4,2	16	14	35	0,5	36	8
3	2½	7	4,7	18	14	40	0,5	39	10
3	3	7	5,2	22	16	45	0,6	45	12
3½	3	7	5,7	25	18	50	0,7	49	15
4	3	7	6,2	30	20	60	0,9	55	18
4	3	8	6,9	35	22	70	1,0	60	24

Anmerkung:

1 Schaff mit 10 Liter Inhalt.
Bei Ermittlung der Ofenheizfläche ist eine obere Abschlußschichte von 10 cm angenommen.
Rostfläche = $^1/_{150}$ der Heizfläche.
Der Bedarf an Schamottemörtel beträgt etwa 5% der Kalkmörtelmenge.
Die Kachelzahl wurde wie folgt ermittelt:

1 gewöhnliche Kachel = 1 St.
1 Eckkachel = 2 „
1 Gesimskachel = 1½ „
1 Gesimseck = 3 „
1 Wandleck = 4 „

Bei gewöhnlichen, nur gemauerten Herden entfallen Herdkachel + Bindedraht, vergrößert sich die Mörtelmenge um etwa 15%, verringert sich die Zeit für das Setzen um 20%.

Verputz- und Ausbesserungsarbeiten

1 m bis 15 cm hoher Verputz längs des Fußbodens: a) mit Zementmörtel: 0,25 M., 0,15 W., 2,5 kg Portlandzement, 0,004 m³ feiner Sand; b) mit Weißkalkmörtel 0,2 M., 0,12 W., 0,002 m³ Kalk, 0,005 m³ feiner Sand.

1 m² alten Verputz bis zur Stärke von 30 mm abschlagen, ausgenommen Zementmörtelverputz, samt Auskratzen der Fugen und Verführen des Schuttes: 0,25 M., 0,25 W., 0,03 m³ Schutt.

Anmerkung: Für das Abschlagen von feinem Verputz Zuschlag 30% der Lohnansätze.

1 m² Zementmörtelverputz, sonst wie vor: 0,75 M., 0,5 W., 0,03 m³ Schutt.

1 m² Mauerwerk ausstemmen, neue Ziegel einsetzen, samt vollständigem groben und feinen Verputz in Zementmörtel, ohne Unterschied des Geschosses und mit Schuttabfuhr: a) bis 18 cm Tiefe: 8 M., 4 H., 45 kg Portlandzementmörtel, 0,11 m³ Sand, 43 Stück Mauerziegel, ö. F., 0,23 m³ Schutt; b) über 18 bis 33 cm Tiefe: 12 M., 8 H., 87 Mauerziegel, ö. F., 0,4 m³ Schutt.

1 m Träger oder Eisenbahnschiene bis 30 cm Steghöhe, beiderseits mit Ziegeln ausmauern, verputzen, ohne Unterschied des Geschosses: 2 M., 1 H., 9 Stück Mauerziegel, ö. F., 0,1 m³ Kalk, 0,0032 m³ Sand, 5 kg Zement.

1 Stück Türverkleidung verputzen: 0,6 M., 0,25 H., 0,001 m³ Kalk, 0,003 m³ feinen Sand.

1 m Mauerkanten bis 12 cm Durchmesser behufs Abrundung abstemmen und verputzen, den Schutt abführen: 0,5 M., 0,25 H., 0,001 m³ Kalk, 0,004 m³ Sand, 0,006 m³ Schutt.

[1]) Entnommen: A. Ilkow: Material- und Zeitaufwand bei Bauarbeiten. 3. Aufl. Wien: Julius Springer, 1927.

1 m² Mauerschmatzen ausmauern und verputzen, ohne Unterschied des Geschosses, gemessen in der Anschlußfläche: 1,5 M., 1 W., 15 Stück Mauerziegel, ö. F., 0,02 m³ Kalk, 0,06 m³ Sand.

Vermauern eines Durchbruches für Gas- und Wasserleitungsrohre samt Verputz bis zu einer Mauerstärke von 90 cm: 0,7 M., 0,4 W., 3 Mauerziegel, ö. F., 0,007 m³ Kalk, 0,01 m³ Sand.

1 m Mauerschlitz für Gas- und Wasserleitungsrohre und für elektrische Leitungen vermauern und verputzen, bis 10 cm Breite: 0,5 M., 0,25 W., 0,01 m³ Kalk, 0,03 m³ Sand, 2 Stück Mauerziegel, ö. F.

1 m² Portlandzementverputz 1:1,3 cm stark, für Pißwandflächen: 3,5 M., 1 H., 40 kg Zement, 0,025 m³ Donausand, 0,005 m³ Schleifsand.

1 m Pißrinne aus Portlandzementbeton bis 10 cm Stärke und bis 30 cm lichte Weite samt geschliffenem Portlandverputz: 3 M., 1 H., 45 kg Zement, 0,6 m³ Donausand, 0,005 m³ Schleifsand.

Fußböden, Türen und Fenster samt Stock und Verkleidung abwaschen und vollständig reinigen samt Beigabe aller erforderlichen Reinigungsmittel: von Fußböden, per 1 m² 0,36 W., ein Stück einflügelige Türe 1,2 W., ein Stück zweiflügelige Türe 1,8 W., ein Stück Fenster bis zur Größe von 1,0 × 2,0 m, die äußeren Flügel allein 1,2 W., ein Stück Fenster bis zur Größe von 1,0 × 2,0 m, die äußeren und inneren Flügel 2,2 W., Blindspalete samt Parapettfüllung 1,4 W., Spaletkastel samt Parapettfüllung 1,3 W.

1 m Kondenskanal, 20 cm im Lichten breit und 30 cm im Lichten tief, mit 15 cm starker beiderseitiger Ausmauerung, in Portlandzementmörtel und neuen Ziegeln liegendem Ziegelpflaster als Boden und als Überdeckung, einschließlich des Erdaushubes: 1,5 M.-St., 2,8 H.-St., 50 Stück Mauerziegel, österr. Format, 30 kg Portlandzement, 0,08 m³ Sand, 0,4 m³ Schutt, 0,05 m³ Wasser.

1 m Kondenskanal wie vor, jedoch an Stelle der Ziegelpflasterüberdeckung Versetzen einer eisernen Deckplatte in Winkelrahmen oder mit beiderseitigen, 0,15 m starken Betonwänden und 0,1 m starkem Betonboden:

a) bei Ziegelwänden und -boden: 1,5 M.-St., 2,8 H.-St., 43 Stück Ziegel, österr. Format, 30 kg Portlandzement, 0,08 m³ rescher Sand, 0,025 m³ Wasser, 0,33 m³ Schuttverführung.

b) bei Betonwänden und -boden: 2 M.-St., 4 H.-St., 45 kg Portlandzement, 0,18 m³ Betonsand, 0,03 m³ Wasser, 0,35 m³ Schutt.

1 m Kondenskanal bis 0,4 m im Lichten breit und bis 0,5 m im Lichten tief, die Überdeckung in Gesimsziegeln ausgeführt, sonst wie vor: 2,5 M.-St., 4 H.-St., 62 Stück Mauerziegel, österr. Format, 5 Stück Gesimsziegel, 40 kg Portlandzement, 0,12 m³ Sand, 0,03 m³ Wasser, 0,6 m³ Schutt.

1 m Kondenskanal wie vor, jedoch an Stelle der Ziegelüberdeckung Versetzen einer eisernen Deckplatte: 2,5 M.-St., 4 H.-St., 62 Stück Mauerziegel, österr. Format, 40 kg Portlandzement, 0,12 m³ Sand, 0,03 m³ Wasser, 0,52 m³ Schutt.

Anmerkung: Für breitere oder tiefere Kanäle sind die Ansätze proportional zu bestimmen.

Herstellen eines Mauerdurchbruches für die Durchleitung von Dampf- und Kondensrohren samt Wiedervermauerung, einschließlich der Verputzarbeiten, Abfuhr des Schuttes:

bis zu einer Mauerstärke von

	30 cm	über 30 bis 60 cm	über 60 bis 105 cm
M.-St.....	1	1,8	2,8
H.- „	0,5	0,8	1,0

+ 10% Zuschlag für Materialbeigabe und Schuttabfuhr.

Herstellen eines Deckendurchbruches, ohne Unterschied der Beschaffenheit der Decke und des Fußbodens, bei Gewölben bis 15 cm Scheitelstärke, sonst wie vor (Wiederherstellen des Fußbodens separat zu verrechnen): 1 M.-St., 0,5 H.-St.

+ 10% Zuschlag für Materialbeigabe und Schuttabfuhr.

Wie vor, bei Gewölben über 15 cm Stärke: 1,8 M.-St., 0,8 H.-St.

+ 10% Zuschlag für Materialbeigabe und Schuttabfuhr.

Ein Stück **Rohrschelle für Heizrohre,** ohne Unterschied der Größe, einstemmen und versetzen samt Nachputzarbeiten: 0,7 M.-St., 0,4 H.-St.

+ 10% Zuschlag für Materialbeigabe und Schuttabfuhr.

Ein Stück **Heizkörperkonsole** einstemmen und versetzen samt Nachputzarbeiten: 1,2 M.-St., 0,3 H.-St.

+ 10% Zuschlag für Materialbeigabe und Schuttabfuhr.

Ein Stück **Frischluftkasten** versetzen samt Einstemmen und Vermauern der Festhaltungen, einschließlich der Nachputzarbeiten: 1,5 M.-St., 0,5 H.-St.

+ 30% Zuschlag für Materialbeigabe und Schuttabfuhr.

Ein Stück alte **Lüftungsklappe** ausbrechen, in die Öffnung eine neue Klappe samt Stellvorrichtung versetzen, inklusive Nachputzarbeiten: 2 M.-St., 0,8 H.-St.

+ 30% Zuschlag für Materialbeigabe und Schuttabfuhr.

Ein Stück **Frischluftöffnung** in ein Parapet stemmen, das Frischluftgitter versetzen samt Herausputzen der Öffnung und Verputzausbessern an der Außenseite, ohne Unterschied des Stockwerkes, jedoch ohne Beistellung des etwa erforderlichen Gerüstes: 2,5 M.-St., 1 H.-St.

+ 30% Zuschlag für Materialbeigabe und Schuttabfuhr.

Ein **Rauchfangputz- oder absperrtürl:**

a) herausbrechen oder deponieren: 0,5 M.-St.,

b) das Loch vermauern und verputzen: 1 M.-St., 0,5 H.-St.

+ 100% Zuschlag für Materialbeigabe und Schuttabfuhr.

In einem **Rauchfang das Loch** für ein Ausputz- oder Absperrtürl **ausbrechen,** das Türl versetzen samt Nachputzarbeiten: 2,5 M.-St., 0,6 H.-St.

+ 30% Zuschlag für Materialbeigabe und Schuttabfuhr.

Ein **Loch** für ein **Rauchrohr ausstemmen** samt dem Versetzen der Mauerbüchse und Nachputzarbeiten: 1,5 M.-St., 0,3 H.-St.

+ 10% Zuschlag für Materialbeigabe und Schuttabfuhr.

Eine **Mauerbüchse ausbrechen,** das Loch vermauern und verputzen: 1 M.-St., 0,3 H.-St.

+ 10% Zuschlag für Materialbeigabe und Schuttabfuhr.

1 m **russischen Rauchfang** in bestehendem Mauerwerk **ausstemmen,** ausmauern samt Herstellen des Verputzes: 4,5 M.-St., 2 H.-St., 0,02 m³ Weißkalk, 0,05 m³ Sand, 8 Stück Ziegel, österr. Format, 0,006 m³ Wasser, 0,08 m³ Schutt.

Anmerkung: Werden die vorstehenden Arbeiten in Betonmauerwerk durchgeführt, so sind die Ansätze zu verdreifachen.

Demolierungsarbeiten

Bei Neubauten, welche an Stelle alter Gebäude entstehen, wird das Demolieren von Mauern in der Regel derart an den Unternehmer vergeben, daß ihm für die ausgelegten Arbeitskosten das gesamte Abbruchmaterial als Kompensation überlassen wird. Hiebei ist aber angenommen, daß ein bestehendes Gebäude gänzlich abgetragen wird, und daß außer den Baumaterialien auch alle anderen Bauteile in das freie Eigentum des Unternehmers übergehen und er berechtigt ist, die aus der Demolierung gewonnenen Materialien, insoweit sie tauglich und brauchbar sind, zum Wiederaufbau des neuen Objektes zu verwenden. Wenn aber die Demolierungs- oder Abbrucharbeiten bezahlt werden, so sind bei sämtlichen Abtragungs-, Durchbrechungs-, Ausbrechungs- und Abhebungsarbeiten stets die gewonnenen brauchbaren Materialien zu reinigen und aufzuschlichten, der Schutt auf Wagen zu verladen oder zu verführen — wobei eine Maximaldistanz sowohl für das aufzuschlichtende als auch für das zu verführende Material mit 20 m angenommen wird —, ferner die notwendigen Gerüstungen und Pölzungen zu besorgen.

Wenn zur Demolierung gelangendes Mauerwerk nicht etwa durch Salpeterfraß, Feuchtigkeit u. dgl. gelitten hat, werden beim Abbruch erfahrungsgemäß an brauchbaren Materialien im Verhältnis zum Abbruchkörper gewonnen:

bei Bruchsteinmauerwerk .... 40 bis 50%
,, Ziegelmauern .... 30 ,, 50%
,, Quadermauern .... 50 ,, 75%,

doch ist bei Bewertung dieser Materialien stets zu berücksichtigen, daß nur Altmaterial in Frage kommt.

1 m³ **Stein- oder Ziegelmauerwerk** jeder Gattung zur ebenen Erde **abbrechen:** Das Material reinigen, auf dem Bauplatz aufschlichten und den entfallenden Mauerschutt deponieren. Die Verrechnung des Ausmaßes erfolgt nach den Bestimmungen für die Berechnung von Ziegelmauerwerk: 2 M.-St. und 3 H.-St.

1 m³ **Betonmauerwerk abbrechen,** sonst wie vor: 4 M.-St. und 3 H.-St.

1 m² **Abstemmen oder Ausstemmen von Mauerwerk jeder Gattung,** sonst wie vor:

a) bis zur Ausstemmtiefe von 5 cm: 2,5 M.-St., 1 H.-St., 0,07 m³ Schutt,
b) ,, ,, ,, ,, 18 ,, 5,5 ,, ,, 2,5 ,, ,, 0,23 ,, ,,
c) ,, ,, ,, ,, 33 ,, 7 ,, ,, 4 ,, ,, 0,4 ,, ,,
d) ,, ,, ,, ,, 48 ,, 9 ,, ,, 5 ,, ,, 0,57 ,, ,,

Anmerkung: Bei stärkeren Mauern erhöhen sich die Ansätze proportional.

1 m³ Stein- oder Ziegelmauerwerk **durchbrechen,** sonst wie vor:

a) bis zur Querschnittsfläche von 0,2 m²: 18 M.-St., 6 H.-St., 0,5 m³ Schutt,
b) bei einer ,, über 0,2 ,, bis 0,5 m²: 12 M.-St., 5 H.-St., 0,5 m³ Schutt,
c) bei einer Querschnittsfläche von 0,5 m²: 6 M.-St., 5 H.-St., 0,5 m³ Schutt.

Anmerkung: Bei höher- oder tieferliegenden Geschossen Zuschlag per Geschoß und 1 m³:

a) für das Mauerwerk: 1,2 H.-St.
b) ,, den Schutttransport: 0,8 H.- ,,

Verführung des Schuttmaterials, einschließlich der unbrauchbaren Ziegelbrocken, ist nach Abschnitt „Materialverführung" zu berechnen.

Die Mauerdicke bzw. Ausstemmtiefe wird bei verputztem Mauerwerk samt der Verputzfläche gemessen.

Bei Demolierung ganzer Gebäude oder Gebäudetrakte werden nur 80% der in diesen Posten enthaltenen Ansätze verrechnet.

Bei Stemmarbeiten in Betonmauerwerk kommen auf die Ansätze 150% Aufzahlung.

1 m² **Schmatzen** bis 15 cm tief in ein Mauerwerk einbrechen, ohne Unterschied des Geschosses: 2,5 M.-St., 0,5 H.-St., 0,08 m³ Schutt.

Anmerkung: Gemessen im Querschnitt der Anschlußfläche.

1 m² liegendes **Ziegel-, Tonplatten- oder Kelheimer Plattenpflaster** zu ebener Erde vorsichtig **aufbrechen**, das Material abputzen, aufschlichten und den Schutt deponieren, mit aller Arbeit und Requisiten: 0,08 M.-St., 0,43 H.-St., 0,11 m³ Schutt.

1 m² wie vor, jedoch in höher- oder tieferliegenden Geschossen, Zuschlag per Geschoß und 1 m²:

a) für Pflaster 0,14 H.-St.,
b) ,, Schutt 0,1 H.- ,,

Anmerkung: Befindet sich der Fußboden im Geschoß zur ebenen Erde höher als 1,40 m über dem Hof- oder Straßenniveau, so wird der Geschoßzuschlag berechnet.

1 m² stehendes **Ziegel- oder Klinkerpflaster aufbrechen,** sonst wie vor: 0,24 M.-St., 0,9 H.-St., 0,23 m³ Schutt.

Anmerkung: Geschoßzuschlag: 0,45 H.-St.

1 m² **Werksteinpflaster bis 15 cm Stärke aufbrechen,** sonst wie vor: 0,75 M.-St., 0,25 H.-St., 0,3 m³ Schutt.

Anmerkung: Geschoßzuschlag 0,45 H.-St.

1 m² **Granitpflaster aufbrechen** und die Steine seitlich deponieren:

a) Im Parterre, Straßen- oder Hofniveau 0,7 H.-St.

Anmerkung: Bei Flächen unter 1 m Breite oder Länge Zuschlag 50%.

b) In Kanälen bis 2,5 m Tiefe 0,95 H.-St. und 10% Lichtzuschlag.

Anmerkung: Für jeden Dezimeter Mehrtiefe 1% Zuschlag.

c) Für den Transport der Steine zum Einsteigschacht und durch denselben auf die Straße, bis 30 m Distanz 1 H.-St. und 10% Lichtzuschlag.

d) Für je weitere 10 m Distanz ein Zuschlag: 0,1 H.-St. und 10% Lichtzuschlag.

Anmerkung: Bei Pflaster mit Sandausfüllung. Bei Mörtelfüllung wird ein Zuschlag von 10%, bei Asphaltfüllung wird ein Zuschlag von 30% verrechnet.

1 m² **alten Asphalt- oder Steinholzbelag aufbrechen** 0,3 H.-St.

1 m² **Betonunterlage bei Asphalt- oder Steinholzpflaster** zur ebenen Erde bis 15 cm stark:

a) Aufbrechen: 0,5 M.-St., 1 H.-St., 0,2 m³ Schutt;
b) Ausstemmen: 1,2 M.-St., 1 H.-St., 0,2 m³ Schutt.

Anmerkung: Zuschläge: Bei Aufbrechen von unter 2 m² Fläche 10%, beim Ausstemmen von unter 0,5 m² Fläche 40%, von unter 0,2 m² 200%.

Für Abtransport des Schuttes bei höher oder tiefer liegenden Geschossen, per Geschoß und 1 m² Zuschlag:

a) bei Asphalt oder Steinholzbelag 0,02 H.-St.,
b) bei Beton 0,35 ,,

Abfuhr des Schuttmaterials nach ,,Materialverführung".

Einen hölzernen Tor- oder Windfangstock über 3 m² Lichte **ausbrechen,** ohne Unterschied der Stärke, den Stock samt Bestandteilen deponieren: 4 M.-St., 4 H.-St., 0,15 m³ Schutt.

Einen hölzernen Türstock von einer Kreuz- oder Doppeltür bis 3 m² Lichte, ohne Unterschied der Futtertiefe, samt eventuellem Futter und Verkleidungen **ausbrechen,** ohne Unterschied der Geschoßhöhe: 2 M.-St., 2 H.-St., 0,1 m³ Schutt.

Ein hölzernes Fenster mit Pfosten- oder Rahmenstock bis 30 cm Tiefe, ohne Blindspalete, bis 3 m² Lichte **ausbrechen:** 1,5 M.-St., 1,5 H.-St., 0,1 m³ Schutt.

Ein hölzernes Fenster über 3 m² Lichte, sonst wie vor: 2,5 M.-St. 2,5 H.-St., 0,25 m³ Schutt.

Ein hölzernes Fenster mit bloß innerem oder äußerem Rahmenstock bis 3 m² Lichte, sonst wie vor: 1 M.-St., 1 H.-St., 0,25 m³ Schutt.

Ein hölzernes Fenster wie vor, jedoch über 3 m² Lichte: 1,8 M.-St., 1,8 H.-St., 0,08 m³ Schutt.

Ein Fensterbrett ausbrechen und deponieren: 0,25 M.-St., 0,25 H.-St.

Ein Stück Barrierestock ausgraben, deponieren, das Loch wieder anschütten und stampfen:

Aus Holz:	Eisen oder Beton:	Stein:
0,8 M.-St.	1 M.-St.	1,5 M.-St.
0,8 H.- „	1 H.- „	1,5 H.- „

1 m **steinerne Tür und Fenstergewände** und Fensterverdachungen, Kanalschacht- und Brunneneinfassungssteine zu ebener Erde **aus- oder abbrechen** und deponieren: 1,2 M.-St., 1,2 H.-St., 0,1 m³ Schutt.

Anmerkung: Geschoßzuschlag bei höher oder tiefer liegenden Geschossen für Transport, per Geschoß: 5 H.-St.

1 m² **Sockelplatten oder Deckplatten** irgendeiner Gattung bis 20 cm Stärke zu ebener Erde auslösen und deponieren: 3,7 M.-St., 3,7 H.-St., 0,12 m³ Schutt.

Anmerkung: Geschoßzuschlag bei höher oder tiefer liegenden Geschossen für Transport, per Geschoß und 1 m²: 0,75 H.-St.

1 m² **Stiegen- oder Balkonruheplätze** bis 20 cm Stärke bis zur Höhe des ersten Stockes auslösen und deponieren: 4 M.-St., 6 H.-St., 0,03 m³ Schutt.

Anmerkung: Geschoßzuschlag wie vor: 1,5 H.-St. Sind die Platten stärker als 20 cm, so ist der Aufwand proportional zu verrechnen.

1 m einzelne **Stiegenstufen,** ohne Unterschied des Geschosses, auslösen, herablassen und deponieren:

a) beiderseits eingemauert oder auf Träger aufliegend: 1,2 M.-St., 1,8 H.-St., 0,03 m³ Schutt,

b) freitragend: 1,6 M.-St., 1,8 H.-St., 0,04 m³ Schutt.

1 m **Randstein** abtragen und seitlich deponieren: 1 M.-St., 1,5 H.-St.

1 kg **Traversen, Eisenbahnschienen, Konstruktionseisen,** ohne Demontierung, oder gußeiserne Gegenstände **ausbrechen** und herablassen: 0,035 M.-St., 0,065 H.-St.

1 m **Steinzeugrohr, Dichtung herausstemmen,** vorsichtig herausnehmen und seitlich deponieren, ohne Erdarbeit:

a) bis 30 cm Durchmesser: 1,2 M.-St., 1,2 H.-St.,

b) über 30 cm Durchmesser: 1,5 M.-St., 1,5 H.-St.,

c) Steinzeugrohre einmal kürzen:

1. bis 30 cm Durchmesser: 0,2 M.-St.,
2. über 30 cm Durchmesser: 0,35 M.-St.

1 m **Abortschlauch,** ohne Unterschied des Geschosses und Materials, die Dichtung herausstemmen, ausbrechen und seitlich deponieren, an aller Arbeit: 3,6 M.-St., 2,6 H.-St., 0,1 m³ Schutt.

1 Küchensparherd mit einem oder zwei Bratrohren, mit einem oder zwei Wasserwandeln, mit oder ohne Verkachelung abbrechen, die Eisenbestandteile und gereinigten Kacheln seitlich deponieren, ohne Unterschied des Geschosses: 4 M.-St., 6 H.-St., 0,45 m^3 Schutt.

1 Waschküchenherd mit einem oder zwei Kesseln, mit oder ohne Verkachelung abbrechen, sonst wie vor: 2 M.-St., 5 H.-St., 0,60 m^3 Schutt.

1 m^2 **Wandverkleidung** ablösen, die Kacheln seitlich deponieren: 0,4 M.-St., 0,9 H.-St., 0,03 m^3 Schutt.

Ausführung und Abrechnung von Bauarbeiten

Für die Ausführung von Bauarbeiten ist es vor allem wichtig, die Art, den Umfang und die näheren Umstände festzulegen, unter denen der Bau durchzuführen ist. Handelt es sich um einen vollständigen Neubau, Umbau oder Zubau, so müssen genau detaillierte Baupläne, für welche die entsprechenden behördlichen Genehmigungen einzuholen sind, und eine genaue Baubeschreibung vorliegen.

Für Neubauten, Zubauten und Umbauten sehen sämtliche Bauordnungen, sofern die Eigentumsverhältnisse für den Grund bereits bereinigt erscheinen — worauf besonders aufmerksam gemacht wird —, genaue Bestimmungen über den Vorgang vor, so zwar: Einschreiten um Bekanntgabe der Baulinie und des Niveaus, Erteilung der Baubewilligung, zu welcher die früher erwähnten Pläne beizubringen sind, bei Beginn und während des Baues ununterbrochene Kontrolle der Baubehörde (Fundamentbeschau, Rohbaubeschau), nach Beendigung des Baues Erteilung der Benützungsbewilligung. Als Baubehörde fungieren in der Regel die politischen Behörden erster Instanz, gegen deren Entscheidungen an die höhere Instanz, das ist Landesregierung, mitunter auch Ministerium für Handel und Verkehr, die Berufung zulässig ist. Alle Eingaben und Gesuche an die Baubehörden sind vorschriftsmäßig zu stempeln. Die genehmigten Baupläne sind dann für die Erstellung des Kostenvoranschlages und die Berechnung der Ausmaße maßgebend, sofern sich nicht während des Baues Abänderungen ergeben, die Abänderungen der Pläne zur Folge haben.

Bei kleineren Arbeiten, Renovierungen oder Adaptierungen, genügt die Aufnahme an Ort und Stelle, wo die Ausmaße und der Umfang der Arbeit detailliert festzulegen sind. Diese Grundlagen sind im Kostenvoranschlag genau zum Ausdruck zu bringen. Bei derartigen Bauausführungen genügt meist die schriftliche Anzeige bei der zuständigen Baubehörde vor Baubeginn, die sodann aus freiem Ermessen entscheidet, ob die Ausführung in der beabsichtigten Weise vorgenommen werden kann oder in welcher Art die Durchführung gestattet wird.

Als rechtliche Grundlage für die Ausführung von Bauarbeiten gelten die Vorschriften des allgemeinen bürgerlichen Gesetzbuches über den Werkvertrag, da sich sämtliche Bauarbeiten im Sinne des § 1151 a. b. G. B. als Werkvertrag qualifizieren. Für die Ausführung von staatlichen Arbeiten ist die Verordnung, betreffend die Vergebung staatlicher Lieferungen und Arbeiten vom Jahre 1909, R. G. Bl. 61, maßgebend, während von Gemeinden sehr häufig besondere Lieferungsbedingnisse den Vergebungen ihrer Arbeiten zugrunde gelegt werden. Dadurch ist von vornherein bei staatlichen und Gemeindearbeiten der Bauvertrag festgelegt, während bei privaten Bauten meistens sehr ungenügende und unzulängliche Abmachungen getroffen werden, die zu Unstimmigkeiten bei der Abrechnung führen. Es empfiehlt sich daher, auch bei Privatarbeiten einen Bauvertrag abzuschließen, der im großen und ganzen folgende Punkte enthalten soll:

1. Ist der Gesamtausführung eine Pauschalsumme zugrunde gelegt, so ist die Art und der Umfang der Arbeit durch eine genau detaillierte Baubeschreibung zu bestimmen, worin auch die Qualitäten der mitzuliefernden Materialien beschrieben sein müssen und für den Fall etwaiger Ausführungsänderungen entweder von vornherein — soweit dies möglich — Preise festzulegen sind oder die Art der Verrechnung derartiger Ausführungsänderungen zu bestimmen ist.

2. Erfolgt die Vergebung auf Grund einer detaillierten Ausschreibung zu Einheitspreisen, so sind die Leistungen dieser Einzelpreise genau festzulegen, die Verrechnung etwaiger Mehr- oder Minderleistungen zu bestimmen und bei jeder Ausführungsänderung separate Verrechnungsübereinkommen zu treffen.

3. Erfolgt die Vergebung nach Selbstkosten mit Unternehmeraufschlag, was dann geschieht, wenn sich eine einwandfreie Bestimmung von Einheitspreisen nicht vornehmen oder eine Pauschalsumme nicht festlegen läßt, so ist die Vergütung neben dem effektiv geleisteten Aufwand an Arbeitszeit für die Beistellung von Baugeräten und Hilfsmitteln, Geschäftsunkosten und Gewinn (Regiezuschlag) sowie für die eventuelle Beistellung von Baustoffen (Materiallieferung mehr auflaufenden Manipulationsspesen, wie Zufuhr, Auf- und Abladen usw.) zu bestimmen.

Ein ordnungsgemäßer Bauvertrag hätte demnach zu enthalten:

a) Die Lieferungsbedingungen nach Punkt 1, 2 oder 3, außerdem die Ausführungsfrist.

b) Etwaige Vertragsstrafen oder Vergütungen bei späterer oder früherer Fertigstellung als vereinbart.

c) Bestimmungen über die Abrechnung (siehe Absatz über Abrechnung).

d) Bestimmungen über die Zahlungsbedingungen (wöchentliche Teilzahlungen, Abschlagszahlungen, Zahlungen zu anderen, bestimmten Zeitpunkten).

e) Bestimmungen über die Höhe etwaiger Versicherungsleistungen für richtige und klaglose Ausführung der Arbeiten.

f) Bestimmungen, ob der Auftrag ganz oder teilweise an Dritte übertragen werden darf.

g) Eventuelle Bestimmungen über den Ursprung und die Beschaffenheit beizustellender Baumaterialien, wobei in Betracht zu ziehen ist, ob diese von seiten des Bauherrn oder des Bauführers zu liefern sind.

h) Bestimmungen über Preisänderungen bei Materiallieferungen und Verrechnung eventueller Lohnänderungen (sogenannter Regiezuschlag für Abgaben und Steuern.

i) Bestimmungen über die Verrechnung von Nebenleistungen, wie Architektenhonorar, Stempel- und Kommissionsgebühren, Warenumsatzsteuer usw.

k) Bei Neubauten ist insbesondere festzulegen, daß etwaige Aufschließungsgebühren (Kanaleinmündungen, Gas-, Wasser-, Lichtanschlüsse, Gehsteigherstellungen) von seiten des Bauherrn zu tragen sind.

l) Ferner ist auch der Zeitpunkt der Übernahme der ausgeführten Arbeit genau festzulegen und die Haftzeit, während der der Bauführer für durch sein Verschulden entstandene Bauschäden aufzukommen hat, zu bestimmen. Es kann vom Bauführer ein Rücklaß, meist 5% der Bausumme, welcher Betrag entsprechend zu verzinsen ist, für die Haftzeit gefordert werden. Für gewöhnlich wird die Dauer der Haftzeit mit einem Jahr festgesetzt.

m) Bestimmungen über Austragung von Streitigkeiten aus dem Bauvertrage (Schiedsgerichtverfahren oder ordentlicher Gerichtsweg, wobei beim Schiedsgerichtverfahren die Aufteilung der Kosten desselben festzulegen ist).

n) Wird der Bauvertrag von beiden Teilen unterschrieben, so unterliegt er der ordnungsgemäßen Stempelpflicht und ist beim Taxamte zur Vergebührung anzumelden. Es läßt sich aber dieser Vorgang dadurch vereinfachen, daß die Vereinbarung durch Schluß- und Gegenschlußbrief getroffen wird, die sodann keiner Stempelpflicht unterliegt.

Die Abrechnung erfolgt bei nach Punkt 2 vergebenen Arbeiten auf Grund der Einheitspreise, wobei die der Ausschreibung zugrunde liegenden Ausmaße mit den tatsächlichen Ausmaßen (Nachmaß) zu vergleichen sind und etwaige Mehr- oder Minderleistungen nach dem im Bauvertrag festgelegten Schlüssel zu verrechnen sind; bei nach Punkt 3 vergebenen Arbeiten nach den meist wöchentlich bestätigten Lohnlisten, zuzüglich der vereinbarten Regiezuschläge und den gleichfalls bestätigten Materiallieferungen, ebenfalls zuzüglich der vereinbarten Zuschläge.

Es wird für den Bauherrn immer von großem materiellen Vorteil sein, wenn die Projektsverfassung und Bauleitungsaufsicht nicht mit der Person des Bauführers vereinigt ist, sondern wenn die Plan- und Projektsverfassung, die Aufstellung des Vorausmaßes für die Kostenvoranschläge und insbesondere die Überwachung des Baues einer fachmännischen Vertrauensperson (technischer Berater, wie Zivilingenieur für das Bauwesen, Zivilarchitekt u. a.) übertragen wird, welche den Bauherrn in allen die Bauführung und Ausführung betreffenden Fragen gegenüber den Unternehmern, Professionisten, Lieferanten und Behörden vertritt. Die Kosten einer derartigen Bauberatung fallen gegenüber den Ersparnissen durch eine solche fachmännische Beratung bei Bauausführungen kaum ins Gewicht. Für den Fall, daß sich der Bauherr eines derartigen Beraters bedient, ist dies im Bauvertrag entsprechend hervorzuheben und sein Wirkungskreis festzulegen.

Literaturnachweis

Ilkow A., Ing.: Material- und Zeitaufwand bei Bauarbeiten. 3. Aufl. Wien: Julius Springer, 1927.
Schrader F., Gewerbestudienrat: Praktische Preisermittlung sämtlicher Hochbauarbeiten. Verlag Willi Geißler, Berlin.
Städt. Preistarif der Gemeinde Wien vom Jahre 1912 (Erd- und Baumeisterarbeiten).
Allitsch K., Ing.: Lieferungs- und Arbeitsbedingnisse, das Vorausmaß sowie der Material- und Arbeitsaufwand bei Hochbauausführungen. Verlag der Technisch-gewerblichen Staatslehranstalt in Mödling.
Brunner K., Dr.: Baupolitik als Wissenschaft. Verlag Springer.
Verdingungsordnung für Bauleistungen und technische Vorschriften für Bauleistungen, aufgestellt vom Reichsverdingungsausschuß. Beuth-Verlags-Ges. m. b. H., Berlin.

Baugerüst-Herstellungen

a) Überschlägige Einheitspreise für das Wiener Baugebiet

Laut Mitteilung von Karl Michna, Hänge- und Leitergerüst-Bauanstalt, Wien

Die Gerüstungsarbeiten samt Abnützung des hiebei verwendeten Materials sind bei gewöhnlichen kurrenten Arbeiten im Preis inbegriffen.

Wo jedoch außergewöhnliche Gerüstungen nötig werden und wo die in der Analyse für Gerüstungen bei den einzelnen Einheitspreisen angewendeten „5%

vom Arbeitslohn" unzureichend sind, müssen die Gerüstherstellungen stets separat verrechnet werden.

Nachstehende Preise begreifen in sich: die Materialbenützung, des Materials Abnützung und Verlust, ferner den Arbeits- und Fuhrlohn bei Aufstellung, Abtragung und Wegräumung solcher Gerüstherstellungen.

Fronteingerüstung, vollständige, etwa 2 m breit, aus Landennen, Langholz und Pfosten für Adaptierungs- oder Demolierungsarbeiten mit Materialbelassung, samt Wiederabtragen und Wegräumen, per m² Wandfläche bei mindestens 30 m Frontlänge:

Fronteingerüstung

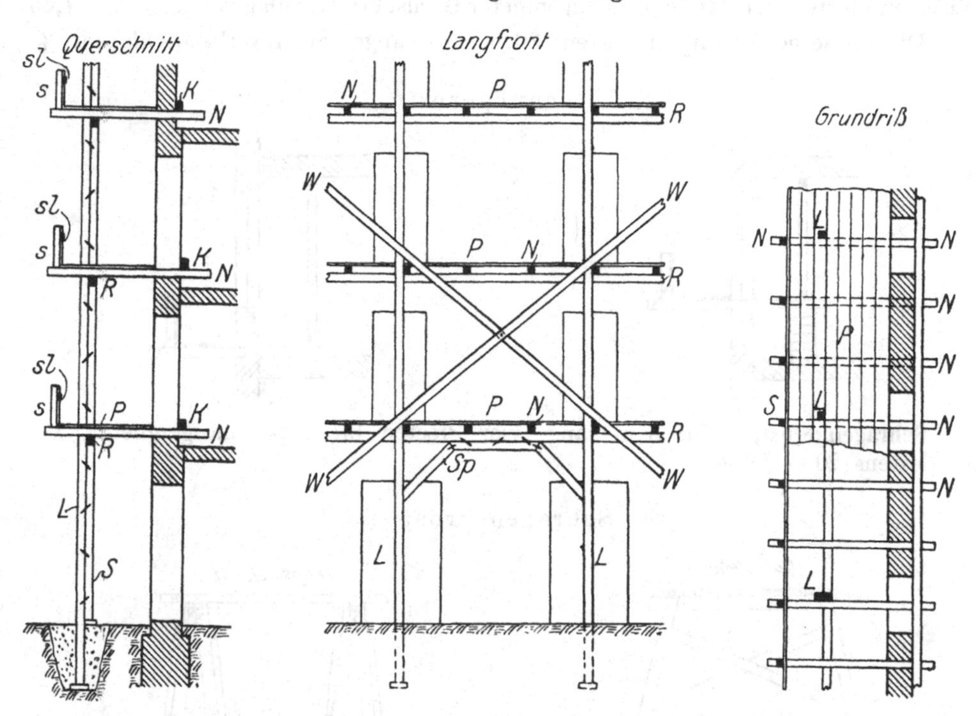

L = Landennen = Langtännen, 20/20 bis 25/25 cm,
S = Steher, Stiele, Säulen, Packstall, 15/18 bis 18/20 cm,
L = Langriegel, 16/16 bis 18/18 cm,
N = Netzriegel, Querriegel, 15/18 bis 18/20 cm,
P = Pfostendielung, Bruckstreu, 5 bis 8 cm stark,
W = Windstreben, 12/15 cm
K = Körbaum, 12/15 cm,
s = Scheuklötzel, sl = Scheuwand,
Sp = Sprengwerk (wenn nötig),

a) bei Gebäuden bis zu einer Höhe von 10 m, wenn einerseits Landennen gestellt und anderseits die Polsterhölzer der Dielung auf das bestehende Gebäude aufgelegt werden können .... S 7,80 wenn beiderseits Landennen aufgestellt werden müssen, demnach das ganze Gerüst frei stehen muß .... S 14,10

b) bei Gebäuden über 10 m Höhe, wenn einerseits Landennen gestellt und anderseits die Polsterhölzer der Dielung auf das bestehende Gebäude aufgelegt werden können .... S 9,00

wenn beiderseits Landennen aufgestellt werden müssen, demnach das ganze Gerüst vollkommen freistehen muß .... S 16,50

c) bei Kirchen und Türmen in jeder Höhe .... „ 22,20

Hänge- und Ausschußgerüste an Gebäuden bei kleinen Reparaturen usw., in drei Pfostenbreiten herstellen, wiederabtragen und wegräumen, per m.... S 14,10
für jeden Pfosten Mehrbreite per Längenmeter Gerüst ein Zuschlag von .... „ 1,65

Die Preise gelten für mindestens 30 m Frontlänge. Stockwerkszuschlag 15 %.

Ausschußgerüste

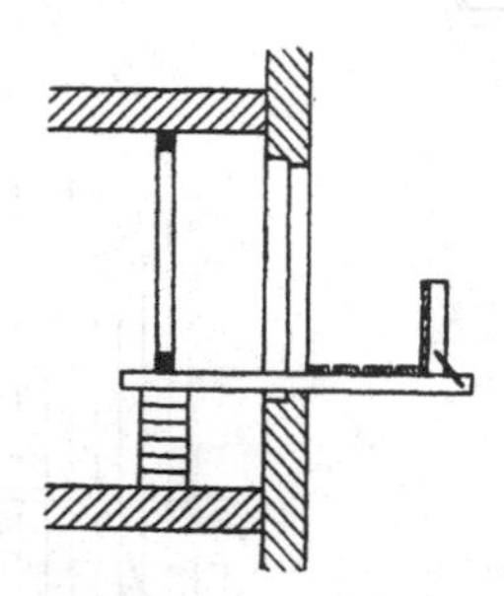

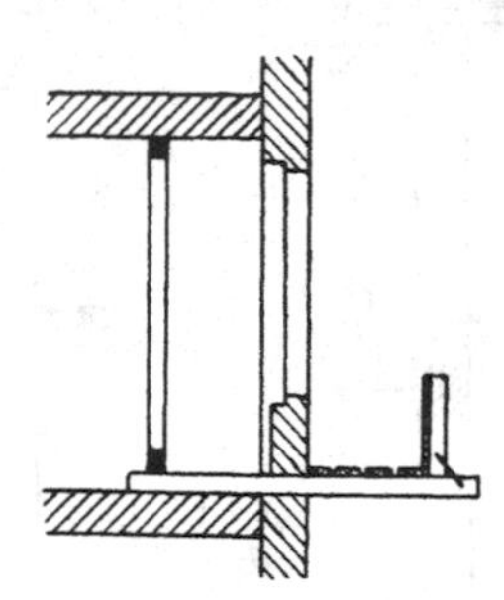

Schragengerüst, 4 bis 5 m lang, vier Pfosten breit, per Längenmeter, bei mindestens 20 m Länge.

Schragengerüst

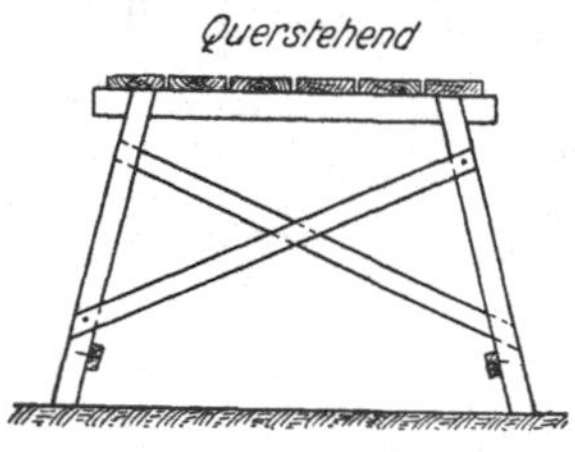

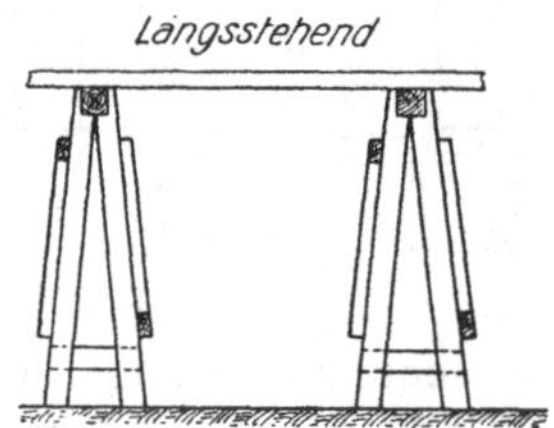

a) bis 4 m hoch .... S 2,70
b) über 4 „ „ .... „ 3,90
für jeden Pfosten Mehrbreite per Längenmeter Gerüst ein Zuschlag von ... „ 0,75

Stockwerkszuschlag 10 %.

Stukkaturgerüste aufstellen und wieder abtragen, Mindestausmaß 200 m², per m²:
bis 3 m Höhe .... S 3,00
über 3 bis 5 m Höhe .... „ 4,00
„ 5 „ 7 „ „ .... „ 5,00

Stockwerkszuschlag 10 %.

Spezialgerüstungen

Patent-Leiter- und Hängegerüst

Diese Gerüste werden für Fassadenrenovierungen, Färbelungen, Fassadenverputz, Neuherstellung und Ausbesserungen sowie für diverse Arbeiten an den Fassaden der Gasse, Höfe und Lichthöfe zum Malen oder zur Montierung von Schildern verwendet.

1. Patent-Leitergerüst mit einer einen Pfosten breiten Arbeitsbühne von 2 zu 2 m Höhe, zwischen der Leiter auf den Schwingen aufliegend, mit Diagonal- und Horizontalverband, mit Patentarmen und Ösen an den Fassadenflächen oder Fensterspreizen, mit Gasrohren und Schraubenbolzen in den Fassadenöffnungen befestigt, per m² = *S 1,05*.

2. Patent-Leiterkonsolgerüste mit einer zwei Pfosten breiten Arbeitsbühne von 2 zu 2 m Höhe, außerhalb der Leiter auf einer eisernen Konsole aufliegend, montiert, sonst wie Post 1, per m² = *S 1,10*.

3. Hängegerüste. Diese werden in festem oder zerlegbarem Zustand von 2 bis 15 m Länge, je nachdem ob Gassen-, Hof- oder Lichthoffassaden berüstet werden, verwendet. Die Gerüste bestehen aus einer gesicherten Arbeitsbühne, die mit Hanfseilen über Kurbelrollen und im Dache montierte Ausschußriegel gehalten werden und durch die Arbeiter selbst vom Gerüst aus in beliebiger Höhe verstellbar sind. Preise ohne Schließung der Riegellöcher im Dache nach erfolgter Abrüstung.

Gassenberüstung per m² = *S 0,60*.

Hof-, Lichthof- und Feuermauerberüstung per m² = *S 0,66*.

Die Preise gelten für die Benützung der Gerüste durch 21 Tage. Längerbenützung per Woche 10% Zuschlag.

Gemessen und gerechnet werden alle vom Gerüst bearbeiteten Flächen.

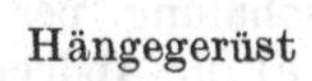

Hängegerüst

Der Preis versteht sich bei einem Mindestausmaß von 250 m² samt Zu- und Abtransport, Auf- und Abgerüstung sowie Leihgebühr.

Eingerüstung von Feuermauern, Bahnhöfen, Theatern, Monumentalbauten, Sälen und Türmen werden nur im Pauschale nach Übereinkommen berechnet.

b) Kosten, berechnet auf Grund des erforderlichen Arbeitsaufwandes

Von Ing. Rudolf Schmahl, beh. aut. Zivilingenieur für das Bauwesen und Stadtbaumeister

Für Zu- und Abfuhr (Auf- und Abladen) sowie Abnützung und Verlust ist auf die folgenden Ansätze ein Zuschlag von 30 bis 50% zu nehmen, der sich je nach der Lage des einzugerüstenden Objektes richtet.

Die Ansätze verstehen sich für ein **Mindestausmaß** von 250 bis 300 m² Fassadenfläche und eine Benützungsdauer von 21 Tagen. Bei kleineren Flächen ist je nach dem Arbeitsumfang ein Zuschlag von 5% aufwärts anzunehmen;

für Überschreitung der angegebenen Benützungsfrist per Woche ist ein Zuschlag von 10% zu berechnen.

1 m² **Hängegerüst** (nach der Fassadenfläche gemessen; wegen Ausmaß siehe Fassadenrenovierung):

a) für Gassen- und Hoffassaden von 3 bis 4 Stock hohen Gebäuden 0,25 G.-St.;

b) „ Lichthöfe, wobei jede Fläche, die vom Hängegerüst aus bearbeitet wird, gemessen und verrechnet wird, 0,37 G.-St.;

c) für ein- und zweistöckige Gebäude, freistehende Feuermauern, Hoffassaden 0,4 G.-St.;

d) ein Gerüst zuführen, einmal auf- und abgerüsten:

Gerüstlänge in m ...	2 bis 6	6 bis 10	10 bis 14
G.-St.	32	38	44

Anmerkung: Kommt nur für ganz geringfügige Arbeiten, wie kleinere Ausbesserungen, in Betracht;

e) für das einmalige Anhängen eines Gerüstes von 2 bis 14 m Länge bis zu 16 G.-St.

Ausbrechen eines Gerüstriegelloches in der Dachfläche und provisorische Versicherung desselben gegen das Einregnen während der Benützung und nach Wegnahme des Gerüstes bis zur Eindeckung durch den Dachdecker, per Loch:

bei Ziegel- und Schieferdächern........1 G.-St.
„ Blechdächern ....1,5 „
in Mauerwerk (z. B. Feuermauern).....1,2 M.-St.

1 m² **Leitergerüste:**

a) bei Gassenfassaden und freistehenden Feuermauern, ohne Konsolen 0,4 G.-St.;

b) „ Hoffassaden, ohne Konsolen 0,44 G.-St.;

c) „ Feuermauern über Dach, ohne Konsolen 1,2 G.-St.;

Aufzahlung für Konsolengerüste auf a) bis c) 15% vom Gesamtansatz;

„ „ 1 Lfm. normales Schutzgerüst 0,2 G.-St.;

„ „ 1 m² extrabreites Schutzgerüst mit Stehern oder Stehleitern zur Aufrechterhaltung des Personenverkehres 1 G.-St.;

d) für die Herstellung eines Aufzugschachtes samt der vorschriftsmäßigen Verschalung, per 1 m², in der Schalfläche gemessen, 0,5 G.-St.;

e) für Abdeckung und Sicherung von Glasdächern, per m² (abgedeckte Fläche gemessen) 0,43 G.-St.;

1 m **Ausschußgerüst,** 3 Pfosten breit, 2 G.-St.

Vollständiges Haupt- oder Langtennengerüst, bis 2 m breit, aus Rundholz und Pfosten, als Arbeitsgerüst und zur Materiallagerung entsprechend stark hergestellt:

1. Die Riegel einerseits auf der Mauer, anderseits auf Rosten aufliegend:

a) mit 2 Gerüstgeschossen, per 1 m 9,5 G.-St.;

b) Aufzahlung für jedes weitere Gerüstgeschoß bis 4 m Höhe mehr 4,75 G.-St.

2. Freistehendes Hauptgerüst, das ist nicht auf der Mauer, sondern beiderseits auf Rosten aufliegend:

a) mit 2 Gerüstgeschossen, per 1 m 12 G.-St.;

b) Aufzahlung für jedes weitere Gerüstgeschoß bis 4 m Höhe mehr 3,75 G.-St.

Für Verbreiterung des Hauptgerüstes zur Anbringung von Aufzügen, zur Materiallagerung usw. im ersten Geschoß, per 1 m′ Gerüstgeschoß 2 G.-St.

Anmerkung: Zuschlag für jedes höhere Gerüstgeschoß: 0,02 G.-St.

1 Lfm. **Riegelgerüst,** 4 Pfosten breit herstellen, bestehend aus Ständern auf Pfostenunterlagen, Rasteln, Riegeln und Pfosten samt Abplankung und den notwendigen Verspreizungen zu ebener Erde, einschließlich Abgerüsten, 1,65 G.-St.

Zuschlag für jedes höhere Geschoß, per 1 m 0,2 G.-St.

1 m **Schragengerüst,** 4 Pfosten breit, bis 4 m hoch herstellen und wieder abgerüsten, ohne Unterschied der Stockwerkshöhe, 0,43 G.-St.

1 m **Schragengerüst** wie vor, jedoch bis 3 m hoch, 0,37 G.-St.

1 m **Schragengerüst,** jedoch bis 2 m hoch (Sechsergerüst), 0,31 G.-St.

1 m **Böckelgerüst,** 4 Pfosten breit, herstellen und wieder abtragen 0,2 G.-St.

1 m **Fußgerüst,** 4 Pfosten breit, herstellen und wieder abtragen 0,3 G.-St.

1 m **Brustwehr** herstellen und wieder wegnehmen 0,1 G.-St.

1 m **Schutzblenden** aus Brettern und Staffelhölzern, an die Brustwehr schräg angelehnt, herstellen 0,15 G.-St.

1 m² **Arbeitsgerüst** herstellen und wieder abtragen, bestehend aus Riegel mit Pfostenbelag, zu ebener Erde 1 G.-St.

Anmerkung: Zuschlag per Gerüstgeschoß und 1 m²: 0,1 G.

1 m² **Rauchfanggerüst** über Dach auf- und abgerüsten 2,1 G.-St.

1 m² **Stukkaturgerüst** auf- und abgerüsten, bis 3 m Höhe, ohne Unterschied des Stockwerkes, 0,5 G.-St.

1 m² **Bauplatzeinplankung,** bis 1,8 m hoch, herstellen und wieder abtragen, 1,8 G.-St.

Aufstellen von Zement- und Kalkhütten, Unterkunftshütten für die Bauarbeiter, Flugdächer, Bauaborte usw., aus Riegeln oder Kantholz für das Gerippe, mit Laden oder Pfosten, der Fußbodenbelag aus Pfosten, samt Einbau der notwendigen Türen und Fenster, per 1 m² verschalte Fläche, exklusive Glas, 0,75 G.-St.

Herstellung von **Sprengwerken** aus Gerüstholz, Beigabe aller erforderlichen Materiale, Einbau, Auswechslung und Abtragung:

a) für eingebautes Holz, wie Sprenger, Roste, Kappbäume, Aufsätze, per 1 m² 34 G.-St.;

b) auf die gepölzte Fläche mit Pfosten, per 1 m² 1,4 G.-St.;

c) auf die gepölzte Fläche mit Kanthölzern, per m² 1,7 G.-St.

Für Herstellung von **Hebewerkgerüstungen** aus Gerüstholz, Beigabe aller erforderlichen Materiale, wie Holz, Klammern, Schrauben (ohne der Hebewerkzeuge), Aufstellen und Abtragen:

a) für eingebautes Holz, wie Steher, Roste, Unterzüge, Überlagen, Streben, per 1 m² 25 G.-St.;

b) für die Herstellung erforderlicher Belagfläche mit Pfosten, per 1 m² 0,8 G.-St.;

c) für die Herstellung erforderlicher Belagfläche mit Kanthölzern, per 1 m² 1,2 G.-St.

Anmerkung: Die Beistellung von Laufschienen, Traversen, Schrauben, Bolzen usw. ist separat zu verrechnen.

Herstellen, Ein- und Ausgerüstung von **Holzlehrbögen** für Gewölbe, Rippen und Gratekonstruktionen, Beigabe aller erforderlichen Materiale:

a) aus Brettern und Nägeln gezimmert, per 1 m Lehrbogenlänge (Spannweite plus Pfeilhöhe), 1,3 Z.-St.;

b) aus Pfostenholz gezimmert, mit Schrauben und Nägeln, per 1 m Lehrbogenlänge (Spannweite plus Pfeilhöhe), 2 Z.-St.

Beistellung der erforderlichen Schalung auf den Lehrbögen bei Gewölbeausführungen, Ein- und Ausgerüsten:

a) Bretterschalung, per 1 m² (Spannweite plus Pfeilhöhe mal der Länge) 1 Z.-St.;

b) Pfostenschalung, per 1 m² (Spannweite plus der Pfeilhöhe mal der Länge) 1,5 Z.-St.

Einen **Materialaufzug** für Ziegel und Mörtel (Paternoster) bis zur Gerüstebene des ersten Obergeschosses betriebsfähig Aufstellen, ohne Abladen und ohne Schachtverschalung, 50 G.-St.

Höherstellen um ein Geschoß, betriebsfähig, sonst wie vor, 10 G.-St.

Einen **Materialaufzug** ganz rückbauen und deponieren auf der Baustelle, ohne Aufladen, 20 G.-St.

Eine **Betonmischmaschine** betriebsfertig aufstellen, ohne Abladen, 135 G.-St.

Anmerkung: Bei Hochzug, für die erste Geschoßebene Zuschlag 75 G.-St., für jedes weitere Geschoß 15 G.-St.

Eine **Betonmischmaschine** ohne Hochzug abmontieren und deponieren, ohne Aufladen, 68 G.-St.

Anmerkung: Bei Hochzug, Zuschlag für jedes Geschoß 11 G.-St.

Einen **Handkran** mit Ausschußriegel samt Rolle betriebsfertig bis zur Gerüstebene des ersten Geschosses aufstellen 14 G.-St.

Anmerkung: Höher oder tiefer setzen, per Geschoß Zuschlag 6 G.-St.

Einen **Handkran** rückbauen und deponieren 7 G.-St.

Eine **Mörtelmischmaschine** betriebsfertig aufstellen 12 G.-St.

Eine **Mörtelmischmaschine** abmontieren und deponieren 4 G.-St.

Schornsteine für Dampfkesselanlagen und Industrieöfen

Von L. Gussenbauer & Sohn, Wien

Genaue Stabilitätsberechnung, richtige Errechnung der Höhe und Lichtweite, sowie zweckmäßige Auswahl des Baumaterials, welches sowohl den Witterungseinflüssen wie auch den Einwirkungen hoher Abgastemparaturen, Säuredämpfen usw. Widerstand bietet, ist Hauptbedingung.

Für Österreich stehen die folgenden durch ÖNORMB. 2201 mit dem Ausgabedatum vom 1. Februar 1922 herausgegebenen Vorschriften über die Standfestigkeit gemauerter hoher Schornsteine in Geltung:

1. Allgemeines. Schornsteine, die die Verbrennungsgase großer Feuerungsanlagen abzuführen haben, stellen in der Regel Bauwerke für sich dar. Sie sollen eine solche Höhe erhalten, daß eine Rauchbelästigung der Umgebung vermieden wird. Hiefür dürfte es im allgemeinen genügen, wenn die Schornsteinmündung die Dachfirste der umliegenden Wohngebäude um mindestens fünf Meter überragt.

Als Bauwerk betrachtet, bestehen die Schornsteine aus dem Grundbau, dem Sockel und dem Schafte. Wird ein Schornstein ohne Sockel hergestellt, so beginnt der Schaft mit der Erdgleiche. Gemauerte Schornsteine sind solche, bei denen mindestens der Schaft aus Ziegelmauerwerk oder Betonhohlsteinmauerwerk hergestellt ist. Grundbau und Sockel können aus Ziegelmauerwerk oder Stampfbeton hergestellt werden.

Auch Schornsteine, die nach Art der gemauerten Schornsteine aus einzelnen vorgearbeiteten Formsteinen aus Stampfbeton (Betonsteinen) hergestellt werden und deren etwaige Eiseneinlagen bei der Berechnung der Standfestigkeit unberücksichtigt bleiben, unterliegen den Bestimmungen für die gemauerten Schornsteine.

2. Ausfertigung des Baugesuches. Den Gesuchen um Erteilung der Baubewilligung zur Errichtung neuer oder Erhöhung bestehender Schornsteine ist eine maßstäbliche Zeichnung und der Nachweis der Standfestigkeit in der nach den Bestimmungen der Bauordnung vorgeschriebenen Zahl beizulegen.

Der Nachweis der Standfestigkeit hat die genauen Angaben über die Ausführung des Schornsteines, sowie über die Art und Beschaffenheit der zur Anwendung gelangenden Baustoffe zu enthalten. Für jeden Schaftquerschnitt mit geändeter Wandstärke und für die durch Öffnungen am meisten geschwächten Querschnitte im Sockel und Grundbau ist die Beanspruchung der Baustoffe nachzuweisen. Auch die Belastung des Baugrundes ist anzugeben.

3. Baustoffe. Für das Ziegelmauerwerk sind nur gut gebrannte Ziegel und als Bindemittel ausschließlich Zementmörtel (Kalkzement- oder Schornsteinmörtel) im Mischverhältnis von einem Raumteil Portlandzement, vier Raumteilen Weißkalk und höchstens zehn Raumteilen Sand zu verwenden. Der Sand muß erd- und lehmfrei sein. Die Benützung anderer Bindemittel und Mischverhältnisse ist gestattet, wenn der Nachweis ihrer Eignung erbracht wird.

4. Gewichtsbestimmung. Für die Ermittlung des Eigengewichtes der Schornsteine gelten die wirklichen Einheitsgewichte, und zwar in der Regel für 1 m³ Ziegelmauerwerk aus gut gebrannten Mauersteinen 1600 kg, für 1 m³ Schaftmauerwerk aus Maschinringsteinen 1800 kg, für 1 m³ Stampfbeton 2200 kg, wobei angenommen wird, daß die Hohlräume in Formsteinen ganz ausgefüllt sind. Bei der Gewichtsbestimmung sind ausladende Verzierungen, wie Kopf- und Sockelgesimse, nicht zu berücksichtigen. Auch die auf dem Grundbau ruhende Erdanschüttung ist nicht einzurechnen.

5. Winddruck. Der Winddruck auf ein Quadratmeter einer zur Windrichtung senkrechten Ebene ist mit dem Durchschnittswerte von $w = 125 + 0{,}6\ h$, auf volle Kilogramm aufgerundet, anzunehmen, wobei h die Höhe der Schornsteinmündung über der Erdgleiche in Metern bezeichnet. Die Saugwirkung auf der Leeseite ist in diesem Wert inbegriffen.

Als windgeschützt sind nur jene Teile eines Schornsteines anzusehen, die durch umschließende Hauptmauern eines Gebäudes gedeckt sind oder die selbst Teile einer Hauptmauer bilden. Dachgeschosse sind unberücksichtigt zu lassen.

Als Winddruckfläche ist die Aufrißfläche des Schornsteines in Rechnung zu ziehen. Bei eckigen Schornsteinen ist sie in gleiche Richtung mit einer Vieleckseite zu stellen. Der Winddruck ist wagrecht und im Schwerpunkte des Schornsteinaufrisses, und zwar in einer solchen Richtung angreifend anzunehmen, für welche die Druckspannungen ihren größten Wert erhalten.

Die Größe des Winddruckes wird berechnet: bei kreisrundem Querschnitt mit $0{,}67\ F \cdot w$, bei achteckigem Querschnitt mit $0{,}71\ F \cdot w$, bei viereckigem Querschnitt mit $1\ F \cdot w$, wobei F den Inhalt der Aufrißfläche des Schornsteines in Quadratmetern bedeutet. Vorstehende Werte gelten auch für Wind über Eck.

6. Berechnungsweise. Auf Grund der vorstehenden Bestimmungen sind für die Querschnitte, in denen sich die Wandstärke ändert, die auftretenden Druckspannungen unter Vernachlässigung der Zugfestigkeit rechnungsmäßig zu ermitteln und im Baugesuch ersichtlich zu machen.

Die Abmessungen sind derart zu ermitteln, daß unter Einwirkung des Winddruckes mindestens die Hälfte des betreffenden Querschnittes wirksam bleibt.

In der Sohle des Grundbaues dürfen sich nur Druckspannungen ergeben.

Zur Bestimmung der Druckbeanspruchung schiefstehender oder krummer Schornsteine ist dem Ausschlage der Mittelkraft aus Eigengewicht und Winddruck die Verschiebung des Massenschwerpunktes des Schornsteines zuzurechnen.

7. Zulässige Beanspruchung. Die berechneten Druckspannungen dürfen im Mauerwerk an der stärkst beanspruchten Kante den Wert $\sigma = {}^1/_3\,\sigma_d + 1{,}5\,\sigma_0$ nicht überschreiten. Hierin bezeichnet σ_d die zulässige Druckbeanspruchung des Mauerwerkes und σ_0 die Druckbeanspruchung unter dem Eigengewicht. Die größten zulässigen Druckbeanspruchungen betragen:

für Ziegelmauerwerk aus gut gebrannten Mauerziegeln in verlängertem Zementmörtel .... 10 kg/cm²

für Schaftmauerwerk aus gelochten Maschinringsteinen in ebensolchem Mörtel .... 15 „

für Stampfbeton, sofern die Vorschriften über Stampfbeton nicht höhere Werte zulassen, im Mischverhältnis von 120 kg Portlandzement auf 1 m³ Sandkiesgemenge .... 6 „

für Stampfbeton im Mischverhältnis von 160 kg Portlandzement auf 1 m³ Sandkiesgemenge .... 9 „

für Stampfboden im Mischverhältnis von 200 kg Portlandzement auf 1 m³ Sandkiesgemenge .... 14 „

für Ringsteine aus Stampfbeton, deren Druckfestigkeit mindestens 120 kg/cm² beträgt .... 15 „

Für Schornsteinschäfte, die ganz oder auch nur auf der Innenseite aus gewöhnlichen Mauerziegeln ausgeführt werden, gilt die zulässige Beanspruchung von gewöhnlichem Ziegelmauerwerk nach den hiefür bestehenden Vorschriften.

Kommen höhere Beanspruchungen in Ansatz, so ist der Festigkeitsnachweis zu erbringen, und zwar durch Prüfung an ganzen Mauerkörpern von annähernd würfelförmiger Gestalt mit 50 cm Kantenlänge, sofern die Normen über Prüfung der Baustoffe nicht andere Maße vorschreiben. Als zulässige Druckbeanspruchung ist ein Achtel der festgestellten Druckfestigkeit, keinesfalls aber mehr als 25 kg/cm² in Rechnung zu stellen.

Bei Erhöhung von Schornsteinen, die schon zwei Jahre bestehen und die sich in gutem Bauzustande befinden, können die hier vorgeschriebenen zulässigen Beanspruchungen um ein Fünftel, jedoch nicht über 25 kg/cm² erhöht werden.

Der Baugrund kann belastet werden:

bei sehr feuchtem Lehm und Tegel und bei Sand von mindestens 1 m Mächtigkeit mit .... 1,5 kg/cm²

bei festem Schotter, bei stehendem, gegen Ausweichen geschütztem Lehm und Tegel mit .... 2,5 „

bei festgelagertem Schotter von großer Mächtigkeit, bei liegendem trockenen Lehm und Tegel mit .... 3,5 „

8. Bauausführung. Das Rauchkanalgewölbe darf nicht als tragender Teil des Schornsteines dienen, sondern ist unabhängig vom Schornsteinmauerwerk und frei von jeder Belastung auszuführen.

Der Baugrund ist durch eine mindestens 60 cm starke Mauerwerksschichte oder Betonplatte von der Sohle des Schornsteinrohres zu trennen. Eine solche Betonplatte hat im Innern des Schornsteines ein Ziegelpflaster zu erhalten.

Jeder Schornstein ist zum Schutze gegen die Wärmespannungen mit einem freistehenden Futter aus Ziegeln zu versehen, dessen Höhe mindestens zwei Meter über den Scheitel einer jeden Fuchsöffnung hinausragt. Bei Feuer- oder Rauchgasen von mehr als 500° C ist das Futter aus feuerfesten Ziegeln herzustellen.

Als besondere Einrichtungen sind anzuordnen:

Eine Einsteigöffnung, eine Blitzableiteranlage und innere, 40 cm voneinander entfernte Steigeisen.

Tabelle für runde Schornsteine aus radialen Tonformsteinen für Dampfkesselfeuerungen

Kaminhöhe		m	16,00			20,00				25,00	
Obere lichte Weite		m	0,60	0,70	0,80	0,60	0,70	0,80	0,90	0,60	0,70
Inhalt in m³	des Betons		3,95	3,95	4,15	5,20	5,20	5,40	5,55	6,50	6,75
	des Fundamentes		4,55	4,55	4,80	5,20	5,20	5,50	5,80	6,25	6,25
	des achteckig. Postamentes		10,00	10,00	10,00	14,40	14,40	14,50	14,50	20,85	20,85
	der runden Säule		12,60	12,60	13,20	18,70	18,70	19,60	20,30	28,40	28,40
Höhe des Isolierfutters		m	5,00	5,00	5,00	5,00	5,00	5,00	5,00	5,00	5,00
Inhalt des Erdaushubes		m³	9,00	9,20	10,70	11,70	12,00	12,80	13,60	14,80	15,70
Kostensumme		S	2890	2895	2990	3780	3810	3880	4040	5490	5510

Kaminhöhe		m	25,00			30,00					
Obere lichte Weite		m	0,80	0,90	1,00	0,60	0,70	0,80	0,90	1,00	1,10
Inhalt in m³	des Betons		7,00	7,20	7,40	10,60	10,60	10,80	11,90	12,50	12,80
	des Fundamentes		7,30	8,00	8,30	10,80	10,80	11,40	13,70	14,60	15,50
	des achteckig. Postamentes		21,45	22,80	23,20	30,50	30,50	30,50	31,40	32,30	32,40
	der runden Säule		29,30	29,60	29,60	39,20	39,20	40,25	41,45	42,60	43,80
Höhe des Isolierfutters		m	5,00	5,00	5,00	6,00	6,00	6,00	6,00	6,00	6,00
Inhalt des Erdaushubes		m³	17,00	18,10	19,10	28,90	29,60	31,20	33,50	35,80	36,70
Kostensumme		S	5650	5850	6020	8620	8630	9180	9540	10920	10260

Kaminhöhe		m	35,00								40,00
Obere lichte Weite		m	0,60	0,70	0,80	0,90	1,00	1,10	1,20	1,30	0,90
Inhalt in m³	des Betons		12,35	12,35	12,40	12,40	13,65	14,80	15,10	15,40	19,60
	des Fundamentes		14,60	14,60	15,10	15,50	16,10	18,70	18,70	20,70	18,20
	des achteckig. Postamentes		41,40	41,40	42,70	44,10	45,40	48,10	49,00	50,00	53,10
	der runden Säule		54,70	54,70	56,30	57,00	58,50	59,70	60,30	61,00	74,20
Höhe des Isolierfutters		m	7,00	7,00	7,00	7,00	7,00	7,00	7,00	7,00	8,00
Inhalt des Erdaushubes		m³	36,50	36,50	37,40	39,80	42,00	47,70	50,80	53,90	57,40
Kostensumme		S	12150	12150	12400	12645	12810	12960	13275	13590	15390

Kaminhöhe		m	40,00						45,00		
Obere lichte Weite		m	1,00	1,10	1,20	1,30	1,40	1,50	1,10	1,20	1,30
Inhalt in m³	des Betons		20,00	21,80	22,20	22,60	23,80	25,40	24,60	26,70	27,10
	des Fundamentes		19,30	20,40	21,50	22,60	23,70	24,80	20,80	21,30	21,80
	des achteckig. Postamentes		54,50	55,70	56,50	57,30	58,40	59,10	70,30	70,30	71,20
	der runden Säule		74,20	74,80	74,80	76,10	77,40	79,20	93,50	93,50	96,90
Höhe des Isolierfutters		m	8,00	8,00	8,00	8,00	8,00	8,00	9,00	9,00	9,00
Inhalt des Erdaushubes		m³	58,50	62,20	64,60	67,10	70,90	75,10	68,60	75,80	77,60
Kostensumme		S	15720	15970	16200	16560	16830	17100	19530	19710	20250

Kaminhöhe m	45,00				50,00				
Obere lichte Weite m	1,40	1,50	1,60	1,70	1,40	1,50	1,60	1,70	1,80
Inhalt in m^3 des Betons	27,60	27,70	27,90	28,10	28,90	29,30	29,70	31,90	32,10
Inhalt in m^3 des Fundamentes	22,50	23,30	24,10	24,80	26,40	27,20	28,00	28,70	29,50
Inhalt in m^3 des achteckig. Postamentes	74,60	75,70	76,70	77,80	102,80	104,70	107,80	108,60	110,50
Inhalt in m^3 der runden Säule	97,10	99.02	101,30	103,30	114,90	116,90	119,40	123,00	124,40
Höhe des Isolierfutters m	9,00	9,00	9,00	9,00	10,00	10,00	10,00	10,00	10,00
Inhalt des Erdaushubes m^3	81,50	83,60	85,90	87,70	87,20	90,20	95,00	96,70	99,90
Kostensumme S	20 700	21 150	21 500	21 870	26 320	26 600	26 730	26 820	27 800

Kaminhöhe m	50,00		55,00						
Obere lichte Weite m	1,90	2,00	1,50	1,60	1,70	1,80	1,90	2,00	2,10
Inhalt in m^3 des Betons	32,60	32,90	40,20	40,80	41,40	41,90	43,10	46,80	47,40
Inhalt in m^3 des Fundamentes	30,30	31,10	26,40	27,80	29,30	30,70	32,10	33,70	36,60
Inhalt in m^3 des achteckig. Postamentes	112,60	114,50	131,10	133,90	136,70	139,60	142,40	145,20	148,70
Inhalt in m^3 der runden Säule	126,90	129,40	143,90	146,90	149,70	152,60	155,40	158,30	161,20
Höhe des Isolierfutters m	10,00	10,00	11,00	11,00	11,00	11,00	11,00	11,00	11,00
Inhalt des Erdaushubes m^3	101,70	105,00	101,50	102,90	104,40	105,90	107,40	108,90	123,10
Kostensumme S	28 350	28 870	31 730	32 200	33 100	34 000	34 740	35 650	35 500

Kaminhöhe m	60,00							65,00	
Obere lichte Weite m	1,70	1,80	1,90	2,00	2,10	2,20	2,30	1,90	2,00
Inhalt in m^3 des Betons	49,40	52,60	53,30	54,00	58,30	60,20	62,10	77,40	78,90
Inhalt in m^3 des Fundamentes	33,40	34,90	36,40	38,00	43,50	46,20	49,00	47,90	48,70
Inhalt in m^3 des achteckig. Postamentes	170,60	172,20	173,60	175,30	177,00	180,00	183,00	31,90	32,40
Inhalt in m^3 der runden Säule	192,00	195,30	198,50	201,70	204,50	208,00	212,00	372,90	375,10
Höhe des Isolierfutters m	12,00	12,00	12,00	12,00	12,00	12,00	12,00	13,00	13,00
Inhalt des Erdaushubes in m^3	118,10	131,60	133,30	135,10	145,80	153,00	165,10	190,30	192,50
Kostensumme S	41 670	42 030	42 700	43 600	44 800	45 900	46 950	51 840	52 020

Kaminhöhe m	65,00					70,00			
Obere lichte Weite m	2,10	2,20	2,30	2,40	2,50	2,00	2,10	2,20	2,30
Inhalt in m^3 des Betons	80,40	81,80	83,40	84,80	85,90	89,40	93,00	96,50	100,20
Inhalt in m^3 des Fundamentes	49,60	50,40	51,20	52,10	57,00	50,50	55,10	59,60	64,20
Inhalt in m^3 des achteckig. Postamentes	33,10	33,60	34,20	34,90	35,60	28,30	28,70	29,10	29,50
Inhalt in m^3 der runden Säule	377,30	380,60	382,80	385,10	388,90	468,30	478,50	488,60	498,70
Höhe des Isolierfutters	13,00	13,00	13,00	13,00	13,00	14,00	14,00	14,00	14,00
Inhalt des Erdaushubes m^3	195,90	196,80	202,40	204,70	213,80	193,50	207,70	219,60	231,80
Kostensumme S	52 600	53 510	53 900	54 450	55 100	62 730	64 620	66 150	68 040

Kaminhöhe	m	70,00			
Obere lichte Weite	m	2,40	2,50	2,60	2,70
Inhalt in m³ des Betons		103,80	107,40	111,10	114,60
Inhalt in m³ des Fundamentes		68,70	73,30	77,70	82,00
Inhalt in m³ des achteckig. Postamentes		29,90	30,20	30,60	31,10
Inhalt in m³ der runden Säule		508,80	519,00	529,20	539,30
Höhe des Isolierfutters	m	14,00	14,00	14,00	14,00
Inhalt des Erdaushubes	m³	248,20	261,10	281,30	295,20
Kostensumme	S	68 760	71 300	73 170	75 240

In vorstehender Tabelle ist das Isolierschutzfutter für Dampfkesselbetrieb aus radialen Formsteinen angenommen. Für Industrieöfen mit hohen Abgastemperaturen ist dieses Isolierschutzfutter aus Schamottematerial in entsprechender Höhe zu projektieren.

Kesseleinmauerungen

Gegenstand	Ziegelmauerwerk im Fundament mit Ziegeln österr. Format	Rotziegelmauerwerk über Heizerstandfußboden	Schamotteziegelmauerwerk hochfeuerfester Spezialqual., Segerkegel 34	Schamotteziegelmauerwerk feuerfester Qualität, Segerkegel 29/30
	Aufwand per m³			
Mauerziegel .... Stück	280	280	—	—
Schamottematerial .... kg	—	—	1900	1900
Gelöschter Weißkalk .... m³	0,11	0,11	—	—
Reiner Mauersand .... m³	0,30	0,30	—	—
Spezialmaurerstunden	10	13½	30	25
Handlangerstunden, männl.	6	6	9	8
„ weibl.	4	4	6	5
Beiläufiger Einheitspreis bei 16% Zuschlag für soziale Lasten (ohne Regie und Gewinn) .... S	16,70	74,20	499,00	258,20

Stukkaturarbeiten

Bearbeitet von A. R. Bergmann & Co., Bauunternehmung, Wien

Stukkaturrohr (Auszug aus ÖNORM, B 3641, vom 15. November 1925). Schilfrohr (Phragnites communis), im Winter nach vollständiger Austrocknung geschnitten; es unterscheidet sich von den nicht zulässigen Sumpfpflanzen durch die Stengelknoten und die endständigen Fahnen (Blüten). Dient als Mörtelträger und für Dacheindeckung. Es darf nur gesundes Rohr nach Abschneiden der Fahnen verwendet werden. Das Stukkaturrohr wird in Meterbünden (Umfang, gemessen 50 cm vom Schnitt, ungefähr 1 m) oder in Handbuschen gehandelt. Fünf Handbuschen sind ungefähr gleich einem Meterbund. Stukkaturrohr ist vor Feuchtigkeit geschützt zu lagern. Die Lnäge der Stämme ohne Fahnen muß mindestens 2 m betragen.

Stukkaturrohrgewebe (Auszug aus ÖNORM, B 3642, vom 15. November 1925) sind Matten, die aus Stukkaturrohr durch Umschlingung der einzelnen Stämme mit Draht in gleichen Abständen geflochten wurden. Dienen als Mörtelträger. Man unterscheidet:

weites	Stukkatur-rohrgewebe	mit Zwischenräumen von zwei bis drei Stammstärken, höchstens 2 cm,
enges		mit Zwischenräumen von einer Stammstärke,
dichtes		Stämme liegen Mann an Mann.

Es darf nur weicher (geglühter) Stahldraht verwendet werden. Der Verkauf erfolgt ausschließlich nach Flächenmaß.

Materialpreise ab Lager:

1	Meterbund Stukkaturrohr	S 1,80
1	m² Stukkaturrohrgewebe	,, 0,22
1	,, Rabitznetz, verzinkt	,, 1,00
1	,, Staußziegelgewebe	,, 1,80
1	,, Holzstabgewebe	,, 1,15
1	,, Kokkolithplatten, 2 cm stark	,, 2,30
1	,, 3 ,, ,,	,, 2,60
1	,, Rohrdielen, 5 cm stark ..	,, 4,20
1	,, ,, 7 ,, ...	,, 4,30
1	,, Korksteinersatz A. T., 3 cm stark	,, 2,60
1	,, Korksteinersatz, A. T., 5 cm stark	,, 3,00
1	,, Zehoplatten, 2 cm stark .	,, 1,85
1	,, ,, 5 ,, ,, ..	,, 3,80
1	,, Heraklithplatten, 2 cm stark	,, 2,65
1	,, ,, 5 ,, ,,	,, 3,90
100	kg Gips	S 7,00
1	m³ gel. Weißkalk (1000 l) ...	,, 40,00
1	kg Stukkaturdraht Nr. 9 ...	,, 0,95
1	,, verzinkter Draht, Nr. 20 ..	,, 1,15
1	,, blanker Draht, 3 mm stark	,, 0,70
1	,, Nägel, 60 mm lang (rund 330 Stück)	,, 0,80
1	,, Stukkaturhaken, 18/25 (rund 720 Stück)	,, 0,95
1	,, Stukkaturhaken, 25/30 (rund 1020 Stück)	,, 0,95
1	Stukkaturerstunde	,, 1,90
1	Maurerstunde	,, 1,42
1	Gerüsterstunde	,, 1,33
1	Handlangerstunde	,, 1,10
1	Handlangerinnenstunde	,, 0,83

Für Hohlkehlen sind bei der Verrechnung 15 cm bei jedem Wandanschluß zu den Längen- und Breitenausmaßen zuzuschlagen.

Stukkaturung auf voller Schalung

Bedarf per m²	Mit Stukkaturrohr				Mit Stukkaturrohrgewebe				Anmerkung
	Weißkalkmörtel		Gipsmörtel		Weißkalkmörtel		Gipsmörtel		
	einfach	doppelt	einfach	doppelt	einfach	doppelt	einfach	doppelt	
Stukkaturrohr .... Bund	0,06	0,10	0,06	0,10	—	—	—	—	1 Bund = 1,00 m lg.
Stukkaturrohrgewebe . m²	—	—	—	—	1,05	2,10	1,05	2,10	
Gips .... kg	—	—	5,5	7	—	—	5,5	7,0	vollkommen ebene Schalung vorausgesetzt
Weißkalk, gelöscht l	10	12	9	11	9	11	7	7,5	
Sand l	20	24	18	22	18	22	15	18	
Stukkaturdraht Nr. 9 . kg	0,04	0,07	0,04	0,07	0,02	0,02	0,02	0,02	
Stukkaturhaken 18/25 St.	55	50	55	50	30	10	30	10	
Stukkaturhaken 25/30 ,,	—	30	—	30	—	30	—	30	
Stukkaturerstunden	0,70	0,75	0,65	0,70	0,60	0,65	0,55	0,60	
Hilfsarbeiterinnen-stunden	0,65	0,70	0,60	0,65	0,55	0,60	0,55	0,60	Stockwerkszuschlag: 0,10
Gerüsterstunden	0,25								0,10

Stukkaturung ohne Schalung

Bedarf per m²	Drahtarmiertes Rohrgewebe: unter Trämen	Drahtarmiertes Rohrgewebe: unter Betondecken mit Aufhängevorrichtung	Freihängende Rabitzkonstruktion: Rohrgewebe	Freihängende Rabitzkonstruktion: Rabitznetz		Freihängende Rabitzkonstruktion: Staußziegelgewebe		Holzstabgewebe (Backula- und Kolumbusgewebe)	◁ Latten auf Schalung	Stockwerkszuschlag
	Gipsmörtel	Gipsmörtel	Gipsmörtel	Gipsmörtel	Zementmörtel	Zementmörtel	Gipsmörtel	Gipsmörtel	Gipsmörtel	
Stukkaturrohrgewebe . . . . m²	2,10	2,10	2,10	—	—	—	—	—	—	
Rabitznetz . . . . m²	—	—	—	1,03	1,03	—	—	—	—	
Staußziegelgewebe . . m²	—	—	—	—	—	1,05	1,05	—	—	
Holzstabgewebe . . . . m²	—	—	—	—	—	—	—	1,05	—	
Latten . . . . m	—	—	—	—	—	—	—	—	13	
Gips . . . . kg	9	9	9	10	—	—	6	6	11	
Zement . . . . kg	—	—	—	—	8	5	—	—	—	
Weißkalk, gelöscht . . . l	15	15	15	15	8	5	5	5	11	
Sand l	25	25	25	25	25	15	15	15	26	
Verzinkter Draht Nr. 20 . . . . kg	0,10	0,10	0,10	0,05	0,05	0,30	0,30	—	—	
Rundeisen ϕ 5 mm . kg	—	0,40	0,40	0,40	0,40	—	—	—	—	
,, ϕ 7 mm . kg	—	0,80	0,80	0,80	0,80	—	—	—	—	
Nägel, 60 mm lang, Stück	10	—	—	—	—	5—8	5—8	8—10	55	
Stukkaturerstunden . .	0,60	0,70	1,10	1,40	1,45	1,20	1,10	0,60	0,60	
Handlangerstunden . . .	—	—	—	—	—	0,40	0,40	—	—	0,10
Handlangerinnenstunden	0,60	0,70	1,10	1,40	1,45	0,40	0,40	0,60	0,60	
Gerüsterstunden	0,25									0,10

Wand- und Deckenverkleidungen mit einseitigem Gipsmörtelverputz

Per m²	Kokkolithplatten 2 cm	Kokkolithplatten 3 cm	Rohrdielen 5 cm	Rohrdielen 7 cm	Korkstein-, K B und Korksteinersatz- (A. T.) Platten 3 cm	Korkstein-, K B und Korksteinersatz- (A. T.) Platten 5 cm	Staußziegelgewebe 3 cm	Zeho- und Heraklithplatten 2 cm	Zeho- und Heraklithplatten 5 cm
Platten . . . . m²	1,05	1,05	1,05	1,05	1,00	1,00	—	1,07	1,07
Staußziegelgewebe . . . . . m²	—	—	—	—	—	—	1,05	—	—
Gips . . . . kg	4	4,5	5	5,5	4	5	5	4,5	5,5
Leim . . . . kg	0,02	0,02	0,03	0,03	0 03	0,03	—	—	—
Gelöschter Weißkalk l	3	3	3	3	3	3	5	3	3
Sand l	10	10	14	15	10	14	15	10	14
Nägel, 60 mm . . . . . . Stück	10	10	12	12	20	20	24	20	20
Draht, 3 mm . . . . kg	—	—	—	—	—	—	0,30	—	—
Maurerstunden	0,80	0,80	0,85	0,90	0,80	0,85	0,80	0,80	0,85
Handlangerstunden	0,40	0,40	0,45	0,45	0,40	0,45	0,40	0,40	0,45

Hiezu kommen Gerüsterstunden 0,25; Stockwerkszuschlag: je 0,10 Gerüster- und Handlangerstunden.

Kunst-, Stuckmarmor- und Stukkolustro-Arbeit

Stuckmarmor, in beliebigen Farben geadert, samt Herstellung des Grundes, des Polierens und Schleifens, an Arbeit und Material, per m² S 22,00

Derselbe, porphyrartig, per m² . . . . ,, 32,00

,, nach Art des Lapislazuli, per m² . . . . ,, 40,00

Stukkolustro-Wandverkleidung in beliebiger Farbe, samt Herstellung des Grundes auf dem Mauerputz sowie Glätten, Bügeln und mit Wachs überziehen, per m² . . . . ,, 12,00

Desgleichen, jedoch nur glätten und marmorartig malen, per m² . . ,, 5,00

Stuckarbeiten aus Papiermaché, naturfärbig

(Für Vergoldung oder Malerei ist ein Zuschlag zu rechnen)

Rosetten,	Durchmesser in cm	18	30	40	50	60	120
	Durchschnittlicher Preis in S	2,00	4,50	7,00	8,00	9,00	15,00

Rosettenausläufer, per Stück, 66 cm lang, 68 cm breit ....S 10,00

Friese und Bordüren, per m	Breite in cm	5	6	8	11
	Durchschnittlicher Preis in S	2,00	2,50	3,50	5,00

Festons, per Stück ....S 5,00
Türaufsätze, per Stück ....von S 10,00 bis „ 20,00
Kariatyden, per Stück .... „ „ 3,00 „ „ 15,00
Amoretten, per Stück ....„ 8,00

Linoleum-Unterböden

Sie müssen trocken, eben und druckfest sein.

Asphalt, 2 bis 3 cm stark, darf nicht teerhältig sein und nicht in der Nähe von Heizungsanlagen verwendet werden.

Bims-Estrich, geringes Gewicht, 4 cm stark, besteht aus Zement mit Bimsschrot als Füllkörper; Mischung sehr fett halten (3:1), Glattverputz 1 cm stark.

Ceresit-Estrich, wird in einer Lage von 3 bis 5 cm Stärke aufgebracht und dann abgeglättet. Schützt gegen aufsteigende Feuchtigkeit.

Gips-Estrich (Harzer Gips), $2^1/_2$ bis 3 cm stark, Austrocknungsfrist: 6 bis 10 Wochen.

Holzböden. Fest niedernageln! Fugen ausspanen und verkitten. Feuchtigkeit abhalten durch Ermöglichung von Luftzirkulation innerhalb der Konstruktion!

Kork- und Holzmehl-Estrich, $1^1/_2$ bis 2 cm stark; für ebene Oberfläche vorsorgen. Austrocknungsdauer: 1 Woche.

Preßkorkplatten, 1 bis 3 cm stark; wärmehaltender Belag für Betonfußböden.

Zement-Estrich, kalter Unterboden, $2^1/_2$ bis 3 cm stark, Mischungsverhältnis 3:1. Austrocknungsdauer: Muß gut abgebunden haben (8 bis 12 Wochen) und darf nicht stauben. Oberfläche nur mit Latte (nicht glatt) abreiben.

Es empfiehlt sich, zwischen Linoleum und Zement-Estrich Ruberoid (nicht hygroskopisch) als Isolierschichte einzulegen; Ruberoid ist mit dem Zement-Estrich mit Kitt zu verbinden.

Isolierungen[1]

1. Horizontale Isolierung mit 1 cm starker Naturasphaltschichte auf bauseits vorgerichteter Unterlage, per m² .... S 7,00

2. Vertikale Mauerisolierung auf fugenverschossenem Ziegelmauerwerk oder vorgerichtetem Betonmauerwerk, a) mittels Brettelaufzug, Preis per m² bei 5 bis 7 mm Stärke .... „ 7,00
b) bei einmaligem heißen Asphaltanstrich, per m² .... „ 2,50
„ zweimaligem „ „ „ „ .... „ 3,50

3. Isolierung mit Xerotonkitt (Brücken, Gewölbe, Tunnels, Reservoire, Bassins, Viadukte) für Beton- und Ziegelmauerwerk, rund 3 mm stark; wird kalt aufgebracht, per m² horizontal S 9,50, per m² vertikal .. „ 10,50

[1]) Nach Mitteilung der Asdag, Bauabteilung der Teerag, Wien

4. Isolierung m. teerfreier Spezialpappe Ruberoid aus zwei Lagen, per m² S 9,00
drei „ „ „ „ 12,50

Aufkleben und Verkleben erfolgt mit heißem Spramex!

5. Dachpappe-Isolierung in zwei Lagen, die miteinander verklebt und mit einem Deckanstrich versehen werden.

Dachpappe Nr.	120	100	90	80
Preis per m² S	6,00	6,30	6,50	7,00
Aufschlag auf dreilagige Isolierung, per m² S	2,50	2,70	2,85	3,00

6. Leiß-Zuffer-Isolierung,

horizontal mit einer Juteeinlage, zwei heißen Isolieranstrichen, rund 6 mm stark, per m² .... S 7,50

horizontal mit zwei Juteeinlagen, drei heißen Isolieranstrichen, rund 10 mm stark, per m² .... „ 12,00

horizontal mit einer weitmaschigen Juteeinlage, einem heißen Isolieranstrich und einer 15 mm starken Naturasphaltschichte, per m² ..... „ 15,00

Vertikal 10% Aufschlag.

7. Falzbautafeln-Isolierung von feuchtem Mauerwerk, exklusive Mauerarbeiten, per m² *S 9,00* und *8,00* (Sorte „Extra“ bzw. „Spezial“). Die Isolierungen 2 bis 5 sind vor Aufbringung der Beschüttung gegen mechanische Verletzungen zu schützen, etwa durch einen 1 bis 2 cm starken Zementestrich.

Über weitere Isolierungen siehe auch: „Betonschutzmittel“, Seite 183.

Trockenlegung feuchter Mauern

1. durch Vorkehrungen gegen weiteres Aufsteigen von Grundfeuchtigkeit durch Absägen mittels des patentierten maschinellen Verfahrens der Mauersäge[1]), Einziehen von Asphalt-Isolierplatten mit Bleieinlage, Aufkeilen der Fugen mit Eisenkeilen und Ausgießen derselben mit wasserdichtem Portlandzementmörtel.

Stärke der Ziegelmauer in cm	15	30	45	60	75	90
Preis für Wien per Lfm. S	19,00	33,25	47,50	61,75	76,00	90,25

Vorstehende Preise gelten für ein Ausmaß von mindestens 20 m² und werden von den einmaligen Kosten, wie Transport und Aufstellen der Maschinen usw., die unabhängig vom Ausmaß des trockenzulegenden Mauerwerkes sind, stark beeinflußt;

Die Preise ermäßigen sich für größere Ausmaße.

Für Arbeiten außerhalb Wiens kommen die Frachtspesen und die Zulagen für die Arbeiter in Anrechnung;

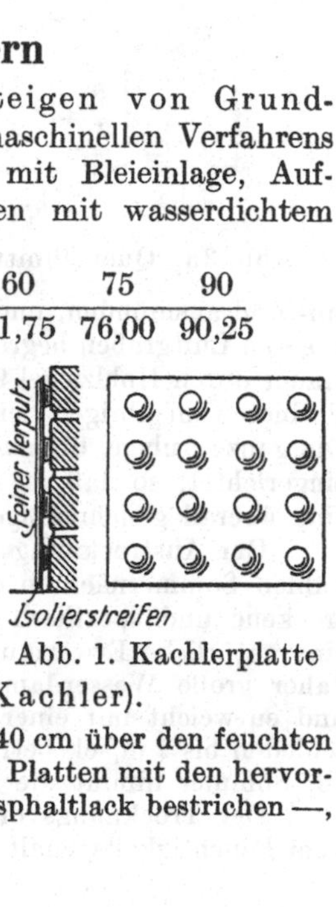

Feiner Verputz

Isolierstreifen

Abb. 1. Kachlerplatte

2. durch selbsttätige Luftzirkulation (Bauart Kachler).

Der feuchte Anwurf wird bis zu einer Höhe von ungefähr 40 cm über den feuchten Stellen abgeschlagen, unten der Isolierstreifen gelegt, hierauf die Platten mit den hervorspringenden Knöpfen (Abb. 1) — diese Stelle wird mit bestem Asphaltlack bestrichen —,

[1]) Mauersäge G. m. b. H. für Trockenlegung feuchter Gebäude, Wien

gegen die Mauer ohne Mörtel mit doppellappigen Haken „Voll auf Fug" angenagelt. Die Plattenfugen werden mit einem Portlandzementmörtel und feinem Sand verkittet und darüber der feine Verputz hergestellt; in den obersten und untersten Scharen werden Ventilationen versetzt (Abb. 2). Durch Verwendung von Platten in verschiedenen Größen (30/60, 30/30, 30/20, 30/15, 30/10 und 30/5 cm) ist rasches Arbeiten ermöglicht. Zwischen der feuchten Mauer und Plattenwand entsteht ein Luftraum, der durch Ventilationen gelüftet wird; die Feuchtigkeit trocknet aus und steigt nicht höher. Die Arbeit kann jeder Maurer leicht ausführen.

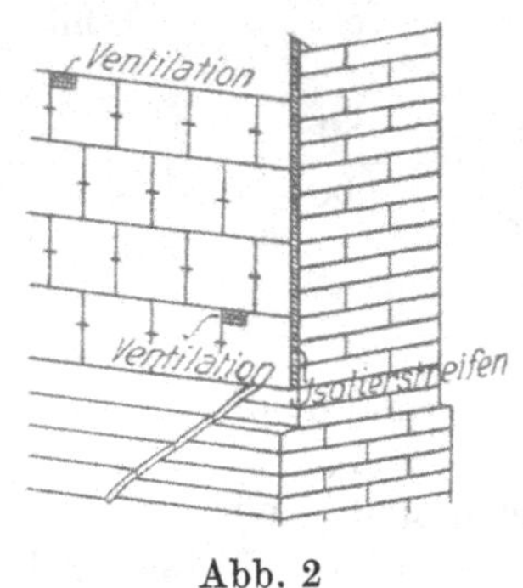

Abb. 2

Das Material (Platten, Haken, Ventilationen und Isolierstreifen) kostet für je 1 m^2, stückweise verrechnet, ab Wien *S 8,20*.

Ein Maurer und Hilfsarbeiter verlegen fix und fertig 5 bis 7 m^2 in 8 Stunden; für 50 m^2 erforderlich: 200 kg Portlandzement, 4 bis 5 Kasten Weißkalk und 0,5 m^3 Wellsand;

3. durch strömende Luft (Bauart Motzko.)

Entlang der nassen Mauer 3 (Abb. 3a und 3b) wird ein verdeckter, sehr schmaler Luftgraben 1 vorgebaut, in dem auf natürliche Weise eine rasche Luftströmung und dadurch ein ständiges Verdunsten der Mauernässe bewirkt wird. Zu diesem Zwecke ist der durchlaufende Luftgraben mit Zuluftleitungen 4, die an verschiedenen Stellen 5 a, 6 a, 5 b, 6 b

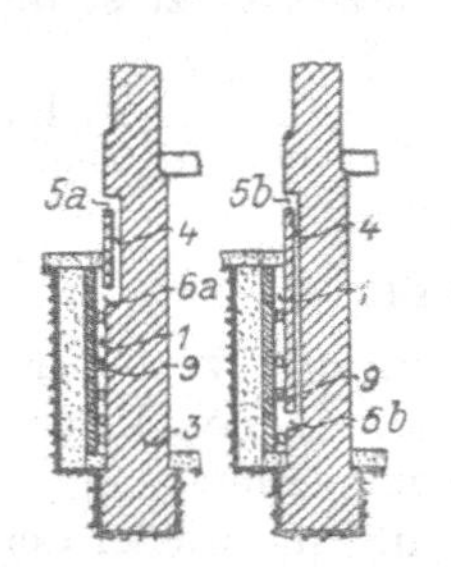

Abb. 3a. Querschnitt

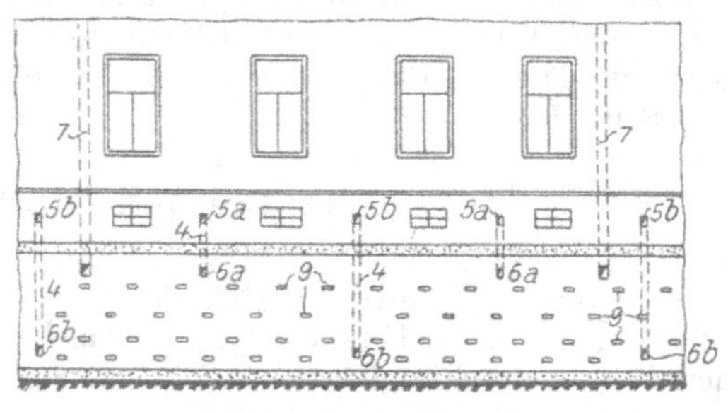

Abb. 3b. Ansicht

ein- und ausmünden, und mit oft über Dach hochgeführten Abluftleitungen 7 versehen. Die den Luftgraben begrenzende, ganz schwache Mauer wird gegen die trockenzulegende Mauer durch Hohlziegel 9, die gleichzeitig zum Ansaugen der Nässe dienen, abgestützt; sie bieten im übrigen der durchströmenden Luft auch eine größere Verdunstungsfläche. Die ganze Anlage, die auch bei inneren Mauern angeordnet werden kann, ist regulierbar eingerichtet, so daß an den nassesten Mauerstellen die stärkste oder erforderlichenfalls eine überall gleichmäßige Luftströmung erzielt wird.

Der Austrocknungsprozeß erfolgt in der Weise, daß z. B. im Winter und in den kühlen Sommernächten die in den geschlossenen Luftgraben einfallende kalte, relativ trockene und spezifisch schwere Außenluft infolge der ausstrahlenden Mauerwärme eine natürliche Erwärmung und dadurch eine Volumenvergrößerung erfährt. Sie kann daher große Wasserdampfmengen aufnehmen, wird dadurch auch spezifisch leichter und entweicht mit einer Strömungsgeschwindigkeit, die bei großen Temperaturunterschieden bis 2 m/sek betragen kann, durch hochgeführte Luftleitungen wieder ins Freie. Im Sommer nimmt die Luftströmung oft den umgekehrten Weg.

Der Trocknungsvorgang der Mauern bei warmer Außenluft wird hauptsächlich vom Feuchtigkeitsgehalt der Luft, im Winter von der Temperatur der Luft beeinflußt.

Bei Neubauten wird der schmale durchlaufende Hohlraum im Inneren der Mauern zugleich mit der Mauerung hergestellt. Er beginnt in der Höhe des Kellerfußbodens und wird in der Höhe des Terrains, bei inneren Mauern in geringerer Höhe, geschlossen. Der Hohlraum wird in ähnlicher Weise mit Bindersteinen und mit regulierbaren Zu- und über Dach führenden Abluftleitungen versehen.

Das System „Strömende Luft" kann auch als Drainage verwendet werden.

Die Herstellungskosten betragen, je nach der Tiefe der Luftgräben, für den Lfm. bei

einer Tiefe von m	0,50	1,00	1,50	2,00	2,50	3,00
S	30,—	40,00	50,00	65,00	80,00	90,00

Bei Neubauten stellen sich die Kosten einer Anlage um ungefähr 50% niedriger als bei Anordnung einer wag- und lotrechten Mauerisolierung;

4. nach „Bauart Knapen" (Abb. 4).

In die feuchte Mauer werden poröse Hohlziegel (Knapenziegel) von besonderer Porosität im Abstande von rund 33 cm unter bestimmter Neigung eingebaut, deren tieferes offenes Ende durch ein Gitterchen aus Steatit abgeschlossen wird. Der eingesetzte Knapenziegel zieht rasch die Feuchtigkeit im Bereich des Aktionsradius an sich, gibt dieselbe durch Verdunstung an die im zentralen Kanal befindliche Luft ab, so daß der Feuchtigkeitsgrad derselben bedeutend zunimmt. Die Verdunstung entzieht der Luft so viel Wärme, daß sie kälter, dichter und somit spezifisch schwerer wird; sie gleitet längs der schiefen Ebene ins Freie, während im gleichen Maße frische, weniger feuchte Luft in den oberen Teil des Kanals eindringt. Dieses Ein- und Ausströmen geht so lange als die Mauer Feuchtigkeit enthält vor sich und endet erst, wenn die Mauer ausgetrocknet ist.

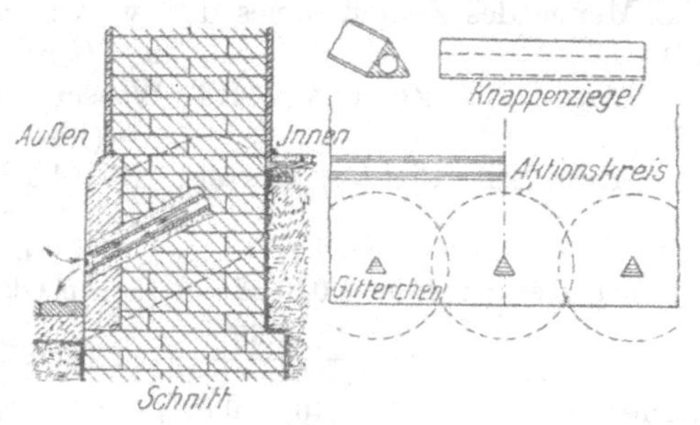

Abb. 4

In besonders feuchten Innenräumen wird vor die mit diesen Knapenziegeln versehene Mauer eine Wandverkleidung angebracht, die infolge ihres Hohlraumes den Austrocknungsprozeß nicht behindert, anderseits einen ständigen Luftwechsel gestattet. Diese Wandverkleidung, ER-O-Platte, liegt mit vier kleinen festen Pratzen (Füßen) an der Mauer. Die Platte ist nagelbar, schraub- und sägbar (Springen beim Nageleinschlagen ausgeschlossen). Zum Schutze gegen Anziehen von Feuchtigkeit sind die Plattenfüße an der gegen die feuchte Mauer zugekehrten Seite mit Asphalt imprägniert. Der Hohlraum der Platte wird nach innen und nach außen gelüftet. Hiezu dienen eigene einschraubbare Ventilationsgitter. Jene Gitter, die für die Außenventilationen verwendet werden, sind verschließbar.

Die feuchte Luft, die durch die Knapensiphons und Abtrocknung der vom Verputz befreiten Mauern in den Hohlraum gelangt, wird demnach ständig in Zirkulation erhalten. Eine Ansammlung derselben kann nicht stattfinden, auch wenn der Raum während Nichtbenützung verschlossen ist.

An Außenfronten stellt sich bei bis 1 m aufgestiegener Feuchtigkeit:

eine Reihe per Lfm. auf .... S 16,50

bei bis 2 m aufgestiegener Feuchtigkeit: zwei Reihen per Lfm. auf. „ 33,00

bei bis 1 m, 2 m, 3 m aufgestiegener Feuchtigkeit kostet 1 m²
S 24,00, 18,00 bzw. 16,00

Beton- und Eisenbetonarbeiten[1])

A. Allgemeines

Bearbeitet von Ingenieur L. Herzka

Dichte Mörtel- und Betonmischungen[2])

1. Mörtel

Derselbe besteht aus Zementbrei z (Kittmasse) und dem Sand s. Die Hohlräume h_s des Sandes ermittelt man am besten aus der Wassermenge, die in der Raumeinheit Sand Platz findet. Die Kittmenge z bei s Raumeinheiten Sand muß bei dichtem Mörtel mindestens $h_s \cdot s$ betragen. Die Dichte

$$d = \frac{z}{h_s \cdot s} \tag{1}$$

wird wegen der vollständigen Umhüllung der einzelnen Sandteile mit mindestens 1,1 angenommen, durchschnittlich mit $d = 1{,}15$ gewählt. Bei einem Einheitsgewicht des Zementes von 3,13, einem Raumgewicht von 1,4 und dem Wasserbedarf w stellt:

$$z = 0{,}45 + w \tag{2}$$

die Menge des Zementbreies dar, wobei nach Erfahrungen

$$w = 0{,}40 + 0{,}08\, s. \tag{3}$$

Aus 1 RT. Zement, w RT. Wasser und s RT. Sand erhält man:

$$z + (1 - h_s)\, s = m \tag{4}$$

Raumteile dichten Mörtels. Die Ausbeute a ist gegeben durch:

$$a = \frac{m}{1 + s} \tag{5}$$

1. Beispiel: $h_s = 0{,}35$, $d = 1{,}15$; aus Gleichung 1 bis 3 ergibt sich für die Sandmenge:

$$s = \frac{0{,}85}{1{,}15 h_s - 0{,}08} = 2{,}63 \text{ RT. Sand,} \tag{6}$$

ferner: $w = 0{,}40 + 0{,}08\, s = 0{,}61$ RT. Wasser,

$z = 0{,}45 + w = 0{,}85 + 0{,}08\, s = 1{,}06$ RT. Zementbrei,

$m = z + (1 - h_s)\, s = 2{,}77$ RT. Mörtel, $\quad a = \frac{m}{1+s} = 0{,}76$ Ausbeute.

Auf 1 m³ fertiger Mörtel entfallen:

$$\frac{1}{m} = 0{,}36 \text{ m}^3 \text{ Zement} = 0{,}36 \times 1400 = 504 \text{ kg Zement,}$$

$$\frac{w}{m} = 0{,}220 \text{ m}^3 \text{ Wasser,} \qquad \frac{s}{m} = 0{,}950 \text{ m}^3 \text{ Sand.}$$

Dichter Mörtel

h_s	Zement	Sand s	Wasser w	Mörtel m	1 m³ fertiger Mörtel erfordert: Zement		Wasser	Sand	Ausbeute
	in Raumteilen				m³	kg	m³		
0,45	1	1,95	0,55	2,07	0,485	680	0,267	0,940	0,70
0,40	1	2,23	0,58	2,37	0,423	590	0,245	0,945	0,73
0,35	1	2,63	0,61	2,77	0,360	504	0,220	0,950	0,76
0,30	1	3,21	0,66	3,36	0,298	447	0,196	0,955	0,80
0,25	1	4,12	0,73	4,26	0,235	328	0,171	0,960	0,83
0,20	1	5,67	0,85	5,83	0,171	240	0,145	0,970	0,88

[1]) Durch Prüfungen vor und während des Betonierens soll eine dem Zwecke des Bauwerkes entsprechende Güte der verwendeten Baustoffe festgestellt werden. Die Richtlinien für die auf der Baustelle durchzuführenden Prüfungen sind in der ÖNORM (Entwurf): „Bauprüfung bei Beton und Eisenbeton", Prot. Nr. 354/2, enthalten.

[2]) Nach Saliger: Der Eisenbeton. 1925, und M. Foerster: Die Grundzüge des Eisenbetonbaues. 3. Aufl. Berlin: Julius Springer. 1926.

Ist z. B. $h_s = 0{,}40$, so liefert ein solcher Sand nur dann einen dichten Mörtel, wenn die Mischung nicht mengerer als 1 : 2,23 ist. Je größer die Hohlräume, desto fetter die Mischung.

2. Beton

Ein Beton ist **dicht**, wenn sämtliche Zwischenräume (Hohlräume) im Kies- und Schottermaterial mit Zementmörtel ausgefüllt sind.

Die **Dichte** des Betons ist:

$$d = \frac{m}{h_k\, k}, \tag{7}$$

h_k = Größe des Hohlraumes von Kies (Schotter), bezogen auf die Raumeinheit,
k = Anzahl der Raumeinheiten von Kies (Schotter).

Aus k Raumteilen Kies oder Schotter und m Raumteilen Mörtel entstehen:

$$b = m + (1 - h_k)\, k \tag{8}$$

Raumteile fertigen Betons, vorausgesetzt, daß durch Stampfung alle Hohlräume verschwinden. Die **Ausbeute** beträgt

$$a = \frac{b}{1 + s + k}. \tag{9}$$

Wird der Wasserbedarf für das Kiessandgemenge mit

$$w = 0{,}40 + 0{,}08\, s + 0{,}04\, k \tag{10}$$

und $d = 1{,}15$ angenommen, so gelten folgende Tabellenwerte:

Dichter Beton

h_s	h_k	Raumteile: Zement	Raumteile: Sand s	Raumteile: Kies, Schotter k	Raumteile: Wasser w	Raumteile: Beton	Raummischungsverhältnis	1 m³ fertiger Beton erfordert: Zement m³	Zement kg	Sand m³	Kies, Schotter m³	Wasser m³	Ausbeute
0,45	0,50	1	1,95	3,60	0,70	3,87	1:5,6	0,258	361	0,504	0,930	0,180	0,59
	0,45	1	1,95	4,00	0,72	4,27	1:6	0,234	328	0,456	0,937	0,169	0,61
	0,40	1	1,95	4,50	0,74	4,77	1:6,5	0,210	294	0,409	0,943	0,155	0,64
	0,35	1	1,95	5,14	0,76	5,41	1:7,1	0,185	259	0,360	0,950	0,140	0,65
0,40	0,50	1	2,23	4,13	0,74	4,44	1:6,4	0,215	302	0,504	0,930	0,167	0,61
	0,45	1	2,23	4,58	0,76	4,89	1:6,8	0,204	285	0,458	0,937	0,155	0,63
	0,40	1	2,23	5,14	0,79	5,45	1:7,4	0,184	267	0,410	0,945	0,145	0,65
	0,35	1	2,23	5,88	0,82	6,19	1:8	0,162	227	0,362	0,950	0,133	0,78
0,35	0,50	1	2,63	4,82	0,80	5,18	1:7,5	0,192	270	0,507	0,930	0,154	0,61
	0,45	1	2,63	5,38	0,83	5,73	1:8	0,175	244	0,460	0,940	0,145	0,64
	0,40	1	2,63	6,08	0,86	6,43	1:8,7	0,156	218	0,410	0,950	0,134	0,66
	0,35	1	2,63	6,93	0,89	7,28	1:9,6	0,137	192	0,363	0,955	0,122	0,69
0,30	0,50	1	3,21	5,84	0,89	6,28	1:9	0,159	223	0,511	0,930	0,142	0,63
	0,45	1	3,21	6,49	0,92	6,92	1:9,7	0,145	203	0,463	0,938	0,133	0,65
	0,40	1	3,21	7,30	0,95	7,74	1:10,5	0,130	182	0,413	0,943	0,122	0,67
	0,35	1	3,21	8,34	0,99	8,78	1:11,6	0,114	160	0,365	0,950	0,112	0,70
0,25	0,50	1	4,12	7,41	1,03	7,97	1:11,5	0,126	176	0,517	0,930	0,129	0,64
	0,45	1	4,12	8,23	1,06	8,79	1:12,4	0,114	160	0,469	0,936	0,120	0,66
	0,40	1	4,12	9,26	1,10	9,82	1:13,4	0,102	143	0,419	0,943	0,112	0,68
	0,35	1	4,12	10,58	1,15	11,14	1:14,7	0,090	126	0,370	0,950	0,104	0,71

2. Beispiel: Annahmen des 1. Beispieles; ferner $h_k = 0,50$; daher aus Gleichung (7):

$$k = \frac{m}{d \cdot h_k} = \frac{2,77}{1,15 \cdot 0,5} = 4,82 \text{ RT. Kies,}$$

$$\omega = 0,40 + 0,08\, s + 0,04\, k = 0,80 \text{ RT. Wasser,}$$

$$b = m + (1 - h_k)\, k = 5,18 \text{ RT. Beton,}$$

$$a = \frac{b}{1+s+k} = 0,61 \text{ Ausbeute.}$$

Auf 1 m³ Beton entfallen:

$$\frac{1}{b} = \frac{1}{5,18} = 0,192 \text{ m}^3 \text{ oder } 0,192 \times 1400 = 270 \text{ kg Zement,}$$

$$\frac{s}{b} = \frac{2,63}{5,18} = 0,507 \text{ m}^3 \text{ Sand,}$$

$$\frac{k}{b} = \frac{4,82}{5,18} = 0,930 \text{ m}^3 \text{ Kies,}$$

$$\frac{\omega}{b} = \frac{0,80}{5,18} = 0,154 \text{ m}^3 \text{ oder } 154 \text{ l Wasser.}$$

Für ein Gemenge von Sand und Kies sind die erforderlichen Mengen in den folgenden Tabellen enthalten.

Dichter Beton für Sand-Kiesgemenge

Mischung in RT.	1 m³ fertiger Beton erfordert			Ausbeute	Anmerkung
	Zement kg	Gemenge Sand u. Kies m³	Wasser l		
1:2	660	0,95	260	0,71	Festgelagertes Sand- und Kies-gemenge
1:3	460	0,96	205	0,79	
1:4	340	0,96	170	0,84	
1:5	270	0,97	150	0,87	
1:6	225	0,98	135	0,88	
1:7	195	0,98	125	0,89	
1:2	660	0,96	260	0,71	Lose gelagertes Sand- und Kies-gemenge Auflockerung 1,15[1])
1:3	470	1,03	210	0,73	
1:4	350	1,08	180	0,75	
1:5	280	1,10	160	0,76	
1:6	240	1,11	145	0,77	
1:7	215	1,12	130	0,78	
1:8	195	1,13	120	0,78	

[1]) Sind in der Raumeinheit des natürlichen Sand-Kiesgemenges s RT. Sand und k RT. Kies-Schotter enthalten, entfallen auf die Raumeinheit Kies-Schotter h_k Raumeinheiten Hohlräume, so versteht man unter Auflockerung das Verhältnis

$$\frac{s + k}{s + (1 - h_k)\, k}$$

Dasselbe schwankt nach Saliger zwischen 1,1 bis 1,2 und sollte stets bestimmt werden.

3. Beispiel: Raummischung 1 : s. Hohlraum des losen Zuschlaggemenges h_s; 1 RT. Zement wiegt 1,4 t/m³, spezifisches Gewicht $\gamma = 3,13$; einem RT. Zement entsprechen $\frac{1,4}{3,13} = 0,45$ RT. verdichteten Zementes. b RT. Beton setzen sich zusammen aus: 0,45 RT. Zement + $(1 - h_s)\, s$ RT. Sandkies + $(0,4 + 0,08\, s)$ RT. Wasser, demnach:

$$b = 0,85 + (1,08 - h_s)\, s \text{ RT. Beton.} \tag{11}$$

Für 1 m³ fertigen Beton sind erforderlich:

$$Z_{vol} = \frac{1}{b}\ \text{m}^3 \text{ Zement und } S = \frac{s}{b} = s\,Z_{vol}\ \text{m}^3 \text{ Sand.}$$

Die Ausbeute beträgt:

$$a = \frac{1}{Z_{vol} + S} = \frac{1}{(1+s)\,Z_{vol}}$$

z. B. $s = 5$, $h_s = 0{,}4 : b = 0{,}85 + (1{,}08 - 0{,}4) \cdot 5 = 4{,}25$ RT. Beton,

$$Z_{vol} = \frac{1}{4{,}25} = 0{,}235\ \text{m}^3 = 0{,}235 \cdot 1400 = 330 \text{ kg Zement,}$$

$$S = s \cdot Z_{vol} = 5 \cdot 0{,}235 = 1{,}18\ \text{m}^3 \text{ Sand,}$$

$$a = \frac{1}{(1+5)\ 0{,}235} = 0{,}71 \text{ Ausbeute.}$$

4. Beispiel: g Gewichtsteile (t) Zement auf 1 m³ loses Sand-Kiesgemenge. h_s = Hohlraum des Sand-Kiesgemenges. g Gewichtsteile Zement verdichten sich auf $\frac{g}{3{,}13}$ m³; die erforderliche Wassermenge für $s = 1$ beträgt: $w = 0{,}4 \frac{g}{1{,}4} + 0{,}08 = 0{,}28g + 0{,}08$.

Aus g t Zement + 1 m³ Sandkies und w m³ Wasser entstehen:

$$b = 1{,}08 - h_s + 0{,}6\,g\ \text{m}^3 \text{ fertigen Betons.} \tag{12}$$

Für 1 m³ fertigen Beton sind erforderlich:

$$Z_g = \frac{g}{b}\ \text{t Zement,}\ S = \frac{1}{b}\ \text{m}^3 \text{ Sandkies.}$$

Die Ausbeute beträgt, da $Z_{vol} = \frac{Z_g}{1{,}4} = 0{,}7\,Z_g$ (Raumgewicht des Zementes = 1,4),

$$a = \frac{1}{0{,}7\,Z_g + S} = \frac{1}{(1 + 0{,}7\,g)\,S},$$

z. B.: $g = 0{,}28$ t, $h_s = 0{,}37$; daher: $b = 1{,}08 - 0{,}37 + 0{,}6 \cdot 0{,}28 = 0{,}878$ m³ Beton,

$$S = \frac{1}{0{,}878} = 1{,}14\ \text{m}^3 \text{ Sand,}$$

$$Z_g = \frac{0{,}28}{0{,}878} = 0{,}32 \text{ t} = 320 \text{ kg Zement,}$$

$$a = \frac{1}{(1 + 0{,}7 \cdot 0{,}28)\,1{,}14} = 0{,}73 \text{ Ausbeute.}$$

5. Beispiel. Auf 1 m³ fertigen Beton werden Z_g t Zement vorgeschrieben. Die erforderliche Zementmenge g für 1 m³ Sandkies folgt mit Gleichung (12) aus:

$$Z_g = \frac{g}{b} = \frac{g}{1{,}08 - h_s + 0{,}6\,g}$$

mit:

$$g = \frac{(1{,}08 - h_s)\,Z_g}{1 - 0{,}6\,Z_g}, \tag{13}$$

z. B. $Z_g = 0{,}32$ t/m³, $h_s = 0{,}37$; daher (Kontrolle):

$$g = \frac{(1{,}08 - 0{,}37)\ 0{,}32}{1 - 0{,}6 \cdot 0{,}32} \doteq 0{,}28 \text{ t} = 280 \text{ kg Zement.}$$

6. Beispiel. Raummischung $1 : s : k$, Hohlräume h_s und h_k. Unter der Voraussetzung dichten Betons besteht:

$$b = 0{,}85 + (1{,}08 - h_s)\,s + (1{,}04 - h_k)\,k \text{ RT. Beton.} \tag{14}$$

Für 1 m³ Beton sind erforderlich:

$$Z_{vol} = \frac{1}{b}\ \text{m}^3 \text{ Zement,}\ S = s \cdot Z_{vol}\ \text{m}^3 \text{ Sand und } K = k \cdot Z_{vol}\ \text{m}^3 \text{ Grobkies.}$$

Die Ausbeute beträgt:

$$a = \frac{1}{(1 + s + k)\,Z_{vol}},$$

z. B. $s = 2$, $k = 3$, $h_s = 0{,}35$, $h_k = 0{,}43$; daher:

$$b = 0{,}85 + (1{,}08 - 0{,}35)\,2 + (1{,}04 - 0{,}43)\,3 = 4{,}14 \text{ RT. Beton,}$$

$$Z_{vol} = \frac{1}{4{,}14} = 0{,}242\ \text{m}^3 = 0{,}242 \cdot 1400 = 340 \text{ kg Zement,}$$

$$S = 2 \cdot 0{,}242 = 0{,}484\ \text{m}^3 \text{ Sand,}$$

$$K = 3 \cdot 0{,}242 = 0{,}726\ \text{m}^3 \text{ Schotter.}$$

$$a = \frac{1}{(1 + 2 + 3)\,0{,}242} = 0{,}69 \text{ Ausbeute.}$$

Betonherstellungen[1])

Reiner Zeitaufwand für 1 m³ fertigen Betons

<table>
<tr><th colspan="2" rowspan="2">Arbeitsgattung</th><th>Hand-mischung</th><th>Maschinen-mischung mit Hand-betrieb</th><th>Maschine mit Motor</th><th rowspan="2">Anmerkung</th></tr>
<tr><th colspan="3">Hilfsarbeiterstunden</th></tr>
<tr><td colspan="2">Füllmaterial laden</td><td colspan="3">0,8—1,0</td><td rowspan="2">Wenn das Material nicht neben der Maschine gelagert ist</td></tr>
<tr><td colspan="2">25 m mit Schiebetruhen befördern (zuführen)</td><td colspan="3">0,9—1,1</td></tr>
<tr><td colspan="2">Dreimal trocken mischen</td><td>1,8—2,2</td><td rowspan="3">0,9—1,0²)</td><td rowspan="3">0,45—0,50²)</td><td rowspan="3">²) Amortisation der Maschine nicht einkalkuliert</td></tr>
<tr><td colspan="2">Wasserzusatz</td><td>1,6—1,8</td></tr>
<tr><td colspan="2">Dreimal naß mischen</td><td>1,9—2,3</td></tr>
<tr><td colspan="2">In Schiebetruhen laden</td><td colspan="3">0,8—1,0</td><td></td></tr>
<tr><td colspan="2">Verführen</td><td colspan="3">0,8—1,1</td><td>Für kleine Distanzen</td></tr>
<tr><td colspan="2">Hochheben ohne Unterschied des Stockwerkes</td><td colspan="3">1,5—2,5</td><td rowspan="9"></td></tr>
<tr><td colspan="2">Einbringen</td><td colspan="3">0,75—1,25</td></tr>
<tr><td colspan="2">Ausbreiten</td><td colspan="3">0,25—0,50</td></tr>
<tr><td rowspan="3">Stampfen</td><td>Gußbeton</td><td colspan="3">0,75—1,00</td></tr>
<tr><td>Stampfbeton</td><td colspan="3">2,50—3,00</td></tr>
<tr><td>in dünnen Schichten</td><td colspan="3">5,0</td></tr>
<tr><td rowspan="3">Eisen einlegen</td><td>in Platten, per m²</td><td colspan="3">0,25—0,50</td></tr>
<tr><td>in Rippen, per Lfm.</td><td colspan="3">0,35—0,70</td></tr>
<tr><td>in Säulen, per Lfm.</td><td colspan="3">0,40—0,80</td></tr>
</table>

Zeitzuschlag für Betonbödenherstellungen; derselbe beträgt für eine Stärke von $(5 + \Delta)$ cm per 1 m³:

$$\frac{(0{,}2 + 0{,}05\Delta)\,100}{5 + \Delta} \text{ Maurerstunden und } \frac{(0{,}45 + 0{,}10\Delta)\,100}{5 + \Delta} \text{ Handlangerstunden.}$$

[1]) Nach Brzesky: „Richtlinien für die Preiszergliederung baugewerblicher Arbeiten", Wien, 1927, und Ilkow: „Material- und Zeitaufwand bei Bauarbeiten", 3. Aufl. Wien: Julius Springer. 1927.

Zum Beispiel Stärke des Betonbodens $5+\Delta=20$ cm; $\Delta=15$ cm; daher Zuschlag:

$$\frac{(0{,}2+0{,}05\cdot 15)\,100}{20}=4{,}75\,\text{M.-St./m}^3,\qquad \frac{(0{,}45+0{,}10\cdot 15)\,100}{20}=9{,}75\,\text{H.-St./m}^3.$$

Schalungen

Für	Holzverbrauch (Schnittholz) in m³, per m²	Herstellen und Ausschalen per m² abgewickelter Fläche[1]	Anmerkung
Platten	0,0175	1 Z. + 0,5 H.	Z. = Zimmermannstunden
Träger	0,02	2 Z. + 1 H.	M. = Maurerstunden
Säulen.......	0,025	3 Z. + 1,5 H.	H. = Hilfsarbeiterstunden
Fundamente .	nach Berechnung	2 Z. + 1 G.	G. = Gerüsterstunden

[1]) Bis zu einer Wandhöhe von 4 bis 5 m; darüber Gerüstzuschlag.

Die Schalbretter in der Regel 2,5 bis 4,5 cm, die Kanthölzer 10/10 bis 12/12 cm, die Rundhölzer ⌀ = 10 bis 12 cm stark.

Eiseneinlagen schneiden, biegen, verlegen und transportieren per 1 kg:
für schwere Decken ab 500 kg Nutzlast, per m² .... 0,08 Eisenbiegerstunden
,, leichte Decken, Wände, Silos, ,, ,, ... 0,10 ,,
,, schwere Konstruktionen (Brücken), ,, ,, ... 0,07 ,,

Beim Biegen mit der Hand erhöhen sich die Werte um 20 bis 25%.

Nach Bazali ergibt sich für das Biegen und Verlegen per 100 kg Rundeisen vom Durchmesser d mm: $(9{,}75-0{,}15\,d)$ Handlangerstunden.

Eisenbedarf (nach Dr. W. Frank). Für überschlägige Rechnungen darf gesetzt werden, wenn die Eisenfläche in Feldmitte f_e cm² per Lfm. beträgt:

α-Werte

Gegenstand	Platte, beiderseits frei aufliegend	Platte, beiderseits kontinuierlich durchlaufend	Endfeld kontinuierlicher Platten	Unterzüge, frei aufliegende	Unterzüge, kontinuierliche	Endfelder, kontinuierliche	Anmerkung
	$\alpha\cdot f_e$ kg/m²			$\alpha\cdot f_e$ kg/Lfm.			
Gewicht der Tragstäbe ..	0,785	0,993[1])	—	0,8	1,0	—	[1]) Die Hälfte der Tragstäbe abgebogen
Zuschlag für Abbiegungen, Verschnitt und Verteilungsstäbe	0,115	0,187	—	0,15	0,2	—	[2]) Bei größerem Verschnitt ist $\alpha=1{,}1$ zu wählen
Totaler Eisenbedarf	0,9	1,18	1,1	0,95[2])	1,2	1,1	

Zementverputz, wasserdicht, Mischung 1 : 1, per m², 6 mm stark, 1,5 M. + 0,8 H.
,, ,, ,, ,, ,, 12 ,, ,, 2,2 ,, + 1,1 ,,
,, ,, ,, ,, ,, 18 ,, ,, 2,9 ,, + 1,5 ,,

Zementestrich, 2 cm stark, Mischung 1 : 1, 15 bis 20 kg P.-Z., 0,017 m³ Sand, 1,5 M. + 0,6 H.

Stocken (Scharieren) von Ansichtsflächen, per m², 4 bis 10 M.

Zeitaufwand für Abbruch- und Stemmarbeit

Gegenstand	Handarbeit		Maschineller Betrieb (Preßluftwerkzeuge)		Anmerkung
	Stunden	Zuschlag für Werkzeugabnützung	Stunden	Zuschlag für Werkzeugabnützung und Maschinenabschreibung	
Zementmauerwerk, per m³	12—17	8%	6—10	40%	Hiezu Zuschlag für Geschäftsregie und Gewinn
Stampfbeton, bis 20 cm stark, demolieren und aufladen, per m³	10	10%	—	—	
Stampfbeton, über 20 cm stark, per m³	12—25	12%	10—15	50%	
„ unter Wasser erhärtet (15 Jahre alt)	50	12%	—	—	
Eisenbetondecken samt Auslösen und Schneiden der Eiseneinlagen, per m²	5	12%	—	—	
Eisenbetonkonstruktionen, je nach Konstruktion und Notwendigkeit der Zerkleinerung	20—40	15%	15—25	55%	

B. Betonherstellung auf maschinellem Wege

Von Ingenieur Karl Fischer, der Wayss & Freytag A. G. und Meinong, G. m. b. H., Wien

1. Das Betonspritzverfahren

Zur Erzielung eines möglichst dichten Betons wird der Beton unter Druck aufgetragen.

Vorzüge gegenüber dem auf normale Weise hergestellten Stampfbeton:

1. Größere Zug- und Druckfestigkeit bzw. Elastizität,
2. große Dichte, daher bis zu hohem Grade wasserundurchlässig,
3. Vermehrung der Adhäsion an der Unterlage und an den verlegten Eiseneinlagen.
4. Wegen 2.: hoher Widerstand gegen chemische Einflüsse.

Nachteile:

1. Verhältnismäßig hohe Kosten, da Massenerzeugung nicht möglich und Materialverlust bedeutend,
2. Erfordernis besonders geschulter, daher teurer Arbeitskräfte,
3. bedeutende Kosten der Maschinenanlage.

Ausführungsmethoden

a) Nach dem Kraftbauverfahren (Naßverfahren)

Der fertig zubereitete Mörtel (also einschließlich Wasserzusatz) wird in einen Behälter eingebracht, der oben auch offen sein kann und in seinem, am besten trichterförmig gestalteten Boden eine Öffnung besitzt, die in eine kleine Kammer — eine Erweiterung der Druckluftleitung — führt. Die in die Kammer einströmende Druckluft reißt den zähflüssigen Mörtel mit und bringt ihn durch den Masseschlauch an die Düse, von wo er an die Verwendungsstelle geschleudert wird.

Druckbedarf 4 bis 4,5 Atm., Luftbedarf 1 bis 6 m³/St., je nach Größe der Anlage.

Vorteile:

1. Gleichmäßiges Mörtelmaterial und gleichmäßige Konsistenz des Mörtels und des aufgetragenen Betons,

2. verhältnismäßig leichte Handhabung des Apparates, der keine beweglichen Teile besitzt; daher und wegen 1. kein besonders geschultes Arbeitermaterial erforderlich,

3. leichte Transportfähigkeit der Anlage; der Materialkessel kann von einem Arbeiter auf dem Rücken getragen und damit Gerüste, Gruben usw. leicht bestiegen werden,

4. falls Druckluft vorhanden, geringe Kosten der Anlage.

Nachteile:

1. Der zähflüssige Mörtel findet an den Wandungen des Masseschlauches großen Reibungswiderstand, daher starker Druckverlust,

2. aus diesem Grunde kann der Masseschlauch nicht länger als 6 m gewählt werden; demnach bei größeren, nicht leicht transportfähigen Kesseln geringe Bewegungsfreiheit mit der Spritzdüse,

3. bei Betriebsstörung muß sofort Kessel und Masseschlauch entleert und mit Wasser durchspült werden, da bei Erhärten des Mörtels Anlage unbrauchbar,

4. kein kontinuierlicher Betrieb, da der Kessel nach Entleerung mit Druckwasser gereinigt und dann erst mit Mörtel wieder gefüllt werden kann.

Der Vertrieb der Kraftbaumaschinen erfolgt durch die Torkret-Gesellschaft m. b. H., Berlin W 9, Potsdamer Straße 13, die nachfolgende Typen herstellt:

Type	L 90 W	L 70 Z	T 24 G
Leistung an loser Masse per Stunde in m³	0,35	0,75	0,75
Druckbedarf in Atm.	4—4,5	4—4,5	4
Bedarf an angesaugter Luft per Minute in m³	1,25	2,05	6,50

b) Mittels Zementkanone (Cementgun-Verfahren)

Die Mörtelzuschlagstoffe (Zement oder Kalk, Sand) werden ohne Wasserzusatz von Hand aus oder mittels Mischmaschine gemischt, trocken in die Zementkanone eingebracht und von hier aus mittels Druckluft durch den Masseschlauch getrieben, wobei das Material im Luftstrom schwimmt und nicht durch den Schlauch gepreßt wird. Am Ende des Masseschlauches sitzt eine Düse, und hier erst wird dem durchströmenden trockenen Zement-Sandgemenge Wasser zugesetzt, das in einer besonderen Leitung zur Düse geführt wird unter annähernd gleichem Druck wie im Masseschlauch. Der nunmehr zähflüssige Mörtel wird von der Düse aus an die Verwendungsstelle geschleudert, bindet dort ab und gibt den „Torkret"-Beton.

Vorteile dieses Verfahrens:

1. Kontinuierlicher Betrieb, daher große Leistungsfähigkeit, geringe Betriebsstörungen,

2. große Bewegungsfreiheit des Düsenführers, da das Material von der Zementkanone aus bis 150 m horizontal und bis 50 m in die Höhe mittels des Masseschlauches befördert werden kann; es empfiehlt sich aber, um an Luftverbrauch und Druckbedarf zu sparen, die Höhenförderung nicht über 5 bis 10 m zu treiben.

Nachteile:

1. Das Verfahren erfordert gut eingearbeitete und erfahrene Bedienungsmannschaft, besonders des Bedienungsmannes der Zementkanone und des Düsenführers (Torkretierers); von der Geschicklichkeit des letzteren, dem die Regelung

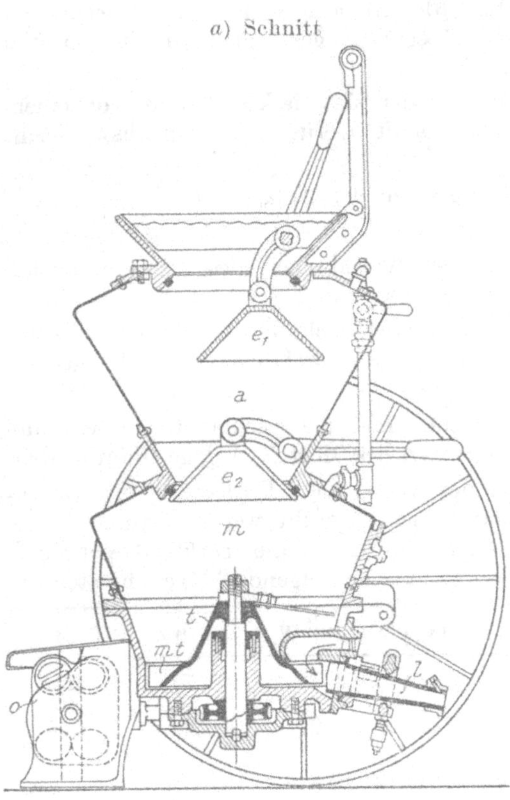

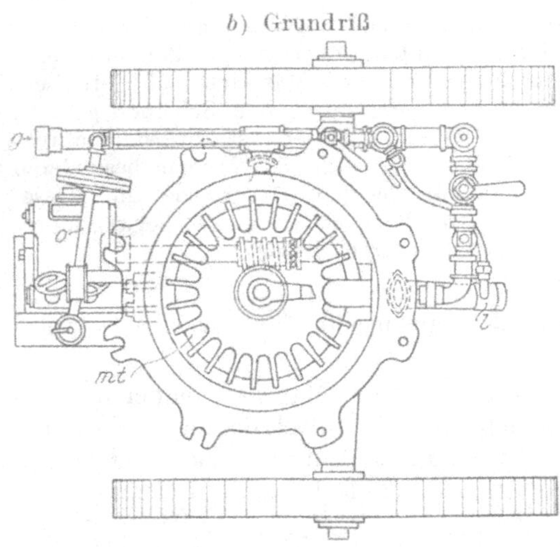

Abb. 1. Zementkanone

des Wasserzusatzes obliegt, hängt die Güte des Torkretbetons ab;

2. bedeutende Kosten der maschinellen Anlage.

Maschinelle Einrichtung

Sie wird in verschiedenen Größen von der Torkret-Gesellschaft, Berlin, geliefert. Sie umfaßt:

1. Zementkanone[1]) (Cementgun, Abb. 1). Arbeitsvorgang: Die Arbeitskammer *a* wird mit Material gefüllt, das Glockenventil e_1 mit Handhebel geschlossen und *a* unter Druckluft gesetzt; sobald der Druck in *a* und in der Materialkammer *m* gleich, öffnet sich von selbst das Ventil e_2, das Material fällt in die Kammer *m* und auf das rotierende Tellerrad *t* und wird stoßweise, sobald eine Materialtasche *mt* vor den Ausblasestutzen *l* zu liegen kommt, in den anschließenden Masseschlauch getrieben. Inzwischen wird wieder e_2 mit Hebel von außen geschlossen, Kammer *a* vom Luftüberdruck entleert, wodurch sich das Ventil e_1 öffnet und neues Material in die Kammer *a* fällt.

2. Luftschlauch bzw. Druckluftleitung von der Kompressoranlage zur Zementkanone. Bei großem Feuchtigkeitsgehalt der Luft empfiehlt es sich, in die Luftleitung einen

3. Wasserabscheider einzubauen.

4. Masseschlauch von Zementkanone zur Spritzdüse.

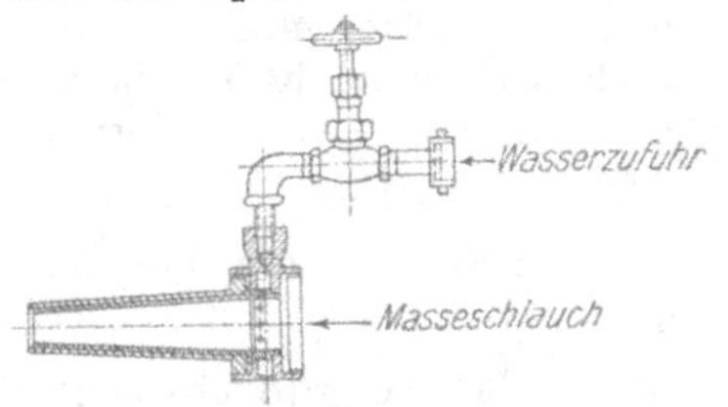

Abb. 2. Spritzdüse

5. Spritzdüse mit Druckwasseranschluß (Abb. 2).

6. Wasserschlauch.

7. Kraftquelle und Kompressoranlage.

[1] Bei der Kisse-Wurf-Turbine (ca. 150 kg schwer, 95 cm lang, 82 cm breit) wird das Material durch Zentrifugalkraft aus der Spritzöffnung geschleudert.

Maschinentypen

Type	B (Baby)		N (normal)		S (Spezial)		G (Groß)		Anmerkung
Nr.	00	0	1	2	3	4	5	6	
Masseschlauch, Durchmesser in mm	19	25	32	35	57	63	76	102	
Luftbedarf in m^3/Min.	1,7	3,5	5	6,5	12	14	22	33	
Druckbedarf in Atm.	$2^1/_2$	$3^1/_2$	$2^1/_2$	$3^1/_2$	$1^1/_2$	$2^1/_2$	1	2	
P. S. für den Kompressor	12	25	35	45	60	70	70	120 [1])	[1]) Je nach Förderweite
Leistung in m^3/St. lose Masse	0,5	1,0	1,5	2,0	4,0	5,0	6,5	10 [2])	[2]) Bei kontinuierlichem Betrieb ohne jede Störung
Maximale Korngröße des Sandmaterials in mm	3	5	8	10	20	25	30	40	

Kosten einer Anlage, umfassend: 5 m Luftschlauch, eine Zementkanone, 10 m Masseschlauch, 10 m Wasserschlauch, Spritzdüsen usw. Normaltype rund *S 8500,00.*

Kostenermittlung von Spritzbeton

Hiebei ist zu beachten:

1. Der zu verwendende Sand soll an der Baustelle noch einmal durchgereitert werden, da zu große Sandkörner, Holzspäne, Drahtabfälle (von den Zementsäcken), Nägel usw. sofort Betriebsstörungen zur Folge haben.

2. Beim Aufbringen des Mörtels unter Druck prallt besonders beim ersten Antrag ein Teil der Sandkörner zurück. Dieser Verlust beträgt

beim Antrag auf horizontale Flächen nach abwärts	15%	im Mittel 40%.
„ „ „ vertikale Wandflächen	40%	
„ „ „ horizontale Flächen nach aufwärts	60%	

Dieser Abprall enthält nur ganz geringe Mengen von Zement (nicht ganz 3%) und kann daher wieder für die Torkretierung verwendet werden. Dadurch findet eine Übersättigung des Torkretbetons mit Zement statt; bei Festsetzung des verlangten Mischungsverhältnisses muß dieser Umstand berücksichtigt werden.

3. Die Einstampfung beträgt 30 bis 35%.

4. Für Bedienung der Anlage können 8 bis 9 Mann gerechnet werden und zwar:
1 Mann zur Bedienung der Zementkanone,
2 „ „ „ „ Düse (abwechselnd bei kontinuierlichem Betrieb),
2 „ zum Mischen,
2 „ „ Zutransport und Füllen der Zementkanone,
1 bis 2 „ für Beihilfen, wie Sand zusammenkehren, Holzgerüste aufstellen bei höheren Wänden, usw.

5. Sandbedarf. Für 1 m^3 fertigen Torkretbeton sind unter Berücksichtigung von Abprall und Einstampfung an Torkretsand erforderlich:

für Antrag nach abwärts .... 1,5 m^3
„ „ „ aufwärts........... 2,0 „
„ „ an Wände .... 1,8 „

6. Zementbedarf. Um Torkretbeton von einem bestimmten Mischungsverhältnis zu erhalten, sind nachfolgende Zementmengen auf 1 m^3 loses Material erforderlich, wobei 40% Abprall von Sand berücksichtigt erscheinen. Spezifisches Gewicht des Zementes 1400 kg per m^3.

Mischungsverhältnis	1:3	1:4	1:5	1:6	1:8
Zementbedarf auf 1 m³ fertigen Beton in kg bei 30% Einstampfung	610	460	365	305	230
Zementbedarf auf 1 m³ loses Gemenge in kg:					
a) Antrag nach abwärts	410	315	250	210	160
b) „ „ aufwärts und an Wände	340	260	200	170	130

Da eine gewisse Zementmenge erforderlich ist, um ein Anhaften der Sandkörner an der Unterlage zu gewährleisten, so ist eine magerere Mischung als 1:8 nicht zu empfehlen. Außerdem soll der erste Antrag von rund 5 mm Stärke stets 1:3 gemischt sein.

7. Der Torkretbeton wird schichtenweise aufgetragen. Eine Schichte ist 5 bis 10 mm stark. Vor dem Auftrag der zweiten und folgenden Schichten muß die darunterliegende gut angezogen haben.

8. Vor Antrag der Torkretschichte muß die Auftragfläche, eventuell mit Sandstrahlgebläse, gründlich gereinigt und dann genäßt werden.

9. Kostenberechnung für eine 2 cm starke Torkretschichte, Mischungsverhältnis 1:3, bei großen, glatten Flächen, so daß kontinuierlicher Betrieb gewährleistet erscheint; Auftrag auf Wandflächen.

a) Reinigen der Unterlage mit Sandstrahlgebläse und Druckwasser: 10 bis 20 l scharfkörniger Sand, 0,15 Spez. Arb.-Stunden, 0,25 Handl.-Stunden.

Hiezu: Betriebsmaterial für 1 P. S.-Stunde, Maschinenabschreibung, Reparaturen usw., Aufsicht, Regie und Unternehmergewinn.

b) Torkretierungsarbeit: 36 l Torkretsand, gereitert, 12 kg Zement, 0,3 Spez. Arb.-Stunden, 0,4 Handl.-Stunden.

Hiezu: Betriebsmaterial für 2 P. S.-Stunden, Auf- und Abmontage der Maschinenanlage, Maschinenabschreibung und Reparatur. Aufsicht, Regie und Unternehmergewinn.

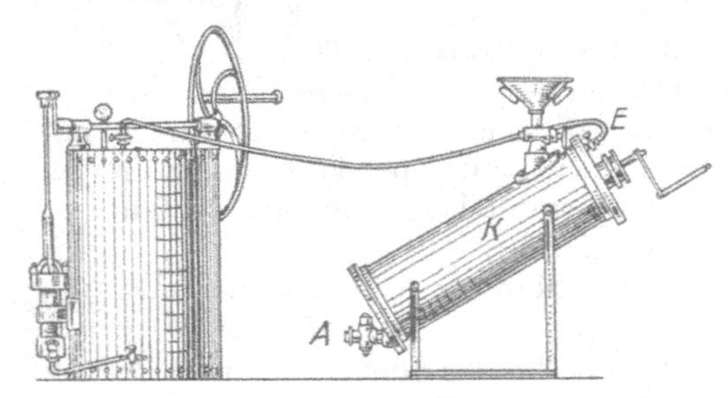

Abb. 3. Apparat für Preßbetonerzeugung

Anmerkung. Spezial-Arbeiterstunde rund *S 1,80.*

Für Maschinenabschreibung und Reparaturen mit Rücksicht auf starke Schlauchabnützung bei Beistellung der Kompressoranlage rund *S 1,00* per m².

2. Preßbetonverfahren

Der fertig zubereitete flüssige Mörtel wird in einen Kessel K (Abb. 3) eingebracht und hier durch ein Rührwerk vor Entmischung bewahrt. Der Kessel ist bei E in Verbindung mit einer Druckluftleitung und kann durch Öffnen des Hahnes daselbst unter Druck von 2 bis 6 Atm. gesetzt werden. Am tiefsten Punkt des Kessels schließt durch einen Hahn A die Masseleitung an. Wird dieser Hahn geöffnet, während der Kessel unter Druck steht, so wird durch die Masseleitung der Mörtel an die Verwendungsstelle gepreßt. Länge des Masseschlauches 4 bis 6 m.

Anwendungsgebiet

1. Ausbetonierung von Hohlräumen und Spalten in altem Mauerwerk oder unter Fundamenten. Hiedurch Erneuerung von Bruchstein- oder Ziegelmauerwerk, dessen Fugenmörtel verwittert und ausgewaschen ist.

2. Hinterpressen des Auskleidungsmauerwerkes beim Stollen- und Tunnelbau und gleichzeitig Ausfüllung der im Gebirge vorhandenen Spalten und Hohlräume.

3. Einpressen von Zementmilch in minder standfähigen Boden zur Erhöhung der Tragfähigkeit.

4. Einpressen von Zementmörtel in Schotterboden oder Steinmoränen zur Abdichtung derselben unter Wehren, Schleusen usw.

5. Herstellung von Preßbetonpfählen[1]). Eisenrohre von 30 bis 35 cm lichtem Innendurchmesser werden bis in den tragfähigen Boden abgeteuft, mit Beton gefüllt, dann am oberen Ende luftdicht abgeschlossen. Dann wird Druckluft mit 2 bis 4 Atm. Überdruck in das leere Kopfende eingelassen, wodurch einerseits der Beton in das Erdreich eingepreßt, anderseits das eiserne Rohr gehoben wird. Vorteile dieser Preßbetonpfähle sind:

1. Große Tragfähigkeit (30 bis 45 t),

2. Herstellung ohne Verwendung einer Ramme, also ohne Erschütterung,

3. da die Rohre aus Schüssen von 1 bis 2 m Länge zusammengesetzt werden, ist die Herstellung auch in niedrigen Räumen möglich.

Nachteil: Verhältnismäßig hoher Preis im Vergleich mit anderen Eisenbetonpfählen.

Kostenermittlung

Dieselbe ist vor allem von den örtlichen Verhältnissen abhängig und können nur ganz angenähert Preise angegeben werden.

1 m³ eingepreßter Mörtel einschließlich Material kommt auf rund *S 150,00* bis *S 250,00.*

1 Lfm. Preßbetonpfahl stellt sich auf rund *S 35,00.*

3. Rüttelbeton

Dünnwandige Wände und Träger, komplizierte Konstruktionen in Eisenbeton können oft nur schwer oder gar nicht gestampft werden, besonders wenn sie auch noch stark armiert sind. Ist dann besonders hochwertiger Beton erforderlich, so empfiehlt es sich, denselben während des Einbringens in die Schalung durch Klopfen der Schalung mittels pneumatischer Hämmer einzurütteln. Zur Verwendung kommen nur Hämmer von 2 bis 3 kg Gewicht.

Rüttelbeton zeichnet sich durch große Dichte und Festigkeit aus, wenn er auch die Güte des Torkretbetons nicht ganz erreicht.

Die Schalung muß besonders fest und dicht sein, damit dieselbe durch das Rütteln nicht Schaden leidet und die Zementbrühe des dünnflüssigen Betons nicht ausrinnt.

Kosten. Rund 4 Handlangerstunden per 1 m³ Beton mehr als für gewöhnlichen Beton, außerdem die Kosten der Druckluftanlage zum Betriebe der pneumatischen Hämmer.

---

[1]) Siehe auch den Abschnitt: Betonpfahlgründungen.

C. Grundlagen zur Preisermittlung

Von Zivilingenieur Walter Hoffmann, Baumeister, Prokurist der Firma H. Rella & Co., Wien

Allgemeines. Die Veranschlagung hat eine einwandfreie, vollständige und eindeutige Textierung des Umfanges der Leistung und Lieferung zu enthalten.

Die Herstellung eines Beton- oder Eisenbetonbaues umfaßt die Lieferung der Baustoffe bis zur Baustelle, die für deren Verarbeitung bis zur Vollendung des Bauteiles aufzuwendende Arbeitsleistung, endlich die Beistellung der etwa notwendigen Hilfsmaterialien, wie Gerüst- und Schalholz, Nägel, Bindedraht u. dgl., die in der Regel einem gewissen Verschleiß bzw. einer Abnützung unterliegen. In die Arbeitsleistung ist ferner das Abladen und Verwahren der Baustoffe, deren Zufuhr zur Verwendungsstelle, die Herstellung der Gerüstungen und Schalungen usw. einzubeziehen. Hiezu kommt noch das Bespritzen während der Erhärtungsfrist, das Ausschalen und das Ausgerüsten.

Zu den reinen Gestehungskosten sind zuzuschlagen: die allgemeinen Unkosten (Regie), die Kosten für Bauleitung und Aufsicht, für Maschinen- und Werkzeugbeistellung und Baueinrichtung (Baracken, Wasser- und Strominstallation usw.), ferner die Wasser- und Stromkosten, die Ausgaben für Bewachung, Materialprüfung, die Zentralregie, einschließlich Abgaben und Steuern u. dgl. und der Anteil für den Nutzen.

Die sozialen Abgaben von den Löhnen sollen bereits bei der Ermittlung der Gestehungskosten durch entsprechende Erhöhung der Stundenlöhne berücksichtigt werden.

Sowohl für die Kostenermittlung, als insbesondere für die spätere Abrechnung ist es wichtig, die Berechnung der Ausmaße von Leistungen — wenn nicht durch den Hinweis auf diesbezügliche Bedingnisse — durch besondere Vermerke im Texte des Kostenanschlages im vorhinein eindeutig klarzustellen.

Die Ermittlung der Kosten für die Lieferung der Baustoffe stützt sich auf den ermittelten Materialaufwand für die Ausmaßeinheit (1 m^3 Beton, 1 m^2 Eisenbetondecke usw.) und auf die Materialpreise loco Baustelle.

Zu diesen theoretischen Annahmen ist ein Mehrverbrauch von 5 bis 10%, verursacht durch Verluste beim Transport, bei Lagerung und durch Verderben (Sand, Zement) sowie Verschnitt und Gewichtstoleranz (Rundeisen) zuzuschlagen.

Die aufzuwendenden Arbeitslöhne sind abhängig vom Ausmaß des Bauwerkes, der Art und Leistungsfähigkeit der Maschinen, von den besonderen Verhältnissen der Baustelle, von der Art der Gerüstung und des Materialtransportes, von der Geschoßhöhe, der Jahreszeit und von dem Umstand, ob die Leistung im Akkordwege oder nach Taglohn durchgeführt werden kann.

Beispiele über in der Praxis häufig vorkommende Ausführungen

I. Stampfbeton

1. 1 m^3 Stampfbeton für Fundamente zwischen Erdwänden aus 120 kg Portlandzement (es kann auch eine bestimmte Würfelfestigkeit in kg/cm^2 vorgeschrieben werden) auf 1 m^3 losen, reschen Betonsand (rund 1:12), maschinell gemischt, an aller Materialbeigabe und aller Arbeit.

Für 1 m^3 fertigen Beton erforderlich: 1,30 m^3 Betonsand + 160 kg Portlandzement.

Arbeitslöhne bei Handmischung rund: 10 Betonierstunden (B. St.), bei Maschinenmischung 6 Betonierstunden.

Hilfsmaterial keines.

Anmerkung: Falls für die richtige Mischung Erfahrungswerte nicht vorliegen, ist Tabelle „Dichter Beton“ (S. 163) anzuwenden. Für rund 1:12 entnimmt man, wenn z. B. $h_s = 0{,}25$, $h_k = 0{,}45$: Zementbedarf: 160 kg, Sand-Kiesbedarf: 0,469 + 0,936 = 1,405 = 1,4 m³.

2. 1 m³ Stampfbeton für Fundamente und Kellermauerwerk mit z. B. einseitiger und teilweise auch beiderseitiger Schalung aus reschem Betonsand (Sand-Kiesgemenge) und Portlandzement im Mischungsverhältnis von 150 kg Zement auf 1 m³ loses Sand-Kiesgemenge (1 : 9), samt aller Schalung und Gerüstung, an aller Materialbeigabe und aller Arbeit, die Sichtflächen schalrein, jedoch unverputzt gelassen, gemessen nach dem wirklichen Ausmaß, ohne Abzug von Öffnungen unter 4 m² Querschnittsfläche.

Für 1 m³ fertigen Beton erforderlich: 1,30 m³ Sand-Kiesgemenge + 200 kg Portlandzement.

Arbeitslöhne. Wenn die Schalung für 1 m³ Beton etwa 2 m² beträgt:

Schalung herstellen (siehe auch Schalungen): 2×2 Z.+2×1 G.

Handmischung: 12 B. St. (Maschinenmischung: 7 B. St.).

Hilfsmaterial (nach Plan berechnet): Schnittholz 0,15 m³, Rundholz 0,05 m³.

Wird z. B. fünfmalige Verwendung vorausgesetzt, so ergäbe sich per 1 m³: Schnittholz 0,03 m³, Rundholz 0,01 m³; hiezu kommt ein Nägelverbrauch von 0,30 kg.

Anmerkung: Aus der Tabelle „Dichter Beton“ (S. 163) folgt für 1:9,
wenn $h_s = 0{,}30$, $h_k = 0{,}45$: Zement 203 kg und Sand-Kies = 0,463 + 0,938 = 1,4 m³
„ „ = 0,35, „ = 0,35: „ 192 „ „ „ = 0,363 + 0,955 = 1,32 „

3. 1 m³ aufgehendes Mauerwerk aus Stampfbeton mit beiderseitiger Schalung (sonst wie 2).

Für 1 m³ fertigen Beton erforderlich: 1,30 m³ Betonsand (Sand-Kiesgemenge) + + 200 P. Z.

Arbeitslöhne: 3 m² Schalung à 2 Z.+1 G.=6 Z.+3 G.

Handmischung: 15 B. St. (Maschinenmischung: 7 B. St.).

Hilfsmaterial: Schnittholz 0,035 m³, Kantholz 0,012 m³, Nägel und Draht 1,5 kg.

Bei Maschinenfundamenten ist je nach der geforderten Druckfestigkeit mit einer höheren Zementmenge zu rechnen; dazu kommt: größerer Verschnitt an Schalholz, erhöhter Arbeitsaufwand wegen vorzusehender Ankerlöcher und größere Gestehungskosten wegen geringer Kubatur. Die Gesamtkosten gegenüber 1 bis 3 können hiedurch eine 100- bis 300%ige Erhöhung erfahren.

Der Verrechnung von Fundament- und aufgehendem Betonmauerwerk ist das Ausmaß der wirklich geleisteten Kubatur zugrunde zu legen. Öffnungen in den Mauerwerkskörpern, deren Querschnittsfläche 4 m² nicht überschreitet, sollen nur dann zum Abzug vom Ausmaß gebracht werden, wenn die für ihre Herstellung erforderliche Schalungsarbeit, der hiedurch bedingte Holzverbrauch, die Herstellung etwa notwendiger Überlagen usw. eine besondere Vergütung finden. Erfolgt die Verrechnung hohl für voll, dann soll im allgemeinen für die genannten Mehrleistungen eine weitere Vergütung nicht gefordert werden.

Öffnungen mit mehr als 4 m² Querschnittsfläche gelangen entweder ganz zum Abzug, wobei eine Vergütung der Mehrarbeiten angemessen ist, oder es gelangt nur das die Querschnittsfläche von 4 m² überschreitende Ausmaß der Öffnung, ohne sonstige Vergütung, zum Abzug.

Öffnungen unter 0,4 m² Querschnittsfläche werden stets dem Ausmaß zugeschlagen (Rohrdurchlässe, Kanalöffnungen usw.).

Der Bauherr darf auch andere Berechnungsbedingnisse einem Bauvertrag zugrunde legen; sie haben aber nur dann Geltung, wenn der Ausführende sein Einverständnis hiezu gibt. Die oben beschriebenen Berechnungsbedingnisse sind jedoch als die im Baugewerbe üblichen zu bezeichnen.

4. Betonböden. a) 1 m² Unterlagsbeton, 10 cm stark, hergestellt aus reschem Pflasterersand[1]) und 180 kg P. Z. auf 1 m³ loses Gemenge (1 : 8), die Oberfläche mit

[1]) Der größte Durchmesser des Schotters höchstens 2 cm.

der Latte horizontal abgezogen, an aller Materialbeigabe und an aller Arbeit. Die Vorbereitung des Untergrundes ist im Preise nicht inbegriffen.

Für 1 m² sind erforderlich: 0,13 m³ Sand-Kiesgemenge + 23 kg P. Z., an Arbeitslöhnen: 1,4 B. St. + 0,40 M.

Anmerkung: Aus der Tabelle „Dichten Beton" (S. 164) folgt für 1:8,
wenn $h_s = 0{,}4$, $h_k = 0{,}35$: Zement 227 kg, Gemenge: 0,362 + 0,950 = 1,3 m³
„ „ = 0,35 „ = 0,40: „ 218 „ „ 0,410 + 0,950 = 1,36 „
„ „ = 0,35 „ = 0,45: „ 244 „ „ 0,460 + 0,940 = 1,40 „
Die getroffenen Annahmen sind entsprechend.

b) 1 m² Betonfußboden, 10 bis 20 cm stark, im Gefälle gelegt, aus Stampfbeton mit 200 kg Portlandzement (1 : 7), einschließlich Herstellen einer 2 cm starken Feinschichte (Estrich) im M. V.: 1 : 1 mit P. Z., die Oberfläche glatt verrieben, an aller Arbeit und Materialbeigabe.

Für 1 m² fertigen Boden im Mittel erforderlich: 0,19 m³ Pflasterersand + 0,03 m³ Ziegeldeckersand[1]) + (40+15) kg P. Z.

Ferner: 2,0 B. St. + 0,6 M. + 0,5 H.

Nach Tabelle ergibt sich für 1:7, a) wenn: $h_s = 0{,}45$, $h_k = 0{,}35$: 260 kg P. Z. und (0,36 + 0,95) = 1,31 m³ Gemenge; daher entspricht 1,9 m³ Gemenge 375 kg P. Z.; b) wenn: $h_s = 0{,}40$, $h_k = 0{,}45$: 285 kg P. Z. und (0,458 + 0,937) = 1,395 m³ Gemenge; daher entspricht: 1,9 m³ Gemenge 390 kg P. Z.

II. Eisenbeton

Fundamente oder aufgehendes Mauerwerk aus Stampfbeton (Bauteile beträchtlicher Kubatur).

Falls eine Eisenbewehrung vorgesehen wird, sind vorerst die Gestehungskosten wie für reine Stampfbetonausführung zu ermitteln, außerdem die Kosten für Lieferung, Schneiden, Biegen und Verlegen der Rundeisen; ferner zu den Kosten der Betonierungsarbeit einen entsprechenden Zuschlag wegen des Vorhandenseins der Eisenbewehrung hinzuzufügen.

Beispiele:

1. 1 m² Fundamentplatte aus Stampfbeton im M. V. 1 : 6 mit Portlandzement und reschem Betonsand, 1,0 m stark, für gegebene Lasten zwecks Erzielung eines gleichmäßig verteilten Bodendruckes mit Rundeisen bewehrt, einschließlich Lieferung sämtlicher Materialien sowie an aller Arbeit.

Materialbedarf: 1,25 m³ Betonsand, 300 kg Portlandzement und z. B. 35 kg Rundeisen.

Arbeitslöhne: 15 B. St. bei Handmischung (10 B. St. bei Maschinenmischung), 35 kg Eisen à 0,10 = 3,50 Eisenbiegerstunden (E. St.), 0,35 H.

2. 1 m³ Stützmauer aus Stampfbeton mit Rundeisenbewehrung, berechnet und dimensioniert für die Belastung durch Erddruck und Nutzlast, aus reschem Betonsand und Portlandzement für eine nach ÖNORM vorgeschriebene Würfeldruckfestigkeit hergestellt; die Herstellung samt aller Schalung und aller Gerüstung, einschließlich Beigabe aller Materalien, Werkzeuge und Requisiten, an aller Arbeit, schalrein, jedoch unverputzt belassen.

Materialbedarf: 1,25 m³ Betonsand, 300 kg Portlandzement, 60 kg Rundeisen.

Arbeitslöhne: 10,0 B. St. (Maschinenleistung), 6,00 E. St., 0,60 H.; bei Annahme von 4 m² Schalfläche auf 1 m³ Mauerwerk: 8,00 Z. + 4 G.

Hilfsmaterial analog A, 2 und 3.

Für die Kostenermittlung von eigentlichen Eisenbetonkonstruktionen empfiehlt es sich zunächst, für einen in sich abgeschlossenen Teil die Ausmaße an Beton, Rundeisen und Schalungsfläche festzustellen und diese Mengen sodann auf die Ausmaßeinheit der Konstruktion (1 m Säule, 1 m² Decke usw.) zu reduzieren.

1. 1 m Säule aus Eisenbeton mit quadratischem Querschnitt und 60 cm Seitenlänge, unter der Annahme einer zulässigen Druckfestigkeit von 28 kg/cm² berechnet

---

[1]) Kiesgröße höchstens 1/4 cm.

und mit Rundeisen bewehrt, aus reschem Betonsand und frühhochfestem Zement mit maschineller Mischung hergestellt, einschließlich aller Schalung und Gerüstung, die Sichtflächen schalrein und unverputzt belassen, einschließlich aller Materialbeistellung und an aller Arbeit 0,36 m³ Beton à 1,25 m³ Pflasterersand, 400 kg frühhochfestem Zement, 18,0 B. St., 28,0 kg Rundeisen zum Materialpreis + 0,10 E. St.; 2,40 m² Schalung à 3,00 Z. + 0,5 G.; 0,015 m³ Schnittholz, 0,01 m³ Kantholz, 0,30 kg Draht.

Die Größe des Ausmaßes gleichartiger Schalungen ist von wesentlichem Einfluß auf die Lohnkosten. Eine mehrmalige Widerverwendung der Schalung vermindert die Material- und die Lohnkosten. Bei Herstellung einzelner Konstruktionsteile komplizierter Art muß gegebenenfalls mit dem vollständigen Verlust des Holzes gerechnet werden.

2. 1 m² Eisenbetonplattenbalkendecke (im Erdgeschoß) mit sichtbaren Rippen, berechnet und dimensioniert für eine Nutzlast von 400 kg/m², ständige Last (Bodenbelag) von 50 kg/m² sowie das Eigengewicht der Decke, mit einer freien Spannweite von 5,50 m und einer zulässigen Konstruktionshöhe von 0,40 m einschließlich Beschüttung und Fußböden, die Untersicht schalrein und unverputzt belassen, einschließlich aller Schalung und Gerüstung, samt aller Materialbeigabe und an aller Arbeit.

0,12 m³ Beton: à 1,25 m³ doppelt geworfener Pflasterersand (feiner Eisenbetonsand), 350 kg Portlandzement, 20 B. St.

10 kg Rundeisen zum Materialpreis + 0,08 Eisenbiegerstunden; 1,40 m² Schalung: à 1,5 Z. + 1 G., ferner 0,015 m³ Schnittholz, 0,010 m³ Rundholz, 0,01 kg Rundeisen, 0,15 kg Nägel und Draht.

Bei maschineller Herstellung des Betons und Verwendung von Hochzügen mit motorischem Betrieb ist die Höhenlage einer Konstruktion für die Arbeitskosten von geringerer Bedeutung. Doch ist mit einem 5- bis 10%igen Stockwerkszuschlag per Geschoßhöhe (ungefähr 4 m) immerhin zu rechnen; bei nicht maschinellem Betrieb und Verwendung von Handaufzügen müssen wesentlich höhere Stockwerkszuschläge gemacht werden.

Werden eisenbewehrte Fundamente oder Mauerwerkskörper nach Raummengen verrechnet, so erfolgt die Berechnung des Ausmaßes in ähnlicher Weise wie für Stampfbetonmauerwerk. Die Verrechnung der eigentlichen Eisenbetonkonstruktionen, Säulen, Decken u. dgl., nach Raummengen ist jedoch im allgemeinen nicht üblich. Wird aber diese als Basis gewählt, so empfiehlt es sich zur Vermeidung späterer Differenzen, die Verrechnung des Betons in Raummengen, der Rundeisenbewehrung in Kilogramm und der abgewickelten Schalung nach Flächenmaß vorzunehmen.

Säulen mit bekannter Tragfähigkeit oder mit verlangtem Querschnitt werden entweder nach Höhenmetern oder auch nach Stück berechnet. Im ersten Falle wird die Höhe ohne Abzug für in die Säule eingreifende Konstruktionsteile gemessen.

Decken werden nach dem Flächenmaß gewöhnlich über die tragenden Mauern hinweg gemessen, in welchem Falle die Mauerröste (Schließenröste aus Eisenbeton) im Deckenpreis mit enthalten sind. Fenster- und Türüberlagen, Unterzüge, die in der Deckenkonstruktion liegen, werden nur selten gesondert gemessen und verrechnet. Sie sollen im allgemeinen bei der Ermittlung des Deckenpreises berücksichtigt werden. Besonders schwer belastete Unterzüge, Mauerauffangungen usw. können nach Längenmetern, unter Zuschlag der Auflagerlängen, verrechnet werden. Öffnungen in den Decken gelangen mit Rücksicht auf die erschwerte Arbeit für die Auswechslungskonstruktion im allgemeinen nicht zum Abzug. Bei großen Öffnungen, insbesondere solchen für Oberlichten, wird für das Mitmessen der Öffnungen auch die Herstellung der Oberlichtzargen als Äquivalent verlangt.

Wird für die Verrechnung von Decken ein Messen zwischen den tragenden Mauern, demnach im Lichten des überdeckten Raumes, zur Verrechnungsgrundlage gewählt, so darf bei der Preisermittlung nicht auf die Einrechnung der Deckenauflager oder Mauerröste vergessen werden.

III. Decken aus Eisenbeton

Für die Herstellung leicht belasteter Decken für Wohn- und Geschäftshäuser, Spitäler, Schulen, Stallgebäude u. dgl. kommen meistens Spezialdecken zur Anwendung; sie bezwecken durch Vereinfachung der Herstellungsmethode und Ausnützung der Vorzüge des Eisenbetons die Verkürzung der Bauzeit und vor allem die Herabsetzung der Baukosten. Die Eignung einer Deckenkonstruktion für Wohnhauszwecke hängt ab von der Art der Herstellung der ebenen Untersicht, von der Größe der Konstruktionshöhe, dem Eigengewicht und von der Schalldichtheit, endlich von der Verlegungsmöglichkeit von Gas- und Lichtleitungen.

Besprechung einzelner Deckenarten[1])

1. **Die Ast-Mollin-Decke** ist eine Rippenplattendecke (Abb. 1). Zwischen Kanthölzern 10 × 10 cm werden Blechschablonen aufgelegt, die die Schalung der Plattenunterseite sowie der Rippenseitenwände bilden; die Kanthölzer sind gleichzeitig die Schalung für den Rippenboden und werden durch Unterstellungshölzer in normaler Weise gestützt. Die Blechschablonen bestehen aus 1,0 bis 1,5 mm starkem Eisenblech und erhalten entweder Fälze, mit denen sie sich auf die Kanthölzer aufsetzen, oder werden durch Stützeisen getragen. Dieses System vereinfacht die Schalung und schematisiert teilweise die Herstellung; die ebene Untersicht wird nach Ausgerüstung der Decke durch Stukkaturung auf gewöhnlich doppelter Berohrung, seltener auf Rabitzgeflecht hergestellt, weshalb Drähte zur Befestigung der Berohrung usw. schon bei der Deckenherstellung vorzusehen sind.

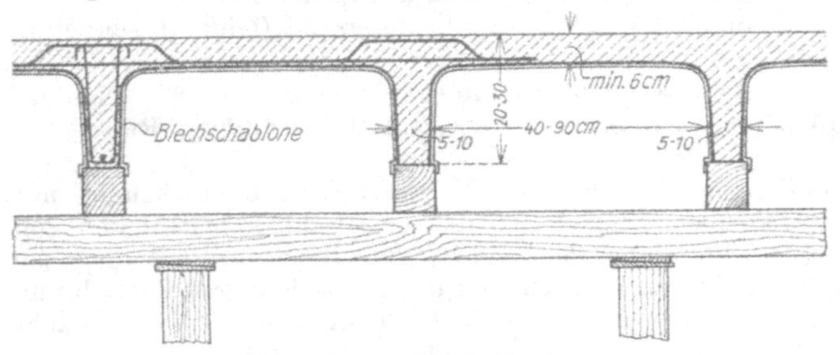

Abb. 1. Ast-Mollin-Decke

Preisanalyse[2]) für eine Wohnhausdecke System Ast-Mollin von 5,0 m Spannweite, 250 kg/m² Nutzlast und 50 kg/m² ständiger Last per 1 m², ausschließlich Stukkaturung.

Material:	Löhne:	Hilfsmaterial:
0,12 m³ Eisenbetonsand	0,9 Zimmererstunden	0,012 m³ bis 0,025 m³ Kantholz
28 kg Portlandzement	0,5 Hilfsarbeiterstunden	0,015 „ „ 0,020 „ Rundholz
7 „ Rundeisen	0,5 Eisenbiegerstunden	1 bis 3 Stück Blechschablonen
0,2 „ Draht	1,0 Betoniererstunden	
	0,2 Gerüsterstunden	

Über die Herstellung der ebenen Untersicht siehe „Stukkaturarbeiten".

2. Decken mit Hohlkörpern

a) **Mit Hohlsteinen.** Auf einer normal unterstellten, ebenen, vollen oder nur gestreuten Schalung werden Hohlsteine aus Beton oder Leichtbeton, Zementholz, gebranntem Ton usw. derart trocken verlegt oder auch gemauert, daß sie mit ihren Seitenwänden den Raum für die zu betonierenden Tragrippen begrenzen, die sodann durch Aufbetonierung einer Tragplatte über den Hohlsteinen zu einer Rippenplatten-

[1]) Über die vom Magistrate der Bundeshauptstadt Wien zugelassenen Decken (rund 40 an der Zahl) siehe „Bauordnung für Wien", herausgegeben von der Zentralvereinigung der Architekten Österreichs. Selbstverlag 1926.

[2]) In sämtlichen Analysen sind die Kosten von Überlagen, Deckenverstärkungen für Scheidewände oder Unterzüge nicht berücksichtigt.

decke verbunden werden; vielfach wird der obere Teil der Hohlsteine als Druckgurt herangezogen; manchmal trägt die obere Steinwandung allein, in welchem Falle von der Plattenaufbetonierung abgesehen wird.

α) Die „Zeho"-Eisenbetondecken (Abb. 2). Die Formsteine aus Zementholz, Leichtbeton, werden auf gestreuter, einfacher Schalung trocken verlegt, die Eisenbetonrippe einbetoniert und durch die zu betonierende Platte über den Hohlsteinen verbunden. Die unteren Steinwandungen bilden eine geschlossene ebene Untersicht, die fein zu verputzen ist. Einfache Schalung, ebene Untersicht, einfache Verlegung der Licht- und Gasleitungen; schalldämpfende Wirkung. Kalkulationsbeispiel für eine „Zeho"-Decke von 5,0 m Spannweite, 200 kg Nutzlast und 120 kg Fußbodenbelag für 1 m^2 Decke.

	Material:	Löhne:	Hilfsmaterial:
32 kg	Portlandzement	0,9 Zimmererstunden	0,020 m^3 Schnittholz
0,13 m^3	Eisenbetonsand	0,5 Gerüsterstunden	0,015 „ Rundholz
	(doppelgeworfenen	0,4 Eisenbiegerstunden	hievon ein Fünftel bei
	Pflasterersand)	1,0 Betoniererstunden	fünfmaliger
7 kg	Rundeisen	0,5 Hilfsarbeiterstunden	Verwendungsmöglichkeit
0,01 m^3	Putzsand	1,0 Maurerstunden	
8 Stück	Hohlsteine	0,3 Gerüsterstunden	

β) Aufbetonlose Hohlziegeldecke (Abb. 3), Bauart Heimbach u. Schneider. Geringer Betonverbrauch, da die Platte gänzlich entfällt, kleines Eigengewicht trotz geringer Bauhöhe (15 bzw. 20 cm), verhältnismäßig sparsamer Eisenverbrauch, vorzügliche Wärme- und Schallisolierung.

Zur Aufnahme von Scheidemauern müssen jedoch besondere Rippen mit größerer Höhe eingeschaltet werden.

1000 Stück Deckensteine kosten loco Werk Wien: bei 15 cm Höhe *S 340,00*, bei 20 cm Höhe *S 400,00*.

Eine Wohnhausdecke von 5,50 m Lichtweite, teilweise eingespannt, für 350 kg/m^2 Fremdlast kostet ungefähr *S 16,90* per 1 m^2.

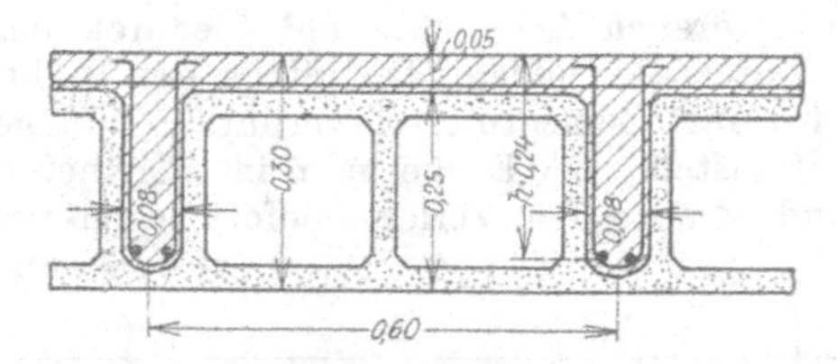

Abb. 2. Zehodecke

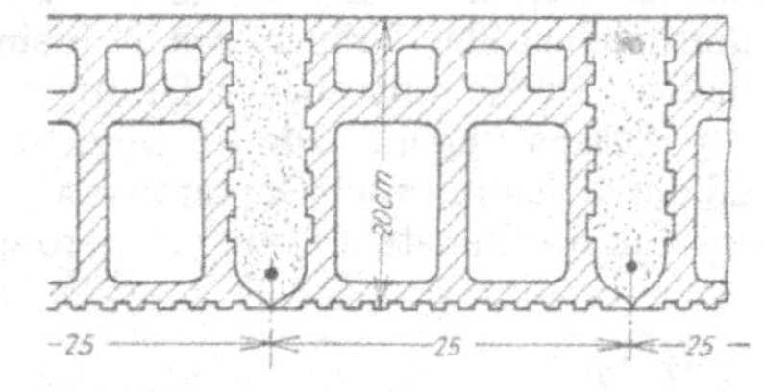

Abb. 3. Aufbetonlose Hohlziegeldecke

b) **Mit Hohlkörpern.** Anstatt der massiven Hohlsteine werden auch Hohlkörper aus billigen Materialien, insbesondere Stroh- oder Rohrmatten, verwendet, die durch innere Holzrahmen u. dgl. versteift werden, so z. B. die Wayßsche Rohrzellendecke, die sich prismatischer Hohlkörper bedient, deren Wände aus Rohrgeweben bestehen, welche auf einer Schalung in Abständen verlegt werden, die der Stegdicke der zu stampfenden Rippenplattendecke entsprechen. Die Untersicht der Decke, bestehend aus der unteren Wandung der Rohrzelle und der Betonrippe, wird wie jede andere berohrte Decke verputzt.

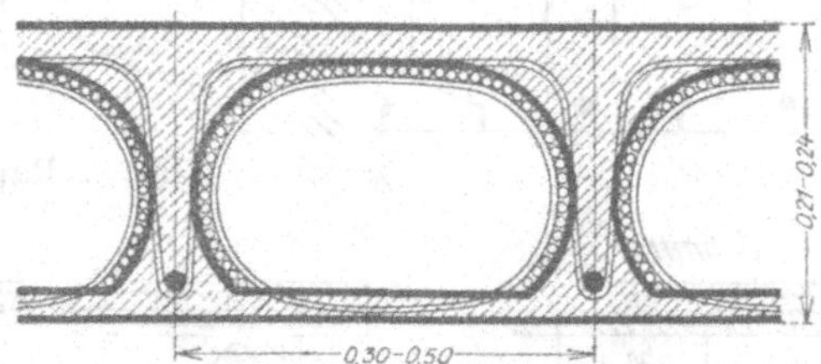

Abb. 4. Spiraldrahthohldecke

Die Spiraldrahthohldecke. System Hoffmann (Abb. 4) verwendet Hohlkörper von eiförmigem Querschnitt, bestehend aus einem schraubenförmig gewundenen

Draht, über den Rohrmatten derart gebunden werden, daß der untere Teil der Drahtspirale frei bleibt. Auf ebener Schalung wird eine dünne Betonplatte aufgebracht, in welche die Hohlkörper mit ihrem unten freien Drahtgerüst eingedrückt werden; zwischen den Rohrzellensträngen werden die Tragrippen, darüber die gewölbeartige, nicht bewehrte Platte betoniert. Untere und obere Platte sowie die Rippen werden stets in einem Zuge streifenweise hergestellt. Die harte Untersicht wird mit Zementmörtel fein verputzt. **Einfache Schalung, billige Hohlkörper, ebene Untersicht und geringe Konstruktionshöhe.**

Preisanalyse für eine Wohnhausdecke mit 5,0 m Spannweite, 200 kg/m² Nutzlast und 120 kg/m² Auflast per 1 m², einschließlich Deckenputz.

Material:	Löhne:	Hilfsmaterial:
30 kg Zement	1,1 Zimmererstunden	0,30 m³ Schnittholz
0,12 m³ Sand- und Kiesgemenge	0,4 Gerüsterstunden	0,015 „ Rundholz
	0,2 Eisenbiegerstunden	0,05 kg Nägel
4,5 kg Eisen	1,0 Betoniererstunden	hievon ein Fünftel bei fünfmaliger Verwendung
2,8 m Rohrzellen	0,4 Handlangerstunden	
0,01 m³ Putzsand	0,8 Maurerstunden	

3. Decken mit transportablen Eisenbetonträgern. Sie bezwecken den teilweisen oder gänzlichen Wegfall der Schalung- und Gerüstherstellung. Die einzelnen Fertigstücke werden entweder an der Verwendungsstelle erzeugt oder anderwärts fabriksmäßig hergestellt.

a) Die Herbstdecke und die verbesserte Herbstdecke sehen Eisenbetonträger rechteckigen bzw. nach unten breiteren trapezförmigen Querschnittes vor, die in erhärtetem Zustande, ohne besondere Gerüstung, in gegenseitigen Abständen von 33 cm und mehr verlegt werden. Zwischen diesen Rippen werden Blechschablonen verlegt, über welchen die gewölbeartige Deckenplatte betoniert wird; ebene Untersicht wie bei der Ast-Mollin-Decke. **Kostenersparnis durch Wegfall der Holzschalung und der Unterstellung; die Decke kann zum Teil fertig an die Baustelle geliefert werden.**

b) Die Eisenbetonträgerdecke System „Rapid“ (Abb. 5) besteht aus I-förmigen, transportablen Eisenbetonträgern von 14 bis 20 cm Höhe und 12 cm Flanschenbreite, die Mann an Mann verlegt werden und deren Flanschen beim Aneinanderschieben der Träger genau ineinander greifen (Abb. 5a) und hiedurch eine geschlossene Decke mit ebener Drauf- und Untersicht bilden. Die Stege der Balken erhalten Aussparungen. Die Untersicht wird mit Zementmörtel verputzt. **Völliger Wegfall der Schalung und Gerüstung an der Baustelle. Die Decke kann im allgemeinen komplett an die Baustelle geliefert werden und ist nach dem Verlegen sofort begeh- und**

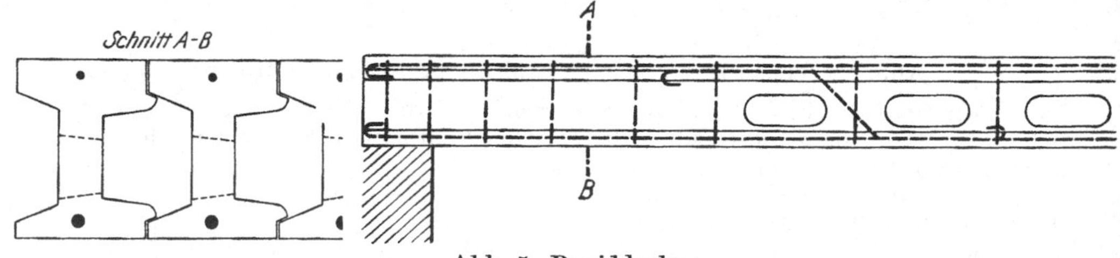

Abb. 5. Rapiddecke

belastbar. Besonders geringe Konstruktionshöhe.

c) Eisenbetondecken. Bauart Visintini (Abb. 6), reine Konstruktionshöhe 28 cm; der Blindboden wird direkt gegen Fugenleisten genagelt, so daß Polsterhölzer und Beschüttung entfallen.

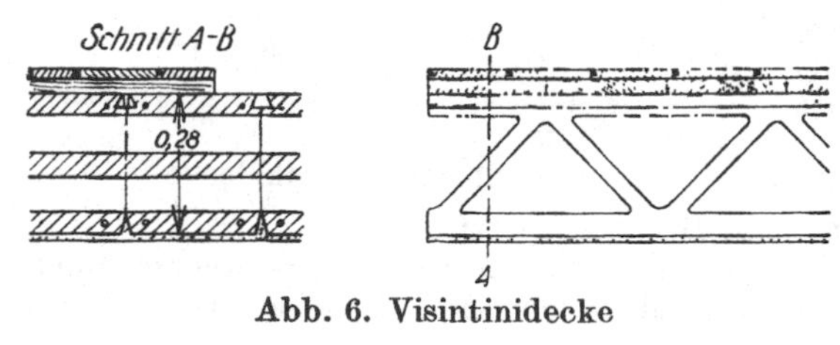

Abb. 6. Visintinidecke

Preistabelle in Schilling für Wohnhausdecken, Bauart Visintini (im Parterre), per 1 m²

Spannweite in Metern	3,00	3,50	4,00	4,50	5,00	5,50	6,00	6,50	7,00
1. Nutzlast 250 kg/m²	16,50	17,20	18,10	18,70	19,50	20,10	20,90	22,10	23,80
2. „ 400 „	18,70	19,20	20,30	21,00	21,80	23,10	24,50	26,75	28,80

Stockwerkszuschlag per 1 m² bei 1. *S 0,40,* bei 2. *S 0,50.*

D. Einfriedungen aus Eisenbeton

Von Ing. Artur Swoboda, Oberingenieur der Bauunternehmung H. Rella & Co., Wien

1. Eisenbetonpfähle mit dazwischenliegenden Feldern aus Holz oder Eisen

Die Pfähle werden, je nach Beschaffenheit des Untergrundes, entweder direkt in den Boden mit einem Eingriff, der je nach der Höhe und Stärke des Pfahles zwischen 0,50 bis 1,00 m schwankt, oder in Steinschlichtung versetzt, endlich in eigene Fundamente einbetoniert. Die Herstellung der Pfähle geschieht entweder fabriksmäßig oder auf den Lager- oder Bauplätzen selbst in Holz oder Eisenformen. Für die Befestigung der Felderfüllungen an den Pfählen ist entsprechend vorzusorgen.

Die Herstellungskosten eines Eisenbetonpfahles von z. B. 10 × 10 cm Querschnitt und 2,5 m Länge setzen sich zusammen aus:

Modellkosten per Pfahl[1])	0,10 Eisenbiegerstunden
0,030 m³ Pflasterersand	0,32 Maurerstunden
10 kg Portlandzement	0,64 Hilfsarbeiterstunden
2,5 kg Rundeisen	0,32 Weiberstunden

Hiezu kommen die Kosten für den Erdaushub samt Wiederzuschütten und Stampfen oder Einschlichten mit Steinen bzw. für den Fundamentbeton, für Abfuhr oder Planierung des Aushubmaterials, für das Versetzen der Pfähle, die Lieferung, die Zufuhr, Montage und für den Anstrich der Felderfüllungen und schließlich für das Abräumen der Baustelle. Die ermittelten Gesamtkosten sind auf den Lfm. umzurechnen.

2. Eisenbetonpfähle mit dazwischenliegenden Feldern

a) **aus Ziegelmauerwerk.** Entfernung der Pfähle je nach Höhe der Einfriedung 2,00 bis 3,00 m, Pfahlstärke 10 × 10 cm bis 25 × 25 cm. Auf einen Eisenbetonsockel, rund 10 cm stark und 15 bis 30 cm hoch, werden die Füllungen gewöhnlich in einem Patentverband in Portlandzementmörtel mit oder ohne schwache Rundeisenversteifungen hergestellt. Als oberer Abschluß der Füllungen wird ein Eisenbetonholm verwendet.

Preisermittlung für die Pfahlherstellung wie unter 1. Kosten des Füllmauerwerkes siehe Maurerarbeiten.

b) **Aus Eisenbetonpfosten (Bauart Herzka,** Abb. S. 182). Zwischen in Stampfbetonfundamenten versetzten Eisenbetonsäulen, die mit beiderseitigen Nuten versehen sind, werden Pfosten aus Eisenbeton eingeschoben. Das am Säulenkopf freibleibende Nutenstück wird mit Portlandzementmörtel geschlossen. Säulenentfernung 2,00 bis 2,50 m, Säulenquerschnitt je nach Höhe der Einfriedung, ge-

[1]) Die Kosten der Modelle loco Erzeugungsstelle in Holz oder Eisen sind je nach der Wiederverwendungsmöglichkeit ganz oder teilweise auf die Stückzahl der zu erzeugenden Pfähle umzulegen.

wöhnlich 20×25 cm, Pfostenquerschnitt 4×20 bis 25 cm; bei Herstellung im Torkretverfahren kann die Pfostenstärke auf 2,0 bis 3 cm reduziert werden.

Die Armierung der Säulen je nach Höhe der Einfriedung; gewöhnlich 4 Stück Rundeisen ⌀ 12 mm oder 14 mm mit Bügeln von ⌀ = 5 bis 6 mm in Abständen von 15 bis 25 cm. Pfostenarmierung beiderseits 2 Stück ⌀ 6 mm. Bügeldistanz rund 30 bis 40 cm.

Preisermittlung für eine 1,75 m hohe Einfriedung; Säulendistanz 2,50 m. Kosten der Holz- oder Eisenmodelle wie unter 1.

Modellkosten per Stück		Säulen	Pfosten
Pflasterersand	m^3	0,18	0,035
Portlandzement	kg	60	14
Betonrundeisen	kg	17	1,5
Eisenbiegerstunden		0,5	0,08
Maurerstunden		1,2	0,70
Hilfsarbeiterstunden		2,4	1,0
Weiberstunden		0,6	0,35

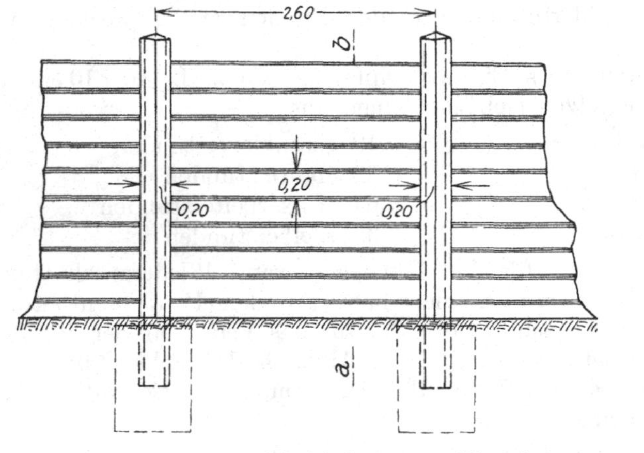

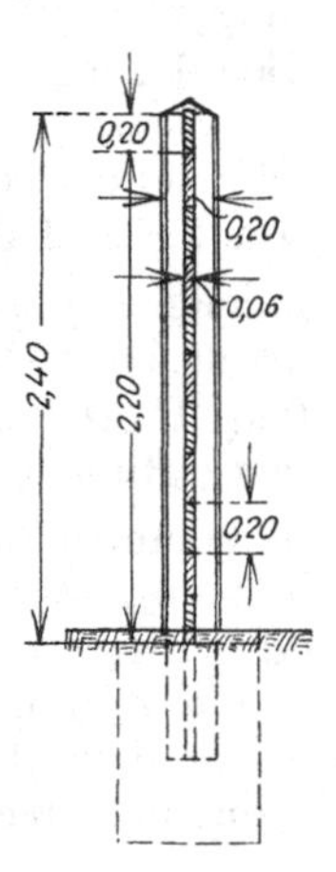

Einfriedung aus Eisenbeton

Die Kosten für den Erdaushub, das Versetzen der Säulen samt Zufuhr, das Verführen oder Planieren des Aushubmaterials, des Fundamentbetons für die Säulen sowie für das Versetzen der Pfosten samt Gerüstung sind je nach den örtlichen Verhältnissen zu bestimmen.

3. In normaler Eisenbetonausführung

Anordnung sorgsam ausgeführter Dehnungsfugen in Abständen von höchstens 20 m unbedingt erforderlich! Stärke und Bewehrung der Säulen und Wände je nach Höhe dimensionieren.

Die Ausführung erfolgt in Schalungsmodellen, die nach entsprechender Erhärtung des Betons umgestellt werden; je nach Stärke kommt das Stampf-, Guß- oder Torkretverfahren in Anwendung.

Die Preisermittlung erfolgt vorteilhaft für die Ausmaßeinheit (Quadrat- oder Längenmetereinfriedung) ähnlich wie bei einer Eisenbetonstützmauer.

E. Betonschutzmittel

Zusammengestellt von Ing. L. Herzka

Um Beton gegen die verschiedenen Einflüsse zu schützen, kommen in Betracht:

1. **Anstrichmittel,** durch welche die Oberfläche entsprechend verändert bzw. dichter gemacht wird (Tabelle I).

2. **Beimengungen** zum Mörtel (Zement, Beton), welche entweder wasserabweisend, ölabspaltend oder dichtend wirken (Tabelle II).

1. Anstrichmittel

Bezeichnung	Bezugsquelle	Zusammensetzung Eigenschaften	Zweck	Anwendungsgebiet	Verarbeitung und Verbrauch	Kosten
Aeternol-Tränkungsmittel „Normal"	Gewerkschaft Claudius, Duisburg	Härtungsmittel, bestehend aus anorganischen, wasserlöslichen Salzen, welche die Poren im Beton verstopfen und ihm eine dichte Oberfläche verleihen. Wasserabweisend.	Schutz gegen den Einfluß schwacher Sulfatlösungen, Grundwasser, Moorwasser. Härtung von Zementfußböden, gegen Staubbildung.	Zementfußböden, Schleusen, Fundamente, Mauern, Kanäle.	1 Teil festes Salz in 3 Teilen Wasser auflösen; Oberfläche 3 mal imprägnieren. Für 1 m^2 Fläche erforderlich: 1/25 bis 1/15 kg.	RM 51,00 bis 113,00 per 100 kg
Aeternol „Sulfur"			Schutz gegen starke Sulfate und schwache Säuren.		Aeternol „Oleum" und „Sulfur" dient zur Nachbehandlung nach 3 maliger Imprägnierung mit „Normal". 1 Teil wird in 3 Teilen Wasser aufgelöst; nach jedesmaliger Imprägnierung mit kaltem Wasser nachwaschen. Für 1 m^2 Fläche erforderlich: 1/20 bis 1/15 kg.	
Aeternol „Oleum"		Flüssig; für Nahrungsmittelbehälter nicht verwendbar.	Gegen Fette und Öle (Leinöl, Margarine, Kakaobutter), freie Säuren, Rauchgase.			
Aeternol-Anstrich		Mischung geeigneter Bitumina und Harze in Lösungsmitteln; temperaturbeständig, schwindfrei. Nicht verwendbar bei Anwesenheit von Ölen, Spiritus, Benzol, Benzin.	Schutz gegen alle Wässer (CO_2, SO_3, NO_2, Cl_2), gegen Basen und schwache Säuren.	Bauwerksteile unter Einwirkung freier Säuren, Ammonsalze usw. Chemische Fabriken und Betriebe.	Bildet auf dem Beton fest haftenden Anstrich. Für 1 m^2 Fläche erforderlich: 0,2 bis 0,4 kg.	RM 81,00 per 100 kg
Antimador	Terag A.-G., Wien	Schwarze, lackähnliche Flüssigkeit; trocknet in wenigen Stunden. Bildet dünnes Häutchen; ist waschbar. Nicht feuergefährlich.	Schutz gegen Luftfeuchtigkeit, schädliche und sonstige Säuredämpfe (alkalische Dämpfe, Ammoniak, Chlor), Erd- und Wandfeuchtigkeit.	Reservoire aus Zement, Filteranlagen, Kanäle, Talsperren, chemische Fabriken, Brauereien, Leder-, Zuckerfabriken, Färbereien usw. Trockenlegung von Mauern.	Auf trockene, staubfreie Fläche sorgfältig, nicht zu stark ausstreichen. Nicht anwärmen! Bei stärkerer Inanspruchnahme 2- bis 3 maliger Anstrich erforderlich. Für 1 maligen Anstrich von 4 bis 6 m^2 Mauerverputz erforderlich: 1 kg; für jeden folgenden Anstrich um 20 % weniger.	S 1,50 per 1 kg

Bezeichnung	Bezugsquelle	Zusammensetzung Eigenschaften	Zweck	Anwendungsgebiet	Verarbeitung und Verbrauch	Kosten
Antinonnin	R. Avenarius, Karbolineum-Fabrik, Wien	Geruchlos, nicht flüchtig.	Schutz gegen Hausschwamm, Schleim- und Schimmelpilze, Mauerfraß, schlechte Gerüche.	Innenanstriche für Weinkellereien, Essig-, Hefe- und Malzfabriken, Molkereien, Brennereien, Abflußkanäle, Stallungen.	Die zu behandelnde Fläche erst trocken reiben, dann 2 mal mit aufgewärmter Antinonninlösung streichen; zerfallenen Putz an feuchten Stellen abschlagen und durch neuen ersetzen. 2- bis 3%ige Lösung verwenden. Zum einmaligen Anstrich von 10 m² Fläche reicht 1 l Lösung aus. Um Mauerwerk vor Mauerfraß zu bewahren, werden dem Mörtel 5% Antinonnin zugesetzt.	S 22,00 per 1 kg
Arzet	„Heimalol“ G. m. b. H., Datteln i. W.	Wasserabweisender Anstrich, dicht bis 4 Atm. Wasserdruck; verändert nicht das Aussehen der Putzflächen. Wetterbeständig.	Schutz gegen eindringende Feuchtigkeit, gegen Schimmel- und Schwammbildung.	Grundierungsmittel für durchlässige Bau- und Kunststeine, undichte Putzflächen aus Zement und hydraulischem Kalk.	Wird streichfertig geliefert. Die trockenen Putz- oder Steinflächen werden mit einem Pinsel 1 mal gestrichen; bei sehr rauhen Flächen 2 bis 3 maliger Anstrich erforderlich; trocknet in 24 Stunden. Für einmaligen Anstrich von 3 bis 4 m² Fläche rund 1 kg Arzet erforderlich.	nicht bekannt
Beton-Murolineum	Otto Nußbaum, Wien	Geruchloser, nicht färbender Anstrich, schränkt die Bildung von Haarrissen ein; bildet eine harte, säurefeste, in die Tiefe gehende Schicht.	Schutz gegen Säuren, Rauchgase, Fäkalien, Moorwasser, Witterungs- und Ölangriffe. Verhindert Staubentwicklung, verringert die Wasserdurchlässigkeit. Beeinträchtigt nicht die Festigkeit.	Eisenbahntunnels, Brücken, Beton- und Zementkanäle, Kläranlagen, Hochwasserbehälter, Gärbottiche, Maschinenfundamente, Zementfußböden.	Wird streichfertig geliefert; vor der Behandlung Fläche reinigen. Die ersten Anstriche mit Murolineum I, den 3. nach einer Arbeitspause von 24 Stunden mit Murolineum II herstellen; die Arbeit erfolgt mit Streichbürste oder Spritzapparat. Für 100 m² Fläche erforderlich: rund 30 kg Murolineum I (2 Anstriche), rund 15 kg Murolineum II. Arbeitsdauer per 1 m²: 1,5 Minuten für wagrechte Flächen, 3 Minuten für vertikale Flächen und 4,5 Minuten für Decken.	S 2,50 per 1 m²
Haumannsche Patent-Kautschukmasse	C. Haumann's Witwe und Söhne, Wien	Schwarzglänzende, wasserdichte Masse von antiseptischer Wirkung, geruchlos, nicht feuergefährlich; verhindert Saliterbildung; läßt sich auf feuchte Wände auftragen.	Schutz gegen Grundfeuchtigkeit, Schwamm, Fäulnis.	Trockenlegung feuchter Mauern, Fundamentisolierung; Abdichtung von Terrassen, Balkonen, Brücken, Tunnels, Wasserleitungen, Reservoiren, Kellergewölben; Auskleidung von Braupfannen, Säuregruben, Senkgruben; Isolierung von Fußböden, Herstellung von Dächern.	Im festen Zustande geliefert, muß die Masse erwärmt und mit einem drahtgebundenen Borstenpinsel heiß aufgetragen werden; trocknet rasch; darüber Verputz anbringen. Für Isolierungen: 2 maliger Anstrich mit Jutezwischenlage. Für 40 m² erforderlich: 100 kg	S 2,50 bis 3,00 per 1 m² (einmaliger Anstrich)

Bezeichnung	Bezugsquelle	Zusammensetzung Eigenschaften	Zweck	Anwendungsgebiet	Verarbeitung und Verbrauch	Kosten
Holzanasphalt	Leixner & Co., Wien	Belag, der in Form einer heißen Masse mit Gewebeeinlage auf eine Unterlage aufgetragen wird. Schmelzpunkt 150°, temperaturbeständig, elastisch.	Wasserundurchlässige Abdichtung.	Brücken, Terrassen, Balkone, Dächer, Bäder, Waschküchen, Kellerräume, Reservoirs.	Isolierungsbelag für horizontale und vertikale Flächen; wird in der Stärke von 4 bis 5 mm mit Juteeinlage direkt auf die glatte Betonunterlage aufgebracht.	S 8,50 per 1 m²; für vertikale Wände 10% teurer
Inertol	R. Avenarius, Karbolineum-Fabrik, Wien	Schwarzes, firnisartiges, gebrauchsfertiges Anstrichmittel, wasserabstoßend, säurebeständig, reibfest; bei sandführenden Wässern bis 6 Atm. Wasserdruck dicht.	Schutz gegen Feuchtigkeit, Säuren, Laugen, Dämpfe.	Speisewasserbehälter, Filterkammern, Talsperren, Kanalisationen, Zementröhren, Klärbecken, Fundamente, Betondecken, Brückenfahrbahntafeln, Stütz- und Flügelmauern, Grundwasserabdichtung.	Anstrich wird im kalten Zustand aufgetragen oder mit der Streichmaschine aufgespritzt. 2 maliger Anstrich genügt; den zweiten nach Trockenwerden des ersten anbringen. Keine Grundierung notwendig. Eingedicktes Inertol mit 5 bis 10 % Verdünnungsinertol lösen. Streichflächen trocken halten, etwas rauh lassen; frischen Beton mit Imprägnierinertol vorgrundieren. Für 2 maligen Anstrich von 100 m² Putzfläche rund 30 kg Inertol erforderlich.	S 1,40 per 1 kg
Lithurin (Keßlersche Fluate)	Franz Gradischeggs Nachf., Innsbruck (Hans Hauenschild G.m.b.H., Hamburg)	Anorganische Anstrichmittel, bestehend aus Fluatverbindungen; durch chemische Einwirkung auf den Beton werden die imprägnierten Teile hart. Je nach besonderem Zweck werden verschiedene Marken in Kristallform oder flüssig erzeugt.	Schutz gegen Säuren, Salze, Verwitterung, Frost, Rauchgase. Betonhärtung mineralischer Natur.	Betonkonstruktionen, Putzflächen, Zementböden, Natursteine, Betonbehälter, Fassaden, Wetterseiten.	Flüssiges oder festes Präparat 1:3 im kalten Wasser auflösen, 3 mal kombiniert auftragen. 1 maliger Anstrich 50 g per 1 m². Die zu behandelnden Flächen müssen trocken und sauber sein; nur irdene oder Holzgefäße verwenden.	S 4,50 bis 12,50 per 1 kg, je nach der Marke
Margalit	Margalit-Gesellschaft, Oberkassel (Siegkreis)	Ölunlöslicher Lack von großer Härte und Undurchlässigkeit, elastisch, widerstandsfähig gegen hohe Temperaturen und Witterungseinflüsse.	Schutz- und Dichtungsmittel für Zementputzflächen gegen das Eindringen von Ölen.	Ölbehälter in Beton und Eisenbeton, Teergruben, Benzin-, Benzol- und Petroleumtanks, Leinölbehälter, Schutz von Bauwerksteilen gegen Tropföle.	Wird gebrauchsfertig geliefert und kalt aufgetragen; für den Voranstrich etwa 1/5 der Liefermenge mit Spiritus verdünnen. Anstrich 2- bis 3 mal in eintägigen Zwischenräumen wiederholen. 8 bis 14 Tage vor allen äußeren Einflüssen schützen, bis der Überzug erhärtet ist. Mit 1 kg werden rund 2 m² Zementputzfläche überzogen.	S 1,20 bis 1,50 per 1 kg

Bezeichnung	Bezugsquelle	Zusammensetzung Eigenschaften	Zweck	Anwendungsgebiet	Verarbeitung und Verbrauch	Kosten
Orkit	Hans Hauenschild G.m.b.H., Hamburg 1 (Franz Gradischeggs Nfg., Innsbruck)	Wasserdichtender, schwarzer, säurefester Anstrich, geruch- und geschmacklos.	Dichtung und Konservierung des Betons, Schutz gegen atmosphärische und säurehaltige Einwirkungen.	Trinkwasserbehälter, Fundamente, Kaimauern, Wasserbauten, Säuregruben, Tunnels.	Wird streichfertig geliefert. Anstrich mit Pinsel oder Spritzapparat durchführen; die Streichfläche muß trocken sein. 2 mal im Zeitraum von je 24 Sunden streichen. Für 2maligen Anstrich von 100 m² erforderlich: für glatten Zementputz 25 kg Orkit, für rauhen Zementputz 30 kg Orkit, für Schalbeton 45 kg Orkit.	S 2,40 bis 2,80 per 1 kg
Perfax Henkels Spezialtränkungsmittel	W. Meurer & Co., Wien	Kieselsaures Natron bestimmter Zusammensetzung, nicht bituminös.	Verhütet das Stauben, schützt vor Schäden durch Öl, verdünnte Säuren und gegen Witterungseinflüsse.	Zementböden, Betonbehälter, Kanalrohre, Maschinenfundamente, Betonstraßen.	Die Fläche wird sorgfältig mit einem harten Besen gereinigt, wenn nötig, naß aufgewischt. Vor dem Auftragen der Lösung muß die Fläche gut ausgetrocknet sein. Mischungsverhältnis: 1 Teil Perfax in 5 Teilen Wasser. Die Tränkung erfolgt 3mal, und zwar am besten an drei aufeinander folgenden Tagen; vor jeder Tränkung muß die vorhergehende gut ausgetrocknet sein. Auf 100 m² Fläche für 3malige Tränkung 50 kg Perfax erforderlich.	S 1,40 per 1 kg
Porsal	Deutsche Kahneisen-Gesellschaft m. b. H., Berlin W 8	Farblose Flüssigkeit, die in die Poren eindringt und eine wasserabweisende Oberfläche bildet.	Schutz gegen Regen, Frost, Feuchtigkeit, Schimmel- und Schwammbildung.	Außen- und Innenwände aus Natur- und Kunststeinen. Putz-, Ziegel-, Beton-, Fassaden- und Monumentenschutz.	Oberfläche mit scharfer Bürste reinigen, mit Wasser abwaschen, trocknen lassen; je trockener die Fläche, desto wirksamer der Anstrich; 2 bis 3mal im Zeitraum von etwa je 12 Stunden streichen. 1 kg Porsal, mit 2 l Wasser verdünnt, ist ausreichend für 1maligen Anstrich von 15 m² Fläche.	RM 1,30 per 1 kg
Preolit	A. Prée G. m. b. H., Dresden W 6	Teerfreier, säurefester, schwarzer Isolieranstrich (verschiedene Marken).	Schutz gegen Feuchtigkeit und Säuren.	Wasserbauten aller Art, Tunnels, Betonbrücken, Fundamente, Eisenbahndurchlässe, Uferbauten, Talsperren, Kraftwerke, Bahnhofbauten.	Wird streichfertig geliefert und kalt aufgetragen; 2 Anstriche erforderlich, von denen der erste mit 10 % Verdünnungsöl verdünnt auf glattem Baustoff (Beton, Ziegel) aufgetragen wird. Für 4 m² Fläche etwa 1 kg Preolit erforderlich.	RM 70,00 per 100 kg

Bezeichnung	Bezugsquelle	Zusammensetzung Eigenschaften	Zweck	Anwendungsgebiet	Verarbeitung und Verbrauch	Kosten
Rabit-Amon	F. Raab, Wien XIV, chemisch-bautechnische Präparate	Wasserabweisender, farbloser Anstrich; Nr. 1, in streichfertiger Form. Nr. 2, in konsistenter Form. Nur als Außenanstrich verwendbar.	Schutz gegen eindringende Feuchtigkeit, Konservierung poröser Bausteine, Putzflächen usw.	Sandsteinfassaden, figuraler Bauschmuck, Balustraden, Denkmäler, Zementwaren, Mauersteine, Kunststeine.	Nr. 1 wird streichfertig geliefert; Nr. 2 wird zu gleichen Teilen in Wasser (1:1) gelöst und damit die zu imprägnierenden Flächen mit einem Pinsel 1 bis 2 mal gestrichen; bei kälterer Witterung leicht anwärmen. 1 kg Nr. 1 reicht für den 1 maligen Anstrich von 4 bis 5 m²; 1 kg Nr. 2 für 10 bis 12 m².	Nr. 1 S 0,80 per 1 kg „ 2 „ 1,50 „ 1 „
Rabit-Terol	F. Raab, Wien, chemisch-bautechnische Präparate	Schnelltrocknende, hochglänzende, schwarze Masse, unempfindlich gegen Witterungseinflüsse, Säuren, Alkalien, Ammoniakdämpfe.	Schutz gegen Feuchtigkeit und zerstörende Einflüsse besagter Art.	Stütz- und Flügelmauern, Betondecken, Fahrbahntafeln, Terrassen, Wasserbehälter, Talsperren, Zementrohre, Sammelkanäle, Klärbecken.	Wird streichfertig geliefert; Flächen reinigen, Flüssigkeit auftragen; 2 mal. Mit 1 kg Rabit-Terol werden 5 m² Beton 1 mal gestrichen.	S 1,40 per 1 kg
Raffiniertes Watproof	Watproof-Werke A. G. Leixner & Co., Wien	Farbloses Imprägnierungsmittel, lagerfähig, temperaturbeständig.	Isolierung gegen Nässe.	Wohn- und Industriegebäude, Fassaden, Wetterseiten, Keller und Souterrainräume.	Im Verhältnis 1:1 mit Wasser mischen, leicht siedend machen und mit einem Pinsel auf das rohe Mauerwerk oder den Verputz auftragen. Flächen während der Behandlung trocken halten, damit diese aufnahmsfähig sind. 1 kg reicht für 4 bis 5 m² Fläche.	S 1,80 per 1 kg
Siderosthen-Lubrose	J. Jeseritsch A. G., Charlottenburg	Schwarzer, teerfreier Anstrich, widerstandsfähig gegen chemische Einwirkungen, Temperaturschwankungen, abdichtend, elastisch.	Schutz des Betons gegen schädliche Einwirkungen durch Abdichtung.	Talsperren, Hafenbauten, Kanäle, Wasserleitungen, Schleusen, Brückenfundamente, Wehranlagen, Schlachthäuser, Molkereien, gewerbliche Betriebe.	Wird im kalten Zustand mittels gewöhnlicher Bürste 2 mal aufgetragen; man streicht mit 1 kg rund 4 bis 5 m² Fläche (beim ersten Anstrich); beim zweiten braucht man etwas mehr.	Nicht bekannt
Terko	A. Prée G. m. b. H., Dresden N 6	Farbloser Isolieranstrich in zwei Lösungen.	Schutz gegen Feuchtigkeit.	Stein, Zement, Kalk.	Untergrund muß glatt sein, damit der erste Anstrich nicht zu schnell in den Poren verschwindet; dann möglichst schnell den zweiten Anstrich anbringen. Besondere Pinsel verwenden. Für 1 m² Fläche {150 g Lösung 1, 125 „ „ 2.	RM 80,00 per 100 kg
Xeroton	Teerag A. G., Wien	Zaher, elastischer, undurchlässiger, fugenloser Belag; wetterbeständig. Wird streichfertig geliefert. Hitze- und kältebeständig.	Schutzanstrich für rissig gewordenen Beton.	Betondächer, Röhrenleitungen, Kesselmauerungen.	Schadhafte Stellen vorher ausbessern; sodann mittels Pinsel oder Drahtbürste leicht auftragen.	S 3,00 per 1 kg

2. Mörtelzusätze

Bezeichnung	Bezugsquelle	Zusammensetzung Eigenschaften	Zweck	Anwendungsgebiete	Verarbeitung und Verbrauch	Kosten
Aeternum-Mörtelzusatz	Gewerkschaft Claudius, Duisburg	Besteht aus organischen Salzen, die Öl- und Palmitinsäure in gebundener Form mit Zusätzen in Form von Emulsion enthalten; wasserdicht bei hohem Druck, beständig gegen Sulfate und schwache Säuren.	Dichtung des Betongefüges gegen hohen Wasserdruck und Feuchtigkeitsandrang jeder Art.	Sämtliche Betonbauten, die Angriffen besagter Art ausgesetzt sind.	Das flüssig gelieferte Aeternum wird 1 : 20 bis 1 : 40 im Anmachwasser verdünnt und zur Betonbereitung verwendet. Für 1 m³ Beton: 4 bis 16 kg Aeternum.	RM 2,30 bis 9,50 per 100 kg
„Alca“ Schmelzzement	Elektro-Zement G. m. b. H., Berlin W 10 F. Wasmuth A. G., Berlin-Wilmersdorf	Volumbeständig, langsam bindend, widerstandsfähig gegen aggressive Wässer, Frost, Meerwasser; große Druckfestigkeit.	Schutz gegen genannte Angriffe.	Schachtbauten, Gefrierschächte, Kalibergwerksbauten, eilige Wasserbauten, chemische Industrie.	Mischung: 1 Teil „Alca“, 3 Teile Sand. Verarbeitung normal. Reichlich Wasser zusetzen. Den Putz nach dem Abbinden feucht halten.	Nicht bekannt
Antaquid	Deutsche Kahneisen-Gesellschaft m. b. H., Berlin W 8	Wird in dickflüssiger Form geliefert und im Anmachwasser vollkommen aufgelöst; ist geruch- und geschmacklos.	Schutz gegen Wasser und Feuchtigkeitsandrang; macht den Beton wasserundurchlässig.	Kanäle, Wasserbehälter, Schachtanlagen, Brunnen, Talsperren, Schlachthäuser, Färbereien, Brauereien, Badeanstalten, Tunnels, Keller, Gewölbe, Düngergruben.	Für wasserdichten Putz- und Zementmörtel nimmt man eine Lösung von 1 kg Antaquid in 18 l Wasser, für massives Betonmauerwerk und Fundamente eine Lösung von 1 kg in 36 l Wasser. Die Flüssigkeit wird an Stelle des gewöhnlichen Anmachwassers dem trockenen Gemenge von Zement und Sand zugesetzt. Nur soviel Antaquidlösung anmachen, als innerhalb einiger Stunden verarbeitet werden kann. Den Beton bis zum Abbinden unter feuchten Säcken halten. Für 1 m³ wasserundurchlässigen Beton, 1 : 5, erforderlich: 4 kg Antaquid. Zur Dichtung einer 2 cm starken Putzschicht: 0,27 kg Antaquid, 2,5 cm starken Putzschicht 0,33 kg Antaquid, 3,0 cm starken Putzschicht 0,40 kg Antaquid, 4,0 cm starken Putzschicht 0,53 kg Antaquid.	RM 1,10 per 1 kg

Bezeichnung	Bezugsquelle	Zusammensetzung Eigenschaften	Zweck	Anwendungsgebiet	Verarbeitung und Verbrauch	Kosten
Antiaquazement	Perlmooser Zement-A. G., Wien	Portlandzement und wasserabweisende mineralische und bituminöse Stoffe. Besitzt größere Elastizität als gewöhnlicher Zement, ist säurebeständig (Humussäure), wasserdicht, frost- und temperaturbeständig.	Schutz gegen Wasserandrang und Feuchtigkeit.	Bauten im See- und Moorwasser, Keller, Wetterseiten, Fußböden, Ställe, Aborte, Pissoirs, Wasserbehälter, Badeanstalten, Brauereien, Schlachthäuser, Molkereien, Kühlräume, Turmabdeckung.	Antiaquazement wird trocken mit Kies und Sand vermischt und unter Wasserzusatz zu Beton verarbeitet. Als Wandverputz nimmt man 3 Teile Sand auf 1 Teil Antiaquazement. Verfahren wie beim Putzen mit Portlandzementmörtel.	Nicht bekannt
Aquasit (Biber)	R. Avenarius, Karbolineum-Fabrik, Wien	Biber-A. Bituminöse schwarze Flüssigkeit, wasserundurchlässig, temperaturbeständig; Biber-W. Weiß, geruchlos, in Teigform; trocken, nimmt jeden Anstrich an. Beide volumbeständig, widerstandsfähig gegen schwache Säuren.	Biber-A. Für Zementverputz, gegen Grundwasser und Erdfeuchtigkeit. Biber-W. Zum Abdichten von Zement- und Kalkverputz.	Biber-A. Fundamentmauerwerk, Keller, Gewölbe, Tunnels, Hafen- u. Wasserbauten, Schwimmbassins, gewerbliche Betriebe, wo Feuchtigkeit herrscht. Biber-W. Als Wandputz auch in Innenräumen, Estrichfußböden, Fassaden, Giebel.	Biber-A. Erst Zementmörtel herstellen, nach vollendeter Mischung Biber-A hinzusetzen; es entsteht eine silbergraue Emulsion. Die zu verputzenden Flächen vorher gut reinigen und vor dem Auftragen benetzen; gewöhnlich zwei Lagen. Putzstärke 1,5 bis 2 cm. Beim Isolieren von gewöhnlichen Fundamenten: 1 Sack (50 kg) Zement, 3 Sack Sand, 1 kg Biber-A. Für das im Grundwasser liegende Mauerwerk: 1 Sack (50 kg) Zement, 2 Sack Sand, 1,5 kg Biber-A. 1 m^3 fertige Betonmischung: 15 kg Biber-A. 1 m^2 Außenputz, 1,5 cm stark: $^1/_6$ l Biber-A. 1 m^2 Außenputz, 2 cm stark: $^1/_3$ l Biber-A. Biber-W. dem Anmachwasser beimengen, damit Mörtel verarbeiten. 50 kg Zement, 3 Sack Sand, 1,5 kg Biber-W. Edelputz: auf 150 kg Material 1 kg Biber-W. Putzstärke von 1,5 cm genügt.	S 1,90 per 1 kg
„Awa"-Patentmörtelzusatz	A. W. Andernach, Beuel a. Rhein	Wasserabweisend, farb- und geruchlos, antiseptisch und desinfizierend; dichtet den Zementmörtel.	Schutz gegen Feuchtigkeit, Fäulnis, Pilzbildungen und Hausschwamm.	Keller, Talsperren, Schlagwetterseiten, Fundamentmauern, Wasserbehälter, Badebassins, Unterführungen, Tunnels, Schächte, Senkgruben, Zementfußböden, Zementwaren, Tröge, Rinnen, Rohre.	5 bis 8 % „Awa" wird dem Anmachwasser zugesetzt; diese Flüssigkeit zur Zementmörtelbereitung verwenden. Vor dem Anbringen des Isolierputzes Flächen reinigen und aufrauhen; für Wände 2 bis 4 cm, für Fußböden 3 bis 5 cm starken Putz verwenden.	M 86,30 per 100 kg

Bezeichnung	Bezugsquelle	Zusammensetzung Eigenschaften	Zweck	Anwendungsgebiet	Verarbeitung und Verbrauch	Kosten
Ceresit	Österr. Ceresit-Gesellschaft m. b. H., Wien XIX	Hellfarbige, weißgelbliche Emulsion in Form von butterweichem Brei, wasserabweisend, widerstandsfähig gegen Verwitterung und säurehaltige Wässer; gegen direkte Hitzeeinwirkung unbeständig.	Isolierung vor Feuchtigkeit in jeder Gestalt.	Grundwasserabdichtung, Fußböden, Wände, Wetterseiten, Terrassen, Balkone.	Mit 8 bis 10 Teilen Wasser zu einer milchigen Flüssigkeit verrühren, dem trockenen Zement-Sandgemisch als Anmachwasser zusetzen und zu einem plastischen Mörtelbrei verarbeiten. Mischung: 1 Sack Zement, 3 Sack Sand, 25 kg Ceresit, Erfordernis: Auf 1 m^3 nassen Mörtel 25 kg Ceresit. Auf 1 m^2 Verputz, 2 cm stark, 0,5 kg Ceresit. Auf 1 m^2 Verputz, 3 cm stark, 0,75 kg Ceresit. Auf 1 m^2 Verputz, 4 cm stark, 1,0 kg Ceresit. Wird aufgetragen und behandelt wie jeder normale Zementmörtel.	Exklusive Emballage S 0,70 per 1 kg
„Festan"-Härtematerial	Franz Gradischeggs Nachf., Innsbruck (Hans Hauenschild G. m. b. H., Hamburg)	Feinkörniges, auf chemisch-mechanischem Wege hergestelltes Produkt.	Große Widerstandsfähigkeit gegen Beanspruchung durch schwere Lasten, gegen Einwirkung betonschädigender Flüssigkeiten, Öle usw.	Zementfußböden bester Ausführung.	Wird im trockenen Zustand geliefert und auf den noch feuchten, frischen Zementestrich aufgestreut und eingerieben. Die Oberfläche des Estrichs erhält hiedurch eine homogene Schutzschicht.	S 2,60 per 1 kg
Fluresit	Österr.-Fluresit-G. m. b. H., Wien	Lagerfähig, temperaturbeständig.	Schutz gegen Salpeter- und Ammoniakschäden sowie schwefelige Rauchgase und gipshaltige Grundwässer; macht Beton und Mörtel wasserdicht. Erhöht die Druckfestigkeit.	Neubauten, Baureparaturen.	Bei Beton mit 10 bis 15 Teilen Wasser, bei Kalkmörtel mit 15 bis 20 Teilen gut verrührt. Durchschnittsverbrauch bei 1 m^3 Baumaterial 8—10 kg.	S 2,50 per 1 kg brutto

Bezeichnung	Bezugsquelle	Zusammensetzung Eigenschaften	Zweck	Anwendungsgebiet	Verarbeitung und Verbrauch	Kosten
Heimalol	„Heimalol“ G. m. b. H., Datteln i. W.	Butterweicher, seifenartiger Brei von wasserabweisender Wirkung, auch bei hohem Wasserdruck (bis 18 Atm.).	Macht den Mörtel wasserdicht, beseitigt Hausschwamm und Mauerfraß.	Grundwasserabdichtung, Horizontalisolierung, Keller, Wohnungen, Schächte, Schlagwettermauern, Terrassen- und Balkonabdichtung.	1 l Heimalol wird mit 6 bis 8 bzw. 10 bis 13 l Wasser — je nach dem Wasserdruck — zu einer milchigen Flüssigkeit verrührt. Mit diesem Anmachwasser wird das trockene Zement-Sandgemisch zu einem leichtflüssigen Mörtelbrei vermengt. Für 1 m^2 Putz, 1 cm stark, $^1/_4$ kg Heimalol. Für 1 m^3 Betonmasse 15 kg Heimalol. Für 1 m^3 Zementmörtelmasse 25 kg Heimalol.	RM 0,80 per 1 kg
Lugatozusatz	Johann Jung, Wien IV	Öl- und fettfreier Zement- und Kalkmörtelzusatz, farblos, säurefest, beständig gegen Temperatureinflüsse und Laugen, Putz sehr hart. Verbindet sich chemisch mit Zement und Kalk. Kein Ausfrieren und Verwittern.	Trockenlegung feuchter Bauwerksteile, Verhütung von Salpeterausschlag.	Grundwasserarbeiten, Isolierung von Linoleum- und Steinholzestrich, Fassaden- und Balkonabdichtung, Autogaragen, Wasserbehälter.	Im kalten Wasser auflösen (1:10), die Lösung als Anmachwasser zur Bereitung des Mörtels verwenden. Für 1 m^3 nassen Mörtel 25 kg Lugato. Für 1 m^2 Putz, 1 cm stark, 250 g Lugato. Für 1 m^2 Putz, 2 cm stark, 500 g Lugato.	Nicht bekannt
Mörtelwatproof	Watproof-Werke A. G., Leixner & Co., Wien	Fettlose Flüssigkeit, ohne Einfluß auf die Naturfarbe des Mörtels und Betons. Dichtende Wirkung beruht auf Kristallisationsprozeß; temperaturbeständig und bis 4 Atm. wasserundurchlässig.	Isolierungs- und Dichtungsmittel gegen Grundfeuchtigkeit, Schlagregen, Frosteinwirkung, Hausschwamm.	Betonkonstruktionen, Fundamente, Fußböden, Decken, Terrassen, Reservoire, Kanäle, Senkgruben.	Mit gewöhnlichem Wasser 1:7 verarbeiten; diese Lösung bildet das Anmachwasser für den Kalkzementmörtel oder Beton. Mischungsverhältnis des Mörtels resp. Betons belanglos. Für 1 m^3 Beton oder Mörtel rund 20 bis 25 kg Mörtelwatproof.	S 0,60 per 1 kg exklusive Gebinde und Wust
Philopor	A. Prée G. m. b. H., Dresden N 6	Philopor T. in Teigform. Philopor P. in Pulverform. Wasserabstoßender Zusatz, der, dem Zementmörtel beigemischt, dessen Poren schließt; verfärbt nicht, ist geruchlos; auch für Kalkmörtel verwendbar.	Macht Putz und Beton wasserdicht, auch bei starkem Wasserdruck.	Fassadenputz, Innenputz, Stützmauern, Tunnels, Talsperren, Trinkwasserbehälter, Keller, Kanäle, Senkgruben, gegen Grundwasserandrang.	Philopor T. 1:10 in Wasser auflösen, mit dieser Flüssigkeit Mörtel resp. Beton wie üblich anmachen. Philopor P. 1:10 in Wasser auflösen, und zwar: Zuerst 1:1, 10 Minuten stehen lassen, dann die übrigen 9 Teile des Wassers hinzugeben. Weitere Verarbeitung wie bei T. Vor Anbringen der ersten Schicht Wandfläche naß halten; zweite Schicht anbringen, bis die erste fest geworden ist. Für 1 m^3 Mörtel 20 bis 25 kg Philopor, für 1 m^2 Putz, 2 cm stark, ½ kg Philopor.	T. RM 80,00 per 100 kg P. „ 110,00 „ 100 „

Bezeichnung	Bezugsquelle	Zusammensetzung Eigenschaften	Zweck	Anwendungsgebiet	Verarbeitung und Verbrauch	Kosten
Polarplast	A. Prée G. m. b. H., Dresden N 6	Kalk- und Zementmörtelzusatz; Zement bindet rasch ab.	Putzen und Mauern bei Frost.	Bauarbeiten im Winter.	Präparat dem Kalk oder Zementmörtel zusetzen in folgendem Mischungsverhältnis: bei rund — 10° C 1 Teil: 2 Teile Wasser, rund — 20° C 1 Teil: 1 Teil „ rund — 30° C 2 Teile: 1 Teil „ gut durchrühren in möglichst reinen Gefäßen.	RM 16,00 (13,00) per 100 kg
Prolapin	Franz Gradischeggs Nachf., Innsbruck (Hans Hauenschild G. m. b. H., Hamburg)	Dickflüssiger, farbloser Zusatz, öl- und fettfrei, wasserlöslich, wirkt durch chemische Umsetzung in den Kalkanteilen, wodurch sich säurefeste Kristalle bilden; wird auch kombiniert mit Lithurin angewendet.	Abdichtung des Betons gegen Grundwasser und Feuchtigkeit, auch bei hohem Wasserdruck.	Keller, Behälter, Schachtanlagen, Senkgruben, Zementfußböden, Fassaden aus Zement, Kalk und Edelputz.	1:10 in Wasser auflösen, Flüssigkeit als Anmachwasser für Mörtel- resp. Betonbereitung verwenden. Vor Aufbringung des Putzes Flächen naßmachen und mit Zementmilch grundieren. Für 1 m² Putz, 1 cm stark, 0,25 kg Prolapin, für 1 m² Putz, 2 cm stark, 0,50 kg Prolapin, für 1 m² Putz, 3 cm stark, 0,75 kg Prolapin. Für 1 m³ Beton 25 kg Prolapin.	S 2,10 bis 2,80 per 1 kg
Rabit	F. Raab, Wien XIV, chem.-bautechn. Präparate	Teigartige, konsistente Masse, geruchlos, den Mörtel nicht verfärbend, öl- und teerfrei, frostsicher.	Macht Mörtel wasserdicht, unempfindlich gegen Säuren und Ammoniak, schützt gegen Feuchtigkeit und Grundwasser.	Grundwasserabdichtung, Wetterseiten, Waschküchen, Heißluftkammern, Stallungen, Senkgruben, Kanalanlagen, Kellerräume, Reservoire, Fundamente, Balkonabdeckung.	In 10 bis 12 Teilen Wasser auflösen, mit dieser Flüssigkeit als Anmachwasser das trockene Zement-Sandgemenge zu einem Mörtel verarbeiten. Für 1 m² Verputz, 0,5 cm stark, 0,15 kg Rabit, für 1 m² Verputz, 1 cm stark, 0,30 kg Rabit für 1 m² Verputz, 2 cm stark, 0,60 kg Rabit, für 1 m³ Mörtel 25 bis 30 kg Rabit.	S 0,80 per 1 kg
Langsam bindende Sika 1	Ing. R. Oppler, Wien I	In Pastaform als Zusatz zur Mörtelbereitung; keine Schwindung, verhindert Pilz- und Schwammbildung.	Dichtet und immunisiert Beton und Mauerwerk gegen humussäure-, kohlensäure- und schwefelhältige Wässer und Auslaugung.	Gebäude, Keller, Stollen, Schächte, Kanalisationen, Turbinenkammern, Bodenüberzug in chemischen Fabriken.	1:15 in Wasser auflösen, Flüssigkeit als Anmachwasser zur Mörtel- resp. Betonbereitung verwenden. Für 1 m³ Beton 10 bis 12 kg Sika 1. Für Verputz: Lösung 1:8 bis 1:12. Für 1 m², 1 cm stark, rund 0,25 kg Sika 1, für 1 m², 2 cm stark, rund 0,50 kg Sika 1 oder pro Sack Zement rund 1,5 l Sika 1.	S 2,50 per 1 kg

Bezeichnung	Bezugsquelle	Zusammensetzung Eigenschaften	Zweck	Anwendungsgebiet	Verarbeitung und Verbrauch	Kosten
Schnellbindende Sika 2	Ing. R. Oppler, Wien I	Flüssig, bis 20 Atm. Druck anwendbar.	Plötzliches Abbinden, rasches Erhärten des Zements.	Abdichtung von Wassereinbrüchen.	1:2 mit Portlandzement zu einem homogenen Teig mischen; rasch arbeiten.	S 4,00 per 1 kg
Schnellbindende Sika 3		Flüssig, bindet innerhalb 1 bis 5 Minuten ab; erhöht die Druckfestigkeit, ist raumbeständig.	Dichtung von wasserdurchlässigen Fugen bei allem Mauerwerk.	Tunnels, Stollen, Schächte, Brückenunterführungen.	1:3 bis 4 mit Portlandzement mischen; die Fugen werden mit der Masse von Hand aus oder mit der Kelle ausgestrichen.	S 2,50 per 1 kg
Schnellbindende Sika 4		Flüssig, enthält ätzende Bestandteile! Vorsicht auf Haut und Augen. Volumbeständig; keine Rißbildung.	Dichtung von porigem, wasserdurchlässigem Beton und Putz während der Berieselung durch Wasser.	Dichtet gegen Druckwässer, Öle, petrolbeständig gegen Meerwässer, nicht gegen starke Aggressivwässer.	Für 1 cm starken Verputz per 1 m² erforderlich: Verdünnung 1:1, Bedarf 1 kg, „ 1:4, Bedarf ¼ „	S 4,00 per 1 kg
Schnellbindende Sika 4a		Flüssig, sonst wie Sika 1.		Widerstandsfähig gegen Aggressivwässer.	Verdünnung 1:3 bis 4 in Wasser; Lösung mit dem Trockengemisch rasch durcharbeiten.	S 4,00 per 1 kg
Stahlbetonestrich	Richard Strauß, Wien	Mischung von bestem Portlandzement mit rauhen, zackigen Metallkörnchen.	Geringe Abnützungsfähigkeit, keine Staubentwicklung, wasser-, öl- und gasundurchlässig.	Betonfußböden, Trittflächen, Betonstufen.	Wird auf festem, nicht brüchigem Unterbeton als Stahlbetonhaut aufgebracht. Für eine Stahlbetonhaut von 5 mm Stärke sind per 1 m² erforderlich: Härtematerial (Metallkörnchen) 6 kg, Zement 6 kg. Herstellungsdauer der Betonhaut ¾ bis 1 Stunde per 1 m².	Kostenerhöhung gegenüber gewöhnlichem Zementestrich: S 3,00 bis 4,00 per 1 m²

F. Betonpfahlgründungen

Von Ing. Richard Kafka, Baudirektor der Patria, Beton-Hoch- u. Tiefbau A. G., Wien

1. Anwendungsgebiet der Betonpfähle

Betonpfähle werden angewendet, wenn die Ausführung einer normalen Gründung (Ausschachten bis auf eine genügend tragfähige Schichte und Ausbetonieren der Fundamentgruben) infolge der besonderen örtlichen Verhältnisse zu teuer wäre, andere künstliche Gründungsarten, wie Brunnen-, Senkkastengründung usw., nicht in Betracht kommen und auch Holzpfähle, etwa wegen des wechselnden Wasserstandes, nicht angewendet werden können.

2. Vergleich der Kosten einer Betonpfahlgründung mit den Kosten einer offenen Gründung

Bei der offenen Gründung kommen im allgemeinen folgende Arbeitsgattungen in Betracht:

a) Aushub bis zu der als genügend tragfähig erkannten Schichte,

b) Verführen des Aushubmaterials,

c) Stampfbeton, etwa 1:10 (bei größeren Fundamenttiefen kommt infolge des Absetzens des Betons auch die ein- oder beiderseitige Schalung hiezu),

d) Wiederanschütten neben den nicht in voller Aushubbreite betonierten Fundamentkörpern.

Für die Pfahlfundierung sind folgende Arbeiten zu leisten:

a) Aushub für den über den Pfahlköpfen auszuführenden druckverteilenden Betonrost (bei Stampfbeton in der Regel etwa 1 m hoch, bei Anwendung von Eisenbeton etwa 50 cm hoch), dort, wo die tiefste Sohle des Gebäudes (Keller) oberhalb des Geländes liegt oder bei reinen Pfeiler- oder Mauerwerksgründungen kann der Aushub entfallen. Die Pfähle werden dann unmittelbar vom Gelände abgesenkt. Dann entfällt auch die unter b) angeführte Leistung.

b) Verführung des Aushubmaterials,

c) Druckverteilender Rost, in der Regel aus Stampfbeton 1:10 bis 1:8, seltener aus Eisenbeton.

Die durchschnittlichen Kosten eines Betonpfahles können für eine überschlägige Kalkulation für eine Tonne Belastung etwa mit *S 5,00* angenommen werden.

Bei einer zugelassenen Tragfähigkeit von z. B. 30 Tonnen wäre somit der Preis eines Betonpfahles mit *S 150,00* anzusetzen[1]). Danach lassen sich die Kosten der normalen Gründung und der Pfahlgründung berechnen und vergleichsweise gegenüberstellen.

Bei einem ausgedehnten Bauwerk mit verschiedenen Tiefen der tragfähigen Schichte empfiehlt es sich, die Kosten der offenen Gründung und der Pfahlgründung in einem Schaubild darzustellen, indem, etwa von Meter zu Meter fortschreitend, die Tiefen als Abszissen und die Kosten als Ordinaten aufgetragen werden. Man erhält dadurch im allgemeinen zwei gebrochene Linienzüge, deren Schnittpunkt jene Grenztiefe ergibt, bei welcher die offene Gründung und die Pfahlgründung gleich teuer sind, bei deren Überschreitung somit die Pfahlgründung billiger ist. Für solche Pfahlsysteme, deren Kosten von der Tiefenlage der tragfähigen Schichte unabhängig sind, ist das Schaubild eine zur Abszissenachse parallele Linie.

---

[1]) Die Angabe des Materialaufwandes und der Zahl der Arbeitsschichten würde bei Betonpfählen zu unrichtigen Kalkulationen führen, da diese, als ausgesprochenes Sondergebiet einzelner Firmen, eine gewisse Monopolstellung auch hinsichtlich der Preise einnehmen.

3. Einteilung der Betonpfahlsysteme

a) In statischer Hinsicht

a) Standpfähle, deren unteres Ende in eine genügend tragfähige Schichte hinabgeführt werden muß. Diese Pfähle haben die Last wie ein Pfeiler zu übertragen, wobei allerdings ein Teil der Last auch durch die längs des Pfahlumfanges auftretenden Mantelkräfte aufgenommen wird. (Sonderfall der ad c) genannten Abbürdungspfähle).

b) Schwebende Pfähle, die ihrer ganzen Länge nach in nichttragenden Bodenschichten stecken. Die Lastübertragung erfolgt zum allergrößten Teile längs des Pfahlschaftes, wozu diese Pfähle durch ihre nach unten verjüngte Form besonders befähigt sind.

c) Abbürdungspfähle (nach Stern) vereinigen die unter a) und b) genannten statischen Verhältnisse.

b) Gemäß der Herstellung

a) Rammpfähle (die — wie schon der Name sagt — als fertige Pfähle gerammt werden).

b) Ortspfähle, die in einem vorgerammten oder vorgebohrten Erdloche, also an Ort und Stelle, im Erdreich betoniert werden.

Während die Rammpfähle immer eisenbewehrt sind, können die Ortspfähle bewehrt oder unbewehrt ausgeführt werden.

Sowohl die Rammpfähle als auch die Ortspfähle können in statischer Hinsicht als Stand-, schwebende oder Abbürdungspfähle wirken.

4. Tragfähigkeit der Pfähle und Bemessung der zulässigen Pfahlbelastung

Die Tragfähigkeit eines im Erdreich steckenden Pfahles — in dem Sinne verstanden, durch welche Auflast er zerstört wird — ist, praktisch beurteilt, unbegrenzt, da die Pfähle bei einer Überbelastung in der Regel nachsinken und dadurch die Überbeanspruchung ihres Materials vermeiden. Diese Begriffsbestimmung der Pfahltragfähigkeit kommt jedoch nicht in Betracht, da Pfähle nur das Mittel zu dem Zwecke sein sollen, die Auflast auf das Erdreich zu übertragen. Es ist sohin die Tragfähigkeit eines Pfahles nur in dem Sinne festzustellen, welche Einsinkung unter der Auflast für das betreffende Bauwerk noch als zulässig erachtet werden kann. (Wobei wieder von besonderer Wichtigkeit ist, daß unter allen Bauteilen die gleiche Setzung erzielt wird.) Die Erfahrung hat gezeigt, daß die zulässige Belastung der Betonpfähle je nach der Bodenart in der Regel etwa zwischen 20 000 und 40 000 kg angenommen werden kann.

Die Festsetzung der zulässigen Pfahlbelastung geschieht am verläßlichsten durch Probebelastungen. Wegen des großen Zeitaufwandes und der verhältnismäßig hohen Kosten — auf großen Baustellen mit wechselnden Gründungsverhältnissen, müssen zur Erzielung einwandfreier Ergebnisse mehrere Belastungsproben abgeführt werden — begnügt man sich in der Regel mit einem Rückschluß aus der Eindringungstiefe beim Rammen auf die Tragfähigkeit, wobei man sich einer der zahlreichen Rammformeln bedient (Eytelwein, Redtenbacher, Stern, Kafka u. a.). Nicht nur, daß den Rammformeln gewisse Fehler anhaften, ist es besonders für den Ungeübten schwer, alle Nebenerscheinungen beim Rammen (das elastische Verhalten des Erdreiches, des Pfahles, des Rammbären, die Reibungswiderstände der Rammvorrichtung, die Dämpfung beim direkt wirkenden Dampframmbären usw.) für die Bemessung der zulässigen Pfahlbelastung richtig zu werten. Eine Abhilfe hat Ing. Milivoj Konrad geschaffen, der durch eine Registrierung der beim Rammen auftretenden Bodenschwingungen es ermöglicht, den gleichen Eindringungswiderstand jedes Pfahles zu erzielen. Auch die von Stern eingeführte Grundkörpermaschine bedeutet in dieser Hinsicht einen großen Fortschritt.

5. Anordnung der Pfähle

Die Anordnung der Pfähle kann je nach der Fundamentbreite und je nach der Pfahlbelastung etwa nach einer der beispielsweise angeführten Typen erfolgen (siehe Abbildung). Bei Pfeilern ist die Anordnung ähnlich. Wenn auch die Ent-

fernung der Pfähle untereinander bei gegebener Pfahlbelastung als gegeben angesehen werden muß, so kommt es bei schwächer belasteten Fundamenten recht häufig vor, daß die Pfähle enger aneinandergesetzt werden als nach der Rechnung erforderlich wäre. In der Regel ist dieses statisch nicht erforderliche Plus an Pfählen billiger als die Ausführung eines armierten Betonrostes, der notwendig wäre, um eine einwandfreie Druckverteilung bei übergroßen Pfahlmittelentfernungen zu erzielen. Für den Entwurf ist es sehr wichtig, nicht zu übersehen, die Fundamente gleich so breit anzunehmen, daß die erforderliche Pfahlanzahl untergebracht werden kann. Durchschnittlich kann die Pfahlstärke mit 35 cm, die kleinste Entfernung zwischen den Pfählen (bei schwer belasteten Fundamenten) etwa mit einer Pfahlstärke, die größte Entfernung zwischen den Pfählen (bei leicht belasteten Fundamenten) etwa mit drei Pfahlstärken und der Abstand vom Rande der Fundamentgrube etwa mit einer halben Pfahlstärke angenommen werden, welch letzteres Maß bei gepölzten Gruben um das Maß der Pölzung zu vergrößern ist.

Der Materialbedarf für Betonpfähle ist für das Lfm. etwa 0,05 bis 0,08 m^3, das Mischungsverhältnis 1 : 4 bis 1 : 7 bei Ortspfählen, 1 : 3 bis 1 : 4 bei Eisenbetonrammpfählen.

Die Länge der Ortspfähle schwankt etwa von 3 bis 5 m; es kommen jedoch bei einigen neueren Pfahlsystemen auch weit größere Längen vor. Die Länge der Standpfähle beträgt je nach der Tiefenlage der tragfähigen Schichte bis zu etwa 15 m, doch sind auch schon Eisenbetonrammpfähle bis zu 34 m Länge ausgeführt worden. Die Bewehrung der Eisenbetonrammpfähle entspricht ungefähr der einer schwer belasteten, umschnürten Eisenbetonsäule.

6. Anwendbarkeit der verschiedenen Pfahlsysteme

Im allgemeinen sind jene Pfahlsysteme, die keiner Rammung bedürfen, insofern vielseitiger anwendbar, als jede Erschütterung bei ihrer Herstellung vermieden wird, welcher Umstand mit Rücksicht auf in der Nähe befindliche Bauwerke von Wichtigkeit sein kann. Von den gerammten Pfählen sind es die schwebenden Pfähle, denen eine allgemeinere Anwendungsmöglichkeit zugesprochen werden kann, da man infolge ihres geringen Gewichtes (kleine Pfahllänge) mit kompendiöseren Rammvorrichtungen und geringem Bärgewicht (etwa 400 bis 1000 kg) das Auslangen findet. Auch jene Pfahlsysteme, die sich der Innenrammung bedienen (der Rammbär schlägt innerhalb eines Führungsrohres oder dgl. unmittelbar auf die entsprechend ausgestaltete Pfahlspitze), haben infolge der günstigeren Kraftübertragung Vorteile gegenüber jenen Pfählen, bei denen die Rammschläge auf den Pfahlkopf ausgeübt werden. Außer dem Nachteil der großen und schweren Rammvorrichtungen (Rammbärgewicht etwa 4000 kg), der sich insbesondere bei beengten Baustellen oder bei Baustellen mit verschieden hoher Bausohle oder bei Baustellen in eng verbauten Stadtgebieten bemerkbar macht, wird in der Regel als weiterer Nachteil der Eisenbetonrammpfähle empfunden, daß ihre Rammbereitschaft erst nach Erreichung der vollen Festigkeit der auf Vorrat oder für den speziellen Fall erzeugten Pfähle eintritt. Ferner hat die Unkenntnis des genauen Verlaufes der tragfähigen Schichte oft zur Folge, daß die in bestimmter Länge erzeugten Eisenbetonrammpfähle nachher entweder gekürzt oder verlängert werden müssen, wobei insbesondere der letztere Umstand kostspielig und zeitraubend ist.

Rammpfähle aus Eisenbeton werden vornehmlich im Wasser- und Brückenbau (Schleusenbau, Hafenbau, bei Kaimauern, Brücken, Pfeilern u. dgl.), fallweise auch im Hochbau angewendet.

7. Kurze Beschreibung einiger charakteristischer Betonpfahlsysteme

a) Eisenbetonrammpfähle

Die Querschnittsform ist quadratisch, drei-, fünf- oder sechseckig, die Bewehrung derart, daß die Längsstäbe in der Regel an den Ecken angeordnet und durch möglichst solide Querverbindungen (Umschnürungen) verbunden sind. In neuerer Zeit zieht man kreisrunde Querschnitte vor, da solche Pfähle einen besonders großen Widerstand gegen die Beanspruchung beim Rammen haben. Das Pfahlgewicht beträgt etwa 400 kg per Lfm. Die Beanspruchung beim Rammen ist naturgemäß außerordentlich groß, so daß in der Regel mit dämpfenden Pfahlkopfaufsätzen gearbeitet wird. Um die Rammschläge tunlichst zu verringern, bedient man sich des öfteren auch des Einspülverfahrens. Die Herstellung der Pfähle geschieht in der Regel in liegender Form. Die verschiedenen Systeme beziehen sich meistens entweder auf eine besondere Ausbildung der Pfahlspitze oder des Pfahlkopfes. (Eisenbetonrammpfähle System „Züblin“, Wayss-Freytag A.-G., Holzmann A. G., Rudolf Wolle usw.)

b) Ortspfähle mit verlorener Form

Ein Blechrohr wird mittels eines in der Regel hölzernen Kernes durch Rammen ins Erdreich gezogen und nach Herausziehen des Kernes ausbetoniert. Bei entsprechenden Erdgattungen bedarf es mitunter gar keiner Blechhülle. Die verschiedenen Systeme beruhen entweder auf der besonderen Form der Blechrohre, der Pfahlspitze, wobei letztere entweder am Rammkern oder als verlorene Pfahlspitze im Blechrohr befestigt ist, auf dem Verfahren des Absenkens, auf Maßnahmen zum Schutze der Pfähle gegen schädliche Grundwassereinwirkungen u. dgl. Hiezu gehören z. B. die patentierten Konus-Betonpfähle System Stern, die „Aba“-Betonpfähle der Allgem. Bau-A. G. Berlin, das Betonpfahlsystem Mast, Raymondpfähle, die Sternsche Grundkörpermaschine, Janssenpfähle usw.

c) Ortspfähle mit rückgewonnener Form

Ein entsprechend starkes Futterrohr wird durch Einrammen, Bohren, Spülung u. dgl. abgesenkt, wobei entweder das Rohr unten offen oder mit einer Spitze versehen ist. Im ersteren Falle wird das Erdmaterial aus dem Rohr durch Herausbohren u. dgl. entfernt. Der Beton wird entweder in kleinen Mengen sukzessive eingebracht und das Rohr dabei gleichzeitig um ein entsprechendes Stück herausgezogen oder das Futterrohr wird gleich vollgefüllt und dann erst herausgehoben. Man bedient sich hiebei mit Vorteil der Druckluft oder des Druckwassers, indem der Beton so stark zusammengepreßt wird, daß er das Rohr hiebei automatisch in die Höhe hebt und hiebei gleichzeitig das Erdloch voll ausfüllt. (Ortspfähle System Züblin, Straußpfähle, Betonrohrpfähle System Michaelis-Mast, Rammrohrpfähle Patent Wayss-Freytag A.-G., Neustadt a. H., Preßbetonpfähle Patent Wolfsholz, Rohrbetonpfähle nach Dyckerhoff & Widmann A. G., „Milko"-Pfähle [System Konrad], Betonpfähle System Konrad-Leidl, usw.)

Eine besondere Art der Herstellung sind die sogenannten Explosivpfähle, bei denen in das Innere des abgesenkten Rohres eine Sprengkapsel gebracht, darauf der Beton nachgefüllt und die Kapsel zur Explosion gebracht wird. Es entsteht durch die Explosion unterhalb des Rohres ein Hohlraum, in welchem der Beton nachsinkt und somit einen Pfahl mit Fußverbreiterung bildet. Solche Fußverbreiterungen werden bei anderen Pfahlsystemen durch eine besonders ausgebildete Pfahlspitze erzielt, die sich beim Einrammen entsprechend verbreitert („Tibet"-Pfähle der Tief- und Betonbauges., München).

Eisenbauwerke, Schmiede- und Kunstschmiedearbeiten

Auf Grund von Mitteilungen zusammengestellt von Ing. L. Herzka

Modellierte Gußsachen

Waagner-Biró A.-G.; Wallner und Neubert

Gußeiserne Abort-, Drainageröhren und Fassonstücke. Innen und außen geteert.

Gerade Rohre, Wandstärke 7 mm

Baulänge in mm	Durchmesser in mm							
	100	125	150	175	200	225	250	300
	Gewicht per Stück kg							
2000	26	34	39	49	56	74	80	110
1000	16	19	22	28	35	44	52	65
800	13	17	19	22	31	37	47	59
700	12	15	18	21,5	29	33	43	54
600	10,5	13	16	20	27	29,5	38,5	50
500	9	12	14	19	23	26	34	44
400	7	10	12	14	20	22	29	42
300	6	8,5	10	11	18	19	25	36
200	5	7	8	9	14	15	21	30
100	4	5	6	7	10	11,5	16,5	24

Preis per 100 kg *S 56,00* bis *66,00*

Einfache und schräge Abzweiger, Bogenstücke und Gainzen werden wie gerade Rohre berechnet.

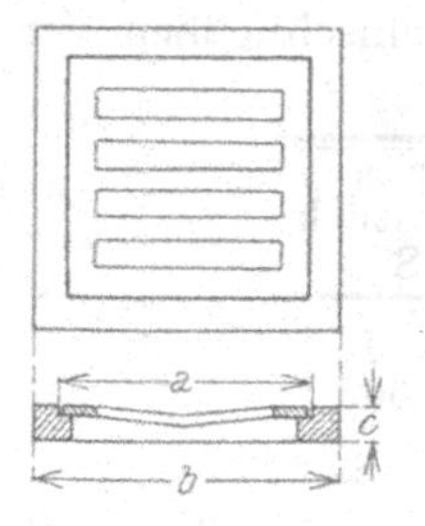

Abb. 1. Kanalgitter

Kanalgitter (Abb. 1)

Abmessungen			Gewicht per Stück kg
a	*b*	*c*	
mm			
200	245	40	10
290	320	45	17
370	400	48	28
450	505	50	58
500	560	55	78

Preis per 100 kg *S 63,00* bis *75,00*

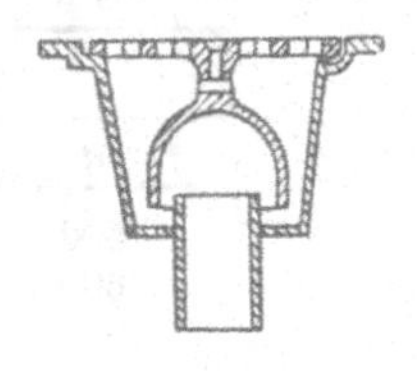
Abb. 2. Kanalverschluß

Kanalverschlüsse (Regenkästen), quadratischer Querschnitt (Abb. 2).

Seitenlänge des Deckels in mm:	140	160	190	225	285	340
„ der oberen Öffnung „ „	100	120	150	200	250	300

Preis per 100 kg *S 95,00*

Straßenkanalrahmen mit Scharnieren (Abb. 3)

leichtere Gattung

470 mm² i. L., 170 mm hoch, Gewicht rund 130 kg
550 „ „ „ 170 „ „ „ „ 160 „
600 „ „ „ 170 „ „ „ „ 172 „

sehr schwere Gattung

470 mm² i. L., 210 mm hoch, Gewicht rund 192 kg
550 „ „ „ 210 „ „ „ „ 210 „
600 „ „ „ 210 „ „ „ „ 300 „

Preis per 100 kg *S 58,00* bis *63,00*

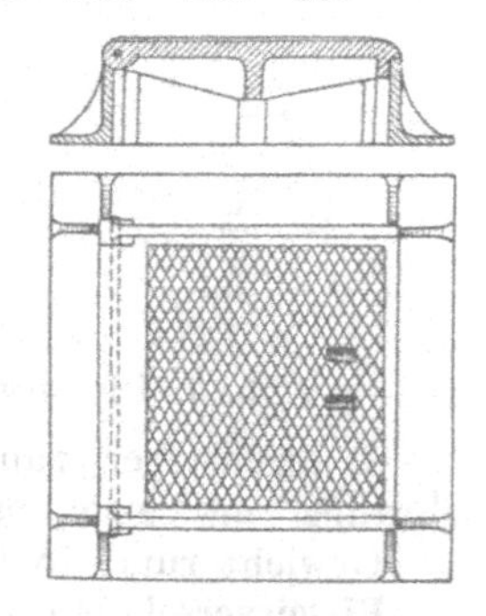
Abb. 3 Straßenkanalrahmen mit Scharnieren

Einsteigschachte mit Rahmen und vollem, gerieftem Deckel:

500×500 mm i. L., 200 mm hoch, Gewicht rund 110 kg
600×600 „ „ „ 200 „ „ „ „ 145 „

Preis per 100 kg *S 60,00* bis *75,00*

Holzeinwurfrahmen mit vollem, gerieftem Deckel:

Lichtgröße	525×315	475×475	500×500	950×325 mm
Preis per Stück S	42,00	50,00	60,00	135,00

Schachtdeckel a) regensicher, mit übergreifendem Deckel, auch mit innerem Blechdeckel und versperrbar lieferbar (Abb. 4).

Abmessungen in mm			Gewicht rund kg	Preis per Stück S
a	*b*	*c*		
350×500	470×620	65	30	12,50
400×600	540×730	65	45	15,50
Für Verschlußvorrichtung				4,00
Schlüssel hiezu				1,00
Für separaten inneren Blechdeckel Aufschlag				6,00

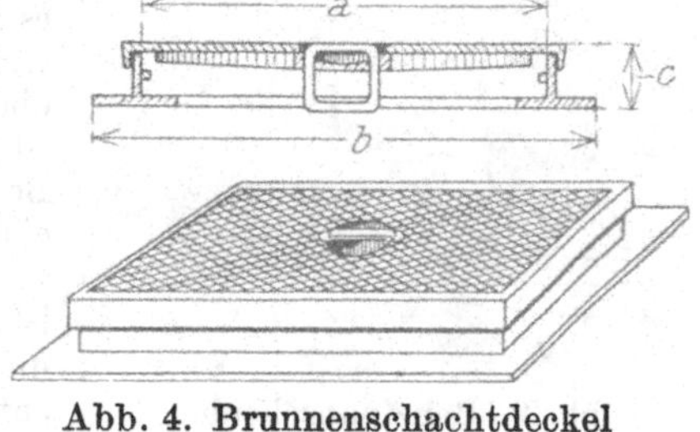

Abb. 4. Brunnenschachtdeckel

b) Quellen- oder Brunnenschachtdeckel, rund, regensicher, einschließlich Verschlußvorrichtung (Abb. 5).

Abmessungen in mm			Gewicht rund kg	Preis per Stück S
a	*b*	*c*		
500	650	130	50	17,50
600	750	130	60	21,50

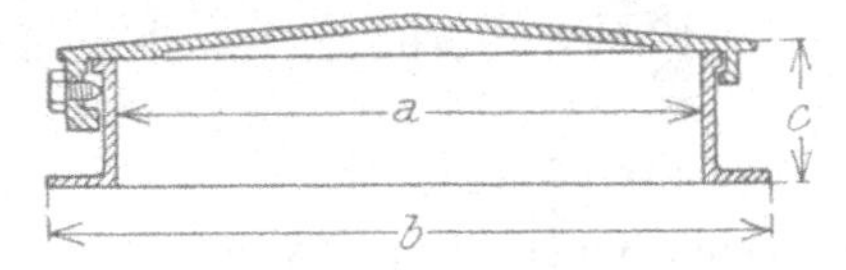

Abb. 5. Brunnenschachtdeckel

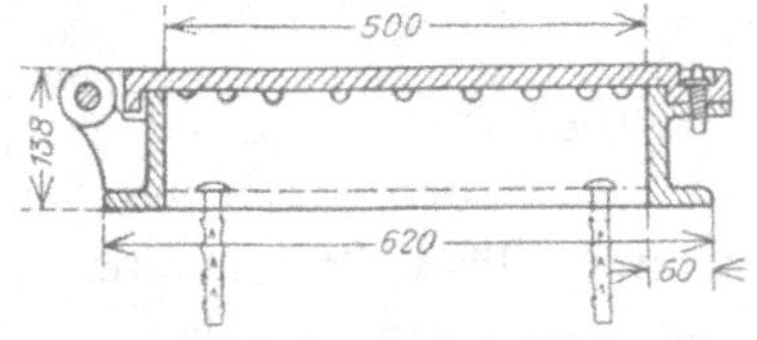

Abb. 6. Schachtdeckel mit Scharnieren

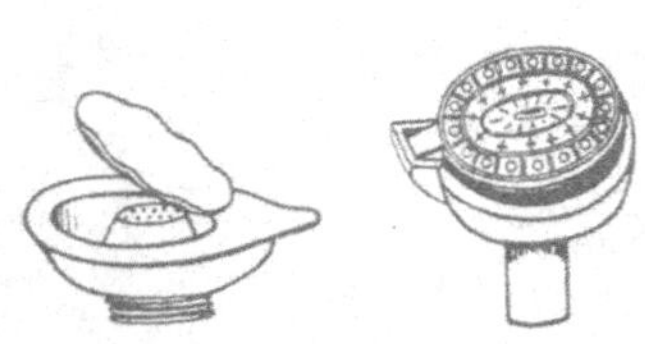
Abb. 7. Pissoirverschlüsse

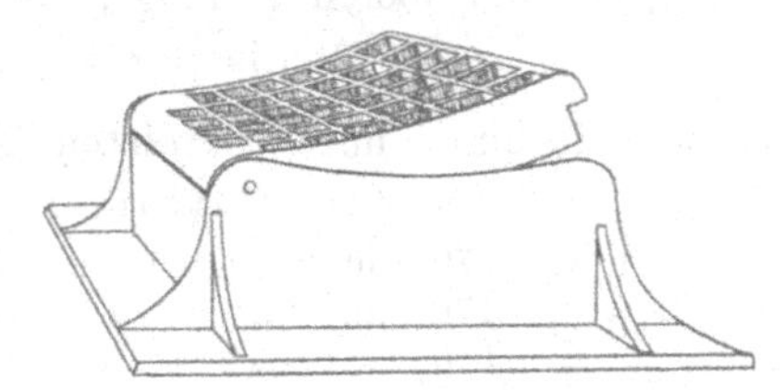
Abb. 8. Straßenkanalgitter

c) regensicher, rund, mit Scharnieren und Entlüftungslöchern, samt Messingschraube zur Verschlußvorrichtung, inklusive vier Steinschrauben (Abb. 6).

Gewicht rund 75 kg. *Preis* per Stück *S 32,00.*

Pissoirverschlüsse (Abb. 7):

aus Messing, per Stück .... S 10,00 bis 22,00
„ Gußeisen „ „ .... „ 4,50 „ 5,75

Straßenkanalgitter mit geradem oder gebogenem Deckel (Abb. 8):

Fläche im Lichten in cm²		300	400	475	550	600
Gewicht per Stück in kg für	leichtere Gattung	68	75	124	145	163
	schwere „	100	112	183	206	300

Preis per 100 kg *S 63,00 bis 75,00*

Benzinabscheider (Benzinfang) für Autogaragen, chemische Betriebe usw.

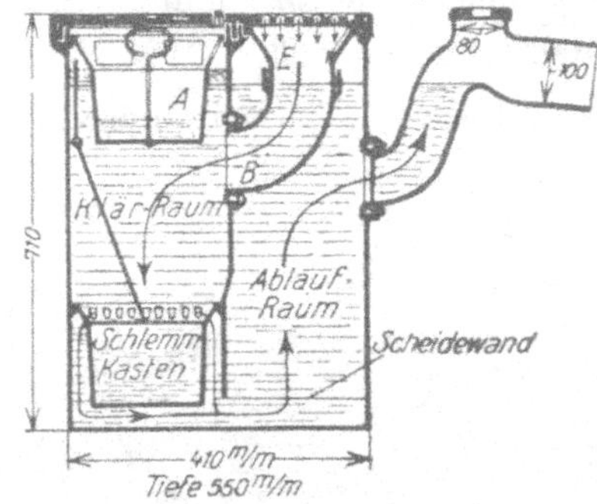

Abb. 9. Benzinabscheider

Wirkungsweise. Das Gebrauchswasser gelangt (Abb. 9) durch einen Einlauftrichter *E* in das Bogenrohr *B*, das in den Klärraum einmündet. In diesem vergrößerten Raum gelangt es in eine Ruhelage, wodurch sämtliche spezifisch leichteren Stoffe, wie Benzin, Öl, Fett usw., nach oben ausgeschieden werden. Oben im Klärraum ist ein Auffangkorb *A*, durch dessen Schlitze Benzin und andere spezifisch leichtere Stoffe einfließen.

Im Klärraum unterhalb des Einlaufrohres ist ein Schlemmkasten angebracht, in dem sich die Schmutz- und Sinkstoffe ablagern und leicht entfernt werden können.

Die fast in gänzlicher Ruhe befindliche Wassersäule fördert die Absonderung der Fremdstoffe sowie die Abkühlung des Wassers. Das gereinigte Wasser passiert die im Schlemmkasten befindlichen Schlitze und gelangt unter der Scheidewand in den Ablaufraum und von dort durch das Siphonrohr zum Kanal.

Ausführung Gußeisen (Marken: Waagner-Biró A.-G., Linnmann-Oka, Wien). Gewicht rund 175 kg, *Preis S 250,00.*

Beim Benzinfänger Lederer-Nessényi A.-G. wird das Benzin in einen separaten Auffangkasten abgeleitet; Ausführung in Steingut.

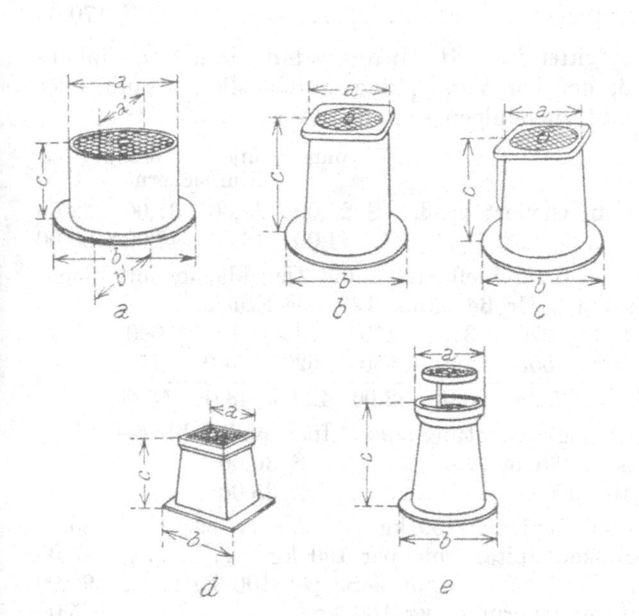

Abb. 10. Hahnkappen

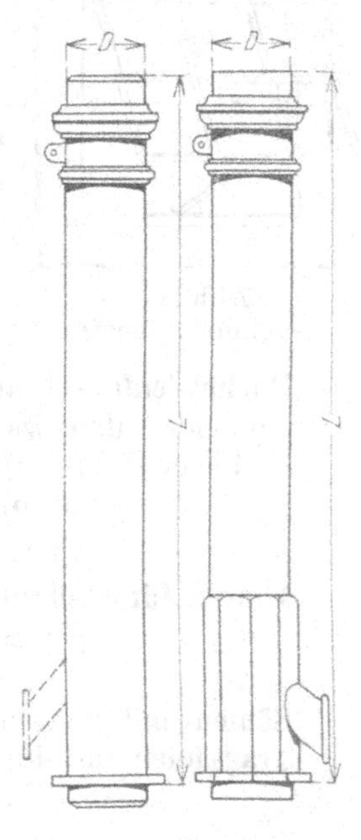

Abb. 11. Schutzständer

Hahnkappen (Abb. 10 a bis e)

Abbildung		a				b			c	d	e	
Abmessungen in mm	a	225	260	284	348	180	135	185	190	115	120	180
	a'	150	188	207	282	—	—	—	—	—	—	—
	b	300	324	348	408	250	200	260	275	150	170	265
	b'	220	252	271	342	—	—	—	—	—	—	—
	c	150	128	142	138	260	235	275	200	155	185	280
Gewicht rund kg		5	6	9	10	12	6	14	13,5	4,5	6	11,5

Preis per 100 kg *S 95,00*

Schutzständer für Dachrinnenablaufrohre (Abb. 11)

D	L	Gewicht ohne Auslaufstutzen	Gewicht mit Auslaufstutzen	Gewicht für je weitere 100 mm
mm		rund kg		
70		11	12,5	0,8
100		27	29,5	2,0
120		32	37	2,6
140	1000	38	44	3,0
160		43	51,5	3,5
170		45	54,5	3,8
220		65	80	5,0

Preis per 100 kg rund *S 75,00*

Jauchenrinne für Ställe, mit durchbrochenem Deckel:

a) 65 mm tief per m .... S 18,00
b) 110 „ „ „ „ .... „ 30,00

Hiezu: **Kniestücke,** per Stück ad a) S 7,20, ad b) S 12,00
T-Stücke „ „ „ a) „ 9,00, „ b) „ 18,00
Kreuzstücke „ „ „ a) „ 12,00, „ b) „ 24,00
Ablauftöpfe mit pneumatischem Verschluß und zwei Einmündungsstellen der Rinnenenden, per Stück ad a) S 22,00, ad b) S 40,00.

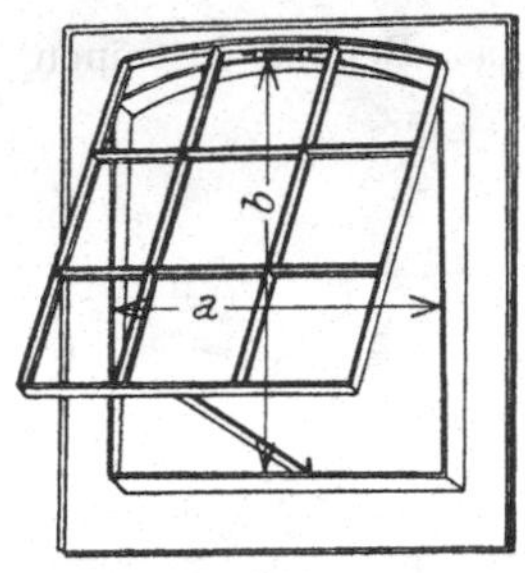

Abb. 12. Dachbodenfenster

Jauchenabzug für Laufställe (Boxes), mit einem Auslauftopf von vier Einströmungsöffnungen, in den je eine 1 m lange Gitterrinne mündet, der Topf mit Deckel, per Garnitur .... S 170,00

Kanalgitter für Stallungen mit einfachem Siphonabschluß, der bei Verstopfung durch Mist, Staub oder Sand leicht zu reinigen ist, per Stück:

	ohne	mit 1	mit 2	mit 3
		Rinnlöchern		
250 mm im Geviert groß,	S 25,00	28,00	31,00	32,00
400 „ „ „ „	„ 44,00	46,00	48,00	50,00

Dachbodenfenster aus Gußeisen für Schieferstein- und Ziegeldächer mit Flachrahmen und Aufspreizstange, je nach Größe (Abb. 12), per Stück:

Lichte Weite a) mm	190	270	370	450	485	425	600
„ Höhe b) mm	260	555	460	550	620	700	750
Preis in S	18,00	25,00	28,00	32,00	42,00	48,00	55,00

Fenster für Stallräume, samt Zugvorrichtung zum Öffnen und Schließen,
per Stück 0,35 × 0,65 m .... S 30,00
„ „ 0,40 × 0,70 „ .... „ 35,00

Säulen mit glattem Fuß und Kopf per 100 kg .... S 80,00
Tragsäulen mit Fuß und Balkenkapitäl, roh, per 100 kg .... „ 85,00
„ „ „ „ „ appretiert, per 100 kg ... „ 90,00
„ „ „ Ornamentverzierung, per 100 kg .... „ 105,00
Standsäulen für Gitter .... „ 120,00
„ „ „ modelliert und reich verziert, per 100 kg .. „ 185,00
Säulenfüße oder -schuhe mit angegossenen Fundamentplatten (gebräuchlich bei Holzsäulen), per 100 kg .... „ 85,00
Ansatzschuhe der Fußschuhe mit horizontaler Platte und schrägstehendem Einsatzkasten (für Dachbinder, Hänge- und Sprengwerke und Eisendächer) .... „ 90,00

Bauträger aus Eisen[1])

Walzträger, franko Baustelle Wien, in Fuhren von mindestens 3000 kg, ohne Abladen, **Grundpreis** per 100 kg *S 39,50.*

Hiezu kommen:

a) Profilaufschläge per 100 kg, und zwar für:
I Nr. 10 bis 18, 22 A, 24 A, 28 A, 35 bis 45, [Nr. 22 bis 30 ...... S 0,45
I „ 6 „ 8, [Nr. 8 bis 20 .... „ 0,75
I „ 18 A .... „ 0,90
[„ 6 .... „ 1,15

[1]) Nach Angaben von Max Wahlberg, Wien.

b) **Längenaufschläge** per 100 kg, und zwar für:

1. Überlängen für jedes angefangene Meter über 10 m, und zwar für das Gewicht des ganzen Stabes:

I Nr. 6 bis 16, [Nr. 18 bis 30	S 0,30
I „ 18 „ 30	„ 0,25
I „ 32 „ 45	„ 0,45
[„ 6 „ 16	„ 0,40

2. Unterlängen, das sind Längen unter 2 bis 0,25 m,

von unter m	2 bis 1	1 bis 0,5	0,5 bis 0,25
S	0,30	0,45	0,60

3. Fixe Längen, per 1 Stück, geschnitten mit:

	plus 25 mm Toleranz	plus 10 mm Toleranz
Profil 18	S 0,25	0,30
„ 20 bis 30	„ 0,30	0,45
„ 32 „ 45	„ 0,45	0,75

c) **Aufschlag für das Schneiden,** vorbehaltlich einer Längentoleranz von 100 mm, *S 2,00* per 100 kg.

d) **Steglöcher** per Loch:

Profil Nr.	6 bis 18	20 bis 32	35 bis 45
S	0,30	0,38	0,45

Flanschenlöcher um 50% teurer.

e) **Biegen von Trägern und [Eisen** über 50 kg Gewicht (darunter besondere Vereinbarung) und per 100 kg:

Profil:	6 bis 18	20 bis 28	28 A bis 35
nach der Flanschenrichtung, kreisförmig ... S	30,00	28,00	26,00
„ „ Stegrichtung „ ... „	60,00	—	—
„ „ „ an den Enden im Feuer, per Bug ... „	20,00	26,00	—

f) **Verbolzungen** (einschließlich Bohren der Löcher), per Stück:

Längen in mm	bis 250	251 bis 400	401 bis 500	501 bis 650	651 bis 800
mit Gasrohren oder Kontramuttern ... S	3,50	5,00	8,00	10,00	12,00
ohne Gasrohr, ohne Kontramutter ... „	3,00	3,50	5,00	7,00	10,00

Genietete Träger, franko Baustelle Wien, ohne Abladen und ohne Grundanstrich, durchschnittlicher Preis per 100 kg .... S 75,00

Genietete Ständer. Durchschnittspreise per 100 kg in Schilling franko Baustelle in Fuhren von mindestens 3000 kg.

Profile					
6—30	70,00—50,00	75,00—55,00	77,00—57,00	80,00—60,00	73,00—53,00

Rundeisen:

Durchmesser mm	5 bis unter 6	6	6,5 bis unter 7	7 bis 8	8 bis 10	10 bis 12	12 bis 50
Preis per 100 kg S	51,50	47,50	44,50	44,00	43,50	43,00	41,50

Betonrundeisen in losen Stangen bzw. in Büschen unbestimmten Gewichtes:

Durchmesser mm	5,5	6,0	6,5 bis unter 7,0	7 bis 8	8 bis 10	10 bis 12	12 bis 50
Preis per 100 kg S	47,50	44,00	43,00	42,75	42,50	42,00	41,50

Rippenbleche, lagernd, in Tafeln von 1×2, 1,25×2,5, 1,5×3 m Größe, 6 mm stark, einschließlich Rippe, Preis per 100 kg ....S 52,00

Preise von eisernen Dächern per 100 kg in Schilling per m² Grundriß (franko Wagen Baustelle, samt Montage und Grundanstrich)

Gegenstand, Deckung	Stützweite in Metern				Anmerkung
	10	15	20	25	
Pappe, Eternit Binder, Pfetten, Verbände	18,00	20,40	24,00	27,00	Einfache Sattel- oder Pultdächer, ohne Grate, Ichsen und Holme. Grundrißlängen von rund 40 m. Nicht im Preis enthalten: Abladen, Hochziehen, Gerüstung, Hilfsarbeiterbeistellung.
Glasdächer Binder, Pfetten, Sprossen, Verbände .	30,00	35,00	38,00	41,00	
Holzzementdächer Binder, Pfetten	20,00	24,00	28,00	30,00	

Kittlose Verglasungen (Abb. 1 und 2), bestehend aus gewalzten Sprossen samt Schweißrinnen, mit Blechkappen und Dichtungsunterlagen, First- und Traufenabdichtungen aus verzinktem Eisenblech, Befestigungsmitteln und der Verglasung aus 6 bis 7 mm starkem Drahtglas, samt Verlegen an Ort und Stelle, jedoch ohne Gerüstung, für kleinere Objekte bis etwa 100 m² abgewickelter Dachfläche, Preis per m² ....S 32,00
Für größere Objekte, Preis per m² ,, 28,00

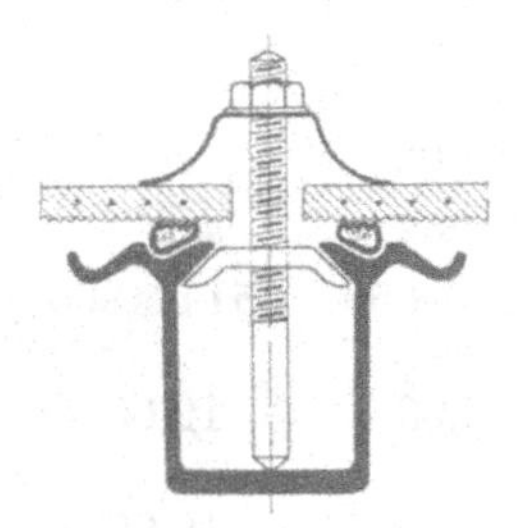

Abb. 1. Bauart Eberspächer

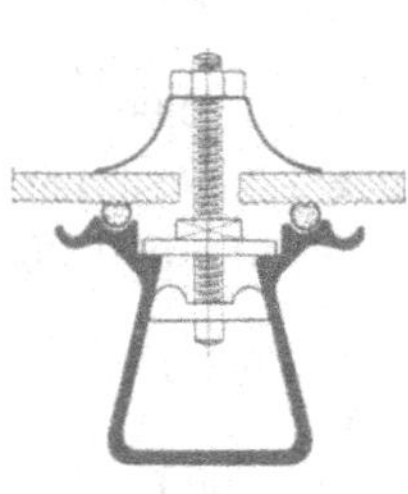

Abb. 2. Bauart Zimmermann

Für Betriebe mit säurehaltigen Gasen werden die Eberspächerschen Sprossen schlagsicher emailliert bzw. verbleit geliefert; Preiserhöhung rund 44%.

Geländer. Normalstraßengeländer, Ständer aus I Nr. 10, Abstand 4,0 m, 1 m hoch über Terrain, Eingrabungstiefe 0,5 m, Holm aus I Nr. 8, Preis per 1 m .... S 6,00
Preis per Endständer .... ,, 7,75

Normalgeländer für Eisenbahnbrücken, Ständer aus Winkeln 50·50·6, Abstand 2,5 m, 1,1 m über Terrain, Eingriffstiefe 0,125 m, Holm und Riegel aus Winkeln, 40·40·5, Preis per 1 m .... S 7,50
Preis per Endständer .... ,, 5,00

Eiserne Fenster, Türen, Oberlichten, Treppen

Laut Mitteilung der Wiener Brückenbau- und Eisenkonstruktions-A.-G.

Gegenstand	Abbildung	Abmessungen in m	Gewicht in kg per		Preis in Schilling				
					per 100 kg			per	
			Stück	m²	Material und Anstrich	Löhne, Regie, Gewinn	Zusammen	Stück	m²
Flußeiserne Fenster mit Winkelrahmen und Pratzen, mit einem Kippflügel und Schnapperverschluß	1	0,90×0,61	22	38	42,00	96,00	138,00	30,50	53,00
Wie vor, jedoch **feststehend**	2	1,10×0,93	26	25	41,00	72,00	113,00	29,50	28,50
Wie Abb. 1, mit **segmentförmigem Sturz und Kippflügel**	3	1,00×1,20	36	31	43,00	90,00	133,00	48,00	41,50
Wie Abb. 3, jedoch **feststehend**		1,20×1,00	26	23	41,00	78,00	119,00	31,00	27,00
Flußeiserne Fenster mit Winkelrahmen, Pratzen, zwei Kippflügeln und Schnapperverschlüssen		1,50×3,00	120	27	40,50	84,00	124,50	119,00	33,50
Wie vor, jedoch **ohne** Flügel			103	23	40,50	72,00	112,50	116,00	26,00
Sattelförmige Oberlichte für einfache Verglasung zwischen T-Sprossen, mit verglasten Stirnwänden, samt Rollen für Drahtseilzüge — Dachflächen	4	1,50×3,84[1])	84	15	41,50	21,00	65,50	55,00	9,60
— Stirnwände		1,50×0,80[2])	24[3])	40	41,00	48,00	89,00	21,50	36,00
Fußbodenlichten, begehbar, für Verglasung, mit Gußglasplatten zwischen T-Eisen, samt Winkelrahmen	5	1,07×1,50	70	14	42,00	54,00	96,00	67,50	42,00
		1,40×5,20	345	48	39,00	48,00	87,00	300,00	41,50
Einflügelige **Blech-(Boden-)Türe** samt Winkelrahmen, Pratzen, Schloß und Drücker	6	0,90×2,00	73	41	40,00	84,00	124,00	91,00	51,00
Glastür, sonst wie vor, jedoch Blechsockel, darüber T-Sprossen für Verglasung		0,90×2,00	90	50	41,00	108,00	149,00	144,00	74,50
Einflügeliges **Schiebetor,** mit glattem Blech bespannt, auf **Differentialrollen** laufend, samt Führungsschiene und Schloß	7	1,50×2,20	175	53	38,50	78,00	116,50	205,00	62,00
Zweiflügeliges **Schiebetor,** sonst wie vor		3,00×3,00	410	46	39,50	78,00	117,50	485,00	54,00
Zweiflügeliges **Schiebetor,** mit Füllung aus unverzinktem Wellblech, **Rollen auf Kugellagern** laufend	8	4,40×5,00	1140	52	51,50	102,00	153,50	1750,00	80,00
Zweiflügeliges **Schiebetor** mit Füllung aus **verzinktem** Wellblech, sonst wie vor			1180	53,50	55,00	102,00	157,00	1850,00	84,00
Gerade, **zweiarmige Treppe** mit **Rippenblechbelag** und **einseitigem Winkelgeländer, ohne Stoßbleche**	9	1,40 breit, 3,10 lang, 4,00 hoch	780	90[1])	42,00	77,00	119,00	930,00	107,00[1])
Wie vor, jedoch **mit Stoßblechen**			860	99[1])	43,00	95,00	138,00	1180,00	136,00[1])
Zwei Podeste hiezu, mit Rippenblechbelag		2×1,40×3,00	550	66	40,00	42,00	82,00	450,00	54,00

Anmerkung:

[1]) Im Grundriß gemessen. [2]) Breite × Höhe. [3]) Gewicht einer Stirnwand.

Die angegebenen Preise gelten in Schillingen für einmal grundierte Ware ab Werkstätte, also ohne Versetzen an der Baustelle bzw. ohne Montierung, unter Zugrundelegung eines Stabeisenpreises von *S 32,00* per 100 kg sowie eines Schlossergehilfenlohnes von *S 1,00* per Arbeitsstunde. Der der Lohnsumme zuzuschlagende Regiebeitrag variiert sehr nach der Art des Betriebes, dessen Standort und des jeweiligen Beschäftigungsstandes. Im vorliegenden Falle wurde der Einfachheit wegen ein Zuschlag von 200% auf die Lohnsumme nebst einem 10%igen Unternehmergewinn in Rechnung gestellt.

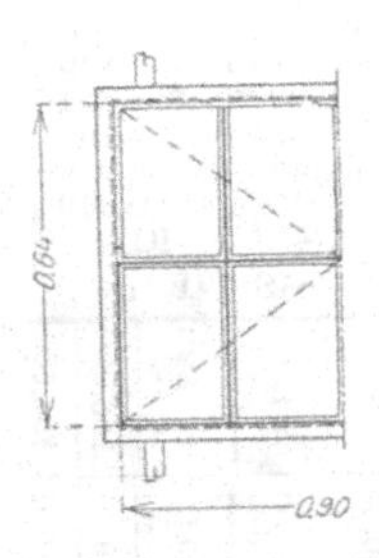

Abb. 1
Eisernes Fenster

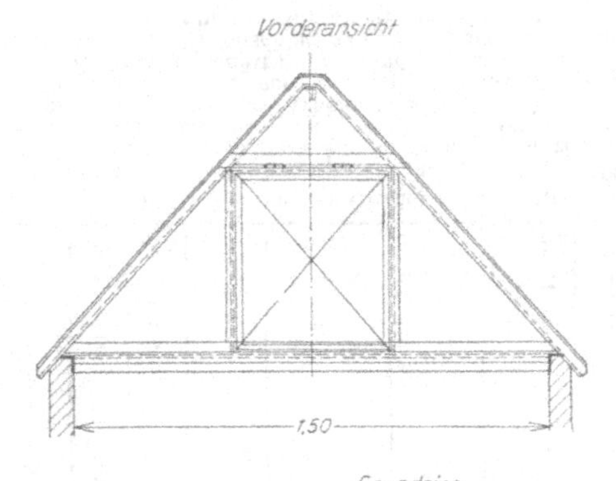

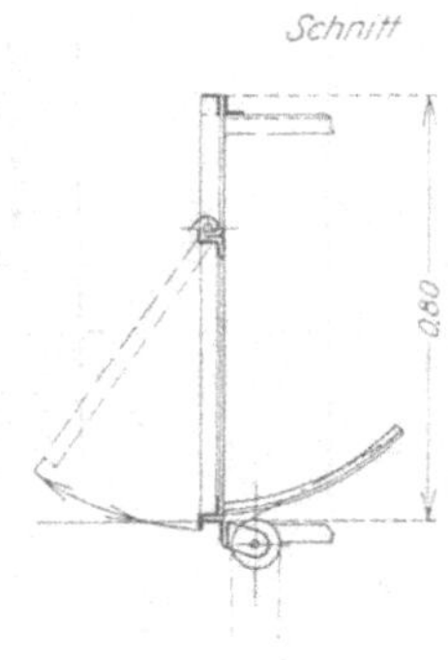

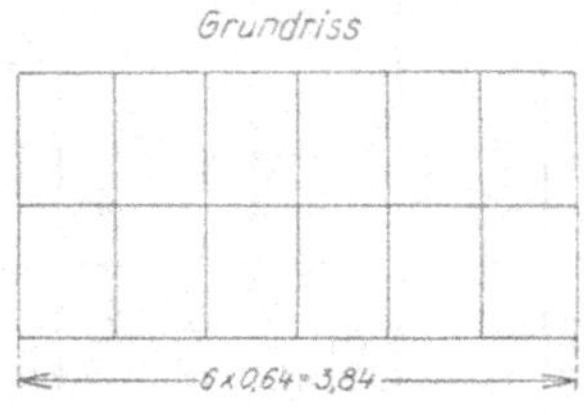

Abb. 4. Sattelförmige Oberlichte

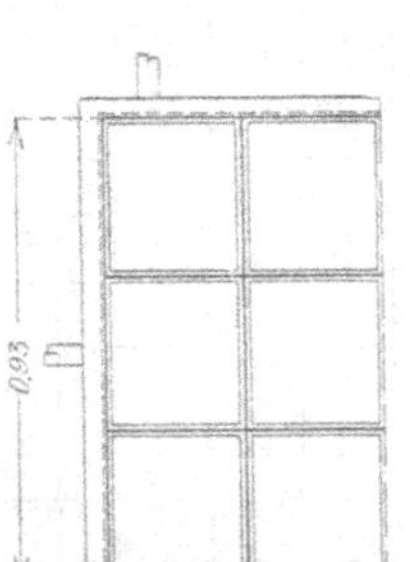

Abb. 2
Eisernes Fenster

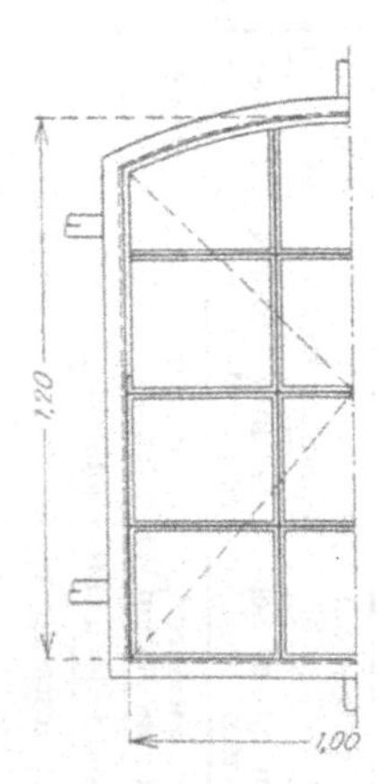

Abb. 3
Eisernes Fenster

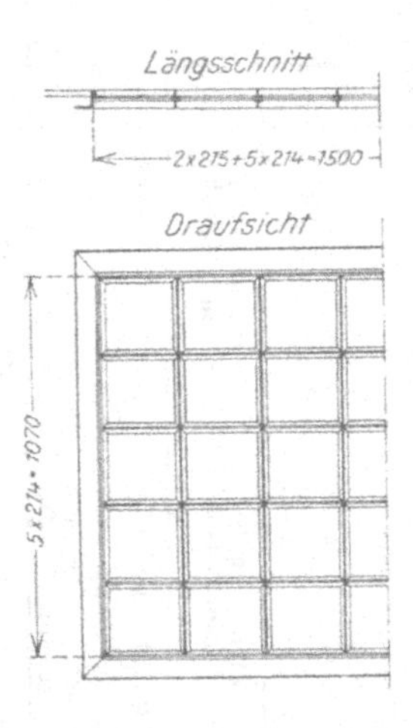

Abb. 5
Fußbodenlichte, begehbar

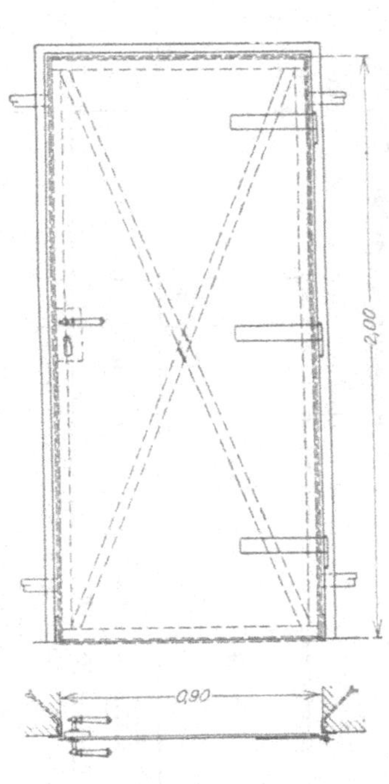

Abb. 6
Einflügelige Blech- (Boden-) Türe

Schiebetore

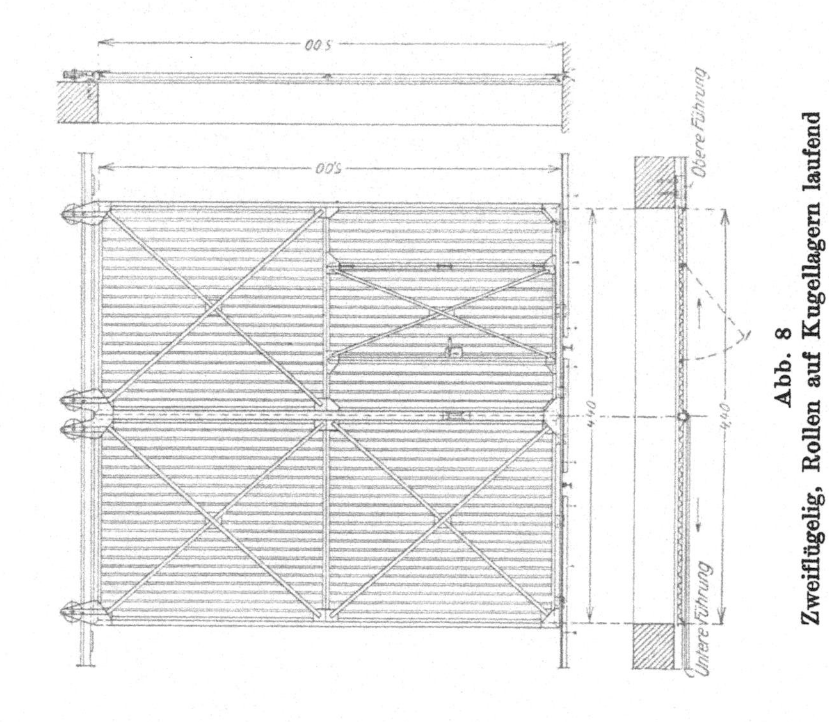

Abb. 8
Zweiflügelig, Rollen auf Kugellagern laufend

Schnitt b-b
2,20
Schnitt a-a
1,50

Abb. 7
Einflügelig, auf Differentialrollen laufend

Eiserne Treppen

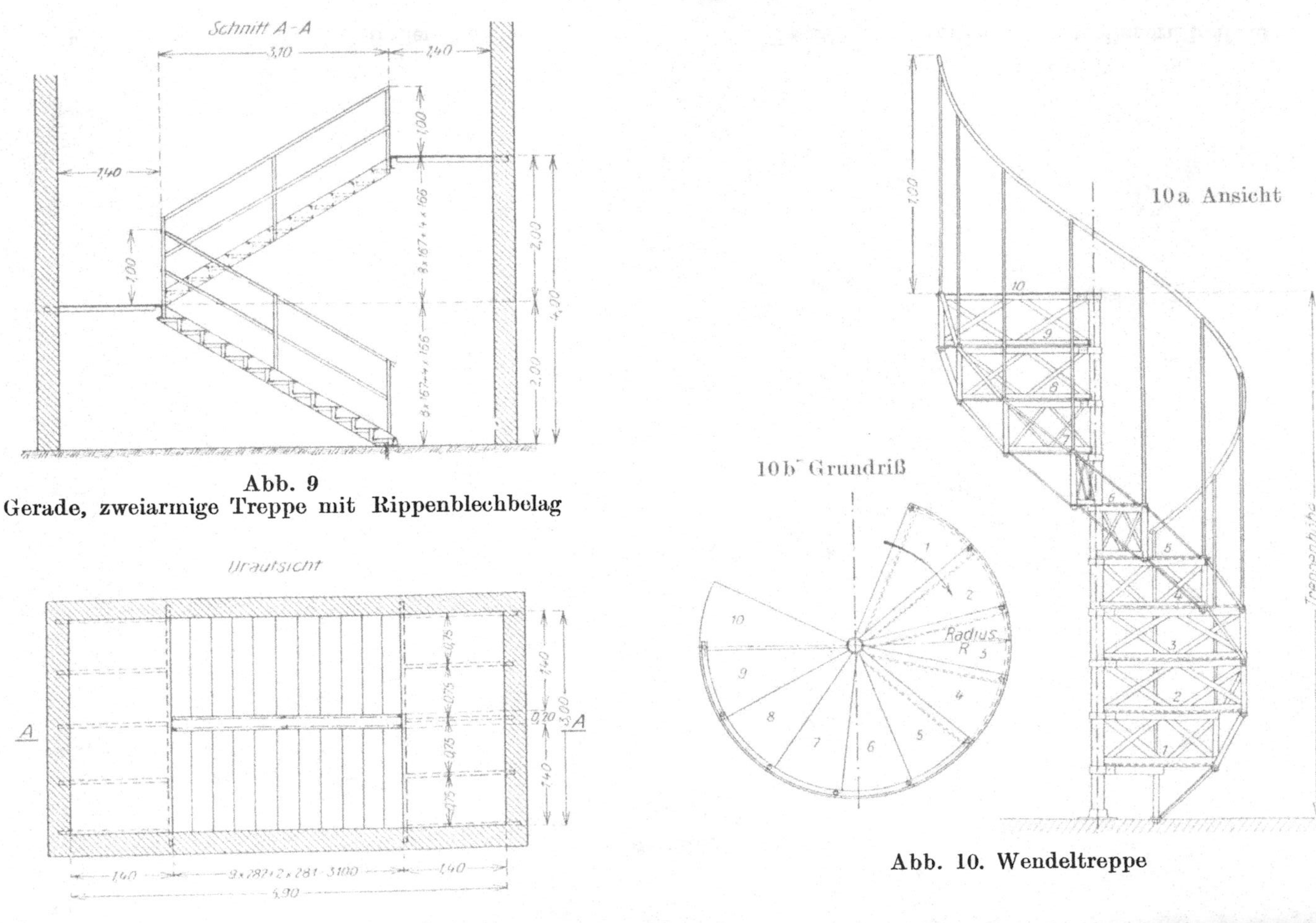

Abb. 9
Gerade, zweiarmige Treppe mit Rippenblechbelag

Abb. 10. Wendeltreppe

Wendeltreppen (Abb. 10a und b) **ganz aus Flußeisen,** Trittflächen aus geripptem Blech, Stoßflächen mit Flacheisen vergittert, Spindel aus Gasrohr, Geländer aus Rundeisen mit einem Drittel-Rundeisen als Handleiste.

Radius *R* in .... m	0,65	0,70	0,75	0,80	0,85	0,90	1,00
Gewicht der Stufe .... kg	13	14	15	16	17	18	20
Preis „ „ .... S	21,20	22,80	24,50	26,00	27,60	29,30	32,60
Gewicht der Austrittsplatte... kg	35	38	40	43	46	48	52
Preis „ „ ... S	57,00	62,00	65,20	70,00	75,00	78,00	84,50

Anmerkung: Kalkulationsgrundlage per 100 kg in Schilling.

Material und Anstrich *S 43,00,* Löhne, Regie und Gewinn *S 120,00,* also zusammen *S 163,00.*

Geländer und Gitter

Stiegengeländer (Abb. 11) mit unterer Laufschiene, ohne Holzhandleiste, samt allem Kleinmaterial, 18 kg per Lfm., *Preis* per 100 kg *S 300,00,* reicher verziert (22 kg per Lfm.) per 100 kg *S 400,00.*

Stiegengeländer wie vor, jedoch als **Aufzugsgeländer** mit Drahtgeflecht versehen, 60 kg per Lfm., *Preis* per 100 kg *S 400,00.*

Aufzugstüre, an das Stiegengeländer angearbeitet, samt allem Kleinmaterial, per Stück (180 kg) *S 202,00.*

Balkongitter aus Schmiedeeisen, leicht verziert, samt allem Kleinmaterial, 28 kg per Lfm., *Preis* per 100 kg *S 350,00.*

Fenstergitter aus Schmiedeeisen, leicht verziert, 2,0 × 1,0 m, per Stück (26 kg) *S 48,00.*

Türfüllungsgitter (Abb. 12), wie vor, 1,4 × 0,42 m, per Stück (7 kg) *S 31,00.*

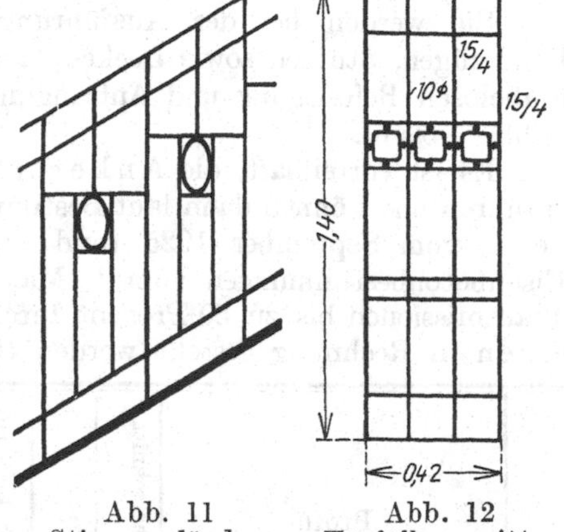

Abb. 11 Stiegengeländer

Abb. 12 Türfüllungsgitter

Spundwandeisen

Bauart „Larssen" (Abb. 1)

Profil	δ mm	h mm	Gewicht der Spundwand per m² in kg	Gewicht des Spundwandeisens per m in kg	Widerstandsmoment der Spundwand per m in cm³
Ia	7	65	82	33	380
I	8	75	96	38	500
II	10,5	100	122	49	849
III	14,5	123,5	155	62	1363
IV	15,5	155	187	75	2037
V	22	172	238	100	2962

Festigkeit des Materials in kg/mm²:	37 bis 44	40 bis 50	50 bis 60	48 bis 58
Dehnung in %:	22	20	18	18
ab Dortmunder Werk per 1000 kg RM:	180	185	195	195

Bei Lieferung in rostbeständigerem Kupferstahl tritt eine Erhöhung um *RM 10,00* per 1000 kg ein.

Eckausbildung mit Larsseneisen für beliebige Winkel α leicht möglich nach Abb. 2.

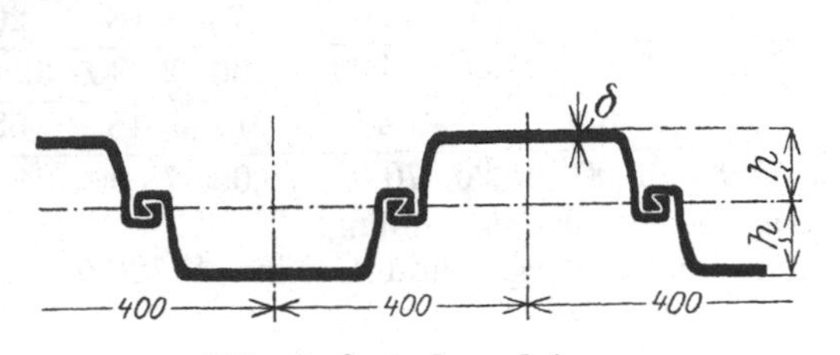

Abb. 1. Spundwandeisen

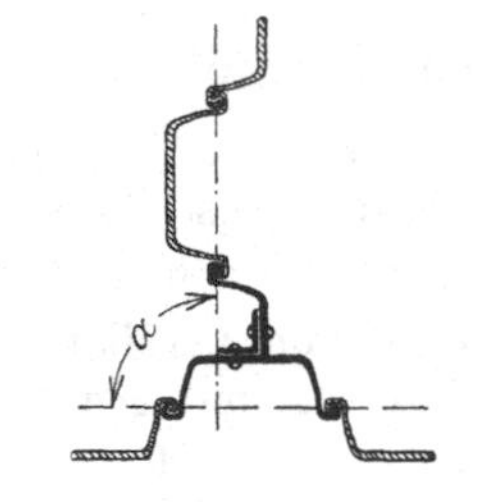

Abb. 2. Eckausbildung

D. K. G.-Ankerschienen

(Deutsche Kahneisen-Gesellschaft m. b. H.)

Sie werden bei der Ausführung der Eisenbetonkonstruktion in Balken, Unterzügen, Stützen sowie Deckenplatten mit einbetoniert und dienen später zur mühelosen Befestigung und Anbringung von Transmissionen, Rohrleitungen usw. (Abb. 1 bis 6).

Es ist vorteilhaft, die Ankerschienen von Auflager zu Auflager durchzuführen und können dann laut Bestimmung des Deutschen Ausschusses für Eisenbeton vom September 1925 (und laut den im Entwurf vorliegenden österr. Eisenbetonbestimmungen vom 1. Mai 1927) Ankerschienen zur Befestigung von Transmissionen bis zu 50 Prozent ihres Gesamtquerschnittes als Armierungseisen in Rechnung gestellt werden (§ 18, Abs. 3).

Abb.	Profil	Gesamtquerschnitt cm^2	Nettoquerschnitt cm^2	Gewicht kg/Lfm	Trägheitsmoment min. cm^4	Widerstandsmoment max. cm^3	Umfang cm	Verankerbügel mm	Befestigungsbolzen engl. Zoll	Tragfähigkeit in kg/Lfm.
1	Bauerschiene	9,20	8,80	7,75	36,6	15,3	—	2/20 +	$^5/_8$—$1^1/_8$	7000
2	Große Jordahlschiene..	6,75	6,50	5,45	14,6	4,51	—	3,5/20	$^5/_8$—$^3/_4$	4000
3	Kleine Jordahlschiene..	4,00	3,75	3,30	5,05	3,03	—	1,5/20	$^1/_2$—$^3/_4$	3000
4	Leichte Jordahlschiene.	2,46	—	2,00	2,5	1,7	—	1,5/20	$^1/_2$—$^3/_4$	2000
5	L-Schiene, Prof. 6	6,46	—	5,40	25,14	6,75	21,50	⌀ Eisen	$^3/_4$	
6	Union-Ankerschienen (L. Bollmann & Co. Wien)...............	4,80	4,55	3,80	7,01	3,77	—	2/20	19 und 22 mm	5000

Die zu den einzelnen Profilen passenden Bolzen sind so konstruiert, daß, nachdem dieselben durch die Schlitze der Schienen eingeführt sind, ein Verdrehen und damit Herausfallen der Bolzen unmöglich ist (Abb. 7 bis 9). Ein Verschieben der Bolzen in der ganzen Schienenlänge kann jedoch bequem erfolgen. Hiedurch entfällt die Sorge der vorherigen Bestimmung der einzelnen Befestigungspunkte. Später kann auch ohne besondere Unkosten und Betriebstillegungen eine Umstellung bzw. Neueinschaltung von Maschinen vorgenommen werden.

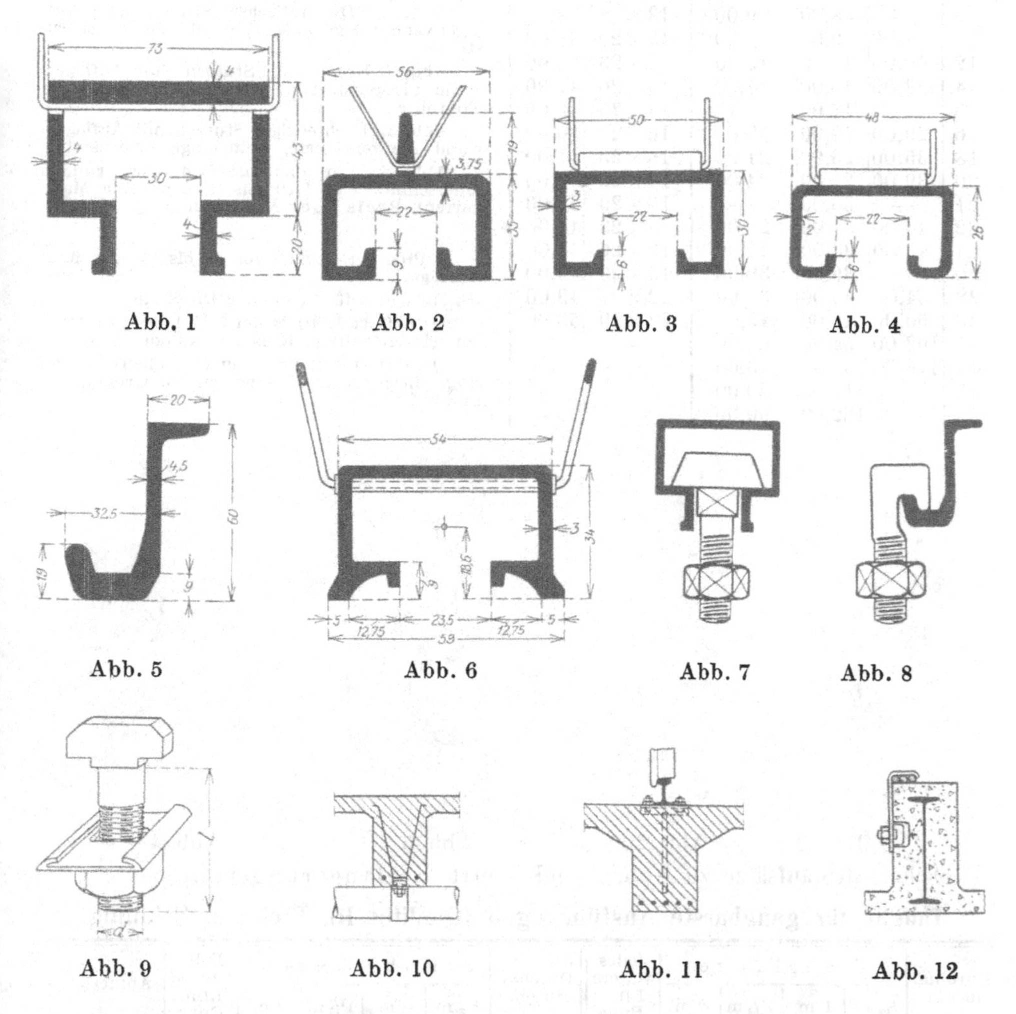

Abb. 1 Abb. 2 Abb. 3 Abb. 4

Abb. 5 Abb. 6 Abb. 7 Abb. 8

Abb. 9 Abb. 10 Abb. 11 Abb. 12

Sonstige Anwendungsgebiete. Befestigung von Rohrleitungen (Abb. 10), Kranbahnschienen (Abb. 11), Kabel (Abb. 12), Verankerung von Maschinen in Betonkörpern usw. Walzlängen bis 15 m.

Preis der Union-Ankerschienen ab Wien *S 10,50* per Meter, der übrigen über Anfrage.

Schornsteinaufsätze, Bauart John.
Aus Eisenblech, im Vollbade rostsicher verzinkt.

Tabelle für gangbarste Ausführungen (Qualität II)

Maße in cm	Preis per Stück in S			Abb. 3	
	Abb. 1[1])	Abb. 2)[1]	Verlängerungsrohr zu Abb. 1[1]) per 1 m	Maße in cm	Preis in S
8	—	8,00	9,00	13×18	32,00
10	18,00	9,00	12,00	13×20	35,00
12	19,00	12,00	13,00	13×23	36,00
14	23,00	16,00	17,00	13×26	41,00
15	—	18,00	—	13×29	42,00
16	29,00	19,00	19,00	16×20	36,00
18	35,00	23,00	21,00	16×23	41,00
20	39,00	27,00	24,00	16×26	42,00
21	—	30,00	—	16×29	45,00
22	43,00	31,00	26,00	19×23	45,00
24	46,00	33,00	33,00	19×26	47,00
26	50,00	36,00	36,00	19×29	49,00
28	54,00	40,00	38,00	22×26	49,00
30	60,00	45,00	45,00	22×29	53,00
35	102,00	54,00	65,00	—	—
40	116,00	95,00	73,00	—	—
45	127,00	110,00	80,00	—	—
50	155,00	122,00	90,00	—	—

Anmerkung

Abb. 1. Quadratischer Stutzen mit Auflagerwand für gemauerte, quadratische Schornsteine.

Abb. 2. Kreisrunder Stutzen ohne Auflagerwand für gemauerte Schornsteine, Blech- oder Tonrohre.

Abb. 3. Rechteckiger Stutzen mit Auflagerwand für gemauerte, rechteckige Schornsteine.

Abb. 4. Für quadratischen bzw. runden Querschnitt von 1,10 bis 3,00 m (für Malzdarren). Preis über Anfrage.

[1]) Preis für Größen von 60 bis 100 cm über Anfrage.

Mehrpreis für Reinigungstür S 3,00.

Qualität I. Preis um 35% höher; geeignet bei schwefelhaltiger Kohle, Koks oder Gas.

Qualität III. Preis um 15% niedriger; geringe Blechstärke. Erzeugt nur in Größen von 14 bis 50 cm.

Abb. 1 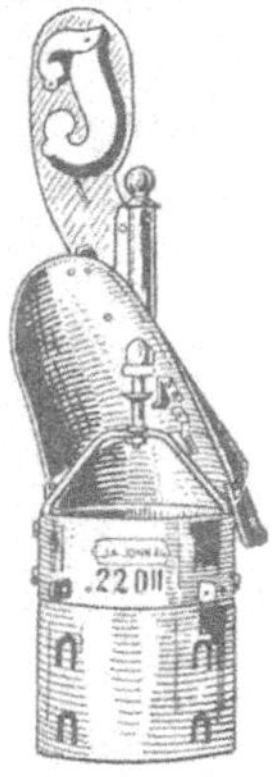 Abb. 2  Abb. 3  Abb. 4

Schornsteinaufsätze zu Abb. 2 und 3 mit Verlängerungsrohr.

Tabelle für gangbarste Ausführungen (Qualität II), Preise in Schilling

Durchm. in cm	Rohrlänge				Jedes weitere Lfm. Rohr	Durchm. in cm	Rohrlänge				Jedes weitere Lfm. Rohr	Anmerkung
	½ m	1 m	1½ m	2 m			½ m	1 m	1½ m	2 m		
14	19	25	32	38	13	28	50	67	85	104	36	Qualität I
16	23	30	39	47	17	30	54	73	93	111	38	um 35%
18	27	36	46	55	19	35	60	80	104	125	45	teurer,
20	31	41	52	62	21	40	98	130	163	195	65	Qualität III
22	35	46	59	70	24	45	112	147	185	221	73	um 15%
24	38	50	63	76	26	50	125	162	205	245	80	billiger
26	46	62	78	95	33							

Feststehende Schornstein- und Ventilationsaufsätze, Bauart John.
a) für gemauerte Schächte, Blech- oder Tonrohre (Abb. 5).

Rohrdurchmesser in cm	10	12	14	16	18	20	25	30	35	40	45	50
Rohrlänge	Schilling											
½ m	23	25	29	32	37	41	62	83	110	148	185	210
1 m	27	31	35	40	46	51	77	102	132	180	220	250
Jedes weitere Lfm. Rohr	9	12	13	17	19	21	30	38	45	65	73	80

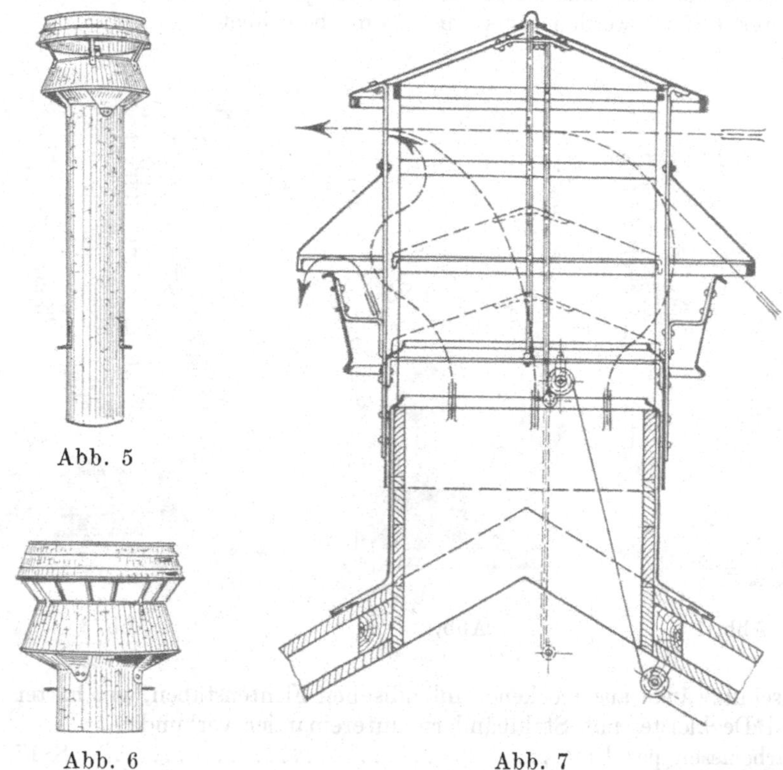

Abb. 5

Abb. 6

Abb. 7

b) Sonderausführung für Gasabzugsrohre (Abb. 6),

Durchmesser in mm	50	60	67	76	87	92	99	105	112
Preis in S	9,00	9,50	10,00	11,50	13,50	15,00	15,50	16,50	17,50

Perfekt-Lüfter, Bauart Zimmermann (Abb. 7), quadratisch oder rechteckig; bietet Schutz gegen Regen und Schnee; weist alles Wasser nach außen ab, auch Schwitzwasser. Preis per Stück 50 × 50 cm *S 160,00.*

Zugvorrichtung, bestehend aus Drahtseil, Leitrollen und Einhängevorrichtung; *Preis* per **1 m** *S 3,00.*

Jalousien — Rouleaux — Rollbalken

Bretteljalousien (Abb. 1) in Naturfarbe, fein lackiert oder in beliebiger Farbe gestrichen und lackiert, aus 65 mm breiten Resonanzbrettchen hergestellt, samt komplettem Zugehör, wie: Jalousiebänder, Zugschnüre, Patent-Knopfschnurhalter und Kettchensteller, einschließlich Befestigung an Ort und Stelle, per 1 m² .... S 9,20 bis 10,50
Ausspanner (Ausspreizvorrichtung) per Jalousie .... „ 0,90 „ 1,00
Seitenblenden, per Jalousie .... „ 0,90 „ 1,00
Jalousien im geringeren Ausmaß als 1,75 m² werden für volle 1,75 m² berechnet.

Selbstroller (Abb. 2) mit prima Floßrollermaschinen amerikanischen Systems, samt Seitenlagern aus prima imprägniertem englischen Floßrollerstoff, aus roh-weißgestreiftem Gradl oder aus Crême-Köperstoff, per 1 m² .... S 9,50
Roller unter 1,75 m² werden für volle 1,75 m² berechnet.

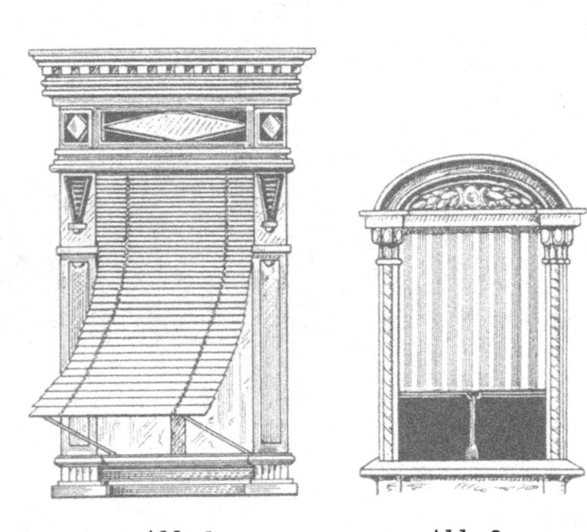

Abb. 1 Abb. 2

Abb. 3

Rollschutzwände aus trockenen inländischen Fichtenstäben, mit harter Unterleiste und Deckleiste, mit Stahlbändern untereinander verbunden,
naturbelassen per 1 m² .... S 17,50
einmal mit Firnis eingelassen .... „ 18,50
lackiert .... „ 22,00

Holzrouleaux aus gerippten Holzstäben mit Zwirn glatt oder überlegt gewebt, einschließlich Befestigung an Ort und Stelle, per 1 m²
naturfärbig .... S 5,80
in beliebiger Farbe, ein- oder zweifärbig .... „ 6,50
Ausspanner, per Fenster .... „ 0,90

Holzrollbalken (Abb. 3), naturbelassen, aus trockenen, rund 40 mm breiten inländischen Fichtenstäben, die einzelnen Stäbe im obersten Drittel mit prima Durchzugsgurten verbunden, im unteren Teil durch Stahlplättchen verstellbar befestigt, um nach Bedarf Licht und Luft einzulassen. Rollbalken im geringeren Ausmaß als 2 m² werden für volle 2 m² berechnet.

Rollbalken aus inländischem Fichtenholz, per 1 m² .... S 20,00
„ „ schwedischem Kiefernholz, „ 1 m² .... „ 25,00
Automatischer Gurtwickler mit vernickelter oder vermessingter Deckplatte, per Stück .... „ 4,50
Solid konstruierte, einhändig zu betätigende Ausspreizvorrichtung, per Stück .... „ 14,50

Stahlrollbalken in bester Ausführung aus prima steirischem Spezialrollbalkenblech, rund 0,6 mm stark, gewellt, vierfach mit Stahldrahtgurten besetzt, mit je 2 kräftigen Doseschen Spezial-Rollbalkenschlössern mit 4 Zuhaltungen, 2 Schlüsseln zum Sperren vorgerichtet (Hoch- oder Tiefverschluß), die Sockelplatte mit T-Eisen versteift und Zugkloben. Der Zugmechanismus mit komplettem Zubehör, wie prima Stahlzugfedern, Gasrohrwelle, Federgehäuse, Scharniere, Hängelager, gezogene Rollbalkenführungsschienen für Holzmontierung vorgerichtet, der Mantel mit echter Leinölfirnisfarbe grundiert, einer Zugstange, komplett montiert.

Rollbalken im geringeren Ausmaß als 3m² werden für volle 3 m² berechnet.

Rollbalken für Holzmontierung. S 16,50
„ „ Mauermontierung „ 17,50
Rollbalkenmantel ohne Mechanismus und ohne Führungsschienen. „ 12,00

Zur lichten Breite werden 5 cm für die Nuten und zur lichten Höhe 35 cm für den Kasten zugeschlagen.

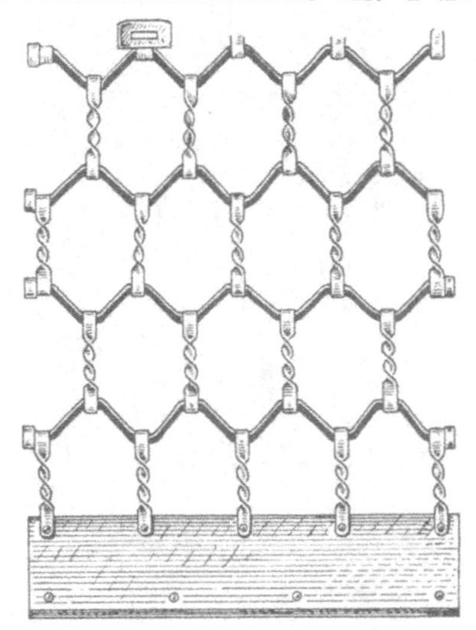

Abb. 4

Rollgitter[1]) (Abb. 4.) Gleiche Konstruktion wie Rollbalken, jedoch in den Schienen — zur sicheren Führung der seitlichen Rollen — eingenietete Halbrundeisenführungen. Zum Verschluß von Räumen, die jedoch sichtbar bleiben sollen, per 1 m² .... S 42,00.
Stücke unter 3 m² werden für 3 m² berechnet.

Garagerollbalken in Spezialausführung mit extrastarken Mauerführungsschienen mit selbsttätig wirkendem Stahlfederzug oder Maschinengetriebe (Kurbelantrieb). Der Mantel erhält laut behördlicher Vorschrift ein Ventilationsgitter aus feinmaschigem Drahtgeflecht — mit Halbrundstäben versteift — eingesetzt.

Rollbalken ohne Mechanismus und ohne Führungsschiene .... S 13,00
„ für Holzmontierung vorgerichtet .... „ 15,50
„ „ Mauermontierung „ .... „ 16,50
Ventilationsgitter, per Stück .... „ 2,50

[1]) Laut Mitteilung von Alfred Woltär, Wien.

Wellblech in Tafeln, 90 bis 235 cm breit, in der Breite von 5 zu 5 cm steigend, zirka 80 cm hoch, per 1 m² .... S 6,00
Wellblech, auf bestimmtes Maß zugeschnitten, per 1 m² .... „ 7,00
„ zugeschnitten und genietet, per 1 m² .... „ 8,00
Wie vor, mit Drahtgurten besetzt, per 1 m² .... „ 9,00

Schiebegitter[1]) (Scherengitter) (Abb. 5), zusammenschiebbare, schmiedeeiserne Verschlußgitter, System Bostwick, aus Spezial-U-Eisen, ein- oder zweiteilig, mit

Abb. 6

Abb. 5

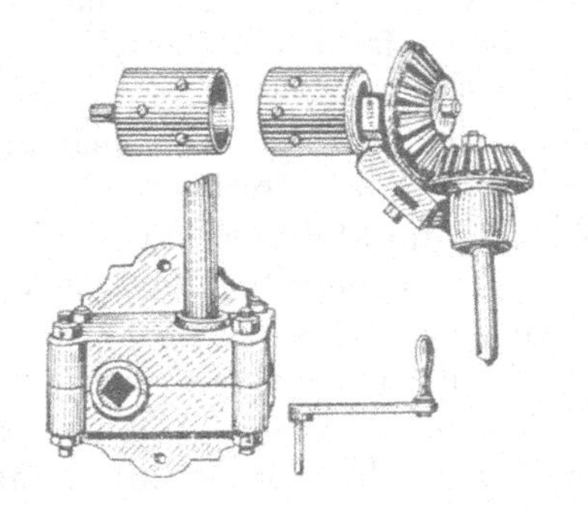

Abb. 7

Doseschem Sicherheitsschnappschloß, für Geschäftslokale, Haustore, Fenster und Türen. Schiebegitter im geringeren Ausmaß als 1,5 m² werden für volle 1,5 m² berechnet,

bei 10 mm Spezial-U-Eisen, per 1 m² .... S 39,00
„ 13 „ „ „ „ 1 „ .... „ 42,00
„ 16 „ „ „ „ 1 „ .... „ 45,00
„ 19 „ „ „ „ 1 „ .... „ 50,00
Dosesche Schlösser hiezu, per Stück .... „ 4,50

Sonnenschutzplachen (Abb. 6) mit selbsttätigem, schnellwirkendem Stahlfederzug, bis 6 m Länge, bestehend aus der 10 cm starken Holzwalze mit Federgarnitur, Endbüchse und Lagern, Ausspreizstangen mit Scharnieren, bzw. bei größerer Ausladung und geringer Höhe mit Schuberausspannern, Laufschlitten

[1]) Laut Mitteilung von Alfred Woltär, Wien.

und Hängestützen, der aus Gasrohr verfertigten Unterstange samt Besatzstange zum Einnähen des Stoffes, mit imprägniertem oder nicht imprägniertem Segel.

Plachen-Federzuggarnitur, bestehend aus gußeisernen Gehäusen mit Blechbüchse und Endkapsel samt Lagern, für Holzmontierung vorgerichtet, bis 6 m Länge, mit einer Feder S 16,00
Doppelfedergarnitur .... „ 23,00
Aufzahlung für Mauermontierung .... „ 1,00
Plachenmaschinen (Abb. 7) mit Schneckenantrieb, bestehend aus der oberen Maschine samt Endkapsel, der unteren Maschine mit Kurbel
- bis 5 m Länge .. S 32,00
- „ 10 „ „ .. „ 35,00
- „ 25 „ „ .. „ 45,00

Obere oder untere Maschine der halbe Preis.
Holzwalze vierfach verleimt, per 1 Lfm. .... „ 3,00
Unterstange aus Gasrohr mit Besatzstange zum Anbringen des Stoffes, per 1 Lfm. .... „ 4,50
Ausspreizstange mit Scharnier, an Holz montierbar .... „ 12,00
Schuberausspanner mit Laufschlitten und Hängestützen ...... „ 18,00
Wellblechschutzdach, rund 30 bis 35 cm breit, vernietet, mit Latten besetzt, für Mauermontierung vorgesehen, per 1 Lfm. „ 5,00
Für Segelbespannung besonderes Anbot einholen.

Kassen

F. Wertheim & Co., Wien

Maße, Gewichte und Preise

Gegenstand	Größe Nr.	Höhe in cm	Breite in cm	Tiefe in cm	Tresorhöhe in cm	Untersatzhöhe in cm	Gewicht in kg rund	Preis in S	Ausführung
Feuer-, einbruch-, sturz- und schneidbrennersichere Kassen (Abb. 1, S. 218)[1]	00	60	50	46	14	58	370	615	Zum Schutz gegen Feuer dient eine Lage von Kunstgranit, der durch schraubenartig verwundene Flachstahlschienen armiert ist. Türrahmen und -flügel besitzen Feuerfalze, um das Eindringen von Brandgasen und heißer Luft zu verhindern. Verschluß durch Zentralriegelwerk. Arretierung des Riegelwerkes durch Doppelbart-Sicherheitsschlösser
	0	65	55	52	16	58	490	720	
	1	68	57	56	18	58	580	800	
	2	80	60	61	21	58	680	905	
	3	100	65	66	24	53	900	1060	
	4	110	73	68	29	47	1100	1190	
	5	125	73	70	37	39	1250	1280	
	6	140	78	70	39	21	1450	1430	
	7	157	94	72	42	16	1850	1860	
	8	173	104	72	47	16	2350	2075	
	9	188	120	78	53	8	2700	2390	
	10	204	140	80	58	8	3150	2725	

[1]) Im Innenraum ein Tresor mit Sicherheitsschloß; jeder Kasse wird ein Aufsatz und Sockel aus Holz beigegeben.
Alle Beschläge poliert und vernickelt.
Die inneren Höhen- bzw. Breitenmaße sind der Reihe nach für die drei Typen um 20, 20, 6 cm, die inneren Tiefenmaße um 26, 22, 5 cm kleiner als die angegebenen bezüglichen Außenmaße.

Gegenstand	Größe Nr.	Höhe in cm	Breite in cm	Tiefe in cm	Tresorhöhe in cm	Untersatzhöhe in cm	Gewicht in kg rund	Preis in S	Ausführung
Feuer- und diebsichere Kassen[1]	00	60	50	42	14	58	170	345	Isolierung aller Flächen gegen Feuer durch trockene, festgestampfte Flugasche. Verschluß der Türen bei den Größen 00 und 0 durch Doppelbart-Sicherheitsschloß. Die Größen 1 bis 10 erhalten außerdem noch ein Sicherheitskontrollschloß am rechten, die Größen 7 bis 10 ein Baskülewerk am linken Türflügel. Schlösser gegen Ausbohren durch eingebauten Spezialstahlpanzer geschützt. Die Sockel der Größen 00 bis 5 sind mit versperrbaren Türchen versehen
	0	65	55	48	16	58	230	380	
	1	68	57	52	18	58	270	440	
	2	80	60	57	21	58	310	480	
	3	100	65	62	24	53	430	550	
	4	110	73	64	29	47	510	630	
	5	125	73	66	37	39	620	715	
	6	140	78	66	39	21	740	795	
	7	157	94	68	42	16	990	1030	
	8	173	104	68	47	16	1050	1160	
	9	188	120	74	53	8	1520	1305	
	10	204	140	76	58	8	1700	1475	
Einmauerschränke (Abb. 2)	1	22	24	25	—	—	16	90	Mantel aus 3 mm, die einflügelige Tür aus 5 mm starkem Bessemerstahl und Stahlpanzer von 5 mm Stärke; Asbestisolierung. Doppelbartschloß mit Basküleriegeln. Nr. 1 und 2 sind innen leer, Nr. 3 bis 5 erhalten eine, Nr. 6 zwei Einlegeplatten. Anstrich vorne grau, die übrigen Seiten schwarz
	2	26	32	25	—	—	22	110	
	3	30	35	25	—	—	30	130	
	4	40	40	35	—	—	44	160	
	5	50	45	35	—	—	58	190	
	6	60	50	40	—	—	77	220	

[1]) Im Innenraum ein Tresor mit Sicherheitsschloß; jeder Kassa wird ein Aufsatz und Sockel aus Holz beigegeben.
Alle Beschläge poliert und vernickelt.
Die inneren Höhen- bzw. Breitenmaße sind der Reihe nach für die drei Typen um 20, 20, 6 cm, die inneren Tiefenmaße um 26, 22, 5 cm kleiner als die angegebenen bezüglichen Außenmaße.

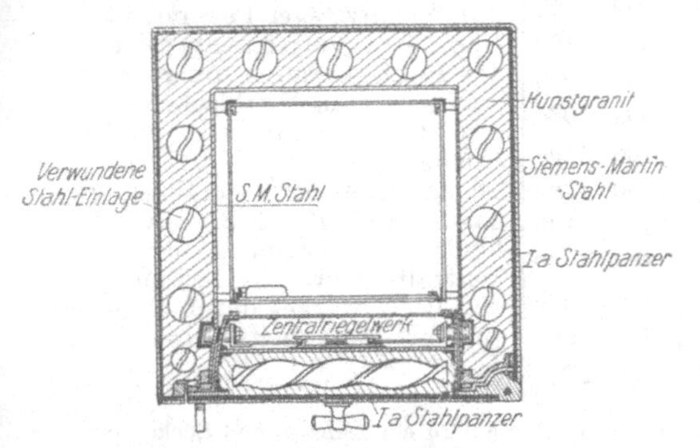

Abb. 1. Feuer-, Einbruch-, sturz- und schneidbrennersichere Kassa

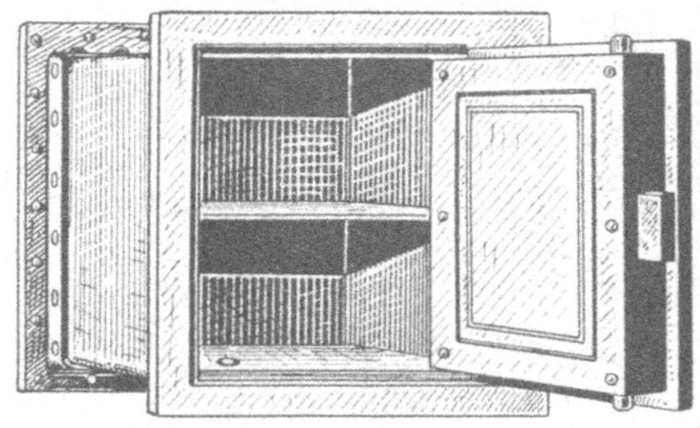

Abb. 2. Einmauerschrank

Wellbleche

Laut Angabe von G. Winiwarter, Wien

1. Querschnitts- und Gewichtsangaben — Tragvermögen für eine zulässige Inanspruchnahme von 1200 kg/cm²

a) Flache Wellbleche

Profil-Nr.	Maße in mm			Querschnitts-funktionen		Normale Baubreite B in mm	Gewicht in kg für 1 m² einschließlich seitlicher Überdeckung		Zulässige, gleichförmig verteilte Belastung (einschl. Eigengewicht) in kg/m² bei einer Inanspruchnahme von 1200 kg/cm² und einer freien Stützweite in Metern von					Anmerkung
	Wellenbreite b	Wellenhöhe h	Blechstärke d	Querschnittsfläche F cm² auf 1 m Breite	Widerstandsmoment W cm³ auf 1 m Breite		schwarz	verzinkt	1,0	1,5	2,0	2,5	3,0	
I	70	20	0,7	8,31	4,16	770	6,87	8,25	400	178	100	64	45	
			0,8	9,50	4,75		7,85	9,27	455	202	114	73	50	
			0,9	10,69	5,35		8,83	10,27	512	228	128	82	57	
			1,0	11,88	5,94		9,81	11,24	570	254	142	91	63	
			1,25	14,84	7,43		12,27	13,58	712	316	178	114	79	
			1,50	17,81	8,91		14,72	15,82	850	380	213	137	95	
II	86	25	0,7	8,35	5,23	774	6,98	8,39	500	223	125	80	56	
			0,8	9,55	5,98		7,98	9,43	573	254	143	92	64	
			0,9	10,74	6,72		8,98	10,44	645	286	161	103	72	
			1,0	11,93	7,47		9,98	11,43	715	318	179	114	80	
			1,25	14,91	9,34		12,47	13,80	895	398	224	143	99	
			1,50	17,90	11,21		14,96	16,80	1075	475	269	172	120	
III	135	30	0,7	7,84	5,77	810	6,78	8,14	552	245	138	89	62	
			0,8	8,95	6,59		7,74	9,15	632	280	158	101	70	
			0,9	10,07	7,42		8,71	10,03	712	315	178	114	79	
			1,0	11,19	8,24		9,68	11,90	790	350	197	127	88	
			1,25	13,99	10,30		12,10	13,39	990	440	247	158	110	
			1,50	16,79	12,36		14,52	15,60	1185	526	297	190	132	
IV	100	30	0,7	8,43	6,35	800	7,12	8,55	610	270	152	98	68	
			0,8	9,63	7,25		8,13	9,61	695	310	174	111	77	
			0,9	10,84	8,16		9,15	10,64	785	347	196	125	87	
			1,0	12,04	9,07		10,17	11,65	870	387	218	140	97	
			1,25	15,05	11,33		12,71	14,70	1090	484	272	174	121	
			1,50	18,07	13,60		15,25	16,38	1305	580	326	209	145	
V	100	35	0,7	8,87	7,84	700	7,49	8,99	752	335	188	120	84	
			0,8	10,13	8,96		8,55	10,10	860	382	215	137	96	
			0,9	11,40	10,08		9,62	11,19	968	430	242	155	108	
			1,0	12,67	11,20		10,69	12,25	1076	478	269	172	120	
			1,25	15,83	14,00		13,36	14,80	1344	598	336	215	150	
			1,50	19,00	16,79		16,04	17,23	1610	715	402	258	178	
VI	125	35	0,7	8,27	7,23	750	7,05	8,46	694	308	173	111	77	
			0,8	9,45	8,26		8,05	9,51	793	353	198	127	88	
			0,9	10,63	9,30		9,06	10,53	893	395	223	142	98	
			1,0	11,81	10,33		10,06	11,53	992	440	248	159	110	
			1,25	14,76	12,91		12,58	13,93	1239	550	310	198	137	
			1,50	17,71	15,49		15,09	16,22	1487	663	372	238	166	
VII	100	40	0,7	9,34	9,45	700	7,88	9,46	907	403	227	145	101	
			0,8	10,67	10,80		9,01	10,64	1037	460	259	166	115	
			0,9	12,00	12,15		10,13	11,78	1166	519	292	187	130	
			1,0	13,34	13,50		11,26	12,90	1296	577	324	208	144	
			1,25	16,67	16,88		14,07	15,58	1620	720	405	260	180	
			1,50	20,01	20,26		16,89	18,14	1945	865	486	313	216	
VIII	150	40	0,7	8,16	8,13	750	7,13	8,56	780	346	195	125	87	
			0,8	9,33	9,29		8,15	9,62	892	396	223	143	99	
			0,9	10,49	10,45		9,17	10,66	1003	446	251	161	112	
			1,0	11,66	11,62		10,19	11,67	1116	495	279	178	124	
			1,25	14,57	14,52		12,73	14,10	1394	620	348	223	155	
			1,50	17,49	17,42		15,28	16,41	1672	742	418	268	185	
IX	150	45	0,7	8,43	9,52	750	7,37	8,84	914	406	228	146	102	
			0,8	9,63	10,88		8,42	9,94	1044	465	261	168	116	
			0,9	10,84	12,24		9,47	11,01	1175	521	294	188	130	
			1,0	12,04	13,60		10,52	12,05	1306	580	327	209	145	
			1,25	15,05	17,00		13,15	14,56	1632	725	408	262	182	
			1,50	18,07	20,40		15,78	14,95	1958	870	489	314	218	

Anmerkung:

Profil II ist besonders für Bombierung geeignet (Garagen, Gartentüren, Vordächer, Übergänge, kleine Betriebsgebäude, Führerhausbedachungen, Kranhäuser, Brüstungen usw.); Profil IX für größere Bedachungen, bei denen Wind- und Schneedruck zu berücksichtigen sind. Für extradimensionierte Bleche kommen Profil IV und VII in Betracht. (Lieferzeit > 28 Tage.)

Zum Bombieren nur Wellbleche mit $d \geqq 1$ mm vorsehen. Der Bombierungsradius soll $r_{min} = 1500$ mm betragen.

Wellbleche können in Längen bis 3000 mm (Wellenlänge) erzeugt werden.

b) Trägerwellbleche

Profil-Nr.	Maße in mm: Wellenbreite b	Wellenhöhe h	Blechstärke d	Querschnittsfunktionen: Querschnittsfläche F cm² auf 1 m Breite	Widerstandsmoment W cm³ auf 1 m Breite	Normale Baubreite B in mm	Gewicht in kg für 1 m² einschließlich seitlicher Überdeckung: schwarz	verzinkt	Zulässige, gleichförmig verteilte Belastung (einschließlich Eigengewicht) in kg/m² bei einer Inanspruchnahme von 1200 kg/cm² und einer freien Stützweite in Metern von: 1,0	1,5	2,0	2,5	3,0	3,5
			1,0	16,75	20,41		14,56	16,43	1960	870	490	314	218	160
			1,25	20,94	25,39		18,20	20,34	2438	1084	610	390	270	198
I	90	50	1,5	25,13	30,33	540	21,84	24,01	2910	1294	728	466	324	238
			1,75	29,32	35,22		25,48	27,65	3382	1502	845	541	376	276
			2,0	33,51	40,08		29,12	31,30	3847	1710	962	616	428	314
			1,0	18,95	27,21		16,54	18,89	2612	1160	653	418	290	214
			1,25	23,69	33,88		20,67	23,11	3252	1446	814	521	361	265
II	96	60	1,5	28,43	40,50	480	24,81	27,27	3888	1728	972	622	432	317
			1,75	33,17	47,07		28,93	31,40	4519	2009	1129	722	502	368
			2,0	37,91	53,59		33,08	35,56	5144	2286	1286	823	571	420
			1,0	21,15	34,78		18,29	20,89	3338	1484	835	534	371	272
			1,25	26,44	43,33		22,87	25,56	4159	1849	1040	666	462	340
III	97	70	1,5	31,73	51,82	485	27,44	30,16	4975	2210	1243	796	553	406
			1,75	37,02	60,26		32,01	34,74	5785	2572	1446	925	643	473
			2,0	42,31	68,65		36,58	39,33	6590	2929	1648	1055	732	538
			1,0	21,71	40,48		18,89	21,57	3886	1727	972	622	432	317
			1,25	27,13	50,45		23,61	26,39	4843	2153	1211	775	538	395
IV	100	80	1,5	32,56	60,37	400	28,33	31,14	5796	2575	1448	928	645	473
			1,75	37,99	70,22		33,06	35,88	6742	2996	1685	1079	749	551
			2,0	43,42	80,02		37,78	40,62	7682	3414	1920	1229	853	628
			1,0	23,71	48,93		20,46	23,37	4697	2088	1175	751	522	384
			1,25	29,63	61,00		25,58	28,59	5856	2606	1464	937	650	478
V	100	90	1,5	35,56	73,00	400	30,69	33,73	7008	3115	1752	1121	779	572
			1,75	41,49	84,95		35,81	38,86	8155	3624	2039	1304	906	666
			2,0	47,42	96,83		40,92	43,99	9295	4132	2324	1487	1033	758
			1,0	25,71	58,05		22,57	25,78	5573	2477	1393	892	619	455
			1,25	32,13	72,38		28,22	31,54	6948	3089	1738	1111	772	568
VI	100	100	1,5	38,56	86,65	300	33,86	37,21	8318	3697	2080	1331	924	679
			1,75	44,99	100,85		39,50	42,87	9682	4303	2420	1549	1075	791
			2,0	51,42	115,00		45,15	48,53	11040	4907	2760	1766	1226	901

Wird statt der zulässigen Inanspruchnahme von $\sigma_1 = 1200$ kg/cm² eine solche von $\sigma_2 = 1000$ kg/cm² gefordert, so erhält man die zugeordnete gleichförmige Belastung p_2 in kg/cm² aus dem entsprechenden Tabellenwert p_1, wenn g das Eigengewicht des gewählten Profiles ist, aus

$$p_2 = \frac{5\,p_1 - g}{6}.$$

Der Einfluß von g darf vernachlässigt werden.

Beispiel: Profil $150 \times 40 \times 1$, $g = 10{,}19$ kg/m²; für $\sigma_1 = 1200$ kg/cm², $l = 2{,}5$ m ist laut Tabelle $p_1 = 178$ kg/m²; daher

$$p_2 = \frac{5 \cdot 178 - 10{,}19}{6} = 147 \text{ kg/m}^2 \text{ (ohne Eigengewicht } p_2 = 148 \text{ kg/m}^2\text{)}.$$

2. Beispiele zur annähernden Kalkulation

(Preisgrundlagen November 1926)

1. Beispiel:

Bedarf für eine größere Wellblechgarage von 50 m² gerader Fläche und 30 m² Dach. Zur Herstellung sind 1 mm starke Bleche erforderlich; bei Annahme von rund 12 kg/m² Eigengewicht werden für die geraden Flächen rund 600 kg, für das Dach rund 360 kg Wellblech benötigt.

Der Bedarf an geraden Blechen gliedert sich in solche von mehr als 2 m Länge und für die durch Öffnungen bzw. Fenster unterbrochenen Flächenteile in Bleche unter 2 m Länge. In beiden Fällen müssen die extradimensionierten Blechtafeln separat abgewalzt werden; das Profil ist, je nach Konstruktion und Berechnung, den Tabellen zu entnehmen. Es kommen folgende Preise in Betracht:

Gerade Ausführung	schwarz	verzinkt
Blechpreis per 100 kg, über 2 m Länge	S 96,00	122,50
unter 2 „ „	„ 90,00	115,50

Für das gerade Dach (Satteldach) gelten die vorstehenden Preise. Bei Bombierung erhöhen sich dieselben um *S 20,00* per 100 kg.

Verbindungsmaterial. Unter Voraussetzung einer Blechstärke von 1 mm kann angenommen werden:

Agraffen (rund 12 Stück auf 1 kg), per kg	S 3,50
Stoßnieten (Blechnieten Nr. 5), per 1000 Stück	„ 4,00
Scheibchen dazu, per 1000 Stück	„ 7,00
Agraffennieten (Faßnieten Nr. 2), per 1000 Stück	„ 15,00
Scheibchen dazu, per 1000 Stück	„ 15,00

2. Beispiel:

Für ein Fabriksdach sind 300 m² bombierter Bleche und Tafeln von 3 und 2 m Wellenlänge in verzinkter Ausführung und mit einer Blechstärke von 1 mm nötig; Gewicht rund 3600 kg. Wegen dieses höheren Quantums tritt eine Ermäßigung der Preise ein. Vollpreis für bombierte, verzinkte Wellbleche bei

3 m Wellenlänge, erzeugt aus extradimensionierten Blechen, per 100 kg ... S 150,00
2 „ „ wenn aus Normaltafeln 1 × 2 m erzeugt, „ 100 „ ... „ 140,00

Kleinmaterial wie beim ersten Beispiel.

3. Beispiel:

Kleines Vordach von 20 m². Erforderlich: Wellbleche von 1,80 m Wellenlänge. Bei 1 mm Belchstärke beträgt das Gewicht rund 240 kg. Bedarf dringend! Sonderanfertigung kommt nicht in Frage; es ist nur die Erzeugung aus zugeschnittenen Normaltafeln möglich. (Der glatte, also nicht kannelierte Abfall von 200 mm per Tafel beträgt rund 10%.) In Frage kommt vor allem Profil II (eventuell auch Profil IX).

Der Blechpreis per 100 kg für die Wellbleche in gerader, verzinkter Ausführung stellt sich des geringen Quantums und der Schnittkosten wegen auf *S 125,00,* der glatte verzinkte Abfall auf *S 90,00.* Kleinmaterial wie beim ersten Beispiel.

Deckenkonstruktionen aus gewölbtem Trägerwellblech mit Leichtbeton-Hinterfüllung zwischen eisernen Trägern lt. Abb.

Bezeichnungen:

g = bleibende Last in kg/m²,
p = Nutzlast in kg/m²,
l = Trägerverlagweite in m,
f = Stich der Wellbleche (ausgedrückt in Teilen von l)
M = größtes Biegungsmoment im Wellblech in kgcm,
N = gleichzeitig auftretender größter Druck im Wellblech in kg
W = Widerstandsmoment des Wellbleches in cm³
F = Querschnittsfläche in cm²

} auf 1 m Breite.

Dann gilt angenähert:

$$M = \frac{p\,l^2}{64}, \qquad N = \frac{l^2}{16\,f}\,(2\,g + p).$$

Bei einer zulässigen Inanspruchnahme des Eisens von 1200 kg/cm² muß sein:

$$\frac{M}{W} + \frac{N}{F} \leq 1200.$$

Hilfswerte für die Berechnung gewölbter Wellblechdecken

Trägerverlagweite l		1,5	2,0	2,5	3,0	3,5	4,0
$\frac{100\,l^2}{64}$		3,51	6,25	9,77	14,06	19,14	25,00
$\frac{l^2}{16f}$	für $f=\frac{l}{10}$	0,9375	1,2500	1,5625	1,8750	2,1875	2,5000
	für $f=\frac{l}{12}$	1,1250	1,5000	1,8750	2,2500	2,6250	3,0000
	für $f=\frac{l}{15}$	1,4063	1,8750	2,3438	2,8125	3,2813	3,7500

Beispiel:

Für $l = 3{,}0$ m, $f = \frac{l}{12} = 0{,}25$ m, $g = 500$ kg/m², $p = 2000$ kg/m²

wird $M = 2000 \cdot 14{,}06 = 28120$ kgcm,

$N = 2{,}250\,(2 \cdot 500 + 2000) = 6750$ kg.

Gewählter Querschnitt: $97 \times 70 \times 1{,}25$; $W = 43{,}33$ cm³; $F = 26{,}44$ cm².

Beanspruchung: $\sigma = \frac{28120}{43{,}33} + \frac{6750}{26{,}44} = 904$ kg/cm².

Es empfiehlt sich bei gewölbten Wellblechdecken, wegen der nur angenäherten Berechnungsweise, mit der Beanspruchung nicht höher als 900 bis 1000 kg/cm² zu gehen.

Drahtstifte und Draht

Drahtstifte. Der Grundpreis beträgt, je nach dem Verbrauchsort, *S 50,50* bis *S 52,50* für 100 kg; hiezu kommen die in den Tabellen angegebenen Überpreise (für Österreich). Bei Auslandsbedarf besondere Angebote. Bei größeren Mengen Preisnachlaß. Vom Verband der Draht- und Drahtstiften-Werke, Wien, bekanntgegebene Überpreise:

Bau- und Tischlerstifte mit flachem Kopf, glatt

Nummer in 1/10-mm	90	80	70	60		50		46		42		38			34		31	
Länge in mm	250	230	200	180	160	150	130	130	120	110	100	100	90	80	90	80	80	70
Packung in dkg	500														300			
Überpreis für 100 kg in S	12	9	6			4		5		6		7			8		10	

Nummer in 1/10-mm	28			25		22		20	18	16	14		12	10		8
Länge in mm	70	65	60	60	50	50	45	40	35	30	30	25	20	16	13	10
Packung in dkg	200					100					50			25		
Überpreis für 100 kg in S	11			13		15		18	23	29	35		63	94		125

	Dachpappe- und Schieferstifte						Tür- und Fensterbandstifte						Stukkaturhaken (Rohrstifte)			Scheinhakenstifte mit Einschnitt		
Nummer in $^1/_{10}$ mm	28		25		22		42	38	34	31	28	25	25	22	20	25	22	20
Länge in mm	30	25	30	25	40	25	60	50	40	35	30	25	35	30	25	35	30	25
Packung in dkg	200				100		300		200		100		100			100		
Überpreis für 100 kg in S	15		20		25		8	9	10	13	15	17	20	25	30	25	25	30

Flußeisendraht, rund, in langen Adern und unausgewogenen Ringen, ohne jede Qualitätsvorschrift.

Grundpreis für 100 kg *S 48,00* bis *S 50,00*, je nach Bezugsort; Aufschläge nach folgender Tabelle (Verband der Draht- und Drahtstiften-Werke, Wien):

Nummer, zugleich Dicke in $^1/_{10}$-mm			200—72	70—65	60	55	50—46	42	38	34	31	28	25	22	20	18	16	14	12	11	10	9	8	7	6	5	4	2	1,5
Aufschlag auf den Grundpreis für 100 kg	blank	S	5	4	4	3	2	3	4	5	6	7	8	9	10	12	14	16	18	20	22	24	26	29	33	40	58	125	300
	weich, verzinkt		—	—	22	19	18	19	20	21	23	26	28	30	32	36	39	42	46	50	53	57	62	68	74	88	120	300	—

Andere Dimensionen und Qualitäten sowie Stahldraht (Möbelfederdraht) und Möbelfedern über Anfrage.

Nieten und Schrauben

Nach Mitteilung von Brevillier-Urban, Wien

Blechnieten

Nummer	000	00	0	1	2	3	4	5	6	7	8	9	10	11	12	13	14	15
Dicke in $^1/_{10}$ mm	18	20	20	22	25	28	31	34	38	42	46	50	55	60	65	70	76	82
Länge ab Kopfkante in mm	3	4	5	6	7	8	9	10	11	12,5	14	16	18	20	23	26	29	32
Preis per 1000 Stück S	0,20	0,24	0,28	0,36	0,48	0,60	0,80	1,10	1,40	1,80	2,40	3,00	3,60	5,00	6,50	8,00	10,00	12,00

Hiezu ein Aufschlag von 63%.

Faßnieten

Nummer	000	00	0	1	2	3	4	5	6	7	8	9	10	11	12
Dicke in $^1/_{10}$ mm	34	38	46	55	60	65	76	82	88	100	110	120	130	140	150
Stiftlänge in mm	7,5	9	10,5	12	14	16	18	20	22	25	28	31	34	38	42
1000 Stück S	0,80	1,20	1,80	3,00	4,20	5,80	7,40	9,40	14,40	20,00	25,00	32,00	40,00	48,00	56,00

Hiezu ein Aufschlag von 65%.

Kessel-, Tender- und Brückennieten

Dicke in mm			11	12	13	14	15	16	17	18	19	20—30
Mit	Preßgrat	Preis per 100 kg in S	58,00	54,00	52,00	51,00	49,00	48,00	47,00	46,00	45,00	44,00
Ohne			60,00	56,00	54,00	52,00	50,00	49,00	48,00	47,00	46,00	45,00

Hiezu ein Aufschlag von 75% und bei Bezug von weniger als 25 kg einer Dicke und Länge ein solcher von 10%.

Mutterschrauben (nach ÖNORM)

roh; bis 10 mm metrisches Gewinde, darüber Whitworthsches Gewinde in engl. Zoll

Preistabelle in Schilling für 100 Stück

Kopf und Mutter	Bolzendicke	Gewinde-Außendurchm. (mm)	Schlüsselweite (mm)	Kopfhöhe (mm)	Bolzenlänge in mm 15	20	25	30	35	40	45	50	60	70	80	90	100	110	120	130	140	150
Sechskantig	5	5	9	3,5	3,50	3,50	3,60	3,70	3,80	3,90	—	—	—	—	—	—	—	—	—	—	—	—
	6	6	11	4,5	3,65	3,65	3,80	3,90	4,05	4,15	4,30	4,40	4,65	—	—	—	—	—	—	—	—	—
	7	7	12	5	—	3,90	4,05	4,20	4,35	4,50	4,65	4,80	5,10	5,40	—	—	—	—	—	—	—	—
	8	8	14	5,5	—	4,30	4,50	4,70	4,90	5,10	5,20	5,40	5,80	6,20	6,60	—	—	—	—	—	—	—
	9	9	17	6	—	—	5,05	5,25	5,50	5,70	5,95	6,15	6,60	7,05	7,50	7,95	8,40	—	—	—	—	—
	10	10	17	6,5	—	5,00	5,25	5,50	5,75	6,00	6,25	6,50	7,00	7,50	8,00	8,50	9,00	9,50	10,00	—	—	—
	$^7/_{16}$	10,84	19	8	—	—	6,70	7,00	7,30	7,60	7,90	8,20	8,80	9,40	10,00	10,60	11,20	11,80	12,40	13,00	—	—
	½	12,39	22	8,5	—	—	7,75	8,10	8,45	8,80	9,25	9,60	10,30	11,00	11,70	12,40	13,10	13,80	14,50	15,20	15,90	16,60
	$^5/_8$	15,53	27	11	—	—	—	13,00	13,40	13,80	14,20	14,60	15,40	16,20	17,00	17,80	18,60	19,40	20,20	21,00	21,80	22,60
	¾	18,68	32	13	—	—	—	—	—	19,00	19,50	20,00	21,00	22,00	23,00	24,00	25,00	26,00	27,00	28,00	29,00	30,00
	$^7/_8$	21,81	36	15	—	—	—	—	—	—	—	—	30,20	31,40	32,60	33,80	35,00	36,20	37,40	38,60	39,80	41,00
	1	24,93	41	18	—	—	—	—	—	—	—	—	—	—	45,80	47,40	49,00	50,60	52,20	53,80	55,40	57,00

Bolzenlänge in mm					130	140	150	175	200	225	250	275	300	325	350	375	400	450	500
Vierkantig	10	10	17	6,5	11,60	12,20	12,80	14,30	15,80	—	—	—	—	—	—	—	—	—	—
	½	12,39	22	8,5	—	—	18,30	20,20	22,10	24,00	25,90	27,80	29,70	31,60	33,50	35,40	37,30	—	—
	$^5/_8$	15,53	27	11	—	—	—	27,10	29,30	31,50	33,70	35,90	38,10	40,30	42,50	44,70	46,90	51,30	55,70
	¾	18,68	32	13	—	—	—	35,75	38,50	41,25	44,00	46,75	49,50	52,25	55,00	—	60,50	66,00	71,50

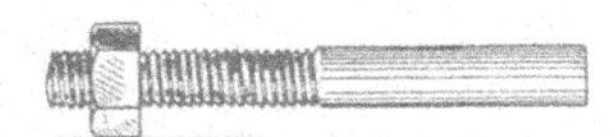

Schrauben mit Anschweißende

Preis per 100 kg

Dicke	mm	10	11	12	13	14	15	16	18	19	20	22	25	28	30	32	35	38	40
Länge	mm	150	165	180	195	210	225	240	270	285	300	330	375	420	450	450	450	475	475
Gewindelänge	mm	60	66	72	78	84	90	96	108	114	120	132	150	168	180	180	180	180	200
	S	70,00	64,00	60,00	56,00	54,00	54,00	52,00	50,00	50,00	48,00	48,00	48,00	48,00	48,00	48,00	56,00	56,00	56,00

Hiezu Aufschlag von 100%.

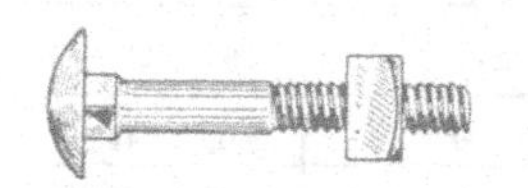

Torband- oder Schloßschrauben

mit flachrundem Kopf; Ansatz und Mutter vierkantig

Preis per 100 Stück in Schilling; bis 10 mm Stärke 60%, darüber 100% Aufschlag. (Siehe folgende Tabelle, S. 225.)

Dicke in mm \ Stiftlänge in mm	25—40	45	50	55	60	65	70	80	90	100	110	120	130	140	150	Aufschläge für weitere je 10 mm Länge
4	3,25	—	—	—	—	—	—	—	—	—	—	—	—	—	—	—
5	3,40	3,50	3,60	—	—	—	—	—	—	—	—	—	—	—	—	—
6	3,50	3,60	3,70	3,80	3,90	4,00	4,10	—	—	—	—	—	—	—	—	0,30
6,5	3,60	3,70	3,80	3,90	4,00	4,10	4,20	4,40	—	—	—	—	—	—	—	0,30
7	3,80	3,90	4,00	4,10	4,20	4,30	4,50	4,80	5,10	5,40	5,80	6,20	—	—	—	0,40
8	5,10	5,20	5,30	5,40	5,50	5,60	5,70	6,00	6,30	6,60	7,00	7,40	7,80	8,20	8,60	0,40
9	6,50	6,65	6,80	7,00	7,20	7,40	7,60	8,00	8,40	8,80	9,20	9,60	10,00	10,50	11,00	0,50
10	—	—	8,00	8,20	8,40	8,60	8,80	9,20	9,60	10,00	10,40	10,80	11,20	11,80	12,40	0,60
11	—	—	—	—	9,60	10,00	10,40	11,00	11,60	12,20	12,80	13,40	14,00	14,60	15,20	0,70
12	—	—	—	—	—	—	11,60	12,20	12,80	13,40	14,00	14,60	15,20	15,80	16,40	0,80
13	—	—	—	—	—	—	13,00	13,80	14,60	15,40	16,20	17,00	17,80	18,60	19,40	1,00

Wird die Stärke nicht angegeben, so werden die Schrauben stets 7 mm dick geliefert.

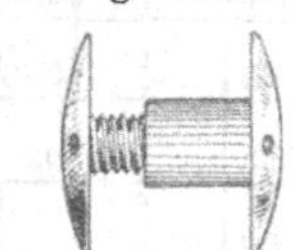

Riemenverbindungsschrauben

Innere Weite in mm		4	6	8	10	12	14	17	20	23	26	29	32
Dicke der Mutter in mm		9	9	10	10	10	11	11	11	12	12	12	13
100 Stück	S	15,00	15,00	17,50	20,00	22,50	25,00	30,00	32,50	37,50	42,50	55,00	65,00

Hiezu 75% Aufschlag.

Eisengewinde- (Whitworth-) Schrauben mit versenktem Kopf

Preis per 100 Stück in Schilling. (Die Preise in Klammern beziehen sich auf Schrauben mit versenktem Kopf.)

Dicke in engl. Zoll	Dicke in mm	Länge inklusive Kopf in mm: 7	10	12	15	17	20	25	30	35	40	45	50
1/8	3,2	0,80 (0,85)	0,85 (0,90)	0,90 (0,90)	1,00 (1,10)	1,10 (1,20)	1,20 (1,30)	— —	— —	— —	— —	— —	— —
5/32	4	0,85 (0,90)	0,90 (1,00)	0,95 (1,00)	1,05 (1,20)	1,15 (1,30)	1,25 (1,40)	1,35 (1,50)	— —	— —	— —	— —	— —
3/16	4,8	— (1,00)	0,95 (1,10)	1,00 (1,10)	1,10 (1,30)	1,20 (1,40)	1,30 (1,50)	1,40 (1,60)	1,50 1,70)	— —	— —	— —	— —
7/32	5,6	— —	1,10 (1,25)	1,20 (1,25)	1,30 (1,45)	1,40 (1,55)	1,50 (1,65)	1,60 (1,75)	1,75 (1,95)	— (2,10)	— —	— —	— —
¼	6,4	— —	1,50 (1,70)	1,60 (1,70)	1,70 (1,90)	1,80 (2,00)	1,90 (2,10)	2,10 (2,30)	2,30 (2,50)	2,50 (2,70)	2,70 (2,90)	— —	— —
9/32	7,1	— —	— (2,10)	2,00 (2,10)	2,10 (2,30)	2,20 (2,40)	2,30 (2,50)	2,50 (2,75)	2,75 (3,00)	3,00 (3,25)	3,25 (3,70)	— —	— —
5/16	7,9	— —	— (2,50)	2,40 (2,50)	2,50 (2,70)	2,60 (2,80)	2,70 (2,90)	2,90 (3,15)	3,15 (3,40)	3,40 (3,70)	3,70 (4,00)	4,00 (4,30)	4,30 (4,60)
3/8	9,5	— —	— —	— —	3,00 (3,30)	3,10 (3,45)	3,20 (3,60)	3,50 (3,90)	3,80 (4,20)	4,20 (4,60)	4,60 (5,00)	5,00 (5,40)	5,40 (5,80)
7/16	11,1	— —	— —	— —	— (4,40)	— (4,60)	4,20 (4,80)	4,60 (5,20)	5,00 (5,60)	5,40 (6,00)	5,80 (6,40)	6,20 (6,80)	6,80 (7,20)
½	12,7	— —	— —	— —	— —	— —	— (7,60)	7,00 (8,20)	7,60 (8,80)	8,20 (9,40)	8,80 (10,00)	9,40 (10,60)	10,00 (11,20)

Aufschläge: Bis 5/16 Zoll 10%, darüber 60% bei Abnahme von mindestens 1000 Stück einer Sorte.

Holzschrauben aus Eisen mit versenktem Kopf (nach ÖNORM)

Preise für 100 Stück in Schilling

Stärke in mm	Länge ab Kopfkante in mm																						
	5	7	10	13	15	17	20	25	30	35	40	45	50	60	70	80	90	100	110	120	130	140	150
1,4	0,45*	0,45*	0,45*																				
1,6	0,45*	0,45*	0,45*	0,45*	0,45*																		
1,8	0,45	0,45*	0,45*	0,45*	0,46*	0,48*	0,50*																
2,1		0,45*	o 0,45*	o 0,45*	o 0,46*	o 0,48*	o 0,50*	0,54*															
2,4		0,45*	o 0,45*	o 0,45*	o 0,46*	o 0,48*	o 0,50*	o 0,54*	0,60*														
2,7		0,45	o 0,45*	o 0,45*	o 0,48*	o 0,50*	o 0,52*	o 0,55*	o 0,62*	0,70*	0,80												
3,0			0,48*	o 0,48*	o 0,50*	o 0,52*	o 0,55*	o 0,60*	o 0,70*	0,80*	0,90*	1,00*	1,10*	1,30*									
3,5			0,50	0,50*	o 0,55*	o 0,57*	o 0,60*	o 0,70*	o 0,80*	o 0,90*	o 1,00*	1,10*	1,20*	1,40*	1,60*								
4,0				0,60	0,60*	o 0,65*	o 0,70*	o 0,80*	o 0,90*	o 1,00*	o 1,10*	o 1,20*	o 1,30*	1,50*	1,70*	1,90*							
4,5					0,70	0,75*	o 0,80*	o 0,90*	o 1,00*	o 1,10*	o 1,20*	o 1,30*	o 1,40*	1,60*	1,80*	2,00*							
5,0						0,85*	o 0,90*	o 1,00*	o 1,10*	o 1,20*	o 1,30*	o 1,40*	o 1,50*	o 1,75*	2,00*	2,40*							
5,5						1,10	1,10*	o 1,15*	o 1,25*	o 1,35*	o 1,45*	o 1,60*	o 1,75*	o 2,10*	2,50*	2,90*							
6,0							1,35*	1,40*	o 1,50*	o 1,65*	o 1,80*	o 1,95*	o 2,10*	o 2,50*	o 2,90*	3,30*	3,80*	4,30*		5,30			
6,5							1,55	1,60*	1,70*	1,90*	o 2,10*	o 2,30*	o 2,50*	o 2,90*	o 3,30*	3,70*	4,20*	4,70*	5,20	5,80			
7,0								1,80*	1,90*	2,10*	o 2,35*	o 2,60*	o 2,90*	o 3,40*	o 3,80*	o 4,40*	5,00*	5,50*	6,00	6,60			
8,0								2,70	2,80	3,00*	3,20*	3,50*	3,80*	4,30*	4,80*	5,50*	6,20*	7,00*	8,00	9,00	10,00		
9,0										4,00	4,20	4,50*	4,80*	5,40*	6,10*	7,00*	8,00*	9,00*	10,00	11,30	12,40		
10,0												5,70	6,00	7,00*	8,00*	9,00*	10,00*	11,00*	12,00	13,00	15,00		
11,0														8,50	10,00	11,50	13,00	15,00	17,50	20,00	22,00	25,00	30,00

Mit versenkten Köpfen werden nur die innerhalb des starken Linienzuges, mit halbrunden die mit * bezeichneten und mit linsenförmigen die mit o bezeichneten Sorten auf Lager gehalten.

Obige Grundpreise gelten nur für Holzschrauben mit versenkten Köpfen; Holzschrauben mit halbrunden Köpfen werden eine Nummer, solche mit linsenförmigen Köpfen zwei Nummern über ihre wirkliche Stärke berechnet.

Brücken-, Gerüst- und Weichenschrauben

Kopf und Mutter vierkantig, samt Unterlagscheiben werden wie rohe Mutterschrauben berechnet.

Holzschrauben aus Messing mit versenktem Kopf (nach ÖNORM)

Preise per 100 Stück in Schilling

Stärke in mm	Länge ab Kopfkante in mm															
	5	7	10	13	15	17	20	25	30	35	40	45	50	60	70	80
1,4	0,90 *	0,90 *	o 0,70 *	o 0,70 *	0,70 *											
1,6	0,90 *	0,90 *	o 0,70 *	o 0,70 *	o 0,70 *	0,75 *										
1,8	0,90 *	0,90 *	o 0,70 *	o 0,70 *	o 0,70 *	o 0,75 *	0,80 *									
2,1	0,95	0,95 *	o 0,75 *	o 0,75 *	o 0,75 *	o 0,80 *	0,85 *	1,00 *								
2,4		1,00 *	o 0,80 *	o 0,80 *	o 0,80 *	o 0,90 *	o 0,95 *	o 1,10 *								
2,7		1,05	o 0,85 *	o 0,85 *	o 0,90 *	o 1,00 *	o 1,10 *	o 1,30 *	o 1,50 *							
3,0			1,00 *	o 1,00 *	o 1,10 *	o 1,20 *	o 1,30 *	o 1,55 *	o 1,80 *	2,05 *	2,30					
3,5			1,10	o 1,20 *	o 1,30 *	o 1,45 *	o 1,60 *	o 1,90 *	o 2,20 *	o 2,50 *	2,80 *					
4,0				1,50	o 1,65 *	o 1,80 *	o 2,00 *	o 2,40 *	o 2,80 *	o 3,20 *	o 3,60 *	4,00 *	4,40 *			
4,5				1,95	2,10	2,30	o 2,50 *	o 3,00 *	o 3,50 *	o 4,00 *	o 4,50 *	5,00 *	5,50 *	6,50		
5,0					2,80	3,00	3,20 *	o 3,80 *	o 4,40 *	o 5,00 *	o 5,60 *	o 6,20 *	o 6,80 *	8,00 *		
5,5							3,75	4,50 *	o 5,25 *	o 6,00 *	o 6,75 *	o 7,50 *	o 8,25 *	o 10,00 *		
6,0							4,80	5,25	o 6,00 *	o 7,00 *	o 8,00 *	o 9,00 *	o 10,00 *	o 12,00 *	14,00 *	
6,5								6,25	7,00	8,25	9,50	10,75	12,00	14,50	17,00	
7,0									8,00	9,50	11,00	12,50	14,00	17,00	20,00	23,00
8,0									11,00	13,00	15,00	17,00	19,00	23,00	27,00	31,00

Hiezu 15% Aufschlag. Auf Lager gehalten werden die Sorten innerhalb des starken Linienzuges. (Schrauben mit halbrunden Köpfen sind mit *, solche mit linsenförmigen mit o bezeichnet.)

Normalmuttern (nach ÖNORM)

roh, sechskantig, kalt gepreßt. Bis 10 mm metrisches Gewinde, darüber Whitworthgewinde in engl. Zoll

Für Bolzendicke		4	5	6	7	8	9	10	$^7/_{16}$	$^1/_2$	$^5/_8$	$^3/_4$	$^7/_8$	1
100 Stück wiegen ungefähr kg	ohne Gewinde	0,122	0,181	0,344	0,466	0,865	1,467	1,416	2,14	3,17	5,99	9,80	13,94	20,48
	mit Gewinde	0,115	0,171	0,324	0,438	0,811	1,396	1,317	2,03	2,99	5,65	9,17	13,18	19,30
Lochweite in mm		3,1	4	4,7	5,7	6,4	7,4	8,1	9,1	10,3	13,3	16,2	19	21,8
Schlüsselweite in mm		8	9	11	12	14	17	17	19	22	27	32	36	41
Höhe in mm		3,5	4	5	6	8	9	9	11	12	16	19	22	25
Preis per 100 Stück in Schilling	ohne Gewinde	0,60	0,65	0,70	0,80	1,10	1,70	1,70	2,40	3,30	5,00	7,50	10,50	15,00
	mit Gewinde	1,05	1,10	1,20	1,30	1,60	2,10	2,10	3,00	4,10	6,00	8,50	12,00	17,00

Hiezu Aufschlag: Bis 10 mm 90%, ab $^7/_{16}$ Zoll 100%.

Unterlagscheiben, gescheuert (nach ÖNORM)

Bis einschließlich 1 Zoll für sechs- und vierkantige, darüber nur für sechskantige Köpfe bzw. Muttern

Für Bolzendicke bis 10 in mm, darüber in engl. Zoll	5	6	7	8	9	10	7/16	1/2	5/8	3/4	7/8	1	1 1/8	1 1/4	1 3/8	1 1/2
100 Stück wiegen ungefähr kg	0,082	0,185	0,185	0,344	0,561	0,561	0,81	1,18	2,11	3,42	5,12	6,50	6,67	6,78	8,81	11,05
Lochweite in mm	6	7,5	7,5	9	11	11	12	14	17,5	21	24	27	31	34	37	40
Durchmesser in mm	13	16	16	20	24	24	27	31	38	45	51	58	58	60	65	72
Dicke in mm	1	1,5	1,5	1,75	2	2	2,25	2,5	3	3,5	4	4	4,5	4,5	5	5
Preis per 100 Stück in Schilling	0,30	0,40	0,40	0,55	0,65	0,65	0,90	1,20	2,00	3,00	4,50	5,50	5,75	6,50	7,50	9,50

Hiezu ein Aufschlag von 85%.

Scheibchen aus Eisen, zu Blechnieten passend

Für Blechnieten Nummer	1	2	3	4	5	6	7	8	9	10	11	12
Lochweite in mm................	2,4	2,7	3	3,3	4	4,4	4,9	5,4	5,6	5,8	6,3	6,8
Durchmesser in mm	8	8,5	9	9,5	10	11	12	14	14,5	15,5	17	18,5
Per 1000 Stück S	2,75	2,90	3,00	3,15	3,25	3,40	3,50	3,75	4,00	4,50	5,00	6,70

Hiezu ein Aufschlag von 20%.

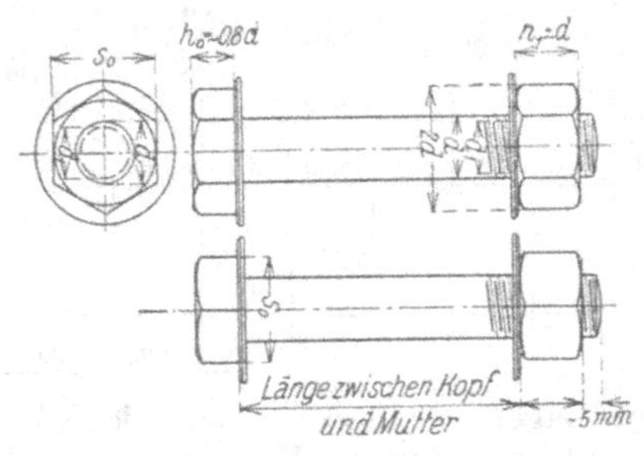

Gewichte von Schrauben und Unterlagscheiben[1])

Äußerer Durchmesser des Gewindes d		Kernquerschnitt $\frac{d_1^2 \cdot \pi}{4}$	Unterlagscheiben rund oder quadratisch		Gewicht in Kilogramm für				
			Durchmesser oder Seitenlänge $s=3,5\,d$	Dicke $\delta=0,25\,d$	100 mm Schaftlänge	Mutter + Gewinde + Kopf		1 Unterlagscheibe	
engl. Zoll	mm	cm²	mm	mm		quadratisch	sechseckig	rund	quadratisch
1/2	12,70	0,784	45	4	0,104	0,0867	0,0817	0,0459	0,0596
5/8	15,88	1,311	55	4	0,158	0,1605	0,1515	0,0609	0,0887
3/4	19,05	1,961	70	5	0,247	0,2673	0,2533	0,1387	0,1797
7/8	22,23	2,720	80	6	0,326	0,3969	0,3759	0,2170	0,2824
1	25,40	3,575	90	7	0,417	0,6001	0,5701	0,3208	0,4158
1 1/8	28,58	4,497	100	8	0,555	0,8375	0,7955	0,4530	0,5880
1 1/4	31,75	5,768	115	8	0,671	1,1041	1,0471	0,6030	0,7810
1 3/8	34,93	6,837	125	9	0,799	1,4516	1,3796	0,7957	1,1382
1 1/2	38,10	8,388	135	10	0,987	1,8851	1,8071	1,0320	1,3400
1 5/8	41,28	9,495	145	10	1,087	2,4083	2,2883	1,1910	1,5470
1 3/4	44,45	11,311	155	11	1,305	3,0122	2,8622	1,4990	1,9420
2	50,80	14,912	180	13	1,667	4,3923	4,1793	2,3900	3,0990

[1]) Aus Bronneck, H.: „Holz im Hochbau." Wien. 1927.

Durchschnittsgewichte von Nägeln[1])

Länge in mm	20	25	30	35	40	45	50	55		60	65	70	80	85	90
Dicke in $^1/_{10}$ mm bzw. Nummer	12	14	16	18	28	20	28	25	28	28	31			34	38
Gewicht per 1000 Stück in kg	2,0	4,0	5,0	11,0	15,0	10,0	20,0	20,0	25,0	33,0	40,0	42,5	50,0	62,5	90,0

Länge in mm	95	100		120	130	140	150	160	185	200	210	220	226
Dicke in $^1/_{10}$ mm bzw. Nummer	34	40	46	42	50	46	55	60	70	75		85	
Gewicht per 1000 Stück in kg	87,0	100,0	130,0	143,0	210,0	333,0	300,0	500,0	550,0	720,0	750,0	780,0	1180,0

[1]) Bei der Gewichtsbestimmung sind für Verpackung bei Nägeln bis zu 35 mm Länge 4 bis $4^1/_2$%, sonst $2^1/_2$ bis 3% zu den berechneten Gewichten zuzuschlagen.

Maschinengeflechte

Mitgeteilt von Hutter & Schrantz, Wien

Gewöhnliche einfach gedrehte Maschinengeflechte (Abb. 1)

Preise per 1 m² in Schilling ab Fabrik Wien, bei Abnahme von über 50 m² per Sorte; hiezu 3% Warenumsatzsteuer.

Abb. 1

Maschenweite in mm	Material	Drahtstärke in mm								
		3,4	3,1	2,8	2,5	2,2	2,0	1,8	1,6	1,4
80	roh	1,64	1,48	1,26	1,09	0,93	0,81	0,71	—	—
	feuerverzinkt	1,88	1,71	1,46	1,28	1,09	0,94	0,83	—	—
73	roh	1,87	1,59	1,35	1,17	1,01	0,88	0,77	—	—
	feuerverzinkt	2,15	1,85	1,58	1,38	1,19	1,03	0,91	—	—
65	roh	2,07	1,78	1,49	1,35	1,15	0,97	0,86	0,79	—
	feuerverzinkt	2,38	2,06	1,74	1,59	1,35	1,13	1,01	0,92	—
60	roh	2,40	1,92	1,60	1,45	1,22	1,03	0,92	0,85	—
	feuerverzinkt	2,75	2,22	1,88	1,72	1,44	1,21	1,09	0,99	—
53	roh	2,66	2,32	1,88	1,64	1,42	1,18	1,05	0,99	—
	feuerverzinkt	3,04	2,67	2,20	1,94	1,67	1,38	1,24	1,15	—
46	roh	2,98	2,62	2,07	1,79	1,54	1,31	1,16	1,08	—
	feuerverzinkt	3.41	3,02	2,43	2,11	1,81	1,53	1,37	1,27	—
40	roh	3,45	3,02	2,59	2,08	1,77	1,56	1,36	1,27	1,12
	feuerverzinkt	3.94	3,46	3,00	2,45	2,08	1,82	1,60	1,48	1,28
32	roh	—	3,82	3,25	2,65	2,17	1,92	1,73	1,50	1,34
	feuerverzinkt	—	4,41	3,80	3,14	2,56	2,25	2,05	1,75	1,54
26	roh	—	4,69	4,12	3,36	2,78	2,49	2,22	1,93	1,69
	feuerverzinkt	—	5,41	4,81	3,99	3,27	2,92	2,63	2,26	1,94
20	roh	—	6,00	5,24	4,35	3,32	3,03	2,76	2,44	2,19
	feuerverzinkt	—	6,94	6,14	5,12	3,91	3,56	3,28	2,86	2,53
16	roh	—	—	6,75	5,62	4,38	3,90	3,46	3,05	2,70
	feuerverzinkt	—	—	7,90	6,62	5,15	4,58	4,10	3,55	3,10
13	roh	—	—	—	6,60	5,46	4,68	4,21	3,57	3,15
	feuerverzinkt	—	—	—	7,80	6,40	5,52	5,03	4,18	3,64
10	roh	—	—	—	8,60	7,40	6,25	5,45	4,65	4,15
	feuerverzinkt	—	—	—	10,20	8,70	7,35	6,50	5,45	4,80

Aufschläge bei Bezug per Sorte von 50 bis 20 m² 5%, 20 bis 10 m² 10%, 10 bis 5 m² 15%; darunter 25%.

Verwendungszweck: 10 bis 32 mm Maschenweite, aus blankem Draht: für **Wurfgitter**; ferner aus blankem und feuerverzinktem Draht, 13 und 16 mm Maschenweite: für **Hagelschutz** und **Fensterschutzgitter**; 20 und 26 mm Maschenweite: **Glasdachschutzgitter, Schneerechengitter**; 32 und 40 mm Maschenweite: **Hühnerhofabfriedungen**; 46 mm Maschenweite: **Lawn-tennis-Einfriedungen**; 53 und 60 mm Maschenweite: **Einfriedungen** stärkerer Art; 65 bis 80 mm Maschenweite: **Wildgatterzäune** und **Spaliere**.

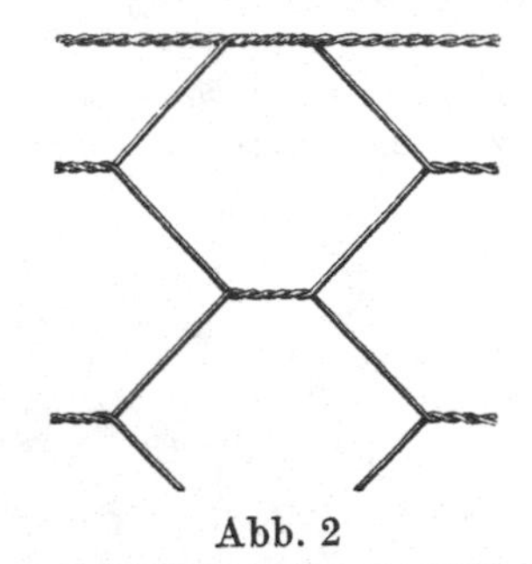
Abb. 2

Mehrfach gedrehte, am Stück feuerverzinkte, sechseckige Maschinengeflechte
(Abb. 2)

Die Preise verstehen sich per 1 m² in Schillingen bei Abnahme von mindestens 50 m Länge und 1 m Breite per Sorte mehr 3% Warenumsatzsteuer.

Maschenweite		Drahtstärke in mm										
in engl. Zoll	in mm	0,6	0,7	0,8	0,9	1,0	1,1	1,2	1,4	1,6	1,8	2,0
$^3/_8$	10	1,67	2,04	2,56	3,06	—	—	—	—	—	—	—
$^1/_2$	13	—	1,48	1,85	2,25	2,73	3,02	3,83	—	—	—	—
$^5/_8$	16	—	1,03	1,36	1,62	1,76	2,06	2,48	—	—	—	—
$^3/_4$	19	—	0,85	1,00	1,25	1,48	1,75	2,10	2,91	—	—	—
1	25	—	—	0,84	1,00	1,18	1,34	1,64	2,18	2,74	—	—
$1^1/_4$	32	—	—	0,64	0,77	0,90	1,06	1,18	1,64	2,02	—	—
$1^1/_2$	38	—	—	0,52	0,62	0,75	0,87	1,02	1,35	1,68	—	—
$1^5/_8$	41	—	—	0,49	0,59	0,71	0,82	0,97	1,27	1,60	—	—
$1^3/_4$	45	—	—	—	0,53	0,65	0,76	0,89	1,18	1,53	1,89	2,31
2	51	—	—	—	0,50	0,59	0,70	0,78	1,00	1,32	1,64	2,08
$2^1/_2$	64	—	—	—	0,45	0,47	0,55	0,62	0,84	1,07	1,34	1,64
3	76	—	—	—	—	0,41	0,47	0,55	0,72	0,91	1,13	1,34

Breiten unter 1 m werden mit 10% Aufschlag berechnet.

Minderabnahmen

von unter 50 bis 30 Längenmeter unterliegen einem Aufschlage von 5%
„ „ 30 „ 10 „ „ „ „ „ 10%
„ „ 10 „ „ „ „ „ 20%

Verwendungszweck: 10, 13 und 16 mm Maschenweite: **Volieren**; 19 mm Maschenweite: **Kaninchenställe, Fasanerien, Rabitz**; 32 und 38 mm Maschenweite: **Baumschulen, Hühner-** und **Taubenhäuser**; 45 mm Maschenweite: **Lawn-tennis-Einfriedungen**; 51 mm Maschenweite: **Einfriedungen leichterer Art, Baumschützer**; 64 und 76 mm Maschenweite: **Wildgatterzäune** und **Spaliere**.

Verzinkter Stacheldraht, zwei- oder vierspitzig, eng oder weit besetzt, auf Haspeln zu 250 m,

			zweispitzig	vierspitzig
2,2 mm stark, per 100 m	eng besetzt	....	S 8,00	S 9,00
	weit „	....	„ 7,00	„ 7,25
2,5 „ „ „ 100 „	eng „	....	„ 9,50	„ 10,50
	weit „	....	„ 8,75	„ 9,25

Quantitäten unter 250 m werden mit 10% Aufschlag berechnet.

Eisendrähte (verzinkt)

mm	6	5	4,6	4,2	3,8	3,4	3,1	2,8	2,5	2,2	2	1,8	1,6
Per 100 m S	15,25	11,00	9,25	7,75	6,50	5,25	4,50	3,75	3,25	2,50	2,25	1,85	1,50

Drahtklammern (verzinkt)
zum Befestigen der Drähte und Geflechte an Holzsäulen

Länge mm	40	35	30	25	20
Per 1000 Stück S	6,00	3,30	2,40	1,60	1,05

Hakennägel, Stukkaturhaken, per 1000 Stück *S 1,75.*

Einfriedungen

Einfriedung laut Abb. 3 oder ähnlich, für Villen, Landhäuser usw. geeignet. Ausführung auf Beton- oder Mauersockel, je nach Stärke und Höhe, per 1 Lfm. rund *S 15,00* bis *20,00.*

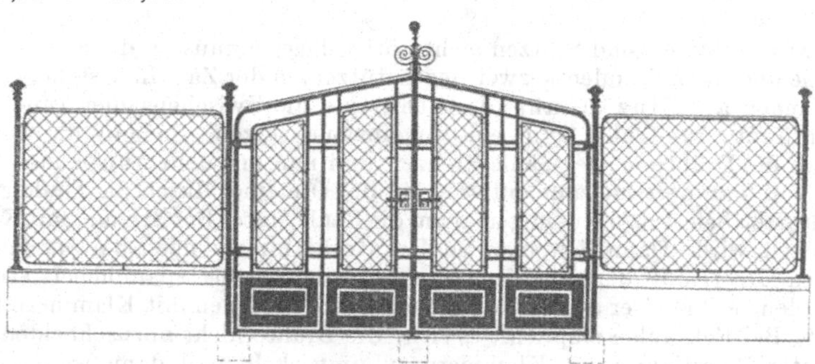

Abb. 3

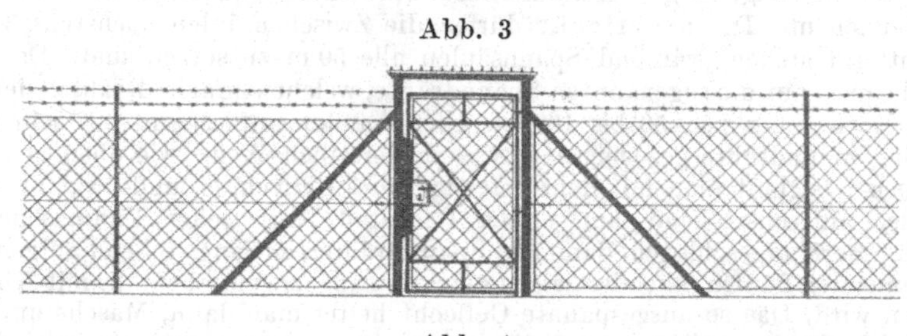

Abb. 4

Einfriedungen laut Abb. 4 oder ähnlich, geeignet für Gärten, Hühnerhöfe usw., die Säulen zum Eingraben in das Erdreich; je nach Drahtstärke und Einfriedungshöhe per 1 Lfm. rund *S 5,00* bis *10,00.*

Sand- und Schotterwurfgitter in Rundeisenrahmen mit Mittelstange

Preise per Stück

Höhe und Breite		Maschenweite in mm						Mit Stützen teurer um
		10	13	16	20	26	32	
90 × 110 cm	S	10,00	9,50	9,25	8,75	8,50	8,25	2,15
100 × 125 „	„	12,50	12,00	11,50	11,00	10,50	10,25	2,50
110 × 145 „	„	16,50	15,75	15,00	14,50	14,00	13,50	3,40
125 × 160 „	„	23,00	22,00	21,25	20,75	20,00	19,25	4,50

Anleitung für Selbstmontierung von Einfriedungen

Holzpackstalle je nach der Zaunhöhe und je nach der Verwendung, ob Zwischen-, Spann-, Eck- oder Endsäule, in verschiedener Stärke und Beschaffenheit wählen.

Bis zu 1 m Zaunhöhe, die Zwischensäulen rund 80 mm² dick mit rund 40 cm Verlängerung für die Erde.

Die Eck-, End- und Spannsäulen rund 100 mm² dick mit rund 75 cm Verlängerung für die Erde.

Bis zu 1,50 cm Zaunhöhe, die Zwischensäulen rund 100 mm² dick mit rund 60 cm Verlängerung für die Erde.

Die Eck-, End- und Spannsäulen rund 140 mm² dick mit rund 100 cm Verlängerung für die Erde.

Bis zu 2 m Zaunhöhe, die Zwischensäulen rund 120 mm² dick mit rund 80 cm Verlängerung für die Erde.

Die Eck-, End- und Spannsäulen rund 175 mm² dick mit rund 125 cm Verlängerung für die Erde.

Bei Zwischensäulen sind Stützen nicht nötig, dagegen müssen die Spann- und Endsäulen je eine und die Ecksäulen je zwei Gegenstützen, in der Zaunlinie stehend, erhalten.

Bei Zäunen aus Einzäunungsdrähten sind die Zwischensäulen rund 5 m voneinander entfernt; rund alle 50 m eine Spannsäule setzen. Sodann die Stellen bezeichnen, wo die Drähte an der Säule kreuzen und nun mit dem Aufspannen beginnen, indem der Draht an der Endsäule entweder in der Öse einer durch die Säule gesteckten Anspannschraube befestigt oder einigemal um die Säule, unter Befestigung mit Klammern, herumgewickelt wird. Dann läßt man die Drahtrolle bis zur nächsten Spannsäule entlang abrollen. Dort muß der so aufgewickelte Draht mittels Spannhebels stramm angezogen werden, während er an die vorher angemerkten Stellen mit Klammern fest anzuschlagen ist. Bei Ecksäulen empfiehlt es sich, die Drähte nicht abzuschneiden, sondern ebenfalls unter Befestigung mit Klammern zu umwickeln und dann weiterzuspannen.

Bei Zäunen mit Drahtgeflecht dürfen die Zwischensäulen höchstens 3 m voneinander entfernt stehen, während Spannsäulen alle 50 m zu setzen sind. Das Drahtgeflecht näht man auf die sogenannten Spanndrähte, welche einfache Drähte oder Litzen — in einer Entfernung von 50 bis 100 cm übereinander aufgespannt — sein können. Nachdem die Spanndrähte gezogen sind, was in derselben Weise wie oben beschrieben auszuführen ist, beginnt man mit dem Befestigen des Geflechtes, und zwar so, daß die Geflechtrolle, aufrechtstehend am ersten Packstall, mit jeder Endmasche durch kleinere Klammern angeschlagen, dann den Spanndrähten entlang stehend aufgerollt und an den kommenden Säulen, nachdem es sehr stramm angezogen, ebenfalls mit Klammern angeschlagen wird. Das so ausgespannte Geflecht heftet man dann, Masche um Masche mit dem Nähdraht durchziehend und diesen um die Spanndrähte herumwickelnd, an.

Ferner ist noch zu berücksichtigen, daß sowohl Geflecht wie Drahtstränge an der Außenseite des Zaunes, respektive der Packstalle, angeschlagen werden. Um die Holzpackstalle gegen Fäulnis zu schützen, ist es ratsam, die für die Erde bestimmten Teile mit Teer, Karbolineum oder sonstigen antiseptischen Mitteln zu streichen.

Steinmetzarbeiten
Von Ignaz Joksch, Stadtsteinmetzmeister

Grundpreise von Bauhölzern

Rauminhalt von Kanthölzern

Die Zimmererarbeiten
Von Ing. Hugo Bronneck, beh. aut. Zivilingenieur

Dachdeckerarbeiten
Ziegeldächer, Schieferdächer. Bearbeitet von A. R. Bergmann u. Co., Bauunternehmung, Wien

Dachpappedeckungen
Holzzementbedachungen, Preßkiesbedachungen auf Schalung. Laut Mitteilung der Teerag A. G., Bauabteilung der Asdag, Wien

Spenglerarbeiten — Kunststeinindustrie
Bearbeitet von A. R. Bergmann u. Co., Bauunternehmung, Wien

Steinzeug- und Tonwaren
Laut Mitteilung der Tonwarenabteilung der österreichischen Escompte-Ges., Wien

Bildhauerarbeiten

Straßenbau

A. Pflastererarbeiten. Laut Mitteilung vom Basaltwerk Radebeule, Wien
B. Preise über Pflasterungs-, Dachdeckungs- und Isolierungsmaterialien
C. Straßenpflasterungen
D. Straßenkonservierungen
E. Staubbindung von Straßen
(B.–E.:) Laut Mitteilung der Teerag A. G., Bauabteilung der Asdag, Wien

Neuzeitliche Straßenbauweisen
Nach Mitteilung der Asdag und Ing. v. Enyedy

Tischlerarbeiten — Fußböden
Bearbeitet von Kommerzialrat Alexander Engel v. Janosi, Chef der Fa. Brüder Engel, Wien

Schlosserarbeiten
Neue vollständige Beschläge. Mitgeteilt von Alexander Nehr, Kunstschlosser, Wien

Pendeltürbänder, Türschließer, Dreh- und Schiebetürbeschläge, Türkupplungen, Oberlichtöffner, Türschoner

Glaserarbeiten
Von Ing. G. Spielmann (H. Denes), Wien

Anstreicher-, Maler- und Vergolderarbeiten
Laut Mitteilung der Fa. R. Wakler, Wien

Eisenanstriche
Von Ing. Otto Reymann, Wien

Holzschutzmittel

Raumtapezierung
Von Dr. Wilhelm Kaiser usw.

Linoleum
Laut Mitteilung von W. Wilhelm Wagner, Wien

Steinmetzarbeiten

Von Ignaz Joksch, Stadtsteinmetzmeister

Die nachfolgend angesetzten Preise sind nur als Richtpreise anzusehen; sie gelten für komplett fix und fertige Ausführung der beschriebenen Steinmetzarbeit samt Lieferung zur Baustelle, also franko Fuhre Bau in einem der 21 Wiener Bezirke. Über das Versetzen der verschiedenen Arbeitskategorien sind die Preise im Abschnitt VIII, Arbeiten am Bau, besonders angesetzt.

Steingattungen

In der Hauptsache ergibt sich bei den im Bauwesen zur Verwendung kommenden Steinen folgende Einteilung:

Weiche Steine: Loretto-, Breitenbrunner, Kroisbacher, Stotzinger, Margarether u. a.

Mittelharte Steine: Joiser, Zogelsdorfer, Sommereiner, Kaiserstein u. a.

Sandsteine: Preßbaumer, Rekawinkler, Altlengbacher.

Harte Steine: Kaiserstein, Lindabrunner, Mannersdorfer.

Dichte Kalksteine, auch Marmor genannt: Karst von Nabresina, Grisignana, Istrianer, S. Stefano, Repentabor, Girolamo, Dalmatiner, Untersberger (hieher gehören auch die als bunte Marmore bezeichneten Steinsorten, dichte Kalke und Breccien, welche außer den kristallinischen Marmoren speziell unter Marmorarbeiten mitangeführt sind).

Granite: Niederösterreichische aus der Gmünder und Schremser Gegend und oberösterreichische aus der Mauthausner und Freistädter Gegend.

Gewichte und Druckfestigkeiten (Durchschnittszahlen):

Weiche Steine ...	Gewicht rund kg	2000 per m^3,	Druckfestigkeit	300 kg per cm^2
Mittelharte Steine	,, ,, ,,	2200 ,, ,,	,,	400 ,, ,, ,,
Sandsteine	,, ,, ,,	2400 ,, ,,	,,	1000 ,, ,, ,,
Harte Steine	,, ,, ,,	2500 ,, ,,	,,	1300 ,, ,, ,,
Dichte Kalksteine.	,, ,, ,,	2500 ,, ,,	,,	1500 ,, ,, ,,
Granite	,, ,, ,,	2600 ,, ,,	,,	1700 ,, ,, ,,

Verwendung

Die Auswahl der Steinsorten muß je nach deren Eignung für einen bestimmten Zweck getroffen werden. Demnach ist auf Dichte, Festigkeit, Härte, Wetterbeständigkeit, Spaltbarkeit, Farbe, Korn, Lagerhaftigkeit, Größe der erhältlichen Dimension, Bearbeitungsmöglichkeit usw. besondere Rücksicht zu nehmen. Vorwiegend kommen, je nach der Steingattung, folgende Verwendungszwecke in Betracht:

Weiche Steine: Hauptsächlich für Architektur und Bildhauerarbeiten (Steinfassaden und Fassadeteile).

Mittelharte Steine: Für den gleichen Zweck und teilweise auch für untergeordnete Stufen (Kellerstiegen) und Hackelsteinmauerwerk.

Sandsteine: Wie mittelharte Steine.

Harte Steine: Für alle Bauzwecke wie vor beschrieben; ferner für Stiegen und Eingangstufen, Einfriedungsteine, Deckplatten usw.

Dichte Kalksteine: Wie harte Steine und infolge der Polierfähigkeit für bessere innere Ausstattungen, wie Vestibüle, Saal- und Stiegenhausverkleidungen, Balustraden, Kamine, Tor- und Fensterumrahmungen, Fensterbretter usw.

Granit: Infolge der besonderen Härte und Widerstandsfähigkeit gegen Abnützung vornehmlich für Stufen aller Art, aber auch für alle sonstigen Bauzwecke der Außen- und Innenarchitektur, sonst für Brücken- und Wasserwerksbauten usw.

Berechnungsnorm für Steine

Wenn die Dimensionen nach zwei Richtungen nicht über 0,3 m betragen, sowie bei unter Abschnitt III angeführten Stufen, erfolgt die Verrechnung nach Kurrentmaß (per Meter), wenn nur eine Dimension nicht über 0,3 m beträgt, nach Flächenmaß (per Quadratmeter), und falls die Dimensionen nach allen drei Richtungen über 0,3 m betragen, nach Kubikmaß (per Kubikmeter). Werksteine, bei welchen alle drei Dimensionen unter 0,3 m betragen oder deren Herstellungskosten gegenüber dem Steinwert unvergleichlich hoch sind, z. B. Baluster, Basen, Kapitäle usw., werden nach Stück berechnet.

Bei Berechnung nach Kurrentmetern ist zu beachten, daß Fälze (Zapfen, Mandl) und einzumauernde Teile (Mauereingriffe) mitgemessen werden und daß im **Bogen gearbeitete Steine,** am äußeren Umfange gemessen, eineinhalbmal berechnet werden.

Bei Berechnung nach Quadrat- und Kubikmaß ist das Ausmaß nach der dem fertigen Werkstück umschriebenen kleinsten, rechteckigen Figur zu ermitteln.

I. Steine per Kubikmaß (Preise für 1 m³ bzw. per Stück)

Figurensteine	Aus weichem Stein	Aus mittelhartem Stein	Aus hartem Stein
	Schilling		
Figurensteine für den Bildhauer, nach bestimmten Maßen zugerichtete Werksteine (Bossenquader):			
bis 1,0 m³ Größe	180,00	220,00	340,00
über 1,0 bis 2,0 m³ Größe	200,00	260,00	400,00
„ 2,0 „ 3,0 „ „	250,00	320,00	460,00
über 3,0 „ „	280,00	400,00	540,00
Angemauerte Sockelstücke, Postamente, Pfeiler und Verkleidungsquader:			
Glatte, zum Teil angemauerte Sockelstücke, Pfeiler oder Verkleidungen, entweder mit winkelrechten Kanten oder abgefast:			
bis 0,5 m³ Größe	210,00	260,00	400,00
über 0,5 bis 1,0 m³ Größe	220,00	280,00	440,00
über 1,0 „ „	240,00	310,00	480,00

	Aus weichem Stein	Aus mittel-hartem Stein	Aus hartem Stein
	Schilling		
Angemauerte Quadersteine, einfach gegliedert (gefast) oder mit glatter Streifkugel:			
bis 0,5 m³ Größe	240,00	280,00	440,00
über 0,5 bis 1 m³ Größe	250,00	300,00	480,00
über 1 „ „	270,00	330,00	520,00

Sockel, Pfeiler und Verkleidungsquader mit Gesimsen werden nach den Preisen der glatten Stücke berechnet; den Kosten des ganzen Werkstückes sind dann noch die ermittelten Beträge für die Herstellung der Gesimse oder sonstiger Gliederungen (siehe diverse Arbeiten) zuzuschlagen.

Freistehende Pfeiler und Postamente

Glatte, bis 0,5 m³ Größe	230,00	270,00	430,00
über 0,5 bis 1 m³ Größe	240,00	290,00	470,00
über 1 „ „	260,00	320,00	510,00
Mit abgearbeiteten Ecken oder abgeschrägt:			
bis 0,5 m³ Größe	240,00	280,00	440,00
über 0,5 bis 1 m³ Größe	250,00	300,00	480,00
über 1 „ „	270,00	330,00	520,00
Mit Abkröpfungen:			
bis 0,5 m³ Größe	250,00	300,00	470,00
über 0,5 bis 1 m³ Größe	260,00	320,00	510,00
über 1 „ „	280,00	350,00	550,00
Für Pfeilerstücke mit angearbeiteten Gewölbsfüßeln kommt ein Zuschlag von	20,00	30,00	45,00

Rustiken oder Füllungen werden nach den wirklich herzustellenden Flächen und Profilierungen berechnet (diverse Arbeiten) und den vorstehenden Preisen der Sockelstücke oder Pfeiler als Aufzahlung zugeschlagen.

Gerade oder Segmentfrontenanfänge und Schlußstücke, ohne Unterschied der Ausladung, der Höhe und des Profils, bis 1 m³, wobei das Gesimse separat zu berechnen und der entfallende Betrag noch zuzuschlagen ist	260,00	320,00	500,00

Säulen

Gedrehte **Säulenbasen,** angemauert (1/2- oder 3/4-Säule):			
bis 0,1 m³ Größe, per Stück	40,00	50,00	80,00
über 0,1 bis 0,5 m³ Größe, per m³	380,00	500,00	740,00
„ 0,5 „ 1,0 „ per m³	420,00	560,00	820,00
Gedrehte **Säulenbasen,** freistehend (ganze Säulen):			
bis 0,1 m³ Größe, per Stück	42,00	53,00	85,00
über 0,1 bis 0,5 m³, per m³	390,00	510,00	760,00
„ 0,5 „ 1 „ Größe, per m³	430,00	570,00	840,00

	Aus weichem Stein	Aus mittelhartem Stein	Aus hartem Stein
		Schilling	
Säulenschäfte, glatt ($^{1}/_{2}$- oder $^{3}/_{4}$-Säulen):			
bis 0,3 m Durchmesser, per 1 m	40,00	50,00	80,00
über 0,3 „ „ bis 3 „ Länge, per m³	380,00	520,00	780,00
„ 0,3 „ „ über 3 bis 4 m Länge, per m³	420,00	580,00	860,00
„ 0,3 „ „ „ 4 m Länge, per m³	460,00	660,00	940,00
Ganze Säulen,			
bis 0,3 m Durchmesser, per m	42,00	53,00	85,00
über 0,3 „ „ bis 3 m Länge, per m³	390,00	540,00	800,00
„ 0,3 „ „ über 3 „ „ „ „	430,00	600,00	880,00
Säulenkapitäle mit Bossen für den Bildhauer:			
bis 0,1 m³ Größe, per Stück	45,00	56,00	90,00
über 0,1 bis 0,5 m³ Größe, per m³	420,00	580,00	820,00
„ 0,5 „ 1 „ „ „ „	460,00	660,00	900,00
Tragsteine			
Konsolen oder Tragsteine, bossiert für den Bildhauer	310,00	400,00	540,00
„ „ „ rein ausgearbeitet, nach einfacher Zeichnung	380,00	520,00	780,00
Verschiedene Werkstücke			
Quader an Auflagen und Fugen, rein bearbeitet, an der Außenseite rauh zugerichtet:			
bis 0,5 m³ Größe	210,00	280,00	400,00
von 0,5 bis 1 m³ Größe	220,00	240,00	440,00
über 1 „ „	240,00	310,00	480,00
Hackelsteine, lagerrecht zugerichtet, Ansichtsfläche als Bosse rauh belassen, per m³	—	120,00	150,00
Bruchsteine, lagerhaft, für Zyklopenmauerwerk geeignet, unbearbeitet, per m³	—	30,00	40,00

	Aus hartem Stein S
Tür- und Torgewände, glatt, mit mindestens 0,09 m² Querschnitt:	
bis 3 m Länge	500,00
über 3 „	550,00
Tür- oder Torgewände mit einfachem Profil, sonst wie vor:	
bis 3 m Länge	520,00
über 3 „ „	570,00
Traversenunterlagsteine	280,00
Glatter Brunnengrand	520,00
Einfach profilierter Brunnengrand	640,00
Glatte Streifkugel	580,00
Profilierte Streifkugel	680,00
Futtermuscheln, ausgearbeitet	700,00

Werksteine, speziell aus Granit	Aus hartem Stein
Brückenunterlags- und Druckverteilungsquader:	S
die Auflagerflächen eben bearbeitet, die Sichtflächen gespitzt, per m³..	280,00
„ „ „ „ „ „ gestockt, „ „ ..	300,00
Brückenpfeilerverkleidungssteine, wie vor bearbeitet, gespitzt, „ „ ..	260,00
„ „ „ „ „ gestockt, „ „ ..	280,00
Wasserwerkssohlenbelagsteine, Oberlager, grob bearbeitet, ringsherum gefugt, per m³	250,00

II. Steine nach Quadratmaß (Preise für 1 m²)

Pflasterplatten, Perronsteine und Vorlegstufen	Aus hartem Stein S
0,1 m dicke Pflasterplatten ohne Falz	55,00
Über 0,3 m breite, abgefaste, glatte Perronsteine und Vorlegstufen:	
bis 0,15 m Höhe	70,00
über 0,15 bis 0,2 m Höhe	75,00
„ 0,2 „ 0,25 „ „	80,00
Bei abgerundeten Perronsteinen wird für jede Abrundung ein Betrag zugeschlagen von	5,00

Die vorstehenden Preise gelten für Stücke bis 1 m² Größe. Für größere Stücke werden diese Preise für je 0,5 m² Mehrgröße um 15% erhöht.

Sockel- und Wandverkleidungsplatten	Aus mittelhartem Stein	Aus hartem Stein
	Schilling	
0,1 m dicke, glatte Verkleidungsplatten, entweder mit winkelrechter Oberkante oder mit Fasen:		
bis 1 m² Stückgröße	60,00	85,00
über 1 „ „	70,00	95,00
0,1 m dicke, glatte Verkleidungsplatten mit eingearbeiteten Kellerfenstern und Eisenfalz:		
bis 1 m² Stückgröße	70,00	95,00
über 1 „ „	80,00	105,00
0,15 m dicke, glatte Verkleidungsplatten, entweder mit winkelrechter Oberkante oder mit Fasen:		
bis 1 m² Stückgröße	65,00	90,00
über 1 „ „	75,00	100,00
0,15 m dicke, glatte Verkleidungsplatten mit eingearbeiteten Kellerfenstern und Eisenfalz:		
bis 1 m² Stückgröße	75,00	100,00
über 1 „ „	85,00	110,00

Verkleidungsplatten mit Gliederungen oder Profilen, reicher ausgestattet, werden nach den Preisen der glatten Stücke berechnet und die Kosten der Gesimsausarbeitung nach den bezüglichen Ansätzen (siehe diverse Arbeiten) zugeschlagen.

Deckplatten	Aus hartem Stein S
0,1 m dicke Platten für **Schächte** ohne Falz, jedoch mit Hebnagelloch	80,00
0,1 „ „ „ „ „ mit „ und Hebnagelloch......	85,00
0,15 „ „ „ „ „ ohne „ jedoch mit Hebnagelloch	85,00
0,15 „ „ „ „ „ mit „ und Hebnagelloch......	90,00
0,2 „ „ „ „ „ „ „ „ „	95,00
0,25 „ „ „ „ „ „ „ „ „	100,00

Brunnendeckplatte mit Ringloch, eingelassenem Ring und eingarbeitetem Brunnenrohr mit Falz:

bis 0,15 m dick	90,00
über 0,15 bis 0,2 m dick	95,00
„ 0,2 „ 0,25 „ „	100,00

Glatte **Deckplatten**:	Aus weichem Stein	Aus mittelhartem Stein	Aus hartem Stein
	Schilling		
bis 0,1 m dick..............................	40,00	50,00	75,00
über 0,1 bis 0,15 m dick	44,00	54,00	80,00
„ 0,15 „ 0,2 „ „	48,00	58,00	85,00
„ 0,2 „ 0,25 „ „	52,00	62,00	90,00

Deckplatten (glatte, für Brunnen oder Schächte), deren Oberfläche nicht parallel zur Auflagerfläche, sondern nach einer oder mehreren Richtungen geneigt zugearbeitet ist, erhalten zu vorstehenden Grundpreisen einen Zuschlag, der bei einseitigem Fall 5%, zweiseitigem Fall 10%, dreiseitigem Fall 15%, vier- oder mehrseitigem Fall 20% des Preises der schwächsten Platte der betreffenden Gattung beträgt.

Das Anarbeiten von Wassernasen und Gesimsen wird separat berechnet (diverse Arbeiten) und dem Plattenpreise zugeschlagen.

Ruheplätze und Balkonplatten aus hartem Stein:	Aus hartem Stein S
Ruheplatz bis 0,15 m dick, die Schalung rauh, mit Rundstab oder Spiegel, mit Fase, bis 2 m² Stückgröße	120,00
über 2 „ 3 „ „	130,00
„ 3 „ 4 „ „	150,00
Ruheplatz über 0,15 m dick, sonst wie vorige Post, bis 2 m² Stückgröße	130,00
über 2 bis 3 m² Stückgröße	140,00
„ 3 „ 4 „ „	160,00
Freitragender Stiegenruheplatz (Podest), bis 0,2 m dick, mit reingearbeiteter Schalung und Rundstab:	
bis 2 m² Stückgröße	140,00
über 2 bis 3 m² Stückgröße	150,00
„ 3 „ 4 „ „	170,00

Bei **profilierten** Ruheplätzen wird die Länge des angearbeiteten Profils wie bei Stufen berechnet.

Bei **rauher** Schalung erniedrigen sich die vorstehenden Preise um *S 10,00.*

	Aus hartem Stein S
Bis 0,15 m dicke **Balkonplatten** mit Gesimse, Fall, Falz, Wassernase und Wiederkehr:	
bis 2 m² Stückgröße	140,00
über 2 bis 3 m² Stückgröße	150,00
„ 3 „ 4 „ „	170,00
Über 0,15 bis 0,2 m dicke **Balkonplatten,** sonst wie vorige Post:	
bis 2 m² Stückgröße	150,00
über 2 bis 3 m² Stückgröße	160,00
„ 3 „ 4 „ „	180,00
Über 0,2 bis 0,25 m dicke **Balkonplatten,** sonst wie oben:	
bis 2 m² Stückgröße	160,00
über 2 bis 3 m² Stückgröße	170,00
„ 3 „ 4 „ „	200,00
Über 0,25 bis 0,3 m dicke **Balkonplatten,** sonst wie oben:	
bis 2 m² Stückgröße	180,00
über 2 bis 3 m² Stückgröße	200,00
„ 3 „ 4 „ „	220,00

Für Anarbeitung von **Kassetten** an den unteren Flächen der Platten wird zu obigen Preisen 15% der betreffenden niedrigsten Plattenkategorie zugeschlagen.

Hängeplatten	Aus weichem Stein	Aus mittelhartem Stein	Aus hartem Stein
		Schilling	
Gesimshängeplatten mit Wassernase:			
bis 0,1 m dick	28,00	48,00	70,00
über 0,1 bis 0,15 m dick	36,00	58,00	80,00
„ 0,15 „ 0,2 „ „	44,00	68,00	90,00
„ 0,2 „ 0,25 „ „	52,00	78,00	100,00
Gesimshängeplatten mit Profil und Wassernase:			
0,15 m dick	50,00	78,00	100,00
0,2 „ „	60,00	88,00	110,00

Für Anarbeitung von Kassetten an den unteren Flächen der Platten wird zu obigen Preisen 15% der betreffenden niedrigsten Plattenkategorie zugeschlagen.

Geländerplatten

Durchbrochene, auf beiden Seiten rein ausgearbeitete Balkon-, Terrassen- oder Attika-Geländerplatten:			
bis 0,1 m dick	110,00	130,00	180,00
über 0,1 bis 0,15 m dick	120,00	145,00	200,00
Komplette Terrassen- oder Balkongeländer, bestehend aus dem Balustersockel, glatten Balustern und der Deckplatte samt den Zwischenpostamenten, durchschnittlich per m²	180,00	200,00	230,00

Verschiedene Werkstücke

	Aus hartem Stein S
Ganz rauhe **Kanalüberlagplatten,** an den Stoßfugen bearbeitet:	
bis 0,1 m dick, per m²	35,00
über 0,1 bis 0,15 m dick, per m²	45,00
„ 0,15 „ 0,2 „ „ „ „	55,00
Bis 0,15 m dicke **Schlauchaufstandplatten** mit durchgearbeitetem Loch für den Schlauch per m²	60,00
Bis 0,15 m dicke **Pissoirrinne** mit eingearbeitetem Falz für die Wandplatten per m²	100,00
Bis 0,15 m starke **Pissoirplatten** mit Falz und 8 cm tief eingearbeiteten Rippen, per m²	90,00
Bis 0,18 m dicke **Ableitungswandplatten** mit rein gearbeiteten Lagern und Fälzen per m²	90,00
Abortsitzplatten, 8 bis 10 cm stark, mit eingearbeitetem Sitzloch per m²	80,00
Bis 0,1 m dicke, beiderseits gelagerte **Siphon-Zungenplatte** per m²	70,00
Runde oder eckige **Ofenuntersatzsteine** mit Fasen:	Aus weichem Stein S
bis 0,15 m dicke per m²	40,00
über 0,15 „ „ per m²	50,00

III. Steine nach Kurrentmaß (Preise für 1 m)

Stufen. Stiegenstufen aus hartem Kaiserstein oder anderen, diesem in Rücksicht auf Qualität und Härte gleichkommenden Steingattungen:

Gerade Stiegenstufen für beiderseitige Einmauerung, mit glattem Spiegel und mit rauher Schalung, per Längenmeter:	Bei Stufenlängen bis 2 m	über 2 bis 2,5 m	über 2,5 bis 3 m
	Schilling		
bis 0,15 m hoch, bis 0,35 m breit	23,00	28,00	33,00
„ 0,15 „ „ über 0,35 bis 0,45 m breit	27,00	32,00	37,00
über 0,15 bis 0,25 m hoch, bis 0,35 m breit	25,00	30,00	35,00
„ 0,15 „ 0,25 „ „ über 0,35 bis 0,45 m breit	28,00	33,00	38,00

Zu den Preisen für gerade Stiegenstufen wird an Zuschlag geleistet:

a) für **gleichdicke** Stufen, per m .... S 1,50
b) „ **freitragende** oder auf Traversen aufzulegende Stufen, samt Herstellung des Tragfalzes, der Schräge, des Profiles, des Auflagers, der Schalung für Verputz und Herstellung eines Kopfes, per m .... „ 10,00
c) für **geschweifte** Stufen, sonst wie ad b), per m .... „ 12,00
d) „ freitragende **Spitzstufen**, sonst wie ad b), per m .... „ 11,00
e) **beiderseits eingemauerte** Spitzstufen, per m .... „ 1,20

Anmerkung: Bei Spitzstufen ist der Grundpreis der mittleren Breite entsprechend zu nehmen.

f) Anarbeitung eines **Rundstabes** oder einer Platte, per m .... S 1,50
g) „ „ **Profiles** nach Zeichnung, per m .... „ 5,00
h) „ „ **Falzes,** per m .... „ 3,00
i) „ einer **Schräge,** per m .... „ 1,00
k) für Herstellung einer feingestockten Schalung, per m .... „ 3,50
l) „ Schleifen und Polieren des Profiles, per m .... „ 4,00
m) „ Anarbeiten eines ebenen, glatten Kopfes, per Stück .... „ 1,80

n) für Anarbeiten eines glatten, konkaven oder konvexen Kopfes, per Stück .... S 3,50
o) für halbkreisförmige oder elliptische, glatte, volle oder halbe Rundköpfe bis 45 cm Breite, per Stück .... „ 6,00
p) für halbkreisförmige oder elliptische, glatte, volle oder halbe Rundköpfe über 45 cm Breite, für je 10 cm Mehrbreite; per Stück ..... „ 2,00

Antrittsstufen bis 0,45 m breit werden nach den einschlägigen Stufenposten, solche über 45 cm breit wie Ruheplätze berechnet.

Zargen, Gewände, Gesimsstücke, Stürze und Sohlbänke Gerade Gewände, Gesims- oder Zargenstücke, ohne Falz und ohne Profil:	Aus weichem Stein	Aus mittelhartem Stein	Aus hartem Stein
	Schilling		
bis 15/15 stark	9,00	11,00	16,00
über 15/15 bis 15/20 stark	11,50	14,00	20,00
„ 15/20 „ 20/20 „	14,00	17,00	24,00
„ 20/20 „ 20/25 „	16,50	20,00	28,00
„ 20/25 „ 25/25 „	19,00	23,00	32,00
„ 25/25 „ 25/30 „	21,50	26,00	36,00
„ 25/30 „ 30/30 „	27,00	29,00	40,00
Für das Ausarbeiten von Stufeneinlässen wird ein Zuschlag berechnet, per m	5,00	7,00	12,00

Das An- und Ausarbeiten von Fälzen, Profilen und Verkröpfungen wird nach den bezüglichen Ansätzen wie bei Stufen verrechnet.

Die vorstehenden Gewändepreise gelten nur für Stücke bis 1,60 m Länge und mit höchstens zwei Häuptern (reinen Seiten).

Für je 0,3 m Mehrlänge findet ein Aufschlag von 15% auf die Grundpreise statt.

Für Zargen und Gewände, welche mehr als zwei Häupter haben, erfolgt für je ein Haupt zu den vorstehenden Grundpreisen ein Zuschlag von 10%. Ebenso werden Stürze und Sohlbänke, welche einen Fall angearbeitet erhalten, mit 10% Zuschlag berechnet.

Zargen, Gewände, Gesimsstücke, Stürze und Sohlbänke, deren Querschnittsdimensionen von den angesetzten Maßen abweichen, werden nach addierten Zentimetern mit der die gleiche Querschnittssumme enthaltenden bezüglichen Post berechnet.

Beispiel: Ein Gewände 0,15/0,24 = Querschnittssumme 0,39, entspricht der Post 0,15/0,2 bis 0,2/0,2 mit Querschnittssumme von 0,35 bis 0,4.

Reine Köpfe werden bei Berechnung der Länge des betreffenden Stückes zugeschlagen.

Für jede ein- oder ausspringende Wiederkehr von Fälzen oder Gesimsen wird zur abgewickelten Länge noch ein Zuschlag von 0,25 m berechnet.

Verschiedene Werkstücke	Aus weichem Stein	Aus mittelhartem Stein	Aus hartem Stein
	Schilling		
Bis 15/20 cm große, glatte **Baluster-** oder **Attikasockel** mit eingearbeitetem Falz oder Zapfenlöchern für die Geländerplatten oder Baluster, per m	16,00	19,00	26,00
Dieselben mit Gesimse, per m	20,00	24,00	34,00

	Aus weichem Stein	Aus mittel-hartem Stein	Aus hartem Stein
		Schilling	
Bis 15/20 cm **Baluster-** oder **Attikadeckstein** mit Gesimse, sonst wie vor, per m	26,00	30,00	38,00
Beiderseitige Gesimse werden um 20 % höher gerechnet.			
Torlaufsteine, 0,15 m dick, 0,3 m breit, mit eingearbeitetem Falz für die Laufschiene, per m	—	—	26,00
Torlaufsteine, 0,15 bis 0,2 m dick, 0,3 bis 0,4 m breit, per m	—	—	34,00

IV. Diverse Steinmetzarbeiten

Nach Profil ganz rund gedrehte **Baluster** bis 0,8 m Höhe mit horizontalem Auflager, per Stück	17,00	24,00	38,00
Nach Profil ganz rund gedrehte **Baluster** bis 0,8 m Höhe mit schrägem Auflager, per Stück	19,00	27,00	42,00
Baluster wie vor, jedoch oben und unten mit eckiger Plinte, mit horizontalem Auflager, per Stück	20,00	28,00	44,00
Baluster wie vor, jedoch mit schrägem Auflager, per Stück	22,00	31,00	48,00
Eckige, gegliederte **Baluster** bis 0,8 m Höhe, per Stück	40,00	54,00	78,00
Glatte, prismatische **Baluster,** 10 bis 12 cm Querschnitt, bis 0,8 m hoch, per Stück	10,00	13,00	20,00
Bis 0,15 m dicker, bis 0,3 m breiter, 1 m langer, nach Profil ausgearbeiteter **Fußstein** für Bänke, per Stück	—	36,00	54,00
0,3 m hohe, 0,25 m breite, im Achteck angearbeitete **Postamente** mit abgefasten Kanten für **Pissoire,** mit 0,16 m tief eingearbeitetem Loch für die Pissoirsäulen, per Stück	—	—	30,00
0,2 m dicker, 0,3 m im Quadrat großer **Pfannenstein** mit eingearbeitetem Loch für die Pfanne, per Stück	—	—	10,00
Grenzstein im Rechteck oder im Dreieck, bis 0,2 m breit, bis 0,3 m lang, 1 m hoch, auf 0,6 m rein gearbeitet, per Stück	—	—	12,00
Eine Nummer oder einen Buchstaben gravieren und schwarz lackieren	—	—	0,40
Lisenen- oder Säulen-**Kannelierung,** per m	2,50	3,50	6,00
Pflaster ritzen, auf 0,1 m Ritzenentfernung, per m²	—	—	5,00

V. Arbeiten aus Granit

	S
Ein Stück Granit-**Trottoirplatte,** 0,474 m lang, 0,474 m breit, 0,145 bis 0,17 m hoch, oben und an den Stoßflächen rein gestockt	7,00
Ein Stück Granit-**Trottoirplatte,** 0,316 m lang, 0,316 m breit, 0,145 bis 0,170 m hoch, oben und an den Stoßflächen rein gestockt	3,00
Ein Kurrentmeter gerade **Trottoirrandsteine,** 0,316 m breit, 0,237 m hoch, in Stücken von mindestens 1,5 m Länge, oben und an der vorderen Seite rein gestockt, die Kante abgefast	19,00

Ein Kurrentmeter **Trottoirrandsteine** wie vor, jedoch im **Bogen** gearbeitet . S 28,00
,, ,, gerade **Trottoirrandsteine,** 0,3 m breit, 0,2 m hoch... ,, 17,00
,, ,, ,, , jedoch im Bogen gearbeitet ,, 25,00

Werden die sonstigen angeführten Arbeiten anstatt aus hartem Steine aus Granit angefertigt, so kann bei den Steinen nach Kubikmaß und größtenteils auch bei den Steinen nach Quadratmaß mit den gleichen Preisen wie für harten Stein gerechnet werden.

Bei den Steinen nach Kurrentmaß, also hauptsächlich Stufen, sowie bei Ruheplätzen, Perron- und Vorlegstufen (nach Quadratmaß) ist bei Ausführung in Granit mit einem Abschlag auf die eingesetzten Preise für harten Stein zu rechnen, und zwar bei Stufen (Kurrentmaß) mit rund 15%, bei Podesten und Vorlegstufen (Quadratmaß) mit rund 25%.

VI. Arbeiten aus Marmor

Für Arbeiten aus Karstmarmor (Nabresina, Sa. Croce, Repentabor, S. Stefano) ist den Preisen für ganz harten Stein 50% zuzuschlagen.

Marmor-Verkleidungsplatten

Glatt, eine Sichtfläche geschliffen und poliert, mit geraden Kanten, in normalen Dimensionen, per 1 m², loko Wien berechnet:

a) Kristallinische und bunte Marmore:

	Stärke mm	Preis per m² S		Stärke mm	Preis per m² S
Carrara, IIIa	10	47,00	Malplaquet	20	58,00
,, IIIa	15	52,00	Sikloser	20	58,00
,, IIIa	20	56,00	Untersberger Forellen	20	60,00
,, IIIa	25	64,00	Lünel	20	60,00
,, IIIa	30	70,00	Calacatte	20	64,00
,, IIIa	40	80,00	Napoleon	20	64,00
,, IIa	20	58,00	St. Anna	20	65,00
,, IIa	25	66,00	Noir, fin	20	65,00
,, IIa	30	72,00	Vert d'Estours	20	66,00
,, IIa	40	84,00	Arabescato	20	68,00
Belg. Granit, licht	20	50,00	Bardiglio fiorito, Ia	20	70,00
,, ,, dunkel	20	54,00	Piastraccia	20	70,00
Rosa Corallo	20	54,00	Paonazzo, viola	20	70,00
Veroneser, Ia	20	54,00	Polcevere	20	70,00
Mandorla	20	54,00	Belg., blau	20	70,00
Rouge fleury	20	54,00	Siena Paonazzo	20	72,00
Suchomaster	20	54,00	Rosso Levanto	20	74,00
Ungar., rot	20	54,00	Bianco P.	20	74,00
Mühldorfer	20	54,00	Fantastico	20	75,00
Sallaer Marmor	20	54,00	Portovenere, gelb	20	75,00
Bardiglio, licht	20	56,00	Siena unito	20	76,00
,, dunkel	20	58,00	Vert des Alpes	20	80,00
,, fiorito, IIa	20	58,00	Skyros d'Italia	20	86,00
Vert rose	20	58,00	Paonazzo, Ia	20	90,00
Belg., rot	20	58,00			

b) Karstmarmore:

	Stärke mm	Preis per m² S		Stärke mm	Preis per m² S
S Stefano	20	52,00	Repentabor	20	55,00
Nabresina	20	52,00			

c) Griechische Sorten:

Tinos	20	90,00	Vert Antique	20	100,00

d) Travertine:

Ital. Travertin	40	52,00	Deutscher Travertin	30	60,00
Slowak. Travertin	40	52,00			

Platten mit Dimensionen unter 0,3 m (Streifen) werden mit 0,3 m voll berechnet.

Bei stärkeren Platten über 2 cm wird für jedes Zentimeter Mehrstärke 40% auf vorstehende Preise zugeschlagen. Polierte Kanten werden bei Berechnung des Quadratausmaßes mitgemessen.

VII. Diverse Arbeiten an Werksteinen

	Aus weichem Stein	Aus mittelhartem Stein	Aus hartem Stein
Rauh bossierte Steinflächen, fein stocken oder rustizieren, per m²	4,00	8,00	12,00
Gesimse, gradlinige, jeder Form und Profilierung herstellen, wobei die Fläche des Gesimses derart zu ermitteln ist, daß die Summe aus der Breite und Höhe des Gesimses mit dessen Länge multipliziert wird, per m²	24,00	36,00	50,00

Gesimse bis zur Breite von 5 cm werden mit 5 cm Breite gerechnet.

Für jede ein- oder ausspringende Wiederkehr wird zur Länge des Gesimses der doppelte Vorsprung, mindestens aber 50 cm, zugeschlagen.

Schleifen von Steinflächen, per m²	—	—	16,00
Säume, gradlinig, herstellen, per m	0,50	0,80	1,50
Falz, „ „ „ „	1,50	2,50	3,50
Nut, „ „ „ „	1,80	2,80	4,50
Fase, bis 5 cm breit, „ „	0,50	0,70	1,20
Wassernase, gradlinig, einarbeiten, per m	1,80	2,80	4,50
Zahnleisten, gradlinig, ausarbeiten, und zwar:			
bei 6 cm Höhe und 8 cm Zahntiefe, per m	7,00	14,00	20,00
„ 9 „ „ „ 12 „ „ „ „	9,00	17,00	25,00
„ 12 „ „ „ 15 „ „ „ „	11,00	20,00	30,00

Werden vorstehende Arbeiten (Abstocken, Rustizieren, Gesimse usw. bis inklusive Zahnleisten) an gekrümmten Flächen oder in gekrümmten Linien ausgeführt, dann sind den angesetzten Preisen 60% zuzuschlagen.

Loch, rundes, bohren oder ausarbeiten:	Aus weichem Stein	Aus mittelhartem Stein	Aus hartem Stein
		Schilling	
bis 5 cm Durchmesser, per m	8,00	14,00	20,00
von 5 bis 10 cm Durchmesser, per m	11,00	18,00	26,00
„ 10 „ 15 „ „ „ „	14,00	22,00	32,00
„ 15 „ 20 „ „ „ „	17,00	26,00	38,00
„ 20 „ 25 „ „ „ „	20,00	30,00	44,00

Ist die Bohrtiefe der Löcher über 50 cm, dann sind diesen Preisen 40% zuzuschlagen.

Loch, quadratisch oder rechteckig, ausarbeiten, wird mit 45% Zuschlag auf die Preise für runde Löcher vergütet. An Stelle des Durchmessers tritt die Seite des umschriebenen Quadrates oder das arithmetische Mittel aus den beiden Rechteckseiten.

VIII. Verschiedene Arbeiten am Bau

a) An Naturstein:	Harter Stein und Karstmarmor	Granit
	Schilling	
Glattgetretene Stufen überstocken, per m	1,50	3,00
„ „ Podeste „ „ m²	3,60	7,20
Ausgetretene Stufen aufspitzen, mit Kunststein auftragen und abstocken, per m	10,00	12,00
Ausgetretene Podeste aufspitzen, mit Kunststein auftragen und abstocken, per m²	26,00	30,00

Steinfassaden überarbeiten, die ganze Fläche gemessen, ohne Abzug der Tür- und Fensteröffnungen, je nach architektonischer Gliederung und je nach Material per m² von rund S 10,00 bis 15,00

Versetzen von Werksteinen ist bei normalen Verhältnissen, das heißt ohne die eventuell weitere Maurerarbeit (Anmauerungen, Ziegel- oder Betonausfütterungen) zu berechnen: per m³ ..... S 120,00
„ m² ..... „ 18,00
„ m ..... „ 6,00

b) An Kunststein oder Beton:

Ebene Flächen steinmetzmäßig spitzen oder kröneln, per m² ..... S 7,00
„ „ „ stocken, per m² ..... „ 8,00

Gegliederte Flächen, horizontale Untersichten, Verkröpfungen, Kassettierungen und Gesimse abgewickelt gemessen, wobei Dimensionen unter 0,1 mit 0,1 zu berechnen sind, spitzen oder kröneln, per m² ..... „ 10,00

Gegliederte Flächen, horizontale Untersichten, Verkröpfungen, Kassettierungen und Gesimse abgewickelt gemessen, wobei Dimensionen unter 0,1 mit 0,1 zu berechnen sind, Dieselben wie vor, stocken oder mit dem Meißel aufschlagen, per m² ..... „ 12,00

IX. Steinkitt

zum Ausbessern und Kitten von Steinen, Reparieren von Stiegenstufen, per kg ..... S 1,50

Kittwasser, per kg ..... „ 1,00

Unikum-Steinkitt mit gewöhnlichem Wasser anrühren, per kg ..... „ 5,00

Tabelle

über Grundpreise von Bauhölzern und Schnittmaterialien in trockenem Zustande, aus rechtzeitig gefällten Stämmen

Gattung		Fichten-, Tannenholz					Inländisches Föhrenholz		Lärchenholz			Inländische Eiche[1])	
		bis einschließlich											
		6	9	12	15	18	6	9	6	9	12	6	9
		Meter Länge											
		kostet ein Kubikmeter (Festmeter) in Schilling österr. Währung, franko Waggon Wien											
Rundhölzer:													
Mittendurchmesser	12 bis 19 cm	—	—	33	33	33	—	—	—	—	—	—	—
„	20 „ 25 „	32	34	35	36	38	32	34	40	44	46	45	55
„	26 „ 30 „	32	34	36	38	40	32	34	40	44	47	52	62
„	31 „ 40 „	34	36	38	40	42	34	36	45	47	49	65	75
„	41 „ 50 „	36	38	41	43	46	36	38	47	50	53	75	85
Kanthölzer:													
Querschnitt	8 bis 15 cm	70	85	100	120	130	—	—	92	110	130	190	220
„	15 „ 20 „	72	90	105	130	140	72	90	94	117	135	190	220
„	20 „ 25 „	78	95	110	135	145	78	95	104	123	145	200	240
„	25 „ 30 „	85	105	115	145	155	85	105	110	136	150	240	260
„	30 „ 35 „	110	120	130	160	170	110	120	145	156	170	265	285
„	35 „ 40 „	125	150	170	190	210	125	150	150	185	210	280	300
Schnittmaterial: Tischlerware:									**sägefallend**				
12, 13, 15 mm	auf 8 bis 17 cm	86	—	—	—	—	90	—	95	—	—	(140)	—
18, 20 „	„ 8 „ 17 „	88	—	—	—	—	90	—	95	—	—	(140)	—
24, 26 „	„ 8 „ 17 „	90	—	—	—	—	85	—	100	—	—	(140)	—
40, 45, 50 „	„ 13, 16, 19 „	100	—	—	—	—	—	—	115	—	—	—	—
12, 13, 15 „	„ 18 bis 32 „	125	—	—	—	—	—	—	—	—	—	(240)	—
18, 20 „	„ 18 „ 32 „	115	—	—	—	—	120	—	128	—	—	(220)	—
24, 26, 30, 33 „	„ 18 „ 32 „	105	—	—	—	—	115	—	125	—	—	(160)	—
40, 45, 50, 55 „	„ 20 „ 36 „	105	—	—	—	—	115	—	130	—	—	(170)	—
60, 65, 70, 75, 80 „	„ 24 „ 36 „	110	—	—	—	—	120	—	130	—	—	(170)	—
Schnittmaterial: Bauware:													
12, 13, 15 mm	auf 8 bis 17 cm	64	—	—	—	—	65	—	—	—	—	—	—
18, 20 „	„ 8 „ 17 „	64	—	—	—	—	64	—	—	—	—	—	—
24, 26 „	„ 8 „ 17 „	66	—	—	—	—	64	—	—	—	—	—	—
40, 45, 50 „	„ 13, 16, 19 „	72	—	—	—	—	74	—	—	—	—	—	—
12, 13, 15 „	„ 18 bis 32 „	85	—	—	—	—	85	—	—	—	—	—	—
18, 20 „	„ 18 „ 32 „	80	—	—	—	—	80	—	—	—	—	—	—
24, 26, 30, 33 „	„ 18 „ 32 „	72	—	—	—	—	73	—	—	—	—	—	—
40, 45, 50, 55 „	„ 20 „ 36 „	70	—	—	—	—	73	—	—	—	—	—	—
60, 65, 70, 75, 80 „	„ 24 „ 36 „	72	—	—	—	—	75	—	—	—	—	—	—
Schiffböden, gehobelt, mit Nut und Feder		120	—	—	—	—	—	—	145	—	—	—	—

[1]) Die in Klammern befindlichen Preise beziehen sich auf inländische Eiche, geschnitten, unbesäumte Merkantilware.

Rauminhalt von Kanthölzern

Querschnitt $b \times h$			Länge in m					
cm		cm²	1,0	2,0	3,0	4,0	5,0	6,0
8	8	64	0,0064	0,0128	0,0192	0,0256	0,0320	0,0384
	10	80	0,0080	0,0160	0,0240	0,0320	0,0400	0,0480
	12	96	0,0096	0,0192	0,0288	0,0384	0,0480	0,0576
	14	112	0,0112	0,0224	0,0336	0,0448	0,0560	0,0672
	16	128	0,0128	0,0256	0,0384	0,0512	0,0640	0,0678
	18	144	0,0144	0,0288	0,0432	0,0576	0,0720	0,0864
10	10	100	0,0100	0,0200	0,0300	0,0400	0,0500	0,0600
	12	120	0,0120	0,0240	0,0360	0,0480	0,0600	0,0720
	14	140	0,0140	0,0280	0,0420	0,0560	0,0700	0,0840
	16	160	0,0160	0,0320	0,0480	0,0640	0,0800	0,0960
	18	180	0,0180	0,0360	0,0540	0,0720	0,0900	0,1080
	20	200	0,0200	0,0400	0,0600	0,0800	0,1000	0,1200
12	12	144	0,0144	0,0288	0,0432	0,0576	0,0720	0,0864
	14	168	0,0168	0,0336	0,0504	0,0672	0,0840	0,1008
	16	192	0,0192	0,0384	0,0576	0,0768	0,0960	0,1152
	18	216	0,0216	0,0432	0,0648	0,0864	0,1080	0,1296
	20	240	0,0240	0,0480	0,0720	0,0960	0,1200	0,1440
	22	264	0,0264	0,0528	0,0792	0,1056	0,1320	0,1584
14	14	196	0,0196	0,0392	0,0588	0,0784	0,0980	0,1176
	16	224	0,0224	0,0448	0,0672	0,0896	0,1120	0,1344
	18	252	0,0252	0,0504	0,0756	0,1008	0,1260	0,1512
	20	280	0,0280	0,0560	0,0840	0,1120	0,1400	0,1680
	22	308	0,0308	0,0616	0,0924	0,1232	0,1540	0,1848
	24	336	0,0336	0,0672	0,1008	0,1344	0,1680	0,2016
16	16	256	0,0256	0,0512	0,0768	0,1024	0,1280	0,1536
	18	288	0,0288	0,0576	0,0864	0,1152	0,1440	0,1728
	20	320	0,0320	0,0640	0,0960	0,1280	0,1600	0,1920
	22	352	0,0352	0,0704	0,1056	0,1408	0,1760	0,2112
	24	384	0,0384	0,0768	0,1152	0,1536	0,1920	0,2304
	26	416	0,0416	0,0832	0,1248	0,1664	0,2080	0,2496
18	18	324	0,0324	0,0648	0,0972	0,1296	0,1620	0,1944
	20	360	0,0360	0,0720	0,1080	0,1440	0,1800	0,2160
	22	396	0,0396	0,0792	0,1188	0,1584	0,1980	0,2376
	24	432	0,0432	0,0864	0,1296	0,1728	0,2160	0,2592
	26	468	0,0468	0,0936	0,1404	0,1872	0,2340	0,2808
	28	504	0,0504	0,1008	0,1512	0,2016	0,2520	0,3024
20	20	400	0,0400	0,0800	0,1200	0,1600	0,2000	0,2400
	22	440	0,0440	0,0880	0,1320	0,1760	0,2200	0,2642
	24	480	0,0480	0,0960	0,1440	0,1920	0,2400	0,2880
	26	520	0,0520	0,1040	0,1560	0,2080	0,2600	0,3120
	28	560	0,0560	0,1120	0,1680	0,2240	0,2800	0,3360
22	22	484	0,0484	0,0968	0,1452	0,1936	0,2420	0,2904
	26	572	0,0572	0,1144	0,1716	0,2288	0,2860	0,3432
	30	660	0,0660	0,1320	0,1980	0,2640	0,3300	0,3960

Die Zimmererarbeiten

Von Ing. Hugo Bronneck, beh. autor. Zivilingenieur

Vorbemerkung

Die im folgenden angegebenen Arbeitszeiten stellen vielfach erprobte Durchschnittsleistungen dar. Sie enthalten den reinen Zeitaufwand (Handarbeitszeit) für die verschiedenen Bauherstellungen einschließlich der Beförderung des Materials von einem in nächster Nähe der Baustelle liegend angenommenen Lagerplatz auf den Bau.

Bei einer jeden Bauherstellung vorkommende besondere Nebenarbeiten, wie die Bewachung des Materialplatzes, das Aufräumen und Reinigen nach Fertigstellung der Arbeiten usw., müssen jeweils besonders veranschlagt werden.

Verrechnung der Zimmererarbeiten

a) Materiallieferungen

Rundholz	nach	m^3 (Festmeter)
Baustangen	„	Stück oder Lfm.
Kantholz von $^{10}/_{10}$ cm aufwärts	„	m^3
Kantholz unter $^{10}/_{10}$ cm und Latten	„	Lfm.
Schnittwaren	„	m^2
Nägel: bis 100 mm Länge	„	kg
über 100 mm Länge	„	Stück
Dachpappe	„	m^2

b) Verarbeitetes Material

Rund- und Kantholz[1]) nach Lfm.

Schnittwaren nach m^2 (auch Lfm., z. B. Gesimse)

Latten nach Lfm. (auch m^2, z. B. Auflattung)

Holzdecken nach m^2 (Balkenauflager mitgemessen)

Fußböden nach m^2 (bei unverputzten Räumen, von Mauergrund zu Mauergrund gemessen, bei verputzten Decken 2 cm Untergreifung mitgerechnet); in runden Räumen, Berechnung nach der kleinsten umschriebenen Rechtecksfigur (bei Flächen über 4 m^2 das wirkliche Ausmaß).

Lotrechte Verschalung mit runder Begrenzung nach der kleinsten umschriebenen Rechtecksfigur.

Dachstühle nach m^2 Grundfläche, Dachvorsprünge mitgerechnet, Lichthöfe bis zu 4 m^2 nicht abgezogen. Ichsen und Grate in Lfm. gleich 1 m^2 Dachgrundfläche. Bei übereinanderliegenden Verschiftungen zweier Dachstühle wird die übereinanderliegende Dachfläche nach der Grundfläche doppelt gerechnet. Die Grundfläche von teilweise oder ganz abgerundeten Dächern wird nach dem umschriebenen Rechteck berechnet.

Treppen nach 1 Tritt (für Blockantritte ist ein Zuschlag zu verrechnen); Antrittspfosten sind besonders zu verrechnen; Antrittspfosten zählen, wenn sie mit den Treppenwangen zusammengearbeitet werden müssen, zur Treppe; freistehende Austritts- oder Endpfosten sind besonders zu verrechnen.

Treppengeländer nach Lfm., in der Richtung des Handgriffes gemessen.

[1]) Bei Bestimmung der Langen der Einzelhölzer ist für die Zapfen ein Zuschlag von 5 cm in Anrechnung zu bringen.

Gewählte Abkürzungen:

Z. = **Zimmererstunde** H. = **Hilfsarbeiterstunde**

A. Die Bearbeitung des Holzes

I. Schneiden des Rundholzes zu Kant- und Schnittholz

In Süddeutschland übliche Einteilung des Nadelstammholzes in Klassen:

Klasse	I	II	III	IV	V	VI
Mindestlänge (in m)	18	18	16	14	10	auf 1 m über Stammhöhe mindestens noch 14 cm
Mindest-Zopfdurchmesser (in cm)	30	22	17	14	12	

Allgemein übliche Einteilung des Bauholzes in Klassen (Abb. a bis c):

I. Kl. Baumwalziges Bauholz (c). Das Bauholz muß am Zopfende mindestens noch die vorgeschriebene Kantholzstärke aufweisen. Zum mindesten muß die hohe Holzseite noch eine „sichtbare" kleine Schnittfläche aufweisen.

II. Kl. Bauholz mit üblicher Baumwalze (b). Hölzer, bei denen die Baumwalze, übereck gemessen, bis ein Viertel der größeren Querschnittsseite an Breite aufweisen darf.

a)

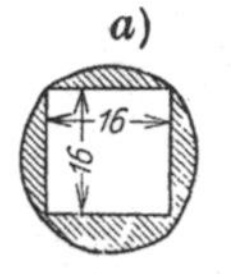

b)

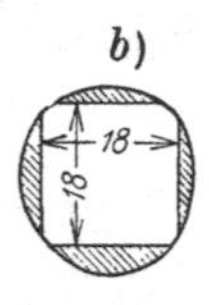

c)

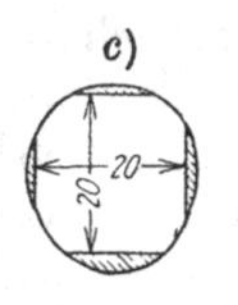

III. Kl. Vollkantiges Bauholz. Die Baumwalze ist auf allen vier Ecken gestattet und darf, übereck gemessen, ein Siebentel bis höchstens ein Sechstel der größeren Querschnittsseite betragen.

IV. Kl. Scharfkantiges Bauholz (a). Wenn nicht bei der Lieferung ausdrücklich das Vorhandensein einer Baumwalze ausgeschlossen wurde, gilt eine solche von einem Zehntel der größeren Querschnittsseite als zulässig. Gehobelte scharfkantige Hölzer dürfen an sichtbaren Flächen keine Baumwalze besitzen.

Die folgende Tabelle gibt eine Zusammenstellung der durchschnittlichen Ausbeute beim Einschneiden der verschiedenen Stammholzklassen.

Ausbeutungstabelle — Nutzprozente im Durchschnitt

für die wichtigsten Zimmermannshölzer und Schnittwaren, Schwarten und Sägemehl

Holzart	Holzquerschnitt in cm²	Holzlängen in m	Stammholzklassen	Ausbeute in Prozenten für das Festmeter (ohne Rinde)			
				Bauholz	Seitenbretter und Latten	Schwarten	Sägemehl
I. Baumwalziges Bauholz	bis 200	bis 8	V und VI	80—85	8—12	5—10	7—12
	„ 300	„ 6	III „ IV	76—80	10—12	6—8	8—10
	„ 300	„ 10	III „ IV	70—72	12—15	5—7	10—12
	„ 300	„ 10	II „ III	65—68	16—20	6—8	12—14
	„ 400	„ 10	II „ III	54—56	25—30	7—9	12—16
II. Bauholz mit üblicher Baumwalze	bis 300	bis 6	II bis IV	69—71	12—16	5—8	11—15
	„ 400	„ 10	II „ IV	65—67	15—18	6—7	12—16
	„ 400	„ 14	II „ IV	50—60	22—30	7—8	13—16
III. Vollkantiges Bauholz	bis 300	bis 8	III und IV	56—60	18—21	7—10	12—16
	„ 400	„ 14	II „ III	48—52	26—32	6—12	12—18
IV. Scharfkantiges Bauholz	bis 300	bis 8	II bis IV	49—52	24—28	8—10	14—16
	„ 400	„ 14	II und III	44—48	26—34	8—10	13—17

Die Preisbildung von Bau- und Schnittholz

Das folgende Beispiel zeigt die Art und Weise, wie der Preis des Bau- und Schnittholzes aus dem Preise des geschlägerten Rundholzes abgeleitet wird.

Beträgt der Stockpreis des Rundholzes x, so können die Kosten für die gesamte „Waldmanipulation" (das sind Fällen, Entwurzeln, Abrinden und Zustreifen bis zu einem fahrbaren Weg) samt Zufuhr zum Sägewerk, einschließlich Abladen daselbst bzw. samt Zufuhr zur nächstgelegenen Bahnhaltestelle einschließlich Verladen, bei einer Entfernung bis zu 5 km vom Sägewerk bzw. von der Bahn mit ∾ 100 % des Stockpreises, für jeden Kilometer Mehrentfernung mit weiteren 10 % des Stockpreises veranschlagt werden.

Die Kosten des Einschnittes im Sägewerk samt allen mit diesem im Zusammenhang stehenden sonstigen Ausgaben können

für laufende Ware mit 33 % des Preises frei Säge,

für nach Liste eingeschnittene Ware mit 45 bis 50 % des Preises frei Säge angenommen werden.

Z. B. Holzgewinnung etwa 9 km vom Sägewerk entfernt, Einschnitt laufender Ware:

Stockpreis für 1 Festmeter	S 10,00
Fällen, Entwurzeln	„ 2,00
Wälzen, Zustreifen	„ 2,00
Zufuhr samt Abladen	„ 10,00
Preis frei Säge	S 24,00
Einschnitt 33%	„ 8,00
	S 32,00

Bei einem Ausnützungsverhältnis des Rundholzes von 70 % berechnet sich der Preis von 1 m³ Kantholz samt Seitenware zu

$$P = \frac{32 \cdot 100}{70} = 45,55$$

II. Beschlagen des Rundholzes

1 Lfm. Rundholz vierseitig rein behauen:

Behauen eines Stammes vom Durchmesser in cm	auf einen Holzquerschnitt in cm	Zeitaufwand in Z-Stunden für		Abfall
		Weichholz	Hartholz	
10	6/8 bis 7/7	0,2	0,25	a) beim Eichenholz, je nach der Stärke des Kantholzes, der Form und dem Wuchs des Stammes, 30 bis 40%
13	8/10 „ 9/9	0,25	0,35	
15	9/12 „ 10/10	0,35	0,5	
17	10/14 „ 12/12	0,4	0,55	
20	12/16 „ 14/14	0,45	0,7	
25	15/20 „ 17/17	0,6	0,9	b) beim Nadelholz, je nach der Art des Bauholzes, ob dasselbe baumwalzig, scharfkantig usw. ist, 10 bis 25%
30	18/24 „ 21/21	0,87	1,1	
35	21/28 „ 24/24	1,1	1,5	
40	24/32 „ 28/28	1,3	1,8	
45	27/36 „ 31/31	1,6	2,6	
50	35/40 „ 35/35	2,5	3,0	

III. Bearbeitung des Kantholzes

Abrunden der Kanten. 1 Lfm. Kante abrunden: Weichholz...... 0,05 Z.-St.
Hartholz....... 0,07 „

Ausfalzen. 1 Lfm. Falz (3/3,5 cm) herstellen: Weichholz...... 0,12 „
Hartholz....... 0,15 „

Bohren von Löchern für Schrauben. a) für je 10 cm Lochtiefe l bis $l = 20$ cm (Bohrlochdurchmesser d in Zentimetern): Weichholz..........0,02 d ... Z.-St.
Hartholz...........0,03 d ... „

b) für je weitere 5 cm Lochtiefe: Weichholz..........0,0125 d ... „
Hartholz...........0,020 d ... „

Einstemmen von Zapfenlöchern in Weichholz (Lochtiefe 5 cm).

Lochgröße	4/12	4/15	5/14	5/18	6/17
Z.-St.	0,10	0,13	0,13	0,15	0,15

Bei Einstemmen von Löchern in die Höhe Zuschlag von ∾ 20% ohne Zeitaufwand für Gerüstherstellung.

Fasen. 1 Lfm. Kante abfasen: Weichholz........................ 0,05 Z.-St.
Hartholz........................ 0,07 „

Hobeln. 1 m² Kantholz, lufttrocken, nicht durch Sand verunreinigt, hobeln:
Weichholz, beschlagen .... 0,35 Z.-St.
gesägt .... 0,30 „
Hartholz, beschlagen .... 0,45 „
gesägt .... 0,35 „

Nuten. 1 Lfm. Nut (3/3 cm) herstellen: Weichholz.............. 0,15 Z.-St.
Hartholz............... 0,20 „

Profilieren. Durchschnittlicher Zeitaufwand für die am häufigsten vorkommenden einfachen Profilierungen:

1 Balkenkopf mit Spiegel.............................. 0,20 Z.-St.
1 „ „ Hohlkehle und Rundstab .... 0,35 „
1 Pfettenkopf „ „ oder „ .... 0,25 „
1 „ „ „ und „ .... 0,35 „
1 Sparrenkopf mit ganzer Schweifung .... 0,40 „
1 Grat- oder Kehlsparrenkopf mit ganzer Schweifung ... 0,70 „

Liegen die Deckenbalken unter gewöhnlichen Wohnräumen höchstens 90 cm, unter Gängen und sonstigen stärker belasteten Räumen höchstens 80 cm von Mitte zu Mitte, dann kann die Stärke der Sturzbodenschalung mit 2 cm, besser 2,5 cm, angenommen werden.

Zähne anarbeiten. 1 Lfm. Zähne für verzahnte Balken anarbeiten, das ist Einschneiden und Ineinanderpassen der Zähne, Abhobeln und Aufeinanderpassen der Flächen, Abschnüren und mehrmaliges Aufeinandersetzen der Balken bei B cm Balkenbreite:

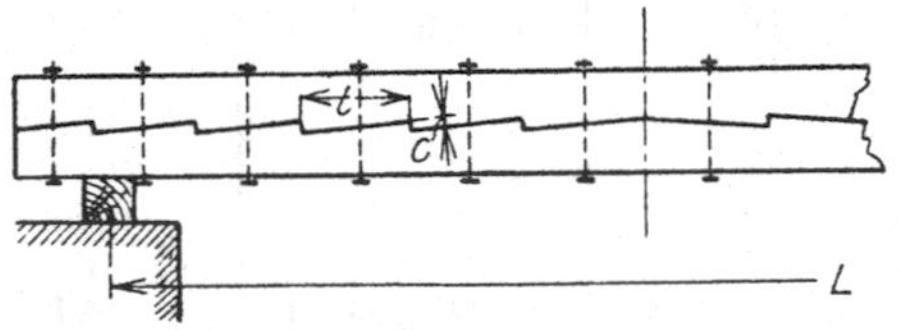

Weichholz...........0,045 B ... Z.-St.
Hartholz ....0,067 B ... „

Zersägen. 1 Lfm. Kantholz der Länge nach durchsägen, für jedes Zentimeter Holzstärke: Weichholz............. 0,03 Z.-St.
Hartholz .... 0,04 „

IV. Bearbeitung des Schnittholzes

a) Handarbeit

Falzen. 1 Lfm. Brettkante falzen .... 0,065 Z.-St.

Fugen. 1 Lfm. Brett oder Latte fugen .... 0,05 „

(Werden Latten auf zwei oder drei Seiten gehobelt, so ist die Arbeitszeit so zu berechnen, wie wenn sie gefugt werden.)

Hobeln. 1 m² Bretter (weich, lufttrocken, nicht sandig) hobeln 0,3 „

Nuten. 1 Lfm. Brettkante nuten .... 0,065 „

Profilieren. 1 Lfm. Kante stäben, kehlen, abrunden bis zu 5 cm abgewickelte Kantenfläche .... 0,2 „

1 Lfm. Kante wie vor, jedoch bis zu 10 cm abgewickelte Kantenfläche .... 0,3 „

1 m² wie vor, jedoch über 10 cm abgewickelte Kantenfläche .... 2,4 „

b) Maschinenarbeit (Maschinenzeit)

Bedienung ein Maschinenarbeiter, ein Hilfsarbeiter

Fugen und Falzen. 1 m² lufttrockene, weiche Bretter verschiedener Breite und Länge, fugen und falzen .... 2 Minuten

Hobeln. a) 1 m² Bretter, wie vor, einseitig auf gleichmäßige Dicke hobeln .... 2 „

b) 1 m² Bretter, wie vor, beiderseits auf gleichmäßige Dicke hobeln .... 3 „

Nuten und Federn. 1 m² Bretter einseitig und auf gleiche Breite und Dicke hobeln, nuten und federn .... 6÷8 „

B. Die Holzdecken

I. Allgemeine Angaben

Alle den nachfolgenden Materialzusammenstellungen für verschiedene Deckenarten zugrunde gelegten Balkenabmessungen sind unter der Annahme der gewöhnlichen (Nutz-) Belastung für Wohnräume mit 250 kg/m² berechnet.

Die angesetzten Raumtiefen sind Lichtmaße von Mauergrund zu Mauergrund, entlang der Balkenlängen gemessen, und bedeuten somit die freie Länge der Deckenbalken. Die ausgeworfenen Balkenstärken entsprechen einer Tragfähigkeit von 500 kg/m², das ist der zufälligen Last (Nutzlast) für gewöhnliche Wohnräume (250 kg/m²), vermehrt um das Eigengewicht der Decke (250 kg/m²).

Bei Decken mit Unterzügen ist für die Preisberechnung als Raumtiefe die Entfernung der Stützpunkte der Deckenbalken (von Mauer zu Unterzug oder von Unterzug zu Unterzug) anzunehmen, und sind die Unterzüge mit ihren Stützen besonders zu verrechnen.

Sollen Decken für andere als zu gewöhnlichen Wohnräumen bestimmte Baulichkeiten hergestellt werden, dann erfolgt die Berechnung der Balkenstärken nach den mit ÖNORM festgelegten „Belastungen im Hochbau“. (Siehe S. 96.)

Stockwerkszuschlag. Die Deckenbalken sind im Mittel 1 m weit voneinander verlegt angenommen und bezieht sich der für sämtliche Deckenteile berechnete

Zeitaufwand auf die Herstellung von Decken in der ersten Geschoßhöhe von 4 bis 5 m über dem Erdboden. Für höher gelegene Decken ist der Preis, wo nicht besonders angegeben, **für jedes Stockwerk um ½ v. H.** des aus der Berechnung ersichtlichen Arbeitslohnes zu erhöhen.

Das Unterlegen der Balkenköpfe mit durchlaufender Rastschließe entlang der Mauerauflager ist in sämtlichen hier angegebenen Aufstellungen inbegriffen.

Die folgende Zusammenstellung gibt die größten zulässigen Stützweiten für die gebräuchlichsten Balkenstärken und Belastungen, und zwar beträgt nach obigen Belastungsangaben das Eigengewicht und die zufällige Belastung für 1 m² Decke:

a) für gewöhnliche Wohnräume.................... 250 + 250 = 500 kg/m²

b) für Gänge, Tanz- und Konzertsäle usw.......... 250 + 400 = 650 „

c) für Geschäftsräume usw. in den Stockwerken.... 250 + 450 = 700 „

Für eine zulässige Biegebeanspruchung des Holzes von 80 kg/cm² ergibt sich die größte zulässige freie Balkenlänge in Zentimetern:

Balken-abmessungen	Wohnräume 500 kg/m²			Gänge usw. 650 kg/m²		Geschäftsräume usw. 700 kg/m²	
	Freie Balkenstützweite bei einer Entfernung der Balken von Mitte zu Mitte von						
	80 cm	90 cm	100 cm	80 cm	100 cm	80 cm	100 cm
10/16	260	245	235	225	205	210	195
10/18	290	275	260	255	230	240	220
13/16	295	280	265	260	235	245	225
13/18	335	315	300	290	260	270	250
16/18	370	350	330	325	290	300	280
16/21	430	405	385	375	335	350	325
16/24	495	465	440	430	385	405	370
18/24	525	495	470	460	410	430	395
18/26	570	535	510	500	445	465	430
21/26	615	580	550	540	480	500	465
18/29	635	600	565	555	495	520	480
21/29	685	645	610	600	535	560	515
24/29	730	690	655	640	575	600	550
24/32	805	765	725	705	630	660	610

Für andere Balkenabmessungen ergibt sich die größte zulässige freie Balkenstützweite in Zentimetern aus:

$$\boxed{l = 25{,}3\sqrt{\frac{W}{q}}},$$

wobei W in cm³ das Widerstandsmoment des Balkenquerschnittes, q in kg/cm die Belastung des Balkens bedeuten.

Nachfolgende Tafel ermöglicht für verschiedene zulässige Biegebeanspruchungen (σ kg/cm²) die unmittelbare Ermittlung der günstigsten Querschnittsabmessungen von Rechteckbalken aus der Stützweite und Belastung.

Tabelle
zur unmittelbaren Ermittlung der günstigsten Querschnittsabmessungen von Rechteckbalken aus der Stützweite und Belastung

l.... Stützweite q.... Belastung für das Lfm.			$h_{cm} = \alpha \cdot l_m$; $b_{cm} = \beta \cdot q$ kg/cm						Elastische Durchbiegung
$\sigma_b = 80$ kg/cm²			$\sigma_b = 90$ kg/cm²			$\sigma_b = 100$ kg/cm²			
$l_{cm} : q$ kg/cm	α	β	$l_{cm} : q$ kg/cm	α	β	$l_{cm} : q$ kg/cm	α	β	f
360	3,33	8,45	220	3,74	5,94	145	4,17	4,32	$^1/_{200}$
180	4,17	5,40	115	4,67	3,82	75	5,21	2,76	$^1/_{250}$
100	5,00	3,75	65	5,62	2,64	45	6,25	1,92	$^1/_{300}$
65	5,84	2,76	40	6,57	1,93	30	7,30	1,41	$^1/_{350}$
45	6,67	2,11	25	7,52	1,47	20	8,33	1,08	$^1/_{400}$
30	7,50	1.67	20	8,44	1,17	15	9,38	0,85	$^1/_{450}$
25	8,33	1,35	15	9,34	0,96	10	10,40	0,69	$^1/_{500}$

II. Die Balkenlagen
(Tram- und Dübeldecken)

a) Tramdecken

1. 1 m³ Kanthölzer zu Deckenträmen anarbeiten, aufziehen und legen:
im Erdgeschoß (im Durchschnitt) .... 18 Z.
Stockwerkszuschlag .... 1,5 H.

2. a) 1 Lfm. Träme in Stärken von 10/18 bis 14/20 (ohne Verwendung von Rastschließen) anarbeiten, aufziehen und legen: in Weichholz..... 0,25 ÷ 0,3 Z.
in Hartholz .... 0,4 ÷ 0,6 „

b) 1 Lfm. Träme in Stärken von 16/20 bis 20/25, wie vor:
in Weichholz .... 0,35 ÷ 0,4 Z.
in Hartholz .... 0,6 ÷ 0,7 „

c) 1 Lfm. Träme wie b), jedoch auf Rastschließen aufgekämmt: in Weichholz 0,5 Z.

3. 1 Lfm. Träme, 8/18, 10/20 usw. für Siedlungsbauten, anarbeiten, aufziehen und legen 0,2 Z.

Anmerkung: Für beschlagenes Holz ist im Durchschnitt ein Zeitzuschlag von 5% zu machen.

b) Dübeldecken

Die Dübeldecken sind nach der Formel

$$P = \frac{b \cdot h^2}{L} \cdot \frac{\sigma_B}{10}$$

berechnet, wobei b, h die Querschnittsabmessungen, L die Stützweite der Dübelbalken in Zentimetern, σ_B die Bruchfestigkeit für Tannenholz, $\sigma_B = 600$ kg/cm², der Wert 10 die angenommene Sicherheit bedeuten. Die Belastung ist auf die ganze Länge der Balken gleichmäßig verteilt angenommen.

Da die für 1 m² verlangte Tragfähigkeit mit 450 kg angenommen wird, so beträgt die für 1 Lfm. Decke erforderliche Tragfähigkeit bei einer Raumtiefe von

3 m .... 1350 kg; Dübeldecke von 9 cm Stärke trägt 1620 kg
4 „ .... 1800 „ „ „ 12 „ „ „ 2160 „
5 „ .... 2250 „ „ „ 14 „ „ „ 2352 „
6 „ .... 2700 „ „ „ 17 „ „ „ 2892 „
7 „ .... 3150 „ „ „ 20 „ „ „ 3428 „
8 „ .... 3600 „ „ „ 22 „ „ „ 3630 „
9 „ .... 4050 „ „ „ 25 „ „ „ 4166 „
10 „ .... 4500 „ „ „ 28 „ „ „ 4704 „

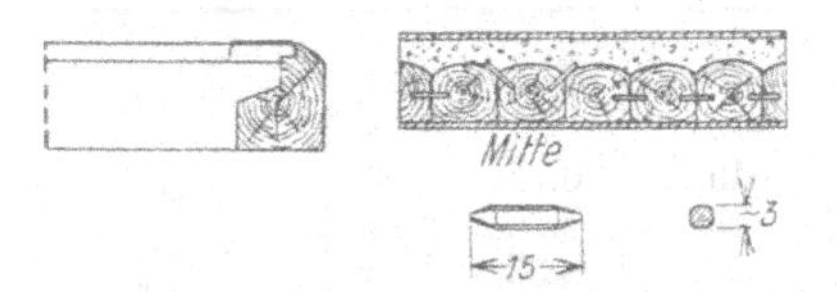

1. 1 m² Dübeldecke aus geschnittenen Dübelbalken herstellen, wobei das Rundholz auf zwei Seiten behauen und in der Mitte der Länge nach zersägt wird (Bearbeiten des Holzes, Aufziehen, Legen und Verdübeln):

Raumtiefe bis zu	3 m (Deckenstärke 9 cm)		4 m (Deckenstärke 12 cm)		5 m (Deckenstärke 14 cm)		6 m (Deckenstärke 17 cm)		7 m (Deckenstärke 20 cm)	
	Querschnitt	Länge m	Querschnitt	Länge m	Querschnitt	Länge m	Querschnitt	Länge m	Querschnitt	Länge m
Rastschließen 10/15 oder 12/12	—	0,67	—	0,50	—	0,40	—	0,33	—	0,29
Rundholz einschl. Dübel	⌀ 18 cm	4,11	⌀ 24 cm	2,77	⌀ 28 cm	2,27	⌀ 34 cm	1,78	⌀ 40 cm	1,39
Zeitaufwand	3,5 Z.		4,0 Z.		4,5 Z.		5,0 Z.		5,5 Z.	

2. 1 m² Dübeldecke wie unter 1, jedoch aus behauenen Dübelbalken herstellen, wobei die Stämme auf drei Seiten rein bearbeitet werden:

Raumtiefe bis zu	6 m (Deckenstärke 17 cm)		7 m (Deckenstärke 20 cm)		8 m (Deckenstärke 22 cm)		9 m (Deckenstärke 25 cm)		10 m (Deckenstärke 28 cm)	
	Querschnitt	Länge m	Querschnitt	Länge m	Querschnitt	Länge m	Querschnitt	Länge m	Querschnitt	Länge m
Rastschließen 10/15 oder 12/12	—	0,33	—	0,29	—	0,25	—	0,22	—	0,20
Rundholz einschl. Dübel	⌀ 21 cm	6,0	⌀ 25 cm	5,0	⌀ 27 cm	4,5	⌀ 31 cm	4,0	⌀ 35 cm	3,6
Zeitaufwand	7,2 Z.		8,0 Z.		8,5 Z.		9,0 Z.		10,0 Z.	

3. 1 m² Dübeldecke aus bereits bearbeitet geliefertem Holz herstellen:

Raumtiefe bis zu	3 m	4 m	5 m	6 m	7 m	8 m	9 m	10 m
Rastschließen 10/15 oder 12/12	0,67 m lang	0,50 m lang	0,40 m lang	0,33 m lang	0,29 m lang	0,25 m lang	0,22 m lang	0,20 m lang
Balken	9/9 lg. 11,10	12/12 lg. 8,33	14/14 lg. 7,14	17/17 lg. 5,88	20/20 lg. 5,00	22/22 lg. 4,54	25/25 lg. 4,00	28/28 lg. 3,58
Zeitaufwand	0,5 Z.	0,65 Z.	0,75 Z.	0,90 Z.	1,05 Z.	1,15 Z.	1,35 Z.	1,55 Z.

4. 1 Lfm. lärchene Rastschließen anarbeiten, aufziehen und legen: 0,35 Z.

III. Die Zwischendecken

1. Der Sturzboden. 1 m² Sturzbodenschalung aus rauhen, 2,5 cm starken etwa 20 cm breiten Brettern verlegen und nageln:

a) mit 2,5 cm Übergreifung der Bretter zur Fugendeckung:
1,25 m² Bretter
25 Stück Nägel 42/120
0,4 Z.

b) mit Überlattung der Bretterstoßfugen:
1,05 m² Bretter
5,5 ÷ 7,0 m Decklatten 2/6 (2/5)
20 Stück Nägel 31/70, 15 Stück 28/50
0,55 Z.

c) mit gefugten und gefalzten Brettern:
1,2 m² Bretter
25 Stück Nägel 31/70
0,5 Z.

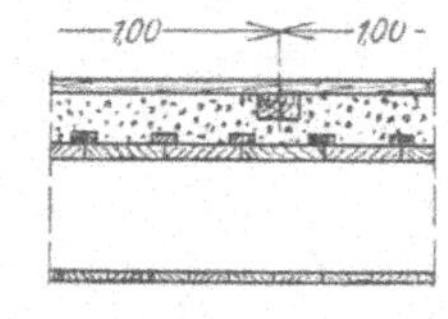

2. Die Einschubdecke (Fehlboden, Streifboden):

a) 1 m² Einschubdecke aus rauhen, 2,5 cm starken Brettern, zwischen die Holzbalken auf seitlich an diesen zu befestigende Traglatten gelegt (nicht genagelt), die (1,0 m von Mitte zu Mitte voneinander entfernten) Balken mitgemessen:
0,85 m² Bretter (je nach Trambreite)
2,1 m′ Traglatten 4/6
8 Stück Nägel 60/160
0,35 Z. (ohne Schneiden der Bretter).

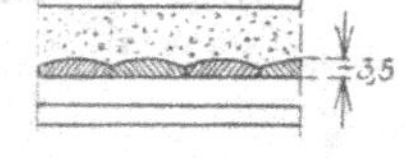

b) 1 m² Einschubdecke wie vor, jedoch aus gestreiften, nicht entrindeten Schwarten: 0,33 Z., einschließlich Entrinden 0,5 Z.

c) 1 m² Einschubdecke wie unter a), jedoch samt Nagelung und Überlattung der Bretterstoßfugen:
Zuschlag zu a)
4 ÷ 5 m′ Decklatten 2/6
20 Stück Nägel 31/70
0,35 Z.

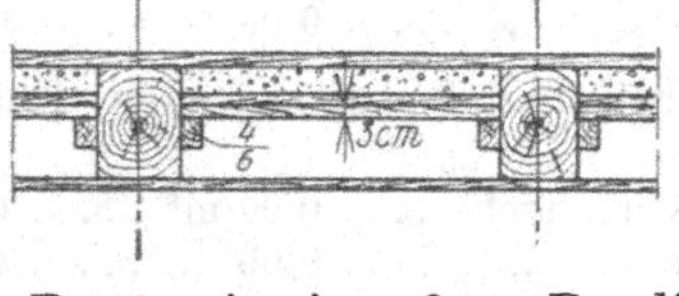

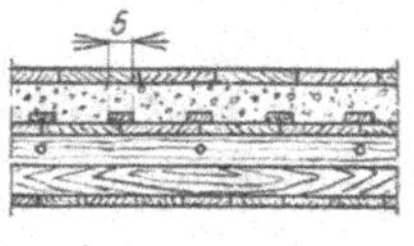

d) 1 m² Einschubdecke wie unter a), jedoch bei Einlegung der Bretter in einen 2 cm Randfalz, samt Nagelung und Überlattung der Bretterstoßfugen:
0,85 m² Bretter (je nach Trambreite)
4 ÷ 5 m′ Decklatten 2/6
20 Stück Nägel 31/70
0,85 Z. (samt Ausstemmen des Randfalzes).

e) 1 m² Einschubdecke wie vor, jedoch bei Einlegung der Bretter in einen 2 cm tiefen Mittelfalz:

Zuschlag zu d): 0,1 Z.

Anmerkung: 1 m′ Traglatten befestigen ..... 0,05 Z.

3. Untere Deckenschalung:

a) 1 m² Auflattung von 2/5 (2,4/4,8,) cm-Latten als Deckenlattung für die Unterlagen von Gipsdecken mit 1 bis 1,2 cm weiten Fugen:
18 m′ Latten
40 Stück Nägel 31/65 (einfach genagelt)
0,3 Z. (doppelt genagelt 0,4 Z.).

b) 1 m² Rohrdeckenschalung (Stukkaturschalung) aus 1,3 bzw. 2,0 cm starken, 8 cm breiten, bei größerer Breite gespaltenen Brettern:

1,0 m² Bretter (samt Verschnitt)
35 Stück Nägel 31/65
0,4 Z.

c) 1 m² untere, sichtbare Deckenschalung von 2 bis 2,5 cm starken, einseitig gehobelten Brettern:

α) bei aneinandergestoßenen Brettern und von unten über die Fugen gelegten gekehlten Leisten:

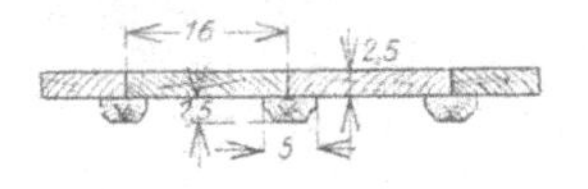

1,05 m² Bretter
5,5 ÷ 7 m′ Deckleisten 2/5 (2,5/5) (fertig geliefert)
30 Stück Nägel 28/50
30 „ „ 31/80
0,65 Z.

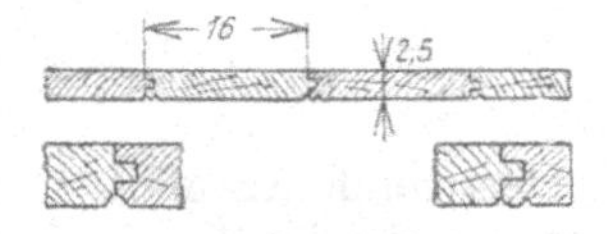

β) bei aneinandergestoßenen, gefalzten Brettern:

1,1 m² Bretter + 5% Verschnitt
20 Stück Nägel 28/60
0,60 Z.

4. Stakerarbeiten:

a) 1 m² Balkenlage mit Lehm aufschütten (die Balken mitgemessen):

8 cm hoch ..... 0,06 m³ Lehm ..... 0,6 H.
10 „ „ ..... 0,08 „ „ ..... 0,7 „
12 „ „ ..... 0,10 „ „ ..... 0,8 „
(Stockwerkszuschlag 0,15 ÷ 0,2 H.).

b) 1 m² Stülpdecke mit Lehm betragen:

6 cm hoch ..... 0,06 m³ ..... 0,7 H.
8 „ „ ..... 0,08 „ ..... 0,8 „

c) 1 m² Koksasche oder Sand zwischen Fußbodenlagern auf Kellerdecken aufbringen:

8 cm hoch ..... 0,07 m³ ..... 0,3 H.
10 „ „ ..... 0,09 „ ..... 0,35 „

Gegenstand	d) 1 m² halben Windelboden	e) 1 m² ganzen Windelboden	f) 1 m² Lehmputz
	herstellen		
Lehm .... m³	0,1	0,15	0,3
Stakholz .... Rm	0,04	0,04	—
Stroh .... kg	0,5	0,5	1,2
Sand .... m³	0,08	0,08	—
Stakerstunden	0,8	1,3	0,8
Hilfsarbeiterstunden .... H.	—	—	0,4

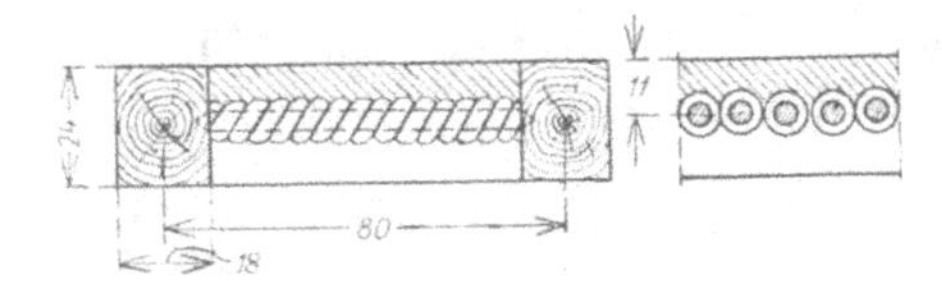

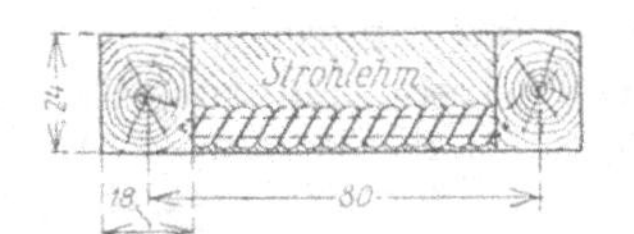

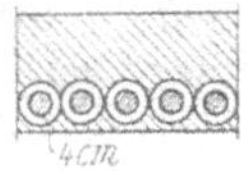

IV. Verschiedene Balkendecken

1. 1 m² Balkendecke mit auf den Rastschließen aufgekämmten, rauhen Sturzträmen und rauhem Sturzboden aus 5/4″ cm starken Brettern, mit Überlattung der Bretterstoßfugen über Erdgeschoß herstellen:

a) bei 4 m Raumtiefe:

Material: 0,50 m′ Rastschließen 10/15 oder 12/12
1,0 m′ Träme 16/24
1,0 m² Bretter + 5% Verschnitt
5,5 ÷ 7,0 m′ Decklatten 2/6 (2/5)
20 Stück Nägel 40/100, 15 Stück 31/65

Zeitaufwand: 0,5 m′ Rastschließen .... 0,5 × 0,35 Z. = 0,18 Z.
1 „ Träme 16/24 .... 1,0 × 0,5 „ = 0,50 „
1 m² Sturzbodenschalung samt Decklatten verlegen.............................. 0,70 „
1,38 Z.

Raumtiefe	4,0 m	5,0 m	6,0 m	7,0 m
10/15 oder 12/12 cm Rastschließen lang	0,5 m	0,4 m	0,33 m	0,29 m
1 m′ Träme Querschnitt	16/24	18/26	22/28	26/30
Sturzbodenschalung		1,0 m²		

2. 1 m² Balkendecke wie vor, jedoch mit gehobelten Trämen und unten gehobeltem Sturzboden aus 3,3 cm starken Brettern, mit Übergreifung der Bretter zur Fugendeckung und Abfasung aller scharfen Kanten:

a) bei 4 m Raumtiefe:

0,50 m′ Rastschließen 10/15 oder 12/12
1,0 „ Träme 16/24
0,64 m² Tramholz auf drei Seiten abhobeln und die scharfen Kanten abfasen:
0,64 m² × 0,4 Z. = 0,26 Z.
2,0 m′ × 0,05 „ = 0,10 „
0,36 Z.

1,0 m² Sturzbodenschalung wie unter 1., jedoch einseitig gehobelt.

Raumtiefe	4,0 m	5,0 m	6,0 m	7,0 m
Hobelfläche in m²	0,64	0,70	0,78	0,86
Zeitzuschlag für Hobeln und Abfasen	0,36 Z.	0,38 Z.	0,41 Z.	0,44 Z.

3. 1 m² Balkendecke mit einfachen, rauhen Trämen und eingeschobenem, 2,5 cm starkem Fehlboden (Einschubdecke) zur Aufnahme der Schuttanschüttung, einschließlich 2,0 cm Rohrbodenschalung:

a) bei 4 m Raumtiefe:

0,50 m′ Rastschließen 10/15 oder 12/12
1,0 „ Träme 16/24
1,0 m² Einschubdecke laut C 2 a (fertig)
1,0 „ Rohrdeckenschalung laut C 3 b (fertig)

4. 1 m² Balkendecke mit doppelter Tramlage (wobei sowohl für den Fehlboden- als auch für den Rohrbodenverputz selbständige Träme eingelegt werden), mit rauhem, 3,3 cm starkem Sturzboden für aufzunehmende Schuttanschüttung wie unter 1. und einer 2 cm starken Rohrbodenschalung:

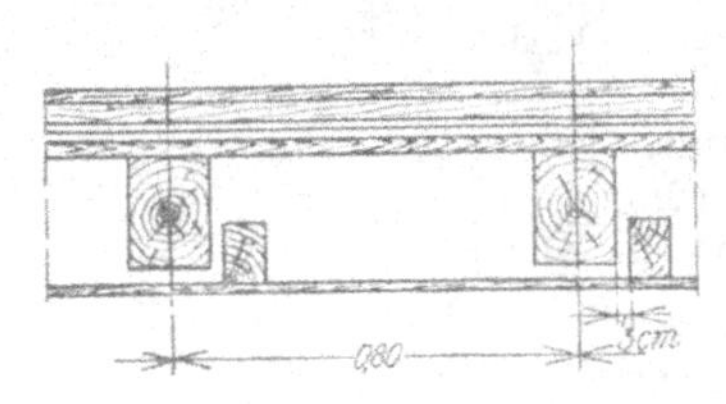

(Berechnung der Sturzträme für eine Gesamtbelastung von 650 kg/m².)

a) bei 4 m Raumtiefe:

Material: 0,50 m′ Rastschließen 10/15 oder 12/12
1,0 „ Träme 18/26
1,0 „ „ 10/14
1,0 m² Sturzbodenschalung laut D 1 a (fertig)
1,0 „ Rohrbodenschalung laut C 3 b

Zeitaufwand: 0,5 m′ Rastschließen ....0,5 × 0,35 Z. = 0,18 Z.
1,05 „ Träme 18/26 ....1,05 × 0,50 „ = 0,50 „
1,05 „ „ 10/14 ....1,05 × 0,25 „ = 0,25 „
1 m² Sturzbodenschalung .... 0,55 „
1 „ Rohrbodenschalung .... 0,40 „

1,93 ∾ 2,0 Z.

Raumtiefe	4,0 m	4,5 m	5,0 m	5,5 m	6,0 m	6,5 m	7,0 m
10/15 oder 12/12 cm Rastschließen lang	0,50 m	0,44 m	0,40 m	0,36 m	0,33 m	0,31 m	0,29 m
1 m′ Träme Querschnitt	18/26	21/26	21/29	22/32	26/31	26/34	27/36
1 m′ Fehlträme Querschnitt	10/14	11/14	12/16	13/16	13/18	14/18	14/19
Sturzbodenschalung	1,0 m²						
Rohrbodenschalung	1,0 m²						

V. Weiche Holzfußböden

1. Polsterhölzer (Fußbodenlager). 1 Lfm. Polsterhölzer, mit Karbolineum gestrichen, wagrecht verlegen:

Fußbodenbelag 2,5 bis 3,0 cm stark; Polsterholz 5/8 cm, Karbolineum 0,06 kg, 0,25 Z.
„ 3,0 „ 5,0 „ „ „ 8/10 „ „ 0,09 „ 0,35 „
„ 5,0 „ 8,0 „ „ „ 10/13 „ „ 0,12 „ 0,45 „

2. Blindboden. 1 m² Blindboden als Unterlage für Estrich- oder Parkettböden aus rauhen 2,3 bis 2,5 cm starken, 12 bis 20 cm breiten Brettern flüchtig (im Blei) verlegen:

1,05 m² Bretter
30 Stück Nägel 31/65
0,4 Z.

3. Fußleisten. 1 Lfm. Fußleisten, 2,5 cm stark, anarbeiten und anschlagen:

Art der Bearbeitung	Leistenhöhe in cm	Material		Zeitaufwand	
		Lfm. Leisten	Stück Nägel	für Anarbeiten und Anschlagen	für Anschlagen
Abgefast	6	1,05 m′	4 St. 31/70	0,2 Z.	0,1 Z.
Kehlung 2 cm breit	6			0,35 „	0,1 „
Abgefast	8			0,25 „	0,12 „
Kehlung 2 cm breit	8			0,45 „	0,12 „
„ 2 „ „	10			0,5 „	0,15 „
„ 2,5 „ „	12			0,55 „	0,2 „
„ 2,5 „ „	16			0,6 „	0,25 „

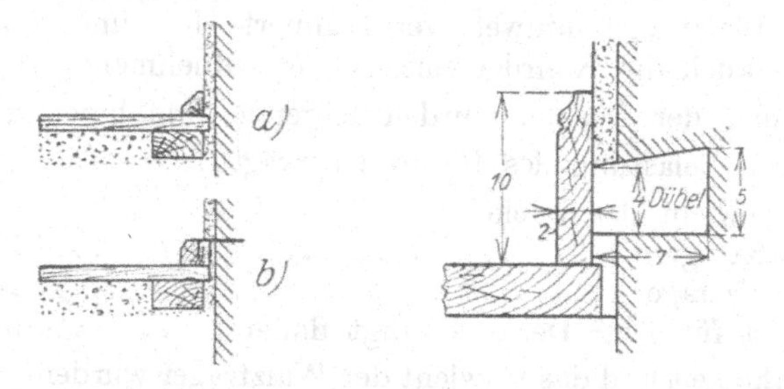

4. 1 m² Fußbodenbelag aus 2,5 bis 8 cm starken Brettern (Pfosten, Bohlen) auf bereits genau wagrecht verlegten Polsterhölzern verlegen und befestigen:

	Für 1 m² und Stärke	2,5 cm	3,0 cm	4,0 cm	5,0 cm	6,5 cm	8,0 cm
rauh, gefugt	Bretter mit Verschnitt m²	1,0 + 10%					
	Nägel 30 ÷ 20 St.	31/60	31/80	40/100	42/120	60/160	75/200
	Zeitaufwand Z.	0,40		0,50		0,60	
rauh gespundet bzw. gefalzt	Bretter mit Verschnitt m²	1,0 + 15%					
	Nägel 30 ÷ 20 St.	31/65	31/80	40/100	42/120	60/160	75/200
	Zeitaufwand	0,55		0,70		0,80	
gehobelt gespundet bzw. gefalzt	Bretter mit Verschnitt m²	1,0 + 15%					
	Nägel 30 ÷ 20 St.	31/65	31/80	40/100	42/120	60/160	75/200
	Zeitaufwand	0,55		0,70		0,80	

Stockwerkszuschlag 0,1 H.

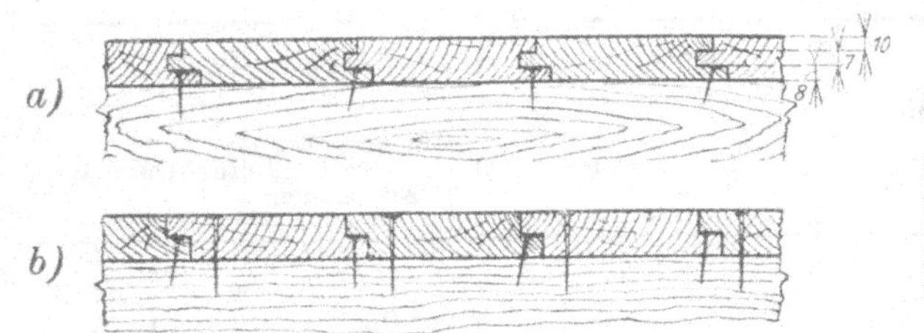

Anmerkung: Dem angegebenen Zeitaufwand liegt die Voraussetzung zugrunde, daß keinerlei Nacharbeit an dem bereits fertig bearbeitet gelieferten Brettermaterial erforderlich ist.

VI. Holz-Eisendecken
(Traversendecken)

Die Walzträger, welche in jedem Fensterschaft aufliegen und nach der Breite des Gebäudes liegend angeordnet sind, werden gleichzeitig als Mauerverankerung verwendet. Nach der Länge des Gebäudes laufend, werden gewöhnlich am Fuß der Walzträger von Meter zu Meter die Deckenbalken eingelegt, welche über den Unterflansch der Walzträger hinweg verklammert sind und sowohl die Sturzbodenschalung als auch die Rohrdeckenschalung aufnehmen.

Der Berechnung der Decken wurden folgende Annahmen zugrunde gelegt:

1. Die zufällige Belastung des Raumes beträgt .... 250 kg/m²
2. Das Eigengewicht der Decke:
   a) mit Walzträgern .... 260 „
   b) ohne Walzträger .... 240 „

Die Gesamtlast für 1 m² Decke beträgt daher .... 510 bzw. 490 kg.

3. Die Tragfähigkeit und das Gewicht der Walzträger wurden nach den Normaltypen des österreichischen Ingenieur- und Architektenvereines ermittelt.

4. Als rechnungsmäßige Stützweite der Walzträger wurde die um 30 cm vergrößerte Lichtweite angenommen. Die Auflagerung der Walzträger erfolgt auf Auflagersteinen oder auf 10 bis 12 mm starken Eisenplatten. Auflagertiefe etwa 30 cm. Zulässige Beanspruchung der Walzträger $\sigma_e = 1200$ kg/cm².

Zur Ermittlung der erforderlichen Walzträgerprofile (und zwar sowohl österreichischer als deutscher Normalprofile) aus dem gegebenen Biegemoment und bei einer zulässigen Eisenbeanspruchung von $\sigma_e = 1200$ kg/cm² dienen die beiden nachfolgenden Nomogramme.

Tabelle
zur Bestimmung des erforderlichen Walzträgerprofils aus dem Biegemoment
($\sigma_e = 1200$ kg/cm²)

Deutsche Normal-I-Eisen

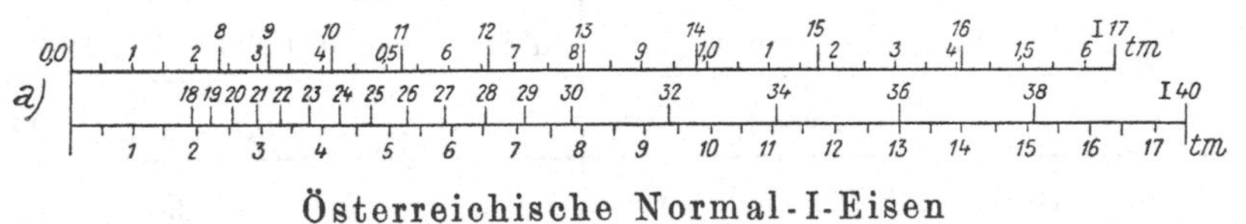

Österreichische Normal-I-Eisen

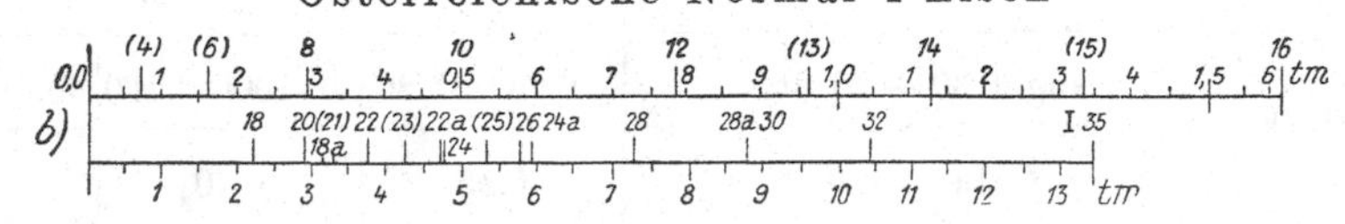

Abstand der Walzträger von Mitte zu Mitte	Raumtiefe (lichte Weite)	Walzträger-Normalprofil	Materialbedarf für 1 m² Decke						
			Holz				Eisen		
			Deckenbalken		Sturzboden schalung	Rohrdecken schalung	Walzträger	Unterlagsplatten	Klammern
			Querschnitt	Länge					
m	m			m′	m²	m²	kg	kg	kg
2,0	4,0	I 18	11/15	1,25	1,0	1,0	14,1	1,0	0,23
2,0	5,0	I 18a	10/15	1,20	1,0	1,0	18,1	0,9	0,23
2,0	6,0	I 24a	10/15	1,17	1,0	1,0	25,4	0,7	0,21
2,0	7,0	I 28	8/18	1,14	1,0	1,0	29,3	0,7	0,21
2,0	8,0	I 28a	8/20	1,125	1,0	1,0	33,3	0,6	0,21
2,25	4,0	I 18a	10/16	1,25	1,0	1,0	15,6	1,0	0,21
2,25	5,0	I 22a	10/16	1,20	1,0	1,0	20,0	0,8	0,20
2,25	5,5	I 22a	10/16	1,18	1,0	1,0	20,6	0,7	0,20
2,25	6,0	I 24a	10/16	1,17	1,0	1,0	23,0	0,6	0,19
2,25	6,5	I 28	10/16	1,15	1,0	1,0	25,7	0,6	0,17
2,25	7,0	I 28a	10/16	1,14	1,0	1,0	29,4	0,5	0,16
2,25	7,5	I 28a	8/20	1,13	1,0	1,0	29,7	0,5	0,16
2,25	8,0	I 32	8/20	1,125	1,0	1,0	33,1	0,5	0,15
2,50	4,0	I 20	10/18	1,25	1,0	1,0	13,6	0,9	0,19
2,50	5,0	I 24a	10/18	1,20	1,0	1,0	20,3	0,7	0,16
2,50	5,5	I 24a	10/18	1,18	1,0	1,0	20,5	0,6	0,15
2,50	6,0	I 28	10/18	1,17	1,0	1,0	23,8	0,6	0,15
2,50	6,5	I 28	10/18	1,15	1,0	1,0	23,8	0,5	0,14
2,50	7,0	I 30	8/22	1,14	1,0	1,0	26,6	0,5	0,14
2,50	7,5	I 32	8/22	1,13	1,0	1,0	29,3	0,5	0,14
3,0	4,0	I 22a	10/22	1,25	1,0	1,0	15,0	0,7	0,16
3,0	5,0	I 24a	10/22	1,20	1,0	1,0	16,9	0,6	0,15
3,0	5,5	I 28	10/22	1,18	1,0	1,0	19,6	0,5	0,15
3,0	6,0	I 28a	10/22	1,17	1,0	1,0	23,3	0,5	0,15
3,0	6,5	I 28a	10/22	1,15	1,0	1,0	23,3	0,4	0,14
3,0	7,0	I 32	10/22	1,14	1,0	1,0	25,1	0,4	0,14

C. Die Wände

I. Blockwände

1. 1 Lfm. Blockholz aus doppeltgestreiften starken Baustangen (20 bis 25 cm Durchmesser) abbinden und aufrichten .... 0,25 ÷ 0,40 Z.

2. 1 m² Blockwand aus rohbleibendem Rundholz abbinden und aufrichten:

0,20 m stark; 5,5 m′ Rundholz ⌀ 20 cm; 1,0 Z.
0,25 „ „ 4,4 „ „ ⌀ 25 „ 1,5 „
0,30 „ „ 3,6 „ „ ⌀ 30 „ 2,0 „

3. 1 m² Blockwand aus lagerseitig rauhbearbeitetem Rundholz abbinden und aufrichten:

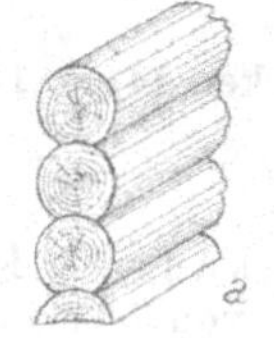

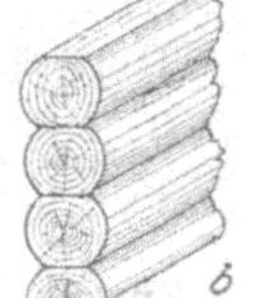

0,20 m stark; 8,3 m′ Rundholz ⌀ 20 cm; 2,0 Z.
0,25 „ „ 6,7 „ „ ⌀ 25 „ 2,7 „
0,30 „ „ 5,0 „ „ ⌀ 30 „ 3,5 „

4. 1 m² Blockwand aus Rundholz, vierkantig rauhbearbeitet, herstellen (wobei die Balken baumwalzig belassen werden, um die Auspflockung für den Putz aufzunehmen), samt Nagelung und Auspflockung der Lagersegmente mit Holznägeln:

0,15 m stark; 7,0 m′ Rundholz ⌀ 20 cm; 3,0 Z.
0,25 „ „ 4,5 „ „ ⌀ 30 „ 4,5 „

5. 1 m² Blockwand aus geschnittenem oder reinbehauenem, vollkantigem Kantholz abbinden und aufrichten:

0,15 m stark; 6,7 m′ Kantholz 15/15; 2,5 Z.
0,25 „ „ 4,0 „ „ 25/25 3,5 „

5a. 1 m² Blockwand wie vor, Zuschlag für das Behauen des Rundholzes:

0,15 m stark; 6,7 m′ Rundholz ⌀ 21 cm; 6,7 × 0,45 Z. = 3,0 Z.
0,25 „ „ 4,0 „ „ ⌀ 35 „ 4,0 × 1,1 „ = 4,4 „

II. Riegel- oder Fachwerkswände

1. Rundholz:

a) 1 Lfm. Fachwerksholz für eine Riegelwand abbinden und aufrichten; die Sohlschwelle aus eichenem oder lärchenem Kantholz, Schwellen, Pfosten und Streben aus Rundholz ⌀ 18 bis 20 cm, Zwischenriegel aus Rundholz ⌀ 12 bis 15 cm: 0,5 ÷ 0,55 Z.

b) 1 Lfm. Fachwerksholz wie vor, jedoch mit schwächeren Abmessungen: 0,3 ÷ 0,4 Z.

(Verschnitt 5 ÷ 7%)

(Zeitaufwand für den Abbund ∾ 60%, für das Aufrichten ∾ 40%.)

2. Kantholz. a) 1 Lfm. eichenes Kantholz für eine ein- oder zweimal verriegelte Fachwerkswand anarbeiten und aufrichten:

Holzstärken 10/10, 12/12 und ähnliche 0,50 ÷ 0,6 Z.
Holzstärken 14/14, 14/16 und ähnliche 0,60 — 0,7 Z.

b) 1 Lfm. weiches Kantholz für eine bis zu 5 m hohe Fachwerkswand anarbeiten und aufrichten:

Holzstärken 10/10, 12/12 und ähnliche: ein- oder zweimal verriegelt: 0,35 ÷ 0,40 Z.
nicht „ 0,25 ÷ 0,30 „

Holzstärken 14/14, 14/16 und ähnliche: ein- oder zweimal verriegelt: 0,40 ÷ 0,50 Z.
nicht „ 0,30 ÷ 0,35 „

(Verschnitt 5 ÷ 7%)

Anmerkung: 1. Für beschlagenes Holz ist für das Abbinden im Durchschnitt ein Zuschlag von 5% auf den angegebenen Zeitaufwand zu machen.

2. 1 Lfm. Dreikantleisten für die Befestigung der Ausmauerung an die Pfosten nageln ..... 0,05 Z.

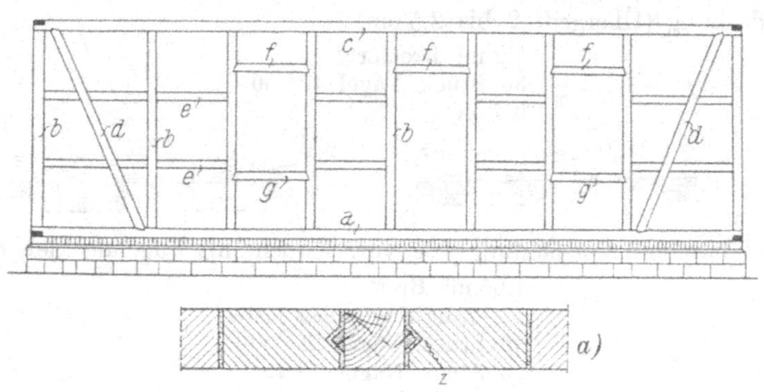

III. Wandschalung[1])

Fugendeckleisten. a) 1 Lfm. rauhe Fugendeckleisten 2/5 (1,8/4,0) bei Verschalungen anbringen:

1,05 m' Fugendeckleisten
4 Stück Nägel
0,04 Z.

b) 1 Lfm. Fugendeckleisten wie vor anbringen, samt Hobeln und Abfasen (Handarbeit) ....0,2 Z.

c) 1 Lfm. Fugenleisten wie vor anbringen, samt Hobeln und Kehlen 0,3 Z.

Wagrechte Verschalung. a) 1 m² äußere wagrechte Wandverschalung aus 2,0 cm starken, im Durchschnitt 16 bis 18 cm breiten, übereinandergehenden (geschuppten) rauhen Brettern (Übergriff 2,5 cm):

1,2 m² Bretter
20÷25 Stück Nägel 40/100
0,4 Z.

b) 1 m² innere, glatte, wagrechte Wandverschalung aus 2 cm starken, im Durchschnitt 16 bis 18 cm breiten, rauhen Brettern:

1,05 m² Bretter
30÷35 Stück Nägel 31/65
0,35 Z.

c) 1 m² Wandverschalung zu Verschindelungen, aus 2,0 cm starken, im Durchschnitt 16 bis 18 cm breiten, rauhen Brettern, einschließlich Fluggerüst:

1,0 m² Bretter
30÷35 Stück Nägel 31/65
0,5÷0,6 Z.

---

[1]) Für das Einrüsten ist bei hohen zu verschalenden Wänden (z. B. bei Giebelwänden, bei Verschindelungen usw.) ein Zeitaufwand von .... 0,25 bis 0,35 Z. anzusetzen.

Lotrechte Verschalung. a) 1 m² lotrechte Verschalung aus 2,0 cm starken, im Durchschnitt 16 bis 18 cm breiten, rauhen Brettern mit Übergreifung der Bretter zur Fugendeckung (Übergriff 2 bis 2,5 cm):

1,2 m² Bretter
35 Stück Nägel 40/100
0,5 Z.

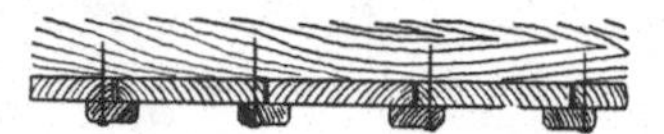
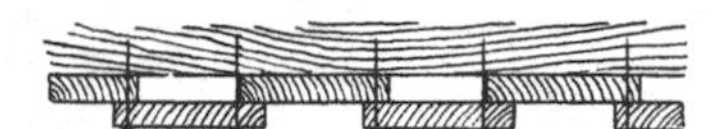

b) 1 m² lotrechte Verschalung wie vor, jedoch mit Fugendeckleisten 2/5 cm:

1,05 m² Bretter
6 ÷ 7 m′ Fugendeckleisten
30 Stück Nägel 31/65
25 Stück Nägel 20/45
0,55 ÷ 0,6 Z.

c) 1 m² lotrechte Verschalung wie vor, jedoch Bretter und Deckleisten von Hand gehobelt:

Zeitaufwand:

Anbringen der Verschalung samt Fugendeckleisten		0,55 Z.
Hobeln der Bretter	1,0 × 0,27 Z. =	0,27 „
Hobeln der Fugendeckleisten	6,0 × 0,05 „ =	0,30 „
	zusammen	1,12 Z.

d) 1 m² Wandverschalung aus etwa 2,3 cm starken, einseitig gehobelten, beiderseits genuteten 14 cm breiten Brettern mit eingeschobener Feder aus Hartholz 7/18 mm (Wandhöhe 2 m):

Zeitaufwand für das Anbringen.......0,75 Z.

Verschindelungen. Material: Fichte, Tanne, Kiefer, Eiche. Eiche wenig verwendet, da zu teuer, meist Fichte und Tanne.

Übliche Abmessungen der Schindeln:

			Erforderliche Anzahl Maschinenschindeln für 1 m²
Nr. 1:	Breite 4,2 cm;	Länge 15 cm	500
„ 2:	„ 5,0 „	„ 15 „	450
„ 3:	„ 6,0 „	„ 20 „	280
„ 4:	„ 7,0 „	„ 21 „	230
„ 5:	„ 8,0 „	„ 25 „	150
„ 6:	„ 10,0 „	„ 32 „	110

a) 1 m² Verschindelung ohne Bretterverschalung und ohne Einrüstung, daher für das bloße Annageln der Schindeln:

Schindeln Nr. 1 bis 3
1 Paket Nägel 13/25
Zeitaufwand 2,0 ÷ 2,5 Z.

b) 1 m² Verschindelung wie vor, jedoch für:

Schindeln Nr. 4 bis 6
1 Paket Nägel 17/25
Zeitaufwand 1,0 ÷ 1,5 Z.

Anmerkung: Zeitaufwand für das Anbringen eines Stangengerüstes 0,25 ÷ 0,35 Z.

V. Tür- und Fensterstöcke, Türen und Tore

Türdübel. Sechs Stück Dübel für die Befestigung einer Tür in der Wand herstellen, samt Karbolineumanstrich:

bei 25 cm Wand:	1,7 m′ 8/12 cm;	0,2 kg Karbolineum;	0,5 Z.
„ 38 „ „	2,4 „ 8/12 „	0,3 „ „	0,7 „
„ 51 „ „	3,3 „ 8/12 „	0,4 „ „	1,0 „

Türstöcke aus Kantholz. 1 Lfm. lärchenen Türstock aus rauhem Kantholz herstellen:

a) 1,1 m′ 13/16 cm ....0,4 Z.
b) 1,1 m′ 16/21 cm ....0,5 „

Tür- und Fensterstöcke aus Pfosten. Tür- und Fensterstöcke aus rauhen Pfosten herstellen, wobei die Länge der letzteren nach der Breite und Höhe ermittelt wird und die einzumauernden Ohren zugegeben werden, z. B. bei einer Tür von 1,05 m Breite und 2,1 m Höhe:

1 Sohle 1,05 m + 2 Ohren à 0,15 m ...... = 1,35 m′
1 Sturz desgleichen .... = 1,35 „
2 Gewände à 2,1 m + 4 Zapfen à 0,05 m . = 4,40 „
2 Mittelohren in den Gewänden à 0,2 m .. = 0,40 „
zusammen Pfosten 7,50 m′

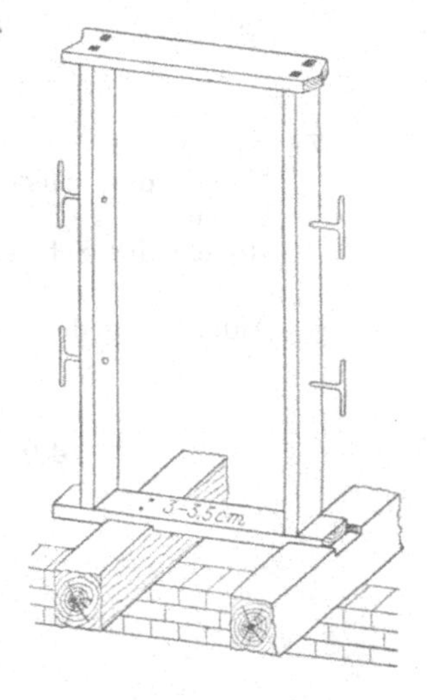

a) 15 cm Tiefe:

Pfostenstärke	5 cm	6,5 cm	8 cm
	1,05 m′ 5/15	1,05 m′ 6,5/15	1,05 m′ 8/15
	0,5 Z.	0,55 Z.	0,6 Z.

b) 30 cm Tiefe:

1,05 m′ 6,5/30	1,05 m′ 8/30
0,7 Z.	0,75 Z.

Zuschläge für Hobeln bzw. für die Ausarbeitung eines Falzes laut S. 253

Lattentüren. 1 m² Lattentür, bestehend aus 3/5 cm starken Latten und 4/7 cm starken Querleisten:

1,5 m′ Latten 4/7
10,0 „ „ 3/5
30 Stück Nägel 60/160
1,0 Z.

Brettertüren. a) 1 m² rauhe, glatte Brettertür aus 2,3 bis 2,5 cm starken Brettern mit aufgenagelten Querleisten und Bug, samt Einpassen:

25 Stück Nägel
1,50 Z.
12 ÷ 20% Verschnitt

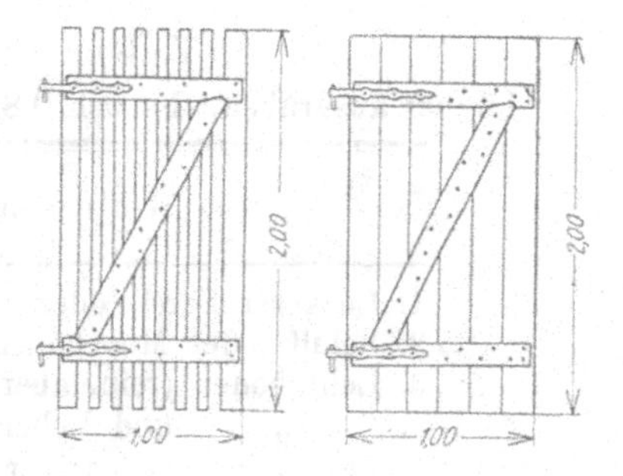

Zuschläge für Fugen, Hobeln, Falzen usw. laut S. 254

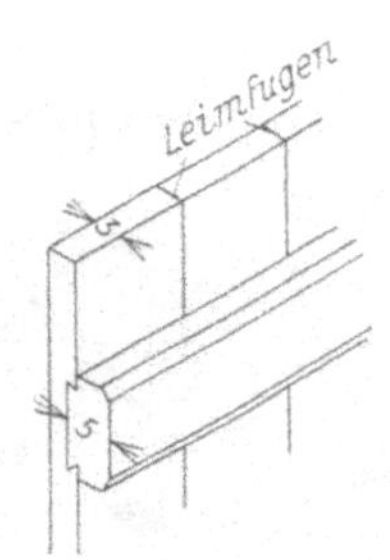

b) 1 m² rauhe, glatte Brettertür aus gefugten $^{5}/_{4}''$ starken Brettern und **Einschubleisten**:

1,2 m² Bretter, 3,3 cm stark
1,05 m′ Bretter, 4 cm stark, 15 cm breit
25 Stück Nägel 31/80
2,2 Z.

Zuschlag bei über die Fugen gelegten Deckleisten:

5,5 ÷ 6,5 m′ Deckleisten
25 Stück Nägel 31/65
0,3 Z.

Tore. a) Ein zweiflügeliges Tor, 2,5 m breit, 3,0 m hoch, aus 3 cm starken, gehobelten und gespundeten Brettern mit 4/25 cm starken Quer- und Strebeleisten und 2,5/5 cm starker Schlagleiste herstellen:

9,0 m² gehobelte und gespundete, 3 cm starke Bretter
10,0′ Quer- und Strebeleisten 4/25 cm
65 Stück Nägel 40/100
16 Stück Schrauben
3,1 m′ Schlagleiste 25/5 cm,
12 Stück Nägel 31/65

Zeitaufwand:

Hobeln der Quer- und Strebeleisten ... 2,5 m² × 0,3 Z. = 0,75 Z.
Fugen „ „ „ „ ... 10,0 m′ × 0,05 Z. = 0,50 „
Hobeln der Schlagleiste .... 3,1 m′ × 0,075 Z. = 0,23 „
Hobeln und Fugen zusammen 1,48 Z.
Anfertigung des Tores .... 13,00 „
Gesamtzeitaufwand ∾ 15 Z.

b) Ein zweiflügeliges Tor wie vor beschrieben, jedoch 4,0 m × 4,0 m groß anfertigen:

19,2 m² gehobelte und gespundete 3 cm starke Bretter
15,2 m′ Quer- und Strebeleisten 4 cm stark
90 Stück Nägel 40/100
16 Stück Schrauben
4,1 m′ Schlagleiste 2,5/5 cm
16 Stück Nägel 31/65

Zeitaufwand für das Hobeln der Quer- und Strebeleisten sowie der Schlagleiste und für das Anfertigen des Tores ... 20 Z.

V. Gartenzäune, Einfriedungen

Löcher ausgraben. 1 Loch 0,8 m tief, 0,45 × 0,45 m bis 0,5 × 0,5 m ausgraben:

Bodenart	Durchschnittlicher Zeitaufwand
1. Lockerer Sand- oder Humusboden	0,5 Z.
2. Schilf- oder Moorboden	0,6 „
3. Lehmboden (rein, aber fest)	1,5 „
4. „ und Leberkies	2,0 „
5. „ „ fester Sand	3,0 „
6. Felsboden „ Sandfelsen	3,5 „ (und mehr)

Versetzen der Pfosten (Pfähle, Packstäle). a) 1 Lfm. Pfosten (⌀ 12 bis 15 cm) mit Handramme oder Vorschlaghammer einschlagen (Pfostenabstand 2,5 bis 3,0 m), oben auf gleiche Höhe abschneiden .... 0,5 Z.

(Verschnitt 8÷10%.)

b) Ein Stück Pfosten ⌀ 15 bis 18 cm, 2,0 m lang, in dem 80 cm tief ausgehobenen Pfostenloch versetzen, feststampfen und mit Steinen verspannen 1,1÷1,2 Z.

c) Ein Stück Pfosten wie vor, jedoch ⌀ 18 bis 28 cm .... 1,5 „

d) Ein Stück Pfosten aus lärchenem Kantholz 13/16, 3,0 m lang, sonst wie vor .... 1,3÷1,5 „

Drahtgeflecht, Stacheldraht usw. Drahtzäune werden ohne Querlatten unmittelbar an den Holzpfosten angebracht und mit Spanndrähten versehen. Maschenweite des Drahtgeflechtes 30 bis 70 mm, meist 50 mm; übliche Drahtstärke 2 bis 2,5 mm; Höhe des Drahtgeflechtes 1,0, 1,2 und 1,5 m, meistens 1,2 m. Erforderliche Anzahl der Spanndrähte bei 1,0 m Höhe zwei Stück, bei 1,2 m Höhe mindestens zwei, besser drei Spanndrähte, bei 1,5 m Höhe drei, über 1,5 m vier Spanndrähte.

a) 1 Lfm. Drahtgeflecht, 50 mm Maschenweite, 1,0 m Höhe, zwei Spanndrähte, Pfostenabstand 2,5 bis 3,0 m, anbringen:

6 g Krampen für die Befestigung des Drahtgeflechtes und der Spanndrähte am Pfosten 0,17÷0,20 Z.

b) 1 Lfm. Drahtgeflecht wie vor, jedoch 1,2 m hoch mit drei Spanndrähten:

8 g Krampen
0,25÷0,28 Z.

c) 1 Lfm. Drahtgeflecht wie vor, jedoch 1,5 m hoch, mit drei Spanndrähten:

10 g Krampen
0,28÷0,32 Z.

Bedarf an Nähdraht zum Annähen des Drahtgeflechtes an die Spanndrähte (bei 50 mm Maschenweite) für 1 Lfm. Drahtgeflecht 1,2 m Spanndraht.

d) 1 Lfm. Stacheldraht (freies Gelände) anbringen .... 0,025 Z.

e) 1 Lfm. Laufdraht (freies Gelände) anbringen .... 0,02 „

Gartenzäune. a) 1 Lfm. Gartenzaun 1,0 bis 1,4 m hoch herstellen, bestehend aus lärchenen oder eichenen, oben auf gleiche Höhe abgesägten 2 m langen Rundpfosten, runden oder geschlitzten (halbierten) Querstangen und Zaunstecken (oben nicht gespitzt, ⌀ 5 bis 7 cm):

Zeitaufwand für das Zurichten der Pfosten, Querlatten und Zaunstecken samt Stellen und Verspannen der Pfosten, Annageln der Querlatten und Zaunstecken, jedoch ohne Löchergraben: 1,6÷1,8 Z.

0,15 kg Nägel für 1 Lfm. Zaun; Schnittverlust 10÷15%. 1 Lfm. zweimaliger Karbolineumanstrich der Pfosten (nach dem Setzen und Verspannen)... 0,17 Z.

Einzelarbeiten:

1 Lfm. Zaun die geschlitzten Zaunstecken annageln .... 0,17÷0,2 „
1 Lfm. geschlitzte Querlatten annageln .... 0,2 „

b) 1 Lfm. Gartenzaun aus 2 m langen, 14/14 cm starken, 80 cm tief eingegrabenen Kantholzpfosten (Zaunhöhe wie vor), Querriegeln 6/8 cm und Zaunlatten 2,5/5 cm:

Zeitaufwand für die unter a) beschriebenen Arbeitsleistungen: 1,25 Z.

Alle sichtbaren Holzteile gehobelt, Pfosten und Latten oben mit einem Spiegel versehen: 2,3÷2,5 Z.

Einfriedungen. a) 1 Lfm. Einfriedung, 2 m hoch, bestehend aus lärchenen, in Entfernung von 3,0 zu 3,0 m 80 cm tief eingegrabenen Pfosten und einer wagrechten, 3,3 cm starken, rauhen Bretterverschalung:

0,33 Stück Pfosten samt Löchergraben und Setzen
2,1 m² Bretter
10 Stück Nägel 31/80
0,8 ÷ 1,0 Z.

b) 1 Lfm. Einfriedung, 2 m hoch, bestehend aus lärchenen, in Entfernung von 3,0 zu 3,0 m 80 cm tief eingegrabenen Pfosten, zwei Stück 8/10 cm starken, wagrecht laufenden Querriegeln und einer lotrechten, 3,3 cm starken, rauhen Bretterverschalung:

0,33 Stück Pfosten samt Löchergraben und Setzen
2,1 m′ Querriegel 8/10
2,1 m² Bretter
24 Stück Nägel 31/80

Zeitaufwand:

2,1 m′ Querriegel anarbeiten und befestigen	. 2,1 × 0,25 Z.	= 0,52 Z.
2,1 m² Bretter zurichten und befestigen	. . . . . 2,1 × 0,4 „	= 0,84 „
		1,36 Z.

c) 1 m² Latten- (Staketen-) Einfriedung ohne Gerippe, aus 3/5 cm starken, in 0,10 m Entfernung voneinander angenagelten Latten:

7,7 m′ Latten 3/5 cm
20 Stück Nägel 31/80
0,3 ÷ 0,35 Z.

D. Die Dächer

I. Dacheindeckung mit Brettern oder Schindeln

Bretterdächer. 1 m² Dacheindeckung aus einander übergreifenden 2,0 bzw. 2,5 cm starken, im Mittel 20 cm breiten, rauhen Brettern herstellen:

Material: 1,25 m² Bretter
25 Stück Nägel 31/65 bzw. 31/70

Zeitaufwand: a) Bretter // zur Traufe . 0,35 Z.
b) „ ⊥ „ „ . 0,4 „

Schindeldächer. Die Schindeln erhalten gewöhnlich eine Länge $l = 40 \div 60$ cm, eine Breite $b = 8 \div 10$ cm und eine Stärke von 1,2 ÷ 1,5 cm; an der einen Langseite sind sie mit einer Nut, an der anderen mit einer Feder versehen. Die Eindeckung erfolgt auf Latten 3/5 (2,5/5) cm. Die Lattenentfernung ist von der Schindellänge und der Art der Eindeckung (einfache, einundeinhalbfache, doppelte) abhängig. Der Übergriff der Schindeln beträgt bei:

einfacher Deckung . . . $u = \frac{1}{3} l$
einundeinhalbfacher „ . . . $u = \frac{1}{2} l$
doppelter „ . . . $u = \frac{2}{3} l$

Erforderliche Schindelanzahl einschließlich Schwund und Verlust für 1 m² Dachfläche:

$$S = \frac{10\,500}{(l - u) \cdot b}.$$

Erforderliche Nägelanzahl für 1 m² Dachfläche:

Einfache Deckung: $N = 1{,}5\, S$
Doppelte „ $N = 1{,}0\, S$

Deckungsart	Schindelabmessungen		Lattenentfernung in cm	Für 1 m² Dachfläche			
	Breite in cm	Länge in cm		Material: Latten	Material: Schindeln Stück	Material: Nägel Stück	Zeitaufwand Z.
a) Einfache Deckung	8	40	30	1 m² fertige Einlattung	49	74	1,0
		50	40		40	60	0,9
		60	45		33	50	0,8
	10	40	30		40	60	0,9
		50	40		32	48	0,8
		60	45		26	39	0,7
	12	40	30		33	—	0,8
		50	40		26	39	0,7
		60	50		22	33	0,6
b) Doppelte Deckung	8	40	15	1 m² fertige Einlattung	98	98	1,8
		50	20		80	80	1,6
		60	25		66	66	1,4
	10	40	15		80	80	1,6
		50	20		64	64	1,4
		60	25		52	52	1,3
	12	40	15		66	66	1,4
		50	20		52	52	1,3
		60	25		44	44	1,2

II. Dachlattung und Dachschalung

Dachlattung. a) 1 m² Dachlattung für Schindeleindeckung, bestehend aus scharfkantigen, astfreien Latten 3/5 (2,4/4,8; 2,5/5,0), frei Baustelle liefern und mit Nägeln 31/70 (31/65) befestigen (einfache Nagelung).

Deckungsart	Lattenabstand von Mitte zu Mitte	a) Einfache, glatte Dachstühle			b) Dachstühle mit Querbauten, Walmen, Dachgaupen usw.		
		Material		Zeitaufwand	Material		Zeitaufwand
		Latten + 5% Verschnitt	Nägel		Latten + 10% Verschnitt	Nägel	
	cm	m	St.	Z.	m	St.	Z.
Doppelte Schindeleindeckung	10	10,5	20	0,4	11,0	30	0,6
	15	7,0	13	0,3	7,4	20	0,4
	20	5,3	10	0,2	5,5	15	0,3
	25	4,2	8	0,17	4,4	12	0,24
Einfache Schindeleindeckung	30	3,5	7	0,14	3,7	10	0,2
	35	3,0	6	0,12	3,2	9	0,17
	40	2,6	5	0,10	2,8	8	0,15
	45	2,4	5	0,09	2,5	8	0,13

Anmerkung: Bei doppelter Nagelung verdoppelt sich die erforderliche Stückzahl Nägel und erhöht sich die Arbeitszeit um etwa

a) 25%, b) 17%.

b) 1 m² Dachlattung für Ziegel- oder Schiefereindeckung, bestehend aus Latten 4/6,5 (4/7), frei Baustelle liefern und mit Nägeln 46/100 befestigen (einfache Nagelung).

Lattenabstand cm	Materialbedarf	a) Zeitaufwand Z.	b) Zeitaufwand Z.
10	wie oben	0,45	0,65
15		0,35	0,45
20		0,25	0,35
25		0,22	0,29

Höhenzuschlag durchwegs 0,15 H.

c) 1 m² Dachlattung zu Kuppeln, Ochsenaugen und sonstigen geschweiften Dachkörpern, bestehend aus dicht aneinandergenagelten Latten 3/5 (2,4/4,8; 1,8/4,8), Nägel 31/70 (31/65).

Verschnitt ....10 ÷ 50%
Nägel.........55 Stück
Zeitaufwand ..1,2 ÷ 3 Z.

Dachschalung. a) 1 m² Dachschalung aus rauhen, höchstens 16 cm breiten Brettern bei einfachen, glatten Dachstühlen frei Baustelle liefern und befestigen.

Für 1 m² und Brettstärke			3/4″	1″	5/4″
gesäumt	Bretter mit Verschnitt	m²	—	1,0 + 5%	—
	Nägel 24 Stück	Nr.	28/55	31/65	38/90
	Zeitaufwand	Z.	0,30	0,35	0,40
gefugt	Bretter mit Verschnitt	m²	—	1,0 + 10%	—
	Nägel 24 Stück	Nr.	28/55	31/65	38/90
	Zeitaufwand	Z.	0,35	0,40	0,45
gefugt und gefalzt bzw. gespundet	Bretter mit Verschnitt	m²	—	1,0 + 15%	—
	Nägel 24 Stück	Nr.	28/55	31/65	38/90
	Zeitaufwand	Z.	0,40	0,50	0,55
Höhenzuschlag		H.		0,1	

Anmerkung: Bei Dachstühlen mit Querbauten, Walmen usw. muß der anzunehmende Zeitaufwand je nach Schwierigkeit der Arbeit entsprechend erhöht werden.

1 m² Dachschalung zu Kuppeln, Ochsenaugen und sonstigen geschweiften Dachkörpern, bestehend aus schmalen Brettern usw.:

Verschnitt .....10 ÷ 50%
Nägel..........40 Stück
Zeitaufwand ...1,2 ÷ 3 Z.

Dachgiebelverschalung. a) 1 m² Dachgiebelverschalung, bestehend aus 2,0 cm starken, ungefähr gleich (im Mittel 16 cm) breiten, rauhen Brettern und 2/4 cm starken, rauhen Fugendeckleisten:

1,1 m² Bretter
5,5 bis 6,5 m′ Fugendeckleisten
30 Stück Nägel 31/65
20 „ „ 31/45
0,5 ÷ 0,7 Z.

b) 1 m² Dachgiebelverschalung wie vor, jedoch einschließlich Hobeln, Fugen und Fasen der Bretter und Fugendeckleisten von Hand .... 1,0 ÷ 1,2 Z.

c) 1 m² Dachgiebelverschalung wie vor, jedoch Bretter und Fugendeckleisten auf der Maschine gehobelt, gefugt und gefast 5 ÷ 8 Maschinenminuten.

III. Sparren und Pfetten, Mauerlatten, Kopfbüge

Sparren. 1 Lfm. Sparren 8/12 ÷ 10/15 cm bei einfachen, glatten Dachstühlen anarbeiten, aufziehen und befestigen:

1,05 m′ Sparren
3 kg/m³ Sparrennägel
0,2 ÷ 0,25 Z.

Bei nicht glatten Dachstühlen, Schiftungen usw. Zuschläge für Verschnitt und erhöhten Zeitaufwand bis etwa 20%.

Pfetten. a) 1 Lfm. Pfetten bei einfachen, glatten Dachstühlen anarbeiten, aufziehen und befestigen:

	Zeitaufwand:
1,05 m′ Pfetten	Querschnitt 180 bis 320 cm² .... 0,3 ÷ 0,4 Z.
5 kg/m³ Klammern (Nägel)	„ 330 „ 480 „ .... 0,4 ÷ 0,5 „

b) 1 Lfm. **Gelenkpfetten** anarbeiten, aufziehen und befestigen:

	Zeitaufwand: durchschnittlich 25 Z./m³
1,05 m′ Pfetten	
5 kg/m³ Klammern (Nägel)	Anarbeiten .... 0,27 ÷ 0,3 Z.
2 „ Schrauben	Aufziehen und Befestigen......... 0,27 ÷ 0,3 „

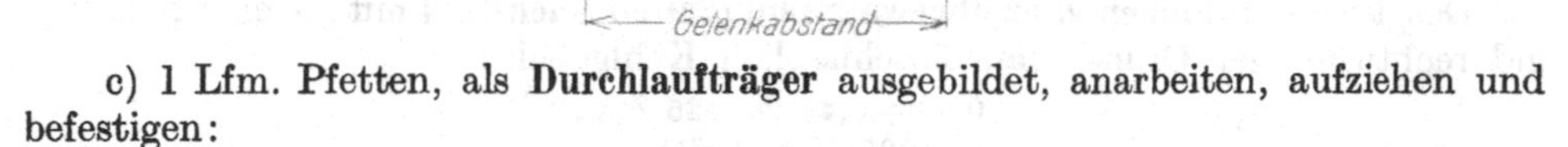

c) 1 Lfm. Pfetten, als **Durchlaufträger** ausgebildet, anarbeiten, aufziehen und befestigen:

Zeitaufwand:
Anarbeiten .... 0,3 ÷ 0,35 Z.
Aufziehen und Befestigen.. 0,27 ÷ 0,3 „

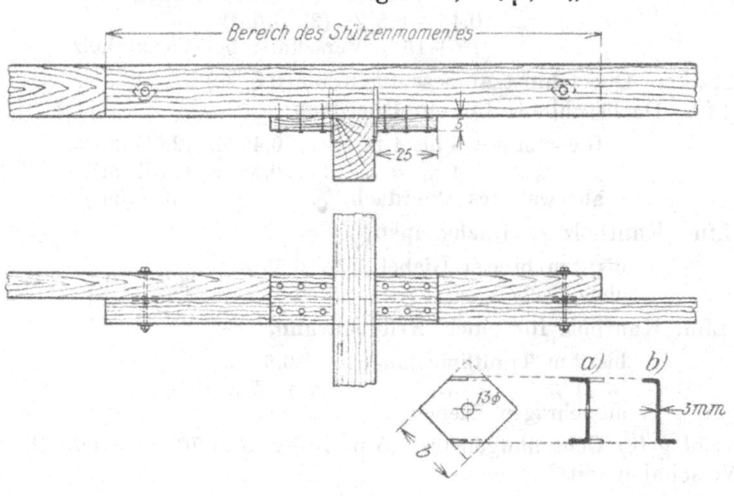

Mauerlatten und Kopfbüge. 1 Lfm. Mauerlatten (Kopfbüge) anarbeiten, aufziehen und befestigen:

		Zeitaufwand:
1,05 m′ Kantholz	Querschnitt bis 10/10 cm	0,25÷0,30 Z.
3 kg/m³ Klammern (Nägel)	„ 10/10 „ 15/15 „	0,30÷0,35 „

Für Arbeiten auf Eisenkonstruktionen sind entsprechende Zeitzuschläge zu machen, die bis 30% und mehr betragen können. Für Höhen über 8 m sind für je 4 m Mehrhöhe 1,5 H./m³ Material anzunehmen.

Befindet sich die Lagerstelle des Holzes weiter als 20 m vom Bauplatz entfernt, so ist ebenfalls für die Holzbeförderung ein entsprechender Zeitzuschlag zu machen.

IV. Der zimmermannsmäßige Dachstuhl

Zeitaufwand für Abbinden, Materialbeförderung auf die Baustelle, Aufziehen und Aufstellen bei verschiedenen Arten von Dachstühlen (Gebäudehöhe bis zu 10 m):

a) 1 Lfm. Dachstuhlholz schwächerer Abmessungen für ein **einfaches, glattes Dach** (ohne Schiftung) **bei Siedlungsbauten** abbinden und aufstellen:

0,2÷0,22 Z. (12÷15 Z./m³)
5% Verschnitt

(Bei Dachstühlen mit Schiftungen 0,23÷0,25 Z.)

b) 1 Lfm. Dachstuhlholz (Stärken 10/12 bis 15/18) für ein **einfaches, glattes Dach** (ohne Schiftung):

0,35÷0,40 Z.
2÷5% Verschnitt

Desgleichen für einen **ganz abgewalmten, glatten Dachstuhl** mit gleicher Neigung und rechtwinkliger Grundform, einschließlich Kehlgebälk:

0,40÷0,45 Z. (25 Z./m³)
∞ 10% Verschnitt

(Bei starken Querschnittsabmessungen 0,45÷0,55 Z.)

d) Desgleichen **mit ungleichen Neigungen und schräger Grundform:**

0,45÷0,5 Z. (30 Z./m³)
10÷15% Verschnitt bei Vorsatzholz

(Bei starken Querschnittsabmessungen bis 0,6 Z.)

e) 1 Lfm. Dachstuhlholz für ein **Querdach:**

Giebelbreite 3 bis 4 m	0,45 Z.	(28 Z./m³)
„ 4 „ 6 „	0,48 „	(31 Z./m³)
abgewalmtes Querdach	0,5 „	(33 Z./m³)

f) 1 Lfm. Kantholz zu **Dachgaupen,**

bis 2 m breiter Giebel	0,55 Z.	(38 Z./m³)
ohne Giebel	0,5 „	

g) 1 Lfm. Kantholz für einen **Krüppelwalm,**

bis 2 m Trauflinienlänge.....	0,6 Z.
„ 4 „ „	0,55 „
an schrägen Giebeln	0,65 „

h) Zuschlag für **Ochsenaugen** bis 2,5 m Breite und 70 cm Stichhöhe samt Aufriß und Verschalen mit Latten .... 11÷12 Z.

i) 1 Lfm. Dachstuhlholz bei ungleich geneigten Dachflächen, mehreren verschieden großen Querbauten, Dachgaupen (Dachläden), ohne Ochsenaugen .... 0,6 ÷ 0,7 Z. (36 ÷ 40 Z./m³).

k) 1 Lfm. Dachstuhlholz für **Turm- und Kuppelbauten,** je nach Form und Höhe 0,8 ÷ 1,3 Z. (40 ÷ 70 Z./m³).

Beispiele aus der Praxis:

1. Kniestockdach, Einbauwände Riegelfachwerk, glatter Dachstuhl. Baustelle in der Nähe des Zimmerplatzes (Bauzeit 1913):
911 Lfm. Kantholz.
Zeitaufwand für Abbinden und Aufstellen: 0,35 Z./m'.

2. Abgewalmter Dachstuhl für ein größeres, massives Scheunengebäude, starkes Holz (Bauzeit 1914):
2517 Lfm. Kantholz.
Zeitaufwand für Abbinden und Aufstellen: 0,53 Z./m'.

3. Ganz abgewalmter Dachstuhl mit zwei Querbauten (Bauzeit 1910):
922 Lfm. Kantholz.
Zeitaufwand für Abbinden und Aufstellen: 0,44 Z /m'.

4. Eingeschossiges Wohnhaus, Umfassungswände aus Riegelfachwerk, Außen- und Zwischenwände zweimal geriegelt, Balken und Schwellen aufgekämmt. Ganz abgewalmter Dachstuhl mit viel Schiftungen (Bauzeit 1909):
1382 Lfm. Kantholz.
Zeitaufwand für Abbinden und Aufstellen: 0,44 Z./m'.

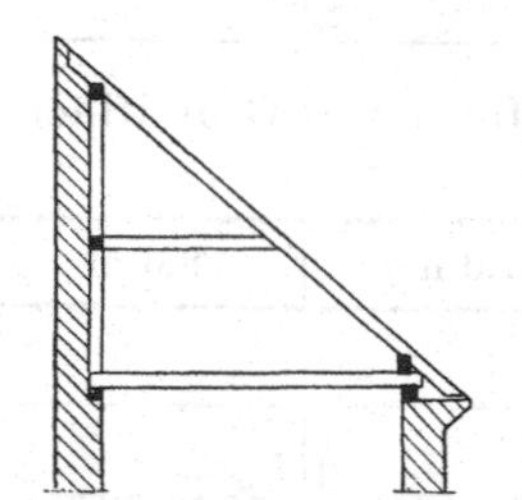

Abb. 1
Pultdach mit Kehlbalken

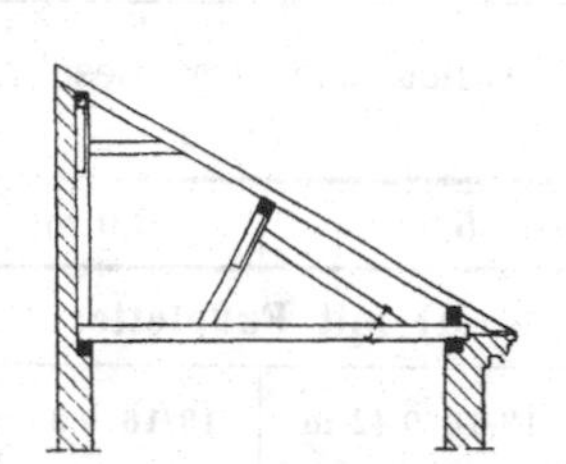

Abb. 2
Pultdach mit Bockpfette

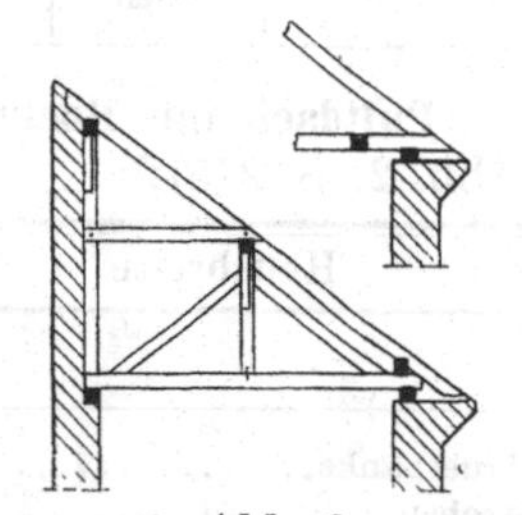

Abb. 3
Pultdach mit Flugstuhl

Pultdach mit Kehlbalken, berechnet für doppelte Flachziegeleindeckung, abbinden und auf ebenerdigem Gebäude aufstellen, von Dachsaum zu Dachsaum in der Wagrechten gemessen, für 1 m² Grundfläche (Abb. 1):

Hausbreite (Stirnbreite des Gebäudes am Mauergrund gemessen)			3,0 m	4,0 m	5,0 m	6,0 m
a) mit Fußpfette:						
Mauerbänke			10/16 0,70 m	10/16 0,53 m	13/16 0,42 m	16/16 0,35 m
Bundträme			} 14/18 0,99 m	16/19 0,29 m	16/19 0,29 m	16/21 0,29 m
Pfetten und Riegel				14/18 0,79 m	14/18 0,63 m	15/18 0,53 m
Sparren, Kehlbalken und Kopfbüge			10/14 1,92 m	10/14 2,04 m	10/14 2,10 m	10/16 2,10 m
Säulen			14/14 0,19 m	14/14 0,20 m	14/14 0,21 m	15/15 0,22 m
Für 1 m² Grundfläche	Kantholz	m³	0,0667	0,0697	0,0669	0,0715
		m'	3,80	3,85	3,65	3,49
	Verbandeisen	kg	0,11	0,09	0,08	0,07

Hausbreite (Stirnbreite des Gebäudes am Mauergrund gemessen)			3,0 m	4,0 m	5,0 m	6,0 m
b) mit Stich und Wechsel:						
Bundträme, Stiche und Wechsel			} 14/18 1,22 m	16/19 0,75 m	16/19 0,66 m	16/21 0,59 m
Pfetten und Riegel				14/18 0,53 m	14/18 0,42 m	15/18 0,35 m
Sparren, Kehlbalken und Kopfbüge			10/14 1,71 m	10/14 1,86 m	10/14 1,94 m	10/16 1,96 m
Mauerbänke			10/16 0,70 m	10/16 0,53 m	13/16 0,42 m	16/16 0,35 m
Säulen			14/14 0,19 m	14/14 0,20 m	14/14 0,21 m	15/15 0,22 m
Für 1 m² Grundfläche	Kantholz	m³	0,0696	0,0746	0,0707	0,0745
		m'	3,82	3,87	3,65	3,47
	Verbandeisen	kg	0,11	0,09	0,08	0,07
c) durchaus mit Bundträmen:						
Bundträme			} 14/18 1,44 m	16/19 1,08 m	16/19 1,07 m	16/21 1,07 m
Pfetten und Riegel				14/18 0,53 m	14/18 0,42 m	15/18 0,35 m
Sparren, Kehlbalken und Kopfbüge			10/14 1,71 m	10/14 1,86 m	10/14 1,94 m	10/16 1,96 m
Mauerbänke			10/16 0,70 m	10/16 0,53 m	13/16 0,42 m	16/16 0,35 m
Säulen			14/14 0,19 m	14/14 0,20 m	14/14 0,21 m	15/15 0,22 m
Für 1 m² Grundfläche	Kantholz	m³	0,0751	0,0846	0,0831	0,0907
		m'	4,04	4,20	4,06	3,95
	Verbandeisen	kg	0,11	0,09	0,08	0,07

Pultdach mit Bockpfette, sonst wie vor beschrieben, für 1 m² Grundfläche (Abb. 2, S. 275):

Hausbreite			5,0 m	6,0 m	7,0 m	8,0 m
a) mit Fußpfette:						
Mauerbänke			13/16 0,42 m	13/16 0,35 m	} 16/16 0,86 m	
Streben			} 14/14 0,52 m	15/15 0,54 m		16/16 0,45 m
Säulen						16/18 0,39 m
Bundträme			16/19 0,29 m	16/21 0,29 m	} 16/21 0,74 m	18/24 0,29 m
Pfetten			14/18 0,63 m	15/18 0,53 m		16/21 0,39 m
Sparren			} 10/14 1,86 m	10/16 1,79 m	} 13/16 1,76 m	13/18 1,45 m
Kehlbalken und Kopfbüge						13/16 0,29 m
Für 1 m² Grundfläche	Kantholz	m³	0,0697	0,0721	0,0835	0,0881
		m'	3,72	3,50	3,36	3,26
	Verbandeisen	kg	0,19	0,16	0,14	0,12
b) mit Stich und Wechsel:						
Bundträme, Stiche und Wechsel			16/19 0,66 m	16/21 0,60 m	} 16/21 0,86 m	18/24 0,52 m
Pfetten			14/18 0,42 m	15/18 0,35 m		16/21 0,26 m
Sparren			} 10/14 1,70 m	10/16 1,65 m	} 13/16 1,63 m	13/18 1,33 m
Kehlbalken und Kopfbüge						13/16 0,29 m
Mauerbänke			13/16 0,42 m	13/16 0,35 m	} 16/16 0,86 m	} 16/16 0,45 m
Streben			} 14/14 0,52 m	15/15 0,54 m		
Säulen						16/18 0,39 m

Hausbreite			5,0 m	6,0 m	7,0 m	8,0 m
Für 1 m² Grundfläche	Kantholz	m³	0,0734	0,0754	0,0848	0,0909
		m'	3,72	3,49	3,35	3,24
	Verband-eisen	kg	0,19	0,16	0,14	0,12

c) durchaus mit Bundträmen:

			5,0 m	6,0 m	7,0 m	8,0 m
Bundträme			16/19 1,07 m	16/21 1,07 m	} 16/21 1,37 m {	18/24 1,06 m
Pfetten			14/18 0,42 m	15/18 0,35 m		16/21 0,26 m
Sparren			} 10/14 1,70 m	10/16 1,65 m	13/16 1,63 m {	13/18 1,33 m
Kehlbalken und Kopfbüge						13/16 0,29 m
Mauerbänke			13/16 0,42 m	13/16 0,35 m	} 16/16 0,86 m	} 16/16 0,45 m
Streben			} 14/14 0,52 m	15/15 0,54 m		
Säulen						16/18 0,39 m
Für 1 m² Grundfläche	Kantholz	m³	0,0858	0,0912	0,1019	0,1142
		m'	4,13	3,96	3,86	3,78
	Verband-eisen	kg	0,19	0,16	0,14	0,12

Pultdach mit Flügstuhl, sonst wie vor beschrieben, für 1 m² Grundfläche (Abb. 3, S. 275):

Hausbreite			5,0 m	6,0 m	7,0 m	8,0 m
a) mit Fußpfette:						
Mauerbänke			13/16 0,42 m	13/16 0,35 m	} 16/16 0,95 m	16/16 0,91 m
Säulen und Sprengbänder			14/14 0,62 m	15/15 0,63 m		
Bundträme			16/19 0,29 m	16/19 0,29 m	16/21 0,29 m	16/21 0,29 m
Pfetten			14/18 0,63 m	15/18 0,53 m	16/18 0,45 m	16/18 0,39 m
Sparren und Kopfbüge			10/14 1,78 m	10/16 1,71 m	13/16 1,67 m	13/18 1,64 m
Zangen			8/16 0,30 m	8/16 0,30 m	8/16 0,30 m	8/16 0,30 m
Für 1 m² Grundfläche	Kantholz	m³	0,0743	0,0758	0,0856	0,086
		m'	4,04	3,81	3,66	3,53
	Verband-eisen	kg	0,22	0,18	0,16	0,14
b) mit Stich und Wechsel:						
Bundträme, Stiche und Wechsel			16/19 0,66 m	16/19 0,60 m	16/21 0,56 m	16/21 0,52 m
Pfetten			14/18 0,42 m	15/18 0,35 m	16/18 0,30 m	16/18 0,26 m
Sparren			} 10/14 1,62 m	10/16 1,57 m	13/16 1,54 m {	13/18 1,33 m
Kopfbüge						13/16 0,19 m
Mauerbänke			13/16 0,42 m	13/16 0,35 m	} 16/16 0,95 m	16/16 0,91 m
Säulen und Sprengbänder			14/14 0,62 m	15/15 0,63 m		
Zangen			8/16 0,30 m	8/16 0,30 m	8/16 0,30 m	8/16 0,30 m
Für 1 m² Grundfläche	Kantholz	m³	0,0781	0,0781	0,0876	0,0872
		m'	4,04	3,80	3,65	3,51
	Verband-eisen	kg	0,22	0,18	0,16	0,14

Hausbreite		5,0 m	6,0 m	7,0 m	8,0 m
c) durchaus mit Bundträmen:					
Bundträme		16/19 1,07 m	16/19 1,07 m	16/21 1,07 m	16/21 1,06 m
Pfetten		14/18 0,42 m	15/18 0,35 m	16/18 0,30 m	16/18 0,26 m
Sparren		} 10/14 1,62 m	10/16 1,57 m	13/16 1,54 m {	13/18 1,33 m
Kopfbüge					13/16 0,19 m
Mauerbänke		13/16 0,42 m	13/16 0,35 m	} 16/16 0,95 m	16/16 0,91 m
Säulen und Sprengbänder		14/14 0,62 m	15/15 0,63 m		
Zangen		8/16 0,30 m	8/16 0,30 m	8/16 0,30 m	8/16 0,30 m
Für 1 m² Grundfläche: Kantholz	m³	0,0905	0,0924	0,1048	0,1053
	m′	4,45	4,27	4,16	4,05
Verbandeisen	kg	0,22	0,18	0,16	0,14

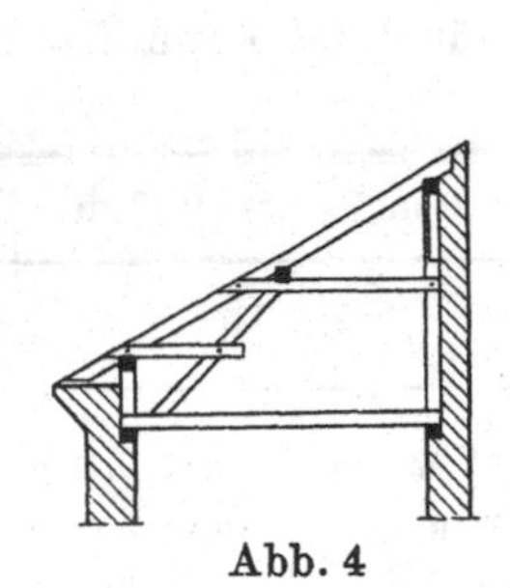

Abb. 4

Pultdach mit liegendem Stuhl

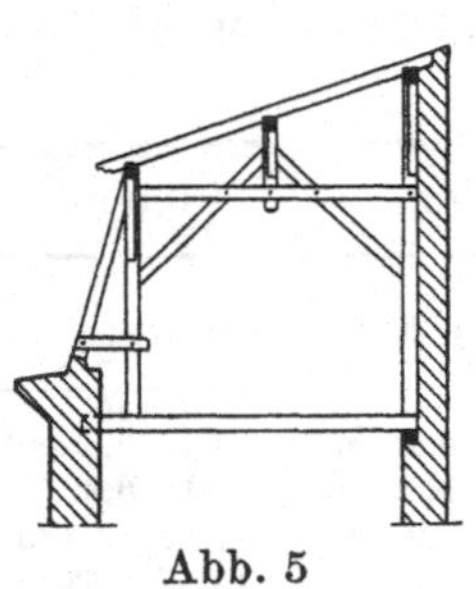

Abb. 5

Mansarddach

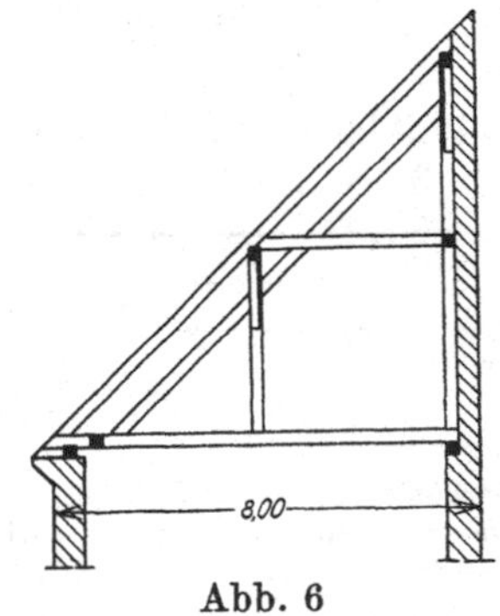

Abb. 6

Pultdach mit stehendem Stuhl

Pultdach mit liegendem Stuhl, sonst wie vor beschrieben, für 1 m² Grundfläche (Abb. 4):

Hausbreite		5,0 m	6,0 m	7,0 m	8,0 m
Mauerbänke		} 13/16 1,05 m {	13/15 0,35 m	16/16 0,30 m	16/16 0,26 m
Pfetten			14/18 0,53 m	16/18 0,45 m	16/18 0,39 m
Bundträme		16/19 0,28 m	16/19 0,28 m	16/21 0,28 m	16/21 0,28 m
Sparren und Kopfbüge		9/12 1,40 m	10/13 1,36 m	10/14 1,34 m	10/16 1,32 m
Säulen und Sprengbänder		13/13 0,37 m	14/14 0,35 m	14/16 0,35 m	14/16 0,35 m
Zangen		8/16 0,56 m	8/16 0,55 m	8/16 0,52 m	9/16 0,50 m
Für 1 m² Grundfläche: Kantholz	m³	0,0592	0,0607	0,0634	0,0627
	m′	3,66	3,42	3,24	3,10
Verbandeisen	kg	0,22	0,18	0,16	0,14

Hausbreite	5,0 m	6,0 m	7,0 m	8,0 m
durchaus mit Bundträmen:				
Bundträme	16/19 1,07 m	16/21 1,07 m	16/21 1,52 m	18/24 1,06 m
Pfetten	14/18 0,63 m	15/18 0,53 m		16/21 0,39 m
Sparren, Streben und Kehlbalken	10/14 2,42 m	10/16 2,40 m	13/16 2,37 m	13/18 2,16 m
Kopfbüge				13/16 0,19 m
Säulen	14/14 0,31 m	15/15 0,32 m	16/16 0,62 m	16/18 0,33 m
Mauerbänke	13/19 0,42 m	13/17 0,35 m		16/16 0,26 m
Für 1 m² Grundfläche, Kantholz, m³	0,0971	0,1031	0,1162	0,1295
Für 1 m² Grundfläche, Kantholz, m'	4,85	4,67	4,51	4,39
Für 1 m² Grundfläche, Verbandeisen, kg	0,08	0,07	0,06	0,05

Mansarddach, für Blech- oder Schiefereindeckung berechnet, sonst wie vor beschrieben, für 1 m² Grundfläche (Abb. 5, S. 278):

Hausbreite	6,0 m	7,0 m	8,0 m
Mauerbänke	13/16 0,88 m	16/16 0,30 m	16/16 0,26 m
Pfetten		14/18 0,45 m	14/18 0,39 m
Bundträme	16/19 0,27 m	16/21 0,27 m	18/24 0,28 m
Sparren und Kopfbüge	8/10 1,89 m	9/12 1,85 m	9/12 1,83 m
Säulen	13/13 0,48 m	14/14 0,76 m	14/14 0,76 m
Sprengbänder	10/14 0,28 m		
Zangen	8/16 0,58 m	8/16 0,58 m	8/16 0,58 m
Für 1 m² Grundfläche, Kantholz, m³	0,0611	0,0704	0,0707
Für 1 m² Grundfläche, Kantholz, m'	4,38	4,21	4,10
Für 1 m² Grundfläche, Verbandeisen, kg	0,25	0,21	0,19

Pultdach mit stehendem Stuhl, sonst wie vor beschrieben, für 1 m² Grundfläche (Abb. 6, S. 278):

Hausbreite	5,0 m	6,0 m	7,0 m	8,0 m
a) mit Fußpfette:				
Säulen	14/14 0,31 m	15/15 0,32 m	16/16 0,62 m	16/18 0,33 m
Mauerbänke	13/19 0,42 m	13/17 0,35 m		16/16 0,26 m
Bundträme	16/19 0,29 m	16/21 0,29 m	16/21 0,89 m	18/24 0,29 m
Pfetten	14/18 0,84 m	15/18 0,71 m		16/21 0,52 m
Sparren, Streben und Kehlbalken	10/14 2,58 m	10/16 2,54 m	13/16 2,50 m	13/18 2,28 m
Kopfbüge				13/16 0,19 m
Für 1 m² Grundfläche, Kantholz, m³	0,0819	0,084	0,0978	0,1035
Für 1 m² Grundfläche, Kantholz, m'	4,44	4,21	4,01	3,87
Für 1 m² Grundfläche, Verbandeisen, kg	0,08	0,07	0,06	0,05

Hausbreite			5,0 m	6,0 m	7,0 m	8,0 m
			b) mit Stich und Wechsel:			
Bundträme, Stiche und Wechsel			16/19 0,66 m	16/21 0,60 m	} 16/21 1,01 m {	18/24 0,52 m
Pfetten			14/18 0,63 m	15/18 0,53 m		16/21 0,39 m
Sparren, Streben und Kehlbalken			} 10/14 2,42 m	10/16 2,40 m	13/16 2,37 m {	13/18 2,16 m
Kopfbüge						13/16 0,19 m
Säulen			14/14 0,31 m	15/15 0,32 m	} 16/16 0,62 m {	16/18 0,33 m
Mauerbänke			13/19 0,42 m	13/17 0,35 m		16/16 0,26 m
Für 1 m² Grundfläche	Kantholz	m³	0,0846	0,0873	0,0991	0,1062
		m′	4,44	4,20	4,00	3,85
	Verbandeisen	kg	0,08	0,07	0,06	0,05

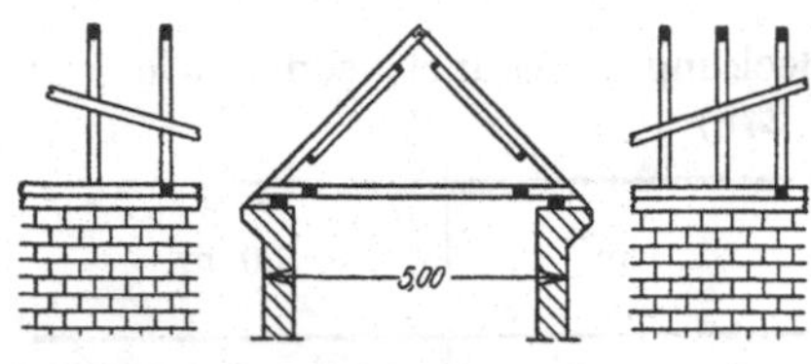

Abb. 7. Leerdach

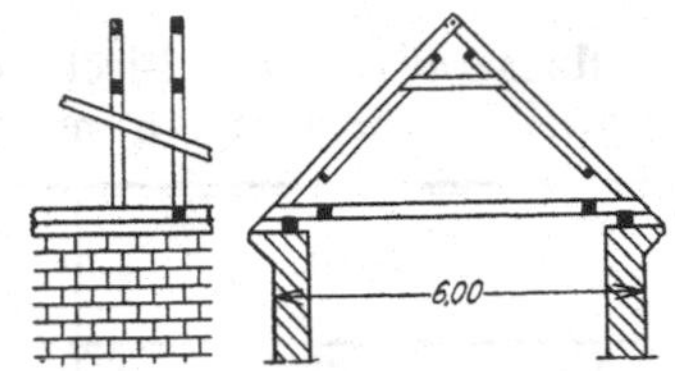

Abb. 8. Leerdach mit Kehlbalken

Leerdach, für doppelte Ziegeleindeckung berechnet, sonst wie vor beschrieben, für 1 m² Grundfläche (Abb. 7):

Hausbreite			3,0 m	4,0 m	5,0 m	6,0 m	7,0 m
					a) mit Fußpfette:		
Mauerbänke			13/13 0,57 m	13/13 0,44 m	13/13 0,36 m	13/16 0,31 m	16/16 0,27 m
Bundträme			} 13/16 0,86 m	13/16 0,72 m {	16/19 0,29 m	16/19 0,29 m	16/21 0,29 m
Pfetten					14/18 0,36 m	14/18 0,31 m	16/18 0,27 m
Sparren			8/10 1,37 m	9/12 1,31 m	10/14 1,32 m	10/16 1,33 m	13/16 1,33 m
Windlatten			5/8 0,55 m	5/8 0,44 m	5/10 0,37 m	5/10 0,32 m	5/10 0,39 m
Für 1 m² Grundfläche	Kantholz	m³	0,0407	0,0325	0,0443	0,046	0,0535
		m′	3,35	2,91	2,70	2,56	2,55
	Verbandeisen	kg	0,09	0,08	0,07	0,06	0,05
					b) mit Stich und Wechsel:		
Bundträme, Stiche und Wechsel			—	—	16/19 0,91 m	16/19 0,82 m	16/21 0,75 m
Sparren					10/14 1,18 m	10/16 1,20 m	13/16 1,22 m
Mauerbänke					13/13 0,36 m	13/16 0,31 m	16/16 0,27 m
Windlatten					5/10 0,37 m	5/10 0,32 m	5/10 0,39 m
Für 1 m² Grundfläche	Kantholz	m³			0,0521	0,0522	0,0589
		m′			2,82	2,65	2,63
	Verbandeisen	kg			0,07	0,06	0,05

Hausbreite			3,0 m	4,0 m	5,0 m	6,0 m	7,0 m
c) durchaus mit Bundträmen:							
Bundträme			13/16 1,00 m	13/16 0,98 m	16/19 1,00 m	16/19 1,00 m	16/21 1,00 m
Sparren			8/10 1,14 m	9/12 1,14 m	10/14 1,18 m	10/16 1,20 m	13/16 1,22 m
Mauerbänke			13/13 0,57 m	13/13 0,44 m	13/13 0,36 m	13/16 0,31 m	16/16 0,27 m
Windlatten			5/8 0,55 m	5/8 0,44 m	5/10 0,37 m	5/10 0,32 m	5/10 0,39 m
Für 1 m² Grundfläche	Kantholz	m³	0,0417	0,0419	0,0548	0,0567	0,0673
		m′	3,26	3,00	2,91	2,83	2,88
	Verbandeisen	kg	0,09	0,08	0,07	0,06	0,05

Leerdach mit Kehlbalken, sonst wie vor beschrieben, für 1 m² Grundfläche (Abb. 8, S. 280):

Hausbreite			5,0 m	6,0 m	7,0 m	8,0 m
a) mit Fußpfette:						
Mauerbänke			13/13 0,36 m	13/16 0,31 m	16/16 0,27 m	16/16 0,24 m
Bundträme			16/19 0,29 m	16/19 0,29 m	16/21 0,29 m	16/21 0,29 m
Pfetten			14/18 0,36 m	14/18 0,31 m	16/18 0,27 m	16/18 0,24 m
Sparren und Kehlbalken			8/10 1,64 m	9/12 1,65 m	10/14 1,65 m	10/16 1,66 m
Windlatten			5/10 0,37 m	5/10 0,32 m	5/10 0,29 m	5/10 0,26 m
Für 1 m² Grundfläche	Kantholz	m³	0,0389	0,0425	0,049	0,0507
		m′	3,02	2,88	2,77	2,69
	Verbandeisen	kg	0,07	0,06	0,05	0,045
b) mit Stich und Wechsel:						
Bundträme, Stiche und Wechsel			16/19 0,91 m	16/19 0,82 m	16/21 0,75 m	16/21 0,70 m
Sparren und Kehlbalken			8/10 1,50 m	9/12 1,52 m	10/14 1,54 m	10/16 1,56 m
Mauerbänke			13/13 0,36 m	13/16 0,31 m	16/16 0,27 m	16/16 0,24 m
Windlatten			5/10 0,37 m	5/10 0,32 m	5/10 0,29 m	5/10 0,26 m
Für 1 m² Grundfläche	Kantholz	m³	0,0476	0,0494	0,0551	0,0559
		m′	3,14	2,97	2,85	2,76
	Verbandeisen	kg	0,07	0,06	0,05	0,045
c) durchaus mit Bundträmen:						
Bundträme			16/19 1,00 m	16/19 1,00 m	16/21 1,00 m	16/21 1,00 m
Sparren und Kehlbalken			8/10 1,50 m	9/12 1,52 m	10/14 1,54 m	10/16 1,56 m
Mauerbänke			13/13 0,36 m	13/16 0,31 m	16/16 0,27 m	16/16 0,24 m
Windlatten			5/10 0,37 m	5/10 0,32 m	5/10 0,29 m	5/10 0,26 m
Für 1 m² Grundfläche	Kantholz	m³	0,0503	0,0549	0,0635	0,066
		m′	3,23	3,15	3,10	3,06
	Verbandeisen	kg	0,07	0,06	0,05	0,045

Satteldach mit Firstpfette auf Stuhlsäule, sonst wie vor beschrieben, für 1 m² Grundfläche (Abb. 9):

Hausbreite	5,0 m	6,0 m	7,0 m	8,0 m
a) mit Fußpfette:				
Mauerbänke	} 13/13 0,45 m	13/16 0,31 m	16/16 0,27 m	16/16 0,24 m
Säulen		14/14 0,09 m	} 13/16 1,53 m	} 13/16 0,19 m
Kopfbüge	} 10/13 1,45 m	10/16 1,44 m		
Sparren				13/18 1,34 m
Bundträme	16/19 0,29 m	16/19 0,29 m	16/21 0,29 m	16/21 0,29 m
Pfetten	13/16 0,54 m	14/18 0,46 m	16/18 0,40 m	16/18 0,36 m
Für 1 m² Grundfläche – Kantholz – m³	0,0465	0,0501	0,06	0,0616
Für 1 m² Grundfläche – Kantholz – m'	2,73	2,59	2,49	2,42
Für 1 m² Grundfläche – Verbandeisen – kg	0,08	0,07	0,06	0,05
b) mit Stich und Wechsel:				
Bundträme, Stiche und Wechsel	16/19 0,91 m	16/19 0,82 m	16/21 0,75 m	16/21 0,70 m
Kopfbüge	} 10/13 1,31 m	10/16 1,31 m {	+ Säulen	—
Sparren			13/16 1,42 m	13/18 1,24 m
Pfetten	13/16 0,24 m	14/18 0,15 m	16/18 0,13 m	16/18 0,12 m
Mauerbänke	} 13/13 0,45 m {	13/16 0,31 m	16/16 0,27 m	16/16 0,24 m + Kopfbüge
Säulen		14/14 0,09 m	—	13/16 0,19 m
Für 1 m² Grundfläche – Kantholz – m³	0,0573	0,0579	0,0654	0,0661
Für 1 m² Grundfläche – Kantholz – m'	2,91	2,68	2,57	2,49
Für 1 m² Grundfläche – Verbandeisen – kg	0,08	0,07	0,06	0,05
c) durchaus mit Bundträmen:				
Bundträme	16/19 1,00 m	16/19 1,00 m	16/21 1,00 m	16/21 1,00 m
Kopfbüge	} 10/13 1,31 m	10/16 1,31 m {	+ Säulen	—
Sparren			13/16 1,42 m	13/18 1,24 m
Pfetten	13/16 0,24 m	14/18 0,15 m	16/18 0,13 m	16/18 0,12 m
Mauerbänke	} 13/13 0,45 m {	13/16 0,31 m	16/16 0,27 m	16/16 0,24 m + Kopfbüge
Säulen		14/14 0,09 m	—	13/16 0,19 m
Für 1 m² Grundfläche – Kantholz – m³	0,06	0,0633	0,0738	0,0762
Für 1 m² Grundfläche – Kantholz – m'	3,00	2,86	2,82	2,79
Für 1 m² Grundfläche – Verbandeisen – kg	0,08	0,07	0,06	0,05

7,00

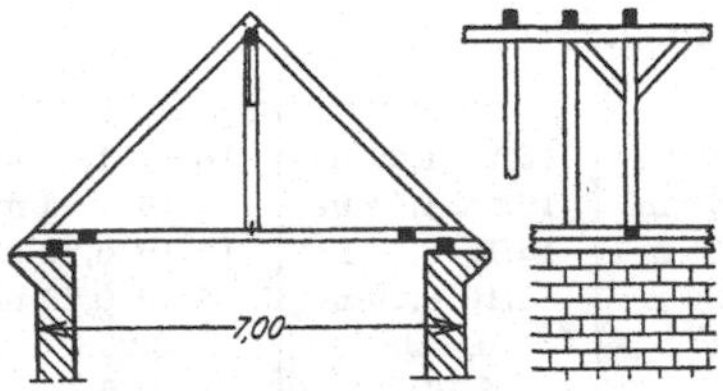

Abb. 9
Satteldach mit Firstpfette auf Stuhlsäule

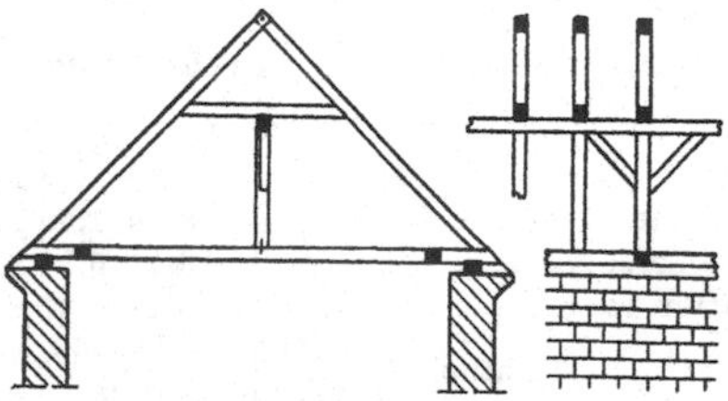

Abb. 10
Satteldach mit Kehlbalken und Mittelpfette

Satteldach mit Kehlbalken und Mittelpfette, sonst wie vor beschrieben, für 1 m² Grundfläche (Abb. 10, S. 282):

Hausbreite			8,0 m	9,0 m	10,0 m
a) mit Stich und Wechsel:					
Bundträme, Stiche und Wechsel			16/21 0,70 m	18/24 0,66 m	18/24 0,63 m
Mauerbänke und Säulen			16/16 0,29 m	16/16 0,27 m	16/16 0,24 m
Pfetten			16/18 0,12 m	16/18 0,11 m	16/18 0,10 m
Sparren, Kehlbalken und Kopfbüge			10/16 1,75 m	10/16 1,83 m	10/16 1,89 m
Für 1 m² Grundfläche	Kantholz	m³	0,0624	0,0679	0,0665
		m'	2,86	2,87	2,86
	Verbandeisen	kg	0,06	0,05	0,05
b) durchaus mit Bundträmen:					
Bundträme			16/21 1,00 m	18/24 1,00 m	18/24 1,00 m
Mauerbänke und Säulen			16/16 0,29 m	16/16 0,27 m	16/16 0,24 m
Pfetten			16/18 0,12 m	16/18 0,11 m	16/18 0,10 m
Sparren, Kehlbalken u. Kopfbüge			10/16 1,75 m	10/16 1,83 m	10/16 1,89 m
Für 1 m² Grundfläche	Kantholz	m³	0,0725	0,0826	0,0825
		m'	3,16	3,21	3,23
	Verbandeisen	kg	0,06	0,05	0,05

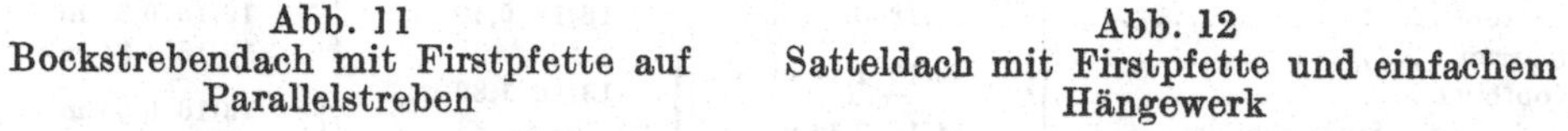

Abb. 11 Bockstrebendach mit Firstpfette auf Parallelstreben

Abb. 12 Satteldach mit Firstpfette und einfachem Hängewerk

Bockstrebendach mit Firstpfette auf Parallelstreben, sonst wie vor beschrieben, für 1 m² Grundfläche (Abb. 11):

Hausbreite			6,0 m	7,0 m	8,0 m
a) mit Fußpfette:					
Mauerbänke			13/16 0,31 m	16/16 0,27 m	16/16 0,24 m
Bundträme			16/19 0,29 m	16/21 0,29 m	16/21 0,29 m
Pfetten			14/18 0,46 m	16/18 0,40 m	16/18 0,36 m
Sparren und Streben			10/16 1,65 m	13/16 1,65 m	13/18 1,67 m
Für 1 m² Grundfläche	Kantholz	m³	0,0523	0,0625	0,0653
		m'	2,71	2,61	2,56
	Verbandeisen	kg	0,08	0,07	0,06

Hausbreite			6,0 m	7,0 m	8,0 m
b) durchaus mit Bundträmen:					
Bundträme			16/19 1,00 m	16/21 1,00 m	16/21 1,00 m
Pfetten			14/18 0,15 m	16/18 0,13 m	16/18 0,12 m
Sparren und Streben			10/16 1,52 m	13/16 1,54 m	13/18 1,57 m
Mauerbänke			13/16 0,31 m	16/16 0,27 m	16/16 0,24 m
Für 1 m² Grundfläche	Kantholz	m³	0,0649	0,0763	0,0799
		m'	2,98	2,94	2,93
	Verband-eisen	kg	0,08	0,07	0,06

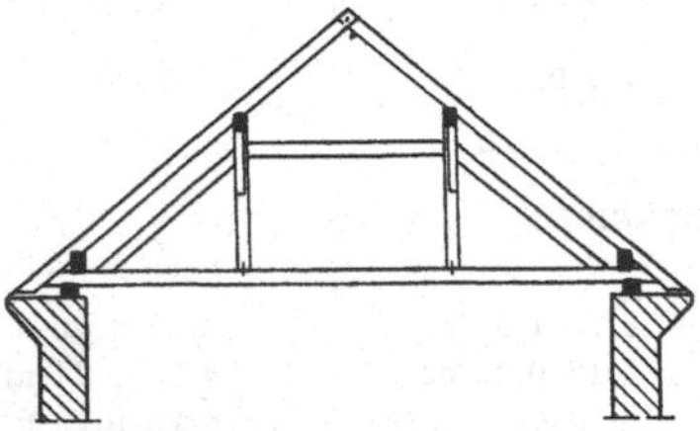

Abb. 13
Pfettendach mit doppeltem Hängewerk

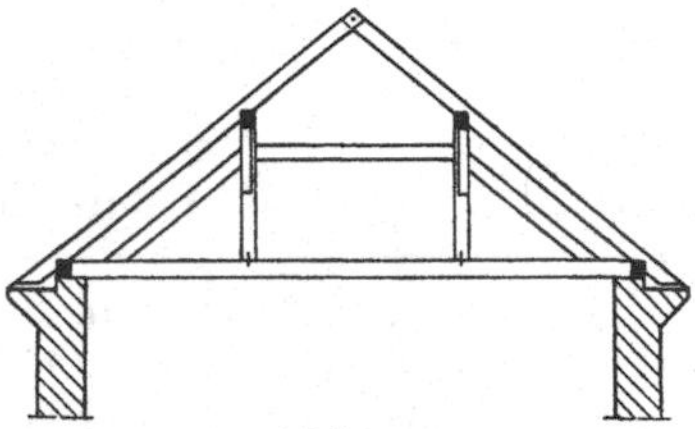

Abb. 14
Pfettendach

Satteldach mit Firstpfette und einfachem Hängewerk, sonst wie vor beschrieben, für 1 m² Grundfläche (Abb. 12, S. 283):

Hausbreite			6,0 m	7,0 m	8,0 m
a) mit Fußpfetten:					
Mauerbänke			13/16 0,31 m	16/16 0,27 m	16/16 0,24 m
Bundträme			16/19 0,29 m	16/21 0,29 m	16/21 0,29 m
Pfetten			14/18 0,46 m	16/18 0,40 m	16/18 0,36 m
Sparren			10/16 1,44 m		13/18 1,34 m
Kopfbüge				13/16 1,82 m	13/16 0,50 m
Säulen und Sprengbänder			14/14 0,36 m		
Für 1 m² Grundfläche	Kantholz	m³	0,0559	0,066	0,068
		m'	2,86	2,78	2,73
	Verband-eisen	kg	0,15	0,13	0,11
b) durchaus mit Bundträmen:					
Bundträme			16/19 1,00 m	16/21 1,00 m	16/21 1,00 m
Pfetten			14/18 0,15 m	16/18 0,13 m	16/18 0,12 m
Sparren			10/16 1,31 m		13/18 1,24 m
Kopfbüge				13/16 1,71 m	13/16 0,50 m
Säulen und Sprengbänder			14/14 0,36 m		
Mauerbänke			13/16 0,31 m	16/16 0,27 m	16/16 0,24 m
Für 1 m² Grundfläche	Kantholz	m³	0,0685	0,0735	0,0826
		m'	3,13	3,11	3,10
	Verband-eisen	kg	0,15	0,13	0,11

Pfettendach mit doppeltem Hängewerk (übliche Ausführungsart), für doppelte Ziegeleindeckung berechnet, abbinden und auf einem ebenerdigen Gebäude aufstellen, für 1 m² Grundfläche (Abb. 13, S. 284):

Hausbreite		10,0 m	11,0 m	12,0 m	13,0 m	14,0 m	15,0 m
Sprengriegel					16/18 0,12 m	16/18 0,13 m	18/18 0,37 m
Mauerbänke, Säulen, Sprengbänder		16/16 0,60 m	16/16 0,57 m	16/16 0,55 m	16/16 0,42 m	16/16 0,39 m	16/18 0,16 m
Bundträme		16/21 0,29 m	16/21 0,65 m	16/21 0,62 m	16/21 0,59 m	16/21 0,57 m	18/24 0,29 m
Pfetten		16/18 0,39 m					18/21 0,26 m
Sparren		13/16 1,46 m	13/16 1,45 m	13/16 1,44 m	13/16 1,43 m	13/16 1,42 m	13/18 1,32 m
Kopfbüge							13/16 0,10 m
Für 1 m² Grundfläche Kantholz	m³	0,0667	0,068	0,0649	0,0638	0,0624	0,0719
	m′	2,74	2,67	2,61	2,56	2,51	2,50
Verbandeisen	kg	0,16	0,15	0,14	0,13	0,12	0,12

Pfettendach mit doppeltem Hängewerk (ausnahmsweise Ausführungsart, bei der die Mauerbank die Stelle der Fußpfette vertritt, wenn mit der Höhe gespart werden muß), sonst genau wie vor, für 1 m² Grundfläche (Abb. 14, S. 284):

Hausbreite		10,0 m	11,0 m	12,0 m	13,0 m	14,0 m	15,0 m
Bundträme, Mauerbänke		16/21 0,45 m	16/21 0,61 m	16/21 0,59 m	16/21 0,57 m	16/21 0,55 m	18/24 0,40 m
Pfetten		16/18 0,19 m					18/21 0,13 m
Sparren		13/16 1,46 m	13/16 1,45 m	13/16 1,44 m	13/16 1,43 m	13/16 1,42 m	13/18 1,32 m
Kopfbüge							13/16 0,10 m
Sprengriegel					16/18 0,12 m	16/18 0,13 m	18/18 0,24 m
Säulen, Sprengbänder		16/16 0,41 m	16/16 0,39 m	16/16 0,39 m	16/16 0,27 m	16/16 0,25 m	16/18 0,16 m
Für 1 m² Grundfläche Kantholz	m³	0,0615	0,063	0,0598	0,0593	0,0582	0,052
	m′	2,51	2,45	2,42	2,39	2,35	2,35
Verbandeisen	kg	0,30	0,28	0,25	0,23	0,22	0,22

Doppelstuhl mit hochliegender Fußpfette, sonst wie vor beschrieben, für 1 m² Grundfläche (Abb. 15, S. 286):

Hausbreite		8,0 m	9,0 m	10,0 m	11,0 m
Bundträme		16/21 0,25 m	16/21 0,25 m	16/21 0,26 m	16/21 0,62 m
Pfetten		16/18 0,48 m	16/18 0,43 m	16/18 0,39 m	
Säulen, Sprengbänder, Sprengriegel		16/16 0,44 m	16/16 0,42 m	16/16 0,41 m	16/16 0,32 m 16/18 0,09 m
Sparren, Kopfbüge		10/13 1,39 m	10/13 1,37 m	10/16 1,35 m	10/16 1,34 m
Zangen		8/16 0,22 m	8/16 0,21 m	8/16 0,21 m	8/16 0,20 m
Für 1 m² Grundfläche Kantholz	m³	0,0544	0,052	0,0547	0,0556
	m′	2,78	2,68	2,62	2,57
Verbandeisen	kg	0,26	0,23	0,21	0,21

Doppelstuhl mit Kniestock, sonst wie vor beschrieben, für 1 m² Grundfläche (Abb. 16):

Hausbreite			8,0 m	9,0 m	10,0 m	11,0 m
Bundträme			16/21 0,26 m	16/21 0,26 m	16/21 0,26 m	} 16/21 0,62 m
Pfetten			16/18 0,48 m	16/18 0,43 m	16/18 0,39 m	
Sparren			} 10/16 1,70 m	10/16 1,66 m	10/16 1,62 m	13/16 1,60 m
Kopfbüge						
Mauerbänke, Säulen			} 16/16 0,89 m	16/16 0,82 m	16/16 0,77 m	16/16 0,80 m
Sprengriegel, Sprengbänder						
Zangen			8/16 0,37 m	8/16 0,34 m	8/16 0,30 m	8/16 0,38 m
Für 1 m² Grundfläche	Kantholz	m³	0,0763	0,073	0,0694	0,0795
	Verbandeisen	m′	3,70	3,51	3,34	3,40
		kg	0,29	0,26	0,23	0,21
Hausbreite			**12,0 m**	**13,0 m**	**14,0 m**	**15,0 m**
Bundträme			} 16/21 0,60 m	16/21 0,57 m	16/21 0,55 m	18/24 0,27 m
Pfetten						16/21 0,26 m
Sparren			} 13/16 1,58 m	13/16 1,57 m	13/16 1,55 m	13/18 1,35 m
Kopfbüge						13/16 0,20 m
Mauerbänke, Säulen			} 16/16 0,76 m	16/16 0,39 m	16/16 0,36 m	} 18/18 0,68 m
Sprengriegel, Sprengbänder				16/18 0,33 m	16/18 0,33 m	
Zangen			8/16 0,35 m	8/16 0,33 m	8/16 0,30 m	8/16 0,31 m
Für 1 m² Grundfläche	Kantholz	m³	0,077	0,0755	0,0733	0,0821
	Verbandeisen	m′	3,29	3,19	3,09	3,07
		kg	0,20	0,18	0,17	0,16

Doppelstuhl mit Kniestock auf einer Seite, sonst wie vor beschrieben, für 1 m² Grundfläche (Abb. 17):

Der erforderliche Materialaufwand kann hier als Mittelwert aus den beiden verschieden geformten Dachhälften bestimmt werden.

Stehender Stuhl, für doppelte Ziegeleindeckung berechnet, sonst wie vor, für 1 m² Grundfläche (Abb. 18, S. 287):

Hausbreite	Bundträme, Stiche und Wechsel	Mauerbänke, Stuhlsäulen und Pfetten	Sparren, Kehlbalken und Bänder	Für 1 m² Grundfläche: Kantholz m³	Kantholz m′	Verbandeisen kg
8,0 m	18/21 0,67 m	16/16 u. 13/18 0,58 m	11/16 2,17 m	bei Stich und Wechsel . . 0,0875; durchaus mit Bundträmen . . . 0,1064	3,42	0,08
9,0 m	18/24 0,63 m	16/19 0,54 m	11/16 2,18 m		3,35	0,09
10,0 m	18/24 0,59 m	16/19 0,50 m	11/16 2,19 m		3,28	0,10
11,0 m	18/24 0,57 m	16/19 0,47 m	13/16 2,21 m		3,25	0,11
12,0 m	18/24 0,55 m	16/19 0,45 m	13/16 2,22 m		3,22	0,12
13,0 m	18/24 0,53 m	16/19 0,43 m	13/16 2,24 m		3,20	0,13
14,0 m	21/24 0,51 m	16/21 0,41 m	13/16 2,25 m		3,17	0,14
15,0 m	21/24 0,50 m	16/21 0,39 m	16/16 2,28 m		3,17	0,15

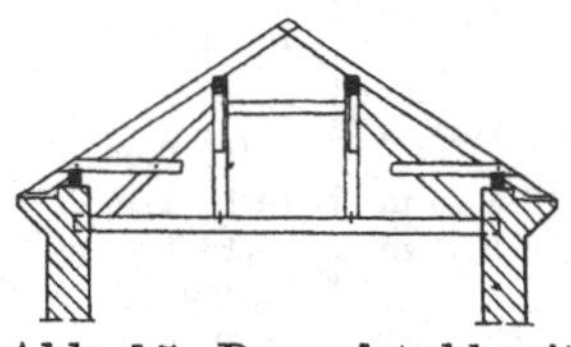

Abb. 15. Doppelstuhl mit hochliegender Fußpfette

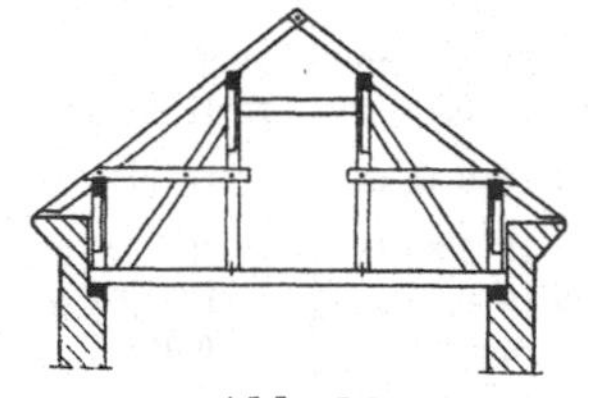

Abb. 16 Doppelstuhl mit Kniestock

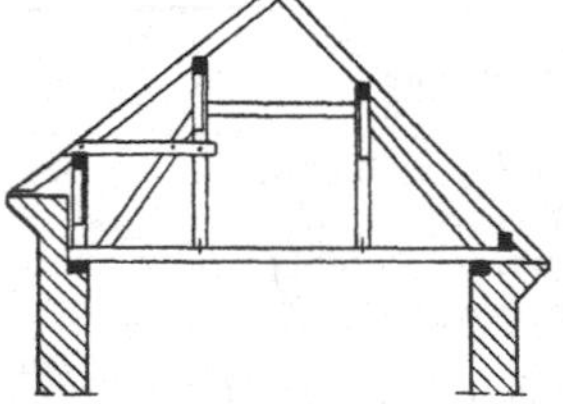

Abb. 17. Doppelstuhl mit Kniestock auf einer Seite

Stehender Stuhl mit Hängewerk und Kniestock, für doppelte Ziegeleindeckung berechnet, sonst wie vor, für 1 m² Grundfläche (Abb. 19):

Hausbreite	Mauerbänke	Pfetten, Säulen, Streben, Sprenger, Stiche und Wechsel	Bundträme	Sparren und Bänder	Für 1 m² Grundfläche Kantholz m³	Kantholz m'	Verbandeisen kg
8,0 m	13/16 0,23 m	16/19 1,20 m	16/21 0,25 m	10/16 1,76 m	bei Stich u. Wechsel 0,0825 durchaus mit Bundträmen 0,106	3,44	0,68
9,0 m	13/16 0,21 m	16/19 1,11 m	16/21 0,25 m	10/16 1,75 m		3,32	0,64
10,0 m	16/16 u. 13/18 0,19 m	18/19 u. 16/20 1,04 m	16/21 0,26 m	10/16 1,74 m		3,23	0,60
11,0 m	16/16 u. 13/18 0,17 m	18/19 u. 16/20 0,98 m	16/21 0,27 m	13/16 1,72 m		3,14	0,55
12,0 m	16/16 u. 13/18 0,16 m	18/19 u. 16/20 0,94 m	16/21 0,27 m	13/16 1,72 m		3,09	0,50
13,0 m	16/16 u. 13/18 0,15 m	16/21 1,17 m		13/16 1,71 m		3,03	0,43
14,0 m	16/16 u. 13/18 0,14 m	16/21 1,13 m		13/16 1,70 m		2,97	0,35

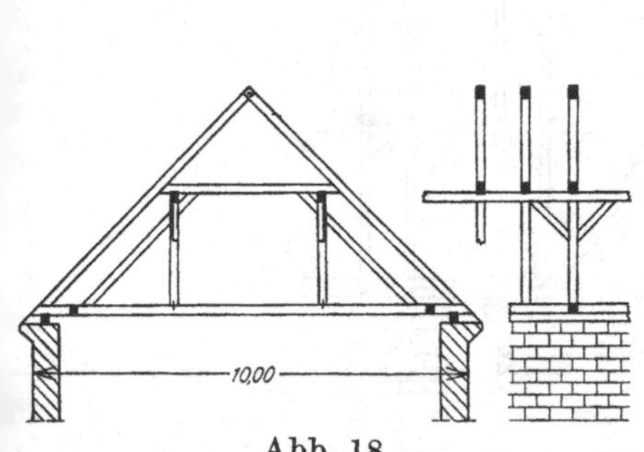

Abb. 18
Stehender Stuhl

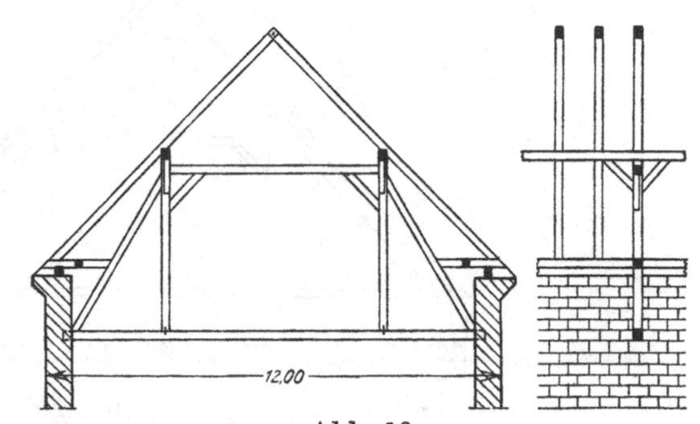

Abb. 19
Stehender Stuhl mit Hängewerk und Kniestock

Hänge- und Sprengstuhl mit durchlaufenden Bundträmen, für doppelte Ziegeleindeckung berechnet, sonst wie vor, für 1 m² Grundfläche (Abb. 20, S. 288):

Hausbreite			12,0 m	14,0 m	16,0 m	18,0 m	20,0 m
Mauerbänke			16/16 u. 13/18 0,31 m	16/16 u. 13/18 0,27 m	16/16 u. 13/18 0,24 m	16/16 u. 13/18 0,21 m	16/16 u. 13/18 0,19 m
Bundträme			21/24 1,03 m	21/24 1,04 m	21/26 1,04 m	21/26 1,04 m	24/26 1,04 m
Röspen			21/26 0,15 m	24/26 0,14 m	24/29 0,12 m	24/29 0,11 m	26/29 0,10 m
Säulen und Streben			18/19 u. 16/20 0,39 m	18/19 u. 16/20 0,39 m	18/21 0,39 m	18/21 0,40 m	18/21 0,40 m
Pfetten			18/21 0,15 m	18/21 0,14 m	18/24 0,12 m	18/24 0,11 m	18/24 0,10 m
Zangen			10/21 0,33 m	10/21 0,33 m	10/21 0,32 m	10/21 0,23 m	10/21 0,32 m
Sparren, Kehlbalken, Bänder			13/16 1,93 m	13/16 1,92 m	13/18 1,91 m	13/18 1,91 m	13/18 1,90 m
Für 1 m² Grundfläche	Kantholz	m³	durchschnittlich 0,141				
		m'	4,29	4,23	4,14	4,01	4,05
	Verbandeisen	kg	0,70	0,65	0,60	0,55	0,50

Hänge- und Sprengstuhl mit ausgewechselten Bundträmen (d. i. mit Stich und Wechsel), sonst genau wie vor, für 1 m² Grundfläche:

Hausbreite			12,0 m	14,0 m	16,0 m	18,0 m	20,0 m
Mauerbänke			16/16 u. 13/18 0,31 m	16/16 u. 13/18 0,27 m	16/16 u. 13/18 0,24 m	16/16 u. 13/18 0,21 m	16/16 u. 13/18 0,19 m
Bundträme			21/24 0,60 m	21/24 0,58 m	21/26 0,52 m	21/26 0,50 m	24/26 0,48 m
Säulen und Streben			18/19 u. 16/20 0,39 m	18/19 u. 16/20 0,39 m	18/21 0,39 m	18/21 0,40 m	18/21 0,40 m
Pfetten			18/21 0,15 m	18/21 0,14 m	18/24 0,12 m	18/24 0,11 m	18/24 0,10 m
Zangen			10/21 0,33 m	10/21 0,33 m	10/21 0,32 m	10/21 0,23 m	10/21 0,32 m
Sparren, Kehlbalken, Bänder			13/16 1,93 m	13/16 1,92 m	13/18 1,91 m	13/18 1,91 m	13/18 1,90 m
Für 1 m² Grundfläche	Kantholz	m³	durchschnittlich 0,1077				
		m'	3,71	3,63	3,48	3,32	3,34
	Verbandeisen	kg	0,55	0,51	0,46	0,40	0,35

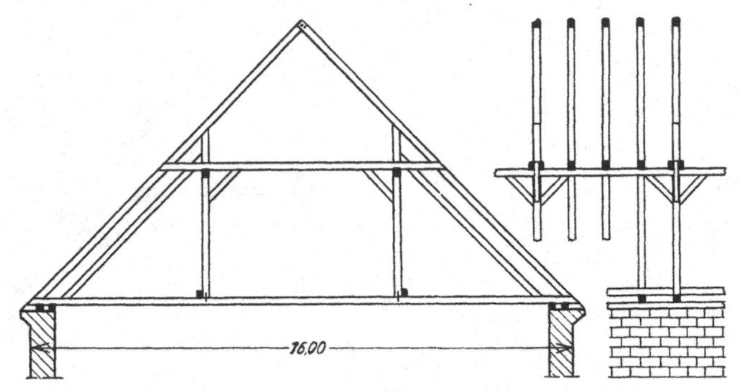

Abb. 20
Hänge- und Sprengstuhl mit durchlaufenden Bundträmen

Hängestuhl mit durchlaufenden Bundträmen oder aufgehängten Deckenträmen, für doppelte Ziegeleindeckung berechnet, sonst wie vor, für 1 m² Grundfläche (Abb. 21, S. 289):

Hausbreite			15,0 m	18,0 m	21,0 m	25,0 m
Mauerbänke			16/16 u. 13/18 0,25 m	16/16 u. 13/18 0,21 m	16/16 u. 13/18 0,20 m	16/19 0,16 m
Bundträme			21/26 1,02 m	21/26 1,03 m	24/26 1,04 m	24/29 1,05 m
Röspen			24/29 0,12 m	24/29 0,11 m	26/29 0,10 m	26/32 0,08 m
Säulen und Streben			18/21 0,62 m	18/21 0,62 m	18/21 0,61 m	21/21 0,60 m
Pfetten			18/24 0,19 m	18/24 0,17 m	18/24 0,15 m	18/24 0,12 m
Zangen			10/21 0,46 m	10/21 0,47 m	10/21 0,48 m	10/21 0,50 m
Sparren			13/16 1,42 m	13/16 1,43 m	16/16 u. 13/18 1,45 m	16/16 u. 13/18 1,45 m
Bänder			13/13 0,12 m	13/13 0,11 m	13/16 0,10 m	13/16 0,09 m
Für 1 m² Grundfläche	Kantholz	m³	durchschnittlich 0,1545			
		m'	4,20	4,15	4,13	4,05
	Verbandeisen	kg	1,00	0,90	0,78	0,65

Hängestuhl, genau wie vor, jedoch **mit ausgewechselten Bundträmen** (d. i. mit Stich und Wechsel), für 1 m² Grundfläche:

Hausbreite			15,0 m	18,0 m	21,0 m	25,0 m
Mauerbänke			16/16 u. 13/18 0,25 m	16/16 u. 13/18 0,21 m	16/16 u. 13/18 0,20 m	16/19 0,16 m
Bundträme			21/26 0,55 m	21/26 0,51 m	24/26 0,47 m	24/29 0,45 m
Säulen und Streben			18/21 0,62 m	18/21 0,62 m	18/21 0,61 m	21/21 0,60 m
Pfetten			18/24 0,19 m	18/24 0,17 m	18/24 0,15 m	18/24 0,12 m
Zangen			10/21 0,46 m	10/21 0,47 m	10/21 0,48 m	10/21 0,50 m
Sparren			13/16 1,42 m	13/18 1,43 m	16/16 u. 13/18 1,45 m	16/16 u. 13/18 1,45 m
Bänder			13/13 0,12 m	13/13 0,11 m	13/16 0,10 m	13/16 0,09 m
Für 1 m² Grundfläche	Kantholz	m³	durchschnittlich 0,1133			
		m'	3,61	3,52	3,46	3,37
	Verbandeisen	kg	0,85	0,76	0,66	0,55

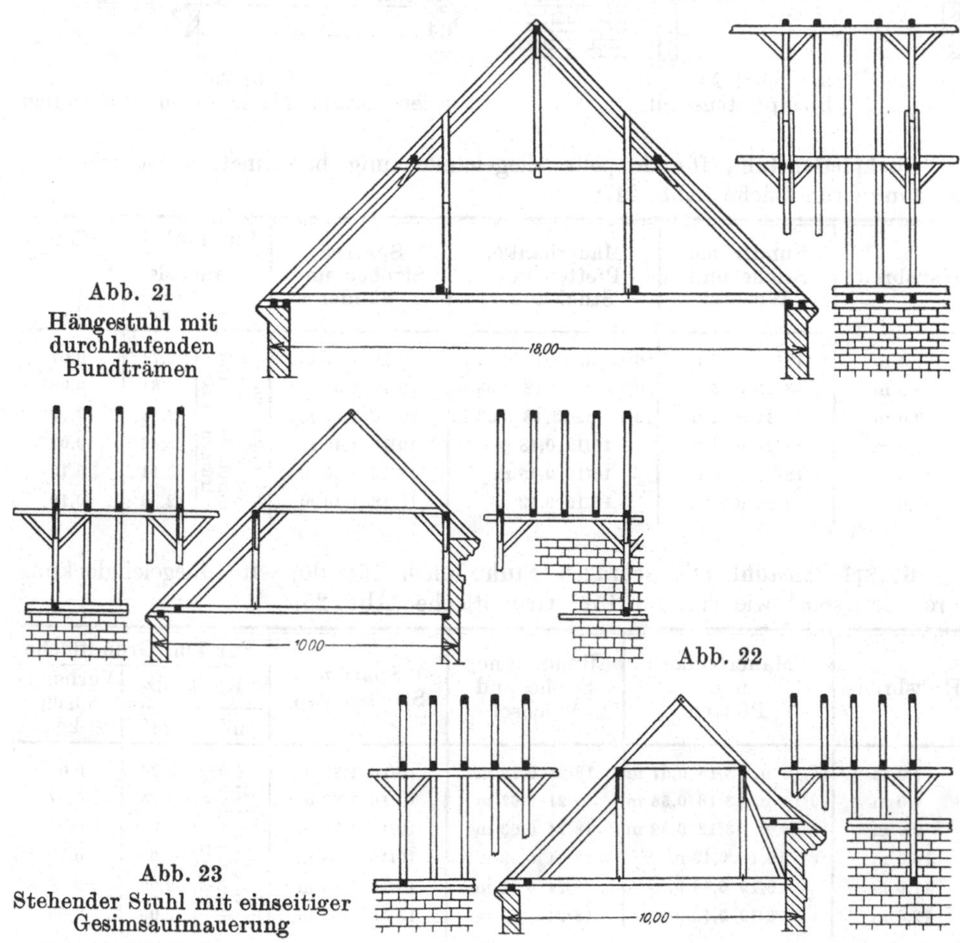

Abb. 21 Hängestuhl mit durchlaufenden Bundträmen

Abb. 22

Abb. 23 Stehender Stuhl mit einseitiger Gesimsaufmauerung

Stehender Stuhl mit einseitiger Gesimsaufmauerung, sonst wie vor beschrieben, für 1 m² Grundfläche (Abb. 22 und 23, S. 289):

Materialbedarf bei 10 m Gebäudebreite:

			alternativ
Mauerbänke und Pfetten	18/19 und 16/20	0,40 m	0,40 m
Bundträme, Stiche und Wechsel	18/24	0,50 m	0,80 m
Säulen	16/16 und 13/18	0,17 m	0,17 m
Sparren, Kehlbalken und Bänder	11/16	2,50 m	2,30 m
Anzüge	10/10	—	0,21 m
Verbandeisen		0,07 kg	0,07 kg
Bauholzbedarf		0,0836 m³	0,0952 m³

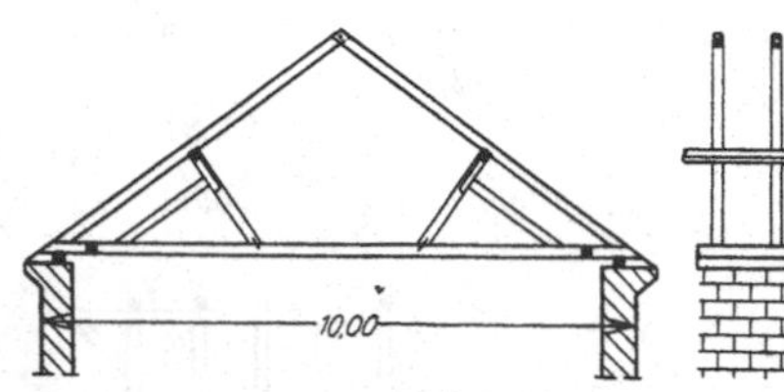

Abb. 24
Bockpfettenstuhl

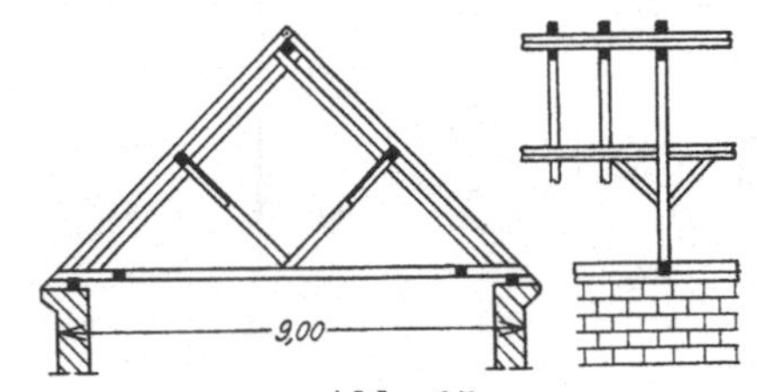

Abb. 25
Bockpfettenstuhl mit schrägen Stuhlsäulen

Bockpfettenstuhl, für doppelte Ziegeleindeckung berechnet, sonst wie vor, für 1 m² Grundfläche (Abb. 24):

Hausbreite	Bundträme, Stiche und Wechsel	Mauerbänke, Pfetten und Stuhlsäulen	Sparren, Streben und Bänder	Für 1 m² Grundfläche: Kantholz m³	Kantholz m′	Verbandeisen kg
7,0 m	18/21 0,70 m	16/16 u. 13/18 0,64 m	10/16 1,37 m	bei Stich und Wechsel . . 0,0661 durchaus m. Bundträmen . . 0,0944	2,71	0,07
8,0 m	18/21 0,65 m	16/16 u. 13/18 0,58 m	10/16 1,38 m		2,61	0,08
9,0 m	18/24 0,61 m	16/16 u. 13/18 0,53 m	10/16 1,39 m		2,53	0,09
10,0 m	18/24 0,58 m	16/19 0,48 m	10/16 1,40 m		2,46	0,09
11,0 m	18/24 0,56 m	16/19 0,45 m	13/16 1,40 m		2,41	0,10
12,0 m	18/24 0,54 m	16/19 0,42 m	13/16 1,40 m		2,36	0,10

Bockpfettenstuhl mit schrägen Stuhlsäulen, für doppelte Ziegeleindeckung berechnet, sonst wie vor, für 1 m² Grundfläche (Abb. 25):

Hausbreite	Mauerbänke und Pfetten	Bundträme, Stiche und Wechsel	Sparren, Streben usw.	Für 1 m² Grundfläche: Kantholz m³	Kantholz m′	Verbandeisen kg
7,0 m	16/16 u. 13/18 0,67 m	18/21 0,72 m	10/16 1,87 m	mit Stich und Wechsel . . 0,0775 durchaus m. Bundträmen . . 0,097	3,26	0,07
8,0 m	16/16 u. 13/18 0,58 m	18/21 0,67 m	10/16 1,88 m		3,13	0,07
9,0 m	16/16 u. 13/18 0,52 m	18/24 0,63 m	10/16 1,90 m		3,05	0,07
10,0 m	16/19 0,47 m	18/24 0,59 m	10/16 1,93 m		2,99	0,07
11,0 m	16/19 0,43 m	18/24 0,57 m	13/16 1,96 m		2,96	0,08
12,0 m	16/19 0,40 m	18/24 0,55 m	13/16 2,00 m		2,95	0,09

Bockstuhl mit Zangen und Hängesäule, für doppelte Ziegeleindeckung berechnet, sonst wie vor, für 1 m² Grundfläche (Abb. 26):

Hausbreite	Bundträme, Stiche und Wechsel	Mauerbänke, Säulen und Pfetten	Zangen	Sparren und Bänder	Für 1 m² Grundfläche Kantholz m³	Kantholz m′	Verbandeisen kg
10,0 m	18/24 0,62 m	16/19 1,07 m	8/16 u. 9/13 0,35 m	11/16 1,44 m	mit Stich und Wechsel ... 0,0917 durchaus mit Bundträmen ... 0,1103	3,48	0,20
11,0 m	18/24 0,59 m	16/19 1,02 m	8/16 u. 9/13 0,33 m	13/16 1,45 m		3,39	0,20
12,0 m	18/24 0,57 m	16/19 0,97 m	8/16 u. 9/13 0,32 m	13/16 1,45 m		3,31	0,18
13,0 m	18/24 0,55 m	18/21 0,94 m	8/16 u. 9/13 0,31 m	13/16 1,45 m		3,25	0,18
14,0 m	21/24 0,54 m	18/21 0,92 m	8/16 u. 9/13 0,30 m	13/16 1,45 m		3,21	0,16

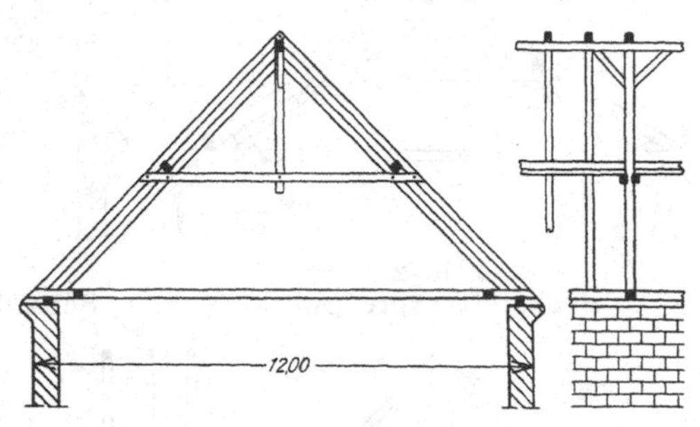

Abb. 26
Bockstuhl mit Zangen und Hängesäule

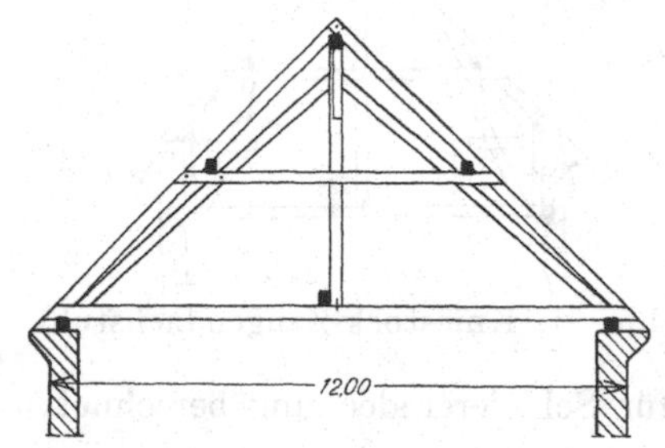

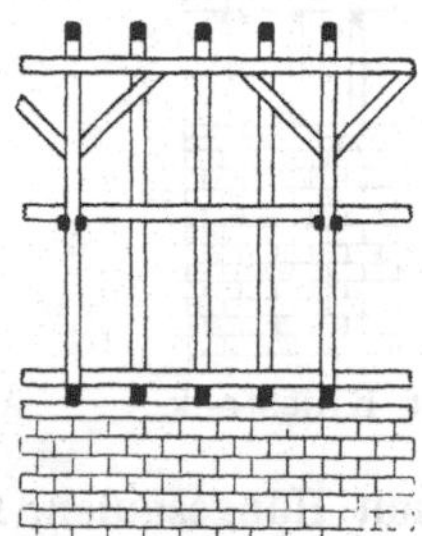

Abb. 27
Hängewerkstuhl mit durchlaufenden Bundträmen

Hängewerkstuhl mit durchlaufenden (d. h. in jedem Sparrensatz unausgewechselt liegenden) **Bundträmen,** sonst wie vor, für 1 m² Grundfläche (Abb. 27):

Hausbreite			10,0 m	12,0 m	14,0 m
Mauerbänke			16/16 u. 13/18 0,19 m	16/16 0,16 m	16/16 0,14 m
Bundträme			21/25 1,00 m	21/26 1,01 m	24/26 1,01 m
Bocksäulen			18/21 0,34 m	18/21 0,34 m	21/21 0,35 m
Hängesäulen			18/19 u. 16/20 0,11 m	18/19 u. 16/20 0,12 m	21/21 0,12 m
Zangen			8/16 u. 9/13 0,35 m	8/16 u. 9/13 0,31 m	8/16 u. 9/13 0,29 m
Durchzug			21/26 0,10 m	24/29 0,08 m	24/29 0,07 m
Pfetten			16/19 0,29 m	18/19 u. 16/20 0,24 m	18/19 u. 16/20 0,20 m
Bänder			10/10 0,08 m	10/10 0,06 m	10/10 0,05 m
Sparren			11/16 1,33 m	13/16 1,35 m	13/16 1,37 m
Für 1 m² Grundfläche	Kantholz	m³	0,1148	0,1226	0,1317
		m′	3,79	3,67	3,60
	Verbandeisen	kg	0,40	0,35	0,30

Bockpfettensprengwerk, durchschnittlicher Bauholzbedarf für 1 m² Grundfläche (Abb. 28):

a) mit Fußpfetten .... 0,0796 m³
b) mit Stich und Wechsel .... 0,0836 m³
c) mit durchlaufenden Bundträmen .... 0,101 m³

Materialbedarf bei 14 m Gebäudebreite mit Fußpfetten:

Mauerbänke	16/16	0,14 m	Bocksparren	16/21	0,33 m
Bundträme	18/21	0,31 „	Leersparren	13/16	1,43 „
Pfetten	16/21	0,35 „	Streben und Bänder	10/18	0,46 „
Kehlbalken	16/18	0,16 „	Verbandeisen		0,21 kg

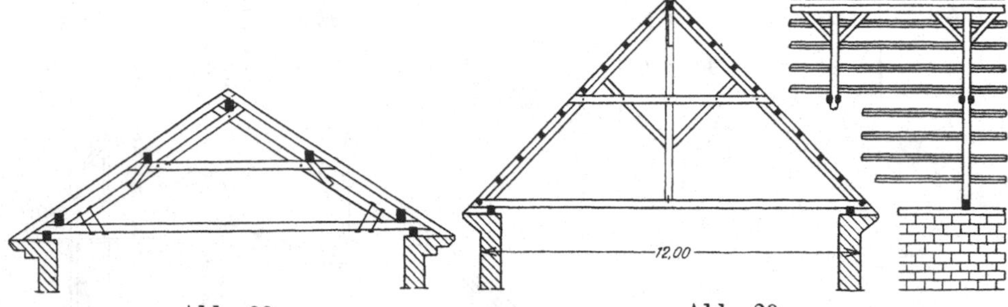

Abb. 28. Bockpfettensprengwerk

Abb. 29. Schardach auf Bockstuhl mit Hängesäulen

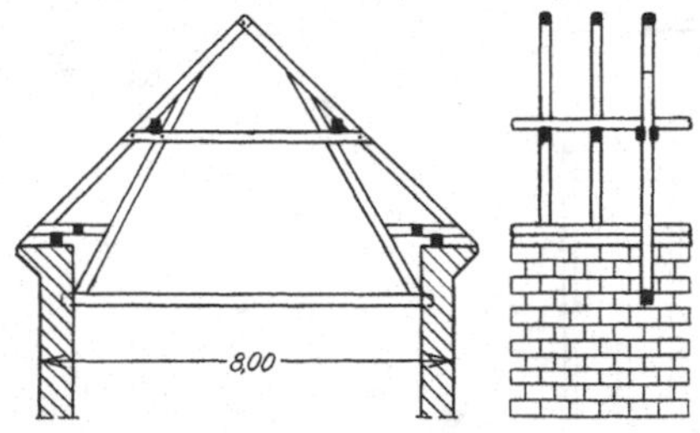

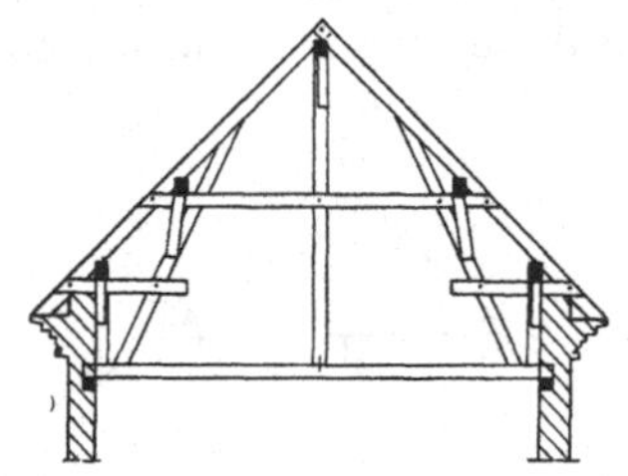

Abb. 30. Zangendach mit Kniestock

Abb. 31. Kniestock-Zangendachstuhl

Schardach auf Bockstuhl mit Hängesäulen, für Schiefereindeckung berechnet, sonst wie vor, für 1 m² Grundfläche (Abb. 29):

Hausbreite			10,0 m	12,0 m	14,0 m	16,0 m
Mauerbänke			16/16 0,19 m	16/16 0,16 m	16/16 0,14 m	16/19 0,12 m
Bundträme			21/26 0,29 m	21/26 0,30 m	21/26 0,30 m	21/26 0,30 m
Bocksparren			21/24 0,40 m	21/24 0,41 m	21/24 0,42 m	21/24 0,43 m
Hängesäulen			21/21 0,13 m	21/21 0,13 m	21/21 0,13 m	21/21 0,14 m
Zangen			10/21 0,30 m	10/21 0,31 m	10/21 0,31 m	10/21 0,31 m
Streben			10/10 0,09 m	10/10 0,09 m	10/10 0,09 m	10/10 0,09 m
Firstpfette			18/21 0,09 m	18/21 0,08 m	18/21 0,07 m	18/21 0,06 m
Bänder			13/13 0,07 m	13/13 0,06 m	13/13 0,05 m	13/13 0,04 m
Scharhölzer			10/13 1,11 m	10/13 1,10 m	10/13 1,08 m	10/13 1,07 m
Für 1 m² Grundfläche	Kantholz	m³	0,0728	0,0726	0,0718	0,0721
		m'	2,67	2,64	2,59	2,56
	Verbandeisen	kg	0,75	0,70	0,65	0,60

Zangendach mit Kniestock, für doppelte Ziegeleindeckung berechnet, sonst wie vor, für 1 m² Grundfläche (Abb. 30, S. 292):

Hausbreite		7,0 m	8,0 m	9,0 m
Bundträme		18/21 0,25 m	18/21 0,25 m	18/24 0,25 m
Säulen, Stiche, Wechsel		18/19 u. 16/20 0,86 m	18/19 u. 16/20 0,80 m	18/19 u. 16/20 0,75 m
Mauerbänke, Pfetten		16/19 0,52 m	16/19 0,46 m	16/19 0,41 m
Zangen		8/13 0,33 m	8/13 0,33 m	8/13 0,32 m
Sparren, Kehlbalken, Bänder		10/13 1,83 m	10/16 1,84 m	11/16 1,84
Für 1 m² Grundfläche: Kantholz	m³		durchschnittlich 0,0847	
	m'	2,79	2,68	2,57
Für 1 m² Grundfläche: Verbandeisen	kg	0,25	0,24	0,22

Hausbreite		10,0 m	11,0 m	12,0 m
Bundträme		18/24 0,26 m	18/24 0,27 m	18/24 0,27 m
Säulen, Stiche, Wechsel		18/19 u. 16/20 0,71 m	18/19 u. 16/20 0,67 m	18/19 u. 16/20 0,64 m
Mauerbänke, Pfetten		16/19 0,37	16/19 0,34 m	16/19 0,32 m
Zangen		8/16 u. 9/13 0,32 m	8/16 u. 9/13 0,32 m	8/16 u. 9/13 0,32 m
Sparren, Kehlbalken, Bänder		11/16 1,84 m	13/16 1,84	13/16 1,84 m
Für 1 m² Grundfläche: Kantholz	m³		durchschnittlich 0,0847	
	m'	2,50	2,44	2,39
Für 1 m² Grundfläche: Verbandeisen	kg	0,20	0,20	0,18

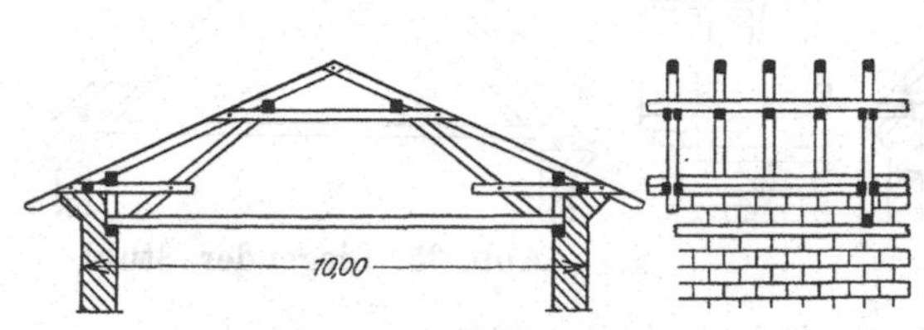

Abb. 32. Schweizer Stuhl

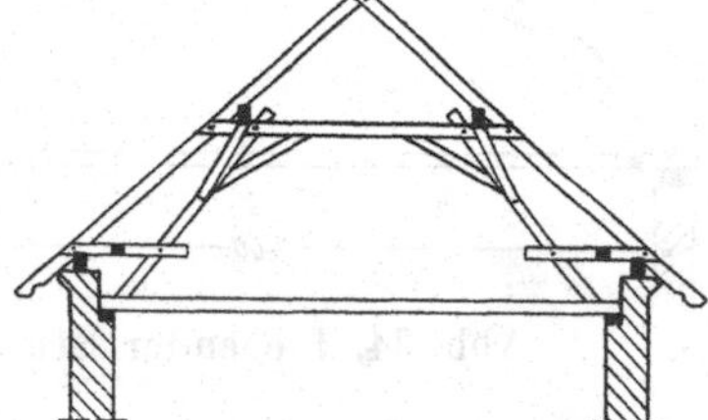

Abb. 33. Schweizer Stuhl auf Stich und Wechsel

Kniestock-Zangendachstuhl, für doppelte Ziegeleindeckung berechnet, sonst wie vor, für 1 m² Grundfläche (Abb. 31, S. 292):

Hausbreite	10,0 m	Hausbreite		10,0 m
Mauerbänke	16/16 0,20 m	Bänder		10/16 0,35 m
Bundträme	16/21 0,30 m	Zangen		8/16 0,44 m
Pfetten	16/18 0,50 m	Für 1 m² Grundfläche: Kantholz	m³	0,09
Säulen	16/16 0,27 m		m'	4,02
Streben	16/16 0,32 m	Für 1 m² Grundfläche: Verbandeisen	kg	0,15
Sparren	13/16 1,64 m			

Schweizer Stuhl für Blech- oder Schiefereindeckung berechnet, sonst wie vor, für 1 m² Grundfläche (Abb. 32, S. 293):

Hausbreite			8,0 m	10,0 m	12,0 m
Bundgehölz			16/21 0,82 m	16/21 0,78 m	18/24 0,74 m
Sparrengehölz			10/16 1,82 m	13/16 1,79 m	13/16 1,76 m
Zangen			8/16 0,46 m	8/16 0,44 m	10/16 0,43 m
Für 1 m² Grundfläche	Kantholz	m³	0,0626	0,0704	0,0755
		m′	3,10	3,01	2,93
	Verband-eisen	kg	0,16	0,15	0,14

Schweizer Stuhl auf Stich und Wechsel, für doppelte Ziegeleindeckung berechnet, sonst wie vor beschrieben, für 1 m² Grundfläche (Abb. 33, S. 293):

Hausbreite			8,0 m	10,0 m	12,0 m
Bundgehölz			16/21 1,18 m	16/21 1,07 m	18/24 0,98 m
Sparrengehölz			10/16 2,12 m	13/16 2,10 m	13/16 2,08 m
Zangen			8/16 0,53 m	8/16 0,49 m	10/16 0,47 m
Für 1 m² Grundfläche	Kantholz	m³		durchschnittlich 0,085	
		m′	3,83	3,66	3,53
	Verband-eisen	kg	0,16	0,15	0,14

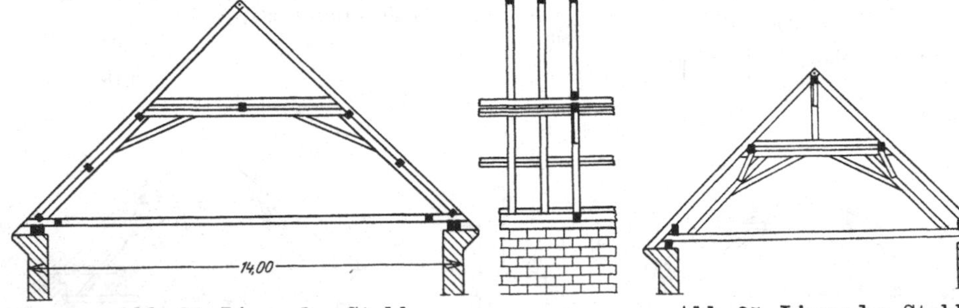

Abb. 34. Liegender Stuhl

Abb. 35. Liegender Stuhl

Liegender Stuhl, für doppelte Ziegeleindeckung berechnet, sonst wie vor, für 1 m² Grundfläche (Abb. 34):

Hausbreite			12,0 m	13,0 m	14,0 m	15,0 m	16,0 m
Mauerbänke			13/16 0,32 m	13/16 0,28 m	13/16 0,26 m	13/16 0,25 m	16/16 u. 13/18 0,24 m
Bundträme, Stiche, Wechsel und Durchzüge			18/24 0,66 m	21/24 0,63 m	21/24 0,61 m	21/26 0,59 m	21/26 0,57 m
Stuhlsäulen, Brustriegel und Pfetten			18/21 0,80 m	18/21 0,77 m	21/21 0,74 m	21/24 0,72 m	21/24 0,70 m
Sparren, Kehlbalken und Bänder			11/16 2,00 m	11/16 1,98 m	13/16 1,96 m	13/16 2,08 m	13/18 2,06 m
Für 1 m² Grundfläche	Kantholz	m³	0,1005	0,1015	0,1096	0,1170	0,1205
		m′	3,78	3,66	3,57	3,64	3,57
	Verband-eisen	kg	0,12	0,12	0,13	0,13	0,14

Liegender Stuhl, durchschnittlicher Bauholzbedarf für 1 m² Grundfläche (Abb. 35, S. 294):

a) mit Fußpfetten .... 0,088 m³
b) mit Stich und Wechsel .... 0,093 m³
c) mit durchlaufenden Bundträmen .... 0,108 m³

Materialbedarf bei 12,0 m Hausbreite:

Mauerbänke	16/16	0,16 m	Sparren	13/16	1,55 m
Bundträme	16/21	0,31 m	Streben	16/18	0,25 m
Pfetten	16/21	0,41 m	Kopfbüge	10/16	0,24 m
Kehlbalken	13/18	0,65 m	Verbandeisen		0,18 kg
Säulen	13/16	0,06 m			

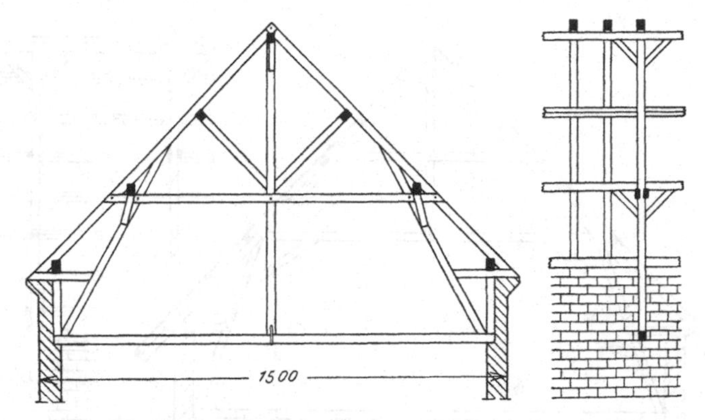

Abb. 36. Freier Kniestockdachstuhl mit Hängesäule

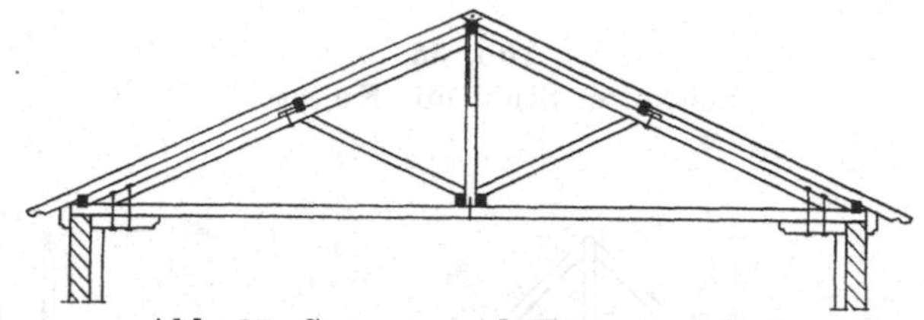

Abb. 37. Spreng- und Hängewerkdach

Freier Kniestockdachstuhl mit Hängesäule, für doppelte Ziegeleindeckung berechnet, sonst wie vor, für 1 m² Grundfläche (Abb. 36):

Hausbreite			12,0 m	15,0 m	18,0 m
Bundträme			21/24 0,27 m	21/26 0,28 m	24/29 0,28 m
Schwellen, Pfetten, Säulen, Stiche und Streben			18/21 1,25 m	18/21 1,10 m	18/21 1,01 m
Zangen			10/21 0,45 m	10/21 0,41 m	10/21 0,37 m
Bänder			13/13 0,16 m	13/13 0,13 m	13/13 0,11 m
Sparren			11/16 1,44 m	11/16 1,45 m	11/16 1,45 m
Für 1 m² Grundfläche	Kantholz	m³		durchschnittlich 0,0932	
		m′	3,57	3,37	3,22
	Verbandeisen	kg	0,38	0,35	0,30

Spreng- und Hängewerkdach, durchschnittlicher Bauholzbedarf für 1 m^2 Grundfläche (Abb. 37, S. 295):

a) mit einfachen Bundträmen .... 0,1145 m^3
b) mit durchlaufenden Bundträmen .... 0,1769 m^3

Materialbedarf bei 20,0 m Hausbreite:

Mauerbänke	18/21	0,20 m	Säulen	15/15	0,07 m
Bundträme	24/26	0,30 ,,	Sparren	21/24	1,32 ,,
Pfetten	15/23	0,25 ,,	Streben und Bänder	13/23	0,50 ,,
Zangen	10/20	0,10 ,,	Verbandeisen	0,30 kg	

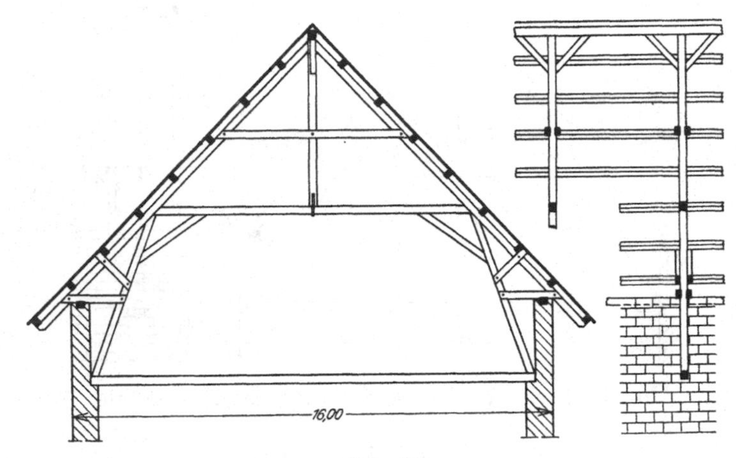

Abb. 38
Schweizer Stuhl mit Kniestock

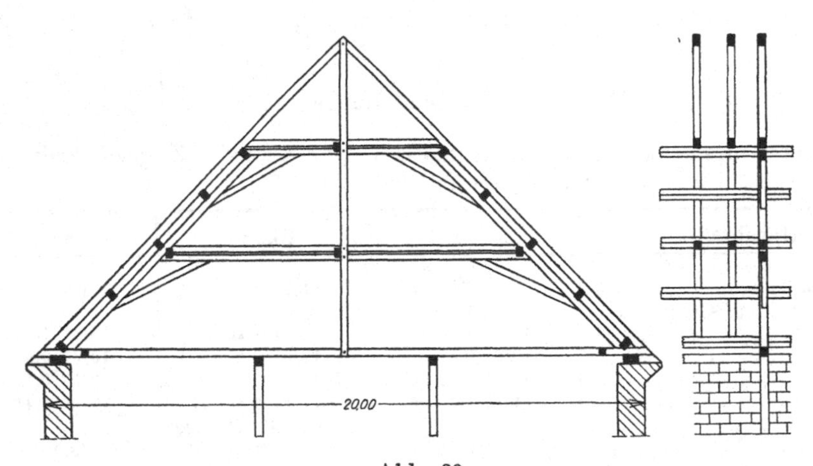

Abb. 39
Doppelt übereinanderliegender Stuhl

Schweizer Stuhl mit Kniestock, für Schiefereindeckung berechnet, sonst wie vor, für 1 m² Grundfläche (Abb. 38, S. 296):

Hausbreite			14,0 m	16,0 m	18,0 m
Bundträme			21/26 0,22 m	21/26 0,23 m	24/29 0,24 m
Mauerbänke, Säulen, Brustriegel und Firstpfette			18/21 0,75 m	18/21 0,71 m	21/24 0,68 m
Tragsparren			18/24 0,42 m	21/24 0,42 m	21/24 0,42 m
Zangen			10/21 0,30 m	10/21 0,30 m	10/21 0,30 m
Bänder			13/16 0,04 m	13/16 0,03 m	16/19 0,03 m
Scharholz (Langriegel)			16/16 u. 13/18 1,06 m	16/16 u. 13/18 1,05 m	16/16 u. 13/18 1,04 m
Für 1 m² Grundfläche	Kantholz	m³		durchschnittlich 0,0933	
		m′	2,79	2,74	2,71
	Verbandeisen	kg	0,24	0,22	0,20

Doppelt übereinanderliegender Stuhl, für doppelte Ziegeleindeckung berechnet, sonst wie vor, für 1 m² Grundfläche (Abb. 39, S. 296):

Hausbreite			14,0 m	17,0 m	20,0 m	22,0 m
Mauerbänke			13/16 0,27 m	13/16 0,23 m	16/16 u. 13/18 0,19 m	16/16 u. 13/18 0,18 m
Bundträme, Stiche und Wechsel			21/26 0,57 m	24/29 0,53 m	24/29 0,50 m	24/29 0,48 m
Säulen und Brustriegel			21/24 0,50 m	21/24 0,52 m	24/24 0,53 m	24/24 0,54 m
Pfetten			18/24 0,95 m	18/24 0,79 m	18/24 0,67 m	18/24 0,61 m
Sparren, Kehlbalken und Bänder			11/16 2,51 m	11/16 2,54 m	11/16 2,55 m	11/16 2,56 m
Stehende Zangen			10/21 0,30 m	10/21 0,30 m	10/21 0,30 m	10/21 0,30 m
Für 1 m² Grundfläche	Kantholz	m³		durchschnittlich 0,1454		
		m′	5,10	4,91	4,74	4,67
	Verbandeisen	kg	0,26	0,24	0,22	0,20

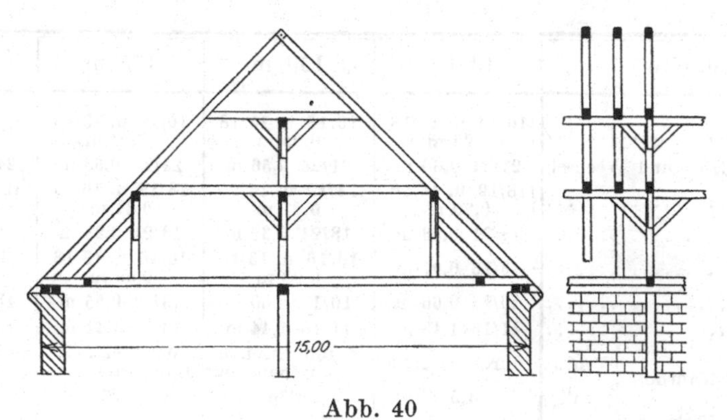

Abb. 40
Doppelt übereinanderstehender Stuhl

Doppelt übereinanderstehender Stuhl, für doppelte Ziegeleindeckung berechnet, sonst wie vor, für 1 m² Grundfläche (Abb. 40, S. 297):

Hausbreite			10,0 m	12,0 m	15,0 m	18,0 m
Mauerbänke			16/16 u. 13/18 0,37 m	16/16 u. 13/18 0,31 m	16/16 u. 13/18 0,25 m	16/16 u. 13/18 0,21 m
Bundträme, Stiche und Wechsel			18/21 0,64 m	21/24 0,60 m	21/26 0,54 m	24/29 0,50 m
Säulen			16/19 0,21 m	18/19 u. 16/20 0,19 m	18/19 u. 16/20 0,17 m	18/19 u. 16/20 0,16 m
Pfetten			18/19 u. 16/20 0,36 m	18/19 u. 16/20 0,31 m	18/21 0,25 m	18/21 0,21 m
Kehlbalken			13/16 0,91 m	13/16 0,94 m	16/16 u. 13/18 0,96 m	16/16 u. 13/18 0,98 m
Bänder und Streben			10/13 0,60 m	10/13 0,53 m	10/13 0,46 m	10/13 0,41 m
Sparren			11/16 1,40 m	11/16 1,41 m	11/16 1,42 m	13/16 1,43 m
Für 1 m² Grundfläche	Kantholz	m³	durchschnittlich	mit Stich und Wechsel ....0,150 durchaus mit Bundträmen.....0,205		
		m′	4,49	4,29	4,05	3,90
	Verbandeisen	kg	0,25	0,22	0,20	0,15

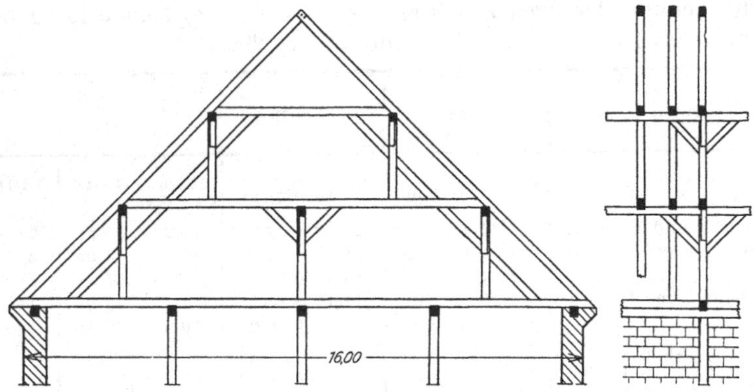

Abb. 41. Doppelt übereinanderstehender Stuhl

Doppelt übereinanderstehender Stuhl, wie vor beschrieben, für 1 m² Grundfläche (Abb. 41):

Hausbreite			13,0 m	15,0 m	17,0 m	19,0 m
Mauerbänke			16/16 u. 13/18 0,29 m	16/16 u. 13/18 0,25 m	16/16 u. 13/18 0,23 m	16/19 0,20 m
Bundträme, Stiche und Wechsel			21/24 0,60 m	21/26 0,56 m	24/29 0,53 m	24/29 0,51 m
Säulen			18/19 u. 16/20 0,20 m	18/19 u. 16/20 0,21 m	18/19 u. 16/20 0,21 m	18/19 u. 16/20 0,21 m
Pfetten			18/21 0,36 m	18/21 0,32 m	18/21 0,28 m	18/21 0,25 m
Kehlbalken			13/16 0,97 m	16/16 u. 13/18 0,98 m	16/16 u. 13/18 0,99 m	16/16 u. 13/18 1,00 m
Bänder			10/13 0,66 m	10/13 0,60 m	13/13 0,55 m	13/13 0,51 m
Sparren			11/16 1,43 m	11/16 1,44 m	13/16 1,44 m	13/16 1,44 m
Für 1 m² Grundfläche	Kantholz	m³	durchschnittlich	mit Stich und Wechsel ....0,118 durchaus mit Bundträmen.....0,160		
		m′	4,51	4,36	4,23	4,12
	Verbandeisen	kg	0,20	0,18	0,15	0,12

Kirchendach, für doppelte Ziegeleindeckung berechnet, abbinden und in einer Höhe von 4 m über dem Erdboden aufstellen, für 1 m² Grundfläche (Abb. 42):

Stirnbreite des Gebäudes			16,0 m	20,0 m	24,0 m	30,0 m
Mauerbänke und Pfetten			18/21 0,90 m	18/21 0,72 m	18/21 0,60 m	18/21 0,48 m
Säulen, Bundträme und Bocksparren			18/24 0,96 m	21/24 0,93 m	21/26 0,92 m	24/26 0,89 m
Zangen			10/21 0,74 m	10/21 0,68 m	10/21 0,64 m	10/21 0,59 m
Röspen			21/26 0,24 m	21/26 0,19 m	24/26 0,16 m	24/29 0,13 m
Sparren, Streben und Bänder			13/18 2,34 m	16/16 u. 13/18 2,31	16/19 2,29 m	18/19 u. 16/20 2,28 m
Für 1 m² Grundfläche	Kantholz	m³	durchschnittlich 0,17			
		m′	5,18	4,83	4,61	4,37
	Verbandeisen	kg	1,25	1,00	0,75	0,50

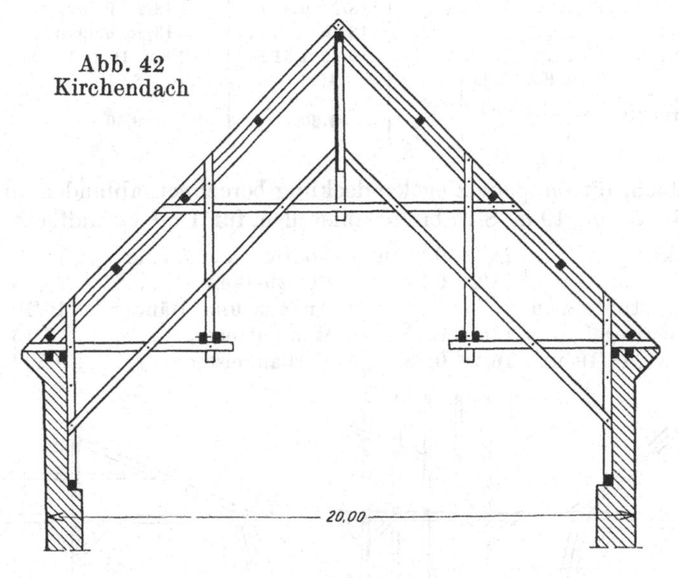

Abb. 42
Kirchendach

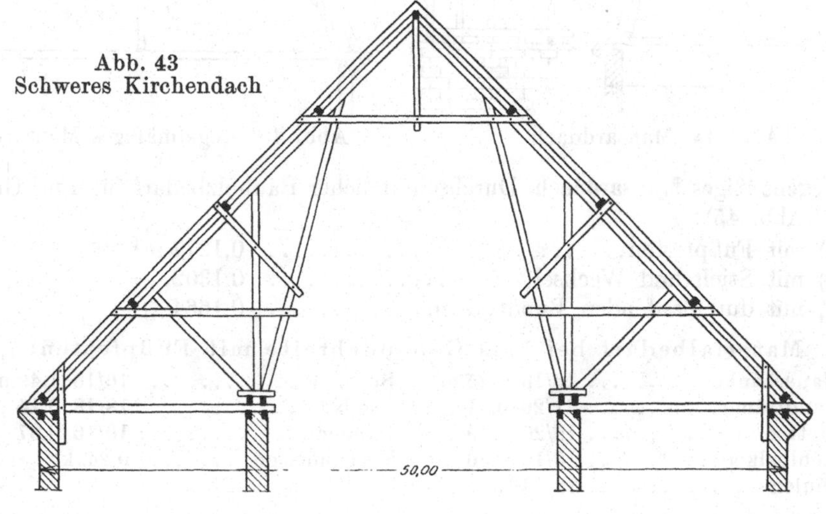

Abb. 43
Schweres Kirchendach

Schweres Kirchendach, sonst wie vor beschrieben, für 1 m² Grundfläche (Abb. 43, S. 299):

Stirnbreite des Gebäudes			25,0 m	50,0 m
Mauerbänke			18/19 u. 16/20 0,32 m	18/24 0,16 m
Bundträme und Bocksparren			18/24 0,60 m	21/26 0,60 m
Durchzüge			21/24 0,16 m	21/24 0,08 m
Sättel			26/26 0,03 m	32/32 0,03 m
Stuhlsäulen und Streben			21/21 0,53 m	24/24 0,53 m
Zangen			10/21 0,73 m	13/26 0,73 m
Pfetten			18/21 0,36 m	18/21 0,18 m
Bänder			13/16 0,18 m	13/16 0,09 m
Sparren			16/19 1,51 m	18/19 u. 16/20 1,51 m
Für 1 m² Grundfläche	Kantholz	m'	4,42	3,91
	Verbandeisen	kg	1,20	0,60

Mansarddach, für doppelte Ziegeleindeckung berechnet, abbinden und auf ebenerdigem Gebäude von 10 m Stirnbreite aufstellen, für 1 m² Grundfläche (Abb. 44):

Mauerbänke .... 21/24 0,20 m
Bundträme .... 18/24 0,32 „
Schwellen, Stuhlsäulen und Brustriegel .... 18/21 0,82 „
Kehlbalken . . 18/19 und 16/20 0,88 „
Sparren .... 11/16 1,90 m
Spitzbalken .... 10/13 0,37 „
Anzüge und Bänder . . 10/10 0,75 „
Windlatten .... 7/13 0,40 „
Verbandeisen .... 0,20 kg

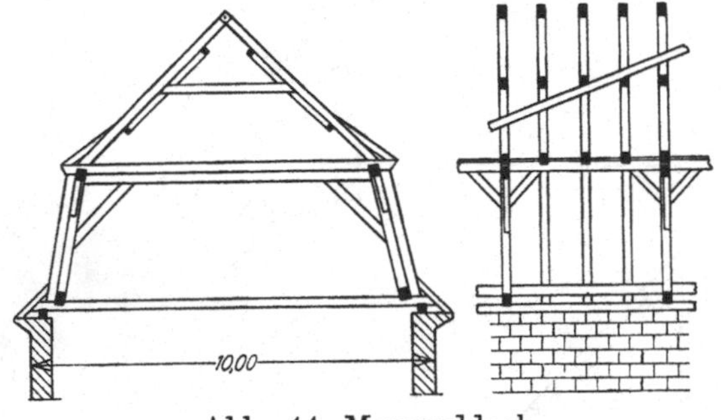

Abb. 44. Mansarddach

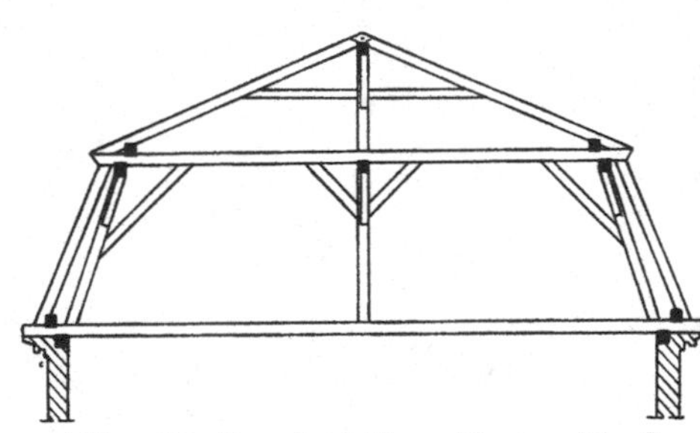

Abb. 45. Regelmäßiges Mansarddach

Regelmäßiges Mansarddach. Durchschnittlicher Bauholzbedarf für 1 m² Grundfläche (Abb. 45):

a) mit Fußpfetten .... 0,1277 m³
b) mit Stich und Wechsel .... 0,1302 „
c) mit durchlaufenden Bundträmen .... 0,1664 „

Materialbedarf bei 16 m Gebäudebreite mit Fußpfetten:

Mauerbänke .... 16/18 0,25 m
Bundträme .... 21/26 0,31 „
Pfetten .... 15/20 0,49 „
Kehlbalken.......... 16/18 0,56 „
Säulen .... 18/18 0,11 „
Sparren .... 16/18 1,49 m
Streben .... 18/18 0,14 „
Bänder .... 10/16 0,37 „
Verbandeisen .... 0,24 kg

Überhöhtes Mansarddach. Durchschnittlicher Bauholzbedarf für 1 m² Grundfläche (Abb. 46):

a) nur mit Stuhlbündern .... 0,105 m³
b) mit durchlaufenden Bundträmen .... 0,143 „

Materialbedarf bei 14 m Gebäudebreite:

Mauerbänke	16/18	0,22 m	Sparren	16/18	1,35 m
Bundträme	18/21	0,30 „	Bänder	10/18	0,36 „
Pfetten	15/18	0,76 „	Zangen	10/21	0,10 „
Säulen	15/15	0,34 „	Verbandeisen		0,21 kg
Kehlbalken	16/18	0,27 „			

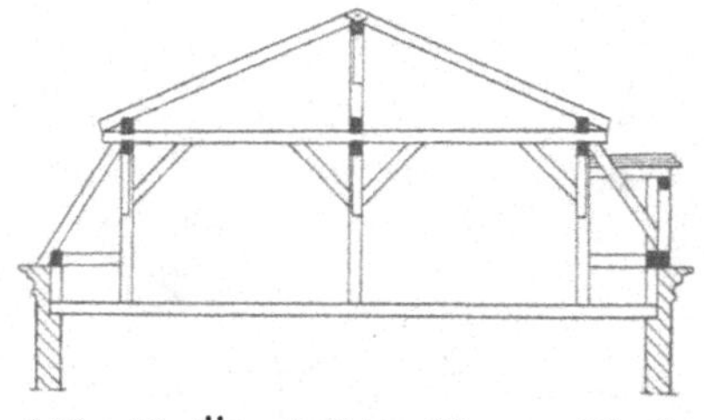

Abb. 46. Überhöhtes Mansarddach

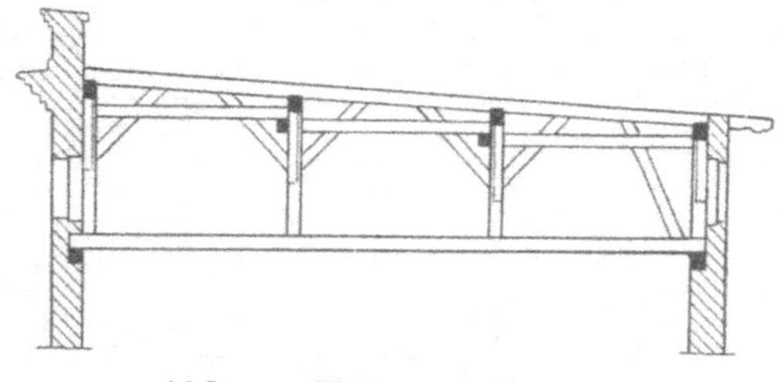

Abb. 47. Holzzementdach

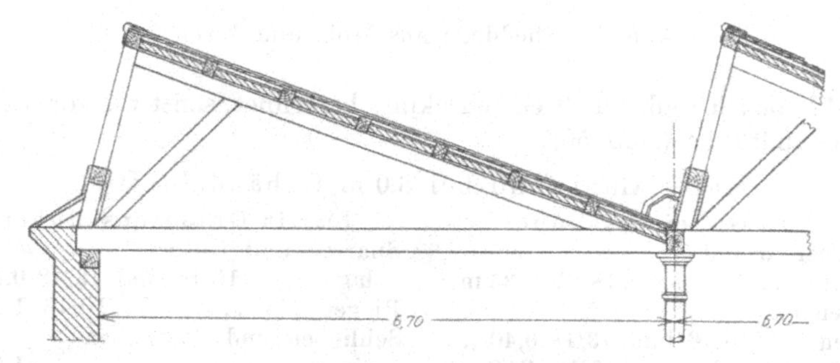

Abb. 48. Sheddach aus Holz

Holzzementdach. Durchschnittlicher Bauholzbedarf für 1 m² Grundfläche (Abb. 47):

a) mit Stuhlbündern .... 0,1001 m³
b) mit durchlaufenden Bundträmen .... 0,1337 „

Materialaufwand bei 12 m Gebäudebreite:

Mauerbänke	16/18	0,22 m	Zangen	13/18	0,27 m
Bundträme	21/24	0,30 „	Sparren	16/21	1,05 „
Pfetten	21/24	0,33 „	Streben und Bänder	10/16	0,38 „
Säulen	13/16	0,18 „	Verbandeisen		0,25 kg

Sheddach aus Holz, für Blech- oder Pappeeindeckung berechnet, Bundweite 4,0, sonst wie vor beschrieben, für 1 m² Grundfläche (Abb. 48):

Schwellen	21/21	0,21 m	Streben	18/19 und 16/20	0,09 m
Bänder und Bocksparren	18/24	0,70 „	Riegelholz	11/16	1,15 „
			Verbandeisen		0,15 kg

Sheddach, aus Holz und Eisen, für Schiefer-, Blech- oder Pappeeindeckung berechnet, sonst wie vor beschrieben, für 1 m² Grundfläche (Abb. 49):

Schwellenhölzer	18/21	0,40 m
Sparren	11/16	1,68 „
Fensterriegel und Anzügel der Zwischenrinnen	10/10	0,63 „
Verbandeisen (Klammern u. Schiftnägel)		0,08 kg
Gußeisenplatte für die Schwellenauflager		1,50 „
Schmiedeeisenschließen und Schrauben		2,00 „

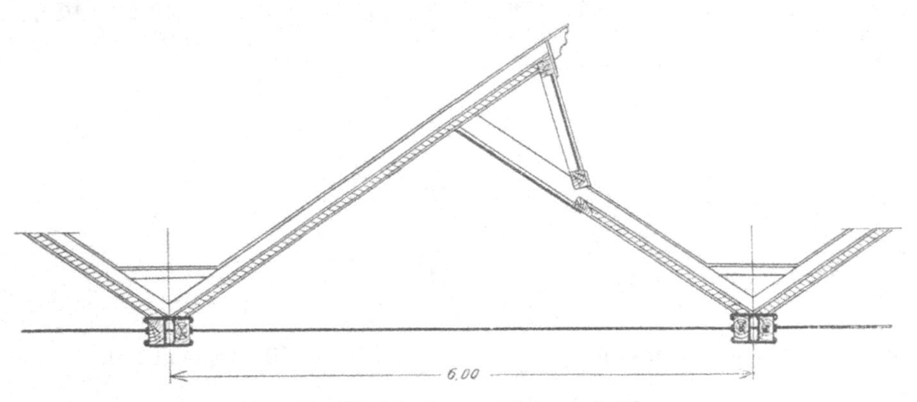

Abb. 49. Sheddach aus Holz und Eisen

Holz-Eisendachstuhl, für Blecheindeckung berechnet, sonst wie vor beschrieben, für 1 m² Grundfläche (Abb. 50):

Materialaufwand bei 8,0 m Gebäudebreite

a) ohne Gußeisenschuhe:

Mauerbänke und Pfetten	18/21	9,35 m
Sparren und Unterlagen	16/16 und 13/18	0,40 „
Riegel	10/13	1,00 „
Schließen und Schraubeneisen		1,50 kg
Verbandeisen		0,09 „

b) mit Gußeisenschuhen:

Sparren und Unterlagen	16/16 und 13/18	0,40 m
Riegel	10/13	1,00 „
Schließen und Schraubeneisen		1,50 kg
Gußeisenschuhe		2,50 „
Verbandeisen		0,09 „

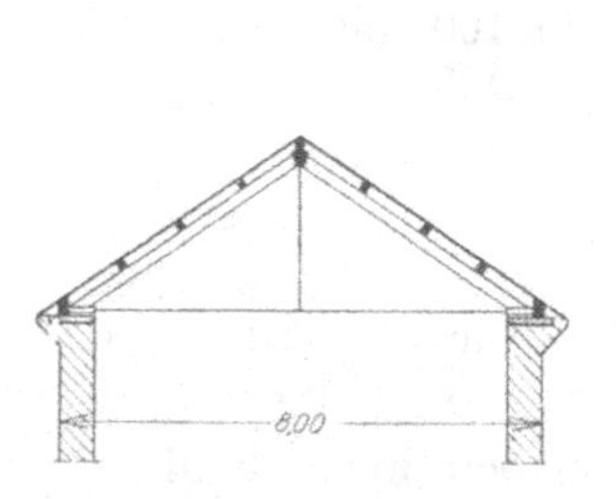

Abb. 50. Holz-Eisendachstuhl

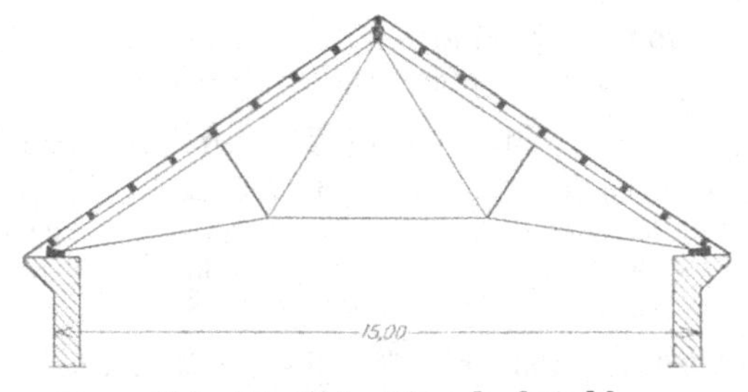

Abb. 51. Holz-Eisendachstuhl

Holz-Eisendachstuhl, für Schiefer- oder Blecheindeckung berechnet, für eine Gebäudebreite von **15,0 m,** sonst wie vorbeschrieben, für 1 m² Grundfläche (Abb. 51):

Sparren .... 18/24 0,40 m
Riegel.................................... 11/16 0,89 „
Gußeisenschuhe .... 2,40 kg
Schmiedeeisenkonstruktion, wie Gestänge mit Ösen,
Ringen, Gabeln, Bolzen und Muttern .... 2,00 „

Holz-Eisendachstuhl wie vor, jedoch für eine Gebäudebreite von **20,0 m** (Abb. 52):

Sparren .... 21/26 0,38 m
Riegel .... 11/16 0,96 „
Gußeisenschuhe .... 2,00 kg
Schmiedeeisenkonstruktion wie vor beschrieben ..... 3,50 „

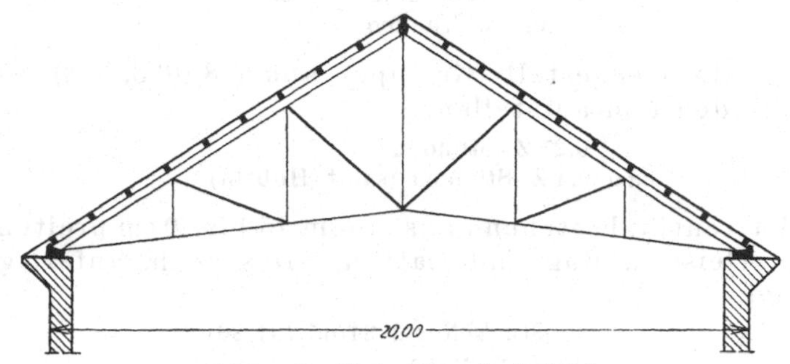

Abb. 52. Holz-Eisendachstuhl

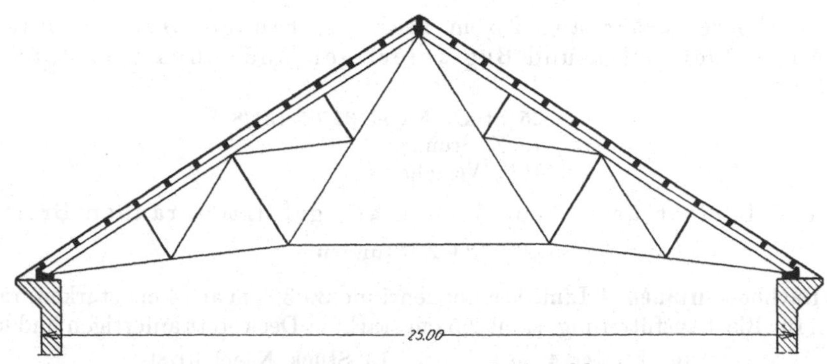

Abb. 53. Holz-Eisendachstuhl

Holz-Eisendachstuhl wie vor, jedoch für eine Gebäudebreite von **25,00 m** (Abb. 53):

Sparren .... 24/29 0,36 m
Riegel .... 11/16 1,00 „
Gußeisenschuhe .... 1,6 kg
Schmiedeeisenkonstruktion wie vor beschrieben ..... 4,4 „

V. Verschiedene Arbeiten im Dachgeschoß

1. Abtrittsschläuche. 1 Lfm. Abtrittsschlauch 30/30 cm anfertigen und aufstellen, samt äußerer und innerer Verpichung:

1,20 m² Pfosten 5 cm
20 Stück Nägel 42/120
1,5 kg Pech
0,3 kg Unschlitt
0,2 l Leinöl
6 Z.-Stunden

2. Dachbodenabteilungswände. a) 1 m^2 Lattenverschlag aus 2,4/4,8 (3/5) cm starken, rauhen Latten mit 3,5 bis 4 cm Zwischenräumen herstellen, ohne Rahmengestell:

12,5 m′ Latten
25 Stück Nägel 31/65 (31/80)
0,35 Z.-Stunden

b) 1 m^2 Bretterverschlag aus 2 cm starken, rauhen Brettern herstellen, ohne Rahmengestell:

1,05 m^2 Bretter
20 Stück Nägel 31/65
0,5 Z.-Stunden

c) 1 Lfm. Rahmengestell (Gerippe) aus 5/8 (6/8, 8/8) cm starken Hölzern abbinden und aufstellen:

0,27 Z.-Stunden
oder 0,4 Z.-Stunden (samt Hobeln)

d) 1 m^2 Lattentür, bestehend aus einem 15 bis 20 cm breiten Bretterrahmen, Querleisten, Bug und Latten, alles rauh, anfertigen, ohne Türbeschläge:

30 Stück Nägel 31/65 (31/80)
0,7 Z.-Stunden
10% Verschnitt

e) 1 m^2 Brettertür aus 2,5 cm starken, rauhen Brettern mit aufgenagelten Querleisten und Bug anfertigen und einpassen, ohne Türbeschläge:

25 Stück Nägel 31/65 (31/80)
1,5 Z.-Stunden
15% Verschnitt

f) 1 m^2 Brettertür wie vor, jedoch aus gefalzten, rauhen Brettern:

2,0 Z.-Stunden

3. Dachbodenrinnen. 1 Lfm. Dachbodenrinne 30/30 cm aus 4 cm starken, rauhen Pfosten, für Blechausfütterung, samt 2,5 cm starkem Deckbrett anfertigen und legen:

0,9 m^2 Bretter 4 cm	15 Stück Nägel 31/80
0,3 m^2 Bretter 2,5 cm	3,5 Z.-Stunden

4. Dachbodentreppe. 1 Lfm. Dachbodentreppe (über Bundtram) samt Untersatz herstellen:

a) aus 3,5 cm starken Brettern:

0,5 m′ Kantholz 13/15 cm	15 Stück Nägel 40/100
0,6 m^2 Bretter 3,5 cm	0,6 Z.-Stunden

b) aus 5 cm starken Pfosten:

0,5 m′ Kantholz 13/15 cm	15 Stück Nägel 42/120
0,6 m^2 Pfosten 5 cm	0,8 Z.-Stunden

5. Dachgesimse. a) 1 Lfm. einfaches Dachgesims, bestehend aus 28 bis 30 cm breitem, 2,5 cm starkem Hängebrett, 22 bis 24 cm breitem, 2,5 cm starkem Stirnbrett, einer 3/5 (2,4/4,8) cm starken Putzleiste und 3/4 cm starkem, gekehltem Rinnenstab, ohne Gerüstung:

10 Stück Nägel 31/80
1,75 Z.-Stunden
5% Verschnitt

Zuschlag für Fugen und Hobeln .... 0,45 Z.-St.

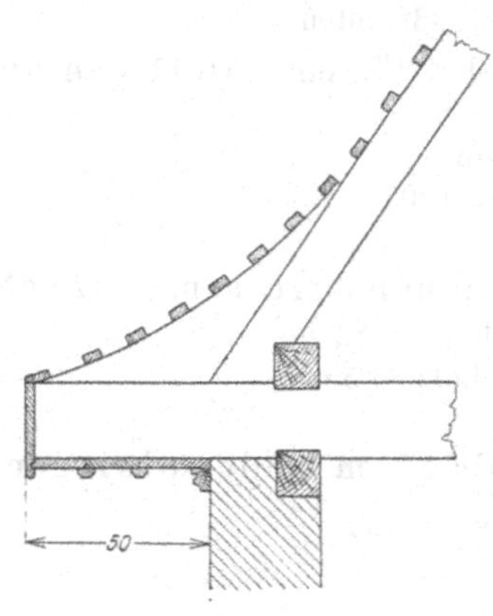

Abb. 54. Dachgesims

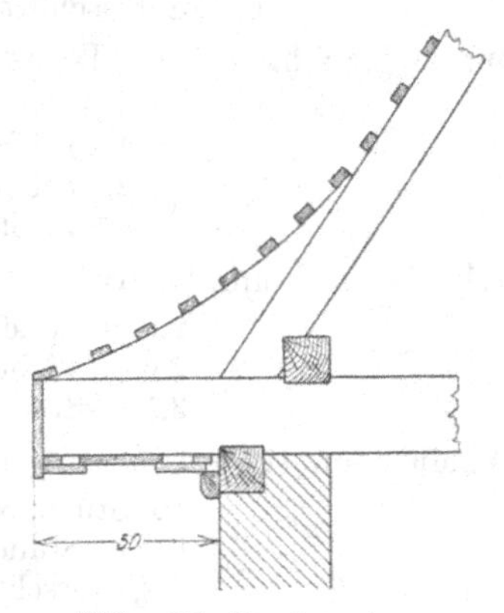

Abb. 55. Dachgesims

b) 1 m² (abgewickelt, reiner Meßgehalt) einfaches Dachgesims, bestehend aus einem dreiteiligen 2,5 cm starken Hängebrett (siehe Abb. 54), einem 2,5 cm starken, unten abgerundeten, unten mit einer Nut versehenen Stirnbrett, zwei 2,5/4 cm starken, oval abgerundeten Deckleisten und einem profilierten 4,8/6 cm starken Abschlußstab; ohne Gerüstung (die Bretter, Deckleisten und der Abschlußstab auf der Maschine zugerichtet).

Aussuchen des Materials, Beförderung desselben zu den Maschinen, einschließlich Zeit für Maschinenbedienung, Anbringen des Gesimses:

2,0 Z.-Stunden
21% Verschnitt

0,4 kg Nägel { 20 Stück 38/90; 30 „ 31/65; 60 „ 18/35 }

c) 1 Lfm. gehobeltes Kastengesims (siehe Abb. 55), bestehend aus 12 cm breiten Lang- und Querfriesen und einem 30 cm breiten Hängebrett nebst abgerundetem 5/7 cm starken Abschlußstab. Stirnbrett, Quer- und Langfriese, Unterlagslatten und Füllungsbrett 23 bis 24 mm stark, die Füllungsfelder quadratisch (0,26 × 0,26 m). Stirnbrett, Friese, Füllungsbrett und Abschlußstab auf der Maschine gehobelt. Maurergerüst zur Verfügung:

Aussuchen des Materials und Beförderung zur Hobelmaschine (auf dem Zimmerplatz) und mit Handwagen auf die 1 km entfernte Baustelle bzw. auf das Gerüst, einschließlich Zeit für Maschinenbedienung und Anbringen des Gesimses:

3 Stück Nägel 40/100	2,5 Z.-Stunden
52 „ „ 31/65	11 Maschinenminuten
	42% Verschnitt

6. Dachwasserrinnen. a) 1 Lfm. Dachwasserrinne von Rundholz ⌀ 18 cm ausarbeiten und einhängen:

1,0 m′ Rundholz ⌀ 18 cm
1,5 Z.-Stunden

b) 1 Lfm. Dachwasserrinne auspichen:

0,3 kg Pech	0,1 l Leinöl
0,1 kg Unschlitt	0,5 Z.-Stunden

7. Dunstschlauch. 1 Lfm. Dunstschlauch 30/30 cm anfertigen und aufstellen:

1,2 m² Bretter 4 cm
20 Stück Nägel 42/120
3,5 Z.-Stunden

8. Steigleitern. 1 Lfm. Steigleiter mit eichenen Sprossen, ganz gehobelt:

2,0 m′ weiches Rundholz ⌀ 13 cm
2,0 „ eichenes Rundholz ⌀ 5 cm
3,5 Z.-Stunden

9. Windbretter. 1 Lfm. Windbrett 25 bis 30 cm breit anbringen:

10 Stück Nägel 31/65
0,3 Z.-Stunden
5% Verschnitt

Zuschlag für Fugen und Hobeln.......... 0,12 Z.-St.

10. Zwischenrinnen. 1 Lfm. Zwischenrinne anfertigen und legen:

a) aus der Länge nach in die Hälfte zersägtem Rundholz:

0,5 m′ Rundholz — 50 cm
5,0 Z.-Stunden

b) aus 6,5 cm starken Pfosten:

0,75 m² Pfosten 6,5 cm
3,5 Z.-Stunden

VI. Der Dachstuhl im neuzeitlichen Ingenieur-Holzbau

Zu dieser Gruppe gehören alle ingenieurmäßig, das ist mit den neuzeitlichen Hilfsmitteln der Statik und Festigkeitslehre berechneten Dachkonstruktionen, deren Tragwerk entweder aus Fachwerk- oder Vollwandbindern in Balken- oder Bogenform, in neuester Zeit auch aus einem rautennetzartig angeordneten Tonnenflechtwerk besteht.

a) Fachwerkbinder

Die am häufigsten und bis zu Spannweiten von 35 bis zu 40 m verwendete Binderform ist der Mansardbinder. Übliche Binderentfernung 5 ÷ 6 m, nach Erfordernis auch mehr; bei Anhängung von Putz- oder begehbaren Decken an den Untergurt ist eine geringere Binderentfernung, etwa von 4 m, empfehlenswert. Höhe des Binders, je nach der Spannweite, 1/7 ÷ 1/8 der Stützweite.

Satteldachbinder erweisen sich nur bis zu Spannweiten von etwa 22 ÷ 25 m als zweckmäßig und erfordern einen größeren Materialverbrauch. Flache Dachneigungen sind wegen der Gefahr des Durchsackens zu vermeiden. Höhe des Binders 1/4 ÷ 1/5 der Stützweite.

Was die Ausbildung der Füllstäbe der Fachwerkbinder und die Art der Stabanschlüsse betrifft, sind zweierlei Arten von Bindern zu unterscheiden:

a) Ältere Bauweisen nach Howe und Long. Hölzerne Druckschrägen und Zugpfosten aus Rundeisen, welch letztere bei kleinen Spannweiten auch manchmal durch hölzerne Doppelzangen ersetzt werden.

b) Neue Bauweisen mit Dübeleinlagen. Bei diesen erfolgt der Anschluß der Füllstäbe an die Gurte (meist nur der Zugstäbe) mittels besonderer Dübeleinlagen aus Bandeisen, Gußeisen, Hartholz u. dgl. Die bekanntesten patentierten Dübelformen sind die Tuchschererschen Ringdübel, die U-Bügel und doppeltkegelförmigen Gußeisendübel der Firma Kübler, die Krallenscheiben der Firma Metzke & Greim, die Rohrdübel der Firma Cabröl und die Stahlstifte der Firma Meltzer.

Was den Material- und Zeitaufwand für die Herstellung der Binder bei den hier genannten Bauweisen anbelangt, so ist derselbe naturgemäß ein verschiedener, da jede Bauweise je nach ihrer Konstruktionsart einen größeren oder kleineren Holz- bzw. Eisenverbrauch und je nach der einfacheren oder umständlicheren Herstellungsart verschiedene Abbindezeiten erfordert.

Was den Holzverbrauch betrifft, kann nach diesbezüglich angestellten vergleichenden Untersuchungen angenommen werden, daß derselbe bei der Bauweise Meltzer um etwa 20 % geringer, bei der Bauweise Stephan etwa 20 % größer ist als bei den Bauweisen Tuchscherer und Kübler, welch letztere wiederum den geringsten Eisenverbrauch aufweisen dürften.

Für Veranschlagungszwecke dürften die im folgenden angegebenen Durchschnittswerte für den Materialverbrauch und Zeitaufwand um so eher genügen, als sowohl die obengenannten als die heute sonst noch verwendeten anderen freitragenden Holzbauweisen in Deutschland, in Österreich, wie auch in anderen Ländern in ständigem Wettbewerb miteinander stehen und daher in ihren gesamten Herstellungskosten nicht weit voneinander abweichen können.

Zeitangaben für das Abbinden und Aufstellen

Die Dachkonstruktion besteht aus dem eigentlichen Tragwerk, das sind die Binder, ferner den Pfetten samt Kopfbügen, den Sparren, der Dachschalung und, je nach Erfordernis noch aus besonderen Windverbänden (in der Obergurtebene der Binder), Vertikalverbänden und zur Unterstützung der Giebelwandsäulen angeordneten Windträgern.

Die erforderlichen Zeitangaben für das Anarbeiten und Verlegen der Pfetten, Sparren usw. sowie für die Herstellung der Dachschalung enthalten die Seiten 273 und 274.

Das Abbinden. a) Einfache, normale Binderausführung, Spannweiten bis etwa 30 m: Zeitaufwand . . . . 0,5 ÷ 0,6 Z/m′ (Einzelholz).

b) Große Spannweiten, schwierige Arbeit bei den Knotenanschlüssen (Rahmenbinder, Dreigelenkbinder u. dgl.): Zeitaufwand . . > 0,6 ÷ 0,7 Z./m′ (Einzelholz).

Das Aufstellen. a) Einfache, normale Binderkonstruktion, Spannweiten bis etwa 30 m, Binderauflager in der Höhe von etwa 5 ÷ 6 m über Erdboden, normale Verhältnisse: Zeitaufwand . . . . 0,2 ÷ 0,3 Z./m′ (Einzelholz).

b) Große Spannweiten, Montageerschwernisse, größere Montagehöhe usw.: Zeitaufwand ....bis zu 0,6 Z./m′ (Einzelholz).

b) Material- und Zeitaufwand für die Herstellung von Mansarddächern

Der folgenden Zusammenstellung liegt die Annahme einer Binderentfernung von 5,0 m zugrunde. Bei größeren oder kleineren Binderentfernungen als 5 m

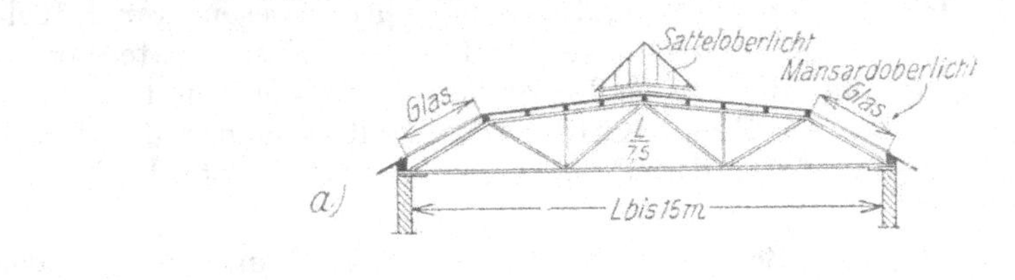

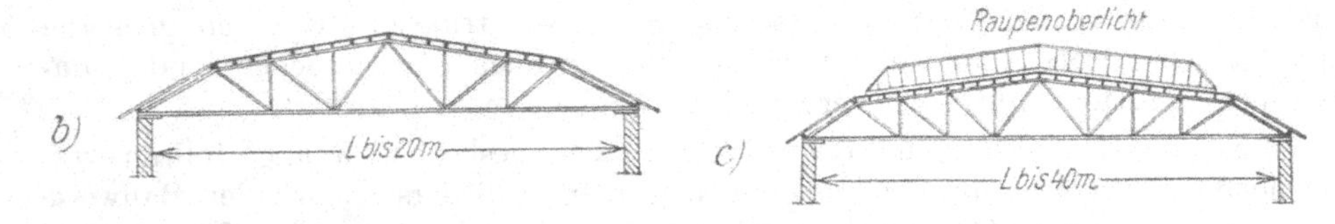

kann der Veranschlagung des Material- und Zeitaufwandes ein Binder derjenigen Stützweite zugrunde gelegt werden, welche sich nach Multiplikation der gegebenen Stützweite mit der Verhältniszahl

$$\nu = \frac{\text{gegebene Binderentfernung}}{\text{5,0 m Binderentfernung}},$$

ergibt. Für einen Binder von 20 m Stützweite und 6,0 m Binderentfernung ergibt sich beispielsweise $\nu = \frac{6,0}{5,0} = 1,2$, so daß für die angenäherte Ermittlung des Material- und Zeitaufwandes die Tabellenangaben für einen Binder von $1,2 \times 20,0 = 24,0$ m zu benützen sind. Der erforderliche Material- und Zeitaufwand für Herstellung und Montage der Pfetten (Pfettensparren) kann angenähert durch Multiplikation der in der Tabelle angegebenen Werte mit der Verhältniszahl ν ermittelt werden.

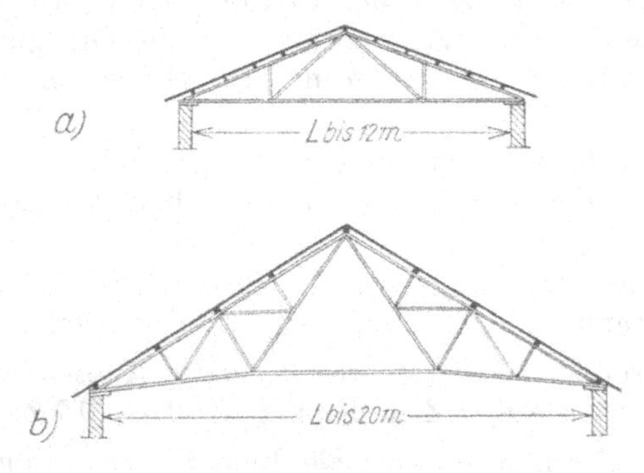

Satteldachbinder erfordern durchschnittlich einen um 20 % größeren Holzverbrauch als Mansardbinder der gleichen Spannweite.

Durchschnittlicher Material- und Zeitaufwand

für 1 m² Dachgrundrißfläche

Stützweite	Binder			Pfetten und Sparren			Schalung		
	Kantholz	Schrauben und Dübel	Zeitaufwand	Kantholz	Nägel und Klammern	Zeitaufwand	Bretter	Nägel	Zeitaufwand
m	m³	kg	Z.	m³		Z.	m³	kg	Z.
12	0,016	0,60	0,8	0,018	0,09	0,32	0,022	0,12	0,32
14	0,017	0,60	0,8	0,018	0,09	0,32	0,022	0,12	0,32
16	0,018	0,65	0,8	0,018	0,09	0,32	0,022	0,12	0,32
18	0,018	0,75	0,8	0,018	0,09	0,32	0,022	0,12	0,32
20	0,018	0,80	0,8	0,020	0,10	0,36	0,022	0,12	0,32
22	0,020	0,80	0,8	0,020	0,10	0,36	0,022	0,12	0,32
24	0,022	0,90	0,9	0,022	0,11	0,40	0,022	0,12	0,32
26	0,024	0,90	1,0	0,022	0,11	0,40	0,022	0,12	0,32
28	0,027	1,00	1,1	0,022	0,11	0,40	0,022	0,12	0,32
30	0,029	1,10	1,2	0,022	0,11	0,42	0,022	0,12	0,32
32	0,031	1,20	1,3	0,023	0,12	0,42	0,022	0,12	0,32

Anleitung zur Benützung der Tabelle:

Beispiel: Halle von 26,0 m Stützweite, 40,0 m Länge, mit gemauerten Längs- und Giebelwänden, Dachausladung an den Längsseiten 1,0 m, an den Giebelseiten 0,60 m, Binderentfernung 5,0 m, daher erforderliche Binderzahl 7:

Ausschreibung:

1154 m² Mansarddachkonstruktion, berechnet nach den baubehördlichen Vorschriften für Eigengewicht (doppelte Pappeeindeckung), Schnee- und Winddruck, bestehend aus 7 freitragenden Bindern von 26,0 m Stützweite, 5,0 m Binderentfernung, den erforderlichen Pfetten, Sparren und Windverbänden, ferner der 20 mm starken, scharfkantig besäumten Dachschalung, von Dachsaum zu Dachsaum in der Wagrechten gemessen, ohne Abzug aller Öffnungen, abbinden, frei Baustelle liefern und aufstellen, an allem Material und aller Arbeit

für 1 m²....., zusammen......

Materialbedarf:

Holz:
- Kantholz für 7 Binder: ...... $7\,(26{,}0 + 2 \cdot 1{,}0) \cdot 5{,}0 \cdot 0{,}024 =$ 23,5 m³
- Kantholz für Pfetten und Sparren:
  - 2 Endfelder ..... $2\,(26{,}0 + 2 \cdot 1{,}0)\,(5{,}0 + 0{,}6) \cdot 0{,}022 =$ 6,9 „
  - 6 Zwischenfelder .... $6\,(26{,}0 + 2 \cdot 1{,}0) \cdot 5{,}0 \cdot 0{,}022 =$ 11,9 „
- 20 mm Schalbretter: $(26{,}0 + 2 \cdot 1{,}0)\,(8 \cdot 5{,}0 + 2 \cdot 0{,}6) \cdot 0{,}022 =$ 25,4 „

67,7 m³

Eisen:
- Schrauben und Dübel für 7 Binder: $7\,(26{,}0 + 2 \cdot 1{,}0) \cdot 5{,}0 \cdot 0{,}9 =$ 882 kg
- Nägel und Klammern für Pfetten, Sparren und Schalung: $(26{,}0 + 2 \cdot 1{,}0)\,(8 \cdot 5{,}0 + 2 \cdot 0{,}6) \cdot 0{,}23 =$ 265 „

1147 kg

Zeitaufwand:
- 7 Binder abbinden und aufstellen: $7\,(26{,}0 + 2 \cdot 1{,}0) \cdot 5{,}0 \cdot 1{,}0 =$ 980 Z.
- Pfetten, Sparren und Schalung herstellen: $(26{,}0 + 2 \cdot 1{,}0)\,(8 \cdot 5{,}0 + 2 \cdot 0{,}6) \cdot 0{,}72 =$ 831 „

1811 Z.

c) Rautennetzwerkdächer — Das Zollbau-Lamellendach

Eine besondere Art von Dächern stellen die Rautennetzwerktonnen der sogenannten „Zollbauweise“ dar, bei denen lauter gleichartige, im Sägewerk maschinell angefertigte Brettlamellen ohne weitere Bearbeitung an der Baustelle zum Aufbau des Daches verwendet werden.

Die Verwendung dieser Dächer gestattet eine vollkommene Ausnützung des Dachraumes, da bei denselben keinerlei konstruktives Balkenwerk erforderlich ist.

Ausgeführte Spannweiten bis zu 35 m.

Richtlinien für das Veranschlagen

Materialbedarf: a) 1 m² Dachmantelfläche erfordert durchschnittlich 1½ Lamellen.

b) Aus 1 m³ Bretter können hergestellt werden:

125	Lamellen	2,5/16 cm	lang	2,0 m
90	„	3,0/18 „	„	2,0 „
82	„	3,0/20 „	„	2,0 „

c) 1 m² Dachmantelfläche erfordert durchschnittlich an Eisen:

1½	Stück Schraubenbolzen	10/160 mm
3	„ Unterlagscheiben	80/35/3,5 „

Zeitaufwand: a) In einer Maschinenstunde (das ist Arbeitsleistung der Maschine und zwei Arbeiterstunden), je nach Einstellung des Betriebes, gebrauchsfertige Herstellung von 30 bis 50, daher durchschnittlich von 40 Lamellen.

b) 1 Lfm. Giebelbogen und Schwellen zurichten 1 Z.

c) In einer Arbeitsstunde lassen sich 2 bis 3 m² Dachmantelfläche aufstellen.

Auf Grund obiger Angaben ergibt sich folgender Material- und Zeitaufwand für 1 m² Dachmantelfläche ohne Giebelbogen und Schwellen:

Holz: Lamellen 16 cm breit ...0,012 m³;
„ 18 „ „ ...0,0167 „
„ 20 „ „ ...0,0183 „

Eisen: 1½ Stück Bolzen 10/160 mm
3 Unterlagscheiben 80/35/3,5 „

Zeitaufwand: Herstellen der Lamellen: { 0,075 Z. / 0,025 Masch.-St.

Aufstellen: 0,35 ÷ 0,5 Z.

E. Die Treppen

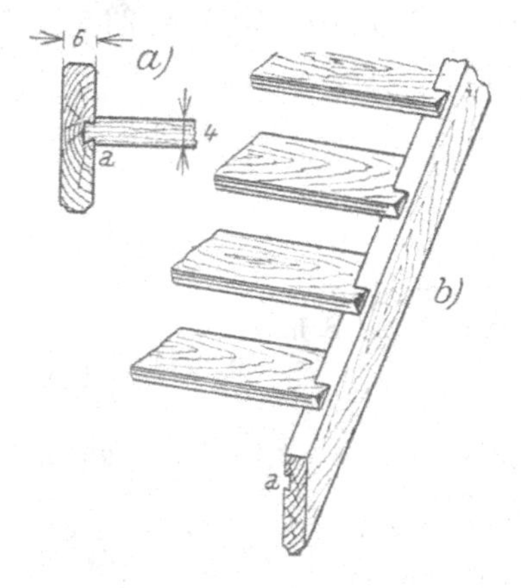

Je nach ihrer Ausführungsart werden die Treppen eingeteilt in:

1. Eingeschobene (eingeschnittene) oder **Leitertreppen** mit nicht eingestemmten, sondern eingeschobenen Tritten und ohne Stoßbretter (Setz- oder Futterbretter).

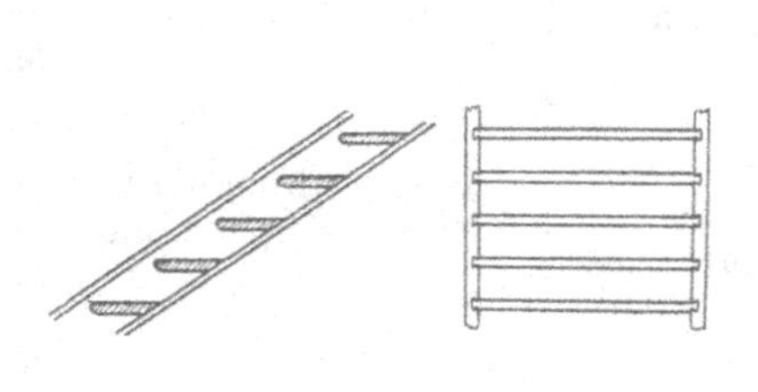

2. **Gestemmte Treppen** mit eingestemmten Tritten und Stoßbrettern.
3. **Halbgestemmte Treppen** mit eingestemmten Tritten, jedoch ohne Stoßbretter.
4. **Aufgesattelte Treppen,** bei welchen die Tritte und Stoßbretter in die Wangen eingeschnitten oder die Tritte und Stoßbretter in die Wandwangen eingestemmt, bei den Lichtwangen hingegen ausgeschnitten werden. Die aufgesattelten Treppen stellen eine Vereinigung von gestemmten, halbgestemmten und eingeschobenen Treppen dar.

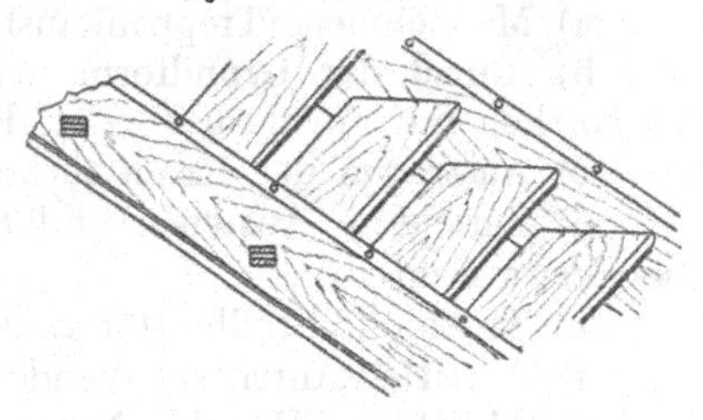

Je nach dem Material, aus welchem die Treppen hergestellt werden, unterscheidet man solche aus Weichholz, Hartholz oder „Gemischtholz".

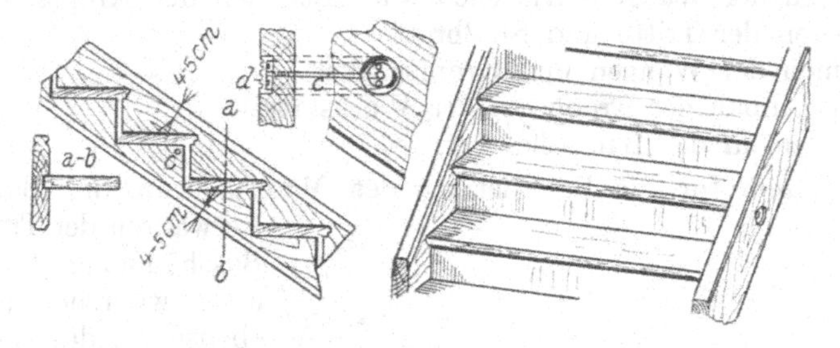

Die oben angeführten vier Treppenarten werden wiederum in gerade und gewundene eingeteilt. Bei den geraden Treppen werden Podest-, ein- und mehrarmige, bei den gewundenen Treppen einviertel, einhalb, dreiviertel und ganz gewundene unterschieden.

Bestandteile einer Treppe:

1. Wangen, Tritte und Stoßbretter.
2. Antritt (Blocktritt) und Austritt.
3. Austritts-, Übergangs-, Wende- oder Endpfosten.
4. Treppengeländer (Handgriff und Geländerfüllung).
5. Schrauben, Nägel, sonstige Eisenteile und Nebenmaterialien.

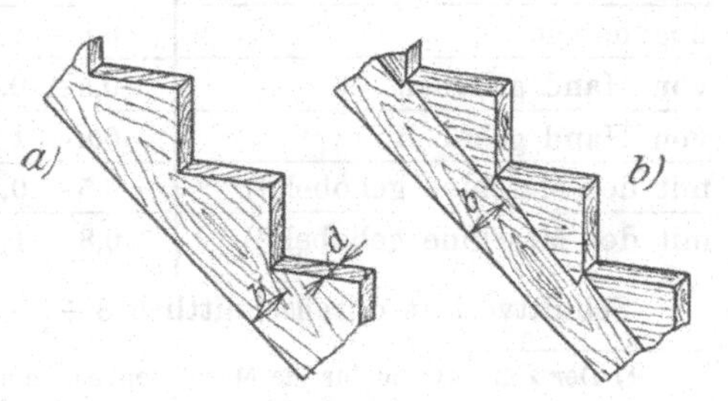

Der Zeitaufwand für die Herstellung gerader und gewundener Treppen setzt sich zusammen aus:

a) Maßnehmen (Treppenhauslänge, -breite und -höhe);

b) Aufriß der Grundform der Treppe (nur bei gewundenen Treppen oder bei solchen mit einzuarbeitenden Podesten);

c) Austragen der Kropfstücke;

d) Zurichten, Austeilen und Schablonieren der Wangen (verleimen und auf die Breite richten);

e) Tritte und Stoßbretter ausschneiden (verleimen und auf die Breite richten);

f) Antritte, Antritts-, Wende- und Austrittspfosten zurichten;

g) Abrichten, Hobeln, Nuten, Profilieren und Verputzen der Tritte, Stoßbretter, Wangen usw.;

h) Austeilen der Wangen, Anziehen und Austeilen der Kropfstücke;

i) Aufsetzen der Tritte und Stoßbretter;

k) Stemmen der Wangen und Kropfstücke;

l) Zusammenbau der Treppe in der Werkstatt;

m) Aufstellen an der Baustelle.

Die Arbeitszeit für die Beförderung des Materials an die Baustelle, das Verwahren der Treppen gegen Beschädigung, Beschmutzung usw. während der Bauzeit, ebenso für das spätere Reinigen (Abziehen, Ölen usw.) ist in den folgenden Zeitangaben nicht enthalten.

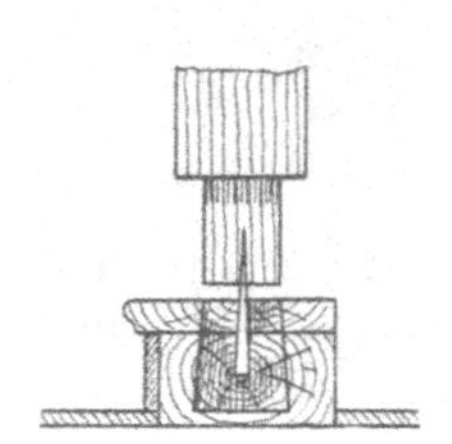

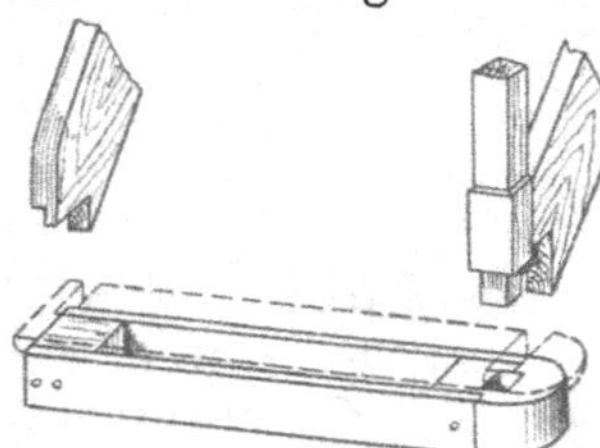

I. Eingeschobene Treppen

Übliche Wangenstärken: 3/12, 4/15, 4/20, 5/12, 5/15, 4/14 cm.

Trittstärke meist 3 bis 3½ cm; Laufbreite 0,5 bis 1,0 m; Steigungshöhe 0,18 bis 0,25 m; Auftrittsbreite 0,15 bis 0,25 m.

Gewundene Treppen werden hier nicht ausgeführt.

Zeitaufwand

Bearbeitungsart	Breite in m	Zeitaufwand für einen Tritt Z.-Stunden	
		in Weichholz	in Hartholz
ungehobelt	0,5 ÷ 0,8	0,6 ÷ 0,85	0,7 ÷ 1,0
ungehobelt	0,8 ÷ 1,0	0,7 ÷ 0,95	0,75 ÷ 1,1
von Hand gehobelt	0,5 ÷ 0,8	0,7 ÷ 1,0	0,85 ÷ 1,2
von Hand gehobelt	0,8 ÷ 1,0	0,95 ÷ 1,1	1,0 ÷ 1,25
mit der Maschine gehobelt[1])	0,5 ÷ 0,8	0,65 ÷ 0,75	0,75 ÷ 0,85
mit der Maschine gehobelt[1])	0,8 ÷ 1,0	0,75 ÷ 0,85	0,75 ÷ 0,95

Schnittverlust durchschnittlich 8 ÷ 10%.

[1]) Der Zeitaufwand für die Maschinenbedienung ist in obigen Zeitangaben inbegriffen.

II. Gestemmte Treppen

Beispielsweise Abmessungen. Stärke der Lichtwange 7 cm, Stärke der Wandwange 5 ½ cm, Breite der Licht- und Wandwangen 28 bis 30 cm (bei gewundenen Treppen bzw. Wangen verglichen gemessen), Stärke der Tritte 48 mm, Stärke der Stoßbretter 20 mm, Trittvorsprung 4 bis 4 ½ cm, Stoßbrettnut bzw. Federbreite 10 mm, Tiefe 12 mm. Tritte und Stoßbretter werden 2 ½ cm tief eingelocht.

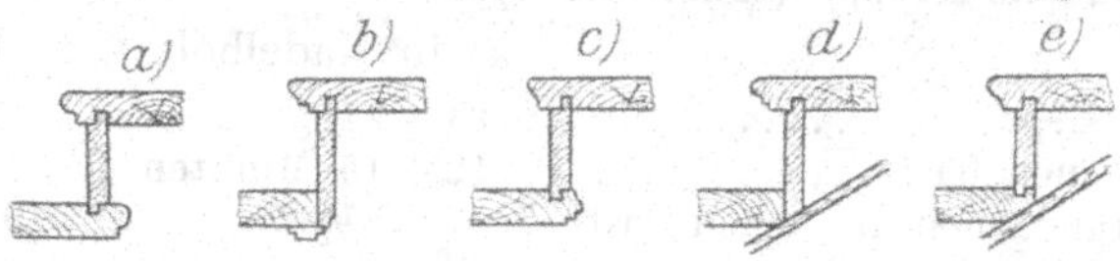

Länge und Breite der Tritt- und Stoßbretter richten sich nach der jeweiligen Stockhöhe, Treppenhauslänge und Treppenlaufbreite.

Zu unterscheiden ist, ob die Treppe unten sichtbar bleibt oder verputzt wird, da dieser Umstand für den zu ermittelnden Zeitaufwand von Bedeutung ist.

Alle Holzmaße verstehen sich fertig ausgehobelt und verputzt; die Holzstärken müssen daher für die Verarbeitung stärker angenommen werden und betragen z. B. bei den oben angegebenen fertigen Maßen:

Stärke der Lichtwangen 76 bis 80 mm, Wandwangen 58 bis 60 mm, Tritte 50 mm, Stoßbretter 22 bis 25 mm.

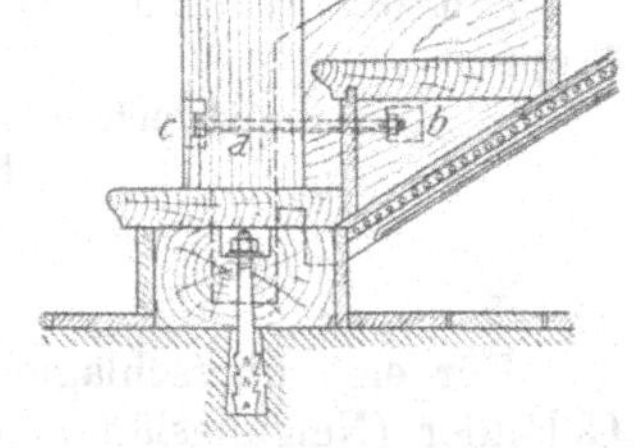

Der Austritt (letzter Tritt) wird, obwohl er nur 18 bis 23 cm breit ist, stets als ganzer Tritt (Steigung) berechnet. Der Antrittspfosten zählt zum Geländer, dagegen der Austrittspfosten in der Regel zur Treppe.

Als normal gilt eine Treppe, wenn ihr Auftritt 28 bis 30 cm und ihre Steigung 16 bis 18 cm besitzt; oder: zwei Steigungen und ein Auftritt sollen zusammen 0,60 bis 0,62 m geben. Unter oder über dieses Normalmaß hinausgehende Treppen erfordern mehr oder weniger Zeit- und Materialaufwand.

1. Gerade Stocktreppe. Wangen 5/30 bzw. 8/30 cm; Trittstärke 4/32 bis 5/33 cm; Stoßbretter 20 bis 25 mm stark, 18 bis 24 cm breit; Laufbreite 0,85 bis 1,10 m; einschließlich Anziehen des An- und Austrittspfostens; ohne Blockantritt; Treppenuntersicht gehobelt. Das Hobeln, Abrichten, Nuten und Fräsen der Wangen, Tritte, Stoßbretter und Pfosten erfolgt mittels Maschinen.

a) Ausführung in Nadelholz (mindestens 12 Tritte):

4 ÷ 5 Stück Nägel 80 ÷ 90 mm lang für einen Tritt
2 Kopfschrauben zum Anziehen des An- und Austrittspfostens
Schnittverlust . . . . 12 ÷ 15%
Maschinenzeit für einen Tritt . . . . 7 ÷ 9 Minuten

Zeitaufwand bei Handarbeit für einen Tritt:

Gehobelte Untersicht . . . . 4,5 Z.
Verputzte Untersicht . . . . 4,3 „
Bei mehr als 12 bis zu 30 Tritten, Zeitersparnis . . . . 0,1 ÷ 0,2 „

b) Ausführung in Hartholz:

Schnittverlust . . . . 15 ÷ 18%
Maschinenzeit für einen Tritt . . . . 9 ÷ 10 Minuten
Zeitaufwand bei Handarbeit für einen Tritt 6,2 Z.

2. Einviertel gewundene Treppe (sonst wie 1):

	a) in Nadelholz:	b) in Hartholz:
Schnittverlust	16÷20%	18÷22%
Maschinenzeit für einen Tritt	10÷12 Minuten	12÷15 Minuten
Zeitaufwand bei Handarbeit für einen Tritt	6÷7 Z.	6,5÷8 Z.

3. Halb gewundene Treppe (sonst wie 1):

	a) in Nadelholz:	b) in Hartholz:
Schnittverlust	24÷27%	25÷30%
Maschinenzeit für einen Tritt	12÷15 Minuten	15÷18 Minuten
Zeitaufwand bei Handarbeit für einen Tritt	7÷8½ Z.	9½÷10½ Z.

4. Podesttreppe mit Kropfstücken (sonst wie 1):

	a) in Nadelholz:	b) in Hartholz:
Schnittverlust	16÷22%	18÷24%
Maschinenzeit für einen Tritt	10÷12 Minuten	12÷14 Minuten
Zeitaufwand bei Handarbeit für einen Tritt	6÷7 Z.	7÷8 Z.

III. Halbgestemmte Treppen

Ausführung gerade und gewunden, häufige Verwendung bei Kellertreppen. Zeitaufwand durchschnittlich 30÷35 % geringer als bei ganz gestemmten Treppen.

Schnittverlust bei geraden Treppen .... 10÷12 %
bei gewundenen Treppen .... 15÷18 %.

IV. Geländer

Für eine überschlägige Berechnung kann man annehmen, daß auf den Lfm. Geländer (Neigungslänge) ebensoviel Arbeitszeit kommt als auf einen Tritt der betreffenden Treppe, zu welcher das Geländer gehört, eine Annahme, die für den Fall gilt, daß das Geländer nicht eine besonders reiche Profilierung und sonstige Ausstattung erhält.

F. Gründungsarbeiten

1. Pfähle

Spitzen eines Pfahles vom Durchmesser d in Zentimetern:
Weiches Holz .... 0,001 F.... Z.-St. = 0,0008 d^2 ....Z.
Hartes Holz .... 0,002 F.... Z.-St. = 0,0016 d^2 ....,,
Anschuhen eines Pfahles: Weiches Holz .... 0,010 d ....Z.
Hartes Holz.......... 0,013 d ....,,
Anlegen eines Ringes an den Pfahl: Weiches Holz ..... 0,008 d ...Z.
Hartes Holz....... 0,011 d ...,,

Einrammen von Pfählen. a) 1 Stück Zaunpfahl von 8 bis 12 cm Durchmesser und 1,5 bis 2 m Länge mit dem Schlegel in den Boden eintreiben, bei 50 bis 80 cm Eindringungstiefe................... 0,2÷0,5 Z.

b) 1 Lfm. Pfahl von 15 bis 20 cm Durchmesser mit der Handramme in gewöhnlichen Boden einrammen, einschließlich aller Nebenarbeiten, für das Meter eingerammte Länge................ 2÷3 Z.

c) 1 Lfm. Pfahl über 20 cm Durchmesser (mittels Kunstramme) einrammen, einschließlich Aufstellen und Abtragen des Schlagwerkes sowie des Rammgerüstes, Verzinsung und Tilgung der Anschaffungskosten, Aufsicht und Zimmermannsbeihilfe während des Einrammens usw., für das Meter eingerammte Länge:

bei Triebsand .... 0,47 *d*... H.
bei Sand und weichem Boden .... 0,63 *d*... „
bei Lehm- und Tonboden .... 0,78 *d*... „
bei Kies- oder steinigem Boden .... 0,94 *d*... „

	Bodenart	Pfahllänge < 7 m, Einrammungstiefe		Pfahllänge		Schiefe Einrammung, Abweichung 1/4 ÷ 1/6 vom Lot
		< 2 m	> 2 m	7 ÷ 10 m	> 10 m	
für 1 m eingerammte Länge	I leicht	0,25 *d*.. H.	0,44 *d*.. H.			
	II mittel	0,38 *d*.. H.	0,66 *d*.. H.	+ 25%	+ 75%	+10÷15%
	III fest	0,56 *d*.. H.	1,04 *d*.. H.			

d) 1 Stück Pfahl **über Wasser abschneiden:** Weiches Holz ...... 0,0016 d^2 Z.
Hartes Holz........ 0,0022 d^2 „

e) 1 Stück Pfahl **unter Wasser abschneiden:**

Weiches Holz ....bei 75 cm Tiefe 0,0032 d^2 Z.; bei 1,5 m Tiefe 0,0048 d^2 „
Hartes Holz ...... „ 75 „ „ 0,0044 d^2 „ „ 1,5 „ „ 0,0066 d^2 „

f) **Einen Zapfen** am Pfahlkopf **anschneiden:** Weiches Holz .. 0,0012 d^2... „
Hartes Holz.... 0,0017 d^2... „

g) **Ein Zapfenloch** in der Rostschwelle **ausstemmen:** Weiches Holz .. 0,3 „
Hartes Holz ... 0,45 „

h) 1 Lfm. bearbeitete **Rostschwelle** auf die Pfähle eines Pfahlrostes **aufbringen** und **befestigen** .... 0,4 Z.

2. Schwellrost

a) 1 Lfm. Schwellen für die Herstellung eines Schwellrostes in die Baugrube einbringen und die erforderlichen Verkämmungen herstellen: Weiches Holz .. 1,2 Z.
Hartes Holz.... 1,6 „

b) 1 m² Bohlenbelag bei einem Schwellrost herstellen .... 2,0 „

G. Abtragungsarbeiten

Bei sämtlichen Abtragungsarbeiten ist angenommen, daß die abzutragenden Materialien auf etwa 50 m von der Baustelle befördert, daselbst gelagert, entnagelt und aufgeschlichtet werden.

Etwa erforderliche umfangreiche Pölzungen und Gerüstherstellungen müssen besonders verrechnet werden, während die Herstellung einfacher Pölzungen und Gerüstungen in den durchschnittlich angenommenen Zeitaufwand einbezogen wurden.

1. Balken. 1 Lfm. Balken, Säulen, Riegel u. dgl. aus ihrer Verbindung nehmen, ohne Rücksicht auf die Stockwerkshöhe:

Holz-Querschnitt in cm²	bis 250	250—400	400—600	600—900	900—1300	1300—1800
Z.-Stunden	0,1	0,15	0,2	0,25	0,3	0,35
H.-Stunden	0,1	0,15	0,2	0,25	0,3	0,35

2. Bretterschalung. 1 m² Bretterschalung bis 45 mm Stärke mit bzw. ohne Riegelwand abtragen, die Nägel ausziehen usw., ohne Stockwerksunterschied:

a) samt Riegelwand ...0,35 Z.-St.
0,4 H.-St.

b) ohne Riegelwand .0,25 Z.-St.
0,3 H.-St.

3. Bundwandgehölz. 1 m³ Bundwandgehölz abtragen usw.:

a) ebenerdige Gebäude..2,5 Z.-St.
2,5 H.-St.

b) mehrgeschossige Gebäude: Zuschlag für 1 cm³ für jedes höhere Geschoß....1,0 H.-St.

4. Dacheindeckung mit Schindeln. 1 m² Schindeleindeckung abtragen mit bzw. ohne gleichzeitiger Lattenabtragung, die Nägel ausziehen usw., ohne Stockwerksunterschied:

Deckungsart			Zuschlag für Lattenabtragung
einfach	1½fach	doppelt	
0,15 Z.-Stunden	0,20 Z.-Stunden	0,25 Z.-Stunden	0,1 Z.-Stunden
0,10 H.-Stunden	0,15 H.-Stunden	0,20 H.-Stunden	0,2 H.-Stunden

5. Dacheinlattung bei Ziegeldeckungen. 1 m² Einlattung bei Ziegel- oder Schieferdeckungen abtragen, die Nägel ausziehen usw., ohne Stockwerksunterschied 0,15 Z.-St.
0,2 H.-St.

6. Dachgehölz. 1 m³ Dachgehölz abtragen usw., wie Post 3.

7. Dachkonstruktionen. 1 m² Dachstuhl samt Lattung oder Brettereinschalung abtragen, alle Schraubenverbindungen lösen, die Nägel ausziehen, das Material herablassen usw., gemessen in der Grundfläche, wobei der Berechnung die Länge am First und die Breite von Saum zu Saum zugrunde gelegt wird:

Leerdächer (ohne Stuhl) und Dächer geringer Spannweite	Stehende und liegende Dachstühle	Stockwerkszuschlag
bei ebenerdigen Gebäuden		
1,0 Z.-Stunden	1,4 Z.-Stunden	5 v. H.
1,2 H.-Stunden	2,0 H.-Stunden	5 v. H.

8. Dachschalung. 1 m² Dachschalung abtragen, die Nägel ausziehen usw., ohne Stockwerksunterschied .... 0,2 Z.-St.
0,2 H.-St.

9. Decken. 1 m² Tramdecke abtragen, die Nägel ausziehen usw., ohne Stockwerksunterschied.

Dübeldecken ....0,8 Z.-St.
1,1 H.-St.

Balkendecken samt Schalungen
1,0 Z.-St.
1,5 H.-St.

10. Einlattung, wie Post 4 und 5.

11. Fußböden. 1 m² Bretter- oder Pfostenfußboden mit oder ohne Polsterhölzern abtragen, die Nägel ausziehen usw., ohne Stockwerksunterschied:

Bretterfußboden bis 45 mm		Pfostenfußboden über 45 mm	
mit Polsterholz	ohne Polsterholz	mit Polsterholz	ohne Polsterholz
0,35 Z.-Stunden 0,40 H.-Stunden	0,25 Z.-Stunden 0,3 H.-Stunden	0,50 Z.-Stunden 0,70 H.-Stunden	0,35 Z.-Stunden 0,50 H.-Stunden

12. Lattenzäune. 1 m² Lattenzaun oder Staketierung abtragen, die Nägel ausziehen usw. ....0,1 Z.-St.
0,15 H.-St.

13. Pfostenverschalung. 1 m² Pfostenverschalung über 45 mm Brettstärke mit bzw. ohne Riegelwand abtragen, die Nägel ausziehen usw., ohne Stockwerksunterschied:

a) samt Riegelwand ...0,50 Z.-St. 0,70 H.-St. b) ohne Riegelwand .. 0,35 Z.-St. 0,50 H.-St.

14. Schindeleindeckung, siehe Post 4.

15. Stukkaturschalung. 1 m² Stukkaturschalung aufreißen, die Nägel ausziehen usw., ohne Stockwerksunterschied............0,2 Z.-St.
0,25 H.-St.

16. Wandschalung, wie Post 2 und 13.

H. Angaben über Entwurf und Ausführung von Holzdecken

Vor- und Nachteile der verschiedenen Deckenarten

Balken- (Tram-) Decken.

Vorteil: Die geringen Kosten.

Nachteile: Bei größter Vorsicht ist nicht immer einwandfreies Holz erhältlich. Die eingemauerten Balkenköpfe können trotz aller Vorsichtsmaßregeln leicht verfaulen, während Tramkasteln oder Lufträume um die Balkenköpfe die Mauern stark schwächen. Sie benötigen eine große Konstruktionshöhe, schwingen am stärksten und bieten nur geringe Feuersicherheit.

Einschubdecken.

Vorteile: Geringere Konstruktionshöhe als bei Balkendecken (Unterschied etwa 15 cm) und auch geringere Kosten.

Nachteile: Noch geringere Feuersicherheit als bei den Balkendecken, weil Balken und Fußboden voneinander nicht getrennt sind; die Balken sind teilweise vom Luftzutritt abgeschlossen und der zerstörenden Einwirkung der Beschüttung ausgesetzt.

Einschubdecken mit Schuttlage empfehlen sich nur für Bauten von voraussichtlich kurzer Benützungsdauer.

Balkendecken zwischen eisernen Trägern.

Vorteile: Die Balkenköpfe sind nicht eingemauert, die Trägerauflager schwächen und beeinflussen hier die Druckverteilung in der Mauer nicht; die Konstruktionshöhe ist geringer und die Schwingungen sind schwächer als bei den reinen Balkendecken.

Nachteile: Geringe Feuersicherheit; Kostenerhöhung gegenüber den reinen Balkendecken.

Angaben für die Ausführung

Die Deckenbalken werden in Entfernungen von 0,75 bis 1,10 m von Mitte zu Mitte verlegt und erhalten ein Mauerauflager von mindestens 15 cm. Bei großer Belastung empfiehlt es sich, die Balkenentfernung nahe der unteren Grenze zu wählen.

Aus Gründen der Feuersicherheit soll der Fußboden durch eine mindestens 8 cm hohe Schuttschichte von der Sturzbodenschalung getrennt sein.

Die Stukkaturschalung nagelt man in der Regel unmittelbar an die Deckenbalken, wodurch Fehlträme erspart bleiben; letztere werden nur dort angewendet, wo die Erschütterungen des Fußbodens mit Sicherheit von dem unterhalb befindlichen Plafond abgehalten werden sollen (Tanzböden usw.).

Für die Beschüttung ist nur ganz trockenes, von organischen Stoffen freies Material (reiner Flußsand, erdfreier Grubensand, der etwas mit Lehm gemischt sein darf) zu wählen; ungerösteter Mauerschutt ist ganz auszuschließen. Wo es örtliche Verhältnisse gestatten, kann die Beschüttung samt der Sturzbodenschalung durch Gips-, Tektondielen u. dgl. ersetzt werden.

Werden die Deckenbalken zwischen eiserne Träger verlegt, so kommen sie auf die untere Trägerflansche und flüchtig mit deren Unterfläche zu liegen; die Stukkaturschalung wird unter den Trägern durchgeführt. Trägerentfernung 2 bis 4 m.

Dachdeckerarbeiten

Laut Mitteilung der Firma A. R. Bergmann & Co., Bauunternehmung in Wien

Materialpreise ab Werk resp. Lager:

1000 Stück	gewöhnliche Dachziegel (Flachziegel), 19 × 46 cm	S 100,00
1000 „	Biberschwanzziegel, 19 × 46 cm	„ 100,00
1000 „	Dachpfannen, 24,5 × 40 cm	„ 155,00
1000 „	Strangfalzziegel (natur), 20 × 40 cm	„ 135,00
1000 „	„ (imprägniert) 20 × 40 „	„ 165,00
100 „	Naturschiefer[1]) (rheinischer, thüringischer oder mährisch-schlesischer Dachschiefer), 30 × 30 cm	„ 40,00
	22 × 50 „	„ 45,00
	40 × 40 „	„ 50,00
	40 × 20 „	„ 30,00
	30 × 15 „	„ 25,00
100 Stück	Asbestschiefer[2]), 30 × 30 „	„ 21,70
100 „	„ 40 × 40 „	„ 37,00
100 „	„ 30 × 33,4 „	„ 23,00
100 „	„ 40 × 44,5 „	„ 40,80
100 „	„ 40 × 20 „	„ 19,70
100 „	„ 30 × 15 „	„ 11,60
1000 „	Sturmklammern	„ 21,00
1000 „	Schiefernägel, verzinkt, 30 mm	„ 3,30
1000 „	„ „ 35 „	„ 3,50
1000 „	„ „ 40 „	„ 3,80
Eine	Ziegeldeckerstunde (Kollektivlohn)	„ 1,56
„	Handlangerstunde „	„ 0,97

[1]) Englischer Schiefer wesentlich teurer.

[2]) Vorstehende Preise für Asbestschiefer verstehen sich für lichtgrauen und braunen Eternit. Dunkelgrauer ist um 10%, roter Schiefer um 15% teurer.

Von den Gesamtkosten einer Dacheindeckung entfällt auf Material rund 70 %, auf Arbeitslöhne rund 30 %.

A. Ziegeldächer

Das Ausmaß wird nach der geneigten Fläche berechnet. Für Dachfenster bis zu 0,80 m Breite werden 4 m² zugeschlagen. Größere Fensterabdeckungen sind nach ihrem wirklichen Ausmaß zu berechnen. Für jeden Lfm. Doppelfirst, Grat oder Ichse erfolgt ein Zuschlag von 1 m². Für jeden Lfm. Halbfirst, Halbgrat oder Halbichse, Fuß oder Ortsaum ein Zuschlag von 0,50 m². Wetter- und Feuermauerleisten werden nicht separat verrechnet. Wenn Öffnungen bis zu 4 m² nicht abgezogen werden, so wird die Einsäumung bei denselben nicht gesondert berechnet. Runde Dachflächen werden mit dem Eineinhalbfachen ihres wirklichen Ausmaßes verrechnet.

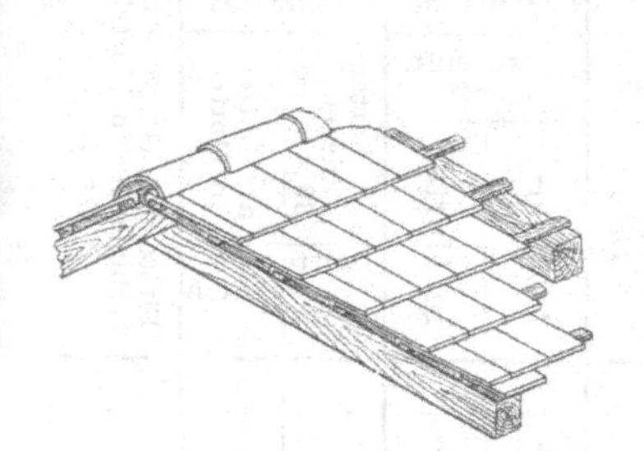

Abb. 1. Einfache Abb. 2. Doppelte
Deckung mit Flachziegeln

a) **Flachziegel,** Abb. 1 und 2 (gewöhnliche Dachziegel und Biberschwänze)

Bedarf per m² (Erdgeschoß)		Einfache Deckung (Spließdach[1])		Doppelte Deckung Lattenentfernung 19 cm			Kronendach	Firste und Grate mit Hohlziegeln in Mörtel per m
Gegenstand	Einheit	[2]) trocken	in Mörtel	[2]) trocken	in Mörtel	Firste und Traufendeckung per m	in Mörtel	
Dachziegel 19/46 cm	Stück	16	16	30	30	5,50	30	2,50—3,00
Unterlagspäne (Spließe)	„	16	16	—	—	—	—	—
Verl. Portlandmörtel 1:1:6	m³	—	0,010	—	0,015	0,005	0,025	0,010
Ziegeldeckerarbeit	Stunden	0,30	1,00	0,40	1,20	0,30	1,30	0,20
Handlangerarbeit	„	0,30	0,60	0,40	1,00	0,40	1,10	0,30
„ für Stockwerkzuschlag	„	0,05	0,20	0,10	0,15	0,15	0,20	0,10

Die Ichsen werden am besten mit Blech abgedeckt, im anderen Falle sind die Ziegel ganz in Mörtel zu legen

[1]) Diese Deckungsart gelangt nur sehr selten zur Ausführung.
[2]) Innenverstrich mit Haarmörtel:

Bedarf per 1 m² (Erdgeschoß)		Einfache	Doppelte
		trockene Dachdeckung	
Kuhhaarmörtel	m³	0,006	0,0096
Ziegeldeckerarbeit	Stunden	0,15	0,20
Handlangerarbeit	„	0,15	0,20

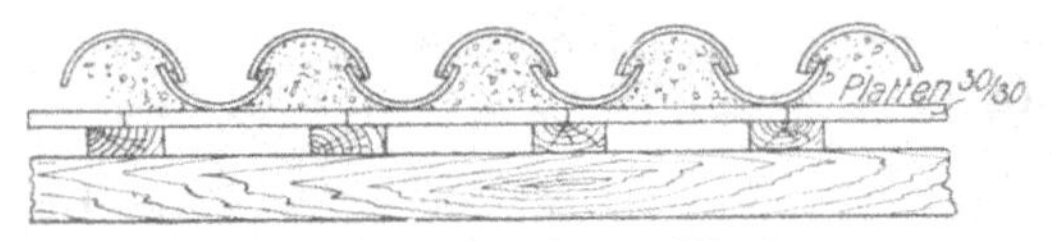

Abb. 4. Hohlziegel auf Platten

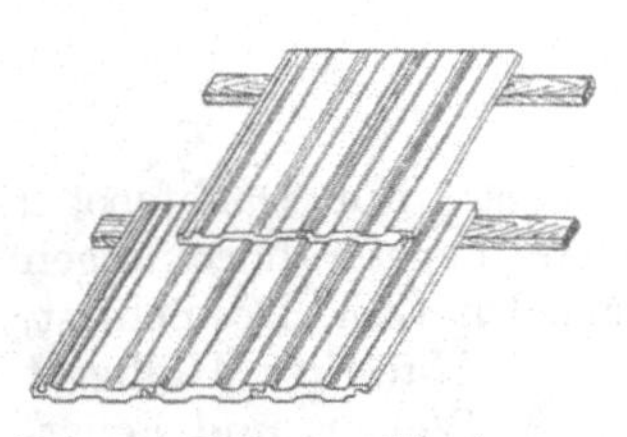
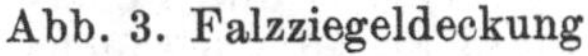

Abb. 3. Falzziegeldeckung

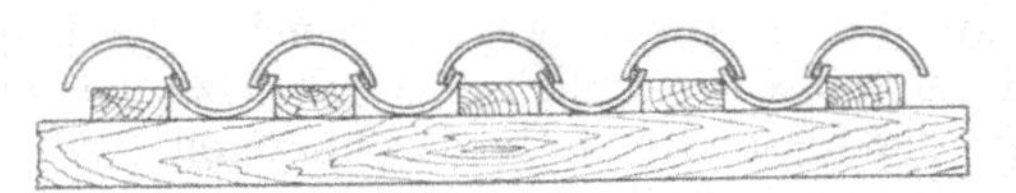

Abb. 5. Hohlziegel auf Latten

b) Falzziegel, Abb. 3, **Dachpfannen und Hohlziegel,** Abb. 4 und 5 (Mönche und Nonnen), letztere nur für flache Dachneigung geeignet

Bedarf per m² (Erdgeschoß)		Falzziegel[1]) Lattenentfernung 33 cm				Dachpfannen Lattenentf. 31,5 cm		Hohlziegel		Firste und Grate mit Hohlziegeln in Mörtel per m
Gegenstand	Einheit	auf Dachpappe und Schalung	auf Dachpappe ohne Schalung	freie Lattung[2])	Firste und Grate	trocken[2])	in Mörtel	auf Plattenziegel 30 × 30 cm, Lattenentfernung in cm 30	auf Latten in Mörtel, Lattenentfernung in cm 25	
Falzziegel 20 × 40 cm ..	Stück	16	16	16	—	—	—	—	—	—
Dachpfannen 24,5×40 cm	„	—	—	—	—	16	16	—	—	—
Hohlziegel 18 × 45 cm ..	„	—	—	—	—	—	—	22	22	—
Plattenziegel 30 × 30 cm	„	—	—	—	—	—	—	11	—	—
Firstziegel	„	—	—	—	3	—	—	—	—	2,5—3
Dachpappe	m²	1,05	1,10	—	—	—	—	—	—	—
Nägel[3])	Stück	32	32	32	6	—	—	—	—	—
Portlandzementmörtel ..	m³	—	—	—	—	—	0,020	0,095	0,025	0,015
Ziegeldeckerarbeit	Stunden	0,25	0,30	0,20	0,10	0,30	1,10	1,80	1,20	0,20
Handlangerarbeit	„	0,25	0,30	0,20	0,20	0,30	0,75	1,80	1,20	0,30
„ für Stockwerkszuschlag...	„	0,08	0,08	0,05	0,05	0,10	0,35	0,35	0,40	0,10

Dachränder, Rauchfänge, Ichsen u. dgl. sind mit Blech einzufassen. Für die Belichtung des Dachraumes können passend geformte Glasfalzziegel verwendet werden.

[1]) Im Falle die Falzziegel nur an den beiden Langseiten im Falz liegen, heißen sie Strangfalzziegel; liegen sie auf allen vier Seiten im Falz, dann Rautenziegel.

[2]) Nur dann Innenverstrich, wenn höhere Solidität gefordert wird. Innenverstrich mit Haarmörtel:

Bedarf per m² (Erdgeschoß)	Falzziegel, freie Lattung	Dachpfannen, trocken
Kuhhaarmörtel .... m³	0,003	0,006
Ziegeldeckerarbeit .. Stunden	0,10	0,15
Handlangerarbeit... „	0,05	0,10

[3]) Falzziegel werden an der Lattung häufig mit Draht befestigt.

B. Schieferdächer

Das Ausmaß wird nach der geneigten Fläche berechnet. Für Dachfenster bis zu 0,80 m Breite werden 4 m² zugeschlagen. Größere Fensterabdeckungen sind nach ihrem wirklichen Ausmaß zu berechnen. Für jeden Lfm. Doppelfirst, Grat oder Ichse wird 1 m², für jeden Lfm. Halbfirst, Halbgrat, Halbichse, Fuß oder Ortsaum 0,50 m² zum Ausmaß zugeschlagen. Wenn First- und Gratbleche zur Verwendung kommen, so sind diese ohne separate Verrechnung beizustellen und zu befestigen. (First- und Gratbleche siehe Spenglerarbeit.) Wenn Öffnungen bis zu 4 m² nicht abgezogen werden, so wird die Einsäumung bei denselben nicht gesondert berechnet. Runde Flächen werden mit dem Eineinhalbfachen ihres wirklichen Ausmaßes verrechnet. Dachränder, Maueranschlüsse, Ichsen usw. werden mit Blech abgedeckt.

a) Naturschiefer

von mährisch-schlesischer, rheinischer, thüringischer, französischer oder englischer Herkunft, auf Lattung oder Schalung. Abb. 6 und 7.

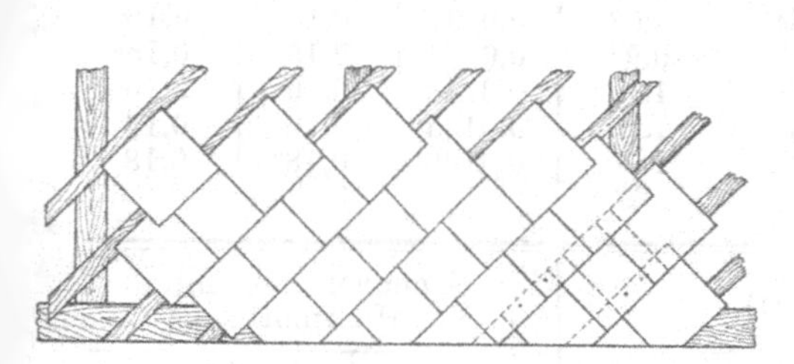

Abb. 6. Deckung mit Quadratsteinen

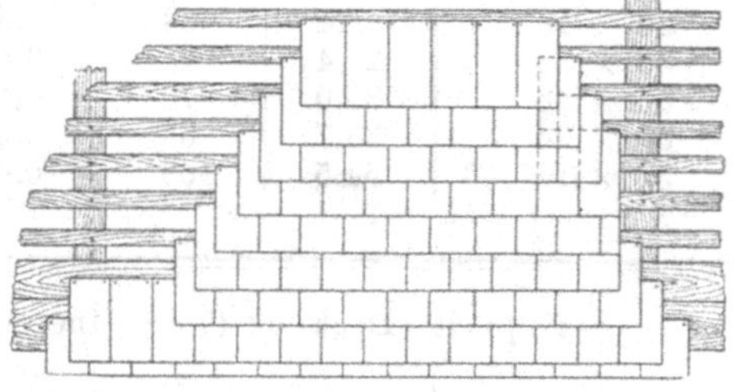

Abb. 7. Doppelte Eindeckung

Einfache Deckung (7 cm Übergriff)					Innenverstrich mit Haarmörtel		
Schiefergröße in cm	Bedarf per m² (Erdgeschoß)				Bedarf per m²		
	Schiefer Stück	Nägel Stück	Schieferdeckerstunden	Handlangerstunden	Kuhhaarmörtel m³	Schieferdeckerstunden	Handlangerstunden
47 × 47	6,3	19	0,35	0,70	0,0050	0,09	0,09
44 × 44	7,4	23	0,36	0,72	0,0055	0,10	0,10
40 × 40	9,3	28	0,37	0,74	0,0060	0,10	0,10
39 × 39	9,8	30	0,38	0,76	0,0063	0,10	0,10
37 × 37	11,2	23	0,40	0,80	0,0070	0,12	0,12
36 × 36	11,9	24	0,41	0,82	0,0072	0,12	0,12
34 × 34	13,8	28	0,42	0,84	0,0075	0,12	0,12
32 × 32	16,0	32	0,43	0,86	0,0082	0,13	0,13
30 × 30	19,0	38	0,45	0,90	0,0091	0,14	0,14
29 × 29	20,7	42	0,47	0,94	0,0096	0,14	0,14
26½ × 26½	26,3	53	0,50	1,00	0,0112	0,15	0,15
26 × 26	27,7	56	0,52	1,04	0,0115	0,15	0,15
25 × 25	31,0	62	0,54	1,08	0,0124	0,15	0,15
24 × 24	34,7	70	0,56	1,12	0,0133	0,16	0,16
21 × 21	51,0	102	0,65	1,30	0,0171	0,17	0,17
61 × 36	6,4	20	0,35	0,70	0,0050	0,09	0,09
61 × 30	8,1	25	0,36	0,72	0,0059	0,10	0,10
56 × 30	9,0	27	0,37	0,74	0,0062	0,10	0,10
56 × 28	9,8	30	0,38	0,76	0,0066	0,10	0,10
51 × 25	12,7	25	0,41	0,82	0,0073	0,12	0,12
46 × 25	14,3	29	0,42	0,84	0,0082	0,13	0,13
46 × 23	16,0	32	0,43	0,86	0,0089	0,14	0,14
41 × 25	16,4	33	0,43	0,86	0,0089	0,14	0,14

Schiefergröße in cm	Einfache Deckung (7 cm Übergriff) Bedarf per m² (Erdgeschoß)				Innenverstrich mit Haarmörtel Bedarf per m²		
	Schiefer Stück	Nägel Stück	Schieferdeckerstunden	Handlangerstunden	Kuhhaarmörtel m²	Schieferdeckerstunden	Handlangerstunden
41 × 23	18,4	37	0,45	0,90	0,0095	0,14	0,14
42 × 21	20,4	41	0,47	0,94	0,0103	0,15	0,15
41 × 20	22,7	46	0,48	0,96	0,0110	0,15	0,15
36 × 30	15,0	30	0,42	0,84	0,0080	0,13	0,13
36 × 25	19,2	39	0,45	0,90	0,0094	0,14	0,14
36 × 20	26,6	54	0,50	1,00	0,0120	0,15	0,15
36 × 18	31,4	63	0,54	1,08	0,0137	0,16	0,16
33 × 25	21,4	43	0,47	0,94	0,010	0,15	0,15
33 × 18	35,0	70	0,56	1,12	0,0143	0,16	0,16
30 × 20	33,7	68	0,55	1,10	0,0135	0,16	0,16
30 × 15	54,5	109	0,65	1,30	0,0196	0,18	0,18

Schiefergröße in cm	Doppelte Deckung (7 cm Übergriff) Bedarf per m² (Erdgeschoß)				Innenverstrich mit Haarmörtel Bedarf per m²		
	Schiefer Stück	Nägel Stück	Schieferdeckerstunden	Handlangerstunden	Kuhhaarmörtel m²	Schieferdeckerstunden	Handlangerstunden
61 × 36	10,4	32	0,40	0,80	0,0054	0,10	0,10
61 × 30	12,4	38	0,41	0,82	0,0060	0,10	0,10
56 × 30	13,7	41	0,42	0,84	0,0064	0,11	0,11
56 × 28	14,6	44	0,43	0,86	0,0065	0,11	0,11
51 × 25	18,2	37	0,45	0,90	0,0074	0,12	0,12
46 × 25	20,6	42	0,47	0,94	0,0080	0,13	0,13
46 × 23	22,4	45	0,48	0,96	0,0083	0,13	0,13
41 × 25	23,6	48	0,50	1,00	0,0086	0,13	0,13
41 × 23	25,8	52	0,51	1,02	0,0090	0,14	0,14
42 × 21	27,4	55	0,52	1,04	0,0092	0,14	0,14
41 × 20	29,6	60	0,53	1,06	0,0096	0,14	0,14
36 × 30	23,0	46	0,50	1,00	0,0088	0,13	0,13
36 × 25	27,6	56	0,52	1,04	0,0095	0,14	0,14
36 × 20	34,6	70	0,56	1,12	0,0105	0,15	0,15
36 × 18	38,4	77	0,58	1,16	0,0110	0,15	0,15
33 × 25	30,8	62	0,54	1,08	0,0110	0,15	0,15
33 × 18	42,8	86	0,60	1,20	0,0120	0,15	0,15
30 × 20	43,4	87	0,60	1,20	0,0120	0,15	0,15
30 × 15	58,0	116	0,70	1,40	0,0140	0,16	0,16
47 × 47	10,7	22	0,40	0,8	0,0055	0,10	0,10
44 × 44	12,3	25	0,41	0,82	0,0060	0,10	0,10
40 × 40	15,10	31	0,43	0,86	0,0066	0,11	0,11
39 × 39	15,6	32	0,43	0,86	0,0067	0,11	0,11
37 × 37	18,10	37	0,45	0,90	0,0075	0,12	0,12
36 × 36	19,20	39	0,46	0,92	0,0078	0,13	0,13
34 × 34	21,80	44	0,48	0,96	0,0082	0,13	0,13
32 × 32	25,0	50	0,51	1,02	0,0088	0,14	0,14
30 × 30	29,0	58	0,53	1,06	0,0095	0,14	0,14
29 × 29	31,4	63	0,55	1,10	0,0100	0,15	0,15

Für Stockwerkzuschlag 0,05 Handlangerstunden. Für spezielle Zwecke kommen auch noch verschiedenartig geformte Schablonen zur Verwendung. Bei Eindeckung auf Schalung ist eine Dachpappenunterlage anzuordnen, eventuell auch eine Schindeleindeckung.

Steinplattendächer (Porphyr) erfordern infolge ihres großen Eigengewichtes eine sehr starke Holzkonstruktion und bedingen hohe Transportkosten. Ihre Anwendung ist daher fast nur auf die Nähe der Erzeugungsstätten (Steinbrüche) beschränkt.

Zementplattendächer aus verschieden geformten Platten und Pfannen, zumeist auf Latten gedeckt, sind im Verhältnis zu den in obigen Tabellen enthaltenen Schiefern und Pfannen zu berechnen.

b) Kunstschiefer (Asbestzement)

Die ÖNORM B 3421 setzt fest:

Begriff: Asbestzementschiefer besteht aus Asbestfaser und Portlandzement nach ÖNORM B 3311, allenfalls unter Zusatz von den Zement nicht schädigenden Farbstoffen.

Herstellung: Der Asbest wird maschinell aufbereitet, mit Zement gemengt und das Gemenge, ähnlich wie bei der Pappenerzeugung, auf Holländern und Pappenmaschinen unter Wasserzusatz verarbeitet. Die so erzeugten Platten werden noch im weichen Zustande zugeschnitten und mit etwa 400 kg/cm² gepreßt.

Farbe: weißgrau (Naturfarbe), blaugrau, rot und braun.

Form: Quadratisch, rechteckig, rhombisch.

Dicke: 3,9 mm, zulässige Abweichung ± 6%.

Biegefestigkeit: 300 kg/cm² bei Erprobung eines diagonal aus der Platte herausgeschnittenen Streifens.

Wasseraufnahme: Bei 90 bis 100° C getrocknete Platten nach siebentägiger Wasserlagerung nicht mehr als 15% des Trockengewichtes.

Wasserdurchlässigkeit: Eine 250 mm hohe Wassersäule von 35 mm Durchmesser darf nach 36stündiger Einwirkung keine Tropfenbildung auf der Unterseite der Platte zeigen.

Frostbeständigkeit: Durch Frosteinfluß sollen weder Risse noch Absplitterungen an den Platten entstehen.

Feuerbeständigkeit: Der Begriffsbestimmung entsprechend darf Asbestzementschiefer nur unverbrennbare Bestandteile enthalten.

Gewicht: 1900 bis 2200 kg/m³.

Handelsgebräuche: Der Versand erfolgt in offenen Bahnwagen, unverpackt, geschlichtet.

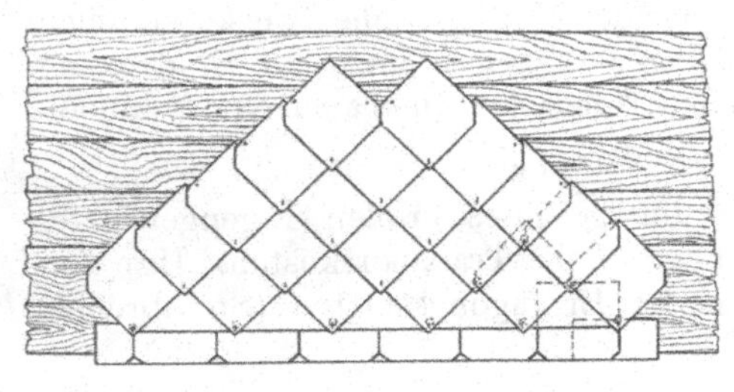

Abb. 8. Französische Schablonen mit überhängenden Spitzen

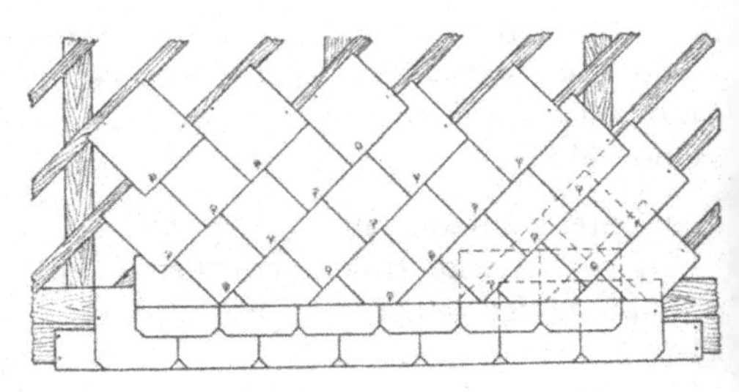

Abb. 9. Deutsche Deckung mit Quadratschablonen

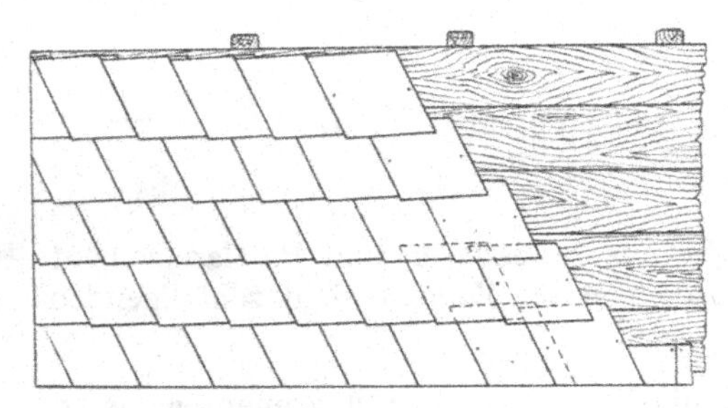

Abb. 10. Deutsche Deckung mit Rhombusschablonen

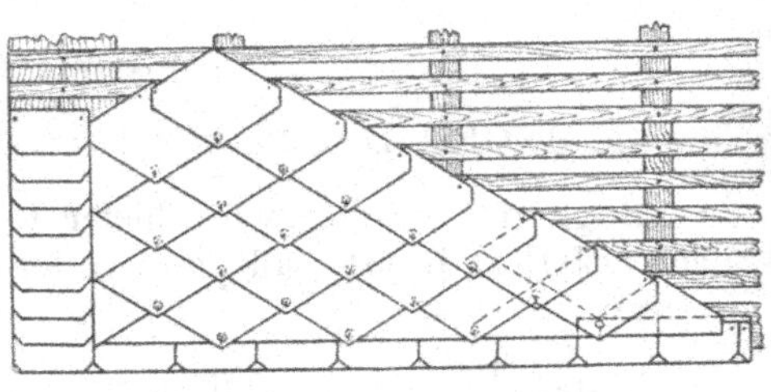

Abb. 11. Französische Deckung mit Rhombusschablonen

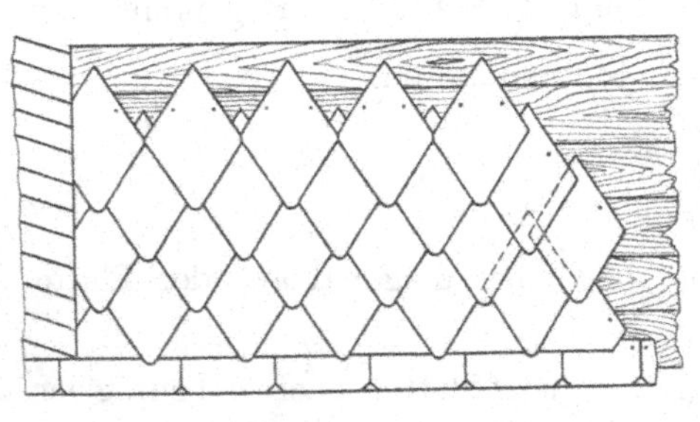

Abb. 12. Deckung mit spitzwinkeligen Schablonen

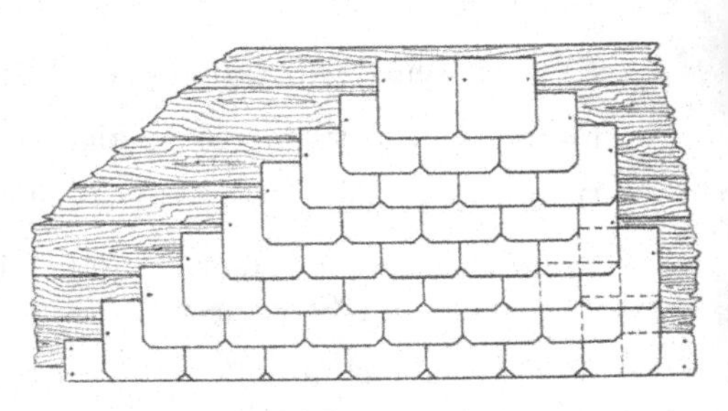

Abb. 13. Doppelte Deckung mit Quadratsteinen

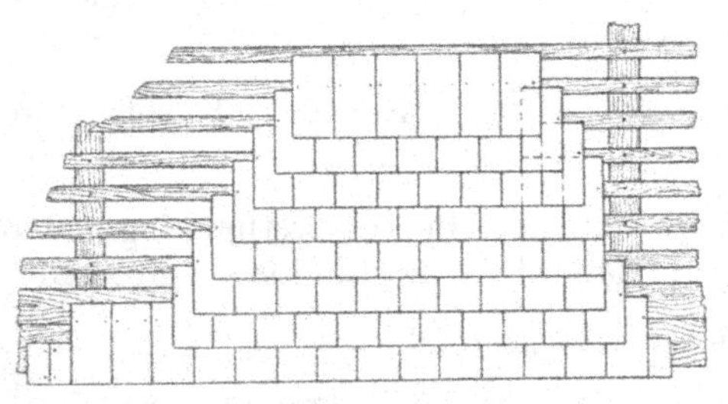

Abb. 14. Doppelte Deckung mit Rechtecksteinen

Einfache Deckung auf Lattung oder Schalung

Art der Deckung	Schieferformat	Gewicht per 100 Stück	Übergriff	Lattenentfernung	Bedarf per m² (Erdgeschoß) Schiefer	Nägel	Klammern	Schieferdeckerarbeit	Hilfsarbeiter	Anmerkung
	cm	kg	cm		Stück			Stunden		
Französische Schablonen mit überhängenden Spitzen	30/30	75	7	15,5	18,9	38	18,9	0,18	0,36	Gebräuchlichste Art der Deckung. Überhängende Spitzen = 1 cm
			8	14,8	20,7	42	20,7			
			9	14,1	22,7	46	22,7			
			10	13,4	25,0	50	25,0			
Abb. 8	40/40	135	7	22,6	9,2	19	9,2	0,16	0,32	Sturmklammern in der Mitte unten
			8	22	9,8	20	9,8			
			9	21,2	10,4	21	10,4			
			10	20,5	11,1	23	11,1			
Französische Schablonen ohne überhängende Spitzen	30/30	75	7	16,2	18,9	38	18,9	0,18	0,36	Sturmklammern in der Mitte unten
			8	15,5	20,7	42	20,7			
			9	14,8	22,7	46	22,7			
			10	14,1	25,0	50	25,0			
	40/40	135	7	23,3	9,2	19	9,2	0,16	0,32	
			8	22,6	9,8	20	9,8			
			9	22	10,4	21	10,4			
			10	21,2	11,1	23	11,1			
Deutsche Deckung mit Quadratschablonen	30/30	78	7	23	18,9	38	18,9	0,18	0,36	Diese Deckungsart wird seltener angewendet
			8	22	20,7	42	20,7			
			9	21	22,7	46	22,7			
			10	20	25,0	50	25,0			
Abb. 9	40/40	140	7	33	9,2	19	9,2	0,16	0,32	Sturmklammern seitlich unten
			8	32	9,8	20	9,8			
			9	31	10,4	21	10,4			
			10	30	11,1	23	11,1			
Deutsche Deckung mit Rhombusschablonen	30/33,4	88	7	23	17,0	34	17,0	0,18	0,36	Die Anbringung von Sturmklammern kann wegen der engen Nagelung in vielen Fällen entfallen
			8	22	18,6	37	18,6			
			9	21	20,4	41	20,4			
			10	20	22,5	45	22,5			
Abb. 10	40/44,5	155	7	33	8,3	17	8,3	0,16	0,32	
			8	32	8,8	18	8,8			
			9	31	9,4	19	9,4			
			10	30	10,0	20	10,0			
Französische Deckung mit Rhombusschablonen	30/33,4	84	7	12,8	17,1	35	17,1	0,18	0,36	
			8	12,2	18,7	38	18,7			
			9	11,6	20,5	41	20,5			
			10	11,1	22,6	45	22,6			
Abb. 11	40/44,5	152	7	18,7	8,3	17	8,3	0,16	0,32	
			8	18,1	8,8	18	8,8			
			9	17,5	9,4	19	9,4			
			10	17	10,0	20	10,0			
Deckung mit spitzwinkeligen Schablonen	30/33,4	84	7	19,6	17,2	35	17,2	0,20	0,40	
			8	18,6	18,8	38	18,8			
			9	17,7	20,6	42	20,6			
			10	16,8	22,8	46	22,8			
Abb. 12	40/44,5	152	7	28,6	8,3	17	8,3	0,18	0,36	
			8	27,6	8,9	18	8,9			
			9	26,7	9,4	19	9,4			
			10	25,7	10,0	20	10,0			

Bedarf für Innenverstrich 1/2 der Naturschiefereindeckung.

Doppelte Deckung auf Lattung oder Schalung

Art der Deckung	Schieferformat	Gewicht per 100 Stück	Übergriff	Lattenentfernung	Bedarf per m² Schiefer	Nägel	Klammern	Schieferdeckerarbeit	Hilfsarbeiter
	cm	kg	cm		Stück			Stunden	
Mit Quadratschiefer	30/30	78	5	12,5	26,7	54	—	0,20	0,40
			6	12	27,8	56	27,8		
			7	11,5	29,0	58	29,0		
			8	11	30,3	61	30,3		
Abb. 13	40/40	140	5	17,5	14,3	29	14,3	0,18	0,36
			6	17	14,7	30	14,0		
			7	16,5	15,2	31	15,2		
			8	16	15,6	32	15,6		
Mit Rechteckschiefer	15/30	39	5	12,5	53,3	107	—	0,35	0,70
			6	12	55,6	112	—		
			7	11,5	58,0	116	—		
			8	11	60,6	121	—		
Abb. 14	20/40	70	5	17,5	28,6	58	28,6	0,20	0,40
			6	17	29,4	59	29,4		
			7	16,5	30,3	61	30,3		
			8	16	31,3	63	31,3		

Stockwerkszuschlag für einfache und doppelte Deckung beträgt 0,05 Hilfsarbeiterstunden. Bei Eindeckung auf Schalung ist eine Dachpappeunterlage anzuordnen. Bedarf für Innenverstrich = ½ jenes der Naturschiefereindeckung.

C. Dachpappedeckungen

Abschnitte C bis E laut Mitteilung der Teerag A. G., Bauabteilung Asdag, Wien

1. Einfache Deckung auf Holzschalung mit normaler Neigung (rund 20⁰) samt einmaligem heißen Dachlackanstrich, mit echter Haderndachpappe.

Nr.[1]	Preis in Schilling per m² schlicht ohne Leisten	im Leistensystem überkappt	Anmerkung
100	2,00	2,40	[1]) Die Nummer einer Dachpappe gibt die Anzahl der m² an, die 50 kg Hadern-Rohpappe entsprechen.
90	2,20	2,60	
80	2,40	2,80	

Bei Neigungen über 25⁰ Aufschlag 5%.

2. Doppeldeckung mit zwei Lagen echter Haderndachpappe auf Holzschalung mit normaler Neigung (rund 20⁰), die erste Lage auf die Schalung genagelt, die zweite mit der ersten durch eine Schichte heißer Klebemasse verbunden, die obere Lage mit einem heißen Dachlackanstrich versehen.

Dachpappelagen untere	obere	Nr.	Preis in Schilling per m² schlicht ohne Leisten	auf Leisten überkappt
1	1	120	3,80	4,20
1	—	120	3,90	4,30
—	1	100		

Dachpappelagen		Nr.	Preis in Schilling per m²	
untere	obere		schlicht ohne Leisten	auf Leisten überkappt
1 —	— 1	120 90	4,00	4,40
1 —	— 1	120 80	4,10	4,50
1	1	100	4,00	4,40
1 —	— 1	100 90	4,30	4,70
1 —	— 1	100 80	4,45	4,85

Bei Neigungen über 25° Aufschlag 5%.

3. Einfache Deckung mit teerfreier Spezialpappe (mehrere Jahre keines Konservierungsanstriches bedürfend) mit verschiedenen Namensbezeichnungen: „Ruberoid", „Hillerit" usw., auf Holzschalung mit normaler Dachneigung (rund 20°),

a) schlicht, mit schrägen, verklebten Nähten, je nach Stärke der Spezialpappe, per m² .... S 2,50 bis 3,00

b) im Leistensystem, die Leisten mit Spezialpappestreifen überkappt, je nach Stärke der Spezialpappe, per m² .... S 3,00 bis 3,40

5% Aufschlag für Eindeckungen über 25° Neigung.

4. Kombinierte Doppeldeckung auf Holzschalung bei normaler Dachneigung (rund 20°), mit einer Lage Dachpappe Nr. 120 und einer daraufgeklebten Lage teerfreier Spezialpappe, je nach Stärke der letzteren,

a) schlicht, mit verklebten Nähten, per m² .... S 4,30 bis 5,20

b) im Leistensystem, die Leisten mit Spezialpappestreifen überkappt, je nach Stärke der Spezialpappe, per m² .... S 4,80 bis 5,70

c) mit einer unteren Lage Nr. 100 schlicht gedeckt, per m² „ 4,50 „ 5,40

d) mit einer unteren Lage Nr. 100, auf Leisten, per m² .. „ 5,00 „ 5,90

5% Aufschlag für Eindeckungen über 25° Neigung.

Bei allen Doppeldeckungen auf Beton, geklebt, bei einem Gefälle von maximal 8 bis 10 cm pro m, Aufschlag per m² .... S 0,50

5. Dublierung von bestehenden alten Dächern mit einer Lage neuer Dachpappe bei normaler Dachneigung (20°).

Ausführung	Eine Lage Dachpappe Nr.	Preis in S per m²		Anmerkung
		geklebt	nur genagelt	
Auf alte Leistendeckung bei Belassung der alten Leisten, jedoch Erneuerung der Kappstreifen	120 100 90 80	3,10 3,25 3,25 3,50	2,80 2,95 3,05 3,20	Wenn die alten Leisten ausgeschnitten und durch aufgeklebte Streifen von 20 bis 25 cm Breite ersetzt werden, Aufschlag von S 1,0 bis 1,2 per m²
Auf alte Schlichtdeckung wieder schlicht ohne Leisten	120 100 90 80	2,95 3,10 3,20 3,35	2,65 2,80 2,90 3,05	

Bei Verwendung von teerfreier Spezialpappe statt Schwarzpappe erhöhen sich die Preise für sämtliche Dublierungen je nach der Stärke der verwendeten Spezialpappe, per m² um *S 0,80 bis 1,20.*

6. Reparaturen schadhafter Dachpappe- und Spezialpappedächer in Regie:

1 m² Dachpappe Nr. 80 ...... S 1,25
1 „ „ „ 90 ...... „ 1,15
1 „ „ „ 100 ..... „ 1,05
1 „ „ „ 120 ..... „ 0,90
1 „ teerfreie Spezialpappe, je nach der Stärke ... S 1,50 bis 2,20
1 kg Klebemasse .... S 0,33
1 m Dreikantleisten .... „ 0,20
1 „ Kappstreifen aus Schwarzpappe .... „ 0,12
1 m Kappstreifen aus teerfreier Spezialpappe .... „ 0,20
1 kg Dachpappenstifte .... „ 1,20
1 kg Spezialdachpappenstifte mit besonders großen Köpfen.... S 1,80
1 kg Leistennägel .... „ 0,80
1 „ kalt verwendbare Spezialklebemasse .... „ 1,50
1 kg Xerotonkitt (auch für Isolierzwecke verwendbar) ... „ 3,00
1 kg Antimador (auch für Isolierzwecke verwendbar)........ „ 2,00
1 kg Xeroton-Anstrichmasse ... „ 3,00
1 „ Pietrafitlack, kalt verwendbar .... „ 0,45

7. Wandverkleidungen mit Dachpappe und teerfreier Spezialpappe, auf Holzschalung, ohne Lieferung und Anbringumg von Fugendeckleisten, ohne Anstrich, mit einer Lage Dachpappe.

Dachpappe Nr.	Preis in Schilling per m²	
	1 m breite vertikale Bahnen	50 cm breite horizontale Bahnen
120	2,00	2,40
100	2,10	2,55
90	2,20	2,65
80	2,30	2,80
Teerfreie Dachpappe, je nach Stärke	2,80—3,30	3,50—4,00

8. Konservierungsanstriche von Dachpappe- und Spezialpappedächern: Die Preise schwanken je nach Beschaffenheit der alten Dachpappedeckung.

a) Mit heißem Teerlack, per m² .... S 0,35 bis 0,40
b) mit kaltem Pietrafitlack, per m² .... „ 0,32 „ 0,38
c) mit Xeroton A (längere Haltbarkeit gewährleistet) ..... „ 1,50 „ 2,00
d) mit einem Gemisch von 50% Teerdachlack und 50% Holzzementmasse, per m² .... „ 0,50 „ 0,70

Bei Dächern mit über 25% Neigung erfolgt ein Preisaufschlag von 5%.

D. Holzzementbedachungen

1. Bestehend aus einer Lage Unterlagsdachpappe, drei Lagen Holzzementpapier, vier Schichten heißer Holzzementmasse, 3 cm lehmigem Sand, 5 cm walnußgroßem Rundschotter (Dachneigung 6 bis 10 cm per 1 m),

a) auf Holzschalung, per m² .... S 7,00
b) „ vorgerichteter Betondecke, per m² .... „ 8,00

Falls das Beschüttungsmaterial bauseits beigestellt wird, kommt ein Preisabschlag per m² von .... S 0,60 in Betracht.

Bei Holzzementbedachungen auf Beton kommen statt vier Schichten, fünf Schichten Holzzementmasse zur Verwendung.

Die Preise gelten für Parterreobjekte; Zuschlag per Stockwerksmehrhöhe auf Holzschalung *S 0,20* per m², und auf Beton *S 0,25* per m².

2. Holzzementdach-Rekonstruktion: Beiseiteräumen der Beschüttung, Reinigen der Dachhaut, Aufkleben einer Lage Dachpappe samt sattem Deckstrich, Wiederauftragen und Planieren des vorher durchgeworfenen Beschüttungsmaterials (eventuell nötige Ergänzung desselben ist separat je nach der erforderlichen Menge zu vergüten), per m² *S 4,50* bis *5,00* je nach Größe.

E. Preßkiesbedachungen auf Schalung

bestehend aus zwei bis drei Lagen Dachpappe, durch heiße Klebeschichten miteinander verbunden, die oberste Lage mit einem satten Asphaltanstrich versehen, in welchen Preßkies eingebettet wird. (Dachneigung wie bei Holzzementdächern.)

Anzahl der Dachpappelagen	Nr.	Preis in S per m²	Erhöhung in S per m² bei einer weiteren Lage
2	120	5,7	2,50
2	100	6,0	2,70
2	90	6,2	2,85
2	80	6,5	3,00
1 1	120 100	5,90	— —
1 1	120 90	6,00	— —
1 1	120 80	6,90	— —

Preßkiesdächer auf Beton erhöhen sich, bedingt durch die Aufklebung der ersten Dachpappelage auf die Betondecke, um je *S 0,65* per m². Die Preise für Preßkiesdächer gelten für Parterreobjekte. Stockwerksaufschlag per m² und Stockwerk auf Schalung *S 0,25*, auf Beton *S 0,30*. Bei bauseitiger Beistellung des Preßkieses kommt ein Preisabschlag von *S 0,40* per m² in Betracht.

Spenglerarbeiten

Bearbeitet von der Firma A. R. Bergmann & Co., Bauunternehmung, Wien

Materialpreise

(im Kleinhandel)

Lötzinn, per kg .... S 5,00
Salzsäure, „ „ .... „ 1,00
Holzkohle, „ „ .... „ 0,20
Mauerhaken, 70 mm lang, per 100 Stück .... S 1,80
Schmiedeeiserne Nägel (500 Stück), per kg .... „ 4,75

Nieten, Größe	0	1	2	3
Preis per 100 Stück S	0,60	0,83	1,11	1,39

Rinnenhaken für:

		verzinkt	unverzinkt
a) Hängerinnen, 33 cm, per Stück	S	1,20	0,80
b) „ 40 „ „ „	„	1,50	1,00
c) „ 50 „ „ „	„	1,80	1,20
d) Saumrinnen, 50 „ „ „	„	1,50	1,00
e) „ 65 „ „ „	„	1,80	1,10
Rohrschellen, per Stück	„	1,50	0;85
Rohrhaken, „ „	„	0,80	0,50
Nägel, per kg	„	2,50	0,80

Eine Gehilfenstunde *S 1,39*, eine Handlangerstunde *S 0,90.*

Das Verhältnis zwischen Material und Lohn schwankt, je nach den Blechnummern, zwischen **75:25** bis **90:10**.

Zinkbleche. Gebräuchliche Formate: 0,65 × 2,00, 0,80 × 2,00, 1,00 × 2,00, 1,00 × 2,50 m.

Nr.	Stärke	Gewicht per m²	Grundpreis ab Lager per 100 kg S 207,50	Bezugspreis per m²	Nr.	Stärke	Gewicht per m²	Grundpreis ab Lager per 100 kg S 207,50	Bezugspreis per m²
	mm	kg	Aufschläge S	S		mm	kg	Aufschläge S	S
1	0,10	0,70	90,00	2,08	14	0,82	5,74	aufschlagfrei	11,91
2	0,143	1,00	45,00	2,53	15	0,95	6,65	„	13,80
3	0,186	1,30	30,00	3,09	16	1,08	7,56	„	15,69
4	0,228	1,60	20,00	3,64	17	1,21	8,47	„	17,58
5	0,25	1,75	15,00	3,89	18	1,34	9,38	„	19,46
6	0,30	2,10	10,00	4,57	19	1,47	10,29	„	21,35
7	0,35	2,45	8,00	5,28	20	1,60	11,20	„	23,24
8	0,40	2,80	4,00	5,92	21	1,78	12,46	„	25,85
9	0,45	3,15	2,00	6,60	22	1,96	13,72	„	28,47
10	0,50	3,50	1,50	7,31	23	2,14	14,98	„	31,08
11	0,58	4,06	0,50	8,44	24	2,32	16,24	„	33,70
12	0,66	4,62	aufschlagfrei	9,59	25	2,50	17,50	„	36,31
13	0,74	5,18	„	10,75	26	2,68	18,76	„	38,93

Für Bauspenglerarbeiten werden hauptsächlich die Nummern 11 bis 15 verwendet. Die Nummern 14 und 15 sind vorwiegend Rinnenbleche.

Verzinkte Eisenbleche.

Breite	Länge	Stärke	Gewicht per m²	Grundpreis ab Lager per 100 kg S 68,15	Bezugspreis per m²
mm			kg	Aufschläge %	S
1000	2000	0,44	3,52	70	4,08
1000	2000	0,45—0,49	3,60—3,92	65	4,05—4,41
1000	2000	0,50—0,54	4,00—4,32	60	4,37—4,70
1000	2000	0,55—0,59	4,40—4,72	55	4,65—4,99
1000	2000	0,60—0,64	4,80—5,12	50	4,91—5,24
1000	2000	0,65—0,74	5,20—5,92	45	5,13—5,84
1000	2000	0,75—0,79	6,00—6,32	42	5,81—6,12
1000	2000	0,80—0,89	6,40—7,12	38	6,02—6,69
1000	2000	0,90—0,99	7,20—7,92	35	6,62—7,39

Breite	Länge	Stärke	Gewicht per m²	Grundpreis ab Lager per 100 kg S 68,15	Bezugspreis per m²
mm			kg	Aufschläge %	S
1000	2000	1,00—1,24	8,00— 9,92	28	7,09— 8,65
1000	2000	1,25—1,49	10,00—11,92	24	8,46—10,07
1000	2000	1,50—1,74	12,00—13,92	22	10,10—11,58
1000	2000	1,75—2,50	14,00—20,00	20	11,45—16,35
1000	2000	über 2,50	—	18	—
650	1000	0,44	3,52	68	4,03
650	1000	0,46	3,68	66	4,17
650	1000	0,48	3,84	64	4,30
650	1000	0,51	4,08	55	4,30
650	1000	0,53	4,24	55	4,48
650	1000	0,60	4,80	50	4,91
650	1000	0,69	5,52	45	5,45
650	1000	0,80	6,40	38	6,02
650	1000	0,96	7,68	35	6,96
800	1600	0,49	3,92	65	4,41
800	1600	0,54	4,32	60	4,70
800	1600	0,61	4,88	50	5,00
400	2000	0,55	4,40	60	4,80
500	2000	0,55	4,40	60	4,80
600	2000	0,55	4,40	60	4,80
650	2000	0,55	4,40	55	4,65
700	2000	0,55	4,40	55	4,65
800	2000	0,55	4,40	55	4,65

Schwarz- oder Sturzbleche. Gebräuchliche Formate in mm: 1000 × 2000, 650 × 1000.

Stärke	Gewicht per m²	Grundpreis ab Lager per 100 kg S 51,00	Bezugspreis per m²
mm	kg	Aufschläge %	S
0,30	2,40	75	2,14
0,35	2,80	70	3,43
0,40—0,44	3,20— 3,52	60	2,61— 2,88
0,45—0,49	3,60— 3,92	55	2,85— 3,10
0,50—0,54	4,00— 4,32	45	2,96— 3,19
0,55—0,59	4,40— 4,72	40	3,14— 3,37
0,60—0,64	4,80— 5,12	35	3,31— 3,52
0,65—0,74	5,20— 5,92	30	3,45— 3,93
0,75—0,89	6,00— 7,12	25	3,83— 4,54
0,90—0,99	7,20— 7,92	20	4,40— 4,85
1,00—1,24	8,00— 9,92	15	4,69— 5,82
1,25—1,49	10,00—11,92	10	5,61— 6,69
1,50—1,99	12,00—15,92	8	6,61— 8,77
2,00—2,49	16,00—19,92	5	8,57—10,67

Weißbleche, Kupfer- und Bleibleche, die für Bauspenglerarbeiten selten und nur für spezielle Zwecke Verwendung finden, wurden bei den nachstehenden Kostenermittlungen nicht berücksichtigt.

Dacheindeckungen werden in der geeigneten Fläche gemessen. Leisten und Falze bleiben hiebei unberücksichtigt, jedoch werden Saumbleche und Saumstreifen separat berechnet. Öffnungen über 2 m² sind abzuziehen.

Für die in untenstehenden Ansätzen erforderlichen Bleche sind Preise nach Wahl der Stärke oder Nummer den vorstehenden Tabellen zu entnehmen[1]).

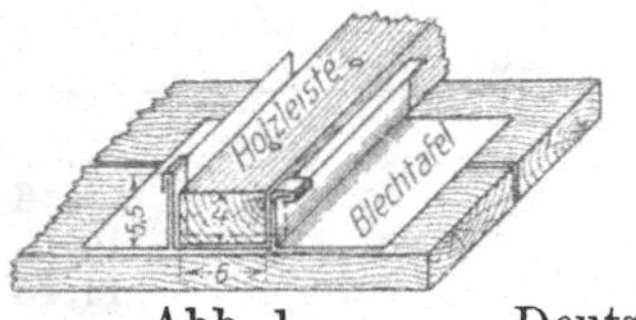

Abb. 1 Deutsche Leisten Abb. 1a

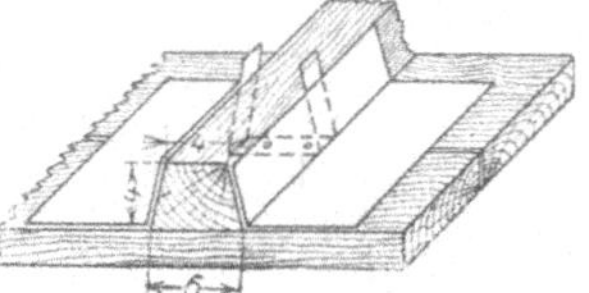

Abb. 2 Französische Leisten Abb. 2a

1. Eindeckungen nach deutschem, Abb. 1 und 1a, oder französischem, Abb. 2 u. 2a, Leistensystem per m² (Leisten sind separat zu rechnen).

Erfordernis für fertige Eindeckung per m²	Zinkblech	Verz. Eisenblech
Blech .... m²	1,22	1,22
Haftbleche ...... m²	0,06	0,06
Verz. Nägel ..... kg	0,04	0,05
Lötzinn .... kg	0,10	0,10
Salzsäure usw. ... kg	0,02	0,02
Holzkohle .... kg	1,00	1,00
Gehilfenstunden	1,00	1,00

2. Eindeckung mit Stehfalz per m².

Erfordernis für fertige Eindeckung per m²	Zinkblech	Verz. Eisenblech	Schwarzblech (ohne Anstrich)
Blech .... m²	1,15	1,15	1,15
Haftbleche ...... m²	0,06	0,06	0,06
Verz. Nägel ...... kg	0,02	0,02	0,02
Lötzinn .... kg	0,03	—	—
Salzsäure usw. ... kg	0,02	—	—
Holzkohle .... kg	0,05	—	—
Gehilfenstunden	1,50	1,50	1,50

3. Eindeckung mit Wellblech auf Eisengerippe per m².

Erfordernis für fertige Eindeckung per m²	Verz. Eisenblech bzw. Schwarzblech (Anstrich ist besonders zu rechnen)
Blech .... m²	1,20
Haftspangen .... St.	2
Nieten .... St.	25
Gehilfenstunden	1,00
Handlangerstunden	1,00

Zu erwähnen sind noch die Eindeckungen mit Wellenschiefer, Pfannenblechen, verzinkten und emaillierten Formblechen verschiedener Systeme.

Dachixen, Dach- und Giebelsäume, Abb. 3, werden in der Breite nach dem Umbug, in der Länge ohne Aufwicklung der Falze durchgemessen.

Erfordernis für die fertige Arbeit per m²	Zinkblech	Verz. Eisenblech
Blech s. Haftblechen . m²	1,08	1,08
Nägel .... kg	0,02	0,02
Lötzinn .... kg	0,02	0,01
Salzsäure .... kg	0,02	0,01
Holzkohle .... kg	0,50	0,20
Gehilfenstunden	1,50	1,50

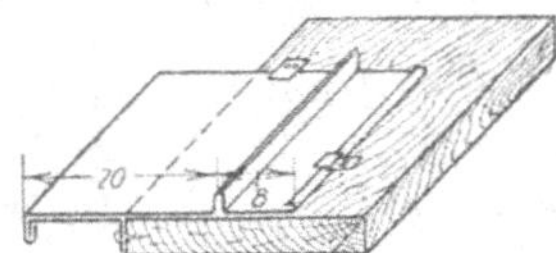

Abb. 3. Giebelsaum

[1]) Zu den ermittelten Kosten kommt noch ein entsprechender Zuschlag für soziale Abgaben und für Betriebsspesen.

Kamineinfassungen, Wandixen-Maueranschlüsse mit Putzleisten, Abb. 4, die Breite aufgewickelt, die Länge durchgemessen.

Erfordernis für die fertige Arbeit per m²	Zinkblech	Verz. Eisenblech	Anmerkung
Blech samt Haftblechen .... m²	1,10	1,10	Unter 35 cm Breite kommt ein Aufschlag von 15% zu den Gehilfenstunden
Nägel .... kg	0,02	0,02	
Mauerhaken ..... St.	10	10	
Lötzinn .... kg	0,20	0,20	
Salzsäure .... kg	0,02	0,02	
Holzkohle .... kg	0,50	0,50	
Nieten .... St.	—	24	
Gehilfenstunden.....	1,50	1,50	

Mulden-(Zwuzel) oder Zwischenrinnen, Kasten- und Attikarinnen, die Breite aufgewickelt, die Länge durchgemessen.

Erfordernis für die fertige Arbeit per m²	Zinkblech	Verz. Eisenblech
Blech .... m²	1,10	1,10
Nägel............. kg	0,02	0,02
Lötzinn .... kg	0,15	0,20
Salzsäure .... kg	0,15	0,15
Holzkohle .... kg	5,00	5,00
Nieten .... St.	—	15
Gehilfenstunden	1,50	1,50

Feuermauer- und Brandmauerabdeckungen, Abb. 5 und 6, **First- und Gratbleche,** die Breite aufgewickelt, die Länge durchgemessen.

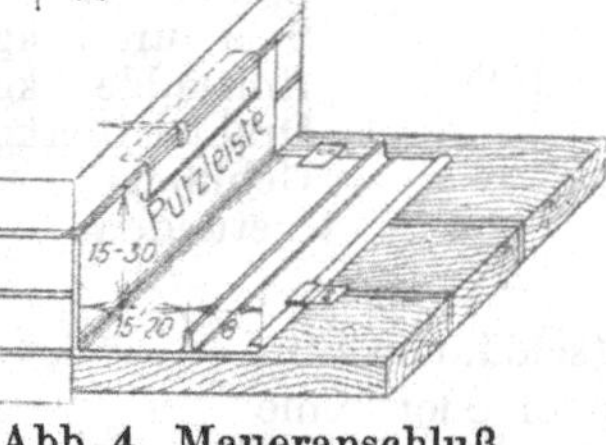

Abb. 4. Maueranschluß

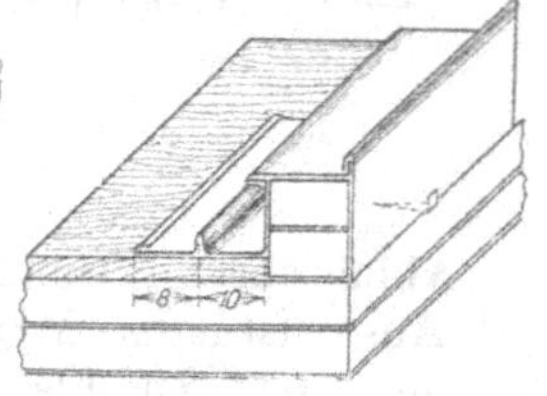

Abb. 5 Feuermauerabdeckung

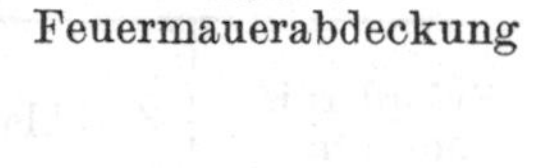

Erfordernis für die fertige Arbeit per m²	Feuer- und Brandmauerabdeckungen		First- und Gratbleche, 25 und 33 cm breit	
	Zinkblech	verz. Eisenblech	verz. Eisenblech	
Blech samt Haftblechen .. m²	1,10	1,10	1,05	Übergriffe in der Längsrichtung werden nicht gemessen
Kreuznägel .... St.	—	—	6—8	
Splinten .... St.	3—5	3—5	—	
Nägel .... kg	0,02	0,02	—	
Nieten .... St.	—	10	—	
Lötzinn .... kg	0,10	0,05	—	
Salzsäure .... kg	0,10	0,05	—	
Holzkohle .... kg	2,00	2,00	—	
Gehilfenstunden	1,50	1,50	0,15—0,20	

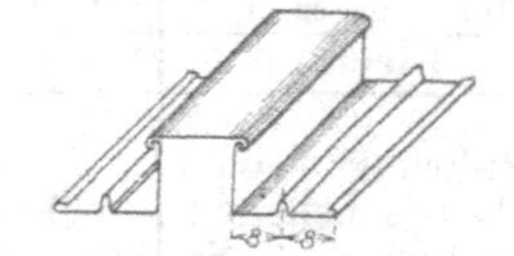

Abb. 6 Brandmauerabdeckung

Gesimsabdeckungen (geschweift und rund bis zu 50 % Aufzahlung).

Erfordernis für die fertige Arbeit per m²	Zinkblech	Verz. Eisenblech
Blech s. Haftblechen . m²	1,15	1,08—1,15
Nägel .... kg	0,02	0,02
Drahtsplinten .... St.	8—10	8—10
Lötzinn .... kg	0,10	0,10
Salzsäure .... kg	0,10	0,10
Holzkohle .... kg	2,00	2,00
Nieten .... St.	—	16—20
Gehilfenstunden	1,50	1,50

Fenstersohlbänke und Fensterverdachungen, die Breite aufgewickelt, die Länge durchmessen.

Erfordernis für die fertige Arbeit per m²	Zinkblech	Verz. Eisenblech
Blech .... m²	1,10—1,15	
Nägel .... kg	0,02	0,02
Drahtsplinten .... St.	8—10	8—10
Lötzinn .... kg	0,10	0,10
Salzsäure .... kg	0,10	0,10
Nieten .... St.	—	16—20
Holzkohle .... kg	2,00	2,00
Gehilfenstunden	1,50	1,50

Kiesleisten, Saum- und Saumstreifen für Holzzementdächer, per Lfm.

Erfordernis für die fertige Arbeit per Lfm.	Kiesleiste 10 cm hoch	Saum 25 cm breit	Saumstreifen 15 cm breit
Zinkblech . m²	0,20	0,30	—
Verz. Eisenblech .... m²	—	—	0,15
Lötzinn ... kg	0,15	0,01	—
Salzsäure .. kg	0,03	0,01	—
Holzkohle.. kg	4—5	0,12	—
Nägel...... St.	—	—	6
Gehilfenstunden	1,20	0,40	0,20

Hängerinnen und Saumrinnen, im Umbug gemessen, Vorköpfe werden separat berechnet.

Erfordernis für die fertige Arbeit per m²	Hängerinnen				Saumrinnen	
	Zinkblech	Verz. Eisenblech	Zinkblech	Verz. Eisenblech	Verz. Eisenblech	
Im Umbuge weit cm	33 u. 40		50		50	65
Blech ..... m²	1,05	1,05	1,05	1,05	1,05	1,05
Rinnenhaken ... St.	3	3	2	2	2	2
Schmiedeiserne Nägel ... St.	6	6	4	4	4	4
Nieten..... St.	—	30	—	30	30	30
Lötzinn.... kg	0,25	0,25	0,25	0,25	0,50	0,50
Salzsäure .. kg	0,25	0,25	0,25	0,25	0,25	0,25
Holzkohle . kg	5,00	5,00	5,00	5,00	5,00	5,00
Drahtstiften kg	—	—	—	—	0,03	0,03
Gehilfenstunden	2,50—3,00		2,00	2,00	2,50	2,00

Abfallrohre und Dunstschläuche, Ein- und Auslaufstutzen, Winkel oder Knie sind mit 50% Zuschlag zur Länge zu berechnen.

Erfordernis per Lfm.	Zinkblech			Verz. Eisenblech		
Durchmesser in cm	10	12	15	10	12	15
Blech m²	0,33	0,40	0,50	0,33	0,40	0,50
Rohrhaken oder Rohrschellen St.	1			1		
Nieten ...... St.	—			10		
Lötzinn ..... kg	0,10			0,14		
Salzsäure ... kg	0,05			0,05		
Holzkohle ... kg	0,25			0,25		
Gehilfenstunden	2,50			2,50		

Bodenrinnen mit Blech auskleiden.

Erfordernis für die fertige Arbeit per m²	Zinkblech
Blech .... m²	1,10
Nägel.............. kg	0,03
Lötzinn .... kg	0,50
Salzsäure .... kg	0,35
Holzkohle........... kg	4
Gehilfenstunden........	1,50

Kunststeinindustrie

Laut Mitteilung der Firma A. R. Bergmann & Co., Bauunternehmung in Wien

Allgemeines

Asbestschiefer (Kunstschiefer), siehe ÖNORM B 3421 unter Dachdeckerarbeiten, wird zu Dachdeckungen, Wandverkleidungen, Isolierungen, Kanal- und Dunstrohren sowie auch zu Tür- und Lambriefüllungen verwendet.

Gipskunststeine; Gipsdielen, 2 bis 8 cm stark, 1 bis 2 m lang, 25 bis 40 cm breit, bestehen aus einer Mischung von Gips, Kalk und einem geringen Zusatz von Leim und werden mit und ohne Hohlräume hergestellt. Häufig werden auch Einlagen von Schilfrohr oder dünnen Holzstäbchen verwendet. Durch Beimengung von Kokosfasern erhält man Kokolithplatten. Spreutafeln erhalten zur Gewichtsverminderung eine Beimengung von Spreu (aus gedroschenem Stroh), Kuhhaaren, Federn, Kork oder Holzwolle sowie Sägespänen (A. T.-Platten).

Die 5 bis 8 cm starken Platten verwendet man zumeist für Scheidewände, die schwächeren zur Verkleidung von Decken und Wänden.

Gipsschlackenplatten, 5 bis 8 cm stark, werden wie Gipsdielen, jedoch mit Kohlenschlacke als Zuschlagstoff, erzeugt und dienen hauptsächlich zur Herstellung von Zwischenwänden. Dem gleichen Zwecke dienen auch die in gleicher Weise hergestellten Gipsschlackensteine.

Kunstmarmor wird aus verschieden gefärbter Gipsmasse, mit Leimwasser angemacht, 1 bis $1^1/_2$ cm stark hergestellt. Untergrund aus gutem Gipsmörtel soll vorher vollkommen trocken sein. Vielfach werden kleine Stückchen von natürlichem Marmor oder auch Messingfeilspäne in die Masse eingedrückt. Nach vollständiger Erhärtung der farbigen Oberschichte hobelt man die Fläche glatt. Sodann wird sie geschliffen und poliert.

Stuckolustro, ein aus Marmorpulver, Weißkalk und ungebranntem Gipsstaub hergestellter Mörtel wird gefärbt und hiemit ein Oberputz hergestellt. Auf den noch feuchten Flächen wird durch Bemalen mit feinem Pinsel die Aderung hergestellt. Nach dem Anziehen wird die Fläche mit heißem Eisen gebügelt und mit einer Wachspolitur überzogen.

Heraklith. Holzwolle wird mit geeigneten Bindemitteln (Heraklithmasse und Laugenpulver) zu Platten verarbeitet oder an der Baustelle zwischen Tragkonstruktionen in die Schalung eingebracht und verputzt. Heraklith eignet sich für Außen- und Innenwände, Verkleidungen, Isolierungen usw.

„Kabe"-Bau- und Isoliermaterial (K-B). Begriff: Weißzement aus Diatomeenerde und Kalk mit Füllstoffen unter Dampfdruck gehärtet, wodurch die Füllstoffe gleichzeitig sterilisiert werden. Abmessungen: Größen: 106 × 28 cm; Stärken: 2, 2½, 3, 4, 5 und 6 cm. Raumgewicht: 600 kg per m³. Wärmeleitzahl: 0,11. Druckfestigkeit: 65 bis 85 kg per m². Bearbeitungsfähigkeit wie Holz. Vollständig feuersicher. Bei großen Platten ist eine Spezialarmierung erforderlich. Verwendung wie für Korksteine, ausgenommen Kühlanlageisolierung, weiters zu Umfassungswänden für Wohn- und Nutzbauten, als Unterlage für Steinholzfußböden, zu Tram- und Dachschalungen, für Zellenwände, Transformatorenanlagen.

Kalksandsteine (Kalksandsteinziegel), aus einer Mischung von Weißkalk oder hydraulischem Kalk mit reschem Quarzsand, mittels Ziegelpressen hergestellt, an der Luft getrocknet oder, um eine größere Festigkeit zu erzielen, einem Härteverfahren mittels Dampfdruck ausgesetzt. Kalksandsteinziegel werden wie gewöhnliche Mauerziegel verarbeitet.

Korksteine (ÖNORM B 3411). Begriff: Korksteine sind Platten, die aus Korkschrott (Korkklein) mit Zuhilfenahme eines Bindemittels hergestellt werden. Abmessungen: Größen: 25 × 50, 25 × 100, 50 × 50, 50 × 100 cm; Stärken: 2, 2½, 3, 4, 5, 6, 8, 10, 12 cm. Abweichungen bis ± 2% zulässig. Bindemittel: 1. Für allgemeine Bauzwecke: a) für warme Räume Ton-Pech-Emulsion; b) für nasse und kalte Räume Pech. 2. Für Kühlhaus- und Eishauszwecke: a) Ton-Pech-Emulsion und mit Pech durchtränkt; b) Pech. Bindungen mit Chlormagnesiazusatz, ebenso Emulsionen mit Teer sind unzulässig. Gewicht: Bindung nach a) höchstens 365 kg/m³, nach b) höchstens 250 kg/m³. Wärmeleitung: Als Maß für die Wärmeleitfähigkeit gilt die Wärmeleitzahl, gemessen in $\frac{\text{kcal}}{\text{m} \cdot \text{Std.} \cdot {}^0\text{C}}$. (Abb.)

Unter Wärmeleitzahl wird diejenige Wärmemenge in kcal verstanden, welche durch 1 m² einer 1 m dicken Korksteinwand bei 1° C Temperaturgefälle der beiden Oberflächen in einer Stunde hindurchtritt. Die Wärmeleitzahl bei 0°, 10° und 20° C in Abhängigkeit vom Raumgewicht ist im Mittel durch das nebenstehende Schaubild gegeben: Abweichungen von ± 10% sind zulässig. Angaben der Wärmeleitzahl sind, wenn nichts anderes ausdrücklich bemerkt, auf eine Mitteltemperatur des Korksteines von + 10° C zu beziehen. Die Bestimmung der Wärmeleitzahl erfolgt an Platten von mindestens 50 × 50 cm Größe.

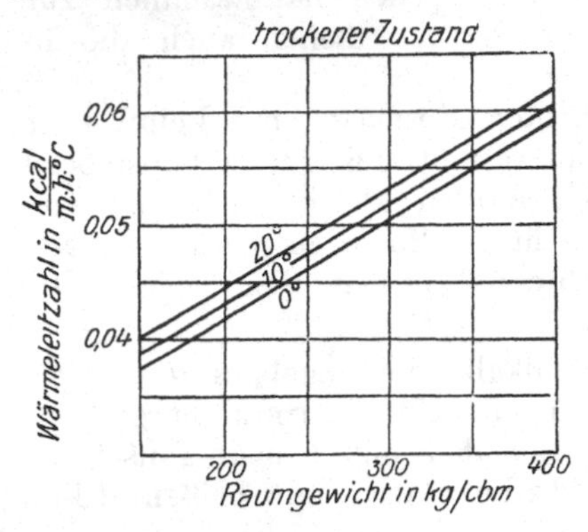

Biegefestigkeit: Mindestens 7 kg/cm² als Mittelwert aus fünf Proben. Geruch: Naphthalin oder Karbolsäure dürfen nicht wahrnehmbar sein. Bruchaussehen: An der Bruchfläche muß vorwiegend gebrochener Kork erscheinen. Wasserbeständigkeit: Korkplatten dürfen auch bei längerer Lagerung im Wasser nicht zerfallen. Durchtränkte und mit Pech gebundene Korkplatten müssen, falls sie für Kühlräume verwendet werden, dieselben Frostproben wie Mauerziegel (ÖNORM B 3201) bestehen. Raumbeständigkeit: Korkstein muß raumbeständig sein. Ein Bahnwagen zu 10 Tonnen faßt:

bei einer Stärke in cm	3	4	5	6	8	10
Platten in m²	850	700	600	490	500	300

Fabrikationsmarken

Korksteine mit Emulsionsbindung „Emulgit", geeignet zur Verwendung in trockenen Räumen und für Außenverkleidung.

Reformkorksteine, mit Pech imprägniertes Material (Reform), werden für Räume verwendet, wo dauernd größere Feuchtigkeit vorhanden ist, sowie für Kühlanlagen und Dachschalungen von außen.

Verwendung: Dach und Deckenverkleidung, Trockenlegung feuchter Mauern; Ausbau von Dachwohnungen; freistehende, leichte Zwischenwände; schalldämpfende Baukonstruktionen; Wandverkleidungen; Kühlraum- und Eishausisolierungen; Reservoirisolierungen; Isolierung von Kalt- und Warmwasserleitungen; Dampf- und Kälteleitungen.

Kunstsand- und Kunstkalkstein, aus einem Gemenge von Portlandzement und gemahlenem Kalkstein, Marmorsand, Dolomitsand oder Quarzsand usw., erhält durch kleine Beimengung von Kupfer- oder Magnesiafluat eine große Festigkeit und wird zur Erzeugung von Bildhauerarbeiten, zu Ausbesserungen an verschiedenen Steinmetz- und Bildhauererzeugnissen und zur Herstellung von Kunststeinverputz verwendet.

Kunsttuffsteine für Isolierungen, bestehend aus Gips und Kieselgur, verdünnter Schwefelsäure und fein gemahlenem Kalkstein. Für Isolierzwecke werden auch Isolierplatten und -steine aus Bimssand, Kies und Zement hergestellt.

Schwemmsteine, aus Bimskies und gelöschtem Kalk hergestellt, werden, an der Luft getrocknet, sowohl im Mauerziegelformat als auch in größerem Format erzeugt. Vorzüge: Leichtigkeit und große Isolierfähigkeit.

Schlackenziegel (siehe ÖNORM B 3432), aus gelöschtem Weißkalk oder hydraulischem Kalk und granulierter Hochofenschlacke, werden wie Kalksandsteine erzeugt und ebenso zu allen Mauerungen verwendet. Besondere Vorzüge sind ihre Leichtigkeit und Isolierfähigkeit.

Schlackensteine (siehe ÖNORM B 3432), aus Portlandzement und Kohlenschlacke, werden sowohl im Mauerziegelformat als auch in den verschiedensten Typen der Hohlbausteine erzeugt (in Formen gepreßt).

Stahldrahtbewehrte Betonbretter (Patent Wettstein, Brüx) sind auf besonderem maschinellen Wege erzeugte Tafeln von 0,50 × 2,00 m und 10 bis 40 mm Dicke (andere Größen über Bestellung). Das ein- oder beiderseitige Netz dünner Stahldrähte (0,4 bis 0,8 mm) wird bis zur Erhärtung des aus hochwertigem Zement bestehenden Mischgutes in Vorspannung gehalten. Große Elastizität bei hoher Festigkeit (keine Risse und bleibende Formänderungen); leicht verlegbar wegen geringen Eigengewichtes. Anwendung: Dachdeckungen (direkte Verlegung auf Sparren ohne Lattung). Fußböden, Zwischendecken, Deckenuntersichten, Abteilungswände, Außenverkleidung von Fachwerksgebäuden, Einfriedungen usw.

Preistabelle

Dicke in mm	Gewicht in kg/m²	Größte freie Spannweite in m bei 75	150	250	400	Preis per m² in Kč
		kg Belastung per m²				
30	65	1,70	1,40	1,20	1,05	28,0
25	55	1,60	1,20	1,05	0,95	25,0
20	44	1,50	1,05	0,90	—	22,5
15	33	1,25	1,00	0,80	—	21,0
10	24	1,10	0,90	—	—	19,0

Staußziegelgewebe. Drahtgewebe aus 1 mm Eisendraht und 2 cm Maschenweite mit aufgepreßten, hartgebrannten Kreuzchen aus Ziegelton; ist zugleich Putzträger und Schalung. Formbar, feuerfest, mörtelsparend. Wird fest gespannt und ein- oder beiderseitig auf normale Art mit Zement- oder Gipskalkmörtel verputzt.

Verwendung zu 4 bis 6 cm starken Wänden; Deckenuntersichten ohne Schalung, Voluten und Gesimsen, Betondecken ohne Schalung über Trämen, Eisen- oder Betonträgern; Ummantelung und Verkleidung von Holz und Eisen; Isolierungen und Umfriedungen. Feuerfeste Konstruktion. Lieferung in gerollten Matten von 1 m Breite und 5 m Länge. Gewicht 5 kg/m². *Preis* ab Werk St. Pölten *S 1,80* per 1 m².

Steinholz (Xylolith). Aus einer Mischung von Sägespänen, Magnesit und Chlormagnesium werden Platten für Zwischenwände (Veitscher Bauplatten) erzeugt und durch Beigabe von Talkum fugenlose Fußböden hergestellt.

Terrazzo wird auf 5 bis 10 cm starker Betonunterlage aufgebracht und als fugenloser Fußboden wie Zementmosaikplatten (siehe diese) hergestellt. Werden Friese und ornamentale Flächenmuster eingelegt, so bezeichnet man diese Ausführung als Mosaikterrazzo.

Torfoleumplatten bestehen aus wasserabweisend imprägniertem Torf. Vollkommen geruchlos. Spezifisches Gewicht 0,16, Wärmeleitzahl 0,0332. Dichtes. feinporiges Gefüge. Plattengröße: 50 × 100 cm, Stärke: 2 bis 20 cm.

Zeho-Platten, bestehend aus einer Zement-Holzmischung. Schalldämpfend, wärmehaltend, leicht bearbeitbar, geringes Gewicht.

Zementdielen (Leichtbetonplatten) erhalten als Zuschlagstoffe zum Portlandzement Sand und Bimskies, Sägespäne oder Koks- und Schlackenasche. Das Gewicht wird durch Hohlräume vermindert. Sie erhalten zumeist noch eine Rohr- oder Drahtgeflechteinlage. Verschiedene Systeme sehen für stärkere Platten auf einer Seite eine Eisenbewehrung in Zementbeton, auf der anderen Seite Schlacken- oder Bimsbeton vor.

Zementkunststeine werden gegossen, gestampft oder maschinell gepreßt. Die Größe des Sandkornes ist je nach den Abmessungen der zu erzeugenden Ware verschieden. Bei Verwendung von Schottermaterial bezeichnet man das Erzeugnis als Betonkunststein. Die Oberfläche kann, wenn ein Guß in glatten Formen vorgenommen wurde, naturbelassen, gestockt, chariert, geschliffen oder poliert werden. Durch Zusatz von Erdfarben, besser jedoch durch gemahlenes, buntes Steinmehl, oder durch Beimengung von mehr oder weniger großen Körnern der Natursteine erhält der Kunststein das Aussehen eines Natursteines. Das Anwendungsgebiet ist nahezu unbegrenzt (Bildhauerarbeiten, Bausteine für Voll- und Hohlmauerwerk nach mannigfaltigen Systemen, Treppenstufen, Podestplatten, Bordsteine, Abdeckplatten, Dachziegel, Gesimsstücke, Pflastersteine, Platten und Fliesen, Stalleinrichtungen, Grabsteine, Kanalrohre usw.).

Zementkunststeinfassaden aus Portlandmörtel mit scharfkörnigem Quarz-, Granit- oder Dolomitsand, besser mit gemahlenem Kalkstein oder Marmorsand, dem etwas Magnesiafluat beigegeben werden kann, sind als starke Putzschicht, 4 bis 6 cm stark, wie gewöhnlicher Putz aufzutragen. Dem Mörtel der oberen Feinschicht kann eine Farbe nach Wahl beigemengt werden. Gesimse, Fenster- und Türumrahmungen usw. sind wie bei gewöhnlichem Putz zu ziehen. Vor der vollständigen Erhärtung kann die Fläche gestockt, chariert, eventuell Ornamente eingespitzt werden. Vielfach gelangen auch große, drahtarmierte Platten aus demselben Material zur Verwendung, die am Werkplatz erzeugt, in Zementmörtel an der Fassade versetzt und mit eisernen Pratzen im Mauerwerk befestigt werden. Die Herstellung und Anbringung der Gesimsteile geschieht in gleicher Weise wie das Versetzen der Platten.

Zementmosaikplatten. Kleine Steinchen aus verschiedenfärbigem Marmor, Perlmutter, Porphyr, Syenit oder anderen Natursteinen werden in einen Mörtel aus Portlandzement und Marmorsand gemischt und in Formen gepreßt, nach dem Erhärten mit Sandsteinen geschliffen, eventuell mit Leinöl getränkt und poliert. Durch Eindrücken von buntfarbigen Steinchen in die Mörtelmasse nach vorgezeichnetem Muster erhält man figural oder ornamental gemusterte Platten.

Versetzarbeiten

a) **für Scheidewände,** und zwar aufstellen und beiderseits verputzen. Das Ausmaß wird in der Regel mit 15 cm Hohlkehlen- oder Ixenzuschlag, ohne Abzug der Türöffnungen, ermittelt, jedoch wird für das Versetzen der Stöcke keine besondere Vergütung geleistet. Bei Öffnungen über 4 m² wird das Ausmaß über 4 m² in Abzug gebracht.

Bedarf per m²	Benennung der Platten	Rohrdielen und Gipsschlackenplatten			A-T-Platten			Emulgit-Korksteinplatten	Kabeplatten	Kabedoppelwand	Kabelitplatten	Heraklithplatten [2]			Leichtbetonplatten [1]			Einbruchsichere, bewehrte Betonplatten [1]	
	Verputzart	Gipsmörtelverputz													Zement- oder Gipsmörtelverputz [1]				
	Stärke der Platten in cm	5	7	10	5	7	10	4, 5, 6, 8 u. 10	4, 5, 6,	2½, 3	6, 7	5	7	10	5	7	10	7	10
	Maßgattung																		
Platten	m²	1,05			1,00			1,00	1,00	2,1	1,00	1,07			1,00				
Gips	kg	10	11	12	10	11	12	20	15	16	15	12	13	14	7	7	7	7	7
Leim	kg	0,03	0,03	0,04	0,03	0,03	0,04	0,05	0,04	0,06	0,05	0,04	0,04	0,05	0,03	0,03	0,03	0,03	0,03
Zement	kg	—	—	—	—	—	—	—	—	—	—	—	—	—	2,5	3	4	3	4
Gelöschter Weißkalk	l	5	5,5	6	5	5,5	6	5	5	6	5	6,5	7,0	7,5	7				
Sand	l	15	16	18	15	16	18	20	15	20	15	20	20	21	15	16	18	16	18
Nägel	kg	0,01						0,01	0,01	0,02	0,01	0,01							
Ausgeglühter 2½-mm-Eisendraht u. -klammern	kg [2]	—	—	—	—	—	—	—	—	—	—	0,10			—	—	—	—	—
Rundeisen, Durchm. 5 mm in den Lagerfugen	kg	—	—	—	—	—	—	—	—	—	—	—	—	—	—	—	—	0,65	0,65
Mauerhaken	Stück	—	—	—	—	—	—	—	—	—	—	—	—	—	—	—	—	1—2	1—2
Gipsmaurer	Stunden	1,30	1,35	1,50	1,30	1,35	1,50	1,5	1,5	1,7	1,5	1,45	1,50	1,60	1,50	1,55	1,80	1,65	2,00
Gipshandlanger	Stunden [3]	0,70	0,75	0,90	0,70	0,75	0,90	0,75	0,75	0,85	0,75	0,85	0,90	1,00	0,75	0,80	0,90	0,95	1,20

Anmerkung

[1] Wenn mit verlängertem Zementmörtel verputzt wird, entfällt der Bedarf an Gips und ist hiefür ein Zementverbrauch von 3 kg/m² zu den Tabellenwerten hinzuzurechnen.

[2] Wände unter 2 m Länge können ohne Drahtspannung ausgeführt werden.

[3] Stockwerkszuschlag 10%.

Staußziegelwände, feuerfest, rissefrei. Das Staußziegelgewebe wird an Konstruktionsteilen aus Holz, Eisen oder Beton vertikal frei gespannt und beiderseits in 5 cm Gesamtstärke mit Zement- oder Gipskalkmörtel verputzt.

Verwendung zu Zwischenwänden, Isolierwänden, Schuppen, Garagen usw. Zur Herstellung von Doppelwänden für Wohnbauten wird das tragende Gerippe beiderseitig mit dem Gewebe bespannt und verputzt. Bessere Isolierung durch Ausfüllen der entstehenden Hohlräume mit Torfmull, Schlacken u. dgl.

Bedarf per 1 m² Wand:

1,05 m² Staußziegelgewebe einschließlich Verschnitt.

Befestigunsmaterial hiezu (*S 0,30*),

0,050 m³ feiner Sand,

0,017 „ gelöschter Weißkalk, 10 kg Gips, 1,20 Maurerstunden, 0,60 Helferstunden.	oder	10 kg Portlandzement, 0,005 m³ gelöschter Weißkalk, 1,60 Maurerstunden, 0,80 Helferstunden.

Lohn zu Material = 45 : 55.

b) **Stiegenstufen und Quader** (gemessen wird das tatsächliche Ausmaß).

	Stiegenstufen per Lfm.		Stiegenpodeste per m²	Quader und sonstige Werkstücke per m³
	freitragend	beiderseits aufliegend		
Steinmetzstunden	—	—	—	2
Maurerstunden	2,5	1,5	9	15—20
Handlangerstunden	2,5	1,5	9	20
Frauenstunden	0,15	0,20	0,40	2
Zement kg	2[1])	3[1])	8[1])	35
Sand l	5[1])	6[1])	15[1])	100
Ziegel St.	4[1])	3[1])	10[1])	—
Stockwerkszuschlag zu den Löhnen	10%	10%	20%	20%

[1]) Nur bei Versetzarbeiten im alten Mauerwerk zu rechnen, da bei neuem Mauerwerk das Stufenauflager nicht in Abzug gebracht wird.

c) **Steinholzfußböden** (Xylolith) auf Betonunterlage.

	Doppelbelag 20 mm, 12 mm Unter-, 8 mm Oberschichte	Stampfbelag 20 mm, einschichtig hergestellt (Fabriksboden)	Estrich 15 mm als Unterlage für Linoleum
Magnesit kg	6	7	3
Chlormagnesium „	6	7	3
Unterschichtmasse, weiche Sägespäne und Talkum kg	3,50	6	4
Oberschichtmasse, harte Sägespäne und Talkum kg	2,50	—	—
Oxydfarbe „	0,60	—	—
Legerstunden	0,75—1,00	0,60—0,80	0,50—0,70
Handlangerstunden	0,75—1,00	0,60—0,80	0,50—0,70

Tabelle für Korkstein- und Kabeerzeugnisse

Konstruktion	Stärken in cm	Preis per m² in Schilling für Korkstein Emulgit	Korkstein Reform	Kabe (KB)
Platten allein, ab Fabrik	2	3,30	—	2,20
	2 ½	4,15	—	2,70
	3	4,95	4,80	3,10
	4	6,60	6,40	3,90
	5	8,25	8,00	4,60
	6	9,90	9,60	5,50
	8	13,20	12,80	—
	10	16,50	16,00	—
	12	—	19,20	—
Verkleidungen (Emulgit) samt einseitigem Verputz	2	8,70	—	8,00
	2 ½	9,60	—	8,50
	3	10,35	—	8,90
	4	12,00	—	9,70
Freistehende Wände (Emulgit) samt beiderseitigem Verputz	4	14,60	—	11,30
	5	16,25	—	12,00
	6	17,90	—	13,00
	8	21,20	—	—
Doppelwände, schalldämpfend	2×2	—	—	13,00
	2×2 ½	17,80	—	15,00
	2×3	19,70	—	16,00
	5 cm KB+5 cm Kork	25,75	—	—
Dachisolierung von oben (Reform), trocken verlegt:				
a) Zementmörtel verspachtelt	3	—	7,50	—
	4	—	8,60	—
b) Asphaltverguß	3	—	8,90	—
	4	—	10,60	—
Trockenlegung	mit 2 cm Reformstegen und 2 cm KB	—	—	11,50
	„ 3 „ „	—	—	12,40
	„ 3 „ Emulgit	14,25	—	—
Kühlraumisolierung (Reform), mit Kitt montiert	6	—	15,60	—
	8	—	18,80	—
	10	—	22,00	—
	12	—	25,20	—

Preise der Platten für Scheidewände per m² (ab Lager Wien)[1]

Stärke in cm	Zementschlackenplatten (Leichtbeton) Gewicht kg	S	Gipsschlackenplatten Gewicht kg	S	Rohrdielen (Gipsdielen) Gewicht kg	S	Zehoplatten (Zementholz) Gewicht kg	S	A-T-Platten (Gips- und Sägespäne) Gewicht kg	S	Heraklithplatten Gewicht kg	S	Bewehrte Betonplatten Gewicht kg	S	Torfoleumplatten[2] Gewicht kg	S
5	60	4,00	50	2,80	36	3,70	40	3,80	30	3,00	20	3,90	—	—	Spezifisches Gewicht 0,16, Stärke 2 bis 20 cm	Per m² und 1 cm Plattenstärke S 1,50
6	—	—	—	—	—	—	48	4,20	—	—	—	—	—	—		
7	72	4,20	65	2,90	46	3,90	—	—	36	3,20	30	4,50	150	6,10		
8	—	—	—	—	—	—	64	5,40	—	—	—	—	—	—		
10	110	5,30	90	3,90	70	5,20	—	—	48	4,80	40	5,50	220	7,30		
12	—	—	—	—	—	—	—	—	—	—	48	7,10	—	—		
15	—	—	—	—	—	—	—	—	—	—	60	8,20	—	—		

[1]) Über Arbeitslöhne siehe Stukkaturerarbeiten.
[2]) Ein Arbeiter verlegt per Schichte 30 m²; Pechverbrauch per m² rund 4 kg.

Terrazzo, 15 mm stark, auf vorhandener Betonunterlage, abgewickelt gemessen:

Dolomit- und Marmorsand	Portlandzement	Legerstunden	Hilfsarbeiter-(Schleifer-)Stunden
0,02 m³	12 kg	2,4	2,4
Sockel-Hohlkehlenzuschlag für Mehrarbeit	—	0,8	0,8
Bordürenzuschlag für Mehrarbeit	—	0,60	0,60

Heraklithwände an Ort und Stelle, zwischen Holzbeton oder Mauerwerk gestopft. Verputz ist gesondert zu berechnen.

Bedarf per m²	Maßgattung	Wandstärke in cm					
		7	10	15	17	20	
Schalbretter, 20—25 mm stark, bei mehrmaliger Verwendung	m³	0,025	0,025	0,025	0,025	0,025	
Drahtstiften	kg	0,05	0,05	0,05	0,05	0,05	
Holzwolle, 0,5 mm stark, 4—6 mm breit, hohl für voll gerechnet	kg	4,50	7,00	9,50	10,50	12,00	
Laugenpulver, Marke Ki	kg	2,50	3,00	4,00	5,00	6,00	
Heraklithmasse	kg	14,00	18,00	28,00	30,00	36,00	
Zimmerleute für Schalung	Stunden	0,35	0,35	0,35	0,35	0,35	Stockwerkszuschlag 10%
Hilfsarbeiter für Mischen und Stopfen	Stunden	1,70	1,85	2,00	2,50	3,00	

Materialkosten in S	Holzwolle	Laugenpulver	Heraklithmasse	Schalholz	Drahtstiften
	per kg 0,12	per kg 0,33	per kg 0,14	per m³ 70,00	per kg 0,80

Verschiedene Kunststeinerzeugnisse[1])

Stiegenstufen bis zu 2,0 m Länge aus Portlandzementbeton mit Eiseneinlagen, keilförmig mit Rundstab- oder Plattenprofil, die Untersichten rauh; gemessen wird die tatsächliche Länge der Stufen.

Preise per Lfm. in Schilling

Beiderseits aufliegend	Glatte Stufen	Gestockte Stufen, Auflage aus Dolomit- oder Granitosand		
		abgerieben und gestockt	geschliffen und gestockt	poliert und gestockt
Gerade Stufen	9,5	10,5	13,5	16,0
Spitzstufen	10,0	11,0	14,0	16,5
Freitragende Stufen				
Gerade Stufen	10,5	12,0	15,0	15,5
Spitzstufen	11,0	12,5	15,5	17,0
Zuschlag für Stufenköpfe mit wiederkehrendem Profil	1,5	2,5	3,5	5,0

[1]) Einzelne Angaben wurden der Preisliste von J. u. C. Schömer entnommen.

Zementrohre. Die Verrechnung erfolgt nach der Baulänge.

Muffenrohre	Lichter Durchmesser mm	75[1]	100	125	150	200	250	300	400	500	1000
Gerade Rohre, Baulänge 1,00 m	Wandstärke . mm	20	20	22	23	27	30	30	35	40	90
	Durchflußprofil ..... m²	0,0044	0,0079	0,0123	0,0177	0,0314	0,049	0,0707	0,1256	0,1963	0,785
	Gewicht per m kg	16	20	28	33	52	72	83	112	168	830
	Preis per m. . S	2,20	2,60	3,00	3,30	4,10	5,20	6,50	10,50	16,50	—
Einfache Zweigrohre	Preis per m. . S	4,80	5,30	5,80	6,20	8,00	9,40	12,20	—	—	—
Bogenstücke 1/4-Kreis	„ „ „ . . „	2,20	2,60	3,00	3,30	4,10	5,20	6,50	—	—	—
„ 1/8- „	„ „ „ . . „	2,00	2,20	2,60	2,90	3,90	5,00	6,20	—	—	—
Rohre mit Putzloch und Deckel	„ „ „ . . „	2,60	3,00	3,30	3,80	4,40	4,90	6,50	10,80	17,40	—
Verjüngungsstücke	„ „ „ . . „	—	2,40	2,80	3,40	3,90	4,60	5,40	—	—	—
Gerade Rohre mit Falz und Fußsohle	Preis per m. . S	2,00	2,40	2,80	3,10	4,00	5,00	6,20	9,80	14 40	46,0

	Lichter Durchmesser mm	400/600	500/750	600/900	700/1050	800/1200
Eiförmige Rohre (siehe Abb. 1—5)	Wandstärke ..... mm	50	75	95	105	120
	Durchflußprofil . . m²	0,1838	0,2872	0,4135	0,5628	0,7351
	Gewicht per m . . kg	245	420	690	800	1200
	Sohlenbreite ..... mm	300	360	430	470	540
	Preis per m ..... S	16,80	22,50	33,00	45,00	63,00

[1] Baulänge 0,75 m.

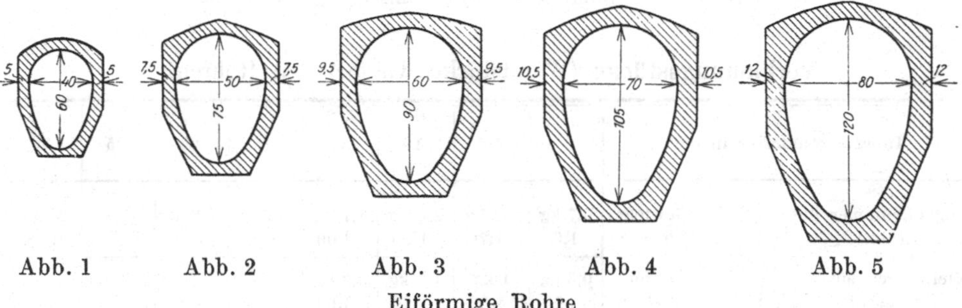

Abb. 1 Abb. 2 Abb. 3 Abb. 4 Abb. 5

Eiförmige Rohre

Rohre aus Asbestzementschiefer. Diese Rohre zeichnen sich durch geringes Gewicht und leichte Verlegbarkeit aus, haben hohe Festigkeit gegen Außen- und Innendruck, sowie hohe Widerstandsfähigkeit gegen atmosphärische Einflüsse und Erdsäuren.

Erzeugt werden Rohrtypen mit Muffen bis zu 3 Atmosphären Innendruck (bei zweifacher Sicherheit).

Verwendungsmöglichkeiten. Dachableitungen, Kanalisation, Rauch- und Dunstabzüge, Kaminaufsätze und Ventilationen, Heißluftheizungen und als Schutzrohre für Kabelleitungen.

Bei Verwendung als Abortabfallrohre, Verlegung in feuchtem Grund oder bei Abführung neutraler Flüssigkeiten (Jauche) sind die Rohre innen und außen zu imprägnieren (Asphaltteer).

Gerade Rohre

Stücklänge einschl. Muffe	Innendurchmesser in cm	5	7,5	10	12,5	15	20	25	30
1200 mm	Nutzbare Länge in mm	1125	1105	1085	1065	1050	1040	1030	1025
	Wandstärke in mm	5	6	6	7	8	10	12	14
	Gewicht per Rohr in kg	1,9	3	4,7	6,1	8,5	15	20	30
	„ „ Lfm. Rohr	1,69	2,72	4,33	5,73	8,10	14,42	19,40	29,30
	Preis per Rohr in S	2,15	2,65	3	3,60	5,40	7,20	10,20	18
	„ „ Lfm. in S auf die nutzbare Länge bezogen	1,91	2,40	2,76	3,38	5,14	6,92	9,90	17,56
2500 mm	Nutzbare Länge in mm	—	—	2385	2365	2350	2340	2330	2325
	Wandstärke in mm	—	—	6	7	8	10	12	14
	Gewicht per Rohr in kg	—	—	10	13	18	32	45	65
	„ „ Lfm. Rohr	—	—	4,19	5,50	7,66	13,67	19,31	28
	Preis per Rohr in S	—	—	6	7,20	10,80	14,40	20,40	36
	„ „ Lfm. in S auf die nutzbare Länge bezogen	—	—	2,52	3,04	4,60	6,15	8,75	15,48
3700 mm	Nutzbare Länge in mm	—	—	3580	3565	3550	3540	3530	3525
	Wandstärke in mm	—	—	6	7	8	10	12	14
	Gewicht per Rohr in kg	—	—	15,30	20	28	49	70	94
	„ „ Lfm. Rohr	—	—	4,14	5,46	7,62	13,46	19,28	25,90
	Preis per Rohr in S	—	—	8,90	10,60	16,20	21,90	28,40	52,20
	„ „ Lfm. in S auf die nutzbare Länge bezogen	—	—	2,42	2,90	4,44	6	7,82	14,40

Für Innenanstrich werden 10%, für beiderseitigen Anstrich 20% Aufschlag auf obige Preise berechnet

Verbindungsstücke (Wandstärke wie bei den Rohren)

Innendurchmesser in cm		5	7,5	10	12,5	15	20	25	30
Bogenkrümmer 90°	Gewicht	0,7 kg	1,2 kg	2,5 kg	3,7 kg	5,4 kg	10,8 kg	—	25 kg
(K-Stück)	Preis S	1,60	1,70	1,80	3,00	4,20	7,20	—	20,00
Kleinbogen 90°	Gewicht	0,6 kg	1 kg	1,7 kg	3,3 kg	—	—	—	—
(J-Stück)	Preis S	1,70	1,80	2,40	3,60	—	—	—	—
Schräge Abzweiger 45°	Gewicht	0,8 kg	1,5 kg	3,3 kg	6 kg	10 kg	20 kg	—	—
und T-Stücke	Preis S	3,00	3,60	4,00	7,00	10,00	20,00	—	—
Doppelmuffen	Gewicht	0,4 kg	0,9 kg	1,2 kg	2 kg	3,1 kg	5,6 kg	10 kg	12 kg
	Preis S	0,75	0,85	1,00	1,80	2,40	3,60	6,00	7,20

Kamin- (Dunst-) Aufsätze

Innendurchmesser in cm	10	15	20
Länge rund mm	1350	1550	1650
Wandstärke in mm	6	8	10
Gewicht in kg	6	12	24
Preis in S	6,00	13,00	21,60

Muffenverbindungen

Innendurchmesser der Rohre in cm	5	7,5	10	12,5	15	17,5	20	25	30
Dichtungsspalt in mm	8	8	10	10	10	12	12	12	15
Dichtungstiefe rund mm	60	80	100	120	135	140	140	150	150
Zopfdurchmesser rund mm	8	8	10	10	10	12	12	12	15
Zopflänge bei 4 Windungen mm	900	1200	1600	1900	2300	2700	3000	3700	4400
Zopfgewicht bei 4 Windungen kg	0,03	0,04	0,10	0,11	0,14	0,19	0,21	0,26	0,50
Zopfpreis per kg	S 4,00 ab Fabrik exklusive Wust								
Zopfpreis per Verbindung S	0,12	0,16	0,40	0,44	0,56	0,76	0,84	1,04	2,00
Muffenkitt in kg per Verbindung	0,14	0,24	0,50	0,70	1,00	1,50	1,70	2,30	3,50
Muffenkitt, Preis per kg	S 1,00 ab Fabrik exklusive Wust und Verpackung								
Muffenkitt, Preis per Verbindung S	0,14	0,24	0,50	0,70	1,00	1,50	1,70	2,30	3,50
Materialkosten einer Verbindg. S	0,26	0,40	0,90	1,14	1,56	2,26	2,54	3,34	5,50

Zementdachfalzziegel.

Doppelfalzziegel, 15 Stück per m², 1000 Stück .... S 120,00

Firstziegel, 43 cm lang, 1000 Stück .... „ 450,00

Bausteine aus Stampfbeton.

Hohlsteine, 60/30/23 cm = 12 Ziegel österr. Format, 100 Stück S 140,00

„ 45/30/15 „ = 6 „ „ „ 100 „ „ 54,00

„ 30/15/15 „ = 2 „ „ „ 100 „ „ 20,00

Paxhohlsteine, 25/25/15 „ = 4 „ deutsch. „ 100 „ „ 32,00

Kaminsteine, 1 Loch, 30/30/15 cm, 100 Stück .... „ 70,00

Kaminabdeckplatten.

Anzahl der Löcher	1	2	3
Preis per Stück S	2,80	4,50	6,00

Betonbottich, rund, 1000 l Inhalt, per Stück .... S 105,00

Brunnengrand, 70/70/80 cm, per Stück .... „ 60,00

Brunnendeckel, 10 cm stark, mit Eiseneinlagen:

150 cm Durchmesser, a) glatt verrieben, per Stück.......... S 28,00

b) gestockt, „ „ .... „ 40,00

175 „ „ a) glatt verrieben, „ „ .... „ 34,00

b) gestockt, „ „ .... „ 50,00

Zaunsäulen (Packstall), armiert und schalrein, gerade:

Stärke in cm	10/10	12/12	14/14	16/16
Preis per 1 m in S	2,60	3,20	4,50	5,40

Für gebogene Säulen 10% Aufschlag.

Mauerabdeckplatten mit zweiseitiger Resche, in einfacher Ausführung, 10 cm stark,

	glatt verputzt:			geschliffen und gestockt mit Dolomitsandauflage:		
Breite in cm	30	45	60	30	45	60
Preis per m in S	7,50	10,00	12,50	14,00	20,00	25,00

Pflasterplatten.

a) Zementplatten, 20/20 cm, 2,5 cm stark, naturfarbig, per m² .... S 6,00
„ 20/20 „ 2,5 „ „ rot oder schwarz, per m². „ 8,50
Trottoirplatten, gerippt, 8 cm stark, per m² .... „ 7,60
b) Terrazzoplatten, 20/20 cm, 2,5 cm stark, grau, geschliffen, per m² „ 14,00

Futtertröge.

a) für Rinder, 1,20 m lang, im Lichten 40 cm weit und 25 cm tief, per Stück .... S 19,50
b) für Schweine, 0,90 m lang, im Lichten 35 cm weit und 20 cm tief, per Stück .... „ 14,00
c) für Pferde, 1,45 m lang, im Lichten 35 cm weit und 25 cm tief, per Stück .... „ 23,50
d) Pferdemuscheln, Rechteckform, 0,75 m lang, im Lichten 35 cm weit und 25 cm tief, per Stück .... „ 13,20

Steinzeug- und Tonwaren

(Laut Mitteilung der Tonwarenabteilung der Österr. Escompte-Gesellschaft, Wien)

1. Glasierte Steinzeugröhren für Abort-, Kanal- und Wasserleitungen

Lichter Durchmesser in mm	Gerade Rohre mit festen Muffen vollwandig		Bogen und Knie bis 90°, Abb. 1 u. 2	Doppelbogen, Abb. 3	Einf. Abzweiger und T-Stücke, Abb. 4 und 5	Dopp. Abzweiger und Doppel-T, Abb. 6, 7, 8	Übergangsrohre für die größeren Durchmesser, 0,6 m lang, Abb. 9	Siphons mit Steinzeugdeckel, Abb. 10, 11, 12	Putzlochrohre mit Steinzeugdeckel	Patentputzrohre mit Eisendeckel
	Gewicht in kg	Preis in S								
	per 1 m Baulänge		Preis per Stück, rund 0,5 m lang, in Schilling							
50	9	3,30	3,30	4,40	4,40	6,60	4,40	6,60	4,40	—
75	12	4,20	4,20	5,60	5,60	8,40	5,60	8,40	5,60	—
100	14	5,40	5,40	7,20	7,20	10,80	7,20	10,80	7,20	19,40
125	18	6,90	6,90	9,20	9,20	13,80	9,20	13,80	9,20	22,00
150	24	8,10	8,10	10,80	10,80	16,20	10,80	15,20	10,80	24,00
175	30	9,60	9,60	12,80	12,80	19,20	12,80	19,20	12,80	26,60
200	35	11,40	11,40	15,20	15,20	22,80	15,20	22,80	15,20	29,80
225	43	13,20	13,20	17,60	17,60	26,40	17,60	26,40	17,60	32,90
250	53	16,20	16,20	21,60	21,60	32,40	21,60	32,40	21,60	38,10
300	66	20,40	27,20	—	27,20	40,80	27,20	40,80	27,20	53,60
350	85	26,40	35,20	—	35,20	52,80	35,20	—	35,20	66,40
400	108	33,00	44,00	—	44,00	66,00	44,00	—	44,00	80,40
450	125	43,20	64,80	—	57,60	86,40	57,60	—	57,60	125,20
500	150	51,60	103,20	—	68,80	103,20	68,80	—	68,80	147,60
600	190	75,00	150,00	—	100,00	150,00	100,00	—	100,00	210,00

Bei Bögen sowie Abzweigern mit Putzloch und Steinzeugdeckel ist der Preis mit dem $1^1/_3$fachen des betreffenden Formstückes zu berechnen.

Bei einfachen und doppelten Abzweigern von 300 mm aufwärts, mit Ansätzen von 300 bis 600 mm, berechnet sich der Preis mit dem 2- bis $5^1/_2$fachen des Preises des geraden Hauptrohres.

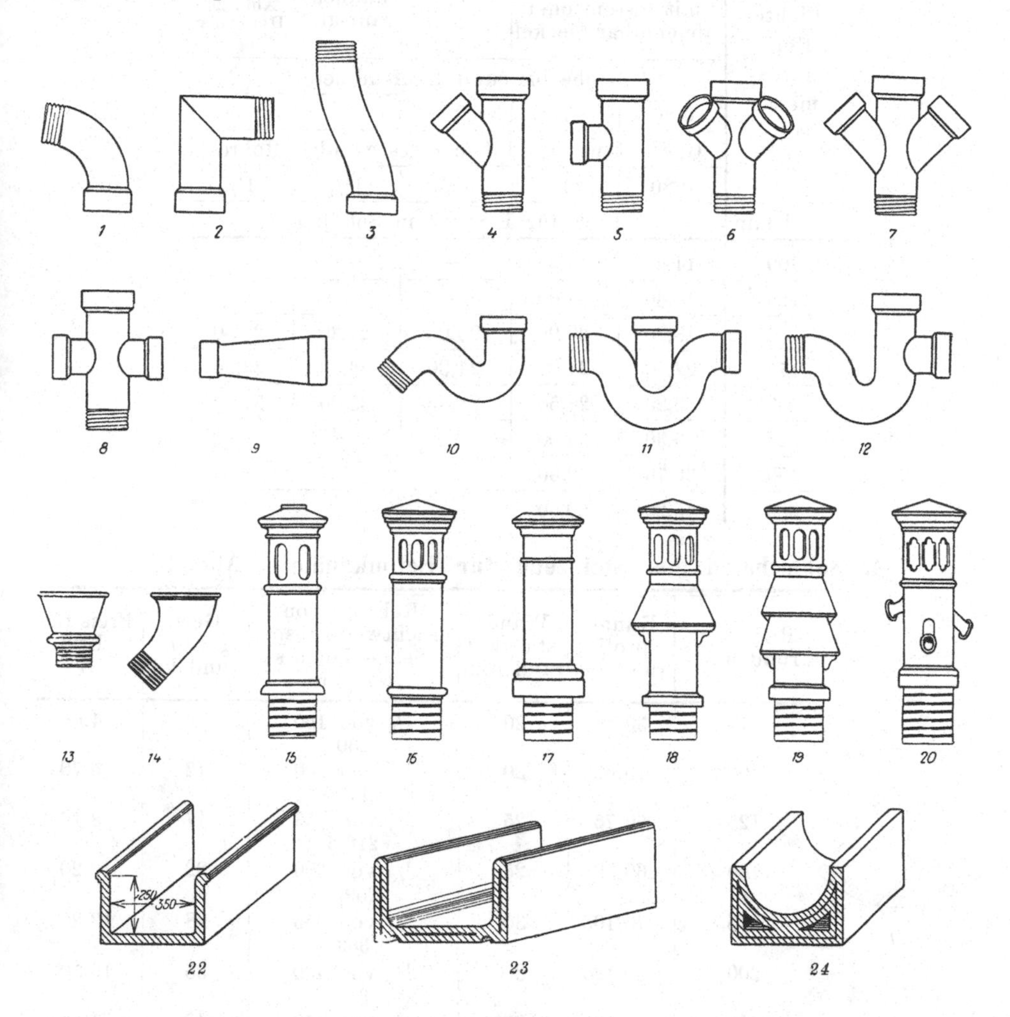

2. Aborttrichter

Gegenstand	hoch cm	obere lichte Weite in cm	untere lichte Weite in mm / Gewicht in kg			Preis per Stück in S
Gerade, Abb. 13	30	30	150/14	175/15	200/16	9,00
Schräg, Abb. 14	45	30	150/18	175/19	200/20	12,00

3. Kamin- und Dunstaufsätze

Lichter Rohrdurchmesser	Gewöhnl. Form: Abb. 15 = ohne Deckel, Abb. 16 = mit festem oder abnehmbar. Deckel		Abb. 17	Abb. 18 Windhaubenaufsatz	Abb. 19 Doppelmantel, Abb. 20 Holländer
	Höhe bis rund Laufendmeter				
	0,80	1	1	1	1
	Gewicht wie rund 1 m eines geraden Rohres				
	0,80	1	$1^{1}/_{2}$	$1^{1}/_{2}$	$1^{1}/_{2}$
rund mm	Preis für 1 Stück in Schilling				
100	14,90	16,00	—	—	—
125	16,60	18,00	—	—	—
150	18,30	20,00	20,00	24,30	28,50
175	22,00	24,00	24,30	28,50	33,00
200	26,20	28,50	28,50	33,00	37,00
225	30,30	33,00	—	—	—
250	36,70	40,00	—	—	—
300	45,20	50,00	—	—	—

4. Sohlschalen aus Steinzeug für Betonkanäle[1] (Abb. 21)

Radius r rund mm	Kanalprofil rund cm	Wandstärke δ rund mm	Rohrteil von Lichtweite resp. Sehnenlänge s rund mm	Gew. 1 Lfm. rund kg	Preis für 1 Lfm. S
75	30/45	20	$^1/_3$ von 150 130	8	4,06
100	40/60	20	$^1/_3$ von 200 175	12	5,70
125	50/75	25	$^1/_3$ von 250 216,5	17	8,10
150	60/90	25	$^1/_3$ von 300 259,8	22	10,20
175	70/105	30	$^1/_3$ von 350 303	28	13,20
200	80/120	30	$^1/_3$ von 400 346	35	16,50
225	90/135	35	$^1/_3$ von 450 390	42	21,60
250	100/150	35	$^1/_4$ von 500 354	38	19,36
275	110/165	35	$^1/_4$ von 550 388	42	24,08
300	120/180	35	$^1/_5$ von 600 353	38	28,12

[1]) Steinzeugsohlenschalen und Wandplatten für Verkleidung von schliefbaren Betonkanälen müssen an der Innenseite glasiert und an der Außenseite sowie an den Stoßfugen möglichst rauh (gerillt) sein. ÖNORM-Entwurf vom 1. Februar 1927, Prot.-Nr. 376/1.

Steinzeugplatten zu 4

zur Verkleidung der Kanalwände, 25 mm stark, 200 mm breit, 500 bis 700 mm lang, Gewicht 11 kg per m, *Preis* per m *S 5,60.*

5. Rinderbarren aus Steinzeug

Massiv, zum Ansetzen auf Untermauerungen, 60 bis 100 cm lang

Fig.	Innen rd. mm		Außen rd. mm		Gewicht f. 1 Lfm. rd. kg	Preis für 1 m S	Aufzahlung für 1 Endstück S
	breit	tief	breit	hoch			
22	350	250	450	300	90	38,00	7,60
23	300	200	420	260	60	30,40	5,70
24	350	260	480	360	115	41,80	7,60

Preise ab Fabrik

6. Pferdemuscheln aus Steinzeug Abb. 25 (normale Type)

Innen rund cm			Gewicht rund kg	Preis für 1 Stück S
lang	breit	tief		
47	37	20	50	30,40
50	32	25	60	38,00
54	36	22	75	38,00
57	37	25	85	45,60

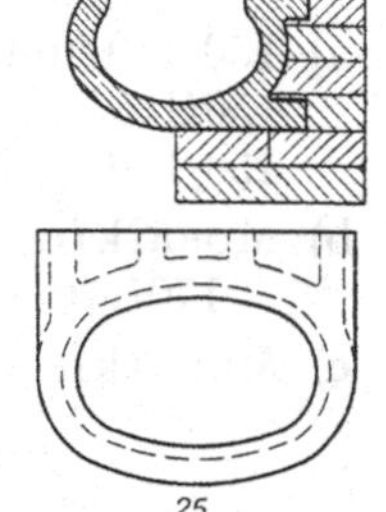
25

Preise ab Fabrik

7. Steinzeug-Futtertröge für Schweine und Schafe (Abb. 26)

Einzeltrog

Länge rund cm	50	60	65	70	80	90	100	110	120	130	140	150
Gewicht rund cm	30	35	38	40	45	50	55	60	65	70	75	80
Preis für 1 Stück S	19,00	21,30	22,40	23,60	25,80	28,10	30,40	34,20	38,00	41,80	45,60	49,40

Dieselbe Type mit 1 Zwischenwand (Steg)

Länge rund cm	130	140	150
Gewicht rund kg	73	78	83
Preis für 1 Stück S	45,60	49,40	53,20

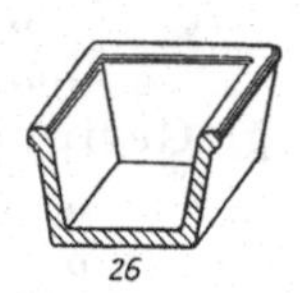
26

Preise ab Fabrik

8. Fliesen (Wandplatten aus Ton, glasiert):

a) mit weißer Emailglasur:
150/150 mm, scharfkantig, per Stück ... S 0,48
150/75 „ „ „ „ ... „ 0,24
150/150 „ mit 1 Rundkante, „ „ ... „ 0,60
150/150 „ „ 2 Rundkanten, „ „ ... „ 0,66
Gesimse, weiß, 150 mm lang, „ „ ... „ 0,52
Hohlkehlen, weiß, 150 mm lang, mit 5 cm Radius, „ „ ... „ 0,78
„ , Ixen und Eckstücke, „ „ ... „ 0,81

b) mit einfärbiger Majolikaglasur, außer rot, schwarz und kobaltblau:
150/150 mm, scharfkantig, per Stück .... S 0,75
150/75 „ „ „ „ .... „ 0,38
150/150 „ mit 1 Rundkante, „ „ .... „ 0,95
150/150 „ mit 2 Rundkanten, „ „ .... „ 1,00

c) mit einfärbiger Majolikaglasur in den Farben rot, schwarz und kobaltblau:
150/150 mm, scharfkantig, per Stück .... S 0,80
150/75 „ „ „ „ .... „ 0,40
150/150 „ mit 1 Rundkante, „ „ .... „ 1,00
150/150 „ mit 2 Rundkanten, „ „ .... „ 1,10

9. Fußbodenplatten aus Ton, unglasiert, einfärbig:

a) 150/150 mm, gelb, per Stück .... S 0,38
150/150 „ rot, „ „ .... „ 0,40
150/150 „ weiß, „ „ .... „ 0,46

b) Mosaikfondplatten:
170/170 mm per 1,0m², je nach Dessin......... von S 22,60 bis 34,30

c) Mosaikfriesplatten, ebenso .... „ „ 22,60 „ 34,30

	lang mm	breit mm	stark mm	Preis per m²
d) Klinkerplatten u. Stöckel für Pflasterungen von Trottoirs, Schlachthäusern, Perrons, Rampen, Fabriksräumen, Stallungen, Waschräumen etc., Spezialklinkerplatten, 4kuppig oder glatt, gelb oder braun	150	150	40	S 23,00
e) Feinklinker, 4-, 8- oder 9kuppig, gelb ..	170	170	25	„ 19,40
„ rot	170	170	25	„ 20,00
„ gelb	170	170	30	„ 22,80
„ rot	170	170	30	„ 24,00
f) Stallstöckel, 1-, 2- oder 3teilig, gelb ..	170	60	50	„ 32,00
„ 1-, 2- „ 3 „ rot ...	170	60	50	„ 34,30
„ 1-, 2- „ 3 „ weiß .	170	60	50	„ 40,00
g) Gerippte Platten, gelb	170	170	25	„ 19,40
„ „ rot................	170	170	25	„ 20,00
„ „ gelb	170	170	30	„ 22,80
„ „ rot	170	170	30	„ 24,00

10. Fassadeplatten zur Verkleidung von Hausfassaden mit wetterfesten, glasierten oder unglasierten Tonplatten, scharfkantig oder abgefast:

	glasiert	unglasiert
	per 100 Stück	
142/67 mm, naturgelb	S 36,60	18,30
142/67 ,, weiß, rot oder schwarz	,, 43,40	21,70
67/67 ,, naturgelb	,, 22,80	11,40
67/67 ,, weiß, rot oder schwarz	,, 27,40	13,70
142/67 ,, naturgelb mit einer Rundung	,, 45,80	22,90
142/67 ,, weiß, rot, schwarz, mit einer Rundung	,, 52,60	26,30

11. Keramitsteine für Straßenpflasterungen

210/100 mm groß, 80 mm stark, abgefast, per 100 Stück .... S 40,70

12. Gewichte

der weißen oder majolikaglasierten Fliesen		15	kg, per m² =	44 Stück
,, Fußbodenplatten,	150/150 mm	38	,, ,, ,, =	44 ,,
,, Fassadeplatten,	142/67 ,,	40	,, 100 Stück	
,, Mosaikplatten,	170/170 ,,	45	,, per m² =	35 ,,
,, Klinkerplatten,	150/150/40 ,,	88,2	,, ,, ,, =	42 ,,
,, Feinklinker,	170/170/25 ,,	58	,, ,, ,, =	35 ,,
,, ,,	170/170/30 ,,	68	,, ,, ,, =	35 ,,
,, Stallstöckel,	170/60/50 ,,	110	,, ,, ,, =	100 ,,
,, gerippten Platten,	170/170/25 ,,	58	,, ,, ,, =	35 ,,
,, ,, ,,	170/170/25 ,,	68	,, ,, ,, =	35 ,,

Beim Versetzen der Fliesen ist zu beachten:

Vor dem Versetzen der Fliesen sind die Wände vom alten Mörtel zu reinigen und mit Spritzanwurf aus Zementmörtel zu versehen. Die Fliesen sind vor dem Versetzen mindestens eine Stunde in reines Wasser zu tauchen. Das Bindematerial besteht aus gelöschtem Kalk, feinem Flußsand und Portlandzement.

Beim Verlegen der Platten ist zu beachten:

Als Unterlage für Mosaik- und Klinkerplattenpflasterungen wird gewöhnlich eine Betonschichte, je nach der Beschaffenheit des Untergrundes, 3,5 bis 10 cm stark, oder ein liegendes Ziegelpflaster verwendet; im Freien und in Räumlichkeiten, welche der Feuchtigkeit ausgesetzt sind, ist Zementbeton zu empfehlen.

Direkt auf Holz darf weder betoniert noch gelegt werden, sondern es muß vorerst eine hinreichend starke Schuttunterlage hergestellt werden.

Das Legen der Mosaik- und Klinkerplatten in inneren Hausräumlichkeiten erfolgt wie bei Pflasterungen im Freien in Portlandzementmörtel; auch die Fugen werden mit diesem Mörtel ausgegossen. Die Austeilung der Platten erfolgt vom Mittel des Raumes aus, ebenso die Legung; die Fugen werden regelmäßig 2 mm groß gemacht. Der fertige Bodenbelag ist zu reinigen und durch Auflegen von Sägespänen und Brettern vor dem Betreten durch einige Tage (bis der Mörtel erhärtet ist) zu schützen.

Die Reinigung des Plattenpflasters erfolgt gewöhnlich durch Abwaschen mit lauem Wasser und Fetzen sowie Auftrocknung mittels Sägespänen. Etwaige beim Legen entstandene Zementflecken, ebenso auch Fett- oder Farbenflecken werden am besten durch Abwaschen mit verdünnter Salzsäure (1 Teil Salzsäure, 10 Teile Wasser) entfernt. Anwendung von purer Salzsäure soll nicht stattfinden.

Bildhauerarbeiten (Baukeramiken)

Laut Mitteilung der Wienerberger Ziegelfabriks- und Baugesellschaft, Wien

Bauornamente aus Terrakotta kommen für das moderne Bauen nicht in Betracht und können von den Fabriken selbst für Reparaturzwecke nicht mehr erzeugt werden. An ihre Stelle sind farbige Keramiken getreten, die vor allem den Zweck der Bauausschmückung haben. Solche Keramiken aus wetterfestem Material, unglasiert oder glasiert, werden nicht auf Lager gehalten, sondern jeweils nach Entwürfen besonders angefertigt. Sie dienen hauptsächlich zur Verkleidung von Wänden und für Türumrahmungen; auch für Baluster werden entsprechende Stücke erzeugt. Je nach der Ausführung sind die Preise äußerst schwankend. Unglasierte baukeramische Verkleidung kann per 1 m² ebenso hoch wie Fliesenverkleidung angenommen werden. Für Glasuren sind infolge des mehrmaligen Brandes entsprechende Aufzahlungen zu rechnen, deren Höhe ganz von der Ausführung abhängt. Für ganz rohe Veranschlagungen genügt es, auf den Preis der üblichen Wandverkleidung einen 3- bis 5fachen Aufschlag zu nehmen. Dabei ist immer an glatte Flächen aus gleichen Stücken gedacht. Reliefierte Stücke, die sich auf der Wand nicht wiederholen, sind infolge der besonderen Modell- und Formkosten entsprechend teurer. Allgemein gültige Preise lassen sich nicht angeben; es ist daher notwendig, Sonderanbote einzuholen unter Bekanntgabe der Quadratmeteranzahl, der gewünschten Ausführung, der Wandhöhe und der Zahl der ein- und ausspringenden Ecken.

Straßenbau

A. Pflasterarbeiten

Laut Mitteilung vom „Basaltwerk Radebeule“, Wien

Aufbrechungen

Liegendes Ziegelpflaster aufbrechen (siehe Demolierungsarbeiten, S. 140), per m²:
zu ebener Erde . . . . S 0,70
per Stockwerk mehr . . . . „ 0,15

Stehendes Ziegelpflaster aufbrechen (wie vor), per m²:
zu ebener Erde . . . . S 1,00
per Stockwerk mehr . . . . „ 0,22

Kelheimer oder geschliffenes Plattenpflaster aufbrechen (wie oben), per m²:
zu ebener Erde . . . . S 0,90
per Stockwerk mehr . . . . „ 0,18

Metz-Steinplattenpflaster aufbrechen (wie oben), per m²:
zu ebener Erde . . . . S 1,60
per Stockwerk mehr . . . . „ 0,35

Zementplattenpflaster aufheben (wie oben), per m²:
zu ebener Erde . . . . S 1,00
per Stockwerk mehr . . . . „ 0,20

Trottoirsteinpflaster aufbrechen, das Material reinigen und zur Abfuhr aufladen, per m² . . . . S 1,00

Bruchsteinpflaster, ebenso behandeln . . . . „ 0,70

Klinkerplatten abheben, die Platten reinigen und nächst der Pflasterfläche zur Wiederverwendung aufschlichten, per m²:
a) von einer Sandunterlage .... S 0,40
b) „ „ Betonunterlage .... „ 0,70
Würfel- und Holzstöckelpflaster aufheben, per m² .... „ 0,40
Asphaltpflaster aufreißen, per m²:
zu ebener Erde .... „ 0,20
per Stockwerk mehr .... „ 0,06
Betonpflaster aufbrechen und das Material beseitigen, per m²:
a) bei der Betonstärke bis 10 cm .... „ 2,00
b) „ „ „ „ 15 „ .... „ 2,80
c) „ „ „ „ 20 „ .... „ 3,80
Steingrundbau aufreißen und das Material reinigen und schlichten, per m³ „ 4,80
Steinpflaster von Asphalt reinigen, per m² .... „ 0,80
Pflastersteine reinigen und in Figuren schlichten, per m³ .... „ 2,00
Randstein aufbrechen und seitlich deponieren, per m .... „ 0,75
Randstein samt Untermauerung aufbrechen und das Material reinigen und deponieren, per m .... „ 2,00
Barrierestock ausgraben, seitlich deponieren und die Grube zufüllen, per Stück .... „ 3,00
Barrierestock versetzen bzw. richten, per Stück .... „ 4,50

Materiallieferung

Auf den Arbeitsplatz gestellt und in kubischer Form in meßbaren Figuren aufgeschlichtet übergeben, exklusive Warenumsatzsteuer

1. **Granitwürfelsteine** mit 0,184 m Kantenlänge, per Stück .... S 1,70
2. **Granitpflastersteine,** mit 0,132 × 0,184 × 0,184 m Kantenlänge, per Stück „ 1,30
3. „ „ 0,132 × 0,184 × 0,237 „ „ „ „ „ 1,67

Anmerkung: Wenn die Steine der Post 2. und 3. doppelt geritzt zu liefern sind, sind per Stück 36 Groschen zuzuschlagen.

4. **Reihenpflastersteine,** 3 Breitengattungen: 10/12, 12/14 und 14/16 cm breit, 15/17 cm hoch, 18/30 cm lang, 10 000 kg = etwa 30, bzw. 29, bzw. 28 m²; für 10 000 kg .... „ 720,00
5. **Kleinpflastersteine,** 8/10 cm bzw. 6/8 cm hoch, 10 000 kg = etwa 53 bzw. 75 m²; für 10 000 kg .... „ 660,00
6. **Ordinäre Granitpflastersteine,** auch Halbgutsteine oder Halbwürfel genannt, 0,184 × 0,184 m Kopffläche, 0,180 m Höhe, Seitenflächen konisch nach abwärts, per Stück .... „ 0,90
7. **Ordinäre Granitpflastersteine** (Köpfelsteine), 0,180 × 0,180 m Kopffläche, 0,132 m Höhe, per Stück .... „ 0,65
8. **Granittrottoirplatte,** 0,474 m lang und breit und mindestens 0,110 m dick, oben an den vier Stoßflächen rein abgestockt, per Stück .... „ 6,80
9. **Granittrottoirplatte,** 0,316 m lang und breit und mindestens 0,150 m dick, per Stück .... „ 2,80
10. **Granit-Halbguttrottoirstein,** 0,237 m lang und breit, 0,105 bis 0,131 m dick, per Stück .... „ 0,80

11. **Granitrandsteine,** 0,316 m breit, 0,237 m hoch, in Stücken von mindestens 1,5 m Länge, oben und an den vorderen Seiten rein abgestockt, die Kante abgefast, mit angearbeiteten Fälzen, per m .... S 22,00
12. **Randsteine,** ganz wie vor, jedoch im Bogen gearbeitet, per m ..... „ 33,00
13. **Steine zu Taluspflasterungen,** für Wasserbauten geeignet, harte, an den Kanten rein bearbeitete, sonst 0,395 bis 0,474 m lang, 0,316 bis 0,395 m breit und 0,237 bis 0,316 m stark, behauen, per m³ ...... „ 55,00

Harte und für Wasserbauten geeignete Wurfsteine, per m³ .... „ 22,00
Harte Bruchsteine zum Grundbau bei Schotterstraßen, per m³ .... „ 17,00
Gebirgsschlegelschotter aus hartem, geeignetem Kalkstein, sowie **Gebirgsrieselschotter,** per m³ .... „ 19,00

Rundschotter, per m³ .... S 11,00
Donaurieselschotter, per m³ ... „ 18,00
Gestättenrieselschotter, per m³ . „ 16,00
Gebirgsrieselsand, feiner, per m³ „ 21,00
Donausand, feinkörniger, per m³ „ 22,00
Donauwellsand, per m³ ...... „ 21,00
Gestättensand, per m³ .... „ 12,00
Mauerschutt, per m³ .... „ 8,50

Granitwürfelpflasterungen

Neupflasterungen ohne Schotterunterlage

Würfelpflasterung in Straßen, wo bisher noch kein Pflaster bestand, mit altem oder neuem Steinmaterial, ohne Erdabgrabung und ohne Steine, jedoch mit Beigabe des qualitätsmäßigen Sandes zur Unterlage und zur Fugenausfüllung, samt aller Handarbeit und Requisiten, per m² S 2,50

Würfelpflasterung in Straßen, wo schon eine Pflasterung besteht, mit neuen oder alten Steinen, ohne Steine, mit Aufbrechen des alten Pflasters, Abgraben der alten Pflasterunterlage bis 0,08 m tief, Verführen dieses Materials, Beigabe des Sandes zur Unterlage und Fugenausfüllung, Handarbeit und Requisiten, per m² .... „ 3,40

Neue Pflasterungen mit Schotterunterlage

Würfelpflasterung in Straßen, wo bisher noch kein Pflaster bestand, mit neuem oder altem Steinmaterial, ohne Erdabgrabung und ohne Steine, jedoch mit Beigabe des gewöhnlichen Rundschotters in der Höhe von 0,15 m, des Sandes zur Unterlage und Fugenausfüllung, aller Handarbeit und Requisiten, per m² .... S 4,80

Würfelpflasterung in Straßen, welche bereits gepflastert sind; Aufbrechen des alten Pflasters, Abgraben des Untergrundes auf die Tiefe von 0,18 m, Verführen dieses Materials, Beigabe des gewöhnlichen Rundschotters in der Höhe von 0,15 m, des Donausandes zur Unterlage und Fugenausfüllung, aller Handarbeit und Requisiten, jedoch ohne Steine, per m² .... „ 6,00

Wenn die Fugenausfüllung mit Sand wegbleibt, entfällt per m² von obigen Preisen der Betrag von .... „ 0,50

Fugenausfüllung mit dünnflüssigem Portlandzementmörtel, per m²:
a) bei neuen Steinen .... „ 0,90
b) „ alten „ .... „ 1,10

Fugenausfüllung mit Zementkalkmörtel, per m²:
a) bei neuen Steinen .... „ 0,70
b) „ alten „ .... „ 0,80

Fugenausfüllung mit trockener Mischung von Zementkalk und Sand, per m² S 0,60
Asphaltfugenverguß für Steinwürfelpflaster, je nach Dimension und Lage der Würfel, ob alte oder neue Steine, per m².............. S 7,00 bis 9,50
Bitumenfugenverguß für Steinwürfelpflaster, je nach Dimension und Lage der Würfel, ob alte oder neue Steine, per m².............. S 8,00 „ 11,00
Asphaltfugenverguß von Straßenkeramitpflaster, per m² .... S 5,50
Bitumenverguß von Straßenkeramitpflaster, per m² .... „ 6,50

Umpflasterungen

Umpflasterung eines Würfelpflasters, bei dem der Untergrund auf die erforderliche Tiefe abgegraben und das Material verführt wird, samt Beigabe des qualitätsmäßigen Sandes zur Unterlage und Fugenausfüllung, aller Handarbeit und Requisiten, per m² .... S 3,50
Würfelumpflasterung bei Reparaturarbeiten, wo nur Teile des bestehenden Pflasters zur Umpflasterung gelangen, sohin keine Abgrabung des Untergrundes stattfindet, jedoch mit Beigabe des qualitätsmäßigen Sandes zur Unterlage bis 3 cm hoch und zur Fugenausfüllung, und aller Handarbeit, per m² .... „ 2,80

Granitplattenpflasterungen

Prima Plattentrottoire

Neue Pflasterungen in Mörtel

Neues Trottoir aus 0,474/0,474 m großen, mindestens 0,11 m dicken Granitplatten, in Zementkalkmörtel auf eine 0,08 m hohe Schichte von Sand oder kleinem Rieselschotter gelegt und die Fugen mit flüssigem Portlandzementmörtel ausgegossen, ohne Erdabgrabung und Verführung, jedoch mit Beigabe der Platten und aller Materialien, dann samt aller Handarbeit und Requisiten, per m² .... S 31,20
Pflasterarbeit allein, ohne Beigabe der Platten.......................... „ 4,40

Umpflasterungen

Plattenpflaster in Mörtel umpflastern, die Platten aufbrechen, den alten mit Mörtel versetzten Untergrund abgraben, den Schutt verführen, die erforderliche neue Unterlage von qualitätsmäßigem Sande beigeben, die vorhandenen Platten, welche vorher gut zu reinigen sind, neu in Zementkalkmörtel legen und die Fugen mit dünnflüssigem Portlandzementmörtel ausgießen, an allem und jedem, jedoch ohne Beigabe von neuen Platten für den allfälligen Abgang, per m² .... S 5,00

Neue Pflasterungen in Sand

Neues Trottoirpflaster aus 0,316/0,316 m großen, rein und winkelrecht gearbeiteten, mit guten Lagerflächen versehenen Granitplatten von mindestens 0,15 m Dicke, auf einer 0,1 m hohen Unterlage von qualitätsmäßigem Sande, die Fugen mit dünnflüssigem Portlandzementmörtel voll ausgegossen, ohne Abgrabung und Verführung der Erde, jedoch mit Beigabe der Platten, des Sandes und aller Materialien, dann samt Handarbeit und Requisiten, per m² .... S 29,00

Umpflasterungen

Plattenpflaster in Sand umpflastern, hiebei die alten Platten aufheben, den alten Untergrund nach Bedarf abgraben, den Schutt verführen, die erforderliche neue Unterlage aus qualitätsmäßigem Sande beigeben, sodann das Pflaster mit den alten Platten wieder herstellen und die Fugen mit dünnflüssigem Portlandzementmörtel voll ausgießen, an allem und jedem, jedoch ohne Beigabe neuer Platten für den allfälligen Abgang, per m² .... S 4,50

Randsteine

Randsteine versetzen und die Fugen bei den Zusammenstößen mit Portlandzementmörtel voll ausgießen, ohne Steine, jedoch einschließlich Unterbetonierung 20 cm stark, per m .... S 4,40

Sekunda-Trottoirpflaster

Neue Pflasterungen

Halbguttrottoirpflaster mit 0,237/0,237 m großen und 0,105 bis 0,131 m dicken Steinen, ohne Erdabgrabung und Verführung, jedoch mit Beigabe der neuen Steine, des qualitätsmäßigen Sandes zur Unterlage und zur Fugenausfüllung, aller Handarbeit und Requisiten, per m² S 18,50

Umpflasterungen

Halbguttrottoirpflasterung, wobei der Untergrund auf die erforderliche Tiefe abgegraben und das Material verführt wird, samt Beigabe des qualitätsmäßigen Sandes zur Unterlage und zur Fugenausfüllung, aller Handarbeit und Requisiten, per m² .... S 2,60

Solche Umpflasterung bei Reparaturarbeiten, wo nur Teile des bestehenden Pflasters zur Umpflasterung gelangen, sohin keine Abgrabung des Untergrundes stattfindet, jedoch mit Beigabe des qualitätsmäßigen Sandes zur Unterlage bis 3 cm hoch und zur Fugenausfüllung, aller Handarbeit usw., per m² .... „ 2,20

Ordinäres Granitpflaster

Neue Pflasterungen

Pflasterung mit ordinären Granitsteinen, altem oder neuem Steinmaterial, ohne Erdabgrabung und ohne Steine, jedoch mit Beigabe des qualitätsmäßigen Sandes zur Unterlage und Fugenausfüllung, samt aller Handarbeit und Requisiten, per m² .... S 3,30

Umpflasterungen

Ordinäre Umpflasterung, wobei der Untergrund auf die erforderliche Tiefe abgegraben und das Material verführt wird, samt Beigabe des qualitätsmäßigen Sandes zur Unterlage und Fugenausfüllung, samt aller Handarbeit und Requisiten, per m² .... S 4,20

Solche Umpflasterung bei Reparaturarbeiten, wo nur Teile des bestehenden Pflasters zur Umpflasterung gelangen, sohin keine Abgrabung des Untergrundes stattfindet, jedoch mit Beigabe des qualitätsmäßigen Sandes zur Unterlage bis 3 cm hoch, per m²:

a) ohne Fugenausfüllung .... S 3,10
b) Fugenausfüllung mit Sand .... „ 3,70
c) „ trocken, mit Zementkalk und Sand .... „ 4,00
d) „ mit Zementkalkmörtel .... „ 4,50
e) „ „ dünnflüssigem Portlandzement .... „ 4,70

Steinwurf und Taluspflasterungen

Steinwurf mit 0,16 bis 0,32 m großen Wurfsteinen, an Materiallieferung, samt Aufschichten desselben am Bauplatze, Arbeit, Werkzeug, Requisiten, allfälliger nötiger Gerüstung, mit teilweiser vollständiger Herstellung im Wasser, per m³ .... „ 23,50

Steinwurf, aber mit über 0,32 m großen Steinen, per m³ .... „ 30,00

Steinwurf, jedoch mit vorhandenem Steinmaterial, per m³:

a) bei Wurfsteinen bis 32 cm Größe .... „ 5,50
b) „ „ über 32 cm Größe .... „ 7,50

Steinwurf, jedoch in der Art ausgeführt, daß der Steinwurf in der Oberfläche zugleich zur provisorischen Uferversicherung ein Pflaster bildet, samt allen Erfordernissen, wie auch Beigabe des zur Ausfüllung der Steinzwischenräume nötigen Schotters und Sandes, per m³ .... „ 25,00

Ordinäre Taluspflasterung mit 0,211 bis 0,316 m dicken Wurfsteinen in Form einer trockenen, liegenden, gut verzwickten Mauer, nebst Beigabe einer 0,105 bis 0,158 m hohen Sand- und Schotterunterlage, Ausfüllung und Auszwickung der Fugen, samt allem Material, Arbeit, Werkzeug usw., per m² .... „ 10,20

Taluspflaster, wie vor, jedoch mit vorhandenen Steinen, per m² „ 5,00

Taluspflasterung mit 0,395 bis 0,474 m langen, 0,316 bis 0,395 m breiten, 0,237 bis 0,316 m dicken, behauten und an den Kanten rein bearbeiteten harten Steinen und einer 0,105 bis 0,158 m hohen Sand- und Schuttunterlage, nebst aller Arbeit, Werkzeug, Requisiten usw., per m² ... „ 23,00

Taluspflasterung, wie vor, jedoch ohne Beigabe des Steinmaterials, per m² .... „ 17,20

Talusumpflasterung mit den aufzureißenden und wieder zu verwendenden alten Steinen, samt allen Erfordernissen, per m² .... „ 6,40

Taluspflaster jeder Gattung aufreißen, das Material über die Böschung hinaufschaffen, per m² .... „ 1,80

Taluspflasterung jeder Gattung, die Fugen mit Zementkalkmörtel voll ausgießen und verstreichen, per m² .... „ 1,40

Pflasterungen im Hochbau

Liegende Ziegelpflasterung aus gewöhnlichen Mauerziegeln zu ebener Erde herstellen, an Material und Arbeit, per m²:

Gegenstand	Mit Weißkalk-mörtel	Mit Zementkalk-mörtel	Mit Portland-zement-mörtel	Trocken gelegt, mit Ausgießen der Fugen[1])	Stock-werks-zuschlag
Ziegel	25	25	25	25	—
Gruben- od. Weißkalk m³	0,01	—	—	0,005	—
Zementkalk m³	—	0,01	—	—	—
Portlandzement	—	—	0,01	—	—
Sand m³	0,025	0,025	0,025	0,012	—
Maurerstunden	0,7	0,75	0,8	0,4	—
Handlangerstunden	0,9	1,0	1,1	0,5	0,28

Hiezu kommen die Zuschläge für Requisiten, Aufsicht und für soziale Abgaben.

[1]) Wird gewöhnlich für Dachböden angewendet.

Stehende Ziegelpflasterung ist mit den doppelten Werten der liegenden Pflasterung zu berechnen.

Steinpflasterungen

Art der Pflasterung	Gegenstand	Mit Weißkalkmörtel	Mit Zementkalkmörtel	Mit Portlandzementmörtel	Stockwerkszuschlag
Pflaster mit Verwendung von Zement oder Steinzeugplatten, in gerader oder diagonaler Richtung der Pflasterfugen gelegt, zu ebener Erde herstellen, exklusive der Platten, per m²	Zementkalk m³	—	0,01	—	—
	Portlandzement m³	—	—	0,01	—
	Sand m³	—	0,025	0,025	—
	Maurerstunden	—	1,6	1,8	—
	Handlangerstunden	—	1,1	1,2	0,3
Werksteinplattenpflaster jeder Steingattung mit gefälzten oder ungefälzten Platten, ohne Rücksicht auf deren Größe und Dicke, die Platten in Mörtel gelegt, die Fugen gut ausgegossen, exklusive der Platten zu ebener Erde, per m²	Gruben- oder Weißkalk m³	0,017	—	—	—
	Zementkalk m³	—	0,017	—	—
	Portlandzement m³	—	—	0,017	—
	Sand m³	0,035	0,035	0,04	—
	Maurerstunden	3,0	3,5	4,0	—
	Handlangerstunden	2,5	3,0	3,0	1,8

Hiezu kommen die Zuschläge für Requisiten, Aufsicht und für soziale Abgaben.

Asphaltierungen für Fußböden im Parterre auf festliegendem, ebenem Ziegelpflaster oder auf entsprechender Betonunterlage.

Stärke cm	2	2	4	4	$1^1/_2$	3
Anzahl der Lagen	1	1	2 à 2 cm	2 à 2 cm	1	2 à $1^1/_2$ cm
Beschaffenheit	glatt	karriert	glatt	ob. karriert	glatt	glatt
Preis S per m²	7	8,5	13,5	15,0	6,0	12,0

10 cm starker **Unterlagsbeton** im Parterre für Asphaltpflasterungen 1 : 8, per m^2 .... S 6,50

Aufschläge für Arbeiten im Stockwerk je 10%.

Umlegung alten Asphaltpflasters gegen kostenlose Rücknahme des alten Asphaltmaterials, falls letzteres verwendbar und im vollen Ausmaß vorhanden, per m^2 .... „ 6,00

B. Preise über Pflasterungs-, Dachdeckungs- und Isolierungsmaterialien

Laut Mitteilung der Asdag, Bauabteilung der Teerag A. G., Wien

Asphalt, säurefester, per kg	S	0,30
Asphaltdachanstrichmasse, heiß verwendbar, per kg	„	0,33
„ kalt „ „ „	„	0,70
Asphaltminerallack (Eisen-, Blech- und Holzanstrich), per kg	„	0,80
Asphaltpech (Steinkohlenpech), per kg	„	0,30
Asphaltriesel, per m^3	„	32,00
Asphaltsand (Quarzsand), per l	„	0,40
Bitas[1]), Ölasphalt (70 bis 80% Bitumen enthaltend), per kg	„	0,40
Brikettpech, per kg	„	0,28
Dachlack, destillierter Steinkohlenteer, per kg	„	0,33
Falzbautafeln, Sorte „Extra", in Rollen zu 3 m^2, per m^2	„	6,00
„ „ „Spezial", „ „ „ 5 „, „ „	„	5,00
Fugleisten, imprägnierte, für Holzstöckelpflaster, per m	„	0,10
Fugenvergußasphalt, per kg	„	0,17
Goudron, per kg	„	0,85
Holzstöckel, imprägnierte, Fichten-, per m^3	„	220,00
„ „ Lärchen-, „ „	„	280,00
Holzzementmasse, per kg, brutto für netto	„	0,33
Holzzementpapier, per kg	„	0,80
Impregnol[1]) für Straßenölungen, per kg	„	0,35
Isoliermasse für Brücken, per kg	„	0,40
Isolierpappe mit Korkbestreuung in Rollen, à 5 m^2 (5 m lang, 1 m breit), mit einer Einlage von echter Hadernfilzdachpappe, Nr. 100, per m^2	„	2,00
„ „ „ „ „ „ „ 80, „ „	„	2,30
Isolierpappe mit Sägespänebestreuung, in Rollen à 5 m^2 (5 m lang, 1 m breit), mit einer Einlage von echter Hadernfilzdachpappe, Nr. 100, per m^2	„	1,30
„ „ „ „ „ „ „ 80, „ „ „	„	1,50
Isolierplatten mit Bleieinlage (1 kg Blei/m^2), per m^2	„	11,00
Isolierplatten mit Kiesbestreuung, in Rollen à 5 m^2 (5 m lang, 1 m breit), 5 mm stark, per m^2	„	1,70
7 „ „ „ „	„	1,95
Jutegewebe, per m^2	„	1,50
Karbolineum, per kg	„	0,35
Keramitpflaster-Vergußmasse, per kg	„	0,30
Kunstasphaltmastix, in Broten à rund 25 kg, per kg	„	0,17
Kunstgußasphalt, zubereitet, streichfertig, per kg	„	0,19

[1]) Allchemin, A. G., Wien.

Molinogewebe, per m^2	S	2,50
Muffenkitt, per kg	,,	0,30
Naturasphaltmastix, in Broten à rund 25 kg, per kg	,,	0,25
Naturasphalt, zubereitet, streichfertig, per kg	,,	0,20
Neues Naturstampfasphaltpulver, geröstet, per kg	,,	0,20
,, ,, kalt, ,, ,,	,,	0,16
Ruberoidpappe, teerfrei, für Brückenisolierung, per m^2	,,	2,60
,, ,, olivgrün, für Fußbodenbelag, ,, ,,	,,	3,30
,, ,, rot, für Fußbodenbelag, ,, ,,	,,	3,50
Straßenteer, präparierter, per kg	,,	0,33
Teerölkomposition, heiß verwendbar, für Straßenölungen, per kg	,,	0,42
Trinidad-Bitumen in Fässern, per kg brutto für netto	,,	0,65
Trinidad-Epuré ,, ,, ,, ,,	,,	0,70

C. Straßenpflasterungen

1. **Stampfasphaltbelag für stark befahrene Straßen,** 5 cm stark, samt 18 bis 20 cm starkem Portlandzementbeton 1:8, per m^2	S	38,00
2. **Stampfasphaltpflaster für mittelschweren Verkehr,** 4 cm stark, samt 15 cm Portlandzementbeton 1:8, per m^2	,,	32,00
3. **Belag für Gehwege, Turnplätze, Tennisplätze, Spielplätze usw.,** mit $2^1/_2$ bis 3 cm Mexphalt auf vorhandenem Unterbau aus Beton oder Wasser-Makadam, per m^2	,,	10,00
4. **Gußasphaltpflaster,** 4 cm stark, aus Spezialhartgußasphalt für **schweren Verkehr** samt 20 cm Portlandzementbeton 1:8, per m^2	,,	34,00
5. **Holzstöckelpflaster** aus imprägnierten Fichten- oder Föhrenholzstöckeln, 10 cm hoch, samt Asphaltüberguß und Berieselung für **schwersten Fuhrwerksverkehr** samt 19 cm Portlandzementbeton 1:8, mit Feinschichte 1:3, per m^2	,,	47,00
6. **Holzstöckelpflaster** aus 8 cm hohen imprägnierten Fichtenholzstöckeln samt Asphaltüberguß und Berieselung für **mittelschweren Fuhrwerksverkehr** samt 15 cm Portlandzementbeton 1:8, mit Feinschichte 1:3, per m^2	,,	39,50
7. **Holzstöckelpflaster für Brücken** aus 13 cm hohen imprägnierten Lärchenholzstöckeln samt Asphaltüberguß und Berieselung, samt 19 cm starkem Portlandzementbeton 1:8, mit Feinschichte 1:3, per m^2	,,	61,00
8. **Holzstöckelpflaster für Schienenbandeln bei Straßenbahngeleisen** aus 10 cm hohen imprägnierten Lärchenholzstöckeln samt 19 cm starker Portlandzementbetonunterlage 1:8, inklusive Feinschichte 1:3 samt heißem Asphaltüberguß und Berieselung, per m^2	,,	54,00
9. 18 bis 20 cm starker **Unterlagsbeton** für Stampfasphaltpflasterstraßen, per m^2	,,	13,00
10. 15 cm starker **Unterlagsbeton** für 4 cm starkes Stampfasphalt- oder Gußasphaltpflaster für Straßen, per m^2	,,	9,50
11. 19 cm starker **Unterlagsbeton** für Holzstöckelpflaster samt Feinschichte, per m^2	,,	14,50
12. 15 cm starker **Unterlagsbeton** für Holzstöckelpflaster samt Feinschichte, per m^2	,,	11,50

13. **Walzasphalt-, Bitumenmakadam-, Asphaltmakadam-, Mexphaltbelag, Trinidat-Walzasphalt,** 8 cm stark, für **stärksten Fuhrwerksverkehr,** exklusive Unterbau (20 cm starker Wassermakadam, richtig profiliert, ohne Unebenheiten), per m² .... S 17,00
14. **Walzasphalt-, Bitumenmakadam-, Asphaltmakadam-, Mexphaltbelag,** 5 cm stark, für **schweren Fuhrwerksverkehr,** per m²............ „ 14,00
15. **Aeberli-Makadam, Teermakadam,** 8 cm stark (20 cm starker Unterbau wie bei Walzasphalt), per m² .... „ 14,00
16. **Bitumen-Mexphalttränkung** von trocken aufgewalzter, 8 cm starker Schotterschichte samt Bitumenüberzug und Einwalzung von Gebirgsriesel für Straßen mit leichterem Verkehr, per m² .... „ 9,50
17. **Teertränkung** von trocken aufgewalzter, 8 cm starker Schotterschichte samt Oberflächenteerung für Straßen mit leichterem Verkehr, per m² .... „ 8,50
18. **Colas**-Kaltasphalt-Tränkungen, Halbtränkung, per m² .... „ 8,00
„ „ „ Volltränkung, „ „ .... „ 10,00

D. Straßenkonservierungen

1. **Einmalige Oberflächenteerung** aus heißem Spezialstraßenteer mit eingewalztem Teerungsriesel, per m² .... S 2,00
2. **Einmalige Oberflächenteerung** mit heißem Spezialstraßenteer mit Bitumenzusatz, mit eingewalztem Teerungsriesel, per m² .... „ 2,30
3. **Doppelte Oberflächenteerung** aus zwei Schichten heißem Spezialstraßenteer und zwei eingewalzten Teerungsrieselschichten, per m² ..... „ 3,90
4. **Zweimalige Oberflächenteerung** mit Bitumenzusatz, per m² ...... „ 4,40
5. **Oberflächenbehandlung** auf bauseits gewaschener Straßenoberfläche mit heißem Spramex samt eingewalztem Teerungsriesel, per m² .... „ 2,60
6. **Oberflächenbehandlung,** einmalige, mit **Colas**-Kaltasphalt auf bauseits gewaschenen Straßen samt eingewalztem Teerungsriesel, per m².. „ 2,60
7. **Oberflächenbehandlung** mit Bitas (Ölasphalt), einschließlich Berieseln: 1. Aufstrich .... „ 0,90
2. „ .... „ 0,50

Obige Preise sind Durchschnittspreise und können bei sehr großen Flächen wesentlich ermäßigt werden.

Die Applikation geschieht auf festem Untergrund (Beton, gewachsenes Erdreich) ohne Unebenheiten.

E. Staubbindung für Straßen

1. **Ölung** mit kaltem Sprengöl per m² .... S 0,75
2. „ „ heißer Teerölkomposition, per m² .... „ 1,00
3. „ „ Impregnol (im ersten Jahre), per m² ..... S 0,84 bis 1,00
3a. „ „ („ zweiten „), „ „ ...... „ 0,40 „ 0,52

Ölung um so wirksamer, in je besserem Zustand die Straßenoberfläche sich befindet.

Obige Preise sind Durchschnittspreise; bei größeren Flächen wesentlich billiger.

F. Neuzeitige Straßenbauweisen

Zusammengestellt nach Mitteilungen der Asdag, Bauabteilung der Teerag A. G., Wien, und Ing. v. Enyedy

Gezogene Fuhrwerke üben durch ihre Räder eine zermalmende Wirkung auf den Straßenkörper aus; die einwirkende Kraft ist vertikal. Fuhrwerke mit automotorischem Betrieb rufen durch ihre getriebenen Räder außerdem durch die das Rad antreibende Kraft eine zum Radumfang tangentielle, zur Straßenachse parallele Wirkung hervor. Man empfindet sie beim Gleiten, Schleifen, Bremsen, Schleudern, Springen; hiezu gesellt sich noch die Saugwirkung des rasch dahineilenden Kraftwagens. Diese Einflüsse verursachen zunächst die bekannten Schlaglöcher und letzten Endes die völlige Vernichtung der Straßendecke.

Die Fahrbahn mit rauher Oberfläche und mit Schlaglöchern verhindert das rasche Vorwärtskommen der Kraftwagen und nützt jedes Fuhrwerk durch die Erschütterungen stark ab; ebenso gefährlich ist aber auch eine zu glatte Fahrbahn (Gleiten, Schleudern).

Der eigentliche Träger in jedem Straßenoberbau ist das verwendete Gestein. Man kann die Straßendecken einteilen nach:

1. **den Gesteinsarten:** Kalk-, Basalt-, Granit-, Porphyr-, Diorit-, keramische und andere Kunststeine;

2. **den Steinbindemitteln:**

a) wassergebunden (Kot-Makadam), Steinpflaster;

b) hydraulische Bindemittel: Zement, Kieselsäurekalk;

c) Kohlenwasserstoffe: Asphalt, Bitumen, Teer;

3. **der Stärke des zu erwartenden Verkehres:**

a) Leichte Bauweise; hiefür kommen in Betracht: Schotterdecken mit Ölung, Oberflächenteerung oder Bituminierung.

b) Mittelschwere Bauweise; hiefür kommen in Betracht: Kleinsteinpflaster, Schotterdecken mit Tränkung, Silizierung, Zementierung.

c) Schwere Bauweise; hiefür kommen in Betracht: Großsteinpflaster, Teer- oder Asphaltbeton, Zementbeton und alle Bauweisen mit Betonfundament.

Die Dauerhaftigkeit der Abnützungsschichte ist in erster Linie von der Härte des verwendeten Gesteins abhängig: Kalk, Basalt, Granit, Porphyr, Diorit, entsprechend den Anforderungen.

Verzeichnis

der wichtigsten Begriffe und Namen des modernen Straßenbaues

Aeberli-Makadam. Das älteste (Schweizer) Verfahren für Teerbeton-Kalteinbau. Imprägnierung des erhitzten getrockneten Steinschlages mit destilliertem Teer; Lagerung der Mischung; Einwalzung in kaltem Zustand.

Arzit. Teerungsverfahren. Soll auch bei nasser Witterung verwendbar sein.

Asphalt. Natürlich vorkommendes, mehr oder weniger reines Bitumen. Natur- oder Kunst- (synthetischer) Asphalt, je nachdem Mischung von Natur aus oder künstlich erfolgt ist. Die bedeutendsten Naturasphalte sind: Trinidad und Bermuda. In Europa gibt es in den meisten Ländern Asphaltgestein-Vorkommen.

Asphaltbeton. Eine nach genauen Rezepten hergestellte Mischung von hocherhitztem getrockneten Steinschlag (Kleinschlag, Feinschlag, Splitt, Grus) mit Asphaltmörtel. Die Mischung erfolgt in Spezialmaschinen an Ort und Stelle und wird in heißem Zustand mit leichten Motorwalzen eingewalzt.

Asphaltblock. Straßendecke aus Asphaltpflastersteinen.

Asphaltgestein. In der Natur vorkommendes, mit Bitumen imprägniertes Gestein.

Asphaltmakadam. Makadamstraße, die in den Walzlagen statt mit Wasser mit Bitumen (Asphalt) getränkt wird. Daher auch der Name Tränkung oder Penetration. In der Terminologie wird oft auch die Mischung mit „Asphaltmakadam" bezeichnet. (Siehe „Asphaltbeton".)

Asphaltmörtel. Mischung von hocherhitztem trockenen Steinsand und „Filler" mit Asphaltzement.

Asphaltzement. Eine Bitumenmischung, die für einen gegebenen Fall alle erforderlichen Eigenschaften aufzuweisen vermag. Zum Beispiel: Trinidad-Asphalt mit mexikanischem Bitumenöl gemischt oder „Mexphalte" usw. Asphaltzement ist das fertige Bindemittel für die Herstellung von Asphaltmörtel bzw. Asphaltbeton.

Assalit. Teeremulsion.

Aufreißer. Pflugartiger Apparat, zum Aufreißen alter Makadamstraßendecken unentbehrlich.

Automobilstraße. Im engeren Sinne nur für Automobilverkehr bestimmte Straße. Ihre charakteristischen Erfordernisse sind: lange gerade Strecken, Kurven von nur großem Durchmesser, Breite für doppeltes Ausweichen, glatte, jedoch nicht schlüpfrige Oberfläche, Vermeidung von Niveaukreuzungen und Ortschaftsdurchfahrten, Hindernissen, großer Steigungen, endlich Vorhandensein von Reparatur- und Tankstellen an der Straße.

Binder. Bei mehrschichtigem Asphaltbeton die untere, gröbere Schichte.

Bitas. Eine kolloidale Asphalt-Öl-Lösung.

Bitufalt. Bindemittel für Innenbehandlung.

Bitulit. Rezept für Asphaltbeton.

Bitumen. Ein Gemisch natürlicher oder pyrogener Kohlenwasserstoffe, welches durch Vakuumdestillation aus natürlichen, flüssigen Asphalten oder Rohölen mit Asphaltbasis gewonnen wird. Bitumen ist zur Gänze löslich in Schwefelkohlenstoff und vermöge seiner Ko- und Adhäsion, Elastizität und Wasserundurchlässigkeit ein hervorragendes Bindemittel für den modernen Straßenbau.

Bitumuls. Eine Bitumenemulsion.

Bituroad. Bindemittel für Oberflächenbehandlung.

Colas. Bitumenemulsion für Oberflächenbehandlungen, Tränkungen auf alten Straßen.

Damman-Essener Teersand-Kalteinbauverfahren.

Emas. Asphalt-Bitumen-Emulsion (Bitumengehalt 50 bis 60%) zur Oberflächenbehandlung und Ausbesserung von Straßen (Allchemin A. G.).

Emulsion. Ein mit Seifen- (Kali-, Laugen-) Zusatz in Wasser gelöstes Bitumen (Teer). Jede Emulsion bezweckt die Möglichkeit der Verwendung bei jeder Witterung und die Ersparnis der Wärmemaschinen an der Baustelle; Aufbringung erfolgt in kaltem Zustand.

Elektroschmelzzement. Neuartiger, hochwertiger Schnellbinder-Portlandzement.

Epuré. Kommerzielle Bezeichnung von Trinidad-Asphalt.

Essener. (Siehe Damman.)

Filler. Füllmaterial für Asphaltmörtel; zumeist hydraulischer Zement, kann aber auch in gleicher Feinheit gemahlenes Steinmehl sein.

Fitte. Straßenpflaster aus künstlichen Platten.

Flickwalzung. Teilweise Walzung von beschädigten Straßenteilen mit Steinschlag. Eine Ersparungsmaßnahme von geringem Werte. Für Ausflickung der Straßen gibt es bereits Verfahren mit neuzeitigen Bindemitteln.

Goudron. Französisches Wort; bedeutet einfach Teer. Dient merkwürdigerweise auch als Marke für ein Asphaltpräparat.

Gummiblock. Pflaster aus Gummiblöcken.

Gußasphalt. Aus Asphaltmastix durch Aufgießen entstandener Belag. Siehe Mastix.

Impregnol. Mineralölkomposition für Staubbindung. (Allchemin A. G.)

Innenteerung (Tränkung, Penetration) besteht aus zwei Schichten mittels präpariertem Teer imprägniertem Gestein, und zwar aus einer Schichte Schlegelschotter, der in einer Stärke von 8 bis 10 cm auf die vorhandene Makadamstraße ausgebreitet, planiert und trocken eingewalzt wird, worauf Bruchriesel von 5 bis 12 mm Korngröße schütter aufgetragen und überwalzt wird; darauf Oberflächenteerung.

Die Imprägniermasse ist eine Mischung von reinem, destilliertem Teer mit einem Zusatz von 25% Trinidad-Epuré. Das in einer Heiztrommel erwärmte und entstaubte Gesteinmaterial wird mit der auf 180° C erwärmten Masse imprägniert, sodann aufgetragen und mit einer Walze von 15 Tonnen gewalzt. Die zweite Schichte erfährt die gleiche Behandlung.

Kaltverfahren. Jede Art von Straßendeckenherstellungen mit Bindemitteln aus Kohlenwasserstoff (Asphalt, Bitumen, Teer), bei welcher an der Baustelle keine Erhitzung des Materials erfolgt. (Siehe Emulsionen, Aeberli, Tarmac.)

Kiton. Teeremulsion.

Makadam. Verbreitetste Straßenbauart. Packlage, auf welche Kleinschlag eingewalzt wird. Während der Walzung mittels schwerer Straßenwalze erfolgt Besprengung mit Wasser.

Makadammörtel. Zementmakadam (siehe dort).

Mastix. In Briketten geformtes Asphaltmehl mit der Bestimmung, geschmolzen und gegossen zu werden. In neuester Zeit werden auch Mastixe mit Asphalt und Steinsplittgemisch hergestellt (Porphyrasphalt, Granitasphalt); diese gelangen in Kuchenformen auf den Bau.

Mexikan-Asphaltmakadam. Straßendecke, deren Herstellung in der gleichen Weise erfolgt wie jene aus Teermakadam. Die Deckschichte kann nur auf vorher präpariertem Makadam verlegt werden. Dauerhafteste und geeignetste Straßendecke für starkbefahrene Automobilstraßen. Applikation auch auf alten, bereits abgenützten und nicht mehr ausbesserungsfähigen Granitsteinstraßen bzw. auf Kleinschlagpflaster möglich (gilt auch für Teermakadam).

Mexphalt. Sehr verbreitetes Bitumenpräparat mit 99% reinem Bitumengehalt mexikanischer Herkunft. Niedere Durchdringung (Penetration). Für Innentränkung und Asphaltbeton. (Siehe auch „Spramex".)

Mexikobitumen. Aus Mexiko importierte Bitumina.

Oberflächenteerung. Schutzschichte, die auf jeden gut erhaltenen oder reparierten Teer-, Asphalt- oder Wassermakadam aufgetragen werden kann. Vor der Applikation der Oberflächenteerung ist die Straße von Unebenheiten zu befreien und sauber abzukehren. Sodann mittels Bürsten oder in maschinellem Verfahren den präparierten Straßenteer auf die Straßenoberfläche in heißem Zustand satt auftragen und gleichmäßig verteilen. Die Teerschichte sofort mit einem scharfkantigen Riesel abdecken. Nach kurzer Benützungszeit der Straße verbindet sich der Teer mit dem Riesel zu einer asphaltähnlichen Decke, die Staub bindet und die Straße staub- und kotfrei erhält. Empfehlenswert nur für leicht befahrene oder ausschließlich für den Fußgängerverkehr bestimmte Wege und Straßen.

Packlage. Pyramidenförmige, 25 cm hohe Steinbrocken, welche als Straßenfundament mit der Spitze nach oben versetzt werden. (Siehe Makadam.)

Pech. Der Rückstand des Steinkohlenteeres nach Abdestillation der Öle (Teerpech).

Petroleum. Flüssiger, natürlicher Kohlenwasserstoff. Für den Straßenbau insofern von Bedeutung, wenn das Rohöl bitumenreich und paraffinarm ist. Aus bituminösem Petroleum kann durch Destillation (auch Kraken) jede beliebige Art von Straßenbindemitteln hergestellt werden.

Pixroad. Rezept für Teerpräparat für Innentränkung.

Quarrite. Teerbeton mit Kalkstein.

Rustomit. Staubbinder aus der Kaliindustrie.

Sandasphalt. Asphaltbeton mit Sand von höchstens 2 mm Körnung. Englisch: Sheet-Asphalt.

Silifer. Künstliches Straßenpflasterungsmaterial.
Silikatstraße. Kieselsäurekalkstein. Straßendecke durch chemische Vereinigung. In kalksteinreichen Gegenden angezeigt.
Soliditit. Spezialzementbeton ohne Rißgefahr.
Spramex. Sehr verbreitetes Bitumenpräparat mit 99% reinem Bitumengehalt mexikanischer Herkunft. Hohe Durchdringung (Penetration). Für Oberflächenbehandlung („Spramexierung"). Schutzschichte dauerhaft und widerstandsfähig. Über Verwendungszweck siehe „Oberflächenteerung". (Siehe auch „Mexphalt".)
Superzement. Für Straßenbau speziell hergestellter Schnellbinder-Zement mit beseitigter Rißgefahr.
Stampfasphalt. Heißes Asphaltmehl gestampft. Genannt auch „Asphalt comprimé".
Straßenölungen haben den Zweck, eine Straße nur während einer Staubsaison staub- und kotfrei zu erhalten. Das Straßenöl wird auf die vorher säuberlich abgekehrte Straße satt aufgetragen und eventuell mit einem feinen Sand abgedeckt.
Teer. Produkt aus der Trockendestillation von Steinkohle.
Teeröl. Aus Steinkohlenteer destilliertes Öl.
Teerbeton. (Siehe Asphaltbeton, Teer statt Asphalt.)
Teermakadam (siehe Asphaltmakadam, Teer statt Asphalt) besteht aus einer Mischung von Sand und Bruchriesel, beide in der Heiztrommel entstaubt und erwärmt, mittels präpariertem Teer bei 180° C imprägniert, in einer 6—8 cm starken Schichte auf die vorhandene Makadamstraße aufgetragen und mit einer Walze von acht Tonnen eingewalzt. Die Applikation des Teermakadams empfiehlt sich nur auf einer Makadamstraße, die vorher ausgebessert bzw. entsprechend hergerichtet wurde.
Teermak (Tarmac). Teerbeton mit Hochofenschlacke. Kalteinbauverfahren. (Siehe Aeberli.)
Teertränkung ist ausschließlich bei der Rekonstruktion von bereits sehr beschädigten Makadamstraßen angebracht. Befindet sich eine solche Straße in derart schlechtem Zustand, daß sie durch eine Aufschotterung erneuert werden muß, so empfiehlt es sich, die aufgetragene Schotterschichte vorerst leicht einzuwalzen und auf das eingewalzte Planum den präparierten Teer mittels Gießkannen aufzubringen und neuerdings zu walzen. Auf die geteerte Schichte ist sodann Bruchriesel schütter aufzutragen und festzuwalzen; darauf dann Oberflächenteerung; unmittelbar auf die alte, gereinigte Decke kommt eine Schichte scharfen, trockenen Sandes 3—4 cm Stärke, der durch die Walzung nach oben gepreßt wird.
Topeka. Rezept für Sandasphalt mit Steinsplittzusatz. Wird auf Binder aufgewalzt.
Toxama. Patentierter Teerzusatz zur Beschleunigung der Abbindung.
Tränkung. Das Verfahren bei Asphalt- oder Teermakadam (Penetrationsverfahren). Im weiteren Sinne die Imprägnierung des Gesteins in Werkstätten.
Trinidad. Die größte Asphaltgewinnungsstelle. Marke für gleichnamigen Asphalt. (Siehe Asphalt und Epuré.)
Trinidat. Walzaspahlt, 5×7 cm stark, haltbarste Straßen.
Vialit. Bitumenemulsion.
Verbundasphalt. Sandasphalt auf Betonunterlage (über Makadamstraße) eingebaut, wobei auf die feuchte Betonlage aufgestreute und eingedrückte Steinsplitter die Verbindung erleichtern.
Vollwalzung. Aufbringung neuer Schotterlagen und Einwalzung auf die ganze Straßenbreite. Sollte nie ohne Aufreißen geschehen.
Westrumit. Asphaltemulsion.
Zementmakadam. Verwendung von Portlandzementmörtel bei Walzung von Schotterlagen. (Siehe Makadammörtel, auch Asphaltmakadam, Teermakadam.)

Bei Anschaffung von Bindemitteln aus Kohlenwasserstoff (Asphalte, Teere, Bitumina) sind besondere Studien der klimatischen und Verkehrsverhältnisse notwendig. Ihre Eigenschaften sollen stets in Laboratorien geprüft werden. Gut eingerichtete Lieferfirmen müssen in der Lage sein, die charakteristischen Angaben des Bestellers für ein Bindemittel prompt zu berücksichtigen.

Die wichtigsten Eigenschaften sind: Dichtigkeit, Viskosität, Konsistenz, Penetration (Durchdringung), Dehnbarkeit, Wärmeverlust, Erweichungs- und Schmelzpunkt, Flamm- und Brennpunkt. Gehalt an reinem Bitumen.

Behandlung der Straßendecke. Die Verwendung neuartiger Bauweisen hat nur dann einen Zweck, wenn der Straßenunterbau solid und fest ist (Packlage, Beton). Weiters ist eine unerläßliche Vorbedingung die gründliche Säuberung der Straßendecke vor der Behandlung.

Ölung dient gegen Staubbildung. Eine Bindekraft für den eingewalzten Schotter besitzt nur heiß aufgebrachte Teer-Öl-Komposition.

Oberflächenbehandlung mit Teer- oder Bitumenpräparaten, heiß (Sprengwagen) oder kalt (Emulsionen), dient für Straßen mit geringerem Verkehr. Die Behandlung wird meistens wiederholt; bei richtiger Einteilung sinkt die Menge des aufzusprengenden Materials auf ein Minimum. Nach der Aufbringung wird Riesel aufgestreut, eventuell leicht eingewalzt. Heiß aufgießen nur bei trockenem Wetter. Emulsionen bei jeder Witterung, außer starkem Regen, Schnee und Frost.

Silikatstraße. Die harte Decke ergibt sich durch chemische Vereinigung von Kieselsäure mit Kalkstein (z. B. nach Verfahren Ortlieb). Für mittleren Verkehr in kalksteinreichen, aber hartsteinarmen Gegenden geeignet.

Tränkungsverfahren. Im Gegensatz zur Oberflächenbehandlung wird hier das Bindemittel bereits in die inneren Walzlagen eingegossen; das Bindemittel ersetzt die Wasserbesprengung bei der gewöhnlichen Makadamwalzung. Je nach Verwendung von Bindemitteln entstehen somit: Teermakadam, Asphaltmakadam, Colas-Tränkung, Zementmakadam. Das Aufgießen kann je nach dem Verfahren heiß oder kalt geschehen. Nach Fertigstellung der Straße erfolgt eine Oberflächenbehandlung. Getränkte Straßen leisten ausgezeichneten Widerstand gegen Abnützung.

Teer- oder Asphaltbeton. Der Unterschied gegenüber Teer- oder Asphaltmakadam liegt darin, daß der Steinschlag nach besonderen Rezepten vor der Aufbringung auf die Straße gemischt und als fertiges Gemisch (Beton) eingewalzt wird. Teer- und Asphaltbeton dienen gleichzeitig als Oberfläche; sie sind für den schwersten Verkehr berechnet und bedürfen auf viele Jahre hinaus keiner oder minimaler Erhaltung.

Stampfasphalt. Gemahlenes, heißes Asphaltmehl auf starke Betonunterlage gestampft. In den Großstädten besonders verbreitet. Bei nasser Witterung Gleitgefahr.

Gußasphalt. Aufgießen von geschmolzenem Mastix mit Kieselbeimengung, Betonunterlage. Zumeist nur Gehsteige, Hartgußasphalt, 4 cm stark, für schwersten Verkehr. Es gibt auch Gußasphalte mit Steinschlagmischung (Porphyrasphalt, Granitasphalt), die, auf altes Steinpflaster aufgegossen, eine gute und billige Bauweise ergeben.

Zementbetonstraße. Hier dient als Verschleißschichte Beton; viele Betonstraßen sind auch mit Eisen armiert. Um die Rißgefahr an der Oberfläche zu vermeiden, werden Spezialzemente hergestellt. Die Risse können im übrigen mit Bitumen wirksam ausgegossen werden.

Holzstöckelpflaster. Für Großstädte mit starkem Automobilverkehr die wirklich würdige Bauart. Geräusch- und staublos. Betonunterlage bis zu 30 cm erforderlich. In der Nähe von Schulen und Spitälern auf jeden Fall angezeigt.

Kritischer Vergleich der Bauweisen.

Maßgebend für die Wahl der Bauart sind:

1. die örtlichen und klimatischen Verhältnisse,
2. die finanziellen Mittel und die Ausnützung nahe zu gewinnender Materialien,
3. die Beschaffenheit der Fuhrwerke und die Intensität des Verkehres.

In Städten mit starkem Automobilverkehr sind im Geschäftsviertel Holzstöckelpflaster, Asphaltbeton und gewisse Gußasphalte angezeigt; im Industrieviertel Groß-, Kleinsteinpflaster (keramisches Pflaster in steinarmen Gegenden).

Auf dem Lande muß in erster Linie auf die noch vorhandene Frequenz von Pferdefuhrwerken Rücksicht genommen werden. In der Ebene kommen in Betracht, je nach Intensität des Automobilverkehres: Oberflächenteerung, Tränkung und in den Hauptlinien Asphalt- (Teer-) Beton. Bei Steigungen werden entweder die kotgebundenen, mit Oberflächenbehandlung versehenen Makadamstraßen belassen oder Kleinsteinpflaster verwendet.

Tischlerarbeiten

Bearbeitet von Kommerzialrat Alexander v. Engel, Chef der Fa. Brüder Engel, Wien

Vorbemerkung

Alle Tischlerarbeiten verstehen sich samt Material und am Bauobjekt loko Wien eingepaßt.

Die Türen und Fenster, und zwar sowohl einzelne Bestandteile als auch vollständige Stücke, werden nach dem Lichtmaße der betreffenden Stöcke, dieselben mögen aus Holz, Eisen oder Stein bestehen, bzw. nach der Futterlichte verrechnet. Bei ins Futter aufgehenden Türen ist die größere Futterlichte bzw. der Türstock mit den größeren Dimensionen für die Stocklichte in Rechnung zu bringen. Glastüren werden mit den Preisen der vollen Türen berechnet.

Mehrarbeiten bei Türfuttern über ein Vielfaches von 15 cm, die sich durch den stärkeren Verputz der Mauern ergeben, werden nicht vergütet.

Türfutter von 30 cm Breite aufwärts sind durch Quermittelstücke, gleich den Türen, zu teilen; desgleichen müssen Blindspaleten in der Höhe der Kämpfer geteilt sein. Türfutter und Blindspaleten über 60 cm haben außerdem ein aufrechtes Mittelstück zu erhalten.

Bei neuen Fenstern dürfen Kämpfer und senkrechte Mittelteile des Fensterstockes nicht besonders verrechnet werden.

Fußböden werden in ihrem Ausmaß — in der Regel — nur innerhalb der rein geputzten Mauerflächen gemessen; für den Fall des Untergriffes unter dem Putz (z. B. bei Neubauten) werden bei den Längen und Breitendimensionen an jeder Mauerfläche 2 cm zugeschlagen. Bei harten Böden und Sockeln sowie bei Sesselleisten ist das einmalige Einlassen mit Wachs samt Aufbürsten oder das Einlassen mit Ölfirnis im Herstellungspreise inbegriffen. Bei verschiedenen Ausmaßen des Blind- und Brettelbodens in einem Raume (z. B. bei Vorhandensein von Schultreppen, Estraden, Hohlkehlsockeln u. dgl.) wird das Übermaß des Blindbodens besonders vergütet.

Bei gehobelten Arbeiten wird für jede gehobelte Fläche eine Verminderung der vorgeschriebenen Holzstärke um höchstens 2½ mm zugestanden.

Für auswärtige Arbeiten sind die Kosten für Packung, Zu- und Abfuhr sowie Fracht zuzuschlagen und beim Arbeitslohn die Erhöhung laut Kollektivvertrag zu vergüten.

Wenn die Holzgattung nicht speziell angeführt erscheint, gelten die Preise für alle Arbeiten aus weichem Holze. Im übrigen wird auf den in Ausarbeitung befindlichen, demnächst erscheinenden städtischen Preistarif verwiesen.

A. Einzelne Bestandteile von Türen und Toren

Alle Türen werden nach der lichten Futterdimension gerechnet.

Türstöcke

Die Preise der Türstöcke aus rauhem Kantholz und Pfosten sind im Kapitel „Zimmermannsarbeiten“ enthalten.

Gehobelter und gefalzter Parapetstock

aus Staffelholz	8/8	8/10	10/10 cm
Preis per Lfm.	S 2,30	2,80	3,50

Für segmentförmige Stöcke wird ein Zuschlag von 35%, für halbkreis- oder ellipsenförmige ein solcher von 75% vergütet.

Türfutter

Glatte Türfutter .... S 11,00
Eingefaßte und gekehlte Türfutter .... „ 17,00
per m², und zwar ohne Unterschied der Dimensionen.

Tür-, Falz- und Zierverkleidungen

Glatte Verkleidung bis zu einer Breite von 0,1 m, per m .... S 1,50

Eingefaßte und gekehlte Verkleidung per m

a) bis 0,1 m breit .... S 2,50
b) über 0,1 bis 0,13 m breit .... „ 3,00

Gehobelte Türfußtritte (glatt, etwa 24 mm stark)

a) gewöhnliche .... per m², S 15,00
b) aus Föhrenholz .... „ „ „ 16,00
c) „ Lärchenholz .... „ „ „ 18,00
d) „ Eichenholz, 16 cm breit, glatt .... „ „ „ 25,00
e) „ „ gestemmt von 32 cm breit aufwärts .... „ „ „ 30,00

Bei Fußtritten über 24 mm Stärke wird ein entsprechender Zuschlag gerechnet.

Türflügel

Einflügelige Türe, Abb. 1, auf einer Seite mit gekehltem Fries und Füllungen, auf der anderen Seite glatt. Fries in 4 cm starken Pfosten, Füllung 2 cm stark, per m² .... S 20,00

Einflügelige Türe, Abb. 2, jedoch beiderseits gekehlte Friese und Füllungen, per m² .... S 22,00

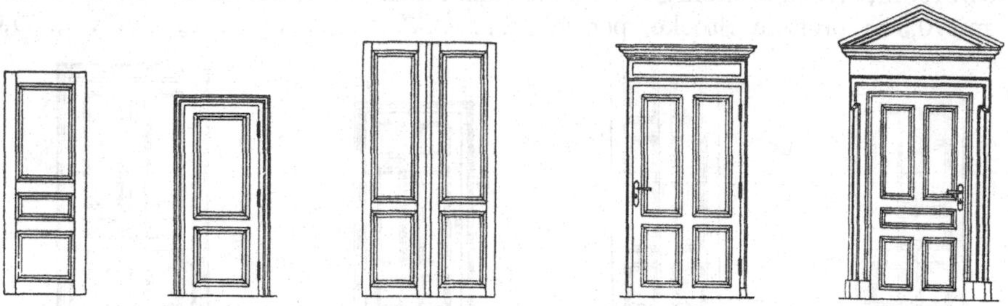

Abb. 1 Abb. 2
Einflügelige Türen

Abb. 3
Doppeltür

Abb. 4 Abb. 5
Türbekrönungen

Zusammengestemmte ein- oder zweiflügelige Türen

ganz wie die vorige, jedoch beiderseits glatt, mit Schlagleiste, per m² ...... S 18,00

Jalousieartige, verschalte ein- oder zweiflügelige Türen, sonst wie vor, per m² .... „ 35,00

Doppeltüre, Abb. 3, aus 5 cm starken Pfosten, mit beiderseits gekehltem Fries und Füllungen samt beiderseitiger Schlagleiste, sauber und rein gearbeitet, ohne Unterschied der Türdimensionen, per m² .... S 23,00

Türbekrönungen

Türbekrönung mit Gesims und abnehmbaren Aufschrifttafeln, Abb. 4 (für Schulen, Ämter usw.), bis 2 m lang und von entsprechender Höhe, per Stück S 44,00

Türbekrönung mit Gesims, Lisenen und schräggestellter Füllung, Abb. 5, per Stück

a) für einflügelige Kreuztür, bis 1 m breit .... S 56,00
b) „ zweiflügelige Doppeltür, bis 1,60 m breit .... „ 64,00

Türbekrönung mit Gesimskonsolen, Seitenstützen und Füllungen, per Stück

a) für einflügelige Tür, sonst wie vor .... S 64,00
b) „ zweiflügelige „ „ „ „ .... „ 74,00

Türen für Kleinwohnungen

Durch ÖNORM, B 5307, Ausgabedatum 15. März 1922, werden drei Typen festgelegt, die eine Höhe von 1942 mm, im Futter gemessen, besitzen. Die Futterbreite (Lichte) beträgt bei 2 Typen je 656 mm, bei der dritten 856 mm.

B. Vollständige Türen und Tore mit allen Bestandteilen

Vorbemerkung. Oberlichten und Anhängfenster werden zu dem Flächenpreis der zugehörigen Tür gerechnet. Oberlichte mit ungeradem Sturze werden mit einem entsprechenden Aufschlag (wie bei den Fenstern) behandelt.

a) Einflügelige Türen

Einflügelige Türe, Abb. 6, mit beiderseits gekehlten Friesen und Füllungen, mit gehobeltem, 0,15 m breitem Stock, samt Falz- und Zierverkleidungen, per m² S 44,00
mit 0,3 m breitem Stocke, per m² .... „ 50,00

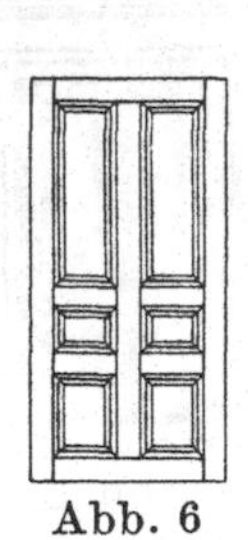
Abb. 6

Abb. 7
Einflügelige Türen

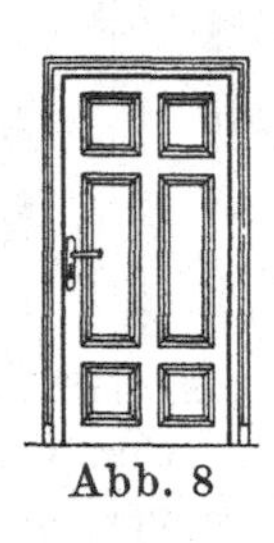
Abb. 8

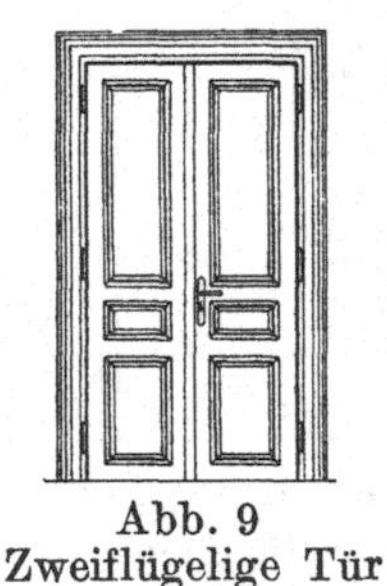
Abb. 9
Zweiflügelige Tür

Dieselbe, Abb. 7, jedoch mit rauhem, 15 cm breitem Stock aus Halbpfosten und eingefaßtem und gekehltem, 18 cm breitem Futter, per m² ..... S 52,00

Einflügelige, gestemmte Türen, Abb. 8, mit gestemmtem Futter und Verkleidungen, in 2 rauhen Stöcken aus Halbpfosten, per m²

a) mit 0,35 m tiefem Futter .... S 55,00
b) „ 0,45 „ „ .... „ 61,00
c) „ 0,60 „ „ .... „ 68,00
d) „ 0,75 „ „ .... „ 76,00
e) „ 0,90 „ „ .... „ 80,00
f) „ 1,05 „ „ .... „ 85,00
g) „ 1,20 „ „ .... „ 90,00

Werden Spaliertüren verwendet, so ist von den Preisen dieser Posten per m² der Betrag von S 4,00 in Abzug bringen.

b) Zweiflügelige Türen

Zweiflügelige Türen aus 5 cm starken, weichen Pfosten mit beiderseitigem Fries und Füllungen samt Schlagleisten, mit 5 cm starkem, 0,15 m breitem rauhem Stocke mit Falz und Zierverkleidung, gekehltem Futter mit Fries und Füllungen, samt Einrichten ohne Unterschied der Türdimension, Abb. 9, per m² .... S 44,00

Türe, wie vorige, jedoch Stock aus 8 cm starken Pfosten, per m². . S 37,00

Zweiflügelige Türe aus 5 cm starken, weichen Pfosten und beiderseitigem Fries und Füllungen samt Schlagleisten, in 2 rauhen Stöcken, je 0,15 m breit, 5 cm stark, mit Futter und beiderseitigen Verkleidungen, mit gekehlten Friesen und Füllungen samt Einpassen

a) mit 0,35 m tiefem Futter, per m² .... S 53,00
b) „ 0,45 „ „ „ „ „ .... „ 59,00
c) „ 0,60 „ „ „ „ „ .... „ 66,00
d) „ 0,75 „ „ „ „ „ .... „ 74,00
e) „ 0,90 „ „ „ „ „ .... „ 78,00
f) „ 1,05 „ „ „ „ „ .... „ 83,00
g) „ 1,20 „ „ „ „ „ .... „ 88,00

Anmerkung. Futter über 60 cm Breite müssen ein aufrechtes Mittelstück erhalten.

c) Sonstige ein- oder zweiflügelige Türen

Bei Türen, die sich ins Futter öffnen, wird zu den Preisen 10% zugeschlagen. Bei **zweiflügeligen Türen,** Abb. 10, mit ungleicher Flügelbreite und doppelten Schlagleisten, wird auf die Preise der gewöhnlichen Flügeltüren ein Aufschlag von S 10,00 für das Stück berechnet.

Windfang von mindestens 2,50 m Breite mit Lisenen, gestemmtem Parapet mit Brustleiste und Sockel, vierteilig, mit zweiflügeliger Spieltür und Glaslichten mit Verkröpfungen, per m² .... S 45,00 bis 60,00

Spieltür (Windfang) mit Parapetstock, zweiflügelig, mit Kämpfergesims und Oberlichte, gestäbten Füllungen mit Glaslichten, per m² .... S 45,00 bis 50,00

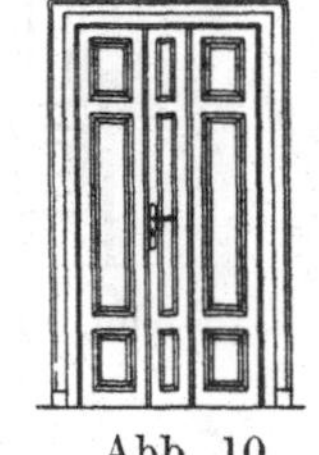

Abb. 10
Zweiflügelige Tür

Türoberlichte und Anhängefenster werden in das Flächenmaß der zugehörenden Türe mit eingerechnet.

Für das Anbringen von **separaten Glasflügeln** und Gitterfalz erfolgt per Flügel eine Aufzahlung von *S 6,00* bis *7,00.*

d) Hauseingangstüren und -tore ohne Stock

Vorbemerkung: Die Türe wird im vollen Ausmaße berechnet. Parapetstöcke werden laut Tarif separat vergütet.

Zweiflügelige Türe aus 5 cm starken, kienföhrenen Pfosten in glatter, verleimter Arbeit ohne Unterschied der Dimension, samt Einrichten, per m² ..... S 20,00

Dieselbe, jedoch jalousieartig verschalt, per m² .... „ 35,00

Haustüre bis 2 m breit, Abb. 11, mit Parapetstock, ohne Unterschied der Stöcke, mit zwei gleich- oder verschieden breiten Flügeln aus 5 cm starken, föhrenen Pfosten mit Sockel, verstemmten Friesen und doppelten Schlagleisten, jeder Flügel mit 3 bis 8 eingesetzten, abgekröpften Füllungen oder auf Jalousieart entweder ganz zum Aufgehen oder mit durchlaufendem Kämpfergesims und festem Oberteile oder Glaslichte mit Sprossen, ohne jede Bildhauerarbeit, je nach der Teilung, per m² . . . . S 55,00 bis 65,00

Dieselbe von glatt verleimter Arbeit, per m² . . . . S 32,00

Dieselbe, jedoch verschalt, per m² . . . . „ 48,00

Haustor wie vor, jedoch von mehr als 2 m Breite, aus 8 cm starken kienföhrenen Pfosten, je nach der Zeichnung, per m² . . . . S 75,00 bis 85,00

Haustüre wie vor, jedoch aus Eichenholz hergestellt, stellt sich, je nach Entwurf, um 100 bis 180% höher.

Wagenschuppentor aus 8 cm starken, föhrenen Pfosten, mit harten Einschubleisten, außen verschalt, per m² . . . . S 50,00

Schubtore aus Holz mit 1 oder 2 Flügeln aus 8 cm starken Pfosten, mit gestäbten Füllungen nach Abb. 12, per m² . . . . S 50,00

Abb. 11. Haustüre

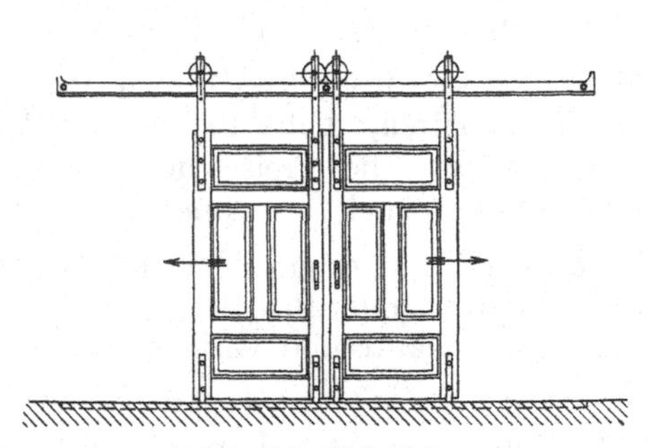

Abb. 12. Schubtor

C. Abteilungswände und Windfänge

Vorbemerkung. Oberlichte mit ungeradem Sturze werden nach dem umschriebenen Rechteck berechnet und erhalten außerdem einen entsprechenden Zuschlag auf den ganzen Preis (wie bei den Fenstern)

a) bei äußeren, segmentförmigen Oberflügeln von 20%,

b) „ „ halbkreisförmigen Flügeln von 35%,

c) „ „ korbbogenförmigen Oberflügeln von 50%.

Abteilungswand aus 4 cm starken Laden, genutet und gefedert oder stumpf aneinandergepaßt, mit Deckleisten samt Gesims und Sockel, an allen Materialien, Arbeit und Aufstellung,

a) einerseits gehobelt, per m² . . . . S 16,00

b) beiderseits „ „ „ . . . . „ 18,00

Abteilungswände, beiderseits gehobelt, aus 4 cm starken Laden, entweder bloß mit Sockel oder mit Parapet samt Sockel, oben mit einem Deckstück mit Gesims, die Wand und das Parapet mit Fries und Füllungen, nach Erfordernis auch mit Türen, per m² . . . . S 24,00

Dieselben, jedoch mit Glaslichten und Sprossen, samt Kämpfer mit Oberlichte, per m² .... S 22,00

Dieselben, jedoch mit Schub- oder gewöhnlichen Fensterflügeln, per m² ,, 26,00

Holzwand wie vor, jedoch aus 5 cm starkem Holze, samt Kämpfer und Oberlichte, Lisenen mit Deckleiste,

a) voll, mit Füllungen, per m² .... S 30,00

b) mit Glaslichten, per m² .... ,, 26,00

D. Lamberien (Wandverkleidungen)

Lamberie aus weichem Holze, 2 ½ cm stark, mit Gesims, Brustleiste und Sockel, einschließlich der Beigabe und Befestigung der Dübel in der Mauer,

a) die Laden gefedert, per m² .... S 15,00

b) mit Fries und Füllung, per m² .... ,, 24,00

c) wie vor, jedoch mit diagonaler Stäbung per m² .... ,, 28,00

d) in reicherer Ausführung, mit Konsolen und Verzierungen, je nach Zeichnung, per m² ....von S 40,00 bis 60,00

E. Holzplafonds

Balkenplafond mit gestäbten Feldern und imitierten Trämen, per m² von S 35,00 bis 50,00

Kassettenplafond, in einfacher Ausführung, sonst wie vor, per m² von S 40,00 bis 60,00

Kassettenplafond mit geschnitzten Feldern, Konsolen und Rosette, per m² von S 62,00 bis 100,00

Sämtliche vorgenannten Plafonds aus reinem Fichtenholz hergestellt. Dieselben aus Föhrenholz 50% teurer. Bei den aus Eichenholz hergestellten Plafonds erhöht sich der Preis um 180%.

F. Stiegen mit geraden Armen

Preis per Stufe in S für Holzstiegen	mit geraden Stufen	mit Spitzstufen
aus weichem Holz, Föhrenstufen, in beiderseitigen Wangen mit einfachem Geländer, bei 1 m Lichtbreite	30,00	40,00—50,00
mit gestützter Wange und Geländer, je nach Zeichnung und Ausführung	40,00—60,00	
ganz aus Lärchenholz, gekröpfte Säulen, gedrehte Baluster, Handgriffe	50,00—60,00	70,00—90,00
ganz aus Eichenholz, sonst wie vorher	60,00—100,00	100,00—150,00

Einläufige Holztreppen für Kleinwohnungen. Die wichtigsten Größen und Abmessungen sind durch ÖNORM, B 5201 bis 5203, Ausgabedatum 15. März 1922, festgelegt.

Stiegenanhaltstangen und Stiegengriffe aus Eichenholz, naturpolitiert, anfertigen und befestigen.

	I	II	III	IV	V	VI
	Schilling per Lfm.					
a) Griffe mit Schienenfalz nach jeder Schweifung, für freitragende und Mauergeländer	33,00	28,00	24,00	20,00	16,00	13,00
b) Griffe ohne Schienenfalz, nach jeder Schweifung, für Mauergeländer	32,00	27,00	23,00	17,00	14,00	12,00
c) Griffe mit Schienenfalz bei geradarmigen Stiegen, für freitragende und Mauergeländer	27,00	23,00	17,00	13,00	10,00	9,00
d) Griffe ohne Schienenfalz bei geradearmigen Stiegen, für Mauergeländer	26,00	22,00	16,00	10,00	9,00	8,00
e) für geschweifte Ecken bei geradarmigen Stiegen	52,00	51,00	35,00	30,00	26,00	17,00

Stiegenanhaltstangen wie vor, jedoch aus gedämpftem Buchenholz, 20% billiger.

Krümmlinge werden mitgemessen und außerdem hiefür eine Aufzahlung von *S 10,00 bis 18,00* per Stück gerechnet.

Knöpfe für Stiegengriffe zur Unterbrechung des Laufes (um das Gleiten zu verhindern), per Stück .... S 1,10 bis 1,50

Wandschutzbretter längs des Stiegengriffes, per m

a) aus weichem Holze .... S 3,00
b) „ gedämpftem Rotbuchenholz .... „ 4,50
c) „ Eichenholz .... „ 6,00

G. Reparaturen an Türen und Toren

Vorbemerkung. Werden Reparaturen mit Holzbeigabe an Objekten mit Föhren-, Lärchen- oder Eichenholz vorgenommen, so werden die eingesetzten Reparaturpreise (sofern nicht Reparaturpreise für diese Holzgattungen festgesetzt worden sind) um 25% bzw. um 50 und 100% erhöht.

Das Aus- und Einhängen der Türflügel ist in den Einheitspreisen inbegriffen.

Reparaturen an Zimmertüren

Schlagleiste abnehmen und eine neue, bis 0,1 m breite Schlagleiste wieder anmachen, per m .... S 2,00

Neues aufrechtes Friesstück in eine alte Türe einsetzen, samt Auslösen des schadhaften Stückes, Einrichten und Befestigen des neuen, per m S 11,00 bis 12,00

Querfriesstück wie vor behandeln, per m .... „ 14,00 „ 15,00

Neue Füllungen in eine alte Türe einsetzen, nebst Auslösen der alten Friesstücke und Wiederfestmachen, per m² .... S 14,00 bis 16,00

Gekehlte Türverkleidung abnehmen, ausbessern und wieder festmachen, per m S 2,0 bis 3,0

Alte, glatte oder gekehlte **Türverkleidung** abnehmen und dafür eine neue anmachen, per m, und zwar:

a) ein neues gekehltes Stück, bis 0,1 m breit .... S 2,50
b) „ „ „ „ über 0,1 „ „ .... „ 3,00

Gekehltes Futter losnehmen, ausbessern und wieder festmachen, per m²
S 9,00 bis 10,00

Altes Futter abnehmen und hiefür ein neues Futter einsetzen,
a) wenn das neue Futter glatt ist, per m² .... S 15,00 bis 20,00
b) „ „ „ „ „ gekehlt „ „ „ .... „ 20,00 „ 25,00

Alte Füllung herausnehmen und einen Kittfalz für die Verglasung herstellen, per 1 m Falz .... S 2,50 bis 3,00

Türe samt Verkleidung unten abschneiden, per m ...... „ 5,00 „ 6,00

Alten Fußtritt wegnehmen und dafür einen neuen einsetzen, per m²
a) aus weichem Holze .... S 16,00 c) aus Lärchenholz .... S 30,00
b) „ Föhrenholz .... „ 20,00 d) „ Eichenholz......... „ 40,00

Reparaturen an Toren, Hauseingangstüren und Windfängen

Gegenstand	Aus Tannen- oder Fichtenholz	Aus kienföhrenem Holze	Aus Eichenholz	Anmerkung
	Schilling			
Sockel abnehmen und hiefür einen neuen anfertigen, anpassen und festmachen per m²	11,00	13,00	25,00	
Schlagleiste abnehmen, eine neue, bis 15 cm breite je nach Zeichnung anfertigen und festmachen, per m	4,00—5,00	5,00—6,00	10,00—20,00	
Kämpfergesims abnehmen, das neue, bis 15 cm breite und 25 cm hohe anpassen und je nach der Zeichnung befestigen, per m	18,00—20,00	20,00—23,00	35,00—50,00	alles ohne Bildhauerarbeit berechnet
Neue Füllung einsetzen, die alte herausnehmen, die durch allfällige Beschädigung beim Auseinandernehmen der Friese nötig gewordenen Reparaturen bewerkstelligen, per m²	17,00—19,00	20,00—25,00	40,00—50,00	die Füllungen einfach abgeplattet, ohne jede Bildhauerarbeit
Neuen Fries herstellen, nebst Abnehmen des alten und der hiedurch erforderlichen übrigen Reparaturen, per m	20,00—24,00	26,00—30,00	40,00—50,00	
Haustor nach der ganzen Breite unten abschneiden und den Sockel wieder gleichrichten, samt Aus- und Einhängen des Tores, per m	11,00—12,00	13,00—15,00	17,00—20,00	

H. Fenster und deren Bestandteile[1])

Vorbemerkung. Die Fensterflügel sind bei den großen Fenstern aus 52 × 52 mm, bei den kleinen aus 46 × 46 mm starkem Holze herzustellen. Die Mehrbreiten der Fensterbretter werden separat vergütet.

Ganz neue Fensterstöcke samt Flügeln

Innere oder äußere, vom Tischler fix und fertig hergestellte Fenster samt Stock in der zur Größe der Fenster entsprechend gehaltenen Holzstärke, in solidester Konstruktion ausgefertigt und eingepaßt, wobei die inneren Flügel nach innen bzw. die äußeren nach außen aufgehen, je nach ihrer Größe, und zwar bei einer im Lichten gemessenen Querschnittsfläche, **per m²**

		einflügelig	zweiflügelig
a)	von 0,25 m²,	S 56,00,	S 64,00
b)	„ 0,50 „	„ 32,00,	„ 40,00
c)	„ 0,75 „	„ 26,00,	„ 30,00
d)	„ 1,00 „	„ 22,00,	„ 27,00
e)	„ 1,25 „	„ 20,00,	„ 24,00
f)	„ 1,50 „	„ 19,00,	„ 21,00

Innere oder äußere vierflügelige, vom Tischler fertig hergestellte **Fenster samt 15 cm tiefem Pfostenstock und Kämpfer,** in den zur Fenstergröße entsprechend gehaltenen Holzstärken, bei solidester Konstruktion angefertigt und eingepaßt, wobei die inneren Flügel nach innen bzw. die äußeren nach außen aufgehen, je nach ihrer Größe und Form, und zwar entweder für ein inneres oder ein äußeres Fenster, **per m²**

Bei einer im Lichten gemessenen Querschnittsfläche	mit geradem Sturz
a) von 1,00 m²	S 35,00
b) „ 1,25 „	„ 30,00
c) „ 1,50 „	„ 27,00
d) „ 1,75 „	„ 27,00
e) „ 2,00 „	„ 26,50
f) „ 2,25 „	„ 26,50
g) „ 2,50 „	„ 26,00
h) „ 2,75 „	„ 25,50
i) „ 3,00 „	„ 25,00
k) „ 3,25 „	„ 24,00
l) „ 3,50 „	„ 23,50
m) „ 3,75 „	„ 23,00
n) „ 4,00 „	„ 22,50
o) „ 4,25 „	„ 22,50
p) „ 4,50 „	„ 22,00
q) „ 4,75 „	„ 21,50
r) „ 5,00 „	„ 21,00

Fenster anderer Querschnittsabmessungen werden proportional den in vorstehenden Fenstergattungen ausgesetzten Preisen berechnet.

[1]) Durch ÖNORM, B 5301—5306, Ausgabedatum 15. März 1922, wurden die Maße und Durchbildungen von Fenstern für Kleinwohnungen besonders festgelegt.

Fenster mit 2 bis 4 inneren und 2 bis 4 äußeren Flügeln, mit 5 × 15 cm Pfostenstock, inneren und äußeren, weichen Falzleisten, Flügel, Kämpfer und Wetterleisten aus Föhrenholz, mit Fensterbrett bis 20 cm Breite und Fugendeckleisten, bei einer im Lichten gemessenen Querschnittsfläche von:

m²:	1,00	1,25	1,50	1,75	2,00	2,25	2,50	2,75
Preis per m² in S:	50,00	48,00	45,00	40,00	34,00	33,50	33,00	32,50
m²:	3,00	3,25	3,50	3,75	4,00			
Preis per m² in S:	32,00	31,50	31,00	30,50	30,00			

Fenster wie vor beschrieben, jedoch mit äußerer, föhrener Rahmenaufdopplung, bei einer im Lichten gemessenen Querschnittsfläche von:

m²:	1,00	1,25	1,50	1,75	2,00	2,25	2,50	2,75
Preis per m² in S:	55,00	53,00	49,00	44,00	38,00	37,50	37,00	36,50
m²:	3,00	3,25	3,50	3,75	4,00			
Preis per m² in S:	36,00	35,50	35,00	34,50	34,00			

Für sechsflügelige Fenster samt Stock wird auf die Preise der vierflügeligen Fenster ein Zuschlag von 50%, für achtflügelige Fenster samt Stock ein Zuschlag von 100% vergütet.

Sechsflügelige Schulzimmerfenster mit inneren und äußeren Flügeln, wovon die mittleren inneren und äußeren Flügel zum Herausnehmen, die acht übrigen Flügel nach innen zu öffnen sind; der Stock mit Kämpfer und Wetterschenkel mit beiderseitiger verkehlter Verdopplung, zwei vertikalen, durchlaufenden Mittelstücken für die äußeren Flügel und zwei kurzen Mittelstücken für die oberen inneren Flügel, mit Ventilationsflügeln, eventuell mit Falzen für eiserne Ventilationsflügel, und einem Fensterbrett, bis 20 cm breit, per m² .... S 38,00

Zuschlag zu den bezüglichen Tarifposten für Fenster auf den Gesamtfensterpreis

a) mit äußeren segmentförmigen Oberflügeln, der Stock und die inneren Oberflügel gerade 20%
b) mit segmentförmigen inneren und äußeren Oberflügeln und segmentförmigem Stocke 30%
c) mit äußeren halbkreisförmigen Oberflügeln, der Stock und die inneren Flügel gerade 40%
d) mit halbkreisförmigen inneren und äußeren Oberflügeln und ebensolchem Stocke 60%
e) mit äußeren korbbogenförmigen Oberflügeln, der Stock und die inneren Oberflügel gerade 50%
f) mit inneren und äußeren korbbogenförmigen Oberflügeln und ebensolchem Stocke 80%

Jalousiekastel bei nach innen aufgehenden Fenstern, per Stück von S 6,00 bis 7,00

Kreisrunde innere und äußere Rahmenfenster, per m² des umschriebenen Quadrates .... S 60,00

Ellipsenförmige innere und äußere Rahmenfenster, per m² des umschriebenen Rechteckes .... S 75,00

Gangfenster wie in erster Post beschrieben (vollständig fertig hergestellte Fenster), mit vier inneren Flügeln, außen mit 13 cm breiten, eingefaßten und gekehlten Chambranen (Verkleidungen), per m² .... S 25,00

Gangfenster mit bloß äußerem gekehlten Rahmenstock, 5/8 cm stark, samt Flügeln aus Kienföhrenholz, per m² .... S 22,00

Gangfenster wie vor, jedoch mit innerem glatten Rahmenstock samt Flügeln, per m² .... S 21,00

Für Fenster mit inneren und äußeren Rahmenstöcken (Zusammenhängstöcke) samt weichem, bis 20 cm tiefem Steinfutter, muß auf die bezüglichen Preise der Fenster mit Pfostenstöcken eine Aufzahlung von 35% geleistet werden.

Einfache Schubfenster werden mit 30% Zuschlag berechnet.

Für Schubfenster mit Gewichtskasten wird ein Zuschlag von 60% vergütet.

Für Fenster unter 2 m² Größe wird auf die bezüglichen Tarifposten eine Aufzahlung nach folgender Tabelle geleistet:

Größe der Fenster in m²		Aufzahlung in %
von	bis	
—	0,5	100
0,5	1,0	60
1,0	1,5	25
1,5	2,0	15

Anmerkung. Wird eine andere Holzgattung wie Fichtenholz verwendet, so erhöhen sich vorstehende Fensterpreise um 10% bei Föhren-, 40% bei Lärchen- und 100% bei Eichenholz.

Mistbeetfenster aus 5/7 cm starkem Rahmenholz, mit Falz für Verglasung, herstellen per m²

a) aus Kienföhrenholz .... S 12,00

b) „ Lärchenholz .... „ 15,00

Stockbestandteile, Steinfutter und Fensterbrett

Gehobelte Blindrahmen oder Rahmen eines Verdopplungsstockes oder eines gewöhnlichen inneren oder äußeren Fensterstockes, per m .... S 1,50

Verkleidungsrahmen für einen Pfostenstock, per m,

a) wenn dieselben glatt .... „ 1,20

b) „ „ gekehlt .... „ 1,80

Bei 25 cm breitem, geradem **Futter** an einem Steinstock, nach dem lichten Stockumfang gemessen, per m .... S 2,00

Senkrechter Mittelteil eines Fensterstockes, per m.................. „ 1,50

Kämpfer für einen inneren oder äußeren Fensterstock, per m ..... „ 5,50

Wetterschenkel für einen äußeren Kämpfer, per m .... „ 3,00

Für segmentförmige Teile eines Fensterstockes, nach dem Umfange für sich gemessen, werden 40%, für halbkreis- oder ellipsenförmige Teile 80% zur Länge zugeschlagen.

Für Stockbestandteile gewöhnlicher Schubfenster gelten die Preise für einfache Stöcke, während für Schubfenster mit Gewichtskästen die Seitenteile des Stockes doppelt zu rechnen sind.

Fensterbretter, per m²

a) aus Fichtenholz...... S 11,00 c) aus Lärchenholz .... S 15,00

b) „ Föhrenholz ...... „ 12,00 d) „ Eichenholz .... „ 30,00

Fensterflügel und deren Bestandteile

Einzelne **Fensterflügel** ganz neu herstellen, per m², aus:

	Fichten- od. Tannenholz	Kienföhren-	Lärchen-	Eichen- holz
a) mit geradlinigem Sturze	S 15,50	17,50	20,00	31,00
b) „ segmentartigem Sturze	„ 18,50	21,00	23,50	36,00
c) „ ellipsen- oder halbkreisförmigem Sturze..........	„ 22,00	23,50	27,00	39,00

Fensterflügelrahmen oder Sprossen, per m .... S 2,25
Schlagleiste, per m .... „ 1,75
Wetterschenkel, per m .... „ 2,50

Für jede **Verzapfung der Rahmenstücke** oder Sprossen eines Fensterflügels wird ein Zuschlag von *S 0,35* geleistet.

Reparaturen an Fenstern

Vorbemerkung. Das Herausnehmen der alten, das eventuelle Verzapfen der neuen Teile, sowie das Einpassen ist in den Preisen inbegriffen. Auf Handarbeit entfallen in den vorstehenden, die Reparaturen betreffenden Tarifposten 60%.

Einen **Fensterflügel** ohne Unterschied der Größe einpassen... S 1,40 bis 1,80
Neue Sprossen einsetzen, per m .... S 3,25
Seitenteile bei einem Fensterflügel erneuern, per m .... „ 4,00
Fensterkämpfer einsetzen, per m .... „ 5,50
Schlagleiste bis 6 cm Breite liefern und anbringen, die alte ausstemmen, per m S 2,50

Wetterschenkel für Fensterflügel liefern, die alten ausstemmen und die neuen anbringen, per m .... S 3,50
Neue **Stockteile** liefern und einsetzen, die alten ausstemmen, per m. „ 4,00
Neue **Steinfutter** liefern und anbringen, die alten ausstemmen, per m „ 6,50

Fensterbalken

Gegenstand	Aus Tannen- oder Fichtenholz	Aus Kienföhrenholz	Aus Lärchenholz
	Schilling	Zuschläge	
Volle aus- oder inwendige Fensterladen mit harten Einschiebleisten, ohne Unterschied der Fensterdimension, gemessen in der Holzlichte des Verdopplungsrahmens, per m²	20,00	20%	40%
Ein- oder mehrfach gebrochene Fensterbalken mit Friesen und und Füllungen, per m²	30,00	20%	40%
Verdopplung hiezu, per m gerade	1,60	20%	40%
Jalousiebrettel neu anfertigen, die Seitenteile auseinandernehmen und in den alten Flügel wieder einsetzen, per Stück	2,25	2,50	3,00

Spalettkasten

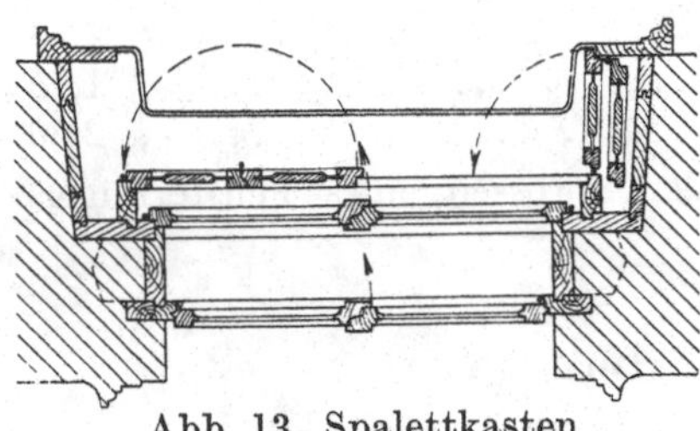

Abb. 13. Spalettkasten

Spalettkasten, Abb. 13, mit Lamberien, Plafondstücken samt Verkleidung, verstemmter Hinterwand, ein- oder mehrfach gebrochenen Balken, alles verstemmt, mit Füllungen und Friesen, aus Tannen- oder Fichtenholz hergestellt, und zwar für Fenster bis 0,6 m Spalettiefe, gemessen in der Lichtöffnung des Spalettkastens an der inneren Zimmerfläche,

a) bis 1 m Breite und 3 m Höhe, per Stück .... S 200,00
b) „ 1,3 „ „ „ 3,6 „ „ „ „ .... „ 320,00
c) „ 1,5 „ „ „ 4 „ „ „ „ .... „ 425,00

Spalettkasten aus Lärchenholz sind um 50%, aus Eichenholz um 180% höher zu veranschlagen.

Blindspaletten in	0,35	0,45	0,60 m breiter Fensterleibung,
per m²	S 30,00	35,00	40,00

Jalousien

Jalousiefenster mit Fensterstock, zum Aufmachen und Ausstecken gerichtet, per m²

a) aus Tannen- oder Fichtenholz .... S 60,00
b) „ Kienföhrenholz .... „ 80,00
c) „ Eichenholz .... „ 120,00

Jalousiefensterflügel ohne Stock, per m²

a) aus Tannen- oder Fichtenholz .... S 42,00
b) „ Kienföhrenholz .... „ 56,00
c) „ Eichenholz .... „ 85,00

Tischlerleim

Knochenleim, per 100 kg .... S 300,00

Perlenleim, hohe Quellfähigkeit; wird ohne kochen im Wasser- oder Dampfbad bei 70° bis 90° C gelöst; einfache Notierung. Per 100 kg .... S 300,00

Fußböden

Bearbeitet von Kommerzialrat A. v. Engel, Chef der Firma Brüder Engel, Wien

A. Fußbodenbestandteile

Polsterhölzer 5 × 8 cm stark, auf 1 m Entfernung von Mittel auf Mittel gelegt, samt Eingraben in den Mauerschutt und Ausplanieren des letzteren, per m².. S 0,70

Polsterhölzer 5 cm dick, 15 cm breit, auf 56 cm Entfernung von Mittel auf Mittel gelegt, sonst wie vor, per m² .... S 1,60

Blindboden aus rauhen, weichen Laden auf Polsterhölzern, die auf 0,8 m von Mittel auf Mittel verlegt sind, samt allen Materialien und aller Arbeit, per m²

a) bei 20 mm starken Brettern .... S 3,50
b) „ 25 „ „ „ .... „ 4,00
c) „ 30 „ „ „ .... „ 4,50

Sockel mit Kehlstoß samt Anmachen, per m, und zwar bei einer Höhe von

	cm 10	15	20	25
a) aus Tannen- oder Fichtenholz	S 2,50	3,50	4,00	4,50
b) „ Kienföhrenholz	„ 3,00	4,25	5,00	5,50
c) „ Lärchenholz	„ 3,50	5,00	6,00	7,00
d) „ Eichenholz	„ 6,00	8,00	9,00	11,00

Anmerkung. Diese Preise gelten auch für die Herstellung von Sockeln bei Stiegen und Gängen. Für das Ausschneiden nach den Stufenprofilen bei Stiegen werden 100% Aufzahlung geleistet.

Sesselleisten samt Anbringen, per m, in Schilling

Holzart	Dreiecks-	Fünfecks-
	Querschnitt	
Weich	0,55	0,80
Rotbuche	0,65	0,95
Eiche	0,80	1,20

Mauerfriese samt Legen, per m²

a) weiche aus Tannen- oder Fichtenholz.......................... S 14,00
b) harte aus gedämpftem Rotbuchenholz .... „ 18,00
c) Eichenholz II. Klasse .... „ 20,00
d) „ I. „ .... „ 22,00

B. Neue vollständige Fußböden

Gewöhnliche Fußböden aus möglichst astfreien **Fußtafeln** mit Polsterhölzern samt dem Legen und den Nägeln, per m²:

Bretterstärke 25 mm........ S 10,00
„ 30 „ .... „ 12,00
„ 35 „ .... „ 14,00

Schiffböden aus in rohem Zustande 26 mm starken Brettern mit Nut und Feder hergestellt samt Polsterhölzern und Stiften, per m²............ S 8,00

Brettelboden aus weichem, 26 mm starkem Rohholz hergestellt. Brettelbreite mindestens 6 cm, Länge mindestens 80 cm, mit Nut und Feder, fischgrätenartig gelegt, samt Polsterholz, weichen Mauerfriesen und Stiften, per m²...... S 12,00

Dieselben, jedoch 30 mm stark .... „ 14,00
„ „ 35 „ „ .... „ 16,00

Fußböden aus hartem Holze

Schiffböden aus gedämpfter Rotbuche, 23 bis 24 mm stark, in fertig gehobeltem Zustand hergestellt, von 1 m Länge und darüber, an den Längs- und Stirnseiten mit Nut und Feder versehen, sonst wie die weichen Schiffböden auf Polsterhölzern verlegt, samt dreieckigen Sesselleisten, fix und fertig, mit Wasserwachs eingelassen und aufgebürstet, je nach der Größe des Raumes, per m² .... S 14,00 bis 15,00

Kleine Räume werden mit Rücksicht auf den Verschnitt und langsameren Arbeitsfortschritt zu höherem Preise berechnet.

Dieselben, jedoch einmal mit Leinölfirnis eingelassen, per m² S 14,50 bis 15,50

Schiffböden aus Eichenholz hergestellt, sonst wie vor beschrieben, per m²
a) in Primaqualität .... S 16,00 bis 18,00
b) „ Sekundaqualität.................................. „ 15,00 „ 16,00

Abb. 1

Brettelböden auf vorhandenem ebenen Blindboden verlegt, 23 bis 24 mm, in fertig gehobeltem Zustand, die Brettel je an einer Längs- und einer Querseite mit Nut und Feder versehen, fischgrätenartig verlegt (Abb. 1), samt Mauerfriesen und dreieckigen Sesselleisten, Abputzen und Einlassen mit Wasserwachs und Aufbürsten, fix und fertig, per m² verlegte Flächen gemessen,

	Brettelbreite, Reinmaß 32 bis 38 mm	40 bis 55 mm	über 60, jedoch unter 100 mm
a) in Eichenholz I. Qualität	S 15,50 bis 17,00	16,00 bis 17,50	16,50 bis 18,50
b) „ „ II. „	„ 14,00 „ 15,50	14,50 „ 16,00	15,00 „ 17,00
c) „ gedämpfter Rotbuche..	„ 11,00 „ 12,00	12,00 „ 13,00	12,50 „ 13,50

Abb. 2

Schiffbodenartig (Abb. 2) verlegt, um 5% teurer.

Anmerkung. Der in Lehrzimmern unter der Schultreppe nicht mit Bretteln belegte Fußbodenteil wird bloß als Blindboden vergütet; die Abspreizung des Bodens unter der Treppe gegen die Wand ist ohne Vergütung herzustellen.

Tafelparketten liefern und legen

in massivem Holz

Auf vorhandenem Blindboden fix und fertig legen, an aller Arbeit und Material, sonst wie bei den Brettelböden beschrieben, mit Beigabe der Verbindungsfeder und der Stifte nach untenstehenden Mustern, per m²:

1. aus gedämpftem und ungedämpftem Rotbuchenholz, massiv (Abb. 3 bis 5):

Abb. 3. *S 18,00* bis *20,00*

Abb. 4. *S 19,00* bis *21,00*

Abb. 5. *S 20,00* bis *22,00*

2. aus Eichenholz einfärbig, massiv, per m² um *S 4,00* teurer.

3. aus Eichenholz, geadert, mit Ahorn-, Nuß- und Mahagoniholz (Abb. 6 bis 8):

Abb. 6. *S 23,00* bis *25,00*

Abb. 7. *S 24,00* bis *26,00*

Abb. 8. *S 25,00* bis *28,00*

Furnierte einfärbige Tafeln. Das Blindholz aus 26 mm starken Brettern, der Furnierbelag aus in rohem Zustand 7 mm starken Dickten, solidest hergestellt. Die Tafeln sind ringsherum genutet, mit aus Hartholz (Buche, Birn usw.) bestehenden Verbindungsfedern versehen, solidest genagelt, samt Mauerfriesen, dreieckigen Sesselleisten, fix und fertig verlegt, samt Abputzen, einmaligem Einlassen mit Wachs, samt Aufbürsten, alles Material und Arbeit beigegeben, per m² laut den Abb. 9 bis 20.

Abb. 9. *S 23,00* bis *24,00*

Abb. 10. *S 24,00* bis *26,00*

Abb. 11. *S 23,00* bis *24,00*

Abb. 12. *S 25,00* bis *27,00*

Abb. 13. *S 26,00* bis *28,00*

Abb. 14. *S 27,00* bis *29,00*

Geaderte Friese und Bordüren. Die geaderten massiven Friese werden in einer Breite von 10 bis 15 cm verwendet.

Die **Bordüren** werden teils aus massivem Eichenholz ein- und mehrfärbig zirka 24 mm stark, teils aus furnierten Teilen 30 mm stark hergestellt. Erstere besitzen eine Breite von 25 bis 30 cm, letztere werden in einer Breite von 30 bis 40 cm, mitunter auch noch breiter, angefertigt;

Abb. 15. *S 27,00* bis *29,00*

Abb. 16. *S 36,00* bis *38,00*

Abb. 17. *S 33,00* bis *35,00*

Abb. 18. *S 45,00* bis *48,00*

Abb. 19. *S 46,00* bis *49,00*

Abb. 20. *S 52,00* bis *54,00*

a) geaderte Friese, 10 bis 15 cm breit, per m (Abb. 21 bis 23):
b) massive Bordüren, per m (Abb. 24 bis 26):
Furnierte Bordüren, per m (Abb. 27 bis 29):

Schultreppen (Podien)

Schultreppen aus 25 mm starken weichen Fußtafeln, bis 20 cm hoch, samt Unterlagen und Vorderwand, mit weichen Sesselleisten an den Mauerseiten, per m² S 8,00

Schultreppe wie vor, jedoch aus weichen Schiffbodenbrettern mit Nut und Feder versehen, per m² .... S 8,00

Schultreppe aus 2½ cm starken Eichenbrettern, schiffbodenartig gelegt, mit Randfriesen, samt weichem Untergestell, ebensolchem Blindboden, eichenen Sesselleisten an der Mauerseite, samt einmaligem Einlassen mit Ölfarbe, per m²

a) Klasse I .... S 25,50
b) „ II .... „ 24,00

Schultreppe wie vor, jedoch die Eichenbrettel fischgrätenartig gelegt, per m²

a) Klasse I .... S 26,00
b) „ II .... „ 25,00

Vorhandene weiche Treppe hart belegen wird mit dem Preise für harte Brettelböden ohne Blindboden vergütet, wobei die Vorder- und Seitenwände in das Flächenmaß einbezogen werden.

Abb. 21. *S 2,00* bis *3,00*

Abb. 22. *S 3,00* bis *4.50*

Abb. 23. *S 3,50* bis *5,00*

Abb. 24. *S 8,00* bis *9,00*

Abb. 25. *S 10,00* bis *12,00*

Abb. 26. *S 11,00* bis *13,00*

Abb. 27. *S 18,00* bis *20,00*

Abb. 28. *S 22,00* bis *24,00*

Abb. 29. *S 26,00* bis *28,00*

C) Fußbodenreparaturen

Gesunden weichen **Fußboden aufreißen,** herrichten und als Blindboden wieder legen,

a) samt Polsterhölzern, per m² .... S 2,00
b) ohne Polsterhölzer, per m² .... „ 1,80

Neue Teile in alten weichen Fußboden einsetzen, wobei die einzelnen Teile das Flächenmaß von zehn Quadratmetern nicht übersteigen dürfen, und zwar:

a) wenn die Polsterhölzer liegen bleiben, per m² .... S 11,00
b) „ auch die Polsterhölzer erneuert werden, per m² .... „ 12,00

Übersteigen die einzelnen Teile das Ausmaß von 10 m², so werden diese als neue Fußböden berechnet.

Bei einem **weichen Brettelboden** 1 Stück Brettel auslösen, durch ein neues ersetzen, wobei in jedem auszubessernden Teile nur bis 10 Brettel vorkommen dürfen, per Stück, je nach der Größe...................... S 0,50 bis 2,00
Das Einsetzen neuer Brettel oder Mauerfriese in alte harte Brettelböden, wobei die einzelnen Teile das Ausmaß von 10 m² nicht übersteigen dürfen, sowie das Ausstemmen der alten Teile wird nach Löhnungen (Regielohn) verrechnet; für die Materialbeigabe wird für 1 m² neuer Teile eine Vergütung von *S 12,00 bis 15,00* geleistet. Übersteigen die einzelnen zusammenhängenden Flächen das Ausmaß von 10 m², so werden diese wie neue Fußböden vergütet.

Alten Fußboden aufheben, und zwar:

a) bei weichen Tafeln oder weichen Schiffböden, per m² S 0,60 bis 0,70
b) „ Friesboden (Parkett-, Brettel- oder hartem Schiffboden samt Blindboden), per m².. S 2,00 bis 3,00

Anmerkung. Das Aufheben von harten Bretteln hat mit solcher Sorgfalt zu geschehen, daß deren Wiederverwendung möglich ist. Das Aufreißen von nicht mehr verwendbaren harten Böden wird mit *S 0,80* bis *S 1,0* vergütet.

Harten Brettelboden aus vorhandenen Bretteln, welche zur Wiederverwendung an Ort und Stelle herzurichten sind, legen samt Beigabe der Nägel, Abziehen und einmaligem Einlassen mit Wachs und Aufbürsten, per m² .... S 5,00 bis 6,00
Span in alte Fußböden einleimen, per m .... „ 0,50 „ 1,00
Neues Polsterholz samt Legen, per m, je nach der Stärke . „ 0,80 „ 1,20

Fußboden ausstemmen, per m², und zwar:

a) bei Teilen bis 1 m² Größe .... S 6,00 bis 8,00
b) „ „ von 1 bis 10 m² Größe .... „ 5,00 „ 7,00
Alte eichene Parkettafeln aufheben, per m² .... „ 2,50 „ 3,50

In hartem **Parkettboden** einzelne schadhafte Teile von Parkettafeln ausstemmen und durch neue Teile ersetzen wird per 1 m² um 50% höher als für die neuen, entsprechend gleichen Parkettböden berechnet, wenn solche Tafeln lagernd sind.

Eine **gesunkene Parkettafel** heben, reparieren und unterlegen, per Tafel, je nach Größe .... S 8,00 bis 10,00
Fries reparieren, heben und unterlegen, per m .... „ 3,00 „ 4,00
Harten Span einleimen, bei Brettel- oder Parkettboden, per m „ 0,50 „ 0,80
Alten Fußboden hobeln, abziehen, einlassen und aufbürsten, per m²,

a) Brettelboden .... S 4,00 bis 5,00
b) Parkettboden .... „ 5,00 „ 6,00

Bei neuen harten Böden ist das Abziehen im Preis inbegriffen.
Alten Fußboden bloß einlassen, per m²

a) mit Ölfirnis .... S 0,80 bis 1,00
b) „ Wachs samt Aufbürsten .... „ 1,00 „ 1,50

Sockel
a) abnehmen, per m .... S 0,35 bis 0,50
b) „ und wieder befestigen, per m .... „ 1,00 „ 3,00

D. Verschiedene Arbeiten

a) Neuer **Abortspiegel,** gehobelt, samt hartem Deckel, per m² S 18,00 bis 20,00
b) harter **Abortspiegeldeckel** (Extraspiegel) samt harter Aufstelleiste, per Stück S 15,00
c) Abort-**Vorderwände,** per m² .... S 17,00 bis 20,00

Abortschlauchverkleidung aus gehobelten, 2½ cm starken Laden samt Abschlußleiste am Plafond, per m² .... S 14,00

Dieselbe, jedoch aus 5 cm starken Pfosten samt Plafondabschlußleiste, per m² S 20,00

Fußabstreifgitter, per m²
a) aus Buchenholz .... S 24,00
b) „ Eichenholz .... „ 32,00

Geschäftsportale mit Rollbalkenkasten, per m², je nach der Ausführung,
a) mit Eingangstür ohne Schaukasten .... S 45,00 bis 60,00
b) „ „ mit „ .... „ 70,00 „ 90,00
c) wie vor, jedoch aus Eichenholz, 100 bis 180% teurer.

Anmerkung. Die vorstehenden Preise gelten für einfache, glatte Ausführung' ohne Bildhauerarbeit und ohne geschweifte Sprossen.

Hölzernes Gitter mit gedrehten Stäben, oben und unten mit einem mit Gesimsen versehenen Längenholz verbunden, per m²
a) aus weichem Holze .... S 22,00 bis 30,00
b) „ Rotbuchenholz .... „ 30,00 „ 40,00
c) „ Eichenholz .... „ 40,00 „ 60,00

1 Lfm. **Stiegengriff abziehen,** beizen und politieren,
a) rund .... S 3,00 bis 4,00
b) profiliert .... „ 5,00 „ 8,00

Stufen, ohne Unterschied der Höhe und Breite, samt Vorderwand und Seitenteilen, aus 4 cm starken, gehobelten Laden, per m
a) aus weichem Holze .... S 15,00
b) „ Eichenholz .... S 25,00 bis 40,00

Wandschutzbrett längs des Stiegengriffes samt Befestigen, per m
a) aus weichem Holze, gerade .... S 3,00
b) „ Eichenholz, mit Ölfirnis eingelassen, gerade .... „ 6,00

Rollschutzwände aus überzogenen Holzstäbchen zur inneren Abteilung von Zimmern u. dgl., 1,75 m hoch, 3,00 m lang, per Stück .... S 150,00 bis 200,00

Trillagen aus 1 und 2 cm starkem, weichem Holze, mit Glühdraht gebunden und angestrichen, per m²
bis 5 cm Karierung .... S 13,00
„ 10 „ „ .... „ 8,00
„ 15 „ „ .... „ 7,00

Schlosserarbeiten (neue vollständige Beschläge)

(Nach einer Mitteilung von Alexander Nehr, Kunstschlosser, Wien)

I. Fensterbeschläge

Bestimmungszweck	Flügelanzahl	Nähere Beschreibung	Stück				Anzahl	Stück						Paar	Stück	Paar	Stück		Preis in Schilling
			Scheinhaken	Nußbänder[1]	Zungenreiber mit Knopf		Zungengarnitur mit Messing-Halbolive samt Spitz- oder Plattelrosette, glattgeschliffen	Spreizstange mit Kloben	Patentschnapper	Wetterschenkel	Falzspreizel mit Messingknopf	Messingschutzknopf	Reiber mit Messingknopf	Schubriegel mit Messingknopf	Messingtriebe, glattgeschliffen	Triebstangen mit Mittelhaken	Hakengesperre mit Messingknopf	Verreibungen	
					Eiserne	Messingene													
Klosett	einflügelig	Äußerer Fensterflügel, aufgehend nach **außen**	4	2	1	—	—	1	—	—	—	—	—	—	—	—	—	—	4—5
		„ „ **innen**	4	2	—	—	1 (Spitzr.)	—	1	1	—	—	—	—	—	—	—	—	6—8
Gang		Äußerer und innerer Fensterflügel, aufgehend nach **außen**	8	4	—	1	1 „	1	—	—	1	—	—	—	—	—	—	—	10—13
		„ „ **innen**	8	2	—	—	1 (Plattlr.)	—	1	1	—	1	—	—	—	—	—	—	13—17
Stiegenhaus	zweiflügelig	Äußere, nach **außen** aufgehende Flügel	8	6	—	—	—	2	—	—	—	—	2	1	—	—	—	—	11—14
		Äußere und innere, nach **außen** aufgehende Flügel	16	12	—	—	—	2	—	—	2	—	2	2	—	—	—	—	16—18
Wohnungen		Äußere und innere, nach **innen** aufgehende Flügel	16	12	—	—	—	—	2	2	—	1	—	2	—	—	—	—	18—23
		Äußeres Fenster mit Kämpfer, aufgehend nach **außen**	8	5	—	3	—	1	—	—	—	—	—	—	—	—	—	—	9—14
		„ „ **innen**	8	5	—	—	3 (Spitzr.)	—	1	2	—	—	—	—	—	—	—	—	13—16
Wohnung, Stiegenhaus	dreiflügelig	Äußere und innere Flügel, aufgehend nach **außen**	24	16	—	1	1 (Spitzr.)	2	—	—	2	—	2	2	—	—	—	—	22—25
		„ „ **innen**	24	14	—	—	3 „	—	2	3	—	1	—	—	2	2	—	—	32—38
Gang	vierflügelig	Äußeres Fenster mit Kämpfer, mit nach **außen** aufgehenden Flügeln	16	10	—	—	—	2	—	—	—	—	4	1	—	—	—	—	14—17
Wohnungen		Äußerer und innerer Flügel, aufgehend nach **außen**	32	20	—	—	—	2	—	—	2	—	4	2	—	—	1	—	29—35
		„ „ **innen**	32	20	—	—	—	—	2	4	—	1	—	—	2	2	—	2	35—40
Stiegenhaus	sechsflügelig	Äußere, nach **außen** aufgehende Flügel, mit einem Mittelstück und Kämpfer	24	15	—	—	—	3	—	—	—	—	7	1	—	—	—	—	27—32
		Äußere, nach **innen** aufgehende Flügel	24	15	—	—	3 (Spitzr.)	—	3	6	—	—	—	1	—	—	1	—	30—40
Wohnungen		Äußere und innere, nach **innen** aufgehende Flügel	48	30	—	—	6 „	—	3	6	—	2	—	—	2	2	—	2	68—72

[1]) Die Anzahl der Nußbänder richtet sich nach der Höhe der Flügel; bis 80 cm Höhe zwei, darüber drei Nußbänder.

II. Türenbeschläge

Aborttüre: 3 Nußbänder, 1 Abstellfalle, 1 Messinggarnitur (1 Paar Drücker, 1 Fallenschild mit und ohne Halbolive) ... S 16,00 bis 18,00

Zimmertüre: Einflügelig, 3 Nußbänder, 1 Einstemmschloß „Pader", schwer, 1 Paar Messingdrücker samt 2 Langschildern, glatt geschliffen .... „ 16,00 „ 20,00

Spaliertüre: 1 Paar Zapfenbänder, 1 Einstemmschloß „Pader", schwer, 1 Garnitur Messingdrücker samt Langschildern, glatt geschliffen, 5 m Schlagleisten samt Schrauben „ 19,00 „ 23,00

Doppeltüre: 6 Nußbänder (10 cm), 1 Einstemmschloß „Pader", schwer, 1 Paar Kapselriegel, 1 Garnitur Messingdrücker samt Langschildern, glatt geschliffen .... „ 26,00 „ 30,00

Eingangs-Doppeltüre: 6 Nußbänder (10 cm), 1 Einstemm-Wechselschloß „Pader", 1 Dosesches Einstemm-Riegelschloß „Pader" (8 cm), 1 Messing-Drückerweibl mit Langschild, glatt geschliffen, 1 Messinglangschild mit Knopf, glatt geschliffen, 2 Messing-Hangerlschilder, 1 Paar Wechselriegel, 1 Messing-Federschließblech .... „ 35,00 „ 42,00

Einflügelige Aufzugstüre: 2 Bommerbänder, 150 mm hoch, einseitig wirkend, 1 Einstemm-Wechselschloß „Pader", 1 Messing-Drückerweibl samt Langschild, 1 Messinglangschild mit Knopf, glatt geschliffen .... „ 21,00 „ 25,00

Großes Haustor (aus weichem Holz): 6 Nußbänder 105/5, 1 Haustorschloß, 12 cm breit, 1 Garnitur Messingdrücker samt Langschildern, glatt geschliffen, 1 Paar Wechselriegel, 120 cm lang, 2 Schnapper .... „ 200,00 „ 250,00

Pendeltürbänder, Türschließer, Dreh- und Schiebetürbeschläge, Türkupplungen, Oberlichtöffner, Türschoner usw.

Nach Mitteilungen von Woltär & Molnár (W.M.) bzw. Wunsch & Vogel (W.V.), Wien

Pendeltür- und Federbänder (Abb. 1) (W. M. u. W. V.); Marken: Bommer und Zeus.

Türgröße			Einseitig wirkend					Doppelseitig wirkend					Gewerbelänge in mm
Holzstärke	Breite	Höhe	Stahl, blank	galvanisch, vernickelt, vermessingt	Messing, massiv	Bronze	Gewicht per Paar in kg	Stahl, blank	galvanisch, vernickelt, vermessingt	Messing, massiv	Bronze	Gewicht per Paar in kg	
cm			Preis per Paar in Schilling					Preis per Paar in Schilling					
1,8—2,5	60	180	3,60	5,80	14,60	16,30	0,5	4,80	8,20	20,30	22,40	0,95	75
2,5—3,5	70	200	4,20	6,60	16,20	18,00	0,7	5,60	9,00	22,60	24,80	1,30	100
3,0—4,0	75	220	5,20	8,00	20,00	22,00	1,0	7,20	11,50	30,00	32,80	2,00	125
3,5—4,5	80	250	6,80	10,40	26,00	29,80	1,5	9,60	15,20	38,00	42,00	3,00	150
4,0—5,0	85	260	9,00	13,20	33,00	36,50	2,25	12,50	20,00	48,00	53,00	4,20	175
4,5—5,5	100	270	12,00	17,50	44,00	49,00	3,50	17,00	25,00	63,00	70,00	6,70	200
5,5—6,5	110	280	19,00	27,00	66,00	73,00	5,70	29,00	41,00	102,00	112,00	10,50	250

Türschließer, Marken Yale (W.M.) und Zeus und B. K. S. (W.V.), geeignet für:

leichte Zimmertüren, Klosette .... Preis per Stück S 20,00
leichtere Laden- und Korridortüren .... „ „ „ „ 25,00
größere Laden- und leichte Haustüren .... „ „ „ „ 31,00
„ Haustüren, Eisentüren .... „ „ „ „ 38,00

Türfeststeller Johann und Rhenania (W. M.) und Zeus (W.V.) für Pendel-, Balken-, Glasabschluß- und Haustüren; die Arretierung der Türe in jedem beliebigen Punkte erfolgt mittels eines Fußtrittes; schont den Fußboden, da Löcher entfallen.

		Größe I	Größe II
Gewicht in kg per Stück		0,3	0,4
Eisen, roh	S	5,00	6,50
„ geschliffen, poliert und vernickelt oder vermessingt..	„	8,50	9,50
Messing, poliert	„	13,00	16,00

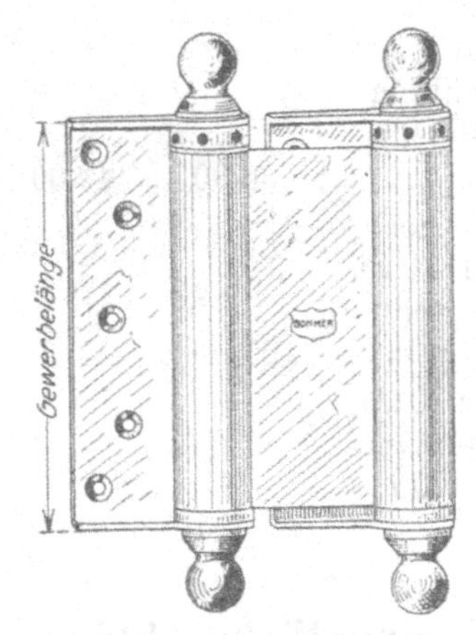

Abb. 1. Pendeltürband

Einlaßapparat „Stop[a]" (W.M.) und Zeus (W.V.), Ersatz für Pendeltürbänder; kein Hin- und Herschlagen der Flügel; falls der untere Apparat in Stein- oder Zementboden eingebaut wird, ist ein Zementkasten erforderlich.

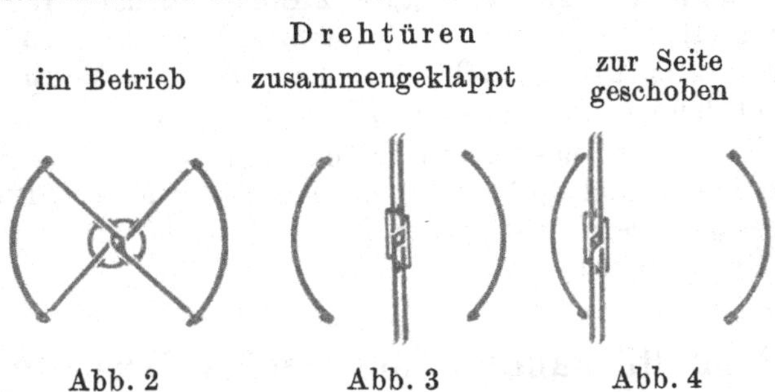

Abb. 2 Abb. 3 Abb. 4

Preise und Gewichte

einschließlich Zapfenband mit Kugellager und Deckplatte per Stück für einen Türflügel

Geeignet für Türen bis	Höhe der Stopkasten	Gewicht	Mit polierter Messing-Deckplatte		Zementkasten per Stück	
			eisernes Zapfenband mit Kugellager	poliertes Messing-Zapfenband mit Kugellager	Gewicht	Preis
	mm	kg	Schilling		kg	S
70 cm breit, 210 cm hoch, 38 mm dick	60	4,8	100,00	120,00	0,7	9,00
80 „ „ 230 „ „ 40 „ „	85	8,5	130,00	145,00	1,3	10,00
90 „ „ 240 „ „ 45 „ „	85	9,0	150,00	165,00	1,4	11,00
110 „ „ 260 „ „ 50 „ „	100	13,0	170,00	180,00	2,3	12,00
130 „ „ 300 „ „ 60 „ „	130	17,8	190,00	210,00	2,8	13,50
160 „ „ 350 „ „ 65 „ „	130	22,5	210,00	230,00	3,5	14,50

Drehtürbeschläge für normale Türen (W. M.).

Bestandteile:

1 Drehkopf mit doppeltem Stahlkugellager-Rollwagen, auf einer Stahlschiene laufend, mit 2 Lagerböcken, mit Schienenstoppern und Höhenregulierung,
1 Basküleverschluß zum sofortigen Auslösen durch einen Griff und seitlichem Fortrollen der Türen (siehe Abb. 2 bis 4), mit 2 Messing-Basküledrückern,
1 untere Pfanne mit Schlitzführung, Ausführung poliert,
2 Drehtürbügel, welche durch einfaches Anheben das An-die-Seite-Schieben der Flügel gestatten (einschließlich 4 Bügelblechen),
4 Stoßstangen mit Rosettenverschraubungen,
4 Sockelbleche, poliert,
2 Espagnolette-Riegel zum Verriegeln der Tür während der Nacht,
4 seitliche Gummidichtungen mit Filzbesatz,
4 obere und untere Gummidichtungen mit Filzbesatz.

Richtpreis S 1200,00

Schiebetürbeschläge. 1. Fortschritt (W. M.).

Größen	I	II		III		
Verwendbar für die Breite eines Flügels von ....cm	63—75	76—95		96—130		
Gewicht des zweiflügel. Beschlages mit Laufschiene .....rund kg	20,5	22,5	24,0	28,0	29,5	31,0
Preis für eine Doppelgarnitur in S	96,00	120,00		150,00		

Größen	IV					V				
Verwendbar für die Breite eines Flügels von ....cm	131—185					186—246				
Gewicht des zweiflügel. Beschlages mit Laufschiene ......rund kg	37,5	39,0	40,0	41,5	42,5	49,5	50,5	52,5	54,0	55,0
Preis für eine Doppelgarnitur in S	180,00					210,00				

2. Kosmos-Kugellauf (W. V.).

Einflügelige Garnitur .... S 18,00 bis 70,00
Zweiflügelige „ .... „ 32,00 „ 150,00

Die Preise verschieden, je nach Qualität, Konstruktion und Türgröße.

Oberlichtöffner.

1. Marke Zeus (W. V.); eine Garnitur mit Gestänge, blank, Hebel vernickelt, ohne Montage, für normale Fenster ....S 13,00

Für mehrteilige bzw. hohe Fenster, ebenso für Doppelflügel Preise entsprechend höher.

2. Marke Augusta (W. M.) mit Feder und einer Schnur.

Preis per Garnitur mit	2 m Schnur	3 m Schnur
Eisen, lackiert	S 5,00	6,50
Messing, fein poliert	„ 9,00	10,00
Für eiserne Fenster......................	„ 5,50	7,00

Klappschiebe- (Harmonika-) Türen (W.M.) zum Abteilen von Lokalen. Preis für die Beschläge, je nach Größe und Ausführung ....S 85,00 bis 250,00

Türkupplungen (Abb. 5) (W.M.) für gleichzeitig zu öffnende Türen, aus Messing, teilweise Temperguß vermessingt; Preis für eine Doppeltür, ohne Drücker S 11,00 bis 16,00

Türschoner aus Zelluloid, leicht zu schneiden, zu bohren, auszusägen und zu nageln; in jedem Profil lieferbar.

Breite in cm	4	5	6	8	10	12	14
Für 20 cm Länge, Preis per Stück in Groschen	40	50	60	80	100	120	140

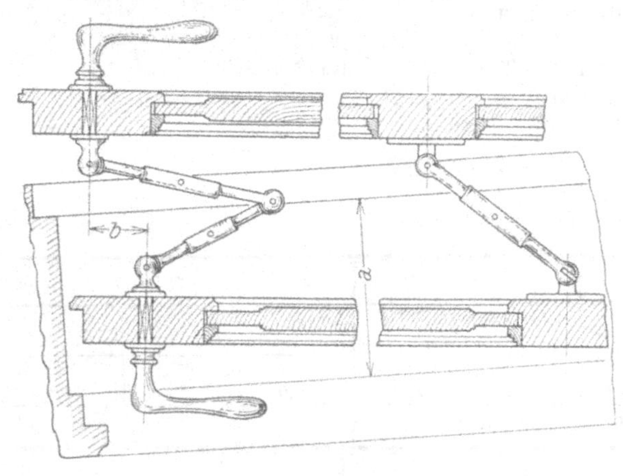

Abb. 5. Türkupplung

Für eine andere Länge l in cm erhält man den Preis für eine bestimmte Breite durch Multiplikation mit $\frac{l}{20}$; z. B. Breite 12 cm, Länge $l = 60$ cm, daher Preis per Stück:

$$P = 120 \cdot \frac{60}{20} = 360 \text{ g}$$

Zelluloid-Schoner für Schlagleisten, die in jeder Form ausgeführt werden können, kosten um ⅓ mehr wie die gewöhnlichen Schoner.

Zelluloid-Sockelschoner. Preis über Anfrage.

Luftzugsabdichtung aus Gummi, Marke Prowess, für Fenster, Türen, Schaufenster; Preis per m, einschließlich Montage .... S 2,50

Glaserarbeiten

Laut Mitteilung von Arch. G. Spielmann der Firma H. Denés, Wien

Im Bauwesen unterscheidet man gegenwärtig folgende Glasgattungen: Spiegel-, Spezial-, Fensterglas (handgeblasen und maschinell erzeugt nach Verfahren Fourcault & Libbey Owens), Ornamentglas (weiß und färbig), Kathedralglas (weiß und färbig), Rohglas, glatt und gerieft, Matt-, Mußlin-, Rippen-, Schuppen-, Farben- und Drahtglas.

A. Spiegelglas

Normale Stärke für Verglasungszwecke 5½ bis 8 mm; das Ausmaß geht nach der Falzlichte; die Berechnung erfolgt aufgerundet in Dimensionen, die durch 3 teilbar sind.

Richtpreise per m² inklusive Einschneiden in Holzrahmen und für Parterrelokale. Bei Eisenrahmen 5% Zuschlag.

Flächeninhalt bis m²	0,45	0,66	0,93	1,41	2,31	4,65	6,96	9,30	11,16
Preis per m² in S	54,00	62,00	65,00	67,00	69,00	71,00	75,00	79,00	85,00

Bei Vorschreibung bestimmter Stärken 10% Zuschlag. Hiebei ist ein Spielraum von ½ mm nach auf- oder abwärts zu gewähren. Schwächere Sorten, und zwar 3 bis 5 mm und stärkere von 8 bis 12 mm, werden mit einem Aufschlag von 10% per mm der Stärkedifferenz berechnet.

B. Spezialmaschinenglas

d. i. Maschinenglas von mehr als 4 mm Stärke, wird in drei Stärken geliefert, und zwar 4 mm, 4 bis 5 mm und 5 bis 6 mm. Ausmaß und Berechnung wie bei Spiegelglas.

Flächeninhalt in m²	0,45	0,66	0,93	1,41	2,31	4,65	6,96
Stärke 4 mm, Richtpreis per m² in S	27,70	29,90	31,00	32,25	32,80	34,25	—
„ 4 bis 5 „ „ „ „ „ „	28,90	33,20	34,80	35,86	36,40	38,00	40,20
„ 5 „ 6 „ „ „ „ „ „	30,30	35,90	36,60	37,50	38,25	40,00	42,30

Sonstige Normen wie bei Spiegelglas.

C. Fensterglas

Verglasungen mit Fensterglas III. Sorte

Stärke:	Größe:	Geblasen	Fourcault
		Richtpreise	
ca. 1,75 mm	bis 70 × 80 cm	S 5,60	5,90
„ 1,75 „	„ 60 × 150 „	„ 6,50	7,10
„ 1,75 „	von 62 bis 70 × 150 cm	„ 6,90	7,30
„ 2 „	bis 180 cm addiert, höchstens 170 cm hoch	„ 8,45	8,70
„ 2 „	„ 220 „ „ „ 170 „ „	„ 9,20	9,50
„ 3 „	„ 180 „ „	„ 11,70	12,20
„ 3 „	„ 220 „ „	„ 13,00	13,70
„ 3 „	„ 260 „ „	„ 15,00	16,00
„ 3 „	„ 220 „ „	wird mit dem zweifachen Preise der 2-mm-Stärke berechnet	

1. Mattglas, 2 mm stark bis 220 addiert	S 13,00
2. Mußlinglas, 2 mm stark, bis 220 addiert	„ 14,50
3. Rippen- und Schuppenglas	„ 12,00
4. Beinglas	„ 18,00
5. Farbenglas (rot, grün, blau, gelb)	„ 20,00

D. Rohglas

Rohglas, 5 bis 6 mm stark	S 8,50
1. Gußrohglas, 5 bis 6 mm stark	„ 8,50
2. Schnürlglas, 5 „ 6 „ „	„ 8,50
3. Kathedralglas, weiß	„ 11,50
4. Ornamentglas, weiß, rund 3 bis 4 mm stark	„ 11,50
„ färbig, „ 3 „ 4 „ „	„ 17,50
5. Drahtglas, 6 bis 7 mm stark	„ 16,00
6. Fußboden (Rohgußglas), 14 bis 15 mm stark samt Verlegen	„ 52,00
„ „ 20 mm stark samt Verlegen	„ 70,00

Die Preise sub 1. bis 5. verstehen sich für Neuverglasungen in Holzfenstern bei Berechnung des Ausmaßes in der Stocklichte; bei Verglasungen in Eisenfälzen erfolgt ein Aufschlag von 25%. Reparaturen werden in der Falzlichte gemessen und mit 60% Aufschlag berechnet.

E. Glaserkitt

Glaserkitt, grau, per kg .... S 0,60
Minium-Glaserkitt, per kg .... „ 1,80

F. Antike und Kunstglasarbeiten

Glasmalerei und Bleiverglasungen

a) Für Wohn- und Monumentalgebäude:

1. Verbleiungen aus durchsichtigem Solin- oder Tonglas oder aus Kathedralglas ohne Bordürestreifen, einfache Muster, per m².... von S 60,00 bis 100,00
2. Verbleiungen mit Streifen, je nach Reichhaltigkeit der Zeichnung, per m² ....von S 100,00 bis 150,00
3. Butzenscheiben, je nach Durchmesser derselben, per m² „ „ 130,00 „ 170,00
4. Kathedralglas oder Butzenscheiben mit gemalter Bordüre, je nach Reichhaltigkeit, per m² ....von S 170,00 bis 200,00
5. Gemalte und eingebrannte Bilder als Einsätze und zwar Wappen, Figuren, Spruchtafeln, Embleme usw., per Stück...............von S 40,00 bis 200,00

b) Für Kirchen, per m²:

6. Verbleiungen mit gemalter Bordüre ....von S 100,00 bis 200,00
7. Teppichmuster .... „ „ 120,00 „ 300,00
8. Figurale Bilder in Teppich (Einzelfiguren) ...... „ „ 200,00 „ 400,00
9. Reiche Darstellung in Architektur .... „ „ 300,00 „ 500,00

c) Glasätzereien

Kurante Masse für Fenster und Türen inklusive Solinglas

1. Ätzung mit blanken Konturen auf mattem Grunde, einfache Zeichnungen, per m² .... S 35,00
2. Ätzung von einfachen ornamentalen Tafeln in einem Tone, matt auf matt, abgepaßte Zeichnungen, per m².........................aufwärts von S 45,00
3. Ätzung nach reicheren Zeichnungen in zwei Tönen, per m² „ „ „ 50,00
4. Reiche Ätzung, figural und ornamental, per m² .... „ „ „ 65,00
5. Ätzung von Spiegel-Entreetafeln in reicher Zeichnung und in mehreren Tönen, per m² ....von S 100,00 bis 150,00

Für Doppelsolinglas erhöhen sich die Preise um *S 8,00* per m², für Überfanggläser um *S 12.00* bis *16.00* per m².

G. Luxferglas oder Luxferprismen

sind Tafeln aus weißem Kristallglas von 100/100 mm Größe aufwärts und 6 mm Stärke, welche auf der Außenseite glatt bzw. flach gemustert, auf der Innenseite jedoch mit Rauten in Prismenform besetzt sind. Nach dem Gesetze der Brechung der Lichtstrahlen durch prismatische Körper sind sie befähigt, alle schräg einfallenden Lichtstrahlen, je nach Form der Rauten, mehr oder weniger horizontal nach innen weiterzuleiten. Die gesamte Lichtfülle, welche ein Fenster einzulassen vermag, wird also dem Raume bis in seine entlegensten Winkel zugeführt, ohne, wie sonst, zum größten Teile vom Fußboden absorbiert zu werden.

Preis per 1 m² .... S 65,00

Glasfliesen und prismatische Glasziegel (Multiprismen) für Oberlichte aller Art und besonders für Lichtschachtabdeckungen in den Trottoirs, für Bahnhofunterführungen, in normaler Größe 200/200/20 mm, per Stück samt Versetzen S 4,40

Die Glasfliesen in Oberlichten werden für den Fußgängerverkehr in starke Schmiedeeisenrahmen, für den Wagenverkehr in starke Gußeisenrahmen verlegt.

Preis per 1 m² inklusive Eisen...................... S 120,00 bis 180,00

Mit besonders geformten Glasfliesen werden Glas-Eisenbetonkonstruktionen ausgeführt, welche besonders tragfähig, feuersicher und vorteilhaft sind.

Preis per 1 m², fertig verlegt .... S 120,00 bis 170,00

Luxuriöse Ausführungen ergeben sich durch die „plastischen Kristallglasdecken" in den verschiedensten Anordnungen und Formen.

Elektroglas ist der Name für jedes beliebige Glas, welches in Abschnitten von 0,01 m² aufwärts durch dünne Kupferstreifen auf elektrolytischem Wege gefaßt wird. Elektroglas ist als feuersicher anerkannt; es kann stundenlang dem direkten Feuer ausgesetzt werden, bekommt dann kleine Risse und wird undurchsichtig, fällt aber aus den Kupferfassungen nicht eher heraus als bis letztere schmelzen und läßt weder Rauch noch Wasser durch. Elektrogläser können durch- oder undurchsichtig hergestellt werden und kommen besonders für Theater-, Kinobauten, sowie auch für Treppenhausfenster, feuersichere Abschlüsse von Schaufenstern usw. in Verwendung.

Die Preise des Elektroglases per 1 m² stellen sich für Scheiben in Brandmauern aus 4 mm Doppelsolin per m² auf .... S 105,00

H. Glasbausteine

Unter der Bezeichnung „Glasbausteine" werden Hohlziegel aus Glas mit vollkommen geschlossener Oberfläche verstanden, welche zur Herstellung lichtdurchlässiger Flächen in Mauern und Bedachungen Anwendung finden.

Dieselben werden, je nach ihrer Verwendungsart, in verschiedenen Formen und Größen erzeugt und so konstruiert, daß sie in jede Öffnung passend eingesetzt werden können.

Im allgemeinen werden die Steine aus lichtem, gehärtetem, halbweißem Glas für Lokale von besonderer Helligkeit oder für Luxusbauten aus weißem (farblosem) und für Dekorationszwecke auch aus verschiedenfarbigem Glase hergestellt.

Die Wände der Glasbausteine sind im allgemeinen derart geformt, daß sie das direkte Sonnenlicht brechen und nach allen Seiten zerstreuen; es wird dadurch der Gesamtraum eines Lokales gleichmäßig und nicht, wie bei gewöhnlichen Fenstern, nur die vordere Partie beleuchtet.

Durch die beiderseitig konvexe und gemusterte Oberfläche sind die Steine bloß durchscheinend, so daß ein Einblick von außen nach innen oder umgekehrt ganz unmöglich ist, was für gewisse Zwecke, z. B. in den Fabriksräumen, bei Bade- und Klosettanlagen, von besonderem Werte ist. Ebenso lassen sich Glasbausteine dort verwenden, wo man der Nachbarschaft wegen gewöhnliche Fenster nicht anbringen darf.

Das Versetzen der Glasbausteine erfolgt auf ähnliche Weise wie jenes gewöhnlicher Mauerziegel in Portlandzementmörtel; derselbe soll bestehen aus:

4 Teile feinem, reschen Flußsand, 2 Teile nicht treibendem Zement, 1 Teil gesiebten Sägespänen.

Zur besseren Verbindung und Versteifung, speziell bei größeren Flächen, werden Leisten verschiedener Art in den Mauerseiten versetzt.

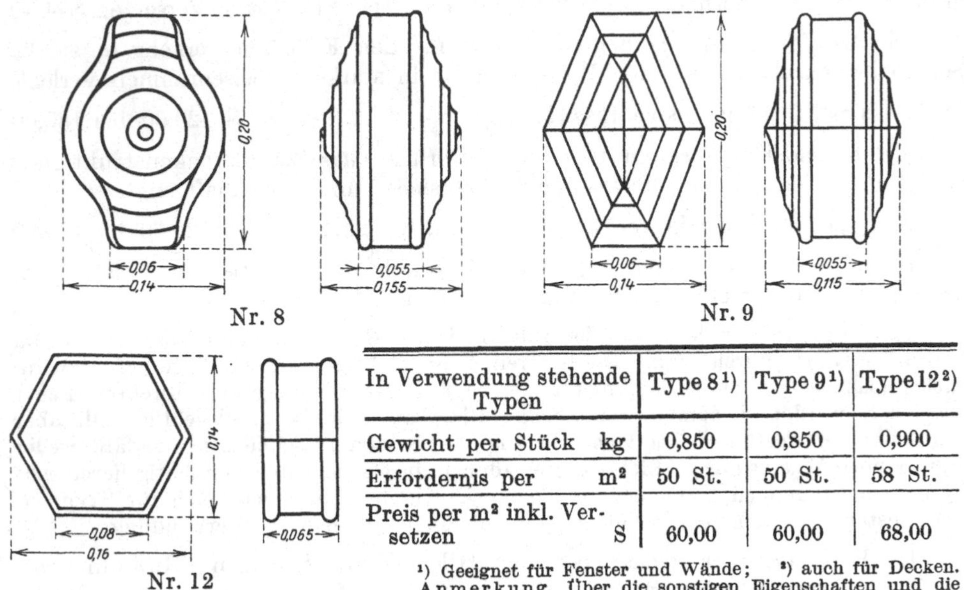

Nr. 8 Nr. 9

Nr. 12

In Verwendung stehende Typen	Type 8[1])	Type 9[1])	Type 12[2])
Gewicht per Stück kg	0,850	0,850	0,900
Erfordernis per m²	50 St.	50 St.	58 St.
Preis per m² inkl. Versetzen S	60,00	60,00	68,00

[1]) Geeignet für Fenster und Wände; [2]) auch für Decken.
Anmerkung. Über die sonstigen Eigenschaften und die Packung von Glas siehe ÖNORM Nr. 289/2.

Anstreicherarbeiten

Maßberechnungen. Fenster werden in der Stocklichte von einer Seite voll gemessen, solche mit kleinerer Sprossenteilung als 30×30 cm mit dem 1½fachen Ausmaße berechnet. Die Verkleidungen, das Futter bzw. der Stock und das Fensterbrett werden in ihren Projektionen separat gemessen, die Kastelstöcke für Jalousien in ihrem Ausmaße hinzugerechnet. Bei Fenstern mit ungeradem Sturz gilt die größte Höhe als lichte Stockhöhe. Für Glasdächer gelten gleichfalls vorstehende Bestimmungen. Träger und Stützen werden separat gemessen, Glaswände, Glastüren und Windfänge beiderseits voll gerechnet; die Glasfläche samt Sprossenteilung wird einmal in Abzug gebracht, Kämpfer und Parapetstöcke jedoch separat berechnet.

Bei Türen, die in der Stock- bzw. Gewände- oder Futterlichte gemessen werden, dann bei Blindspaletten, Spalettläden, Mauern und Holzwänden werden sämtliche Flächen, und zwar stets in einer Projektion voll gerechnet; größere oder kleinere Gesimsausladungen, Kehlungen, Vorsprünge und die Mehrlängen der Verkleidungen über die Stocklichte sind daher nicht besonders zu berücksichtigen.

Fassaden werden in der Ansichtsfläche gemessen; Fenster- und Türöffnungen werden hiebei nicht in Abzug gebracht.

Einfache Fenster- und Türgitter aus geradlinigem Flach- oder Rundeisen und einfache Stiegengeländer, die beiderseits gestrichen sind, werden nur von einer Seite voll berechnet. Verzierte Gitter und Stiegengeländer werden nach dem vollen Ausmaße beiderseits voll berechnet. Liegende Gitter mit bis 10 cm breiten Lichtöffnungen, sowie Jalousien werden mit dem dreifachen Ausmaße einer Fläche berechnet. Drahtschutzgitter und gestrickte Einfriedungsgitter werden in ihrem vollen Ausmaße beiderseits berechnet. Staketengitter werden beiderseits voll berechnet.

1. Holzanstriche

(1—4 laut Mitteilung der Fa. R. Wakler, Wien)

Materialpreise in Schilling per 1 kg

Leinölfirnis ..... 1,50—1,70	Bleiweiß, chem. rein 2,00	Emaillack, prima 4,50
Neustädter Terpentin 3,30	Ocker, franz. 0,48	Japanlack, holl.
Russischer „ 1,82	Zinkgrün 2,00	(Veluvine) 5,50
Zinkweiß 1,70	Emaillack, sekunda . 3,50	Kopallack, prima 3,60

Mindest-Stundenlohnbasis *S 1,60*

Art des Anstriches[1])	Mit dünnflüssiger Leinölfirnisfarbe grundieren	Alle Unebenheiten mit Knödelkitt gut auskitten	Mit Schleifkitt einmal ganz überziehen und schleifen	Mit Schleifkitt zweimal ganz überziehen u. fein schleifen	glatt streichen		schleifen		Emaillack, sekunda, glanz oder matt lackieren	Emaillack, prima, glanz oder matt lackieren	Original holländ. Japanlack lackieren	in Öl lasieren	in Öl überlasieren	Kopallack, glanz oder matt lackieren	Preis per 1 m² in Schilling	Perzentuelles Verhältnis Lohn zu Material
					zweimal	dreimal	fein	in der Farbe naß								
Glatter **brauner** bis **schwarzer Tonfarbenanstrich,** sekunda .	1	1			1										2,80	50: 50
Glatter **brauner** bis **schwarzer Tonfarbenanstrich,** prima ...	1	1	1		1										3,50	50: 50
Glatter **brauner** bis **schwarzer Tonfarbenlackanstrich,** sek. .	1	1	1		1									1	4,60	50: 50
Glatter **brauner** bis **schwarzer Tonfarbenlackanstrich,** prima	1	1		1	1									1	5,60	60: 40
Grüner Tonfarbenanstrich, sek.	1	1	1		1										4,20	50: 50
Grüner Tonfarbenanstrich, pr.	1	1		1	1										5,20	50: 50
Grün. Tonfarbenlackanstr., sek.	1	1	1		1									1	5,00	50: 50
Grün. Tonfarbenlackanstr., pr.	1	1		1	1									1	6,00	60: 40
Heller Tonfarbenanstrich, sek.	1	1	1		1										4,40	50: 50
Heller Tonfarbenanstrich, pr.	1	1		1		1									6,40	50: 50
Weißer **Emaillackanstrich,** glanz oder matt, sekunda ..	1	1	1		1		1		1						5,35	50: 50
Weißer **Emaillackanstrich,** glanz oder matt, prima	1	1		1	1			1		1					7,25	60: 40
Weißer **Japanlackanstrich**	1	1		1		1		1			1				8,15	65: 35
Eichenartiger Anstrich, sekunda	1	1	1		1							1		1	5,90	50: 50
Eichenartiger Anstrich, prima	1	1		1	1							1		1	6,90	60: 40
Nußartiger Anstrich, sekunda .	1	1	1		1							1	1	1	6,40	50: 50
Nußartiger Anstrich, prima ...	1	1		1	1			1				1	1	1	7,40	60: 40

[1]) Die angegebenen Preise gelten unter der Annahme einer Lohnregie von rund 40%.

Alten Anstrich mit Lauge bis auf das Holz gründlich abbeizen, per 1 m² ..... S 2,00

Alten, sehr verdickten und von Witterungseinflüssen zerrissenen **Anstrich** mit der Lötlampe bis aufs Holz abbrennen, per 1 m² .... S 2,50

2. Maueranstriche

Art des Anstriches[1])	Die Mauer gut abbimsen, mit heißem Leinöl zweimal tränken	Alle Unebenheiten gut auskitten	Mit Spachtelkitt zweimal überziehen	glatt streichen		Den dritten Strich matt aufstupfen	Mit prima Emaillack hochglanz lackieren	Mit Originalholl. Japanlack hochglanz lackieren	Preis per m² in Schilling	Perzentuelles Verhältnis von Lohn zu Material	Bemerkung
				Zweimal	Dreimal						
Glatter getönter Maueranstrich, sekunda	1	1	1	1	—	—	—	—	5,40	50 : 50	Die üblichen Töne nach Wahl
Glatter getönter Maueranstrich, prima	1	1	1	—	1	1	—	—	7,10	50 : 50	
Mauerlackanstrich......	1	1	1	1	—	—	1	—	8,70	50 : 50	
Mauer-Japanlackanstrich	1	1	1	—	1	—	—	1	9,80	60 : 40	

[1]) Die angegebenen Preise gelten für eine Lohnregie von rund 40%.

3. Malerarbeiten.

Materialpreise in Schilling per 1 kg:

Alabastergips	0,14	Ocker	0,60	Malerleim	1.76
Chromgrün	1,00	Orange	0,66	Schmierseife	1,00
Dekorationsrot	1,80	Satinober	0,44	Ton	0,07
Elfenbeinschwarz ..	0,60	Wandblau.........	0,70	Wachs	1,10
Glanzton..........	0,12	Wandgrün	0,58	Kalk, gelöscht	0,10
Italienischrot	0,60			Kreide	0,22

Stundenlohnbasis *S 1,60*

Verhältnis von Lohn zu Material 70:30

1. Ein Zimmer, einfachste Ausführung. Decke und Wände abwaschen, Kalkmilch schlämmen, alle Risse und Löcher mit Alabastergips vergipsen, die Wände in hellem Ton streichen, spritzen, ziehen, mit Walzen oder Schwammrolle techniken oder mit einfachem Muster dessinieren und mit Abschlußstrich oder schmaler Bordüre versehen, für ein beiläufiges Ausmaß von 4,00/5,00/3,80 m. *Pauschale S 65,00*

1a). Decke, rein weiß, wie vorher beschrieben, ausführen, per m² *S 0,70.*

1b). Wände wie vor beschrieben ausführen, per m² *S 0,80.*

2. Ein Zimmer, bessere Ausführung. Decke wie vorher beschrieben, Wände in mittleren bis halbsatten Tönen und 2- oder 3fachem Muster und Abschlußlinie oder Bordüre versehen. Maße wie vorher. *Pauschale S 80,00.*

3. Ein Zimmer, Decke und Wände in sattem Ton streichen, in Felder teilen, damast- oder stoffartig ausführen und mit einer plastischen oder einfachen Leiste einfassen. Maße wie vorher. *Pauschale S 120,00.*

4. Ein Kabinett, einfach, wie unter 1. beschrieben, ausführen, beiläufiges Maß 4,0/2,6/3,8 m. *Pauschale S 50,00.*

5. Küche, Bad oder Dienerzimmer im üblichen Ausmaß, nach gründlichen Vorarbeiten mit Kalkfarbe bis zur völligen Deckung rein weiß streichen und mit Abschlußbordüre versehen. *Pauschale S 40,00.*

6. Küche, Bad oder Dienerzimmer, jedoch in Leimfarbe. *Pauschale S 35,00.*

7. Stiegenhäuser: Bei glatten Wänden bis zur Lambrie einfach hell tönen und spritzen, letztere halbsatt bis dunkel streichen, spritzen oder einfach behandeln, mit einfachem Fries versehen, einschließlich Stiegenhauszulage und Mehraufwand an Zeit, per m² *S 1,20.*

Bei mit Wachs behandelten Malereien in Stiegenhäusern, einschließlich Bürsten, erhöhen sich die Preise um 30 bis 40%. Für die mit reicheren Stuckornamenten versehenen Zimmer, Stiegenhäuser, Vestibüle usw. empfiehlt es sich, Spezialofferte einzuholen. Stil- und Freihandmalereien sowie das Patinieren von Plastiken können nur fallweise veranschlagt werden.

4. Vergolderarbeiten

Man unterscheidet: 1. echte Vergoldung (Blattgold) bzw. Versilberung; 2. französische Polierbronze; 3. Metallvergoldung.

Preise fallweise bei Vergoldern einholen.

5. Eisenanstriche

(Laut Mitteilung des Ing. Otto Reymann, Wien)

Materialpreise in Schilling per 1 kg

Bleiminium	1,60	Emaillack	3,50
Bleiweißfarbe	2,20	Firnis	1,70
Bleifreie Farbe	1,75	Russischer Terpentin	1,70
Eisenoxydrot	1,00		

Mindeststundenlohn *S 1,60*

Art der Herstellung[1])	Preis per m² S	Verhältnis Lohn zu Material
Reinigung und Entrostung mittels Drahtbürsten	0,70	100 : 1
„ „ „ bis auf das blanke Eisen mittels Hämmern, Schabern und Drahtbürsten	3,50	100 : 1
Einmaliger Bleiminium-Anstrich	0,78	65 : 35
Zweimaliger „ „	1,35	60 : 40
Einmaliger Eisenoxyd-Anstrich	0,55	70 : 30
Zweimaliger „ „	1,00	65 : 35
Einmaliger Anstrich mit Bleiweißfarbe	0,75	60 : 40
Zweimaliger „ „ „	1,42	60 : 40
Einmaliger Anstrich mit bleifreier Farbe	0,66	60 : 40
Zweimaliger „ „ „ „	1,30	60 : 40
Einmalige Lackierung mit Emaillack	0,95	60 : 40

[1]) Die angegebenen Preise gelten für eine Regie von 40% auf den Lohn.

Zur Kostenermittlung von Anstrichen mit Spezialfarben (Ferromin, Redferrid, Dr. Liebreich, Subox, Ferrool, Bessemer, Rostinit, Durant, Danboline, Panther, Platinfarbe, Inertol Perlgrund, Adlergrund, Sodalfarbe usw.) wird die Anwendung der von Herzkaa ufgestellten Formel

$$\left(\frac{g\,k}{e} + k'\right)\frac{a}{n}$$

empfohlen. Es bedeutet:

g : das spezifische Gewicht der Farbe,
k : die Kosten von 1 kg Farbe,
daher $g\,k$: die Kosten von 1 Liter Farbe.

Werden mit 1 Liter e Quadratmeter gestrichen, dann bedeutet $\frac{gk}{e}$: die Farbkosten für 1 m² Anstrich,

k': die Lohnkosten für 1 m² Anstrich,
a : die zur vollständigen Deckung von 1m² Fläche erforderliche Anzahl von Anstrichen,
n : die Haltbarkeit der Farbe in Jahren.

Zu dieser Formel wird man in den meisten Fällen noch einen additiven Wert für die Kosten der Entrostung beifügen müssen. Der Aufwand für die Entrostung, welche für die Haltbarkeit eines Anstriches von wesentlicher Bedeutung ist, ist ein sehr beträchtlicher.

Für die Entrostung stark angerosteter, größerer Eisenkonstruktionen oder in Fällen, wo auf eine Entrostung bis auf das metallisch blanke Eisen Wert gelegt wird, empfiehlt sich die Anwendung der maschinellen Entrostungsmethode mittels Sandstrahlgebläse. Diese Methode ist wirtschaftlicher als die manuelle Entrostung mit Handwerkzeugen, sofern — was ausdrücklichst erwähnt sei — eine wirklich metallisch reine Eisenoberfläche erzielt werden soll. Die maschinelle Entrostung eines Quadratmeters Fläche stellt sich je nach dem Grade der Verrostung auf *S 1,60 bis S 3,00*, während eine metallisch reine Fläche mittels Handwerkzeugen kaum in 2- bis 3stündiger Arbeitszeit per 1 *m*² zu erzielen ist, sonach an reinen Lohnkosten *S 3,20 bis S 4,80* erfordert.

6. Spezial-Anstrichfarben

Arco-Top-Original amerikanischer Schutzanstrich für Dächer und Konstruktionen, bestehend aus Mexiko-Bitumen und langfaserigem Asbest, wird streichfertig geliefert, kalt aufgetragen; kein Miniumunterstrich; bleibt elastisch, verhindert das Weiterrosten. *Preis* per 1 kg *S 3,20.*

Verbrauch:		neu	alt	schadhaft
bei Dachpappe rund per m²	kg:	0,5	0,6	0,75
„ Metallflächen, rund		0,2 bis 0,33 kg per m²		
„ Preßkies, „		1,2 „ „ „		
„ Holzzement, „		0,6 „ „ „		

Arco-Sealit (Zusammensetzung wie Arco-Top). Strengflüssiges Material zum Auskitten von Rissen bei Beton, Preßkies-, Dachpappen- und Metalldächern, zum Auskitten von Oberlichten, Eisenbeton-Flachdächern. *Preis* per 1 kg *S 2,60*, Verbrauchsmengen 1 bis 3 kg per m².

Arco 700-Hitzebeständige Emailfarbe, die bis 380° C widerstandsfähig ist. Als Schutzanstrich von Eisenkonstruktionen, die großen Temperaturschwankungen ausgesetzt sind. Miniumgrundanstrich nicht erforderlich. *Preis* per 1 kg *S 8,00.*

Verbrauch: 1 kg für 10 bis 12 m².

Inertol-Rostschutzanstrich (R. Avenarius, Wien), schwarzglänzend, streichfertig, ohne Grundanstrich kalt auftragen. Lose Rostteile vorher entfernen und nur auf trockenem Eisen streichen. Der Überzug ist elastisch, schützt gegen säure-

und salzhaltige Wässer, Chlor, Kanalgase, Säuredämpfe, Essigdünste. Anwendung: Trinkwasserbehälter und -leitungen, Turbinenanlagen, Schleusentore, Chemische Industriebauten, Eisenbahnbauten; nach dem Durchtrocknen geruch- und geschmacklos. Für 100 m² Eisenfläche bei zweimaligem Anstrich 22 kg Inertol erforderlich. *Preis S 1,40* per 1 kg.

Orkit. (Gradischeggs Nachf., Innsbruck.) Wasserdichtender, säurefester, schwarzer Schutzanstrich; wird streichfertig geliefert und kalt aufgetragen. Schutz gegen Wasser und chemische Einwirkung. Zweimaliger Anstrich! Für 100 m² Eisenfläche rund 20 kg Orkit erforderlich. *Preis S 2,40 bis 2,80* per 1 kg.

Spezial-Rostschutzfarben. (Patent Dr. Liebreich, Ferrool G. m. b. H., Wien.) a) Graue Deckfarbe, beständig gegen benzin- und ammoniakhaltige Dämpfe, geeignet zum Anstrich von eisernen Wänden, Decken usw., per 1 kg *S 6,20.* b) Rote Deckfarbe Nr. 4566, beständig gegen Benzin, Benzol- und Mineralöl, geeignet zum Innenanstrich von Benzinreservoiren aus Eisen oder Beton, per 1 kg *S 8,00.*

Duresco (Wasserfarbe) für Mauerwerk, Stucco, Holz, Tapeten; Hitze- und Dampfbeständig; wird ohne Vorbereitung der Putzfläche — durch bloßes überstreichen — aufgetragen. Zu 100 kg Farbe gehören 15 l Verdünnungsmittel. Für einmaligen Anstrich von 100 m² erforderlich 10 kg Farbe. Preis der Farbe *S 3,85* per kg, des Verdünnungsmittels *S 2,50* per Liter.

Holzschutzmittel

Antinonnin. (A. Avenarius, Wien.) Schutzmittel gegen Hausschwamm, Schleim- und Sammelpilze, Trockenfäule, Mauerfraß, Moder. Geruchlos, nicht flüchtig, kann mit Farbe überstrichen werden. Sämtliches Holz 2- bis 3mal mit 2- bis 3%iger Antinonninlösung imprägnieren, Balken, Lager- und Kreuzhölzer auf den Längsseiten und am Hirnholz, Deckenschalungen nur oberseits — einschließlich Hirnholz und Fugung — gründlich bestreichen. Schwammbefallene Hölzer durch neue ersetzen, angefressene von den morschen Teilen bis aufs gesunde Holz befreien, sodann wie oben den Anstrich vornehmen. Unterhalb der schwammbefallenen Fußböden die Schüttung erneuern und mit Antinonninlösung imprägnieren. Bedarf: 1 l Lösung für 10 m² Holzfläche. *Preis S 22,—* per 1 kg.

Antipyrofabrikate. (Gesellschaft für Bauarbeiten, Wien.)

1. Antipyrogen. Imprägnierungsmittel für Holz, Papier; gegen Feuer, Fäulnis, Hausschwamm. Mit 1 kg können rund 10 kg Material imprägniert werden. *Preis S 4,—* per 1 kg.

2. Antipyrolack. Schutzanstrich gegen mechanische Abnützung; Erdfarbe mit Antipyrogen als Zusatz, pulverförmig; in lauem Wasser lösen und dann wie gewöhnliche Farbe verwenden. Verbrauch:

für gehobelte Flächen 0,2 bis 0,3 kg per m², *Preis S 1,4 bis 1,6* per m²
„ rauhe „ 0,5 „ 0,7 „ „ „ „ „ *1,6* „ *1,8* „ „

3. Antipyrofixlösung, 1 : 10 macht den Anstrich wetterfest. Zu 1 kg streichfertiger Farbe 60 g Antipyrofix zusetzen. *Preis S 3,2* per 1 kg.

Carbolineum. (R. Avenarius, Wien.) Rotbrauner Anstrich, wird heiß aufgetragen; möglichst satt, besonders die Hirnflächen; Pfosten und Bretter unter Wasser oder Erde wenigstens zweimal imprägnieren; ist widerstandsfähig gegen Witterungseinflüsse und Hausschwamm. Mit 1 kg werden 4 bis 5 m² Fläche gestrichen. *Preis S 0,6* per 1 kg.

Feuersilicat. (Ortlieb, Wien.) Dient zum äußeren Anstrich von Holzkonstruktionen; Zusammensetzung der Lösung: 2 T. Feuersilicat + 1 T. Wienerweiß + 2 T. Wasser. Mit Mauerpinsel 2- bis 3mal streichen, keine Weißkalke oder Zemente als Beimischung verwenden. Für einen Anstrich und 1 m² erforderlich 1 kg; Kosten für zweimaligen Anstrich *S 0,4* per m².

Johedi-Holzschutz. (Franz Gradischeggs Nachf., Innsbruck.) Geruchfreies, farbloses oder braunes, dünnflüssiges, nicht flüchtiges, nicht feuergefährliches Imprägnierungsmittel; schützt das Holz vor Fäulnis und allen Schwammarten, insbesondere Hausschwamm; gelangt nur kalt zur Anwendung und kann bei jeder Temperatur verarbeitet werden; für Pflanzen unschädlich, kann auch nachträglich mit Ölfarbe gestrichen werden.

Anwendungsgebiet: Barackenbau, Schiffbau, Holzlagerplätze, Werkstätten, Lagerräume, Kellereien, Gärtnereien, Landwirtschaft, Holzpflaster, Eisenbahnschwellen, Telegraphenmaste.

Preis S 1,6 bis 3,40 per 1 kg konzentrierter Lösung
„ „ *0,2* „ *0,37* „ 1 „ gebrauchsfertiger Lösung.

Kiesin. (W. Meurer & Co., Wien.) Silikatprodukt bestimmter Zusammensetzung, ohne Zusatz verwendbar. Wetter-, flamm-, temperaturbeständig, geruchlos. Das Holz zuerst mit Kiesinverdünnung 1 : 2 in Wasser 1- bis 2mal vorstreichen, dann Grundfarbe; der dritte Anstrich geschieht mit einer Mischung von reinem Präparat mit Grundfarbe. Die Lösung umschließt das Holz mit einer steinharten Schicht. Alkalibeständige Farben gebrauchen. Für 2maligen Anstrich von 100 m² zirka 40 kg erforderlich. *Preis S 1,40* per 1 kg.

Scherers flammenfeste Imprägnierung besitzt die Eigenschaft einer streichfertigen Malerfarbe. Für 2 m² Fläche erforderlich 1 kg. *Preis S 0,80* per 1 kg.

Feuerschutz durch Ummantelung. Hiezu eignen sich: 1. Das Betonspritzverfahren, namentlich unter Verwendung von Glutoment (Magnesiazement und andere Füllstoffe). Die Aufbringung geschieht unter Verwendung eines Drahtgewebes. 2. Staußziegelgewebe (siehe S. 337). 3. Tekton[1]), d. i. ein Steinholz, bestehend aus Magnesit und Chlormagnesium mit Füllstoffen (Sägemehl, Kork, Schlacken, Steinmehl usw.); die fertigen Platten werden auf das Holzwerk leicht aufgenagelt; geringes spez. Gewicht (200—230 kg/m³).

Raumtapezierung

Von Dr. Wilhelm Kaiser, Seniorchef der „Dr. Wilhelm Kaiser“ elektromechanischen Tapetendruckerei und Tapetenniederlage, Wien

Die Tapete gehört zu jenen Wandbekleidungen, deren Anbringung rasch und ohne wesentliche Verunreinigung der betreffenden Räume möglich ist. Für die Tapeten sind giftfreie Farben gesetzlich vorgeschrieben, die auch billiger sind als beispielsweise das früher benützte giftige „Schweinfurtergrün“. Die Ungeziefergefahr ist bei gut geklebten Tapeten so gut wie beseitigt. Auch gibt es Tapetensorten, die lichtecht, und solche, die waschbar sind; Holzlamberien lassen sich mitunter durch entsprechende Holztapeten ersetzen, Linkrusta und Linkrusta-Imitation sind oft dauerhafter als nicht ganz trockene Holzverkleidungen.

[1]) Tekton- und Sägewerk Siglingen, Württemberg.

Preisliste

		S
Naturellglanz, gestrichen Uni, Unisplafond aufziehen	per Rolle	1,25
Dieser Preis versteht sich bis zu 3 Bahnen; bei weiteren Bahnen 50%Zuschlag.		
Bei Räumen über 4 m bis 4,50 m Höhe wird 25%, darüber hinaus 50% mehr verrechnet.		
Vorarbeit (Abscheren ohne Leimen)	,, ,,	0,65
Leimen	,, ,,	0,60
Ingraintapeten, gestoßen	,, ,,	2,50
Schwere Leder- und schwere Soirettetapeten	,, ,,	5,30
Leichte Leder-, Soirette- und Linkrusta-Imitation, überlegt	,, ,,	2,40
,, ,, ,, ,, ,, ,, gestoßen	,, ,,	3,38
Makulieren zum Tapezieren, ohne Papier	,, ,,	0,87
Japan oder Tekko	,, m	1,26
Linkrusta, 50 cm breit	,, ,,	1,06
Makulieren für den Maler, ohne Papier	,, Rolle	1,03
,, mit Isolierpapier, ohne Papier	,, m²	0,42
Tapetentür, neu spannen, ohne Leinwand	,, Stück	5,83
,, ,, ,, für den Maler	,, ,,	6,80
Kranz um die Tür, ohne Leinwand	,, ,,	3,50
Tapetentür allein, nur spannen, ohne Leinwand	,, ,,	2,40
Für einzelne Tapetentüren, bei denen keine Tapeziererarbeiten ausgeführt werden, erfolgt Verrechnung in Regie.		
Leinwand spannen auf Plafonds	,, m²	0,85
,, ,, ,, der Wand	,, ,,	0,63
Borten oder Faschen	,, m	0,09
Bandstreifenlegen samt Leinwand	,, ,,	0,20
Leisten aufmontieren bis 3½ cm breit	,, ,,	0,28
,, ,, über 3½ ,, ,,	,, ,,	0,30
,, überziehen bis 10 cm	,, ,,	0,43
Befestigen einer Rosette, rund oder oval	,, Stück	1,25
,, ,, durchbrochen	,, ,,	2,10
,, ,, plastischen Ecke	,, ,,	0,75
Tapetenschutzglas montieren, ohne Haftpflicht		2,10
Fahrtvergütung per Mann und Stunde		2,50
Ausbesserungen an Schaufenstern, Regalen und Kästen werden in Regie verrechnet. Per Mann und Stunde		2,50

Bemerkungen. Aufzahlung zu den vorerwähnten Preisen bei Nachtarbeiten: ab 7 Uhr abends bis 7 Uhr früh 100%. Bei Sonn- und Feiertagsarbeiten: ab Samstag mittags 100% Aufschlag. Bei Landarbeiten ist Kost und Quartier von der Kunde beizustellen, anderseits erfolgt die Feststellung der Zulage nach Übereinkommen. Alle Fahrten, Transport- und Postspesen sind vom Arbeitgeber zu bestreiten. Das Ausräumen der zu tapezierenden Räume oder sonstige Arbeiten werden in Regie per Mann und Stunde verrechnet. Der Werkzeugtransport wird derzeit mit *S 2,00* entlohnt.

Linoleum

Nach Mitteilung von W. Wilh. Wagner, Wien

Linoleum (nach dem Erfinder auch Walton-Linoleum genannt) ist ein vorzüglich bewährter Fußbodenbelag von außergewöhnlicher Dauerhaftigkeit, die an folgende Bedingungen gebunden ist:

1. Vollkommen gleichflüchtiger, also ganz ebener Unterboden, weil sich das Linoleum dem Boden anschmiegt, aber Unebenheiten deshalb nicht ausgleicht.

2. Absolute Trockenheit des Unterbodens, da Linoleum den Boden luftdicht abschließt und allfällig vorhandene Feuchtigkeit nachteilige Wirkungen hat. Bei Parterre oder Souterrainräumen darf keine Grundfeuchte vorhanden sein.

3. Fachmännisches Verlegen und sachgemäße Behandlung nach der Fertigstellung.

Linoleum wird hauptsächlich in der Breite von 200 cm (Rollenlänge 20 bis 30 m) und in folgenden Sorten erzeugt:

1. Einfärbig braun, grün, terrakotta, grau, pompejanischrot, reseda und blau. Die hauptsächlichen Stärken sind: 3,6, 3 und 2,2 mm; doch wird für Wände auch 1,8 mm und für besondere Zwecke 4 bis 7 mm starkes Linoleum erzeugt.

2. Granitartiges Linoleum in rund 20 Ausführungen in den Stärken 3,5 und 2,2 mm, für Möbel 1,8 mm stark.

Inlaidlinoleum ist ein gemustertes Linoleum in den verschiedenartigsten Zeichnungen und Farbstellungen, wobei die meisten Farben bis auf das Jutegewebe gehen, auf das die Linoleummasse hydraulisch aufgepreßt ist.

Inlaidlinoleum wird in den Stärken: 3,5, 2,4 und 2 mm und neuestens auch in einer dünnen Sorte von 1,5 mm erzeugt.

Korklinoleum, ein elastisches, einfärbiges oder gemasertes Linoleum, bei dem nur Kork und Leinöloxyd verwendet wird; sehr schalldämpfend und wärmehaltend. Doch wirken die Farben stumpf und die Oberfläche ist nicht so glatt wie bei den anderen Sorten.

Bedrucktes Linoleum kommt für Bauzwecke nicht in Betracht, weil das aufgedruckte Muster sich sehr bald abtritt und diese fälschlich auch Korklinoleum genannte Sorte nur billige Kommerzware ist.

Preistabelle ab Mai 1926 einschließlich Zoll und 7% Warenumsatzsteuer, sowie dem gewöhnlichen Händlernutzen.

	Marke	Stärke in mm	Preis in Schilling per m²	
			braun	alle anderen Farben
Walton-Linoleum	AA	4	17,50	—
	A	3,6	15,20	16,90
	B	3	13,70	14,80
	C	2,2	9,80	11,00
	D	1,8	8,50	9,50
Kork-Linoleum	—	4	12,60	14,20
	—	5	14,40	17,10
	—	7	19,00	22,30

	Marke	Stärke in mm	Preis in Schilling per m²	
			braun	alle anderen Farben
Inlaid-Linoleum	—	3,5	16,95	alle Muster mit Ausnahme von gemasert[1]
	—	2,4	14,50	
	—	2	13,00	
	—	1,5	9,80	
Granit-Linoleum	—	3,5	14,85	alle Ausführungen
	—	2,2–2,4	12,50	
	—	1,8–2	11,00	

[1] Gemasertes Inlaidlinoleum, bei dem die Musterflächen der verschiedenen Einzelfarben noch besonders gemasert sind, beispielsweise bei parkettartigen oder Fliesenmustern, stellt sich der Preis um 10% höher als bei gewöhnlichem Inlaidlinoleum.

Möbel und Wandlinoleum laut Spezialliste.

Die Linoleumrollen haben eine Länge von 20 bis 30 laufenden Metern. Das Verlegen des Linoleums darf nur durch geschulte Fachleute ausgeführt werden, weil ein unsachgemäß verlegtes Linoleum vorzeitig zugrunde geht.

Der Arbeitslohn einschließlich Linoleumkitt ist in Wien *S 0,85* per 1 m², Stiegenbelag *S 1,70* per 1 m². Der Verschnitt bzw. die unverwendbaren Abfälle gehen zu Lasten des Bauherrn, weshalb sich das fix und fertig verlegte Quadratmeter immer nach dem Verschnitt, der von 3% bis 10% (Kreissegmente) schwankt, kalkuliert.

Gesundheitstechnik

Von Ing. Leopold Fischer, Wien.

A. Heizung.
B. Lüftung.
C. Gasversorgung.
D. Kalt- und Warmwasserinstallation.
E. Sanitäre Einrichtungen.
F. Wasserabflußleitungen und Kanalisation (siehe den letzten Abschnitt im Buche).

Elektrotechnik

Von Baurat Ing. Dr. techn. Siegmund Defris, beh. aut. Zivil-Ing. für Maschinenbau und Elektrotechnik

A. Grundlagen. Der elektrische Strom, seine Gesetze und Wirkungen.
B. Starkstromtechnik.
C. Schwachstromtechnik.
D. Bau von Außenhochantennen.

Blitzableiter

Von Ing. Julius Heinbach

Elektrotechnik

Von Baurat Ing. Dr. techn. Siegmund Defris, beh. aut. Ziv.-Ing. für Maschinenbau und Elektrotechnik, Wien

A. Grundlagen. Der elektrische Strom, seine Gesetze und Wirkungen

I. Ohmsches Gesetz

Jeder Leiter setzt dem elektrischen Strom einen Widerstand, vergleichbar dem Reibungswiderstand einer vom Wasser durchflossenen Rohrleitung, entgegen. Dieser ist durch

$$w = \varrho \frac{l}{q} = \frac{l}{k \cdot q} \text{ Ohm} \tag{1}$$

gegeben, worin ϱ den dem Leitermaterial bei 1 m Länge und 1 mm² Querschnitt zukommenden spezifischen Widerstand in Ohm, $k = \frac{1}{\varrho}$ die Leitfähigkeit des Leitermaterials, l die Leiterlänge in Metern und q den Leiterquerschnitt in Quadratmillimetern bedeuten. Die Einheit des Widerstandes ist das Ohm. Die Leitfähigkeit k beträgt für Kupfer 57, Siliziumbronze 52,6, Aluminium 33,3, Eisen 8.

Damit ein Strom durch den Leiter fließt, muß eine treibende Kraft, ähnlich dem Druckunterschied an den Rohrenden einer Wasserleitung, wirken, die man als elektromotorische Kraft, Spannungsunterschied oder als Spannung bezeichnet. Als Einheit der Spannung gilt das Volt.

Je höher der Spannungsunterschied an den Leiterenden, desto größer ist bei bestimmtem Widerstand die Stromstärke, das heißt jene Elektrizitätsmenge, die in der Sekunde durch den Leiter fließt. Die Einheit der Stromstärke heißt Ampere.

Spannung E in Volt, Stromstärke J in Ampere und Widerstand w in Ohm sind miteinander verbunden durch das Ohmsche Gesetz

$$E = J \cdot w = J \frac{l}{kq} \text{ Volt.} \tag{2}$$

II. Stromarten und Schaltungen

Fließt ein Strom stets in gleicher Richtung, so wird er als Gleichstrom bezeichnet. Die Stromrichtung ist aus den chemischen und magnetischen Wirkungen des Stromes (S. 407) erkennbar. An Stromerzeugern wird die Stromaustrittstelle mit + (positiv), die Eintrittstelle mit — (negativ), an Stromverbrauchern hingegen die Eintrittstelle mit + und die Austrittstelle mit — bezeichnet.

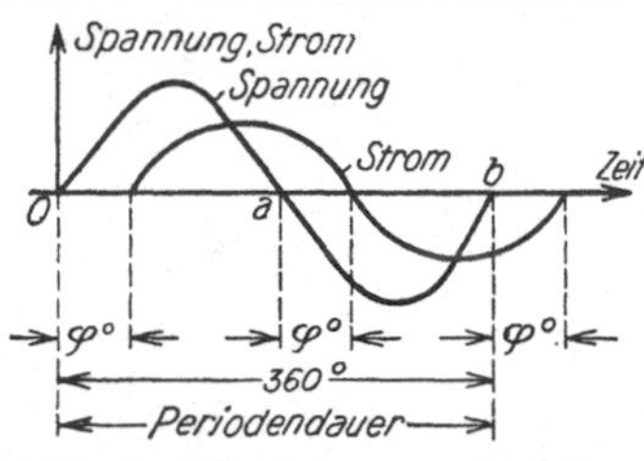

Abb. 1. Einphasenwechselstrom

Im Gegensatz zum Gleichstrom ändern beim Einphasenwechselstrom Spannung und Strom in regelmäßigen Zeiträumen ihre Richtung und Stärke. Abb. 1 stellt den Spannungs- und Stromverlauf in Abhängigkeit von der Zeit dar. Man nennt den von O bis b reichenden, eine positive und eine negative Halbwelle umfassenden Wellenzug eine Periode, die hiefür nötige Zeit die Periodendauer, die Zahl der Perioden per Sekunde die Periodenzahl. Da Spannung und Strom nach Ablauf einer Periode immer wieder die gleichen Werte wie in der vorausgegangenen erreichen, sozusagen also einen Kreislauf vollführen, teilt man eine Periode ähnlich wie einen Kreis in 360°. In Lichtanlagen erreichen Strom und Spannung zu gleichen Zeiten ihre Null- und Höchstwerte. In Kraftanlagen werden diese Werte vom Strom später erreicht als von der Spannung.

Man spricht von einer Phasenverschiebung zwischen Spannung und Strom und drückt die Größe derselben durch den ihr entsprechenden Winkel φ aus.

Die Zeiger von Wechselstrommeßinstrumenten folgen nicht den Augenblickswerten der Spannung oder des Stromes, sondern sie stellen sich auf einen Mittelwert E bzw. J ein, der als Effektivwert bezeichnet wird. Das vorerst nur für Gleichstrom aufgestellte Ohmsche Gesetz (Gl. 2) bleibt auch für Einphasenwechselstrom gültig, wenn für E und J die Effektivwerte eingesetzt werden. Ebenso erscheinen die Effektivwerte in den Beziehungen für die Leistung und Arbeit (S. 406) des Wechselstromes. Wird bei Wechsel- oder Drehstrom (siehe unten) kurzweg von Spannung oder Stromgesprochen, so sind hierunter stets deren Effektivwerte zu verstehen.

Die Stromverbraucher können in Reihe oder parallel geschaltet werden.

Bei der **Reihen- oder Serienschaltung** (Abb. 2) werden alle Stromverbraucher vom gleichen Strom durchflossen. Die Spannung des Stromerzeugers ist gleich der Summe der Spannungen aller Stromverbraucher.

Bei der **Parallelschaltung** (Abb. 3) ist die Spannung des Stromerzeugers gleich jener der Verbraucher, deren Strom gleich dem Summenstrom aller Verbraucher. Vorteil vor der Reihenschaltung: Die Verbrauchsapparate können unabhängig voneinander ein- und ausgeschaltet werden.

Das **Gleichstrom-Dreileitersystem** (Abb. 4) entsteht durch Aneinanderlegen zweier Zweileitersysteme.

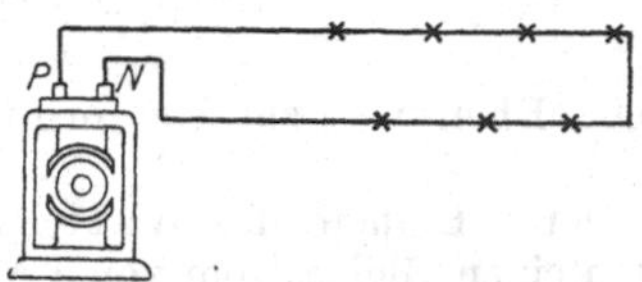

Abb. 2. Reihen- oder Serienschaltung

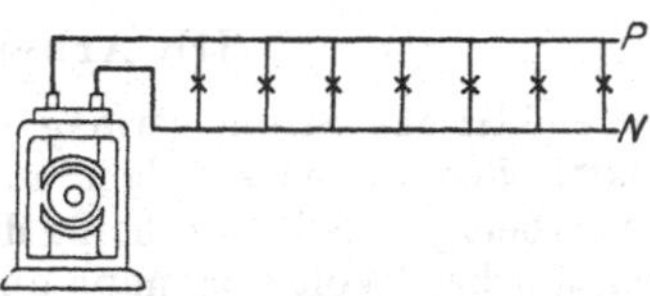

Abb. 3. Parallelschaltung

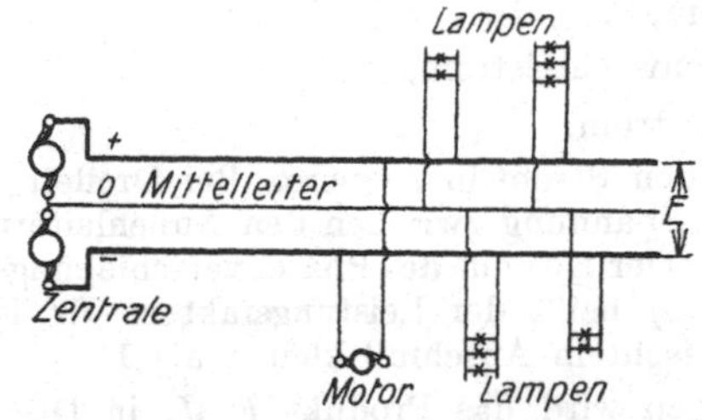

Abb. 4. Gleichstrom-Dreileitersystem

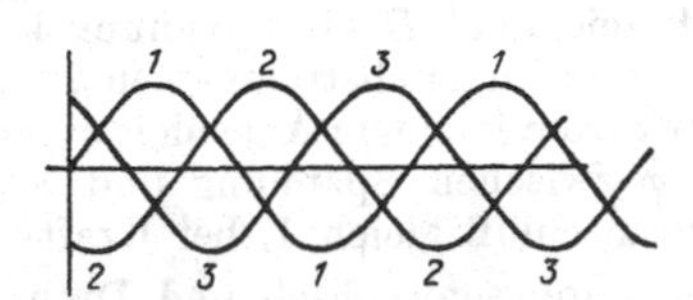

Abb. 5. Drehstrom

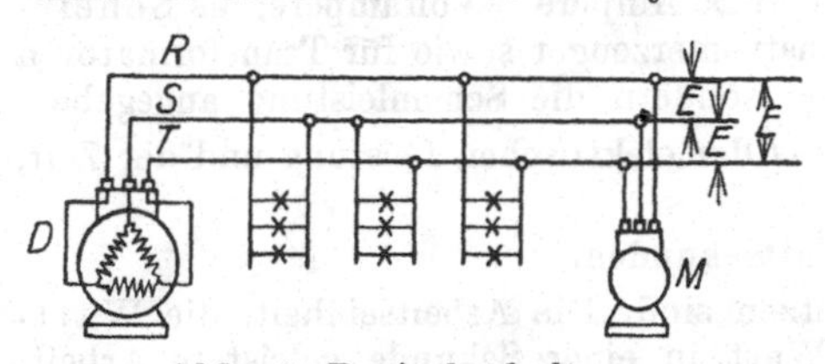

Abb. 6. Dreieckschaltung

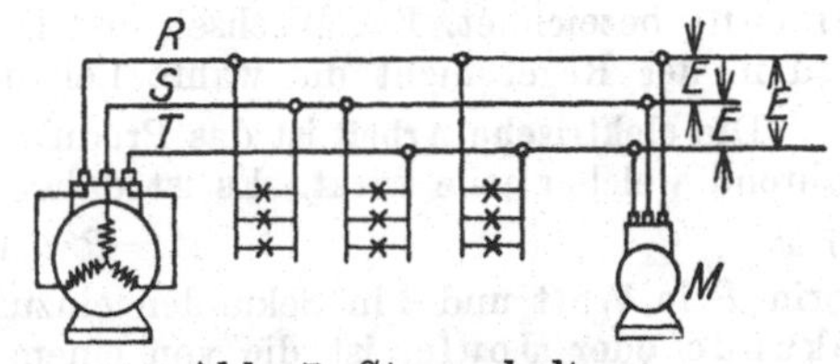

Abb. 7. Sternschaltung

Im **Dreiphasenwechselstrom- oder Drehstromsystem** (Abb. 5) wirken drei um je den dritten Teil einer Periode (120°) gegeneinander in der Phase verschobene elektromotorische Kräfte bzw. die von ihnen hervorgerufenen Ströme, die in einer Maschine mit drei Wicklungen erzeugt werden. Je nach der Schaltung der drei Wicklungen des Drehstromerzeugers D unterscheidet man Dreieckschaltung (Abb. 6) und Sternschaltung (Abb. 7). In beiden Schaltungsarten sind die Spannungen E zwischen je zweien der drei Außenleiter R, S, T einander gleich. Bei Sternschaltung wird die Spannung E zwischen den Außenleitern als verkettete Spannung, die Spannung $\frac{E}{\sqrt{3}} = \frac{E}{1,73}$ zwischen jedem der drei Außenleiter und dem Sternpunkt O als Phasenspannung bezeichnet. Vom Sternpunkt O kann auch ein vierter Leiter, der Neutral- oder Nulleiter, abgehen, so daß man ein Vierleitersystem (Abb. 8) erhält, für das stets beide Spannungen, z. B. 110/190 Volt oder 220/380 Volt, angeführt werden.

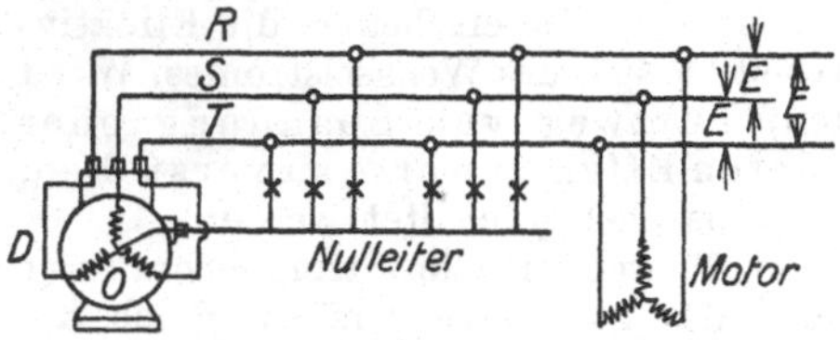

Abb. 8. Drehstrom-Vierleitersystem

Beim Gleichstrom-Dreileiter- und beim Drehstrom-Vierleitersystem werden größere Stromverbraucher an die Außenleiter, kleinere Stromverbraucher, insbesondere Glühlampen, an einen Außenleiter und den Mittel- oder Nulleiter angeschlossen. Letzterer wird in der Regel geerdet. Hiedurch wird eine größere Sicherheit gegen Unfälle erzielt, da z. B. Personen, die einen mangelhaft isolierten Außenleiter berühren, in Dreileiteranlagen nur der halben Netzspannung, in Drehstrom-Vierleiteranlagen nur der Phasenspannung ausgesetzt sind.

III. Arbeit und Leistung

Der elektrische Strom vermag Arbeit zu leisten. Ebenso ist zur Hervorbringung eines elektrischen Stromes Arbeit aufzuwenden.

Die Arbeit per Sekunde heißt die Leistung. Deren Einheit, das Watt, ist aufzuwenden, um bei 1 Volt Spannung an den Leiterenden einen Gleichstrom von 1 Ampere durch den Leiter zu drücken. Die elektrische Leistung ist in Watt bestimmt durch:

(3) $$P = E \cdot J \text{ bei Gleichstrom,}$$

(4) $$= E \cdot J \cos\varphi \text{ bei Einphasenwechselstrom,}$$

(5) $$= \sqrt{3}\, E \cdot J \cos\varphi \text{ bei Drehstrom.}$$

Hierin bezeichnen: E die Spannung in Volt, J den Strom in Ampere. Bei Dreileiteranlagen, dann in Drehstromnetzen ist für E die Spannung zwischen den Außenleitern, für J der Strom in einem Außenleiter einzusetzen. Der Kosinus des Phasenverschiebungswinkels φ zwischen Spannung und Strom ($\cos\varphi$) heißt der Leistungsfaktor. Er ist bei Lichtanschluß gleich 1, bei Kraft- oder gemischtem Anschluß kleiner als 1.

In Einphasenwechsel- und Drehstromanlagen wird das Produkt $E \cdot J$, in Drehstromanlagen dagegen $E \cdot J . \sqrt{3}$ gemessen in Volt $\times$ Ampere = Voltampere, als Scheinleistung bezeichnet. Für Wechsel- und Drehstromerzeuger sowie für Transformatoren wird in der Regel nicht die wahre Leistung, sondern die Scheinleistung angegeben.

Die **elektrische Arbeit** ist das Produkt aus der elektrischen Leistung und der Zeit, während welcher jene wirkt. Es ist daher:

(6) $$A = P \cdot t \text{ Wattsekunden,}$$

worin P in Watt und t in Sekunden einzusetzen sind. Die Arbeitseinheit, die Wattsekunde oder Joule, ist die von einem Watt in einer Sekunde geleistete Arbeit.

Fließt durch einen Leiter vom Widerstand w Ohm ein Gleich- oder Wechselstrom J Ampere, so setzt sich die hiefür aufgewendete elektrische Leistung

(7) $$P = J^2 w \text{ Watt}$$

in Wärme um. Während t Sekunden wird eine Wärmemenge von

(8) $$A = 0{,}24 \cdot P \cdot t = 0{,}24 \cdot J^2 \cdot w \cdot t \text{ Grammkalorien}$$

erzeugt.

IV. Vergleichseinheiten

1 Megohm = 10^6 Ohm,
1 Millivolt = 10^{-3} Volt,
1 Kilovolt = 10^3 Volt,
1 Watt = 1/736 P. S. = 0,102 mkg/sek,
1 Hektowatt = 1 hW = 100 Watt,
1 Kilowatt = 1 kW = 1000 Watt = 1,36 P. S.,
1 Kilovoltampere = 1 kVA = 1000 Voltampere,
1 Pferdestärke = 1 P. S. = 75 mkg/sek = 736 Watt,
1 Wattsekunde = 1 Joule = 0,102 mkg = 0,24 g Cal.,
1 Wattstunde = 1 Wh = 3600 Wattsekunden = 367 mkg,
1 Hektowattstunde = 1 hWh = 100 Wh,
1 Kilowattstunde = 1 kWh = 1000 Wh = 1,36 P. S.-Stunden = 864 kg Cal.

V. Stromwirkungen

Wärmewirkungen. Sie sind durch die Formeln (7) und (8) bestimmt.

Anwendung: Glühlicht, elektrische Heizung, Sicherungen.

Chemische Wirkungen. Leitende Flüssigkeiten (Leiter 2. Klasse) werden durch Gleichstrom zersetzt. Hiebei wird aus Salzlösungen das Metallsalz an der +-Elektrode, an welcher der Strom die Lösung verläßt, ausgeschieden.

Anwendung: Galvanotechnik, wie Verkupfern, Vernickeln usw.

Bei geeigneter Einrichtung der Zersetzungszelle kann der chemische Zersetzungsvorgang rückgängig gemacht, das heißt die chemische in elektrische Energie rückverwandelt werden, wobei sich die Stromrichtung gegenüber jener beim Ladevorgang umkehrt.

Anwendung: Speicherung elektrischer Arbeit in Akkumulatoren.

Magnetische Wirkungen. Umwickelt man einen Weicheisenkern mit einem stromdurchflossenen, isolierten Leiter, so wird ersterer elektromagnetisch.

In einem geschlossenen Leiterkreis (Abb. 9 und 10) wird ein elektrischer Strom erzeugt, wenn man ihn vor den Polen eines Elektromagneten vorbeiführt (Dynamoprinzip). Da die Drähte (Abb. 9) bei ihrer Drehbewegung die Pole wechseln, fließt in der Leiterschleife wie auch im äußeren Stromkreis ein Wechselstrom. Ersetzt man die Schleifringe r in Abb. 9 durch zwei voneinander isolierte Kupferlamellen l_1 l_2 (Stromwender, Kollektor, Kommutator) Abb. 10, so erhält man im äußeren Stromkreis einen Gleichstrom. Der induzierte Strom wirkt hemmend auf die induzierende Bewegung, daher zur Stromerzeugung Arbeit aufzuwenden ist.

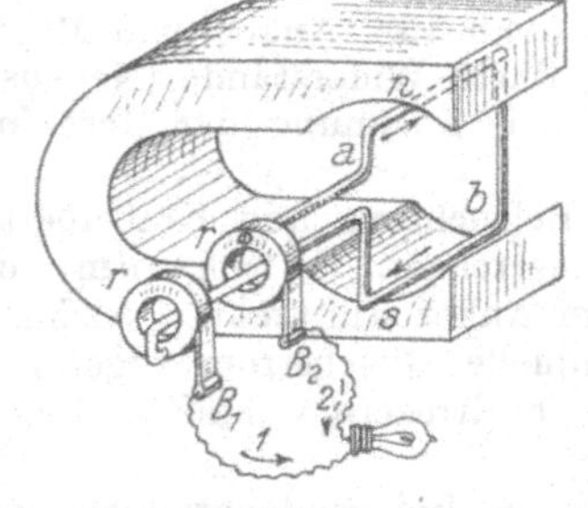

Abb. 9
Wechselstromerzeuger

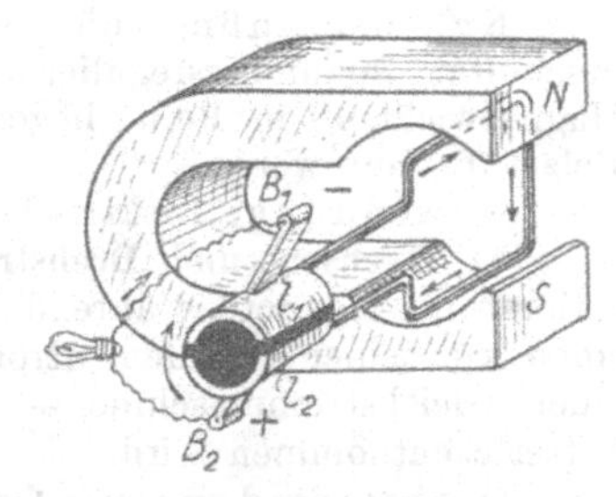

Abb. 10
Gleichstromerzeuger

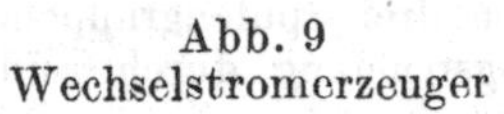

Wird in Abb. 10 die Glühlampe durch eine Gleichstromquelle ersetzt, so wird der Leiterkreis zu einer Bewegung veranlaßt (Motorprinzip). Hiebei entsteht im Leiterkreis eine elektromotorische Kraft, welche der Spannung der Stromquelle entgegenwirkt. Es ist also elektrische Arbeit aufzuwenden, welche in mechanische Arbeit umgesetzt wird.

Werden um einen Eisenkern zwei isolierte Spulen gewickelt und durch eine derselben — die Primärspule — ein Wechselstrom geschickt, so entsteht ein solcher auch in der Sekundärspule (Abb. 11). Die hiebei in beiden Spulen wirksamen Spannungen sind annähernd proportional, die Ströme verkehrt proportional den Windungszahlen der Spulen. Die Spule mit dünnem Draht und vielen Windungen heißt die Oberspannungsspule, jene mit dickem Draht und wenig Windungen die Unterspannungsspule.

Anwendung zur Spannungsumformung von Wechsel- oder Drehstrom durch Transformatoren.

B. Starkstromtechnik

I. Elektrische Maschinen

Jede elektrische Maschine besitzt ein Leistungsschild, worauf Leistung, Drehzahl, Stromverbrauch, Betriebsspannung usw. angegeben sind.

1. Stromerzeuger

a) Gleichstromerzeuger. Besitzen meist feststehende Magnete und einen umlaufenden, durch die Kraftmaschine angetriebenen Anker. Die in den Ankerleitern induzierten Wechselströme werden durch den Stromwender, Kommutator oder Kollektor gleichgerichtet und über Bürsten und Klemmen dem äußeren Stromkreis zugeführt.

Hauptstrommaschinen (Abb. 12). Magnete *M* und Anker *A* in Reihe, vom Hauptstrom durchflossen. Verwendung selten, meist für Kraftübertragung.

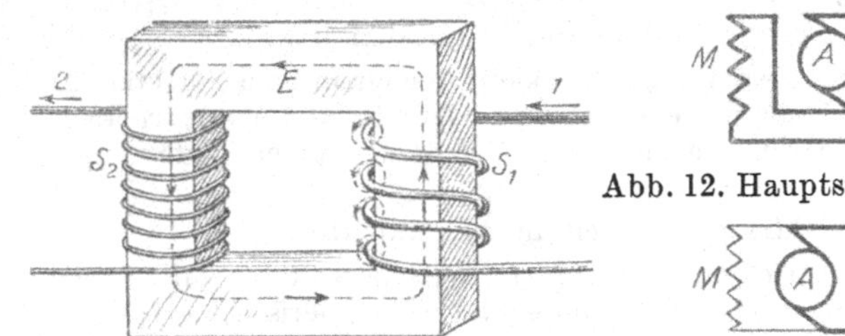

Abb. 11
Wechselstromtransformator

Abb. 12. Hauptstrommaschine

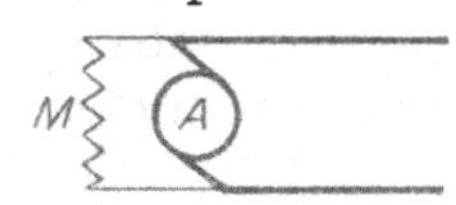

Abb. 13
Nebenschlußmaschine

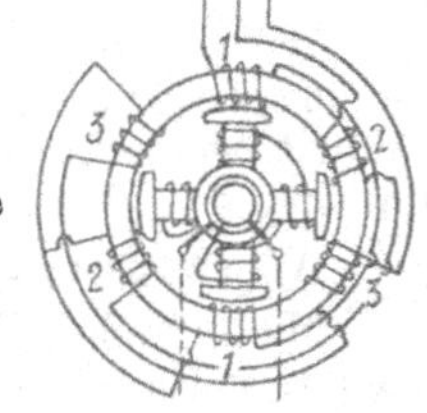

Abb. 14
Synchronmaschine

Nebenschlußmaschinen (Abb. 13). Anker- und Magnetwicklung sind parallel geschaltet. Spannungsregulierung durch Widerstände (Nebenschlußregler), die mit der Magnetwicklung in Reihe liegen. Die Spannung der Maschine fällt bei zunehmender Belastung nur wenig.

Anwendung: Elektrische Beleuchtung und Kraftübertragung.

b) Wechsel- und Drehstromerzeuger. Synchronmaschinen (Abb. 14). Meist rotieren die Magnete, während der Anker still steht. Den Magneten muß über Schleifringe von einer fremden Stromquelle Gleichstrom zugeführt werden, der entweder einer Gleichstrommaschine — der Erregermaschine — oder einer Akkumulatorenbatterie entnommen wird.

Drehstromdynamos besitzen drei Spulengruppen, in Dreieck oder Stern geschaltet (Abb. 6 und 7). Spannungsregelung durch Änderung des Magnetisierungsstromes.

c) Wirkungsgrad und Antriebleistung der Stromerzeuger. Wirkungsgrad η je nach Maschinengröße 0,8 bis 0,95. Antriebleistung in P. S. $= \frac{\text{Leistung in Watt}}{736 \cdot \eta}$.

2. Elektromotoren

a) Gleichstrommotoren sind wie die ihnen entsprechenden Typen der Gleichstromerzeuger gebaut und geschaltet. Inbetriebsetzung und Drehzahlregelung durch veränderbare Widerstände, welche als Anlasser bzw. Tourenregler bezeichnet werden.

Hauptstrommotoren (Abb. 12) laufen auch bei hoher Belastung an; ihre Drehzahl sinkt bei zunehmender und steigt bei abnehmender Belastung in weiten Grenzen.

Anwendung für den Betrieb von Kranen und Straßenbahnwagen.

Nebenschlußmotoren (Abb. 13). Fast konstante Drehzahl bei wechselnder Belastung. Verbreitetste Type der Gleichstrommotoren.

b) Wechsel- und Drehstrommotoren. Synchronmotoren, wie Wechselstromerzeuger gebaut und geschaltet, finden nur in großen Anlagen Verwendung.

Asynchrone Drehstrommotoren (Induktionsmotoren, Abb. 15 und 16). Wird dem feststehenden Teil (Ständer oder Stator) Drehstrom zugeführt, so entsteht

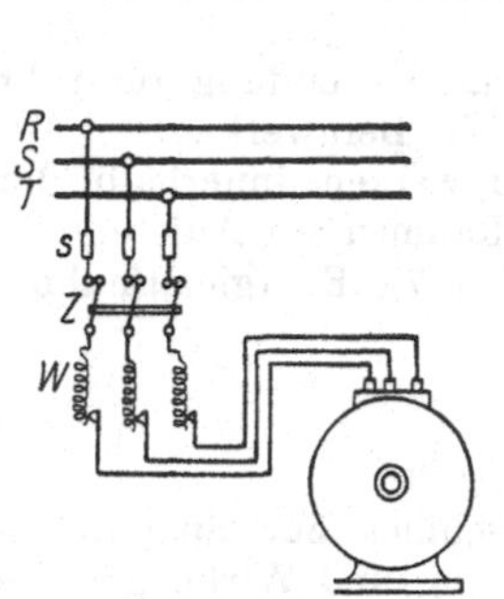

Abb. 15
Drehstromkurzschlußmotor

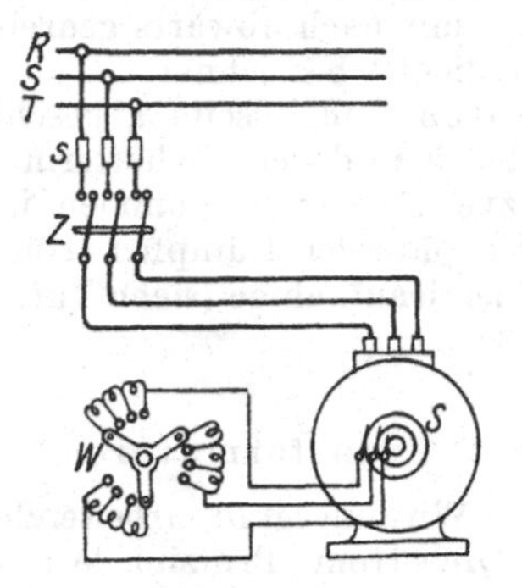

Abb. 16
Drehstromschleifringmotor

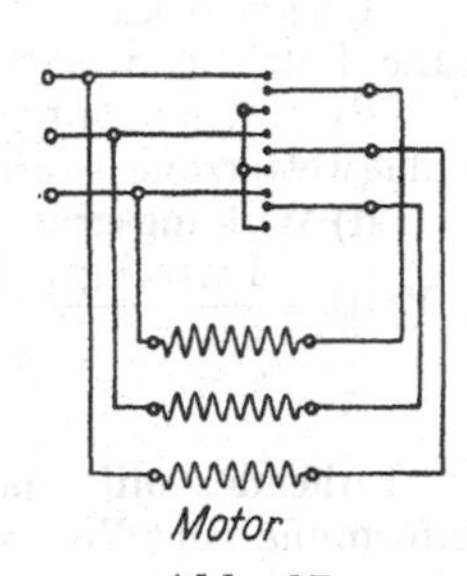

Abb. 17
Sterndreieckschalter

im Motor ein sich drehendes Magnetfeld, dessen Drehzahl von der Periodenzahl des zugeführten Stromes und von der Polzahl des Motors abhängt. Der Rotor läuft annähernd mit der Geschwindigkeit des Feldes um, bleibt gegen dieses aber umso mehr zurück, je mehr er belastet wird. Die drei Statorwicklungen sind in Stern oder in Dreieck geschaltet. Meist sind sie umschaltbar, so daß der Stator wahlweise an eine von zwei Spannungen angeschlossen werden kann, die im Verhältnis 1 : 1,73 stehen, z. B. bei Dreieckschaltung an 220 Volt, bei Sternschaltung an 380 Volt. Der Rotor enthält entweder eine in sich kurzgeschlossene Wicklung (Kurzschluß- oder Käfiganker) oder eine Drehstromwicklung, deren freie Enden zu Schleifringen geführt sind (Schleifringanker). Das Anlassen kleiner Kurzschlußankermotoren erfolgt einfach durch Schließen des in der Statorzuleitung eingebauten Hebelschalters, jenes größerer Motoren durch Widerstände, welche während der Anlaufperiode vor den Stator geschaltet werden (Abb. 15), oder durch Sterndreieckschalter (Abb. 17). Kurzschlußankermotoren sind nur für Anlauf unter geringer Last brauchbar, aber durch ihre einfache, robuste Bauart ausgezeichnet. Größere Drehstrommotoren erhalten fast immer Schleifringanker (Abb. 16). Drei Enden der Rotorwicklung sind zu Schleifringen *S* geführt, an welche mittels Bürsten der Anlasser *W* angeschlossen wird. Wird der Rotoranlasser für Dauerbelastung gebaut, so kann er auch zur Tourenverminderung benützt werden. Diese Regelung ist aber nur unter Verlusten möglich. Drehstrommotoren ändern ihre Drehrichtung, wenn zwei Zuleitungen vertauscht werden.

c) Motorbauarten. Direkte Kupplung. Für direkte Kupplung bestimmte Motoren werden mit freiem Wellenende oder samt zugehöriger Kupplung geliefert.

Riemenantrieb. Der Motor samt Riemenscheibe kann auf Spannschienen so verstellt werden, daß der Riemen stets gespannt bleibt. Für sehr kurze Triebe und kleine Motoren dienen Riemenwippen (Riemenspannung durch Motorgewicht). Bei hohen Übersetzungsverhältnissen, bis etwa 20 : 1, dann bei sehr steilen oder senkrechten Antrieben werden Spannrollengetriebe (siehe unter Transmissionen) verwendet.

Zahnrad- und Schneckengetriebe dienen zur Herabsetzung der Drehzahl kleiner Motoren.

Feuchtigkeitsschutz. Sonderisolation für die Aufstellung von Maschinen in besonders feuchten oder mit Säuredämpfen erfüllten Räumen.

Offene Motoren in geschützter Bauart. Ein Schutzkorb aus perforiertem Blech schützt gegen zufällige und fahrlässige Berührung stromführender und der im Innern umlaufenden Teile. Besonders für Antriebmotoren in Werkstätten, wo Gefahr besteht, daß Fremdkörper in die Maschine gelangen könnten.

Ventiliert gekapselte Motoren sind bis auf den Zu- und Abluftstutzen geschlossen. An die Stutzen können ins Freie führende Rohrleitungen angeschlossen werden. Anwendung für Betriebsräume mit stauberfüllter oder sehr nasser, säuredampfhältiger Luft. Ohne jeden Rohranschluß, mit nach abwärts gedrehten Anschlußstutzen, werden sie als „tropf- und spritzwasserdicht" bezeichnet.

Ganz gekapselte Motoren sind allseits abgeschlossen. Anwendung für sehr rauhe Betriebe, wie bei Steinbrecheranlagen, Schottermühlen, in Bergwerken.

Schlagwettergeschützte Motoren kommen in Bergwerken innerhalb der Schlagwetterzone sowie in mit explosiblen Dämpfen erfüllten Räumen zur Aufstellung.

d) **Wirkungsgrad η und Energieaufnahme** (siehe Tafel 3, S. 417). Energieaufnahme in $\text{Watt} = \frac{\text{Leistung in P. S.} \times 736}{\eta}$.

3. Transformatoren

Ruhende, mit sehr hohem Wirkungsgrad arbeitende Maschinen zur Spannungsumformung von Wechsel- oder Drehstrom. Prinzipielle Einrichtung und Wirkungsweise siehe S. 408.

Die Umformung der von den Stromerzeugern nur mit mäßiger Spannung lieferbaren elektrischen Energie in solche hoher Spannung ist nötig, um diese auf große Entfernungen mit wirtschaftlich noch zulässigen Verlusten ($= J^2 \cdot w$) fortleiten zu können. Anderseits ist Energie hoher Spannung wegen der durch letztere bedingten Gefahr zur direkten Verwendung ungeeignet, so daß an den Gebrauchsorten die Spannung herabtransformiert werden muß.

Der **Einphasenwechselstromtransformator** besitzt eine Oberspannungs- und eine Unterspannungswicklung, die auf einem oder auf zwei aus Blechen mit isolierenden Papierzwischenlagen hergestellten Eisenkernen verteilt sind.

Drehstromtransformatoren haben drei Eisenkerne mit je einer Ober- und einer Unterspannungswicklung, die jede für sich in Dreieck oder in Stern geschaltet sein können.

Transformatoren für höhere Spannungen werden in Kessel mit Ölfüllung eingebaut. Größere Transformatoren werden künstlich gekühlt, indem ihr Öl durch mit Wasser gekühlte Rohrschlangen gepumpt wird.

Drehstromöltransformatoren werden nach einheitlichen Normen gebaut. Man unterscheidet Einheitstransformatoren der Hauptreihe und solche der Sonderreihe. Erstere eignen sich besonders für industrielle, letztere für landwirtschaftliche Betriebe.

Transformatorenräume sollen gut gelüftet und bei Öltransformatoren mit Einrichtungen für das Abfließen etwa überlaufenden Öles ausgestattet sein. Große Transformatoren werden meist einzeln in Kammern aufgestellt, die vom Freien zugänglich und gegen den Schaltraum abgeschlossen sind, um diesen bei Ölbränden vor Schaden zu bewahren. Im Anschluß an Freileitungen werden größere Transformatoren in eigene Transformatorenhäuser eingestellt, kleine Transformatoren aber auf Masten angebracht (Masttransformatoren). Transformatoren sollen Unberufenen unzugänglich sein.

4. Motorgeneratoren und Umformer

Sie dienen zur Spannungsumwandlung von Gleichstrom oder zur Umwandlung einer Stromart in eine andere. Erstere sind Doppelmaschinen, während bei letzteren die Umformung in einer einzigen Maschine stattfindet.

5. Gleichrichter

bewirken die Umwandlung von ein- oder mehrphasigem Wechselstrom in Gleichstrom.

Quecksilberdampfgleichrichter. Ruhende Apparate, beruhend auf der Eigenschaft eines im Vakuum gebildeten Quecksilberdampflichtbogens, einen zugeführten Wechselstrom nur in einer Richtung durchzulassen. Sie zeichnen sich durch ihren hohen, von der Belastung nahezu unabhängigen Wirkungsgrad aus. Da sie keine dauernd bewegten Teile besitzen, nur sehr geringer Wartung bedürfen, wenig Platz und keine Fundamente beanspruchen, nimmt ihre Verbreitung rasch zu.

II. Akkumulatoren

dienen zur Aufspeicherung elektrischer Arbeit in Form von Gleichstrom, wodurch sie günstige Ausnützung der Maschinenanlage ermöglichen.

1. Bleiakkumulatoren

Bleiplatten oder Bleigitter, deren Zwischenräume mit Masse (Bleiverbindungen) ausgefüllt sind, reichen in Gefäße aus Glas, Hartgummi oder mit Bleiblech ausgekleidetem Holz, welche mit verdünnter Schwefelsäure gefüllt sind. Die gleichnamigen Platten eines jeden Elementes sind durch angelötete Bleistreifen parallel geschaltet.

Die Spannung einer Zelle steigt während der Ladung von etwa 2,1 bis 2,7 Volt an, während sie bei der Entladung mit etwa 2 Volt einsetzt und allmählich bis auf rund 1,83 Volt sinkt. Von hier ab fällt die Spannung schneller und es ist eine Entladung darüber hinaus nicht statthaft. Für die üblichen Spannungen von 110 bzw. 220 Volt sind demnach 60 bzw. 120 in Reihe geschaltete Zellen nötig. Da die Netzspannung trotz veränderlicher Batteriespannung immer konstant bleiben soll, müssen Zellenschalter (Abb. 18) vorgesehen werden, um, je nach Bedarf, einzelne Zellen zu- oder abschalten zu können.

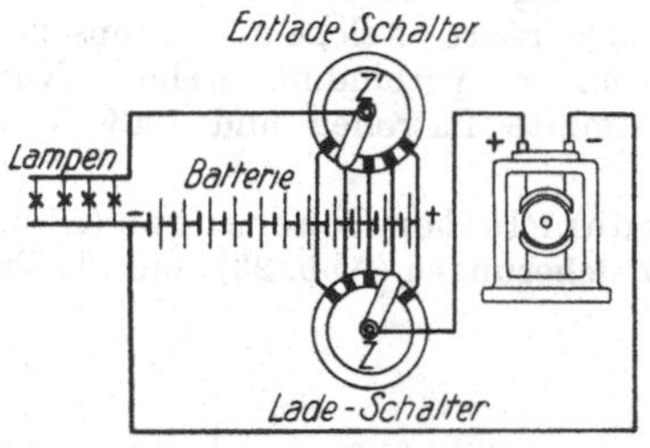

Abb. 18. Zellenschalter

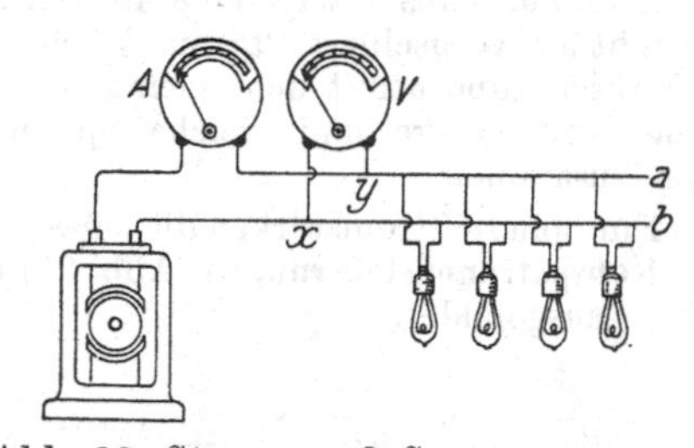

Abb 19. Strom- und Spannungsmesser

2. Der Edison-Akkumulator

(Stahl-Nickel-Akkumulator.) Anwendung haupsächlichst in ortsveränderlichen Anlagen, wie für Autobetrieb, zur Beleuchtung von Autos und Eisenbahnwagen usw.

3. Kapazität

heißt das Produkt aus Entladestrom und Zeitdauer der Entladung. Dieselbe wird in Amperestunden ausgedrückt. Sie erhöht sich, wenn die Elemente mit einer niedrigeren als der maximalen Entladestromstärke entladen werden.

4. Ladedynamos

Da die Batteriespannung während der Ladung ansteigt, müssen die Ladedynamos eine Spannungsänderung in weiten Grenzen gestatten.

III. Apparate

1. Meßinstrumente

Stromzeiger oder Amperemeter A (Abb. 19) werden entweder direkt oder parallel mit einem bestimmten Widerstand in die Leitung geschaltet, deren Strom zu messen ist; sie werden somit vom Leitungsstrom oder von einem bestimmten Teile desselben durchflossen.

Spannungszeiger oder Voltmeter (Abb. 19) werden zwischen jene Leitungen geschaltet, deren Spannungsunterschied gemessen werden soll.

Bei den **Leistungsmessern** oder **Wattmetern** wirkt eine feste auf eine bewegliche, den Zeiger tragende Spule. Erstere wird vom Hauptstrom, letztere von einem der Spannung proportionalen Strom durchflossen.

Für **Isolationsmessungen,** das ist für die Messung der Übergangswiderstände zwischen einem Teil einer Anlage und Erde oder zwischen verschiedenen Leitungen, dienen Isolationsprüfer.

Elektrizitätszähler, zur Messung der verbrauchten elektrischen Arbeit, werden meist als Wattstundenzähler ausgeführt. Der Verbrauch in Hektowattstunden oder Kilowattstunden kann an der Zeigervorrichtung oder an springenden Ziffern, die in entsprechenden Ausnehmungen des Zählerblattes erscheinen, abgelesen werden. Manchmal sind die Zählerangaben mit einer bestimmten Zahl, der Zählerkonstanten, zu multiplizieren, um den wahren Verbrauch zu erhalten. Je nach der Tarifart werden Zähler auch in besonderen Ausführungsformen hergestellt, z. B. als Doppeltarifzähler, Spitzenzähler, Höchstverbrauchmesser und Selbstverkäufer.

2. Sicherungen

sollen elektrische Einrichtungen vor Stromüberlastungen schützen.

Schmelzsicherungen. In der Leitung ist ein leicht auswechselbares Stück Draht oder Blech eingefügt, das bei Überschreitung einer bestimmten Stromstärke schmilzt, ehe der zu schützende Gegenstand Schaden leidet.

Abb. 20, *a* bis *c* zeigt eine als Diazedsicherung bezeichnete Ausführungsform. Die leicht auswechselbare Patrone *b* trägt die Schmelzdrähte, welche über Stöpselkopf *a* und Paßschraube *c* mit den Klemmen der Sicherung in Verbindung stehen. Nur für gleiche Stromstärke und gleiche Spannung bestimmte Patronen und Paßschrauben passen zusammen.

Für höhere Stromstärken dienen Streifen- oder Plattensicherungen (Abb. 21).

Rohrpatronensicherungen (Abb. 22) und **Griffsicherungen** (Abb. 23) sind als Trennschalter ausgebildet.

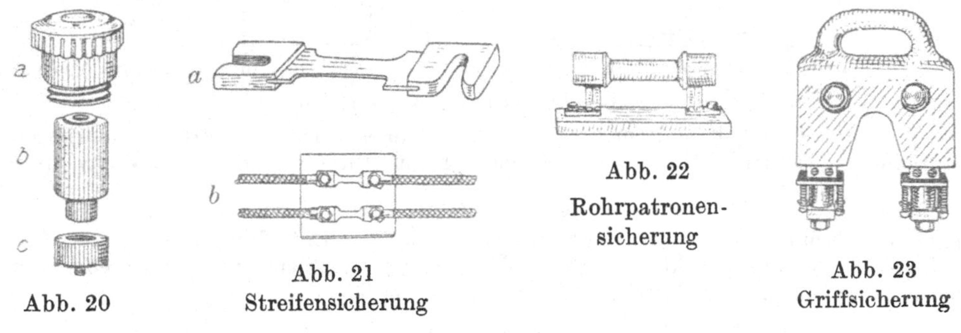

Abb. 20

Abb. 21 Streifensicherung

Abb. 22 Rohrpatronensicherung

Abb. 23 Griffsicherung

Automaten. Als zweckmäßiger Ersatz für Schmelzsicherungen werden in jüngster Zeit automatisch wirkende Schalter in handlicher Form ausgeführt, die teils auf thermischer, teils auf elektromagnetischer Wirkung beruhen. In Hochspannungsanlagen (S. 425) sollen Schmelzsicherungen möglichst vermieden werden, weil sie die zu einem Stromkreis gehörenden Leitungen nicht gleichzeitig unterbrechen, wodurch Überspannungen auftreten können. An ihre Stelle treten mehrpolige automatische Schalter, die alle Pole ihres Stromkreises gleichzeitig abschalten.

3. Schalter

Installationsschalter. Die in Häusern montierten, jedermann zugänglichen Glühlichtschalter sind in Dosenform, als Dreh-Ausschalter oder -Umschalter mit herausragendem Griff gebaut (Abb. 24). Um das Stehenbleiben eines Lichtbogens zu verhüten, werden sie als Momentschalter ausgebildet, die sprungweise in die geschlossene oder offene Stellung übergehen. Für besondere Zwecke werden sie als Unterputzschalter (Abb. 25), in wasserdichter Ausführung mit Porzellan- oder Gußeisengehäuse mit Griff, Zugstange oder Kette, als explosionssichere Schalter usw. ausgeführt.

Betriebsschalter sind für größere Leistungen bestimmt und werden als Hebel-Ausschalter oder -Umschalter gebaut. Die Metallteile werden auf feuerfesten Stoffen montiert und erhalten geschlossene Schutzkappen (Abb. 26).

Selbsttätige Schalter werden zu den verschiedensten Zwecken gebaut, wie als Überstromauslöser ohne und mit zeitlich verzögerter Auslösung, als Strombegrenzer, wenn ein Überschreiten der vereinbarten Höchstleitung durch einen Stromabnehmer vermieden werden soll, als kombinierte Überstrom- und Rückstromausschalter, als Nullspannungsschalter usw.

Hochspannungsölschalter (Abb. 27) besitzen unter Öl liegende Kontakte. Ihre Betätigung kann von Hand aus direkt, durch Vermittlung von Gestängen oder Zugseilen, dann durch elektrische Fernsteuerung, wie auch durch automatisch wirkende Einrichtungen erfolgen.

Trennschalter (Abb. 28) werden in Hochspannungsschaltanlagen eingebaut, um einzelne Teile der Anlage behufs ungefährlichen Arbeitens spannungslos machen zu können. Sie dürfen nur in stromlosem Zustande bedient werden.

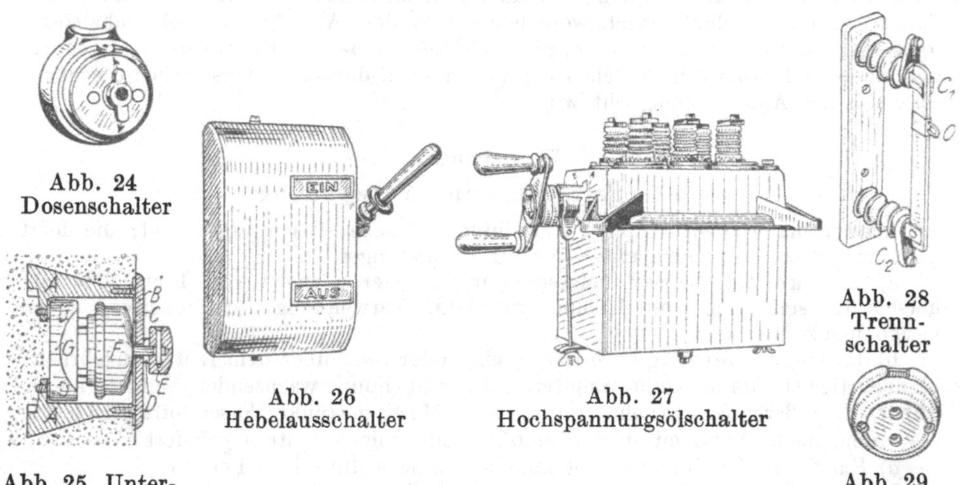

Abb. 24 Dosenschalter

Abb. 25. Unterputzschalter

Abb. 26 Hebelausschalter

Abb. 27 Hochspannungsölschalter

Abb. 28 Trennschalter

Abb. 29 Steckdose

4. Steckvorrichtungen

bestehen aus einem festen, an die Stromquelle angeschlossenen Teil — der Steckdose (Abb. 29) — und dem Stecker, welcher mit dem Verbrauchsapparat durch eine bewegliche Leitung verbunden ist. Sie werden teils mit eingebauten Sicherungen, teils ohne solche erzeugt. Auch werden sie ähnlich wie die Dosenschalter in Sonderausführungen hergestellt.

5. Überspannungsschutzvorrichtungen

Überspannungen können durch atmosphärische Ladungen, besonders in Anlagen mit langen Freileitungen, dann durch plötzliche Belastungsänderungen und Schaltvorgänge in Hochspannungskreisen entstehen. Um dieselben unschädlich zu machen, muß ihnen einerseits der Weg zu den zu schützenden Gegenständen (Maschinen, Erdkabel usw.) durch Einfügung von Drosselspulen verlegt, anderseits ein bequemer und unschädlicher Weg zur Erde geboten werden (Abb. 30). In jede Erdleitung sind eine oder mehrere Funkenstrecken (Scheiben-, Walzen- oder Hörnerblitzableiter), eventuell auch ein Ohmscher Widerstand eingefügt. Tritt nun eine Überspannung auf, so durchschlägt sie die Funkenstrecke und fließt zur Erde. Der nachfließende Maschinenstrom wird durch die Widerstände an der Überschreitung einer oberen Grenze gehindert, überdies meist durch seine Eigenwirkung, sei es auf elektromagnetischem oder elektrodynamischem Wege, bald zur Löschung gebracht.

Abb. 30. Überspannungsschutz

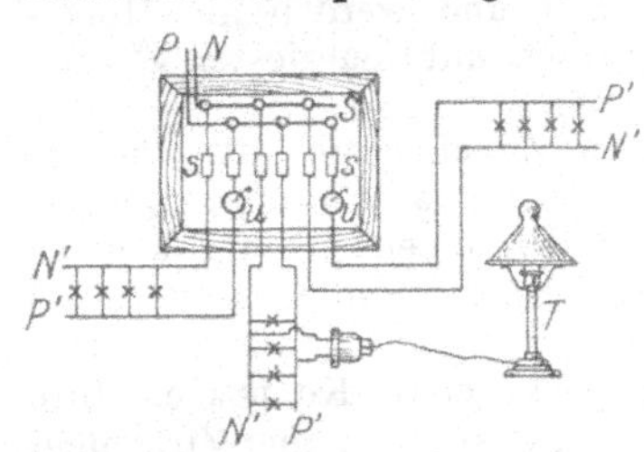

Abb. 31. Verteiler

Um in Freileitungsnetzen das Entstehen von atmosphärischen Ladungen möglichst zu verhindern, werden über die höchsten Punkte der Leitungsträger, parallel zu den Leitungen, geerdete Stahlseile, sogenannte Blitzseile, gezogen.

6. Verteiler und Schalttafeln

Die von den Stromerzeugern oder den Netzanschlußpunkten kommenden Leitungen werden nicht unmittelbar zu den Verbrauchsstellen, sondern vorerst zu Schaltanlagen geführt. Einfache Schaltanlagen werden als Verteiler (Abb. 31) oder als Schalttafeln hergestellt, auf welchen die Sicherungen, Schalter, Meß- und Kontrollapparate so vereinigt und durch Aufschrifttäfelchen bezeichnet sind, daß eine übersichtliche, bequeme Bedienung der Anlage ermöglicht wird.

IV. Leitungen

1. Beschaffenheit und Verwendung

Leitungsmaterialien: Kupfer, Aluminium, Bronze, Eisen und Stahl; die letztangeführten vier Materialien meist nur für Freileitungen.

a) Blanke Leitungen: Massive Drähte oder Stangen von 1 bis 1000 mm² Querschnitt, seilförmig von 10 mm² aufwärts. Verwendung für Freileitungen und sonstige blanke Leitungen.

b) Isolierte Leitungen besitzen eine oder zwei über dem Leiter angebrachte schlauchartige Gummihüllen bestimmter, mit der Spannung wachsender Wandstärke und darüber, als äußeren Schutz, eine in geeigneter Masse getränkte Faserstoffumflechtung. Sie werden, nach Wahl, mit massiven oder seilförmigen Leitern geliefert.

α) Für feste Verlegung, mit massiven oder seilförmigen Leitern:

Leitung *EJ* für Spannungen bis 250 Volt in dauernd trockenen Räumen.

Leitung *G* für Spannungen bis 750 Volt in allen Räumen.

Leitung *GH* für Spannungen von 2000 bis 15000 Volt.

Die Leitungen *EJ* dürfen nur auf Isolatoren, Klemmen, Rollen u. dgl. verlegt, die Leitungen *G* und *GH* aber auch in Rohre eingezogen werden.

Lusterdraht *LuEJ* und *LuG* für Verwendung in und an Beleuchtungskörpern.

Falzdraht *F* mit enganliegendem Metallmantel über der Faserstoffumhüllung, bis 500 Volt.

Kran- oder Schiffskabel *F*, mit äußerer Metalldrahtumflechtung, bis 1000 Volt.

β) Bewegliche Leitungen, nur mit seilförmigen, sehr biegsamen Leitern.

Pendelschnüre *EJPL* und *GPL* mit Tragschnur oder Tragseilchen für Beleuchtungskörper.

Weiters für ortsveränderliche Stromverbraucher:

Leitungsschnur *EJL* und *GL* für Spannungen bis 250 bzw. 750 Volt bei geringer mechanischer Beanspruchung.

Werkstättenleitungen *W* und *JW*, bis 250 bzw. 1000 Volt, mit Kordelumflechtung, Eisendrahtspirale, Gummi- oder Metallschlauch als Schutz gegen größere mechanische Beanspruchungen.

c) Bleikabel: Papierkabel mit Papierisolation, luftdicht anschließendem Bleimantel und einer Juteumspinnung oder einer Eisenbewehrung samt Juteumspinnung. Ausführung als Einleiter und als verseilte Mehrleiterkabel.

Gummikabel wie Papierkabel, jedoch mit Gummiisolation an Stelle der Papierisolation.

2. Leitungsbemessung

a) Hinsichtlich Festigkeit

Der kleinstzulässige Kupferquerschnitt beträgt:

für im Freien oder in Gebäuden offen verlegte, blanke Leitungen bei Spannungen bis 300 Volt Wechselstrom oder 600 Volt Gleichstrom 4 mm², bei höheren Spannungen 6 mm²;

für blanke Freileitungen unter den erst angeführten Verhältnissen 6 mm², bei höheren Spannungen 10 mm²;

für isolierte, festverlegte Leitungen in Rohren oder auf Isolierkörpern bei einem Abstand letzterer bis 1 m = 0,75 mm², zwischen 1 und 2 m = 2,5 mm², über 2 m = 4 mm², bei letzterem Abstand und Spannungen über 300 bzw. 600 Volt = 6 mm².

b) Hinsichtlich Feuersicherheit

Blanke und isolierte Kupferleitungen, ferner Bleikabel mit Kupferleitern dürfen mit den aus Tabelle 1 ersichtlichen Stromstärken belastet werden.

Tabelle 1

Querschnitt in	Kupferleitungen		Bleikabel mit Kupferleitern						
			Dauernd zulässige Stromstärke in Ampere bei Verlegung im Erdboden						
	Dauernd zulässige Stromstärke in	Nennstromstärke des Sicherungseinsatzes in	Einleiterkabel bis	Verseilte Zweileiterkabel bis		Verseilte Dreileiterkabel bis		Verseilte Vierleiterkabel bis	
mm²	A	A[1])	1000 V	3000 V	10 000 V	3000 V	10 000 V	3000 V	10 000 V
0,5	7,5	6	—	—	—	—	—	—	—
0,75	9	6	—	—	—	—	—	—	—
1	11	6	24	19	—	17	—	16	—
1,5	14	10	31	25	—	22	—	20	—
2,5	20	15	41	33	—	29	—	26	—
4	25	20	55	42	—	37	—	34	—
6	35	25	70	53	48	47	42	43	41
10	50	35	95	70	65	65	60	57	55
16	70	60	130	95	90	85	80	75	70
25	100	80	170	125	115	110	105	100	95
35	125	100	210	150	140	135	125	120	115
50	160	125	260	190	175	165	155	150	140

[1]) Die Abschmelzstromstärke der Sicherung liegt höher als die Nennstromstärke. Sie ist so bemessen, daß eine Sicherung von der angeführten Nennstromstärke der größten, für den zugehörigen Leiterquerschnitt dauernd zulässigen Stromstärke standhält.

c) Hinsichtlich Spannungsabfall

Der Spannungsabfall, gemessen ab Stromquelle, in Häusern ohne Eigenanlage ab Hausanschluß bis zum entferntesten Stromverbraucher, soll im allgemeinen für Licht etwa 3 bis 3,5%, für Kraft etwa 6% der Betriebsspannung nicht überschreiten. In Häusern ohne Eigenanlage lassen die Elektrizitätswerke bis zum entferntesten Licht-

bzw. Kraftzähler nur einen Spannungsverlust bis rund 2% zu. Erhält der zu berechnende Leitungsteil den einheitlichen Querschnitt q in Quadratmillimetern, so kann die Querschnittsermittlung an Hand der folgenden auf (2) bis (5) begründeten Formeln durchgeführt werden.

Für **Gleichstrom- und Einphasenwechselstrom** (für letzteren bei ausschließlicher Glühlichtbelastung),

wenn die Stromstärke bekannt ist:

$$q = \frac{2}{k \cdot e}(J_1 \cdot l_1 + J_2 \cdot l_2 + \ldots\ldots J_n \cdot l_n) = \frac{2}{k \cdot e}\sum_1^n (J \cdot l), \tag{11}$$

wenn die Leistung bekannt ist:

$$q = \frac{2}{k \cdot e \cdot E}(P_1 l_1 + P_2 l_2 + \ldots\ldots P_n \cdot l_n) = \frac{2}{k e E}\sum_1^n (P \cdot l). \tag{12}$$

Für **Drehstrom,** wenn die Stromstärke bekannt ist:

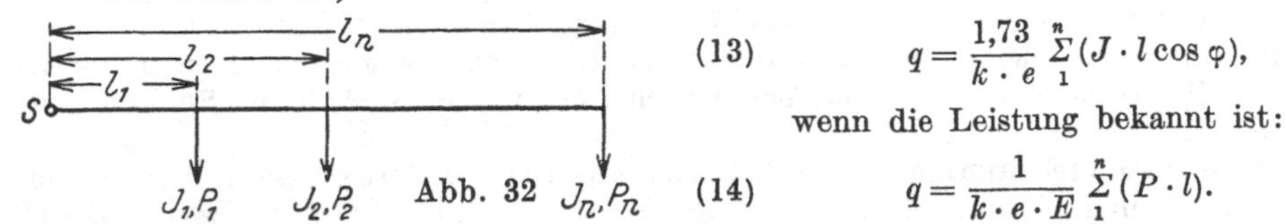

Abb. 32

$$q = \frac{1{,}73}{k \cdot e}\sum_1^n (J \cdot l \cos\varphi), \tag{13}$$

wenn die Leistung bekannt ist:

$$q = \frac{1}{k \cdot e \cdot E}\sum_1^n (P \cdot l). \tag{14}$$

In diesen Formeln bedeuten (Abb. 32):

E die Betriebsspannung in Volt, und zwar in Zweileiteranlagen zwischen beiden Leitungen, in Gleichstrom-Dreileiter- und Drehstromanlagen zwischen zwei Außenleitern (nicht zwischen einem Außenleiter und dem Mittel- oder Nulleiter),

e den Spannungsabfall in Volt, vom Anfang bis zum Ende der Leitung (Hin- und Rückleitung),

$P_1, P_2 \ldots\ldots P_n$ die abgenommenen Leistungen in Watt,

$J_1, J_2 \ldots\ldots J_n$ die abgenommenen Stromstärken in Ampere,

$l_1, l_2 \ldots\ldots l_n$ die einfachen Entfernungen der Abnahmestellen vom Leitungsanfang in Metern,

q den einheitlichen Querschnitt der Leitung in Quadratmillimetern,

k die Leitfähigkeit des Leitermaterials; für Kupfer = 57, für Aluminium = 33.

Sollte der feuersichere Querschnitt höher sein als der auf Spannungsabfall ermittelte, so muß die Leitung nach ersterem bemessen werden. Die Bestimmung der Stromstärke kann nach (3) bis (5) sowie an Hand der Tabelle 3 (S. 417) erfolgen.

Lichtsteigleitungen in Wohnhäusern werden meist für einen Spannungsverlust von 1,2% berechnet. Tabelle 2 zeigt für diesen Spannungsabfall die ungefähren Querschnitte bei verschiedenen Belastungen, wobei angenommen wurde, daß die aus den Einzellasten resultierende Gesamtkraft in 20 m Entfernung vom Speisepunkte der Leitung wirkt.

Tabelle 2

Gesamtbedarf der Glühlampen in Watt	Gleichstrom			Drehstrom			
	Zweileiter 110 V	Zweileiter 220 Volt, Dreileiter 2×110 V	Dreileiter 2×220 V	Δ 3×125 V	Δ 3×220 V	Y 125/220 V	Y 220/380 V
	Leitungsquerschnitt in mm²						
1 000	6	2,5	2,5	4	2,5	2,5	2,5
1 500	10	2,5	2,5	4	2,5	2,5	2,5
2 000	10	2,5	2,5	4	2,5	2,5	2,5
3 000	16	4	2,5	6	2,5	2,5	2,5
5 000	25	6	2,5	10	4	4	2,5
7 500	35	10	2,5	16	6	6	2,5
10 000	50	16	4	25	6	6	2,5
15 000	70	25	6	35	10	10	4
20 000	95	25	10	50	16	16	6

Für Lichtverteilleitungen findet man in Wohnhäusern bei einer Glühlichtspannung von 110 Volt meist mit dem Kupferquerschnitt von 1,5 mm², bei 220 Volt mit jenem von 1 mm² das Auslangen.

An eine Lichtsteigleitung dürfen Motoren, Heizkörper, Kochapparate usw. nur bis etwa 2 KW Gesamtleistung angeschlossen werden, ansonst eigene Kraftleitungen bis zum Hausanschluß geführt werden müssen. Tabelle 3 zeigt die Stromstärken sowie die einfachen Längen von Motorzuleitungen bei einem Spannungsabfall von 6% und bei den eingetragenen Kupferquerschnitten. Letztere wurden etwas größer als die feuersicheren Querschnitte gewählt und bedürfen gegebenenfalls einer entsprechenden Erhöhung, so z. B. bei großen Leitungslängen oder wenn mit Rücksicht auf den Zähler nur ein Spannungsabfall von 2% in der Leitung zugelassen werden darf. Bei der Umrechnung ist zu beachten, daß der Spannungsabfall proportional der Leitungslänge, aber verkehrt proportional dem Leitungsquerschnitt ist.

Tabelle 3

Einfache Längen *l* in m von Motorzuleitungen bei 6% Spannungsabfall

Leistungsabgabe in P.S.	Leistungsabgabe in KW	Leistungsaufnahme in KW	Wirkungsgrad η in %	Gleichstrom, bei Klemmenspannung in Volt: 110			220			440		
				J in Amp.	*q* in mm²	*l* in m	*J* in Amp.	*q* in mm²	*l* in m	*J* in Amp.	*q* in mm²	*l* in m
0,5	0,37	0,51	72	4,64	2,5	101	2,32	2,5	405	1,16	2,5	1615
0,7	0,51	0,7	73	6,4	2,5	73	3,2	2,5	294	1,6	2,5	1175
1	0,736	1,0	74	9,1	2,5	52	4,55	2,5	206	2,26	2,5	830
1,5	1,1	1,47	75	13,4	4	56	6,7	2,5	140	3,35	2,5	560
2	1,5	2	76	18,2	6	62	9,1	2,5	103	4,6	2,5	410
3	2,2	2,86	77	26	10	72	13	4	116	6,5	2,5	290
4	2,94	3,77	78	34,4	10	55	17,2	4	88	8,6	2,5	219
5	3,68	4,55	79	41,4	16	73	20,7	6	109	10,35	4	291
7,5	5,51	6,9	80	62,8	25	75	31,4	10	120	15,7	4	191
10	7,36	9,1	81	82,8	35	79	41,4	16	145	20,7	6	217
15	11	13,4	82	120	50	77	60	25	157	30	10	251
20	14,7	17,7	83	161	70	81	80,5	35	163	40,25	16	299
30	22	26,2	84	238	120	95	119	50	157	59,5	25	315

Leistungsabgabe in P.S.	Leistungsabgabe in KW	Leistungsaufnahme in KW	Wirkungsgrad η in %	cos φ	Drehstrom, bei Klemmenspannung in Volt: 125			220			380		
					J in Amp.	*q* in mm²	*l* in m	*J* in Amp.	*q* in mm²	*l* in m	*J* in Amp.	*q* in mm²	*l* in m
0,5	0,37	0,49	75	0,74	3,06	2,5	262	1,74	2,5	811	1,0	2,5	2420
0,7	0,51	0,68	75	0,74	4,26	2,5	190	2,42	2,5	593	1,58	2,5	1760
1	0,736	0,97	76	0,75	5,98	2,5	133	3,41	2,5	414	1,96	2,5	1230
1,5	1,1	1,41	78	0,76	8,6	2,5	91	4,9	2,5	282	2,81	2,5	840
2	1,5	1,87	80	0,78	11,1	2,5	67	6,32	2,5	207	3,64	2,5	615
3	2,2	2,72	81	0,79	16,0	4	74	9,07	2,5	145	5,23	2,5	430
4	2,94	3,58	82	0,81	20,4	4	56	11,6	4	175	6,7	2,5	327
5	3,68	4,43	83	0,83	24,8	6	71	14,1	4	145	8,1	2,5	271
7,5	5,51	6,55	84	0,85	35,6	10	77	20,2	6	144	11,7	4	287
10	7,36	8,67	85	0,86	46,3	16	94	26,5	10	182	15,3	4	226
15	11	12,8	86	0,87	68,3	25	99	38,8	16	198	22,4	6	221
20	14,7	16,9	87	0,88	89,4	35	105	49,7	25	234	29,3	10	277
30	22	25,1	88	0,89	130	70	142	76,5	35	221	42,8	16	301

3. Leitungsverlegung

Rollenverlegung. Verwendung für Verlegung isolierter Leitungen in untergeordneten Räumen, wie in Kellern, Magazinen usw. Die Leitungen werden auf etwa $^3/_4$ m voneinander entfernten Porzellanrollen (Abb. 33) geführt, welche direkt an der Wand, auf eisernen, an die Wand versetzten Dübeln (Abb. 34) oder auf Flacheisenschienen (Abb. 35) befestigt werden. Unter eisernen Trägern werden zur Rollenbefestigung schmiedeeiserne Schellen (Abb. 36) festgeklemmt. In feuchten Räumen treten an Stelle der gewöhnlichen Isolierrollen solche wie Abb. 37 oder Abb. 38. Letztere, deren äußerer Mantel die Befestigungsstellen der Leitungen vor Tropfwasser schützt, werden als Mantel- oder Kellerrollen bezeichnet. In sehr feuchten oder mit ätzenden Dünsten erfüllten Räumen werden sogenannte Hacketalleitungen verlegt, deren Isolierhülle mit einer wetter- und säurefesten Masse getränkt ist.

Schnurverlegung, eine Variante der Rollenverlegung, bei welcher an Stelle der Porzellanrollen meist Glasrollen verwendet werden. Hin- und Rückleitungsschnur sind zusammengedreht und werden gemeinsam über die Rollen geführt. Abzweigungen werden mit Hilfe von Porzellanabzweigdosen (Abb. 39), welche mit Klemmen ausgestattet sind, hergestellt.

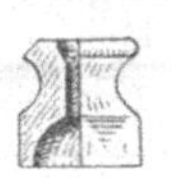

Abb. 33 Porzellanrolle

Abb. 34. Rollendübel

Abb. 35 Flacheisenschiene für Rollen

Abb. 36 Rollenschelle

Abb. 37 Rolle für feuchte Räume

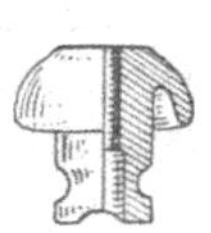

Abb. 38 Mantelrolle

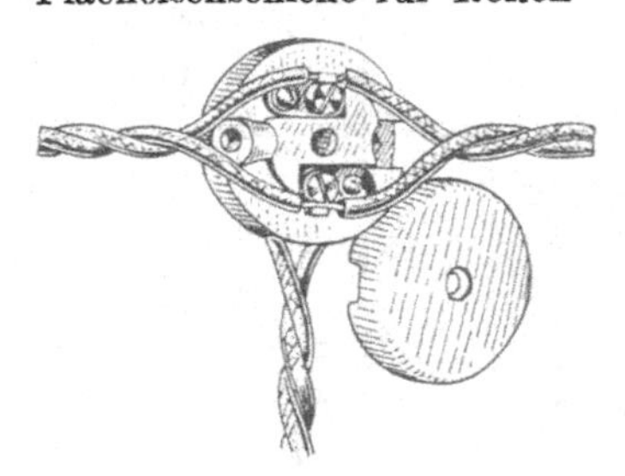

Abb. 39. Porzellanabzweigdose

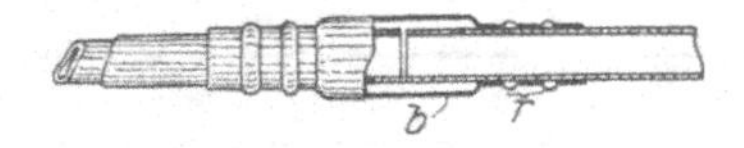

Abb. 40. Rohrverbindungsmuffe

Abb. 41. Porzellantülle

Abb. 42. Normalbogen

Verlegung auf Isolatoren. In sehr feuchten Räumen werden isolierte oder blanke Leitungen — letztere nur, wenn sie einer zufälligen Berührung verläßlich entzogen werden können — auf Glockenisolatoren oder auf Abspannisolatoren (Schäkel) verlegt. Zur Erde abfließende Kriechströme können sich wegen der geringen Zahl der Leitungsstützpunkte und des langen Kriechweges über die Isolatoren nur in geringem Maß ausbilden.

Rohrverlegung. Gebräuchlichste Installationsart. Leitungen Isolation *G* oder *GH* werden in Rohre aus Papier, Papier mit Metallmantel oder aus Metall eingezogen. Die Rohre werden in Längen von 3 m geliefert. Ihre Verbindung untereinander erfolgt durch Muffen (Abb. 40). Freie Rohrenden werden zum Schutz der Leitungen mit Porzellantüllen (Abb. 41) versehen. An Biegungen werden fertige Normalbögen (Abb. 42) verwendet. Zur Aufnahme der Leitungsverbindungen und Abzweigungen sind Dosen

(Abb. 43) oder Kästchen aus Isoliermaterial, Holz, Blech- oder Gußeisen zu setzen. Die Zahl der in Rohre einziehbaren Leitungen zeigt Tabelle 4. Zwecks leichter Auswechselbarkeit der Leitungen sollen die Rohre mit möglichst wenig Krümmungen verlegt werden. Die Rohrstrecken zwischen zwei Abzweigdosen oder einer Dose und einem offenen Ende dürfen nicht zu lang werden. Eventuell sind Durchgangsdosen vorzusehen, um die Leitungen zugänglich zu machen. Für die Leitungseinführung in Gebäude und in feuchte Räume dienen nach unten gekrümmte, gegen das Eindringen von Feuchtigkeit schützende Porzellaneinführungspfeifen (Abb. 44) oder Porzellaneinführungsbogen (Abb. 45). Die Befestigung der Rohre erfolgt bei Verlegung über Putz in Abständen von 50 bis 80 cm durch Rohrschellen (Abb. 46) aus verzinktem Eisen, welche mittels Schrauben an Holz- oder Stahldübeln, an von der Wand abstehenden Flacheisenbügeln oder auf Spanndrähten befestigt werden. Bei Unterputzverlegung wird das Rohr im Mauerschlitz durch Gips stellenweise befestigt (geheftet). Um zu vermeiden, daß bei Neubauten die Leitungen durch Feuchtigkeit leiden, empfiehlt es sich, die Dosen nach der Rohrverlegung möglichst lange offen zu halten und die Leitungen erst nach Austrocknung der Mauern in die Rohre einzuziehen. Aber auch in trockenen Räumen soll mit dem Einziehen der Leitungen erst nach vollkommen beendeter Rohrmontage begonnen werden, weil nur dadurch eine sichere Gewähr für die Auswechselbarkeit der Leitungen geboten wird. Es dürfen nur Leitungen desselben Stromkreises in einem Rohre verlegt werden. Bei Verwendung von geschlossenen Eisen- oder eisenbewehrten Rohren für Wechsel- und Drehstromleitungen müssen alle Leitungen eines Stromkreises in demselben Rohre geführt werden.

Tabelle 4

Lichter Rohrdurchmesser in mm	Zahl der in Rohre einziehbaren Leitungen bis mm^2
13,5	1×6, 2×2,5, 3×1,5
16	1×16, 2×4, 3×2,5, 4×1,5
23	1×35, 2×16, 3×10, 4×6
29	1×70, 2×25, 4×16
36	1×120, 2×50, 4×35

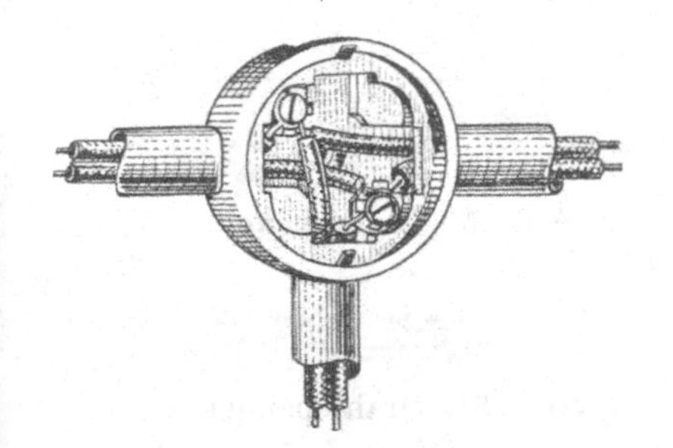

Abb. 43. Abzweigdose

Abb. 44. Porzellaneinführungspfeife

Abb. 45. Porzellaneinführungsbogen

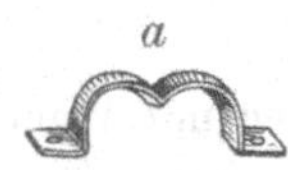

Abb. 46. Rohrschellen

Papierrohre ohne metallischen Überzug, sogenannte schwarze Rohre, bieten den in ihnen eingezogenen Leitungen nur geringen mechanischen Schutz, weshalb sie für Starkstrominstallationen nur selten und dann nur für Unterputzverlegung in trockenen Räumen verwendet werden.

Papierrohre mit verbleitem Stahlblechmantel. Wegen ihres gegenüber Peschel- und Stahlpanzerrohren niedrigen Preises, ihrer leichten Bearbeitbarkeit und geringen Montagekosten sowie wegen ihrer vielfachen Verwendbarkeit verbreitetstes Rohrsystem. Der dünne Stahlblechmantel bietet gegen mechanische Beschädigungen in den meisten Fällen noch ausreichenden Schutz, besitzt aber eine geringe Wärmekapazität, so daß nur wenig Neigung zur Bildung von Kondenswasser an und in den Rohren besteht. Sie sind daher nicht nur zur Verlegung unter und auf Putz in trockenen Räumen, sondern auch zur Verwendung in mäßig feuchten Räumen geeignet. Doch müssen in letzteren möglichst weite Rohre mit entsprechendem Wandabstand (Abb. 47) verlegt und die Drähte an den End- und Verbindungsstellen mittels Paraband, Isolierband und einem Asphaltanstrich verläßlich vor der Einwirkung der Feuchtigkeit geschützt werden. Je luftiger die Verlegung aller Teile der Installation erfolgt, desto weniger sind Erdschlüsse zu befürchten. Die Montage mit Wandabstand ist auch deshalb zu empfehlen, weil bei direkter Verlegung von Rohren auf feuchten, noch nicht ausgetrockneten Wänden die Neigung zur Verrostung des an der Wand anliegenden Rohrmantels besteht.

Rohre mit starkem Stahlmantel und Papiereinlage, sogenannte Stahlpanzerrohre, bieten den Leitungen vorzüglichen mechanischen Schutz. Anwendung, wo mechanische Beschädigung schwächerer Rohre zu befürchten wäre. Die Verbindung der einzelnen Installationsteile erfolgt durch Gewindemuffen, wodurch sich eine relativ gute Abdichtung derselben untereinander ergibt. Es wird dieses System deshalb vielfach für die Verwendung in explosionsgefährlichen sowie auch in feuchten Räumen in Vorschlag gebracht. Ein vollkommen dichter Abschluß ist jedoch nicht erzielbar. Für explosionsgefährliche Räume empfiehlt es sich daher, die gesamten Installationen in von diesen abgedichteten Nebenräumen, eventuell im Freien, enden zu lassen oder, wenn unvermeidlich, in die gefährdeten Räume nur kurze Rohrstücke zu führen. In feuchten Räumen wird durch die behinderte Luftzirkulation sowie durch die große Wärmekapazität des starken Stahlmantels die Bildung von Kondenswasser gefördert, weshalb sich dieses System für solche Räume überhaupt nicht eignet.

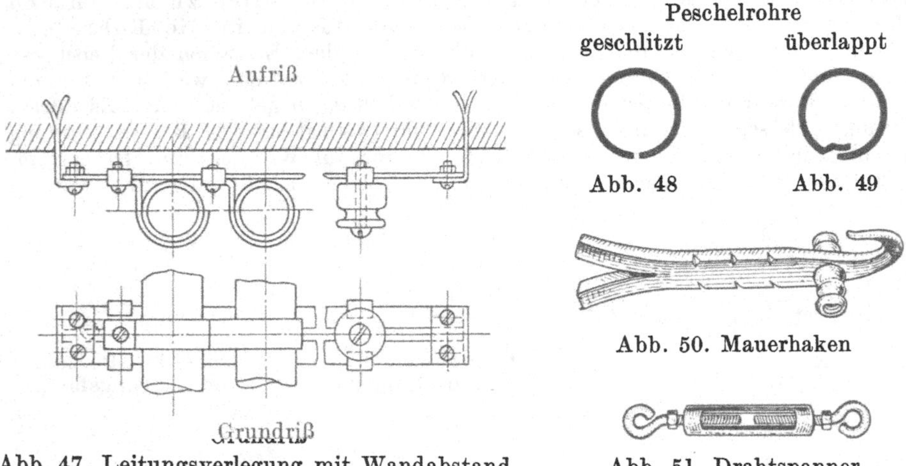

Abb. 47. Leitungsverlegung mit Wandabstand

Abb. 48

Abb. 49

Abb. 50. Mauerhaken

Abb. 51. Drahtspanner

Metallrohre ohne isolierende Einlage, sogenannte Peschelrohre. Verwendung des überlappten Peschelrohres (Abb. 49) gleich dem Isolierrohr mit verbleitem Stahlblechmantel. Insoweit Rohre von den Elektrizitätswerken als Rückleiter zugelassen werden, kann das geschlitzte Peschelrohr (Abb. 48) wegen seiner guten Federung an den Stoßstellen als Rückleiter oder Nulleiter ausgenützt werden, wodurch in Gleichstromdreileiter- und in Drehstromnetzen mit geerdetem Nulleiter eine Leitung erspart wird.

Spanndrahtmontage. Anwendung, wenn die Befestigung der Leitungen an den Wänden oder Decken von Räumen auf Schwierigkeiten stößt, namentlich in Betonbauten, wo ein Anstemmen der Betoneisenkonstruktionen aus Festigkeitsgründen ausgeschlossen erscheint, weiters in Räumen mit feuchten Wänden. Der Spanndraht, ein verzinkter Eisen- oder Stahldraht, wird an Mauerhaken ähnlich (Abb. 50) oder an Keilschrauben abgespannt und durch Draht- oder Seilspanner (Abb. 51) auf die nötige Spannung gebracht, um die Leitungen samt Zubehör, eventuell auch die Beleuchtungskörper ohne zu großen Durchhang tragen zu können. Wenn nötig, müssen auch Zwischenaufhängungen vorgesehen werden. Am Spanndraht können zwei Leitungen mittels Rollenschellen (Abb. 52) oder ein bis zwei Rohre mittels Rohrschellen befestigt werden. Sind mehr Leitungen oder Rohre zu montieren, so werden zwei Spanndrähte parallel ausgespannt und auf diesen die aus Flacheisen hergestellten Rollen- oder Rohrträger (Abb. 53) befestigt.

Rohrdrähte dürfen nur auf Putz verlegt werden. Die Befestigung derselben an der Wand kann durch Befestigungsschellen oder durch Befestigungsgabeln erfolgen. Bei der Führung durch Mauern werden sie in gesonderte Durchführungsrohre verlegt. Die Rohrdrähte lassen sich, ähnlich wie Leitungsschnüre, den gegebenen Wand- und Deckenlinien gut anpassen. Für geringe Stromstärken kann der Mantel eventuell als geerdeter Nulleiter benützt werden.

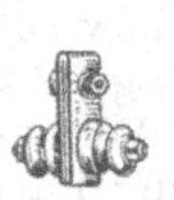

Abb. 52 Rollenschelle

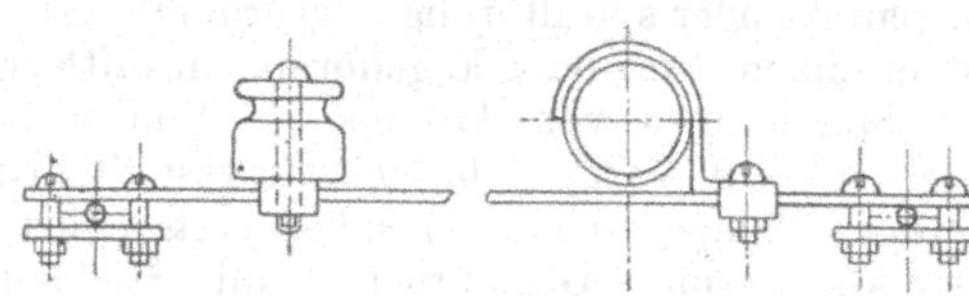

Abb. 53 *a)* Rollenträger *b)* Rohrträger für Spanndrahtmontage

Bleikabelverlegung. Bleikabel ohne besondere Bewehrung dürfen nur so verlegt werden, daß sie gegen mechanische und chemische Beschädigungen geschützt sind. Es ist darauf zu achten, daß an den Befestigungsstellen der Bleimantel nicht eingedrückt oder verletzt wird; Rohrhaken sind unzulässig. Bleikabel jeder Art, mit Ausnahme von Gummikabeln bis 750 Volt, dürfen nur mit Endverschlüssen, Muffen oder gleichwertigen Vorkehrungen, die das Eindringen von Feuchtigkeit verhindern und gleichzeitig einen guten elektrischen Anschluß gestatten, verwendet werden. In Gebäuden werden für die Kabelverlegung gemauerte Kanäle entweder im Fußboden oder an den Wänden vorgesehen, in welchen die Kabel entweder frei verlegt oder durch Schellen befestigt werden. Bodenkanäle werden durch Eisen- oder Betonplatten, Wandkanäle durch Blech abgedeckt. Zuweilen werden die Kabel auch direkt auf den Wänden oder den Decken verlegt und an diesen durch Schellen, Haken oder besondere Eisenkonstruktionen gehalten. Im Freien erfolgt die Verlegung der Kabel in Gräben von etwa 70 cm Tiefe. Die Kabel werden in Sand gebettet und gegen zufällige Beschädigung bei späteren Grabungen durch eine Schichte Ziegel, durch Tonrohre usw. geschützt.

Leitungen in besonders zu behandelnden Räumen. Für feuer- und explosionsgefährliche, feuchte und erdschlußgefährliche, mit Gasen und Dämpfen erfüllte Räume, dann für elektrische Betriebsräume, Akkumulatorenräume, Theater und Kinos usw. bestehen besondere Verlegungsvorschriften. Bei Ausschreibungen sind in den Plänen derartige Räume besonders zu kennzeichnen.

Freileitungen. Für die Ausführung von Freileitungen gelten außer den Sicherheitsvorschriften noch die „Vorschriften für Freileitungen".

Leitungsinstallationen im Freien. Als Leitungsinstallationen im Freien sind die in Höfen, Gärten, auf Lager-, Arbeits- und Materialplätzen, auf Dächern, an Gebäuden usw. offen verlegten Leitungen anzusehen, bei welchen die Entfernung der Befestigungspunkte kleiner als 20 m ist. Die wichtigsten Bestimmungen für solche Leitungsinstallationen sind: Ohne Schutzverkleidung verlegte Leitungen müssen bei Hochspannung (S. 425) mindestens 6 m vom Erdboden, bei Führung über flache Dächer u. dgl. mindestens 3 m von der Standfläche entfernt sein. Bei Niederspannung (S. 425) kann in beiden Fällen bis 3 m Höhe herabgegangen werden, wenn eine zufällige Berührung der Leitungen ohne Zuhilfenahme besonderer Hilfsmittel nicht zu befürchten ist. Bei schiefen, nicht begehbaren Dächern sind die Leitungen in einer solchen Entfernung von der Dachfläche anzuordnen, daß die Instandhaltungsarbeiten auf dem Dache bei entsprechender Vorsicht möglich sind. Alle im Freien verlegten blanken, nicht geerdeten Leitungen müssen abschaltbar sein.

V. Beleuchtung

1. Lichtquellen

Als Lichtquellen dienen heute fast ausschließlich Glühlampen, deren Leuchtkörper aus gezogenem Wolframdraht hergestellt ist. Der glatte, zickzackförmig ausgespannte oder spiralförmig angeordnete Draht der luftleeren Lampen (Vakuumlampen) ist in einem birn- oder kugelförmigen, luftleeren Glaskörper untergebracht. Sie werden für Spannungen von 110 bis 250 Volt mit 15 bzw. 25 und 40 Watt, für 110 Volt auch mit 10 Watt Verbrauch hergestellt. Die gasgefüllten Lampen (unzutreffend oft Halbwattlampen genannt) haben stets einen spiralförmig aufgewickelten Leuchtdraht. Der kugelförmige Glaskörper ist mit Stickstoff oder Edelgasen gefüllt. Sie werden von 25 Watt bei 110 Volt bzw. von 40 Watt bei 220 Volt bis hinauf zu 2000 Watt Verbrauch hergestellt.

Die Sockel passen in entsprechende Fassungen. Letztere vermitteln den Anschluß an die Leitungen und sind manchmal, z. B. bei Tischlampen, auch mit einem Schalter ausgestattet. Die übliche Schraubfassung, „Edisonfassung", eignet sich für Lampen bis 200 Watt, für Lampen mit höherem Verbrauch dient die „Goliathfassung".

Bogenlampen werden heute fast nur noch für photographische und Projektionszwecke, dann für Scheinwerfer verwendet.

2. Beleuchtungskörper (Leuchten)

Leuchten nehmen die Fassungen samt den Glühlampen sowie die stromzuführenden Leitungen auf und beeinflussen die Lichtverteilung der Glühlampen im gewünschten Sinne.

Beleuchtungskörper für direktes oder vorwiegend direktes Licht strahlen das ganze bzw. den größten Teil des von ihrer Lampe ausgehenden Lichtes abwärts. Bei direktem Licht bleiben die Decken unbeleuchtet; es entstehen oft störende, unschöne Schatten. Armaturen für vorwiegend direktes Licht werden benützt zur Beleuchtung von Wohnräumen, tiefstrahlende Armaturen in Bauten aus Eisenkonstruktion, wo weder reflexionsfähige Decken noch Wände vorhanden sind, breitstrahlende Armaturen zur Außenbeleuchtung.

Halbindirektes Licht wird vom Beleuchtungskörper größtenteils in den oberen Halbraum geworfen und von den Wänden und Decken rückgestrahlt. Gekennzeichnet durch das Fehlen von Blendung, sowie durch milde Schatten. Verwendung zur Beleuchtung von Bureaux, Schul- und Zeichensälen, Werkstätten für feine Arbeiten, Operationssälen usw.

Ganz indirektes Licht gelangt aus dem Beleuchtungskörper zur Gänze nach oben. Hygienisch vollkommenste Beleuchtungsart, ohne Blendung und Schlagschatten. Anwendung ähnlich wie vor, wenn es auf besonders hohe Beleuchtung nicht ankommt, oder die Kosten der Beleuchtung gegenüber der gewünschten Hygiene eine untergeordnete Rolle spielen.

3. Vorteile einer guten, zweckmäßigen Beleuchtung

Sie erhöht die Sehschärfe und die Sehgeschwindigkeit und verhindert rasche Ermüdung des Auges. In Fabriken und Werkstätten erzielt gute Beleuchtung nachweisbar eine Steigerung der Produktion um 10 bis 15 v. H. — wobei die täglichen Mehrkosten einer verbesserten Beleuchtungsanlage nur etwa dem Preise von fünf Minuten Arbeit entsprechen —, ferner eine genauere und sorgfältige Arbeit, weniger Unfälle und Ausschuß, Hebung der Arbeitsfreudigkeit, reinlichere und leichter in Ordnung zu haltende Arbeitsräume, leichtere Übersicht über diese.

4. Beleuchtungstechnische Grundsätze

Die Hauptforderungen an eine zweckmäßige Beleuchtungsanlage sind: a) ausreichende Beleuchtung, b) Blendungsfreiheit, c) möglichst gleichförmige Lichtverteilung.

a) **Die Beleuchtung ist ausreichend,** wenn auf der Arbeitsfläche die aus Tabelle 5 ersichtliche Zahl von Beleuchtungseinheiten vorhanden ist. Die Einheit der Beleuchtung, das Lux, ergibt sich auf einem Flächenelement, das durch die Einheit der Lichtstärke, das ist durch eine Hefnerkerze, aus 1 m Entfernung senkrecht beleuchtet wird.

Tabelle 5.

Bezeichnung des Raumes		Beleuchtung in Lux
Keller		5—10
Gänge, Lagerräume		10—20
Wohnräume		30
Schulen, Bureaux		50—80
Zeichensäle		80—150
Fabriken und Werkstätten	bei Grobarbeit	30—50
	„ mittlerer Arbeit	50—80
	„ feiner Arbeit	80—120
	„ feinster Arbeit	120 und mehr

b) **Blendung** tritt stets dann auf, wenn das Auge von einem konzentrierten Lichtbündel getroffen und infolge der Kontrastwirkung gegenüber der Umgebung zur raschen Anpassung an die wechselnde Lichtstärke gezwungen wird. Man umgibt daher die Glühlampen mit lichtstreuenden Gläsern, mit Reflektoren aus Metall, Glas oder sonstigen Stoffen, das heißt, man verwendet sie in Beleuchtungskörpern, um so ihre Lichtverteilung im gewünschten Sinne zu beeinflussen. Glühlampen, welche dem direkten Anblicke nicht gänzlich entzogen sind, sollten aus Opalglas oder aus mattiertem Glas hergestellt werden. Wenn tunlich, bringt man die Beleuchtungskörper durch hohe Aufhängung aus dem normalen Gesichtsfelde.

c) **Die Beleuchtung muß genügend gleichförmig sein.** Örtlich stark wechselnde Beleuchtung, zu tiefe oder störende Schatten sind zu vermeiden. Man entspricht dieser Forderung durch örtlich richtige Anordnung der Beleuchtungskörper, entsprechende Wahl ihrer Lichtverteilung und Glühlampenleistung, durch Ausnützung der Reflexionsfähigkeit heller Decken und Wände. Die Beleuchtungsunterschiede benachbarter Räume sollen nicht zu kraß sein.

5. Projektierung von Beleuchtungsanlagen

a) Allgemeinbeleuchtung

Es empfiehlt sich aus wirtschaftlichen Gründen, die Zahl der Beleuchtungskörper nur so hoch zu wählen, als sie mit Rücksicht auf Gleichmäßigkeit der Beleuchtung und Anpassung an die räumlichen Verhältnisse nötig ist. Als Lampenabstand wird die 1,5- bis höchstens 2,5fache Lichtpunkthöhe, das ist die Entfernung der Glühlampe von der zu beleuchtenden Arbeitsfläche, gewählt. Im unteren Grenzfall ist die Beleuchtung der Arbeitsfläche zwischen den Lampen annähernd ebensogroß, im oberen etwa halb so groß als jene unter den Lampen. In Räumen mit hellen, beleuchteten Decken und Wänden ist die mittlere Beleuchtung von der Lichtpunkthöhe fast unabhängig, so daß letztere nach praktischen und ästhetischen Erwägungen gewählt werden kann.

Tabelle 6 enthält ungefähre Angaben zur Berechnung der Glühlampenleistung in Watt, welche bei Verwendung gebräuchlicher Beleuchtungskörper zur Erzielung einer bestimmten mittleren Horizontalbeleuchtung für eine gegebene Fläche aufzuwenden ist. Die Tabelle ist für Lampen bei 220 Volt Spannung[1]) sowie für einen mittleren Lichtwirkungsgrad von 40% berechnet. Dieser entspricht dem Verhältnis der ausgenützten zur aufgewandten Lichtmenge (Lichtstrom). Er steigt bei direkter und halbindirekter Beleuchtung in Räumen mit weißer, glatter Decke und weißen Wänden bis auf 50%, sinkt aber in Räumen, in welchen die Reflexion der Wände und Decken durch dunklen Anstrich, durch Verschmutzung oder durch Transmissionen gestört wird,

[1]) Lampen für niedrigere Spannungen ergeben eine etwas günstigere Lichtausbeute.

bis auf etwa 30%. Für ganz indirekte Beleuchtung kann er zwischen 40 und 10% angesetzt werden. Weicht der Wirkungsgrad erheblich von 40% ab, so sind die aus der Tabelle 6 entnommenen Werte im Verhältnis der Wirkungsgrade umzurechnen. Da die benötigte Beleuchtung nicht immer von vornherein genau bekannt ist, weiters bei

Tabelle 6

Verbrauch für eine Lampe in Watt	Mittlere Beleuchtung in Lux													
	2	5	10	15	20	25	30	40	50	60	70	80	90	100
	Bodenfläche in m² bei 40% Wirkungsgrad und 220 Volt Spannung													
15	22	9,1	4,5	3,0	2,3	1,8	1,5	1,1	—	—	—	—	—	—
25	44	17	8,8	5,9	4,4	3,5	2,9	2,2	1,7	1,4	1,2	1,1	—	—
40	77	31	15	10	7,7	6,1	5,1	3,8	3,1	2,6	2,2	1,9	1,7	1,5
60	112	45	22	15	11	9	7,5	5,5	4,5	3,7	3,2	2,8	2,5	2,2
75	170	68	34	22	17	13,5	11	8,5	6,8	5,5	4,8	4,2	3,8	3,0
100	250	100	50	33	25	20	16,5	12,5	10	8,5	7,1	6,3	5,6	5,0
150	425	170	85	56	42	34	28	21	17	14	12	10,5	9,5	8,5
200	625	250	125	83	62	50	41	31	25	21	18	15,5	14	12,5
300	1000	400	200	133	100	80	66	50	40	33	29	25	22	20
500	1870	750	375	250	187	150	125	93	75	62	54	47	42	37

Berechnung der Beleuchtung auch minder zutreffende Schätzungen des Wirkungsgrades nicht zu vermeiden sind, empfiehlt es sich, Beleuchtungskörper zu wählen, die noch die Verwendung von Glühlampen etwas höherer als der ermittelten Wattzahl gestatten.

b) Arbeitsplatzbeleuchtung

Jeder Arbeitsplatz oder jede Gruppe von Arbeitsplätzen erhält einen eigenen Beleuchtungskörper. Dieser wird meist als Tiefstrahler ausgeführt, das heißt mit tiefem Reflektor ausgerüstet, der das ganze Licht auf den zu beleuchtenden Gegenstand bzw. auf dessen jeweils zu beleuchtende Fläche wirft und die Glühlampe vollständig verdeckt, daher eine Blendung des Auges verhindert. Obwohl das Licht zumeist von links kommen soll, ergeben sich doch häufig Fälle, für welche diese Regel nicht zutrifft. Platzbeleuchtungskörper müssen daher eine leichte Lenk- und Fixierbarkeit ihres Lichtkegels gestatten; oftmals wird man überdies fordern, daß sie selbst örtlich leicht verstellt werden können. Da das Licht auf einer relativ kleinen Fläche konzentriert wird, findet man für die Platzbeleuchtung fast immer mit niederwattigen Glühlampen das Auslangen. — Die erforderliche Lichtleistung ist jeweils am besten durch Versuch zu ermitteln.

Neben der Arbeitsplatzbeleuchtung soll als Verkehrsbeleuchtung stets noch eine wenn auch mäßige Allgemeinbeleuchtung vorhanden sein. Platzbeleuchtung ist nötig in Räumen für sehr feine Arbeiten, ferner bei Arbeiten mit dunklen Stoffen, usw., bei welchen es auf mäßige Kontrastwirkung ankommt. Sie wird häufig auch verwendet, um an Allgemeinbeleuchtung zu sparen.

VI. Elektrische Heizung[1])

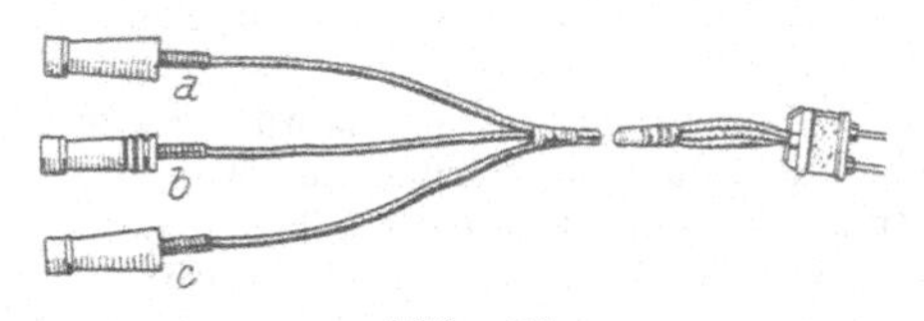

Abb. 54
Anschlußleistung für Heizapparate

Die meisten elektrischen Heiz- und Kochapparate besitzen Widerstandsdrähte, -bänder oder -glühstäbe, welche die durch den elektrischen Strom in ihnen erzeugte Wärme an den zu erwärmenden Körper abgeben. Die Drähte oder Bänder werden in geeignetes Isoliermaterial, wie Glimmer, Mikanit, Zement, Schamotte u. dgl., gebettet oder frei über Isolierkörper gespannt.

Die flexiblen Anschlußleitungen kleinerer Apparate (Abb. 54) für Leistungen bis etwa 2 KW besitzen an einem Ende einen zweipoligen Stecker für den Anschluß

[1]) Siehe auch Abschnitt: „Gesundheitstechnik".

an eine Steckdose der Licht- oder Kraftleitung, am anderen Ende zwei oder drei Steckhülsen für den Anschluß des Apparates, welcher mit der gleichen Zahl Steckstifte ausgestattet ist. Die Heizwiderstände der dreistiftigen Apparate sind in zwei Gruppen geteilt, wodurch, wie Abb. 55 zeigt, eine Regelung ihrer Heizwirkung in drei Stufen ermöglicht wird. Derartige Apparate werden für die mannigfachsten Zwecke ausgeführt. Bei ihrer Bestellung ist die Spannung, eventuell auch die gewünschte Leistung anzugeben; hingegen sind sie von der Stromart unabhängig.

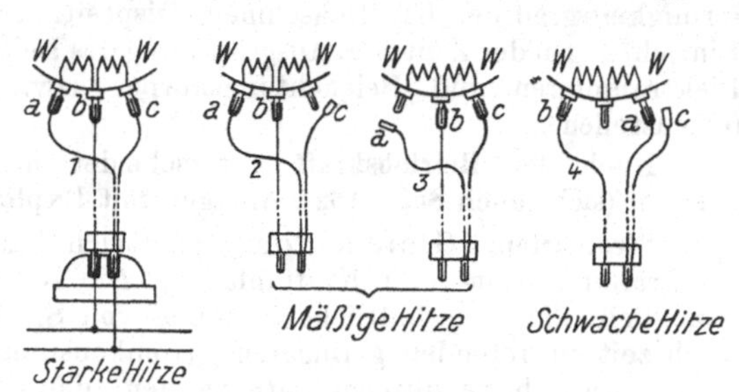

Abb. 55. Schaltung der Anschlußleitung zur Erzielung verschiedener Wärmegrade

Heizkörper mit Leistungen von mehr als 1,5 bis 2 KW unterliegen hinsichtlich ihres Anschlusses und ihrer Bauart zumeist Sonderbestimmungen der Elektrizitätswerke.

Die Raumheizung mittels elektrischer Öfen findet wegen des relativ hohen Preises der erzeugten Wärmeeinheit oft nur als Aushilfsheizung, z. B. als Übergangsheizung, Anwendung. Doch bürgern sich in jüngster Zeit auch die Dauerheizung, ferner Elektroheißwasserspeicher, welche bei Verwendung von Abfall- oder Nachtstrom das Prinzip der Wärmespeicherung ausnützen, immer mehr ein, zumal die Elektrizitätswerke bemüht sind, der Kundschaft durch billige Tarife entgegenzukommen. Außer der Widerstandsheizung finden für technische Zwecke auch die Induktionsheizung (auf dem Transformatorprinzip beruhend), die Lichtbogenheizung und die Elektrodenheizung Anwendung.

Der Wirkungsgrad elektrischer Heizapparate beträgt 80 bis 90%, in manchen Apparaten bis zu 98%.

Der Energiebedarf ist bei Aushilfsheizung per 1 m³ Raum mit 35 Watt, für Dauerheizung mit 50 bis 60 Watt, in ungünstigen Fällen bis 80 Watt anzusetzen.

VII. Elektrische Anlagen

1. Allgemeines

Jede zur Errichtung gelangende Starkstromanlage muß in Österreich den „Sicherheitsvorschriften für elektrische Starkstromanlagen", herausgegeben vom Elektrotechnischen Verein in Wien, in Deutschland den „Normalien, Vorschriften und Leitsätzen des Verbandes deutscher Elektrotechniker" entsprechen. Zu diesen Vorschriften treten noch etwaige staatliche Sondervorschriften, sowie die Anschlußbedingungen der Elektrizitätswerke für ihren Versorgungsbereich.

Starkstromanlagen sind dadurch gekennzeichnet, daß in ihnen entweder Spannungen über 40 Volt oder Leistungen über 100 Watt vorkommen. Die Vorschriften machen auch einen Unterschied zwischen Nieder- und Hochspannung, indem für letztere strengere Bestimmungen bestehen. In Österreich ist eine einheitliche Spannungsgrenze nicht festgesetzt, doch gelten die strengeren Bestimmungen im allgemeinen für Anlagen mit Betriebsspannungen über 300 Volt Wechselstrom oder 600 Volt Gleichstrom, bei Drehstromanlagen mit geerdetem Sternpunkt erst bei einer verketteten Spannung über 380 Volt. Nach den deutschen Vorschriften sind Niederspannungsanlagen solche Starkstromanlagen, bei welchen die effektive Gebrauchsspannung zwischen irgendeiner Leitung und Erde 250 Volt nicht überschreitet.

2. Projektierung elektrischer Anlagen

Ist eine Anschlußmöglichkeit an ein öffentliches Elektrizitätswerk nicht vorhanden oder die Errichtung einer Eigenanlage etwa aus Rentabilitäts- oder aus sonstigen Gründen wünschenswert, so sind noch vor Inangriffnahme des Baues sowohl die finanziellen wie auch die technischen Grundlagen, weiters aber auch die technischen Details, wie Betriebskraft, Stromart und Spannung, Zahl, Leistung, Drehzahl, Ungleichförmigkeitsgrad der Kraftmaschinen, Disposition dieser und aller sonstigen elektrischen Einrichtungen der Zentrale, Ausgestaltung des Leitungsnetzes, Wahl der zu beschaffenden Elektromotoren und Beleuchtungskörper usw. im Einvernehmen mit Fachkräften festzustellen.

Nach der **Betriebskraft** unterscheidet man Dampfkraftanlagen, Wasserkraftanlagen (siehe auch Seite 462), Anlagen mit Explosionsmotoren, Windkraftanlagen usw.

Stromarten. Gleichstrom eignet sich hauptsächlich für kleinere oder örtlich beschränkte Licht- und Kraftanlagen. Die Anordnung von Akkumulatorenbatterien ermöglicht die wirtschaftliche Deckung von Spitzenbelastungen und des während der Nachtzeit eintretenden geringeren Stromkonsums. Soll die Strombelieferung größerer Versorgungsgebiete durchgeführt werden, dann ist Drehstrom zu wählen, welcher infolge seiner leichten Transformierbarkeit die Fortleitung großer Energien auf weite Strecken unter geringen Verlusten gestattet. Einphasenwechselstrom kommt in modernen Anlagen, ausgenommen für elektrische Bahnen, nicht mehr zur Anwendung. Die Periodenzahl des Drehstromes ist in Österreich und Deutschland mit 50 per Sekunde festgesetzt.

An normalen Spannungen sind für Gleichstrom 110, 220 und 440 Volt, für Drehstrom 125, 220, 380, 500 Volt usw. bis hinauf zu 100000 Volt normiert.

Für die Wahl des Bauplatzes sind die etwaige Ausnützungsmöglichkeit von Wasserkräften, Kohlenlagern, Gicht- oder sonstigen Abgasen, die leichte Beschaffbarkeit von Speise- oder Kühlwasser, die Entfernung vom Konsumgebiet, Preis und Beschaffenheit des Baugrundes usw. maßgebend.

Als Grundlage der Raumdisposition (siehe auch Seite 463) dienen die von den einzelnen Lieferfirmen herrührenden Pläne, welche im Einvernehmen mit diesen zum Gesamtplan der Anlage zusammengestellt werden. Hiebei ist auf möglichste Übersichtlichkeit aller Teile der Anlage und leichte Zugänglichkeit der eine ständige Bedienung erfordernden Einrichtungen zu achten. Weiters ist auf Erweiterungsmöglichkeit der einzelnen Teile (Kessel-, Maschinen-, Schaltanlage usw.) Rücksicht zu nehmen. Es ist notwendig, daß der Baumeister über die Abmessungen und Gewichte der Maschinen sowie ihrer größten unzerlegbaren Teile, ferner über die erforderlichen Mengen an Kühl- und Speisewasser informiert ist.

Der Maschinenraum schließt unmittelbar an das Kesselhaus oder den zur Krafterzeugung bestimmten Raum, so daß die Dampf- oder Gasleitungen möglichst kurz ausfallen und ein direkter Verkehr zwischen diesen Räumen möglich ist. Er soll trocken, staubfrei, hell, hoch und luftig sein. Die Fenster sind reichlich zu bemessen, eventuell sind Oberlichter, wenn nötig auch künstliche Ventilation vorzusehen. Die Wände sind licht zu halten und bis auf etwa 2 m Höhe mit Kacheln zu verkleiden oder mit einem Ölanstrich zu versehen.

Alle bewegten Maschinen müssen ein verläßliches Fundament, am besten aus Beton, sowie eine kräftige Verankerung erhalten. Die Fundamente sind mindestens 20 cm über den Fußboden hoch zu ziehen; sie dürfen nicht mit den Gebäudemauern verbunden werden, um von diesen Erschütterungen und Geräusche fernzuhalten. Müssen bewegte Maschinen unter oder neben bewohnten Räumen aufgestellt werden, so ist für Schalldämpfung vorzusorgen. Der Fußboden erhält einen Belag von Klinker- oder Mettlacher Platten. Ziegel- oder Zementfußboden ist wegen Staubbildung unzweckmäßig. Zur Verhütung von Unfällen sind bei Verzahnungen, Schwungrädern, Treibriemen und Hochspannungsleitungen Geländer, Schutzgitter oder Verkleidungen vorzusehen. In größeren Anlagen ist stets ein Laufkran vorhanden, mit dem die Maschinen bequem aufgestellt und bei Reparaturen leicht auseinandergenommen werden können.

Die Schaltanlage wird in kleinen Anlagen als einfache Schalttafel oder Schaltwand ausgeführt, welche in etwa zwei Meter Abstand von der Wand des Maschinenraumes aufgestellt wird. Bei Hochspannungsanlagen wird im Maschinenraum in der Regel nur die Maschinenschalttafel, meist auf erhöhtem Podium, vorgesehen, während die Schaltapparate für die Netzschaltung, dann die Transformatoren und der Überspannungsschutz in besondere, an den Maschinenraum angrenzende Räume verlegt werden. In großen Anlagen mit sehr hoher Spannung wird der Schaltraum oft in einem eigenen Schalthaus angeordnet. Die Schalträume sollen licht und reichlich bemessen sein.

Akkumulatorenräume müssen gegen Verunreinigung durch Staub, Schmutz u. dgl. sowie gegen das Eindringen schädlicher Gase gesichert sein und wegen der auftretenden Gasentwicklung eine ausreichende Lüftung besitzen. Der Fußboden der Akkumulatorenräume ist gegen auslaufende Säure durch einen entsprechenden Belag, z. B. Asphalt, zu schützen, der so hoch über den Boden reicht, daß das Eindringen von Säure in Konstruktionsteile des Gebäudes ausgeschlossen ist. Alle Anlageteile aus Metall oder Holz sind mit einem Schutz gegen den schädlichen Einfluß der Säure und Säuredämpfe zu versehen. Zur Beleuchtung der Akkumulatorenräume dürfen nur Glühlampen mit gasdichten Schutzglocken verwendet werden. Der Akkumulatorenraum soll in größter Nähe des Maschinen- bzw. Schaltraumes, von diesem aus leicht zugänglich, jedoch so situiert werden, daß die Säuredämpfe nicht in den Maschinenraum gelangen. Druckschriften über Akkumulatorenräume werden von den Akkumulatorenfabriken unentgeltlich abgegeben.

Zu größeren Anlagen gehörten auch ein Versuchsraum, eine Werkstätte und Bureauräume. Häufig wird auch ein kleines Magazin für Installationsmaterial vorgesehen.

In Städten kommt in den meisten Fällen die Stromlieferung durch ein öffentliches Elektrizitätswerk in Frage. Aber auch auf dem Lande nimmt die Anschlußmöglichkeit an solche Werke infolge des stets fortschreitenden Baues neuer Überlandzentralen mit umfangreichem Versorgungsnetz rasch zu. Der Anschluß an öffentliche Werke wird sich in Städten fast immer, sehr häufig aber auch auf dem Land, insbesondere für kleinere Anlagen, billiger stellen als die Errichtung einer Eigenanlage. Auch für solche Anlagen sind die nötigen Erhebungen zweckmäßig schon von vornherein unter Zuziehung von Fachkräften und im Einvernehmen mit dem Elektrizitätswerk durchzuführen.

VIII. Leitsätze für die Herstellung und Einrichtung von Gebäuden bezüglich Versorgung mit Elektrizität

Herausgegeben vom Verband deutscher Elektrotechniker

Sie werden hier mit geringfügiger Kürzung wiedergegeben:

1. Allgemeines

Die Verbreitung der elektrischen Beleuchtung ist heute allgemein. Es kann daher die Elektrizität in Geschäfts- und Wohnhäusern nicht unberücksichtigt bleiben.

Der Elektrizitätsbedarf vieler Hausbewohner kann mangels Leitungen nicht befriedigt werden. Ein Mieter entschließt sich selten, Leitungen legen zu lassen, weil ihm für diese nach Ablauf des Mietverhältnisses eine Vergütung meistens nicht gewährt wird.

Nachträgliches Verlegen von Leitungen, insbesondere für einzelne Benützer, verursacht unverhältnismäßig hohe Kosten. Die nachträgliche Herstellung von elektrischen Einrichtungen in bereits benützten Gebäuden wird wegen der Rücksicht auf die Ausstattung und durch Behinderung der Montage teurer. Häufig sind nacheinander mehrere Mieter gezwungen, sich besondere Leitungen legen zu lassen;

die Kosten einer gemeinsamen Leitung sind in der Regel nur wenig höher als diejenigen der Leitung für einen einzigen Mieter.

Bei jedem Rohbau und Umbau sollte darauf Rücksicht genommen werden, daß elektrische Leitungen sofort oder später leicht verlegt werden können. Wenn der Besitzer des Gebäudes zunächst die Kosten für die Verlegung der elektrischen Leitungen scheut, so soll wenigstens die Möglichkeit gegeben sein, die Leitungen später einziehen zu können. Der große Vorzug der Elektrizität gegenüber Gas, Wasser usw. liegt gerade darin, daß die Leitungen jederzeit an hiefür vorgesehener Stelle nachgelegt werden können.

Es empfiehlt sich, in jedem Haus wenigstens Hausanschluß und die Hauptleitungen herstellen zu lassen. Die Legung gemeinsamer Hauptleitungen wird am billigsten, wenn sie von vornherein vorgenommen wird. Durch diese Erleichterung der elektrischen Installation wird der Wert der Mietsräume und bei Geschäftsräumen die Vielseitigkeit ihrer Verwendung gesteigert.

Es empfiehlt sich, schon beim Entwurf des Baues einen elektrotechnischen Fachmann zuzuziehen. Die rechtzeitige Mitwirkung eines Fachmannes oder des zuständigen Elektrizitätswerkes kann ohne Erhöhung der Baukosten eine Verbilligung der elektrischen Anlage dadurch bewirken, daß die günstigsten Verteilungspunkte, billigsten Verlegungsarten und kürzesten Leitungswege gewählt werden. Auch ist dies für die rechtzeitige Fertigstellung der Anlagen von Wert.

2. Besonderes

Für die Unterbringung des Hausanschlusses und der Hauptverteilungsstelle sind geeignete Plätze vorzusehen. Der Hausanschluß, gebildet durch die von der Straße eingeführten Leitungen (Kabel- oder Freileitungen) und die daran angeschlossene Hauptsicherung (Hausanschlußkasten) muß dem Elektrizitätswerk zugänglich sein. Für unterirdische Leitungsnetze empfiehlt es sich daher, einen besonderen an der Straßenfront gelegenen Kellerraum zu wählen. Der zweckmäßigste Ort für die Hauptverteilungsstelle ergibt sich aus der Größe und Lage der Stromverbrauchsstellen und sollte in diesem Sinne bereits beim Bau des Hauses vorgesehen werden.

Hauptleitungen sollen möglichst in allgemein zugänglichen Räumen verlegt werden. Ebenso wie der Hausanschluß, sollen auch die Hauptleitungen, welche mehreren Hausbewohnern gleichzeitig dienen, zugänglich erhalten werden. Man soll daher möglichst Korridore, Treppenhäuser u. dgl. wählen. Nur dann können Änderungen und Erneuerungen ohne Störungen des einzelnen jederzeit ausgeführt werden.

Für die Führung der Hauptleitungen sind geeignete Aussparungen oder Rohre vorzusehen. Bei Errichtung eines Baues können leicht Durchführungsöffnungen in den Wänden (Rohre) angeordnet werden, welche die nachträglichen Stemmarbeiten und damit die Gesamtkosten der Installation verringern. Ferner empfiehlt es sich, für die senkrechten, durch die Stockwerke führenden Hauptleitungen (Steigleitungen) Kanäle auszusparen oder Rohre vorzusehen. Diese Leitungen können dann leicht, unauffällig und jederzeit kontrollierbar angeordnet werden, wobei gleichzeitig ohne Mehrkosten die Möglichkeit späterer Erweiterung geschaffen werden kann.

Für Verteilungstafeln und Zähler sind geeignete Plätze (Nischen) vorzusehen. Die Hauptleitungen führen in jedem Stockwerk zu Verteilungstafeln (Sicherungen und Ausschalter für die Verteilungsstromkreise), von welchen Verteilungsleitungen zu den Stromverbrauchsapparaten ausgehen. Die Verteilungstafeln, welche meist mit den Zählern für die einzelnen Konsumenten räumlich vereinigt sind, finden zweckmäßig in Nischen Platz. Diese bieten Schutz gegen mechanische Beschädigung, verhindern, durch eine Tür verschlossen, die Berührung durch Unbefugte und vermeiden störendes Vorspringen in den nutzbaren Raum. Die Unterbringung erfolgt zweckmäßig auf Treppenabsätzen, Korridoren u. dgl. Auf jeden Fall muß dafür gesorgt werden, daß die Zugänglichkeit der Verteilungstafeln und Zähler nicht durch die Inneneinrichtung beeinträchtigt wird.

Bei Eisenbeton- und ähnlichen Bauausführungen empfiehlt es sich, möglichst frühzeitig die Führung der Verteilungsleitungen zu bestimmen. Derartige Bauausführungen erschweren das nachträgliche Anbringen von Befestigungen in hohem Maße. Auch verdeckte Leitungsverlegung kann hiebei unmöglich werden. Dagegen lassen sich bei der Herstellung von Decken und Wänden aus Beton durch Einlegen geeigneter Körper leicht und billig Aussparungen und Befestigungsstellen schaffen.

Durch zu frühzeitiges Einlegen von Drähten werden diese ungünstigen Einflüssen ausgesetzt. Das Einziehen der Drähte in Rohren soll erst erfolgen, wenn das Austrocknen des Baues fortgeschritten ist. Unter der Baufeuchtigkeit kann die Isolierung der Leitungen leiden. Offen auf Porzellankörper verlegte Drähte sollen mit Rücksicht auf mechanische Beschädigung ebenfalls erst angebracht werden, wenn große Bauarbeiten nicht mehr auszuführen sind.

Die Vorzüge der verschiedenen Lampenarten können am besten ausgenutzt werden, wenn über Lichtbedarf und Lampenverteilung rechtzeitig Bestimmung getroffen wird. Die elektrische Beleuchtung bietet eine große Auswahl von Lampenarten in zahlreichen Lichtstärken. Die jeweils erforderliche Lichtstärke kann nach bestehenden Erfahrungswerten abgeschätzt werden. Indessen sind hiebei Höhe, Einteilung, Zweck und besonders die Ausstattung des Raumes zu berücksichtigen.

Die Leitsätze erfahren Ergänzungen durch die oft sehr detailliert gehaltenen Anschlußbedingungen der stromliefernden Elektrizitätswerke. Da hinsichtlich dieser Vorschriften keine Einheitlichkeit besteht, ist eine Wiedergabe derselben nicht möglich. Viele berücksichtigungswürdige Hinweise enthält das Werk von Bloch & Zaudy „Elektrotechnische Winke für Architekten und Hausbesitzer".

Es ist notwendig, daß der Auftraggeber sich vor Verfassung der Ausschreibung bereits eine klare Vorstellung über die herzustellende Anlage gebildet habe. Nur dann ist er in der Lage, die Ausschreibung so vollständig und zweckmäßig zu halten, daß nachträgliche Änderungen, Nachbestellungen und Streitigkeiten mit den Lieferfirmen vermieden werden.

Insoweit die Wahl nicht dem Unternehmer überlassen bleibt, soll die Ausschreibung Stromart und Netzspannung, eventuell auch die gewünschte Verlegungsart der Leitungen, die Lage von Transformatorstationen usw. enthalten. Stehen Pläne für die Ausschreibung zur Verfügung, so sind in diese die Anfangsstellen der Stromversorgung, die gewünschten Stromverteilungs-, Beleuchtungs- und Kraftbedarfsstellen, Steckdosen und Schalter einzuzeichnen. Hiebei können folgende Zeichen benützt werden.

Darstellung der Starkstrominstallationen in Plänen

Zeichen	Bedeutung	Zeichen	Bedeutung
●	Deckenauslaß	◉	Deckenauslaß mit zwei Lampengruppen
⊢●	Wandarm	▲	Steckdose
♂	Dosenschalter, gleichgültig ob Aus- oder Umschalter, ob ein- oder mehrpolig	[T]	Transformator
(M)	Elektromotor	[≡]	Zähler
▭H	Hausanschlußsicherung	▭V	Verteiler

Es ist zweckmäßig, zur Darstellung der Zeichen für Licht und Kraft (sowie auch jener für Schwachstrom S. 437) verschiedene Farben zu wählen. Den Zeichen für Decken- oder Wandauslässe kann der Wattbedarf der Glühlampen, jenen für Elektromotoren die Leistung in P. S., eventuell auch die minutliche Drehzahl, beigefügt werden.

Um die gewünschte Schaltbarkeit der Glühlampen zum Ausdruck zu bringen, ist es vorteilhaft, die eingezeichneten Schalter mit den von ihnen zu schaltenden Lampen durch gerade oder krumme Linien, welche nicht der Leitungsführung entsprechen müssen, zu verbinden. Eventuell ist dem Plan eine kurze Legende oder schriftliche Erläuterung beizugeben. In den Plänen sind Räume, für welche besondere Installationsvorschriften bestehen (S. 421), besonders hervorzuheben.

IX. Preise

1. Installationen in Wohnhäusern, einschließlich Montage samt Hilfsarbeit, ausschließlich Verputzarbeit

a) Glühlicht-Einfachauslaß, ab Wohnungsverteiler, einschließlich dieses, ohne Beleuchtungskörper, ermittelt für die in Wohnhäusern meist zutreffende einfache Leitungslänge (Rohrlänge) von 10 m. Es sind zu rechnen:

1 Decken- oder Wandauslaß ohne oder mit einem Schalter oder einer Steckdose .... = 1 Einfachauslaß

1 Auslaß, dessen Lampen in zwei getrennten Gruppen schaltbar sind .... = 1½ Einfachauslässe

1 Auslaß, dessen Lampen in drei getrennten Gruppen schaltbar sind .... = 2 „

1 Auslaß, dessen Lampen durch zwei Wechselschalter von zwei Stellen aus geschaltet werden können .... = 2 „

1 Auslaß, von mehreren Stellen wechselseitig schaltbar. = soviel Einfachauslässe als Schaltstellen

Mehrere örtlich getrennte Auslässe mit gemeinsamem Schalter .... = soviel Einfachauslässe als Beleuchtungsstellen.

Ausführung:

G-Draht 1 bis 1,5 mm² ohne Rohr unter Putz eingegipst, mit Porzellanschalter oder Steckdose .... S 19,00 bis S 20,00

Wie vor, jedoch mit Unterputzschalter oder Dose mit Glasplattenabdeckung .... „ 22,00 „ „ 23,00

G-Draht 1 bis 1,5 mm² in schwarzem Rohr 11 bis 13,5 mm² unter Putz, mit Porzellanschalter oder Steckdose .... „ 25,00 „ „ 26,00

Wie vor, jedoch mit Unterputzschalter oder Dose mit Glasplattenabdeckung .... „ 28,00 „ „ 29,00

G-Draht 1 bis 1,5 mm² in verbleitem Isolierrohr 11 bis 13,5 mm² ober oder unter Putz, mit Porzellanschalter oder Dose .... „ 29,00 „ „ 31,00

Wie vor, jedoch Schalter bzw. Dose wasserdicht oder in Unterputzausführung mit Glasplattenabdeckung .... „ 32,00 „ „ 34,00

Wie vor, jedoch die Rohre von der Wand abstehend, Schalter oder Dose wasserdicht .... „ 35,00 „ „ 37,00

G-Draht 1,5 mm² verlegt auf Porzellanrollen, Schalter oder Dose wasserdicht .... „ 29,00

Glühlichtschnur EJ mit Eisengarnumflechtung 2×1 bzw. 2×1,5 mm² auf Glasrollen, mit Porzellanschalter oder Steckdose S 16,00 bis S 18,00

Säure- und wetterfest imprägnierter Draht Isolation G 1,5 mm², auf Kellerrollen, mit wasserdichtem Schalter oder Dose .... „ 35,00

b) Zuleitung vom Hausanschlußkasten bis zum Wohnungsverteiler, ausschließlich des letzteren und des Hausanschlußkastens. Durchschnittspreis aus den verschiedenen Ausführungsarten per 1 m einfacher Leitungslänge (Rohrlänge):

Querschnitt	Zweileiter	Dreileiter	Vierleiter
2,5 mm²	S 3,50	S 4,50	S 5,00
4,0 „	„ 4,00	„ 5,50	„ 6,00
6,0 „	„ 5,00	„ 6,50	„ 7,00
10,0 „	„ 6,00	„ 8,00	„ 9,00
16,0 „	„ 7,50	„ 9,50	„ 12,00
25,0 „	„ 8,50	„ 11,50	
35,0 „	„ 10,00	„ 14,00	
50,0 „	„ 13,00	„ 18,50	
70,0 „	„ 16,00	„ 23,00	
95,0 „	„ 22,00		
120,0 „	„ 27,00		

c) Hausanschlußkasten bzw. Steigleitungs- (Trenn-) Kasten, letztere an den Abzweigestellen der Wohnungszuleitungen von der Steigleitung.

Mit 2 Sicherungen für 15 bis 25 Amp. S 24,00
„ 3 „ „ 15 „ 25 „ „ 30,00
„ 4 „ „ 15 „ 25 „ „ 36,00
„ 6 „ „ 15 „ 25 „ „ 46,00
„ 8 „ „ 15 „ 25 „ „ 56,00
„ 10 „ „ 15 „ 25 „ „ 63,00
„ 2 „ „ 35 „ 60 „ „ 30,00

Mit 3 Sicherungen für 35 bis 60 Amp. S 38,00
„ 4 „ „ 35 „ 60 „ „ 45,00
„ 6 „ „ 35 „ 60 „ „ 63,00
„ 2 „ „ 80 „ 100 „ „ 64,00
„ 3 „ „ 80 „ 100 „ „ 90,00
„ 2 „ „ 125 „ 200 „ „ 84,00
„ 3 „ „ 125 „ 200 „ „ 120,00

2. Motoren offener Bauart für Spannungen bis 500 Volt samt Zubehör, ohne Montage[1])

a) Drehstrommotoren mit Kurzschlußläufern, 50 Perioden per Sekunde[1])

Leistung in PS	Drehzahl bei Vollast	Motor mit Riemenscheibe	Fundament-garnitur	Stern-Dreieckschalter mit Sicherungen
		Schätzpreise in Schilling		
0,5	2780	210,00	—	90,00
1,36	2830	270,00	—	90,00
2,5	2850	340,00	—	90,00
0,5	1385	185,00	13,00	90,00
1	1400	220,00	13,00	90,00
2	1410	300,00	21,00	90,00
3	1425	370,00	21,00	90,00
4	1425	440,00	31,00	110,00
0,5	890	210,00	13,00	90,00
1	900	270,00	21,00	90,00
1,8	910	340,00	21,00	90,00
3	935	460,00	31,00	90,00

[1]) Die Angaben über Motoren sind den Preiskatalogen der Elin-Aktien-Gesellschaft für elektrische Industrie entnommen.

b) Drehstrommotoren mit Schleifringläufern, 50 Perioden per Sekunde[1])

Motorleistung in PS	Umdrehungen per Minute	Motor mit Riemenscheibe	Fundamentgarnitur	Metallanlasser mit Luftkühlung	Metallanlasser mit Ölkühlung	Motorschalttafel[2])
		Schätzpreise in Schilling				
2	1370	380,00	20,00	55,00	70,00	40,00
4	1400	550,00	30,00	70,00	70,00	45,00
6	1405	690 00	30,00	85,00	125,00	50,00
1,2	880	450,00	20,00	55,00	70,00	40,00
3	905	610,00	30,00	60 00	70,00	40,00
5	915	800,00	30,00	85,00	70,00	45,00
7,5	1420	800,00	40,00	130,00	125,00	60,00
13	1430	1150,00	40,00	155,00	180,00	100,00
18	1435	1500,00	60,00	200,00	180,00	100,00
26	1440	2000,00	60,00	280,00	300,00	150,00
6	925	880,00	40,00	85,00	125,00	40,00
9,5	930	1200,00	40,00	130,00	125,00	60,00
15	940	1650,00	60,00	200,00	180,00	100,00
25	945	2300,00	60,00	280,00	300,00	150,00

c) Gleichstromnebenschlußmotoren mit Wendepolen[1])

Motorleistung in PS	Umdrehungen per Minute	Motor mit Riemenscheibe	Fundamentgarnitur	Metallanlasser mit Luftkühlung	Metallanlasser mit Ölkühlung	Motorschalttafel[2])
0,1	540	200,00	12,00	35,00	75,00	35,00
0,22	1150			35,00	75,00	35,00
0,44	2250			35,00	75,00	35,00
0,63	3200			35,00	75,00	35,00
0,18	500	300,00	12,00	35,00	75,00	35,00
0,4	980			35,00	75,00	35,00
0,8	1950			40,00	75,00	35,00
1,5	3250			40,00	75,00	35,00
0,4	500	410,00	20,00	35,00	75,00	35,00
0,8	930			40,00	75,00	35,00
1,6	1750			50,00	75,00	35,00
2,9	3080			60,00	80,00	35,00
0,6	480	500,00	30,00	35,00	75,00	35,00
1,2	900			40,00	75,00	35,00
2,2	1620			50,00	75,00	35,00
4,3	3100			70,00	85,00	40,00
0,9	490	600,00	30,00	40,00	75,00	35,00
2,1	1000			50,00	75,00	35,00
3,5	1600			70,00	80,00	40,00
6,2	2700			90,00	95,00	50,00
1,4	460	800,00	30,00	40 00	75,00	35,00
3,3	1000			70,00	80,00	40,00
5,7	1640			90,00	95,00	50,00
9,5	2550			170,00	105,00	75,00

[1]) Die Angaben über Motoren sind den Preiskatalogen der „Elin" A. G. für elektr. Industrie, Wien, entnommen.

[2]) Die Preise der Motorschalttafeln gelten ohne etwaige Meßinstrumente bei Drehstrom für 125 Volt, bei Gleichstrom für 110 Volt. Bei höheren Spannungen sind die Preise wegen der kleineren Ströme geringer.

Motorleistung in P. S.	Umdrehungen per Minute	Motor mit Riemenscheibe	Fundamentgarnitur	Metallanlasser mit Luftkühlung	Metallanlasser mit Ölkühlung	Motorschalttafel[1])
		Schätzpreise in Schilling				
1,8	450	1000,00	40,00	50,00	75,00	35,00
4	890			70,00	85,00	40,00
8	1680			140,00	105,00	75,00
13,5	2560			230,00	160,00	125,00
2,3	460	1200,00	40,00	50,00	75,00	35,00
4,7	820			85,00	85,00	40,00
10	1560			170,00	105,00	75,00
17,5	2500			270,00	220,00	125,00
3,5	430	1500,00	40,00	80,00	80,00	40,00
7,2	830			110,00	95,00	50,00
14	1470			230,00	160,00	125,00
23	2400			420,00	280,00	125,00
4,5	375	2100,00	40,00	75,00	85,00	40,00
9,6	700			170,00	105,00	75,00
19,7	1300			350,00	220,00	125,00
30	1950			450,00	340,00	260,00
6,6	330	3000,00	60,00	90,00	95,00	50,00
13,8	610			200,00	160,00	125,00
27,5	1120			450,00	280,00	260,00

[1]) Die Preise der Motorschalttafeln gelten ohne etwaige Meßinstrumente bei Drehstrom für 125 Volt, bei Gleichstrom für 110 Volt. Bei höheren Spannungen sind die Preise wegen der kleineren Ströme geringer.

d) Motorleitungen. Der Querschnitt wird aus Tabelle 3, der dazugehörige Preis einschließlich Montage aus der Aufstellung H, 1, b) entnommen.

e) Motormontage. Die Aufstellung des Motors samt Motorschalttafel und Anlasser sowie die Inbetriebsetzung kann unter der Voraussetzung, daß die Motorfundamente bzw. Konsolen bauseits hergestellt werden, je nach Motorgröße mit *S 10,00 bis S 35,00* angesetzt werden.

C. Schwachstromtechnik

I. Haustelegraphie

1. Stromquellen

Gleichstromquellen. Zumeist nasse (Leclanché- oder Beutel-Elemente), seltener trockene Zink-Kohlenelemente.

In Starkstromanlagen für Wechsel- oder Drehstrom finden häufig Klingeltransformatoren Verwendung. Sie werden primär an die Starkstromleitung angeschlossen; von der Sekundärseite können in der Regel drei Spannungen, z. B. 3, 5, 8 Volt oder 5, 10, 15 Volt, bei einer maximalen Stromstärke von 1 oder 3 Ampere abgenommen werden.

Zuweilen wird auch Starkstrom, ohne Umformung, als Stromquelle für sogenannte Starkstromglocken benützt, doch müssen dann für alle Teile der Anlage die Sicherheitsvorschriften für Starkstromanlagen eingehalten werden.

2. Stromschlußvorrichtungen

in verschiedenster Ausführung: Einfacher Druckknopf für Wandbefestigung, Birnkontakt für den Anschluß an bewegliche Leitungen, meist über Tischen, Fußbodenkontakt unter Tisch für Fußbetätigung, Sicherheitskontakt, dessen Betätigung durch das Öffnen und Schließen einer Türe, eines Rollbalkens o. dgl. erfolgt.

3. Zeichengeber

Rasselwecker mit Selbstunterbrechung (Abb. 56). Gebräuchlichste Type. Der über die Magnetwicklungen, den Eisenrahmen und den ruhenden Anker fließende Strom magnetisiert die Eisenkerne, welche den Anker samt Klöppel gegen die Glocke ziehen und hiedurch den Strom unterbrechen. Die Magnete lassen sodann den Anker wieder los, worauf sich das Spiel wiederholt. Die Glocke läutet so lange, als der Strom eingeschaltet bleibt.

Wecker mit Nebenschluß (Abb. 57). Will man mehrere Wecker in Reihe schalten, so verwendet man Wecker mit Nebenschluß. Der Strom fließt hier anfangs nicht über den Anker, sondern nur durch die Magnetwicklungen, bis der Anker angezogen wird. Nunmehr ist für den Strom der Weg über den Anker frei, so daß die Magnetwicklungen wegen ihres hohen Widerstandes fast stromlos werden und die Magnete den Anker wieder loslassen.

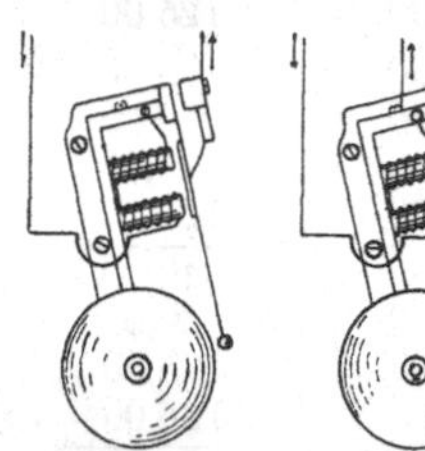

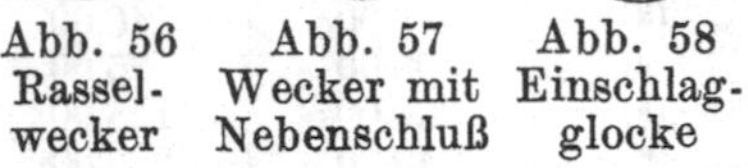

Abb. 56 Rasselwecker Abb. 57 Wecker mit Nebenschluß Abb. 58 Einschlagglocke

Die Einschlagglocke (Abb. 58) wird bei Stromschluß dauernd vom Strom durchflossen und schlägt nur einmal an. Damit die Glocke forttönt, muß der Stromschließer abwechselnd geschlossen und geöffnet werden. Man verwendet Einschlagglocken in Reihenschaltung mit einem Rasselwecker; dieser unterbricht und schließt den Strom für sämtliche Glocken der Serie.

Nummernschränke oder Indikatoren finden Verwendung in größeren Wohnungen oder in Hotels usw. und haben den Zweck, das Zimmer anzuzeigen, in welchem der Druckknopf betätigt wurde. Sie sind mit einer mechanischen oder elektrischen Rückstellvorrichtung ausgestattet.

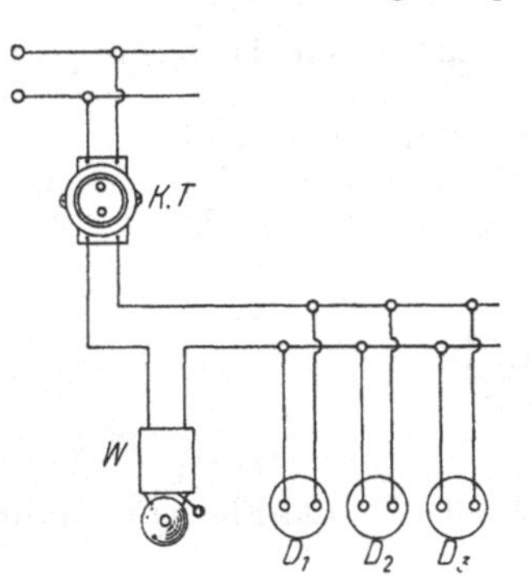

Abb. 59. Klingelanlage mit Klingeltransformator

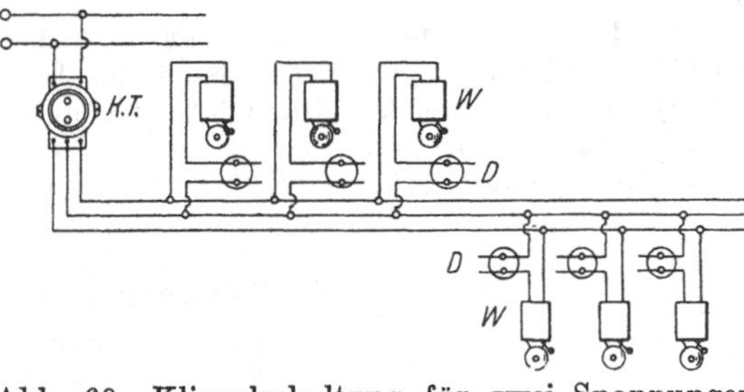

Abb. 60. Klingelschaltung für zwei Spannungen

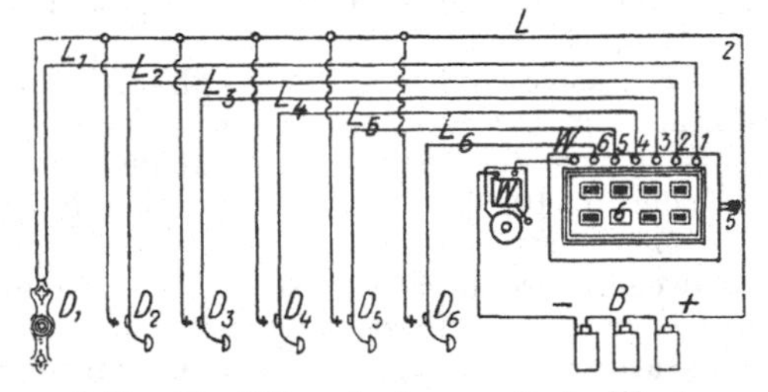

Abb. 61. Klingelanlage mit Indikator

Weiters werden in Hotels und Krankenhäusern zur Vermeidung der störenden Glocken- oder Rasselsignale auch Haustelegraphen mit Glühlampen für meist 12 Volt Spannung verwendet.

4. Schaltungen

Die obenstehenden Abbildungen 59 bis 61 zeigen einfache Schaltungen. Im Schaltbild 60 sind die dem Transformator näherliegenden Glocken an 3 Volt, die entferntliegenden an 5 Volt angeschlossen.

II. Fernsprechanlagen

1. Telephon

Über das eine Ende eines permanenten zylindrischen Stahlmagnetes SN (Abb. 62) ist ein Polschuh aus Weicheisen geschraubt, welcher eine Spule mit vielen Windungen feinen, isolierten Kupferdrahtes trägt. Vor dem Magnet ist eine dünne Eisenplatte *E* befestigt. Spricht man gegen die Membrane *E*, so wird bei jeder Annäherung derselben an den Magnet eine Zunahme und bei jeder Entfernung eine Abnahme der die Spule durchsetzenden magnetischen Kraftlinien stattfinden. Hiedurch entstehen in der Spulenwicklung Ströme von wechselnder Richtung, welche aus der Geber- in die gleich eingerichtete Empfangsstation fließen und den Magnetismus des dortigen Magneten abwechselnd verstärken und schwächen. Hiedurch wird die Membrane abwechselnd angezogen und wieder losgelassen. Sie gerät also in Schwingungen, gleich jener der Membrane in der Geberstation, wodurch sie die gesprochenen Worte mit verminderter Stärke wiedergibt. Die heutige Ausführung der Telephone erfolgt in der bekannten Form als Dosentelephon mit prinzipiell gleicher Einrichtung wie vorbeschrieben.

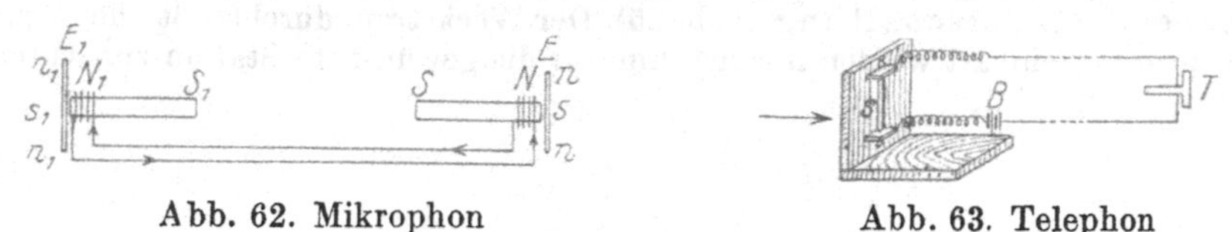

Abb. 62. Mikrophon   Abb. 63. Telephon

2. Mikrophon

Um Laute auf größere Entfernungen und deutlicher, als es mit Telephonen allein möglich ist, zu übertragen, bedient man sich des Mikrophons (Abb. 63). Ein an beiden Enden zugespitztes Kohlenstäbchen ist in zwei Kohlenklötzchen gelagert, welche an einem dünnen Brettchen, der Sprechplatte, befestigt sind. Die Kohlenklötzchen sind über eine Batterie mit dem Telephon der Empfangsstation verbunden. Spricht man gegen das Brettchen, so gerät dieses samt den Kohlenklötzchen in Schwingungen, wobei sich der Übergangswiderstand zwischen letzteren und dem Kohlenstäbchen und damit zugleich der die ganze Vorrichtung durchfließende Strom rhythmisch ändern. Im Telephon wird also der Magnetismus des Stahlmagnetes abwechselnd verstärkt und geschwächt, wodurch dessen Membrane in ähnliche Schwingungen wie die Sprechplatte gerät und die gesprochenen Worte wiedergibt. Heute werden nur Körnermikrophone in der bekannten Dosenform mit aufgesetztem Sprechtrichter verwendet, deren Funktion jedoch die gleiche ist, wie eben beschrieben.

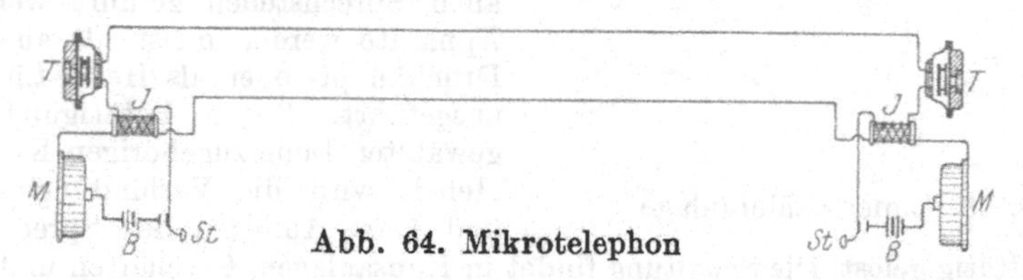

Abb. 64. Mikrotelephon

Soll auf sehr große Entfernungen gesprochen werden, so schaltet man Mikrophon und Batterie zu einem in sich geschlossenen Stromkreise über die aus wenigen Windungen dicken Drahtes bestehende Primärspule eines kleinen Induktionsapparates (Sprechrolle, Transformator) *J* (Abb. 64), an dessen vielwindige Sekundärspule das Telephon angeschlossen wird. Da sich das Mikrophon zum Hören nicht eignet, sind beide Sprechstellen mit Telephon und Mikrophon ausgestattet.

3. Als Anrufvorrichtung

werden Batterien mit Wecker (Summer) oder Magnetinduktoren mit polarisiertem Wecker benützt. Der Magnetinduktor ist eine zur Erzeugung von Wechselstrom dienende kleine Dynamo mit permanenten Magneten und Handkurbelantrieb des Ankers. Zur Wiedergabe der Signale wird ein polarisierter Wecker benützt. Dieser besitzt einen Elektromagnet, gegenüber dessen Polen ein um seine Achse drehbarer Stahlmagnet angeordnet ist. Fließt der Wechselstrom des Induktors durch die Magnetwicklung, so erhalten die Magnetkerne rasch wechselnde Polaritäten, wodurch der polarisierte Anker (Stahlmagnet) rasch aufeinanderfolgende Anziehungen und Abstoßungen erfährt. Anker und Klöppel geraten somit in schwingende Bewegung, wobei der Klöppel zwischen zwei Glocken pendelt und diese zum Läuten bringt.

4. Verbindung der Sprechstellen untereinander

Die Verbindung mehrerer Apparate untereinander ist in verschiedenster Weise durchführbar, je nach den Anforderungen, die an die Sprechmöglichkeit gestellt werden.

Nebeneinanderschaltung (Abb. 65). Der Weckstrom durchfließt alle Apparate, daher Zeichen vereinbart werden müssen, um nur die gewünschte Station zur Aufnahme

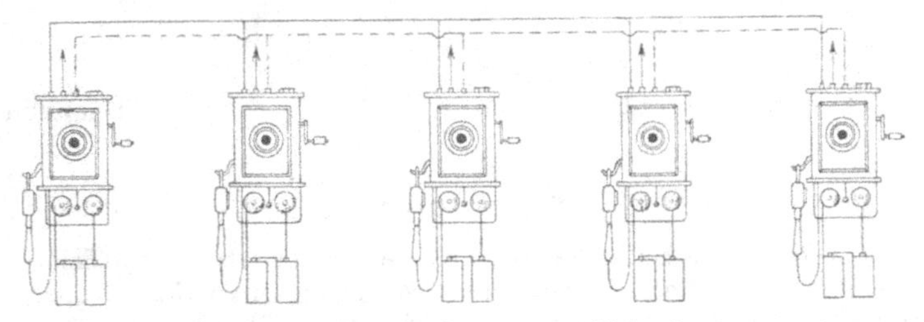

Abb. 65. Nebeneinanderschaltung von Telephonapparaten

des Gespräches zu veranlassen. Hingegen gehen die Sprechströme fast ungeteilt zur Stelle, mit welcher gesprochen wird, weil im Apparat dieser Stelle nach Abheben des Telephons von seinem Aufhängehaken nur der Fernhörer und die Sekundärspule der Sprechrolle, in den übrigen Apparaten aber die Wecker eingeschaltet sind, die einen viel höheren Widerstand als die Fernhörer aufweisen. Es können nur zwei Stationen miteinander verkehren; das Gespräch kann von Unbeteiligten mitgehört werden.

Linienwähler (Abb. 66). Die Nachteile vorbeschriebener Schaltung entfallen bei Verwendung von Linienwählern. Hiefür müssen aber sämtliche Leitungen nach allen Sprechstellen geführt werden. Die Apparate werden meist als automatische Druckknopf- oder als Hebel-Linienwähler ausgeführt. Durch Betätigung des der gewählten Linie zugehörigen Knopfes oder Hebels wird die Verbindung hergestellt und beim Auflegen des Sprechapparates wieder selbsttätig gelöst. Die Schaltung findet in Hausanlagen, Geschäften und Fabriken Verwendung.

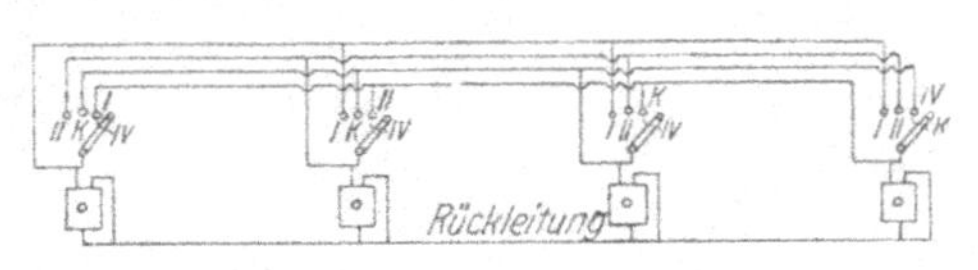

Abb. 66. Linienwähleranlage

Für Telephonanlagen in größeren Betrieben und in Städten ist zur Verbindung der einzelnen Stationen untereinander eine Zentrale erforderlich, in welche die einzelnen Leitungen einmünden. In der Zentrale finden sogenannte Zentralumschalter oder Klappenschränke Verwendung, an welchen die gewünschten Verbindungen durch Bedienungspersonal oder automatisch hergestellt werden.

III. Sonstige Schwachstromanlagen

1. Feuermeldeanlagen. Die Alarmmeldung kann von Personen durch Betätigung eines Druckknopfes, eines Zugkontaktes usw. oder vom Feuer selbst ausgelöst werden, wodurch in der Zentrale eine Glocke zum Läuten gebracht oder eine sonstige Anzeigevorrichtung betätigt wird. In umfangreicheren Anlagen dienen Indikatoren zur Anzeige des Ortes der Feuermeldung. Automatische Feuermelder bewirken den Feueralarm bei Erreichung einer bestimmten, einstellbaren Temperatur. Sie finden vorteilhaft Anwendung in Fabriken, Waren- und Lagerhäusern, Speichern, Archiven, Krankenhäusern, Theatern usw.

2. Fernthermometer beruhen auf der Temperaturabhängigkeit des elektrischen Widerstandes von Metallen. Die Anzeigeapparate sind ähnlich den elektrischen Meßinstrumenten, manchmal auch als Registrierapparate gebaut. Einfachere Anlagen für mäßige Temperaturen können auch mit sogenannten Kontaktthermometern ausgerüstet werden, deren Quecksilbersäule bei Erreichung einer bestimmten Temperatur den Stromschluß herstellt und so eine Glocke zum Tönen bringt.

3. Wächterkontrollapparate. In den zu kontrollierenden Räumen sind Druckknöpfe oder sonstige Kontaktapparate verteilt, welche vom Wächter in bestimmter Reihenfolge und zu bestimmten Zeiten betätigt werden müssen. Zur Kontrolle dient ein in der Zentrale, z. B. im Fabriksbureau, aufgestellter, dem Wächter unzugänglicher Apparat, welcher die jeweiligen Kontaktgebungen nach Ort und Zeit registriert.

4. Wasserstandsfernmeldeanlagen. Die Kontaktgebung wird durch einen Schwimmer eingeleitet. Je nach Einrichtung werden nur der höchste und tiefste Wasserstand oder überdies auch der jeweilige Wasserstand angezeigt. Für die Zeichenabgabe „voll" und „leer" benützt man zwei verschieden tönende Signalapparate, deren Glocken bis zur Abstellung bzw. Inbetriebsetzung der Pumpen fortläuten. Der jeweilige Wasserstand kann an einem Zeigerwerk abgelesen werden.

5. Weitere Anwendungsgebiete der Schwachstromtechnik sind: Elektrische Uhrenanlagen, Anlagen zur Verhütung von Einbrüchen, elektrische Türöffner mit Fernbetätigung, elektrische Kommandoapparate, usw.

IV. Leitungen für Schwachstrom

1. Wachsdrähte und 2. T-Drähte für dauernd trockene Räume zur Verlegung auf Putz, letztere auch in Rohr unter Putz. 3. Gummiisolierte G-Drähte für Verlegung in allen Räumen auf oder unter Putz. 4. Tasterschnüre für den Anschluß beweglicher Kontakte in dauernd trockenen Räumen. 5. Kabel ohne Bleimantel zur Verlegung wie die Drähte ad 1 bis 3, aus welchen sie zusammengesetzt sind. 6. Kabel mit Bleimantel. 7. Blanke Freileitungen.

Für Haustelegraphen stets metallische Hin- und Rückleitung, für andere Anlagen manchmal Erdrückleitung.

V. Darstellung der Schwachstrominstallationen in Plänen

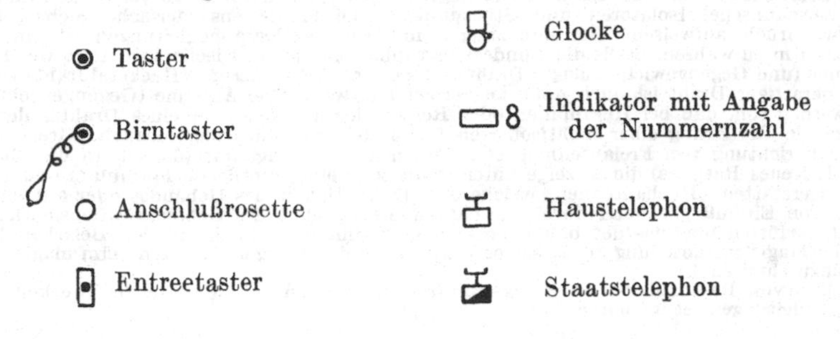

D. Bau von Außenhochantennen

Für die Ausführung von Antennen sind in Österreich maßgebend:

a) die Verordnung des Bundesministeriums für Handel und Verkehr vom 24. September 1924, BGBl. Nr. 352 (2. Telegraphenverordnung);

b) die Leitsätze des Elektrotechnischen Vereines in Wien für den Bau von Hochantennen;

c) diverse Verordnungen städtischer Baubehörden, in Wien die Magistratskundmachung vom 10. Jänner 1925, MA. 52, 3321/24.

Nachstehend sind die Bestimmungen ad b), soweit sie sich auf Freiantennen beziehen, vollinhaltlich, die übrigen auszugsweise wiedergegeben.

ad b):

„1. Die Höhe der Hochantenne (für Fernempfang) über dem Erdboden soll zwischen 10 und 20 m, die Entfernung der Isolationsstellen von Gebäuden ungefähr 2 m betragen.

2. Die horizontale Länge der Antenne soll — wenn die örtlichen Verhältnisse es gestatten — ungefähr gleich der doppelten Höhe der Antenne vom Erdboden sein; es ist jedoch nicht zweckmäßig, diese Länge größer als 50 m zu wählen.

3. Das geeignetste Leitungsmaterial ist massiver, blanker Siliziumbronzedraht von 1,5 bis 2 mm Durchmesser, soweit nicht die zweite Durchführungsverordnung zum Telegraphengesetz (siehe weiter unten) besondere Bestimmungen enthält. Für die Verbindungen an den Isolationsstellen (Eierisolatoren) und für die Abspannungen ist mit Rücksicht auf die Witterungseinflüsse gleichfalls die Verwendung von Bronzedrähten empfehlenswert.

4. Wenn die im Punkt 2 angegebene Länge der Antenne eingehalten wird, baue man die Antenne eindrähtig; das Spannen eines zweiten Paralleldrahtes empfiehlt sich nur bei geringeren Längen. Der Abstand der Paralleldrähte voneinander soll etwa $^1/_8$ der Höhe der Antenne über dem Erdboden betragen.

5. Die T-Antenne weist keinerlei Richtwirkung auf; die L-Antenne besitzt eine unbedeutende Richtwirkung in der Richtung ihres horizontalen Teiles.

6. Die Leitung zwischen Antenne und Empfangsgeräten soll tunlichst kurz sein und in einer Entfernung von 0,5 bis 1 m von Gebäudeteilen und benachbarten Gegenständen geführt werden. Größere Annäherung auf kurze Strecken (z. B. beim Erdungsschalter, beim Blitzschutz, bei Wanddurchführungen usw.) ist unbedenklich; keinesfalls darf die Leitung in der Mauer, in armierten Rohren u. dgl. verlegt werden.

7. Drei in Reihe geschaltete Eierisolatoren oder eine gleichwertige Isolation genügen für jeden Abspannpunkt. Die Zahl der Abspannpunkte ist tunlichst klein zu wählen; Rahen können mit den wirksamen Antennendrähten in leitender Verbindung stehen. Die Isolation der Leitung zu den Empfangsgeräten soll die gleiche Güte wie die der Antenne aufweisen."

Zur Verbindung von Freiantennen mit der Ableitung ist die Verwendung von Klemmen, bei denen eine Schraube auf den Draht drückt, unzulässig.

Eiserne Stangen und Rohrständer usw. sind, soweit sie als Antennenstützpunkte dienen, zu erden. Sind in oder an Gebäuden geerdete oder leicht zu erdende Metallteile vorhanden, so können diese zur Erdung der Stützpunkte verwendet werden.

Freiantennen sind mit einem nahe der Einführung angebrachten und leicht zugänglichen Erdungsschalter und mit einer parallel dazu geschalteten, geeigneten Blitzschutzvorrichtung zu versehen. Durch den Erdungsschalter muß die Empfangsanlage abgeschaltet und die Antenne unmittelbar geerdet werden können. Der Griff des Erdungsschalters muß entweder isoliert oder dauernd mit der Erde verbunden sein. Die Kontaktflächen des Erdungsschalters und der Querschnitt der Zuleitung zur Schutzerde müssen bei Verwendung von Kupferdraht mindestens 4 mm² betragen. Zur Schutzerdung können alle einwandfreien Erdungen und, soweit sie dieser Voraussetzung entsprechen, auch Blitzableiter, Wasser- oder Gasleitungen und an die Wasserleitung angeschlossene Heizrohre verwendet werden.

Bei Führung über Dächer ist der Antennendraht mindestens 2 m über dem Dach, bei Überquerung eines Schornsteines mindestens 1 m oberhalb dieses zu spannen.

Antennen, bei welchen eine Annäherung oder Kreuzung ihrer Drähte oder jener der Gegengewichtsanlage mit Starkstromleitungen, dann mit Bundestelegraphen- oder Telephonleitungen in Aussicht genommen ist, dürfen nur unter Leitung eines gewerblich oder sonst Befugten unter Einhaltung der hierüber geltenden Vorschriften gebaut werden. In diesen Fällen ist für die Drähte im Freien hartgezogener Kupfer- oder Bronzedraht von mindestens 40 kg Zugfestigkeit für einen mm² zu verwenden und müssen die Drähte, Abspannseile, Isolatoren und Stützpunkte eine mindestens vierfache Sicherheit gegen Zerreißen bzw. Bruch aufweisen. Bei Kreuzungen mit Bundestelegraphenleitungen ist ein Abstand von mindestens 1 m zu wahren. Falls die Bundestelegraphenleitung nicht isoliert ist, muß für den freien Teil der Antenne (und Gegengewichtsanlage) Draht mit wetterfester Isolierung (Hacketaldraht) verwendet werden. Ein derartiger Draht ist auch dann zu verwenden, wenn eine Antenne (Gegengewichtsanlage) so errichtet werden soll, daß bei Herabfallen oder Reißen der Antenne oder eines Drahtes der Gegengewichtsanlage die Berührung einer nichtisolierten Bundestelegraphenleitung möglich wäre.

Vor der Errichtung von Freiantennen ist in Wien an den Magistrat (derzeit an die Magistratsabteilung 27, I, Neues Rathaus) die Anzeige unter Benützung eines amtlichen Formulars und Beischluß einer Skizze zu erstatten. Hochantennen, welche auf die Festigkeit des Gebäudes oder auf die Rechte der Nachbarn von Einfluß sind oder durch die das äußere Ansehen des Gebäudes offensichtlich beeinträchtigt wird, bedürfen überdies der baubehördlichen Bewilligung, um die in den Bezirken I bis IX und XX bei der Magistratsabteilung 36, I, Neues Rathaus, in den übrigen Bezirken beim magistratischen Bezirksamt einzuschreiten ist.

Der Anschluß von Radioanlagen an Starkstromfreileitungen und an öffentlichen Zwecken dienende Schwachstromfreileitungen ist verboten.

Blitzableiter

Von Ing. Julius Heinbach

Allgemeines: Schäden durch Blitzeinschläge können nur durch Herstellung guter und großflächiger Ableitwege von den wahrscheinlichen Einschlagstellen zur Erde und Verzweigung dieser Wege in der Erde tunlichst verhindert werden. Oft unerklärliche Blitzwege lassen sich entweder aus der Flächenwirkung oder durch die Selbstinduktion erklären. Die Flächenwirkung besteht darin, daß ein großflächiger Körper, der im Bereich der möglichen Blitzwege liegt und auf dem sich unmittelbar vor der Entladung größere Mengen von Elektrizität durch Influenz angesammelt haben, den Blitz auf sich zieht. Die Selbstinduktion ist eine Kraft, die in guten Leitern bei plötzlichen Entladungen eine Stauung erzeugt, die gleichsam den Leitungswiderstand vermehrt und die unter Umständen so groß werden kann, daß der Blitz den guten Leiter verläßt, abspringt und selbst durch schlechtere Leiter hindurch einen kürzeren Weg zur Erde sucht. Spiralförmig gewundene oder scharfwinkelig gekrümmte Leiter erhöhen diese Gefahr.

Die Blitzwirkungen auf Metalle hängen ab von der Schnelligkeit und der Stärke der Entladung. Für starke und rasche Entladungen ist eine große Oberfläche der Leiter günstiger. Solchen Entladungen bietet Eisen gegen die zerreißenden mechanischen Wirkungen einen größeren Widerstand als Kupfer. In guten Leitern von genügender Oberfläche erzeugt der Blitz Erwärmung, höchstens Schmelzungen beim Ein- und Austritt. In schlechten Leitern treten um so stärkere Zerreißungen und Erhitzungen auf, je geringer die Leitfähigkeit ist. Leicht entzündliche Stoffe auf den Blitzwegen fangen Feuer. Die Untersuchung einer großen Reihe von zündenden Schlägen, wo der Blitz keinen Metallweg fand, ergab, daß 80 v. H. der Zündungen auf Heu und Stroh und 20 v. H. auf Holz u. dgl. zurückzuführen waren. Durch langsam sich vollziehende Influenz können sich schlechte Leiter, z. B. Ziegel- und Strohdächer mit gebundener Elektrizität laden, die dann durch einen Blitzschlag in der Nähe Wirkungen, wenn auch schwächerer Art wie ein unmittelbarer Blitzschlag, erzeugen kann (Rückschlagwirkung). Gute, nicht angeschlossene Leiter können durch Influenz zu Schaden stiftenden Überschlägen führen (Seitenentladung).

Auffangvorrichtungen. Hohe Auffangstangen, Gold- und Platinspitzen, Doldenspitzen haben sich als zwecklos, die Schutzkreistheorie als unrichtig erwiesen. Am meisten werden getroffen in der aufgezählten Reihenfolge: Turm- und Giebelspitzen, Schornsteine, Firste und Dachflächen. Metallene Zierknäufe, Wetterfahnen, Turmkreuze, Blechaufsätze, Fahnenstangen, auch mit Blech abgedeckte Steinaufsätze sind gute Auffangvorrichtungen. Sind solche Metallteile nicht vorhanden, so führt man Leitungsstücke an der mutmaßlichen Einschlagstelle hoch und läßt sie 10 bis 15 cm hervorragen. Zur Verstärkung kann man die Leitungsenden oben umbiegen.

Dachleitungen. Leitsatz: Leitung über alle Firste führen und alle auf dem Dache vorhandenen Metallteile (First-, Grat- und Kehlbleche, Kiesleisten, Schneefanggitter, Giebelsäume, Ortgänge, Saumrinnen u. dgl.) anschließen, größere Metallmassen im Gebäude (Wasser-, Gas- und Dampfleitungen, Wasserbehälter usw.) im Umkreis bis zu 5 m von den Dachleitungen an die Dachleitungen anschließen.

Ableitungen. Es sind dies die Verbindungen der Dachleitungen mit der Erde. Auch kleine Gebäude sollen nicht weniger als zwei Ableitungen erhalten. Bei langen Gebäuden sollen die Ableitungen höchstens 20 m voneinander entfernt sein und wechselseitig auf den beiden Langseiten angeordnet werden. Von besonders gefährdeten Gebäudeteilen sollen tunlichst auf dem kürzesten Wege Ableitungen hergestellt werden. Alle senkrecht verlaufenden Metallteile können als Ableitung benützt werden. Sehr gut eignen sich hiezu Regenabfallrohre. Wenn Trennstellen für Widerstandmessungen eingebaut werden sollen und als Ableitungen Abfallrohre verwendet wurden, so eignen sich hiezu am besten zweiteilige Rohrschellen, an die die Erdleitungen angeschlossen werden. Der untere Teil der Ableitung ist bis auf eine Höhe von 2,20 m gegen mechanische Beschädigung durch Winkel- oder U-Eisen oder eine Holzverschalung zu schützen.

Wenn Eisenrohre als Schutz verwendet werden, so sind sie oben und unten leitend mit der Leitung zu verbinden.

Erdleitungen. Auf die gute Herstellung der Erdleitung besonders achten! Hier werden die meisten Fehler gemacht. Je größer die Oberfläche des Erdleiters, desto besser die Erdung. Langgestreckte Oberflächenleitungen wirken deshalb besser als eine Erdplatte. Die beste Erdung ergibt sich durch den Anschluß an die Wasser- oder Gasleitung. Sind solche Rohrleitungen nicht vorhanden, so hilft man sich mit 30 bis 40 cm tief verlegten Ring- oder Halbring-Oberflächenleitungen, von denen Ausläufer zu den bevorzugten Entladestellen, wie Brunnen, Pumpen, Düngergruben, Ufern von Teichen, Bächen, Gräben usw., führen. Die Anschlüsse bei Erdleitungen sind sorgsam gut herzustellen und mit einem dicken Teeranstrich gegen Feuchtigkeit zu schützen.

Baustoff. Für die üblichen Gebäude genügt gut feuerverzinktes Eisen in Form von Bandeisen oder ein Drahtseil. Die vom Elektrotechnischen Verein in Wien herausgegebenen Leitsätze über den Schutz der Gebäude gegen Blitz nebst Erläuterungen und Ausführungsvorschlägen, die der Verein vom Verband Deutscher Elektrotechniker übernommen hat, empfehlen bei Ausführung von verzweigten Eisenleitungen: Band 2×25 mm, Seil 7 Drähte je 3,3 mm.

Baustoffpreise für Blitzableiter

Prüfungsmuffen, zweiteilig, aus Kupferguß	per Stück	S	4,12
Blitzableiterkabel, gut feuerverzinktes Eisen, 7 Drähte je 3,5 mm Durchmesser	„ Meter	„	0,95
Kabelstützen für Mauern und für Firste, aus Schmiedeeisen, mit aufschraubbaren Laschen	„ Stück	„	1,20 bis 1,70
Regenschutztrichter für Firststützen, feuerverzinkt, aus Eisenblech	„ „	„	1,00

Entwurf einer Blitzableiteranlage für ein einfaches Gebäude

a Firstleitung
b Giebelableitung oder Ortssaum
c Abfallrohr
d Wasserleitung oder Gasleitung
— Halbringleitung, wenn nicht 30 bis 40 m lang, dann
--- Ringleitung
e Saumrinne
f Kamin
g 15 cm Hochführung
h Wasserleitungsanschluß

unter 20 m

Anzustrebende Erdungen

a Halbring- oder Ringleitung
b Wasser- oder Gasleitung
c Brunnen oder Pumpen
d Bis unter Grundwasseroberfläche eingetriebene Rohre
e Erdplatten oder Drahtnetze bis unter Grundwasseroberfläche verlegt
f Wassergräben, Flüsse, Bäche
g Teiche, Tümpel, Sümpfe
h Jauche- und Düngergruben
i Eisenbahngleise
k Eisengitter
l Ausläufer in Humusschichten

Halbring- oder Ringleitung von 30 bis 40 m Länge genügt, wenn sie in Humusschichten verlegt ist; wenn Anschluß an Wasser- oder Gasleitung möglich ist, dann unter allen Umständen durchführen. Wenn bei schlecht leitendem Boden (also kein Humus) Wasser- oder Gasleitungsanschluß nicht möglich ist, dann müssen an die Halbring- oder Ringleitung mehrere der oben genannten Erdungen angeschlossen werden, die im jeweils vorliegenden Falle erreichbar sind.

Ausgewählte Kapitel aus dem Bauwesen

Gründungen

Von Hofrat Ing. Richard Pelikan

Tiefbohrungen und Brunnenanlagen

Von Ziviling. Wilhelm Kutscha

Bohrwesen — Gestängebohren — Seilbohren — Brunnenanlagen

Brunnengraben und -mauern

Wasserbedarf

Holzkonservierung

Von Ing. Robert Nowotny

Holzschutz gegen Fäulnis und tierische Holzzerstörer — Die wichtigsten Verwendungsgebiete des konservierten Holzes — Holzschutz gegen leichte Entflammung

Feuerschutz

Von Ing. Julius Heinbach

Kühlanlagen — Kläranlagen

Von Ing. Emil Maritschek

Wasserkraftanlagen

Von Ing. Franz Kuhn

Wesen und Leistung der Wasserkraftanlagen — Einteilung der Wasserkräfte — Rentabilitätsberechnung von Wasserkraftanlagen — Kosten und Einzelheiten von Wasserkraftanlagen

Garagen und Tankanlagen

Von Ing. Karl Fischer der Wayss & Freytag A.-G. und Meinong G. m. b. H.

Größenverhältnisse landwirtschaftlicher Anlagen

Transportmittel

Wagenbau — Durchschnittsgewichte von Fahrzeugen — Straßenneigungen — Überhöhungen bei Straßenkurven — Transportmittel für Bauarbeiten — Werkzeuge für Legen und Erhalten des Oberbaues

Gründungen [1])

Von Ing. Richard Pelikan, Hofrat i. R.

Allgemeines:

Das Fundamentmauerwerk ist vor schädlichen Bewegungen, bedingt durch das Frieren und Wiederauftauen des Bodens, zu bewahren; daher muß das Fundament mindestens 0,80 m unter die Erdoberfläche, bei Kellerräumen mindestens 0,30 m unter die Kellersohle reichen. Wenn in diesen Tiefen tragfähiger Boden noch nicht angetroffen wird, Fundament entsprechend tiefer führen.

Die Belastung des Baugrundes soll die nachstehenden Grenzwerte nicht überschreiten:

Weicher Ton- und sehr feuchter feinkörniger Sandboden	1,0 kg/cm²
Lehm-, mittelfester Ton- und mäßig feuchter oder stark tonhältiger, jedoch trockener Sandboden	2,0 ,,
Sandiger Boden, fest, Schotter von geringer Mächtigkeit oder wechselnd geneigter Lagerung, dann Lehm und Tegel, trocken, stehend oder teilweise stehend und gegen Ausweichen geschützt, bis	3,0 ,,
(Wenn der Baugrund von einzelnen Wasseradern durchzogen ist, ist für eine möglichst gleichmäßige Verteilung der Belastung durch entsprechende Höhe des Grundmauerwerks, durch Anordnung eines Schwellrostes, einer Betonplatte usw. Sorge zu tragen.)	
Tegel-, fester Ton- und trockener, wenig tonhältiger Sandboden, bis ..	4,0 ,,
Lockerer, wasserhältiger Boden, Gründung mit Anwendung einer Pilotage, bis	2,0 ,,
Lockerer, wasserhältiger Boden, Gründung mit Anwendung einer Pilotage und 60 cm Betonlage, bis	3,0 ,,
Grober Kies und Schotter, ferner fester trockener Tegel in wagrechter Lagerung und in großer Mächtigkeit, bis	6,0 ,,
Fester, nicht verwitterter Felsboden	10,0 ,,

und darüber.

Bei ausmittig belastetem Mauerwerk, z. B. bei Berechnung hoher Schornsteine, ist der Fundamentdruck mit Rücksicht auf ungünstigste Lage der Resultierenden zu berechnen.

Über Belastung des Baugrundes siehe ferner das bezügliche Normenblatt S. 89.

Bei Ausführung von Gründungen in Fällen, wo die unbedingt tragfähige Bodenschichte nicht oder erst in größerer Tiefe erreicht werden kann, kommt in Betracht:

A. Die Gründung auf einer minder tragfähigen Bodenschichte, und zwar:

1. nach vorgenommener künstlicher Befestigung derselben, also Erhöhung des zulässigen Bodendruckes, oder

2. mit Verbreiterung der Fundamente, also Vergrößerung der Aufstandsfläche, und entsprechenden Vorkehrungen gegen ungleiche Setzungen.

Beide Arten, A_1 und A_2, können auch gleichzeitig zur Anwendung kommen.

---

[1]) Zum Teile entnommen: Bleich-Melan „Taschenbuch für Ingenieure und Architekten“. Verlag Julius Springer, Wien.

B. Die Gründung einzelner wichtigen Teile der Fundamentkonstruktion auf tief gelegener, verläßlich tragfähiger Bodenschichte, auf welche Teile die Last des Bauwerkes durch entsprechendes Tragwerk übertragen wird.

C. Die Gründung mit Pfählen, die teils im Sinne A_1, teils im Sinne B wirken können.

Nach dieser Einteilung ergeben sich folgende Gründungsarten:

A. Gründung auf einer minder tragfähigen Bodenschichte

Gruppe A_1

α) **Verdichtung des Baugrundes** durch Rammen oder Walzen des Bodens; anwendbar bei gleichmäßiger Beschaffenheit des Untergrundes im Falle der Herstellung ganz leichter Baulichkeiten (Holzbauten).

β) **Verdichtung durch Einstampfen** von hochkantig gestellten Steinen in Schichten von 30 cm Höhe bis der Boden, ohne sich gehoben zu haben, genügend fest geworden ist; anwendbar bei gleichmäßigem Untergrund für leichte, höchstens einen Stock hohe Gebäude.

γ) **Sandschüttung** mit reinem scharfkantigen, groben Kiessand kann nach vorhergehendem Abheben des minderwertigen Bodens dort angewendet werden, wo eine Unterspülung nicht zu befürchten ist; dieselbe ist vollständig zu durchfeuchten, 1 bis 2 m hoch auszuführen und soll über die horizontalen Begrenzungen des Mauerfußes nach jeder Richtung mindestens 0,6 bis 1 m weit vorgehen. Eine derartige 2 m hohe Sandschüttung trägt, ohne daß eine merkliche Setzung auftritt, erfahrungsgemäß per 1 m^2 eine Belastung von rund 20 bis 30 Tonnen.

δ) **Steinschüttung,** zumeist im offenen Wasser (namentlich in bewegter See) zwischen Pfahlwänden, am Rande durch große Steine (Betonblöcke) gesichert. Am geeignetsten verschieden große Steine, die vor Aufbau des Mauerwerks längere Zeit lagern müssen. Nicht tragfähiger Untergrund wird entfernt oder verdrückt. Allenfalls auch Einbringung von Holzrahmen mit Steinfüllung üblich.

ε) **Betonschüttung**, in wasserführenden Baugründen anwendbar, ist um 0,6 bis 1,0 m nach jeder Richtung breiter als die Fundamentsohle herzustellen. Zum Einbringen derselben ist es wünschenswert, daß die Baugrube während der Arbeit wasserfrei gehalten werde. Man errichtet zu diesem Zwecke Fangdämme, worauf die Grube ausgeschöpft und der Beton in 0,05 bis 0,08 m hohen Lagen eingebracht und festgestampft wird. In solchen Fällen jedoch, wo die Wasserschöpfung kostspielig käme, ist es angezeigt, die Baugrube gegen die Strömungen des Wassers durch Spundwände abzuschließen, zwischen welche sodann der Beton mittels Trichtern oder Senkkästen versenkt wird, welch letztere aus an den Kanten mit Eisenblech beschlagenen Bohlen von 5 bis 8 cm Stärke bestehen, 1 m lang, 0,6 m breit und 0,6 m hoch sind, somit rund 0,36 m^3 fassen.

ζ) **Versteinerungsverfahren.** Diese bestehen in der Einspülung von Zementmilch oder Einpressung dieser unter Anwendung von Preßluft durch in Bohrlöcher eingeführte Rohre zum Zwecke dauernder Festigung des Bodens und können auch in großen Tiefen unabhängig von den Boden- und Außentemperaturen vorgenommen werden.

Gruppe A_2

α) **Verbreiterung der Fundamente** ist die in der Regel einfachste Art, um den Druck auf die Fundamentsohle zu verringern.

Bei Anwendung von Steinmauerwerk oder Stampfbeton soll die Verbreiterung des Fundamentabsatzes auf jeder Seite nicht mehr als die halbe Höhe desselben betragen. Ist eine größere Verbreiterung notwendig, so ist die Anwendung einer biegungsfesten Eisenbetonplatte als Fundament günstig, da dadurch an Höhe und Kubatur gespart wird.

Die Verbreiterung der Fundamente kann sich erforderlichenfalls so weit erstrecken, daß unter dem ganzen Bauwerk eine zusammenhängende Beton- oder Eisenbetonplatte entsteht.

β) **Liegende Roste.** Diese bezwecken nebst allfälliger Verbreiterung des Fundamentes insbesondere auch eine gleichmäßige Verteilung der Belastung sowohl nach der Längs- als auch der Querrichtung.

Diese Gründungsart findet insbesondere dort Anwendung, wo eine nachgiebige Bodenart von einer dünnen, festeren Schichte überlagert ist, eine Tieflegung der Bausohle mit allmählicher Erbreiterung sonach nicht zweckmäßig erscheint.

Holzroste müssen mit der Oberkante mindestens 30 cm unter dem tiefsten Grundwasserstand liegen.

1. Bohlenrost, für leichte Gebäude anwendbar.

Es werden 8 bis 10 cm starke Längsbohlen (Lärche oder Kiefer) in Entfernungen von 1,0, bis 1,25 m auf Querpfosten mit Holznägeln befestigt.

2. Schwellenrost, für schwerere Bauwerke anwendbar, bestehend aus 20 bis 32 cm starken Balken. Die Langschwellen sind in die 1,0 bis 1,5 m entfernt liegenden Querschwellen (15 bis 17 cm breit, 20 cm hoch) 5 cm einzulassen und die Zwischenräume mit Ton, Bruchsteinen oder Beton auszufüllen. Die Querschwellen stehen an den Seiten 30 bis 50 cm vor. Auf den Langschwellen wird der 8 bis 10 cm starke Bohlenbelag aufgenagelt.

3. Beton-Eisenrost. Diese Gründung, für welche der Grundwasserstand belanglos ist, besteht aus einer entsprechend breit ausladenden Betonplatte, an deren Unterseite Walzträger quer zur Längsrichtung der Mauer in Abständen von 30 cm bis 1 m eingebettet sind. Bei starker Belastung und ungleicher Zusammendrückbarkeit des Bodens werden über den Rost auch nach der Längsrichtung der Mauer Träger angeordnet.

B. Druckübertragung auf eine tiefliegende Schichte

1. Fundamentpfeiler, dort anzuwenden, wo tragfähiger Boden nicht zu tief und Grundwasser nicht vorhanden ist.

Die Pfeiler werden unter den stark belasteten Mauerteilen (Mauerkreuzungen, Eckpfeilern) aufgemauert und die Last des übrigen Mauerwerks vermittels Mauergurten, Eisenbeton- oder Walzträgern auf die Fundamentpfeiler übertragen.

2. Brunnengründung. Diese wird zweckmäßig dann angewendet, wenn der tragfähige Boden in größerer Tiefe (8 bis 15 m) liegt und wenn im Boden keine Hindernisse, z. B. Findlinge, alte Fundamente usw., und nur geringer Wasserandrang zu gewärtigen sind.

Das Mauerwerk der Brunnen, die meist ringförmigen Querschnitt von etwa 1,0 m innere Weite erhalten, wird in der Stärke von 0,3 m auf einem aus Bohlen oder aus Schmiedeeisen gefertigten Kranz aufgeführt. Nach Erhärtung der unteren Teile des Mauerwerks wird damit begonnen, den Boden aus dem Inneren des

Brunnens durch Ausgraben oder Ausbaggern herauszuschaffen. Zur Verminderung der Reibung beim Versenken erhalten die Brunnen an der Außenseite etwa $^1/_{20}$ Anlauf und einen glatten Verputz mit Portlandzementmörtel. Der Bohlenkranz besteht aus 2 bis 3 Lagen Bohlen von 4 bis 8 cm Stärke, die untereinander verbolzt und vernagelt sind. Die unterste Bohle ist keilförmig abgeschrägt und erhält in steinigem Boden noch eine eiserne Armierung. Die unteren Schichten des Mauerwerks werden gewöhnlich aus Klinkern in Zementmörtel ausgeführt und durch Ankerbolzen von 2 bis 2½ cm Durchmesser mit dem Kranze verbunden (besonders dann, wenn Gefahr ungleichen Setzens vorhanden ist). Statt Mauerwerk auch Beton-, Eisen- oder Holzwandungen, die aber bleibende, tragende Teile darstellen. Ausfüllung des Brunnens am besten mit reinem einzuschlämmenden Sand, oder Ausfüllung mit magerem Beton 1 : 8; Entfernung der Brunnen von M. z. M. 3,0 bis 4,0 m, oben durch Gewölbegurte, Eisenbeton- oder Walzträger verbunden. Bei Hochbauten sind Brunnen unter allen Eck- und Kreuzungspunkten der Mauern und den Fensterpfeilern erforderlich.

C. Pfahlgründung

Durch diese wird entweder 1. die Lastübertragung auf eine tiefer gelegene, verläßlich tragfähige Bodenschichte erreicht (Standpfähle) oder — wenn eine solche zu tief liegt — 2. eine Verdichtung des Bodens und eine Lastübertragung durch Reibung am Pfahlmantel erzielt (schwebende Pfähle); 3. ist noch ein Zustand möglich, welcher teilweise dem 1., teilweise dem 2. Fall entspricht (Abbürdungspfähle).

Im ersteren Fall ist der Pfahl, der unten mindestens 1 m in festem Boden steht, als ein auf Druck (Knickung) beanspruchter Ständer aufzufassen und auch so zu berechnen. Zulässige Belastung bei Holzpfählen etwa 30 kg/cm². Bei Eisenbetonpfählen je nach Bewehrung.

Im 2. Falle wird die Tragkraft entweder durch Probebelastung (zeitraubend) oder aus der beim Schlagen des Pfahles geleisteten Rammarbeit und der Eindringungstiefe beim letzten Schlag ermittelt.

Angenähert kann nach Brix die Tragkraft eines Pfahles angenommen werden mit

$$P = \frac{1}{n} \cdot \frac{G \cdot Q^2}{(G+Q)^2} \cdot \frac{h}{\varepsilon}.$$

Darin bedeutet: G das Gewicht des Pfahles,
Q ,, ,, ,, Rammklotzes,
h die Fallhöhe ,, ,,
ε ,, Eindringung des Pfahles beim letzten Schlage,
n den gewählten Sicherheitsgrad **4 bis 6**.

Eine genauere Berechnung ist nach der allgemeinen Sternschen Rammformel möglich.

Handelt es sich um eine Schätzung der Tragfähigkeit ohne Vornahme eines Rammversuches, so ist diese bei einer im Boden steckenden Pfahllänge l (in Metern) und dem Pfahldurchmesser d (in Metern) mit $P = \pi\, d\, l \cdot R$ anzunehmen, wobei R das Maß der Reibung per 1 m² Pfahlmantel bedeutet.

Bei Holzpfählen .... $R = 1{,}0$ t/m²
,, Betonpfählen .... $= 1{,}2$,,
,, eingestampften Betonpfählen (Strauß)....... $= 2{,}0$,,

Verläßlichere Werte gibt die Berechnungsweise nach H. Dörr: Die Tragfähigkeit der Pfähle[1]).

Je nach Art und Verwendungszweck werden unterschieden:

Grund- oder Rostpfähle, welche ganz in den Boden eingetrieben werden, und **Langpfähle,** die zum Teil außerhalb des Grundes bleiben (z. B. bei Brückenjochen, Holzbauten an Seeufern).

Als Baustoff gelangt zur Verwendung: Holz, Eisen, Beton.

Holzpfähle werden aus Eichen-, Lärchen- oder Kiefernholz hergestellt, das ist aus Hölzern, welche sich sowohl im Wasser als auch im Trockenen als dauerhaft erweisen.

Womöglich ist aber der Wechsel zwischen Nässe und Trockenheit zu vermeiden; Grundpfähle sollen daher 0,50 m unter dem tiefsten Wasserstand abgeschnitten werden.

Bis zu 4 m Länge soll der Pfahldurchmesser 24 cm stark gewählt werden; für jedes Meter Mehrlänge 2½ cm Zuschlag.

Bei schotterigem oder mit Wurzeln durchwachsenem Boden werden die Pfahlspitzen mit schmiedeeisernen Schuhen mit gestählter Spitze versehen.

Die Pfahlköpfe erhalten einen rund 20/70 mm starken Eisenring, der nach dem Einrammen wieder abgenommen wird.

Die Entfernung der Pfähle hängt von der Belastung ab, welche möglichst gleichmäßig auf dieselben zu verteilen ist; 0,80 bis 1,30 m von Mittel zu Mittel.

Über die Pfahlköpfe wird entweder ein Schwellenrost gelegt oder bei weniger nachgiebigem Boden eine Betonschüttung 0,60 bis 1,00 m hoch hergestellt, in welche die Pfahlköpfe rund 25 cm tief eingreifen.

Eiserne Schraubenpfähle (mit oder ohne Rostschutz, Betonumhüllung), namentlich im weichen, wassergesättigten Boden, der dem Niederbringen geringen Widerstand entgegensetzt. Sie haben den Vorteil größerer Sicherheit gegen Auftrieb und bewirken beim Versenken keine Erschütterungen. Sie bestehen aus einzelnen, mit Beton auszugießenden Rohrstücken, die mittels Muffen untereinander verschraubt werden. Im weichen Boden großer Blattdurchmesser mit einem Schraubengang, im festen Boden doppeltes Gewinde und kleinere Blattfläche. (Beträchtliche Kosten!)

Betonpfahlgründungen (siehe den betreffenden Abschnitt, S. 194).

Tiefbohrungen und Brunnenanlagen

Von Ziv.-Ing. Wilhelm Kutscha, Wien

Bohrwesen

Das Niederbringen einer Bohrung (Tiefbohrung) erfolgt mittels eigener Apparate und Werkzeuge unter Anwendung von Eisenrohren und Gestängen und hat den Zweck, die geologische Beschaffenheit der Gebirgsschichten kennen zu lernen, sowie das Vorhandensein von Kohle, Salz und Erz festzustellen oder um Rohöl (Petroleum), Wasser, Heilquellen, Sole, Kohlensäure, Erdgase etc. aufzuschließen und zu gewinnen.

---

[1]) Berlin: W. Ernst & Sohn, 1921.

A. Gestängebohren

I. Trockenbohren

a) Drehbohren (mit Schappe, Spiralbohrer, Schneckenbohrer etc.).
b) Stoßbohren mit steifem Gestänge.
c) Freifallbohren.
d) Bohren mit Rutschschere (= kanadisches Bohren).

Bei a) wird das Bohrgut direkt mit dem Bohrer, bei b) bis d) mittels geeigneter Werkzeuge (Schlammbüchsen) zutage gefördert.

II. Spülbohren

Durch das Gestänge und die Bohrgeräte wird ein ununterbrochener Spülstrom zur Sohle geschickt (direktes Spülen), der das Bohrgut zwischen Gestänge und Bohrlochrohrwand zutage fördert. Beim indirekten Spülen nimmt der Spülstrom seinen Weg zwischen Bohrlochrohrwand und Gestänge zur Sohle. Das Bohrgut tritt mit demselben durch das Gestänge zutage.

Man unterscheidet:

a) Stoßbohren mit steifem Gestänge,
b) Freifallbohren,
c) Schnellschlagbohren mit federnd gelagertem Schwengel,
d) Bohren mit Schlagseil statt Schwengel,
e) Rotationsbohren (Kernbohren) mit Stahlzahn-, Diamant-, Schrot- oder Spezialkronen, Rotarybohren. Die Spezialkronen, neuerdings als Ersatz für Diamanten, sind mit Hartmetallspitzen (Volomit, Thoran) besetzt.

B. Seilbohren

Beim Seilbohren wird das bei dem Stoßbohren übliche Gestänge durch ein bis zum Bohrzeug reichendes Manila- oder Drahtseil ersetzt. Während der Bohrarbeit wird das Seil abwechselnd nach rechts und nach links gedreht. Das Ausschöpfen des Bohrschmandes erfolgt durch Hohlgefäße (Schlammbüchsen) am Seil.

Bei beiden Arten werden verschiedene Methoden und Werkzeuge angewendet. Für die Auswahl eines geeigneten Bohrwerkzeuges ist außer dem Bohrzweck die Bohrfähigkeit der Gebirgsschichten, sowie die Tiefe und der gewünschte Enddurchmesser bestimmend. Bohrungen bis zu einer Tiefe von rund 150 m werden meistens mittels Handbohrgarnituren niedergebracht, während bei größeren Tiefen maschineller Antrieb (Dampfmaschinen, Explosions- oder Elektromotoren) in Frage kommt, und dienen entweder stabile Apparate mit feststehenden Gerüsten aus Holz oder Eisen (Bohrgerüste oder Bohrtürme), oder mobile Bohrapparate mit Auslegern zum Fördern, zur Durchführung der Arbeiten.

Die Kosten einer Bohrung hängen wesentlich von der Art des zu durchbohrenden Gebirges, dem Zweck, dem diese dienen soll, dem Enddurchmesser und auch von der Tiefe ab; auch spielt die Zugänglichkeit der Bohrstelle eine große Rolle.

Für approximative Veranschlagung gelten die in der folgenden Tabelle enthaltenen Durchschnittspreise für 1,0 m Bohrung einschließlich Beistellung der Bohrgeräte und der gesamten Arbeitsmannschaft, sowie der Betriebsmaterialien bei maschinellen Bohrungen, jedoch ausschließlich Transporte und Rohre für den Ausbau und ausschließlich der eventuellen Rohrverluste. Angenommen rund 5″ Enddurchmesser.

Das zu durchbohrende Gebirge besteht aus																			
Material mittlerer Härte (wie Sand, Lehm, Tegel, grober und feiner Kies, loser Schotter). Es kann noch drehend oder stoßend, aber ohne Freifallbohreinrichtung gearbeitet werden										Material größerer Härte (wie Mergel, Sandstein, grober, festgelagerter Schotter, Konglomerat usw.). Es muß mittels Schnellschlages, Freifallbohrung gearbeitet werden									
Bohrlöcher auf eine Tiefe von m																			
20	30	50	100	150	200	250	300	350	400	20	30	50	100	150	200	250	300	350	400
kosten in Schilling per m																			
20	25	45	70	90	110	130	150	165	180	60	70	100	120	150	180	220	240	260	280

Die Preise stellen Mittelwerte dar. Im besonderen wird es sich empfehlen, unter genauer Schilderung der betreffenden Verhältnisse bei Spezialfirmen die zutreffendsten Preise einzuholen.

Preise diverser Bohrapparate und Bohrer für Sondierungszwecke:

Bezeichnung	Kosten in Schilling für einen Werkzeugdurchmesser von	
	35 mm	48 mm
Handbohrapparate für 5,0 m Tiefe, bestehend aus 3 Stück Gestänge, zusammen 5,0 m lang, nebst Zubehör, Tellerbohrer, Schappe, Schwertmeißel und Schlammbüchse..............	156,0	209,0
Mehrpreis für Gestänge ......per m	11,5	11,5
Spiralbohrer	21,0	23,0
Schappe............................	26,8	31,5
Flachmeißel	21,0	25,0
Kolbenmeißel.......................	21,0	25,0
Schneckenbohrer....................	29,0	35,0
Dreheisen	22,0	23,0

Handbohrgarnituren für Trockenbohrung zur Herstellung von Bohrungen im leichten und mittleren Gebirge für 30,0 m Tiefe, mit 5″ Werkzeugdurchmesser, bestehend aus der obertägigen Einrichtung ohne Bohrgerüst, 32,0 m Gestänge, 5/4″ Durchmesser, nebst Zubehör, Spiralbohrer, Schlammbüchse, einem Meißel mit leichter Schwerstange zum Durchbohren härterer Einlagen, komplett ohne Rohre und Rohrzubehör .... S 2200,00
Eine Ergänzung dazu für Freifallbohrung .... „ 1200,00

Brunnenanlagen

1. Brunnen vollständig im gewöhnlichen, mittleren Erdreich auf 7,0 m Tiefe bis zum daselbst angenommenen Grundwasserstand ausgraben, mit hartgebrannten Ziegeln auf 1,2 m Lichtweite in Portlandzement ausmauern, Mauer-

werk 15 cm stark. Ab Sohle des Schachtes Niederbringen einer Brunnenbüchse aus Lärchenholz von 1,0 m Durchmesser bis zu einer Gesamttiefe von 10,0 m ab Terrain .... S 1860,00

2. Pumpe hiezu:

a) Brunnenrohr aus Gußeisen mit darauf befestigtem Ständer und Pumpenhebel für 10,0 m Tiefe, Leistung 30 l/Min., montiert .... S 430,00
per Meter Mehrtiefe .... „ 25,00

b) Statt der Gußrohre und Gußständer, Holzrohre und Holzständer mit gewöhnlichem Stiefelschöpfwerk bis 10,0 m Tiefe.. S 390,00
per Meter Mehrtiefe .... „ 30,00

c) Wasserauslaufständer .... „ 70,00

Bei obgenannten Posten a) bis c) sind einfache Ausführungen angenommen.

3. Brunnenpumpenanlagen (lt. Abb.) bis 5,0 m Tiefe mit Handbetrieb, ganz aus Eisen konstruiert, mit Schwungrad, auch zum Spritzen geeignet, Leistung 20 bis 30 l/Min. S 380,00 bis S 450,00

4. Brunnenpumpenanlagen (lt. Abb.) mit Handbetrieb für Brunnentiefen bis 10,0 m, ganz aus Eisen konstruiert, mit Schwungrad, Saug- und Druckzylinder 4″, mit Auslaufständer, Betrieb durch einen Mann bei kurzfristiger Arbeitsdauer, Leistung 40 l/Min. S 860,00

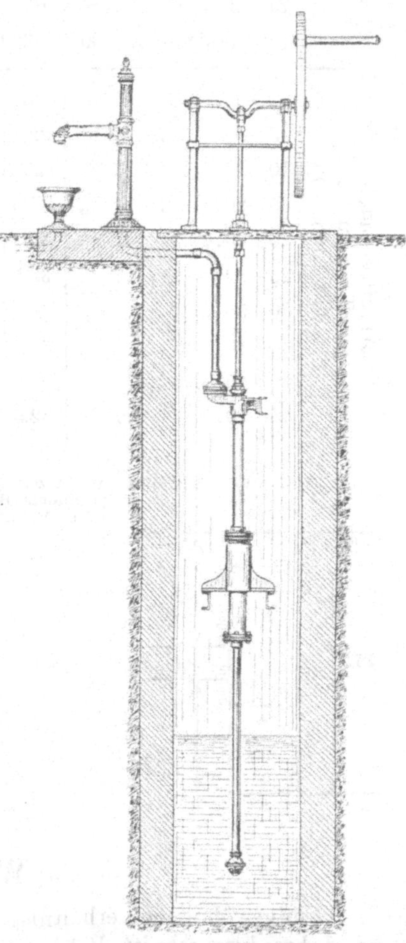
Brunnenpumpenanlage

5. a) Versenkbrunnenherstellung für Trink- und Nutzwasserzwecke bei einer Tiefe von 10,0 m im mittleren Erdreich, einem Wasserstand von 3,0 m Tiefe, aus Beton, ausgestattet mit einer eisernen Senkschneide und 30 cm Betonmantelstärke oben und 40 cm unten. Sand und Schotter an der Baustelle durch Ausgraben gewonnen:

bei 1,5 m lichtem Durchmesser ... S 3000,00
„ 2,0 „ „ „ ... „ 6500,00
„ 3,0 „ „ „ ... „ 9500,00
„ 4,0 „ „ „ ... „ 12000,00

Bei Durchmessern ab 3,0 m ist eine Betonmantelstärke von oben 40 cm, unten 60 cm angenommen.

b) Versenkbrunnenherstellung für Fundierungen im nassen Terrain für eine Tiefe von 10,0 m und einem lichten Durchmesser von 1,4 m, Betonmantelstärke oben 30 cm, unten 45 cm, samt Ausmauern oder Betonierung des Schachtes nach erreichter Tiefe .... S 4500,00

Brunnengraben und Mauern mit Ziegeln Ö. F.[1])

		1,1	1,5	2,0	2,5	3,0	3,5	4,0	4,5	5,0
Innerer Brunnendurchmesser	m	1,1	1,5	2,0	2,5	3,0	3,5	4,0	4,5	5,0
Wandstärke	cm	15	15—30		30	30—45		45—60		60
Pro Tiefenmeter: Erdaushub	m^3	1,6	2,6	5,3	7,5	10	15	19	26	31
Pro Tiefenmeter: Mauerwerk	„	0,6	0,8	2,2	2,5	3,1	5,6	6,3	9,7	10,6
Pro Tiefenmeter: Ziegel ö. F.	St.	160	225	590	720	880	1520	1750	2720	2975
Pro Tiefenmeter: Portlandzement	kg	100	150	300	350	450	550	750	1200	1400
Arbeitsstunden pro Tiefenmeter in einer Tiefe von 0—5	m	20	27	58	72	90	140	170	245	270
5—10	„	22,5	30,5	65	81	100	154	186	263	290
10—15	„	25	34	72	90	110	168	202	281	310
15—20	„	27,5	37,5	79	99	120	182	218	299	330
20—25	„	30	41	86	108	130	196	234	307	350
25—30	„	32,5	44,5	93	117	140	210	250	325	370
30—35	„	35	48	100	126	150	224	266	343	390
35—40	„	37,5	51,5	107	135	160	238	282	361	410
40—45	„	40	55	114	144	170	252	298	379	430
45—50	„	42,5	58,5	121	153	180	266	314	397	450

Zuschläge: Bei Stein und Konglomerat 60%, bei schwerem Boden 100%, bei Wasser 100%.

Beispiel: Ungefähre Arbeitszeit für einen Brunnen von 5 m lichtem Durchmesser, bis 12,0 m normalem Boden, von 12—15 m Konglomeratschichten von zusammen 1,5 m Mächtigkeit. Gesamttiefe 25,0 m, ab 18,0 m Wasser.

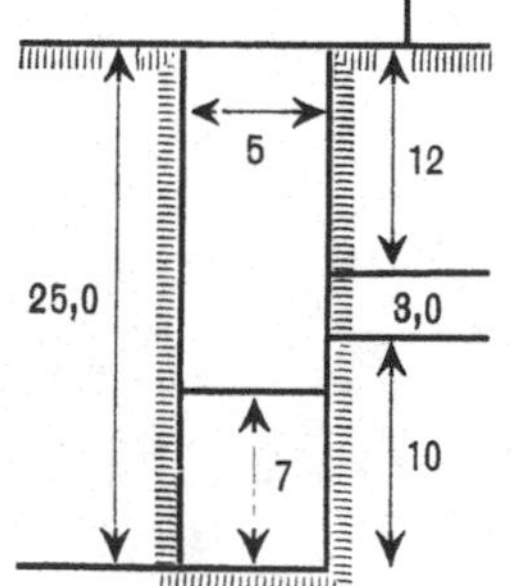

Von	0—5	5 × 270 = 1,350
	5—10	5 × 290 = 1,450
	10—15	5 × 310 = 1,550
	15—20	5 × 330 = 1,650
	20—25	5 × 350 = 1,750
Wasser	18—20 m	2 × 330 = 660
	20—25	5 × 350 = 1,750
Konglomerat		
		0,6 × 1,5 × 310 = 279
		10,439 Stunden = bei 8 Mann

etwa 27 Wochen.

Wasserbedarf[2])

Für gewöhnliche Verhältnisse in Städten genügen per Kopf und Tag (24 Stunden) im Jahresdurchschnitt 100 Liter Wasser.

Sind alle Wasserbedürfnisse einer Ortschaft bekannt oder lassen sie sich einschätzen, so kann der gesamte Bedarf aus nachstehenden Werten ermittelt werden:

[1]) Aus A. Ilkow: „Material- und Zeitaufwand“, 3. Auflage. 1927.

[2]) Entnommen: Bleich-Melan: „Taschenbuch für Ingenieure und Architekten, Verlag Springer. Wien. 1926.

a) Hausgebrauch bei Bezahlung des Wassers auf Grund von Messungen:

1.	Gebrauchswasser in Wohnhäusern, zum Trinken, Reinigen, Kochen und zur Wäsche, für den Kopf der Bewohner im Tage	20 bis 30 l
2.	Abortspülung, einmalige	5 bis 6 l
	Pissoirspülung, aussetzend, per Stand in der Stunde	30 l
	„ fortwährend, für das laufende Meter Spülrohr in der Stunde	200 l
3.	Bäder, ein Wannenbad 350 l, Brause	20 bis 30 l
4.	Garten- oder Hofbegießung an einem trockenen Tage, für den Quadratmeter	1,5 l
5.	Ein Pferd tränken und reinigen, ohne Stallreinigung, im Tage	50 l
6.	Desgleichen ein Stück Großvieh	50 l
7.	„ „ „ Kleinvieh	10 l
8.	Einen Wagen reinigen	200 l

Wird das abgegebene Wasser nicht durch Wassermesser kontrolliert, so steigt der Verbrauch auf das Doppelte und höher.

b) Öffentliche Anstalten:

1.	Schulen, für den Schüler und Schultag	2 l
2.	Kasernen, für den Mann und Verpflegstag	20 l
	für ein Pferd	40 l
3.	Kranken- und Versorgungshäuser, für den Kopf und Verpflegstag	100 bis 150 l
4.	Gasthöfe, für den Kopf und Verpflegstag, ohne Aufzüge oder Wassermotoren	100 l
5.	Badeanstalten, für das abgegebene Bad	500 l
6.	Waschanstalten, für 100 kg Wäsche	400 l
7.	Schlachthäuser, Gesamtverbrauch im Jahre für das Stück geschlachteten Viehes	300 bis 400 l
8.	Markthallen, für den Quadratmeter und den Markttag	5 l
9.	Eichamt, Gesamtverbrauch für 1 m³ geeichten Hohlgefäßes ...	1100 l
10.	Bahnhöfe, Speisewasser für eine Lokomotive per Tag	6000 bis 8000 l

c) Gemeindezwecke:

1.	Straßenbespritzung, für den Quadratmeter, einmalige Bespritzung	1 bis 1,5 l
2.	Öffentliche Gartenanlagen, für den Quadratmeter, einmalige Bespritzung	1,5 l
3.	Öffentliche Ventilbrunnen, im Tage	3000 l
4.	Öffentliche Pissoirs, bei intermittierender Spülung, für den Stand in der Stunde 60 l; bei fortwährender Spülung, für den laufenden Meter Spülrohr in der Stunde	200 l

d) Gewerbe und Industrie:

1.	Brauereien, Gesamtverbrauch im Jahre für das Hektoliter gebrauten Bieres, ohne Eisbereitung	500 l
2.	Zur Verwandlung von 1 kg Wolle in Tuch (Dampfmaschine, Wollwäsche, Walkerei, Rauherei, Spülen der farbigen Ware), nach Beissel	1000 l
3.	Dampfmaschine, für die Pferdekraft in der Stunde	30 l

Holzkonservierung[1])

Von Ing. Robert Nowotny, Wien

Holzschutz gegen Fäulnis und tierische Holzzerstörer

Holzfäule wird durch den Angriff verschiedener holzzerstörender Pilze (Hausschwamm, Kellerschwamm usw.) verursacht. Weitgehende Zerstörungen des Holzes können auch durch verschiedene Tiere (Bockkäfer, Holzwespen, Ameisen, Termiten, Bohrmuscheln) hervorgerufen werden. Derartige Zerstörungen des Holzes lassen sich durch Anwendung stark antiseptischer Stoffe, die als Pilz- und Tiergifte wirken, hintanhalten. Werden solche Mittel dem Holze in flüssiger Form einverleibt, so bezeichnet man diese Art des Holzschutzes als Imprägnierung.

A. Konservierung des Holzes durch Imprägnierung

Die antiseptisch wirkenden Imprägniermittel lassen sich in zwei Hauptgruppen einteilen; a) in ölige Mittel: hieher gehört vor allem das Steinkohlenteeröl (Kreosotöl), Karbolineum, Braunkohlenteeröl, Roherdöl versetzt mit stark pilzwidrigen Stoffen; b) in wasserlösliche Stoffe: Kupfervitriol, Chlorzink, Quecksilberchlorid (Ätzsublimat), Fluornatrium, Gemische des letzteren mit organischen Pilzgiften, wie nitrierten Phenolen (z. B. Dinitrophenol, Dinitrokresol). Der älteste Vertreter dieser Gruppe ist das Basilit (Bellit); ähnliche Gemische sind Malenit, Fluoran, Triolith, Fluoxith. Kieselfluoridhältige Mittel sind: Murolineum, Kronol. Andere antiseptisch wirkende Stoffe: Antipolypin, Raco, Dinitrophenolnatrium, Dinitro-otho-Kresolnatrium, Mykantin. Aczol und Viczsal sind ammoniakalische Lösungen von Kupfer- und Zinksalzen, letzteres mit Zusatz von Phenolen. Gegen tierische Holzfeinde werden arsenhaltige Mittel verwendet (Tanalith).

Imprägnierverfahren: Kesseltränkung. Einpressen der öligen oder wässerigen Imprägnierlösung in die völlig lufttrockenen Hölzer, die in große eiserne Kessel eingeführt werden, unter Verwendung von Vakuum und Überdruck. Statt der früher verwendeten Volltränkung mit Kreosotöl wird neuerer Zeit das Sparverfahren von Rüping für Teeröl mit einer Aufnahme von 50 bis 60 kg Öl per m^3 Holz benützt. Das Splintholz der Kiefer läßt sich hiebei leicht durchtränken, Fichte ist schwieriger zu imprägnieren. Bei Buchenschwellen wird das Doppel-Rüpingverfahren angewendet. Zur Kesseltränkung eignen sich auch wasserlösliche Mittel wie Chlorzink, Fluornatrium, Basilit und ähnliche Gemische. Bei Fichten wird manchmal auch die Doppeltränkung angewendet: Volltränkung mit einem wässerigen Imprägnierstoff und Nachdrücken von Teeröl.

Trogtränkung (Einlaugen, Einlagerung, Einlegverfahren). Lufttrockene Hölzer werden in großen Holztrögen oder Betonbassins mehrere Tage lang in wässerige Imprägnierlösungen eingelegt. Beim Verfahren von Kyan benützt man $^2/_3$%ige Sublimatlösung als Tränkflüssigkeit (Kyanisieren). Kiefernhölzer bleiben 7 bis 8 Tage, Fichten und Tannen 10 Tage in der Flüssigkeit. Zum Tränken kann man auch Lösungen von Fluornatrium (3,5%), Chlorzink (5%), Basilit (Malenit usw.) (4%) benützen. Bei der verbesserten Kyanisierung wird ein Gemisch von Sublimat ($^2/_3$%) und Fluornatrium (1%) angewendet.

Saftverdrängungsverfahren (Verfahren von Dr. Boucherie). In frisch geschlagenen, nicht entrindeten Stämmen von Nadelhölzern wird der Pflanzensaft

---

[1]) Siehe auch: Holzschutzmittel, S. 399.

mittels hydrostatischen Druckes durch eine Lösung von Kupfervitriol (1 bis 1,5%) verdrängt. Das Verfahren eignet sich vornehmlich für Leitungsmaste und war vor Jahrzehnten außerordentlich verbreitet. Statt Kupfervitriol lassen sich auch andere wasserlösliche Stoffe (Fluornatrium, Chlorzink, Basilit) einpressen.

Bei dem amerikanischen **Tankverfahren** wird nur der im Boden stehende Teil von Holzmasten imprägniert, indem man das Fußende derselben in heißes Teeröl stellt und darin erkalten läßt (einfaches Tankverfahren); bessere Stoffaufnahmen werden mit dem Doppeltankverfahren erzielt, wobei die Stangen aus dem heißen Öl in ein zweites Gefäß mit kaltem Teeröl gebracht werden.

Die **Eintauchverfahren** ergeben eine mehr oberflächliche Tränkung. Man taucht die Hölzer auf kurze Zeit (10 Minuten bis 1 Stunde) in heißes Teeröl (Kruskopfverfahren).

Um die Fichte tiefer und gleichmäßiger zu imprägnieren, bringt man mit Hilfe besonderer **Anstechmaschinen** (von Haltenberger-Berdenich, Wolmann, Rüping) in der gefährdeten Grenzzone von Holzmasten eine größere Zahl von 20 bis 25 mm tiefen Löchern, Bohrungen oder Einschnitten an, von wo aus sich die Imprägnierflüssigkeit bei der Kesseltränkung leichter verbreiten kann.

Bei der **Cobraimprägnierung** wird eine breiige, stark antiseptische Paste mittels einer kräftigen Hohlnadel in 3 bis 8 cm tiefe Anstichlöcher im Holze der Grenzzone von Holzmasten eingeführt. Die wasserlöslichen Bestandteile der Paste lösen sich im feuchten Holze und diffundieren im Laufe der Zeit in die äußeren Holzschichten. Der obere Teil des Mastes wird durch teilweise Stichimprägnierung und antiseptische Anstriche ebenfalls geschützt.

B. Andere Konservierungsverfahren

Anstriche. Durch mehrmaliges Anstreichen mit stark antiseptisch wirkenden Stoffen lassen sich Bauhölzer gegen Verfall schützen, falls nicht die Auslaugung zu befürchten ist. Der Auftrag des Anstriches erfolgt von Hand aus mit Pinseln oder Bürsten oder mit besonderen Sprühvorrichtungen. Im Freien stehende Hölzer werden mit Teeröl oder Karbolineum mindestens zweimal gestrichen, wodurch die Lebensdauer bei Masten, Stangen und Pfählen um 1 bis 3 Jahre verlängert wird. Das früher oft angewandte Ankohlen von Pfählen und Stangen trägt zur Erhöhung der Dauerhaftigkeit der Hölzer nur wenig bei, oft wirkt es sogar schädlich. Auch durch das Auslaugen (Flößen oder Einlagern der Hölzer in Wasser) wird keine nennenswerte Erhöhung ihrer Widerstandsfähigkeit erzielt. Trocknung. Bauholz, im Innern von Gebäuden verwendet, muß gut ausgetrocknet sein.

Die wichtigeren Verwendungsgebiete des konservierten Holzes

Hochbauhölzer. Um die Entwicklung des Hausschwammes und anderer holzzerstörender Pilze möglichst hintanzuhalten, soll nur trockenes, nicht durch Pilzkeime infiziertes Holz eingebaut werden; die Bodenschüttung soll pilzfrei sein. Dauernder Schutz gegen Pilzangriffe kann nur durch Konservierung mit pilzwidrigen Stoffen erreicht werden. Wichtige Bauhölzer sind durch Kessel- oder Trogtränkung zu schützen. Teeröl, Karbolineum, Ätzsublimat, Chlorzink sind für Bauholz in bewohnten Räumen nicht geeignet. Fluornatrium und Gemische desselben mit organischen antiseptischen Stoffen sind gut verwendbar. Es empfiehlt sich, die fertig bearbeiteten Hölzer zu imprägnieren. Schwächeren Schutz erreicht man durch mehrmaligen Anstrich mit wirksamen, wasserlöslichen Holzschutzmitteln; hiezu eignen sich die im Abschnitte über Imprägniermittel angegebenen Stoffe von Basilit bis Mykantin. Türen, Fensterrahmen u. dgl. werden im ausgetrockneten Zustande mit Ölfarben und Firnissen geschützt.

Brückenbauhölzer. Zur Konservierung der Konstruktionsteile kleinerer Holzbrücken, von Gehsteigen, Fahrbahnen, Brückenrampen ist vor allem die ölige Imprägnierung geeignet. Derartig gut imprägnierte Hölzer haben eine Liegedauer von 20 bis 25 Jahren bei Nadelhölzern, 30 bis 35 Jahren bei Eichen.

Wasserbauhölzer. Solche Hölzer werden durch tierische Holzfeinde zerstört (Teredo, Limnoria). Wasserlösliche Mittel versagen hier wegen der raschen Auslaugung; guten Schutz gewährt nur tiefgehende Teerölimprägnierung im Kesseldruckverfahren. Man wendet das Rüpingverfahren mit einer Zufuhr von 60 bis 70 kg Öl per m^3 an. Durch bloßes Anstreichen mit Teeröl oder Karbolineum wird die Lebensdauer solcher Hölzer nur um 1 bis 2 Jahre verlängert.

Holzstöckelpflaster. Die besten Erfolge erzielt man hier durch Teerölimprägnierung. Weichholzpflaster muß immer imprägniert werden, bei Stöckeln aus Hartholz verzichtet man manchmal darauf. Wo das Pflaster vor Auslaugung durch Wasser geschützt ist, kann man auch wasserlösliche Imprägnierstoffe (Chlorzinklauge) benützen. Durch bloßes Eintauchen der Stöckel in ein warmes Teerölbad während etwa 20 Minuten wird nur oberflächliche Imprägnierung erzielt. Besser geschützt wird das Holzpflaster durch die Kesseltränkung, wobei eine Aufnahme von 130 bis 200 kg Öl per m^3 erreicht wird. Holzpflaster, das kräftig konserviert wurde, bleibt 12 bis 15 Jahre gebrauchsfähig, während unimprägniertes Weichholzpflaster eine Lebensdauer von nur 3 bis 8 Jahren besitzt. Beachtenswert ist, daß das Schwindmaß der kreosotierten Holzstöckel nur den zehnten Teil von dem der Stöckel aus Rohholz beträgt.

Eisenbahnschwellen. Die Imprägnierung der Schwellen erfolgt zumeist im Kessel; statt der früher verwendeten Volltränkung mit Teeröl (bei Kiefern 250 kg per m^3, bei Fichten 150 kg per m^3) wird jetzt das Sparverfahren von Rüping mit einer Mindestaufnahme von 60 kg per m^3 benützt, bei Buchenschwellen das Doppelrüpingverfahren mit 145 kg per m^3. Muß an Teeröl gespart werden, so wendet man die Doppeltränkung an, wobei zuerst Volltränkung mit Chlorzinklösung erfolgt und dann mit Kreosotöl nachgedrückt wird. Neuerer Zeit werden Schwellen auch mit Basilit und ähnlichen Mitteln im Kessel durchtränkt. Die mittlere Lebensdauer der Schwellen aus rohen Kiefern beträgt etwa 6 bis 8 Jahre, aus Buchen 2 bis 4, Lärchen 8 bis 10, Eichen 12 bis 15 Jahre. Mit Chlorzink imprägnierte Kieferschwellen erhalten sich 10 bis 16 Jahre, kyanisierte 16 bis 18,4, mit Teeröl vollgetränkte Kiefern- und Lärchenschwellen 20, Eichenschwellen 25, Buchenschwellen 30 Jahre. Die Lebensdauer der Schwellen wird durch die starke mechanische Abnützung begrenzt.

Leitungsmaste, Telegraphenstangen. Die in der Erde stehenden Hölzer werden in einer Zone knapp unterhalb der Erdoberfläche durch Fäulnis am stärksten angegriffen. Imprägnierverfahren: Kesseltränkung mit Teeröl, früher Volltränkung bei Kiefern 250 kg per m^3 Aufnahme, jetzt Rüpingsparverfahren mit 50 bis 60 kg Teeröl für Kiefern. Für Fichte Teerölimprägnierung und Doppeltränkung mit Öl und wasserlöslichen Imprägnierstoffen. Neuerer Zeit benützt man auch Kesseltränkung mit wasserlöslichen Imprägniermitteln allein; Fluornatrium (6 kg per m^3), Basilit (3 kg per m^3) und ähnliche Mittel. Auch die Kyanisierung in der älteren

Ausführung (Aufnahme 0,6 bis 1 kg Sublimat per m³) und als verbesserte Kyanisierung finden Anwendung. Das Boucherieverfahren ist ebenfalls noch in Verwendung.

Mittlere Lebensdauer von Telegraphenstangen:

Rohe Fichten und Tannen 3 bis 4, Kiefern 4 bis 8, alpine Rotlärche 9, Eiche 6 bis 7 Jahre; Stangen nach Boucherie zubereitet 14,1, kyanisiert 16,5, mit Zinkchlorid im Kessel getränkt 12,2, Kiefern mit Teeröl vollgetränkt 30 bis 35 Jahre, nach Rüping imprägniert vermutlich über 20 Jahre, mit Basilit geschätzt auf 18 Jahre. Bei kyanisierten Stangen wird die Grenzzone manchmal mit schützenden Packungen (Stangenstockschutz) versehen.

Grubenholz. Unimprägniertes Weichholz geht in warmen und feuchten Gruben sehr rasch, oft schon nach einigen Monaten durch Fäulnis zu Grunde. In Strecken, die unter starkem Gebirgsdruck leiden oder bald aufgelassen werden, kann Rohholz eingebaut werden. Mit Teeröl imprägnierte Grubenstempel haben eine hohe Gebrauchsdauer, doch werden derart konservierte Hölzer wegen der anfänglich erhöhten Feuergefährlichkeit, wegen des starken Geruches und der Reizwirkung des Öldampfes auf die Haut der Grubenarbeiter nicht allgemein eingebaut. Auch kyanisierte Hölzer werden nur stellenweise benützt. Die größte Verbreitung haben wasserlösliche Imprägniermittel, neuerer Zeit namentlich das Fluornatrium und Gemische desselben mit anderen antiseptisch wirkenden, wasserlöslichen Mitteln. Bei Vergleichsversuchen in deutschen Gruben hat sich Basilit am besten bewährt. Bei starkem Pilzangriff, namentlich im warmen ausziehenden Wetterstrom muß tiefergehende Imprägnierung im Kessel oder länger dauernde Tränkung im Troge benützt werden. Bei schwächeren Pilzangriffen genügt die Zubereitung durch Eintauchen in antiseptische Flüssigkeiten. Durch kräftige Imprägnierung läßt sich auch unter ungünstigen Verhältnissen die Lebensdauer von Grubenholz bis auf 8 Jahre verlängern.

Kleinere Verwendungsgebiete. Zäune, Pfähle (Weinbergpfähle, Hopfenstangen, Baumpfähle). Gute Erfolge erreicht man durch die tiefer gehende Tränkung mit Metallsalzen (Kupfervitriol, Ätzsublimat, Fluornatrium). Mittlere Lebensdauer 15 Jahre. Anstriche mit Karbolineum verlängern die Standdauer nur um einige Jahre. Zur Konservierung von Holzbestandteilen im Gärtnereibetrieb dienen mit Vorteil schwere auslaugbare Salzlösungen. (Sublimat, Fluornatrium und Gemische des letzteren mit organischen Präparaten.) Feucht bleibende Holzteile von Kühltürmen werden am vorteilhaftesten mit Teeröl imprägniert.

Holzschutz gegen leichte Entflammung

Als Mittel gegen die leichte Entflammung werden stärkere wässerige Lösungen verschiedener Salze benützt: Wasserglas (10- bis 15%ige Lösung), Ammoniumphosphat, Ammoniumchlorid, Magnesiumsulfat, borsaure Salze (Ammoniumborat), Natriumwolframat. Der Holzschutz von Gautsch enthält borsaures und schwefelsaures Ammonium, jener von Nickelmann (Hülsberg) Ammonium-Magnesiumsulfat und Borsäure.

Bereits eingebaute Hölzer werden mit Flammschutzmitteln angestrichen, die man möglichst dick aufträgt und öfters erneuert. Zumeist wird Wasserglaslösung mit schwer verbrennlichen Zusätzen benützt (Schwerspat, Kalk, Alaun, Asbest [Silikatfarbe]). Handelt es sich um besonders kräftigen Schutz für Bühnenausstattungen, Ausstellungshallen, Dachgebälke in Monumentalbauten, Kirchtürme usw., so müssen die bereits bearbeiteten Holzbestandteile durch das Kesseldruckverfahren mit Flammschutzlösungen tiefgehend imprägniert werden.

Neuere Werke über Holzkonservierung

Malenković B.: Die Holzkonservierung im Hochbau. Wien und Leipzig: A. Hartleben. 1907.

Troschel E.: Handbuch der Holzkonservierung. Berlin: Julius Springer. 1916.

Dr. Ing. Bub-Bodmar F. und Tilger: Die Konservierung des Holzes in Theorie und Praxis. Berlin: Parey. 1922.

Feuerschutz

Von Ing. Julius Heinbach

Vorsorgen. Zu den einzelnen Gebäuden genügend breite und befestigte Zufahrten, bei geschlossener Bauart große Innenhöfe mit jederzeit freien Durchfahrten von entsprechender Breite und Höhe für die Fahrzeuge der Feuerwehr vorsehen. In den Zufahrtstraßen die Wasserleitung ausbauen und durch Einbau von Wasserstutzen der Feuerwehr den Anschluß ihrer Schläuche ermöglichen. Wenn keine Wasserleitung vorhanden, durch Anlage von Feuerteichen, Bachstauungen u. dgl. für einen genügend großen Wasservorrat sorgen.

Wände, Decken, Unterzüge, Träger, Stützen und Treppen gelten als feuerbeständig, wenn sie unverbrennlich sind, unter dem Einflusse des Feuers und des Löschwassers ihre Tragfähigkeit oder ihr Gefüge nicht wesentlich ändern und den Durchgang des Feuers geraume Zeit verhindern. Als feuerbeständig gelten Wände vollständig gemauert aus Ziegelsteinen, Kalksandsteinen, kohlefreien Schlackensteinen oder Steinen aus anderen im Feuer gleichwertigen Baustoffen von mindestens einer halben Ziegelsteinstärke, ferner Betonwände aus mindestens 10 cm starkem, unbewehrtem oder von mindestens 6 cm starkem, bewehrtem Kiesbeton.

Gewöhnlicher Mörtel verliert im Feuer nach und nach seine Bindekraft, so daß die daraus hergestellten Mauern nach dem Brande oft abgetragen werden müssen. Ziegelwände in Zementmörtel sind besser. Ziegel- und Betonwände von größerer freistehender Höhe sind bei einseitiger starker Erhitzung der Gefahr der Schiefstellung ausgesetzt. Die Schiefstellung kann durch vorsichtiges Bespritzen der erhitzten Seite ausgeglichen werden. Bei einseitiger Erhitzung konnten auf beiden Seiten Wärmeunterschiede von mehreren hundert Graden festgestellt werden. Die Wirkung wächst mit der Dauer der Erhitzung. Gut ausgeführter Putz verleiht Mauern einen höheren Grad von Feuerbeständigkeit.

Beton verhält sich dem Feuer gegenüber weitaus günstiger als natürliche Steine. Sandsteine, Kalksteine und Marmor zerfallen in der Hitze. Granit und verwandte Arten zerspringen, besonders durch Stichflammen. Kiesbeton ist viel widerstandsfähiger als Kalkbeton. Absprengungen und Rißbildungen bei Beton gefährden die Standfestigkeit nicht. Risse verschwinden oft wieder nach der Abkühlung. Beschädigte Bauwerke können durch das Betonspritzverfahren leicht und gut wiederhergestellt werden.

Eisenbetondecken, wenn sie aus guten Stoffen hergestellt sind und das Eisen vom Beton genügend umhüllt ist, bieten eine außerordentlich hohe Sicherheit gegen das Durchbrechen des Feuers nach oben und nach unten. Bei Decken, die nur von einer Seite vom Feuer angegriffen werden können, muß das Eisen 2,5 cm, bei Pfeilern, Trägern und Balken, die vom Feuer allseitig oder doch von mehreren Seiten umspült werden können, 5 cm von der Außenfläche entfernt sein.

Eiserne Träger, Unterzüge und Pfeiler müssen feuerbeständig ummantelt werden. Eisen verliert bei 500° C die Hälfte seiner Tragfähigkeit, bei 1000° wird es völlig weich. Durch die Ausdehnung in der Hitze kann die ungeschützte Eisenkonstruktion die Wände, auf denen sie aufliegt, auseinanderschieben und zum Zusammenbruch bringen. Die feuersichere Ummantelung ist durch eine 3 cm starke Betonschichte mit eingelegtem Drahtgewebe oder von gebranntem Ton oder gleichwertigem Baustoff herzustellen. Freiliegende Flanschflächen walzeiserner Träger in Gewölben oder in eisernen Fachwerkwänden bedürfen meistens keines besonderen Feuerschutzes. Als verläßlich gut feuerbeständig haben sich Pfeiler aus Ziegelsteinen von 38×38 cm und Eisenbetonpfeiler von 25×25 cm erwiesen.

Dachkonstruktionen sind feuerbeständig bei Ausführung in Eisenbeton oder wenn die eiserne Binderkonstruktion feuerbeständig ummantelt wird, bzw. wenn der Dachraum feuerbeständig abgeschlossen wird und unbenützt bleibt. Bei allen anders ausgeführten Dachkonstruktionen ist eine Feuerbeständigkeit nicht zu erreichen; man begnügt sich, eine ausreichende Widerstandsfähigkeit der Dachdeckung gegen Übertragung des Feuers von außen her, gegen Funkenflug oder Feuerwirkung aus den Fenstern der Nachbarhäuser zu erreichen. In vielen Fällen entspricht eine starke, gut besandete Teerdachpappe, wenn sie auf einer genügend starken und dicht gefugten Schalung aufliegt. Solche Dächer müssen aber aus sehr guten Baustoffen bestehen. Ihre Bindemittel dürfen bei dauerndem Sonnenbrand oder bei stärkerer Brandhitze nicht auslaufen. Jedes teertropfende Dach kann im Brandfalle für das Gebäude von größter Gefahr sein.

Treppen sind feuerbeständig, wenn sie aus Ziegelsteinen, Eisenbeton, erprobtem Kunst- oder Werkstein hergestellt sind. Freitragende Treppen aus Marmor oder Granit zählen hiezu nicht.

Feuerbeständige Türen müssen einer Feuerglut von 1000° C mindestens eine halbe Stunde Widerstand leisten, selbsttätig zufallen und in Rahmen aus feuerbeständigen Stoffen mit mindestens 15 mm starkem Falz schlagen und rauchsicher schließen. Diesen Ansprüchen genügen die üblichen Türen aus Eisenblech in Winkeleisenrahmen durchaus nicht, da sie sich beim Feuer sehr bald, hauptsächlich oben an der heißesten Stelle, abbiegen und dann Feuer und Rauch durchlassen. Eine gute Ausführung ist: Kreuzverspannte U- oder L-Eisenrahmen mit allseitiger Bekleidung aus verzinktem Eisenblech mit mindestens 0,7 mm Stärke, Einlage von Asbest von wenigstens 5 mm Stärke oder aus anderen unverbrennlichen Stoffen von wenigstens 10 mm Stärke, wobei die Dicke der ganzen Türplatte nicht mehr als 30 mm betragen darf.

Siemens-Drahtglas von mindestens 8 mm Stärke, Elektrolyt- und Prismenverglasungen, besonders aber Drahtspiegelglas, haben sich als feuerbeständig erwiesen. Glasbausteine, hohle, prismatische oder flaschenförmig gestaltete, allseits geschlossene Glaskörper im Verbande als fensterartiger Wandabschluß haben sich bei Bränden nicht gut bewährt.

Als feuerhemmend, also wenigstens eine Viertelstunde dem Feuer erfolgreich Widerstand leistend, gelten: Wände, Decken, Stützen und Dachkonstruktionen aus Holz, wenn sie mit 15 mm starkem, gut ausgeführtem Kalkmörtelputz auf Rohrung mit Rabitzputz oder anderen erprobten Baustoffen (z. B. Gipsdielen, Koksaschewände, Bakulagewebewände, Staussche Drahtziegelwände) verkleidet sind.

Als feuerhemmend gelten Treppen aus Sandstein, Eisen oder Hartholz, sonstige Holztreppen und nicht feuerbeständige Steintreppen, wenn sie unterhalb 15 mm stark gerohrt und geputzt oder gleichwertig bekleidet sind. Holztreppen, wenn sie an der Unterseite sachgemäß geschalt und geputzt sind, leisten dem Feuer einen weit größeren Widerstand als unbekleidete eiserne Treppen.

Türen aus glattgehobelten, dicht gefugten Hartholzbrettern oder aus mindestens 25 mm starken, glatten, gespundeten Brettern mit allseitig aufgeschraubter oder aufgenieteter Bekleidung von mindestens 0,5 mm starkem Eisenblech und Überdeckung der Stöße von mindestens 50 mm Breite gelten als feuerhemmend. Bänder über dem Blechbeschlag. Türhaken stets einmauern. Zur Hakenbefestigung keine Holzdübel verwenden. Zweiflügelige Türen bilden keinen feuerbeständigen oder feuerhemmenden Abschluß. Eine feuerhemmende Schiebetür muß im geschlossenen Zustand allseitig gut schließen und die Türöffnung überdecken.

Ein für alle Fälle geeignetes, zuverlässig gutes Schutzanstrichmittel[1]) gegen Entflammung des Holzes haben wir bis heute nicht. Die Farben mit Wasserglaszusatz haben sich nicht gut bewährt, weil sie nach kurzer Zeit abblättern. Cellon hat sich bei Innenanstrichen wegen der Entwicklung von Schutzgasen im Feuer gut bewährt. Für Außenanstriche ist es gegen Witterungseinflüsse zu empfindlich. Über Duffak liegen auch für Außenanstriche zweijährige gute Erfahrungen vor, obwohl es keine Schutzgase bildet. Hiebei ist zu beachten, daß Holz arbeitet, in der Hitze Risse bekommt und so dem Feuer Angriffspunkte bietet, weshalb Anstrichmittel, die im Feuer Schutzgase entwickeln, besser sind. Eine fast vollständige Entflammungssicherheit kann dem Holze nur durch eine vollständige Durchtränkung mit geeigneten Mitteln unter Hochdruck gegeben werden, wenn vorher alle Feuchtigkeit und Luft entzogen worden ist. Dieses Verfahren ist aber für die üblichen Bauten zu teuer. Am leichtesten entzündbar von den Hölzern sind die Nadelhölzer (Kiefer, Lärche, Fichte, Tanne), dann folgen die Laubhölzer (Kastanie, Ahorn, Ulme, Nuß, Buche, Eiche); am schwersten entzündbar sind die Tropenharthölzer (Eisenholz, Teakholz, Karriholz, Eukalyptus, Jarra).

Außer den üblichen äußeren Brandmauern sind bei langgestreckten Bauten innere Brandmauern in Abständen von mindestens 50 m vorzusehen. Die Brandmauern sind, falls sie nicht in feuerbeständigen Dachkonstruktionen enden, 50 cm über Dach zu führen. Hölzerne Träger und Balken dürfen in Brandmauern nur eingelegt werden, wenn die Mauern noch mindestens einen halben Stein stark bleiben und auf der anderen Seite verputzt werden. In Betriebsgebäuden bilden Feuerschürzen eine gute Hemmung gegen das Fortschreiten des Feuers.

Eiserne Öfen und Rauchrohre sowie Schornsteinputzöffnungen müssen vom freien Holzwerk 80 cm, von feuerhemmend verkleidetem 40 cm entfernt sein.

Bei den Schornsteinen ist auf tadellose Verfugung des Mauerwerkes und auf guten Putz besonders zu achten. Schornsteine sind bis zum Dach auf den Außenseiten gut zu putzen und auf den Innenseiten gut zu streichen. Holz (Träme, Wechsel, Dachhölzer) muß mindestens 10 cm vom Schornsteinmauerwerk entfernt und gegen den Schornstein durch eine doppelte, im Verband gelegte Dachziegelschichte getrennt sein.

Für die Errichtung von Kraftwagenunterständen, Kinos, Theatern, Versammlungsräumen usw. und für die Lagerung von feuer- und explosionsgefährlichen Stoffen bestehen besondere feuerpolizeiliche Vorschriften.

Kühlanlagen — Kläranlagen

Von Ingenieur Emil Maritschek, Wien

I. Kühlanlagen

Wichtigste Kühlgüter: Fleisch, Bier, Milch, Fette, Butter, Fische, Wild und andere verderbliche Lebensmittel. Man unterscheidet: Eiskühlung und maschinelle Kühlung.

Eiskühlung: Freistehende Eishäuser in Holzkonstruktion oder gemauerte Eiskeller. Holzkonstruktion aus Fichtenpfosten mit Lärchenholzschalung gebräuchlich. In allen Fällen sorgfältige Isolierung wichtig. Kühlraumtüren müssen dicht schließen und isoliert sein. Eislagerung entweder oberhalb des Kühlraumes (Obereiskühlung) oder seitlich (Seiteneiskühlung). Ausführung abhängig von örtlichen Verhältnissen. Herstellung nur durch Spezialisten zu empfehlen. Gute

[1]) Siehe auch den Abschnitt Holzschutzmittel S. 399.

Ventilation, leichte Entwässerung für das Tauwasser höchst wichtig. Bestimmung der Eisraumgröße abhängig von Größe des Kühlraumes und Füllungsfristen (Jahresfüllung aus Eisteichen und Flüssen). Bei Bezug aus der Eisfabrik meistens ein- oder mehrmonatliche, auch wöchentliche Füllung. Gewicht der Eisblöcke aus größeren Eisfabriken meist 25 kg, aus kleineren Fabriken rund 13 kg. Durchschnittspreis der 25-kg-Eisblöcke in Wien *S 0,80* frei Verbrauchsstelle bei laufender Abnahme.

Kühlmaschinen: Meist gebräuchlich Kompressions-Kältemaschinen mit Ammoniak oder Kohlensäure als Kältemittel. Bei Ammoniak mäßiger Verflüssigungsdruck, einfache Handhabung, wirtschaftlicher Betrieb. Bei Kohlensäure hoher Verflüssigungsdruck, etwas mehr Wartung der Stopfbüchse; Kraftverbrauch rund 10% höher als bei Ammoniak, dagegen Geruchlosigkeit. Letzterer Vorteil bei modernen Ammoniak-Kältemaschinen ebenfalls gesichert.

Raumkühlung entweder durch direkte Verdampfung des Kältemittels in Kühlrohrsystemen, die an der Decke oder Seitenwand des Kühlraumes angeordnet sind (direkte Kühlung), oder Solekühlung. Bei letzterer wird Salzwasser (18 bis 20%ige Lösung von Kochsalz oder Chlorkalzium in Wasser) auf — 6 bis 8° C im Solekühler gekühlt und mittels Soleumlaufpumpe durch Kühlrohre in den Kühlräumen geführt. Die angewärmte Sole wird wieder in den Solekühler geführt und neuerlich gekühlt. Bei direkter Verdampfung rasche Abkühlung des Raumes und schnelles Ansteigen der Temperatur bei Betriebsstillstand. Bei Sole- (Salzwasser-) Kühlung gleichmäßige Raumtemperaturen durch Fortwirken der in den Rohren gespeicherten Kälte. Bei großen Kühlräumen (Schlachthäuser, Lagerhäuser) Raumkühlung durch Zuführung tiefgekühlter Luft durch Ventilatoren.

Gebräuchliche, günstigste Raumtemperaturen: Vorräume + 6 bis 8° C, Kühlräume für Fleisch + 2 bis 4° C, Bier + 4 bis 6° C, Milch + 2 bis 4° C, Geflügel — 2° C, Wild — 4° C.

Größe der Kühlräume knapp bemessen, um Kälteverschwendung zu vermeiden. Man rechnet auf 1 m² Bodenfläche rund 150 kg Fleisch, 8 bis 9 Kannen Milch, 4 Faß Bier, Raum zum Begehen inbegriffen. Höhe der Kühlräume nicht über 2,80 m, möglichst niedriger.

Kühlrohrsysteme werden in der Regel an der Decke auf U-Eisen aufgehängt, die beiderseits in die Mauer verlegt werden. Bei Räumen unter 2,20 m Höhe seitlich an der Wand. Durchmesser der Kühlrohre 200 oder 300 mm. Unter jedes Rohr eine Tropfrinne zur Abführung des Tauwassers, das beim Erwärmen der Sole über 0° C durch Abtauen des Schneebelages an den Rohren entsteht. Die Tropfrinnen münden in eine gemeinsame Sammelrinne.

Kältebedarf eines Kühlraumes wird für je 1 m³ Luftraum wie folgt annähernd überschlägig berechnet: Vorräume 600 bis 800, Fleischkühlräume 1000 bis 1200, Milchkühlräume 800 bis 1000, Gefrierräume für Wild, Geflügel usw. 1200 bis 1500 Kalorien für 24 Stunden. Übliche Betriebsdauer 8 Stunden. Für achtstündigen Betrieb der errechnete Kältebedarf dreimal höher, bei zwölfstündigem Betrieb zweimal.

Isolierung von Kühlräumen: Gebräuchlichstes Isoliermittel für Kühlräume gegen Wärmeeinstrahlung ist Kork. Dieser wird in kleinen Stücken im Vakuum mit geruchlosem Asphaltkitt getränkt und zu Platten von 1000 × 150 mm Größe gepreßt. Andere Isoliermittel sind Torfoleum (Preßtorf) und Heraklith (Holzspäne mit einem Magnesitbindemittel zu Platten gepreßt); siehe Kunststeinindustrie.

Isolierung der Wände: Die Korksteinplatten werden auf die verputzten und mit heißem Asphaltkitt gestrichenen Wände angelegt und mit Stiften befestigt. Die Fugen zwischen den Platten mit heißem Asphaltkitt sauber vergießen.

Glatte Decken in gleicher Weise isolieren. Platzelgewölbe, Tonnengewölbe usw. erfordern Hilfsschalung. Auf die Isolierplatten kommt ein Verputz mit 1½ bis 2 cm verlängertem Zementmörtel. Bei Isolierung mit Torfoleumplatten ist Rabitznetz erforderlich. Bodenisolierung durch Asphaltkittuntergrund, darauf die Isolierplatten, dann diese mit Asphaltkitt vergießen. Unterbeton rund 6 cm, Betonfußboden 10 cm, eventuell 2 cm Estrich (Feinstrich). In Fleischkühlräumen Klinkerpflaster empfehlenswert. In Bierkühlräumen Hartholzrost am Boden zur Schonung gegen Faßreifen.

Stärke der Korksteinplattenisolierung für oberirdische Kühlräume 10 bis 12 cm, für Kellerräume 8 bis 12 cm, für Gefrierräume 12 bis 16 cm. Torfoleum und Heraklith etwa um die Hälfte stärker nehmen.

Die Isolierung darf durch Scheidewände nicht unterbrochen sein, daher Zwischenmauern nach der Isolierung der Umfassungsmauern einziehen.

Annähernde Preise für Korksteinisolierung: 8 cm stark *S 22,00*, 10 cm *S 26,00*, 12 cm *S 30,00* je 1 m² fertig verlegt, ohne Verputz (siehe auch Kühlraumtüren).

Kühlraumtüren: Ausführung in Lärchenholz. Türstock aus trockenen Fichtenpfosten. Isolierung der Türe mit 8 cm Korksteinplatten, die sorgfältig verfugt und vergossen sein müssen. Dichter Abschluß der Türen höchst wichtig, daher breiter Anschlag und konische Paßflächen vorsehen. Trittschwelle mit Winkeleisen beschlagen. Die Türen werden gewöhnlich gefirnißt, können aber auch weiß oder andersfärbig lackiert werden. Wird wegen Lichteinlaß Verglasung der oberen Füllung erforderlich, müssen mindestens drei gegeneinander sorgfältig abgedichtete Gläser verwendet werden. Das dichte Abschließen der Türe wird durch kräftige Anpreßvorrichtung erzielt. Dieselbe besteht entweder aus oben und unten angebrachten, starken Reibern oder aus der sogenannten Schneckenanpreßvorrichtung. Letztere besteht aus einem langen und starken Hebel mit im Türrahmen eingepaßter Schnecke, welche gegen einen im Türstock eingesetzten Daumen drückt und ein Anpressen der Türe an den Türstock bewerkstelligt. Öffnen der Türe von außen oder innen. Türverschluß durch Riegelschloß oder Dosisches Schloß. Normale lichte Höhe der Türe 1,80 m, auf Verlangen auch 1,90 und 2 m. Lichte Breite der Türe 0,70 m für kleine Räume, sonst 0,80, 0,85, 0,90 und 1,0 m. Türen über 1 m müssen zweiflügelig ausgeführt sein.

Preise für Kühlraumtüren:	1,80 × 0,70 m	S 185,00
„ „ „	1,80 × 0,80 „	„ 195,00
„ „ „	1,80 × 0,85 „	„ 200,00
„ „ „	1,90 × 1,00 „	„ 250,00

II. Kläranlagen

Sie dienen zur Abscheidung der Sink- und Schwimmstoffe aus Abwässern aller Art, insbesondere der Fäkalien und Spülwässer aus Wohngebäuden, Abfallwässer aus Fabriken u. dgl. Maßgebend für den Kläreffekt ist reichliche Bemessung des Absitzraumes, welcher den angesammelten Abwässern genügende Zeit zur Ausscheidung der Beimengungen läßt. Ebenso müssen die Sammelräume für die Sinkstoffe und Schwimmstoffe reichlich groß gehalten sein. Für Hauskläranlagen wird gerechnet: Abwassermenge 75 bis 100 Liter per Kopf und Tag.

Hievon $^1/_{10}$ per Stunde. Schlammanfall 0,15 Liter per Kopf und Tag. Klärzeit im Mittel 60 Minuten. Größe des Schlammraumes für die Sinkstoffe entsprechend einer Entleerungsfrist von 150 Tagen im Mittel.

Für Fabriksabwässer ist die Bestimmung der Klär- und Sammelräume abhängig von der Menge der abzuscheidenden Beimengungen. Zur Klärung kommen Abwässer aus Brauereien, Brennereien, Molkereien, Zucker- und Stärkefabriken, Schlachthöfen, Holzstoff- und Papierfabriken, Kohlenbergwerken, Erzaufbereitungen, chemischen Fabriken, Gerbereien, Farbwerken, Färbereien und Kokereien. Die Berechnung der Raumverhältnisse macht örtliche Erhebungen erforderlich, daher allgemeine Grundlagen nicht angegeben. Das gleiche gilt von Kläranlagen für die Abführung der Abwässer aus Ortsgemeinden und größeren Siedlungen. In nicht kanalisierten Orten Anwendung von Kläranlagen an Stelle Senkgruben vorteilhaft. Vorteile: Keine Geruchsbelästigung, Entleerung in halbjährigen Fristen, ständiger Ablauf der geklärten Abwässer, geringer Raumbedarf.

Für Hausabwässer werden verschiedene Bauarten von Klärgruben angeboten. Günstige Ergebnisse durch Frischwasserkläranlagen, Bauart „Sado". Schwimm- und Sinkschlammräume übereinander angeordnet. Infektion des geklärten Wassers durch Faulschlamm wird wirksam verhindert, daher kommt nur frisches, nicht angefaultes Abwasser in den Ablauf. Einbaufertige Lieferung in Eisenbetonkörpern. Ausführung mit natürlicher Schlammzehrung für halbjährige Entleerungsfristen oder künstliche Schlammzehrung für mehrjährige Entleerungsfrist. Die künstlich beschleunigte Schlammzehrung wird durch Mikroorganismen unter Licht- und Luftabschluß bewirkt.

Die Bestimmung der Größe der Kläranlage ist abhängig von der Häufigkeit der Benützung (Wohnhäuser, Gastwirtschaften, Amtshäuser, Schulen, Fabriken), Anzahl der Personen, Art der Abführung der Abwässer (Sickergruben, trockene oder wasserführende Gräben, Wasserläufe), Möglichkeit der Verwendung des Schlammes für Dungzwecke, Einlauftiefe.

Versickerung der Abwässer nur bei gut durchlässigem Untergrund (Schotter, Sandboden u. dgl.; Lehmboden ist undurchlässig). Sickergruben müssen bei vorhandenen Brunnen in einem Abstand von mindestens 10 m vom Brunnenschacht angeordnet werden. Die ablaufenden Abwässer enthalten noch organische Stoffe, welche faulfähig sind.

Die Gesundheitsbehörden schreiben für Abführung der Abwässer in der Regel biologische Nachreinigung vor. Diese ist besonders erforderlich in der Nähe von Trinkwasserbrunnen, bei Abführung in trockene Gräben, Fischwässer, Badewässer, Teiche und Flüsse. Die biologische Nachreinigung der Abwässer erfolgt in biologischen Tropfkörpern, das sind Betonbehälter mit geschichteter Füllung von Schlacke oder Schotter. Oberste Schichte Körnung 1 bis 3 mm ansteigend bis unterste Schichte Körnung 50 bis 60 mm. Die Abwässer werden über die Oberfläche der Tropfkörper verteilt und die organischen Beimengungen unter Mitwirkung von Mikroorganismen aufgezehrt. Gute Belüftung

Klärbrunnen aus Eisenbeton

Personen bis	Durchmesser	Gesamthöhe	Gewicht rund kg	Preis S
	des Klärbrunnens in m			
25	1	1,90	1500	700,00
50	1,20	2,15	2700	1000,00
80	1,50	2,55	4500	1400,00
100	1,50	2,80	4600	1500,00
150	1,50	3,80	5200	1800,00

erforderlich. Die Ablaufwässer sind nach Verlassen des Tropfkörpers frei von organischen Stoffen, daher nicht faulfähig.

Bei Anschluß biologischer Tropfkörper tritt annähernd eine Verdopplung der Preise ein.

Wasserkraftanlagen

Von Ing. Franz Kuhn, Wien

A. Wesen und Leistung von Wasserkraftanlagen

Wasserkraftanlagen haben den Zweck, die kinetische Energie des fließenden Wassers oder die einer hochgelegenen Wassermenge innewohnende potentielle Energie in rotierende umzuwandeln und diese entweder für den unmittelbaren Antrieb von Arbeitsmaschinen, also an der Kraftgewinnungsstätte selbst, zu verwerten oder durch weitere Umwandlung in elektrische Energie die gewonnene Kraft mittels Fernleitungen einem Absatzgebiete zuzuführen, das von der Kraftgewinnungsstätte mehr oder weniger weit entfernt liegt.

Jede Wasserkraft setzt sich zusammen aus Wassermenge und Gefälle. Da die Wassermenge in m^3/sek ausgedrückt wird, tritt als dritter Faktor noch die Zeit hinzu.

Eine Wassermenge Q m^3/sek, die H m tief herabfällt, gibt eine Arbeitsleistung $N = 1000\, Q \cdot H$ kgm/sek, oder ausgedrückt in Pferdestärken $N = \frac{1000 \cdot Q \cdot H}{75}$ P.S.

Diese als Rohkraft bezeichnete Leistung muß zufolge des in der Krafterzeugungsmaschine entstehenden Energieverlustes noch mit dem Wirkungsgrad η der Maschine, womit man das Verhältnis der erreichten zu der aufgewendeten Leistung bezeichnet, multipliziert werden.

Diese Wirkungsgrade betragen

bei modernen Turbinen $\eta_T = 0{,}90$ bis 0,90 bei Motoren ..... $\eta_M = 0{,}90$ bis 0,96
,, Generatoren ..... $\eta_G = 0{,}91$,, 0,96 ,, Transformatoren $\eta_{Tr} = 0{,}98$
,, Schiffsmühlrädern .... $\eta = 0{,}25$,, 0,30
,, unterschlächtigen und mittelschlächtigen Rädern .... $\eta = 0{,}40$,, 0,60
,, oberschlächtigen Rädern .... $\eta = 0{,}60$,, 0,90

Sind mehrere Maschinen aneinandergekuppelt, so ergibt sich der Endwirkungsgrad durch Multiplikation der einzelnen Wirkungsgrade, z. B.: $\eta_{tot} = \eta_T \cdot \eta_G \cdot \eta_M \cdot \eta_{Tr} \cdot \ldots$

Bei einer Wasserkraftanlage wird die Leistung in P. S. ab Turbinenwelle angegeben und beträgt: $N = \frac{1000\, Q \cdot H \cdot \eta_T}{75}$.

Für überschlägige Berechnungen setzt man $\eta_T = 0{,}75$ und erhält $N = 10\, Q \cdot H$. Wird die Energie in elektrische umgewandelt, so berechnet sich die Leistung ab Generatorwelle in kW (Kilowatt) aus:

$$N = 0{,}736 \cdot \frac{1000 \cdot Q \cdot H}{75} \cdot \eta_T \cdot \eta_G$$

und überschlägig aus: N in kW $= \frac{2}{3} N$ in P. S. Bei Drehstromgeneratoren mit induktiver Belastung, ausgedrückt in kVA (Kilovoltampere), ergibt sich die Leistung ab Generatorwelle zufolge der Phasenverschiebung durch cos φ aus:

$$N = 0{,}736\, \frac{1000\, Q \cdot H}{75 \cos \varphi} \cdot \eta_T \cdot \eta_G.$$

Die gesamte Jahresarbeit eines Kraftwerkes wird ausgedrückt in kWh (Kilowattstunden). Würde das Werk das ganze Jahr hindurch ununterbrochen Strom erzeugen, so wäre die in kWh ausgedrückte Jahresleistung

$$N \text{ in kWh} = 8760 \cdot N \text{ in kW}.$$

Da der Konsum ziemlich stark schwankt, so wird das Werk nicht das ganze Jahr hindurch voll ausgenützt sein. Das Verhältnis der tatsächlich ausgenützten Stunden zu 8760, das ist der Gesamtstundenzahl eines Jahres, wird als **Ausnützungsfaktor** a des Werkes bezeichnet.

Dieser beträgt bei einer Benützungsdauer von Stunden: 8760, 6000, 3070, 1500; a = 1,00, 0,685, 0,35, 0,171.

Je kleiner der Ausnützungsfaktor, desto teurer die erzeugte kWh.

Auf dem Wege von der Krafterzeugungsstätte bis zum Absatzgebiet entstehen weitere Energieverluste. Bei größeren Längen der Fernleitungen müssen die Maschinenspannungen hinauf- und am Ende der Leitung auf die Spannung der Hauptverteilleitung des Absatzgebietes wieder heruntertransformiert werden; daher müssen die Wirkungsgrade der Transformatoren berücksichtigt werden. In der Fernleitung geht Energie durch Reibung und Strahlung verloren. Der **Fernleitungsverlust** einer Drehstromleitung errechnet sich aus:

$$p = \frac{N \cdot l \cdot 100}{\lambda \cdot Q \cdot E^2 \cdot \cos^2 \varphi}.$$

Hierin bedeuten:

p ......den Leitungsverlust in %,
N .....die zu übertragende Leistung in kW,
q ......Leitungsquerschnitt in mm²,
λ ......spezifische Leitfähigkeit des Leitermaterials (siehe Tabelle S. 483),
l.......die Leitungslänge in km,
φ .....Phasenverschiebungswinkel,
E .....die mittlere Spannung in kV (Kilovolt), verkettet.

Erst die loko Absatzgebiet gelieferte Leistung des Wasserkraftwerkes darf zum Kostenvergleich mit durch andere Energiequellen erzeugten Leistungen herangezogen werden.

B. Einteilung der Wasserkräfte und Ermittlung der Grundwerte *Q* und *H*

Je nach der Größe von Q und H unterscheidet man: **Niederdruckwerke** (Abb. 1) mit großen Wassermengen und kleinem Gefälle und **Hochdruckwerke** (Abb. 2) mit kleiner Wassermenge und großem Gefälle.

Erstere ergeben sich an Flüssen, wo das Gefälle entweder durch Aufstau des normalen Flußwasserspiegels durch Einbau eines Wehres oder durch Abschneiden einer Flußschleife bzw. Ausnützung einer größeren Flußstrecke mit starkem Gefälle und Anordnung eines Zulaufkanals (Oberwasserleitung) mit ganz geringem Gefälle erzeugt wird (Abb. 1). Hochdruckwerke ergeben sich im Gebirge, wo kleine Bäche aus großen Höhen zu Tale stürzen. Die Oberwasserführung ist hiebei mit Rücksicht auf die Erzielung eines möglichst kurzen Zuleitungsweges meist als Stollen ausgebildet (Abb. 2), an dessen Ende ein Wasserschloß (Pufferschacht) angeordnet ist, das den Zweck hat, plötzliche Änderungen in der Wasserzufuhr, verursacht durch Schwankungen in der Belastung der Maschinen, möglichst auszugleichen. Von dem Wasserschloß wird das Betriebswasser durch Druckrohrleitungen aus Eisen, Eisenbeton oder Holz den Turbinen zugeführt. Bildet der ausgenützte Bach den Abfluß eines Hochsees, dann kann dieser als Wasservorratsraum (Speicher) verwendet werden und das Werk als Spitzendeckungs- oder Speicherwerk arbeiten. Der Stollen steht dann ständig unter Innendruck (Druckstollen). Auf künstlichem Wege kann ein Wasservorratsraum durch Erbauung von Talsperren gewonnen werden. Speicherwerke stellen den idealsten Fall einer Wasserkraftanlage vor, da hiebei kein Wasser verloren geht.

Um den Ausnützungsfaktor nicht speicherfähiger Werke günstiger zu gestalten, greift man mitunter zur Pumpenspeicherung (hydraulische Akkumulierung). Ihr Wesen besteht darin, daß man mit Hilfe des aus dem nicht speicherfähigen Laufwerk zu Zeiten geringer Stromabnahme, also besonders in der Nacht und an Sonntagen, erzeugten Stromes (Abfallstrom) Pumpen betreibt, die Wasser in ein Hochbecken befördern, von wo es zu Zeiten großen Strombedarfes, also während des Tages, durch dieselbe Rohrleitung wieder den Turbinen zugeführt wird und willkommenen Zusatzstrom erzeugt. Zufolge der wiederholten Umwandlung der Energie ist der Wirkungsgrad derartiger Pumpenwerke natürlich ein niedriger; trotzdem sind sie in besonderen Fällen wirtschaftlich und bilden oft ein Mittel, die Wirtschaftlichkeit einer kalorischen Krafterzeugungsanlage, die an Stelle eines Laufwerkes den Pumpenstrom liefert, zu verbessern.

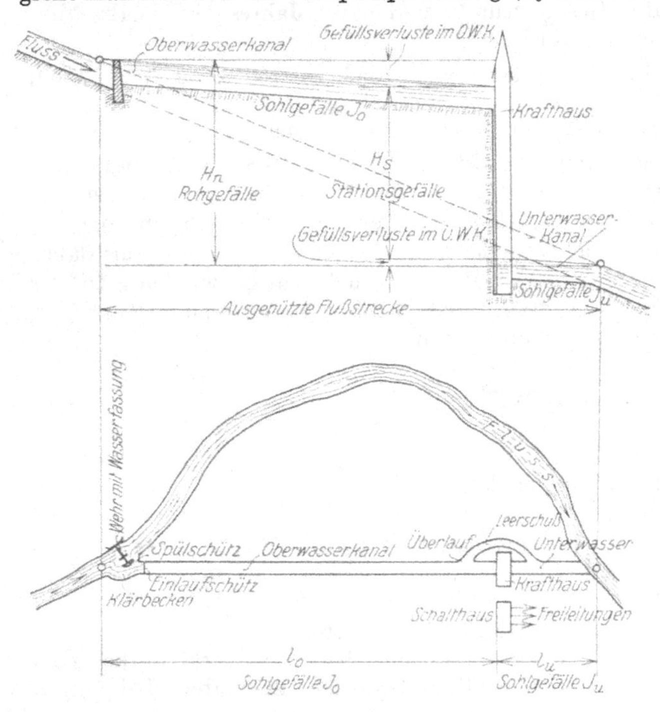

Abb. 1. Schema einer Niederdruckanlage

Der Gesamtwirkungsgrad eines derartigen Pumpenkraftwerkes ergibt sich aus dem Wirkungsgrad

des Antriebsmotors für die Pumpen .... $\eta_M = 0{,}95$
der Pumpen .... $\eta_P = 0{,}80$
der Rohrleitung beim Pumpen $\eta_{R\uparrow} = 0{,}98$
der Rohrleitung beim Abarbeiten .... $\eta_{R\downarrow} = 0{,}95$
der Turbinen .... $\eta_T = 0{,}85$
der Generatoren .... $\eta_G = 0{,}95$

$$\text{mit } \eta_{tot} \doteq \eta_M \cdot \eta_P \cdot \eta_{R\uparrow} \cdot \eta_{R\downarrow} \cdot \eta_T \cdot \eta_G \doteq 0{,}572,$$

so daß loko Pumpenkraftwerk rund 57,2% von Abfallenergie in Edelenergie umgewandelt werden können.

Die Wassermenge Q. Sie ist innerhalb eines Jahres bzw. eines Zeitraumes von mehreren Jahren beträchtlichen Schwankungen unterworfen. Dem Entwurf einer Wasserkraftanlage müssen daher genaue wasserwirtschaftliche Untersuchungen vorausgehen, um die Wasserführung des auszunützenden Gewässers oberhalb der Entnahmestrecken innerhalb eines Zeitraumes von mehreren Jahren (10 bis 15) klarzustellen. Jene Wassermenge, für welche die gesamten Wasserzuführungsanlagen des Werkes bemessen werden, wird als **Ausbauwassermenge** Q_B bezeichnet; sie steht gewöhnlich an der Entnahmestelle während 5 bis 6 Monaten im Jahre zur Verfügung. Q_B wird in den im Zuge des wasserrechtlichen Verfahrens erteilten Konsens aufgenommen. Wird in den früher angegebenen Gleichungen Q durch Q_B ersetzt, so erhält man die Ausbauleistung oder Ausbaugröße des Werkes. Für die Ermittlung der Jahresmittelleistung ist statt Q das Jahresmittel des Betriebswassers Q_M einzusetzen, das so errechnet wird, daß die in den einzelnen Jahresabschnitten verschieden großen Betriebswassermengen auf das ganze Jahr gleichmäßig verteilt gedacht werden. Unter **installierter Leistung** des Werkes wird schließlich die Höchstleistung aller in der Anlage eingebauten Wasserkraftmaschinen verstanden. Diese wird unter Bedachtnahme auf eine zur Verfügung stehende Reserve meistens entsprechend größer sein als die Ausbauleistung.

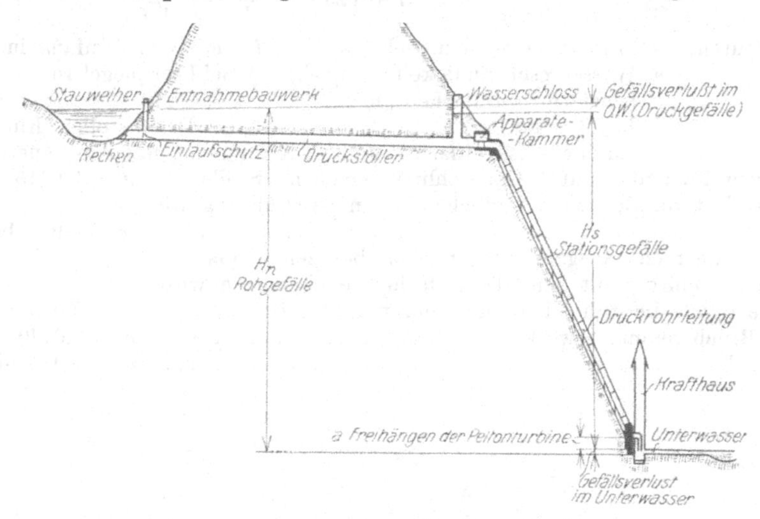

Abb. 2. Schema einer Hochdruckanlage

Das Gefälle H. Nach Abb. 1 und 2 bezeichnet man mit:

H_n ....Rohgefälle, das ist der Unterschied zwischen den Spiegelhöhen am Beginn und am Ende der Entnahmestrecke.

H_S ....Stationsgefälle, das ist der Unterschied zwischen den Spiegelhöhen am Ende der Oberwasserführung (Wasserschloß) und des Unterwassers, unmittelbar hinter der Kraftmaschine.

H .....Netto- oder Nutzgefälle, gleich dem Stationsgefälle, vermindert um die Gefällsverluste in der Zuleitung vom Ende der Oberwasserführung (Wasserschloß) bis zur Kraftmaschine.

Mit den Bezeichnungen in den Abb. 1 und 2 ergibt sich das Stationsgefälle mit:

$$H_S = H_n - \underbrace{(h_o + J_o\, l_o)}_{\text{Oberwasserleitung}} - \underbrace{(h_u + J_u\, l_u)}_{\text{Unterwasserleitung}}$$

h bedeutet die Summe der beim Durchströmen der Rechen, der Schützenöffnungen oder sonstiger lokaler Einbauten und schließlich bei Geschwindigkeitsänderungen entstehenden Verluste,

l .....die Länge der Leitungen,

J .....bei offenen Gerinnen und Freispiegelstollen das Sohlengefälle, bei Druckstollen das für die Überwindung der beim Durchströmen an den Wänden des Gerinnes entstehenden Reibung erforderliche Druckgefälle.

Das Sohlengefälle wird möglichst klein gewählt, etwa $J_{min} = 0{,}5^0/_{00}$. Bei Druckstollen darf das Sohlengefälle beliebig angeordnet werden (auch sägeförmig), doch muß der höchste Punkt der Leitung noch unter der Piezometerlinie liegen.

Für die Bemessung der Zulaufgerinne in offenen Kanälen oder Druckstollen gelten die Formeln der Hydraulik:

$$Q = v \cdot F \qquad v = c\sqrt{RJ} \qquad R = \frac{F}{U} \qquad c = \frac{23 + \frac{1}{n} + \frac{0{,}00155}{J}}{1 + \left(23 + \frac{0{,}00155}{J}\right) \cdot \frac{n}{\sqrt{R}}};$$

hiebei bedeuten: Q Wassermenge in m³/sek,
v Wassergeschwindigkeit in m/sek,
F benetzte Profilfläche in m²,
R Profilradius in m,
U benetzter Umfang in m,
J bei Freispiegelstollen: Sohlengefälle,
bei Druckstollen: Rinngefälle,
n Rauhigkeitskoeffizient, und zwar für neue, mit Ausmauerung und geschliffenem Zementverputz (Glattschliff) versehene Stollen... $n = 0{,}0115$

für längere Zeit im Betrieb befindliche Stollen (Ausführung wie früher) .... $n = 0{,}013$ bis $0{,}014$

für Stollen, die nicht ausgemauert werden, bei denen das freistehende Gebirge, mit einer Torkretschichte überzogen wird, und lediglich die Sohle betoniert und verputzt ist......... $n = 0{,}023$ bis $0{,}03$

für gutes Bruchsteinmauerwerk .... $n = 0{,}0170$

für Erdkanäle .... $n = 0{,}025$ bis $0{,}03$

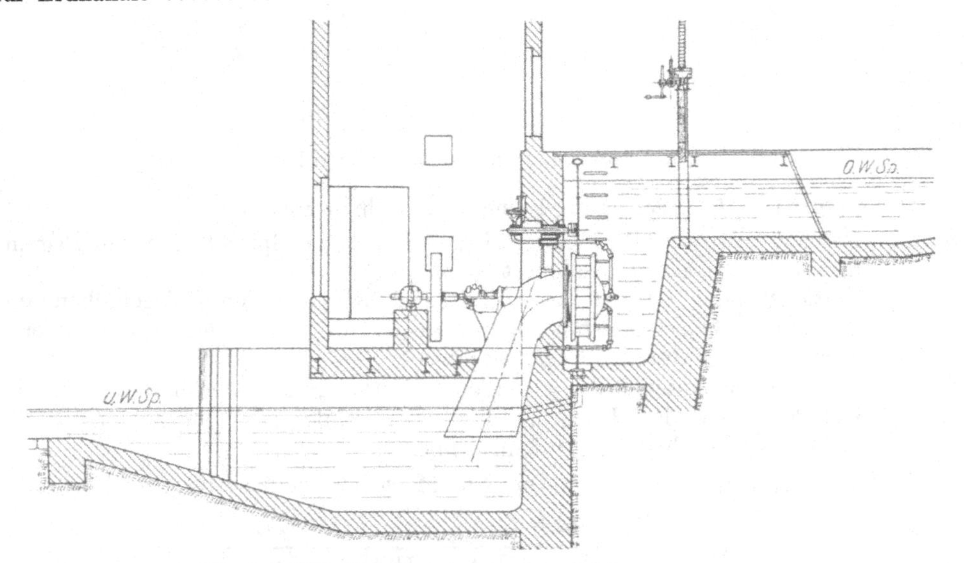

Abb. 3. Francis-Turbinen im offenen Schacht mit horizontaler Welle

Die Ermittlung des Nettogefälles richtet sich nach der Art der zur Verwendung kommenden Turbinen. In den Abb. 3 bis 6 sind die am meisten verwendeten Typen schematisch dargestellt. Z. B. ergibt sich bei Anordnung von Francis-Turbinen im offenen Schacht (auch Schachtturbinen) (Abb. 3 und 4):

$$H = H_s - h,$$

wobei h die Summe der durch das Durchströmen der Turbinenrechen, Schützenöffnungen usw. und der durch Geschwindigkeitsänderungen entstehenden Druckhöhenverluste bedeutet.

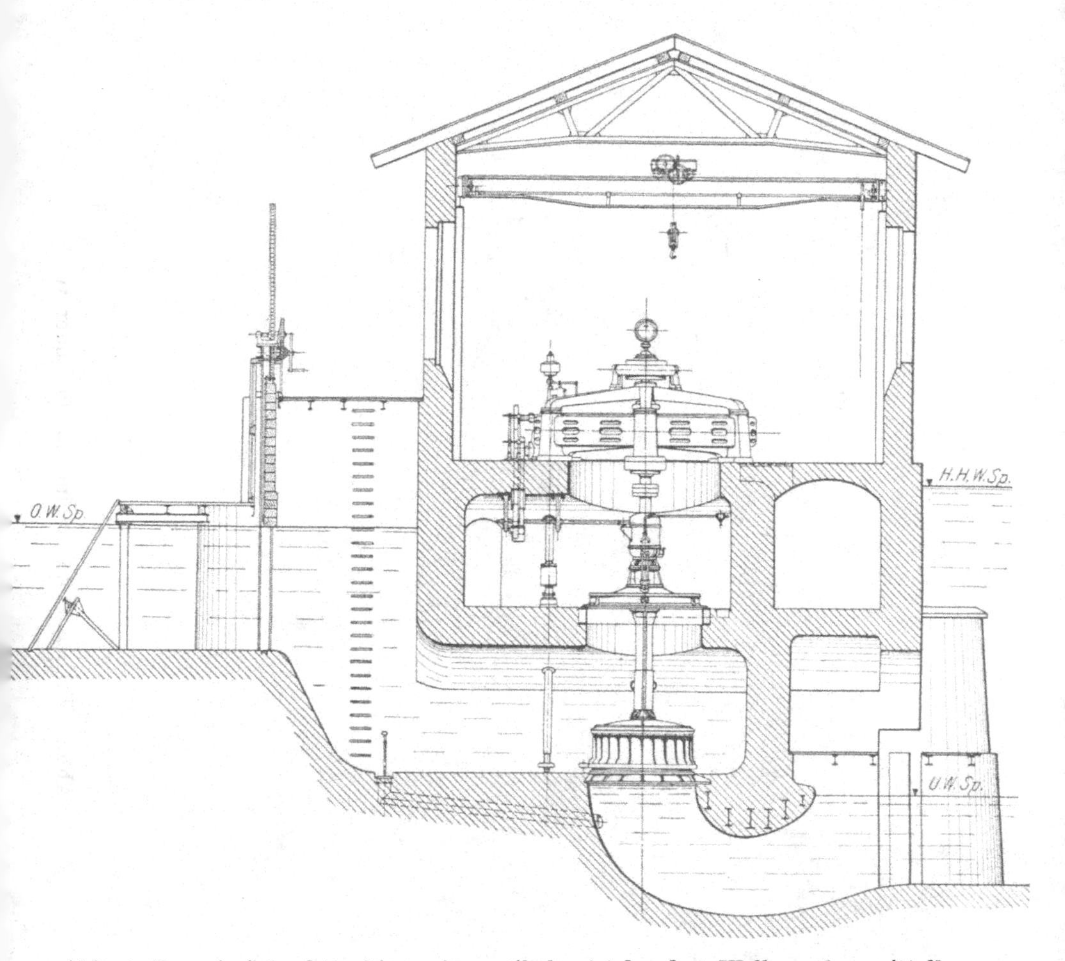

Abb. 4. Francis-Schachtturbine mit vertikaler (stehender) Welle und unmittelbar gekuppelter Dynamomaschine

Francis-Schachtturbinen werden für mittlere und kleine Gefälle bei verhältnismäßig großen Wassermengen und mittleren Drehzahlen gebaut (Turbinen von Niederdruckwerken) und mit liegender (Abb. 3) oder stehender Welle (Abb. 4) ausgeführt. Der Vorteil der ersteren Bauart liegt in der Anordnungsmöglichkeit mehrerer Laufräder auf gemeinsamer Welle (Zwillings-, Zweifach- und Mehrfachturbinen); sie läßt sich jedoch nur dann ausführen, wenn genügend Gefälle vorhanden ist, um bei allen Schwankungen des Unterwassers den Maschinenhausboden noch hochwasserfrei

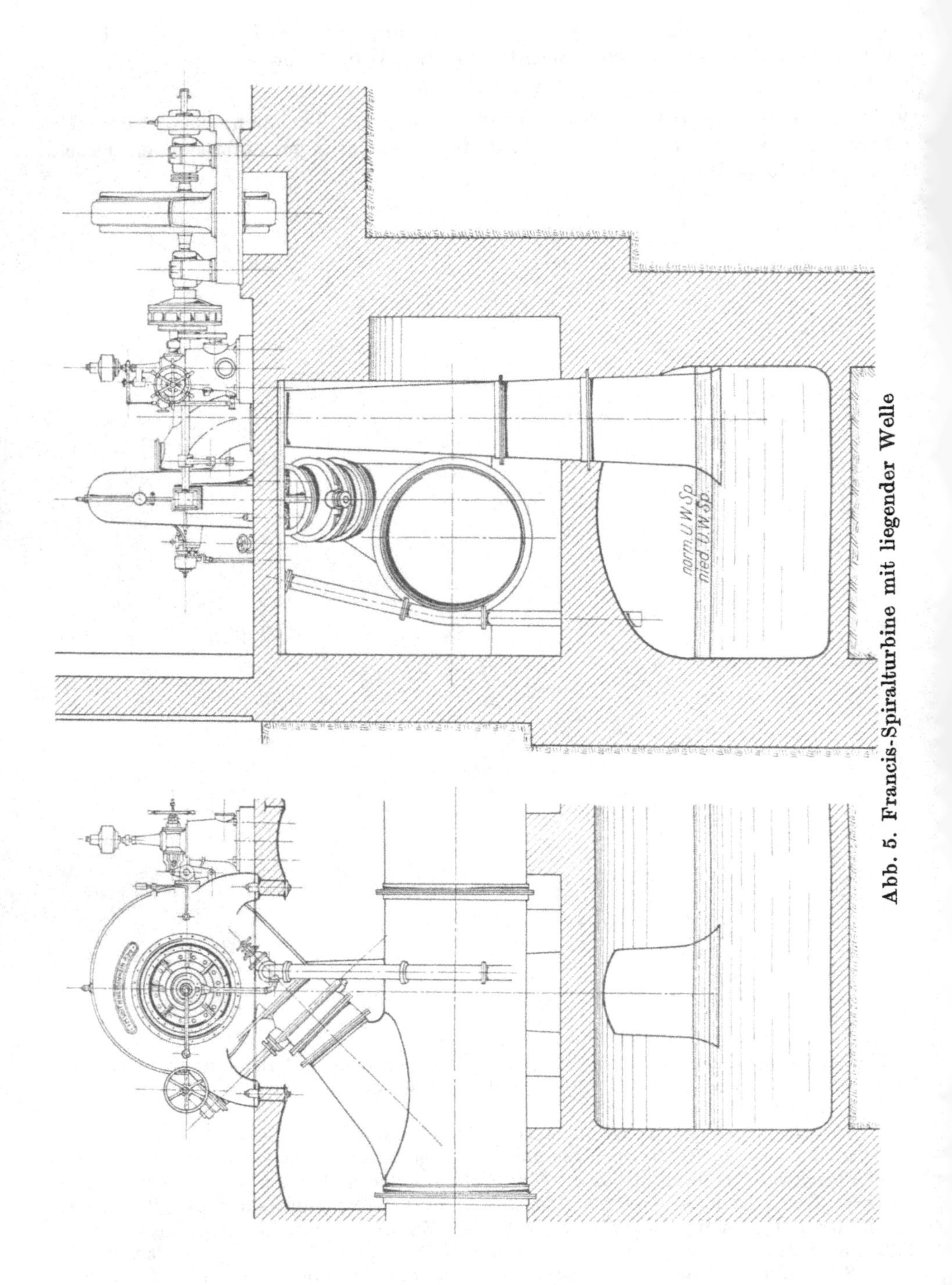

Abb. 5. Francis-Spiralturbine mit liegender Welle

anzulegen. Francis-Schachtturbinen eignen sich auch für Kleinanlagen und für direkten Antrieb an Arbeitsmaschinen (Abb. 3). Für Niederdruck-Großkraftanlagen mit Gefällen bis zu etwa 10,0 m werden heute, falls es sich um Erreichung hoher Drehzahlen handelt, ohne daß der Wirkungsgrad darunter leidet, Kaplanturbinen verwendet. Durch Veränderung der Stellung der Laufradflügel wie der Leitschaufeln während des Betriebes läßt sich bei diesen eine günstige Anpassung an die verschiedenen Beaufschlagungsverhältnisse erzielen, so daß der hohe Wirkungsgrad auch bei Wassermengen, die Schwankungen bis zum Verhältnis 1:5 aufweisen, noch erhalten bleibt. Wo die Turbine sich keinen wesentlichen Wassermengenschwankungen anzupassen hat, wird auf die Verdrehbarkeit der Laufradflügel verzichtet. Kaplanturbinen mit festen Flügeln bezeichnet man als Propellerturbinen. Sie kommen besonders für Stromkraftanlagen größten Ausmaßes in Betracht. Einbau ähnlich jenem in Abb. 4, jedoch unter Umständen auch mit horizontaler Welle. Für Francisturbinen im geschlossenen Gehäuse, auch Spiralturbinen genannt (Abb. 5), denen das Betriebswasser durch eine Druckrohrleitung zugeführt wird, errechnet sich das Nettogefälle aus:

$$H = H_S - h - \Delta h$$

Hiebei hat h die frühere Bedeutung; Δh drückt den zufolge der Reibung an den Rohrwänden entstehenden Druckhöhenverlust aus. Näherungsweise ist (siehe Quellenangabe unter 1)

$$\Delta h = \frac{v^2}{d},$$

wobei v die Wassergeschwindigkeit im Rohr in m/sek, d den Rohrdurchmesser in m und Δh den Druckhöhenverlust in mm per Lfm. bedeuten. Der genaue Wert für Δh lautet:

$$\Delta h = \lambda \cdot \frac{v^2}{2g \cdot d}, \text{ wobei } g = \text{Erdbeschleunigung},$$

$$\lambda = 0{,}0136 + \frac{0{,}0015}{\sqrt{v}} \text{ für eiserne geschweißte Rohrleitungen}$$

$$\text{und } \lambda = 0{,}0193 + \frac{0{,}0015}{\sqrt{v}} \text{ für eiserne geniete Rohrleitungen.}$$

Für Holz- und Eisenbetonrohre liefert die Näherungsformel für den Druckhöhenverlust sehr zutreffende Werte.

Francis-Spiralturbinen werden normalerweise für Gefälle bis etwa 250 m in allen jenen Fällen gebaut, wo eine im Verhältnis zur Druckhöhe größere Wassermenge verarbeitet werden soll. Die Welle wird meist liegend angeordnet; nur in besonderen Fällen stehende Welle.

Freistrahlturbinen oder Peltonräder: Anwendung ausschließlich bei großen Gefällen und kleinen Wassermengen (Turbinen der Hochdruckwerke) (Abb. 6).

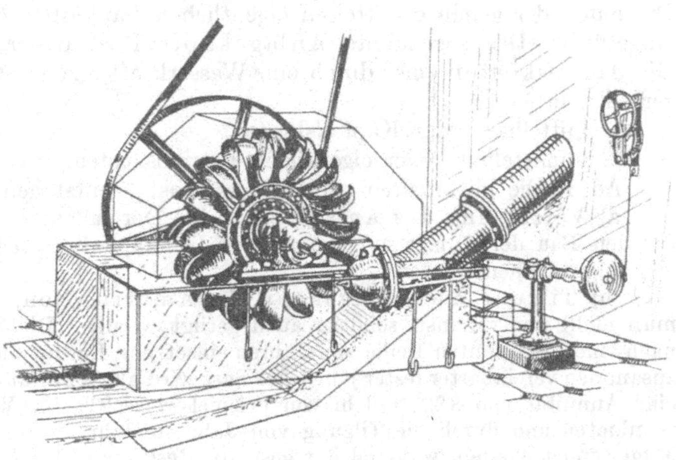

Abb. 6. Peltonrad für Kleinkraftanlagen

Hier ergibt sich das Nettogefälle aus:

$$H = H_S - h - \Delta h - a;$$

über h und Δh siehe weiter oben; a bedeutet das Maß des sogenannten Freihängens des Peltonrades, das ist der Abstand zwischen Düsenmitte und Unterwasser.

Die in den obigen Gleichungen eingeführten Werte für h sind im Vergleich zu jenen von Δh klein und können für überschlägige Berechnungen vernachlässigt werden. Rechnerisch ergeben sich die durch Kniestücke bedingten Verluste in Metern mit:

$$h_0 = \frac{\Sigma \alpha^0}{1000}$$

wobei $\Sigma \alpha^0$ die Summe aller Ablenkungswinkel bezeichnet. Die beim Passieren von Schiebern und Drosselklappen entstehenden Verluste werden gewöhnlich nach Erfahrungswerten eingesetzt, und zwar

für das Durchströmen einer Drosselklappe $h_1 = 0{,}15$ m,
„ „ „ eines Schiebers $h_1 = 0{,}10$ m.

C. Rentabilitätsberechnung von Wasserkraftanlagen

Neben der Kenntnis der vorberechneten Leistungen ist die möglichst genaue Erfassung der eigentlichen Baukosten auf Grund eines gut durchgearbeiteten Projektes notwendig. Sie umfassen die Kosten:

der Wasserfassung (Wehr, Einlaufbauwerk, Entsandungsanlagen),
der Wasserzuleitung (Stollen, offene Gerinne, Dücker, Aquädukte, Wasserschloß, Druckrohrleitung, Leerlauf, Unterwassergraben),
der Hochbauten (Krafthaus, Schalthäuser oder Freiluftstationen, Wohnhäuser für Bedienstete),
der maschinellen und elektrischen Einrichtungen (Turbinen, Generatoren, Transformatoren, Ölschalter, Schaltanlagen, Krane, Transportwagen),
der Kraftübertragungsanlagen (Fernleitungen, Schalt- und Transformatorenstationen).

Die sonst auflaufenden Kosten, wie Grundeinlösung, Vorarbeiten, Vermessungen, Projektierung, Erwirkung des wasserrechtlichen Konsenses, Bauleitung, Zentralregie, Unvorhergesehenes und Interkalarzinsen, das sind die bis zur Inbetriebsetzung auflaufenden Zinsen des verbauten Kapitals, werden gewöhnlich in Prozenten der genau ermittelten eigentlichen Baukosten B, etwa mit 10 bis 15%, eingeführt. Das sogenannte Anlagekapital ist daher: $A = 1{,}1$ bis $1{,}15 \cdot B$. Die Jahreskosten einer durch eine Wasserkraft erzeugten Kilowattstunde (kWh) zerfallen in:

1. mittelbare oder Kapitalskosten,
2. unmittelbare oder eigentliche Betriebskosten.

Ad 1. Die mittelbaren oder Kapitalskosten entstehen durch:

a) Verzinsung des Anlagekapitals. Der fallweise festzulegende Zinssatz des für den Bau der Anlage aufgenommenen Leihkapitals (Obligationen) kann mit 5 bis 8% angenommen werden.

b) Tilgung des Anlagekapitals (Amortisation). Das entliehene Kapital muß nicht nur verzinst, sondern auch getilgt werden. Die Tilgung kann sofort oder nach einer bestimmten Reihe von Jahren einsetzen. Ein für die Verzinsung und Tilgung zusammen vereinbarter fester jährlicher Satz wird als Annuität bezeichnet; z. B. bedeutet eine Annuität von 8%, daß hievon beispielsweise 7% für Verzinsung des jeweils geschuldeten und durch die Tilgung von Jahr zu Jahr kleiner werdenden Geldbetrages aufgewendet werden, während der gesamte Restbetrag der Annuität eine von Jahr zu Jahr größer werdende Tilgungsquote ergibt.

Ermittlung der jährlichen Tilgungsquote. Bedeuten p den Zinsfuß in %, $q = 1 + \frac{p}{100}$ den jährlichen Diskontfaktor und n die Anzahl der Jahre, nach denen das Kapital getilgt sein soll, so beträgt die jährliche Tilgungsquote in % des Anlagekapitals

$$a_1 = 100 \cdot \frac{q^n \cdot (q-1)}{q^n - 1}, \quad \text{die Annuität } a = 100 \, \frac{q-1}{q^n-1}.$$

c) Abschreibungen oder Erneuerungsrücklagen. Durch Ansammlung eines entsprechenden Barbetrages (Erneuerungsfonds) wird erzielt, daß im Augenblick der völligen Abnützung einzelner Teile der Anlage die nötigen Mittel zur Neubeschaffung vorhanden sind. Die jährliche Abschreibungsquote in Prozenten des Anschaffungswertes ergibt sich aus der Gleichung für die Tilgungsquote, wobei n die Lebensdauer der der Abnützung unterliegenden Teile und p den Zinsfuß bedeuten, zu dem der anwachsende Erneuerungsfonds bis zur Inanspruchnahme angelegt werden kann. Außerdem ist noch der Altwert der betreffenden Bauten oder Maschinen zu berücksichtigen. Es empfiehlt sich, die Abschreibungen den Betriebsergebnissen anzupassen und sie in den ersten Jahren niedriger, später höher zu halten.

Die Lebensdauer in Jahren für die einzelnen Teile einer Wasserkraftanlage kann angenommen werden für:

Erd- und Wasserbauten 50 bis 100 Jahre
Gebäude .... 50 „
Turbinen............ 20 „
Generatoren .... 20 „
Transformatoren ..... 20 „

Schaltanlagen .... 15 Jahre
Eiserne Maste......... 30 „
„ „ Anstrich 3 bis 5 „
Holzmaste, nicht imprägniert 5 „
„ imprägniert . 12 „ 15 „

Tabelle für die jährlichen Tilgungs- bzw. Abschreibungsquoten (α-Werte)

n Tilgungs- bzw. Lebensdauer in Jahren	Zinsfuß p in %							
	1	2	3	4	5	6	7	8
2	49,8	49,5	49,2	49,0	48,78	48,3	48,2	48,1
3	33,0	32,6	32,3	32,0	31,7	31,5	31,1	30,8
4	24,6	24,3	23,99	23,55	23,2	22,86	22,5	22,2
5	19,6	19,2	18,84	18,46	18,1	17,73	17,35	17,0
6	16,3	15,8	15,5	15,1	14,7	14,30	13,95	13,6
7	13,9	13,4	13,1	12,7	12,3	11,9	11,62	11,2
8	12,1	11,7	11,2	10,9	10,5	10,1	9,75	9,39
9	10,7	10,2	9,8	9,4	9,1	8,7	8,35	8,01
10	9,56	9,14	8,72	8,33	7,95	7,59	7,25	6,92
11	8,64	8,24	7,81	7,43	7,05	6,68	6,34	6,00
12	7,89	7,46	7,05	6,66	6,28	5,93	5,60	5,27
13	7,25	6,80	6,39	6,01	5,64	5,29	4,98	4,65
14	6,69	6,25	5,85	5,47	5,10	4,75	4,44	4,14
15	6,20	5,78	5,37	4,99	4,63	4,30	3,98	3,68
16	5,76	5,36	4,96	4,58	4,22	3,90	3,68	3,30
17	5,42	5,00	4,60	4,22	3,87	3,54	3,25	2,96
18	5,10	4,68	4,27	3,90	3,56	3,23	2,93	2,68
19	4,81	4,37	3,98	3,60	3,28	2,96	2,68	2,41
20	4,54	4,12	3,72	3,36	3,02	2,72	2,44	2,18
30	2,88	2,46	2,10	1,78	1,51	1,26	1,06	0,88
40	2,04	1,66	1,33	1,05	0,83	0,65	0,50	0,386
50	1,55	1,18	0,89	0,66	0,48	0,34	0,246	0,174
60	1,22	0,88	0,61	0,42	0,28	0,19	0,123	0,08
70	0,99	0,67	0,43	0,27	0,17	0,10	0,062	0,037
80	0,82	0,52	0,31	0,18	0,10	0,057	0,031	0,017
90	0,69	0,405	0,23	0,12	0,063	0,032	0,016	0,008
100	0,59	0,320	0,165	0,08	0,038	0,018	0,008	0,004

d) Sicherungs- oder Risikorücklagen. Sie werden nicht bei jedem Werke berücksichtigt. Sie sollen besonders bei Maschinen, und zwar noch vor ihrer völligen Abnützung, einen Ersatz ermöglichen, z. B. wenn hiedurch infolge besonderer Erfindungen oder Verbesserungen an Maschinen die Gesamtwirtschaftlichkeit des Werkes gehoben werden kann.

Ad 2. Die unmittelbaren oder eigentlichen Betriebskosten entstehen durch:

a) Unterhaltung und Ausbesserung. Hieher gehören die Kosten für Behebung von Hochwasserschäden, ständige Baggerungen, Dichtungsarbeiten, Auswechseln der Turbinenleitschaufeln usw. Man setzt diese Kosten mit 0,5 bis 1 % von A in Rechnung;

b) Personalkosten, also die Gehälter und Löhne für das Betriebspersonal; sie sind in jedem Fall überschlägig zu errechnen und in Prozenten von A auszudrücken;

c) Betriebsmittel. Umfassen die Kosten für Putz- und Schmiermittel. Diese werden etwa gleich den Personalkosten einzusetzen sein;

d) allgemeine Geschäftsunkosten. Für jährliche Entschädigungen (Flurschäden) Steuern, Personal- und Sachversicherungsprämien.

Die so ermittelten Jahreskosten, geteilt durch die Anzahl der im Jahre abgegebenen kWh (Jahresmittelleistung des Werkes), geben die Kosten für die kWh, die zur Beurteilung der Wirtschaftlichkeit des Werkes vom rein kaufmännischen Standpunkte aus, ohne Berücksichtigung sonstiger volkswirtschaftlicher Vorteile von Wasserkraftanlagen für kohlenarme Länder, in Vergleich gestellt werden mit den Kosten einer kWh, die aus anderen Energiequellen gewonnen wird.

Für überschlägige Wirtschaftlichkeitsberechnungen von Wasserkraftanlagen werden die Jahreskosten mitunter einfach berechnet aus

$$\frac{1}{100}(p+3)\cdot A,$$

wobei p den Zinsfuß bedeutet, die Tilgung mit 0,5 % und alle übrigen Jahreskosten mit 2,5 % des Anlagekapitals eingesetzt sind. Also betragen z. B. für 7 % Verzinsung die Jahreskosten 10 v. H. der Anlagekosten.

Beispiel. Eine Wasserkraftanlage nützt das Gefälle eines Flusses aus, indem eine große Schleife desselben durch eine geradlinige, 10 km lange Oberwasserleitung mit 0,8 ‰ Sohlengefälle (Freispiegelstollen) abgeschnitten wird. Der Wasserspiegel an der Entnahmestelle liege auf Kote 500,00, jener an der Einmündungsstelle des Unterwassers in den Mutterfluß auf 150,00. Der Unterwassergraben habe eine Länge von 10 m und 0,8 ‰ Sohlgefälle. Die konsentierte Ausbauwassermenge beträgt $Q_B =$ $= 12{,}0$ m³/sek, das Jahresmittel des Betriebswassers $Q_M = 8{,}5$ m³/sek. Es werden Francis-Spiralturbinen mit 85 % Wirkungsgrad und Drehstromgeneratoren mit 96 % Wirkungsgrad und $\cos\varphi = 1$ verwendet. Die Kraftanlage ist mit einer 150 km langen Fernleitung mit dem Absatzgebiet verbunden. Der Ausnützungsfaktor beträgt 90 %. Die reinen Baukosten werden auf Grund eines Projektes mit *S 38 000 000* errechnet und zergliedern sich diese Gesamtbaukosten im Sinne der untenstehenden Tabelle. Es ist die Wirtschaftlichkeit der Anlage nachzuweisen.

1. Ermittlung der Leistung des Kraftwerkes. Rohgefälle $H = 500{,}00 -$ $- 350{,}00 = 150{,}00$ m. Stationsgefälle $H_S = 150 - (h + 0{,}0008\cdot 10\,000) - (0{,}0008\cdot 10)$. Die Verluste h (Schützen, Rechen, Einbauten usw.) werden mit 0,80 m angenommen, sonach $H_S = 141{,}192$ m, Nettogefälle $H = 141{,}192 - h - \Delta h$; für $h = 0{,}60$ m und $\Delta h = 1{,}20$ m ergibt sich $H = 139{,}392$ m.

Ausbauleistung ab Turbinenwelle $\mathrm{N} = \dfrac{1000\cdot 12\cdot 139{,}392\cdot 0{,}85}{75} = 19\,000$ P. S.

Mittlere Leistung ab Turbinenwelle $N = \frac{1000 \cdot 8{,}5 \cdot 139{,}392 \cdot 0{,}85}{75} = 13{,}420$ P. S.

„ „ „ Generator $N = 0{,}736 \cdot 13\,420 \cdot 0{,}96 = 9500$ kW

Jahresmittelleistung loko Werk $N = 9500 \cdot 8760 = 83\,200\,000$ kWh.

Der Wirkungsgrad der Kraftübertragung ergibt sich aus
dem Wirkungsgrad bei der Transformierung im Werk $\eta_{Tr} = 0{,}98$
„ „ „ „ „ am Verbrauchsort $\eta_{Tr} = 0{,}98$
„ „ der Fernleitung $\eta_F = 0{,}94$
mit $\eta = 0{,}98 \cdot 0{,}98 \cdot 0{,}94 = 90{,}2\,\%$,
sonach kommen per Jahr am Verbrauchsorte an:

$$N = 0{,}902 \cdot 83\,200\,000 = 75\,000\,000 \text{ kWh},$$

wovon bei dem Ausnützungsfaktor $a = 0{,}90$ nutzbar abgegeben werden können:

$$N = 0{,}9 \cdot 75\,000\,000 = 67\,500\,000 \text{ kWh}.$$

2. Ermittlung der jährlichen Betriebskosten. Für Interkalarien, Bauleitung usw. werden 15 % der reinen Baukosten angenommen, so daß sich das Anlagekapital mit

$$A = 1{,}15 \cdot 38\,000\,000 = 43\,700\,000 \text{ S}$$

ergibt. Dieses Anlagekapital soll mit 6 % verzinst und in 50 Jahren getilgt werden.

Die weitere Berechnung der Jahreskosten in Prozent des Anlagekapitals ist unter Benützung der früher gegebenen Amortisationstabelle der folgenden Zusammenstellung zu entnehmen.

Tabelle für die Berechnung der jährlichen Betriebskosten

Gegenstand	Reine Baukosten B								Interkalarien usw. 15%	Anlagekapital A
	Hochbau	Wasserbau		Einrichtung		Summe	Anteilige Kosten an der Fernleitung	Gesamtsumme 6+7		
		Wehr	Sonstiges, Stollen usw.	masch.	elektr.	Kolonne 1 bis 5				
Kolonne	1	2	3	4	5	6	7	8	9	10
Kosten in Millionen Schilling	1,3	0,7	23,8	1,5	3,4	30,7	7,3	38,0	5,7	43,7
Jährliche Betriebskosten – mittelbar – a) Verzinsung (in % der Baukost.)	—	—	—	—	—	—	—	—	—	6,0
Jährliche Betriebskosten – mittelbar – b) Tilgung n = 50 Jahre p = 6 % (in % der Baukost.)	—	—	—	—	—	—	—	—	—	0,34
Jährliche Betriebskosten – mittelbar – c) Abschreibung: Lebensalter in Jahren	50	30	70	20	20	—	25	—	—	—
Jährliche Betriebskosten – mittelbar – c) Abschreibung: Altwert in %	10	—	—	5	5	—	—	—	—	—
Jährliche Betriebskosten – mittelbar – c) Abschreibung: Abschreibungsquote bei 4% Zinsfuß ohne Rücksicht auf Altwert (in % der darüberstehenden Baukosten)	0,655	1,783	0,27	3,358	3,358	—	2,406	—	—	—
Jährliche Betriebskosten – mittelbar – c) Abschreibung: Abschreibungsquote bei 4% Zinsfuß mit Rücksicht auf Altwert (in % der darüberstehenden Baukosten)	0,58	1,783	0,27	3,19	3,19	0,595	2,406	0,94	—	0,82
Jährliche Betriebskosten – mittelbar – d) Risikorücklagen (in % der darüberstehenden Baukosten)	—	—	—	—	—	—	—	—	—	—
Jährliche Betriebskosten – unmittelbar – a) Unterhaltung (in % der darüberstehenden Baukosten)	—	—	—	—	—	—	—	—	—	0,75
Jährliche Betriebskosten – unmittelbar – b) Personalkosten (in % der darüberstehenden Baukosten)	—	—	—	—	—	—	—	—	—	0,50
Jährliche Betriebskosten – unmittelbar – c) Betriebsmittel (in % der darüberstehenden Baukosten)	—	—	—	—	—	—	—	—	—	0,30
Jährliche Betriebskosten – unmittelbar – d) Allg. Unkosten (in % der darüberstehenden Baukosten)	—	—	—	—	—	—	—	—	—	0,40
Summe der jährlichen Betriebskosten in % des Anlagekapitals										9,11

Summe der jährlichen Betriebskosten in S....... $0{,}0911 \cdot 43\,700\,000 = 3\,981\,070$ S

Die Kosten der durch die vorliegende Wasserkraftanlage erzeugten und nutzbar abgegebenen kWh ergeben sich sonach loko Verbrauchsort mit

$$k = \frac{3\,981\,070}{67\,500\,000} = 0{,}059 \text{ S} = 5{,}90 \text{ Groschen.}$$

Man sieht, daß die Kosten der aus Wasserkraft gewonnenen Energie am stärksten durch die Höhe des für das Leihkapital ausbedungenen Zinsfußes beeinflußt werden.

D. Kosten und Einzelheiten von Wasserkraftanlagen

Kostenvergleiche mit ausgeführten Werken liefern kein richtiges Bild; die Einführung eines Umrechnungs- oder Teuerungsfaktors erfaßt nicht alle geänderten Verhältnisse. Die Kosten müssen also für jeden Fall an Hand der dem Projekte entnommenen Ausmaße und der jeweils geltenden Einheitspreise errechnet werden.

Schönberg-Glunk (siehe Quellenverzeichnis unter 2) geben die Kosten ganzer Wasserkraftanlagen ohne Kosten für Kapitalbeschaffung und Bauzinsen und ohne Transformatoranlagen an, aufgebaut auf den in Deutschland im Frühjahr 1925 geltenden Verhältnissen per Kilowatt Ausbauleistung.

Für Niederdruckanlagen mit ....650 bis 940 Mark
„ Hochdruckanlagen mit............300 „ 470 „
„ Talsperrenanlagen mit ....620 „ 940 „

Hinsichtlich der Ausbauwürdigkeit einer Wasserkraftanlage wird dort bemerkt: Bei einem Zinsfuß von 8 % und einer jährlichen Benützungsdauer von 6000 Stunden für die Ausbauleistung ist unter Voraussetzung eines Kohlenpreises von 25 bis 30 Mark per Tonne eine Wasserkraft mit 1800 Mark per kW Ausbauleistung noch als ausbauwürdig zu bezeichnen.

Wehranlagen. Man unterscheidet feste und bewegliche Wehre. Bei ersteren wird der Staukörper als feste Mauer aus Beton, Mauerwerk oder in aufgelöster Bauweise aus Eisenbeton hergestellt. Der Aufstau bleibt immer gleich, die Hochwasser- und Geschiebeabfuhr erfolgt über die Wehrkrone.

Bei den beweglichen Wehren besteht der Staukörper aus einem oder mehreren beweglichen Teilen, die nicht nur eine Veränderung des Staues, sondern auch eine regulierbare Abfuhr von Hochwässern, Geschiebe und Eis gestatten. Die vollkommenste Art von beweglichen Wehren stellen die selbsttätigen (automatischen) Wehre dar, die unabhängig von der Wachsamkeit des Wärters bei Überschreitung einer bestimmten Stauhöhe sich teilweise oder ganz niederlegen und so das Durchflußprofil teilweise oder ganz für die unschädliche Abfuhr des Hochwassers freigeben.

Die am meisten verwendeten beweglichen Wehre sind die Schützenwehre, die für kleinere Öffnungen als Gleitschützen aus Holz oder Eisen, für größere Öffnungen als Rollschützen (Stoneyschützen) ausgebildet sind. Für große Wehranlagen in Strömen werden die Schützen mehrteilig ausgebildet.

Walzenwehre bestehen aus einer eisernen Walze, die durch Aufwalzen das Durchflußprofil freigibt. Sie werden für den Abschluß großer Öffnungen ausgeführt.

Klappen- und Segmentwehre werden meistens als beweglicher Aufbau auf eine feste Wehrschwelle verwendet.

Die wichtigsten selbsttätigen Wehre sind die hydraulischen Dachwehre und die Stauklappen. Bei ersteren erfolgt sowohl die Einhaltung der Ruhestellung im aufgestellten Zustand als auch die selbsttätige sowie zwangsweise herbeigeführte Bewegung, das ist das Niederlegen und Aufstellen durch den Wasserdruck ohne jede weitere Antriebskraft, bei letzteren ist die Ruhestellung durch Ausbalancierung des Wasserdruckes durch ein Gegengewicht erreicht. Das Niederlegen erfolgt bei Überschreitung des normalen Staues durch den das Gegengewicht überwiegenden Wasserdruck, das selbsttätige Aufstellen bei Unterschreitung des Staues. Die selbsttätige Bewegung erfolgt also auch hier auf rein hydraulischem Wege, während die zwangsweise herbeigeführte Bewegung bei den sogenannten Untergewichtsklappen auf hydraulischem Wege, bei den Obergewichtsstauklappen auf mechanischem Wege erfolgt.

Die Hauptabmessungen eines Wehres sind durch die Menge des abzuführenden Hochwassers sowie die Stauhöhe bedingt, welch letztere unter Bedachtnahme auf den sich flußaufwärts auf eine gewisse Strecke (Stauweite) bemerkbar machenden Aufstau konsensmäßig festgelegt wird.

Die wesentlichen Bestandteile einer normalen Wehr- oder Wasserfassungsanlage gehen aus der Abb. 7 hervor. Unterhalb des Staukörpers wird das Flußbett zur Verhinderung von Auskolkungen durch ein Sturzbett geschützt.

Neben den eigentlichen Wehröffnungen ist der Grundablaß angeordnet, der zur Abfuhr der im Stauweiher sich bildenden Ablagerungen bestimmt ist und gewöhnlich vor dem Einlauf liegt. Der Einlauf ist durch die Einlaufschwelle mit Grobrechen und darüber angeordnete Hochwasserschutzwand gebildet. Im Einlaufbecken setzt sich der über die Einlaufschwelle noch hereingelangte grobe Schotter ab und wird durch die Kiesschleuse zeitweilig in den Fluß zurückgespült. Soll das Betriebswasser von dem feinkörnigen Sande befreit werden (größere Lebensdauer der Turbinenbestandteile), dann muß das Einlaufbecken zu einem Klärbecken ausgestaltet werden, welches das Wasser mit einer so geringen Geschwindigkeit durchfließt, daß der schwere Sand Zeit hat, sich zu Boden zu setzen. Eine weitaus vollkommenere Entsandung des Betriebswassers wird durch die Entsandungsanlagen (Patente Ing. Büchi und Ing. Dufour) erzielt, die entweder an Stelle des Einlaufbeckens oder an anderer passender Stelle des Oberwasserkanals eingebaut werden. Der eigentliche Kanaleinlauf ist durch die Einlaufschützen abgeschlossen, zuweilen durch einen zweiten, etwas engeren Grobrechen. Um zu verhindern, daß eine größere Wassermenge, als konsensmäßig gestattet ist, in den Oberwasserkanal eintritt, wird meistens ein Streichwehr angeordnet, über welches das überschüssige Wasser in den Fluß zurückfließt.

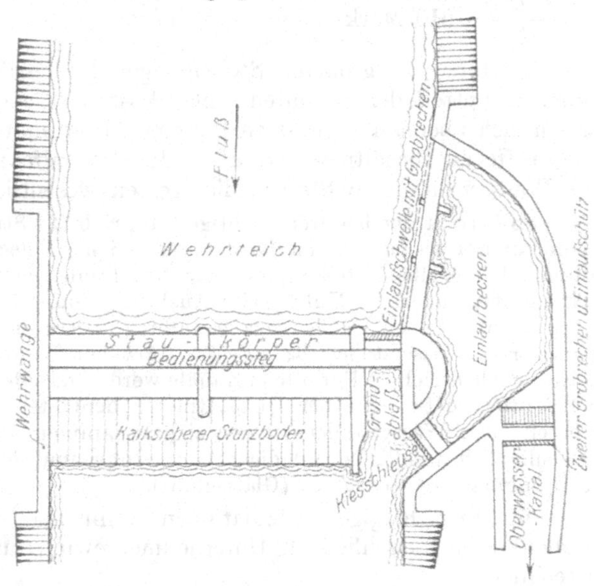

Abb. 7. Schema einer Wehranlage

Die Kosten von Wehranlagen setzen sich zusammen aus den Kosten der einzelnen Verschlußarten und aus jenen der Pfeiler und der sorgfältigst durchzubildenden Fundierung, die jedoch, als von den jeweiligen Verhältnissen abhängig, fallweise zu ermitteln sind. Ludin (siehe Quellenverzeichnis unter 3) gibt für einige ausgeführte Wehre sowohl die Gesamtkosten als auch die auf den Quadratmeter Abschlußwand, das ist die nutzbare Höhe h mal lichter Breite b, und schließlich die auf die Einheit $b h^{1,5}$ entfallenden Gesamtkosten an. Es betragen bei G Gesamtkosten:

für Schützenwehre bei $b = 2 \times 15$ m und $h = 3{,}75$ m die Kosten $\frac{G}{b\,h} = 1170$ Mark, $\frac{G}{b\,h^{1,5}} = 605$ Mark;

für Losständerwehren bei $b = 15{,}8$ m und $h = 2{,}20$ m die Kosten $\frac{G}{b\,h} = 834$ Mark, $\frac{G}{b\,h^{1,5}} = 561$ Mark;

für Stoneyschützen bei $b = 10 \times 17{,}5$ m und $h = 9{,}0$ m die Kosten $\frac{G}{b\,h} = 658$ Mark, $\frac{G}{b\,h^{1,5}} = 214$ Mark;

für kleine Gleitschützen bei $b = 5 \times 11{,}27$ m und $h = 2{,}13$ m die Kosten $\frac{G}{b\,h} = 346$ Mark, $\frac{G}{b\,h^{1,5}} = 239$ Mark;

für Klappenwehre bei $b = 8{,}4$ m und $h = 0{,}8$ m die Kosten $\frac{G}{b\,h} = 542$ Mark, $\frac{G}{b\,h^{1,5}} = 610$ Mark.

Stollen. Bei größeren Stollenlängen bilden die hiefür auflaufenden Kosten einen Hauptteil der gesamten Anlagekosten; die gesammelten Erfahrungszahlen lassen sich aber am schwersten für einen bestimmten Fall anwenden, da hier die angetroffenen Verhältnisse, vor allem die Beschaffenheit des angefahrenen Gebirges, der Wasserzudrang in Stollen, die Kosten wesentlich beeinflussen.

So beträgt der bei dreischichtigem Betrieb (24 Stunden) erreichte Tagesfortschritt beim Vortrieb bis zu 7 m und darüber, bei gleicher Belegschaft, jedoch bei einem anderen Mundloch desselben Stollens, oft nur Bruchteile eines Meters. Ebenso schwankt der Dynamitverbrauch per Kubikmeter Ausbruch von 0,3 bis zu 6 bis 7 kg. Nach Schönberg-Glunk (siehe Quellenangabe unter 2) betragen die Kosten fix und fertig ausgemauerter Wasserstollen *52 bis 133 Mark* per Laufendmeter und per Quadratmeter lichter Stollenfläche. (Für offene Kanäle werden daselbst diese Kosten mit *4 bis 11 Mark* per Laufendmeter und per Quadratmeter benetztem Querschnitt angegeben[1].) Die Kosten eines Wasserstollens setzen sich zusammen aus den Kosten für den Vortrieb einschließlich allfällig notwendiger Zimmerung und jenen für die Mauerung und die Aufbringung des Verputzes (Glattschliff).

Für überschlägige Kalkulationen kann man für mittlere Verhältnisse die Stollenkosten ausschließlich Unternehmergewinn und Außeninstallation wie folgt berechnen.

1. Ausbruch per Kubikmeter voll ausgebrochenes Profil, das ist Vortrieb und Ausweitung.

a) Löhne:

Aufseher . . . . 1,5 Stunden
Mineure und sonstige Professionisten . . . . 9,0 „
Schlepper . . . . 7,5 „
Bei starkem Wasserzudrang 20 bis 30 % Zuschlag zu den Löhnen.

b) Material:

Dynamit . . . . 2 kg
Kapseln . . . . 5 Stück
Zündschnur . . . . 6 m
Sonstiges Material, wie Karbid, Kohle, Bohrstahl, rund 25 % der Kosten für Dynamit.
Bei Ausbau: Rundholz . . . . 0,15 m³
Schnittholz . . . . . 0,08 „

Der Vortrieb der Stollen erfolgt gewöhnlich dreischichtig. Für die Bohrarbeit werden hauptsächlich Preßluftbohrhämmer mit einem Gewichte von 12 bis 18 kg verwendet, so daß ein Bohrer von einem Mann gehalten werden kann. Als Sprengstoffe werden in den verschiedensten Zusammenstellungen und unter den verschiedensten Namen Gemische von Nitroglyzerin, Ammonsalpeter und Zumischstoffen verwendet, die Dynamite bzw. als wirksamster Sprengstoff Nitroglyzerin und Kollodium — die Sprenggelatine,

[1]) Die Kosten sind aufgebaut auf einen Richtlohn für Facharbeiter von *80 Pfennig* per Stunde und den Zementkosten von *50 Mark* per Tonne.

— für leichtere Schüsse Ammonsalpetersprengstoffe. Der durchschnittliche Tagesfortschritt kann für den Vortrieb mit 3 bis 3,5 m angenommen werden.

2. Die Ausmauerung erfolgt in Stampfbeton bei Freispiegelstollen etwa mit einem Mischungsverhältnis von 1:5 bis 1:6 für die Gewölbe und 1:8 bis 1:9 für die Widerlager, bei Druckstollen allenfalls auch Bewehrung und Anordnung einer dichtenden Schichte auf der Innenseite (Torkret, Blechverkleidung). Die Betonierleistungen schwanken je nach den örtlichen Verhältnissen (zur Verfügung stehender Stollenquerschnitt) zwischen 21 und 36 m³ per 24 Stunden.

Stollenmauerwerk per Kubikmeter:

a) Löhne:		b) Material:	
Aufseher	1,1 Stunden	Zement, durchschnittlich	250 kg
Maurer	8,0 ,,	Sand und Schotter, durchsch.	1,3 m³
Handlanger	10,0 ,,	Schalung, durchschnittlich	3,00 m²
Schlepper	6,0 ,,		

Bei starkem Wasserzudrang Zuschläge von 10 bis 15 % zu den Löhnen.

3. Der Glattschliff per Quadratmeter:

a) Löhne:		b) Material:	
Aufseher	0,15 Stunden	Zement	16 kg
Maurer	2,00 ,,	Sand	0,03 m³
Schlepper	0,30 ,,		

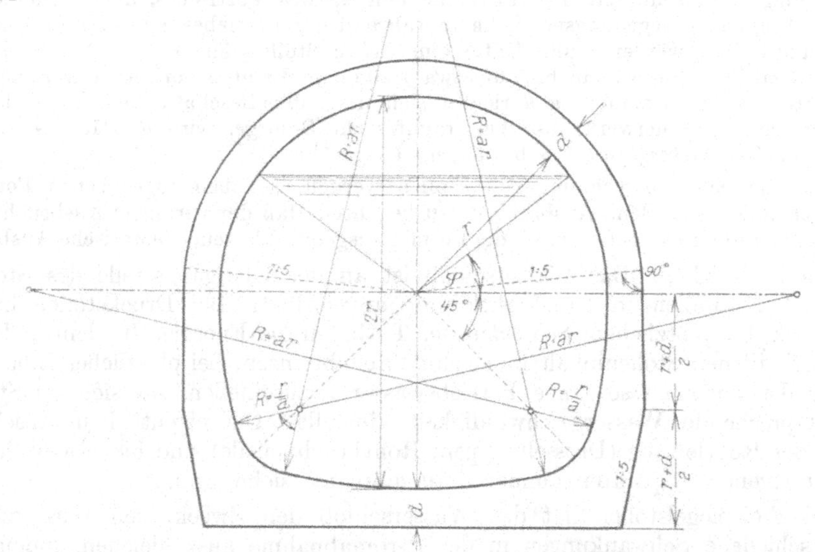

Abb. 8. Profil für einen Freispiegelstollen

Als Profilform für die Wasserstollen wird in allen jenen Fällen, wo es sich um inneren Überdruck (Druckstollen) oder um von außen rings um das Profil wirkenden Gebirgsdruck (Freispiegelstollen in blähendem Gebirge) handelt, mit Vorteil die Kreisform gewählt (statisch günstigste Form). Für unter normalen Verhältnissen zu bauende Freispiegelstollen ist Profil Abb. 8 besonders geeignet, da es gegenüber dem Kreis eine größere hydraulische Leistungsfähigkeit besitzt und sich dem trapezförmig ausgebauten Ausbruchprofil sehr gut anpaßt (Minimum an Ausbruchfläche, siehe Quellenverzeichnis unter 4). Mit den in der Abbildung eingetragenen Bezeichnungen bestehen für a = 3 folgende Beziehungen:

volle lichte Profilfläche .... $F_{voll} = 3{,}3759\ r^2$
voller innerer Umfang.................................. $U_{voll} = 6{,}6038\ r$
voller hydraulischer Radius............................ $R_{voll} = 0{,}5112\ r$
volle Ausbruchsfläche .... $A_{voll} = 3{,}55\ (r+d)^2$
Mauerungsfläche .... $M = A_{voll} - F_{voll}$

Für die durch den Winkel φ gekennzeichnete Füllung ist

$$F\varphi = 1{,}805\ r^2 + \frac{r^2}{2} \cdot (2\,\varphi + \sin 2\,\varphi)$$

$$U\varphi = 3{,}4622\ r + 2\ r\ \varphi$$

Ist die Wassermenge Q in m³/sek gegeben, so rechnet sich das erforderliche Stollenprofil (r) mit den früher gegebenen Gleichungen, wobei als Wassergeschwindigkeit $v = 1{,}0$ bis 2,5 m/sek bei Freispiegelstollen und $v = 2{,}0$ bis 3,5 m/sek bei Druckstollen einzuführen ist.

Für Erdkanäle wird die Geschwindigkeit etwas kleiner gewählt, etwa $v = 0{,}5$ bis 1,25 m/sek.

Bei kleinen Wassermengen wird für die Bemessung der Stollenfläche oft der Umstand maßgebend sein, daß für die Ermöglichung des Vortriebes, der Ausmauerung und der bequemen Begehungsmöglichkeit während des Betriebes ein gewisses Mindestprofil eingehalten werden muß. Unter eine lichte Stollenhöhe von 1,80 m wird man selten gehen. Die Breite kann bis auf etwa 1,20 m im Lichten verringert werden. Die Stärke der Stollenausmauerung d richtet sich nach der Beschaffenheit des Gebirges. Für Verkleidungsmauerwerk, also bei standfestem Gebirge, wird $d = 15$ bis 20 cm, für druckhaftes Gebirge $d = 25$ bis 50 cm ausgeführt.

Für die Kostenberechnung von Stollen werden die oben angegebenen Formeln gute Dienste leisten. Beim Ausbruch ist zu beachten, daß der wirkliche Ausbruch etwa 10 bis 20 % größer ist als der durch die Formel ausgedrückte rein theoretische Ausbruch.

Wasserschloß. Das Wasserschloß ist an der Übergangsstelle des Stollens zu der steil abfallenden Druckrohrleitung angeordnet. Bei Druckstollen hat es den Zweck, bei plötzlichem Schließen der Turbinen die Energie, die dem in Bewegung befindlichen Stolleninhalt innewohnt, abzubremsen, bei plötzlicher Inbetriebsetzung der Turbinen so lange Betriebswasser zuzuschießen, bis sich im Stollen die entsprechende Wassergeschwindigkeit einstellt. Die eigentlichen Abschlußorgane der Rohrleitung (Drosselklappen, Rohrbruchventile) sind hiebei gewöhnlich in einer eigenen Apparatenkammer untergebracht (siehe Abb. 2).

Bei Freispiegelstollen hat das Wasserschloß den Zweck, den Wasserzulauf für verschiedene Schwankungen in der Stromabnahme auszugleichen, indem für die Erzeugung von Spitzenleistungen aus seinem Wasservorrat Betriebswasser abgegeben, bei verminderter Stromabnahme das zufließende Wasser in seinem Becken gesammelt wird.

Zur Vermeidung einer unzulässigen Füllung des Beckens ist ein Überfall oder ein Heber eingebaut, der bei Erreichung und Überschreitung der maximalen Fülltiefe in Tätigkeit tritt und das überschüssige Betriebswasser durch den Leerlauf zu Tale führt. Der Leerlauf wird meist als Schußtenne ausgeführt, das ist ein steiles Gerinne aus Beton (allenfalls mit Holzverkleidung), in dem das Wasser zu Tale schießt, um entweder unmittelbar in den Mutterfluß einzumünden oder — durch eine Energievernichtungsanlage seiner Kraft beraubt und beruhigt — in denselben zu gelangen. Sonstige Einrichtungen eines Wasserschlosses: Rohrabschlußorgane, Schützen, Turbinenfeinrechen, schließlich Einrichtungen zur Abfuhr von Schlamm und Eis. Bei Freispiegelstollen für Werke mit gleichmäßiger Stromabnahme entfällt für das Wasserschloß die Aufgabe der Wasseraufspeicherung. Es hat hier lediglich die bereits erwähnten Ausrüstungen aufzunehmen und erhält daher wesentlich kleinere Abmessungen.

Rohrleitungen. Den Francis-Spiralturbinen sowie den Peltonrädern wird das Betriebswasser vom Wasserschloß aus durch eine Rohrleitung zugeführt. Als Rohrmaterial kommen Flußeisen, Gußeisen, Beton, Eisenbeton und Holz in Betracht; mitunter kommt an Stelle der Druckrohrleitung ein Druckschacht zur Ausführung, bei dem das Gebirge ganz oder teilweise die Aufgabe der Rohrwand übernimmt.

Als wichtigstes Rohrmaterial wird Siemens-Martin-Flußeisen mit einer Festigkeit von 34 bis 40 kg/mm² und einer Mindestdehnung von 25% verwendet. Die Längsnähte der einzelnen Rohre werden entweder geschweißt oder genietet; als Stoßverbindung der Rohre werden Nietmuffen oder Flanschen angeordnet. Genietete Rohre werden bis zu Innendrücken von 25 bis 30 Atm. hergestellt; sie haben gegenüber geschweißten Leitungen den Nachteil eines größeren Druckhöhenverlustes und eines um 25 bis 30% größeren Gewichtes, hingegen muß als Vorteil die eindeutige statische Berechnungsmöglichkeit der Nietverbindung hervorgehoben werden, während man die Festigkeit der Schweißnaht nicht rechnerisch ermitteln, sondern nur auf Grund von Versuchswerten einführen kann. Die Blechstärke eines unter Innendruck stehenden Rohres rechnet sich aus der Kesselformel mit

$$\delta = \frac{d \cdot p}{2 \cdot \sigma_{zul}} \quad \text{und} \quad \sigma_{zul} = \frac{K_z \cdot \varphi}{n} \quad \left(\begin{array}{l} \sigma_{zul} \text{ für Flußeisen} = 800 \text{ kg/cm}^2 \\ \sigma_{zul} \text{ für Gußeisen} = 200 \text{ kg/cm}^2, \end{array} \right)$$

wobei bedeuten

δ = Wandstärke in cm,
d = Rohrdurchmesser in cm,
p = Innendruck in Atm. (kg/cm²),
K_z = Zerreißfestigkeit des Blechmaterials in kg/cm²,
φ = bei geschweißten Rohren das Güteverhältnis der Schweißnaht ($\varphi = 0{,}85 - 0{,}95$),
φ = bei genieteten Rohren das Güteverhältnis, das ist das Verhältnis der Festigkeit des durch die Nietlöcher geschwächten Bleches zur Zerreißfestigkeit des vollen Bleches. Für den Nietdurchmesser d und die Nietteilung t ist $\varphi = \frac{t - d}{t}$,
n = Sicherheitsgrad.

Das Gewicht eines eisernen Rohres per Laufendmeter rechnet sich mit genügender Genauigkeit aus (siehe Quellenverzeichnis unter 1)

$$g = \frac{d\,\delta}{4},$$

hiebei ist g das Gewicht in kg/Lfm., d der Rohrdurchmesser in cm, δ die Rohrwandstärke in mm.

Die genauen Gewichte und zulässigen inneren Betriebsdrücke für gerade, glatte, geschweißte Rohre aus Flußeisen sind in der folgenden Tabelle (siehe Quellenverzeichnis unter 5) zusammengestellt.

Tabelle
für die Gewichte und zulässigen Innendrücke geschweißter, gerader, glatter Rohre

Lichter Durchmesser in mm	Wandstärken in mm														
	6	7	8	9	10	11	12	13	14	15	16	17	18	19	20
300	46,1	53,8	61,9	69,7	77,7	85,5	93,4	102,3	110,5	118,8	127,3	135,7	144	—	—
	30,5	35,5	41	46	51	56	61	66,5	71,5	76,5	81,5	87	92	—	—
350	53,6	62,7	72	81	90,2	99,4	108,9	118,6	128,3	137,7	147,2	156,9	166,7	176,5	186
	26	30,5	35	39,5	43,5	48	52,5	57	61	65,5	70	74	78,5	83	87
400	61,2	71,4	81,8	92,3	102,9	113,4	124,1	135	145,5	156,6	167,1	178,4	189	200	211
	23	27	30,5	34,5	38	42	46	50	53,5	57	61	65	69	72,5	76,5
450	68,7	80,2	92,1	103,3	115,2	127	139	151,3	163,5	175,3	187,3	199,6	211,7	224	236,5
	20,5	24	27	30,5	34	37,5	41	44	47,5	51	54,5	58	61	64,5	68
500	76,2	89,1	102,1	114,5	127,9	140,8	154,4	167,4	180,7	194	207,4	220,8	234,2	247,9	261,2
	18,5	21,5	24,5	27,5	30,5	33,5	36,5	39,5	43	46	49	52	55	58	61
600	91,4	106,7	122,2	137,7	152,8	168,2	184,3	200,5	215,5	232	247,8	263,5	278,8	295,2	312
	15	18	20,5	23	25,5	28	30,5	33	35,5	38	41	43,5	46	48,5	51
700	106,4	124.2	142	160,1	178,4	196	214	231,5	251	269,5	288	306	324,5	343,2	362,4
	13	15	17,5	19,5	22	24	26,5	28,5	30,5	32,5	35	37	39,5	41,5	43,5
800	121,8	142,2	162,5	182,2	203,6	224,1	244,5	265,5	286	307,5	328	348,8	371	390,5	412,3
	11,5	13,5	15,5	17	19	21	23	25	26,5	28,5	30,5	32,5	34,5	36,5	38
900	136,7	159,5	182,6	205,5	228,7	251,8	274.8	298,5	321,5	345	368,1	392	415	438,5	462,3
	10	12	13,5	15	17	18,5	20,5	22	23,5	25,5	27	29	30,5	32,5	34
1000	—	177,5	202,8	228,1	254	279,3	305,9	332	357,2	382,8	409	434,5	461	487,4	514
	—	10,5	12	14	15	17	18,5	20	21,5	23	24,5	26	27,5	29	30,5
1100	—	—	223	251	279	307,2	336	364,5	392,5	420,5	449	478	505,8	534,8	564
	—	—	11	12,5	14	15,5	16,5	18	19,5	21	22,5	23,5	25	26,5	28
1200	—	—	243,3	273.3	304,2	335	365,3	396,5	427,5	459	489,5	521	552	582,4	613,5
	—	—	10	11,5	13	14	15	16,5	18	19	20,5	21,5	23	24,5	25,5
1300	—	—	263	296,2	329,3	363	395,5	430	463	497	529,8	563,2	597	630	664
	—	—	9	10,5	11,5	13	14	15	16,5	17,5	19	20	21,5	22,5	23,5
1400	—	—	—	318,5	354,5	390	426,4	462	498,5	533	569,9	607	642	677,7	715
	—	—	—	9,8	11	12	13	14	15	16,5	17,5	18,5	19,5	20,5	22
1500	—	—	—	342	380	418,2	457	495	534	572	610,1	649	687,5	726,5	765
	—	—	—	9	10	11	12	13	14	15	16,5	17,5	18,5	19,5	20,5

Die oberen Zahlen geben das Gewicht in kg/Lfm. (für ein spez. Gewicht von 8,0), die unteren Zahlen die zulässigen Innendrücke in Atm. (kg/cm²) an, berechnet auf Grund einer 4- bis 4,7fachen Sicherheit und einer Materialfestigkeit von 34 bis 40 kg/mm².

Die Kosten für geschweißte Rohrleitungen können einschließlich Montage mit etwa 500 Mark per Tonne in Rechnung gestellt werden. Für den Unterbau offen verlegter Rohrleitungen kann man etwa 30% der Rohrkosten annehmen. Gußeiserne Druckrohrleitungen kommen nur für Kleinkraftanlagen mit niedrigen Innendrücken in Frage. Druckrohre aus Beton werden bis etwa 1 m Durchmesser erzeugt und vermögen nur ganz kleinen Innendrücken standzuhalten.

Eisenbetondruckrohre sind für größere Durchmesser und Innendrucke bis etwa 5 m überall dort am Platze, wo zufolge horizontaler Lage des Rohres oder ungleichmäßig verteilter Außendrücke (Überschüttung, Verkehrslast) in den Rohrwänden Momentenwirkungen auftreten, für deren Aufnahme zufolge der großen Wandstärken bei diesem Rohre wesentlich größere Widerstandsmomente zur Verfügung stehen als bei eisernen Rohren. Sie werden gewöhnlich mit doppelter Ringbewehrung (außen und innen gleich) versehen und erhalten eine Längsbewehrung von etwa 0,2%. Eisenbetonrohre kommen besonders für Unterdrückerungen als die wirtschaftlichste Anordnung in Frage.

Druckschächte werden an Stelle von Druckrohrleitungen dort verwendet, wo sehr gutes Gebirge vorhanden ist.

Der durch das Gebirge seiger vorgetriebene Schacht erhält eine Auskleidung aus Beton und einen inneren Eisenmantel. Die durch den Innendruck hervorgerufenen Kräfte werden durch Zusammenwirken der drei Stoffe Eisen, Beton und Gebirge aufgenommen (genaue Berechnung schwierig). Der Blechmantel wird zuweilen auch so bemessen, daß er bei alleiniger Aufnahme des gesamten Innendruckes nach der Kesselformel errechnete Spannungen erhält, die bis an die Elastizitätsgrenze heranreichen. Die Sicherheit liegt dann in der unbedingt stattfindenden Mitwirkung des Betons und Gebirges.

Als Kriterium (siehe Quellenverzeichnis unter 6) für die Wirtschaftlichkeit von Druckschächten gegenüber Druckrohrleitungen gilt die Faustformel:

$$K_a \leq \frac{(1{,}0725\,G - 1.32\,G_1)\cdot E}{1{,}1\,(A + 2\,M)}$$

hiebei bedeuten:

G das Eisengewicht der frei verlegten Rohrleitung in kg,
G_1 das Eisengewicht des Blechmantels im Druckschacht in kg,
A den Felsausbruch im Schachte in m³,
M die Ausmauerung im Schachte in m³,
E Preis per kg Eisen in Schilling.
K_a Preis für 1 m³ Ausbruch in Schilling.

Wenn der Ausbruchspreis K_a der oben angegebenen Bedingung entspricht, wird die Anordnung eines Druckschachtes an Stelle einer eisernen Rohrleitung in Erwägung zu ziehen sein.

Druckrohrleitungen aus Holz können bis zu Druckhöhen von 150 m, bei kleinem Durchmesser bis zu 200 m ausgeführt werden. Vorteil: Große Leichtigkeit und Elastizität, geringe Empfindlichkeit gegen Frost und geringer Druckhöhenverlust zufolge der Reibung an den Rohrwänden.

Die Rohrwände bestehen nach der Art von Fässern aus einzelnen, sorgfältig nach Radius und Umfang bearbeiteten Holzstäben, Dauben, die durch Flacheisen- oder Rundeisenbügel oder Spiralumschnürung zusammengehalten werden. Nach der Art der Herstellung unterscheidet man:

a) maschinengewickelte Rohre für Durchmesser von 100 bis 600 mm, abgestuft von 50 zu 50 mm; diese Rohre werden von der Fabrik fix und fertig in Längen von 4 und 5 m geliefert und besitzen Muffen;

b) kontinuierliche Daubenrohre in den Abmessungen von 0,5 bis 5 m Durchmesser, die, mit allem Zubehör geliefert, erst an Ort und Stelle durch fortgesetztes Ansetzen von Dauben mit um 0,80 bis 1,20 m versetzten Enden zusammengebaut werden.

Anwendungsgebiet hölzerner Turbinenleitungen:

Lichter Rohrdurchmesser in m:	5,0	4,0	3,0	2,0	1,5	1,0	0,75	0,5	kleiner als 0,5,
Innendruck bis Atm.:	4,0	4,5	6,0	8,5	11,0	14,0	15,5	17,5	20,0.

Bei Anordnung von Flacheisen- und Rundeisenbügeln ergibt sich die statische Wandstärke δ in cm aus

$$\delta = 0{,}076\,a\sqrt{p},$$

wobei a den Abstand der Bügel in cm, p den Innendruck in Atm. (kg/cm²) bedeuten (siehe Quellenverzeichnis unter 7).

Der erforderliche Bügelquerschnitt f in cm² berechnet sich aus: $f = \frac{a\cdot d\cdot p}{2\,K_z}$, wobei außer den bereits angeführten Bezeichnungen d = Rohrdurchmesser in cm, K_z = Inanspruchnahme des Eisens (800 kg/cm²) bedeuten.

Für die Bemessung der Holzwandstärke sind meist praktische Gründe maßgebend (Steifigkeit des Querschnittes, Frostschutz, Zuschlag wegen Dichtigkeit der Stöße usw.).

Krafthaus. Es ist der wichtigste Bestandteil einer Wasserkraftanlage (Krafterzeugungsstätte). Hier gelangen die Maschinen zur Aufstellung, die die Umwandlung der potentiellen Energie des Wassers in rotierende (Turbinen) und die weitere in elektrische (Stromerzeuger, Generatoren, Dynamos) vornehmen.

Anlage und Abmessungen des Krafthauses richten sich in erster Linie nach der Anzahl der Aggregate, die in dem Maschinensaal zur Aufstellung gelangen. Der ganze Saal wird von einem Laufkran bestrichen. Unterhalb des Fußbodens sind Kanäle für die Wasserzuleitung zu den Turbinen, deren Abführung in das Unterwasser, weiters Kanäle für die Zufuhr frischer Luft zu den Generatoren und Ableitung der Generatorabluft, schließlich solche für die Führung elektrischer Kabel- und Rohrleitungen für die Kühlung angeordnet. Meist ist anschließend an den Maschinensaal an einer Stelle mit möglichster Übersicht über den ganzen Saal der Kommandoraum errichtet, der Schaltpult und Schalttafel enthält. Die Schaltanlagen werden entweder in eigenen Gebäuden, den Schalthäusern, untergebracht oder ganz oder teilweise im Freien aufgestellt (Freiluftanlagen).

Bei dem Krafthaus müssen noch Räume vorgesehen werden für Kanzlei, Aufenthalt des Betriebspersonals, Sanität, Werkstätte, Schmiede, Magazine, Batterie, Telephon- und Signalanlagen. Für das Betriebspersonal werden in der Nähe des Krafthauses Wohnhäuser gebaut. An Hilfseinrichtungen sind jene für die Beschaffung des notwendigen Kühlwassers, Aufbewahrung des erforderlichen Öles, Überprüfung der Wasserzuleitung durch Wasserstandfernmelder, Signalapparate und Telephone, Transport der Maschinen und Apparate (Geleiseanlagen und Transportwagen) zu nennen. Größere Werke erhalten womöglich direkten Bahnanschluß.

Kosten von Krafthäusern nach Schönberg-Glunk (siehe Quellenverzeichnis unter 2). Sie betragen, aufgebaut auf den Verhältnissen in Deutschland im Frühjahr 1925, per 1 m³ umbauten Raumes: für Maschinenhäuser (ohne Maschinenfundamente) mit einem umbauten Raume:

von 10 000 bis 25 000 m³	22 bis 21 Mark
„ 25 000 „ 50 000 „	21 „ 20 „
über 50 000 m³	19 „ 18 „

für Transformatorenhäuser

von 5 000 bis 10 000 m³	26 bis 25 Mark
„ 10 000 „ 25 000 „	25 „ 24 „
über 25 000 m³	23 „ 22 „

für Betriebs- und Verwaltungsgebäude, Werkstätten

bis 5000 m³	28 bis 26 Mark
über 5000 „	26 „ 24 „

Der umbaute Raum wird gemessen von Außenwand zu Außenwand und von Fundamentsohle, bei Maschinenhäusern vom Fußboden des Maschinensaales bis zur mittleren Dachfläche.

Für die Ermittlung der Kosten der unterhalb des Maschinensaalfußbodens gelegenen Bauherstellungen empfiehlt es sich, die Kubatur des ganzen Klotzes, ohne Beachtung der Ausnehmungen für die verschiedenen Kanäle, zu errechnen und hiefür den geltenden Einheitspreis für Stampfbeton, etwa 1 : 5 gemischt, einzusetzen.

Fernleitungen. Der elektrische Teil des Freileitungsbaues umfaßt die Auswahl, Anordnung und Bemessung der Leiter, der mechanische jene des Leitungsgestänges, also der Maste und deren Fundamente.

Als Leiter (Drähte, Seile) kommt in erster Linie Kupfer in Frage, das bei großer Festigkeit die größte Leitungsfähigkeit besitzt. Außer Kupfer kommen seine Legierungen als verschiedene Arten von Bronze überall dort zur Verwendung, wo es sich um Einhaltung besonderer Sicherheiten handelt, wie bei Weitspannfeldern oder Kreuzungen. Aluminium hat nur sehr geringe Festigkeit und wird, verstärkt durch eine Stahlseele als Stahlaluminium, auch für große Spannweiten und Höchstspannungen verwendet. Stahl allein kommt nur für nicht stromführende Leitungen als Erd- oder Blitzseil in Betracht.

Tabelle über einige Materialkonstanten für die wichtigsten Leiter

Gegenstand	Elektrolytkupfer		Bronze	Aluminium (99% Feingehalt)	Stahlaluminium	Stahl
	halbhart	hart				
Spez. Leitfähigkeit bei 15° C	57	57	35	35	28	7
„ Gewicht in kg/dm³ .	8,9	8,9	8,8	2,75	3,6	7,8
Zerreißfestigkeit für Drähte kleinen Durchmessers in kg/mm²	40	46	60	18	28	70
Spez. Wärmedehnung α, bezogen auf 1° C	$17 \cdot 10^{-6}$	$17 \cdot 10^{-6}$	$16 \cdot 10^{-6}$	$23 \cdot 10^{-6}$	—	$11 \cdot 10^{-6}$
Elastizitätsmodul in kg/cm²	$1{,}3 \cdot 10^{6}$	—	$1{,}3 \cdot 10^{6}$	$0{,}715 \cdot 10^{6}$	—	$2{,}2 \cdot 10^{6}$
Preis[1]) für Seile in Mark/kg	1,60	1,60	2,30	2,90	2,10	0,30

[1]) Siehe Quellenverzeichnis.

Tabelle für die Ermittlung der Leitergewichte

Querschnitt	Kupfer			Aluminium			Eisen		
	Anzahl und Durchmesser der einzelnen Drähte	Gesamtaußendurchmesser	Gewicht per 1000 m	Anzahl und Durchmesser der einzelnen Drähte	Gesamtaußendurchmesser	Gewicht per 1000 m	Anzahl und Durchmesser der einzelnen Drähte	Gesamtaußendurchmesser	Gewicht per 1000 m
mm²	mm	mm	kg	mm	mm	kg	mm	mm	kg
1	—	1,23	9	—	—	—	—	—	—
1,5	—	1,38	13,5	—	—	—	—	—	—
2,5	—	1,78	22,5	—	—	—	—	—	—
4	—	2,26	36	—	—	—	—	—	—
6	—	2,76	54	—	2,76	16,0	—	2,8	50
10	—	3,5	89	—	3,5	27,0	—	3,6	80
16	—	4,5	143	—	4,5	43	—	4,5	130
16	7×1,7	5,2	150	7×1,7	5,2	46	19×1,1	5,5	150
25	—	5,65	223	—	5,65	68	—	5,7	205
25	7×2,1	6,5	234	7×2,1	6,5	71	19×1,3	6,5	210
35	7×2,5	7,7	328	7×2,5	7,7	100	19×1,6	8,0	320
50	14×2,1	9,2	468	14×2,1	9,2	143	19×1,8	9,0	400
70	19×2,1	10,9	655	19×2,1	10,9	200	37×1,6	11,2	625
95	19×2,5	12,7	889	19×2,5	12,7	271	37×1,8	12,6	785
120	19×2,8	14,2	1123	19×2,8	14,2	342	49×1,8	16,2	1070
150	30×2,5	15,9	1404	30×2,5	15,9	428	49×2,0	18,0	1320

Die Bemessung der Leitungen erfolgt in statischer Beziehung auf die entsprechende Festigkeit gegen die angreifenden Kräfte (Eigengewicht, Eislast und Temperatur) und in elektrischer Beziehung auf Erwärmung, Spannungsabfall und Energieverlust.

Als Stützpunkte der Leiter (Leitungsgestänge) kommen Maste aus Holz, Eisen und Eisenbeton in Betracht. Die Entfernung der Maste (Spannweite) wird so groß als möglich gewählt, um die Anzahl der Stützpunkte möglichst zu verringern. Die Masthöhe über Terrain ergibt sich aus Sicherheitsmaß plus größter Durchhang plus Abstand der Leiter. Die normengemäßen Sicherheitshöhen betragen in Österreich (Deutschland) auf freier Strecke 5 m (6), bei Wegekreuzungen 6,0 m (7,0), bei Bahnen über Schiene 7 m (7).

Der größte Durchgang ist für + 40° C oder — 5° C plus Eisbelastung rechnerisch zu ermitteln oder Tabellenwerken (Jäger) zu entnehmen. Die Abstände der Leiter sind durch Vorschriften festgelegt.

Hinsichtlich der Art der Beanspruchung unterscheidet man:

Tragmaste, welche nur als Stützpunkte dienen und keinen Leitungszug aufzunehmen haben.

Abspannmaste werden in der Geraden alle 3 km angeordnet und so bemessen, daß sie zwei Drittel des gesamten einseitigen Leitungszuges aufzunehmen imstande sind.

Winkelmaste werden in allen horizontalen Winkeln der Leitung angeordnet und meist als Abspannmaste ausgebildet.

Kreuzungsmaste werden nach besonderen Vorschriften bei Überquerungen von Kommunikationen ausgeführt.

Endmaste, ausgeführt am Beginn und Ende der Leitung, bemessen auf vollen einseitigen Zug.

Holzmaste. Die wirtschaftlichste Spannweite muß fallweise ermittelt und kann für Linien mit einem Gesamtquerschnitt der Leitungs- und Schutzdrähte

bis	110	210	300	über 300 mm²
mit	80	60	50	40 m

angenommen werden.

Die Zopfstärke (mittlerer Durchmesser am Mastzopfe) beträgt für Betriebsspannungen über 300 V Wechselstrom oder 600 V Gleichstrom mindestens 15 cm, für Spannungen über 1000 V mindestens 17 cm; bei Richtungsänderungen mindestens 18 cm.

Unter Einhaltung der oben angegebenen Höchstwerte der Mastentfernungen berechnet sich für gerade Strecken und einfache Holzmaste die Zopfstärke Z aus:

$$Z = 1{,}2\sqrt{H \cdot D},$$

wobei D die Summe der Durchmesser aller an dem Mast verlegten Leitungen in Millimetern und H die mittlere Höhe der Leitungen am Mast in Metern bedeuten.

Alle 500 m ist ein verankerter oder gekuppelter Mast anzuordnen. Holzmaste sollen in mittlerem Boden auf eine Tiefe von 1,50 bis 2,50 m, mindestens jedoch auf ein Siebentel ihrer Länge eingegraben und gut verrammt werden.

Für die Lebensdauer von Holzmasten ist eine wirksame Imprägnierung sowie ein guter Schutz des Mastfußes von größter Bedeutung (siehe S. 454). Die Lebensdauer von Masten beträgt:

	nicht imprägniert	kyanisiert	kreosotiert
Fichte und Tanne	2 bis 4 Jahre	12 Jahre	im Mittel 15 Jahre
Lärche	6 „ 10 „		
Eiche	4 „ 7 „		

Das Konservieren der Masteinspannstelle erfolgt durch Teerölanstriche, durch Aufschieben einer Hülse oder durch Aufsetzen des Mastes auf einen Fuß aus Eisen oder Eisenbeton.

Eiserne Maste kommen fast ausschließlich für Höchstspannungsleitungen und Spannweiten über 150 m zur Verwendung; für untergeordnete Zwecke werden sie aus [- und I-Profilen (Streckmaste) oder aus Mannesmannröhren hergestellt, für Hochspannungsleitungen als Gittertürme ausgebildet.

Anordnung und Gewichte siehe die folgende Zusammenstellung, die auch die Leistungsfähigkeit der einzelnen Leitungen, die Querschnitte der Leiter- und Blitzseile, das Gewicht des Kupfers und der gesamten Eisenteile per 10 km Leitungslänge und schließlich für überschlägige Kostenberechnungen die Preise per 10 km Länge, aufgebaut auf den Verhältnissen in Deutschland im Frühjahr 1925, enthält.

Tabelle für Hochspannungsleitungen mit eisernen Masten
(nach Quelle unter 2)

Betriebsspannung	25 000 Volt						60 000 Volt						100 000 Volt					
Mittlere Spannweite	160 m						200 m						250 m					
Art der Leitung	Einfachleitung			Doppelleitung			Einfachleitung			Doppelleitung			Einfachleitung			Doppelleitung		
Kupferleiterquerschnitt in mm²	1× 3×25	1× 3×50	1× 3×70	2× 3×25	2× 3×50	2× 3×70	1× 3×50	1× 3×70	1× 3×95	2× 3×50	2× 3×70	2× 3×95	1× 3×70	1× 3×120	1× 3×185	2× 3×70	2× 3×120	2× 3×185
Stahl-Blitzseilquerschnitt in mm²	1×35						1×35	1×50					1×50		1×70	1×50		1×70
Übertragbare maximale Leistung in kW bei cos φ = 1	2700	5400	7600	5400	10 800	15 200	13 000	18 000	25 000	26 000	36 000	50 000	30 000	50 000	80 000	60 000	100 000	160 000
Gesamthöhe eines Tragmastes in m¹)	17	15,5	15,5	18,5	17,0	17,0	18	18	17,5	20,5	20,5	20	23	22,5	22,0	26	25,5	25
Gewicht eines Tragmastes in kg, bei Schwellenfundierung	660	680	720	970	1000	1050	920	970	1010	1370	1450	1520	1300	1350	1400	2100	2250	2500
Gewicht eines Abspannmastes in kg	1200	1250	1400	1650	1850	2300	1450	1600	1950	2450	2900	3300	2350	2700	3000	4500	5000	5800
Gewicht der Kupferleitungsseile per 10 km in Tonnen	7,5	14,5	20,0	15	29	40	14,5	20,0	27,5	29,0	40,0	55,0	20,0	35,0	54,0	40,0	70,0	108,0
Eisengewicht für Trag- und Abspannmaste, Erdseil, Erdungen per 10 km in Tonnen......	50	52	55,5	70	74	80	57	60	66	84	91	97	70	80	97	114	139	167
Gesamtpreis per 10 km in Mark²)	62 000	76 000	88 000	93 000	120 000	143 000	85 000	98 000	113 000	138 000	163 000	192 000	110 000	140 000	180 000	183 000	242 000	320 000

¹) Als Gesamthöhe gilt die Höhe vom Mastfuß bis zur Mastspitze, jedoch ohne Blitzseilträger.
²) Auf Grund der Preisverhältnisse in Deutschland im Frühjahr 1925.

Die Fundamente der eisernen Maste bestehen aus Beton (Blockfundamente), jene der Tragmaste zuweilen auch aus einem aus vier oder sechs Eisenbahnschwellen gebildeten Rost (Schwellenfundamente). Die Lebensdauer eiserner Maste kann mit 30 Jahren angenommen werden, vorausgesetzt, daß der Rostschutzanstrich etwa alle drei bis vier Jahre erneuert wird. Bei leichten Masten (Tragmasten) entfallen per 100 kg Eisenkonstruktion etwa 4,3 m² Anstrichfläche, bei schweren Abspann-Eck- und Kreuzungsmasten etwa 2,6 m².

Eisenbetonmaste werden nach dem Schleuder- oder dem Formverfahren hergestellt.

Bei der ersten Herstellungsart (Schleuderbetonmaste) wird der besonders vorbereitete flüssige Beton in einer Schleuderformmaschine durch die Zentrifugalkraft um ein Metallgerippe herumgepreßt. Dieses Gerippe besteht gewöhnlich aus starken gewalzten Stahl- oder Eisenstäben, die durch Spiralwicklungen aus Eisendraht oder besondere Armaturen gehalten werden.

Preise für runde Schleudermaste einschließlich normaler, kegelförmiger Abschlußkappe (für dreifache Sicherheit)[1])

Spitzenzug in kg	gesamte	freie	oberer / unterer Durchmesser in mm	ungefähres Gewicht in kg	Preis per Stück in Mark	Spitzenzug in kg	gesamte	freie	oberer / unterer Durchmesser in mm	ungefähres Gewicht in kg	Preis per Stück in Mark
	Länge in m						Länge in m				
300	8,0	6,5	160/280	570	104,40	500	10,0	8,0	180/330	1070	155,40
400	8,0	6,5	160/280	710	112,30	300	11,0	9,0	180/400	1080	151,50
500	8,0	6,5	180/300	730	119,00	400	11,0	9,0	180/400	1150	162,60
300	9,0	7,5	160/295	685	120,20	500	11,0	9,0	180/400	1230	171,30
400	9,0	7,5	160/295	800	127,20	300	12,0	10,0	180/420	1250	169,50
500	9,0	7,5	180/315	870	136,20	400	12,0	10,0	180/420	1310	178,20
300	10,0	8,0	180/330	820	137,00	500	12,0	10,0	180/420	1410	191,50
400	10,0	8,0	180/330	1050	145,80						

Die Preise gelten frei Bahnwagen Versandstation Meissen (Sachsen).

Beim Formverfahren (Porrmaste, Saxoniamaste) erfolgt die Herstellung durch Einstampfen des Betons um das Eisengerippe in besonderen Formen oder Formmaschinen. Diese Art der Herstellung kann auch an dem Mastaufstellungsorte selbst erfolgen, wodurch wesentlich an Transportkosten gespart werden kann. Die Vorteile der Eisenbetonmaste, die heute bereits zu Höchstspannungsleitungen mit großen Spannweiten verwendet werden, bestehen in der großen Dauerhaftigkeit und dem Entfall jeglicher Erhaltungsarbeit.

Die Auswahl des Baustoffes für Maste von Freileitungen wird im allgemeinen unter Bedachtnahme auf die Betriebspannung, Bedeutung der Leitung, Gelände- und Bodenbeschaffenheit, klimatischen Verhältnisse und natürlich auf die Kosten erfolgen. Bei dem Vergleich der Kosten von Masten aus Holz, Eisen und Eisenbeton müssen natürlich neben den Anlagekosten, das sind die Kosten für den fix und fertig gelieferten, aufgestellten und gestrichenen Mast, auch die Betriebskosten berücksichtigt werden, welche durch Auswechseln und Anstreichen der Maste und die durch diese Arbeiten bedingten Grundentschädigungen und Stromlieferungsverluste entstehen. Beträgt die Konzessionsdauer bzw. die Vergleichsperiode t Jahre, der für diesen Zeitraum zu erwartende Zinsfuß p%, die Lebensdauer der

[1]) Laut Mitteilung der deutchen Schleuderröhrenwerke Otto und Schlosser, Meissen.

Maste g Jahre, jene des Anstriches g' Jahre, so sind die kapitalisierten Kosten K (siehe Quellenverzeichnis unter 8)

für Holzmaste $K = A + aE + b\,[c\,(W + V) + c'\,F]$

„ Eisenmaste $K = A + aE + b\,c'\,(F + V)$

„ Betonmaste $K = A$

wobei bedeuten: E jährliche Grundentschädigungsrente,
A Anschaffungskosten,
W Kosten der einmaligen Auswechslung der Maste, das ist A plus Abtragen des alten Mastes,
F Kosten der einmaligen Anstricherneuerung der Eisenteile,
V einmalige Stromlieferungsverluste während der Betriebseinstellung;

die Koeffizienten a, b, c und c' können der folgenden Tabelle entnommen werden.

Koeffizienten a, b, c, c' zur Berechnung der kapitalisierten Gestängekosten

Zinsfuß „p" %	Vergleichsperiode „t" in Jahren							Werte von
	20	25	30	35	40	45	50	
6	12,16	13,55	14,59	15,37	15,95	16,39	16,79	a
8	10,60	11,53	12,16	12,59	12,87	13,08	13,21	
10	9,36	9,98	10,37	10,61	10,76	10,85	10,91	
12	8,37	8,78	9,02	9,16	9,23	9,28	9,30	
6	0,670	0,753	0,816	0,862	0,897	0,923	0,942	b
8	0,768	0,842	0,893	0,927	0,950	0,966	0,977	
10	0,836	0,898	0,937	0,961	0,976	0,985	0,991	
12	0,884	0,934	0,963	0,979	0,988	0,993	0,996	

Zinsfuß „p" %	Lebensdauer „g" bzw. „g'" in Jahren									Werte von
	2	3	4	5	6	8	10	12	15	
6	8,089	5,234	3,809	2,956	2,389	1,684	1,264	0,988	0,716	c' und c''
8	6,010	3,851	2,774	2,131	1,704	1,175	0,863	0,659	0,461	
10	4,763	3,021	2,055	1,638	1,296	0,875	0,628	0,468	0,315	
12	3,931	2,470	1,744	1,312	1,027	0,678	0,475	0,356	0,224	

Quellenverzeichnis.

1. Kuhn, Ing. F.: Praktische Winke für das Entwerfen eiserner Druckrohrleitungen. Die Wasserwirtschaft. Heft 1. 1927.
2. Schönberg-Glunk: Landeselektrizitätswerke. München und Berlin. 1926.
3. Ludin: Die Wasserkräfte.
4. Pernt, Dr. Ing. M.: Über das günstige Stollenprofil. Die Wasserwirtschaft. Heft 2 bis 6 1925.
5. Heck, Obering.: Turbinenrohrleitungen.
6. Kuhn, Ing. F.: Über die Wirtschaftlichkeit von Druckschächten. Zeitschr. d. österr. Ing.- u. Arch.-Vereines. Heft 1/2. 1922.
7. Schmitt, Ing. F.: Berechnung von hölzernen, aus Lamellen zusammengesetzten Druckrohrleitungen. Zeitschr. d. österr. Ing.- u. Arch.-Vereines. 1923. Heft 9/10.
8. Brichca, Dr. Ing. F.: Über Wert und Preis von Hochspannungsgestängen. E. & M. Heft 11 (Beilage). 1925.

Garagenbau und Tankanlagen

Von Ing, Karl Fischer der Wayss & Freytag A.-G. und Meinong G. m. b. H., Wien

A. Garagen

Zweck: Unterbringung von Kraftfahrzeugen, um sie gegen die Unbilden der Witterung oder Diebstahl zu schützen und um kleinere Reparaturen und Reinigung vornehmen zu können.

Einteilung der Kraftwagen:

Motorräder und Motorräder mit Beiwagen;

Kleinautos (für Personenbeförderung) und Lieferwagen (Zyklonetten). Länge bis 3,00 m, Breite bis 1,40 m (bei Zyklonetten bis 1,70 m);

Viersitzige Gebrauchswagen (Normalautos). Länge 3,00 bis 4,80 m, Breite rund 1,50 m;

Sechssitzige Wagen (Luxusautos). Länge über 4,80 bis 6,00 m, Breite 1,40 bis 1,70 m;

Lastwagen, klein, ohne Anhänger, für Schnellbetrieb (bis 1000 kg Ladefähigkeit);

Große Lastwagen mit Anhängerwagen. Länge 6,00 bis 7,00 m, Breite 2,00 bis 2,20 m;

Autoomnibusse in verschiedenen Größen.

Einteilungen der Garagen:

a) nach dem Fassungsvermögen:

Einzelgaragen, für Unterbringung von 1 bis 2 Kraftwagen;

Kleingaragen, für die Unterbringung bis zu 15 Kraftwagen;

Mittelgaragen, für die Unterbringung von 16 bis 100 Kraftwagen;

Großgaragen, für die Einstellung von mehr als 100 Kraftwagen;

b) nach der Lage im Terrain (vertikale Gliederung):

Untergrund- und Kellergaragen unter der Straßenoberfläche bzw. im Souterrain von Hochbauten;

Flachgaragen, deren Fußboden ungefähr im Terrain bzw. im Straßenniveau liegt und die nur ein Geschoß enthalten;

Stockwerksgaragen mit 2 bis 6 und mehr Stockwerken, mit Rampenanlagen zur Erreichung der Stockwerkshöhen bzw. mit Aufzügen und Schiebebühnen;

c) nach Ausbau der Kraftwagenstände (Boxen):

Garagen mit Einzelboxen, wo jeder Wagenstand für sich durch Drahtgitter oder volle Zwischenwände abgeschlossen ist;

Garagen mit Sammelboxen, bei denen eine Gruppe von Wagenständen durch Drahtgitter oder Scheidewände abgeschlossen ist;

Garagen mit Saalgemeinschaft für alle Wagen, also ohne Zwischenwände zwischen den Wagenständen.

Vorschriften über den Bau von Garagen: Der Magistrat Wien gibt nachfolgende Vorschriften für den Bau von Garagen:

Türen und Fenster der Garage sind feuersicher auszugestalten, der Fußboden ist undurchlässig, feuersicher und mit Gefälle gegen eine Sammelgrube herzustellen, in den Kanal mündende Wasserabläufe in der Garage und im Waschraum sind mit sicher wirkenden Benzinfängern zu versehen, eine Beheizung darf nur von außen stattfinden, die Beleuchtung darf nur durch elektrische Glühlampen mit auch deren Fassung umschließenden Glasschutzhüllen erfolgen, Schalter, Sicherungen und Steckkontakte sind außerhalb anzuordnen oder funkensicher auszugestalten. Leitungsdrähte dürfen nicht frei geführt werden. In der Nähe der Decke und des Fußbodens sind mit engmaschigen Drahtnetzen verschlossene Entlüftungen herzustellen.

In der Garage dürfen keine möglicherweise funkenbildende Arbeiten vorgenommen werden und ist eine Lagerung von Benzin in derselben verboten.

Der für die Lagerung von Benzin vorgesehene Raum ist vollständig feuersicher herzustellen, der Fußboden desselben derart zu vertiefen, daß der ganze Vorrat von Benzin in der Vertiefung Platz findet, in der Türe sind durch engmaschige Drahtnetze versehene Lüftungsöffnungen anzuordnen. Die Lagerung hat in explosionssicheren Gefäßen zu erfolgen, der Benzinvorrat richtet sich nach den örtlichen Verhältnissen, darf jedoch in der Regel 150 kg nicht überschreiten.

Beim Eingang der Garage und bei dem Benzinlager ist das Verbot des Rauchens und Hantierens mit offenem Licht deutlich anzuschlagen und ist an diesen Stellen ein Vorrat von Sand mit Wurfschaufel bereitzuhalten.

Bauliche Vorkehrungen in den Garagen: Fußboden. Derselbe muß wasserdicht und feuersicher sein. Es kommen daher in Betracht:

Stampfbetonfußboden mit 2 cm gutem, feingeschliffenem Zementestrich oder

Klinkerpflaster auf Betonunterlage. Klinker ist dauerhafter (besonders mit Rücksicht der Einwirkung von Ölen und Fetten), aber bedeutend teurer als geschliffener Estrich.

Fußboden werden in Gefälle verlegt; beste Gefällsneigung etwa 1½%.

Auf rund 60 bis 70 m² Fußbodenfläche und vor Ableitung der Abwässer in die Kanalisation sind Benzinfänger (S. 200) zur Abscheidung der Öle und Fette aus den Abwässern anzuordnen.

Zur explosions- und feuersicheren Lagerung von Benzin werden bei Mittel- und Großgaragen, meist außerhalb des Gebäudes, Tankanlagen errichtet (siehe Tankanlagen S. 492).

Waschanlagen zur Reinigung der Autos von Staub und Schmutz. Hiezu entsprechende Schlauchanschlüsse vorsehen. Eigene Räume für das Waschen kommen wohl nur bei Groß- und Stockwerksgaragen in Betracht (Waschanstalten); sonst erfolgt das Waschen meist auf den 6 bis 8 m breiten Zufahrtswegen in den Garagen.

Heizung. Die Temperatur in der Garage soll auch während der kältesten Jahreszeit nicht unter 3 bis 4° C sinken. Aus Sicherheitsgründen kommt vor allem Zentralheizung, bei Kleingaragen eventuell von außen zu betätigende Kaminfeuerung, in Einzel- oder Doppelboxen unter Umständen elektrische Heizung in Frage.

Kosten der Anlage einer Zentralheizung per 1 m² Grundrißfläche für Erwärmung bis über 4° C rund *S 12,00*.

Werkstättenanlagen, Bureaus, Aufenthalts- und Wohnräume für Chauffeure, eventuell Verkaufsladen usw. werden außerhalb der eigentlichen Garage angeordnet und sind in den nachfolgenden Preisermittlungen, falls nicht besonders erwähnt, nicht enthalten.

Räumliche Anordnung. Für einen jeden Kraftwagen ist ein Streifen von rund 75 cm rings um den Wagen vorzusehen. Für einen normalen Wagen von 4,50 m Länge und 1,40 m Breite sind also erforderlich: in einer Einzelbox mit Zwischenwänden: $(4{,}50+2\cdot 0{,}75)\times(1{,}40+2\cdot 0{,}75)=18\ \text{m}^2$, in einer Sammelgarage ohne Zwischenräume: $(4{,}50+0{,}75)\times(1{,}40+0{,}75)=11{,}5\ \text{m}^2$ bis $12\ \text{m}^2$.

Zufahrtswege zu den Wagenständen haben dort, wo auf zwei Seiten in die Wagenstände ein bzw. aus denselben herausgefahren werden muß, eine Breite von 8,0 m, wo nur auf einer Seite Boxen angeordnet sind, eine solche von 7,0 m und wo keine Aus- und Einfahrt in Wagenstände stattfindet, eine Breite von 6,0 m zu erhalten.

In Stockwerksgaragen, falls die Rampen für die Zufahrt und für die Ausfahrt getrennt angeordnet sind, ist eine Rampenbreite von mindestens 5 m und eine Neigung von 8 bis 12% vorzusehen bzw. Wagenaufzüge und Schiebebühnen anzulegen. Für je 25 bis 30 Wagenstandplätze kann ein Aufzug gerechnet werden.

Nebenräume für Werkstätte, Bureaux, Portier usw. werden meist außerhalb der eigentlichen Garage untergebracht.

Flächenbedarf für einen Wagenstandplatz in einer Mittelgarage richtet sich nach der räumlichen Einteilung, Bequemlichkeit, Größe der Gesamtfläche usw. und kann mit angenähert 30 bis 40 m² (einschließlich der Zufahrtswege) angenommen werden, ausschließlich eventuell notwendiger Rampenanlagen bei Stockwerksgaragen.

Kosten von Flachgaragen ohne Heizung und Beleuchtung

Fassungsraum	Verbaute Fläche m²	Bauliche Details	Gesamtpreis S	Preis für 1 m² Fläche S	Fläche f. einen Wagenstand m²	Preis f. einen Wagenstand S	Anmerkung
1 Luxusauto Abb. 1	35	Massivwände, Tramdecken, Holzdachstuhl, Schieferdeckung	5 400	155	35	5400	
2 Autos Abb. 2	57	wie vor	8 300	145	28,5	4150	
2 Autos Abb. 3	57	Zerlegbar aus Eisenkonstruktion mit Wellblechverkleidung	10 500	185	28,5	5250	
14 Autos mit separaten Boxen Abb. 4	567	Eisenbetondach auf Eisenbetonstützen, Füllmauerwerk, Glasoberlichte, Preßkieseindeckung	48 000	85	40,5	3400	Vorübergehend, besonders während der Nacht, können auch auf den Zufahrten weitere Autos noch aufgestellt werden
50 Autos mit separaten Boxen	1850		155 000	84	37	3100	
50 Autos ohne Boxen	1547		115 000	75	31	2300	
80 Autos mit Boxen	2816		230 000	82	35	2900	
80 Autos ohne Boxen	2490		182 000	73	31	2300	

Für Zentralheizung und Beleuchtung können *S 14,00 bis 16,00* per 1 m² berechnet werden.

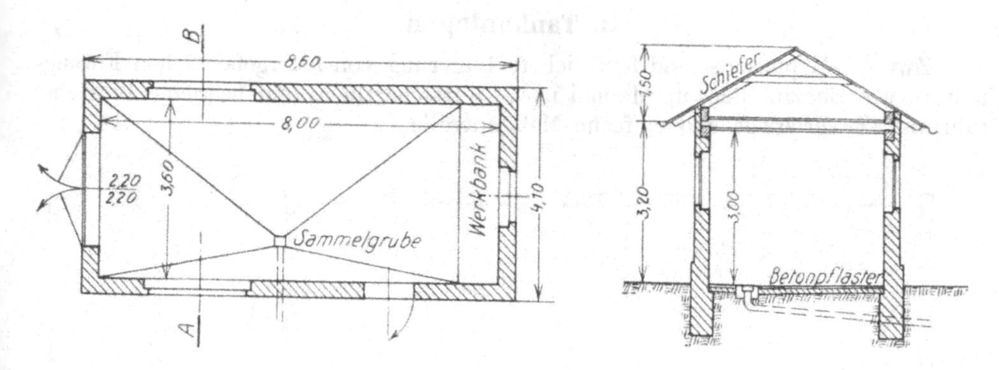

Abb. 1. Flachgarage für ein Auto

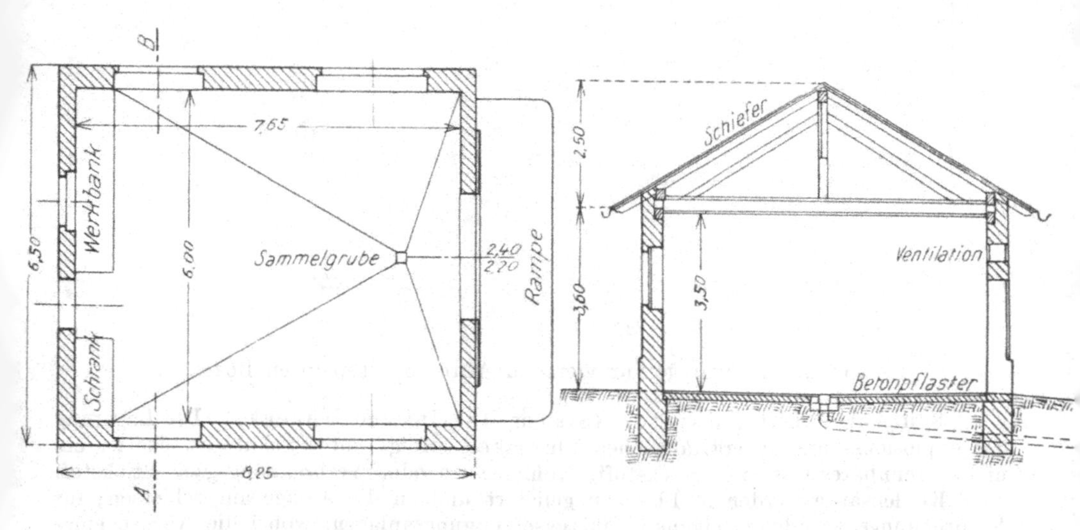

Abb. 2. Flachgarage für zwei Autos

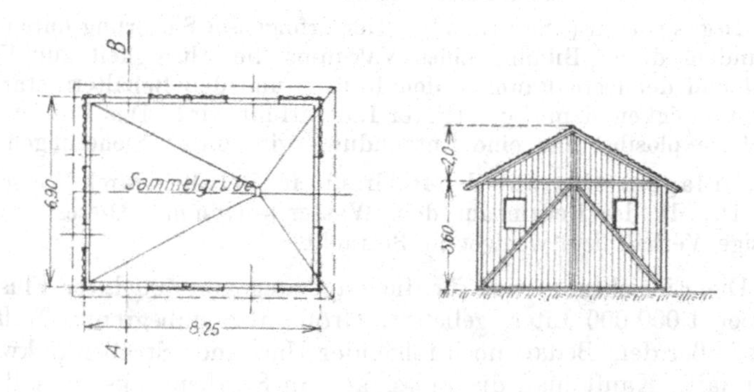

Abb. 3. Flachgarage (zerlegbar) für zwei Autos

B. Tankanlagen

Zweck: Explosions- und feuersichere Lagerung von feuergefährlichen Flüssigkeiten, wie Benzin, Benzol, Alkohol usw. Wirtschaftliche und bequeme Betriebsführung. Zuverlässige und einfache Meßkontrolle.

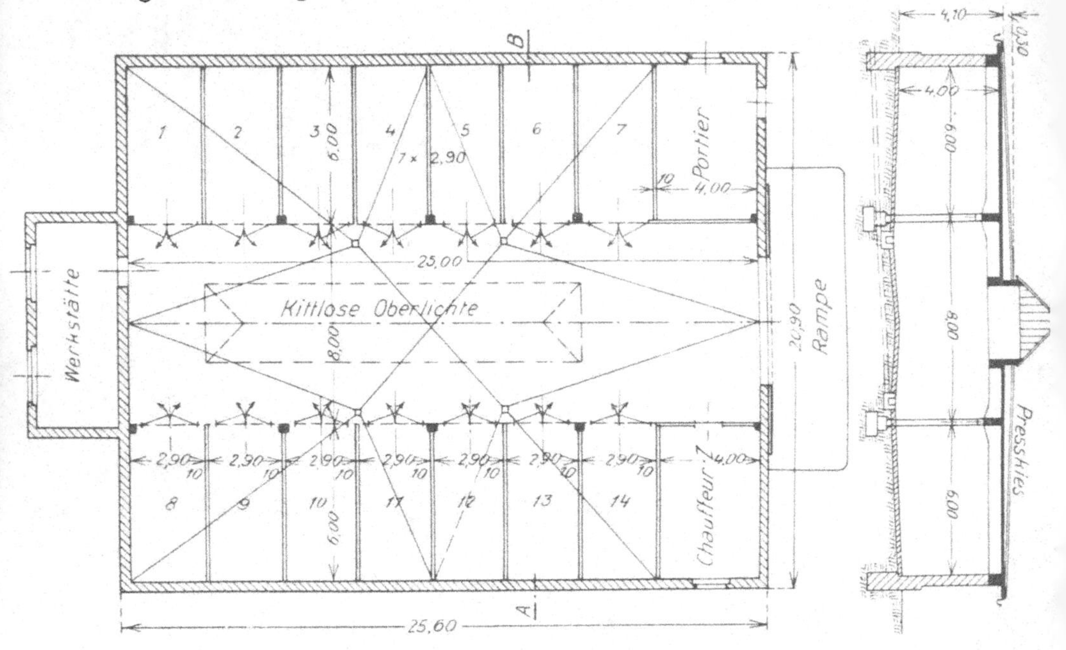

Abb. 4. Flachgarage für vierzehn Autos mit separaten Boxen

Systeme: Schutzgassystem (System Martini und Hünecke). Die Lagerung der explosions- und feuergefährlichen Flüssigkeit erfolgt unter Schutzgas, das ist ein nicht brennbares Gas, wie Stickstoff, Kohlensäure oder Verbrennungsgas. Stickstoff oder Kohlensäure werden in Flaschen geliefert und an die Anlage angeschlossen; für Verbrennungsgas gibt es eigene Schutzgaserzeugungsanlagen, wobei die Abgase eines Verbrennungsmotors, der gleichzeitig einen Kompressor betreibt, nach entsprechender Reinigung, als Schutzgase Verwendung finden.

Sättigungssystem („Securitas"). Hier erfolgt die Sicherung durch die Flüssigkeit selbst, indem durch Bildung eines Vakuums die Flüssigkeit zur Verdampfung gebracht wird und der leere Raum in den Rohren und den Behältern statt mit reiner Luft mit von Flüssigkeitsdampf gesättigter Luft erfüllt wird. Das Gas ist wohl brennbar, aber nicht explosibel und eine Entzündung wird durch Sicherungen verhindert.

Wasseranlagen. Hier wird der Hohlraum im Behälter durch Wasser ausgefüllt, was möglich ist, da das Benzin auf dem Wasser schwimmt. Dieses System kommt aber für hiesige Verhältnisse weniger in Betracht.

Größe: Die Einrichtung wird für die Lagerung von 500 Liter Flüssigkeit und mehr, bis über 1 000 000 Liter, geliefert. Größe also unbegrenzt. Maßgebend für die Größe ist außer dem Bedarf noch folgender Umstand: Straßentankwagen haben 2000 Liter Inhalt. Kauft man die Flüssigkeit in Straßentanks, so soll die Anlage mindestens für 3000 Liter (mit Rücksicht auf eine gewisse Reserve) bemessen werden. Bei Anlieferung der Flüssigkeiten in Eisenbahnzisternen empfiehlt sich eine Anlage von mindestens 20000 Liter, da eine Eisenbahnzisterne 15000 Liter faßt.

Die **Anlagekosten** umfassen:

1. Bauarbeiten. Ausheben und Wiederzuschütten der Lagergrube, Herstellung der Betonsockel und des Betonbodens sowie (innerhalb Wiens) Ummauerung der Lagergefäße in der Erde, ferner Herstellung von Nischen und Postamenten und Wänden oberhalb des Terrains zur Unterbringung der Stickstoff- bzw. Kohlensäureflaschen, der Meßapparate und Befestigung der Armaturen usw.;

2. die Anlage selbst, bestehend aus den Kesseln, Armaturen und Rohrleitungen sowie den Meßapparaten; zu unterscheiden sind:

Anlagen für Eigenbetrieb mit nicht eichfähigen Meßapparaten;

Anlagen für Verkaufszwecke mit Apparaten zu eichfähigen, registrierbaren Genaumessungen.

Kosten einer Tankanlage

Gegenstand	Für einen Inhalt in Litern					
	500	1000	3000	10 000	20 000	100 000
Kessel, Armaturen, Rohrleitungen, nicht eichfähige Meßapparate .... *S*	1500,00	1800,00	2000,00	3800,00	5100,00	1200,00
Zuschlag f. eichfähige, registrierende Meßapparate *S*	1200,00	1200,00	1200,00	1500,00	1500,00	1500,00

Straßenzapfstellen. Dieselben werden meist für 3000 bis 5000 Liter Füllinhalt angelegt und entweder in einem Blechturm oder in einem gemauerten Kiosk untergebracht.

Zu den obigen Preisen für die Tankanlage kommen noch die Kosten:
für Blechturm und Armaturen, rund *S 2500,00*;
für Armaturen in einem gemauerten Kiosk, rund *S 2200,00*;
für Bauarbeiten am Kiosk selbst, je nach Größe und Ausstattung, rund *S 2000,00* bis *4000,00* und mehr.

Größenangaben für Nebengebäude und landwirtschaftliche Anlagen

1. Gewächshäuser (Glashäuser). Ihre Hauptfront ist womöglich gegen Südost zu legen. Die erforderliche Temperatur für
kalte Häuser oder Konservatorien beträgt .... 1 bis 5° R
laue „ „ Tepidarien „ .... 5 „ 10° „
warme „ „ Kalidarien „ .... 8 „ 14° „

Die Vorderwand mache man 0,95 bis 1,25 m hoch und setze sie auf ein mindestens 0,3 m über die Erde ragendes Fundament. Die Stellagen werden in der Mitte, von der Vorderfront zirka 1,2 bis 2 m entfernt, aufgestellt, so daß der Vordergang 0,6 bis 1 m breit wird. Fensterregale werden 0,5 bis 0,6 m breit gemacht. Lohbeete mache man 1 bis 1,25 m tief, an der Hinterwand 0,15 bis 0,2 m höher.

2. Wagenschuppen erhalten ihre Größe nach den zu unterbringenden Wagen und Gerätschaften; nachstehend sind einige maßgebende Abmessungen angegeben:

1 Kutsche 1,6 bis 1,9 m breit, 2,8 m hoch, ohne Deichsel 3 bis 4 m lang, mit Deichsel 6,3 m lang;
1 Erntewagen 1,6 bis 2,2 m breit, ohne Deichsel 3 bis 5 m, mit Deichsel 6 bis 7,7 m lang;
1 Ackerwagen 2,5 bis 3,2 m breit, 6,5 m lang;
1 Schlitten 1,9 bis 2,5 m lang, 1 bis 1,25 m breit;
1 Feuerspritze 1,6 m breit, ohne Deichsel 3 m, mit Deichsel 5,4 m lang;
1 Pflug 2,2 bis 3,2 m lang, 0,95 bis 1,6 m breit;
1 Egge 1,25 bis 1,9 m lang, 1,25 bis 1,4 m breit.

Die Tore sollen wenigstens 2,5 m breit, für Fracht- und Ackerwagen 4,4 m breit und 3,5 m hoch sein.

3. Heuschuppen erfordern per 100 kg Heu 1,5 m³ Lagerraum.

4. Holzschuppen. Holz wird etwa 3,0 m hoch geschlichtet. Für Zerkleinern des Holzes werden 5 bis 10 m² Grundfläche benötigt.

5. Pferdeställe. Die Hauptfront derselben wird am besten gegen Norden oder Osten gestellt; der Standraum ohne Krippe ist:

für 1 gewöhnliches Ackerpferd 2,2 bis 2,5 m lang, 1,25 m breit;
„ 1 starkes Ackerpferd, Kutschen- oder Wagenpferd 2,5 bis 2,8 m lang, einschließlich Sreichbaum 1,4 bis 1,5 m breit;
„ 1 solches Pferd im Kastenstande 2,5 bis 2,8 m lang, 1,9 m breit;
„ 1 sehr schweres Pferd 3,1 m lang, 1,75 m breit;
„ 1 „ „ „ im Kastenstande 3,1 m lang, 1,9 bis 2,2 m breit;
„ 1 Hengst oder Beschäler im Kastenstande 3,1 m lang, 2,2 bis 2,5 m breit;
„ 1 Mutterstute mit Fohlen 3,8 m lang, 3,8 bis 5,1 m breit;
„ 1 Fohlen in eigenen Ställen 4 m².

Gangbreite: in gewöhnlichen Ställen 1,25 bis 3 m, in Marställen bei einer Reihe Pferde 1,6 bis 2,2 m, bei zwei Reihen 2,5 bis 4 m.

Luftzüge bringe man in den Umfangsmauern in Entfernungen von 2 bis 3 m an; dieselben sind 0,05 m im Quadrat mit 0,2 bis 0,3 m Steigung anzulegen.

Stallhöhe: für eine geringe Anzahl Pferde .... 3,0 bis 3,5 m
„ 10 bis 30 Pferde .... 3,5 „ 4,0 „
„ Kavallerieställe, Gestüte .... 4,0 „ 6,0 „

Türen: einflügelige 1,1 bis 1,25 m breit, 2,2 bis 2,5 m hoch;
zweiflügelige 1,25 „ 1,6 „ „ 2,2 „ 2,5 „ „
zum Hineinreiten 2 bis 2,5 m breit, 2,7 bis 3,15 m hoch;
„ Hineinfahren 2,75 „ 3 „ „ 3 „ 3,5 „ „

Fenster: 1,25 bis 1,6 m breit, 0,8 bis 1 m hoch; Fensterparapetthöhe 2 bis 2,5 m.

Streichbäume: 1 m über dem Fußboden.

Die Oberkante der Krippen (Futtermuscheln, Futtertische) soll in Ställen für kleine Pferde 0,95 bis 1,1 m, für große und Luxuspferde 1,2 bis 1,5 m über dem Fußboden liegen.

Raufen werden 0,3 bis 0,4 m hoch über den Krippen angebracht.

Die Futterkammer erfordert für jedes Pferd etwa 0,5 m² Grundfläche.

6. Rindviehställe. Die Lage der Hauptfront ist am besten gegen Norden oder Westen.

Standraum ohne Krippe:

für 1 Ochsen	2,2 bis 2,5 m lang,	1,25 bis 1,4 m breit	
„ 1 große Kuh	2,0 „ 2,3 „	„ 1,25 „ 1,4 „	„
„ 1 kleinere „	2,0 „ 2,2 „	„ 1,0 „ 1,2 „	„
„ 1 Jungvieh	1,9 „	„ 0,9 „ 1,0 „	„
„ 1 Kalb in eigenen Ställen 1,4 bis 1,6 m².			

Gangbreite: für Gänge hinter dem Vieh 1,25 bis 2 m, für Futtergänge mit doppelten Krippen und Schwellen 1,9 bis 2,2 m, mit einfacher Krippe und Schwelle 1,25 bis 1,5 m.

Stalltiefe bei Langstellung in 2 Reihen mit mittlerem Futtergang und 2 Düngergängen 7,2 bis 9 m, bei Querstellung für 12 Stück 13 bis 17 m.

Stallhöhe bei geringer Anzahl 2,8 bis 3,1 m, für 12 bis 30 Stück 3,1 bis 3,8 m, für 100 Stück 4 bis 5 m.

Krippen 0,8 m hoch über dem Fußboden, Breite derselben, wenn aus Stein, 0,4 bis 0,5 m, aus Holz 0,45 bis 0,5 m; Tiefe 0,23 bis 0,31 m.

Fensterparapetthöhe 1,6 bis 2 m; auf 1m² Stallgrundfläche nehme man $^1/_{20}$ m² Fensteröffnung.

Futterboden. Raumbedarf für eine Kuh 14 m³.

Futterkammer, per Stück Vieh 0,4 bis 0,6 m² Grundfläche.

7. Schafställe. Lage derselben am besten gegen Süden. Raumbedarf per Schaf bei kleineren Herden 0,7 m², bei größeren Herden 0,6 m², für Mutterschafe 0,7 bis 0,8 m², für 1 Widder in besonderer Sprungkammer 1 bis 1,8 m².

Stalltiefe 9,5 bis 12,5 m; bei Raufenstallungen benötigt 1 Schaf 1 m Länge und 0,4 m Breite; die Doppelraufen werden in Entfernungen von 2,8 m von Mitte zu Mitte und 1,9 m von der Hauptfront entfernt gestellt.

Der Fußboden ist 0,15 bis 0,3 m über das natürliche Gelände zu legen.

Tore 3 m breit, mindestens 3 m hoch, an jeder freien Seite eines; Eingangstüren: für je 15 bis 18 m Stallänge 1 Stück.

Die Mauern sind im Innern bis auf 1,25 m Höhe glatt zu verputzen. — Futterbodenraum für 1 Schaf 0,5 m³.

8. Schweineställe. Lage am besten nach Süden.

Raumbedarf, und zwar:

für Ferkel	per Stück	0,5 bis 0,6 m²	Grundfläche
„ kleine Faselschweine	„ „	0,8 „	„
„ große „	„ „	1,0 „	„
„ Mastschweine	„ „	1,2 bis 2,0 „	„
„ Zuchtsäue	„ „	3,5 „ 4,0 „	„
„ Eber	„ „	3,0 „ 5,5 „	„

Stallhöhe 2,5 m.

Fußboden aus hochkantigen Klinkern oder 0,08 m starken, hohlliegenden Pfosten. — Futterraum die Hälfte des Stallraumes.

9. Getreidescheuern. Lage derselben am besten gegen Osten oder Westen,

Den notwendigen Rauminhalt derselben bestimmt man nach dem Ertrage. der bei mittelgutem Boden folgendermaßen anzunehmen ist:

Wintergetreide, Weizen oder Korn, per 1 ha 500 bis 700 Garben; 100 Garben = 12,4 m³.

Sommergetreide, und zwar Gerste, per 1 ha 800 Garben, 100 Garben = 10,8 m³.

Hafer, per 1 ha 360 Garben, 100 Garben = 10,8 m³.

Hülsenfrüchte, per 1 ha 50 m³.

Wiesenklee, per 1 ha 75 m³. Wiesenheu ebenso.

Scheuertiefe 11 bis 14 m.

Scheuerhöhe 4,5 bis 7 m.

Scheuerlänge höchstens 63 m; es sollen höchstens drei Quertennen angebracht werden.

Tennenbreite bei einfacher Bahn 3,15 bis 3,8 m, bei doppelter 4,4 bis 5 m.

Bansen zwischen zwei Tennen 13 bis 15 m breit, zwischen Tenne und Abschlußmauer 9 bis 11,5 m breit.

Tennwände 1,1 bis 1,6 m hoch.

Tennhöhe mindestens 0,4 m über dem natürlichen Gelände.

Lehmschlagtennen mache man 0,3 m, hölzerne Tennen mindestens 0,08 m stark.

10. Tabakscheuern verlangen für 5000 kg Tabak, welcher auf Schnüre gezogen und zum Trocknen aufgehängt wird, einen Raum von 19 m Länge, 9,4 m Breite und 6,3 m Höhe.

Schüttböden. Lage derselben am besten gegen Osten oder Westen. Die Größe wird ebenfalls nach dem Ertrag bestimmt; Aussat und Ertrag stehen in folgendem Verhältnisse:

Erforderliche Aussaat per 1 ha bei		Ertrag
Weizen oder Roggen	2,2 hl	6- bis 8fache Aussaat
Gerste	2,7 „	
Hafer	2,7 „	
Erbsen oder Bohnen	2,2 „	8- bis 10 „ „
Wicken oder Linsen	1,6 „	
Buchweizen	1,1 „	20 „ „
Raps	1,1 „	24 „ „
Leinsamen	0,3 „	24 „ „
Kartoffeln	19,4 „	12- bis 15 „ „

Gewicht der verschiedenen Bodenprodukte:

Weizen per hl	70,7	bis	80,9 kg
Roggen „ „	68,5	„	78,8 „
Gerste „ „	61,8	„	69,5 „
Hafer „ „	43,0	„	53,7 „
Hülsenfrüchte per 1 hl	rund		85 „
Kartoffeln „ 1 „	„		59 „
Wicken „ 1 „	„		46 „
Kleesamen „ 1 „	„		82 „

Die Schütthöhe beträgt für altes Getreide 0,65 m, für neues 0,4 bis 0,5 m, für Hafer 1 m, woraus man den Fassungsraum für Schüttböden leicht bestimmen kann.

So viele dm die Schüttung hoch ist, so viele hl liegen auf 1 m² Grundfläche; Gänge und Umschaufelplätze erfordern einen 25%igen Zuschlag zu der derart berechneten Grundfläche.

Geschoßhöhe 2,2 bis 2,5 m vollkommen hinreichend, Fensterparapetthöhe am besten 0,65 m.

Die Tiefe des Schüttbodens ist am vorteilhaftesten zwischen 9,5 und 13 m anzuordnen.

Der Fußboden des untersten Geschosses soll mindestens 0,5 m über dem Terrain liegen.

12. Wirtschaftshöfe. Dieselben werden am besten so angelegt, daß man im Norden die Viehställe, im Osten die Scheuern, im Süden die Wagenschuppen, Mastviehställe und sonstige Nebengebäude und im Westen die Wohngebäude anordnet.

Transportmittel

Wagenbau

Laut Mitteilung der Klosterneuburger Wagenfabrik A.-G.

Der gewerbsmäßig betriebene städtische und ländliche Wagenbau hat der fabriksmäßigen Erzeugung den Platz räumen müssen. Ihr wirtschaftlicher Erfolg liegt in der Normung einzelner Wagenbestandteile.

Dadurch ergeben sich nachstehende Vorteile: Abgenützte oder beschädigte Bestandteile können leicht nachgeschafft bzw. ausgewechselt werden, ohne das Fahrzeug in die Fabrik zurückstellen zu müssen. Die fabriksmäßige Erzeugung hat auch die bisher bestehenden Wagenbauarten den Erfordernissen der Neuzeit angepaßt und dauerhafte Verbesserungen gezeitigt. Z. B. sind Holzräder, die mit eisernen Reifen heiß aufgezogen wurden und dadurch den Keim der Vernichtung der Holzbestandteile in sich trugen, durch Patentkeilräder ersetzt worden.

Wagengattung und Konstruktionsart	Leiterlänge in m	Plateau- bzw. Bodengröße (Länge x Breite in m)	Felgenbreite in mm	Raddurchmesser in mm	Achsenpaargewicht in kg	Tragfähigkeit in kg	Preis in S
Truhenwagen, zweispännig mit rückwärtiger Bremse	3,5 3,6	. .	60 50	. .	48 68	2000 3000	750,00 850,00
Leiterwagen mit rückwärtiger bzw. Vorderradbremse	2,8—3,2 5,0	. .	40 65	. .	37 75	1500 3000—3500	350,00 810,00
Schwebewagen (Baumwagen) mit rückw. Bremse, Boden und Seitenbrettern. Tragbaumlänge 3,6 bzw. 4,5 m	. .	. .	60 100	. .	70 90	3000 4000	800,00 950,00
Schotterwagen mit Vorderradbremse mit rund 1,5 bzw. 2,25 m³ Inhalt	. .	. .	60 100	. .	70 90	3000 4000	920,00 1100,00
Blochwagen mit Vorderradbremse	.	.	100	.	84	3500—4000	1200,00

Wagengattung und Konstruktionsart	Leiterlänge in m	Plateau- bzw. Bodengröße (Länge × Breite in m)	Felgenbreite in mm	Raddurchmesser in mm	Achsenpaargewicht in kg	Tragfähigkeit in kg	Preis in S
Streifwagen, gefedert mit Aufsatzbrettern	. .	3,0×1,2 4,5×1,6	45 80	. .	37 80	1200 3000	690,00 1380,00
Plateauhandwagen, steif....	. . .	1,0×0,6 1,4×0,7 1,6×0,85	40 40 40	400 u. 440 440 u. 480 480 u. 540	. . .	300 400 500	140,00 165,00 180,00
Plateauhandwagen, gefedert							
mit Querfedern..........	.	1,7×0,86	40	480 u. 540	.	500	250,00
mit Scherfedern.........	.	1,7×0,86	40	480 u. 540	.	500	360,00
mit Telegraphenfedern ..	.	1,7×0,86	40	480 u. 540	.	500	390,00
Tischlerhandwagen mit Werkzeugkasten							
mit Querfedern	.	2,4×1,0	40	480 u. 540	.	500	250,00
mit Telegraphenfedern...	.	2,4×1,0	40	480 u. 540	.	500	390,00
Maurerhandwagen (Greislerwagen) mit Kipf, Schweben, Seitenbrettern und Ketten	. . .	1,6×0,85 1,9×0,7 2,2×0,7	40 40 40	550 u. 600 580 u. 600 580 u. 600	. . .	400 500 600	210,00 270,00 310,00
Plateaukarren (zweirädrig)							
steif....................	.	1,2×0,7	45	800	.	500—600	180,00
gefedert	.	1,2×0,7	45	1000	.	400—500	240,00
mit Scherfedern	.	1,2×0,7	30	800	.	ca. 300	300,00
Zusammenschiebbarer zweirädriger Karren							
mit Aufsatzbrettern, gefedert	.	1,2×0,7	30	900	.	300	270,00
mit Kasten, gefedert .... Kastengröße 1,2×0,7×0,7 m	.	1,2×0,7	30	900	.	300	430,00
Rüstwagen (Werkzeugkastenwagen), Dach einseitig aufklappbar, innen Fach für kleine Werkzeuge. Kastengröße 2,3×1,6×1,2m	.	.	50	400	.	2000—2500	700,00
Pflastererkarren (Karriolen, Kippkarren), Seitenwände fest, 40 cm hoch	.	1,2×0,68	45	800	.	ca. 400	190,00
Dachdeckerkarren mit festen Aufsätzen, 30cm hoch, Deichsel 1,3 m lang	.	1,2×0,75	45	1000	.	.	160,00
Leiterhandwagen	1,0	.	25	340 u. 420	.	ca. 200	36,00

Fahrbare Bau- (Kanzlei-) Hütten. Kasten 2,8 × 1,8 × 2,0 m, Dachpappedeckung, Felgenbreite der Räder 60 mm, Deichsel, Halbwage. Inneneinrichtung: Offene Stellage, 1 Kasten, 1 Tisch mit 2 Schubladen, 1 Bücherschrank mit 2 Schubtüren, 2 Schubfenster. Einfach verschalt *S 1000,00*, doppelt verschalt *S 1100,00*.

Schiebtruhe, normal (Wiener Type), mit Aufsatz und Füßen, Fassungsraum rund 70 Liter. *Preis S 15,00.*

Patent-Schiebtruhe aus dampfgebogenem Hartholz, Fassungsraum rund 70 Liter. *Preis S 15,00.*

Steinkarren, äußerst massiv, stark beschlagen. *Preis S 40,00.*

Leiterkarren (Radlbock) 1800 kg, *Preis S 28,00.*

Ziegelkarren, massiv, stark beschlagen, *Preis S 28,00.*

Krampenstiele aus Esche oder Weißbuche, 70 × 50 mm, per Stück *S 0,80*
„ „ Rotbuche, 70 × 50 „ „ „ „ *0,60*

Schaufelstiele aus Rotbuche, 1100 mm lang, per Stück *S 0,48*
„ „ „ 1250 „ „ „ „ „ *0,57*
„ „ Esche 1100 „ „ „ „ „ *0,72*
„ „ „ 1250 „ „ „ „ „ *0,84*

Durchschnittsgewichte von Fahrzeugen in Tonnen

Fahrzeug	Gewicht
Fahrrad	0,09 bis 0,10
Motorrad	0,11
Personenauto	1,65
Motorkleinlastwagen (gedeckt)	2,45
Motoromnibus	6,10
Motorlastwagen (gummibereift)	6,10
Motoranhänger „	5,10
Motorlastwagen (stahlbereift)	10,20
Motoranhänger „	5,10
Traktoren (leicht)	5,10
Traktorenanhänger	5,10
Zugmaschinen	12,20
Anhänger für Zugmaschinen	8,20
Einspännige Fahrzeuge (leicht)	0,41
Zwei- oder mehrspännige Fahrzeuge (leicht)	0,61
Einspännige Fahrzeuge (schwer)	1,30
Zwei- oder mehrspännige Fahrzeuge (schwer)	2,60
Möbelwagen	2,20
Omnibusse für zwei oder mehrere Pferde	3,10

Die **Spurweite** der Wagen, gemessen zwischen den inneren Radreifenkanten der Räder einer Achse, schwankt zwischen 1,1 bis 1,5 m; häufige Spur 1,35 m. **Breite der Wagen** samt Ladung 1,6 bis 3,5 m, **Länge** ohne Deichsel 2,4 bis 6,0 m, **Höhe** der beladenen Wagen 1,6 bis 4,0 m.

Über Abmessungen von Kraftwagen siehe „Garagenbau".

Straßenneigungen (Längsgefälle)[1] in Promille

Wichtige Straßen des Flachlandes	von 20 bis 25	bis höchstens	25 bis 35.
„ „ „ Hügellandes	„ 25 „ 35	„ „	35 „ 50.
„ „ „ Gebirgslandes	„ 35 „ 50	„ „	50 „ 65.
Alpenstraßen	„ 70 „ 80	„ „	100.
Feld- und Waldwege	„ 100 „ 120	„ „	150.
Güterwege (Alp- oder Weidewege)	„ 130 „ 160	„ „	250.
Verbindungsstraßen	„ 60 „ 70.		

Schleif- oder Schlittenwege zur Talförderung von Langholz 170 bis 250. In Wendepunkten oder Kehren von 25 bis höchstens 40.

[1] Nach Bleich-Melan: Taschenbuch für Ingenieure und Architekten. Wien, Julius Springer. 1926

Überhöhungen bei Straßenkurven

Die Überhöhung h in m ist aus $h = \frac{l \cdot v^2}{g \cdot R}$ zu bestimmen; darin ist: l = Straßenbreite in m, R = Radius der Kurve in m, v = Geschwindigkeit des Fahrzeuges in m/sek und g = 9,81 m/sek (Erdbeschleunigung).

Transportmittel für Bauarbeiten

Laut Mitteilung der „Railway“ Kleinbahn-Industrie-A.-G., Wien

1. Für kleinere Transportmengen und bei Verführungsdistanzen von höchstens 50 m[1]) kommen in Betracht:

Schiebekarren für Sand-, Schotter- und Erdtransport,

hölzerne, per Stück .... S 13,50
aus Hartholz (KAWAFAG), per Stück .... „ 12,50

eiserne für	75	100	125 l Inhalt
Preis per Stück	S 32,50	37,20	39,00

Ziegelkarren, 180 cm lang, 65 cm breit, 45 cm Lehnenhöhe:

a) mit hölzernem Gestell, per Stück .... S 28,00
b) ganz aus Eisen „ „ .... „ 36,00

Betonkippkarren, Mulde rund, 70 cm lang, 20 bzw. 30 cm hoch, per Stück S 35,00

Betonrundkipper (Abb. 1), Raddurchmesser 1100 mm, Mulde 75 cm lang, 80 cm breit, 60 cm hoch, für 300 l Inhalt, per Stück ....S 135,00

2. Bei größeren Entfernungen:

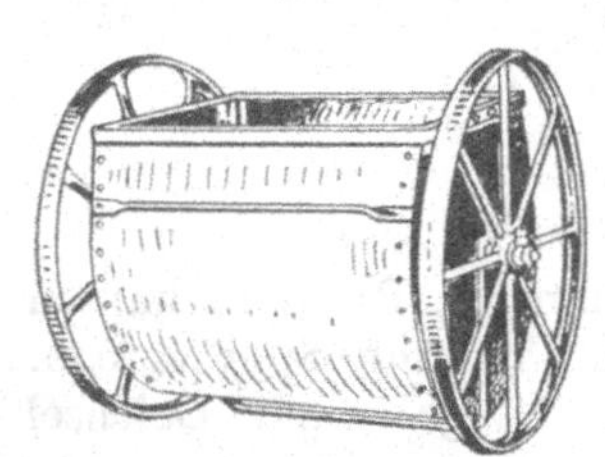

Abb. 1. Betonrundkipper

a) Für rasch wechselnde, oft umzulegende Transporte und für Lasten bis rund 700 kg per Achse werden Hakenjoche aus 65 mm hohen, 7 kg per Lfm. schweren Schienen, in Längen von 1,5 bis 2 m, auf Stahlschwellen montiert, verwendet.

b) Für ständige Transporte, und zwar bei kürzerer Dauer und kleineren Lasten, ist ein Gleis auf Stahlschwellen (Schienen von 65 mm Höhe und 7 kg Gewicht per Lfm.), bei längerer Dauer und schwererer Belastung ein solches auf Holzschwellen zu verwenden.

Gebräuchlichste Profile

Schienenhöhe mm	Gewicht per Lfm. kg	Widerstandsmoment cm^3	Tragfähigkeit in kg bei Schwellenentfernung von mm 500	600	700	800	900	1000
60	5	9,60	1010	840	720	630	560	500
65	7	15,36	1620	1350	1160	1010	900	810
65	9	18,85	1990	1660	1420	1240	1100	900
70	10	22,35	2360	1970	1680	1470	1310	1180
70	12	26,20	2770	2310	1990	1730	1540	1380
80	12,2	31,20	3300	2750	2350	2000	1830	1650
80	13.8	43,60	4610	3840	3390	2880	2560	2300

[1]) Siehe auch Wagenbau.

Bei Kostenberechnungen stets eine Gewichtstoleranz von 3% berücksichtigen. Preis per 100 kg S 30,00 bis 32,00.

Für Kleinmaterial ist zum Schienenpreis ein Zuschlag von mindestens 25% zu machen.

Gleis auf Stahlschwellen aus Schienen 65/7 wiegt rund 17,5 bis 18 kg/m.

3. Hilfsmittel für Gleise:

Weichen, transportable, auf Eisenschwellen, üblich aus Schienen:

Profil	Länge	Gewicht rund	
Profil 60/5,	Länge 2,5 m,	Gewicht rund 90 kg	per Stück S 70,00 bis 180,00
„ 65/7,	„ 2,5 „	„ „ 100 „	
„ 65/7,	„ 5,0 „	„ „ 200 „	

Fixe Weichen auf Holzschwellen. Verwendung sämtlicher üblichen Schienenprofile, je nach der erforderlichen Tragfähigkeit. Per Stück S 150,00 bis 500,00.

Kreuzungswinkel	8^0	9^0	9^0	11^0	11^0	15 bis 16^0
Krümmungsradius in m	50	30	50	15	30	15
Spurweite in mm	600	600	760	600	760	760
Baulänge in m	9,0	7,0	9,0	6,5	8,0	6,5

Zungen aus Schienen oder Blockschienen, das Herzstück aus Schienen oder Stahlguß. Preis per 100 kg S 80,00 bis 100,00.

Drehscheiben aus Schmiedeeisen (Abb. 2).

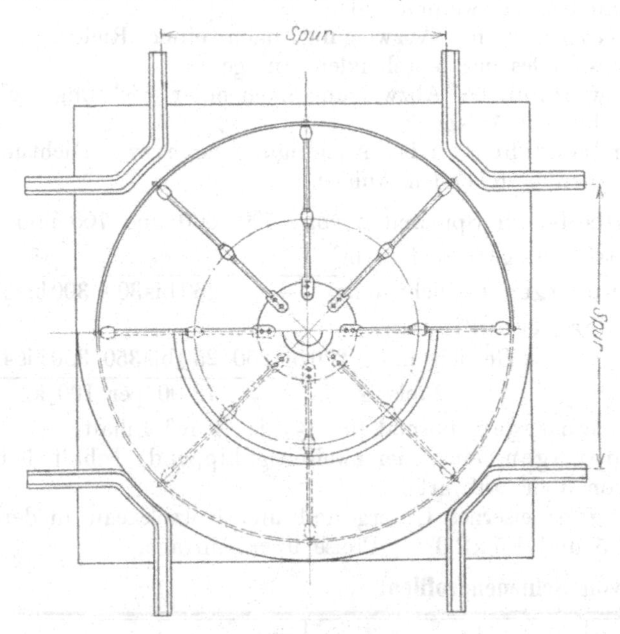

Abb. 2. Drehscheibe

Gußeiserne Drehscheiben für Bauzwecke nicht üblich.

Schiebebühnen werden nur bei stabilen Anlagen entweder für einen oder für zwei Wagen angewendet; Tragfähigkeit 2 oder 4 Tonnen. Per Stück S 120,00 bis 230,00.

Tabelle der üblichen Dimensionen

Durchmesser mm	Stärke mm		Tragkraft kg	Gewicht in kg mit		Zulässiger Radstand bei Rädern von und Spurweite von mm								
						250 mm Durchm.			300 mm Durchm.			350 mm Durchm.		
	Oberplatte	Unterplatte		Rollen	Kugeln	500	600	760	500	600	760	500	600	760
940	6	5	750	100	110	600	550	360	575	525	—	570	525	—
940	7	5	1200	110	120	600	550	360	575	525	—	570	525	—
940	8	6	1500	125	130	600	550	360	575	525	—	570	525	—
940	10	8	2000	147	150	600	550	360	575	525	—	570	525	—
1000	6	5	750	110	120	670	610	460	650	580	430	645	575	425
1000	7	5	1200	120	130	670	610	460	650	580	430	645	575	425
1000	8	6	1500	136	160	670	610	460	650	580	430	645	575	425
1000	10	8	2500	162	240	670	610	460	650	580	430	645	575	425
1200	8	6	1500	180	230	900	840	735	870	810	700	860	800	690
1200	10	8	2500	220	240	900	840	735	870	810	700	860	800	690
1200	12	10	3000	340	360	900	840	735	870	810	700	860	800	690
1500	10	8	2500	360	380	1230	1200	1120	1200	1170	1090	1190	1160	1080
1500	12	10	3000	460	480	1230	1200	1120	1200	1170	1090	1190	1160	1080
1500	14	10	3500	490	510	1230	1200	1120	1200	1170	1090	1190	1160	1080
1500	16	13	5000	575	610	1230	1200	1120	1200	1170	1090	1190	1160	1080

Preis S 75,00 bis S 80,00 per 100 kg

Kletterteile kommen zur Anwendung, wenn bei Reparatur oder Vergrößerung von Anlagen ein Gleis vorhanden ist und dasselbe ohne Unterbrechung des Betriebes und ohne Umbau benützt werden soll;

a) Kletterrahmen bei Abzweigung nach einer Richtung, ohne weitere Verwendung eines Teiles der bestehenden Anlage.

b) Kletterweichen bei Abzweigung nach einer Richtung und Verwendung der ganzen bestehenden Anlage.

c) Kletterdrehscheiben bei Abzweigung nach zwei Richtungen und Verwendung der ganzen bestehenden Anlage.

4. Transportmittel für Spurweiten von: 500, 600 und 700 mm.

Inhalt, gestrichen, gerechnet in m³	⅓	½	¾	1
Muldenkippwagen, Gewicht in kg	—	260 bis 300	300 bis 350	400 bis 520
Vorder- oder Rundkipper, Gewicht in kg	200 bis 250	250 bis 350	350 bis 450	—
Preis S		78,00 per 100 kg		

Feste Kastenwagen, normal für ½ bis ¾ m³ Inhalt.

Kastenkippwagen, ein- oder zweiseitig kippend, Inhalt 1 bis 2 m³, für Baggerbetrieb von 3 m³ aufwärts.

Plateauwagen; eisernes Untergestell und Holzplateau in den Größen von 0,8 × 1,0, 1,0 × 1,5 und 1,5 × 2,0 m. Preise über Anfrage.

5. Tabelle von Schienenprofilen:

Werden eingelegt in	Form	Trägheitsmoment cm⁴	Widerstandsmoment cm³	Gewicht in kg per 1 m	Preis per kg S
Hauptbahnen	Xa	925	144,6	35,65	0,32—0,34
„	A	1442	205,3	44,35	
Lokalbahnen	XXIVa	532	97	26,15	
Schmalspurbahnen	XXX	240	52	17,90	

Werkzeuge für Legen und Erhalten des Oberbaues
(Mitgeteilt von der Fa. Ing. Vogel & Stern)

Verwendungszweck der Geräte	Bezeichnung der Geräte	rund Gewicht in kg	Preis in S
Zum Tragen der Schienen	Schienentraggabeln, bzw.	11	16
	Schienentragzangen ganz in Eisen	13	18
	Schienentragheber	16	26
Zum Befördern der Oberbauteile auf der Strecke	Schwellentraggabeln, bzw.	.	5
	Schwellentragzangen	12	17
	Maderon (Einschienenkarren) Abb. 1	150	250
	Bahnwagen	300	450
	Schubkarren aus Eisen	23	24
Anarbeiten und Zurichten der Holzschwellen	Dexellehre samt Körner	6	15
	Gratsäge	1	16
	Schwellenbohrer, bzw.	0,1—0,3	0,6—3,8
	Schwellenbohrmaschinen, einspindelig, umlegbar[1]), Abb. 2	10	85
	Drehbohrer	0,1—0,2	3,1
	Schwellenbindzeug (Zwinge und Hebel)	21	70
Anarbeiten und Zurichten der Schienen	Bohrratsche, bzw.	2,5	11
	Schienenbohrapparat[2]) mit Kugellagerung und Ratschenantrieb Abb. 3	25	160
	Schrotmeißel	1,6	2,5
	Schlaghammer	5	4,8
	Feile	0,4	2,4
	Schienenkaltsäge[3]), Abb. 4	75	435
	Schienenbiegepresse[4]), Abb. 5	100	200
	Schienenhobel	32	42
Für den Bettungsstoff[5])	Steinschlägel 4 (4), Steinhammer 5 (5), Wurfgitter 12 (25), Schottergabel 1,3 (6), Stich-u. Faßschaufel 1,5 (1,6), eiserne Rechen 2 (3,2), Schlag und Spitzkrampen 4—5 (3,6), Spitzkrampen 4—5 (3,2), Kreuzhacke 3 (3,9), Stopfstange 7—17 (5,6—13,6)	44—56	61—69
Zum Heben des Gleises	Hebebaum	25	27
	Hebewinde	40	190
	Gleisheber	40	100
Für Ein-, Aus- und Durchschlagen von Nägeln	Schlaghammer	5	4
	Setzhammer	4	3,2
	Durchschlaghammer	2	3,2
	Geißfuß	7—17	5,6—13,6
	Nagelzange	14	25
Für Schwellen und Laschenschrauben	Aufsteckschlüssel	5	8,5
	Schraubenschlüssel mit verschiedenen Maulweiten	5	9
Zum Zurücktreiben gewand. Schienen	Schienenrücker, 650 mm Spindellänge, Abb. 6	60	165
Zum Prüfen der Gleishöhe und Lage	Absehkreuze (eine Garnitur)	3	12
	Abwäglatten mit Wasserwage	2	27
	Hölzerne Winkel	0,6	6
Zum Messen der Spurweite und Überhöhung	Spurlehren (fest, verschiebbar, beweglich)	4—7	13—17
	Überhöhungsmaß	8	27
	Richtscheit mit Wasserwage	6	16
Sonstige Geräte	Werkzeugkisten (je nach Ausführung)	14—40	26—90
	Stoßlückenplättchen	0,2	0,4
	Klinkprobenstifte	0,2	0,3
	Thermometer	0,2	7,0
	Haspel mit Schnur	1,1	9,5

[1]) Für zwei- und mehrspindelige, einfach oder gekuppelte Maschinen mit festen oder verstellbaren Spindeln schwanken die Preise je nach Ausführung: *S 200,00 bis 840,00.*
[2]) Umlegbar, Gewicht 40 kg, *Preis S 235,00.*
[3]) Sägeblätter hiezu per Stück *S 1,60.*
[4]) Schienenbiegemaschinen für Normalbahnschienen, 200 kg schwer, *Preis S 440,00.*
[5]) Die erste Zahl gibt das Gewicht an, die Zahl in Klammer den Preis in Schilling.

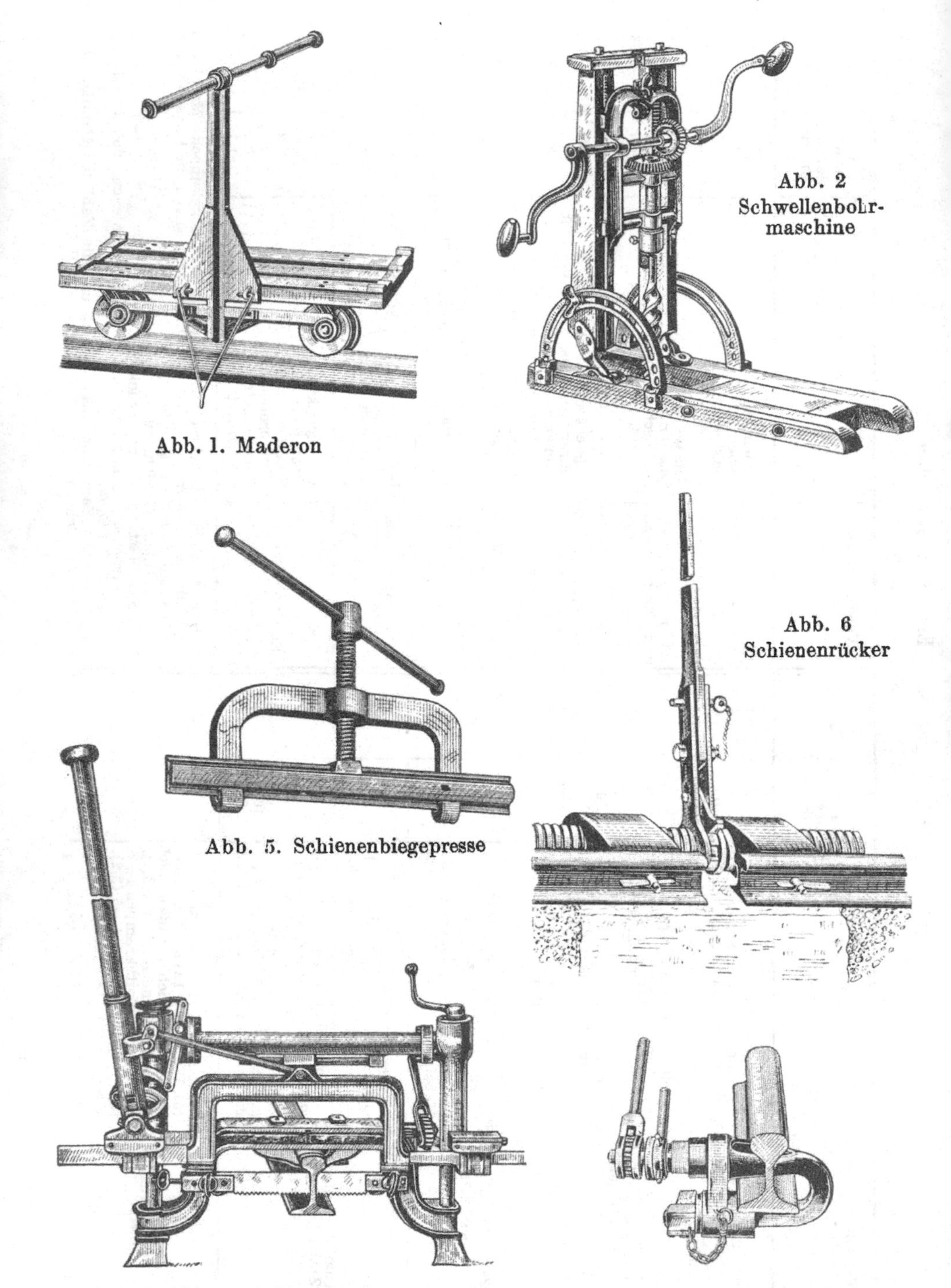

Abb. 1. Maderon

Abb. 2 Schwellenbohrmaschine

Abb. 6 Schienenrücker

Abb. 5. Schienenbiegepresse

Abb. 4. Schienenkaltsäge

Abb. 3. Schienenbohrapparat

Werkzeuge und Maschinen

Bearbeitet von Ingenieur D. Wiesner, Fachlehrer an der technischen Lehranstalt Laimgrubengasse, Wien

Allgemeines — Betriebsstoffe — Werkzeugstahlgattungen — Werkzeuge für Holzbearbeitung — Werkzeuge für Metallbearbeitung — Preßluftwerkzeuge — Kraftmaschinen — Kleinturbinen — Wind-Kleinkraftanlagen — Hartzerkleinerung — Ziegeleimaschinen — Maschinen für Kunststeinindustrie — Stabile Kompressoren — Mobile Druckluftanlagen — Pumpen — Hydraulischer Widder — Automatische Hauswasserversorgung — Fäkalien-Entleerung — Kombinierte Pfalzieh- und Schlagrammen — Pfahlzieher — Baumaschinen — Hebezeuge (normale Kleinhebezeuge) — Holzbearbeitungsmaschinen — Werkzeugmaschinen — Transmissionen — Treibriemen — Drahtseile — Transmissionsseile aus Hanf mit Baumwollgarn — Feldschmieden — Aufzüge — Wägevorrichtungen

Allgemeines

In diesem Abschnitt werden die für die Einrichtung von Baustellen sowie für die dazugehörigen Werkstätten in Frage kommenden Maschinen, wie solche ein neuzeitlich eingerichteter Baubetrieb erfordert, kurz beschrieben. Hiedurch soll eine brauchbare Handhabe für eine geeignete Auswahl derselben gegeben werden. Sofern nicht eine andere Währung angegeben ist, sind die beiläufigen Preise in österreichischen Schilling ausgewiesen.

Ein Betrieb ist um so wirtschaftlicher, je geringer die Zahl der aufgewendeten Lohnstunden ist. Nach Möglichkeit ist daher Maschinenarbeit anzustreben. Nur dann ist bei größter Güte höchste Leistung erreichbar.

Der maschinelle Betrieb, der wesentlich zur Kürzung der Bauzeit beiträgt, kommt vor allem bei größeren Bauten in Frage, da meistens nur dann eine günstige Ausnützung des Maschinenparkes möglich ist.

Es empfiehlt sich, eine Werkstätte derart einzurichten, daß darin nicht nur die Werkzeuge ausgebessert, sondern womöglich auch neu angefertigt werden können. Besonders wirtschaftlich ist eine maschinell eingerichtete Werkstätte dann, wenn — wie dies meistens der Fall ist — mit dem Einbau von Eisenteilen verschiedenster Art gerechnet werden muß, so daß z. B. bei eingelieferten Teilen fehlende Löcher sofort nachgebohrt, nicht mitgelieferte oder schlecht passende Teile ohne viel Zeitverlust selbst hergestellt bzw. nachgerichtet werden können.

Die Verwendung von Hanf- und Baumwollseilen wird nur für Transmissionen empfohlen und nicht für Hebezeuge, da diese größtenteils freistehen und die Seile für Witterungseinflüsse empfindlich sind.

Die angeführten Werkzeuge und Maschinen dürften wohl das ganze in Betracht kommende Gebiet umfassen. Bei Kraftmaschinen wurden jedoch die großen Aggregate sowie die stabilen Dampfmaschinen und -kessel weggelassen, da die Einrichtung industrieller Betriebe und der Bau ihrer Objekte stets auseinanderzuhalten sind.

Betriebsstoffe

Shell-Floridsdorfer Mineralölfabrik Wien

A. Für Krafterzeugung

γ = spez. Gewicht. H = Heizwert. F = Flammpunkt. Preise in Schilling für je 100 kg.

Benzin: Die Güte einer Benzinsorte hängt in erster Linie ab von der Art der Vergasung bei einer bestimmten Temperatur und von ihrer Kompressionsfähigkeit.

$\gamma = 0{,}7$ bis 0,72 für Leichtbenzin, 0,74 bis 0,76 für Mittelbenzin bzw. 0,76 bis 0,78 für Schwerbenzin. $H \cong 10000$ Kal., $F \doteq 15^0$. *Preis* je nach Güte *S 65,00 bis S 100,00.*

Petroleum: stets wasserhell; $\gamma = 0{,}820$. F = 25° und mehr. H ≌ 10000 Kal. *Preis S 30,00 bis S 35,00.*

Gasöl (Dieselmotorentreiböl): $\gamma = 0{,}85$ bis 0,88. F = 60° bis 110°. Viskosität 1,5° bis 2,5°. E/20° C. H ≌ 10000 Kal. *Preis S 18,50 bis S 24,50.*

B. Schmiermittel.

Stets nur beste Qualität verwenden, da Kosten im Vergleich zu Verlusten bei Betriebsstörungen, herbeigeführt durch unsachgemäße Schmierung, nicht in Frage kommen. Gutes Schmieröl muß folgende Eigenschaften haben: Bei großen Temperaturunterschieden möglichst wenig veränderliche Viskosität. Gutes Benetzungsvermögen. Beständigkeit gegen Verharzen und Verdunsten. Hohen Flammpunkt, tiefen Kältepunkt. Frei von Säure, Harz und Wasser.

Lagerschmieröle: Viskositäten von 2,5/50° bis 9/50°. *Preis S 41,00 bis S 76,00.*

Kältebeständige Öle: *Preis S 55,00 bis S 86,00.*

Benzinmotorenschmieröle (Auto-Öl): *Preis S 78,00 bis S 150,00.*

Zylinderöle

Naßdampfzylinderöle: F = 220° bis 250°. Viskosität 3° bis 5° E/100. *Preis S 54,00 bis S 57,00.*

Heißdampfzylinderöle: F = 280° bis 320°. Viskosität 4° bis 5° E/100. *Preis S 99,00 bis S 117,00.*

Hochwertige Schmiermittel

Vorteile: Weitgehende Schonung der Maschinen, hohe Betriebssicherheit. Energie sparend.

Voltol-Gleitöle (elektrisch veredelte Maschinen- und Motorenschmieröle) werden für jeden Zweck und in allen Viskositätsgraden hergestellt. Für Spezialzwecke Viskositäten bis 30° E/100. *Preis S 80,00 bis S 220,00.*

Voltol-Einheitsöl (für jeden Benzinmotor und jede Jahreszeit). *Preis S 350,00.*

Lagerfette

Kugellagerfett I, II, III für hohe, mittlere und niedere Drehzahlen, **Wälzlagerfett.** *Preis S 130,00 bis S 275,00.*

Heißlagerfett, Heißlagerfettbriketts. *Preis S 190,00 bis S 200,00.*

Spezialgetriebefett: Shell Ambroleum. *Preis S 300,00.*

Staufferfett. *Preis S 82,00.*

Hochwertiges Staufferfett, Ossagol 00 für höchste Beanspruchung	*Preis S 192,00 bis S 202,00.*
„ I „ hohe „	
„ II „ mittlere „	
„ III „ niedere „	
V Dauerschmierextrakt	

Bei Bestellung folgende **Angaben** erforderlich:

1. Maschinentype. 2. Art der Lager. 3. Art der Schmierung. 4. Wellendurchmesser. 5. Drehzahl.

Tabelle über Werkzeugstahlgattungen

Steirische Gußstahlwerke A.-G. Wien

<table>
<tr><th rowspan="2">Bezeichnung</th><th rowspan="2">Verwendung</th><th colspan="2">Wärmebehandlung</th><th rowspan="2">S pro 1 kg</th></tr>
<tr><th>Schmiedehitze</th><th>Härten</th></tr>
<tr><td>Tenit W</td><td>Für hochbeanspruchte Handmeißel, pneumatische Meißel, Schrotmeißel, Durchschläge, Stemmer u. dgl.</td><td>Dunkle Gelbglut, nicht unter Kirschrotglut</td><td>Bei heller Rotglut in Öl oder Wasser[1])</td><td>3,30</td></tr>
<tr><td>E W S</td><td>Bohr- und Fräsmesser, hochbeanspruchte Gesteinbohrer</td><td rowspan="16">helle Rotglut</td><td rowspan="2">bei Kirschrotglut in Wasser</td><td>2,60</td></tr>
<tr><td>E W</td><td>Werkzeuge, die in Wasser gehärtet werden und dabei ihre Form nicht verändern sollen, wie große Bohrer und Fräser</td><td>2,75</td></tr>
<tr><td>Extra H H</td><td>Gewöhnliche Dreh-, Hobel- und Stoßmesser, harte Bohrer</td><td rowspan="5">bei dunkler Kirschrotglut in Wasser</td><td>2,46</td></tr>
<tr><td>Extra M H</td><td>Gewöhnliche Dreh-, Hobel- und Stoßmesser, Fräser, Fräsmesser, alle Arten Bohrer</td><td>2,46</td></tr>
<tr><td>P 1</td><td>Für harte, gewöhnliche Dreh-, Hobel- und Stoßmesser</td><td>2,10</td></tr>
<tr><td>P 2</td><td>Für gewöhnliche Dreh-, Hobel- und Stoßmesser, harte Bohrer, kleine, harte Fräser</td><td>2,10</td></tr>
<tr><td>P 3</td><td>Gewöhnliche Dreh-, Hobel- und Stoßmesser, Spitzbohrer, Fräser, Körner, Meißel auf harte Metalle, Mühlpicken</td><td>2,10</td></tr>
<tr><td>P 5</td><td>Schrotmeißel, Handhämmer, Dorne, Durchschläge, zähe Handmeißel, große Körner</td><td rowspan="2">bei Kirschrotglut in Wasser</td><td>2,10</td></tr>
<tr><td>P 6</td><td>Schellhämmer, Nietstempel, große Schrotmeißel, große Hämmer</td><td>2,10</td></tr>
<tr><td>P S 2</td><td>Harter Steinbohrstahl für sehr hartes Gestein</td><td rowspan="7">bei dunkler Kirschrotglut in Wasser</td><td>1,95</td></tr>
<tr><td>P S 3</td><td>Mittelharter Steinbohrstahl für hartes und mittelhartes Gestein; für Stoßbohrer, Steinmeißel</td><td>1,95</td></tr>
<tr><td>P S 4</td><td>Zähharter Steinbohrstahl für mittelhartes und weiches Gestein</td><td>1,95</td></tr>
<tr><td>SP 5H</td><td>Steinbohrstahl für alle gewöhnlichen Steinbearbeitungswerkzeuge</td><td>1,10</td></tr>
<tr><td>G 6 S</td><td>Edel-Martinstahl zum Verstählen von Ambossen, Hacken, Beilen, Äxten</td><td>1,10</td></tr>
<tr><td>SP5W</td><td>Wird bei Wasserhärtung nicht immer glashart. Für kleine Handhämmer, Beile, Hacken, Krampen, Hauen, Bohrer</td><td>0,55</td></tr>
<tr><td>SP6W</td><td>Wird bei Wasserhärtung nicht glashart. Für große Vorschlaghämmer, Stemmeisen, Krampen, Hauen</td><td>0,55</td></tr>
</table>

[1]) Eine besondere Behandlungsanweisung wird mitgeliefert.

Preistabellen über Werkzeuge für Holzbearbeitung

Mitgeteilt von Joh. Weiß & Sohn, Wien

Hobel. Hobeleisen mit Gußstahl belegt (Preise in Schilling)

Eisenbreite in mm	27	30	33	36	39	42	45	48	51	54	57	60
Schropphobel, einfach	3,40	3,54	3,72	3,88	4,10	—	—	—	—	—	—	—
Doppel-Schropphobel	5,94	6,21	6,48	6,75	7,02	—	—	—	—	—	—	—
Schlichthobel	—	—	—	3,88	4,10	4,32	4,52	4,76	5,07	—	—	—
Doppelhobel	—	—	—	5,75	6,00	6,25	6,50	6,75	7,37	—	—	—
Schlichtrauhbankhobel	—	—	—	—	—	—	—	—	8,75	9,25	9,75	10,25
Doppelrauhbankhobel mit Griff	—	—	—	—	—	—	—	—	11,25	11,75	12,50	13,00
Zahnhobel	—	—	—	4,35	4,55	4,75	4,95	5,15	—	—	—	—
Gesimshobel	—	3,37	3,37	3,75	3,75	—	—	—	—	—	—	—
Doppelgesimshobel	9,50	10,00	—	—	—	—	—	—	—	—	—	—
Schroppschiffhobel	—	4,50	4,63	—	—	—	—	—	—	—	—	—
Schlichtschiffhobel	—	—	—	4,75	4,87	5,12	5,37	5,62	—	—	—	—

Grundhobel nach Breite und Ausführung von *S 4,50 bis S 10,00.* Die Preise für Hobel mit verzinkter und aufgeleimter Pockholzsohle sind um rund 100 v. H., jene für Hobel mit Eisensohle um rund 200 v. H. höher als die entsprechenden Beträge in obiger Tabelle.

Fasson- und amerikanische Hobel über Anfrage.

Hobeleisen. Ganz aus Gußstahl (Preise in Schilling)

Eisenbreite in mm	27	30	33	36	39	42	45	48	51	54	57
Schroppeisen	0,90	0,98	1,07	1,15	1,24	—	—	—	—	—	—
Schlichteisen	—	—	—	1,15	1,24	1,32	1,40	1,48	1,65	1,77	1,94
Doppeleisen	—	—	—	2,18	2,30	2,43	2,55	2,68	2,92	3,05	3,25
Eisenbreite in mm	**60**	**65**	**70**	**75**	**80**	**90**	**100**	**110**	**120**	**130**	**140**
Schroppeisen	—	—	—	—	—	—	—	—	—	—	—
Schlichteisen	2,06	2,88	4,42	5,15	6,18	7,83	9,48	11,12	12,77	14,42	16,90
Doppeleisen	3,42	5,36	7,00	8,45	9,88	12,36	14,42	16,48	18,54	21,00	23,90

Stemm- und Stechwerkzeuge

Stemmeisen (Preise in Schilling)

Breite in mm	3	4	6	8	10	13	15	18	20	23	26	30	35	40	45	50
Stemmeisen	0,72	0,72	0,78	0,78	0,84	1,00	1,10	1,20	1,30	1,40	1,50	1,90	2,30	2,90	3,40	4,00
Stechbeutel	—	—	—	—	—	—	—	—	—	—	—	2,40	2,80	3,50	4,00	4,60
Balleisen	—	—	—	—	—	—	—	—	1,25	1,40	1,50	1,90	—	—	—	—
Lochbeutel	0,95	1,00	1,20	1,40	1,70	2,00	2,20	2,60	2,90	—	—	—	—	—	—	—

Hohleisen

Breite in														
	mm	3,17	6,35	9,52	12,70	15,87	19,05	22,22	25,40	28,57	31,75	38,10	44,45	50,80
	engl. Zoll	1/8	1/4	3/8	1/2	5/8	3/4	7/8	1	1 1/8	1 1/4	1 1/2	1 3/4	2
Preis S		—	1,40	1,60	1,80	1,90	2,10	2,40	2,70	3,20	4,10	4,60	—	—

Hefte (per 100 Stück, Preise in Schilling)

Länge in cm		9	10	11	12	13	14	15	16
Feilenheft	Weißbuche	14,00	14,00	15,00	16,00	18,00	20,00	22,00	24,00
Feilenheft	Rotbuche	—	20,00	21,00	22,00	24,00	26,00	—	—
Stemmeisenheft. Weißbuche mit Eisenring und Zwinge		—	—	—	—	44,00	44,00	48,00	52,00

Handbohrer (Preise in Schilling)

Durchmesser in										
	mm	4,75	6,35	7,94	9,52	11,11	12,70	14,28	15,87	17,45
	engl. Zoll	3/16	1/4	5/16	3/8	7/16	1/2	9/16	5/8	11/16
Cooks-Spiralbohrer		1,70	1,70	1,70	1,70	1,70	1,70	1,90	—	—

Durchmesser in										
	mm	19,05	20,63	22,22	23,80	25,40	28,57	31,75	34,92	38,10
	engl. Zoll	3/4	13/16	7/8	15/16	1	1 1/8	1 1/4	1 3/8	2
Cooks-Spiralbohrer		2,20	—	2,60	—	3,00	3,80	4,50	4,80	—

Schneckenbohrer (Preise in Schilling)

Durchmesser in mm	3	6	9	12	15	18	20	22	24	26	28
Mit doppelter Schnecke	0,15	0,18	0,29	0,48	0,73	1,10	1,25	1,50	1,80	2,10	2,40

Durchmesser in mm	30	33	36	39	42	45	48	51	54	57	60
Mit doppelter Schnecke	2,60	2,90	3,40	3,80	4,60	5,40	6,40	7,60	8,40	—	12,00

Zentrumbohrer, amerikanisch, zum Stellen (Preise in Schilling)

Für Löcher von			
	mm	15,87 bis 44,45	22,22 bis 76,20
	engl. Zoll	5/8 bis 1 3/4	7/8 bis 3
Mit je einem kleineren und einem größeren Messer		13,00	16,00

Maschinenbohrer

Langlochbohrer (Preise in Schilling)

Stärke in mm	6	7	8	9	10	11	12	13	14	15	16	17
Länge ohne Schaft in mm	60	70	80	85	95	100	100	100	105	105	110	112
Zweischneidig, mit Konus oder mit zylindrischem Schaft	4,40	4,60	4,80	5,00	5,20	5,40	5,60	5,80	6,00	6,30	6,60	6,90

Stärke in mm	18	19	20	21	22	23	24	25	26	28	30
Länge ohne Schaft in mm	115	115	125	125	130	130	140	140	145	150	150
Zweischneidig, mit Konus oder mit zylindrischem Schaft	7,20	7,50	8,00	8,80	9,60	10,40	11,20	12,00	12,80	15,20	16,80

Bei Bestellung von Bohrern mit Konus Maße laut Skizze; bei zylindrischem Schaft nur Länge und Stärke angeben.

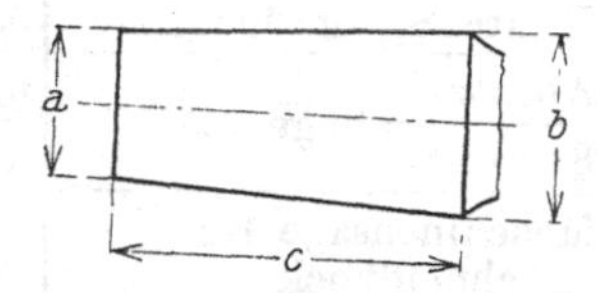

Bohrwinden, je nach Ausführung von *S 2,50 bis S 4,00*

Drillbohrer (Preise in Schilling)

Drillänge in cm	25	30
Drillbohrer mit 6 Einsätzen	5,00	6,00

Brustleier mit Klemmfutter und 2 Geschwindigkeiten *S 20,00*, einfach *S 9,00*

Raspeln (Preise in Schilling)

	Hieblänge in mm	150	175	200	225	250	300	350	400
Holzraspeln	halbrund, grober Hieb	0,90	—	1,30	—	1,70	2,20	2,90	4,20
	halbrund, feiner Hieb	1,10	—	1,50	—	1,90	2,60	—	—
	flach	0,90	—	1,30	—	1,70	2,20	—	—
	rund	0,90	—	1,30	—	1,70	2,20	—	—
	quadrat., grober Hieb	0,90	—	1,30	—	1,70	2,20	—	—
	quadrat., Schlichthieb	1,00	1,25	1,42	1,70	1,90	—	—	—

Gefaßte Sägen (Preise in Schilling)

Länge in cm	18	20	21	24	25	27	30	33	40	50	60	70
Breite Spannsäge	—	—	—	—	—	—	—	—	—	—	3,78	4,44
Absatz-Säge	—	—	—	—	—	—	—	—	—	—	3,78	4,48
Schweif-Säge	—	—	—	—	—	—	2,36	—	2,55	2,74	2,93	3,80
Maschinensäge für Schneidbock	—	—	—	—	—	—	—	—	—	—	—	—
Klob-Säge	—	—	—	—	—	—	—	—	—	—	—	—
Zug-Säge	—	—	—	—	—	—	—	—	—	—	—	—
Fuchsschweif mit Rücken	2,00	2,30	2,60	3,00	3,00	3,60	3,60	—	5,80	8,00	—	—
Lochsäge, doppelte Zähne	—	—	—	—	—	—	2,00	2,20	—	—	—	—

Länge in cm	80	90	100	110	120	130	135	140	142	150	158
Breite Spannsäge	5,10	5,85	6,70	8,26	—	—	—	—	—	—	—
Absatz-Säge	5,66	—	—	—	—	—	—	—	—	—	—
Schweif-Säge	3,78	4,25	5,10	—	—	—	—	—	—	—	—
Maschinensäge für Schneidbock	—	—	—	11,80	—	—	—	—	—	—	—
Klob-Säge	—	—	—	—	48,40	51,70	—	55,00	—	58,30	—
Zug-Säge	—	—	—	—	4,50	—	5,00	—	5,60	—	7,00
Fuchsschweif mit Rücken	—	—	—	—	—	—	—	—	—	—	—
Lochsäge, doppelte Zähne	—	—	—	—	—	—	—	—	—	—	—

Gratsäge, Blattlänge 145 mm *S 1,30*.

Spannsägeblätter (Preise in Schilling)

Länge in cm	30	40	50	60	70	80	90	100	110
Breites Spannsägeblatt	—	—	0,83	0,83	0,95	1,05	1,20	1,40	1,60
Halbbreites Spannsägeblatt	—	0,65	0,65	0,75	0,85	0,97	1,10	1,20	—
Absatzsägeblatt	—	—	—	0,92	1,00	1,20	—	—	—
Schweifsägeblatt, franz.	0,54	0,54	0,54	0,70	0,84	0,90	1,00	—	—

Hacken

Aufsatzhacken, geschliffen, per 1 kg *S 2,30*
Holz- oder Handhacken per 1 kg *S 2,30*

Zimmermannsbeile mit Nagelschlitz

Stückgewicht rund kg	0,45	0,55	0,70	0,85
Schneidlänge rund cm	12	14	15	16
Preis per Stück S	2,65	3,00	3,35	3,85

Werkzeuge für Metallbearbeitung

Laut Mitteilung von R. Schmidt & Co., Wien

Maße der Morsekegel nach Abb. 1

Morsekegel Nr.		1	2	3	4	5	6
D	in mm	12,07	17,78	23,83	31,27	44,40	63,35
d		9,04	14,12	19,28	25,32	36,73	52,76
L		60,32	73,02	90,49	114,30	146,05	203,20
a		5,16	6,35	7,94	11,91	15,88	19,05
b		7,94	9,53	11,11	12,70	15,88	22,23
f		4,00	5,00	5,00	6,00	7,00	8,00

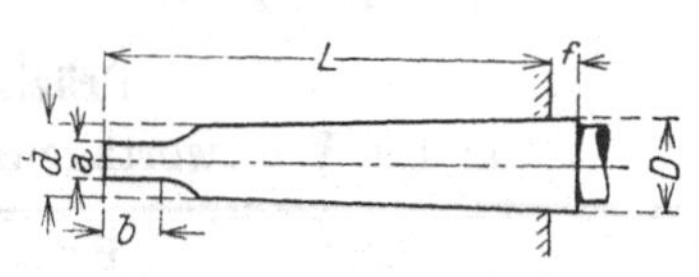

Abb. 1. Morsekegel

Die Morsekegel dienen zur Verbindung von Werkzeug und Maschinenfutter.

Reibahlen (Grobreibahlen)

mit geraden Nuten, vorne stark konisch, mit Gewindenachzug. Dienen zum Aufweiten von Bohrungen

Durchmesser in mm	5	6	7	8	9	10	11	12	13	14	15	16	17	18	19	20
Preis in S per Stück	2,00	2,00	2,00	2,10	2,10	2,10	2,30	2,50	2,70	3,00	3,20	3,60	3,80	4,10	4,80	5,00

Gewindebohrer für Whitworthgewinde

in Sätzen zu 3 Stück, zylindrisch, oder zu 2 Stück, Vorschneider konisch, Nachschneider zylindrisch

Durchmesser in engl. Zoll	$^1/_{16}$—$^5/_{32}$	$^3/_{16}$—$^7/_{32}$	$^1/_4$—$^9/_{32}$	$^5/_{16}$	$^3/_8$	$^7/_{16}$	$^1/_2$
Preis in S per Stück	0,50	0,60	0,65	0,80	0,95	1,10	1,25
Durchmesser in engl. Zoll	$^9/_{16}$	$^5/_8$	$^{11}/_{16}$	$^3/_4$	$^{13}/_{16}$	$^7/_8$	$^{15}/_{16}$	1
Preis in S per Stück	1,50	1,75	2,00	2,40	2,65	3,00	3,40	3,75

Konische Gasgewindebohrer zum Gewindeschneiden in Fittings und Flanschen

Durchmesser in engl. Zoll	$^1/_8$	$^1/_4$	$^3/_8$	$^1/_2$	$^5/_8$	$^3/_4$	$^7/_8$	1
Preis in S per Stück	1,30	1,40	1,60	1,90	2,20	2,80	4,30	4,70
Durchmesser in engl. Zoll	$1^1/_8$	$1^1/_4$	$1^3/_8$	$1^1/_2$	$1^5/_8$	$1^3/_4$	$1^7/_8$	2
Preise in S per Stück	5,80	8,20	9,30	10,80	12,00	12,90	15,10	16,60

Wendeisen (mit 3 Löchern)

für Whitworthgewindebohrer

Engl. Zoll	Preis in S per Stück
1/16, 3/32, 1/8, 5/32, 3/16	2,50
1/8, 3/16, 1/4, 5/16	3,10
7/32, 1/4, 5/16, 3/8	2,95
1/4, 5/16, 3/8, 7/16, 1/2	3,80
7/16, 1/2, 5/8	3,30
1/2, 5/8, 3/4	6,20
3/4, 7/8, 1	7,05
5/8, 3/4, 7/8, 1	8,50

für Gasgewindebohrer

Engl. Zoll	Preis in S per Stück
1/8, 1/4, 3/8	3,30
1/2, 5/8, 3/4	7,05
1/2, 3/4, 1	9,50

Präzisionsschneidkluppen, Abb. 2

a) für Whitworthgewinde

Engl. Zoll	Preis in Schilling	
	per ein Stück samt Backen	für ein Paar Backen
1/8, 5/32, 3/16, 1/4	9,30	1,45
1/8, 3/16, 1/4, 5/16	9,60	1,45
1/4, 5/16, 3/8	9,85	1,75
1/4, 5/16, 3/8, 7/16	11,60	1,75
1/4, 5/16, 3/8, 7/16, 1/2	15,00	1,90
5/16, 3/8, 7/16, 1/2, 5/8	19,00	2,45
3/8, 7/16, 1/2, 5/8, 3/4	24,70	3,10
1/2, 5/8, 3/4, 7/8	23,00	3,45
5/8, 3/4, 7/8, 1	32,50	4,80
3/4, 7/8, 1, 1 1/8, 1 1/4	43,20	5,40
1 3/8, 1 1/2, 1 5/8, 1 3/4, 1 7/8, 2	72,10	7,80

b) für Gasgewinde

Engl. Zoll	Preis in Schilling	
	per ein Stück samt Backen	für ein Paar Backen
1/8, 1/4, 3/8	14,20	2,45
1/4, 3/8, 1/2	18,50	3,10
3/8, 1/2, 3/4	27,50	4,80
3/8, 1/2, 3/4, 1	38,00	5,40
3/4, 1, 1 1/4, 1 1/2	56,60	7,80

Abb. 2. Schneidkluppe

Metallsägebogen fest, mit Kreuzschnitt und Flügelmutter

(Preis in Schilling per Stück)

Für Sägeblätter von engl. Zoll		8 bis 10	11 und 12	13 und 14
Starke	Konstruktion	4,00	4,40	5,60
Schwache		3,60	4,10	5,30

Metallsägeblätter (für Handsägebogen und Maschine)

Material: Mit Wolfram legierter Stahl. Eine Seite gezahnt, nur in den Zähnen gehärtet, Rücken weich

Länge von Ende zu Ende Loch	mm	200	225	250	275	300	325	350	375	400	425	450	450
	engl. Zoll	8	9	10	11	12	13	14	15	16	17	18	18
Breite	in mm	14		16						20			25
Stärke		0,7		0,8						0,9	1,25	1,25	1,25
Preis in S per 10 Stück		2,50	2,65	3,10	3,40	3,60	4,00	4,20	4,50	6,00	8,50	9,10	10,50

Feilen (Preise per 100 Stück in Schilling)

Hieblänge in		mm	75	100	125	150	175	200	225	250	275	300	325	350	375	400	450	500
		engl. Zoll	3	4	5	6	7	8	9	10	11	12	13	14	15	16	18	20
Bestoß-feilen	flach	grober Hieb	—	—	—	—	—	—	92,00	104,00	132,00	173,00	207,00	253,00	311,00	461,00	per 100 kg	
	halb-rund		—	—	—	—	—	—	104,00	132,00	173,00	207,00	253,00	311,00	461,00	576,00		
Feilen, flach		Bastard-	39,00	49,00	58,00	69,00	89,00	104,00	121,00	144,00	173,00	202,00	233,00	276,00	328,00	380,00	472,00	576,00
		Halb-schlicht-	42,00	50,00	59,00	75,00	92,00	109,00	127,00	150,00	184,00	219,00	248,00	288,00	346,00	415,00	507,00	622,00
		Schlicht-	43,00	53,00	63,00	81,00	98,00	115,00	132,00	156,00	196,00	230,00	265,00	305,00	369,00	449,00	541,00	668,00
		Doppel-schlicht-	58,00	69,00	81,00	104,00	127,00	138,00	156,00	179,00	219,00	265,00	300,00	346,00	426,00	507,00	611,00	760,00
Feilen, halb-rund, rund, drei- und vier-kantig		Bastard-	50,00	59,00	75,00	84,00	92,00	115,00	132,00	156,00	184,00	213,00	242,00	288,00	340,00	392,00	495,00	622,00
		Halb-schlicht-	53,00	62,00	78,00	92,00	104,00	127,00	150,00	173,00	202,00	230,00	265,00	311,00	369,00	455,00	536,00	668,00
		Schlicht-	55,00	65,00	81,00	98,00	115,00	138,00	161,00	190,00	219,00	253,00	300,00	334,00	392,00	472,00	576,00	714,00
		Doppel-schlicht-	63,00	75,00	92,00	121,00	138,00	156,00	184,00	213,00	248,00	288,00	328,00	374,00	449,00	530,00	645,00	806,00

Arm- und Handfeilen von 2 kg Stückgewicht oder von 400 mm Hieblänge aufwärts, grober Hieb, kosten per 100 kg: flach und vierkantig: *S 230,00*, halbrund und dreikantig: *S 253,00*.

Sägefeilen, Extraqualität, aus Diamantstahl (Preis per Dutzend in Schilling)

Hieblänge	mm	87	100	112	125	150	175	200	250
	engl. Zoll	$3^1/_2$	4	$4^1/_2$	5	6	7	8	10
Taper-	Halbschlicht-	6,20	6,50	7,50	9,10	12,60	15,60	19,60	31,40
	Schlicht-	6,50	7,50	9,10	10,70	13,80	17,60	22,50	34,60
Metall-	Schlichtkreuzhieb		11,10	13,10	15,30	19,40	22,20	26,40	

Feilenhefte, per 100 Stück

Länge in cm	7	8	9	10	11	12	13	14	15	16
Preis S	10,50	10,70	11,40	12,10	13,00	14,40	16,10	17,00	20,20	22,70

Spiralbohrer

Tabelle vorteilhafter Umdrehungszahlen für Spiralbohrer aus Werkzeugstahl

Durchmesser in mm	1	2	3	4	5	6	7	8	9	10	11	12	13	14	15	16	17	18	19	20
Für Stahl	2545	1290	850	640	510	425	365	320	280	255	230	210	195	180	170	160	150	140	135	125
„ Schmiedeeisen	2860	1430	955	715	573	480	410	360	320	285	260	240	220	205	190	180	170	160	150	145
„ Gußeisen	3180	1590	1060	795	635	530	460	400	355	320	290	265	245	230	210	200	190	180	165	160
„ Messing	5100	2530	1700	1270	1020	850	730	640	565	510	455	425	390	365	340	320	300	285	270	255

Abb. 3. Spiralbohrer

Preise von Spiralbohrern

1. Zylindrischer Schaft, kurze Sorte (Abb. 3)

Durchmesser in mm	2,55—3,0	3,05—4,0	4,05—5,0	5,05—6,0	6,1—7,0	7,1—8,0	8,1—9,0	9,1—10,0
Ganze Länge in mm	65—70	71—80	81—90	91—100	101—110	111—120	121—130	131—140
Preis per 10 Stück S	3,40	3,70-4,00	4,30-4,50	5,00-5,40	6,10-6,80	7,30-8,30	9,20-10,10	11,60-13,00

Durchmesser in mm	11	12	13	14	15	16	17	18	19	20
Ganze Länge in mm	149	158	166	176	183	192	200	207	214	220
Preis per Stück S	2,15	2,45	2,75	3,10	3,40	3,50	3,85	4,15	4,45	4,75

2. Zylindrischer Schaft, lange Sorte

Durchmesser in mm	2	3	4	5	6	7	8	9	10	11	12	13	14	15	16	17	18	19	20
Ganze Länge in mm	95	115	125	135	145	155	165	170	175	185	190	200	205	210	220	230	235	245	250
Preis per Stück S	0,45	0,50	0,55	0,60	0,70	0,90	1,20	1,40	1,60	2,75	3,00	3,20	3,40	3,70	4,15	4,45	4,75	5,05	5,40

3. Runder, konischer Schaft

Durchmesser in mm	2	3	4	5	6	7	8	9	10	11	12	13	14	15	16	17	18	19	20
Ganze Länge in mm	135	140	145	150	155	165	170	175	180	185	190	200	205	210	230	235	240	245	250
Preis per Stück S	2,30	2,30	2,30	2,45	2,45	2,75	2,75	2,75	2,75	3,00	3,30	3,45	3,70	3,90	4,60	4,90	5,20	5,50	5,90

4. Vierkantiger, konischer Schaft, lange Sorte

Durchmesser in mm	2	3	4	5	6	7	8	9	10	11	12	13	14	15	16	17	18	19	20
Ganze Länge in mm	115	120	125	130	135	145	150	155	160	165	170	180	185	190	195	200	205	210	215
Preis per Stück S	2,20	2,20	2,20	2,50	2,75	3,10	3,30	3,50	3,85	4,05	4,20	4,40	4,60	4,75	4,95	5,20	5,50	5,75	5,90

5. Vierkantiger, konischer Schaft, kurze Sorte, 160 mm lang

Durchmesser in mm	13	14	15	16	17	18	19	20
Preis per Stück S	4,15	4,20	4,20	4,40	4,60	4,75	5,00	5,20

Bei Spiralbohrern unter 10 mm Durchmesser ist es vorteilhafter, solche mit zylindrischem Schaft zu verwenden. Das Nachschleifen geschieht am besten mit einer Spiralbohrer-Schleifmaschine, da beim Schleifen aus freier Hand die Bohrer häufig einseitig und flach verschliffen werden. Ein verschliffener Bohrer setzt sich oft fest und bricht, oder er verliert seine ganze Schnittfähigkeit. Häufig wird mit zu geringer Tourenzahl gearbeitet, dagegen mit viel zu großem Vorschub. Die Folge davon ist ein Bruch des Bohrers.

Ambosse (aus Stahlguß)

Stückgewicht in kg	11—15	16—20	21—25	26—30	31—40	41—50	51—100
Preis per 1 kg S	3,20	2,95	2,70	2,45	2,30	2,15	1,90

Sperrhorne (aus Gußstahl)

Stückgewicht in kg	3—5	5,1—10	10,1—30
Preis per kg S	3,05	2,55	2,30

Schraubstöcke

a) Parallelschraubstöcke, feste Ausführung, Abb. 4

Backenbreite	mm	80	100	120	135	150
Spannweite	mm	90	140	180	220	280
Gewicht rund kg		4,5	14,2	29,0	40,0	60,0
Preis per Stück S		18,0	34,0	54,0	74,0	100,0

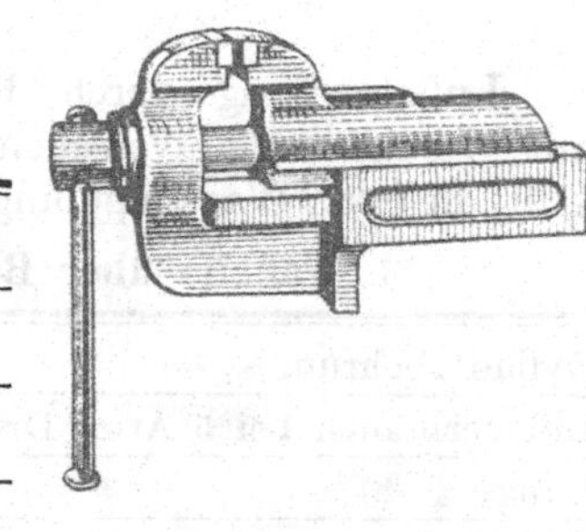

Abb. 4. Parallelschraubstock

b) Geschmiedete steirische Schraubstöcke ohne Stöckel

Preis per kg *S 1,65*, Stückaufschlag *S 3,50*

„Berjo“-Schraubstöcke

Passen sich der Form des Arbeitsstückes genau an. Die Anpassung erfolgt automatisch durch lamellenartig angeordnete Backen.

„Berjo“-Maschinenschraubstock (Abb. 5)

	Modell	MS I	MS II	MS III
Backenbreite	mm	90	130	175
Spannweite	„	100	120	150
Gewicht	rund kg	25	35	65
Preis	S	160,00	200,00	290,00
Drehbarer Untersatz mit Klemmschrauben				
Gewicht	rund kg	6,5	8	16
Preis	S	59,00	66,00	84,00

„Berjo“-Werkbankschraubstock (Abb. 6)

	Modell	WB 4	WB 5	WB 6	WB 7	WB 8
Backenbreite	mm	50	85	105	120	135
Spannweite	„	50	110	150	200	235
Gewicht der festen Ausführung	rund kg	—	10	18,5	28	38,5
Preis	S	—	78,00	106,00	136,00	168,00
Gewicht der drehbaren Ausführung	rund kg	3,2	12	21,5	33	47
Preis	S	55,00	86,00	125,00	155,00	189,00

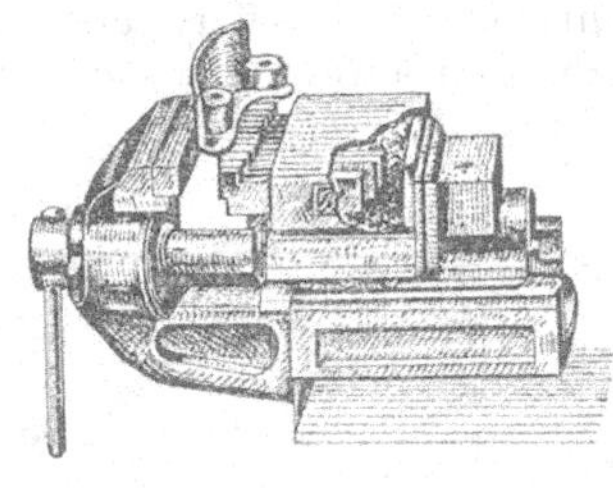

Abb. 5. „Berjo“-Maschinenschraubstock

Abb. 6. „Berjo“-Werkbankschraubstock

Preßluftwerkzeuge

„Demag“ A. G., Duisburg

Bohrhämmer (Abb. 1)

Luftsteuerung durch Kolbenschieber, selbsttätige Umsetzung, Griffenden mit Gummimuffen versehen. Ausführung: Für Vollbohrer (ohne Spülung), für Luft- und für Wasserspülung. Zum Bohren von Löchern im Gestein jeder Härte. Die Wasserspülung durch den Hohlbohrer verhindert Staubentwicklung. Wo solche nicht zu befürchten, genügt Luftspülung, um das Material aus dem Bohrloch zu entfernen.

Tabelle über Bohrhämmer

Zylinderbohrung	mm	60	65
Luftverbrauch bei 5 Atm. Druck	m^3/Min.	1,45	2,5
Länge	cm	53,5	62,5
Gewicht rund	kg	20	26

Die Einsteckenden der Bohrer sind nach Abb. 2 herzustellen; die Bohrung entfällt, wenn keine Spülung verlangt wird.

Abbauhämmer[1]) (Abb. 3)

Rohrschiebersteuerung. Selbsttätiger Arbeitsbeginn beim Ansetzen des Bohrers, ebenso Stillstand beim Abheben. Für Grubenbetrieb bei Flözen geringer Mächtigkeit, wo Sprengung nicht wirtschaftlich, dann zum Aufreißen von Beton- und Asphaltpflaster sowie für Demolierungsarbeiten.

Tabelle über Abbauhämmer

Länge	mm	320	400	475[2])
Luftverbrauch bei 5 Atm. Druck	m³/Min.	0,5	0,58	0,95
Schlagzahl	i.d.Min.	2000	1200	1100
Gewicht rund	kg	5	6	12,5

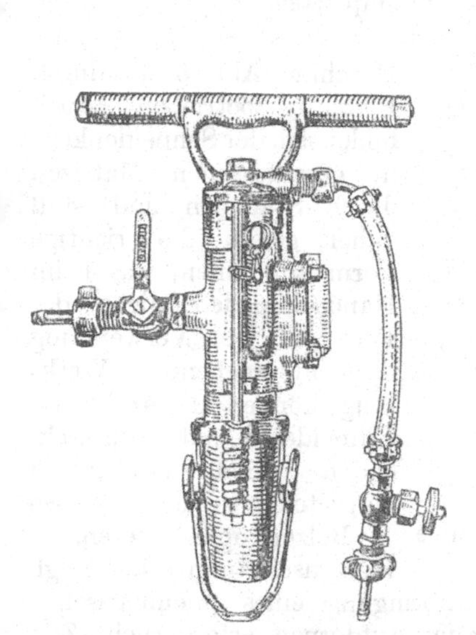

Abb. 1. Bohrhämmer

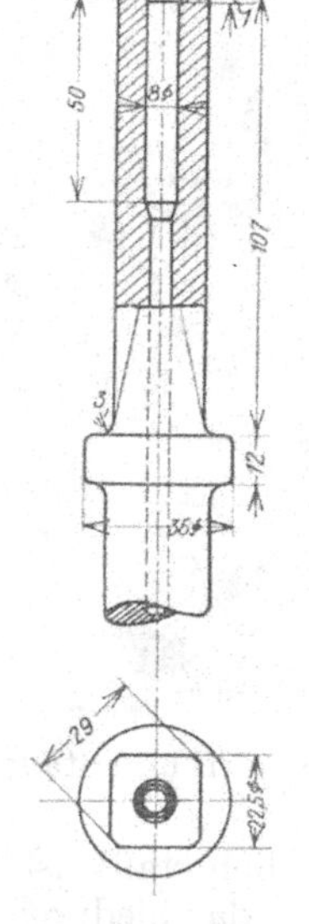

Abb. 2. Einsteckende

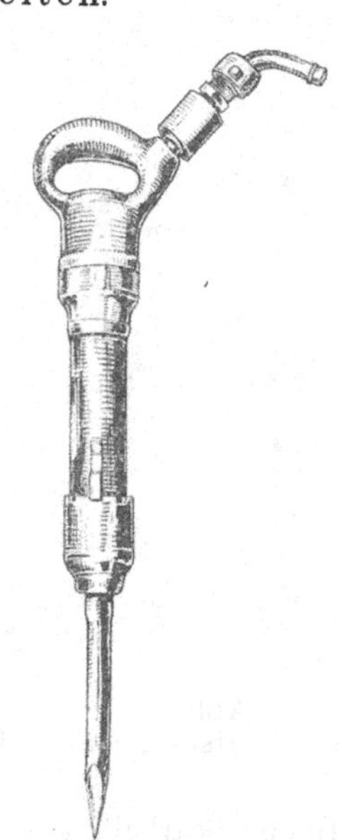

Abb. 3. Abbauhämmer

Preßluftstampfer (Abb. 4 a, b)

Die maschinelle Stampfarbeit ist nicht nur weitaus billiger als Handstampfung, sondern auch gleichmäßiger und liefert auch dichteres Stampfgut, weil der schädliche Einfluß der allmählichen Ermüdung des Arbeiters wegfällt. Zum Einstampfen von Zementröhren werden Verlängerungen mitgeliefert, welche durch Morsekonen zwischen Stampfplatte und Kolbenstange befestigt sind.

Länge des Stampfers	bei eingezogenem Kolben	mm	470	1080	1140	1190
	beim Arbeiten		585	1275	1380	1450
Luftverbrauch bei 5 Atm. Druck		m³/Min.	0,25	0,55	0,65	0,75
Lichte Weite des Luftschlauches		mm	10	13	13	13
Gewicht rund		kg	4,5	9	10	10,5

Die Stampfplatten, Abb. 5 a bis d, haben Bohrungen für Morsekegel Nr. 2 (siehe Tabelle S. 513).

[1]) Über elektropneumatische Schlagwerkzeuge siehe S. 601.
[2]) Diese Type ist für besonders schwere Abbauarbeiten geeignet. — Die Leistungsziffern gelten für 6 Atm. Druck.

Schärf- und Stauchmaschinen

Das Handschärfen und Schmieden von Bohrstählen ist stets langsam, teuer und ungenau. Daher für jeden Betrieb, der täglich auch nur wenige Bohrhämmer in Benützung hat, eine Schärf- und Stauchmaschine empfehlenswert. In dieser

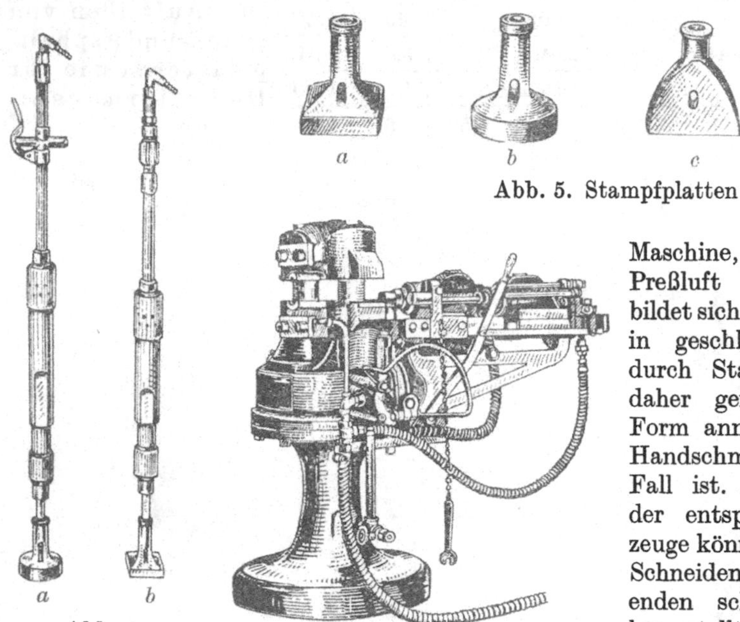

a *b* *c* *d*

Abb. 5. Stampfplatten

a *b*

Abb. 4 Preßluftstampfer

Abb. 6. Schärf- und Stauchmaschine

Maschine, Abb. 6, die durch Preßluft betrieben wird, bildet sich der Schneidenkopf in geschlossenen Matrizen durch Stauchen und muß daher genau die richtige Form annehmen, was beim Handschmieden nicht der Fall ist. Bei Verwendung der entsprechenden Werkzeuge können alle Arten von Schneiden und Einsteckenden schnell und genau hergestellt werden, ebenso Bolzenköpfe, Nieten, Kohlenschrämmpicken u.dgl. Beim Bearbeiten von Hohlbohrstahl ist die Anbringung eines pneumatischen Durchschlägers von Vorteil, da hiedurch die zum Aufdornen erforderliche Zeit auf ein Minimum reduziert wird.

Tabelle über Schärf- und Stauchmaschinen

Ingersoll-Rand-Ges., Wien

Geeignet für Stahldurchmesser	Rund oder Profil	bis	mm	29	29	51
	Sechs- od. Achtkant			25	25	48
Größter Schneidendurchmesser				48	54	92
Leistung	Neue Schneiden		Stück per Stde.	20—50		
	Neue Einsteckenden			15—30	15—40	15—50
	Schneideschärfen			30—80	30—100	30—120
Nötiger Luftdruck			kg/cm²	$4^3/_4$—7		
Höhe der Maschine			mm	1220	1300	1350
Luftleitungsdurchmesser				25	25	32
Gewicht	rund		kg	420	785	1170

Abb. 7a bis 7d zeigen einige Schneideformen für Voll- und Hohlbohrer. Abb. 7a (Schlangenbohrer mit Z-Meißelschneide) wird verwendet für horizontale und leicht ansteigende Löcher in mildem bis mittelfestem Gestein, wie Erz, Kohle, Ton, Salz, Gips, Schiefer usw., Abb. 7b (einfache Meißelschneide) für stark ansteigende Löcher in hartem bis sehr hartem Gestein, für Gruben- und Abbaubetrieb. Die beiden Hohlbohrer (Abb. 7c, sechsteilige Kronenschneide, und Abb. 7d, Doppelmeißelschneide) eignen sich für schräg oder senkrecht nach unten verlaufende Löcher in mittelhartem bis sehr hartem Gestein, wie Quarz, Granit, Gneis, Porphyr usw. Die Hohlbohrer dienen zum Bohren mit Luft- oder Wasserspülung. Gebräuchliche Längen der Bohrer: 500 bis 4500 mm ohne Einsteckende.

Zum Anwärmen von Eisen und kleinen Werkstücken aus Stahl auf dem Bauplatz reicht eine Feldschmiede aus. Für Bohrstähle und andere größere Werkzeuge ist die Verwendung solcher Schmiedefeuer nicht ratsam und die Verwendung von Ölöfen vorteilhafter. Diese sind leistungsfähig, nehmen wenig Platz ein und sind rein in der Arbeit. Der Stahl kommt nur mit der Flamme in Berührung und kann daher durch die stets in der Kohle befindlichen Fremdstoffe, wie Schwefel, Phosphor u. dgl., nicht verunreinigt werden. Die Flamme ist leicht einstellbar und der Stahl stets sichtbar, so daß die richtige Hitze leicht erzielt werden kann. Diese Öfen, Abb. 8, sind an die Druckluftleitung anzuschließen.

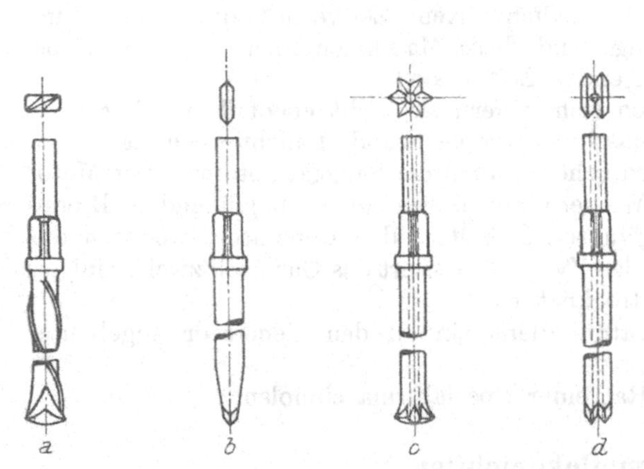

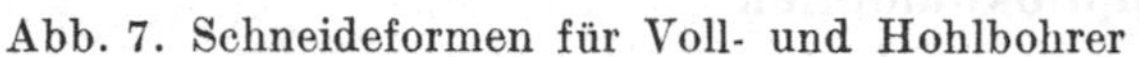

Abb. 7. Schneideformen für Voll- und Hohlbohrer

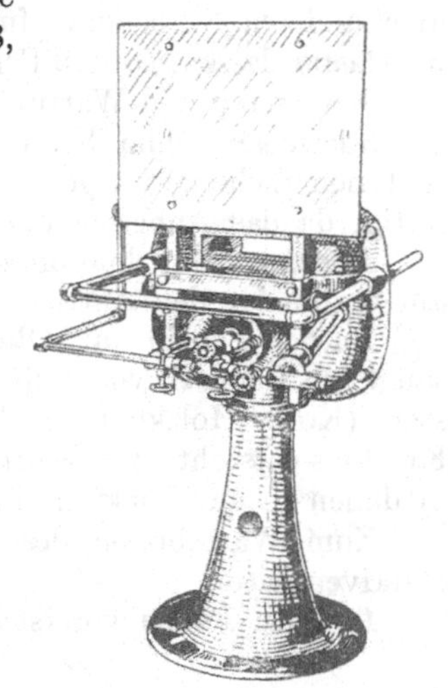

Abb. 8. Ölofen

Tabelle über Ingersoll-Rand-Ölöfen

Gewicht ohne Ölbehälter	kg	230	600
Benötigte Bodenfläche	mm	610×915	915×1220
Heizfläche	mm	190×255	255×610
Luftverbrauch bei $5^1/_2$ Atm.	Liter per Minute	340—450	450
Ölverbrauch	Liter per Stunde	$5^1/_2$—11	$7^1/_2$—15
Inhalt des Ölbehälters	Lit.	190	190
Gewicht des Ölbehälters	kg	20	20

Kraftmaschinen

Allgemeines

Für den Antrieb der Arbeitsmaschinen von Bauplätzen kommt in erster Linie der Elektromotor (Näheres siehe: Elektrotechnik) in Frage. Seine Aufstellung, Installation und Wartung ist einfach, eine besondere Bedienung nicht erforderlich und Ortsveränderung leicht durchzuführen. Handelt es sich um eine größere Anzahl von Arbeitsmaschinen, die ständig in Betrieb sein sollen, und ist Anschluß an vorhandenes Stromnetz nicht möglich, so ist die Anlage einer besonderen elektrischen Kraftzentrale zu empfehlen.

Sind nur wenige Arbeitsstellen mit Kraft zu versorgen und Strombezug von bestehendem Kraftwerk nicht wirtschaftlich, so richtet sich die Wahl der Antriebsmaschinen vielfach nach dem am leichtesten beschaffbaren Brennmaterial; in vielen Fällen wird sich deshalb die Einstellung von Dampflokomobilen als zweckmäßig erweisen. Sie besitzen den Vorteil, daß man nicht nur alle Kohlenarten verfeuern kann, sondern auch Holz, verschiedenen Abfall und sogar Stroh (Feuerbüchse besonders für diesen Zweck gebaut). Ein besonderer Vorzug dieser und aller anderen Kolbendampfmaschinen ist aber der, daß sie sich in weiten Grenzen überlasten lassen, so daß Schwankungen in der Kraftabnahme keine Rolle spielen.

Bedienung und Wartung sind einfach und können leicht erlernt werden. Ortsveränderungen ohne Schwierigkeit möglich. Kein Zeitverlust durch Zerlegung und neuerliche Montage. Allerdings sind diese Maschinen nicht sofort betriebsfertig, da das Anheizen immerhin einige Zeit braucht.

Benzin- und Ölmotoren eignen sich, sofern sie nicht ebenfalls fahrbar sind, am besten für den Antrieb von Maschinen, deren Standort nicht wechselt.

Zu den Benzin- und Ölmotoren gehören auch die Sauggasmotoren. Der Motor saugt ein Gemisch von Luft und Wasserdampf durch einen mit glühendem Brennstoff (Koks, Holzkohle u. dgl.) gefüllten Behälter, den Generator, wodurch das Kraftgas entsteht. Vor Eintritt in den Zylinder passiert das Gas noch zwei Reiniger, in denen es auch gekühlt und getrocknet wird.

Zum Warmblasen des Generators dient ein an den Generator angebauter Handventilator.

In allen Fällen vorerst den Rat einer Spezialfirma einholen.

Dampflokomobilen

Ausrüstung. Die gesetzlich vorgeschriebene Sicherheitsarmatur, Kolbenspeisepumpe, Speisewasservorwärmer, Funkenfänger und -Löscher.

Steuerung. Kolbenschieber mit Achsregler.

Schmierung. Zylinder durch Ölpumpe, Hauptlager durch Ringschmierung, Kurbelzapfenlager durch Zentrifugalschmierung.

Dampfspannung. 10 Atm.

Mitgeliefert werden: Grobe und feine Armatur, Dampfpfeife, Einspannvorrichtung für Pferde- oder Ochsenzug, Radschuh mit Kette, ein Satz Feststellblöcke, das erforderliche Reinigungs- und Schürzeug, ein Satz Schraubenschlüssel, eine Werkzeugkiste, eine Ölkanne, ein Satz Reserveroststäbe und Reservedichtungsmaterial.

Gegen besondere Berechnung: Spindelbremse für die Hinterräder, wasserdichte Decke, Pratzenwinde, Injektor und Antriebsriemen.

Tabelle über Sattdampflokomobilen (Abb. 1)
(Hofherr-Schrantz-Clayton-Shuttleworth A. G.)

Type	Nennleistung	Normale Dauerleistung	Größte Dauerleistung	Vorübergehende Höchstleistung	Schwungrad: Drehzahl per Minute	Schwungrad: Durchmesser *D*	Schwungrad: Breite	Riemenbreite	Versandmaße: Länge *L*	Versandmaße: Breite	Versandmaße: Höhe *H*	Gewicht rund	Preis
	P. S.					mm						kg	S
UBK	3,5	6,0	9,0	13,0	300	1000	120	90	3400	1450	2250	2350	6600,00
UCK	4,0	8,0	11,0	17,0	280	1075	130	100	3600	1450	2400	2650	7000,00
UDK	5,0	11,0	14,0	20,0	280	1075	150	120	3650	1500	2450	2900	7500,00
UEK	6,0	14,0	18,0	26,0	250	1200	170	140	3900	1700	2700	3700	8100,00
UGK	8,0	17,0	22,0	32,0	250	1200	190	160	4000	1750	2750	4450	8800,00
UHK	10,0	22,0	30,0	42,0	240	1250	210	180	4200	1850	2950	5450	9800,00
UIK	12,0	28,0	37,0	52,0	240	1250	230	200	4200	1900	3150	6000	10700,00

Heißdampflokomobilen

Nur dort wirtschaftlich, wo es auf besonders weitgehende Ausnützung des Brennstoffes ankommt und wenn eine genügend große, jährliche Betriebstundenzahl gesichert erscheint. Bauart und Ausstattung wie bei Sattdampflokomobilen. Sechs Größen von 5 bis 14 P. S. Nennleistung. Alle anderen Daten über Anfrage.

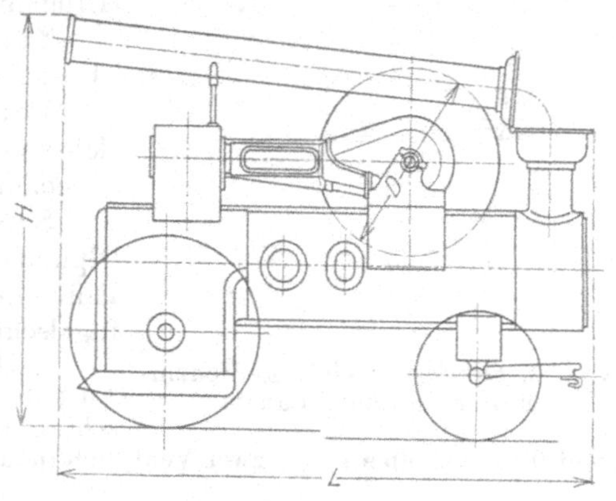

Abb. 1. Sattdampflokomobile

Selbstfahrende Dampflokomobile
(Abb. 2)

Sowohl als Zug- als auch als Antriebmaschine zu verwenden. Heiz- und Rostfläche derart reichlich bemessen, daß auch bei Verfeuerung minderwertiger Brennstoffe, wie Torf, Schilf, Stroh usw. die Dauerleistung der Maschine gesichert ist. Die Fahrgeschwindigkeiten betragen 45 bis 87 m/Min. vor- und rückwärts. Die Umfangsgeschwindigkeit des Schwungrades ist mit $5\pi \doteq 15{,}7$ m/sek bemessen. Die in der Tabelle angegebene Zugleistung gilt für gute Straßen ohne Gefälle. Bauart und Ausstattung wie bei ortsfesten Lokomobilen.

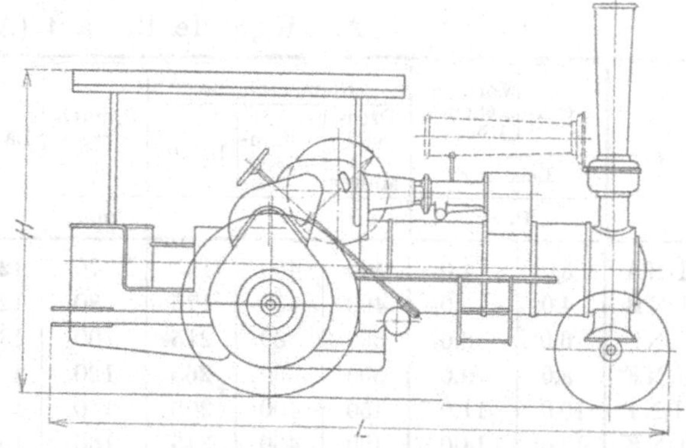

Abb. 2. Selbstfahrende Dampflokomobile

Gegen besondere Berechnung: Schutzdach über Führerstand, Bandbremse für die Hinterräder, Seilwinde mit Drahtseil, Injektor als zweite Speisevorrichtung und Injektor samt Saugschlauch zum Füllen des Speisewasserbehälters.

Tabelle über selbstfahrende Dampflokomobilen

Type	Normale Dauerleistung	Größte Dauerleistung	Vorübergehende Höchstleistung	Zugleistung	Schwungrad Drehzahl per Minute	Schwungrad Durchmesser D	Schwungrad Breite	Riemenbreite	Versandmaße Länge L	Versandmaße Breite	Versandmaße Höhe H	Gewicht rund	Preis
	P. S.			Tonnen		mm						kg	S
TEK	17,0	22,0	31,0	15—30	325	925	170	140	5500	2200	2800	6750	22000,00
TGK	22,0	28,0	40,0	20—40	300	1000	190	160	5900	2300	2900	7620	23500,00

Ortsfeste Viertakt-Benzinmotoren

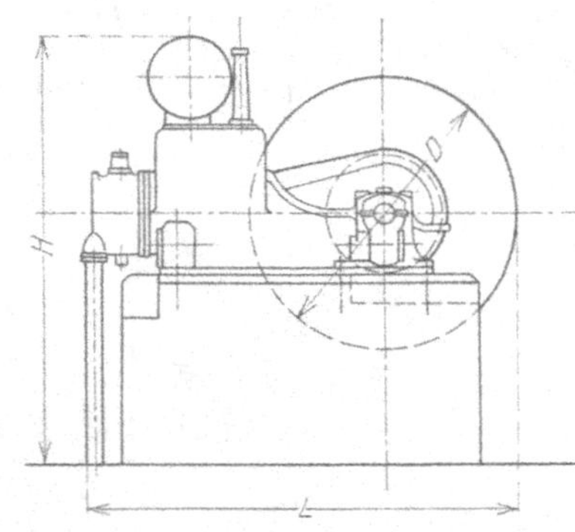

Abb. 3. Ortsfester Viertakt-Benzinmotor, liegende Bauart

Regelung der Brennstoffzufuhr. Zentrifugalregler, der auf Drosselklappe wirkt.

Zündung. „Bosch"-Zündapparat mit „Bosch"-Kerzen.

Vergaser. Für Benzin und Benzol. Einrichtung für Petroleumbetrieb gegen besondere Berechnung.

Schmierung. Zylinder und Kolben durch Ölpumpe; Haupt- und Steuerwellenlager haben Ringschmierung, das Kurbelzapfenlager Zentrifugalschmierung.

Mitgeliefert werden: Brennstoffbehälter, Auspufftopf, Andrehkurbel, ein Satz Schraubenschlüssel, zwei Ölkannen, eine Reservezündkerze, zwei Reservekolbenringe, zwei Ventilfedern und eine Vierteltafel Klingerit.

Tabelle über ortsfeste Viertakt-Benzinmotoren

A. Liegende Bauart (Abb. 3)

Type	Nenn-Leistung	Vorübergehende Höchst-Leistung	Riemenscheibe Drehzahl per Minute	Riemenscheibe Durchmesser	Riemenscheibe Breite	Riemenbreite	Raumbedarf Länge L	Raumbedarf Breite	Raumbedarf Höhe H	Gewicht rund	Preis
	P. S.			mm						kg	S
LNA	3,0	4,0	400	450	175	70	1200	860	1400	590	1700,00
LNB	4,0	5,0	400	450	175	80	1200	860	1400	600	1750,00
LNC	6,0	6,6	500	360	215	100	1300	950	1450	680	2250,00
LNF	8,0	9,0	500	360	265	120	1500	1100	1500	840	3200,00
LNI	10,0	11,0	450	400	305	140	1700	1220	1550	1040	3650,00
LNK	12,0	14,0	400	450	345	160	1950	1420	1600	1550	4300,00
LNN	15,0	17,0	360	500	395	180	2100	1650	1600	1900	4500,00
LNO	20,0	22,0	330	550	435	200	2250	1800	1650	2400	5600,00

Bei Betrieb mit Petroleum geht die angegebene Höchstleistung um etwa 10% zurück.

B. Stehende Bauart

Dort anzuwenden, wo es auf geringsten Raumbedarf ankommt. Konstruktion und Ausstattung ähnlich wie bei Motoren liegender Bauart.

Type	Leistung Nenn-	Leistung Vorübergehende Höchst-	Riemenscheibe Drehzahl per Minute	Riemenscheibe Durchmesser	Riemenscheibe Breite	Riemenbreite	Raumbedarf Länge	Raumbedarf Breite	Raumbedarf Höhe	Gewicht rund	Preis
	P.S.			mm						kg	S
VNC	7,0	8,2	700	260	215	100	700	850	1400	450	1900,00
VNF	9,0	10,0	650	280	265	120	800	900	1550	520	2200,00

Benzinmotorlokomobilen

Type	Leistung Nenn-	Leistung Vorübergehende Höchst-	Riemenscheibe Drehzahl per Minute	Riemenscheibe Durchmesser	Riemenscheibe Breite	Riemenbreite	Versandmaße Länge	Versandmaße Breite	Versandmaße Höhe ohne Dach	Versandmaße Höhe mit Dach	Gewicht ohne Dach	Gewicht mit Dach	Preis
	P.S.			mm							kg		S
LNA	3,0	4,0	400	750	155	60	1400	1150	1300	—	680	—	2250,00
LNB	4,0	5,0	400	750	155	70	1400	1150	1350	—	680	—	2300,00
LNC	6,0	6,6	500	600	175	80	1400	1200	1400	—	720	—	2650,00
LNF	8,0	9,0	500	600	195	90	1600	1250	1450	1650	950	1010	3850,00
LNI	10,0	11,0	450	670	215	100	1800	1420	1550	1950	1250	1320	4600,00
LNK	12,0	14,0	400	750	265	120	2750	1660	1850	2100	1780	1860	5250,00
LNN	15,0	17,0	360	840	305	140	2750	1660	1850	2100	2030	2110	5500,00
LNO	20,0	22,0	330	910	345	160	2950	1800	1900	2200	2450	2550	6600,00

Dieselmotoren

Zweitakt; stehende Bauart.

Vorteil gegenüber Viertakt. Einfachere Bauart.

Steuerung. Exzenter, durch Achsregler verstellt, wirkt auf Hub von Überströmventil.

Schmierung. Kolben, Hauptlager und Kurbelzapfenlager durch Schmierpumpe.

Mitgeliefert werden: ein Brennstoffbehälter, ein Auspufftopf, 100 Glimmhülsen, zwei Kolbenringe, ein Einspritzventil, ein Zündeinsatz, je ein Satz Federn, Schraubenschlüssel, Werkzeuge, Dichtungsmaterial.

Type	Leistung Nenn-	Leistung Vorübergehende Höchst-	Riemenscheibe Drehzahl per Minute	Riemenscheibe Durchmesser	Riemenscheibe Breite	Riemenbreite	Raumbedarf Länge	Raumbedarf Breite	Raumbedarf Höhe	Gewicht rund	Preis
	P.S.			mm						kg	S
VRC	7,0	8,0	700	260	215	100	600	850	1250	450	2200,00
VRF	9,0	10,0	650	280	265	120	650	900	1300	520	2400,00
VRI	11,0	12,5	600	300	305	140	700	950	1350	600	2800,00
VRK	14,0	15,0	550	330	345	160	750	1050	1450	850	3500,00
VRN	18,0	20,0	500	360	395	180	800	1200	1550	1100	4600,00
VRO	22,0	25,0	475	380	490	225	900	1400	1650	1450	5400,00

Sauggasmotoren (Abb. 4)

Unterscheiden sich von den Benzin- und Benzolmotoren nur durch Wegfall des Vergasers; statt dessen ein Doppelregulierhahn für Eintritt von Sauggas und Luft (Wirkungsweise siehe S. 119).

Type	Nenn- Leistung	Vorüber-gehende Höchst- Leistung	Riemenscheibe Dreh-zahl per Minute	Riemenscheibe Durch-messer	Riemenscheibe Breite	Riemen-breite	Versandmaße Länge	Versandmaße Breite	Versandmaße Höhe	Ge-wicht rund	Preis
	P. S.			mm						kg	S
LNFS	7,0	8,0	500	600	195	90	3000	1600	2100	1700	6600,00
LNIS	9,0	10,0	450	670	215	100	3200	1700	2200	1900	7100,00
LNKS	11,0	12,5	400	750	265	120	3500	1700	2200	2400	7700,00
LNNS	14,0	16,0	360	840	305	140	3900	1700	2400	2900	8500,00
LNOS	18,0	20,0	330	910	345	160	4100	1800	2500	3400	9600,00

Petrolmotortraktoren (Abb. 5)

Antrieb durch Vierzylinder-Viertaktmotor stehender Bauart.

Vergaser derart, daß nicht nur Benzin, Benzol u. dgl., sondern auch Petroleum verwendet werden kann.

Zündung durch „Bosch"-Zündapparat mit „Bosch"-Kerzen.

Stetige Schmierung mittels Ölumlaufpumpe. Wiederverwendung des von den Schmierstellen abfließenden Öles.

Drei Vorwärts- und eine Rückwärtsgeschwindigkeit. Die in der Tabelle angeführten Geschwindigkeiten gelten für die im allgemeinen vorhandenen Straßenverhältnisse, doch können die Traktoren auch mit anderen Geschwindigkeiten ausgeführt werden.

Die Zugleistungen werden nur auf guten Straßen ohne Gefälle erreicht. Bei der Fahrt auf ungebahnten Wegen oder Steigungen nimmt die Leistung entsprechend ab. Ebenso ist die Motorleistung bei Betrieb mit Petroleum um etwa 10% geringer.

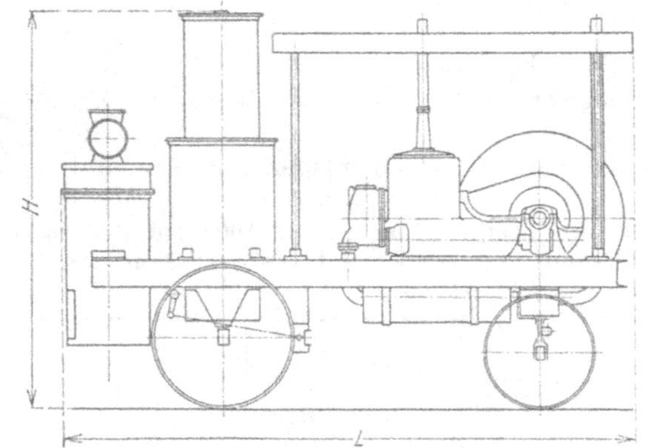

Abb. 4. Sauggasmotor (Fahrbar)

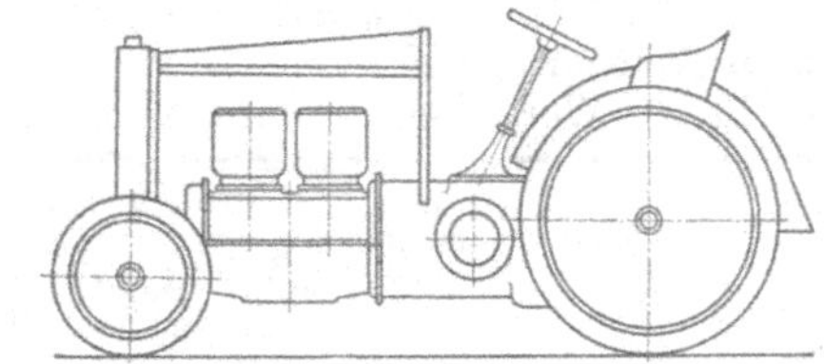

Abb. 5. Petroltraktor

Für den Antrieb von Arbeitsmaschinen wird über besondere Bestellung eine Abtriebswelle mit Riemenscheibe geliefert.

Dimensionstabelle des Petrolmotortraktors

Maße in Millimetern

Motor	Nennleistung		25 P. S.	Radstand		2180	Riemenscheibe	Durchmesser	220	Gewicht rund		2010kg
Motor	Höchstleistung		30 P. S.	Vorderräder	Durchmesser	700	Riemenscheibe	Breite	210	Versandmaße	Länge	3150
Motor	Drehzahl per Minute		1000	Vorderräder	Breite	120	Riemenscheibe	Drehzahl per Minute	1000	Versandmaße	Breite	1650
Fahrgeschwindigkeit km/Std.	4,12	5,25	8,07	Hinterräder	Durchmesser	1200	Riemen	Breite	180	Versandmaße	Höhe	1600
Zugleistung Tonnen	22,00	17,00	11,00	Hinterräder	Breite	300	Riemen	Geschwindigkeit per Sekunde	11,3 m	Versandmaße	Raum	84 m³

Preis: S 14100,00

Kleinturbinen

machen den Ausbau selbst der kleinsten Wasserkräfte wirtschaftlich. Entlegene Objekte aller Art, die an ein Überlandwerk nicht angeschlossen werden können, sind in der Lage, sich auf diese Weise eine im Betrieb nahezu kostenlose Kraftquelle zu schaffen.

Beschreibung: Mit der Turbine laut Abbildung (Maschinenfabrik Eßlingen, Werk Kannstatt) ist ein Dynamo besonderer Konstruktion derart zusammengebaut, daß auf der Dynamowelle das Laufrad der Turbine fliegend angebracht ist. Ein Regler, dessen Kosten bei kleinen Anlagen ein Mehrfaches des Turbinenpreises beträgt, entfällt. Trotzdem liefert die (Petersen-) Dynamo selbsttätig praktisch gleichmäßige Spannung.

Bedienung ist nicht erforderlich und Schmierung der Lager nur einige Male jährlich, so daß sich die Betriebskosten nahezu ausschließlich auf die Verzinsung und Amortisation beschränken.

Gebaut werden Kleinturbinensätze von 0,4, 0,75 und 3 KW, je nach Leistung, für Gefälle von 2 bis 150 m. Normale Spannungen sind 115 V für die kleinen und 230 V für die größeren Maschinen. Schon ein Gefälle von 10 m mit 30 Liter Wasser/sek stellt eine nutzbare Energie von 1,5 KW Dauerleistung dar, mit der rund 115 Metalldrahtlampen von je 10 Kerzen oder 30 Lampen von je 50 Kerzen gespeist werden können. Mit derselben Energie lassen sich aber auch in einer Stunde je 15 000 Liter Wasser 10 m hoch pumpen oder 4 große Schmiedefeuer betreiben usw.

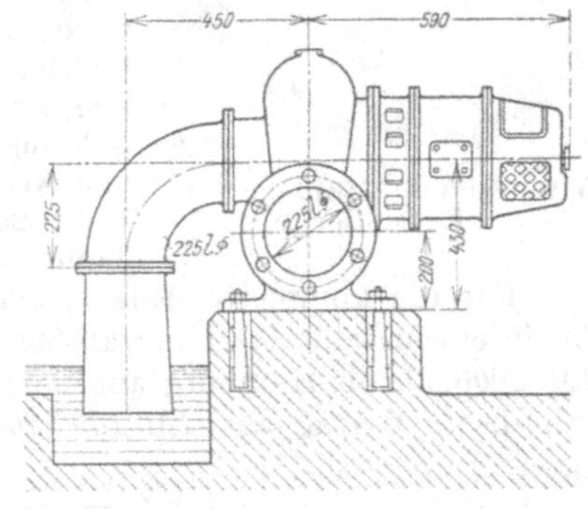

Kleinturbinensatz für 1,5 KW

Tabelle für ein Aggregat von 1,5 KW für verschiedene Wassermengen und Gefälle.

Gefälle m	3	3,5	4	4,5	5	5,5	6	7	8	9	10	11	12	14	16	18	20
Wassermenge l/sek	112	96	84	75	67	60	55	47	41	37	33	30	28	24	21	18	71

Der Preis für einen kompletten Satz, bestehend aus Turbine, Dynamo und Schalttafel mit Instrumenten im Gewichte von zirka 360 bis 500 kg beträgt *M 1500,00 bis M 1815,00*, je nach dem Gehäuse.

Wind-Kleinkraftanlagen[1])

Ebenso wie die Kleinturbine, kann auch der Windmotor eine billige Energiequelle bilden. Vorausgesetzt, daß die örtlichen Windverhältnisse günstig genug sind, d. h., daß während 2000 Stunden im Jahre mit etwa 6 bis 7 m/sek gerechnet werden kann, ist die Windkraftanlage lohnend.

Man unterscheidet derzeit grundsätzlich zwei Ausführungsarten; eine schwere Konstruktion, bei der die Dynamo unter Dach durch Vermittlung einer Transmissionswelle mit Zwischenvorgelegen arbeitet, und eine leichte Konstruktion, bei der die Dynamo unter unmittelbarer Kupplung oder mit einfachem Getriebe unmittelbar auf der Turmspitze montiert wird. Die erste Ausführung, siehe Abbildung, hat ihre untere Grenze bei etwa 3 KW Nennleistung der Dynamo und ist bedingt durch die langsame Drehzahl des Windrades. Die zweite, leichte Ausführung, für Nennleistungen unter 3 KW, arbeitet mit kleinen, schnellaufenden Windrädern und gestattet daher den Verzicht auf die Transmission.

Wind-Kleinkraftanlage der A. E. G. Berlin

Diese Zwergstationen dienen ausschließlich zur Licht- und Hausgeräteversorgung, sobald kein Interesse vorliegt, zu ebener Erde eventuell unmittelbar mechanische Energie des Windrades auszunützen. Für die Zwergausführung sind die Anschaffungskosten je installiertes Kilowatt Nennleistung der Dynamo geringer und gleichwertig dem Benzinantrieb.

Die veränderliche Betriebskraft der in Tages- und Jahresperioden wechselnden Windstärke macht es ausnahmslos notwendig, einen mehr oder weniger reichlich bemessenen Energiespeicher in Gestalt einer Akkumulatorenbatterie vorzusehen, sodaß der Verbrauch teilweise nicht von der Dynamo, sondern von der Batterie aus zu decken ist, also die Windkraftdynamo häufig als Lademaschine dient und selbsttätig, je nach dem Winde, ihre Energie der Batterie überliefert. Die ganze Einrichtung läuft ähnlich der Wasser-Kleinkraftanlage tage- und wochenlang ohne Bedienung. Die Lebensdauer von 15 bis 20 Jahren gegenüber dem erheblich schneller verbrauchten Benzinmotor ist ebenfalls beachtenswert.

Für die komplette Anlage, einschließlich Batterie bis zu etwa 5 KW, kann für je ein installiertes Kilowatt nach Angaben der A. E. G. Berlin ein *Preis* von *GM 2000,00* fob Hamburg angenommen werden. Für höhere Leistungen ermäßigt sich dieser Betrag auf *GM 1000,00*. Genauere Daten über Anfrage.

Hartzerkleinerung

Nach Mitteilung von Ing. M. Luzzatto, Wien

Steinbrecher (Backenbrecher) (Abb. 1 und 2)

Wirkungsweise. Die zwischen die Brechbacken ins Brechmaul eingeworfenen Steinstücke werden von den Brechbacken, deren eine fest im Gestelle der Maschine sitzt, während die andere, im Pendel sitzend, mit diesem schwingt, erfaßt und zerquetscht. Die Schwingung des Pendels mit der beweglichen Brechbacke wird durch eine Exzenterwelle mit Zugstangen, in Verbindung mit zwei kniehebelartig wirkenden Druckplatten,

[1]) Lubowsky: „Elektrotechn. Zeitschrift", Zentralbl. f. Elektrotechnik, Heft 26, 1925, und „Elektrotechnik u. Maschinenbau", Zeitschr. des Elektrotechn. Vereines, Wien, Heft 47, 1925.

bewirkt. Durch geeignete Wahl der Exzentrizität der Welle sowie durch die Stellung der Kniehebelplatte ist es möglich, verschieden starke Drücke auf die bewegliche Brechbacke auszuüben und selbst die härtesten Materialien zu zerkleinern. Zwei sehr schwere Schwungräder, die auf der Exzenterwelle sitzen, regulieren die Unregelmäßigkeit im Gange der Maschine und ermöglichen dadurch auch den Betrieb derselben durch elektrische Kraft.

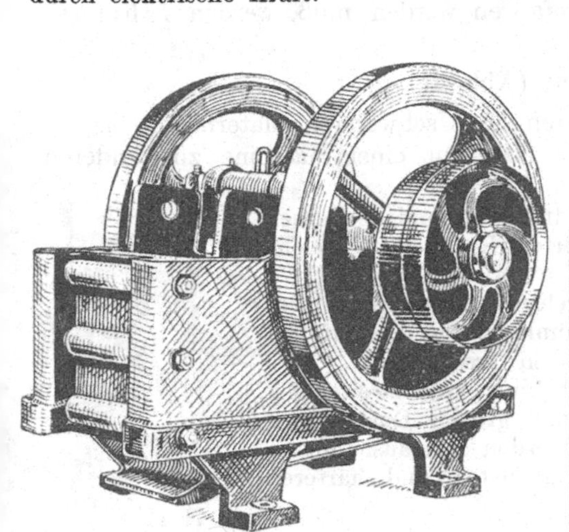

Abb. 1. Backenbrecher der Maschinenfabrik Ing. M. Luzzatto, Wien

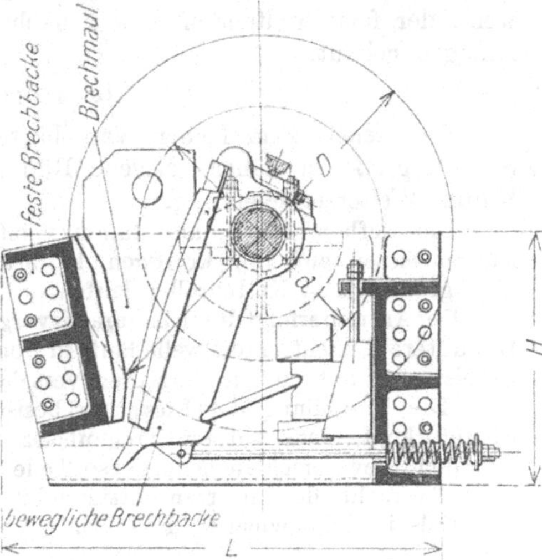

Abb. 2. Schnitt durch den Backenbrecher

Die Maximalgröße der aufzugebenden Stücke hängt von der Größe der Maschine respektive von der Brechmaulweite derselben ab. Die großen Maschinen nehmen Stücke bis zu 0,5 m Länge und 0,35 m Breite auf, während die kleinen Maschinen solche bis zu 0,2 m Länge und 0,15 m Breite aufnehmen. Für die Feinheit des Brechproduktes ist die Öffnung des unteren Spaltes des Brechmaules maßgebend. Dieser Spalt ist durch eine besondere Stellvorrichtung enger oder weiter zu stellen; dementsprechend variiert das gewonnene Produkt zwischen Nußgröße und Apfelgröße (20- bis 70-mm-Stücke), vermischt mit Grießen und Staub.

Tabelle über Steinbrecher (Abb. 2)

Größe des Brechmaules	Breite	mm	250	350	450	530	600
	Weite		175	225	300	350	400
Stundenleistung je nach Spaltweite und Material		m³	1,5—2	2—4	4—8	6—12	8—20
Kraftbedarf		P. S.	1,5—3	3—5	5—9	9—14	10—16
Durchmesser	der Riemenscheibe		500	600	700	750	800
Breite		mm	100	120	150	150	150
Drehzahl		i. d. Minute	250				
Länge L			1700	2000	2200	2450	2650
Breite		mm	1200	1450	1750	1900	2000
Höhe H			1100	1450	1700	1850	2050
Gewicht	rund	kg	1700	3300	5700	8500	11 000
		Preis S	2800	4400	7000	8040	14 000

Abb. 3 zeigt die Anordnung einer stabilen Steinbrecheranlage. Diese ist in der unmittelbaren Nähe des Steinbruches an einer Berglehne gedacht, wo es möglich ist, das zu brechende Material von oben her der Steinbrechmaschine zuzuliefern und unten sortiert abzuführen.

Für den Bau langer Straßen in steinreichen Gegenden, für Straßenerhaltungen, wenn der fortschreitenden Arbeit nachgefahren werden muß, werden fahrbare Anlagen gebaut.

Elevatoren (Abb. 4)

Sie dienen zum Heben von härteren und schwereren Materialien bis zu Schottergröße in höher gelegene Räume oder von einer Maschine zur anderen behufs Weiterzerkleinerung.

Die tiefbombierten, am Rande verstärkten, schmiedeeisernen Becher sitzen auf zwei kräftigen, kalibrierten Kranketten, welche über große, glatte Kettenrollen laufen.

Der Antrieb erfolgt durch Zahnrädervorgelege und Riemenscheiben. Die untere Kettentrommelwelle läuft in Spannlagern, welche auf dem gußeisernen, mit großen Putztüren versehenen Trog sitzen.

Die Umhüllung des Elevators besteht aus dem zweiteiligen Elevatorkopf, dem unteren Trogaufsatz mit großen Doppeltüren und den Elevatorschläuchen. Diese Teile werden fast ausnahmslos in Anbetracht des zu transportierenden gröberen und härteren Materials in Schmiedeeisen geliefert.

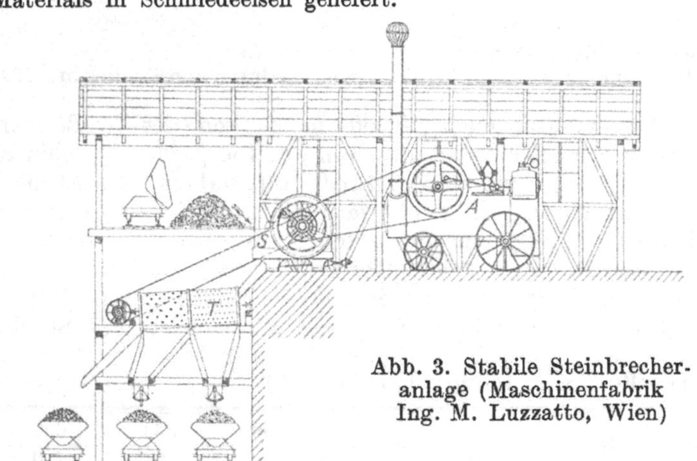

Abb. 3. Stabile Steinbrecheranlage (Maschinenfabrik Ing. M. Luzzatto, Wien)

Abb. 4. Elevator

Tabelle über Kranketten-Elevatoren

Breite der Becher		mm	150	200	250	300	350	400	500
Stundenleistung bei halber Becherfüllung rund		Liter	5000	9000	15 000	17 000	20 000	23 000	30 000
Durchmesser	der Riemenscheibe	mm	600	700	800	800	900	1000	1000
Breite			120			150			
Drehzahl		in der Min.	160	135	150				
Kraftbedarf bei 10 m Förderhöhe rund		P. S.	0,8	1,2	1,8	2,5	3,2	4	5,5
Gewicht	für 10 m Förderhohe	kg	1390	1840	2420	2600	3140	3630	—
Preis		S	2580	3080	3576	—	—	—	—

Kugelmühlen (Abb. 5)

mit kontinuierlicher Ein- und Austragung und selbsttätiger Absiebung

Die Kugelmühle (Abb. 5) besteht im allgemeinen aus einer eisernen, im Innern mit Stahlplatten ausgepanzerten, rotierenden, sieben- bis vierzehneckigen Trommel, in welche durch eine an der Achse angebrachte Öffnung das zu mahlende, bereits früher auf Ei- bis Doppelfaustgröße vorzerkleinerte Produkt kontinuierlich oder in kürzeren Perioden eingebracht wird.

Die in der Mühle befindlichen Stahlkugeln samt dem eingeschütteten Produkt nehmen eine der Umdrehungsrichtung der Trommel entgegengesetzte Bewegung an und zertrümmern hiebei durch Stoßen, Quetschen, Darüberrollen und Fallen das Mahlprodukt; letzteres reibt sich hiebei auch unter sich und trägt so selbst zu seiner Zerkleinerung bei.

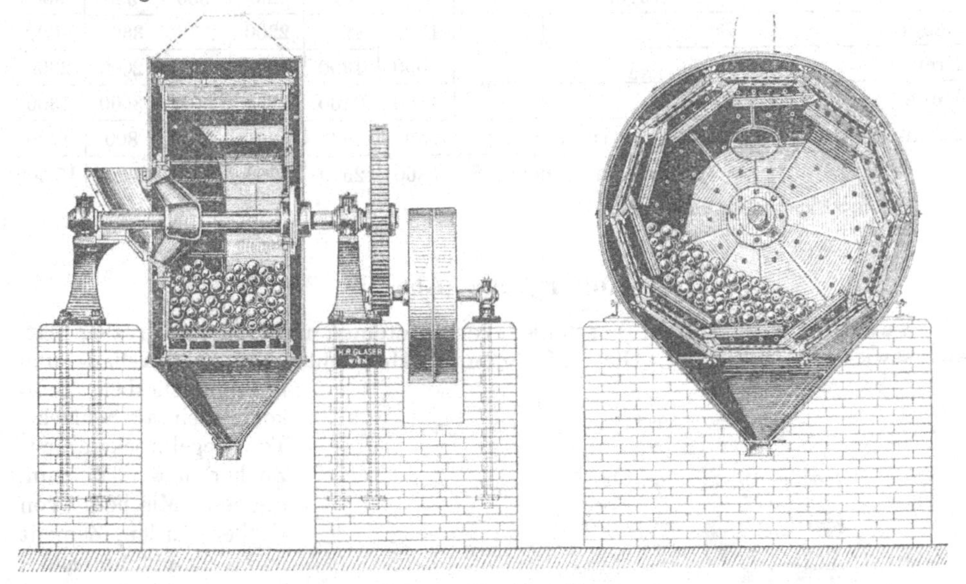

Abb. 5. Kugelmühle

Die Laufplatten im Innern der Trommel sind der Polygonform der letzteren entsprechend angeordnet und mit Löchern oder Schlitzen versehen, so daß sie gleichzeitig Mahlkammer und Vorsieb bilden. Außen um die Laufplatten liegen, ebenfalls polygonförmig, zwei Siebsysteme, zunächst ein gröberes, das sogenannte Grob-, Vor- oder Schutzsieb, und dann ein feineres, das sogenannte Feinsieb. Das aus dem Innern der Mühle kommende, mit Mehl gemengte Material passiert nun sukzessive die beiden Siebe, welche so angeordnet sind, daß der noch zu grobe Rückstand selbsttätig zur weiteren Vermahlung in die Mahlkammer zurückfällt.

Die Bedienung der Mühle ist eine sehr einfache und leichte und ist dabei zu berücksichtigen, daß sich nicht zu wenig und nicht zu viel auf einmal in der Mühle befindet, da beides die Leistung beeinträchtigt; es muß das Rollen der Kugeln noch deutlich hörbar sein. Das Gehör des bedienenden Arbeiters gewöhnt sich übrigens bald daran, aus dem Rollen der Kugeln den Füllungsgrad der Mühle ziemlich genau zu konstatieren. Zu empfehlen ist die Anwendung einer **automatischen, regulierbaren Speisevorrichtung.**

Die Angaben über die Leistungen in der nachstehenden Tabelle sind angenähert und gelten für mittelhartes Mahlgut.

Tabelle über Kugelmühlen

Durchmesser	der Trommel	mm	600	850	1100	1300	1600	2100
Breite			280	500	750	850	950	1100
Drehzahl	der Riemenscheibe	in der Minute	[1]	35	210	125	120	120
Durchmesser		mm	—	800	500	700	900	1200
Breite			—	100	100	125	150	200
Kraftbedarf	rund	P.S.	—	1	3	5	7	15
Gewicht der	Mühle	rund kg	350	1000	2600	3000	4500	8500
	Kugeln		40	100	200	350	500	900
Länge		rund mm	1200	1800	2200	2700	3600	4000
Breite			1000	1300	1600	1900	2000	2600
Höhe			1500	2100	2750	3100	3500	4300
Stundenleistung	rund	kg	50	200	400	600	800	1200
Preis samt Kugeln S			1360	2570	4980	6150	8630	15 300

[1]) Diese Type ist für Handbetrieb.

Kollergänge (Abb. 6)

Verwendung: 1. zum Vermahlen von Gesteinen und Mineralien aller Art, ebensowie von Formsand, Glas, Hartgummi, Holzkohle, Koks, Porzellan- und Steingutscherben, Steinkohle, Steinsalz, Schlacke, Ton, Ziegelbrocken, Zimt, Zucker usw.; 2. zum innigen Mischen von Farben, Erden, Zement und Kalk mit Sand usw.; 3. zum Schlemmen von Graphit, Kreide, Kaolin u. dgl.

Abb. 6. Kollergang

Die Kollergänge werden für **periodischen** oder für **kontinuierlichen Betrieb** geliefert. Bei periodischem Betrieb kann jedes beliebige Material zu jeder beliebigen Feinheit vermahlen werden, ohne daß ein Absieben nötig wird. Bei kontinuierlichem Betrieb wird die Leistungsfähigkeit der Maschine besser ausgenützt, indem man das Material des Kollerganges absiebt und das noch zu grobe wieder aufgibt. Zu diesem Behufe werden die Kollergänge mit Siebmaschinen verbunden oder sie erhalten selbsttätige Absiebung.

Die Materialien können in großen Stücken sowohl trocken als auch feucht oder mit Wasserzusatz aufgegeben werden.

Die Aufgabe des zu verarbeitenden Materials geschieht meist von Hand aus, wobei dasselbe direkt in den Teller geworfen wird; sie kann aber auch durch einen Trichter erfolgen und automatisch eingerichtet werden. Das eingeworfene Material wird von Scharrern unter die Läufer geschoben, von diesen zermahlen, zerrieben und nach den Seiten gedrückt, dann von den Scharrern wieder unter die Läufer zurückgeführt, dabei umgewendet und dann wieder gemahlen und auseinandergedrückt. Das fertiggemahlene oder gemischte Material wird dann von dem Ausräumer durch eine verschließbare Auslaufklappe entleert.

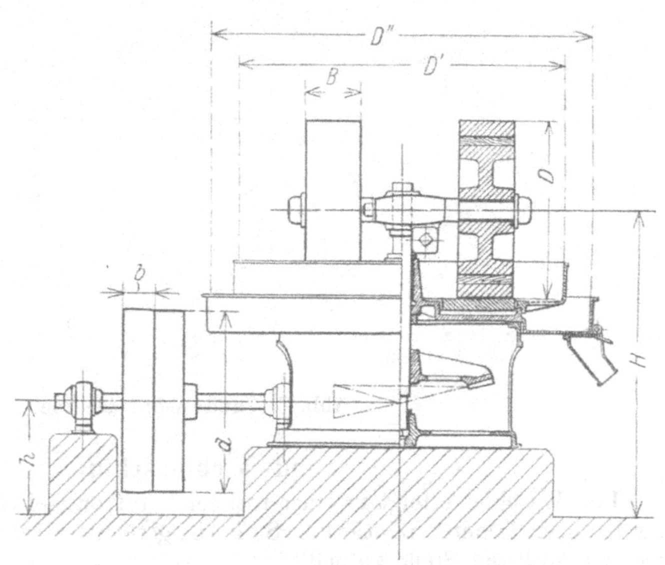

Abb. 7. Kollergang, Längenschnitt

Die Läufer üben auf das zu verarbeitende Material nicht nur eine zerdrückende, sondern auch eine zerreibende Wirkung aus, wodurch ein hoher Prozentsatz feines Mahlgut, respektive beim Mischen ein sehr gleichmäßiges, homogenes Endprodukt erreicht wird.

Tabelle über Kollergänge (Abb. 7)

Dimensionen der Läufer		mm	500/150	600/200	800/250	1000/250	1250/350	1500/400	1700/400
Gewicht eines Läufers		kg	180	350	700	1000	1750	2600	3600
Stundenleistung rund			50	100	300	500	800	1500	2000
Durchmesser	der Riemenscheibe	mm	400	600	800	1000	1200	1500	1600
Breite			70	100	120	150	180	200	220
Drehzahl		in der Minute	135	100	100	80	80	68	58
Kraftbedarf		P. S.	0,5	1	3	5	8	10	12
Länge		rund mm	1000	1500	2100	2500	2600	3400	3600
Breite			900	1150	1450	1700	1950	2350	2500
Höhe			1250	1300	1500	1850	2100	2500	2700
Gewicht rund		kg	800	1500	3000	4500	6800	12 000	14 000
		Preis S		2680	5000	6200	9000		

Auch hier sind die Angaben über Leistung und Kraftbedarf nur ganz approximativ, da diese Größen von der Widerstandsfähigkeit der zu zerkleinernden Materialien, deren spezifischem Gewicht und dem gewünschten Feinheitsgrad abhängig sind.

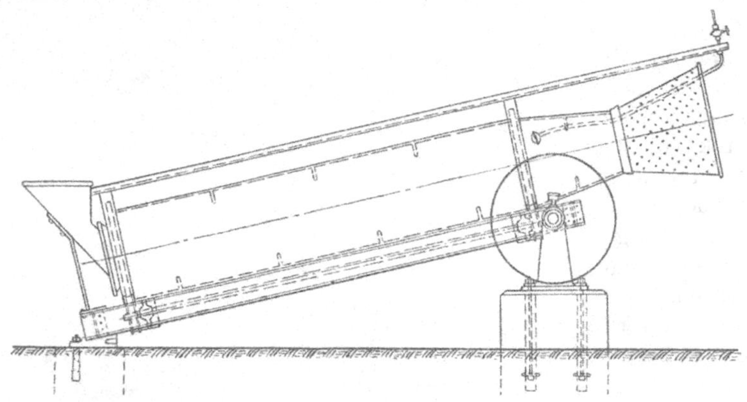

Abb. 8. Sandwaschmaschine

Sandwaschmaschinen

Das Waschen erfolgt in einer rotierenden Trommel (Abb. 8), in die der Sand durch einen Trichter an tiefster Stelle eingeschüttet wird, während das Wasser von der höchsten Stelle zufließt.

Durchmesser des Waschzylinders	....	600	mm
Länge ,, ,,	....	3000	,,
Durchmesser der Riemenscheiben	....	900	,,
Breite ,, ,,	....	110	,,

Touren per Minute 45, Kraftbedarf 2 bis 2,5 P. S., Leistung 1,5 bis 2 m³/Stunde.

Gewicht der kompletten Sandwaschmaschine rund 1800 kg, *Preis S 4350,00.*

Ziegeleimaschinen

Marchegger Maschinenfabriks-A.-G.

Brechwalzwerke (Abb. 1)

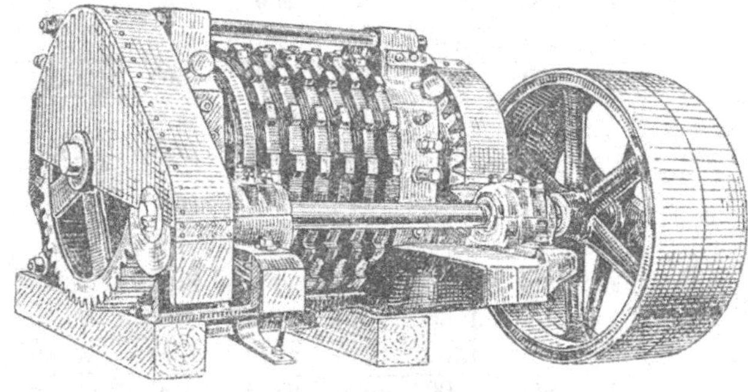

Abb. 1. Brechwalzwerk

Verwendung: Als erste Vorbereitungsmaschinen zum Vorbrechen und Zerreißen von ungewintertem, großstückigem Material, zum Zerquetschen weicher Steine und Knollen, sowie zur Vorbereitung schieferiger und schlüpfriger Tonklumpen für das Glatt- und Feinwalzwerk. Die Brechwalzen sind auf jede Spaltweite leicht einstellbar.

Glattwalzwerke (Abb. 2)

Sie dienen zur weiteren Zerkleinerung des aufgegebenen Materials, insbesondere aber zur Verwalzung des Tones zu dünnen Schichten, um so eine plastische Masse zu erreichen. Kleine Hartteile, wie Erde, Lette, Knollen, Steinchen, quarzige Verunreinigungen usw., werden hiebei zerquetscht. Diese Walzwerke arbeiten als einzige Vorbereitungsmaschinen, wenn halbwegs reines Tonmaterial zur Verfügung steht und wenn mit der Ziegelpresse dickwandige Ware erzeugt werden soll. Falls es sich jedoch um Herstellung von dünnwandiger Ware handelt, dient dieses Walzwerk als Vorbereitungsmaschine für ein nachfolgendes Feinwalzwerk, besonders dann, wenn der Ton durch Kalk verunreinigt ist.

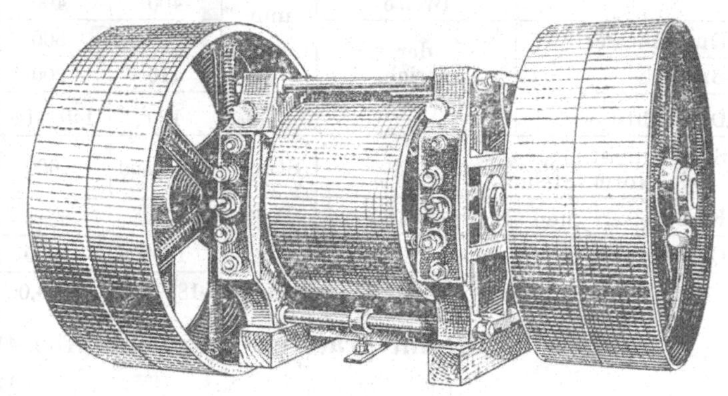

Abb. 2. Glattwalzwerk

Tabelle über Brech- und Glattwalzwerke

Walzen-	Durchmesser	mm	400	475	550	700
	Breite	mm	400	450	450	500
Durchmesser	der Antriebsscheibe	mm	600	650	700	900
Breite	der Antriebsscheibe	mm	110	140	170	190
Drehzahl	der Antriebsscheibe	i. d. Min.	180	160	140	120
Stundenleistung, öst. Norm.-Steine		Stück	600—800	1000—1300	1700—2100	2500—3000
Kraftbedarf rund		P.S.	2—3	3—4	5—6	7—8
Gewicht rund		kg	1200	1700	2500	4700
		Preis S	1750,00	2200,00	3200,00	4200,00

Feinwalzwerke (Abb. 3)

Während Glattwalzwerke auch direkt für rohen Grubenton verwendet werden können, dienen Feinwalzwerke ausschließlich zur Feinwalzung von bereits vorzerkleinertem Rohmaterial. Feinwalzwerke machen den Ton hochplastisch, zerdrücken alle Beimengungen, sind infolge der raschen Drehung der Wellen hochleistungsfähig und sichern dem Fertigprodukt ein feines Gefüge. Einstellung bis zu 0,5 mm Spaltweite.

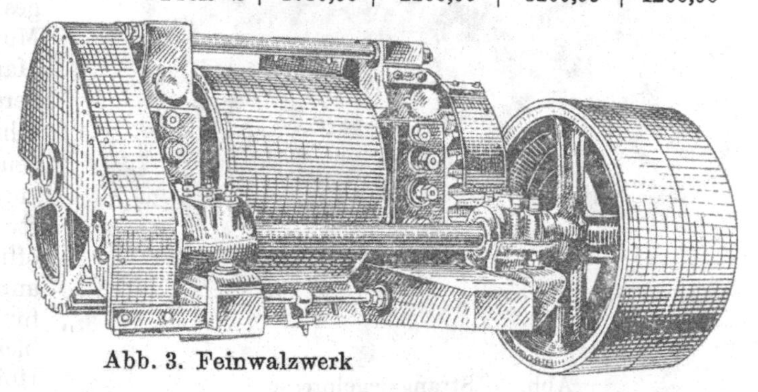

Abb. 3. Feinwalzwerk

Tabelle über Feinwalzwerke

Walzen-	Durchmesser	mm	400	500	600	700
	Breite		400	400	450	50
Durchmesser	der Antriebs-scheibe		600	800	1000	1200
Breite			110	200	225	250
Drehzahl		in der Minute	180	140—120	120—100	100—90
Stundenleistung, öst. Norm.-Steine		Stück	600—800	1000	2000	3000
Kraftbedarf rund		P.S.	3—4	6—8	8—12	12—16
Gewicht rund		kg	1200	1900	3000	4800
		Preis S	1800,00	2500,00	3000,00	4500,00

Desintegratoren-Walzwerk (Abb. 4)

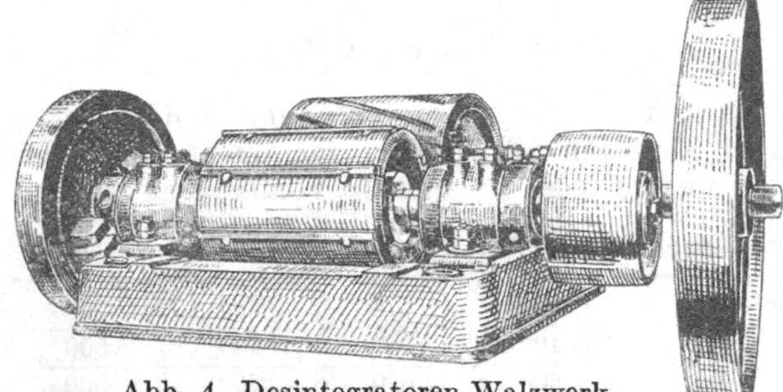

Abb. 4. Desintegratoren-Walzwerk

Dient zur raschen und gründlichen Verwalzung von besonders zähem Material und zur Verarbeitung der verschiedenen Sorten Schiefertone. Es besteht im wesentlichen aus zwei Walzen, die mit verschiedener Geschwindigkeit gegeneinanderlaufen. Die eine ist mit Schlagleisten versehen, die zweite mit Rillen. Ein Einschüttkasten besorgt die Materialzufuhr. (In der Abb. 4 weggelassen.) Walzen: 700 × 450 mm, *Preis S 6000,00.*

Strangziegelpressen (Abb. 5)

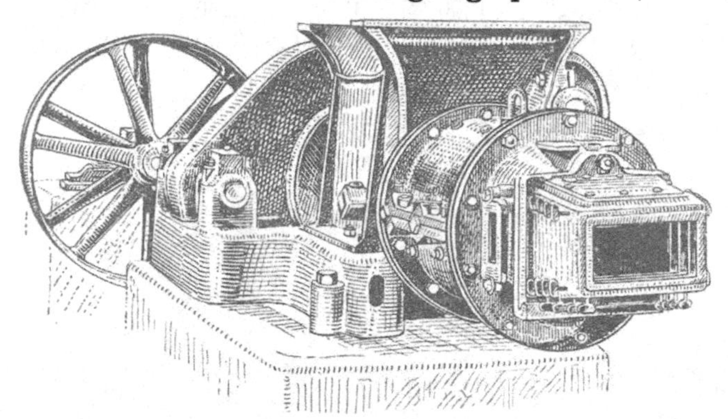

Abb. 5. Strangziegelpresse

Die Form des Stranges wird durch das Mundstück bestimmt. Man kann daher mit derselben Presse verschiedene Waren erzeugen, indem man das entsprechende Mundstück an der Austrittsöffnung des Preßkopfes anbringt. Mundstücke für Vollsteine, Verblend-, Keil-, Gewölbe-, Hohl- und Fassonsteine, dann für Platten, Drainrohre, Biberschwänze usw. können zu jeder Presse mitgeliefert oder nach Angabe erzeugt werden.

Tabelle über Strangziegelpressen

Ausführung mit		2		1		
		Speisewalzen				
Lichter Durchmesser des Preßzylinders	mm	300	350	350	425	500
Durchmesser der Speisewalzen	mm	250	300	325	350	400
Länge der Speisewalzen	mm	370	400	400	450	500
Durchmesser der Riemenscheiben	mm	1100	1300	1300	1100	1200
Breite der Riemenscheiben	mm	160	200	200	200	250
Drehzahl der Riemenscheiben	in der Minute	80	105	105	150	150
Stundenleistung in Vollziegeln öst. Format rund	Stück	600—800	1000—1300	1000—1300	1700—2100	2500—3000
Kraftbedarf je nach Material	P. S.	8—10	12—15	12—15	18—22	25—30
Gewicht rund	kg	1400	2100	1900	2700	4000
	Preis S				5800,00	

Revolverpresse mit dreifachem Exzenterdruck (Abb. 6)

Wird zur Massenerzeugung von Preßfalzziegeln und plattenförmigen Tonwaren verwendet. Kraftverbrauch 2 bis 3 P. S., Leistung etwa 500 bis 600 Stück per Stunde. Gewicht rund 3700 kg.

Preis S 4400,00.

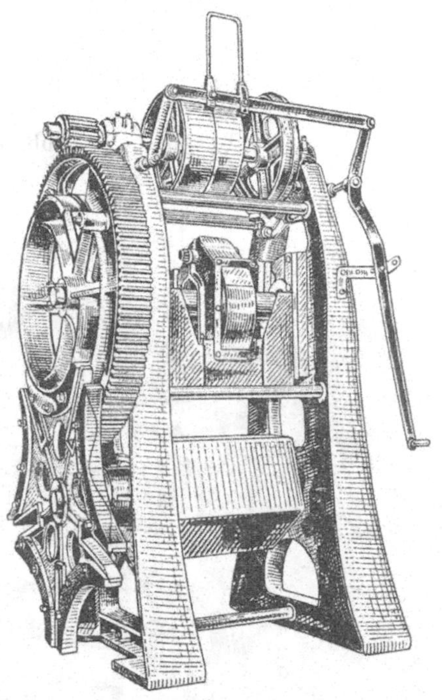

Abb. 6. Revolverpresse mit dreifachem Exzenterdruck

Tonmischer (Abb. 7)

Wenn es sich darum handelt, ziemlich trockene oder auch zu fette Tonsorten, welche bereits durch Walzwerk oder Kollergang vorzerkleinert wurden, durchzufeuchten bzw. zu magern, zu mischen und durchzuarbeiten, so geschieht dies am zweckmäßigsten im offenen Tonmischer (Trogmischer). Das Material wird in diesem Apparat bei gleichmäßiger Bewässerung gut durchgearbeitet und gemischt und erhält so in rationeller Weise das zur Weiterverarbeitung erforderliche Gefüge. Infolge der gutmischenden Wirkung eignet sich der Tonmischer auch für andere, ähnliche Materialien.

Tabelle über Tonmischer mit 2 Messerwellen

Durchmesser	des Troges	mm	400	500	600	700
Normale Länge	des Troges	mm	2500	3000	3000	3000
Durchmesser	der Riemenscheibe	mm	800	1000	1100	1200
Breite	der Riemenscheibe	mm	120	150	170	200
Drehzahl	der Riemenscheibe	in der Minute	140	135	130	120
Kraftbedarf rund		P. S.	4	6	8	10
Stundenleistung in Vollziegeln öst. Norm.-Format rund		Stück	600—800	1000—1300	1700—2100	2500—3000
Gewicht rund		kg	1350	1900	2500	3300

Preis über Anfrage.

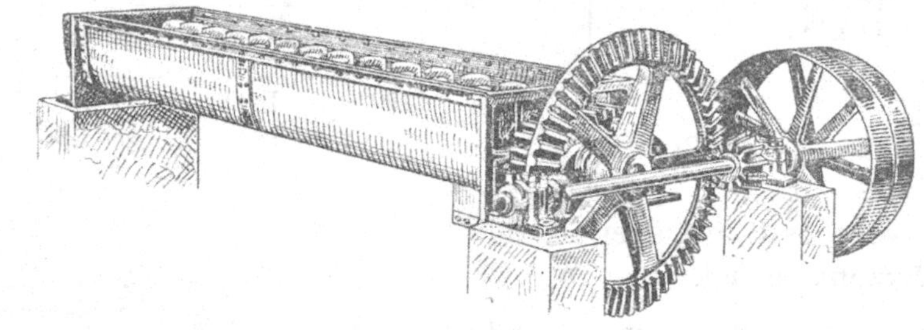

Abb. 7. Tonmischer

Maschinen für Kunststeinindustrie

Gustav Hübner, Wien

Die Vorrichtungen und Maschinen sind derart gebaut, daß sie auch der ungeschulte Arbeiter bedienen kann. Wegen des nur geringen Kraftaufwandes erreichen auch weibliche Kräfte ohne Schwierigkeit die mögliche Höchstleistung. Das zur Verarbeitung gelangende Material, ein Gemisch von Sand und Zement, kann sowohl von Hand als auch maschinell aufbereitet werden. Einzelne Maschinen werden für Kraftantrieb gebaut.

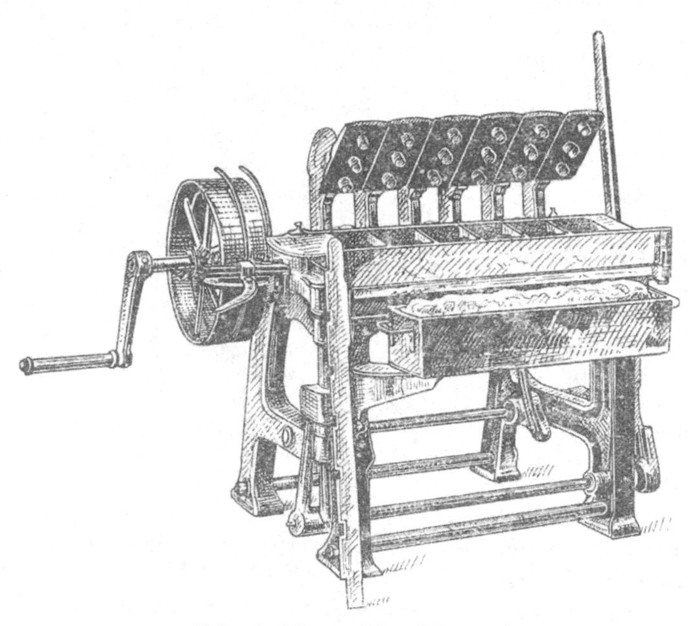

Abb. 1. Mauersteinschlagmaschine

Mauersteinstampfvorrichtung. Wird für jedes Format erzeugt. Leistung eines Arbeiters rund 1000 Stück in 10 Stunden. Mischungsverhältnis: 1 Teil Zement, 8 bis 9 Teile Sand. Verarbeitung von übriggebliebenen Betonresten möglich. Gewicht der Vorrichtung rund 50 kg. *Preis S 120,00.*

Mauersteinschlagmaschine für Hand- und Kraftbetrieb (Abb. 1). Mittels einer Aushebevorrichtung werden die sechs Stampfer und der Formkasten durch einen Handgriff in die Höhe gehoben, ein Unterlagsbrett eingelegt und der Formrahmen niedergelassen. In diesen Rahmen wird die Betonmasse eingebracht, das überschüssige Material abgestrichen und hierauf mit einigen Schlägen fertiggestampft. Wird der Formkasten abgehoben, so können die auf dem Brett liegenden Steine zum Trocknen abgetragen werden. Kraftbedarf rund ¾ P. S. oder 2 Mann. Leistung rund 5000 Stück in 10 Stunden. *Preis S 1760,00.*

Abb. 2. Dachziegelmaschine Abb. 3. Exzenter-Zementplattenpresse

Dachziegelmaschine. Abb. 2. Zur Erzeugung von Doppelfalzziegeln, Format 40 × 25. 15 solcher Ziegel decken 1 m². Gewicht eines Ziegels rund 2,5 kg. *Preis S 390,00.*

Es werden auch Maschinen mit Glasiervorrichtung für eine Leistung von 400 bis 500 Stück in 10 Stunden gebaut.

Farbsiebe dienen zum gleichmäßigen Bestreuen der Ziegel mit Farbe und lassen sich leicht an jeder Dachziegelmaschine anbringen. *Preis S 45,00.*

Beton-Hohlblockmaschine. Fahrbare und stabile Type. Arbeitsweise in beiden Fällen die gleiche. In den Formteil wird zuerst eine Schichte

Feinbeton eingebracht, gestampft und mit grobem Beton vollgestampft, abgestrichen, der Formkasten um seine Achse gekippt, so daß der fertige Block auf

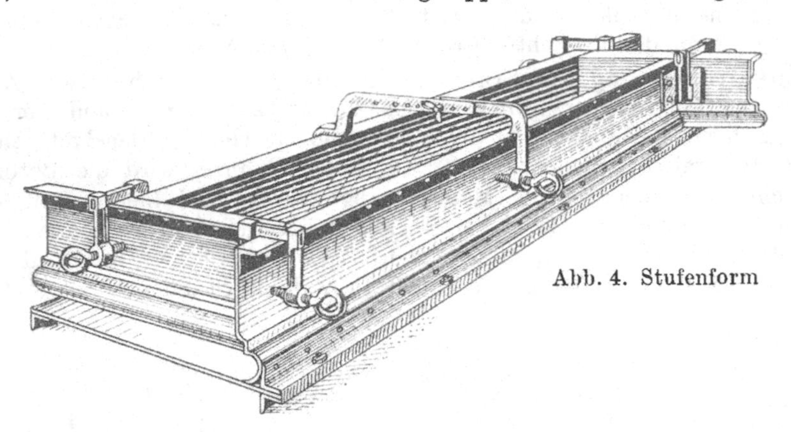

Abb. 4. Stufenform

die Holzunterlage zu liegen kommt. Zieht man die Lochkerne heraus, öffnet die Form, so liegt der fertige Block frei auf dem Brett. *Preis jeder Type S 450,00.*

Exzenter-Zementplattenpresse. Abb. 3. Zur Herstellung ein- oder mehrfarbiger Zementplatten, 200×200 mm, auf nassem oder trockenem Wege. Die große Hebelwirkung ergibt bei geringem Kraftaufwand sehr großen Druck. *Preis S 1700,00.*

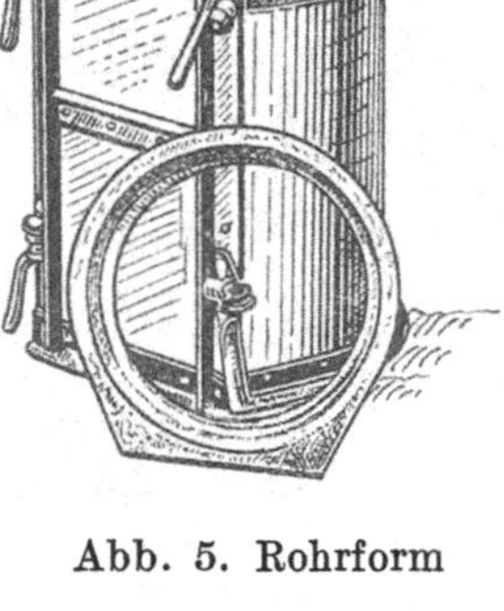

Abb. 5. Rohrform

Universal-Stufenformen. Abb. 4. Diese bestehen aus glatten und entsprechend profilierten Wänden sowie den dazugehörigen Bügeln und Schraubzwingen. Die Stufen werden direkt auf einem glatten Holz- oder Betonboden gestampft, die Form auseinandergenommen und die fertige Stufe zum Trocknen liegen gelassen. Die Form kann nach Länge, Breite und Höhe beliebig verstellt werden. *Preis S 480,00.*

Betonpfostenformen, zur Erzeugung von Leitungsmasten und Zaunsäulen aus Eisenbeton. Die Form besteht aus:

1 Hauptform für gerade Pfähle, verstellbar bis 3,50 m Länge,

1 Zusatzformteil für Pfähle mit gebogenem Oberteil,

1 „ „ Strebenpfosten,

1 „ „ „T“-Pfähle,

samt allen erforderlichen Schablonen und Werkzeugen.

Preis, komplett, S 250,00.

Rohrformen (Abb. 5)

1. Für kreisrunden Querschnitt ohne Auflagefläche, zweiteilig. In diesen Formen können folgende Rohrgrößen erzeugt werden. (Für jede Größe eine besondere Form!)

Lichter Durchmesser	mm	50	75	100	100	120	150	200	250	300	350	400	450	500	550	600	650
Wandstärke	mm	28	28	30	30	30	30	35	40	45	50	52	54	60	63	67	70
Baulänge	mm	500		750	1000												

Preis je nach der Größe S 92,00 bis S 313,00.

2. Eiprofil-Rohrformen. Zur Erzeugung von ganzen Rohren und solchen, die aus zwei Teilen (Sohle und Deckel) bestehen. Erzeugungslänge 1000 mm.

Größte Breite	mm	110	180	200	250	260	300	350	400	500	550	600	700	700
Höhe	mm	130	240	300	375	390	450	525	600	750	825	900	1000	1050
Wandstärke	mm	28	31	40	45	45	47	53	56	65	67	70	75	80

Preis je nach Größe S 310,00 bis S 627,00.

Stabile Kompressoren

„Demag" A. G., Duisburg

A. Kolbenkompressoren

Sie dienen zur Erzeugung von Preßluft für die verschiedensten Zwecke, wie z. B. zum Betriebe von Rammen und Preßluftwerkzeugen usw. Wechselt die Arbeitsstelle häufig, so ist ein fahrbarer Kompressor (siehe S. 546) am Platze, sonst stabile Anlage.

Für Pressungen bis zu ungefähr $3^1/_2$ Atmosphären werden allgemein einstufige Kompressoren verwendet; darüber hinaus sind solche mit zwei Druckstufen wirtschaftlicher. (Für ganz große Drücke von etwa 120 Atmosphären aufwärts kommen drei- und mehrstufige Kompressoren in Betracht.)

Tabelle über einstufige, doppelwirkende Kompressoren

Luftzylinderdurchmesser		mm	225						250					
Kolbenhub		mm	150						200					
Saugleitung	lichte Weite	mm	70						80					
Druckleitung	lichte Weite	mm	60						70					
Enddruck		Atm.	1	2	3	4	5	6	1	2	3	4	5	6
Normale	Saugleistung	m^3 i. d. Min.	2,5	2,4	2,3	2,2	2,1	2,0	3,8	3,7	3,6	3,5	3,4	3,3
Maximale	Saugleistung	m^3 i. d. Min.	3,0	2,9	2,8	2,7	2,6	2,5	4,6	4,5	4,3	4,2	4,1	4,0
Normale	Drehzahl	i. d. Min.	226	227	226	225	224	220	207	207	209	211	212	212
Maximale	Drehzahl	i. d. Min.	272	274	275	276	277	275	250	250	250	254	255	256
Kraftbedarf an der Welle	normal	P. S.	7,5	10,5	12,5	14,0	15,0	15,5	11,2	15,9	19,4	22,0	24,0	25,6
Kraftbedarf an der Welle	maximal	P. S.	9,0	12,7	15,2	17,2	18,6	19,4	13,6	19,3	23,2	26,4	28,8	31,0
Kühlwasserverbrauch	normal	Liter i. d. Min.	2,8	3,4	3,9	4,4	4,9	5,2	4,2	5,2	6,2	7,0	7,9	8,6
Kühlwasserverbrauch	maximal	Liter i. d. Min.	3,3	4,1	4,8	5,4	6,0	6,3	5,1	6,3	7,3	8,4	9,5	10,5
Gewicht ohne	Lehrlaufscheibe	rund kg	815						1030					
Gewicht mit	Lehrlaufscheibe	rund kg	955						1205					

Preis über Anfrage.

Hauptmaße in Millimetern (Abb. 1)

Luftzylinderdurchmesser mm	L	H	h	D	b	B
225	1810	1350	700	1300	160	1050
250	2180	1450	700	1500	180	1115

Zweistufige Kompressoren (Abb. 2)

Vorteil gegenüber den einstufigen Kompressoren: Einführung der Zwischenkühlung und dadurch Verringerung des Kraftbedarfes.

Ein weiterer Vorteil der zweistufigen Kompression liegt darin, daß infolge der Zwischenkühlung die Endtemperatur der Luft erheblich hinter der bei einstufiger Kompression zurückbleibt. Infolgedessen ist ein Zersetzen und Verbrennen des Öles im Zylinder nicht zu befürchten. Hiedurch wird eine einwandfreie Schmierung gewährleistet und der Betrieb sicherer.

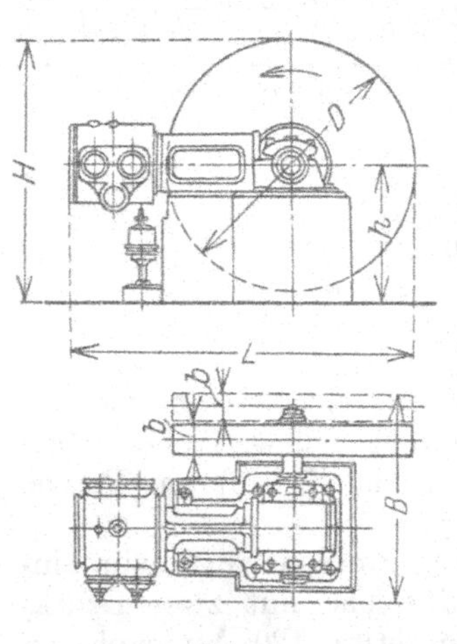

Abb. 1
Einstufiger Kompressor

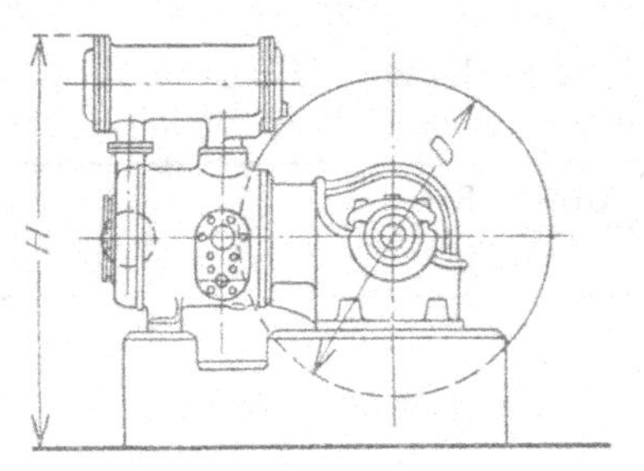

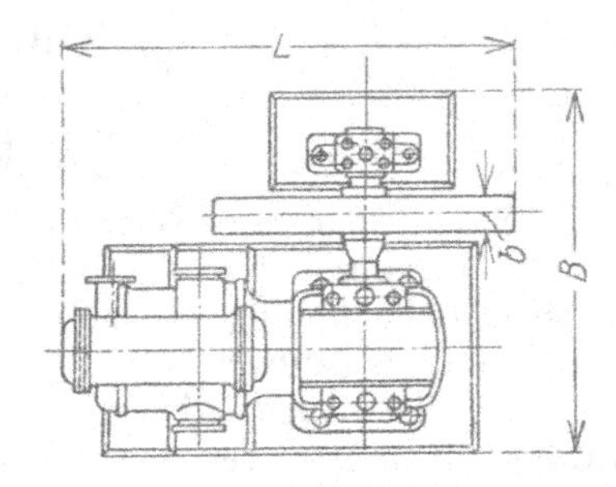

Abb. 2
Zweistufiger Kompressor

Tabelle über zweistufige Einzylinderkompressoren

		3	4,5	6	9	12	15	23
Normale Saugleistung	m³ i. d. Minute	3	4,5	6	9	12	15	23
Kühlwasserverbrauch	Liter i.d.Min.	8,5	13	18	27	36	45	69
Kraftbedarf an der Kompressorwelle bei 5 Atm. Überdruck	P. S.	18	28	37	55	74	92	138
Kraftbedarf an der Kompressorwelle bei 6 Atm. Überdruck	P. S.	20	30	40	60	78	98	147
Kraftbedarf an der Kompressorwelle bei 7 Atm. Überdruck	P. S.	21	32	42	63	83	103	156
Kraftbedarf an der Kompressorwelle bei 8 Atm. Überdruck	P. S.	22	33	44	66	88	109	165
Luftzylinderdurchmesser	mm	325/260	390/325	440/370	500/395	560/465	620/500	700/560
Hub	mm	200	200	250	300	350	350	450
Drehzahl	i.d.Min.	200	200	175	165	150	150	140
Riemenscheiben-schwungrad- Durchmesser	mm	1300	1500	1750	2000	2250	2500	3000
Riemenscheiben-schwungrad- Breite	mm	160	180	200	250	300	350	450
Saug- Leitungs-Durchmesser	mm	90	100	125	150	175	200	250
Druck- Leitungs-Durchmesser	mm	60	70	80	90	100	125	150
Gewicht rund	kg	1900	2000	2825	3800	4750	5450	7100

Preis über Anfrage.

Durch Steigerung der Drehzahl um 15% bis zu den 9 m³ Kompressoren und um rund 9% bei den größeren Kompressoren läßt sich die Normalleistung um 15 bzw. 9% erhöhen.

Hauptmaße in Millimetern (Abb. 2)

Zylinderdurchmesser mm	L	B	H	D	b	Schwungrad		
325/260	2000	1750	1600	1300	160	einteilig	mit	Leerlaufscheibe mit Außenlager
390/325	2100	1850	1650	1500	180			
440/370	2400	2050	1800	1750	200			
500/395	2650	1900	2000	2000	250	zweiteilig	ohne	
560/465	2950	2050	2150	2250	300			
620/500	3100	2200	2300	2500	350			
700/560	3650	2600	2700	3000	450			

B. Rotationskompressoren

Vorteile (siehe auch Zentrifugalpumpen): Hohe Drehzahl, daher Möglichkeit direkter Kupplung mit Elektromotor und somit wenig Raumbedarf. Keine hin- und hergehenden Teile, ruhiger, stoßfreier Gang, kleines Fundament, einfache Bedienung und Wartung.

Arbeitsweise (Abb. 3)

In einem zylindrischen Gehäuse dreht sich ein exzentrisch gelagerter Läufer a, der in radialen Einschnitten dünne Stahllamellen b trägt. Diese werden durch die Fliehkraft nach außen geschleudert und unterteilen dabei den sichelförmigen Arbeitsraum in verschieden große Kammern. Bei Beginn der Bewegung wird aus dem Stutzen c Luft oder Gas angesaugt und gelangt in die großen Kammern im höchsten Punkte des Läufers.

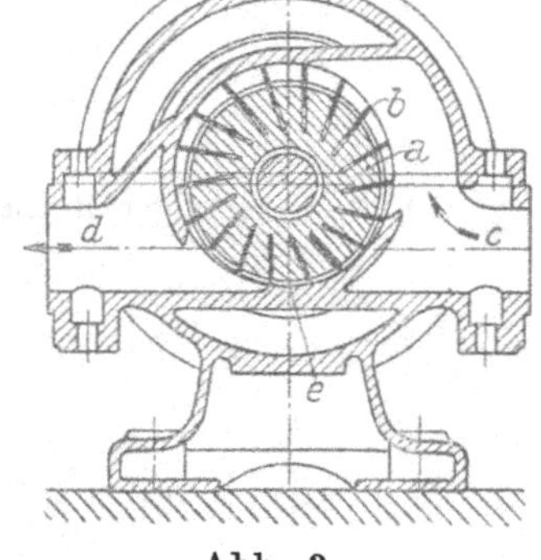

Abb. 3

Hauptmaße der einstufigen Rotationskompressoren in Millimetern (Abb. 4)

Gehäusedurchmesser mm	a	b	Saug- und Druckstutzen lichte Weite	Fundamentbreite
165	820	370	60	750
	925	370	70	800
245	1000	490	90	880
	1178	490	100	880
320	1200	580	125	1050
	1375	580	150	1050
410	1470	620	150	1100
	1680	640	175	1100
495	1680	710	200	1200
	1770	710	200	1200

Während der Weiterdrehung verkleinern sich die Kammern immer mehr, da die Lamellen wieder nach innen gedrückt werden. Dadurch wird die angesaugte Luft oder das Gas zusammengedrückt und verläßt den Kompressor durch den Stutzen *d*. Der Punkt *e* trennt die beiden Arbeitsseiten der Maschine. Regelung aller hier angeführten Kompressoren durch Gewichtsleistungsregler besonderer Bauart. Diese Kompressoren werden ein- und zweistufig ausgeführt.

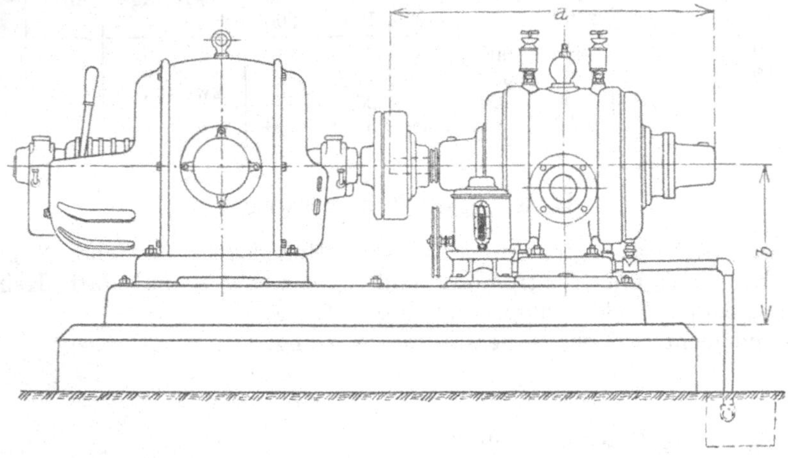

Abb. 4. Einstufiger Rotationskompressor mit Elektromotor direkt gekuppelt

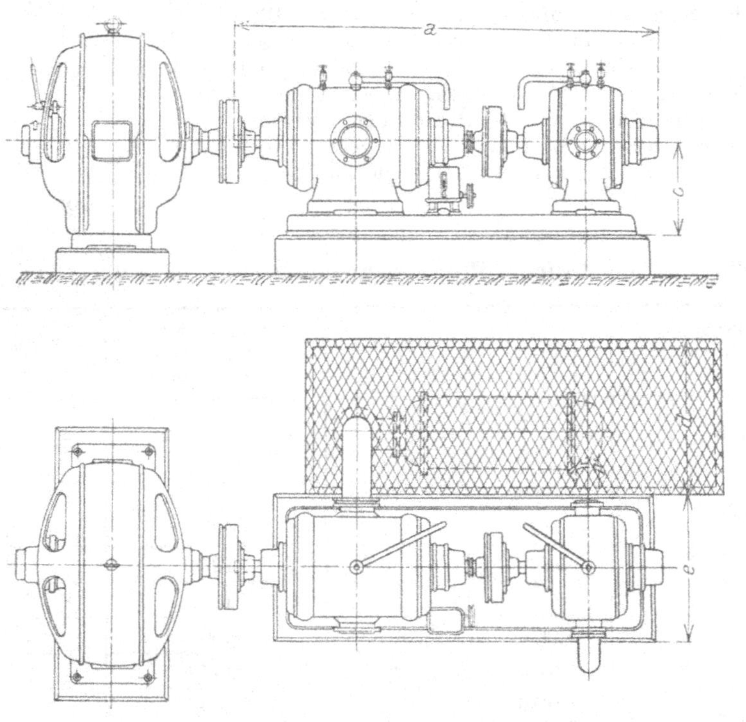

Abb. 5 Zweistufiger Rotationskompressor mit Elektromotor direkt gekuppelt

Tabelle über einstufige Rotationskompressoren (Abb. 4)

Gehäuse-												
Durchmesser		mm	165		245		320		410		495	
Länge		mm	245	350	350	530	530	680	680	870	870	1050
Drehzahl		i.d.Min.	1450		980		735		585		485	
Indiziertes Ansaugevolumen bei	1 Atm. Überdruck	m³ i. d. Min.	3,3	4,6	6,7	10	13,5	16,5	22,0	28,0	35	41,5
	2 Atm. Überdruck	m³ i. d. Min.	3	4,3	6,3	9,5	13	16,0	20,5	27,0	33,0	40
	3 Atm. Überdruck	m³ i. d. Min.	2,9	4,2	5,8	—	—	—	—	—	—	—
Kraftbedarf bei	1 Atm. Überdruck	P.S.	9	12	17,5	26,0	33	42	52	66	77	93
	2 Atm. Überdruck	P.S.	13,5	19	27	40	52	64	85	109	125	155
	3 Atm. Überdruck	P.S.	16,5	23	33	—	—	—	—	—	—	—
Kühlwasserverbrauch		Liter i.d.Min.	7,8	10,3	14,4	20	23,3	30	35	40	45	48,3
Gewicht	rund	kg	470	440	980	1200	1650	1890	2730	3200	3650	4250

Preis über Anfrage.

Zweistufige Rotationskompressoren (Abb. 5)

Hauptmaße in Millimetern

Gehäusedurchmesser	*a*	*c*	*d*	*e*	Lichte Weite Saug-Stutzen	Lichte Weite Druck-Stutzen	Anmerkung	
245	1825	495		960	90	60	Kühler	in der Grundplatte
	2110	521		960	100	70		
320	2286	600		1200	125	80		
	2440	600		1300	150	90		
410	2673	683		1450	150	90		
	2941	637	1100	1200	175	100		in besonderer Grube
495	3060	658	1100	1300	200	125		
	3365	658	1100	1300	200	150		

Tabelle über zweistufige Rotationskompressoren (Abb. 5)

Gehäuse-										
Durchmesser		mm	245		320		410		495	
Länge Nieder-Druck		mm	350	530		680		870		1050
Länge Hoch-Druck		mm	170	245		275		350		460
Indiziertes Ansaugevolumen		m³ i. d. Minute	6,5	10	13,2	16,5	22,0	28,0	34,0	40,5
Kraftbedarf bei	4 Atm. Überdruck	P. S.	39,5	58	75	100	126	162	190	226
	5 Atm. Überdruck	P. S.	43,0	64	83	107	136	176	209	253
	6 Atm. Überdruck	P. S.	46	69	90	116	147	188	227	270
	7 Atm. Überdruck	P. S.	50	74	97	123	161	202	244	290
Drehzahl		i.d.Min.	980	980	735	735	585	585	485	485
Kühlwasserverbrauch		Liter i.d.Min.	25,7	37,5	48	60	73,4	93,5	106,5	125
Gewicht	rund	kg	1850	2150	3050	3650	4950	5820	6050	6900

Preis über Anfrage.

Mobile Druckluftanlagen

Sie sind ein Mittelding zwischen den schweren Stabilanlagen und den hauptsächlich mit Rücksicht auf leichte Beförderung gebauten Maschinen. Der ruhige Gang und das noch immer mäßige Gewicht machen das teuere Betonfundament überflüssig, in vielen Fällen auch die festverlegte, kostspielige und verlustreiche Druckleitung. Sie eignen sich als ortsbewegliche Aushilfe bei Überlastung oder Schadhaftwerden von Stabilanlagen, für Stollenbauten und ähnliche Arbeiten, sowie zum raschen Arbeitsbeginn, bevor noch eine vorgesehene Stabilanlage betriebsfertig geworden ist.

Für die Betätigung einer Kleinramme kommt die kleine Druckluftanlage NB 14 (siehe Tabelle) in Frage, für den Antrieb von Druckluftwerkzeugen Type NB 11, die in kleineren Betrieben nebst Druckluft auch mechanische Kraft zum Antrieb anderer Maschinen, wie Band- und Kreissägen, kleiner Steinbrecher u. dgl., abgeben kann.

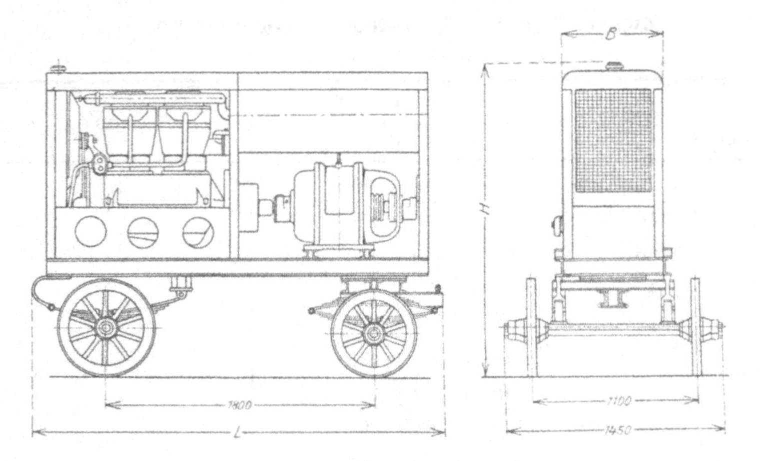

Mobile Druckluftanlage mit elektrischem Antrieb
(Baumag, Wien)

Motor und Kompressor haben gemeinsame Kurbelwelle. Die Maschine ist mit selbsttätigem Druckregler, Geschwindigkeitsregler und Druckluftbehälter ausgestattet und auf einem schlittenförmigen Grundrahmen montiert, an welchen einfache Lager mit Räderpaaren für Grubenschienen angeschraubt werden können. Für Fahrt auf der Straße ist ein kräftiger, gefederter Wagen vorgesehen.

Bei der großen Type ist der Vierzylinder-Kompressor mit seiner Antriebsmaschine direkt gekuppelt.

Die Antriebsmaschine ist entweder ein Vierzylinder-Viertakt-Benzinmotor (Type NB 1111) oder ein Elektromotor (Type E 1111), siehe Abbildung.

Alle in der Tabelle angeführten Druckluftanlagen laufen mit der Drehzahl 950, so daß sie mit einem sechspoligen Drehstrommotor bei 50 Perioden direkt gekuppelt werden können.

Motor-Kompressoren der „Baumag" Wien

Antrieb	Benennung	Länge L m	Breite B m	Höhe H m	Angesaugte Luftmenge in l/Min.	Betriebsdruck Atm. abs.	Drehzahl per Minute	Motorleistung P. S.	Gesamtgewicht kg	Gewicht mit Straßenwagen, Dach und Verschalung kg	Montiert auf: Schlitten	Grubenspur	Straßenwagen
											Preis in Schilling		
Benzin-Motor	NB 10	1,70			2000	7	950 bis 1000	15/17	690	1140	8500,00	8750,00	9500,00
	NB 11	1,70	0,70	1,80	2300	7	900 bis 950	17	700	1150	8600,00	8850,00	9600,00
	NB 13	1,70			4000	3	950	16/17	750	1200			
	NB 14	1,70			4600	2,5	950	16/17	800	1250	8800,00	9050,00	10600,00
	NB 1111	2,50			4600	7	930	34	1400	1870	15050,00	15400,00	16100,00
Elektro-Motor	E 1111	2,80		2,08	4900	7	950	36	1350	1800	13700,00	14050,00	14750,00

Pumpen

Für die Bedürfnisse des Bauplatzes kommt in erster Linie die Zentrifugalpumpe in Betracht. Ihre hohe Umdrehungszahl gestattet sowohl direkten Antrieb durch Kupplung mit Elektromotor oder Dampfturbine als auch Riemenantrieb. Stoßfreies Arbeiten, daher leichtes Fundament! Ein besonderer Vorzug dieser Pumpengattung ist ihre große Unempfindlichkeit gegen Verunreinigungen der Förderflüssigkeit — es kann auch Schlamm gefördert werden —, geringe Reparaturen und einfache Wartung. Das Maß der Saughöhe darf bei reiner Förderflüssigkeit 7 m, bei kleinen Leistungen höchstens 6 m betragen. Heißes Wasser muß zulaufen, solches von 70° C und mehr unter entsprechendem Druck. Es ist vorzusorgen, daß zwischen Saugkorb und Brunnensohle ein Abstand von mindestens 0,5 m erhalten bleibt und die Saugrohrleitung so bemessen werde, daß die Wassergeschwindigkeit höchstens 2 m, im Druckrohr 3 m beträgt.

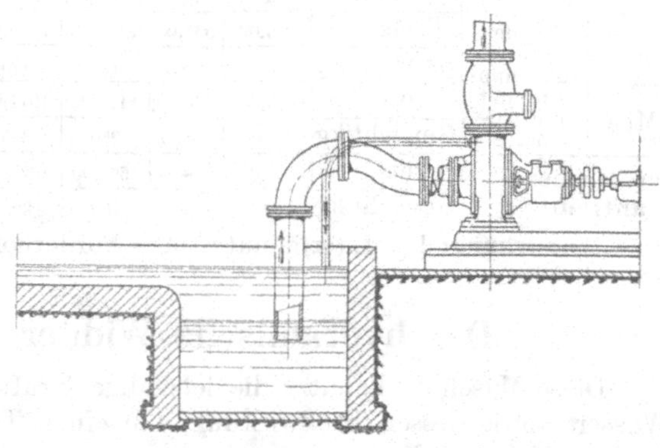

Pumpenanlage (Garvenswerke, Wien)

Eine geeignete Konstruktion stellt z. B. die „Myriapumpe" (Bauart **Garvens**) dar; sie ist so gebaut, daß sich feste Bestandteile der Förderflüssigkeit im Innern der Pumpe nirgends ablagern können und die daher zur Förderung breiartiger Flüssigkeiten besonders geeignet ist. Die Förderung großer Mengen auf geringe Höhe ist bei verhältnismäßig hoher Drehzahl möglich (siehe Tabelle).

Schlamm- und Schmutzwasser können bis etwa 2 m angesaugt werden.

Keine Betriebsstörungen infolge grober, durch Stillstand im Innern entstandener Verunreinigungen.

Die Anordnung einer Pumpenanlage bei Selbstansaugung samt Leitung ist in der Abbildung dargestellt.

Tabelle über „Myria"-Pumpen
(laut Mitteilung der Garvenswerke)

Rohranschluß in mm		normal	40	80	125	150	200	250	250	400	500
		möglich bis	—	—	100, 150	200	250	300	300	—	—
Leistung in m^3/Min.			0,1—0,3	0,4—1	0,8—2,5	1,6—3,5	3—8	6—8	8—12	15	25—30
Drehzahl n =	960	l	—	—	1200	2000	4000	6000	—	15 000	25 000
		m	—	—	2—5	5	10	3—5	—	5	8—10
		P. S.	—	—	1—2,6	3,6	13	7,5—10	—	24	65—80
	1450	l	100	600	2000	2000	7000	8000	8000	15 000	30 000
		m	2,5	3,5	5—12	10	20	7—10	10—15	10—25	15—25
		P. S.	0,23	1,0	4,0—9,1	7	43,5	20—26	26—39	26—120	140—225
	1800	l	100	400	1200	3500	7000	—	10 000	—	—
		m	4	3,8	13	17	25	—	12—25	—	—
		P. S.	0,26	0,8	6,2	19	58	—	45—80	—	—
	2400	l	200	800	—	—	—	—	—	—	—
		m	6	5,0	—	—	—	—	—	—	—
		P. S.	0,7	2,0	—	—	—	—	—	—	—
	2900	l	200	800	—	—	—	—	—	—	—
		m	10	8,5	—	—	—	—	—	—	—
		P. S.	1	3,2	—	—	—	—	—	—	—
Ohne	Fundamentplatte für Kupplung mit Elektromotor	Preis S	235,00	555,00	1205,00	1535,00	2410,00	2750,00	3535,00	5080,00	6825,00
		Gewicht kg	20	40	125	175	400	430	580	900	1500
Mit		Preis S	255,00	660,00	1440,00	1911,00	3163,00	3690,00	5035,00	7150,00	9085,00
		Gewicht kg	30	95	250	375	800	930	1380	2000	2700
für Riemenantrieb		Preis S	332,00	—	1300,00	1695,00	2890,00	3390,00	4900,00	6350,00	—
		Gewicht kg	28	—	160	225	525	600	850	1200	—

Anmerkung: l = Liter/Minute, m = Förderhöhe in Metern.

Der hydraulische Widder oder Stoßheber

Diese Maschine benützt die lebendige Kraft des ihr mit Gefälle zufließenden Wassers sowie dessen Stoßwirkung, um einen Teil dieses „Triebwassers" auf eine größere Höhe zu fördern.

Anwendungsgebiet. Die geringen Anschaffungskosten, das nahezu gänzliche Wegfallen jeder Bedienung und der daher billige Betrieb, machen den Widder überall dort ökonomisch, wo es sich bei günstigen Gefälle- und Förderhöheverhältnissen um die Förderung von mäßig großen Wassermengen handelt, z. B. für den Bedarf von Wohngebäuden, Gutshöfen, Stallungen, Gärten usw.

Die in der Abbildung dargestellte Type (Bauart Garvens) besteht aus folgenden wesentlichen Bestandteilen:

1. Dem Widder mit Unterteil *A*, Windkessel *B*, Stoßventil *C* und Steigventil *D*, 2. dem Triebrohr *T*, 3. dem Steigrohr *L*.

Wirkungsweise. Das Triebwasser tritt durch das Rohr *T* in den Unterteil *A*, hebt den Ventilkegel des Stoßventils *C* und schließt den Austritt des auslaufenden Wassers. Gleichzeitig tritt das Wasser durch das Steigventil *D* in den Windkessel *B* und in die Steigleitung *L*, und zwar nach dem Gesetz der kommunizierenden Röhren, auf gleiche Höhe mit dem Wasserspiegel in *F*. Dabei wird die Luft im Windkessel entsprechend zusammengepreßt. Wird jetzt der Ventilkegel des Stoßventils *C* niedergedrückt, so kommt die ganze Wassermasse im Triebrohr *T* und im Unterteil *A* wieder in Bewegung und durch das geöffnete Ventil *C* zum Ausfluß. Hat das Wasser eine bestimmte Geschwindigkeit erreicht, so wird das Stoßventil wieder gehoben und geschlossen. Das Wasser im Triebrohr, das nicht sofort zur Ruhe kommen kann, hebt das Steigventil *D* und ein Teil des Wassers tritt in den Windkessel *B* und in die Steigleitung *L*. Bevor noch das Steigventil *D* sich schließen kann, macht die ganze Wassermasse im Windkessel und im Triebrohr eine kleine rückläufige Bewegung unter dem Einfluß der zusammengepreßten Luft im Windkessel; der Ventilkegel des Stoßventils wird dadurch entlastet, fällt durch sein Eigengewicht herab und das Spiel wiederholt sich. Auf diese Weise steigt das Wasser in der Steigleitung immer höher, bis der Ausfluß in den Behälter *R* beginnt.

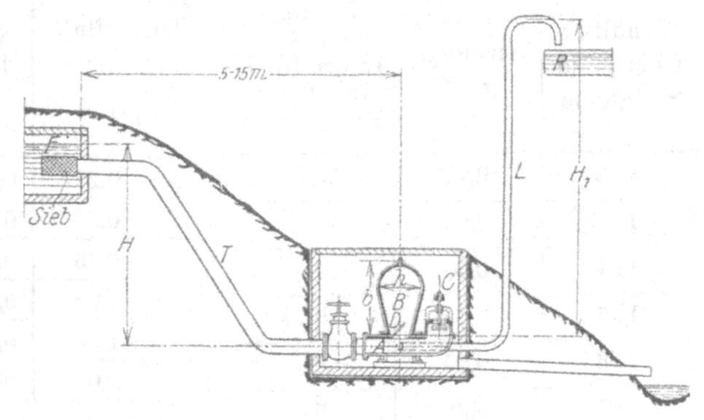

Anordnung einer Widderanlage (Garvenswerke Wien)

Soll der Widder außer Betrieb gesetzt werden, so braucht man das Stoßventil nur einige Augenblicke in der höchsten Stellung festzuhalten, bis das Triebwasser zur Ruhe gekommen ist.

Größe Nr.	Triebwassermenge l/Min.	Länge der Rohrleitung m		Lichte Weite der Rohrleitung in engl. Zoll		Gewicht	Preis	Dimensionen des Widders mm		
		Triebrohr	Steigrohr	Triebrohr	Steigrohr	kg	S	*b*	*h*	*q* Liter
2	3—7,5			$^3/_4$	$^3/_8$	9	46,50	235	140	1,7
3	6—15			1	$^1/_2$	13	55,00	282	170	3,1
4	11—26			$1^1/_4$	$^1/_2$	18	69,50	315	190	4,4
4a	11—26			$1^1/_4$	$^1/_2$	29	82,50	396	238	8,7
5	22—53	5—15	beliebig	2	$^3/_4$	36	103,00	396	238	8,7
5a	22—53			2	$^3/_4$	44	119,00	458	274	13,4
6	45—94			$2^1/_2$	1	48	138,00	458	274	13,4
6a	45—94			$2^1/_2$	1	59	155,00	495	298	16,2
7	110—150			3	$1^1/_4$	72	200,00	495	298	16,2

Die Leistung des Widders ergibt sich aus der Beziehung: Fördermenge in

$$m^3 = \frac{\text{Triebwassermenge in } m^3 \times \text{Gefälle in m} \times \text{Wirkungsgrad}}{\text{Förderhöhe in m}}.$$

Der Wirkungsgrad ist sehr verschieden und um so günstiger, je größer das Verhältnis zwischen Gefälle und Steighöhe ist (siehe Tabelle).

Verhältnis Gefälle zu Steighöhe	Wirkungsgrad	Fördermenge in Litern für je 100 Liter Triebwasser
1:2	0,70	35
1:3	0,58	19
1:4	0,50	12,5
1:5	0,45	9
1:6	0,40	6,6
1:7	0,36	5
1:8	0,34	4,2
1:10	0,28	2,8
1:12	0,24	2
1:15	0,20	1,3

Tabelle der Widerstandshöhen

Durchflußmenge l/Min.	Widerstandshöhe in Metern Wassersäule für je 10 m Rohrlänge bei einer lichten Weite von mm				
	10	13	19	25	32
0,25	0,010	—	—	—	—
0,50	0,041	0,009	—	—	—
0,75	0,091	0,021	—	—	—
1,00	0,164	0,036	0,004	—	—
1,50	0,385	0,083	0,009	—	—
2,0	0,653	0,147	0,017	—	—
3,0	—	0,330	0,039	—	—
4,0	—	0,586	0,067	—	—
5,0	—	—	0,110	0,021	—
6,0	—	—	0,156	0,032	—
8,0	—	—	0,283	0,056	—
10,0	—	—	0,436	0,087	0,025
12,0	—	—	0,626	0,128	0,036
14,0	—	—	—	0,175	0,049
16,0	—	—	—	0,221	0,064
18,0	—	—	—	0,285	0,080
20,0	—	—	—	0,347	0,100
25,0	—	—	—	0,540	0,155
30,0	—	—	—	0,801	0,255
40,0	—	—	—	1,560	0,400

Beispiel: Es sei eine Widderanlage für folgende Verhältnisse geplant:

Triebwassermenge: 45 Liter (Minute); Gefälle: 2,5 m; Steighöhe 15 m Länge der Steigleitung 600 m.

Dann ergibt sich das Verhältnis Gefälle zu Steighöhe mit $\frac{2,5}{15} = \frac{1}{6}$. Laut Tabelle beträgt dann die Fördermenge 6,6 Liter für je 100 Liter Triebwasser, daher für 45 Liter $\frac{45 \times 6,6}{100} = 2,97$. Also etwa 3 Liter/Minute. Dieser Durchflußmenge entspricht laut Tabelle bei einer lichten Weite von 19 mm eine Widerstandshöhe von 0,039 m für je 10 m Steigleitung. Daher für 600 m eine Widerstandshöhe von $600 \times 0,039$ m = 2,34 m. Dieser Betrag ist zur gegebenen Steighöhe hinzuzufügen, so daß der Widder eine tatsächliche Gesamthöhe zu überwinden hat von 15 + 2,34 = 17,34 m. Daher ändert sich auch das Verhältnis von Gefälle zu Steighöhe von $\frac{2,5}{15}$ auf $\frac{2,5}{17,34} \doteq \frac{1}{7}$ und für dieses Verhältnis errechnet sich die wirkliche Fördermenge mit $\frac{5 \times 45}{100} = 2,25$ Liter/Minute oder in 24 Stunden ungefähr 3300 Liter. In der Tabelle S. 549 bedeutet „q" den Inhalt des Windkessels in Litern.

Automatische Hauswasserversorgung

Die Wasserversorgung für Objekte, die nicht an eine Wasserleitung angeschlossen sind, erfolgt gewöhnlich durch einen Hochbehälter, der durch eine Pumpe aufgefüllt wird und der das Wasser den Verbrauchsstellen unter Druck zuführt. Nachteile dieser Anordnung: Ungünstige Belastung des Gebälkes, Beschädigung der Decken durch Überlauf oder Schwitzwasser, abgestandenes Wasser im Sommer, Gefahr des Einfrierens im Winter, schwieriger Schutz gegen Staub. Wegen dieser für die Trinkwasserversorgung bestehenden Nachteile empfiehlt sich eine automatische Pumpenanlage, bei der die erwähnten Übelstände nicht bestehen.

Beispielsweise arbeitet die in der Abbildung dargestellte Anlage in folgender Weise: Die durch Elektromotor direkt angetriebene Kreiselpumpe 1 fördert das Wasser aus dem Brunnen in einen geschlossenen Behälter, den Druckwasserkessel 3, von dem die Verteilungsleitung 15 abzweigt. Fördert die Pumpe in den Kessel, ohne daß Wasser entnommen wird, so preßt sie die im Kessel befindliche Luft zusammen und das Wasser wird den Verbrauchsstellen unter Druck zugeführt. Mit dem Druckkessel steht der Druckregler 4 in Verbindung, auf den die Druckänderungen im Kessel übertragen werden. Bei Erreichung eines Maximaldruckes, der von der größten Förderhöhe abhängig ist und den man in bestimmten Grenzen beliebig einstellen kann, bringt der Druckregler Motor und Pumpe zum Stillstand. Wird eine Zapfstelle geöffnet, so wird ein Teil des im Kessel enthaltenen Wassers zur Verbrauchsstelle gedrückt, der Druck im Kessel sinkt bis zu einem bestimmten Mindestdruck, bei dem der Druckregler den Motor wieder einschaltet; er bleibt solange in Betrieb, als Wasser entnommen wird bzw. bis der Höchstdruck im Kessel erreicht ist. Man hat also stets frisches Brunnenwasser zur Verfügung.

Die manometrische Förderhöhe (siehe Tabelle) setzt sich zusammen aus: 1. dem vertikal gemessenen Abstand vom tiefsten Wasserspiegel bis Pumpenmitte (geodätische Saughöhe); 2. dem vertikal gemessenen Abstand von Pumpenmitte bis zur höchsten Zapfstelle (geodätische Druckhöhe); 3. den Reibungswiderständen in der Saug- und Druckleitung; 4. einem Auslaufdruck an der höchsten Zapfstelle von rund 2 bis 3 m; 5. der zur Betätigung des Druckreglers erforderlichen Druckdifferenz von etwa 10 m (1 Atm.).

Preis einer Anlage je nach Ausstattung und der verfügbaren Stromart im Mittel etwa *S 1250,00,* Gewicht rund 230 kg.

Tabelle der manometrischen Förderhöhen

Manometrische Förderhöhe in Metern bei einer Drehzahl von	Motorstärke in K.W.	Leistung in 1/Min. 10	20	30	40	50	60
2400	1,5	27	28	28,3	28,5	27,5	26
2850		38	39	39,5	40	40	39
2400	0,7 bis 1,0	21,4	21,7	21,2	19,2	11	—
2850		30	30,6	30,4	29,3	26	—
3000		33,2	34	33,8	33	33	—
2400	0,6	16,5	16,5	14,5	—	—	—
2800		22,5	22,5	21,5	17	—	—
3000		25,5	26	25	21,5	—	—
3300		31	31,5	30	28	—	—
2400	0,4	11	11	10	4	—	—
2800		15	15	14,5	12	—	—
3000		17	17	16,5	15	—	—
3300		21	21	21	19	—	—

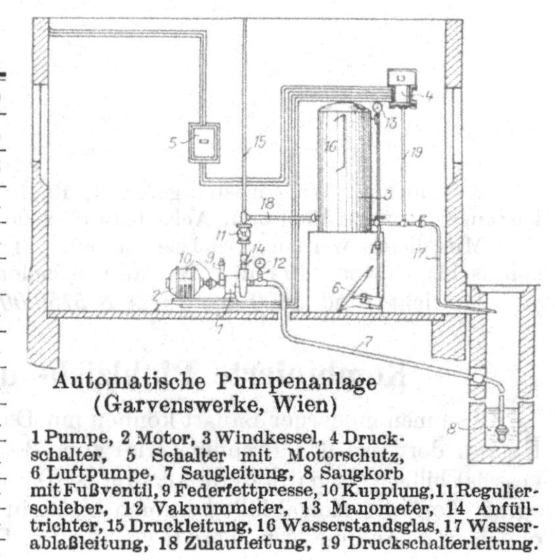

Automatische Pumpenanlage (Garvenswerke, Wien)

1 Pumpe, 2 Motor, 3 Windkessel, 4 Druckschalter, 5 Schalter mit Motorschutz, 6 Luftpumpe, 7 Saugleitung, 8 Saugkorb mit Fußventil, 9 Federfettpresse, 10 Kupplung, 11 Regulierschieber, 12 Vakuummeter, 13 Manometer, 14 Anfülltrichter, 15 Druckleitung, 16 Wasserstandsglas, 17 Wasserablaßleitung, 18 Zulaufleitung, 19 Druckschalterleitung.

Fäkalien-Entleerung

Überall dort, wo es noch keine Kanalisierung gibt und es sich darum handelt, Fäkaliengruben regelmäßig zu entleeren, empfiehlt sich die Verwendung von Fäkaliensaugapparaten, da sie die Entleerung sehr rasch und geruchlos bewirken.

Die in der Abbildung dargestellte Type (Erzeugnis Garvenswerke) arbeitet in folgender Weise:

In den Zylinderkessel werden einige Gramm Benzin oder Benzol eingespritzt. Diese Flüssigkeitsmenge vergast sofort und wird durch eine einfache Vorrichtung entzündet. Durch die Verbrennung erhitzt sich die Luft im Kessel und dehnt sich auf das zehnfache ihres Volumens aus, so daß etwa $^9/_{10}$ der ursprünglichen Luftmenge durch die Luftklappe *L* austreten müssen, wodurch der Kessel hochgradig evakuiert wird. Wird jetzt der Absperrschieber geöffnet, so füllt sich der Kessel in wenigen Sekunden mittels der angeschlossenen Saugleitung mit Fäkalien. Beide Vorgänge, Evakuierung und Füllung, dauern kaum mehr als eine Minute. Auf dem Kessel ist ein kleiner Behälter von rund 3 l Inhalt vorgesehen, in dem ein größerer Vorrat des Betriebsstoffes mitgeführt werden kann. Diese Menge reicht für etwa 20 Füllungen aus.

Wird der evakuierte Kessel mit einem anderen, gewöhnlichen Kessel durch einen Luftschlauch verbunden, so evakuiert er diesen ebenfalls und macht ihn saugfähig.

Der Zylinderkessel faßt rund 1200 l Fäkalienmasse und erhält folgende Armaturen: 2 Schaugläser, 1 Zerstäubungsdüse, 1 Vakuummeter, 1 Luftpumpe mit Rohrleitung, 1 Sicherheitsventil von 400 mm ⌀, 1 Zündloch, 1 Evakuierungshahn und 1 Fäkalienschieber von 110 mm ⌀.

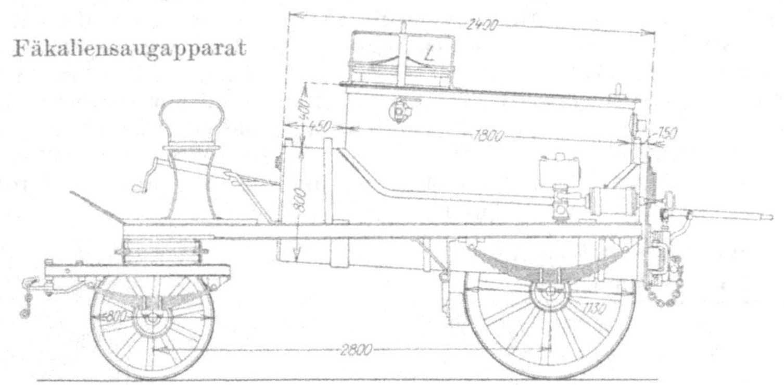

Fäkaliensaugapparat

Ausführung: Wagengestell gefedert, Radreifen 100 mm breit, Bremse, Requisitenkasten, Spurweite 1300 mm, Achsabstand 2800 mm.

Mitgeliefert werden: Deichsel, Zugwage, Trittel, Schraubenschlüssel, 4 m Gummispiralschlauch von 110 mm l. W. samt Schellen und Schrauben.

Gewicht rund 1600 kg, *Preis S 5750,00.*

Kombinierte Pfahlzieh- und Schlag-Ramme

Rammen moderner Bauart können mit Dampf oder Druckluft betrieben werden. Überall dort, wo das Brennmaterial zum Betrieb eines Dampfkessels (Lokomobilkessels) billig verschafft werden kann, ist Dampfbetrieb vorzuziehen. Auch Kohlenstaub, Torf und Holzabfälle kommen hiebei in Frage. Andernfalls kann die Ramme ohneweiters an eine etwa bereits vorhandene Druckluftanlage angeschlossen werden.

Rammen, Bauart „Baumag“, sind mit einer sparsam arbeitenden Expansionssteuerung ausgestattet, die bei Dampf- oder Druckluftbetrieb, je nach vorhandenem Druck, mit einer beliebigen Füllung oder mit Volldruck arbeitet. Der für die Arbeit erforderliche Druck beträgt bei den kleineren Typen 1,5 bis 5, bei den größeren 3,5 bis 8 Atmosphären Überdruck.

Da diese Rammen auch das Stoßen nach oben gestatten, können sie auch zum Pfahlziehen verwendet werden. Die Schlagwerke gleiten nicht in den Laufruten, sondern laufen auf Rollen, wodurch ein Ecken vermieden wird. Die Schlagwerke sind austauschbar; ein schweres Schlagwerk kann daher im Gerüst einer Kleinramme und umgekehrt verwendet werden. Ohne Verlängerung der Laufruten kann bis ungefähr 3 m unter die Standebene gerammt werden und der Bär um die Hubhöhe ober die Laufruten gehoben werden.

Die Drehramme kann im Notfall durch Abnehmen der Laufruten als leichter Drehkran verwendet werden, mit diesem aber als schwerer Materialaufzug in der Weise, daß an die Stelle des Schlagwerkes ein mit den gleichen Führungsrollen versehener Förderkübel tritt.

Das Drehen, Neigen, Fahren und Einstellen der Laufruten erfolgt bei den großen Typen maschinell.

Eine brauchbare Type ist die in Abb. 1 dargestellte Hochleistungs-Motorramme, die nahezu dasselbe wie eine direkt wirkende Dampframme leistet,

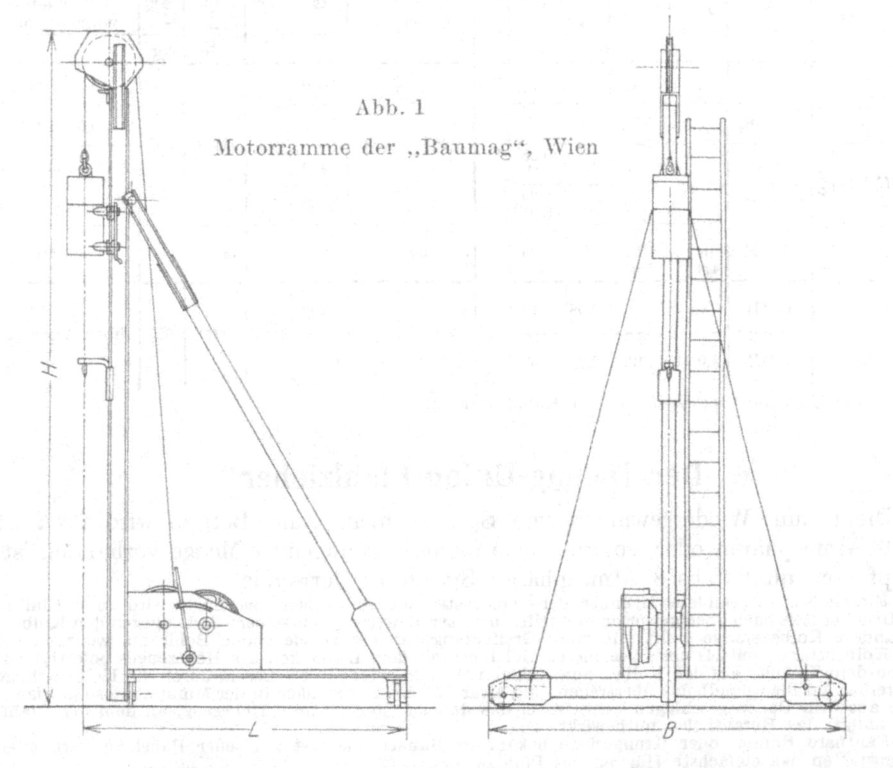

Abb. 1
Motorramme der „Baumag“, Wien

jedoch nur die Hälfte dieser kostet. Sie ist mit einer ganz selbsttätig arbeitenden Motorwinde ausgerüstet. Die Steuerung erfolgt bei Handbetrieb ohne Kraftanstrengung durch einen einzigen Hebel. Beim automatischen Schlagen richtet sich der Bärhub nach der Stellung des Handrades, und kann so das automatische Arbeiten des Bären während des Schlagens beliebig beeinflußt werden. Diese Winde ist auch mit einer Festhaltbremse ausgerüstet, so daß sie für alle Förderarten im Baubetrieb (wie Aufzugwinde, Bremsbergwinde usw.) geeignet ist.

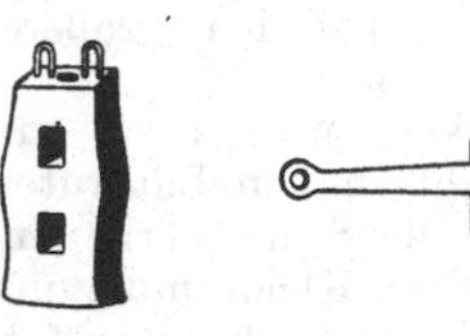

Abb. 2 Rammbär Abb. 3 Nachlaufkatze

Rammbären

Gewicht von 100 bis 500 kg. Zum Auslösen der Rammbären, Abb. 2, wird eine Nachlaufkatze, Abb. 3, genommen. *Preis* der Rammbären rund *S 3,00* per 1 kg, einer Nachlaufkatze rund *S 190,00*.

Tabelle laut Mitteilung der „Baumag", Wien

Type	Bezeichnung	Länge L (m)	Breite B (m)	Höhe H (m)	Nutzbare Höhe ohne Verlängerung der Laufruten, ober Standebene (m)	Nutzbare Höhe ohne Verlängerung der Laufruten, unter Standebene (m)	Größter Hub (m)	Bärgewicht mit Zusatzgewicht (kg)	Bärgewicht ohne Zusatzgewicht (kg)	Gesamtgewicht (kg)	Gewicht des schwersten Teiles (kg)	Schlagleistung (m/kg/Min.)	Gewicht der Pfahlziehvorrichtung (kg)	Preis mit Pfahlziehvorrichtung (S)	Preis ohne Pfahlziehvorrichtung (S)
Hochleistungs- Klein- Rammen	KA 6	5,1	3,0	6,5	6,5	3	1,5	600	400	3060	600	20,000	500	16 900,00	11 900,00
	KA 7½	5,1	3,0	8,0	8,0	3				3150				17 100,00	12 100,00
Hochleistungs- Staffelei- Rammen	KSA 6	—	3,0	6,4	6,1	3,25 9,6 [1])				2450				16 200,00	11 200,00
	KSA 7½	—	3,0	7,9	7,75	3,25 11,10 [1])				2540				17 400,00	11 400,00
Hochleistungs- Motor- Rammen	K—R	3,25 bis 4,0	3,60	7,6 bis 8,6	7,20	7,25		400—600	—	1930	—	14,000	—	7380,00	
Universal- Reihen- Rammen	GRB	5,0	3,0	12,4	12,08	3,15		1200	800	8100	1000	40,000	625	über Anfrage	
Universal- Dreh- Rammen	GDB	5,0	3,0	12,6	12,25	3,30				10000					

[1]) Bei Umstellen der Laufruten für Kanalrammen.

Der Demag-Union-Pfahlzieher

Dient zum Wiedergewinnen von Spundbohlen. Zum Betrieb wird Preßluft von 6 Atmosphären oder, sofern solche nicht in genügender Menge vorhanden ist, Dampf von mindestens 8 Atmosphären Spannung verwendet.

Ein als Bär ausgebildeter Zylinder, der einen feststehenden Kolben umschließt, wird unter Einfluß eines Druckmittels nach oben geworfen und trifft in dieser Bewegung mit seinem Boden gegen den Kolben. Eine andere Kolbenstange greift mit einer Greiferzange an der zu ziehenden Bohle an, während die obere Kolbenstange mittels eines geeigneten Gehänges an dem Lasthaken des Hebezeuges befestigt ist. Die von dem Zylinder auf den Kolben ausgeführten Schläge werden von diesem durch die Kolbenstange unmittelbar auf die Spundbohle übertragen, und zwar 150 bis 200 Schläge in der Minute, die so gewissermaßen aus dem Boden geschlagen wird, wobei das dauernd angespannte Hebezeug, an dem der Pfahlzieher hängt, das Herausholen mitbewirkt.

Fahrbare Ramm- oder Krangerüste bekannter Bauart, die fast auf jeder Baustelle vorhanden sind, gestatten das einfachste Hängen des Pfahlziehers.

Unter Anwendung desselben wurden z. B. Larsseneisen Profil II bei etwa 5 m Raumtiefe, in wechselnden Schichten von Kies und blauem Ton, in etwa einer Minute reiner Ziehzeit gezogen.

Der Pfahlzieher bewährte sich vor allem beim Herausziehen von Spundbohlen, die einen starken Zusammenhalt mit Fließsand hatten.

Preis ab Werk Duisburg *RM 10 000,—*.

Baumaschinen

Allgemeine Baumaschinen-Gesellschaft, Wien

Beton- und Mörtelmischmaschinen

A. Maschinen, die kontinuierlich arbeiten. Sie haben gewöhnlich die Form eines langgestreckten, oft schrägliegenden Zylinders. In die eine Zylinderöffnung wird Schotter, Sand und Zement eingeworfen. Während das Material den Zylinder durchwandert, wird Wasser zugeführt, und der fertige Beton verläßt am zweiten Ende des Zylinders die Maschine. Die so erzielte Mischung ist jedoch nicht zuverlässig, weshalb diese Art von Mischmaschinen nur wenig verwendet wird.

B. Periodenmischer. Darunter versteht man Mischmaschinen, bei denen außerhalb der Mischtrommel in ein besonderes Meßgefäß (meistens ein Materialaufzugskübel oder ein Klappentrichter) die richtige Menge Schotter, Sand und Zement eingefüllt und dann in die Mischtrommel eingeschüttet wird. In dieser Trommel soll das Material eine halbe Minute trocken gemischt werden, um Zementknollenbildung zu vermeiden.

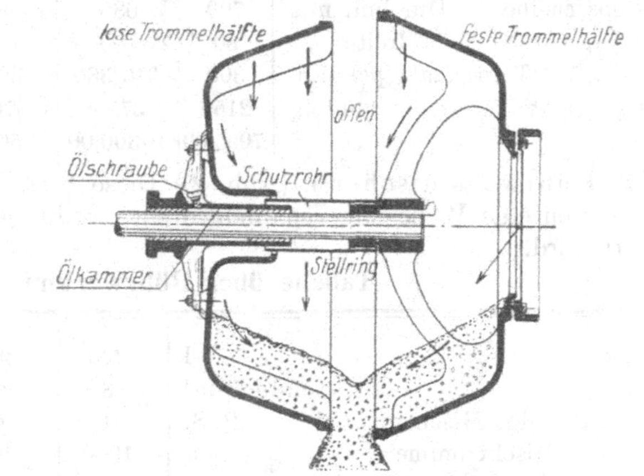

Abb. 1. Trommelquerschnitt

Dann erfolgt die Wasserzugabe, worauf wieder eine halbe Minute lang naß gemischt wird. Nunmehr kann der Beton aus der Maschine entleert werden. Beim Periodenmischer unterscheidet man zwei Arten.

1. Freifallmischer. (Abb. 1 und 1a.) Bei diesem erfolgt der Mischprozeß durch Rotation der Mischtrommel nach dem Prinzip des freien Falles. Die innige Mischung wird durch stetes Überkugeln des Mischgutes herbeigeführt. Sehr geeignet als Form der Trommel ist die Kugelform, bei der ein nach allen Richtungen sich vollziehender Mischprozeß besonders in axialer Richtung erfolgt. Diese Mischer werden auch mit aufgebautem Benzin-Benzolmotor erzeugt. Der Kraftbedarf ist verhältnismäßig gering (siehe Tabelle).

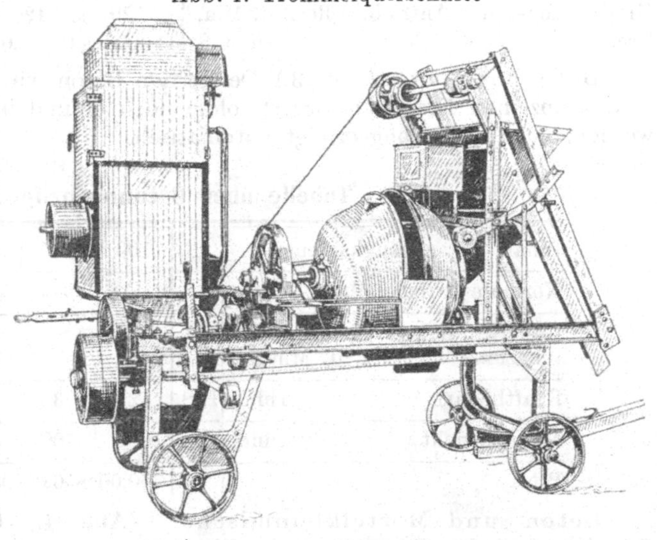

Abb. 1a. Freifallmischer

Tabelle über Freifallmischer

Fahrbar, mit Beschickungshebewerk, Wasserreservoir, Drehgestell und Deichsel und eingebauter zweiter Bauwinde für den Betonhochzug in die Etagen:

					Ohne Bauwinde	
Trommelfüllung l	150	250	330	500	750	1000
Stündliche Leistung rund m³	6	7,5—10	10—13	15—20	22,5—30	30—40
Kraftbedarf P. S.	6	8	12	12	16	20
Tragkraft 2. Bauwinde kg	500	750	1000	1200	—	—
Antriebsscheibe Durchm. mm	700	685	685	685	1000	1200
„ Breite „	80	100	100	100	130	130
„ Tourenzahl per Min.	300	340/380	300	280/310	250	250
Nettogewicht rund kg	2150	3750	3700	5350	8000	8800
Preis „ S	7095,00	10300,00	11560,00	14916,00	22147,00	24663,00

2. Rührwerkmischer[1]). (Abb. 2.) Diese besitzen einen feststehenden Trog, in dem sich eine Welle mit Schaufeln dreht, wodurch die innige Mischung herbeigeführt wird.

Tabelle über Rührwerkmischer

Füllung l	220	300	420	600	750
Leistung stündlich m³	8	10	14	20	25
Kraftbedarf der Mischtrommel P. S.	4	6	8	11	14
Breite der Mischtrommel mm	1000	1000	1000	1000	1250
Anzahl der Mischschaufeln	8	8	8	8	10
Umdrehungen der Antriebswelle i. d. Min.	120	120	120	120	120
Preis rund S	11000,00	13000,00	14500,00	18500,00	20100,00

Betonhochzüge. (Abb. 3.) Der fertige Beton wird von der Maschine direkt in die einzelnen Etagen befördert, ohne noch einmal in die Hand genommen zu werden. Die Entleerung erfolgt automatisch.

Tabelle über Betonhochzüge

Inhalt des Aufzugkastens	l	100	150	250	300	500
Normale Aufzughöhe	m	20				
Geschwindigkeit des Aufzugkastens i. d. Minute	m	25				
Kraftbedarf rund	P.S.	2	3	5	5	7
Nettogewicht rund	kg	600	700	850	900	1000
Preis	S	750,00	850,00	950,00	1000,00	1300,00

Beton- und Mörtelkleinmischer. (Abb. 4.) Geeignet für den kleinen Bauplatz und für Betonierungen, die auf langgestreckten Baustellen zu leisten sind. Die Mischer werden von Hand aus an das zu mischende Material gefahren, so daß der übliche Transport des Mischgutes zur Maschine entfällt.

[1]) Über Chargenmischer siehe S. 601.

Tabelle über Beton- und Mörtelkleinmischer

Trommelfüllung	rund l	100
Leistung per Stunde bei 30 Trommelfüllungen	rund m³	3
Kraftbedarf	rund P. S.	$1^1/_2$
Riemenscheiben, Durchmesser	mm	500
Umdrehungszahl		300
Gewicht	rund kg	600
Preis ohne Motor	„ S	2300
„ mit „	„ „	3180

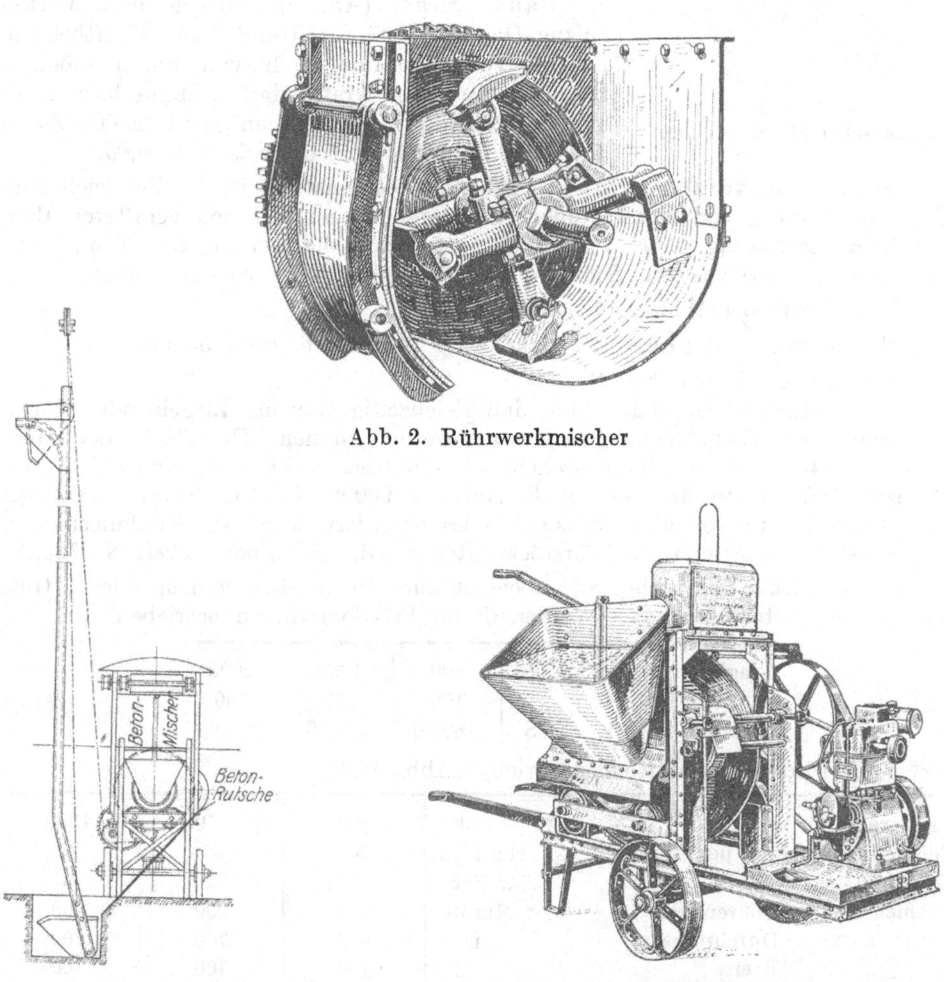

Abb. 2. Rührwerkmischer

Abb. 3. Betonhochzug

Abb. 4. Beton- und Mörtelkleinmischer

Konische Mörtelmischer. (Abb. 5.) Geeignet zum Mischen von eingesumpftem Weißkalk:

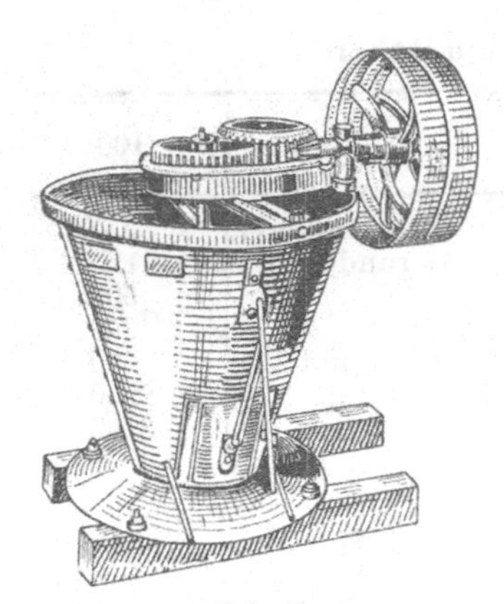

Abb. 5
Konischer Mörtelmischer

Stündliche Leistung bei Handbetrieb	rund m³	1—2
„ „ „ Kraftbetrieb	„ „	3—4
Kraftbedarf für Handbetrieb	Männer	1—2
„ „ Kraftbetrieb	P. S.	2
Antriebsscheibe $\frac{\text{Durchmesser}}{\text{Breite}}$	mm	600/80
Tourenzahl	per Minute	100
Nettogewicht	rund kg	530
Preis	„ S	1339,00

Bauaufzüge. (Abb. 6.) Ziegel- und Mörtelaufzug (Paternoster-) für Hand- und Kraftbetrieb. Antrieb von oben als auch von unten möglich. Bauhöhe bis 20 m. Kraftbedarf 2 Mann bzw. 2 bis 3 P. S. Leistung in 8 Stunden rund 20 000 Ziegel und 4000 Schaffel Mörtel. *Preis S 1350,00.*

Schnellbauaufzug „Bob". (Abb. 7.) Die Leistung ist im Vergleich zum Paternosteraufzug bedeutend größer. Es werden gegenüber den veralteten Bauaufzügen per Aufzug 4 bis 5 Mann erspart. Bauhöhe normal für 20 m, doch kann durch Aufsetzen von Schienen jede beliebige Höhe erreicht werden.

Tragkraft der Winde an der Trommel 500 kg.

Hubgeschwindigkeit der Fahrschale per Minute rund 50 bis 60 m.

Kraftbedarf rund 8 P. S.

Das Plateau ist so eingerichtet, daß gleichzeitig zwei mit Ziegeln oder Mörtel beladene Scheibtruhen nach oben gezogen werden können. Die Fläche der Fahrschale ist 140 × 150 cm. Riemenscheibendurchmesser = 800 mm, Breite 100 mm, Drehzahl 300 i. d. Minute. Gewicht des Aufzuges 900 kg. Leistung rund 4800 Ziegel per Stunde. Hauptvorteile: Es kann alles gefördert werden: Schalungsbleche, Treppenstufen, Fensterstöcke, Türstöcke, Rohre, Gipsdielen usw. *Preis S 2725,00.*

Schwenkkrane. (Abb. 8.) Geeignet zum Hochziehen von sperrigem Gut, wie Balken, Betoneisen usw. Werden durch Friktionswinden betrieben.

Tragkraft	kg	600	1000	2000
Gewicht	„	100	120	150
Preis	S	160,00	220,00	290,00

Friktionswinden (Riemenantrieb). (Abb. 9):

Tragkraft	kg	500	750	1000
Seilgeschwindigkeit per Minute	rund m	30	25	20
Kraftbedarf	„ P. S.	5	7	8
Riemenscheibe, Tourenzahl	per Minute	200	200	200
„ Durchmesser	mm	600	700	700
„ Breite	„	100	100	100
Seiltrommel, Durchmesser	„	250	250	250
„ Länge	mm	300	400	500
Nettogewicht	rund kg	240	360	540
Preis	S	677,00	1096,00	1630,00

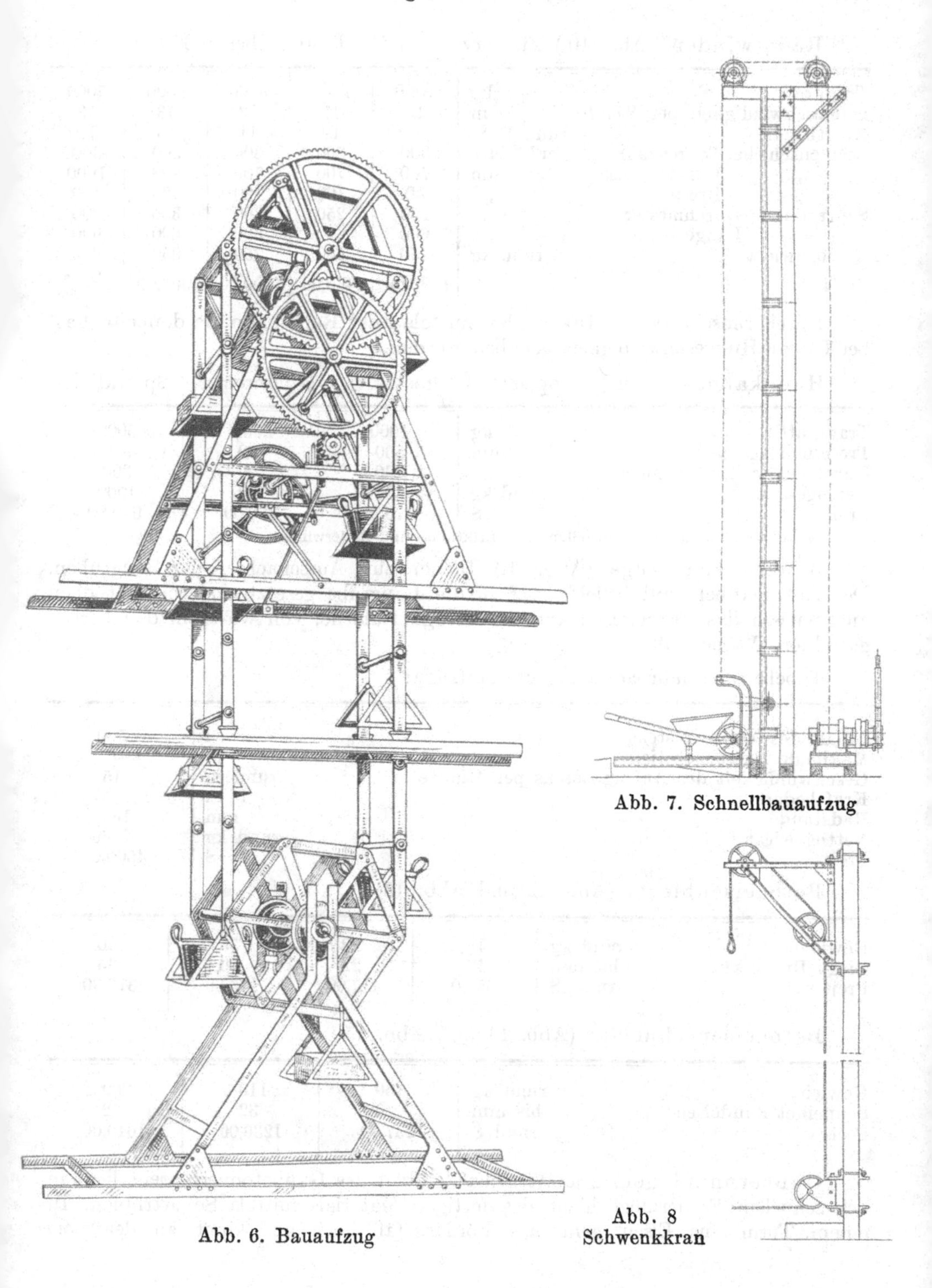

Abb. 6. Bauaufzug

Abb. 7. Schnellbauaufzug

Abb. 8 Schwenkkran

Räderwinden. (Abb. 10.) Zu verwenden für Lasten über 1000 kg:

Tragkraft	kg	1000	2000	3000	4000	5000
Seilgeschwindigkeit per Minute	m	17	17	13	13	13
Kraftbedarf	rund P. S.	5	10	11	15	19
Riemenscheibe, Tourenzahl	per Minute	300	300	300	300	300
„ Durchmesser	mm	700	700	700	900	1000
„ Breite	„	80	100	120	125	150
Seiltrommel, Durchmesser	„	250	250	300	300	300
„ Länge	„	600	600	600	600	600
Nettogewicht	rund kg	450	550	750	850	900
Preis	„ S	1900,00	2460,00	3000,00	3900,00	Über Anfrage

Durch Einscheren des Drahtseiles mittels loser Rolle kann die doppelte Last bei halber Hubgeschwindigkeit gehoben werden.

Handkabelwinden[1]), doppelte Übersetzung, Bandbremse, Sperrklinke:

Tragkraft	kg	1000	2000	5000
Trommellänge	mm	560	700	900
Durchmesser der Trommel	„	160	200	300
Nettogewicht	rund kg	400	500	1000
Preis	„ S	370,00	650,00	950,00

[1]) Geeignet für kleinere Baustellen statt Friktions- und Räderwinden.

Baugrubenaufzüge. (Abb. 11.) Dienen zum Ausschachten der Baugruben. Der Aufzugkübel wird beliebig tief in die Baugrube gesetzt und schüttet oben automatisch das Erdmaterial auf die schräge Rutsche, von wo es in den bereitgestellten Wagen fällt.

Tabelle über fahrbare Baugrubenaufzüge:

Inhalt des Aufzugkastens	l	500
Maximale Ausschachttiefe	m	6
Geschwindigkeit des Aufzugkastens per Minute	rund m	15
Kraftbedarf	P. S.	8
Radstand	mm	1650
Nettogewicht	rund kg	2260
Preis	„ S	4500,00

Betoneisenbieger (Abb. 12 und Abb. 13):

Gewicht	rund kg	18	22	35	90
Biegt Rundeisen	bis mm	16	22	30	35
Preis	rund S	85,00	117,00	176,00	373,00

Betoneisenschneider (Abb. 14 und Abb. 15.):

Gewicht	rund kg	30	110	200
Schneidet Rundeisen	bis mm	20	32	42
Preis	rund S	337,00	1236,00	1640,00

Gußbetonanlagen. Die Wirtschaftlichkeit des Gußbetonverfahrens liegt in der schnellen Fördermöglichkeit des fertigen Materials mittels Schüttrinnen. In einem Turm aus Eisen geht das Fördergefäß hoch und kippt an der vorgesehenen Stelle automatisch durch einen Silo in die Schüttrinne. Die Konstruktion der Anlage soll derart sein, daß jeder Punkt des Bauplatzes leicht mit

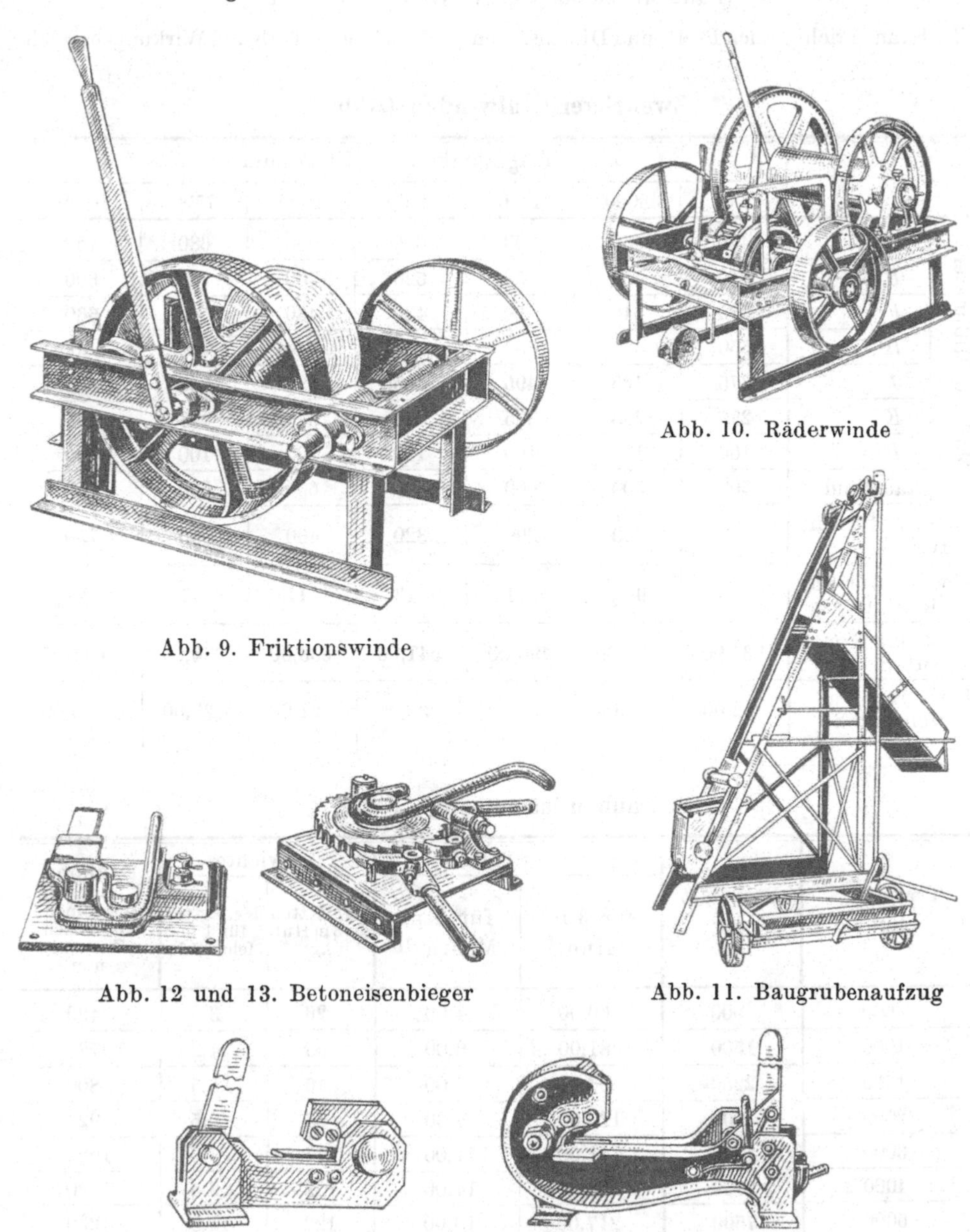

Abb. 9. Friktionswinde

Abb. 10. Räderwinde

Abb. 11. Baugrubenaufzug

Abb. 12 und 13. Betoneisenbieger

Abb. 14 und 15. Betoneisenschneider

Material versorgt werden kann. Die Anordnung der Anlagen richtet sich nach dem Umfang der Bauarbeiten; demgemäß schwanken auch die Preise in weiten Grenzen.

Hebezeuge (normale Kleinhebezeuge)

(Laut Mitteilung von A. Winkler, Wien)

Bei Kranen richten sich Preise und Dimensionen nach Leistung, Hub und Wirkungsbereich.

Zweiträger-Laufwinden (Abb. 1)

		Tragfähigkeit in Kilogramm						
		2000	3000	4000	5000	6000	7500	10 000
Maße in Millimeter	*A*	480	550	600	600	680	680	750
	E	450	550	550	620	700	700	600
	F	325	340	410	430	430	540	660
	H	550	600	650	700	750	750	1000
	J	375	425	495	495	495	665	665
	K	295	295	375	375	375	495	665
	L	100	100	100	100	100	100	100
	Radstand	500	500	600	550	600	600	750
Gewicht für 3 m Hub kg		180	220	290	320	400	550	750
Gewicht für 1 m Mehrhub kg		8	9 1/2	11	13	14	17	23 1/2
Preis für 3 m Hub S		334,00	388,00	490,00	541,00	633,00	786,00	1041,00
Preis für 1 m Mehrhub S		12,00	13,00	15,00	20,00	21,00	23,00	30,00

Schraubenflaschenzüge (Abb. 2)

Tragkraft kg	Probelast kg	Preise in Schilling		Gewichte		Bauhöhe im zusammengezogenen Zustand mm
		für 3 m Hub	für 1 m Mehrhub	inkl Ketten für 3 m Hub kg	der Ketten für 1 m Mehrhub kg	
600	900	66,00	4,00	26	3,0	420
1000	1500	81,00	6,00	35	4,2	720
1500	2250	96,00	8,00	46	5,5	800
2000	3000	120,00	9,00	65	6,5	920
3000	4500	141,00	11,00	77	8,0	1020
4000	6000	183,00	14,00	102	9,5	1120
5000	7500	217,00	19,00	122	11,5	1230
6000	9000	280,00	20,00	150	12,5	1370
7500	11500	326,00	21,00	164	15,5	1500
10000	15000	514,00	29,00	315	22,0	1350

Tabelle der Stirnradwandwinden (Abb. 3)

Seilzug kg	Seildurchmesser mm	Kurbelanzahl	*A*	*B*	*D*	*F*	*G*	*H*	*J*	*K*	*L*	*M*	Gewicht kg	Preis S
100	5	1	160	245	100	250	300	220	200	285	120	150	19	82,00
250	6	1	210	270	130	250	350	285	250	310	150	150	29	90,00
500	$9^1/_2$	2	260	320	170	250	400	390	310	370	200	120	58	134,00

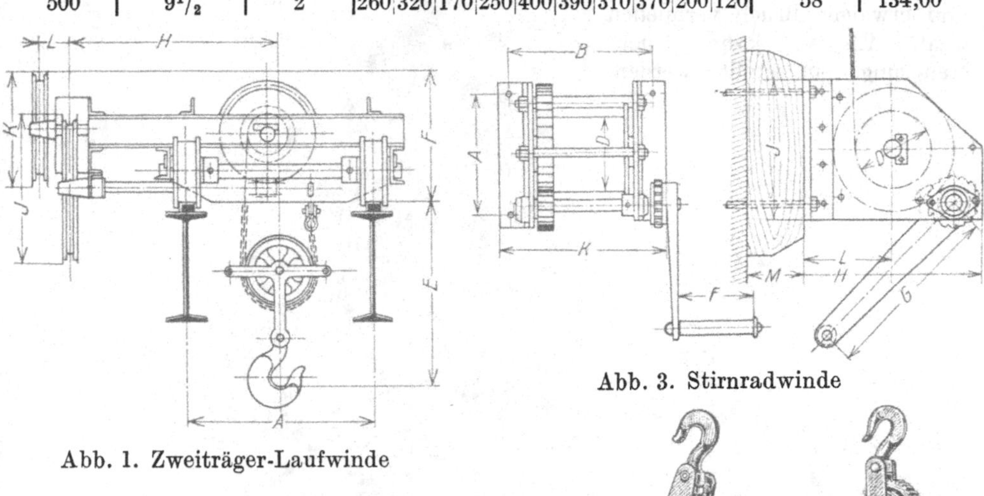

Abb. 3. Stirnradwinde

Abb. 1. Zweiträger-Laufwinde

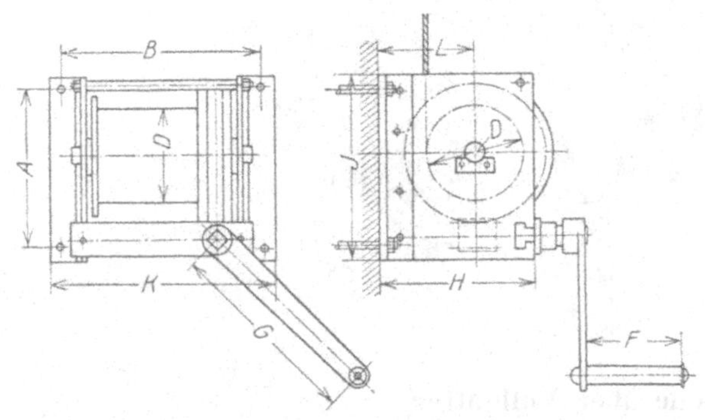

Abb. 4. Schneckenradwinde

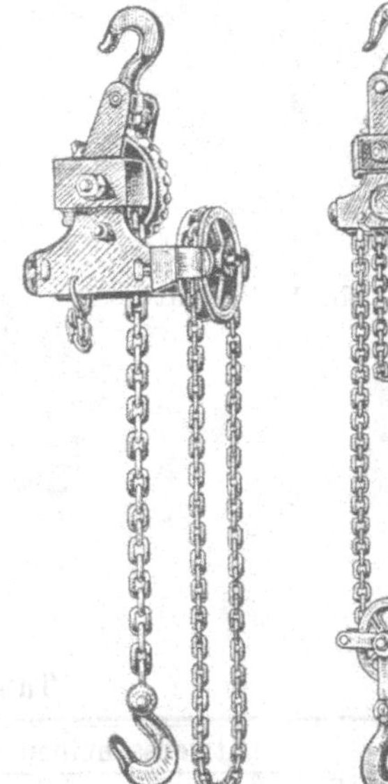

Abb. 2. Schraubenflaschenzüge

Tabelle der Schneckenradwandwinden (Abb. 4)

Seilzug kg	Seildurchmesser mm	Kurbelanzahl	*A*	*B*	*D*	*F*	*G*	*H*	*J*	*K*	*L*	*M*	Gewicht kg	Preis S
100	5	1	160	280	100	250	300	210	200	320	142	—	22	69,00
250	6	1	200	290	130	250	350	210	240	330	142	—	30	87,00
500	$9^1/_2$	1	270	343	170	250	400	275	340	395	175	—	50	105,00

Holzbearbeitungsmaschinen

Pini und Kay, Wien

Vollgatter (Abb. 1)

Zur Erzeugung von Pfosten, Brettern, Latten und Bauholz jeder Stärke. Steuerung derart, daß bei eintretendem Hindernis der Vorschub unterbrochen und etwaiger Bruch vermieden wird. Ebenso kann Rücksteuerung eingestellt werden.

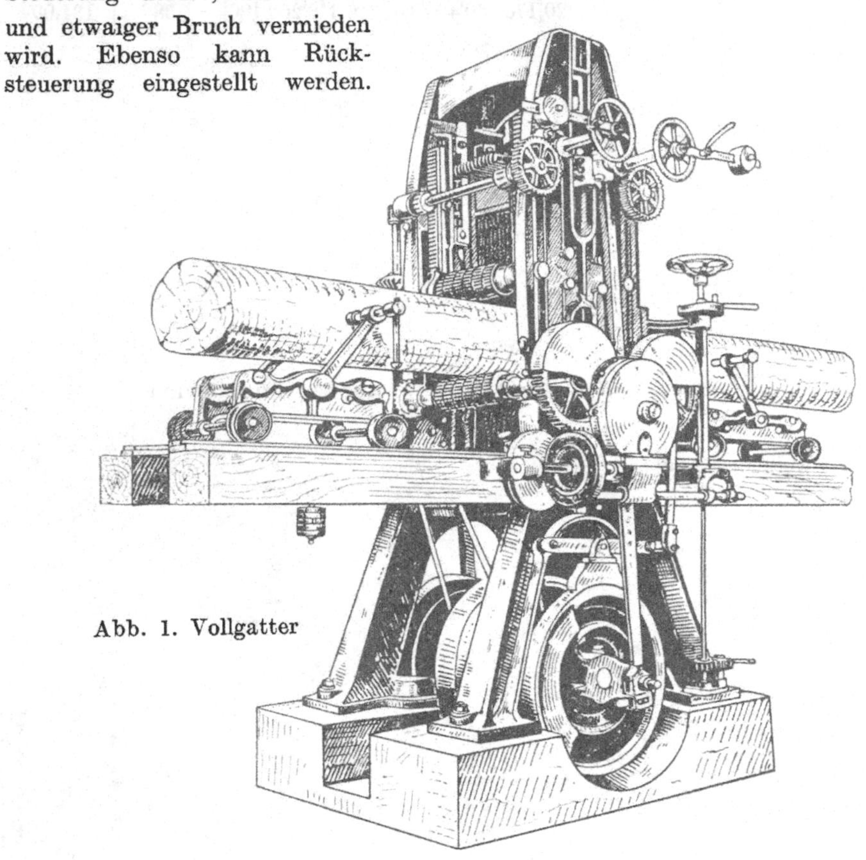

Abb. 1. Vollgatter

Tabelle über Vollgatter

Lichte Rahmenweite	Größte Schnitthöhe	Hub	Antriebsscheiben			Kraftbedarf		Gewicht in kg	Preise			
			Durchmesser	Gesamtbreite	Umdrehungen	beim Leerlauf	per Sägeblatt		des Gatters	der Bügel per Paar	d. Blätter, gefaßt, p. Dtzd.	der Blätter m.angeniet Bügeln per Stück
Millimeter						rund P.S.		rund	Schilling			
1400	350	350	800	340	300	4	0,5	4500	7650,00	35,00	240,00	28,00
500	450	400	950	350	270	4	0,6	5900	9500,00	38,00	264,00	30,00
660	600	450	1030	360	240	5	0,7	7300	12000,00	40,00	288,00	33,00
820	750	500	1200	400	210	6	0,8	9300	15000,00	42,00	336,00	35,00
975	900	550	1300	420	190	7	1,0	11500	17000,00	45,00	360,00	37,50
125	1050	600	1400	520	180	8	1,2	16000	22000,00	50,00	420,00	40,00

Kreissägen (Abb. 2)

Zum Schneiden von Brenn- und Scheitholz auf bestimmte Längen. Sowohl für Längs- als auch für Querschneiden geeignet. Bei ausgesprochenem Brettersäumen ist Saumwagen zu verwenden. Rahmen aus Holz oder Eisen. Welle in Kugellagern.

Abb. 2. Kreissäge

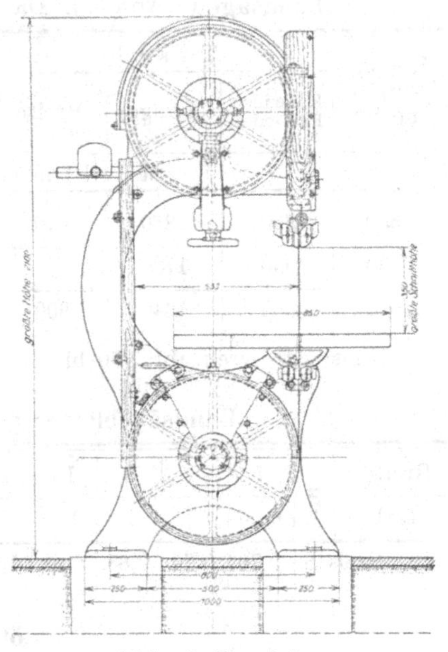

Abb. 3. Bandsäge

Tabelle über Kreissägen mit Kugellagern auf Eisenrahmen

Sägeblattdurchmesser bis	Fest- und Losscheibe			Kraftbedarf bis	Gewicht rund	Preis
	Durchmesser	Gesamtbreite	Drehzahl			
Millimeter			i. d. Minute	P.S.	kg	S
500	150	220	1800	3	400	750,00
700	170	260	1500	4	500	900,00
900	200	320	1000	6	750	1200,00

Im Preise inbegriffen sind: Schutzvorrichtung, Absteller, Lineal und Spaltkeil. Kreissägen auf Holzrahmen um rund 50% billiger.

Kreissägeblätter

			100	140	180	200	250	300	350	400	500	600	700	800	900	1000
Durchmesser		Millimeter	100	140	180	200	250	300	350	400	500	600	700	800	900	1000
Normale	Stärke	Millimeter	0,9			1,2		1,3	2,0		2,5	2,75	3,4	3,5	3,8	4,0
Minimale	Stärke	Millimeter	0,8			1,0		1,1	1,8		2,3	2,5	3,2	3,3	3,6	3,8
Lochweite		Millimeter	10	14	16	18	20	20	25		30		35		40	
Preis S			2,00	3,40	4,80	5,40	6,00	8,10	12,10	13,90	23,30	32,20	51,50	67,00	102,00	135,50

Schränken und Feilen *S 7,00* per 1 m Durchmesser. Bei Bestellung Zahnform angeben.

Bandsägen (Abb. 3). Dienen zum Zuschneiden von Brettern

Rollen-durch-messer	Tisch			Voll- u. Leerscheibe		Größte Höhe rund	Gewicht rund	Preis
	Höhe über Fußboden	Länge	Breite	Durch-messer	Breite			
Millimeter							kg	S
650	850	850	670	250	75	2100	430	1100
800	900	1100	750	300	80	2400	600	1350
1000	850	1340	900	300	100	2740	1100	2200

Günstigste Drehzahl: 650 bis 500 in der Minute.

Bandsägeblätter pro 1 m in beliebiger Länge

Breite	mm	4	6	8	10	12	15	20	25	30	35	40	45	50
Stärke		0,55	0,60					0,70		0,75		0,80		0,85
Preis	S	0,76	0,76	0,88	0,98	1,20	1,32	1,76	2,10	2,64	3,10	3,50	4,00	4,40

Lötvorrichtung

Für Bandsägeblätter, per 1 Stück rd. *S 150,00.*

Werkzeugmaschinen

(Laut Mitteilung von Schuchardt & Schütte, Wien)

Für Werkstätten, deren Anlage bei größeren Ingenieurbauten unerläßlich ist, kommen hauptsächlich folgende Maschinen in Betracht:

Drehbänke (Abb. 1)

Spitzenentfernung	mm	1000	1500	2000
Gesamtlänge		2180	2680	3180
Gewicht	kg	910	960	1010
Preis	S	4400,00	4700,00	4850,00

Die Spitzenhöhe aller drei Größen beträgt 190 mm.

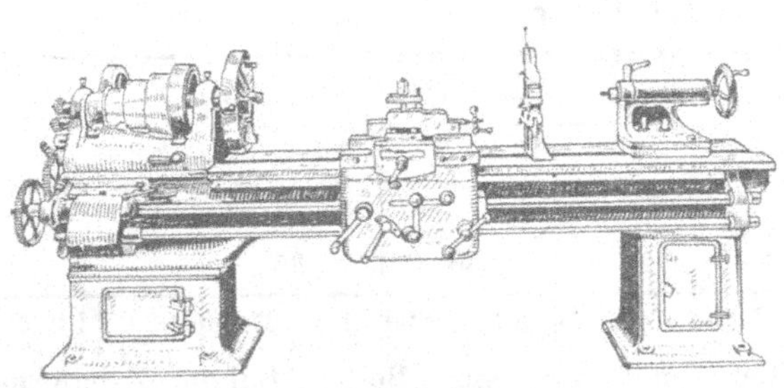

Abb. 1. Drehbank

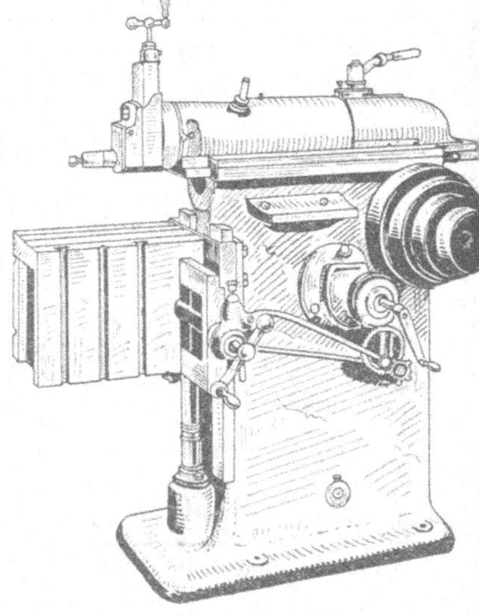

Abb. 2. Shaping-Metallhobelmasch

Shaping-Metallhobelmaschinen (Abb. 2)

Hub		mm	225	325	425	500	600	700
Hobel-	Länge		350	420	500	550	650	800
	Höhe		250	400	400	400	440	490
Drehzahl i. d. Minute			220	250	360	260	280	360
Gewicht		rund kg	350	600	800	1100	1530	2000
Preis		S	1800,00	2600,00	3000,00	3700,00	4800,00	5900,00

Säulenbohrmaschinen (Abb. 3)

Größter Bohrdurchmesser			mm	25	30	35	42	50
Ausladung				260	255	275	260	275
Ganze Höhe der Maschine				1880	1900	2050	2000	2050
Größte Entfernung zwischen	Tisch	und Bohrspindel		580	655	640	600	640
	Fußboden			1175	1115	1075	1050	1075
Bohrtiefe				150	200	210	175	210
Stufenscheiben	größter	Durchmesser		220	230	250	250	235
	kleinster			80	110	130	130	100
	Breite			50	60	62	60	62
Fest- und Losscheiben-		Durchmesser		220	235	235	234	235
		Breite		60	70	73	70	73
Tischdurchmesser				430	400	435	460	435
Spindelbohrung entspricht Morsekonus			Nr.	3	3	4	4	4
Gewicht			rund kg	265	350	500	530	560
Preis			S	1000,00	1200,00	1800,00	2100,00	2200,00

Elektrische Handbohrmaschinen (Abb. 4)

Stromart		Einphasen-Wechsel-	Gleich-	Dreh-	Gleich- und Wechsel-	Einphasen-Wechsel-	Gleich-	Dreh-	Gleich- und Wechsel-	Einphasen-Wechsel-	Gleich-	Dreh-	Gleich- und Wechsel-	Gleich-	Dreh- (50)
		Strom													
Für Löcher in Stahl von	mm	10	12			13	15			18	23			32	
Aufreiben bis		—	—			—	12			—	18			26	
Energieverbrauch rund	KW.	0,25	0,32			0,25	0,32			0,35	0,42			0,93	
Mittlere Drehzahl i. d. Minute		600	600			300	300			200	200			165	
Spindelbohrung entspricht Morsekonus	Nr.	1	1			1	1			2	2			3	
Gewicht	rund kg	8,5	8,5			9	9	9,5	9,5	10,5	10,5			25,5	
Preis	S	275,00	350,00				370,00				440,00			640,00	

Bügelschnellsägemaschine (Abb. 5)
schneidet Rund- und Quadrateisen bis 135 mm Stärke.
Maße s. Abb., Gewicht rund 200 kg, *Preis S 790,00.*

Werkzeugschleifmaschinen (Abb. 6)

Schleifscheiben			Voll- u. Leerscheiben		Größte		Fußplatte	Gewicht rund kg	Preis S
Durchmesser	Breite	Drehzahl rund i. d. Min.	Durchmesser	Breite	Höhe	Länge			
mm			mm						
300	38	1400	125	50	1219	600	500/380	110	350,00
350	50	1200	—	—	1150	535	650/430	260	900,00
500	64	900	—	—	1210	600	840/500	400	1200,00

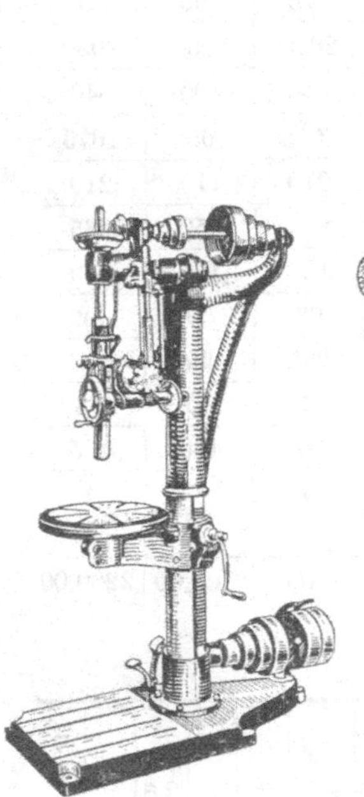

Abb. 3
Säulenbohrmaschine

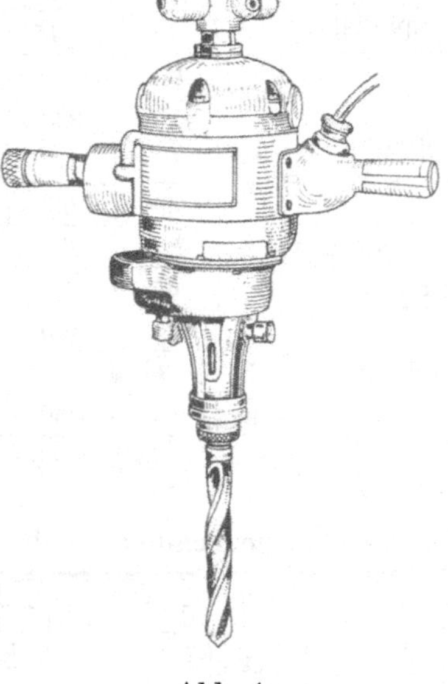

Abb. 4
Elektrische Handbohrmaschine

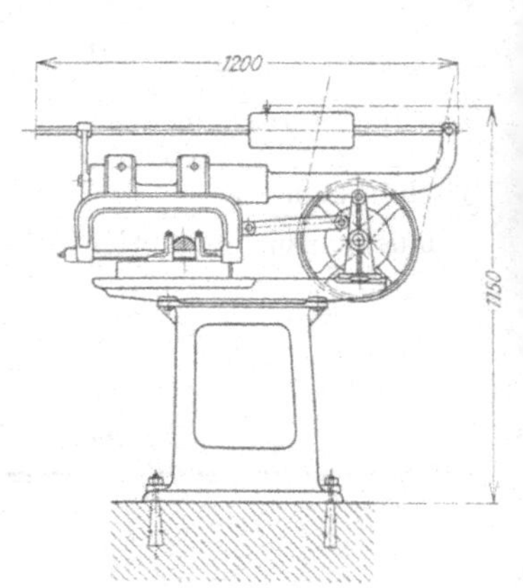

Abb. 5
Bügelschnellsäge

Handhebel-Lochstanzen (Abb. 7)

	6					8					10				
Größte Blechstärke mm	6					8					10				
Größter Lochdurchmesser mm	10					13					16				
Ausladung	100	200	500	750	1000	120	250	500	750	1000	160	300	500	750	1000
Gew. rd. kg	38	70	140	280	400	45	85	170	345	450	62	120	230	375	500
Preis S	154,00	263,00				215,00	355,00				295,00	510,00			

Handhebel-Blechscheren (Abb. 8)

Zum Schneiden von Blechen beliebiger Länge und Breite sowie von Stab- und Fassoneisen.

Die Schere schneidet	Flußeisenblech bis		mm	4	6	8	10
	Flacheisen			60×8	70×10	75×12	75×14
	bei einer Messerlänge von			140	150	160	160
	Ferner mit den gleichen Messern	Rund-Eisen		14	16	18	22
		Quadrat-Eisen		12	14	16	20
	Mit besonderen Messern	L-Eisen		30×3	35×4	40×4	45×5
		T-Eisen		30×3	35×4	35×4	40×5
Gewicht			kg	40	50	80	105
			Preis S	222,00	320,00	436,00	600,00

Abb. 6
Werkzeugschleifmaschine

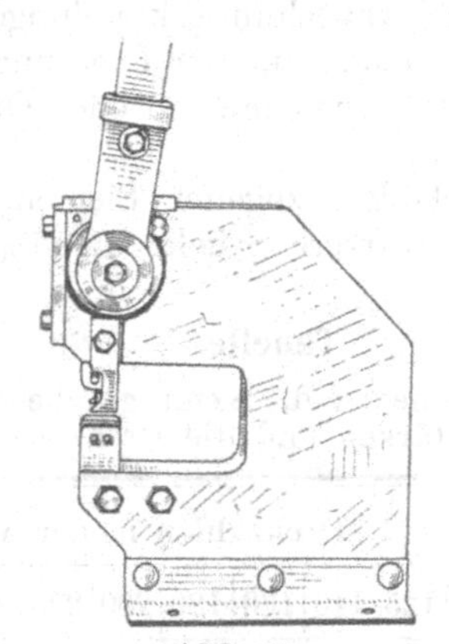

Abb. 7
Handhebel-Lochstanze

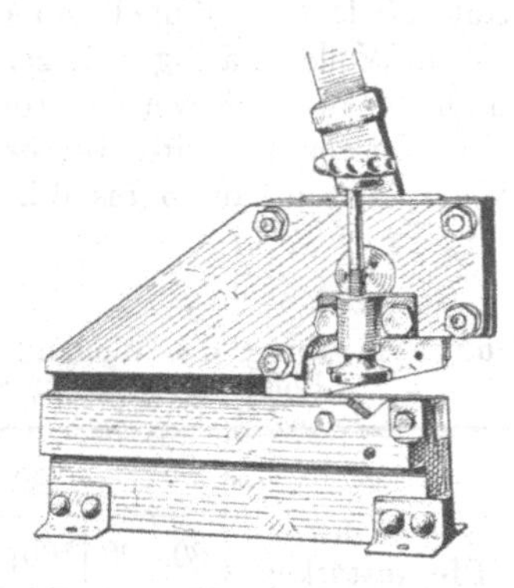

Abb. 8
Handhebel-Blechschere

Transmissionen

Allgemeines

Beim Entwurf von Fabriksbauten ist auf die richtige Anordnung der Transmissionsstränge besonderer Wert zu legen. Die Mauern und die Deckenkonstruktionen, an welche Transmissionen befestigt werden, sind entsprechend den abzugebenden Kräften genügend stark zu halten. Bei Eisenkonstruktionen müssen alle mit Transmissionen zusammenhängenden Teile besonders reichlich bemessen werden, um erhebliche Kraftverluste infolge von Schwingungen zu vermeiden. Beim Entwurf von Decken und Säulen ist schon auf die Art der Lagerbefestigung Rücksicht zu nehmen.

Bei Ausführungen in Eisenbeton muß schon vorher — falls nicht besondere Ankerschienen (siehe diesen Abschnitt) zur Verwendung gelangen — die gesamte Wellenleitung in allen Teilen genau festgelegt werden, weil nachherige Änderungen kostspielig, vielfach aber unmöglich sind. Auch ist darauf zu achten, daß alle Teile der Transmission wegen Schmierung und Wartung, Reparatur oder Ersatz leicht zugänglich sind.

Bei der Bestimmung der Wellenlängen ist zu berücksichtigen, daß Wellen bis 60 mm Durchmesser nicht über 6 m, solche von mehr als 60 mm Durchmesser nicht über 6,95 m lang sind. Wellen von mehr als 7 m Länge müssen besonders gewalzt werden, sind teurer, erschweren die Verfrachtung und können sich während des Transportes leichter verbiegen.

Bei langen Wellensträngen ist der Antrieb womöglich in die Mitte zu verlegen, um übermäßige Beanspruchungen auf Verdrehung zu vermeiden.

Bei größeren Längen ist es ökonomisch, den Durchmesser entsprechend dem Kraftbedarf gegen das Ende zu abzustufen.

Werden Wellen verschiedener Stärken mittels Schalenkupplungen zusammengesetzt, so empfiehlt es sich, das Ende der stärkeren Welle auf den Durchmesser der schwächeren abzusetzen. Zur Verhinderung der Seitenverschiebung sind in einem der Lager neben dem Antrieb „Bunde“ anzuordnen. Bei kleineren Kräften genügen zwei Stellringe. Um der Wärmeausdehnung der Wellen Rechnung zu tragen, sind bei langen Strängen Ausdehnungskupplungen vorzusehen und beiderseits zu lagern. Kugellager eignen sich nur zur Lagerung kurzer Wellen, besonders wenn Wellen häufig still gesetzt werden müssen oder Gleitlager mit Ölschmierung nicht verwendet werden können.

Verwendet wird bester, blank gezogener Siemens-Martinsstahl, vorrätig in Werkslängen von 6 bis 6,2 m. Kürzere Stücke um 5% teurer.

Tabelle

zur Ermittlung der Wellendurchmesser d, wenn gegeben sind die zu übertragende Leistung N in Pferdestärken und die Drehzahl n in der Minute

N in Pferdestärken	Drehzahl n in der Minute																
	80	90	100	112	125	140	160	180	200	225	250	280	320	360	400	450	500
	Wellendurchmesser d in mm																
1	40	40	40	40	35	35	35	35	35	30	30	30	30	30	30	30	25
2	45	45	45	45	45	40	40	40	40	40	35	35	35	35	35	30	30
3	50	50	50	50	45	45	45	40	40	40	40	40	35	35	35	35	35
4	55	55	55	50	50	50	45	45	45	40	40	40	40	40	35	35	35
5	60	60	55	55	55	50	50	50	50	45	45	45	40	40	40	40	35
6	60	60	60	55	55	55	50	50	50	50	45	45	45	40	40	40	40
8	70	60	60	60	60	55	55	55	50	50	50	50	45	45	45	40	40
10	70	70	70	60	60	60	60	55	55	55	50	50	50	45	45	45	45
12	70	70	70	70	60	60	60	60	55	55	55	50	50	50	45	45	45
14	70	70	70	70	70	60	60	60	60	55	55	55	50	50	50	50	45
16	80	70	70	70	70	70	60	60	60	60	55	55	55	50	50	50	50
18	80	80	70	70	70	70	70	60	60	60	60	55	55	55	50	50	50
20	80	80	80	70	70	70	70	70	60	60	60	60	55	55	55	50	50
25	90	80	80	80	80	70	70	70	70	70	60	60	60	55	55	55	55

Der Berechnung liegt die Gleichung zugrunde: $d = 120\sqrt[4]{\frac{N}{n}}$. In die Tabelle wurden nur die genormten Wellenstärken und Drehzahlen aufgenommen (ÖNIG).

Vorteilhafte Lagerentfernungen

Wellendurchmesser mm	25—45	50—60	70
Lagerentfernung mm	1,5—1,75	1,8—2,0	2,0—2,4

Die größeren Entfernungen gelten, wenn die Kraftabgabe in der Nähe der Lager erfolgt. Sonst sind die kleineren Entfernungen einzuhalten.

Wellen

Durchmesser *d* mm	Per Lfm. Gewicht in kg	Per Lfm. Preis S	Preis Mehrpreis in S für das Absetzen des Durchmessers d um 5 mm auf eine Länge von 250 mm	weitere 5 mm auf eine Länge von 250 mm	weitere 5 mm und eine Länge von 100 mm
25	3,80	6,00	1,25	0,75	0,50
30	5,50	7,00	1,25	0,75	0,50
35	7,50	8,40	1,30	0,80	0,50
40	9,80	9,80	1,30	0,80	0,50
45	12,40	11,65	1,40	0,85	0,55
50	15,30	13,30	1,40	0,85	0,55
55	18,50	15,20	1,50	0,90	0,60
60	22,00	17,20	1,50	0,90	0,60
65	25,90	19,60	1,60	1,00	0,65
70	30,00	21,90	1,60	1,00	0,65

Längen unter 2 m und über 6 m sind um 10% teurer.

Stellringe (Abb. 1 und 2[1])

Wellendurchmesser *d* mm	*D* mm	*b* mm	Gewicht kg	Preis S
25—30	65	25	0,50	1,26
35—40	75	25	0,65	1,33
45—50	85 (110)	25 (45)	0,80 (1,00)	1,89 (5,48)
55—60	100 (120)	30 (45)	1,00 (1,30)	2,43 (6,80)
70	115 (130)	30 (45)	(1,80) 1,40	2,70 (7,65)

Die eingeklammerten Zahlen beziehen sich auf geteilte Stellringe.

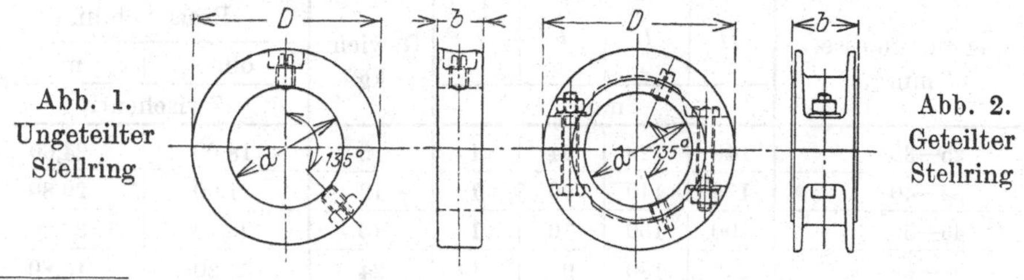

Abb. 1. Ungeteilter Stellring

Abb. 2. Geteilter Stellring

[1]) Die Abbildungen für Transmissionsteile entsprechen den Ausführungen der Firma J. Weipert u. Söhne, Stockerau.

Kupplungen

Schalenkupplung (Abb. 3)

Wellendurchmesser d mm	D mm	L mm	Gew. kg	Preis S ohne Blechmantel	Preis S mit Blechmantel
25—30	100	120	4	10,15	14,95
35—40	125	150	7	12,23	17,90
45—50	140	190	11	16,60	24,05
55—60	160	220	17	22,10	33,55
70	180	250	24	26,00	36,10

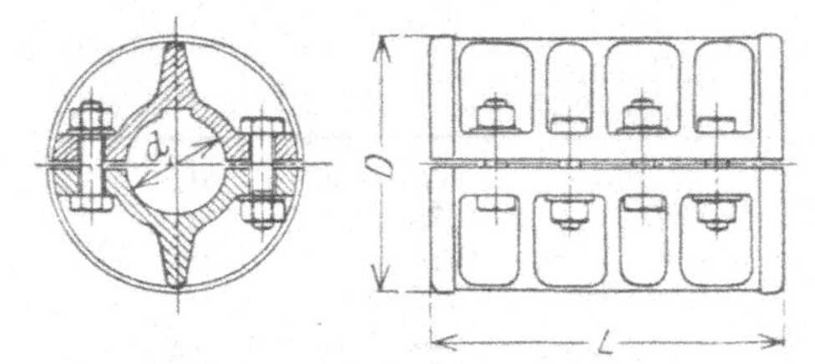

Abb. 3. Schalenkupplung

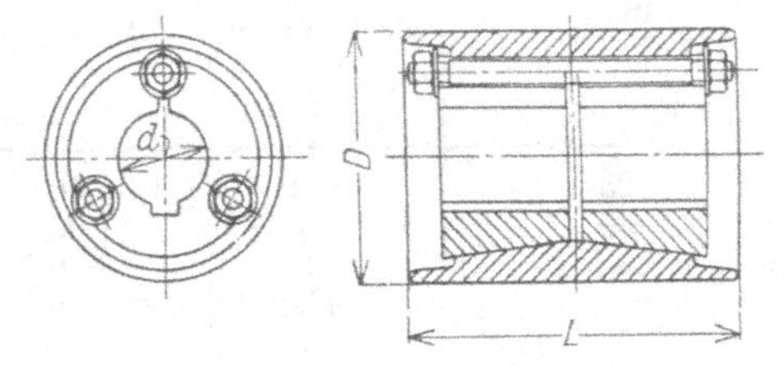

Abb. 4. Sellerskupplung

Sellerskupplung (Abb. 4)

Geeignet zur Verbindung verschieden starker Wellen

Wellendurchmesser d mm	D mm	L mm	Gewicht kg	Preis S
35—40	110	160	10	0,64
45—50	130	190	15	0,76
55—60	150	220	22	0,88
70	180	250	35	1,08

Scheibenkupplung (Abb. 5)

Verwendbar bis zu den schwersten Trieben. Mit Zwischenring dann zu verwenden, wenn ein Teil des Stranges abgekuppelt werden soll, was durch Entfernung der Schrauben und des Ringes erfolgt.

Wellendurchmesser d mm	D mm	L mm	b mm	a mm	Gewicht kg	Preis Schilling ohne Zwischenring	Preis Schilling mit Zwischenring
25—30	140	120	54	1	6	18,00	24,60
35—40	175	140	70	1	12	21,00	29,80
45—50	190	160	70	1	16	26,40	37,20
55—60	230	180	90	1	24	34,20	46,80
70	250	200	90	1	30	42,60	57,60

Ausdehnungskupplung[1]) (Abb. 6)

Wellendurchmesser d mm	D	L	b	a	a_1	c	Gewicht kg	Preis S
	mm							
45—50	240	182	108	80	90	12	25	82,50
55—60	270	204	126	90	100	14	35	108,75
70	300	224	138	100	110	14	46	131,25

[1]) Wird in lange Stränge eingebaut, um Längenänderungen zufolge Temperaturschwankungen auszugleichen.

Lederbolzenkupplung (Abb. 7)

Wellendurchmesser d mm	D	a	b_1	b_2	L	Bolzenzahl	Gewicht kg	Preis S
	mm							
25—30	150	5	32	32	125	3	7	56,25
35—40	175	5	36	36	145	4	13	78,75
45—50	200	6	40	40	166	4	18	97,50
55—60	240	6	45	45	186	4	27	131,25
70	270	8	52	52	208	6	35	172,50

Elastisch und isolierend. Geeignet zur Verbindung von Elektromotor mit Transmission. Wird auch so gebaut, daß die Kupplung auch bei Betriebstillstand aus- und einrückbar ist.

Lederbandkupplung (Abb. 8)

Wellendurchmesser d mm	D	L	a	b	Gewicht kg	Preis S
	mm					
25—30	160	116	16	50	13	75,00
35—40	200	158	18	70	17	90,00
45—50	300	200	20	90	27	123,00
55—60	400	240	20	110	55	189,00
70	500	300	20	140	90	267,00

Lager

1. Langes Gleitlager (Abb. 9)

Wellendurchmesser d mm	L	h	a	b	i	s engl. Zoll	Schraubenzahl	Gewicht kg	Preis in S mit Gußlauffläche	Preis in S mit Weißmetallausguß	Mehrpreis für Ölstandsanzeiger S
	mm										
25—30	130	65	200	55	150	$^1/_2$	2	4	12,00	16,80	1,68
35—40	160	75	220	65	170	$^1/_2$	2	7	13,80	19,80	1,68
45—50	200	90	260	75	200	$^5/_8$	2	9	18,00	25,80	1,68
55—60	240	100	290	85	230	$^5/_8$	2	14	24,05	36,40	2,14
70	280	110	330	95	260	$^3/_4$	2	20	33,55	44,85	2,14

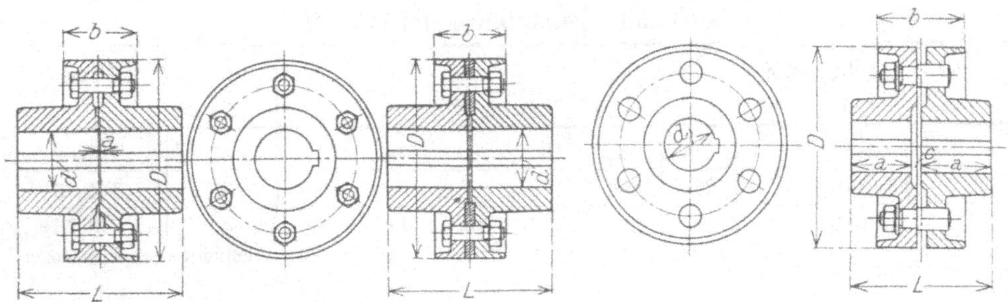

Abb. 5. Scheibenkupplung

Abb. 6. Ausdehnungskupplung

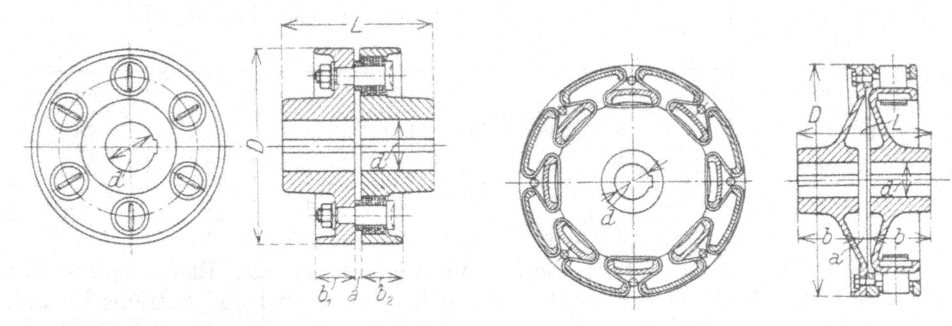

Abb. 7. Lederbolzenkupplung

Abb. 8. Lederbandkupplung

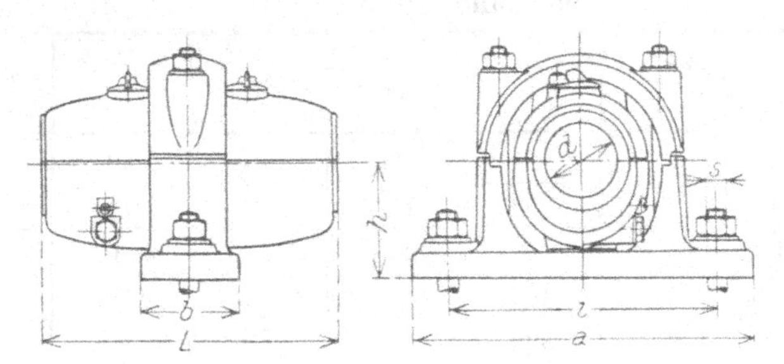

Abb. 9. Langes Gleitlager

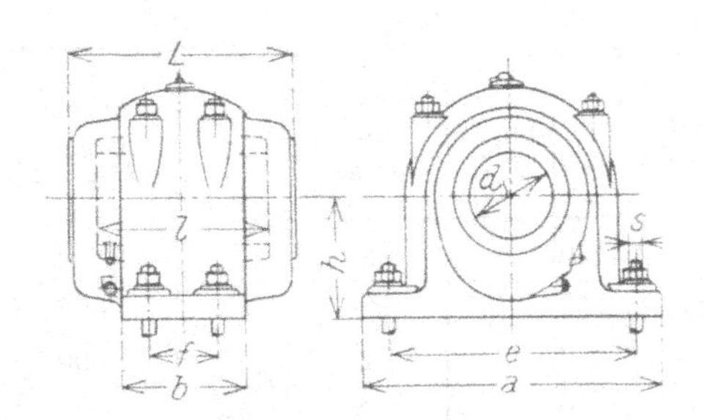

Abb. 10. Kurzes Gleitlager

2. Kurzes Gleitlager (Abb. 10)

Weißmetallager mit kugeliger Lagersitzfläche für Hauptantriebe und schwerbelastete Transmissionen

ÖNORM M 6301, DINORM 118

Wellen-durchmesser *d* mm	*l*	*L*	*h*	*a*	*b*	*e*	*f*	*s* engl. Zoll	Gewicht kg	Preis S	Mehrpreis für Ölstandsanzeiger S
	mm										
25—30	75	110	65	200	55	150	—	$^1/_2$	5	35,70	2,38
35—40	100	140	75	220	65	170	—	$^1/_2$	7	45,05	2,38
45—50	120	170	90	260	75	200	—	$^5/_8$	11	56,95	2,38
55—60	140	200	100	290	85	230	—	$^5/_8$	14	67,15	2,80
70	160	230	110	330	95	290	—	$^3/_4$	22	79,90	2,80

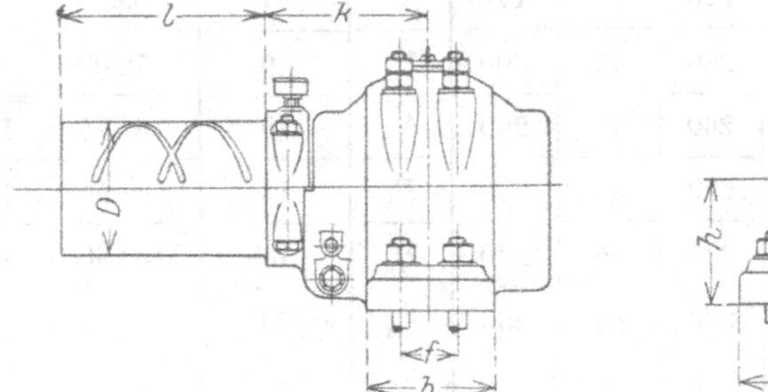

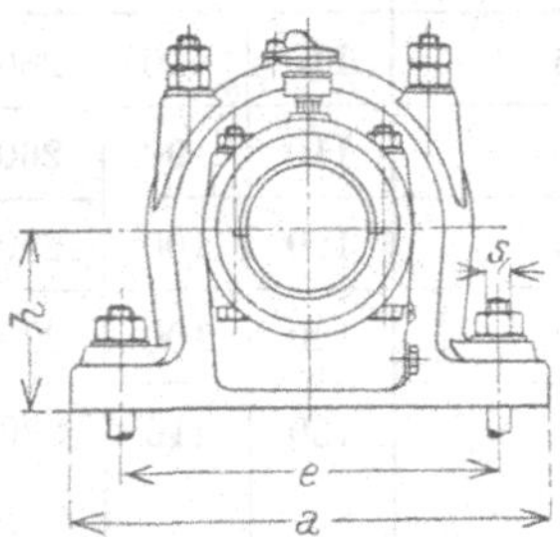

Abb. 11. Kurzes Gleitlager mit angegossenem Leerscheibenträger

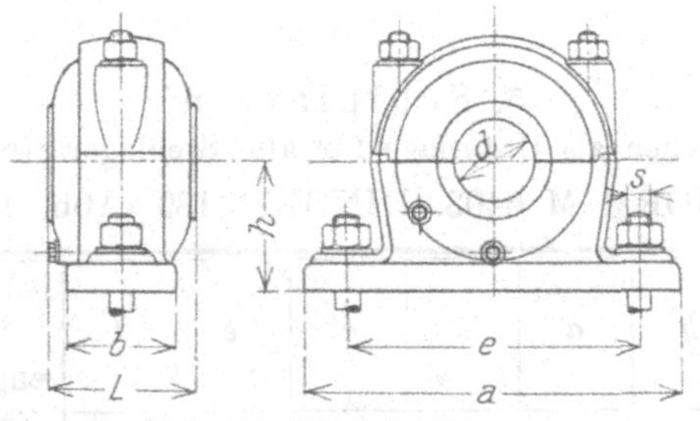

Abb. 12. Kugelstehlager

3. Kurzes Gleitlager mit angegossenem Leerscheibenträger

zum Tragen der Leerscheibe bei ausrückbaren Riementrieben (Abb. 11)

Wellen-durchmesser *d* mm	*h*	*K*	*D*	*l*	*a*	*b*	*e*	*f*	*s* engl. Zoll	Gewicht kg	Preis S	Mehrpreis für Ölstandsanzeiger S
	mm											
50—55	90	120	90	125	260	85	190	—	$^5/_8$	15	90,30	2,31
60—65	105	130	105	140	300	100	220	—	$^3/_4$	20	101,50	2,31
70	120	155	120	165	340	110	250	—	$^7/_8$	33	124,60	2,31

4. Kugelstehlager (Abb. 12)

ÖNORM M 6301, DINORM 118

Wellendurchmesser d mm	L	h	a	b	e	s engl. Zoll	Gewicht kg	Preis S leichte Belastung	Preis S mittlere Belastung
	mm								
25	85	65	200	55	150	1/2	5	54,25	57,75
30	85	65	200	55	150	1/2	5	55,50	62,25
35	100	75	220	65	170	1/2	7	66,25	74,25
40	100	75	220	65	170	1/2	7	69,75	81,00
45	110	90	260	75	200	5/8	9	78,00	93,25
50	110	90	260	75	200	5/8	9	84,75	102,00
55	120	100	290	85	230	5/8	14	97,50	120,00
60	120	100	290	85	230	5/8	14	103,50	130,50
70	130	110	330	95	260	3/4	20	131,25	183,75

In dieses Lager können Kugellager jeder Herkunft eingebaut werden.

5. Sohlplatten

dienen als Unterlage für alle Stehlagerarten

ÖNORM M 6403, DINORM 189 (Abb. 13)

Wellendurchmesser d mm	H	h	a	b	c	e	f	s engl. Zoll	Gewicht kg	Preis S
	mm									
25—30	100	65	330	65	35	260	—	5/8	2	3,50
35—40	115	75	360	75	40	290	—	5/8	3	4,75
45—50	135	90	410	85	45	330	—	3/4	5	6,00
55—60	150	100	450	95	50	360	—	3/4	7	9,00
70	165	110	510	110	55	410	—	7/8	9	12,00

6. Mauerkasten (Abb. 14)

nach ÖNORM M 6404, DINORM 193

Für alle Lagerarten zu verwenden

Wellen-durchmesser d mm	H	h	a	b	c	e	f	g	Gewicht kg	Preis S
	mm									
25—30	100	65	330	65	35	220	300	265	5	9,00
35—40	115	75	360	75	40	240	350	290	8	12,00
45—50	135	90	410	85	45	280	400	335	12	15,00
55—60	150	100	450	95	50	310	450	375	15	21,45
70	165	110	510	110	55	350	500	425	18	26,00

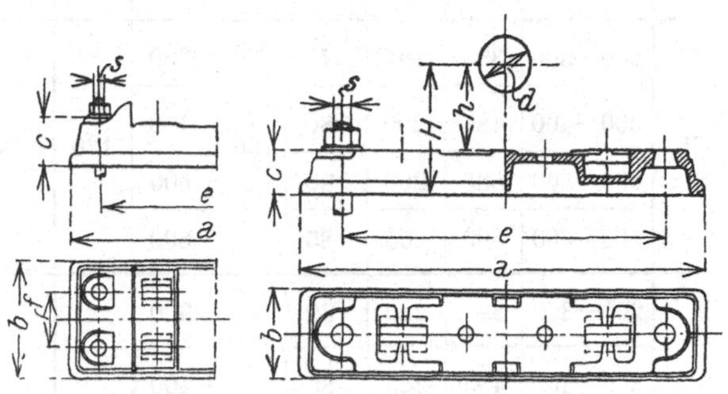

Abb. 13. Sohlplatte

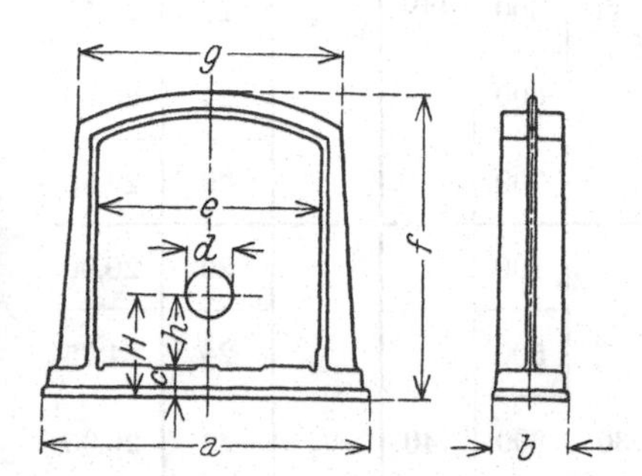

Abb. 14. Mauerkasten

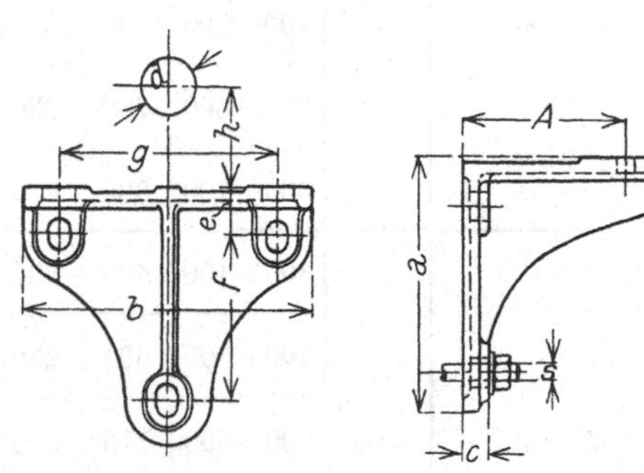

Abb. 15. Winkelarm

7. Winkelarm (Abb. 15)

nach ÖNORM 6402, DINORM 187

Wellen-durchmesser d mm	A	h	a	b	c	e	f	g	s engl. Zoll	Gewicht kg	Preis S
	mm										
25—30	110	65	190	210	25	45	110	150	$^5/_8$	3	7,87
35—40	130	75	210	230	25	45	130	170	$^5/_8$	7	9,00
45—50	150	90	240	270	30	50	150	200	$^3/_4$	11	12,00
55—60	170	100	260	300	30	50	170	230	$^3/_4$	14	15,75
70	190	110	295	340	35	55	190	260	$^7/_8$	18	20,25

Wandarm (Abb. 16)
ÖNORM M 6401, DINORM 117

Wellendurchmesser d mm	h mm	A mm	a mm	b mm	b_1 mm	c mm	e mm	f mm	s engl. Zoll	Gewicht kg	Preis S
25—30	65	200—300	375	190	70	25	300	120	5/8	5	11,00
		300—400	475	190	70		400			7	11,70
35—40	75	200—300	380	195	75	25	300	120	5/8	8	12,80
		300—400	485	200	80		400			10	13,50
		400—500	585	200	80		500			14	16,45
		500—600	690	205	85		600			17	17,35
45—50	90	200—300	390	220	80	30	300	140	3/4	12	17,60
		300—400	495	225	85		400			16	18,95
		400—500	595	225	85		500			20	22,55
		500—600	700	230	90		600			24	23,65
		600—700	800	230	90		700			29	26,95
55—60	100	300—400	500	230	90	30	400	140	3/4	20	20,90
		400—500	600	230	90		500			24	24,75
		500—600	710	240	100		600			29	26,95
		600—700	810	240	100		700			36	30,25
		700—800	910	240	100		800			44	34,10
70	110	300—400	510	260	100	35	400	160	7/8	23	25,30
		400—500	610	260	100		500			30	27,50
		500—600	720	270	110		600			38	31,35
		600—700	820	270	110		700			44	33,55
		700—800	920	270	110		800			53	37,95

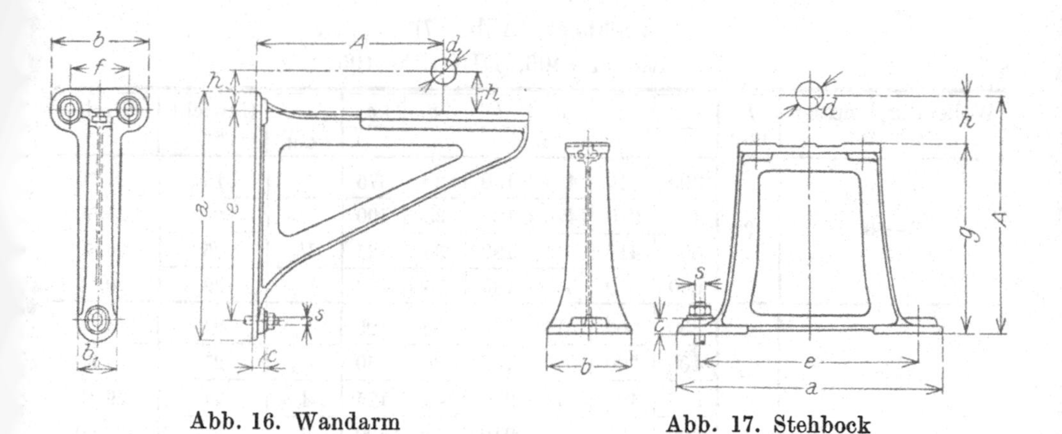

Abb. 16. Wandarm

Abb. 17. Stehbock

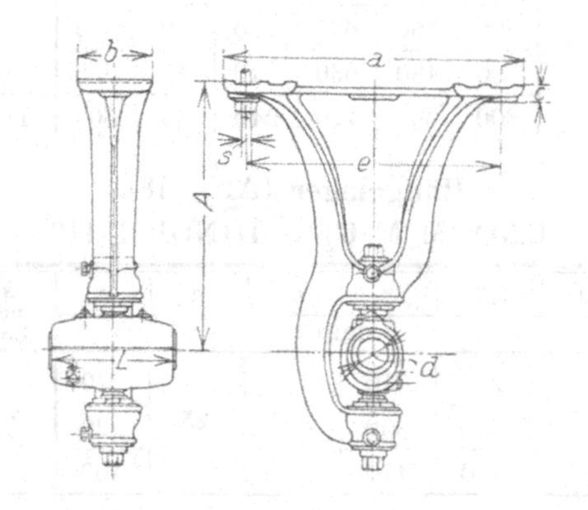

Abb. 18. Hängelager

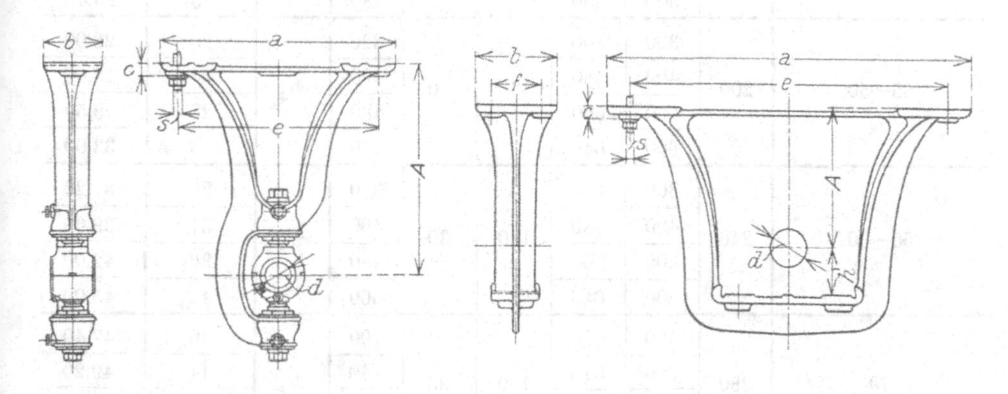

Abb. 19. Hängelager mit eingebauten Kugellagerschalen

Abb. 20. Hängebock.

Stehbock (Abb. 17)
ÖNORM M 6406, DINORM 195

Wellendurchmesser *d* mm	*h* mm	*A*	*g*	*a*	*b*	*c*	*e*	*s* engl. Zoll	Gewicht kg	Preis S
		mm								
45—50	90	300	210	455	150	30	375	$^3/_4$	18	21,70
		400	310	490	180	35	400	$^7/_8$	21	24,50
		500	410	515	180	35	425	$^7/_8$	25	26,60
		600	510	540	180	35	450	$^7/_8$	29	29,40
55—60	100	300	200	515	180	35	425	$^7/_8$	24	24,50
		400	300	540	180	35	450	$^7/_8$	27	27,30
		500	400	575	210	40	475	1	31	29,40
		600	500	600	210	40	500	1	35	32,20
70	110	400	290	600	210	40	500	1	28	30,80
		500	390	625	210	40	525	1	31	32,90
		600	490	660	240	45	550	$1^1/_8$	35	36,40
		800	690	710	240	45	600	$1^1/_8$	40	41,30

Hängelager (Abb. 18)
ÖNORM M 6302, DINORM 119

Wellendurchmesser *d* mm	*L*	*A*	*a*	*b*	*c*	*e*	*s* engl. Zoll	Gewicht kg	Preis S
	mm								
25—30	130	200	310	110	25	240	$^5/_8$	10	17,10
		300	390			320		11	18,00
		400	470			400		13	19,35
35—40	160	300	390	120	25	320	$^5/_8$	18	20,25
		400	470			400		20	22,05
		500	550			480		23	23,40
45—50	200	300	400	130	30	320	$^3/_4$	20	26,00
		400	480			400		24	28,00
		500	560			480		28	29,50
		600	640			560		33	33,00
55—60	240	300	400	140	30	320	$^3/_4$	25	37,20
		400	480			400		31	39,60
		500	560			480		36	42,00
		600	640			560		42	45,00
70	280	400	490	160	35	400	$^7/_8$	40	47,40
		500	570			480		44	49,20
		600	650			560		49	52,50
		700	730			640		55	59,40

Hängelager mit eingebauten Kugellagerschalen (Abb. 19)

Wellen-durch-messer *d* mm	*A* mm	Ge-wicht kg	Preis S für leichte Belastung	Preis S für mittlere Belastung	Wellen-durch-messer *d* mm	*A* mm	Ge-wicht kg	Preis S für leichte Belastung	Preis S für mittlere Belastung
25	200	10	58,80	63,70	50	300	20	90,30	107,80
	300	11	60,20	65,10		400	23	93,80	110,60
	400	13	62,30	67,20		500	27	95,20	112,70
30	200	10	61,60	68,60		600	32	100,10	116,90
	300	11	63,00	70,00	55	300	24	114,75	134,25
	400	13	65,10	72,10		400	30	119,25	138,00
35	300	18	72,80	81,90		500	35	120,75	139,50
	400	20	75,60	84,00		600	41	124,50	144,00
	500	23	77,70	86,10	60	300	24	117,75	152,25
40	300	18	77,00	88,20		400	30	121,50	156,75
	400	20	79,10	90,30		500	35	123,00	158,25
	500	23	81,20	92,40		600	41	127,50	162,75
45	300	20	84,00	95,30	70	400	38	156,75	213,75
	400	23	87,50	100,80		500	42	159,00	215,25
	500	27	89,60	102,20		600	47	163,50	219,75
	600	32	93,80	109,10		700	53	170,25	226,50

Hängebock (Abb. 20)
ÖNORM M 6405, DINORM 194

Wellen-durchmesser *d* mm	*h* mm	*A* mm	*a* mm	*b* mm	*c* mm	*e* mm	*f* mm	*s* engl. Zoll	Gewicht kg	Preis S
45—50	90	300	700	200	30	600	120	$^3/_4$	25	29,25
		400	800			700			33	34,50
		500	900			800			42	38,25
		600	1000			900			50	45,00
55—60	100	400	900	230	30	800	140	$^3/_4$	45	40,50
		500	1000			900			53	44,25
		600	1100			1000			58	48,75
		700	1200			1100			66	54,75
70	110	400	910	260	35	800	160	$^7/_8$	52	48,75
		500	1010			900			58	52,50
		600	1110			1000			68	57,00
		700	1210			1100			77	63,00

Gußeiserne

von 100 mm bis 2000 mm Durch

Scheiben-durchmesser in mm	Breite in mm															
	75		100		125		150		175		200		225		250	
	kg	Preis	kg	Preis	kg	Preis	kg	Preis	kg	Preis	kg	Preis	kg	Preis	kg	Preis
100	4,00	7,8	5,00	9,8	6,00	10,9	7,00	11,9	8,00	13,0	9,00	14,0	10,00	15,4	11,00	16,8
	4,50	15,1	5,50	16,1	6,50	17,5	7,50	18,9	8,50	27,0	9,50	22,4	11,00	23,8	12,00	25,9
200	6,50	12,6	7,50	14,0	8,50	15,4	10,00	16,8	11,50	18,9	13,00	21,0	14,50	23,1	16,00	25,2
	7,50	21,7	8,50	23,1	9,50	24,9	11,00	26,6	13,00	28,7	14,50	30,8	16,00	33,6	18,00	36,4
300			11,00	21,0	12,50	22,8	15,00	25,9	18,00	28,7	20,00	31,5	22,00	32,9	24,00	35,0
			12,00	32,0	13,50	34,3	18,00	36,4	20,00	38,5	22,00	40,6	25,00	44,1	28,00	46,9
400			15,00	27,3	17,50	29,4	21,00	34,3	24,00	37,1	27,00	39,9	31,00	41,3	33,00	43,4
			17,00	40,6	19,00	43,4	24,00	45,4	26,50	48,4	30,00	51,8	34,00	55,3	37,00	58,8
500			20,00	34,3	24,00	37,8	27,50	41,3	31,50	44,1	35,50	46,9	39,00	49,0	43,00	52,5
			22,00	50,4	27,00	53,9	30,00	56,7	34,00	59,5	39,00	61,6	44,00	65,1	47,00	68,6
600			23,00	41,3	28,00	44,8	34,00	49,2	40,00	51,1	43,00	53,9	48,00	58,1	53,00	63,0
			26,00	60,9	31,00	65,1	36,00	66,5	43,00	70,0	48,00	72,1	54,00	75,6	59,00	79,1
700			32,00	49,0	38,00	53,2	44,00	57,4	50,00	61,6	56,00	65,8	62,00	70,0	69,00	75,6
			36,00	72,1	42,00	74,9	49,00	77,0	56,00	80,5	63,00	82,6	70,00	86,1	77,00	89,6
800			43,00	59,5	49,00	64,4	57,00	70,0	64,00	72,8	71,00	78,4	78,00	81,9	87,00	86,8
			47,00	84,7	56,00	87.5	64,00	90,3	72,00	93,1	82,00	95,9	90,00	98,7	98,00	102,2
900			55,00	70,0	62,00	74,9	72,00	79,1	82,00	85,4	91,00	91,7	100,00	97,3	109,00	102,2
			60,00	98,7	71,00	101,5	82,00	104,3	92,00	107,1	102,00	109,9	115,00	112,7	126,00	116,2
1000					72,00	86,1	85,00	92,4	96,00	99,4	108,00	106,4	120,00	113,4	132,00	120,4
					82,00	114,8	95,00	119,0	108,00	123,2	122,00	127,4	135,00	133,0	149,00	138,6
1100					82,00	97,3	97,00	105,7	112,00	114,1	125,00	123,2	140,00	132,3	156,00	141,4
					93,00	129,5	109,00	135,8	124,00	142,1	142,00	149,1	159,00	156,8	174,00	164,5
1200					93,00	109,2	110,00	119,7	128,00	130,2	145,00	140,7	162,00	151,2	180,00	162,4
					106,00	143,5	125,00	152,6	143,00	161,7	162,00	171,5	183,00	181,3	202,00	201,8
1300					105,00	123,2	125,00	135,8	145,00	148,4	165,00	161,0	185,00	173,6	205,00	186,9
					117,00	157,5	141,00	169,4	163,00	182,0	185,00	194,6	208,00	207,2	230,00	219,8
1400					116,00	137,2	137,00	151,9	161,00	166,6	184,00	191,3	205,00	193,2	229,00	209,3
					131,00	171,5	155,00	186,2	179,00	201,6	205,00	217,0	228,00	229,6	254,00	245,0
1500					128,00	151,2	149,00	168,0	177,00	184,8	204,00	201,6	225,00	212,8	253,00	231,7
					145,00	185,5	171,00	203,0	195,00	221,2	225,00	239,4	251,00	254,1	278,00	270,2
1600							161,00	184,8	192,00	204,4	220,00	221,2	248,00	236,6	277,00	254,1
							183,00	222,6	211,00	240,8	245,00	261,8	275,00	279,3	304,00	296,8
1700							174,00	202,3	208,00	224,0	240,00	242,2	271,00	261,8	302,00	277,9
							196,00	242,9	227,00	262,5	265,00	284,2	299,00	304,5	333,00	325,5
1800							190,00	221,0	224,00	243,6	260,00	264,6	295,00	287,0	330,00	306,0
							212,00	265,3	246,00	287,0	285,00	306,6	324,00	329,7	365,00	356,3
1900							234,00	255,0	270,00	276,0	306,00	297,0	342,00	318,0	379,00	350,0
							287,00	304,0	318,00	328,0	349,00	352,0	380,00	375,0	412,00	400,0
2000									296,00	297,0	334,00	319,0	372,00	342,0	411,00	365,0
									344,00	349,0	377,00	374,0	410,00	399,0	444,00	425,0

Die oberen Zahlen gelten für ungeteilte,

Riemenscheiben

messer (Preise in Schilling)

Scheiben-durch-messer in mm	Breite in mm															
	275		300		350		400		450		500		550		600	
	kg	Preis	kg	Preis	kg	Preis	kg	Preis	kg	Preis	kg	Preis	kg	Preis	kg	Preis
100																
200	18,00	27,3	20,00	29,4												
	20,00	39,2	22,00	42,0												
300	28,00	37,1	30,50	39,2	36,00	43,4	42,00	48,3								
	31,00	49,7	34,00	53,2	40,00	59,5	47,00	65,8								
400	37,00	45,5	42,00	49,7	47,00	55,3	53,00	60,9								
	42,00	62,3	46,00	65,8	52,00	72,1	59,00	78,4								
500	47,00	56,7	52,00	60,2	59,00	66,5	68,00	73,5								
	52,00	72,1	56,50	75,6	65,00	84,0	74,00	91,7								
600	58,00	67,2	63,00	71,4	74,00	80,5	84,00	86,8								
	64,00	82,6	71,00	86,1	81,00	95,2	93,00	105,0								
700	76,00	80,5	83,00	85,4	96,00	95,9	109,00	105,7								
	84,00	93,1	91,00	96,6	105,00	106,4	119,00	116,2								
800	96,00	93,1	104,00	99,4	122,00	110,6	135,00	122,5								
	117,00	106,4	117,00	110,6	134,00	123,9	153,00	138,2								
900	119,00	108,5	129,00	114,8	148,00	127,4	167,00	140,0								
	135,00	121,1	146,00	126,7	168,00	142,8	190,00	158,9								
1000	144,00	127,4	155,00	134,4	178,00	149,1	201,00	163,8	248,00	252,0	272,00	264,6				
	158,00	144,2	175,00	149,8	203,00	175,0	232,00	191,1	292,00	302,4	320,00	331,8				
1100	168,00	150,5	183,00	159,6	212,00	178,5	240,00	197,4	296,00	285,6	324,00	303,8				
	188,00	172,2	207,00	180,6	240,00	211,1	276,00	230,3	344,00	336,0	380,00	371,0				
1200	196,00	173,6	213,00	174,8	248,00	207,9	280,00	231,0	344,00	319,2	374,00	343,0				
	220,00	202,3	239,00	212,8	280,00	247,8	320,00	270,5	396,00	369,6	440,00	410,2				
1300	225,00	200,2	244,00	212,8	283,00	238,7	324,00	264,6	404,00	354,2	445,00	382,2				
	253,00	233,1	274,00	246,4	318,00	282,8	363,00	308,0	460,00	406,0	508,00	449,4				
1400	251,00	225,4	272,00	238,0	319,00	268,7	364,00	295,4	460,00	393,4	505,00	421,4				
	281,00	265,3	302,00	274,4	358,00	316,4	407,00	344,4	520,00	448,0	572,00	488,6				
1500	279,00	252,0	304,00	266.0	355,00	294,7	406,00	327,6	516,00	432,6	565,00	460,8				
	309,00	296,1	334,00	305,2	398,00	350,0	453,00	382,2	580,00	490,0	636,00	527,8				
1600	306,00	275,8	336,00	294,0	391,00	322,7	450,00	361,2	572,00	471,8	625,00	500,0				
	337,00	322,7	366,00	336,0	438,00	383,6	501,00	421,4	640,00	532,0	700,00	567,0				
1700	335,00	300,0	368,00	322,0	430,00	352,8	494,00	394,8	628,00	511,0	685,00	539,0	752,00	581,0		
	368,00	350,0	398,00	366,8	481,00	420,0	549,00	460,6	700,00	574,0	764,00	606,2	832,00	637,0		
1800	365,00	327,6	400,00	350,0	470,00	383,6	538,00	428,4	684,00	550,0	745,00	578,0	820,00	625,0		
	400,00	377,3	430,00	397,6	525,00	448,7	597,00	500,0	760,00	616,0	828,00	645,0	904,00	688,0		
1900	418,00	363,0	457.00	387,0	527,00	433,0	605,00	482,0	779,00	614,0	860,00	661,0	941,00	709,0		
	449,00	423,0	487,00	448,0	590,00	513,0	675,00	562,0	872,00	693,0	958,00	738,0	1044,00	784,0		
2000	452,00	389,0	493,00	415,0	566,00	464,0	648,00	519,0	834,00	653,0	920,00	705,0	1006,00	754,0	1092,00	809,0
	483,00	450,0	523,00	476,0	630,00	550,0	720,00	600,0	928,00	735,0	1022,00	786,0	1116,00	837,0	1215,00	889,0

die unteren für geteilte Scheiben.

Tabelle der normalen Bohrungen für Scheiben

Scheibendurchmesser mm	100—150	160—225	235—440	450—680	700—925	950—1275	1300—1625	1650—1975	2000
Bohrung mm	40	50	60	70	80	100	125	150	180

Schmiedeeiserne Riemenscheiben

Gußeiserne Nabe, Rundeisenarme und Blechkranz. Geeignet für normale Belastung und Umfangsgeschwindigkeiten von höchstens 20 m/sek. Werden in allen Durchmessern von 250 mm aufwärts geliefert. Geteilte und ungeteilte Ausführung zum gleichen Preise. (Preise in Schilling.)

Durchmesser in mm	Scheibenbreite in mm																					
	100		120		140		160		180		200		220		240		260		280		300	
	kg	Preis	kg	Preis	kg	Preis	kg	Preis	kg	Preis	kg	Preis	kg	Preis	kg	Preis	kg	Preis	kg	Preis	kg	Preis
250	10	15	11	18	12	22	13	24	14	27	16	29	18	31	20	33	22	35	24	38	26	40
300	12	18	13	23	14	24	16	28	18	32	20	34	22	35	24	38	26	41	28	44	30	45
350	14	21	16	26	18	28	20	34	22	35	24	39	26	41	28	45	30	46	32	47	34	49
400	16	26	18	32	20	34	22	38	24	41	26	42	28	44	30	47	32	49	35	53	38	56
450	18	29	20	34	22	38	24	41	26	42	28	44	30	49	33	53	36	56	39	59	42	62
500	20	34	22	38	24	41	26	45	28	46	31	48	34	54	37	59	40	62	43	67	46	71
550	22	38	24	41	26	45	29	46	32	48	35	53	38	58	41	64	44	67	47	72	50	76
600	24	39	27	42	30	46	33	51	36	54	39	58	42	64	45	69	48	72	51	78	54	84
650	26	41	29	44	32	48	35	53	38	58	41	64	44	69	47	74	50	80	54	84	58	87
700	28	44	31	47	34	52	37	56	40	64	43	69	46	74	50	80	54	82	58	86	62	92
750	30	46	33	49	36	55	39	64	42	67	46	74	50	79	54	84	58	88	62	92	66	97
800	32	48	35	53	38	59	42	66	46	72	50	79	54	82	58	86	62	91	66	98	70	102
850	34	49	38	56	42	64	46	71	50	76	54	81	58	84	62	88	66	96	70	104	74	108
900	36	53	40	59	44	67	48	75	52	81	56	85	60	88	64	96	68	104	73	108	78	118
950	39	58	43	65	47	74	51	81	55	86	59	89	63	93	68	104	73	109	78	117	83	123
1000	42	61	46	67	50	79	54	85	58	88	63	92	68	100	73	109	78	115	83	121	88	130
1100	48	67	53	80	58	84	63	91	68	99	73	107	78	113	83	118	88	125	93	132	98	139
1200	54	81	59	88	64	99	69	107	74	116	79	119	84	127	90	139	96	146	102	149	108	153
1300	62	91	67	102	72	112	78	117	84	125	90	135	96	147	102	149	108	153	114	159	120	165
1400	70	101	76	116	82	123	88	133	94	144	100	147	106	154	112	162	118	169	125	177	132	186
1500	78	116	84	122	90	135	96	149	102	153	109	159	116	172	123	185	130	198	137	205	144	212

Holzriemenscheiben (Münzer & Co., Wien)

zweiteilig

Durchmesser in mm	Breite in mm												
	80	100	125	150	175	200	225	250	300	350	400	450	500
	Preise in Schilling												
100	2,40	2,70	3,00	3,30	3,60	3,90		4,20					
120	2,60	2,90	3,20	3,50	3,80	4,10		4,40					
140	2,80	3,10	3,40	3,70	4,00	4,30		4,60					
160	3,00	3,30	3,60	3,90	4,20	4,50		4,80					
180	3,30	3,60	3,90	4,20	4,50	4,80		5,10					
200	3,60	3,90	4,20	4,50	4,80	5,10		6,00	7,20				
220	3,90	4,30	4,60	4,90	5,40	5,90		6,80	8,20				
240	4,20	4,70	5,10	5,40	6,00	6,70		7,60	9,30				

Durchmesser in mm	Breite in mm												
	80	100	125	150	175	200	225	250	300	350	400	450	500
	Preise in Schilling												
260	4,60	5,10	5,60	6,00	6,60	7,50		8,40	10,40				
280	5,00	5,60	6,10	6,60	7,20	8,30		9,30	11,50				
300	5,40	6,00	6,60	7,20	7,80	9,00		10,20	12,60	13,80	16,20		
320	5,80	6,40	7,20	7,90	8,60	9,90		11,40	13,90	15,10	17,70		
340	6,30	6,90	7,80	8,60	9,40	10,80		12,60	15,20	16,40	19,20		
360	6,80	7,40	8,40	9,30	10,20	11,80		13,80	16,50	17,80	20,80		
380	7,30	7,90	9,00	10,00	11,10	12,80		15,00	17,80	19,20	22,40		
400	7,80	8,40	9,60	10,80	12,00	13.80		16,20	19,20	21,60	24,00		
420	8,10	8,90	10,10	11,30	12,50	14,30		16,80	19,70	22,20	24,90		
440	8,40	9,40	10,60	11,80	13,10	14,80		17,40	20,20	22,80	25,80		
460	8,70	9,90	11,10	12,30	13,50	15,30		18,00	20,70	23,40	26,60		
480	9,00	10,40	11,60	12,80	14,00	15,80		18,60	21,20	24,00	27,40		
500	9,30	10,80	12,00	13,20	14,40	16,20		19,20	21,60	24,60	28,20	30,60	33,00
540	9,90	11,60	13,00	14,20	15,40	17,40		20,20	22,80	25,70	29,40	32,10	35,40
580	10,50	12,30	14,00	15,20	16,40	18,60		21,20	24,00	26,60	30,60	33,50	37,80
600	10,80	12,60	14,40	15,60	16,80	19,20		21,60	24,60	27,00	31,20	34,20	39,00
640	11,40	13,40	15,40	16,60	18,00	20,20		23,60	26,80	30,20	33,80	37,20	41,40
680	12,20	14,10	16,40	17,60	19,20	21,20	23,60	25,50	29,00	33,30	36,50	40,10	43,80
700	12,60	14,40	16,80	18,00	19,80	21,60	24,00	26,40	30,00	34,80	37,80	41,80	45,00
740	13,20	15,30	17,80	19,10	21,00	22,60	25,50	27,40	31,20	35,80	39,60	43,40	47,40
780	14,00	16,10	18,80	20,10	22,20	23,60	27,00	28,40	32,40	36,80	41,20	45,30	49,80
800	14,40	16,50	19,20	21,60	22,80	24,00	27,50	28,80	33,00	37,20	42,00	46,20	51,00
840	15,00	17,10	20,00	22,60	24,00	25,00	28,50	30,00	34,80	38,70	44,00	48,40	54,00
880	15,80	17,70	20,70	23,60	25,20	26,00	29,70	31,70	36,40	40,10	45,90	50,60	56,80
900	16,20	18,00	21,00	24,00	25,80	26,40	30,00	32,40	37,20	40,80	46,80	51,60	58,20
950	18,00	19,20	23,40	26,40	29,40	32,40	37,00	40,80	46,80	52,20	57,00	63,00	67,20
1000	19,80	22,20	25,20	28,20	31,20	34,80	39,00	42,60	48,60	54,60	61,20	66,60	72,00
1050	21,00	23,40	26,10	29,40	32,40	36,00	40,00	43,80	50,40	56,40	64,80	70,20	76,80
1100		24,00	27,40	30,60	33,60	37,20	42,00	45,60	52,80	58,80	66,60	73,20	79,20
1150		26,40	29,40	32,40	35,10	39,00	43,00	46,80	54,00	63,00	72,00	78,00	84,00
1200		27,60	30,60	33,60	36,60	40,80	45,00	48,60	56,40	64,80	74,40	81,00	87,00
1250		28,20	31,20	34,20	37,20	42,00	47,00	50,40	57,60	67,20	75,00	82,80	89,60
1300		29,40	32,40	36,00	39,00	43,20	48,00	51,00	58,80	69,00	78,00	85,80	93,00
1350		31,80	35,40	38,40	41,40	45,00	48,60	51,60	60,00	69,60	79,20	87,00	96,00
1400		36,00	39,00	42,00	45,00	48,00	51,00	54,00	63,00	75,00	87,00	99,00	108,00
1450		39,00	42,00	48,00	51,00	54,00	57,00	60,00	66,00	78,00	90,00	102,00	114,00
1500		42,00	45,00	51,00	54,00	60,00	63,00	66,00	75,00	87,00	99,00	111,00	120,00
1550		51,00	57,00	60,00	63,00	66,00	69,00	72,00	78,00	90,00	102,00	114,00	126,00
1600		57,00	60,00	63,00	69,00	75,00	78,00	81,00	87,00	99,00	111,00	123,00	132,00
1650		63,00	66,00	69,00	72,00	78,00	81,00	84,00	93,00	105,00	117,00	129,00	138,00
1700			69,00	72,00	78,00	81,00	84,00	90,00	102,00	114,00	126,00	138,00	150,00
1750			72,00	75,00	81,00	84,00	90,00	96,00	108,00	120,00	132,00	144,00	156,00
1800			75,00	78,00	84,00	90,00	96,00	102,00	114,00	126,00	138,00	150,00	162,00
1850			78,00	81,00	87,00	96,00	102,00	108,00	120,00	132,00	150,00	162,00	180,00
1900			84,00	90,00	96,00	102,00	108,00	114,00	126,00	144,00	156,00	174,00	198,00
1950				96,00	102,00	108,00	114,00	120,00	138,00	150,00	168,00	180,00	204,00
2000				102,00	108,00	114,00	120,00	123,00	150,00	180,00	195,00	210,00	222,00

Hanfseilscheiben

für 25-mm-Rund- oder 20-mm-Quadratseil (Preise in Schilling)

Durchmesser in mm	Anzahl der Rillen									
	1		2		3		4		5	
	kg	Preis	kg	Preis	kg	Preis	kg	Preis	kg	Preis
700	36	92	56	112	76	131	96	150	116	169
	40	109	64	133	88	157	112	181	136	205
750	41	99	62	119	84	139	105	159	127	180
	45	117	70	142	96	167	121	191	147	216
800	46	105	69	127	92	148	115	170	138	191
	50	125	77	151	104	176	131	202	158	227
850	51	111	75	134	100	157	124	179	149	203
	55	133	83	159	112	186	140	212	169	240
900	56	118	82	133	108	166	134	190	160	214
	60	141	90	168	120	195	150	223	180	250
950	61	124	88	149	116	175	143	199	171	225
	65	149	96	177	128	205	159	233	191	261
1000	66	131	95	157	124	183	153	210	182	236
	70	157	103	186	136	215	169	243	202	272
1050	71	137	101	164	132	192	162	219	193	247
	75	165	109	195	144	224	178	254	213	283
1100	76	143	108	172	140	201	172	230	204	259
	80	173	116	203	152	234	188	264	224	295
1150	81	150	114	179	148	210	181	239	215	270
	85	181	122	212	160	243	197	275	235	306
1200	86	156	121	187	156	219	191	250	226	281
	90	189	129	221	168	253	207	285	246	317
1250	91	163	127	195	164	227	200	259	237	292
	95	197	135	230	176	263	216	295	257	328
1300	96	169	134	203	172	236	210	270	248	303
	100	205	142	239	184	272	226	306	268	379
1350	101	175	140	210	180	245	219	279	259	315
	105	213	148	247	192	282	235	316	279	351
1400	106	182	147	218	188	254	229	290	270	326
	110	221	155	256	200	291	245	327	290	362
1450	111	188	153	225	196	263	238	299	281	337
	115	229	161	265	208	301	254	337	301	373
1500	116	195	160	233	204	271	248	310	292	348
	120	237	168	274	216	311	264	347	312	384
1550	121	201	166	240	212	280	257	319	303	359
	125	245	174	283	224	320	273	358	323	395
1600	126	207	173	248	220	289	267	330	314	371
	130	253	181	291	232	330	283	368	334	407
1650	131	214	179	255	228	298	276	341	325	382
	135	261	187	300	240	330	292	379	345	418
1700	136	220	186	263	236	307	286	350	336	393
	140	269	194	309	248	349	302	389	356	429
1750	141	227	192	271	244	315	295	359	347	404
	145	277	200	318	256	359	311	399	367	440
1800	146	233	199	279	252	324	305	370	358	415
	150	285	207	327	264	368	321	410	378	451
1850	151	239	205	286	260	333	314	379	369	427
	155	293	213	335	272	378	330	420	389	463
1900	156	246	212	294	268	342	324	390	380	438
	160	301	220	344	280	387	340	431	400	484
2000	166	259	225	309	284	359	343	410	402	460
	170	317	233	362	296	407	359	451	422	496

Die oberen Zahlen gelten für ungeteilte, die unteren für geteilte Scheiben.

Rillen für Hanfseilscheiben (Abb. 21)

Rundseildurchmesser	Quadratseilstärke	Rillenabmessungen					
		a	*b*	*c*	*r*	*e*	*t*
		mm					
25	23	28	12,5	21	3	8	36
30	27	33	15	25	3	8	41
35	32	39	17,5	30	3	8	47
40	36	44	20	34	3	10	54
45	40	50	22,5	38	3	10	60
50	45	55	25	42	3	10	65
55	50	61	27,5	46	3	12	73

Fundament-Ankerschrauben (Abb. 22)

Schraubenstärke S engl. Zoll	Mindestlänge l mm	Gewicht kg	Preis S	Für je 100 mm Mehrlänge Gewicht kg	Für je 100 mm Mehrlänge Preis S
1	800	3,40	3,04	0,42	0,20
$1^1/_8$	900	4,50	4,16	0,50	0,24
$1^1/_4$	1000	6,40	5,84	0,60	0,30
$1^3/_8$	1100	8,50	7,76	0,75	0,37
$1^1/_2$	1200	11,80	9,36	0,90	0,44
$1^3/_4$	1400	17,00	19,20	1,20	0,60
2	1600	26,00	28,00	1,65	0,80

Zur Berechnung der von Riemen und Seilen zu übertragenden Pferdestärken N bei einer Umfangsgeschwindigkeit v in m/sek. und wenn P die Umfangskraft in kg ist, dient:

$$N = \frac{P \cdot v}{75}$$

und: $v = \dfrac{D\pi \cdot n}{60}$ in m/sek, wenn D = Scheibendurchmesser in m.

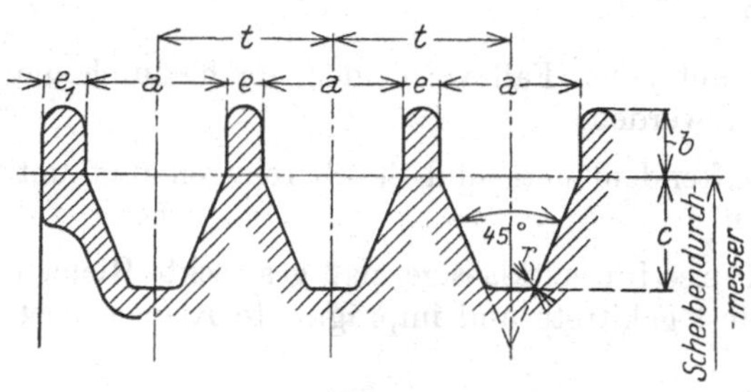

Abb. 21

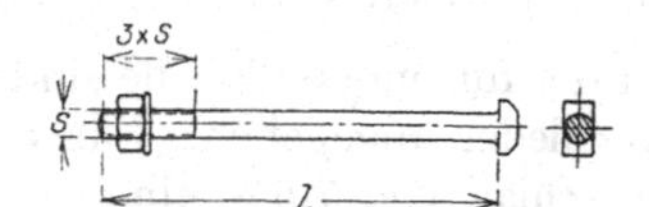

Abb. 22. Fundament-Ankerschraube

Tabelle zur Bestimmung von N

Draht-	Seilstärke d in mm	—	—	—	—	8	—	10	—	11	—	12	13	—	14	—	15
Hanf-	Seilstärke d in mm	—	25	30	—	—	35	—	40	—	45	—	50	—	—	—	—
Riemen-	Breite b mm	50	60	70	80	90		100		120			140	160		180	200
Riemen-	Stärke d_1 mm	4	4	5	5	5		6		6			7	7		7	7
Riemen-	Gewicht G kg/m	0,22	0,26	0,38	0,41	0,50		0,66		0,79			1,08	1,23		1,38	1,54
	P	25	30	43	50	56	60	75	80	90	100	110	122	140	150	157	175
	v	Anzahl der übertragbaren Pferdestärken															
	2	0,66	0,80	1,15	1,33	1,49	1,60	2,00	2,13	2,40	2,67	2,90	3,25	3,73	4,00	4,18	4,66
	3	1,00	1,20	1,72	2,00	2,24	2,40	3,00	3,20	3,60	4,00	4,40	4,88	5,60	6,00	6,27	7,00
	4	1,30	1,60	2,20	2,70	3,00	3,20	4,00	4,30	4,80	5,30	5,90	6,50	7,50	8,00	8,40	9,30
	5	1,70	2,00	2,90	3,30	3,70	4,00	5,00	5,30	6,00	6,70	7,30	8,10	9,30	10,00	10,50	11,70
	6	2,00	2,40	3,40	4,00	4,50	4,80	6,00	6,40	7,20	8,00	8,80	9,80	11,20	12,00	12,60	14,00
	7	2,30	2,80	4,00	4,70	5,20	5,60	7,00	7,47	8,40	9,30	10,20	11,40	13,10	14,00	14,70	16,30
	8	2,70	3,20	4,60	5,30	6,00	6,40	8,00	8,54	9,60	10,70	11,70	13,00	14,90	16,00	16,70	18,70
	10	3,30	4,00	5,70	6,70	7,50	8,00	10,00	10,70	12,00	13,30	14,60	16,30	18,70	20,00	20,90	23,30
	12	4,00	4,80	6,90	8,00	9,00	9,60	12,00	12,80	14,40	16,00	17,60	19,50	22,40	24,00	25,10	28,00
	14	4,70	5,60	8,00	9,30	10,40	11,20	14,00	14,90	16,80	18,70	20,60	22,80	26,10	28,00	29,30	32,70
	16	5,30	6,40	9,20	10,70	11,90	12,80	16,00	17,10	19,20	21,40	23,40	26,00	29,90	32,00	33,50	37,30
	18	6,00	7,20	10,30	12,00	13,40	14,40	18,00	19,20	21,60	24,00	26,50	29,30	33,60	36,00	37,70	42,00
	20	6,70	8,00	11,50	13,30	14,90	16,00	20,00	21,30	24,00	28,70	29,50	32,50	37,30	40,00	41,80	46,70

Treibriemen

(Merksätze nach den Erfahrungen von C. O. Gehrckens)

Riemen soll man stets nach Länge und nicht nach Gewicht kaufen. Riemen, die stärker sind als 7 mm, sind nicht zu verwenden. Genähte Riemen sind weniger leistungsfähig als gekittete, da deren Querschnitt an der Verbindungsstelle durch die Löcher bereits geschwächt ist. Für feuchte Antriebe verwende man wasserfest gekittete und imprägnierte Riemen.

Chromriemen wegen leichter Dehnung mit Vorsicht verwenden. Bei kleinen Scheiben, hohen Geschwindigkeiten und Spannrollen den Rat einer Spezialfirma einholen. Sollen Doppelriemen verwendet werden, so muß der Scheibendurchmesser mindestens 400 mm sein, andernfalls lasse man zwei einfache Riemen lose aufeinander laufen. Überhaupt wähle man den Scheibendurchmesser möglichst groß, da die Riemenbreite mit wachsender Umfangsgeschwindigkeit abnimmt. Riemen über 100 mm Breite sollen nicht von Hand aus aufgelegt werden, sondern mit Riemenspanner und Riemengabeln, die keine scharfen Kanten haben dürfen, damit der Riemen nicht verletzt wird.

Die Verwendung von Riemenharz auf jeden Fall vermeiden, da hiedurch die Riemen spröde und schließlich zerstört werden.

Riemen von Zeit zu Zeit von anhaftendem Fett und Staub reinigen und mit gutem säurefreien Riemenfett einlassen.

In der folgenden Tabelle sind die Preise für erstklassige, naß gestreckte Riemen aus Kernleder angegeben. Für wasserfest gekittete und imprägnierte Riemen tritt ein Aufschlag von 7,5% ein.

Über Riemen von mehr als 300 mm Breite auf jeden Fall besonderes Angebot einholen und in der Anfrage den Verwendungszweck sowie die zu übertragende Leistung anführen.

Preistabelle für 1 m Riemen (Preise in Schilling)

Breite	mm	40	50	80	100	120	150	200	250	300
Naß gestreckte Kernleder-	Riemen	3,30	4,46	7,98	10,92	13,65	17,85	23,83	30,98	37,28
Patentgestreckte Chrom-	Riemen	3,50	4,70	8,40	11,50	14,30	18,70	25,00	32,50	39,10

Stahlbandriemen

Eloesser Kraftbandgesellschaft m. b. H., Charlottenburg

0.2 bis 1 mm stark und bis zur 350fachen Stärke breit. Auf Korkbelag laufend, Zugfestigkeit $K_z \cong 15\,000$ kg/cm². Anwendbar unter folgenden Bedingungen: Bandlänge mindestens $^3/_4$ der Geschwindigkeit, genau rund laufende Scheiben von mindestens 350 mm Durchmesser mit zusammenfallenden Mittelebenen.

Für Stufenscheiben, halbgeschränkte und ausrückbare Triebe nicht anwendbar.

Baumwollgummiriemen

Für Triebe in feuchten oder staubigen Räumen sowie bei hoher Temperatur ist der Lederriemen weniger geeignet; man verwendet daher mit Vorteil Gummi- oder Baumwollriemen.

Eine Kombination von beiden ist der „High-Test"-Riemen der Firma O. Nußbaum, Wien, der dem Lederriemen auch an Festigkeit gleichkommt und wie alle Kunstriemen eine gleichmäßigere Stärke besitzt. Durch seine besondere Bauart (mehrere Lagen aus einem Stücke) werden auch die Ränder nicht leicht beschädigt.

Preistabelle über „High-Test"-Riemen

Preise in Schilling

Breite in		Zahl der Lagen										
engl. Zoll	mm	2	3	4	5	6	7	8	9	10	11	12
1	25	2,75	2,93	3,52								
$1^{1}/_{4}$	32	3,37	3,85	4,40								
$1^{1}/_{2}$	38	3,96	4,54	5,27	6,58							
$1^{3}/_{4}$	45	4,69	5,27	6,15	7,75							
2	50	4,95	5,70	6,73	8,54	10,09						
$2^{1}/_{2}$	63	6,14	7,02	8,20	10,24	12,30						
3	76	7,15	8,05	8,65	11,86	14,33						
$3^{1}/_{2}$	89	8,34	9,51	11,12	13,90	16,68						
4	101	8,93	10,24	12,00	15,10	18,04	20,07					
$4^{1}/_{2}$	114		11,41	13,47	16,80	20,18	23,55					
5	127		12,73	14,93	18,73	22,40	26,19					
6	152		15,22	17,85	22,38	26,77	31,31	35,70	40,24	44,77	49,16	53,55
7	178		17,85	20,92	26,20	31,46	36,58	37,44	46,89	52,37	57,64	62,91
8	203		19,17	22,53	28,24	33,80	39,50	45,07	50,77	56,47	62,03	67,60
9	228			25,31	31,60	38,04	44,33	50,62	56,91	63,70	69,64	76,07
10	254			28,10	35,11	42,74	49,16	56,18	63,20	70,22	77,25	84,27
11	279			30,87	38,63	46,37	54,00	61,74	69,49	77,25	85,06	92,75
12	304			33,65	42,13	50,47	58,96	67,30	75,79	84,27	92,61	100,95

Drahtseile[1]

Nach der Flechtart der Seile unterscheidet man: Längsschlag (Albertschlag), wenn die Drähte in den Litzen und die Litzen im Seil in gleicher, und Kreuzschlag, wenn die Drähte in den Litzen und die Litzen im Seil in entgegengesetzter Richtung geschlagen sind. Laut Normung wird die Schlagrichtung nur noch entsprechend dem Schraubensystem als „rechts- oder linksgängig" bezeichnet (siehe Abbildung).

[1]) Seile aus Eisenmaterial werden gewöhnlich nur für untergeordnete Zwecke verwendet, sonst aber Gußstahlseile bevorzugt.

Längsschlag ist biegsamer als Kreuzschlag, und die in den kreisförmigen Rillen liegenden Außendrähte passen sich der Rillenform besser an und liefern geringere Pressung als bei Kreuzschlag. Dagegen hat diese Flechtart die Neigung, sich bei freihängender Last aufzudrehen, während bei Kreuzschlag durch die Gegenwindung die geforderte Drallfreiheit annähernd erreicht wird. Daher bei Hebezeugen (Last nicht geführt), Kreuzschlag bei Aufzügen und Kraftfahrzeugantrieben (Last geführt) Längsschlag empfehlenswert.

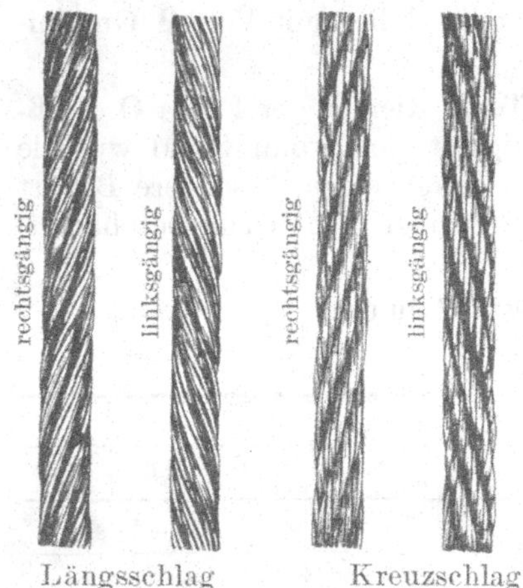

Flechtarten

Mechanische Zerstörungsursachen: Hauptsächlich das Scheuern der Außendrähte besonders an ungefütterten Rillen macht die Drähte spröde und führt den Bruch herbei. Daher andauernd gut schmieren. Bei staubigem Betrieb ist öftere Reinigung der Seile mit nachfolgenden Schmieren ratsam.

Die in den Tabellen angegebenen Schillingpreise (der St. Egydyer Eisen- u. Stahl-Industrie-Gesellschaft, Wien) gelten für Österreich. Preise für Lieferungen ins Ausland über Anfrage.

Tabelle über Rundlitzenseile

Drahtnummer in $^1/_{10}$ mm	Flußeisen- Seile und -Litzen, Bruchfestigkeit kg/mm² 60—65, Grundpreis per 100 kg	Gußstahl- Seile und -Litzen, Bruchfestigkeit kg/mm² 120—139, Grundpreis per 100 kg	Verzinkt, teurer um	Drahtnummer in $^1/_{10}$ mm	Flußeisen- Seile und -Litzen, Bruchfestigkeit kg/mm² 60—65, Grundpreis per 100 kg	Gußstahl- Seile und -Litzen, Bruchfestigkeit kg/mm² 120—139, Grundpreis per 100 kg	Verzinkt, teurer um
4	347	536	100	11	145	204	41
5	273	390	72	12	142	200	40
6	210	294	59	14	135	192	34
7	194	273	55	16	130	185	33
8	177	242	52	19	121	176	32
9	163	233	48	20	119	167	31
10	154	220	45	28	111	155	29

Die Preise der Seile sind, wenn nicht besonders angegeben, nur abhängig von der Drahtstärke und Bruchfestigkeit. Der Sicherheitsgrad ist, wenn nur Material gefördert wird, mit $s = 6$, wenn auch Menschen gefördert werden sollen, mit $s = 01$ anzunehmen. Bedeutet δ die Drahtstärke in Millimetern, so ergibt sich der kleinste Rollen- (Trommel-) Durchmesser D in Millimetern aus der folgenden Tabelle:

Drahtmaterial	Flußeisen	Patent-Gußstahl		Patent-Pflugstahl
Bruchfestigkeit in kg per mm²	60	120	150	180—200
$\frac{\delta}{D}$	$\frac{1}{300}$	$\frac{1}{400}$	$\frac{1}{500}$	$\frac{1}{600}$

A. Rangier-, Haspel- und Bauwindenseile

Stärke der Drähte im Seil	Anzahl der Drähte im Seil	Durchmesser des Rundseiles rund	Gewicht per Lfm. rund	Blanke Seile			
				Flußeisen	Gußstahl		
				Bruchfestigkeit des Drahtes kg/mm²			
				60	120	150	180
				Gerechnete Bruchlast des Seiles			
mm	n	mm	kg	kg			
0,4	24	3	0,028	180	360	450	540
	48	5	0,060	360	720	900	1080
	72	$5^1/_2$	0,085	540	1080	1350	1620
	108	$6^1/_2$	0,132	810	1620	2030	2440
0,5	24	4	0,044	280	560	695	840
	48	6	0,092	560	1130	1390	1690
	72	$6^1/_2$	0,135	840	1690	2080	2540
	108	8	0,210	1270	2540	3130	3820
0,6	24	5	0,063	400	810	1010	1210
	48	7	0,133	810	1620	2030	2430
	72	8	0,190	1220	2440	3050	3660
	108	10	0,297	1830	3660	4580	5490
0,7	24	$5^1/_2$	0,086	550	1100	1380	1650
	48	$8^1/_2$	0,180	1100	2210	2760	3310
	72	9	0,260	1650	3310	4140	4970
	108	$11^1/_2$	0,405	2480	4970	6220	7460
0,8	24	$6^1/_2$	0,110	720	1440	1800	2160
	48	$9^1/_2$	0,236	1440	2890	3610	4330
	72	$10^1/_2$	0,340	2160	4320	5420	6500
	108	13	0,525	3250	6500	8130	9750
0,9	24	7	0,140	910	1830	2280	2740
	48	$10^1/_2$	0,300	1830	3660	4570	5490
	72	12	0,440	2730	5490	6860	8240
	108	$14^1/_2$	0,672	4120	8240	10300	12360

B. Rundlitzige Aufzug- und Flaschenzugseile

aus blankem Gußstahldraht mit 120 kg/mm² Bruchfestigkeit

	72			120			144			180		
	Drähte und sieben Hanfeinlagen											
Drahtstärke	Seildurchmesser rund	Gerechnete Bruchlast des Seiles	Gewicht per Lfm. rund	Seildurchmesser rund	Gerechnete Bruchlast des Seiles	Gewicht per Lfm. rund	Seildurchmesser rund	Gerechnete Bruchlast des Seiles	Gewicht per Lfm. rund	Seildurchmesser rund	Gerechnete Bruchlast des Seiles	Gewicht per Lfm. rund
mm		kg		mm	kg		mm	kg		mm	kg	
0,4	$6^1/_2$	1080	0,095	7	1800	0,145	8	2170	0,175	9	2710	0,220
0,5	8	1720	0,148	$8^1/_2$	2880	0,225	10	3450	0,27	11	4320	0,340
0,6	$9^1/_2$	2440	0,210	10	4070	0,320	$11^1/_2$	4880	0,39	13	6100	0,50
0,7	$11^1/_2$	3310	0,290	12	5520	0,430	14	6620	0,53	16	8280	0,68
0,8	$12^1/_2$	4320	0,380	$13^1/_2$	7200	0,580	$15^1/_2$	8640	0,70	$17^1/_2$	10800	0,88
0,9	14	5520	0,495	15	9240	0,740	$17^1/_2$	11050	0,90	20	13820	1,15
1,0	16	6820	0,580	17	11400	0,910	19	13570	1,15	22	16960	1,40
1,1	18	8200	0,720	19	13680	1,10	21	16410	1,40	24	20520	1,70
1,2	19	9760	0,84	20	16300	1,30	$22^1/_2$	19540	1,70	26	24430	2,00
1,4	22	13300	1,17	23	22200	1,80	27	26590	2,20	31	33240	2,75
1,6	26	17360	1,50	27	28900	2,30	31	34730	2,85	36	43380	3,50

C. Bandseile[1])

(Preise per 100 kg in Schilling)

Bruch-festigkeit in kg/mm²	Be-arbeitung	Drahtnummern in $^1/_{10}$ mm										
		4/5	5	6	8	9	10	11	12	14	16	18
60—65	blank	1530,00	1210,00	752,00	420,00	377,00	278,00	246,00	225,00			
	verzinkt	1630,00	1290,00	820,00	481,00	433,00	330,00	297,00	272,00			
120—139	blank	1650,00	1315,00	843,00	473,00	430,00	327,00	297,00	278,00	258,00	220,00	215,00
	verzinkt	1747,00	1397,00	911,00	534,00	487,00	380,00	348,00	325,00			

[1]) Zwischennummern sind zu den Notierungen der nächstfolgenden schwächeren Nummern zu berechnen.

Aufschläge für Drahtseile

1. Für Mindergewichte

Bei Bezug von Seilen unter 1000 m Länge per Sorte werden auf die Grundpreise folgende Aufschläge berechnet:

20% bis 50 kg Gewicht
15% über 50 bis 100 kg Gewicht
10% „ 100 bis 250 kg „

Bei Bezügen einer Seilsorte über inklusive 250 kg oder bei Längen von inklusive 1000 m auf einmal kein Mindergewichtsaufschlag.

2. Für Minderlängen

10% Aufschlag für Seile unter 30 bis 20 m
15% „ „ „ „ 20 „ 10 m
30% „ „ „ „ 10 m

Für Seile gleicher Konstruktion a) in mehreren Minderlängenstücken wird der Aufschlag der Gesamtminderlänge, b) wenn deren Gesamtlänge 30 m beträgt, ein Aufschlag von 10% berechnet.

Die Minderlängenaufschläge werden vom Grundpreis zuzüglich aller übrigen Aufschläge plus Mindergewichtszuschlag gemäß Punkt 1 errechnet.

3. Für höhere Bruchfestigkeit

Auf die Preise der Seile mit Bruchfestigkeiten von 120 bis 139 kg/mm² werden folgende Zuschläge berechnet:
Bruchfestigkeit in kg/mm²: 140 bis 149, 150 bis 159, 160 bis 169, 170 bis 179, 180 bis 189, 190 bis 199, 200 bis 229.
Zuschläge per 100 kg in Schilling 5,00, 10,00, 20,00, 30,00, 40,00, 50,00, 70,00.

Beispiel: 6 m Gußstahlseil, Bruchfestigkeit 161 bis 169 kg/mm²

Grundpreis	S 273,00
20% Aufschlag für Mindergewicht	„ 54,60
Aufschlag für höhere Bruchfestigkeit	„ 20,00
	S 347,60
30% Aufschlag für Minderlänge	„ 104,28
	S 451,88 per 100 kg

D. Tragseile

in Spiralkonstruktion, für Luftseilbahnen, Hängebrücken usw. geeignet, 7-, 19- und 37 fädig, aus Drähten von 3 mm aufwärts,

aus weichem Stahldraht,	Bruchfestigkeit	55 bis 60 kg/mm²	Preise über Anfrage.
„ extrazähem Gußstahldraht,	„	120 „ 139 „ „	
„ „ „	„	140 „ 149 „ „	
„ „ „	„	150 „ 160 „ „	

E. Tragseile (in verschlossener Konstruktion)

Nähere Bezeichnung	Bruchfestigkeit kg/mm²	Ganz verschlossen: normal mit Keildrähten	Ganz verschlossen: mit Runddrahtkern	Halbverschlossen
		Seildurchmesser in mm		
		20—45		18—45
Weicher Stahldraht	55—60	Preise über Anfrage		
Extrazäher Gußstahldraht	90—120			

Transmissionsseile aus Hanf mit Baumwollgarn

A. G. für Seilindustrie, Mannheim

Allgemeines

Die Wahl des Materials überlasse man am besten der Seilfabrik. Seildurchmesser sowie günstigster Scheibendurchmesser ergeben sich aus den nachstehenden Tabellen. Bei der Anlage der Transmission auf den Seildurchhang Rücksicht nehmen und unterhalb reichlich Platz lassen, um Scheuern des Seiles zu vermeiden. Leit- und Tragrollen nach Möglichkeit ausschalten. Bei Vertikaltrieben begnüge man sich mit geringen Nutzspannungen, da sonst die Seile aus den Rillen der unteren Scheibe heraushängen könnten. Größter Achsabstand rund 25 m. Günstigste Seilgeschwindigkeit rund 20 m/sek, doch sind unter Umständen auch 50 m/sek und mehr zulässig. Seilverbindung am besten durch Spleißen. Seile zwecks Konservierung von Zeit zu Zeit schmieren.

Tabelle über Rundseile

Durchmesser mm	Querschnitt cm²	Gewicht je nach Material für 1 m kg	Kleinster Scheibendurchmesser mm	Ein Seil überträgt P.S. bei einer Beanspruchung von kg/cm² 6, und einer Seilgeschwindigkeit von m/sek 10	6: 15	6: 20	7: 10	7: 15	7: 20	8: 10	8: 15	8: 20	9: 10	9: 15	9: 20	Preis für 1 m S
30	7,07	0,70—0,90	700	5,5	9	11	7	10,0	14	8	12	16	8	12,0	16	über Anfrage
35	9,62	0,96—1,32	750	8,0	12	16	9	13,5	18	10	15	20	11	16,5	22	
40	12,56	1,22—1,56	850	10,0	15	20	12	17,5	24	13	20	26	14	21,0	28	
45	15,90	1,48—1,80	1000	12,0	18	24	15	22,0	28	17	25	34	19	28,5	38	
50	19,63	1,75—2,28	1200	16,0	25	32	18	27,5	36	20	30	40	24	36,0	48	
55	23,76	2,10—2,64	1350	20,0	30	40	22	33,5	44	25	37	50	28	42,0	56	
60	28,27	2,40—2,88	1500	23,0	35	46	26	40,0	52	30	45	60	34	51,0	68	

Tabelle über Quadratseile

Stärke mm	Querschnitt cm²	Gewicht für 1 m kg	Kleinster Scheibendurchmesser mm	Entspricht einem Rundseildurchmesser von mm	Ein Seil überträgt P.S. bei einer Beanspruchung von kg/cm² 6 und einer Seilgeschwindigkeit von m/sek 10	6 / 15	6 / 20	7 / 10	7 / 15	7 / 20	8 / 10	8 / 15	8 / 20	Preis für 1 m S
25	6,25	0,55	375	28	5	7,4	10	5,7	8,6	11,4	7,0	10,5	14,0	über Anfrage
30	9,00	0,90	450	35	7	10,5	14	8,4	12,6	16,8	9,6	14,4	19,2	
35	12,25	1,10	700	40	10	14,6	20	11,3	17,0	22,6	13,0	19,5	26,0	
40	16,00	1,45	800	45	13	19,0	26	15,0	22,5	30,0	17,0	25,5	34,0	
45	20,25	1,75	900	50	16	24,0	32	19,0	28,6	38,0	21,5	32,2	43,0	
50	25,00	2,15	1100	56	20	30,0	40	23,3	35,0	46,6	26,6	40,0	53,2	
55	30,25	2,70	1400	62	24	36,0	48	28,3	42,5	56,6	32,4	48,0	64,8	

Feldschmieden

Ventilator-Feldschmieden

Herdplatte und Gestell aus Schmiedeeisen

Länge der Herdplatte ....rund mm	540	510	620	720
Breite „ „ .... „ „	470	510	520	520
Höhe bis zur „ .... „ „	800	800	800	800
Gewicht, komplett .... „ kg	50	55	60	70
Preis per Stück einschließlich Gurte ...... S	75,00	79,00	83,00	87,50

Fahrbare Ventilator-Feldschmieden (Abb. 1)

mit 4 Rädern und 2 Handgriffen

Herdplatte und Gestell aus Schmiedeeisen

Länge der Herdplatte ...rund mm	540	620	720	800	1000
Breite „ „ ... „ „	470	520	520	600	800
Höhe bis zur „ ... „ „	800	800	800	800	800
Gewicht, komplett .... „ kg	85	95	100	120	150
Preis per Stück einschließlich Gurte S	122,00	132,00	160,00	210,00	240,00

Feldschmieden mit Gebläse für elektrischen Antrieb (Abb. 2)

Verwendbar auch zum Nietenwärmen. — Schweißhitze auf Eisen bis 40/40 mm Stärke erreichbar. — Ausgeführt für alle Stromarten. — Gleichstrom bis 220 V., Dreh- und Wechselstrom bis 500 V.

Größe der Herdplatte 600 × 800 mm. Höhe 800 mm.

Preis für Gleichstrom .... *S 460,00*

„ „ *Drehstrom* .... „ *400,00*

einschließlich Regulieranlasser bzw. Schalter.

Stationäre Schmiedeherde mit Gebläse für elektrischen Antrieb

Größe der Herdplatte 800 × 1000 mm. Höhe 800 mm.

Preis für Gleichstrom............. *S 610,00*

„ „ Drehstrom.............. *„ 540,00*

einschließlich Regulieranlasser bzw. Schalter. Andere Größen über Anfrage. Die größeren Typen liefern Schweißhitze auf Eisen bis 80/80 mm Stärke.

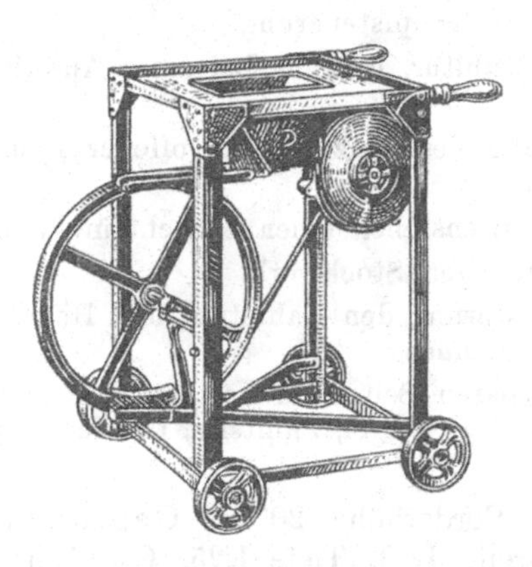

Abb. 1
Feldschmiede mit Gebläse für elektrischen Antrieb

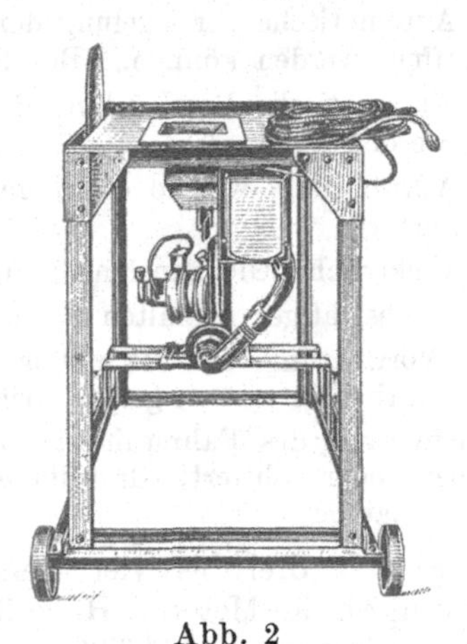

Abb. 2
Fahrbare Ventilatorfeldschmiede

Aufzüge

Laut Mitteilung von F. Wertheim & Co., Wien

I. Personenaufzug für direkten elektrischen Antrieb (Abb. 1)

Anordnung in gemauertem Schacht oder Stiegenhaus

Maschine oberhalb des Fahrschachtes anordnen, wenn infolge Platzmangels, Feuchtigkeit o. dgl. deren Unterbringung unten nicht möglich ist. Steht im Keller ein geeigneter, genügend trockener Raum zur Verfügung, dann Anordnung unterhalb des Fahrschachtes.

Der Elektromotor ist umsteuerbar und mit der Schnecke direkt gekuppelt. Der Fahrstuhl ist allseitig geschlossen, mit Gegengewichten ausbalanciert und mittels elastischer Schleifschuhe in den Führungssäulen geführt. Aufhängung an doppeltem Stahldrahtseil. Fahrgeschwindigkeit gewöhnlich 0,5 m/sek.

Ein Druck auf den entsprechenden Knopf (Druckknopfsteuerung) bewirkt die Beförderung in das gewünschte Stockwerk, worauf der Fahrstuhl zur untersten Haltestelle zurückgesendet wird (Sendsystem).

Die Steuerung kann auch derart ausgebildet werden, daß der Fahrstuhl von außen nach jeder beliebigen Haltestelle herangeholt werden kann (Rufsystem).

Wenn 1. eines der beiden Fahrstuhlseile sich dehnen oder

2. eines dieser Seile reißen sollte,

3. die normale Fahrgeschwindigkeit überschritten wird und endlich,

4. ein Hindernis unter den Fahrstuhl eindringt,

muß augenblicklich der Fahrstuhl festgehalten werden; dies geschieht durch gleichzeitige, selbsttätige Außerbetriebsetzung des Motors.

Weitere Sicherheitsvorrichtungen sind:

5. Vorrichtung, die ein Überfahren der Fahrbahnendpunkte unmöglich macht.

6. Automatische Verriegelung der Schachttüren, die nur bei stillstehendem Fahrstuhl geöffnet werden können. (Bei Rufsystem Knopfsteuerung.)

7. Automatische Verriegelung der Fahrstuhltür, die nur bei einer Austrittstelle geöffnet werden kann.

8. Vorrichtung, welche die Ingangsetzung des Aufzuges bei offener Fahrstuhltüre verhindert.

9. Elektrische Glockensignale, die das Offenstehen einer Schachttüre anzeigen.

10. Selbsttätiges Anhalten in einem beliebigen Stockwerk.

11. Vorrichtung, um bei etwaiger Stromstörung den Fahrstuhl mit Handbetrieb in die nächsthöhere Aussteigstelle bringen zu können.

Ausführung des Fahrstuhles: Die sichtbaren Seiten in hartem Holz, furniert, matt gebeizt oder politiert, Glasfüllungen. Innen: Spiegel, Samtsitz, Linoleumteppich, elektrische Lampe.

Tragkraft drei bis vier Personen. Förderhöhe 20 m. Gebräuchliche Abmessungen in Metern: Höhe 2,20, Breite 1,10, Tiefe 1,25. Gewicht rund 3500 kg. *Preis rund S 10 000,00.*

II. Lastenaufzug für direkten elektrischen Antrieb (Abb. 2)

Entweder für Führerbegleitung und Aufhängung an Stahldrahtseilen oder nur für Lastenförderung allein und Aufhängung an kalibrierter Kette.

Der Antrieb kann nicht nur von oben oder von unten erfolgen, sondern von jedem beliebigen Stockwerk aus. Die Fahrgeschwindigkeit bei Drahtseilaufhängung beträgt gewöhnlich rund 0,30 m/sek, bei Kettenaufhängung nicht über 0,20 m/sek.

Der Fahrstuhl ist offen, durch Gegengewichte ausbalanciert und in den Führungssäulen mittels Schleifschuhen geführt. Zum Schutz gegen Absturz bei etwaigem Seil- oder Kettenbruch dient eine Fangvorrichtung.

Die In- und Außerbetriebsetzung erfolgt durch einen kurzen Zug am Steuerseil von jedem Stockwerk oder vom Innern des Fahrstuhles aus. Über Wunsch Druckknopfsteuerung. Die Abstellung an den Endpunkten der Fahrbahn erfolgt selbsttätig; sie kann im Bedarfsfall auch in den Zwischenstockwerken — nach Einstellen einer entsprechenden Marke — ermöglicht werden.

Eine Vorrichtung zur Arretierung des Steuerseiles verhindert die Inbetriebsetzung des Aufzuges während der Benützung an einer Ladestelle.

Gebräuchliche Abmessungen in Metern: Höhe 1,90, Breite 1,50, Tiefe 1,50. Tragkraft 500 bis 1000 kg. Förderhöhe 8 bis 10 m. Gewicht rund 2500 bis 3000 kg. *Preis* bei Knopfsteuerung rund *S 7000,00. Preis* bei Seilsteuerung rund *S 5500,00.*

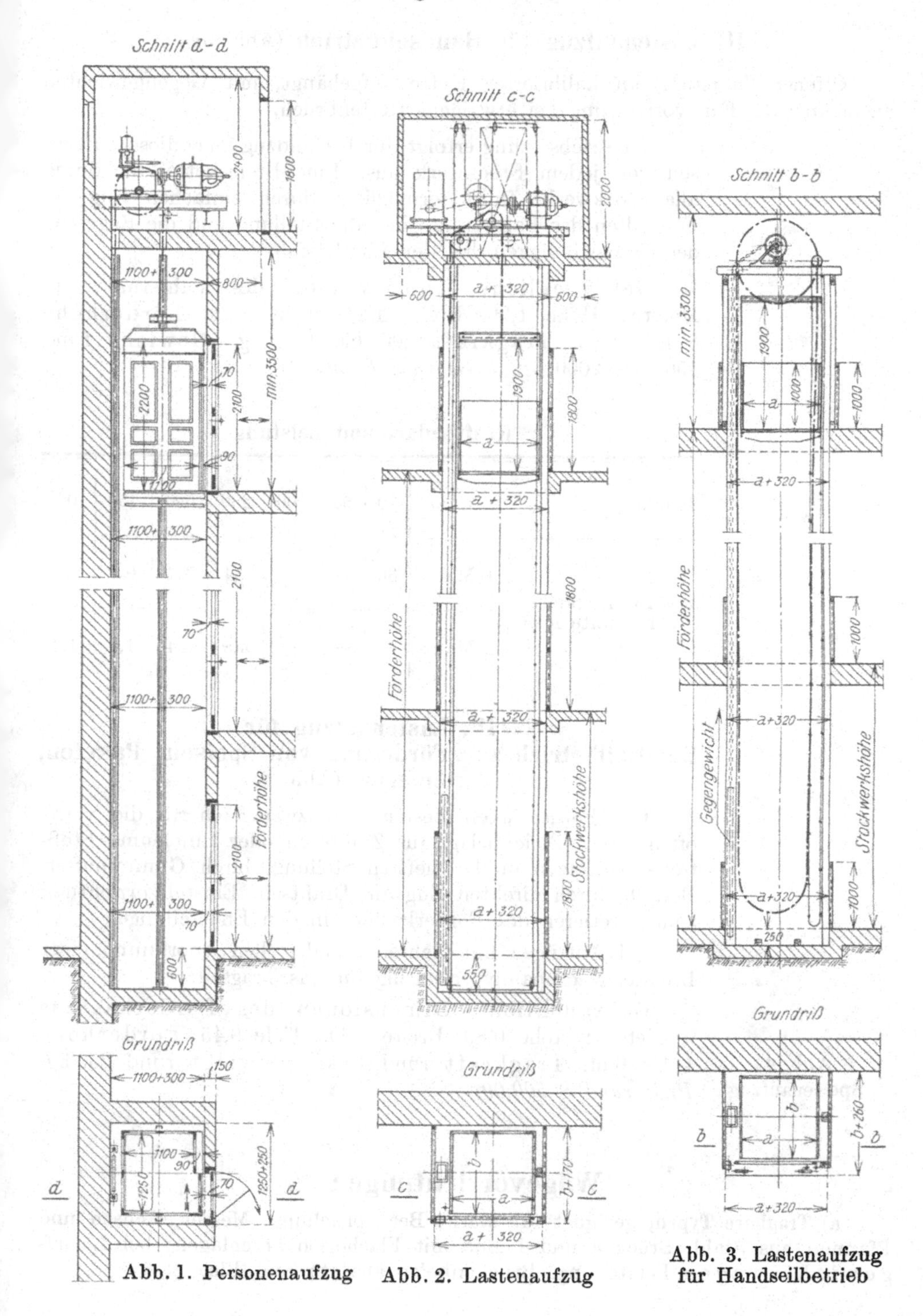

Abb. 1. Personenaufzug Abb. 2. Lastenaufzug Abb. 3. Lastenaufzug für Handseilbetrieb

III. Lastenaufzug für Handseilbetrieb (Abb. 3)

Offener Fahrstuhl, an kalibrierter Kette aufgehängt, mit Gegengewichten ausbalanciert. Fangvorrichtung bei etwaigem Kettenbruch.

Inbetriebsetzung erfolgt durch Handzug an endlosem Hanfseil von jedem Stockwerk aus. Eine Bremskette, die durch alle Stockwerke führt, ermöglicht durch einfachen Zug ein Festhalten des Fahrstuhles in jeder Stellung und die Regelung der Geschwindigkeit bei der Abwärtsfahrt.

Gebräuchliche Abmessungen des Fahrstuhles in Metern: Höhe 1,90, Breite 1,25, Tiefe 1,25. Förderhöhe 8 bis 10 m. Tragkraft 500 bis 1000 kg. Gewicht rund 1500 bis 2000 kg. *Preis rund S 3000,00.*

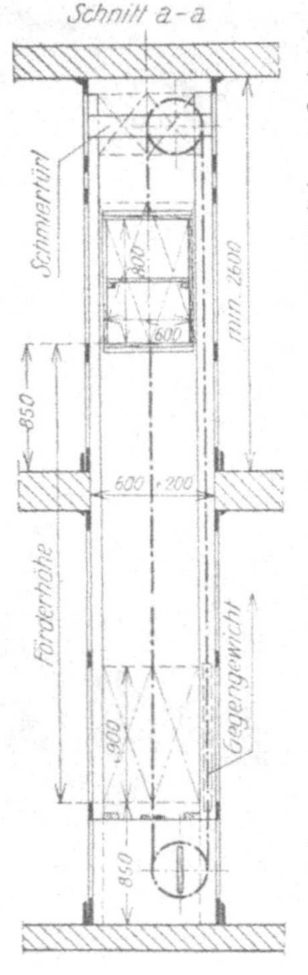

Kraftbedarf und Leistung

Tragkraft		kg	20	50	100	250	500	750	1000
Geschwindigkeit per Minute in m	1 Mann		30	12	6	2,4	1,2	0,8	0,6
	2 Mann		—	—	—	4,8	2,4	1,6	1,2

IV. Lastenaufzug für Handseilbetrieb zur Förderung von Speisen, Paketen, Akten usw. (Abb. 4)

Der Förderkasten besteht aus zwei Fächern, die vorne offen sind. Bodenbelag aus Zinkblech oder Linoleum. Stoßfreies Aufsetzen in der tiefsten Stellung durch Gummipuffer, Betrieb durch direkten Zug am Drahtseil. Einstellvorrichtung zum Arretieren des Förderkastens in den Endstellungen.

Bei Aufzügen mit mehreren Ladestellen Anordnung einer Bremse. Nachspannvorrichtung für das Tragseil.

Gebräuchliche Dimensionen des Förderkastens in Metern: Höhe 0,80, Breite 0,60, Tiefe 0,45. Förderhöhe 4 bis 6 m. Tragkraft rund 15 kg. Gewicht rund 250 kg. *Preis rund S 500,00.*

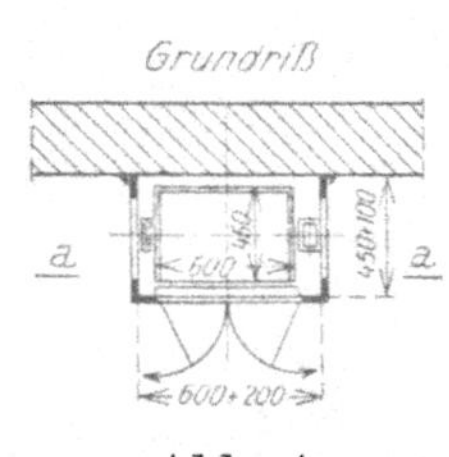

Abb. 4
Speisenaufzug

Wägevorrichtungen

a) **Tragbare Typen,** geeignet für starke Beanspruchung. Messer, Achsen und Pfannen aus Stahl, Brücken und Lehne mit Flacheisen beschlagen; bei Laufgewichtswagen Feinteilung. Brückenbelag aus starkem Blech.

Nähere Bezeichnung	Dezimalwaagen					Laufgewichtswaagen (Registriervorrichtung gegen Aufzahlung)		
Tragkraft.......... kg	150	300	500	1000	1500	250	1000	1500
Brücken- Länge ... mm	600	750	900	1000	1100	830	1000	1100
Brücken- Breite ... ,,	550	650	750	800	850	830	1000	1100
Gewicht in .... kg	46	65	82	136	207	90	175	215
Preis .... S	155	194	226	338	468	390	600	660

b) **Fuhrwerksbrückenwaagen.** Ausführung: Schneiden, Pfannen und Achsen aus gehärtetem Spezialstahl, alle tragenden Hebel geschmiedet. Die Waagbrücke sitzt während dem Auffahren der Fuhrwerke auf gußeisernen Konen. Soll gewogen werden, so wird durch Umlegen eines Handhebels, bei Lasten von mehr als 10.000 kg durch einige Kurbelumdrehungen die Entlastungsvorrichtung betätigt. Diese hebt die Brücke von den Konen ab und setzt sie stoßfrei auf die Schneiden. Registriervorrichtung ermöglicht Abdruck des Wägeergebnisses auf einer Karte. Über die Größen der Waagen, Fundamente sowie über die Eigengewichte siehe die Abbildung und Tabelle. *Preis ungefähr S 1,20 bis S 1,50 per 1 kg Eigengewicht.*

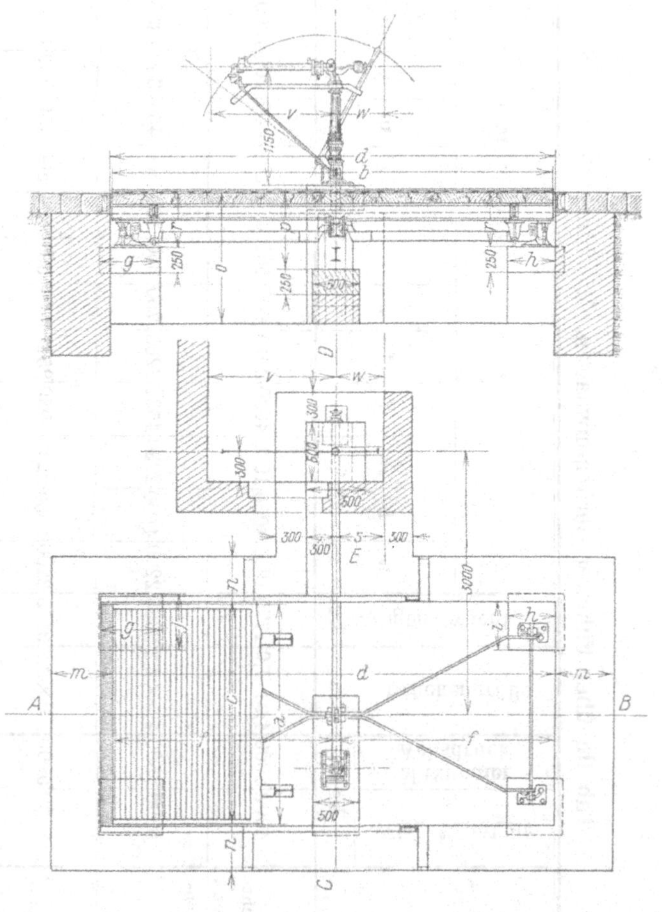

Fuhrwerksbrückenwaagen der Maschinenfabrik C. Schember u. Söhne A. G.

Tabelle über Fuhrwerksbrückenwaagen. Maschinenfabrik C. Schember & Söhne A. G.

Anwendungsgebiet	Wiegefähigkeit kg	Maximaler Achsdruck kg	Brückengröße m	Eigengewicht kg	Maße in mm																	Fundament		
					a	b	c	d	f	g	h	i	j	m	n	o	p	r	s	v	w	Erdaushub m³	Materialbedarf rund kg Zement	Kies
Schlachttiere und Straßenfuhrwerke	4000	2000	4,0 × 1,9	1775	1900	4000	1930	4030	2015	600	500	400	500	450	300	1300	710	520	500	1400	600	24	3200	10,000
	5000	2500	4,5 × 2,2	2385	2200	4500	2230	4530	2265	750	650	480	560	450	300	1300	760	550	500	1400	600	29	3800	13,000
Motorisch angetriebene Fahrzeuge	8000	5000	5,0 × 2,2	3475	2200	5000	2230	5030	2515	700	600	480	560	450	300	1400	890	700	600	1500	600	35	4200	14,000
	10,000	7500	5,5 × 2,2	4425	2200	5500	2230	5530	2765	650	550	500	600	450	300	1500	960	800	600	1500	600	36	4300	15,000

In den Ziffern für das Fundament (siehe die letzten drei Spalten der Tabelle) ist das Waaghaus nicht enthalten. Waagen von mehr als 10000 kg Wiegefähigkeit über Anfrage, wobei der größte Achsdruck des vollbeladenen Fahrzeuges besonders anzugeben ist.

Nachtrag

Zu Seite 519

Elektropneumatisches Schlagwerkzeug (Bauart Berner)

Leicht transportabel; überall dort zu verwenden, wo Preßluftanlagen, die immerhin kompliziertere Einrichtungen erfordern, nicht wirtschaftlich sind.

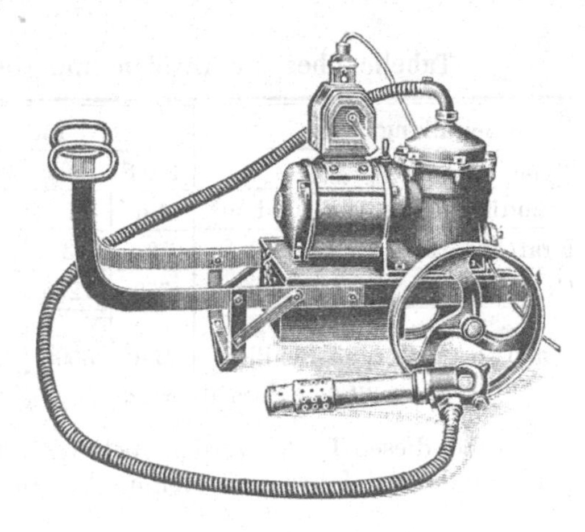

An eine durch einen Elektromotor angetriebene Luftpumpe wird, je nach der gewünschten Leistung, ein 3 bis 4 m langer Druckschlauch angeschlossen, an dessen Ende sich das Schlagwerkzeug (Pistole) befindet (Abb.). Diese ohne Rückschlag arbeitende Einrichtung wird für verschiedene Stromarten geliefert und dient zum Abbrechen von Eisenbeton, zum Durchbrechen von Betonwänden, zum Bohren von Löchern in Beton usw. Die kleinere Type findet zum Abstocken von Betonwänden, zum Stemmen von Mauerritzen für Rohrverlegung oder zum Einlegen von elektrischen Leitungen usw. vorteilhaft Verwendung. Der elektropneumatische Hammer wird in zwei Größen gebaut:

a)	Motorleistung	0,33 P. S.
	Gewicht je nach Ausstattung	30 bis 35 kg
	Preis „ „ „	S 1150,00 bis 1250,00
b)	Motorleistung	3 P. S.
	Gewicht je nach Ausstattung	160 bis 170 kg
	Preis „ „ „	S 3100,00 bis 3500,00

Zu Seite 556

Chargenmischer (Bauart Jäger)

Eine schrägliegende, birnenförmige, einseitig offene Trommel ist derart angeordnet, daß sie sich in ihrer schrägen Stellung um ihre Längsachse dreht und gleichzeitig von Hand gekippt werden kann. In dieser Trommel sind durchbrochene Flügel angeordnet (tote Ecken vermieden). Zwei schrägstehende Abplattungen des gußeisernen Unterteiles der Trommel falten bei der Drehung der Trommel das Mischgut und werfen es gegen die Flügel, die es wieder nach der Innenseite zurückschleudern. Das Mischgut wird 50- bis 75mal gegeneinandergeschleudert, gewissermaßen geknetet und derart auf das innigste gemischt, worauf dasselbe — durch Kippen der Trommel — auf schnellste Weise vollkommen oder nur teilweise ausgeschüttet werden kann.

Die Trommel ist auf einem fahrbaren schmiedeeisernen Trägergerüst montiert und wird von einem auf demselben Fahrgestell montierten Benzinmotor in ständiger Drehung erhalten. Automatisch regulierbare Wasserzufuhr, mechanische, durch denselben Benzinmotor angetriebene Ladevorrichtung; auf Wunsch auch mit

Aufzugswinde. Infolge des geringen Gewichtes der Maschine kann diese längs der Baugrube beliebig verstellt oder hochgestellt werden. Zweckentsprechende Aufstellung des Mischers ermöglichen direktes Einschaufeln des zu mischenden Gutes in den Lader und direkte Entleerung aus dem Mischer in die Baugrube. Die Bedienung erfolgt durch nur einen Mann. Verwendbar sowohl für Beton als auch für Mörtel.

Tabelle über die Größen und Gewichte der Chargenmischer

Trommelfüllung l	150			250		375	
Type	150 S	150 L	150 LW[1]	250 L	250 LW[1]	375 L	375 LW[1]
Stündliche Leistung rund m^3	4,5	6	6	10	10	15	15
Kraftbedarf P. S.	2	3	5	3	8	8	15
Gewicht rund kg	550	1200	1300	1570	1750	2250	2750
Preise inklusive Benzinmotor rund Schilling	2700	5500	6200	6500	8500	10 000	13 000

[1]) W = mit Winde für den Hochzug.

Außer diesen Typen werden noch solche für 750 Liter Inhalt mit 30 m^3 Leistung per Stunde und fahrbare Betonmischer für Straßenbau erzeugt.

Zusammenstellung der Gesetze, Verordnungen usw., nach Schlagworten geordnet

Von Ing. Arnold Ilkow, Zivilingenieur f. d. B. und Zivilgeometer, Baumeister und gerichtlich beeideter Sachverständiger f. d. Bau- und Vermessungswesen (durchgesehen von Ing. Rudolf Schmahl)

Arbeitsrecht und soziale Gesetze in Österreich

Von Ing. Rudolf Schmahl, beh. aut. Zivilingenieur f. d. Bauwesen und Baumeister (durchgesehen von Ing. Arnold Ilkow)

Grundzüge zeitgemäßer Liegenschaftsbewertungen

Von Oberbaurat Ing. Paul Hoppe, Zivilingenieur für Architektur und Hochbau, Architekt und Baumeister

Siedlungswesen

Von Oberstadtbaurat Ing. Rudolf Münster

Über Wesen und Erwirkung gewerblicher Schutzrechte

Von Patentanwalt Ing. J. Knöpfelmacher

Grundzüge der Feuerversicherung

(Anhang: Sonstige für das Baugewerbe wesentliche Versicherungszweige)
Von Ing. Oskar Taglicht, Versicherungskonsulent

Der Bahn- und Flußtransport

Von Emil Tutsch

Bestimmung der Schleppbahnrentabilität

Förderung auf Schleppgeleisen

Zusammenstellung der Gesetze, Verordnungen usw., nach Schlagworten geordnet

Von Ing. Arnold Ilkow, Zivilingenieur f. d. B. und Zivilgeometer, Baumeister und gerichtlich beeideter Sachverständiger f. d. Bau- und Vermessungswesen
(durchgesehen von Ing. Rudolf Schmahl)

Die folgende Zusammenstellung bringt in erster Linie alle Gesetze, Verordnungen und Erlässe usw., die eine technische Materie beinhalten, in zweiter Linie die wichtigsten GVE. nichttechnischen Inhaltes, deren Kenntnis für den Techniker unerläßlich ist.

Die Zusammenstellung gliedert sich in zwei Abschnitte. Der Abschnitt I hat für das ganze Bundesgebiet Geltung, der Abschnitt II für die einzelnen Bundesländer. Letzterer ist daher nach den einzelnen Bundesländern unterteilt.

In der Regel ist, von Abkürzungen abgesehen, der Titel der Gesetze usw. im Wortlaut des Originals angeführt.

Angewendete Abkürzungen:

B.	Bundesgesetzblatt	M.	Ministerium
betr.	betreffend	MK.	Ministerialkundmachung
Dchfg.	Durchführung	M.d.I.	Ministerium des Innern
E.	Erlaß	M.f.öff.A.	„ für öffentliche Arbeiten
EM.	Eisenbahnministerium		
FM.	Finanzministerium	MV.	Ministerium für Verkehr
G.	Gesetz	NS.	Normaliensammlung für den politisch. Verwaltungsdienst
Hfd.	Hofdekret		
HM.	Handelsministerium	P.	Punkt
H.u.G.I.u.B.	Handel und Gewerbe, Industrie und Bauten	R.	Reichsgesetzblatt
		s.	siehe
K.	Kundmachung	St.	Staatsgesetzblatt
KM.	Kriegsministerium	VA.	Vollzugsanweisung
KP.	Kaiserl. Patent	V.	Verordnung
KV.	„ Verordnung	v.	vorherig
LG.	Landesgesetz	Z.	Zahl

I. Abschnitt

A **Abgekürztes Verfahren**

bei gewerblichen Betriebsanlagen s. Gewerbeordnung, bei wasserrechtlichen Verhandlungen s. Wasserrecht.

Ableitung von Gebirgswässern

s. Wildbachverbauung.

Abtorfung

G. 4/4	1919	St. 219	über die Inanspruchnahme von Grundstücken zur Gewinnung von Torf (Abtorfungsgesetz).
V. 20/3	1922	B. 160	und 161 betr. die Übertragung von auf Grund des v. G. erworbenen Rechten; betr. die Übertragung von nach dem AbtorfungsG. der Bundesverwaltung zustehenden Berechtigungen an die Alpenländische Torfindustrie A. G.
V. 28/6	1921	B. 331	betr. die Dchfg. der Enteignung nach dem AbtorfungsG.

Abwässer

s. Gerbereiabwässer und Wasserrecht.

Acetylen

V. 10/9	1912 R. 185	betr. die Herstellung und Verwendung von Acetylen und den Verkehr mit Karbid.
	1912	Technische Anleitung für die Begutachtung von Acetylengasapparatsystemen und Rückschlagsicherungen ad HM. 15411.

Achtstundentag

s. Arbeitszeit.

Agrarämter

s. folgendes.

Agrarische Operationen

G. 7/6	1883 R. 92	betr. die Zusammenlegung landwirtschaftlicher Grundstücke.
G. 7/6	1883 R. 93	betr. die Bereinigung des Waldlandes von fremden Enklaven und die Arrondierung der Waldgrenzen.
G. 7/6	1883 R. 94	betr. die Teilung gemeinschaftlicher Grundstücke und die Regulierung der darauf Bezug habenden gemeinschaftlichen Benützungs- und Verwaltungsrechte.
V. 5/7	1886 R. 108	betr. die Zusammensetzung und Geschäftsordnung der M.Kommission für agrarische Operationen im AckerbauM.
V. 5/6	1886 R. 109	betr. die Bereinigung des Waldlandes von fremden Enklaven und die Arrondierung der Waldgrenzen.
G. 13/4	1920 St. 195	betr. die Neuordnung der Agrarbehörden sowie die Kosten des Agrarverfahrens und das von Amts wegen einzuleitende Zusammenlegungsverfahren.
VA. 9/7	1920 St. 302	des Staatsamtes für Land- und Forstwirtschaft zum v. G.

Aichung von Schiffen

V. 26/6	1898 R. 126	womit Vorschriften über die Eichung der österreichischen hölzernen Ruderschiffe auf der Donau erlassen werden.

Aichwesen

s. Vermessungswesen.

Amonal

E. 7/4	1905	M.d.I. 13 781 Amonal (NS. 5294), „ 10 630 betr. Deponierung des Sprengmittels Amonal (NS. 6348).
E. 13/6	1908	M.d.I. 10 630.

AngestelltenG.

s. PrivatangestelltenG.

Antennen

s. TelegraphenV.

Arbeiterkammern

G. 26/2	1920 St. 100	über Errichtung von Kammern für Arbeiter und Angestellte.
V. 10/11	1920 B. 4	zum v. G.

Arbeiterschutz

s. auch Steinbrüche, Inlandsarbeiterschutz.

V. 23/11	1905 R. 176	mit welcher auf Grund des § 74 des G. 8/3 1885 R. 22 allgemeine Vorschriften zum Schutze des Lebens und der Gesundheit der Hilfsarbeiter erlassen werden.
V. 7/2	1907 R. 24	mit welcher Vorschriften zur Verhütung von Unfällen und zum Schutze der Gesundheit der Arbeiter bei gewerblicher Ausführung von Hochbauten erlassen werden.

A

V. 8/3 1923 B. 183	womit Vorschriften zum Schutze des Lebens und der Gesundheit der in den der Gewerbeordnung unterliegenden Blei- und Zinkhütten und Zinkweißfabriken beschäftigten Personen erlassen werden.
V. 8/3 1923 B. 184	womit Vorschriften zum Schutze des Lebens und der Gesundheit der in gewerblichen Betrieben zur Erzeugung von Bleiverbindungen, Bleilegierungen und Bleiwaren beschäftigten Personen erlassen werden.
V. 8/3 1923 B. 185	womit Vorschriften zum Schutze des Lebens und der Gesundheit der in gewerblichen Betrieben mit Buch- und Steindruckerei- sowie Schriftgießereiarbeiten beschäftigten Personen erlassen werden.
V. 8/3 1923 B. 186	womit Vorschriften zum Schutze des Lebens und der Gesundheit der in gewerblichen Betrieben mit Anstreicher-, Lackierer- und Malerarbeiten beschäftigten Personen erlassen werden.
K. 6/6 1924 B. 226	womit Vorschriften zum Schutze des Lebens und der Gesundheit der in gewerblichen Betrieben mit Anstreicher-, Lackierer- und Malerarbeiten beschäftigten Personen erlassen werden.

Arbeiterstanderhaltung

VA. 14/5 1919 St. 268	über die Einstellung von Arbeitslosen in gewerblichen Betrieben.
VA. 20/8 1919 St. 429	über die Erhaltung des Arbeiterstandes in gewerblichen Betrieben.
VA. 16/10 1919 St. 489	wie vorher.
VA. 16/1 1920 St. 392	„ „
V. 28/4 1924 B. 144	„ „
V. 12/6 1926 B. 157	„ „

Arbeiterunfallversicherung

s. Unfallversicherung.

Arbeiterurlaub

G. 30/7 1919 St. 395	über den Urlaub von Arbeitern (ArbeiterurlaubsG.).

Arbeiterwohnungen

G. 9/2 1892 R. 37	betr. Begünstigungen für Gebäude mit gesunden und billigen Arbeiterwohnungen.
G. 8/7 1902 R. 144	wie vorher.
V. 7/11 1903 R. 6	Dchfg. des v. G.
E. 2/11 1911	M.f.öff.A. Z. 873/4-III betr. allgemeine Weisungen hinsichtlich der Handhabung des v. G. (NS. 6386).

Arbeitslosenversicherung

G. 24/3 1920 St. 153	
G. 28/7 1926 B. 206	XVIII. Novelle zum v. G.

Arbeitslosigkeit

G. 11/6 1924 B. 226	Entwurf eines Übereinkommens über die Arbeitslosigkeit.

Arbeitspausen

V. 14/9 1912 R. 187	mit welcher die auf Grund des § 74a der Gewerbeordnung erlassenen besonderen Bestimmungen bezüglich der Arbeitspausen in gewerblichen Betrieben teilweise abgeändert werden.

Arbeitszeit

G. 17/12 1919 St. 581	über den achtstündigen Arbeitstag.

VA. 28/7 1920 St. 349 womit Ausnahmen vom v. G. gewährt werden (I. AusnahmeV.).
VA. 9/11 1920 B. 7 womit Ausnahmen vom v. G. gewährt werden (II. AusnahmeV.).
V. 4/12 1924 B. 434 womit Ausnahmen vom v. G. gewährt werden (III. AusnahmeV.).
V. 28/12 1925 B. 90 womit Ausnahmen vom v. G. gewährt werden (IV. AusnahmeV.).

Aufzüge

s. LG.

Automobil

G. 9/8 1908 R. 162 betr. die Haftung für Schäden aus dem Betriebe von Kraftfahrzeugen.
V. 27/9 1905 R. 156 betr. die Erlassung sicherheitspolizeilicher Bestimmungen für den Betrieb von Automobilen und Motorrädern.
V. 28/4 1910 R. 81 betr. die Erlassung sicherheitspolizeilicher Bestimmungen für die Betriebe von Kraftfahrzeugen (Automobile, Motorzüge und Motorräder).
V. 31/5 1918 R. 188 mit welcher die v. V. abgeändert wird.
K. 26/6 1918 R. 241 M.d.I. wegen Richtigstellung eines Fehlers in der v. V.
G. 3/5 1922 B. 300 womit G. 9/8 1908 R. 162 abgeändert und ergänzt wird (Novelle zum KraftfahrzeughaftpflichtG.).
V. 5/5 1925 B. 156 betr. die Haftpflichtversicherung für Schäden aus dem Betrieb von Kraftfahrzeugen.

Automobilgaragen

s. LG. unter Bauordnungen.

B

Badeanstalten

s. LG.

Bahnen

s. Eisenbahnen.

BauaufwandbegünstigungsG.

G. 21/12 1923 B. 637 Über Steuerbegünstigungen für Wohn- und Geschäftshausbauten in den Jahren 1924, 1925.

Baugebühren

s. LG.

Baugewerbe

s. auch Maurerberechtigung.

G. 26/12 1893 R. 193 betr. die Regelung der konzessionierten Baugewerbe.
V. 27/12 1893 R. 194 womit in Ausführung des v. G. die im Grunde des § 2, Abs. 2, des gedachten G. als ausgenommen erklärten Orte verlautbart werden.
V. 27/12 1893 R. 195 betr. das Prüfungs- und Zeugniswesen für Bewerber um die Konzession zu einem Baugewerbe, ferner die bei Vereinigung mehrerer Baugewerbe in einer Person zu gewährenden Erleichterungen.
V. 27/12 1893 R. 197 betr. die Feststellung jener technischen Lehranstalten im Bereiche der Länder der ung. Krone und des Auslandes, welche den inländischen technischen Hochschulen bezüglich des Inhaltes der §§ 10 bis einschl. 13 des G. über die Regelung der konzessionierten Baugewerbe gleichgestellt werden.
V. 14/3 1912 R. 58 betr. die Bezeichnung jener Lehranstalten, mit deren Absolvierung Begünstigungen bei Erbringung des Nachweises der besonderen Befähigung für den Antritt von konzessionierten Baugewerben verbunden sind.

B

V. 7/11 1912 R. 209	Abänderung der V. 27/12 1893 R. 195.
V. 10/11 1917 R. 446	Ergänzung der V. 14/3 1912 R. 58.
VA. 31/12 1919 St. 13	ex 20 betr. den Zeitpunkt der Ablegung der Baugewerbeprüfung.
V. 13/2 1924 B. 46	betr. Regelung der Taxen der Baugewerbeprüfung.

Baukonstruktionen

14/4 1902 — Bestimmungen über die Belastung von Baukonstruktionen (NS. 4709).

Baumeister

s. Baugewerbe und Maurerberechtigung.

Baurecht

G. 26/4 1912 R. 86 — betr. das Baurecht.
V. 3/6 1912 R. 112 — betr. die Dchfg. der Bestimmung des § 19 des v. G.
V. 11/6 1912 R. 114 — über die Dchfg. des G. 26/4 1912 R. 86.

Baurevers

s. LG. unter Bauordnungen.

BautenbegünstigungsG.

G. 2/6 1922 B. 335 — betr. ausgedehnte Steuerbefreiung und sonstige Begünstigungen für Neubauten, Zubauten, Aufbauten und Umbauten.

Bauvereinigungen

V. 12/7 1912 R. 163 — betr. die Dchfg. der steuerrechtlichen Bestimmungen des G. 28/12 1911 R. 243 über Steuer- und Gebührenbegünstigungen für gemeinnützige Bauvereinigungen.

Bedingnisse

E. 23/5 1914 — M.f.öff.A. Z. 26 954-IX e. Besondere Bedingnisse für die Lieferung und Aufstellung eiserner Tragwerke.

Befähigungsprüfung

s. Baugewerbe und Ziviltechniker und

Befähigungsnachweis

V. 6/8 1907 R. 196 — H.M. über den erforderlichen Nachweis der besonderen Befähigung für konzessionierte Gewerbe.
V. 13/5 1914 R. 106 — betr. Abänderung einiger Bestimmungen der v. V.
V. 4/1 1918 R. 14 — wie vorher.

Belastungen

s. Baukonstruktionen.

Beleuchtungsanlagen

E. 7/7 1913 — M.f.öff.A. Z. 39 610-XII betr. Beleuchtungsanlagen für Ortschaften und Städte.

Benzin

s. Mineralöle.

Berggesetz

KP. 23/5 1854 R. 146 — Allgemeines Berggesetz.
s. auch Eisenbahnen.

Beton

s. Brücken, Hochbauten und Säulen.

Betriebsanlagen

s. gewerbliche Anlagen.

Betriebsräte

G. 15/5 1919 St. 283 — betr. die Errichtung von Betriebsräten.
VA. 11/7 1919 St. 365 — über die Geschäftsordnung und Geschäftsführung der Betriebsräte.

					B
VA. 11/7	1919	St. 366	über die Geschäftsführung der Vertrauensmänner.		
G. 10/7	1920	B. 296	„ „ Wahl der Betriebsräte.		
Binnenschiffahrt					
V. 12/8	1921	B. 460	betr. das Sondergewerbeinspektorat für die Binnenschiffahrt.		
Blei- und Zinkhütten					
V. 22/7	1908	R. 180	betr. die Einrichtung und den Betrieb der nach dem allgemeinen Berggesetze errichteten Blei- und Zinkhütten.		
Bleivergiftung					
			s. Arbeiterschutz.		
Bodenverbesserung					
			s. Meliorationen.		
Brücken					
V. 28/8	1904	R. 97	betr. die Eisenbahnbrücken, Bahnüberbrückungen und Zufahrtsstraßen mit eisernen oder hölzernen Tragwerken.		
E. 16/3	1906		M.d.I. Z. 49 898 ex 1905 Vorschriften über die Herstellung der Straßenbrücken mit eisernen oder hölzernen Tragwerken.		
E. 22/12	1920		H.u.G.I.u.B. Z. 27 366-IXe Vorschrift über die Herstellung von Tragwerken aus Eisenbeton oder Beton bei Straßenbrücken.		
Brunnenmeister					
			s. Baugewerbe. Gewerbeordnung.		
Bundesbahnen					
			s. Eisenbahnen.		
Bundesstraßen					
			s. Straßen.		
Bundesvermessungswesen					
			s. Vermessungswesen.		
Chloratit					*C*
E. 24/4	1915		M.d.I. Z. 16 690 betr. Sprengpulver Chloratit.		
Dampfkessel					*D*
G. 7/7	1871	R. 112	betr. die Erprobung und periodische Untersuchung der Dampfkessel.		
V. 1/10	1875	R. 130	und 131 betr. die Sicherheitsvorkehrungen gegen Dampfkesselexplosionen.		
V. 20/7	1877	R. 78	womit einige Bestimmungen des v. G. abgeändert werden.		
V. 9/3	1882	R. 32	womit die V. 1/10 1875 betr. die Sicherheitsvorkehrungen gegen Dampfkesselexplosionen erläutert und ergänzt werden.		
V. 4/5	1883	R. 59	HM. mit welcher eine Bestimmung der V. 1/10 1875 R. 130, betr. die Sicherheitsvorkehrungen gegen Dampfkesselexplosionen, abgeändert wird.		
V. 15/7	1891	R. 108	betr. den Nachweis der Befähigung zur Bedienung und Überwachung von Dampfkesseln sowie zur Bedienung (Führung, Wartung) von Dampfmaschinen, Lokomotiven und Dampfschiffmaschinen.		
V. 8/6	1894	R. 108	betr. die Vornahme der Erprobung der Dampfkessel.		
V. 5/2	1897	R. 50	mit welcher die V. 4/5 1883 abgeändert und ergänzt wird.		
V. 26/3	1921	B. 210	betr. die Ergänzung der Bestimmungen über die Bedienung und Wartung von Dampfkesseln und Dampfmaschinen (H.u.G.I.u.B.).		

D	V. 20/10 1921	B. 579	betr. Abänderung des G. 7/7 1871 R. 112 über die Erprobung und periodische Untersuchung der Dampfkessel.
	V. 4/10 1922	B. 736	betr. die Änderung der Probedrücke für Dampfkessel (H.u.G.I.u.B.).
	V. 21/10 1923	B. 590	womit die V. 17/1 1923 B. 53 betr. die Gebühren für die durch amtlich bestellte Prüfungskommissäre vorgenommenen Erprobungen und Untersuchungen von Dampfkesseln abgeändert wird.
	V. 21/2 1924	B. 520	betr. Druckprobe bei Lokomotivdampfkesseln (H.u.V.).
	V. 27/2 1924	B. 59	über die Aufstellung von Dampfkesseln in Baulichkeiten.
	V. 24/12 1925	B. 463	betr. Dampfkessel, Dampfgefäße, Druckbehälter und Wärmekraftmaschinen.
	Dampfschiffahrt		
	V. 4/11 1855	R. 9	wodurch neue Bestimmungen über den Betrieb der Dampfschiffahrt auf den Landseen, Strömen und Flüssen mit Einschluß aller binnenländischen Grenzgewässer des österreichischen Kaiserstaates vorgeschrieben werden.
	Denkmalschutz		
	G. 25/9 1923	B. 533	betr. Beschränkung in der Verfügung über Gegenstände von geschichtlicher, künstlerischer oder kultureller Bedeutung (DenkmalschutzG.).
	V. 25/6 1924	B. 299	Dchfg. des v. G.
	Donau		s. LG.
	Drainage		s. Meliorationen.
	Dynamit		s. Sprengstoffe.
	Dynamon		
	E. 5/7 1910		M.d.I. Z. 24 158 Dynamon (NS. 5506).
	Dynamon A		
	E. 4/1 1914		M.d.I. Z. 137 betr. Sprengpulver Dynamon A.
	Dynamon M		
	E. 8/2 1915		M.d.I. Z. 4438 betr. Sprengpulver Dynamon M.
E	**Ediktalverfahren**		s. Gewerbeordnung.
	Einigungsämter		
	G. 18/12 1920	St. 16	über die Errichtung von Einigungsämtern und über kollektive Arbeitsverträge.
	Eisenbahnbrücken		s. Brücken.
	Eisenbahnbücher		
	G. 19/5 1874	R. 70	betr. die Anlegung von Eisenbahnbüchern.
	V. 31/5 1874	R. 87	Bestimmung über die Anlegung und Führung von Eisenbahnbüchern.
	Eisenbahnen		
	KV. 16/11 1851	R. 1	ex 1852, mit welcher eine Eisenbahnbetriebsordnung für alle Kronländer erlassen wird.
	V. 14/9 1854	R. 238	betr. die Erteilung von Konzessionen für Privateisenbahnen.
	V. 2/1 1859	R. 25	betr. die Verhütung und Beseitigung von Kollisionen zwischen Bergbau- und Eisenbahnunternehmungen und den hieraus entspringenden Gefahren für die Sicherheit des Lebens und des Eigentums.

V. 1/11 1859 R. 200 über die Behandlung der zum Bergbaubetrieb notwendigen Privateisenbahnen mit Bezug auf das Expropriationsrecht, dann über die Erteilung der erforderlichen Baubewilligung.
G. 5/3 1869 R. 27 betr. die Haftung der Eisenbahnunternehmungen für die durch Ereignungen auf Eisenbahnen herbeigeführten körperlichen Verletzungen oder Tötungen von Menschen.
G. 18/2 1878 R. 30 betr. die Enteignung zum Zwecke der Herstellung und des Betriebes von Eisenbahnen.
V. 25/1 1879 R. 19 betr. die Verfassung der auf Eisenbahnen bezüglichen Projekte und die damit im Zusammenhang stehenden Amtshandlungen.
V. 29/5 1880 R. 57 womit in teilweiser Abänderung der v. V. Erleichterungen hinsichtlich der Verfassung und kommissionellen Behandlung der Projekte für Lokal- und Schleppbahnen eingeführt werden.
V. 1/7 1880 R. 79 betr. die Regelung des Transportes explodierbarer Artikel auf Eisenbahnen.
G. 17/6 1887 R. 81 womit Bestimmungen für die Anlage und den Betrieb von Lokalbahnen getroffen werden.
G. 31/12 1894 R. 2 ex 1895 über Bahnen niederer Ordnung.
E. 19/3 1897 E.M. Z. 1375 betr. Eisenbahnniveauübergänge.
G. 12/7 1902 R. 147 betr. die Haftpflicht der Eisenbahnen.
G. 8/8 1910 R. 149 über Bahnen niederer Ordnung (Lokalbahnen und Kleinbahnen).
G. 23/7 1920 St. 359 betr. die Einführung der elektrischen Zugförderungen auf den Staatsbahnen der Republik Österreich.
V. 23/8 1922 B. 662 M.f.V. betr. das Verfahren bei Genehmigung von Um- oder Zubauten geringerer Bedeutung auf im Bau oder Betrieb stehenden Eisenbahnen und von Verlegungen von Haltestellen an Straßenbahnen.
G. 19/7 1923 B. 407 über die Bildung eines Wirtschaftskörpers „Österreichische Bundesbahnen" (BundesbahnG.).
V. 7/2 1924 B. 54 H.u.V. betr. Vereinfachung des Verfahrens bei Eisenbahnbauten und Bauten auf Bahngrund der Unternehmung „Österreichische Bundesbahnen" (BundesbahnbauV).

Eisenbahnzufahrtsstraßen

s. LG.

Elektrizitätsanlagen

V. 11/5 1922 B. 289 über das konzessionierte Gewerbe der Herstellung elektrischer Starkstromanlagen (H.u.G.I.u.B.).
V. 26/7 1922 B. 570 über das konzessionierte Gewerbe des Betriebes von Anlagen zur Erzeugung und Leitung von Elektrizität (H.u.G.I.u.B.).
G. 3/3 1925 B. 149 Elektrizitätsförderungsgesetz.
V. 8/4 1925 B. 154 DurchführungsV. zum v. G.

ElektrizitätswegeG.

G. 7/6 1922 B. 348 betr. elektrische Anlagen.

Elektrolokomotivführer

V. 11/25 1926 B. 30 ElektrolokomotivführerV.

Elektrotechniker

s. Elektrizitätsanlagen.

E **Enteignung**
s. Eisenbahnen, ElektrizitätswegeG., Straßen, Wasserrecht.

Erdöl
s. Mineralöl und
G. 7/7 1922 B. 446 betr. die Abänderung des § 3 des allgemeinen BergG. 23/5 1854 R. 146 und die Gewinnung von Erdöl und Erdgas (Erdöl- und ErdgasG.).

Erfindungen
s. Patent, Musterschutz, Markenschutz.
V. 15/9 1898 R. 162 betr. die gewerbsmäßige Ausübung von Erfindungen (H.u.I.).

Expropriation
s. Eisenbahnen, ElektrizitätswegeG., Straßen, Wasserrecht.

F **Fabriksbauten**
s. Gewerbliche Anlagen und Bauordnungen.

Fabriksmäßigkeit eines Gewerbebetriebes
s. Gewerbliche Anlagen.

Feuerpolizei
s. LG.

Feuerrayon
V. 25/1 1879 R. 19 s. Eisenbahnen, ferner Gewerbliche Anlagen und

Feuersichere Herstellungen bei Eisenbahnen
28/12 1843 Hfd. Z. 40114/1665 betr. den Feuerrayon bei Eisenbahnen.
E. 30/11 1903 EM. Z. 51267 über die künftige Erhaltung der feuersicheren Herstellungen (NS. 5490).
E. 15/1 1905 M.d.I. Z. 1161 über zwangsweise Durchführung der feuersicheren Herstellungen (NS. 5490).

Firmenbezeichnung
G. 21/12 1923 B. 634 betr. Abänderung der Bestimmung der Gewerbeordnung über äußere Bezeichnung und Namensführung.

Fischerei
G. 25/4 1885 R. 58 betr. die Regelung der Fischerei in den Binnengewässern.

Fliegende Brücken
s. Überfuhren.

Flüssige Luft
s. Sprengstoffe.

Flußbau
s. Allg. Bgl.G.Buch IV. Hauptstück § 407 bis 413.

Flußregulierungen
s. Wasserrecht.

Forstwesen
KP. 3/12 1852 R. 250 ForstG.

Fortbildungsschule
G. 26/9 1923 B. 544 wirksam für das Land Wien, womit das FortbildungsschulG. für Niederösterreich abgeändert wird.

Friedhofanlagen
s. LG.

Funkenflug
s. Gewerbliche Anlagen.

Funkentelegraphie
V. 7/1 1910 R. 11 betr. Funkentelegraphenanlagen.

G **Garagen**
s. LG. unter Bauordnungen.

Gasbehälter

E.	22/7	1910	M.f.öff.A. Z. 70-XII Erprobung von Gasbehältern (NS.6471).

Gaserzeugung

E.	2/12	1903	M.d.I. Z. 33 991 Gaserzeugung in Sauggeneratorgasanlagen (NS. 5568).

Gasleitungen

V.	18/7	1906	R. 176	mit welcher Vorschriften für die Herstellung, Benützung und Instandhaltung von Anlagen zur Verteilung und Verwendung brennbarer Gase erlassen werden.

Gasregulativ

s. Gasleitungen.

Gebirgswässer

s. Wildbachverbauung.

Gemeinwirtschaftliche Unternehmungen

s. Unternehmungen.

Geometer

s. Ziviltechniker.

Gerbereiabwässer

E.	29/12	1910	M.f.öff.A. Z. 34 716/6011 (NS. 6655).

Gewerbegenossenschaft

G.	27/3	1923	B. 215	betr. die Ergänzung der Bestimmungen der Gewerbeordnung über Genossenschaftsverbände.
V.	31/5	1923	B. 296	über die Festsetzung und Einhebung von Mindestbeiträgen durch gewerbliche Genossenschaftspflichtverbände höherer Ordnung.

Gewerbegerichte

G.*	5/4	1922	B. 229	über die Gewerbegerichte.
G.	17/7	1922	B. 532	Entlastungsnovelle.
V.	3/10	1922	B. 737	über die Ernennung der Beisitzer und Beisitzerstellvertreter der Gewerbegerichte und der gewerbegerichtlichen Berufungssenate (GewerbegerichtsbeisitzerV.).
V.	6/10	1922	B. 747	über die örtliche Zuständigkeit, der Zahl der Beisitzer und der Gruppeneinteilung der Unternehmungen und Betriebe des Gewerbegerichtes in Wien.

Gewerbeordnung

KP.	20/12	1859	R. 227	betr. die Gewerbeordnung.
G.	5/2	1907	R. 26	„ „ Abänderung und Ergänzung der Gewerbeordnung.
V.	6/8	1907	R. 196	„ „ „ „ „ „ „ hinsichtlich der zum Antritt bestimmter konzessionierter Gewerbe erforderlichen Nachweise der besonderen Befähigung.
MK.	16/8	1907	R. 199	Text der Gewerbeordnung.
G.	21/4	1913	R. 74	betr. die Abänderung und Ergänzung des § 74 der Gewerbeordnung.
G.	3/12	1917	R. 475	betr. die Abänderung und Ergänzung der §§ 94 und 121 der Gewerbeordnung.
G.	13/12	1922	B. 885	betr. eine Abänderung der Gewerbeordnung.
V.	21/12	1923	B. 634	„ die „ der Bestimmungen der Gewerbeordnung über äußere Bezeichnung und Namensführung.
G.	19/11	1925	B. 414	betr. die Ergänzung des § 55, Absatz 3, der Gewerbeordnung.
G.	26/3	1926	B. 74	über die Weiterverwendung von ausgelernten Lehrlingen (Gewerbeordnungsnovelle 1926).

G **Gewerbliche Anlagen**

E. 18/7 1883	HM. Z. 22 037 über die Fabriksmäßigkeit eines Gewerbebetriebes (NS. 1566).
E. 7/5 1903	M.d.I. Z. 19 185 Vorkehrungen gegen Funkenflug bei Betriebsanlagen (NS. 5613).
E. 14/12 1906	HM. Z. 24 061 betr. das Verfahren bei Genehmigung von gewerblichen Betriebsanlagen samt Beilage.
E. 12/1 1909	HM. Z. 22 329 ex 1908 betr. die Errichtung von Gewerbebetriebsanlagen im Feuerrayon der Eisenbahnen (NS. 6667).
E. 21/11 1922	M.d.I. Z. 371 571 Technische Anleitung für die gewerbepolizeiliche Prüfung von Projekten für die Errichtung oder Erhöhung der einen Bestandteil gewerblicher Betriebsanlagen bildenden, gemauerten hohen Schornsteinen.

Gewerblicher Rechtsschutz

G. 20/2 1924 B. 56	über die Wiedereinsetzung in den vorigen Stand auf dem Gebiet des Gewerblichen Rechtsschutzes.

Gleislose Bahnen

V. 13/3 1923 B. 143	betr. gleislose Bahnen.

Grundbuch

G. 25/7 1871 R. 95	u. 96 über die Einführung eines allgemeinen Grundbuches.
G. 11/5 1894 R. 126	betr. die grundbücherliche Abtrennung von Grundstücken zu Zwecken öffentlicher Straßen und Wege, ferner zu Zwecken einer im öffentlichen Interesse unternommenen Anlage behufs Leitung oder Abwehr eines Gewässers.
KV. 1/6 1914 R. 116	Parzellenteilungsnovelle.
V. 2/12 1914 R. 340	über die Verfassung von Plänen für Parzellenteilungen im Grundbuch.
G. 17/3 1921 B. 230	StraßenbauverbücherungsG.
V. 19/1 1926 B. 31	Grundbuchsordnung im Burgenland.

Grundsteuerkataster

G. 24/5 1869 R. 88	Über die Regelung der Grundsteuer.
G. 23/5 1883 R. 83	„ „ Evidenzhaltung des Grundsteuerkatasters.
G. 25/1 1921 B. 86	betr. Abänderung des G. 23/5 1883 R. 83 über die Evidenzhaltung des Grundsteuerkatasters.
V. 18/2 1921 B. 129	DchfgsV. zum v. G.

Grundstücke, Zusammenlegung oder Teilung

s. Agrarische Operationen und Grundbuch.

H **Haftpflicht**

s. Eisenbahnen und Automobile.

Hausbesorger

G. 13/12 1922 B. 878	HausbesorgerV. (betr. den Dienstvertrag der Hausbesorger).

Hausklassensteuer

s. LG. unter Landesgebäudesteuern.

Hausverwalter

s. Privatgeschäftsvermittlung.

Heilanstalten

s. LG. unter Krankenhausbauten.

K **Kessel**

s. Dampfkessel.

Kino

V. 18/9 1912 R. 191 betr. die Veranstaltung öffentlicher Schaustellungen mittels eines Kinematographen.

V. 8/6 1916 R. 172 womit die v. V. ergänzt wird.

s. auch LG.

Kleinwohnungen

G. 22/12 1910 R. 242 Wohnungsfürsorgefonds.

G. 28/12 1911 R. 242 betr. Steuerbegünstigungen für Neubauten, Zubauten, Aufbauten und Umbauten im allgemeinen und für Kleinwohnungen insbesondere.

V. 28/6 1912 R. 162 DchfgV. zum v. G.

E. 15/7 1914 M.f.öff.A. Z. 30 660-III betr. die Lokalerhebungen anläßlich der Feststellung der Voraussetzungen für die Steuerbegünstigung nach dem v. G.

E. 15/9 1915 M.f.öff.A. Z. 6583-III wie vorher.

G. 15/4 1921 B. 252 betr. die Ausgestaltung des staatlichen Wohnungsfürsorgefonds zu einem Bundes-Wohn- und Siedlungsfonds.

Kollektivverträge

s. Einigungsämter und

K. 1/2 1922 B. 68 betr. die Geltung gewisser internationaler Kollektivverträge.

Kommassierung

s. Agrarische Operationen.

Kraftfahrzeuge

s. Automobil.

Krankenhausbauten

s. LG.

Krankenkasse

s. folgendes.

Krankenversicherung der Arbeiter

G. 30/3 1888 R. 33 betr. die Krankenversicherung der Arbeiter.

G. 18/3 1925 B. 113 XXII. Novelle zum v. G.

Kunst- und historische Denkmäler

s. Denkmalschutz.

L **Landesgebäudesteuer**

s. LG.

Landwirtschaftlicher Maschinenbetrieb

s. LG.

Lastkraftwagen

V. 19/3 1917 R. 125 betr. die Fahrgeschwindigkeit von Lastkraftwagen ohne Gummibereifung.

Lehrlinge

G. 20/3 1926 B. 74 über die Weiterverwendung ausgelernter Lehrlinge.

Lift

s. LG.

Lokalbahnen

s. Eisenbahnen.

Lokomotivkessel

V. 27/1 1909 R. 27 betr. die Änderung des Probedruckes bei Lokomotivkessel.

Luftschiffahrt

G. 10/12 1919	St. 578	betr. die vorläufige Regelung der Luftschiffahrt.

Luftschifferkarten

E. 26/2 1910		M.f.öff.A. Z. 26/4-VI betr. die Einzeichnung von Elektrizitätswerken und Starkstromanlagen bei Luftschifferkarten (NS. 6839).

Markenschutz

G. 6/1 1890	R. 19	betr. den Markenschutz.
G. 30/7 1895	R. 108	womit das v. G. ergänzt bzw. abgeändert wird.
G. 31/12 1908	R. 266	Vereinbarung in betreff der Internationalen Union zum Schutze des gewerblichen Eigentums und der internationalen Markenregistrierung.
V. 29/12 1908	R. 268	womit aus Anlaß des Beitrittes zur Internationalen Union zum Schutze des gewerblichen Eigentums Dchfg.Bestimmungen getroffen werden.
24/4 1913	R. 64	Washingtoner Vertrag vom 2/6 1911 betr. die Internationale Union zum Schutze des gewerblichen Eigentums und der internationalen Markenregistrierung.

Materialbahnen

s. Eisenbahnen.

Materialprüfungswesen

G. 9/9 1910	R. 185	betr. das Untersuchungs-, Erprobungs- und Materialprüfungswesen.

Maurerberechtigung

V. 23/8 1924	B. 324	über den Umfang der auf Grund des § 6 der V. des kgl. ung. A.G.u.H.M. vom 30/10 1884 Z. 46 188 und auf Grund der diesen § ersetzenden ung. Vorschriften erworbenen Maurer-, Zimmer- und Steinmetzberechtigungen.
V. 26/5 1926	B. 147	über den Umfang der sogenannten kleinen Maurer-, Zimmer- und Steimetzberechtigungen im Burgenland.

Maurermeister

s. Baugewerbe, und vorher.

Meliorationen

G. 30/6 1884	R. 116	betr. die Förderung der Landeskultur auf dem Gebiete des Wasserbaues (MeliorationsG.)
V. 18/12 1885	R. 1	ex 1886 betr. die Instruierung der technischen Projekte für die Unternehmungen, welche aus dem staatlichen Meliorationsfonds unterstützt werden sollen.
G. 4/1 1909	R. 4	womit der Abschnitt I des MeliorationsG. abgeändert wird.

Mieterschutz

G. 7/12 1922	B. 872	MietenG.
V. 16/12 1922	B. 897	Mietkommission.
G. 30/7 1925	B. 303	MietenG.Novelle.

Mineralöle

V. 23/1 1901	R. 112	betr. den Verkehr mit Mineralölen.
V. 24/8 1912	R. 179	womit eine Bestimmung des § 15 der v. V. abgeändert wird.
V. 23/10 1910	R. 62	mit welcher das Gewerbe der Verarbeitung von Erdöl und das Gewerbe des Vertriebes von Petroleum mittels Tankwagen an eine Konzession gebunden wird.

M **Musterschutz**			
KP.	7/12 1858	R. 237	zum Schutze der Muster und Modelle für Industrieerzeugnisse.
G.	23/5 1865	R. 35	betr. die Abänderung der §§ 4 und 6 des v. KP.
N **Nachtarbeit**			
G.	14/5 1919	St. 281	über das Verbot der Nachtarbeit der Frauen und Jugendlichen in gewerblichen Betrieben.
Naphthabuch			s. Bergbuch.
Normalprofile			
E.	5/7 1915		M.f.öff.A. Z. 35 122-IX c Normalprofile bei Trägertypen.
Notwegerecht			
G.	7/7 1896	R. 140	betr. die Einräumung von Notwegen.
G.	9/1 1913	R. 7	womit der § 1 des v. G. abgeändert wird.
P **Parzellierungen**			s. Grundbuch.
Patentamt			
V.	15/9 1898	R. 157	betr. die Organisation des Patentamtes.
V.	31/1 1923	R. 71	womit eine Bestimmung der Geschäftsordnung des Patentamtes abgeändert wird.
V.	22/8 1925	B. 324	betr. die Abänderung und Ergänzung von Bestimmungen über die Organisation des Patentamtes.
Patentanmeldungen			
V.	22/8 1925	B. 326	über die Erfordernisse von Patentanmeldungen (AnmeldungsV.).
Patentgerichtshof			
V.	15/9 1898	R. 158	betr. die Organisation des Patentgerichtshofes.
V.	12/10 1925	B. 386	betr. den Patentgerichtshof.
V.	12/10 1925	B. 387	womit die Geschäftsordnung für den Patentgerichtshof verlautbart wird.
Patentgesetz			
G.	11/1 1897	R. 30	betr. den Schutz von Erfindungen.
G.	2/7 1925	B. 219	über die Abänderung und Ergänzung der Bestimmungen des v. G. (PatentG.Novelle 1925).
V.	23/9 1925	B. 366	betr. die Verlautbarung des Wortlautes des PatentG.
Pensionsversicherung der Privatangestellten			
G.	16/12 1906	R. 1	ex 1907 betr. die Pensionsversicherung der in privaten Diensten und einiger in öffentlichen Diensten Angestellter.
KV.	25/6 1914	R. 138	Abänderung des v. G.
G.	23/7 1920	St. 370	betr. die Pensionsversicherung der Angestellten sowie Dchfg.V. St. 457/1920; B. 122/1921; B. 233/1921 usw.
G.	20/11 1923	B. 609	betr. die Abänderung des PensionsversicherungsG. (PensionsversicherungsüberleitungsG.).
G.	27/3 1924	B. 92	II. PensionsversicherungsüberleitungsG.
G.	4/7 1924	B. 217	III. " "
G.	19/12 1924	B. 458	IV. " "
V.	25/5 1926	B. 24	betr. die Regelung der Beiträge bei der Pensionsanstalt für Angestellte.
V.	24/9 1926	B. 283	wie vorher.

P

Petroleum
s. Mineralöle.

PrivatangestelltenG.
G. 11/5 1921 B. 292 Über den Dienstvertrag der Privatangestellten (AngestelltenG.).

Privatgeschäftsverkehr
V. 18/5 1926 B. 128 über die Privatgeschäftsvermittlung.

Pulver
V. 17/5 1891 R. 62 mit welcher Bestimmungen über den Pulververschleiß erlassen werden.
E. 14/7 1891 K.M. Abt. 7 N. 2563 betr. die Direktiven über den Pulververschleiß.
V. 4/5 1899 R. 80 betr. eine Abänderung der V. 17/5 1891 R. 62.

Pulvermagazine
28/4 1848 Hfd. Z. 12 242 Pol. G.Sammlung, 76. Band, Seite 159, betr. die Errichtung von Pulvermagazinen.
E. 4/6 1892 M.d.I. Z. 13 262 betr. die Kompetenz und das Verfahren bei Pulverwerksanlagen (NS. 3047).

R

Radio
s. TelegraphenG.

Rauchtheater
s. LG. unter Theater.

Raupenschlepper
M.f.H.u.V. 1926.

Realitätenverkehr
s. Privatgeschäftsvermittlung.

Reichsstraßenbrücken
s. Brücken.

Reichsstraßengrundbenützung
E. 10/2 1903 E.M. Z. 47 956 ex 1902 Benutzung der Reichsstraßen für Anlage elektrischer Straßenbahnen (NS. 5952).
E. 29/1 1912 M.d.I. Z. 18 165.
E. 10/7 1916 M.f.öff.A. Z. 7449-I.

Reichsstraßenverwaltung
E. 11/5 1903 M.d.I. Z. 10 931 Anleitung zur Herstellung und Erhaltung der Schotterfahrbahn der Reichsstraßen (NS. 5963).
E. 21/1 1904 M.d.I. Z. 54 530 ex 1903 Walzungsarbeiten.
E. 21/1 1912 M.f.öff.A. Z. 453-IX d ex 1911 Dchfg. der Kreuzsperre und halbseitige Walzung.

Rohöllager
E. 4/12 1908 HM. 35 607 betr. die gewerbebehördliche Genehmigung der Rohöllager für Feuerungs- und Heizzwecke (NS. 7045).

Rundspruch
s. TelegraphenG.

S

Säulen Patent Emperger
E. 23/5 1914 M.f.öff.A. Z. 70 783-IX ex 1913 betr. umschnürte Säulen nach Patent Dr. Emperger bei Tragwerken aus Eisenbeton.

Sand- und Schottergewinnung
s. Steinbrüche und
E. 27/1 1897 HM. Z. 60 218 ex 1896 Regelung der Sand- und Schottergewinnung aus dem Donaustrom (NS. 902).

S **Schieß- und Sprengmittel**

G. 13/12 1919 St. 580	betr. das Schieß- und Sprengmittelmonopol und
VA. 24/12 1919 St. 10	ex 1920.
VA. 24/12 1919 St. 11	ex 1920.

Schiffahrt

V. 4/11 1855 R. 9	wodurch Bestimmungen über den Betrieb der Dampfschiffahrt auf den Landseen, Strömen und Flüssen mit Einschluß aller binnenländischer Gewässer vorgeschrieben werden.

Schlachthausanlagen

E. 26/7 1905	M.d.I. Z. 23 646 ex 1904 betr. Normalpläne für Schlachthausanlagen (V.Bl. d. M.d.I. 14 ex 1905).

Schlackenzement

E. 5/7 1910	M.f.öff.A. Z. 7207-VIII a ex 1909 betr. Bestimmungen über die Verwendbarkeit von Schlackenzement.
E. 19/8 1913	M.f.öff.A. Z. 8788-IX e wie vorher.

Schleppbahnen

s. Eisenbahnen.

Schornsteine

s. Gewerbliche Anlagen (sowie das bezügliche Normenblatt).

Schulbauten

s. LG. und

G. 4/2 1870	über die Errichtung und Erhaltung der öffentlichen Volksschulen.

Sonntagsruhe

G. 16/1 1895 R. 21	betr. die Regelung der Sonn- und Feiertagsruhe in Gewerbebetrieben.
G. 18/7 1905 R. 125	womit das v. G. teilweise abgeändert und ergänzt wird.
V. 17/9 1912 R. 186	womit die Dchfg.V. zu den v. G. teilweise abgeändert und ergänzt wird.
G. 15/5 1919 St. 282	über die Mindestruhe, den Ladenschluß und die Sonntagsruhe im Handelsgewerbe und anderen Betrieben.

Spitalbauten

s. LG.

Sprengmittelmagazine

s. Sprengstoffe und ferner

E. 26/2 1882	M.d.I. Z. 12 504 (V.Bl. d. M.d.I. 5 ex 1901)
E. 18/7 1884	11 274 (NS. 3407).
E. 25/3 1885	3 192 (NS. 3408).
E. 15/4 1885	5 061 (NS. 3409).
E. 2/3 1887	3 496 (NS. 3412).
E. 6/4 1892	3 175 (NS. 3410).
E. 28/7 1896	22 468 (NS. 3410).
E. 24/7 1897	7 055 (NS. 3411).
E. 22/2 1898	25 549 (NS. 3415).
E. 27/4 1904	18 653 (NS. 6025).

Sprengstoffe

s. Dynamon, Amonal und ferner

V. 2/7 1877 R. 68	wodurch gewerbliche und sicherheitspolizeiliche Bestimmungen über die Erzeugung von Sprengmitteln und den Verkehr damit erlassen werden.
V. 1/7 1880 R. 79	betr. die Regelung des Transportes explodierbarer Artikel auf Eisenbahnen.
V. 22/9 1883 R. 156	mit welcher einige Bestimmungen der v.V. abgeändert werden.

G. 27/5 1885 R. 134 betr. Anordnungen gegen den gemeingefährlichen Gebrauch von Sprengstoffen und die gemeingefährliche Gebarung mit denselben.
V. 4/8 1885 R. 135 mit welcher auf Grund des v. G. Anordnungen in betreff der Sprengstoffe erlassen werden.
V. 19/5 1889 R. 95 mit welcher in Ergänzung der v. V. Anordnungen betr. den Verkehr mit sprengkräftigen Zündungen erlassen werden.
V. 19/5 1889 R. 96 betr. den Verkehr mit Sicherheitssprengpräparaten, welche dem Pulvermonopole unterliegen.
G. 13/12 1919 St. 580 betr. das Schieß- und Sprengmittelmonopol.
VA. 24/12 1919 St. 10 ex 20 wie vorher.
VA. 24/12 1919 St. 11 ex 20 „ „
V. 20/5 1915 R. 131 betr. die Verwendung von flüssiger Luft zur Herstellung von Sprengstoffen.

Staatliche Lieferungen und Arbeiten
V. 3/4 1909 R. 61 betr. die Vergebung staatlicher Lieferungen und Arbeiten.
VA. 4/7 1919 St. 347 über die Abänderung und Ergänzung einiger Bestimmungen der v. V.

Staatsbeiträge zu Hochbauten
E. 7/9 1914 M.f.öff.A.Pr.Z. 2358 betr. Beiträge zu staatlichen Hochbauten.

Staatsvertrag von St.-Germain-en-Laye
10/9 1920 B 303

Starkstrom
G. 7/6 1922 B. 348 betr. elektrische Anlagen (ElektrizitätswegeG.).
V. 12/7 1922 B. 436 über Dchfg.Bestimmungen zum v. G. (StarkstromV.).
V. 12/7 1924 B. 206 betr. die teilweise Abänderung und Ergänzung der §§ 24 und 27 der StarkstromV.

Stauanlagen
s. LG.

Staumaßverordnung
s. Wasserrecht.

Steinbrüche
V. 29/5 1908 R. 116 mit welcher Vorschriften für den gewerbsmäßigen Betrieb von Steinbrüchen, Lehm-, Sand- und Schottergruben erlassen werden.
E. 29/5 1908 R. 116 HM. Z. 17 279 EinführungsE. zur v. V. (NS. 7136).

Steinmetzmeister
s. Baugewerbe.

Steuerbegünstigungen
s. Kleinwohnungen, Arbeiterwohnungen, Bauaufwandbegünstigungs G. sowie LG.

Straßen
G. 2/1 1877 R. 33 über die Schneeabräumung auf den Reichsstraßen.
G. 8/7 1921 B. 387 betr. die Bundesstraßen (BundesstraßenG.).
G. 17/3 1926 B. 65 „ der Beiträge der Bundesstraßenverwaltung zu nichtärarischen Straßen- und Brückenbauten im Jahre 1926.
G. 11/5 1894 R. 126 betr. die grundbücherliche Abtrennung von Grundstücken zum Zweck öffentlicher Straßen oder Wege, ferner zu Zwecken einer im öffentlichen Interesse unternommenen Anlage behufs Leitung oder Abwehr eines Gewässers.

Straßenbahnen
s. Eisenbahnen und Reichsstraßengrundbenützung.

S **StraßenbauverbücherungsG.**

G. 17/3 1921 B. 230	über die Durchführung der Veränderung im Grundbuch, die durch öffentliche Straßen, Wege oder Wasserbauanlagen hervorgerufen werden.

Straßenbrücken

s. Brücken.

Straßenpolizeiordnung

V. 30/7 1910 B. 441	betr. die Straßenpolizeiordnung für die Bundesstraßen.

Strompolizeiordnung

V. 4/11 1910 R. 201	betr. die provisorische Schiffahrts- und Strompolizeiordnung für die ober- und niederösterreichische Strecke der Donau.
V. 8/4 1926 B. 106	womit die v. V. abgeändert wird.

T **Talsperren**

s. Wasserrecht.

Tankwagen

s. Mineralöle.

Technische Einheit im Eisenbahnwesen

K. 15/7 1914 R. 150	womit die Bestimmungen „Technische Einheit im Eisenbahnwesen, Fassung 1913" in Wirksamkeit gesetzt werden.

Teichverordnung

s. Wasserrecht.

Teilungspläne

s. Grundbuch.

V. 4/1 1926 B. 17	über die Verfassung von Teilungsplänen durch die niederösterreichische Landesregierung.

Telegraphenwesen

V. 18/4 1905 R. 64	betr. die Kundmachung einer TelegraphenV.
V. 28/4 1905 R. 72	betr. die Erteilung, Verlängerung, Abänderung von Konzessionen für Privattelephon- (Telegraphen-) und elektrische Signalanlagen.
V. 21/11 1923 B. 582	Fernsprechordnung.
G. 10/7 1924 B. 263	betr. den Telegraphen (TelegraphenG.).
V. 23/9 1924 B. 346	betr. die Errichtung und den Betrieb von drahtlosen Privattelegraphen und die Einrichtungen für drahtlose Telegraphie (I. TelegraphenV.).
V. 24/9 1924 B. 352	betr. die Antennen für Empfangsanlagen drahtloser Telegraphie (II. TelegraphenV.).
V. 25/9 1924 B. 354	Telegraphenordnung.

Telephon

s. Telegraphenwesen.

Theater

s. LG.

Tierspitäler

s. LG.

Tragwerke

s. Hochbauten, Säulen, Brücken und Bedingnisse.

Triftbauten

s. ForstG.

Überfuhren *U*

V. 16/10 1876 R. 128	mit welcher Maßregeln zur Hintanhaltung von Unglücksfällen durch Überlastung der Überfuhrsfahrzeuge getroffen werden.
V. 25/7 1889 R. 122	womit die v. V. teilweise abgeändert wird.
(E. 1905	HM. Z. 65 027 Dchfg.Bestimmung zu v. V.)

Uferschutzbauten

s. Wasserrecht.

Unfallsanzeigen

V. 6/12 1917 R. 469	M.d.I. über Form und Inhalt der nach den gesetzlichen Vorschriften über die Unfallversicherung der Arbeiter zu erstattenden Unfallsanzeigen.

Unfallsgefahrenklassen

V. 16/12 1924 B. 446	betr. die Einteilung der unfallversicherungspflichtigen Betriebe in Gefahrenklassen und die Feststellung der Prozentsätze der Gefahrenklassen für die Zeit vom 1/1 1925 bis 31/12 1926.

Unfallversicherung

G. 28/12 1887 R. 1	ex 1888 betr. die Unfallversicherung der Arbeiter.
V. 3/4 1888 R. 35	Dchfg.V. des v. G.
G. 29/4 1912 R. 96	betr. die Unfallversicherung bei baugewerblichen Betrieben.
G. 21/8 1917 R. 363	betr. die Abänderung einiger Bestimmungen über die Unfallversicherung der Arbeiter.
G. 10/12 1925 B. 450	XVI. Novelle zum UnfallversicherungsG.

Vadien *V*

s. staatliche Arbeiten.

Vergebung staatlicher Arbeiten

s. staatliche Arbeiten.

Vermessung

1904	Instruktion zur Ausführung der trigonometrischen und polygonometrischen Vermessungen behufs Herstellung neuer Pläne für die Zwecke des Grundsteuerkatasters. Herausgegeben vom FM. Wien 1904.
E. 28/7 1907	FM. Z. 55166 Anleitung für das Verfahren bei Ausführung der Vermessungsarbeiten und bei Durchführung von Veränderungen in den Operaten des Grundsteuerkatasters zum Zwecke der Evidenzhaltung auf Grund des G. 23/5 1883 R. 83.
1907	Instruktion zur Ausführung der Vermessungen mit Anwendung des Meßtisches behufs Herstellung neuer Pläne für die Zwecke des Grundsteuerkatasters. Herausgegeben vom FM. 1907.
1907	Notizen zur Instruktion für Meßtischaufnahme vom Jahre 1907.
1926	Technische Anleitung für den Dienst bei der Vermessungsbehörde (II. Auflage). Herausgegeben vom Bundesamt für Eich- und Vermessungswesen.

Vermessungsamt

V. 21/9 1923 B. 550	über die Auflassung der Normaleichungskommission und die Vereinfachung der Organisation des Eichwesens.

V **Vermessungsstatut**
V. 3/12 1923 B. 613 betr. das Statut des Bundesamtes für Eich- und Vermessungswesen.

Vermessungswesen
VA. 6/7 1919 St. 380 betr. einheitliche Regelung des gesamten staatlichen Vermessungswesens.

Verwaltungsreform
G. 21/7 1925 B. 273 zur Einführung des BundesG. über das allgemeine Verwaltungsverfahren, über die allgemeinen Bestimmungen des Verwaltungsstrafrechtes und das Verwaltungsstrafverfahren sowie über das Vollstreckungsverfahren in der Verwaltung (EinführungsG. zu den VerwaltungsverfahrensG. = E.G.V.G.).
G. 21/7 1925 B. 274 über das allgemeine Verwaltungsverfahren (Allgemeines VerwaltungsverfahrenG. = A.V.G.).
G. 21/7 1925 B. 275 über die allgemeinen Bestimmungen des Verwaltungsstrafrechtes und Verwaltungsstrafverfahrens (V.St.G. = VerwaltungsstrafG.).
G. 21/7 1925 B. 276 über das Vollstreckungsverfahren in der Verwaltung (VerwaltungsvollstreckungsG. = V.V.G.).
G. 21/7 1925 B. 277 über die Vereinfachung der VerwaltungsG. und sonstige Maßnahmen zur Entlastung der Verwaltungsbehörden (VerwaltungsentlastungsG. = V.E.G.).
G. 26/3 1926 B. 76 VerwaltungsersparungsG.

W **Waldenklaven**
s. Agrarische Operationen.

Wasserbauten
s. Straßenbauverbücherungs G. und Wasserrecht.

Wasserbuch
s. LG.

Wasserkraftförderung
G. 13/7 1921 B. 409 betr. die Förderung der Wasserelektrizitätswirtschaft (WasserkraftförderungsG.).
G. 17/2 1922 B. 113 über die Abänderung des v. G.

Wasserkraftkataster
E. 3/13 1906 M.d.I. Z. 20371 betr. die Führung eines zentralen Wasserkraftkatasters (NS. 6292).

Wasserleitungsinstallationen
s. Gewerbeordnung.

Wasserrecht
G. 30/5 1869 R. 93 betr. die der Reichsgesetzgebung vorbehaltenen Bestimmungen des Wasserrechtes.
V. 14/2 1894 R. 45 betr. die Anlage, Erhaltung, Benutzung und Auflassung von Teichen (TeichV.).
Ferner s. auch LG. vom Burgenland.

Wasserregulierungsbauten
G. 19/2 1873 R. 32 wirksam für das Erzherzogtum Österreich unter der Enns und das Herzogtum Ober- und Niederschlesien betr. die Erwerbung von durch Wasserregulierungsbauten gewonnenen Grund und Boden.
s. auch Straßen und

W

Wasserstraßen

G. 18/2 1878 R. 30 betr. die Enteignung zum Zwecke der Herstellung und den Betrieb von Eisenbahnen.

G. 11/6 1901 R. 66 betr. den Bau von Wasserstraßen und die Durchführung von Flußregulierungen.

V. 23/4 1903 R. 90 M.d.I. betr. die Feststellung der Projekte und die Enteignung zum Zwecke der Ausführung der nach dem v. G. herzustellenden Wasserstraßen.

Wasserverbrauchsmesser

V. 8/7 1902 R. 146 HM. betr. die amtliche Prüfung und Beglaubigung der Wasserverbrauchsmesser.

Wege

s. Notwege, Straßen, Wasserregulierungsbauten.

Wettbewerb für Architektur und Ingenieurarbeiten

E. 19/8 1910 M.f.öff.A. Z. 338-VIIIa.

E. 27/7 1914 „ Z. 38 666-VIIIe.

Wildbachverbauung

G. 30/6 1884 R. 117 betr. Vorkehrungen zur unschädlichen Ableitung von Gebirgswässern.

V. 18/12 1885 R. 2 ex 1886 betr. die Einrichtung und Vorlage der Generalprojekte für Unternehmen zur unschädlichen Ableitung von Gebirgswässern (Wildbachverbauungen).

Wohn- und Siedlungsfonds

G. 15/4 1921 B. 252 betr. Ausgestaltung des staatlichen Wohnungsfürsorgefonds zu einem Bundes-Wohn- und Siedlungsfonds.

G. 6/4 1922 B. 224 betr. Vermehrung der Mittel des Bundes-Wohn- und Siedlungsfonds (Fondsnovelle 1922).

G. 22/6 1922 B. 381 wie vorher (2. Fondsnovelle 1922).

G. 20/7 1922 B. 528 „ „ (3. „ 1922).

G. 27/11 1922 B. 839 „ „ (4. „ 1922).

G. 6/9 1922 B. 658 über Gewährung verzinslicher Darlehen des Bundes an Gebietskörperschaften und Vermehrung der Mittel des Bundes-Wohn- und Siedlungsfonds.

K. 13/1 1922 B. 21 betr. das Statut der Wohnungs- und Siedlungskommission im Bundesministerium für soziale Verwaltung.

V. 26/1 1926 B. 32 betr. die Beitragsleistung der Arbeit- (Dienst-) Geber zum Bundes-Wohn- und Siedlungsfonds.

Wohnungsfürsorgefonds

G. 22/12 1910 R. 242 betr. die Errichtung eines Wohnungsfürsorgefonds.

V. 8/3 1918 R. 114 betr. Maßnahmen der Wohnungsfürsorge.

VA. 8/3 1919 St. 7 wegen Verlängerung der Wirksamkeit der v. V.

VA. 22/12 1919 St. 611 wie vorher.

Z

Zelluloid

V. 15/7 1908 R. 163 betr. den Verkehr mit Zelluloid, Zelluloidwaren und Zelluloidabfällen.

Ziegel

s. LG.

Zimmermeister

s. Baugewerbe.

Zinkhütten

s. Bleihütten.

Z **Zivilgeometer**

s. Ziviltechniker.

Ziviltechniker

V. 7/5 1913	R. 77	betr. die Ziviltechniker (Zivilingenieure und Zivilgeometer).
V. 4/1 1916	R. 13	betr. die Zugestehung erleichterter Bedingungen an im gegenwärtigen Krieg invalid gewordene Bewerber um die Befugnis eines Ziviltechnikers.
VA. 6/9 1919	St. 454	betr. Begünstigungen zur Erlangung einer Ziviltechnikerbefugnis für Militäringenieuroffiziere und Genieoffiziere.
VA. 25/10 1919	St. 510	betr. die Einführung von Legitimationen für Ziviltechniker und behördlich autorisierte Bergbauingenieure.
VA. 14/4 1920	St. 171	mit welcher die Bestimmungen der v. V. abgeändert und ergänzt werden.
V. 31/8 1922	B. 692	H.u.G. wie vorher.
V. 12/1 1923	B. 39	womit die Wirksamkeit der ZiviltechnikerV. samt Nachtrag über die Abhaltung der Ziviltechnikerprüfung, des IngenieurkammerG. und der KV. über die Berechtigung zur Führung der Standesbezeichnung „Ingenieur" aufs Burgenland ausgedehnt wird (IngenieurV.).
V. 27/12 1924	B. 21	ex 1925, mit welcher die Bestimmungen der V. 7/5 1913 R. 77 abgeändert und ergänzt wurden.
V. 22/5 1926	B. 130	H.u.V. betr. die Unvereinbarkeit der Ausübung einer Ziviltechnikerbefugnis mit einem öffentlichen Dienst.

Zufahrtsstraßen

s. LG.

II. Abschnitt

Burgenland

Bgl. **Bauordnung**

G. 14/1 1926	L. 37	womit eine Bauordnung für das Burgenland erlassen wird.

Grundbuch

s. I. Abschnitt.

Maurerberechtigung

s. BundesG.

Straßen

G. 15/1 1926	L. 25	betr. die öffentlichen Straßen mit Ausnahme der Bundesstraßen (StraßenverwaltungsG. für das Burgenland).

Wasserrecht

ung. G.Artikel XXIII vom Jahre 1885 über das Wasserrecht.
ung. G.Artikel XVIII vom Jahre 1913.

Niederösterreich und Wien

N.Ö. **Abwässer**

G. 28/8 1870	L. 56	über Benützung, Leitung und Abwehr der Gewässer.
G. 2/7 1924	L. 125	womit v. G. abgeändert wird.

Agrarische Operationen

G. 3/6 1886	L. 39	betr. die Teilung gemeinschaftlicher Grundstücke und die Regulierung der darauf bezüglichen gemeinschaftlichen Benutzungs- und Verwaltungsrechte.
K. 31/3 1887	L. 20	wie vorher.

N.Ö.

G. 3/6 1886 L. 40 betr. die Zusammenlegung landwirtschaftlicher Grundstücke.
G. 18/5 1896 L. 49 womit § 13 G. 3/6 1886 L. 39 und § 19 G. 3/6 1886 L. 40 ergänzt werden.
G. 30/6 1912 L. 126 mit welchem das G. 3/6 1886 L. 40 abgeändert wird.

Aufzüge

4 1906 Instruktion für das Stadtbauamt betr. Aufstellung und Betrieb von Aufzügen innerhalb des Gemeindegebietes von Wien (Mag. Abt. IV-338/1904).

Badeanstalten

V. 4/2 1884 L. 9 Z. 57 144 ex 1883.

Baugebühren

G. 10/4 1924 L. 76 über die Einhebung von Bau- und Kommissionsgebühren durch die Gemeinden Niederösterreichs.

Bauordnungen

G. 17/1 1883 L. 35 womit eine Bauordnung für die k. k. Reichshaupt- und Residenzstadt erlassen wird.
G. 17/1 1883 L. 36 womit eine Bauordnung für das Erzherzogtum Österreich unter der Enns mit Ausschluß der Reichshaupt- und Residenzstadt erlassen wird.
G. 30/3 1887 L. 17 womit der § 66 Bauordnung 17/1 1883 L. 36 abgeändert wird.
G. 26/12 1890 L. 48 womit einige Bestimmungen der Bauordnung für Wien abgeändert werden.
G. 17/6 1920 L. 547 betr. die Abänderung der Bauordnung von Wien und Maßnahmen zur Behebung der Wohnungsnot und Förderung der Bautätigkeit daselbst.
G. 4/11 1920 L. 808 betr. die Abänderung mehrerer Bestimmungen der Bauordnung von Wien.
G. 23/2 1922 L. 132 über die Abänderung der Bauordnung (von Niederösterreich).

Bodenwertabgabe

G. 18/12 1919 L. 11 ex 1920 betr. die Einführung einer Bodenwertabgabe im Gebiete der Stadt Wien.
V. 30/1 1920 L. 103 Vollzugsanweisung zu v. G.
G. 30/9 1921 WL. 127 betr. die Befreiung von Neu-, Zu-, Um- und Aufbauten von verschiedenen Abgaben.

Donau

s. Wasserrecht

Donaukanal

E. 19/2 1901 des Statthalters von Niederösterreich Z. 12282 betr. die Bewilligung von baulichen Herstellungen am Wiener Donaukanal (NS. 5454).

Eisenbahnen

G. 28/5 1895 L. 32 betr. die Förderung des Eisenbahnwesens niederer Ordnung.

Eisenbahnzufahrtsstraßen

s. Zufahrtsstraßen.

Feuerpolizei

G. 1/6 1870 L. 39 womit eine Feuerpolizeiordnung für Niederösterreich mit Ausschluß von Wien erlassen wird.

N.Ö.	K. 25/6	1874	L.	37	Wiener Normalgewinde.
	G. 31/12	1874	L.	6	ex 1875 betr. die Abänderung der §§ 52 und 64 des G. 1/6 1870 L. 39.
	G. 19/12	1882	L.	10	ex 1883 womit einige Bestimmungen des G. 1/6 1870 L. 39 abgeändert werden.
	G. 19/3	1892	L.	18	womit eine Feuerpolizeiordnung für Wien erlassen wird.
	G. 27/4	1894	L.	23	womit § 28 und 46 G. 1/6 1870 L. 39 abgeändert werden.

Fortbildungsschule

G. 4/11	1923	WL.	92	FortbildungsschulG. für Wien.

Ingenieurkammer

V. 14/5	1913	R.	83	womit Dchfg.Bestimmungen zum G. 2/1 1913 R. 3 erlassen werden.

Kanaleinmündungsgebühren

G. 19/1	1890	L.	9	wodurch das Recht der Gemeinde Wien zur Einhebung einer Kanaleinmündungsgebühr geregelt wird.
G. 9/4	1894	L.	14	betr. die Abänderung des § 7 des v. G.
G. 19/5	1921	WL.	54	„ „ „ der § 2, 6 des G. 19/1 1890 LG.
G. 22/6	1923	WL.	69	„ „ „ des KanaleinmündungsgebührenG.

Katonasystem

E. 2/4	1915			Statthalterei Z. 37 976 betr. die Zulassung des Katonasystems bei Hochbauten in Niederösterreich.

Kino

G. 11/6	1926	WL.	35	betr. die Vorführung von Lichtbildern (Wiener KinoG.).

Kommissionsgebühren

s. Baugebühren.

Kraftfahrzeuge

K. 22/5	1912	L.	75	Statthalterei betr. die Prüfung der Kraftfahrzeuge sowie deren Führer.

Krankenhausbauten

E. 31/12	1872			Statthalterei Z. 37 976 betr. die Errichtung (Erbauung) bzw. Erweiterung von Krankenanstalten (NS. 2079).
E. 31/5	1882			Statthalterei Z. 48 671 ex 1881 sanitäre Grundsätze für Neu- und Adaptierungsbauten von Krankenhäusern (NS. 2081).

Landesgebäudesteuer

G. 21/6	1923	L.	92	betr. die Landesgebäudesteuer.
G. 21/6	1923	L.	94	betr. die Bezirkszuschläge zur Landesgebäude- und Landesgrundsteuer.
G. 21/6	1923	L.	95	betr. die Gemeindezuschläge zur Landesgebäude- und Landesgrundsteuer.
G. 10/4	1924	L.	61	betr. die Landesgebäudesteuer.
G. 18/12	1924	L.	5	ex 1925 wie vorher.

Landesgrundsteuer

s. auch vorher.

G. 21/6	1923	L.	93	betr. die Landesgrundsteuer.
G. 13/12	1923	L.	25	ex 1924 betr. die Einhebung eines Zuschlages zur Landesgrundsteuer.

G. 30/1 1924 L. 47 betr. die Landesgrundsteuer.
G. 18/12 1924 L. 4 ex 1925.

Landwirtschaftlicher Maschinenbetrieb

V. 28/11 1913 L. 148 Statthalterei Z. X-2134/97 betr. die Verhütung von Unfällen im landwirtschaftlichen Maschinenbetrieb.

Lastkraftwagen

V. 24/7 1920 L. 610
V. 16/12 1920 L. 84
} mit welcher für das Land Niederösterreich provisorische, einschränkende Bestimmungen für den Lastkraftwagenverkehr auf öffentlichen Straßen und Wegen erlassen werden.

Meliorationen

s. Wasserrecht.

Omegadecken

E. 2/10 1915 Statthalterei Z. VI-743/2 betr. die Zulassung der Omegadecken.

Reichsstraßengrundbenützung

E. 1903 Statthalterei Z. 15 733 betr. die Benützung von Reichsstraßen durch elektrische Straßenbahnen in Wien.
E. 10/2 1903 Z. 47 956 ex 1902 wie vorher (NS. 5952).
E. 30/4 1907 Z. XIII-46/1 Benützungsbedingungen für Einbauten oder für andere Anlagen an Reichsstraßen (NS. 7071).

Schulbauten

G. 25/12 1904 L. 98 betr. die Errichtung, Erhaltung und den Besuch der öffentlichen Volksschulen.
V. 23/12 1905 L. 153 k. k. niederösterreichischer Landesschulrat Z. 176/12-II betr. die Beschaffenheit der Schulgebäude und ihrer Teile sowie die erforderlichen Schuleinrichtungen für die Volks- und Bürgerschulen in Niederösterreich mit Ausschluß von Wien.

Staumaß

V. 20/9 1872 L. 25 betr. die Form der Staumaße und die bei deren Aufstellung zu beobachtenden Vorschriften.

Steuerbefreiung

G. 20/2 1924 L. 48 betr. die Befreiung der Neu-, Zu-, Auf- und Umbauten in Niederösterreich von der Landesgebäudesteuer.

Straßen

G. 19/4 1894 L. 20 betr. die Herstellung und Erhaltung der öffentlichen, nichtärarischen Straßen und Wege.
G. 19/3 1911 L. 63 mit welchem einige Bestimmungen des v. G. abgeändert und ergänzt werden.
G. 29/4 1920 L. 485 mit welchem der Absatz 3 des v. G. abgeändert wird.
G. 19/4 1922 L. 191 über die Abänderung des StraßenG.
G. 18/1 1923 L. 17 wie vorher.

Theater

G. 14/3 1911 L. 57 betr. die bauliche Anlage, die innere Einrichtung und den Betrieb von Theatern, Rauchtheatern, Singspielhallen, Varietés, Zirkussen und Saaltheatern.

N. Ö. **Tierspitäler**

K. 16/2 1922 L. 57 betr. veterinärpolizeiliche Vorschriften über die Einrichtung und Benutzung von Tierspitälern und Tierschutzhäusern.

K. 10/1 1923 WL. 4 wie vorher.

Unratsanlagen

G. 20/1 1923 WL. 31 betr. die Räumung von Unratsanlagen durch die Gemeinde Wien und die Einhebung von Räumungsgebühren.

V. 12/6 1923 WL. 63 wie vorher.

V. 14/12 1923 WL. 95 „ „

Wasserbuch

V. 20/9 1872 L. 26 betr. die Einrichtung und Führung des Wasserbuches mit der Wasserkarten- und Urkundensammlung.

V. 2/9 1924 L. 126 betr. die Einrichtung und Führung des Wasserbuches mit der Wasserkarten- und Urkundensammlung.

Wasserkraftförderung

G. 21/6 1921 L. 313 über die Ausnützung der im Gebiete von Niederösterreich vorhandenen Wasserkräfte durch das Land.

V. 15/10 1921 L. 314 Dchfg. V. des v. G.

V. 10/4 1923 L. 56 betr. Abänderung der v. V.

Wasserrecht

G. 28/8 1870 L. 56 über Benützung, Leitung und Abwehr der Gewässer.

G. 1/8 1919 L. 286 betr. die Ausnützung der Wasserkräfte der Donau.

G. 21/6 1921 L. 313 s. Wasserkraftförderung.

V. 15/10 1921 L. 314 wie vorher.

G. 2/7 1924 L. 125 womit G. 28/8 1870 L. 56 abgeändert wird.

Zufahrtsstraßen

G. 24/4 1874 L. 24 betr. die Herstellung und Erhaltung der Zufahrtsstraßen zu den Bahnhöfen und Aufnahmsstationen der Eisenbahnen.

Kärnten

Ktn. **Agrarische Operationen**

G. 5/7 1885 L. 23 betr. die Teilung gemeinschaftlicher Grundstücke und die Regulierung der darauf bezüglichen gemeinschaftlichen Benutzungs- und Verwaltungsrechte.

G. 22/2 1890 L. 10 betr. die Zusammensetzung der Landeskommission für Angelegenheiten der Bereinigung des Waldlandes von fremden Enklaven und die Arrondierung der Waldgrenzen.

G. 21/2 1900 L. 14 womit G. 5/7 1885 L. 23 abgeändert wird.

Bauordnungen

G. 13/3 1866 L. 12 womit eine Bauordnung fürs Herzogtum Kärnten mit Ausschluß der Landeshauptstadt Klagenfurt erlassen wird.

G. 13/5 1904 L. 22 womit eine Bauordnung für die Landeshauptstadt Klagenfurt erlassen wird.

G. 24/2 1911 L. 20 betr. die Änderung der §§ 92 bis 94 des G. 13/3 1866 L. 12.

G. 14/2 1921 L. 17 ex 1922 gültig für das Land Kärnten mit Ausnahme der Landeshauptstadt Klagenfurt betr. das Rechtsmittelverfahren in Angelegenheit der Bauordnung.

Ktn.

G. 5/4 1922 L. 1 ex 1923 betr. einige Abänderungen des G. 13/5 1904 L. 22.

G. 5/2 1925 L. 17 betr. die Änderung des G. 13/3 1866 L. 12 hinsichtlich der die Aufstellung von Dampfkesseln berührenden Bestimmungen.

G. 5/2 1925 L. 21 betr. die Änderung der Bestimmung über die Rauchfänge im G. 13/5 1904 L. 22.

G. 5/2 1925 L. 45 betr. die Änderung des G. 13/5 1904 L. 22 mit Rücksicht auf bundesgesetzliche Regelung dieser Materie durch V. 27/2 1924 B. 59.

Dampfkesselaufstellung

s. Bauordnung

Feuerpolizei

Hfd. 18/5 1825

G. 10/3 1891 L. 13 womit eine Feuerlöschordnung für das Herzogtum Kärnten mit Ausnahme der Landeshauptstadt Klagenfurt erlassen wird.

G. 20/12 1921 L. 35 ex 1922 betr. die Feuerbeschau und die Reinigung der Rauchfänge.

Lastkraftwagen

G. 22/12 1921 L. 42 ex 1922 betr. das Verbot der Eisenbereifung der Lastkraftwagen in Kärnten.

Meliorationen

s. Wasserrecht.

Straßen

G. 21/5 1890 L. 17 StraßenG.

G. 7/4 1896 L. 12 betr. die Abänderung der §§ 16 und 21 des v. G.

G. 11/12 1904 L. 35 betr. die Abänderung des LandesstraßenG.

G. 17/7 1900 L. 21 womit eine Straßenpolizeiordnung für die öffentlichen, nichtärarischen Straßen erlassen wird.

G. 11/4 1922 L. 65 betr. einige Abänderungen des G. für die nichtärarischen Straßen in Kärnten.

Wasserrecht

G. 28/8 1870 L. 46 über die Benützung, Leitung und Abwehr der Gewässer.

V. 20/9 1872 L. 22 Staumaß.

V. 20/9 1872 L. 23 Wasserbuch.

G. 21/3 1919 L. 40 womit G. 28/8 1870 L. 46 ergänzt und abgeändert wird.

G. 28/7 1911 L. 30 ex 1912 betr. einiger Forst- und wasserpolizeilicher Maßnahmen.

G. 5/2 1925 L. 14 womit G. 28/8 1870 L. 46 abgeändert wird.

V. 24/4 1925 L. 18 betr. Einrichtung und Führung des Wasserbuches mit der Wasserkarten- und Urkundensammlung.

Zufahrtsstraßen

G. 7/8 1881 L. 22 betr. die Herstellung und Erhaltung der Zufahrtsstraßen zu den Bahnhöfen und Aufnahmsgebäuden der Eisenbahnstationen.

G. 30/7 1905 L. 21 betr. die Herstellung und Erhaltung der Zufahrtsstraßen zu den Bahnhöfen und Aufnahmsstationen der Eisenbahn.

Oberösterreich

O.Ö. **Agrarische Operationen**

G. 28/6 1909 L. 36	betr. die Teilung gemeinschaftlicher Grundstücke und die Regulierung der darauf bezüglichen gemeinschaftlichen Benutzungs- und Verwaltungsrechte.

Bauordnungen

G. 13/3 1875 L. 14	womit eine Bauordnung fürs Stadtgebiet der Landeshauptstadt Linz und der Stadt Steyr erlassen wird.
G. 12/3 1875 L. 15	womit eine Bauordnung für das Erzherzogtum Österreich ob der Enns mit Ausnahme jener Orte, welche eine eigene Bauordnung besitzen, erlassen wird.
G. 3/12 1883 L. 23	in Betreff Erzeugung und Verwendung normalmäßiger Mauerziegel.
G. 1/8 1887 L. 22	womit eine Bauordnung fürs Gemeindegebiet der Landeshauptstadt Linz und der Stadt Wels erlassen werden.
G. 20/1 1888 L. 3	womit v. G. auf das Gemeindegebiet der Stadt Urfahr ausgedehnt wird.
G. 14/2 1888 L. 9	wirksam fürs Gemeindegebiet Wels betr. die Kanalisierung der Straßen.
G. 1/8 1893 L. 24	womit G. 1/8 1887 L. 22 auf das Gebiet der Stadtgemeinde Gmunden mit Ausnahme der Steuergemeinden Schlagen und Traunstein ausgedehnt wird.
G. 31/3 1898 L. 15	womit Bauordnung 1/8 1887 L. 22 auf das Gebiet der Stadtgemeinde Ried ausgedehnt wird.
G. 24/5 1898 L. 19	womit §§ 3, 5, 19, 20 der Bauordnung 12/3 1875 L. 15 abgeändert wird.
G. 13/9 1909 L. 55	betr. die Abänderung des § 31 des G. 13/3 1875 L. 15.
G. 3/5 1921 L. 130	betr. die Abänderung der Bauordnung 13/3 1873 L. 15
G. 26/7 1923 L. 66	

Donau

s. Wasserrecht.

Eisenbahnen

G. 22/6 1895 L. 20	betr. die Förderung des Eisenbahnwesens niederer Ordnung.

Feuerpolizei

G. 2/2 1873 L. 18	womit eine Feuerpolizeiordnung erlassen wird.
G. 20/11 1881 L. 5	
G. 28/12 1889 L. 2	ex 1890 mit welcher die §§ 8 und 10 des G. 2/2 1873 L. 18 geändert werden.

Straßen

G. 11/12 1869 L. 31	betr. die Herstellung und Erhaltung der öffentlichen, nichtärarischen Straßen und Wege.
G. 29/1 1891 L. 7	wodurch die §§ 2, 3, 8, 10, 15 und 20 des v. G. geändert werden.
G. 15/5 1896 L. 21	wodurch die §§ 4, 10 und 15 des G. 11/12 1869 bzw. G. 29/1 1891 L. 7 abgeändert werden.

Wasserrecht

G. 28/8 1870 L. 32	über Benützung, Leitung und Abwehr der Gewässer.
E. 12/12 1870 L. 38	in betreff der Berichtigung des § 47 des v. G.
V. 20/9 1872 L. 41	Wasserbuch.

K. 12/2	1873	L. 19	über die Wasserdispositionen bei den Seeklausen in Gmunden, für den Betrieb der Wasserwerke sowie der Schiffahrt und Flößerei im Traunfluß.	*O.Ö.*
E. 9/8	1873	L. 52	in betreff der Eintragung des Wasserbenützungsrechtes zur Holztrift einschließlich des Rechtes zur Herstellung der notwendigen Anlagen in dem Waldkataster.	
K. 6/11	1874	L. 28	womit eine provisorische Strompolizeiordnung für die ober- und niederösterreichische Strecke der Donau erlassen wird.	
G. 24/5	1919	L. 111	betr. die Abänderung und Ergänzung einiger Bestimmungen des G. 28/8 1870 L. 32.	
G. 18/8	1919	L. 148	über die Ausnützung der Wasserkräfte der Donau sowie die Ausführung und den Betrieb der dazu notwendigen Anlagen.	

Zufahrtsstraßen

G. 21/12	1872	L. 2	ex 1873 über die Herstellung und Erhaltung von Zufahrtsstraßen zu nichtärarischen Eisenbahnen.
G. 7/8	1881	L. 22	über die Herstellung und Erhaltung der Zufahrtsstraßen zu nichtärarischen Eisenbahnen.
G. 11/10	1900	L. 43	womit der Titel des G. 21/12 1872 abgeändert wird.

Salzburg

Agrarische Operationen *Salzb.*

G. 11/10	1892	L. 31	betr. die Zusammenlegung landwirtschaftlicher Grundstücke.
G. 11/10	1892	L. 32	betr. die Teilung gemeinschaftlicher Grundstücke und die Regulierung der darauf bezüglichen gemeinschaftlichen Benutzungs- und Verwaltungsrechte.
G. 20/11	1910	L. 79	Ergänzung und Abänderung des v. G.
G. 14/2	1922	L. 63	betr. die Änderung des § 20 des v. G.
G. 20/11	1910	L. 80	Abänderung des G. 11/10 1892 L. 31.

Bauordnungen

G. 7/7	1879	L. 15	womit eine Bauordnung für das Herzogtum Salzburg mit Ausschluß der Landeshauptstadt erlassen wird.
K. 12/3	1881	L. 7	betr. die Abänderung des § 77 der v. Bauordnung.
G. 2/4	1886	L. 27	womit eine Bauordnung für die Landeshauptstadt Salzburg erlassen wird.
V. 30/7	1889	L. 16	betr. die Verwendung von Eisenkonstruktionen bei Bauten außerhalb der Landeshauptstadt Salzburg.
G. 21/12	1892	L. 1	ex 1893 betr. die Abänderung des § 10 des G. 7/7 1879 L. 15.
G. 24/7	1901	L. 24	womit der § 29 der Bauordnung 1879 abgeändert wird.
G. 8/11	1901	L. 33	womit die §§ 4, 63 und 64 des G. 2/4 1886 L. 27 abgeändert werden.
G. 5/7	1919	L. 99	womit in Ergänzung der Bauordnung 1886 und 1879 zur Hebung der Bautätigkeit die Einräumung weitgehender Erleichterungen gewährt wird.
G. 26/7	1919	L. 100	Festsetzung von allgemeinen Bauerleichterungen für die Landeshauptstadt Salzburg.
V. 26/9	1919	L. 101	Festsetzung von allgemeinen Bauerleichterungen für das Gebiet des Landes Salzburg mit Ausnahme der Landeshauptstadt.
G. 8/5	1924	L. 100	womit einzelne Bestimmungen des G. 7/7 1879 L 15 und G. 2/4 1886 L. 27 aufgehoben bzw. ergänzt werden.

Salzb. **Eisenbahnen**

G. 12/5 1895	L. 18	betr. die Förderung der Eisenbahnen niederer Ordnung.

Feuerpolizei

G. 10/11 1880	L. 12	womit eine Feuerpolizei- und Feuerwehrordnung fürs Herzogtum Salzburg erlassen wird.
G. 7/1 1883	L. 6	betr. die Abänderung der §§ 8 und 9 v. G.
G. 6/8 1892	L. 26	womit die §§ 8 und 9 v. G. abgeändert werden.
G. 16/3 1922	L. 111	betr. die Änderung des v. G.

Meliorationen

s. Wasserrecht.

Straßen

G. 14/1 1873	L. 5	StraßenG. für das Herzogtum Salzburg.
G. 16/2 1886	L. 17	womit der § 38 v. G. abgeändert wird.
G. 14/6 1897	L. 24	betr. die Herstellung von eisernen Brücken bei Land- und Gemeindestraßen I. Klasse.
G. 15/4 1921	L. 90	betr. die Änderung des G. 14/1 1873 L. 5.
G. 23/1 1923	L. 32	betr. die Änderung des § 38 des G. 14/1 1873 L. 5.

Wasserrecht

G. 28/8 1870	L. 32	über Benützung, Leitung und Abwehr der Gewässer.
V. 20/9 1872	L. 37	Wasserbuch.
V. 20/9 1872	L. 38	Staumaß.
G. 27/1 1920	L. 28	womit G. 28/8 1870 L. 32 abgeändert wird.
G. 12/12 1922	L. 12	ex 1923 womit G. 28/8 1870 L. 32 abgeändert wird.
G. 27/1 1920	L. 38	über Ausnützung der heimischen Wasserkräfte durchs Land.
G. 7/12 1923	L. 10	ex 1924 womit G. 28/8 1870 L. 32 abgeändert wird (3. Wasserrechtsnovelle).

Zufahrtsstraßen

G. 15/5 1872	L. 19	betr. Herstellung und Erhaltung von Zufahrtsstraßen zu nichtärarischen Eisenbahnen.
G. 16/6 1875	L. 21	wie vorher.
G. 19/3 1905	L. 23	womit das v. G. auf Zufahrtsstraßen für Eisenbahnen anwendbar erklärt wird.

Steiermark

Steierm. **Agrarische Operationen**

G. 26/5 1909	L. 45	betr. die Zusammenlegung landwirtschaftlicher Grundstücke.
G. 26/5 1909	L. 44	betr. die Teilung gemeinschaftlicher Grundstücke und die Regulierung der darauf bezüglichen gemeinschaftlichen Benutzungs- und Verwaltungsrechte.

Bauordnungen

K. 9/2 1857	L. 5	Bauordnung für das Herzogtum Steiermark mit Ausnahme der Landeshauptstadt Graz samt Anhang über die Erzeugung von gebrannten Ziegeln.
G. 7/9 1881	L. 20	womit eine neue Bauordnung für die Landeshauptstadt Graz erlassen wird.
G. 14/6 1894	L. 42	betr. die Abänderung und Ergänzung des § 47 der Bauordnung 7/9 1881 L. 20.

Steier

G. 8/4 1921 L. 181 betr. die Abänderung der Bauordnung für die Landeshauptstadt Graz und Maßnahmen zur Linderung der Wohnungsnot.
G. 12/3 1866 L. 6 über industrielle Bauten.
G. 7/8 1925 L. 66

Eisenbahnen
G. 11/2 1890 L. 22 betr. die Förderung des Lokaleisenbahnwesens.

Feuerpolizei
G. 25/6 1886 L. 29 womit eine Feuerlöschordnung für das Herzogtum Steiermark mit Ausnahme der Landeshauptstadt Graz erlassen wird.
G. 28/7 1908 L. 57 Änderung des § 8 des G. 29/8 1895 L. 97 (Rauchfänge).
G. 21/12 1922 L. 41

Straßen
G. 23/6 1866 L. 22 betr. die Herstellung und Erhaltung der öffentlichen, nichtärarischen Straßen und Wege.
G. 17/12 1874 L. 1 ex 1875 betr. die Behandlung der in dem V. G. einem L. G. vorbehaltenen Angelegenheiten.
G. 10/1 1891 L. 18 mit welchem § 25 des G. 9/1 1870 L. 20 abgeändert wird.
G. 13/7 1920 L. 230 womit G. 23/6 1866 L. 22 abgeändert wird.

Wasserrecht
G. 18/1 1872 L. 8 über die Benützung, Leitung und Abwehr der Gewässer.
V. 20/9 1872 L. 34 Wasserbuch.
G. 28/1 1919 L. 31 womit G. 18/1 1872 L. 8 ergänzt und abgeändert wird.

Zufahrtsstraßen
G. 16/10 1869 L. 46 betr. die Herstellung und Erhaltung der Zufahrtsstraßen zu den Bahnhöfen und Aufnahmsstationen der Eisenbahnen.

Tirol

Tirol

Agrarische Operationen
G. 19/6 1909 L. 61 betr. die Teilung gemeinschaftlicher Grundstücke und die Regulierung der darauf bezüglichen gemeinschaftlichen Benutzungs- und Verwaltungsrechte.
G. 19/6 1909 L. 62 betr. die Zusammenlegung landwirtschaftlicher Grundlagen.

Bauordnungen
G. 19/6 1886 L. 33 (Bozen).
G. 30/3 1896 L. 31 womit eine Bauordnung für die Landeshauptstadt Innsbruck erlassen wird.
G. 24/5 1896 L. 32 (Trient).
G. 25/10 1899 L. 8 ex 1900 (Meran).
G. 15/10 1900 L. 1 ex 1901 womit eine Bauordnung für die gefürstete Grafschaft Tirol mit Ausnahme jener Orte, die Bauordnungen auf Grund von LandesG. besitzen, erlassen werden.
G. 11/12 1922 L. 45 betr. die Abänderung des G. 30/3 1896 L. 31.

Dampfkessel
K. 9/7 1875 L. 70 betr. die Erprobung und periodische Untersuchung der Dampfkessel und die Sicherheitsvorkehrungen gegen Dampfkesselexplosionen.

Tirol **Feuerpolizei**

G. 28/11 1881	L. 36	womit eine Feuerpolizei- und Feuerwehrordnung erlassen wird.
G. 28/3 1886	L. 18	womit einige Bestimmungen des v. G. abgeändert werden.

Meliorationen

s. Wasserrecht.

Steuer

G. 29/7 1893	L. 21	betr. die Befreiung von Neubauten mit Arbeiterwohnungen von Zuschlägen zur Hauszinssteuer und 5%igen Steuer vom reinen Zinsertrag für Tirol.

Straßen

G. 11/10 1895	L. 47	betr. die öffentlichen Straßen und Wege mit Ausnahme der auf Staatskosten bestehenden Straßen und die Eisenbahnzufahrtsstraßen.

Wasserrecht

G. 28/8 1870	L. 64	über Benützung, Leitung und Abwehr der Gewässer.
V. 20/9 1872	L. 78	s. RG. Staumaß.
V. 20/9 1872	L. 79	s. RG. Wasserbuch.
G. 1/1 1923	L. 10	mit welchem die Bestimmungen der §§ 99 und 100 der Z. 28/8 1870 L. 64 abgeändert werden.

Zufahrtsstraßen

G. 11/2 1874	L. 14	betr. die Herstellung, Umlegung und Erhaltung von Zufahrtsstraßen zu Bahnhöfen und Aufnahmsstationen von Eisenbahnen.
G. 10/6 1898	L. 17	womit der § 5 des v. G. abgeändert wird.
G. 24/10 1899	L. 61	betr. die Umlegung und Erhaltung von Zufahrtsstraßen zu Bahnhöfen und Aufnahmsstationen.

Vorarlberg

Vorarlb. **Agrarische Operationen**

G. 11/7 1921	L. 115	betr. die Teilung gemeinschaftlicher Grundstücke und die Regulierung der darauf bezüglichen gemeinschaftlichen Benutzungs- und Verwaltungsrechte.
G. 11/7 1921	L. 119	betr. die Zusammenlegung landwirtschaftlicher Grundstücke.

Bauordnung

G. 17/3 1924	L. 9	womit eine Bauordnung für das Land Vorarlberg erlassen wird.

Feuerpolizei

G. 18/2 1888	L. 18	womit eine Feuerpolizei- und Feuerwehrordnung erlassen wird.
G. 28/2 1890	L. 10	womit § 10 des v. G. abgeändert wird.
G. 10/7 1899	L. 35	durch welche die §§ 30 und 40 des v. G. abgeändert werden.
G. 28/4 1909	L. 40	womit § 16 des v. G. abgeändert wird.

Flußregulierungen

G. 10/8 1923	L. 67	betr. die Dchfg. und die Erhaltung von Flußregulierungen, Wildbachverbauungen, Bewässerungs- und Entwässerungsanlagen (Allgemeines WasserbautenG.).

Forstwesen

s. Wasserrecht.

Meliorationen				
				s. Wasserrecht.
Straßen				
G.	15/2 1881	L.	9	betr. die Herstellung und Erhaltung der öffentlichen, nichtärarischen Straßen und Wege.
G.	3/7 1920	L.	7	ex 1921 betr. den Bau und die Erhaltung öffentlicher, nichtärarischer Straßen und Wege.
Wasserrecht				
G.	28/8 1870	L.	65	über Benützung, Leitung und Abwehr der Gewässer.
V.	20/9 1872	L.	78	Staumaß.
V.	20/9 1872	L.	79	Wasserbuch.
G.	8/4 1912	L.	48	ex 1914 betr. einiger forst- und wasserpolizeilicher Maßnahmen.
G.	29/1 1921	L.	53	womit G. 28/8 1870 L. 65 abgeändert wird.
G.	29/4 1922	L.	53	wie vorher.
Zufahrtsstraßen				
G.	26/1 1873	L.	19	betr. Herstellung und Erhaltung von Zufahrtsstraßen zu nichtärarischen Eisenbahnen.
G.	28/12 1882	L.	9	ex 1883 Abänderung des v. G.

Arbeitsrecht und soziale Gesetze in Österreich

Von Ing. Rudolf Schmahl, Zivilingenieur für das Bauwesen und Baumeister
durchgesehen von Ing. Arnold Ilkow

Die Materien dieser beiden Gebiete lassen sich schwer abgrenzen, da sie sehr viele gemeinsame Berührungspunkte besitzen und einander vielfach übergreifen. Der Übersichtlichkeit halber wurde jedoch eine Trennung in zwei gesonderte Abschnitte vorgenommen.

A. Arbeitsrecht

Das Verhältnis zwischen Arbeitnehmer und Arbeitgeber ist begründet:

1. in der Gesetzgebung (Verfassungsgesetz, allgemeines bürgerliches Gesetzbuch, Angestelltengesetz und Gewerbeordnung),
2. in Kollektivverträgen, die sich gleichfalls auf die Gesetzgebung stützen (Gesetze über Kollektivvertragsrecht),
3. in Einzelvereinbarungen, mangels kollektivvertraglicher Vereinbarungen,
4. in den Vorschriften über die Arbeitsvermittlung.

Im engen Zusammenhang hiezu stehen die Gesetze über Schlichtung von Streitigkeiten aus dem Dienstverhältnis, die sich auf dem Gesetz über die Errichtung von Einigungsämtern und auf dem der Gewerbegerichte aufbauen.

Zu Punkt 1: Das Bundesverfassungsgesetz vom Jahre 1920 erklärt im Art. 10 und 12 das Arbeiterrecht, den Arbeiter- und Angestelltenschutz, das soziale und Vertragsversicherungswesen als Bundessache, wodurch die diesbezüglich zu erlassenden Gesetze Geltung für das ganze Bundesgebiet erlangen, die Gesetze über Errichtung und Wirkungskreis des Bundesministeriums für soziale Verwaltung vom Jahre 1917 bzw. der Verordnung vom Jahre 1923, das allgemeine bürgerliche Gesetzbuch, insbesondere die §§ 1151 bis 1164, welche den Dienstvertrag, Anspruch auf Entgelt, im speziellen auch bei Krankheit und unverschuldeter Dienstverhinderung, Kündigung, vorzeitige Auflösung usw. behandeln, sowie das Angestelltengesetz aus dem Jahre 1921, das genau die Pflichten und Rechte des Arbeitgebers und Arbeitnehmers abgrenzt, und endlich das VI. Hauptstück der Gewerbeordnung (§§ 73 bis 86), das sich mit der privatrechtlichen Seite des Arbeitsverhältnisses der gewerblichen Arbeiter und den damit zusammenhängenden Lehrverhältnissen (Lehrvertrag) beschäftigt.

Zu Punkt 2: Das Wesen der Kollektivverträge (§ 11 des Gesetzes über die Errichtung von Einigungsämtern und Kollektivarbeitsverträge vom Jahre 1919) besteht in schriftlichen Vereinbarungen der Arbeiter und Angestellten und einem oder mehrerer Arbeitgeber oder Berufsvereinigungen der letzteren, welche die gegenseitigen, aus dem Arbeitsverhältnis entspringenden Rechte und Pflichten oder sonstige Angelegenheiten regeln. Im besonderen enthält ein derartiger Kollektivvertrag an hauptsächlichen Punkten: Arbeitszeit, Arbeitslöhne, Überstunden, Nacht-, Feiertags- und Sonntagarbeit, Lösung des Arbeitsverhältnisses, Kranken- und Unfallsentgelt, Urlaub, Regelung von Streitigkeiten, Arbeitsvermittlung und Arbeitsordnung[1]). § 16 des angezogenen Gesetzes gibt dem Einigungsamt die Möglichkeit und das Recht, einen Kollektivvertrag, der eine überwiegende Bedeutung erlangt hat, zur Satzung zu erklären, das heißt seinen Wirkungsbereich auch außerhalb seines Geltungsbereiches für gleiche Arbeiten und Verhältnisse zu erstrecken.

Zu Punkt 3: Nur für den Fall, daß keine kollektivvertragliche Vereinbarung besteht, können unter Wahrung der unter Punkt 1 angeführten, für den Dienstvertrag maßgebenden Gesetze Einzelvereinbarungen getroffen werden, die aber die im Gesetz enthaltenen zwingenden Rechte des Arbeitnehmers (§ 1164 allgemeines bürgerliches Gesetzbuch und § 40 des Angestelltengesetzes) nicht beeinträchtigen oder aufheben dürfen, beispielsweise: Anspruch auf Entgelt bei Krankheit oder Dienstverhinderung, Zahlungsfristen des Gehaltes, Urlaubsanspruch, Fürsorgepflicht des Arbeitgebers, Endigung des Dienstverhältnisses, Kündigung, Abfertigung usw.

Zu Punkt 4: Die Arbeitsvermittlung, die in den Kollektivverträgen festgelegt ist, ist zwingend vorher durch die Errichtung des paritätischen Arbeitsnachweises für das Baugewerbe in den Verordnungen vom Jahre 1918 und 1922 ausgesprochen. Hienach darf kein Bauunternehmer irgendwelche Arbeiter in freiem Verkehr aufnehmen, sondern muß ihre Zuweisung durch den Arbeitsnachweis verlangen. Es steht ihm jedoch das Recht zu, namentliche Anforderungen durchzuführen, und zwar:

a) sofern es sich um die erste Anforderung von 10 Arbeitern handelt, die gesamte Anzahl,

b) weiterhin 20 % der Zahl der angeforderten Arbeiter,

c) wenn der namentlich geforderte Arbeitslose bereits bei dem Arbeitgeber beschäftigt war, und das Dienstverhältnis nicht länger als sechs Wochen vor der Anforderung gelöst worden ist,

d) bei besonders qualifizierten Arbeitskräften.

[1]) Bauarbeiter-Kollektivvertrag für Wien vom 19. März 1926, Angestellten-Kollektivvertrag vom 10. Juni 1925 und Polier-Kollektivvertrag vom 10. Juni 1925.

Diese zwingenden Vorschriften gelten lediglich für die Aufnahme von Arbeitern, während bei Angestellten es dem freien Ermessen des Unternehmers anheimgestellt ist, auf welche Weise Angestellte aufgenommen werden.

Zu erwähnen sind hiebei die Vorschriften über die Erhaltung des Arbeiterstandes in gewerblichen Betrieben und die Bestimmungen über die Einstellung und Beschäftigung von Kriegsbeschädigten. Erstere besagen, daß die Arbeitgeber verpflichtet sind, bei einer bestimmten Mindestzahl von Angestellten und Arbeitern Arbeitslose in ihre Betriebe einzustellen, bzw. bei Entlassung Neueinstellungen vorzunehmen, um so die festgesetzte Mindestzahl an Beschäftigten ständig zu erhalten. Es steht jedoch dem Arbeitgeber das Recht zu, im Wege der industriellen Bezirkskommission Ausnahmen hiefür zugestanden zu erhalten. Die Vorschriften über die Erhaltung des Arbeiterstandes sind befristet, jedoch kann und wird ihre Laufzeit im Verordnungsweg ständig verlängert. Bezüglich der Einstellung und Beschäftigung von Kriegsbeschädigten setzt das Invalidenbeschäftigungsgesetz vom Jahre 1920 fest, daß alle gewerblichen oder sonstigen auf Gewinn und Erwerb berechneten Betriebe auf zwanzig Arbeitnehmer mindestens einen Kriegsbeschädigten und auf je weitere 25 Arbeitnehmer mindestens einen weiteren Kriegsbeschädigten zu beschäftigen haben. An Stelle dieser Pflichteinstellung kann um Vorschreibung zur Entrichtung einer Ausgleichstaxe angesucht werden. Die genauen Vorschriften hiefür sind in der ersten Durchführungsverordnung vom Invalidenbeschäftigungsgesetz festgesetzt. Die Vermittlung derartiger Personen erfolgt gleichfalls durch die Arbeitsnachweisstelle. Durch das Gesetz vom Jahre 1926 (Verlängerungsgesetz) ist insoferne eine Änderung eingetreten, als eine erfolglose Ansprechung von der Einstellungspflicht entheben kann (§ 8, Abs. 3).

Zur Beilegung von Streitigkeiten, Auslegung der Kollektivverträge, sowie zur Austragung von Meinungsverschiedenheiten sieht der Kollektivvertrag eine Schlichtungskommission vor, die eventuell gemeinsam mit den Einigungsämtern, die gesetzlich zu derartigen Regelungen berufen sind, zu entscheiden hat. Hingegen sind durch das Gewerbegerichtsgesetz vom Jahre 1922 die Gewerbegerichte zur Entscheidung von Rechtsstreitigkeiten aus dem Arbeits- oder Dienstverhältnis zwischen Arbeitgeber und Arbeitnehmer, sowie zwischen Arbeitnehmern desselben Betriebes zuständig. In allen großen Industriezentren sind derartige Gewerbegerichte errichtet bzw. in Errichtung begriffen.

B. Soziale Gesetze

Für die soziale Gesetzgebung kommen in Betracht die Gesetze und die Vorschriften über:

1. Arbeitszeit (Gesetz über den achtstündigen Arbeitstag samt Ausnahmsverordnungen),
2. Arbeitspausen (Gewerbeordnung),
3. Sonn-, Feiertags- und Nachtruhe,
4. Urlaube (Arbeiterurlaubsgesetz und Angestelltengesetz),
5. Beschränkung in der Verwendung von Frauen, Kindern und Jugendlichen zur Arbeit,
6. Vorsorge zum Schutze des Lebens und der Gesundheit der Arbeiter,

7. Arbeitsbeaufsichtigung und Unfallsverhütung[1]),
8. Arbeitslosenfürsorge,
9. Kranken- und Unfallsversicherungspflicht bei Arbeitern und Angestelltenversicherung bei Angestellten,
10. gesetzliche Vertretung der Arbeiter und Angestellten (Betriebsrätegesetz) und Koalitionsrecht (Errichtung von Arbeiterkammern),
11. internationalen Arbeiterschutz.

Zu Punkt 1: Die Arbeitszeit ist durch das Grundgesetz über den achtstündigen Arbeitstag vom Jahre 1919 festgelegt. Nach diesem darf sie, ohne Einrechnung der Arbeitspausen, binnen 24 Stunden nicht mehr als acht Stunden betragen. Für weibliche Arbeiter und Angestellte und für Jugendliche bis zum vollendeten 18. Lebensjahr darf die Arbeitszeit 44 Stunden innerhalb einer Woche nicht überschreiten und hat Samstag um 12 Uhr mittags zu enden. Die starre Vorschrift ist jedoch durch eine Anzahl von Ausnahmsverordnungen durchbrochen, welche für das Baugewerbe dahin gehen, daß die Normalarbeitszeit gemäß der Bauarbeiter-Kollektivverträge für alle männlichen und weiblichen Arbeiter, einschließlich der Jugendlichen, normalerweise wöchentlich 48 Stunden zu betragen hat. Für die Angestellten beträgt sie gemäß Kollektivvertrag allgemein 45 Stunden und schließt die Woche sowohl für Angestellte als auch für Arbeiter am Samstag um 1 Uhr mittags. Das eingangs zitierte Gesetz regelt auch die Höhe der allwöchentlich im Bedarfsfall zu leistenden Überstunden, und zwar für das Baugewerbe (Saison-Industrie) täglich bis höchstens zehn Stunden, jedoch nur an höchstens 60 Tagen innerhalb eines Kalenderjahres mit Bewilligung der politischen Behörde, welche (gegebenenfalls) die Äußerung des Gewerbeinspektorates und der in Betracht kommenden Berufsorganisationen der Arbeiter und Angestellten einzuholen hat (§ 11 der ersten Ausnahmenverordnung). Insbesondere sei auf die erste Ausnahmenverordnung vom Jahre 1920 hingewiesen, welche für Portiere, Feuer- und Nachtwächter sowie für Kutscher usw. weitgehende Änderungen des achtstündigen Arbeitstages zuläßt, insofern diese Mehrleistungen als Überstunden vergütet werden (§ 1, Abs. 3 und 4). Die genaue Festlegung dieser Änderungen erfolgt durch die Kollektivverträge.

Zu Punkt 2: Grundlegend für Anordnung und Dauer der Arbeitspausen ist der § 74 e der Gewerbeordnung in der Fassung des Gesetzes vom Jahre 1885, in dem die Mittagspause und eventuelle sonstige andere Ruhepausen angeordnet werden. Die genaue Festlegung der Arbeitspausen erfolgt jedoch durch die Kollektivverträge, da der § 74 e noch auf der elfstündigen Arbeitszeit aufgebaut ist. Die Pausen sind im wesentlichen bei 48stündiger wöchentlicher Arbeitszeit täglich eine halbstündige Frühstückspause und von Montag bis Freitag eine einstündige Mittagspause. Es entfällt jedoch häufig im Wege des Übereinkommens die halbstündige Frühstückspause, wofür der Arbeitsbeginn um eine halbe Stunde später angesetzt wird.

Zu Punkt 3: Bezüglich der Nachtruhe wäre nur auf das Gesetz vom Jahre 1919 über das Verbot der Nachtarbeit für Frauen und Jugendliche in gewerblichen Betrieben hinzuweisen, während für die Sonn- und Feiertagsruhe der durch verschiedene Gesetze geänderte § 75 der Gewerbeordnung maßgebend ist. Für das

[1]) Siehe auch Unfallversicherung im Abschnitt: „Grundzüge der Feuerversicherung."

Baugewerbe selbst hat das Gesetz jedoch geringere Bedeutung, da die Feiertagsarbeitsbeschränkungen kollektivvertraglich festgelegt sind.

Zu Punkt 4: Die Urlaubsfrage regelt bei den Arbeitern das Arbeiterurlaubsgesetz vom Jahre 1919, bei den Angestellten das Angestelltengesetz vom Jahre 1921 (§ 17). Für Arbeiter gilt bei ununterbrochener Dauer des Dienstverhältnisses von einem Jahr ein einwöchiger Urlaub, für welche Zeit der Beurlaubte Anspruch auf seine gesamten Geldbezüge hat. Als Arbeiter im Sinne des Gesetzes sind alle Dienstnehmer, einschließlich der Lehrlinge, ohne Unterschied des Geschlechtes anzusehen. Wenn das Dienstverhältnis ununterbrochen fünf Jahre gedauert hat, so gebührt dem Arbeiter ein Urlaub von zwei Wochen, welches Ausmaß sich auch auf jugendliche Arbeiter vor dem vollendeten 16. Lebensjahr erstreckt. Da im Baugewerbe häufig Arbeiter nicht ununterbrochen ein Jahr bei ein und demselben Unternehmer tätig sind, sie somit dieses gesetzlichen Vorteiles verlustig gehen würden, sind wegen Gewährung der Urlaube in den verschiedenen Kollektivverträgen diesbezügliche Bestimmungen aufgenommen, die beim Wiener Baugewerbe dahin lauten, daß die Bezahlung des Urlaubsentgeltes nicht durch den Unternehmer, sondern durch die Arbeiter-Urlaubs- und -Fürsorgekommission erfolgt, bei welcher die Unternehmungen die auf die betreffende Arbeiterkategorie entfallenden Urlaubsmarken zu kaufen, am Schlusse jeder Arbeitswoche in das dem Arbeiter gehörige Urlaubsbuch einzukleben und durch Firmenstempelaufdruck zu entwerten haben. Der Anspruch auf Urlaub ist dann fällig, wenn der Arbeiter — auch bei verschiedenen Arbeitgebern — 52 Arbeitswochen mit mindestens 35 Arbeitsstunden in den Monaten März bis Oktober, bzw. 28 Arbeitsstunden in den Monaten Oktober bis Februar, gleichgültig, ob mit oder ohne Unterbrechung, innerhalb 24 Monaten nachweisen kann. Bei mehr als fünfjähriger ununterbrochener Dauer des Dienstverhältnisses bei ein- und demselben Arbeitgeber erfolgt die Bezahlung des Urlaubsgeldes für die erste Woche durch die Arbeiter-Urlaubs- und -Fürsorgekommission, die der zweiten Woche durch den Dienstgeber[1]). Der Arbeiter muß den ihm gebotenen Urlaub annehmen, ansonsten er seines Anspruches darauf verlustig geht.

Angestellten ist nach mindestens ununterbrochener sechsmonatiger Dauer des Dienstverhältnisses in jedem Jahr ein Urlaub von zwei Wochen zu gewähren, welches Ausmaß sich nach fünf Jahren auf drei, nach zehn Jahren auf vier und nach 25 Jahren auf fünf Wochen erhöht. Hat das Dienstverhältnis bei einem und demselben Unternehmer bereits zwei Jahre ununterbrochen gedauert, so ist die bei anderen Dienstgebern im Inlande zugebrachte Dienstzeit als Angestellter oder Arbeiter, sofern sie mindestens je sechs Monate gewährt hat, für die Bemessung der Urlaubsdauer bis zum Höchstausmaß von fünf Jahren einzurechnen. Bei zurückgelegtem Hochschulstudium ist für die Bemessung der Urlaubsdauer eine der gewöhnlichen Dauer dieser Studien entsprechende Zeit, soweit sie fünf Jahre nicht übersteigt, einzurechnen, falls das Dienstverhältnis ununterbrochen sechs Monate gedauert hat. Sowohl für Arbeiter als auch für Angestellte ist der Urlaub unter Berücksichtigung der Betriebsverhältnisse im Einvernehmen zu bestimmen. Er kann bei weniger als fünf Arbeitern und nicht mehr als drei Angestellten in zwei annähernd gleichen Teilen gewährt werden. Krankheit oder sonstige begründete Dienstverhinderungen dürfen in die Urlaubsdauer nicht eingerechnet werden.

---

[1]) Während verkürzter Arbeitszeit ist nach ergangener Gewerbegerichtsentscheidung nur der dieser Arbeitszeit entsprechende Wochenlohn als Urlaubsgeld zu bezahlen.

Zu Punkt 5: Hiefür sind die Bestimmungen der Gewerbeordnung maßgebend, im besonderen §§ 94 bis 96, nach welchen Kinder bis zum vollendeten 14. Lebensjahr zur regelmäßigen gewerblichen Beschäftigung in fabriksmäßig betriebenen Gewerbeunternehmungen nicht verwendet und ebenso Wöchnerinnen erst nach Ablauf von sechs Wochen nach ihrer Niederkunft wieder in Dienst gestellt werden dürfen. Diese letztere Bestimmung ist auch in das Angestelltengesetz (§ 8, Abs. 3) aufgenommen.

Zu erwähnen wäre noch das Gesetz über die Kinderarbeit vom Jahre 1918 samt Vollzugsanweisungen, das aber für das Baugewerbe keinerlei Bedeutung hat, da Kinderarbeit nicht vorkommt.

Zu Punkt 6: Als Rahmen für den Arbeiterschutz gilt der § 74 der Gewerbeordnung, welcher durch verschiedene Verordnungen ausgebaut wurde. Diese sind: die allgemeine Verordnung vom Jahre 1905 und die für das Baugewerbe besonderen Schutzvorschriften für Hochbauten vom Jahre 1907, für Steinbrüche, Lehm-, Sand- und Schottergruben vom Jahre 1908. Die allgemeinen Bestimmungen des § 74 der Gewerbeordnung gehen dahin, daß der Gewerbeinhaber verpflichtet ist, auf seine Kosten alle jene sanitären Vorkehrungen und Einrichtungen zu treffen, die zum Schutze des Lebens und der Gesundheit der Arbeiter erforderlich sind. Ebenso ist er verpflichtet, bei Unterbringung von Hilfsarbeitern bis zum vollendeten 18. Lebensjahr und von weiblichen Arbeitern Rücksicht auf die Sittlichkeit zu nehmen. Für die Ausführung von Hochbauten gibt die früher erwähnte Verordnung genaue Vorschriften zur Verhütung von Unfällen bei Fundamenten, Brunnenschächten, Kanälen, Senkgruben, Gerüsten, Leitern und Treppen, Laufbrücken, Aufzügen usw. zum Schutze für die Gesundheit der Arbeiter und bringt noch als Schlußvorschrift Verhaltungsmaßregeln für die Arbeiter, welche an einer allgemein zugänglichen Stelle des Bauplatzes leserlich ersichtlich zu machen sind, wobei insbesondere darauf hinzuweisen ist, daß bei jedem Betriebsunfall unverzüglich dem Aufsichtsorgan hievon Mitteilung zu machen ist. Für den Betrieb von Steinbrüchen, Lehm-, Sand- und Schottergruben gibt die eingangs angezogene Verordnung genaue Verhaltungsmaßregeln, welche sich im Detail mit den hiezu notwendigen Arbeiten beschäftigen.

Zu Punkt 7: Zum Zwecke der Überprüfung der Durchführung der unter Punkt 6 angeführten Arbeiterschutzverordnungen bestehen die Gewerbeinspektorate, die sich auf das Gesetz vom Jahre 1921 gründen und den Gewerbeinspektoren Vorschriften über Aufgabe und Wirkungskreis geben. Den berechtigten Wünschen und Forderungen der Gewerbeinspektoren kann von der zuständigen Behörde (Gewerbebehörde) durch Strafe Nachdruck verliehen werden. Im Zusammenhang damit muß die Unfallsverhütungskommission genannt werden, die als beratendes und begutachtendes Organ der Regierung (gemäß Gesetz vom Jahre 1920) in allen Angelegenheiten, die auf den Schutz des Lebens und der Gesundheit der Arbeiter in allen Betrieben Bezug haben, zu funktionieren hat.

Zu Punkt 8: Die Arbeitslosenfürsorge besteht im wesentlichen darin, daß nach dem Gesetz vom Jahre 1920, bzw. der Textverordnung vom Jahre 1922 jeder nach dem Kranken- bzw. Angestelltenversicherungsgesetz versicherungspflichtige Arbeiter und Angestellte im Sinne des Gesetzes arbeitslosenversichert werden muß. Es sind auch hier gewisse Ausnahmen geschaffen, jedoch erstrecken sich diese nicht auf das Baugewerbe (§ 1 a des Gesetzes), so daß in allen Zweigen desselben Arbeiter und Angestellte der Versicherungspflicht unterliegen. Der

Anspruch und das Ausmaß der Unterstützung wurde im Laufe der Jahre mehrfach geändert; es sind hiefür bis jetzt fünfzehn Gesetzesnovellen und achtzehn Durchführungsverordnungen erflossen, deren letzte aus dem Jahre 1925 stammt. Das Ausmaß lehnt sich hauptsächlich an die Höhe des Krankengeldansatzes an, während die Beiträge zur Versicherung sehr niedrig gehalten und perzentuell vom Arbeitnehmer und Arbeitgeber zu tragen sind. Sozusagen als Träger der Versicherung gelten die Arbeitslosenämter bei den Arbeitsnachweisstellen, deren Überwachung die industrielle Bezirkskommission inne hat, wobei als oberste Behörde das Bundesministerium für soziale Verwaltung fungiert.

Für Arbeiter und Angestellte, welche Angehörige eines fremden Staates sind, besteht die Arbeitslosen-Versicherungspflicht bzw. -Unterstützung nur dann, wenn durch Staatsverträge die Gegenseitigkeit garantiert ist.

Im Zusammenhang mit den Beiträgen zur Arbeitslosenfürsorge muß auch die Fürsorgeabgabe der einzelnen Bundesländer erwähnt werden, deren Höhe durch Landesgesetze bestimmt ist, z. B. in Wien 4% der Bemessungsgrundlage, das ist die gesamte Lohnsumme, in die alles einzurechnen ist, was der Arbeitnehmer für seine Arbeitsleistung auf Grund seines Arbeitsvertrages oder an rechtlichem Anspruch infolge besonderer Zuwendungen von seinem Arbeitgeber erhält.

Zu Punkt 9: Die Krankenversicherungspflicht geht zurück auf das alte Stammgesetz vom Jahre 1888, welches zwar seinem Inhalt nach im Laufe der Jahre mehrfach geändert werden mußte, doch ist der Grundgedanke desselben — vorübergehende Störung oder gänzliche Arbeitsunfähigkeit des Familienerhalters durch Krankheit, Betriebsunfall oder Invalidität, wenn auch durch eigenes Verschulden, jedoch nicht absichtlich oder vorsätzlich hervorgerufen — gewahrt geblieben. Bereits durch die im Jahre 1917 erfolgte, umfangreiche Novellierung ist eine Erweiterung der Versicherungsleistungen eingetreten: Einführung des Mutterschutzes, Ermöglichung der Angehörigenversicherung und vorbeugende Heilfürsorge. In der weiteren Folge mußten, im besonderen durch die fortschreitende Geldentwertung, Änderungen getroffen werden, die sich in den 22 Novellen zum Krankenversicherungsgesetz ausdrücken. Die hauptsächlichste davon ist die Textverordnung vom Jahre 1922, welche den bis dahin ergangenen Novellen Rechnung trägt. Die nach dieser Zeit erflossenen Novellen beschäftigen sich größtenteils mit der Höhe der Beiträge, der Lohnklasseneinteilung sowie der Höhe der Leistungen und geben den Zusammenhang zwischen der Arbeitslosenversicherung und der Krankenkassenversicherung.

Charakterisiert ist die Krankenversicherung durch den Versicherungszwang und den Rechtsanspruch auf bestimmte Leistungen (Geld- oder Naturalleistungen) und durch das Prinzip der Gemeinsamkeit, das heißt, die Arbeitgeber und Arbeitnehmer sind die Erhalter der Krankenkassen, mithin der Versicherungsträger. Der Umfang des Versicherungszwanges wird im § 1 des Stammgesetzes festgelegt, nach dem „jeder berufsmäßig als Arbeiter, Angestellter, Lehrling oder Hausgehilfe Beschäftigte nach den gesetzlichen Bestimmungen über Krankenversicherung der Arbeiter für den Krankheitsfall zu versichern ist". Die Ausnahmen dieser starren Bestimmung haben für das Baugewerbe keinen Bezug. Die Beiträge werden vom Arbeitgeber und Arbeitnehmer perzentuell getragen und richten sich nach der Einteilung in zehn Lohnklassen. Der Rechtsanspruch auf die Leistung beginnt mit Eintritt des Krankheitsfalles durch Anmeldung bei der Krankenkasse; die Höhe dieser Leistung hängt für den Fall der Bargeldzahlung von der Lohnklasse ab. Die Naturalleistungen sind für alle Versicherungsnehmer im Bedarfsfall gleich, jedoch ist für die Dauer der Inanspruchnahme, sowohl der Natural- als auch Geldleistungen, die Dauer der Versicherung maßgebend.

Noch älter als die Krankenversicherung ist die Unfallsversicherung für Arbeiter aus dem Jahre 1887, welche die Versicherungspflicht aller in einem unfallversicherungspflichtigen Betrieb Beschäftigten festlegt. Diese Betriebe sind im Gesetz taxativ aufgezählt und gehört auch das Baugewerbe dazu. Eine Anzahl von Gesetzesnovellen, deren letzte aus dem Jahre 1925 stammt, befaßt sich mit der Anpassung des Stammgesetzes an die geänderten Verhältnisse. Analog wie beim Krankenversicherungsgesetz sind auch bei der Unfallsversicherung die hauptsächlichsten Merkmale der Versicherungszwang, der Rechtsanspruch auf bestimmte Leistungen und das Prinzip der Gemeinsamkeit. Es erübrigt sich daher, dies näher auszuführen, nur zu den Leistungen muß hinzugefügt werden, daß im Falle der Invalidität eine bestimmte, bleibende geldliche Entschädigung festgesetzt ist, deren Ausmaß sich nach der Lohnklasse und der Dauer der Versicherung richtet.

Auf vollständig neuer Basis ist die Angestelltenversicherung aufgebaut, deren genaue Bestimmungen im Angestelltenversicherungsgesetz vom Jahre 1927 niedergelegt sind. Das Prinzip besteht darin, daß sämtliche versicherungspflichtige Angestellte — der Umfang der Versicherungspflicht ist im § 1 genau festgelegt — gegen Krankheit, Stellenlosigkeit, Unfall, Invalidität und Altersversorgung versichert sein müssen, so zwar, daß bereits mit vollendetem 14. Lebensjahr die Versicherungspflicht eintritt, jedoch die Stellenlosenversicherung erst mit vollendetem 16. und die Pensionsversicherung (das ist die Invaliditäts- und Altersrente) erst mit vollendetem 17. Lebensjahre wirksam wird. Es ist durch dieses Gesetz eine strenge Trennung zwischen den Versicherungsträgern der Kranken- und Unfallsversicherung für Arbeiter und der für Angestellte eingetreten, und sind die Versicherungsleistungen für Angestellte bedeutend erweitert. Ihr Gegenstand ist, kurz gesagt (§ 5 des Gesetzes): Krankenversicherung, Stellenlosenversicherung, Unfallsversicherung mit Hinterbliebenenrente, Pensionsversicherung, das ist Invaliditäts-, Alters- und Hinterbliebenenrente, welche sich neben den Witwen- und Waisenrenten in die Begräbnisgelder teilt, und ein Ausstattungsbeitrag für weibliche Versicherte, die nach Eingehen der Ehe aus der Versicherung ausscheiden. Die Leistungen von seiten des Versicherungsträgers sind nach den Prinzipien der Kranken- und Unfallsversicherung für Arbeiter aufgebaut. Die Beiträge sind bis zum vollendeten 17. Lebensjahr zur Gänze von seiten des Unternehmers, darüber hinaus, und zwar bis zu einem Höchstgehalt von S 400,00 monatlich, zur Hälfte vom Unternehmer, zur Hälfte vom Angestellten zu tragen. Ein höheres Gehalt als S 400,00 kommt nur bis zum Betrage von S 400,00 zur Anrechnung.

Zu Punkt 10: Die gesetzliche Vertretung der Arbeiter und Angestellten ist nach zwei Richtungen hin gewährleistet, und zwar: die Interessenvertretung der Arbeiter und Angestellten in ihrem Betrieb durch das Betriebsrätegesetz vom Jahre 1919 und die Vertretung der wirtschaftlichen Interessen der in Industrie, Handel, Verkehr und Bergbau tätigen Arbeiter und Angestellten durch das Gesetz über die Errichtung von Kammern für Arbeiter und Angestellte (Arbeiterkammer) vom Jahre 1920.

Das Betriebsrätegesetz bestimmt im allgemeinen, daß nicht nur in fabriksmäßigen, sondern auch in allen anderen Betrieben, wo mindestens 20 Arbeiter oder Angestellte dauernd gegen Entgelt beschäftigt sind, die Institution der Betriebsräte geschaffen wird. Diese Betriebe werden in den erwähnten Grenzen taxativ aufgezählt und fällt auch das Baugewerbe darunter. In jenen oben angeführten Betrieben, in denen die vom Gesetz festgelegte Minimalzahl von Arbeitern und Angestellten nicht erreicht wird, sind an Stelle der Betriebsräte Vertrauensmänner zu wählen, die „mit der Besorgung einzelner Aufgaben der Betriebsräte im Sinne dieses Gesetzes, soweit dies dem Umfang und der Art des Betriebes entspricht, betraut sind" (§ 4). Die Institution beruht auf dem Prinzip des freien, geheimen Wahlrechtes. Die Modalitäten hiefür, soweit sie nicht durch das Gesetz bestimmt werden, sind in Durchführungsverordnungen festgelegt. In diesen Verordnungen ist auch die Zahl der zu wählenden Betriebsräte nach der Anzahl der in den Betrieben beschäftigten Personen bestimmt, während die Anzahl der Vertrauensmänner direkt im Gesetz selbst geregelt ist. Inwieweit die Wahrnehmung der Interessen der Arbeitnehmer durch die Betriebsräte zu gehen hat, spricht der § 3 des Gesetzes durch Aufzählung sämtlicher Aufgaben der Betriebsräte aus:

„Die Betriebsräte sind berufen, die wirtschaftlichen, sozialen und kulturellen Interessen der Arbeiter und Angestellten im Betrieb wahrzunehmen und zu fördern. Ihre Tätigkeit hat sich tunlichst ohne Störung des Betriebes zu vollziehen.

Insbesondere fallen folgende Aufgaben in ihren Rechts- und Pflichtenkreis:

1. Wo kollektive Arbeitsverträge bestehen, die zwischen dem Unternehmer oder dem Unternehmerverband einerseits, den Gewerkschaften der Arbeiter und den Angestelltenorganisationen anderseits abgeschlossen sind, haben die Betriebsräte

a) die Durchführung und Einhaltung dieser kollektiven Arbeitsverträge zu überwachen,

b) unter Mitwirkung der Gewerkschaften der Arbeiter und der Angestelltenorganisationen mit dem Betriebsinhaber, der zur Beiziehung der Unternehmerorganisation berechtigt ist, Ergänzungen in jenen Punkten der Kollektivverträge zu vereinbaren, deren Sonderregelung in den letzteren selbst vorgesehen ist. Diesen Ergänzungen kommt der Charakter eines Kollektivvertrages zu.

2. Wo kollektive Arbeitsverträge nicht bestehen, sollen die Betriebsräte solche Verträge im Einvernehmen mit den Gewerkschaften der Arbeiter und den Angestelltenorganisationen anbahnen.

3. Im allgemeinen kann die Festsetzung von Akkord-, Stück- und Gedinglöhnen sowie von bestimmten Durchschnitts- oder Mindestverdiensten, soweit diese nicht durch kollektive Arbeitsverträge geregelt sind, nur mit Zustimmung des Betriebsrates unter Mitwirkung der zuständigen Gewerkschaften der Arbeiter sowie der Unternehmerorganisationen erfolgen.

Akkord-, Stück- oder Gedinglöhne für die einzelnen Arbeiter oder einzelnen Arbeiten, die kollektiv nicht vereinbart werden können, werden einzeln zwischen dem Betriebsinhaber und Arbeiter festgesetzt.

Wenn über den dem einzelnen Arbeiter oder für die einzelne Arbeit zugesprochenen Akkord-, Stück- oder Gedinglohn eine Einigung zwischen dem Betriebsinhaber und Arbeiter nicht zustande kommt, so erfolgt die Festsetzung dieses Akkord-, Stück- oder Gedinglohnes unter Beiziehung zweier Mitglieder des Betriebsrates. Im Streitfall entscheidet das Einigungsamt.

Auf Antrag des Betriebsrates kann das Einigungsamt durch beeidete Sachverständige behufs Feststellung der für die Berechnung der Akkord-, Stück- oder Gedinglöhne in Betracht kommenden Umstände in jene Aufzeichnungen des Betriebsinhabers Einsicht nehmen lassen, die über die Erzeugungs- und Lohnverhältnisse Aufschluß geben. Die Sachverständigen sind zur Verschwiegenheit verpflichtet.

4. Die Erlassung und Änderung der Arbeitsordnung kann, soweit sie nicht zwischen den Gewerkschaften der Arbeiter oder den Angestelltenorganisationen und den Unternehmerorganisationen vereinbart ist, nur mit Zustimmung des Betriebsrates erfolgen.

5. Die Betriebsräte haben die Durchführung und Einhaltung der Gesetze und Vorschriften über Arbeiterschutz, Betriebshygiene und Unfallsverhütung und Arbeiterversicherung zu überwachen, erforderlichenfalls die zuständigen Aufsichtsbehörden anzurufen und zur Teilnahme an deren Erhebungen Mitglieder zu entsenden.

In den der Gewerbe- und Bergwerksinspektion unterliegenden Betrieben sind die vorgeschriebenen Besichtigungen unter Teilnahme von Mitgliedern des Betriebsrates durchzuführen.

6. Die Betriebsräte haben an der Aufrechterhaltung der Disziplin in den Betrieben mitzuwirken.

Disziplinarstrafen können nur gemäß der Arbeitsordnung und nur durch einen Ausschuß verhängt werden, in welchen sowohl der Betriebsinhaber als der Betriebsrat je einen Vertreter entsenden kann.

7. Die Betriebsräte haben das Recht, die Lohnlisten zu prüfen und die Lohnauszahlung zu kontrollieren.

8. Der Betriebsrat nimmt teil an der Verwaltung der Wohlfahrtseinrichtungen, wie Werkwohnungen, Betriebskonsumanstalten, Pensions- und Unterstützungskassen, sowie der Einrichtung zur Abgabe von Lebensmitteln und sonstigen Bedarfsartikeln. Die nähere Regelung dieser Teilnahme erfolgt durch das Staatsamt für soziale Verwaltung.

9. Die Betriebsräte können die Kündigung oder Entlassung eines Arbeiters oder Angestellten mit der Begründung anfechten, daß sie aus politischen Gründen, im Zusammenhang mit der Tätigkeit als Mitglied des Betriebsrates oder deswegen erfolgt sei, weil der Betroffene vom Vereins- oder Koalitionsrecht Gebrauch gemacht habe.

Die Anfechtung hat binnen acht Tagen schriftlich beim Einigungsamt zu erfolgen: die Tage des Postlaufes werden nicht eingerechnet. Erachtet das Einigungsamt die Gründe der Anfechtung als gegeben, so ist die Kündigung oder Entlassung ungültig.

10. Der Betriebsinhaber ist berechtigt und auf Verlangen des Betriebsrates verpflichtet, gemeinsame Beratungen über Verbesserungen der Betriebseinrichtungen und über allgemeine Grundsätze der Betriebsführung allmonatlich abzuhalten.

In Handelsunternehmungen mit mindestens 30 Angestellten und Arbeitern und in allen Industrie- und Bergwerksunternehmungen können die Betriebsräte alljährlich vom 1. Jänner 1920 ab die Vorlage einer Bilanz über das verflossene Geschäftsjahr und eines Gewinn- und Verlustausweises sowie einer lohnstatistischen Aufstellung verlangen.

11. In Unternehmungen, welche in der Rechtsform der Aktiengesellschaft gebildet sind, entsenden die Betriebsräte der Arbeiter und Angestellten in den Verwaltungsrat oder Direktionsrat, unbeschadet der im Statut vorgeschriebenen Mitgliederzahl, zwei Vertreter aus dem Kreise jener Betriebsratsmitglieder, denen das aktive Wahlrecht in den Betriebsrat (§ 7) zusteht. Diese haben dieselben Rechte und Pflichten wie die anderen Mitglieder des Verwaltungs- oder Direktionsrates, sie haben jedoch keine Vertretungs- und Zeichnungsbefugnis und keinen Anspruch auf eine andere Vergütung als den Ersatz ihres in dieser Tätigkeit gemachten Aufwandes.

Die vorstehenden Bedingungen sind sinngemäß anzuwenden hinsichtlich des Aufsichtsrates von Kommanditgesellschaften auf Aktien und des Aufsichtsrates von solchen Gesellschaften mit beschränkter Haftung, bei denen das Stammkapital eine Million Kronen übersteigt und ein Aufsichtsrat besteht.

12. Die Betriebsräte können auch sonst eigene Anregungen beim Betriebsinhaber und bei den Behörden vorbringen.

Nach Maßnahme etwa zu ihrer Verfügung stehenden Mittel können sie zur Wohlfahrt der im Betrieb Beschäftigten dienende Einrichtungen treffen oder sich an derartigen Maßnahmen und Veranstaltungen beteiligen.“

Für die Vertrauensmänner sind nur die in § 3, Punkt 1, 2, 3, 5, 6, 7, 8, 9 und 12 aufgezählten Befugnisse maßgebend. Hervorzuheben wäre noch, daß eine Kündigung der Betriebsräte während der Laufzeit ihres Mandates nur im Einvernehmen und mit Zustimmung des Einigungsamtes erfolgen kann.

Die Betriebsräte sind gemäß § 12 berechtigt, zur Deckung der Kosten ihrer Geschäftsführung von den Arbeitern und Angestellten des Betriebes eine Umlage einzuheben, welche der Betriebsinhaber anläßlich der Lohnauszahlung abzuziehen und an den Betriebsrat abzuführen hat.

Nach den erläuternden Bemerkungen zur Regierungsvorlage über den Zweck der Arbeiterkammern handelt es sich: „bei der Errichtung derselben für die im Gewerbe, in der Industrie, im Handel und Verkehr beschäftigten Arbeiter und Angestellten, Kammern zu schaffen, die den entsprechenden Kammern der gewerblichen Unternehmungen nicht nur völlig gleichwertig, sondern auch in ihrem Wirkungskreise und in ihrer Organisation ähnlich gestellt sind, daß ein Zusammenwirken der beiderseitigen Körperschaften bei Lösung von wichtigen Aufgaben der wirtschaftlichen Verwaltung ohne Schwierigkeiten möglich ist.“ Damit ist das Arbeiterkammergesetz genügend charakterisiert und sein in den §§ 1 und 2 beschriebener Wirkungskreis präzisiert. Das Gesetz beschäftigt sich selbstredend noch mit dem Verhältnis zu den anderen Behörden, mit dem Begriff des Arbeiters und des Angestellten, mit der internen Einteilung und Organisation der Kammer und mit der Wahl.

Bei der Besprechung der Interessenvertretung der Arbeitnehmer muß unbedingt des Koalitionsgesetzes aus dem Jahre 1870 Erwähnung getan werden, nach welchem betreffs der Verabredung von Arbeitgebern und Arbeitnehmern zur Erzielung von Arbeitsbedingungen besondere Bestimmungen erlassen wurden. Inwieweit dieses Gesetz nach dem heutigen Stande der Gesetzgebung, insbesondere mit Rücksicht auf das Betriebsrätegesetz, zu Recht besteht, kann hier nicht erörtert werden. Es sei nur auf dieses Gesetz und im besonderen auf seinen § 2 hingewiesen, der festlegt, daß Verabredungen von Arbeitgebern und Arbeitnehmern zur Erzwingung von Arbeitsbedingungen (Lohnerhöhungen, Lohnerniedrigungen usw.) keine rechtliche Wirkung haben, das heißt, durch Aufhebung der bezüglichen Paragraphen des allgemeinen Strafgesetzes ist das Verbot der Koalition aufgehoben, diese demnach straffrei, aber dem Grunde nach ohne effektiven gesetzlichen Rechtsschutz.

Zu Punkt 11: Der derzeitige internationale Arbeiterschutz fußt in der durch die Friedensverträge geschaffenen internationalen Arbeitsorganisation, insbesondere im internationalen Arbeitsamte, mit dem Sitz in Genf. In den verschiedenen Hauptversammlungen dieser internationalen Arbeitsorganisation, deren erste im Jahre 1919 in Washington abgehalten wurde, sind Übereinkommen über die Arbeitslosigkeit, die Nachtarbeit der Frauen, gewerbliche Nachtarbeit der Jugendlichen und das Übereinkommen über die Festsetzung der Arbeitszeit in gewerblichen Betrieben auf Achtstundentage und 48 Stunden wöchentlich festgelegt worden. Dieses letzte Übereinkommen wurde von Österreich bereits im Jahre 1924, wenn auch mit dem Vorbehalt, ratifiziert, daß es erst wirksam werden solle, bis es von den europäischen Mitgliederstaaten der internationalen Arbeitsorganisation, einschließlich der Nachfolgestaaten, ratifiziert werde. Immerhin bildet dieses Übereinkommen die Grundlage für die unter Punkt 1 ausgeführte Arbeitszeit. Die sonstigen Übereinkommen haben für das Baugewerbe selbst keinen besonderen Einfluß, weshalb auf sie nicht näher eingegangen wird.

Hingegen ist dem Inlandsarbeiterschutzgesetz vom Jahre 1925 eine besondere Bedeutung mit Rücksicht auf die Behebung der Arbeitslosigkeit zuzumessen; nach § 2 dieses Gesetzes darf kein Arbeitgeber ohne behördliche Bewilligung einen Arbeiter, Angestellten oder Lehrling beschäftigen, der nicht österreichischer Staatsbürger ist oder sich nicht seit mindestens 1. Jänner 1923 im Bundesgebiet ständig aufhält. Sollte dennoch ein ausländischer Arbeitnehmer beschäftigt werden müssen, so ist die zuständige industrielle Bezirkskommission ermächtigt, in jenen Fällen, wo es die Lage des Arbeitsmarktes zuläßt, wichtige Interessen der Volkswirtschaft es erfordern oder sonstige triftige Gründe dafür sprechen, diese Bewilligung zu erteilen.

Literaturnachweis:

„Arbeitsrecht und Arbeiterschutz", nach dem Stande der österreichischen Gesetzgebung vom 31. Mai 1925, von Dr. Max Lederer und Dr. Viktor Suchanek, Verlag der österreichischen Staatsdruckerei in Wien.

„Grundzüge des österreichischen Arbeitsrechtes", von Dr. Siegfried Camuzzi, Verlag der Zeitschrift „Die Industrie" in Wien.

„Die österreichische Gewerbeordnung", 2. Aufl., von Dr. Egon Praunegger, Verlag Leykam in Graz.

„Gesetze und Verordnungen betreffend die Krankenversicherung der Arbeiter", von Dr. Armin Schneider, Verlag Moritz Perles, Wien.

„Die Krankenversicherung in Österreich", von Dr. Josef Resch, Verlag der Typographischen Anstalt in Wien.

„Die Arbeiterunfall-Versicherung in Österreich", von Dr. Josef Resch, Verlag der Typographischen Anstalt in Wien.

„Die Arbeitslosenversicherung in Österreich", von Dr. Josef Resch, Verlag der Typographischen Anstalt in Wien.

„Kommentar zum Pensionsversicherungsgesetz", von Dr. Hubert Kokisch, Verlag Manz, Wien.

„Das Lehrlings-, Arbeiter- und Angestelltenrecht im Wiener Baugewerbe", von Dr. Viktor Panek, Selbstverlag der Genossenschaft der Bau- und Steinmetzmeister, Uralte Haupthütte, Wien.

Grundzüge zeitgemäßer Liegenschaftsbewertungen

Von Oberbaurat Ing. Paul Hoppe, Ziv.-Ing. für Architektur und Hochbau, Architekt und Baumeister

A. Bewertung von Liegenschaften

Das Wirtschaftsleben erfordert jederzeit, sowohl während der Entwicklung, der Blüte als auch des Niederganges eines Volkes aus Gründen nationalökonomischer, allgemein- und privatrechtlicher Natur die Kenntnis der Werte der beweglichen und unbeweglichen Güter. Insbesondere sind es die bleibenden, also unbeweglichen Güter, die für den Volkswohlstand von ausschlaggebender Bedeutung sind, so daß der richtigen Erkenntnis und Bestimmung der Werte von Liegenschaften die größte Wichtigkeit innewohnt.

Demgemäß sind Bewertungen von Liegenschaften mit größter Vorsicht und genauester Berücksichtigung aller beeinflussenden Momente vorzunehmen, die je nach Zweck, Nutzen und Beschaffenheit einer solchen Liegenschaft verschiedenartiger Natur sein können. Daraus ergibt sich, daß der Wert von Liegenschaften nicht das Ergebnis einfacher Berechnung sein, sondern nur durch Schätzung erhoben werden kann, weil jeder Wertermittlung immer Ziffern zugrunde gelegt werden müssen, welche nur auf Erfahrung, Gefühl und Berücksichtigung örtlicher und zeitlicher Umstände beruhen. Dieser so ermittelte Wert einer Liegenschaft wird als wahrer Wert, gemeiner Wert oder Verkehrswert bezeichnet. Bei der Ermittlung des Wertes einer Liegenschaft waren seit jeher verschiedene Bewertungsarten in Übung, die, je nach ihrer richtigen Wahl, ein mehr oder weniger richtiges Ergebnis zeitigten. Diese verschiedenen Wertermittlungen beruhten auf der Anwendung eines Vielfachen des Ertrages oder sonstiger, allgemein feststehender Unterlagen und werden hauptsächlich von solchen Personen angewendet, welchen eine allgemeine, oberflächliche Wertprüfung genügt. Diese Annäherungsbewertungen wurden von nichtsachverständigen Fachleuten, insbesonders von Vermittlern, Haus- und Grundeigentümern verwendet und beruhten beispielsweise darauf, daß bei Bewertung von städtischen Zinshäusern ein Vielfaches entweder des Bruttozinses, der Hausklassen- oder der Hauszinssteuer, bei der Bewertung von Grundstücken ein Vielfaches des Katastralreinertrages, der Grundsteuer, angewendet wurde. Diese Annäherungsbewertungen wurden in der Art vorgenommen, daß beispielsweise Wiener Zinshäuser mit dem 9- bis 16fachen Bruttozins bewertet wurden, wobei Zinshäuser in den entlegeneren Vororten und ungünstigen Zinslagen mit unsicheren Zinseingängen und größeren Leerstehungen mit dem 9fachen Bruttozins, hingegen Zinshäuser in bester Lage hervorragender Geschäftsviertel, in zeitgemäßer Ausführung, gutem Bauzustand und sicheren Zinseingängen mit dem 14- bis 16fachen Bruttozins bewertet wurden. Als Durchschnittsbewertung wurde in normalen guten Wohnanlagen der 12- bis 13fache Bruttozins als Wert angenommen. Zu diesem so errechneten Annäherungswert wurde sodann noch der Wert einer etwa vorhandenen Steuerfreiheit hinzugeschlagen. Die verschiedene Höhe der vorangeführten Vielfachen erschien begründet als Funktion der größeren oder kleineren Gefahrenmomente, welche der Hausherr beim Besitz seines Hauses anzurechnen genötigt war. Sie war aber auch weiters begründet als Ergebnis verschieden hoher Verzinsung des im Hause angelegten Kapitals, welches bei Annahme einer zirka 40- bis 50%igen Abgabe für Steuern und Erhaltungskosten vom Bruttozins, bei minder günstigen Zinshäusern eine 5- bis 6%ige, bei erstklassigen Gebäuden eine 3%ige Verzinsung des Anlagekapitals bedeutete. Derartige Annäherungsschätzungen waren nicht nur für den Privatverkehr in Anwendung, sondern sogar von Staatsämtern für die Überprüfung von angegebenen Werten vorgeschrieben und durch Kundmachungen des Finanzministeriums vom 23. Dezember 1897, R.G.Bl. 301, Verordnungen des Justizministeriums vom 10. Juli 1897, R.G Bl. 174, und durch Verordnungen des Finanzministeriums vom 14. Juli 1900, R.G.Bl. 120, festgelegt. Aus diesen Verordnungen ist zu. entnehmen, daß als der mindeste Betrag, mit welchem der Wert einer der Grundsteuer unterliegenden unbeweglichen Sache nach § 50 des Gesetzes vom 9. Februar 1850, R.G.Bl. 50, angenommen werden darf, das 70fache der 22,7%igen Grundsteuer ohne Nachlaß anzusehen ist. Ferner, daß bei den der Grundsteuer unterliegenden Liegenschaften das 25fache des Katastralreinertrages, bei den der Hauszinssteuer unterliegenden Gebäuden das 16fache des nach Abzug der Erhaltungs- und Amortisationskosten erübrigenden steuerpflichtigen Nettozinses und bei den der Hausklassensteuer unterliegenden Wohngebäuden das 300fache, bei den dieser Steuer unterliegenden

Bauernhöfen oder Wohn- und Wirtschaftsgebäuden das 700fache der für ein Jahr bemessenen Hausklassensteuer als Steuerschätzwert anzusehen ist. Weiters ist in diesen Vorschriften vorgesehen, daß von einer genauen Schätzung einer Liegenschaft Abstand genommen werden konnte, wenn der vom Eigentümer angegebene Wert mindestens das 108fache der 22,7%igen Grundsteuer ohne Nachlaß oder das 100fache der Hausklassensteuer ohne Nachlaß der vier letzten Tarifklassen bzw. das 150fache der Hausklassensteuer ohne Nachlaß der höheren Tarifklassen oder das 16fache des der Hauszinssteuer unterliegenden Nettozinses (steuerpflichtigen Zinses), das ist das 60fache der $26^2/_3$%igen bzw. das 80fache der 20%igen Hauszinssteuer ohne Nachlaß, zuzüglich des Wertes einer allfälligen zeitlichen Steuerbefreiung betrug.

Die Bestimmung solcher Annäherungswerte kann und konnte schon deshalb auf volle Richtigkeit keinen Anspruch erheben, weil es sich hier um Ergebnisse handelte, die auf mechanisch-rechnerische Art ermittelt waren, ohne daß die jeder Liegenschaft anhaftenden örtlichen und besonderen Eigentümlichkeiten eine Berücksichtigung erfuhren. Es kann für den Wert einer Liegenschaft nicht ohne Belang sein, ob das darauf errichtete Gebäude in einfacher, guter und zweckmäßiger Ausführung erbaut wurde und eine möglichst vorteilhafte Ausnützung des Grundstückes darstellt oder nicht; ob die Verbauung des Grundstückes durch ein bloß erdgeschossiges oder mehrstöckiges Gebäude erfolgt ist und ob dieses Gebäude für mehr oder weniger erträgnisreiche Zwecke benützt werden kann.

Es ergibt sich daraus, daß eine wirklich verläßliche, allen Eigenheiten einer Liegenschaft gerecht werdende und dem wahren Werte möglichst nahe kommende Wertermittlung nur auf Grund einer Schätzung ermittelt werden kann, die von sachverständigen Fachleuten vorgenommen wird. Die Veranlassung zur Vornahme einer Schätzung kann verschiedenster Natur sein: Der Kauf, die Schenkung, die Übertragung durch Erbschaft, der Zwang zur Auszahlung von Pflichtteilen in Ausführung letztwilliger Verfügungen, die Wahrung von Rechten unmündiger Erben, die Gewährung von Darlehen an den Hausbesitzer durch Privatpersonen oder Geldinstitute, die Versicherung gegen Feuersgefahr und schließlich die zwangsweise Entäußerung (Exekution), kurz, alle mit dem Besitzwechsel oder mit der Befriedigung finanzieller Interessen des Besitzers verbundenen Geschäfte.

Aus der Vielseitigkeit dieser Veranlassung geht die Wichtigkeit und große Verantwortung hervor, welche der Wertermittlung anhaftet, so daß die Gesetzgebung in den §§ 220, 303, 304, 305 und 306 des allgemeinen bürgerlichen Gesetzbuches und in der Exekutionsordnung vom 25. Juli 1897, R.G.Bl. 175, jene Bestimmungen niedergelegt hat, welche für die Bewertung von Liegenschaften maßgebend sind. Aus diesen gesetzlichen Bestimmungen geht klar hervor, daß bei der Bewertung von Liegenschaften nur jener Wert in Betracht gezogen werden darf, welcher als wahrer Wert oder gemeiner Wert bezeichnet ist und der im öffentlichen Leben auch als Verkehrswert richtig gekennzeichnet ist. Die Verschiedenartigkeit der Interessen, welche im Verkehr mit Liegenschaften zutage treten, haben es mit sich gebracht, daß eine Reihe von Wertbezeichnungen entstand, die nur dazu dienen sollten, Zweckwerte zu schaffen, welche jedoch dem wahren Werte nicht oder nicht immer gleichkommen; also eine Verschleierung des wahren Wertes zum Zwecke der Vertretung persönlicher Interessen sind. Derartige Benennungen wie Liebhaberwert, Urwert, Bilanz- oder Buchwert, Versicherungswert, Belehnungs- oder Hypothekarwert usw. werden irrtümlicherweise als „Werte“ bezeichnet, sind aber in Wirklichkeit nur Zweckziffern, die mit dem wahren Verkehrswert einer Liegenschaft nie verwechselt werden dürfen. Als etwa noch zulässige Wertbezeichnungen können nur zwei Zweckziffern angesprochen werden, welche gesetzlich als Unterlagen für die Ermittlung des wahren Wertes dienen und als Substanzwert bzw. Ertragswert bezeichnet werden.

Der wahre oder Verkehrswert im gesetzlichen oder volkswirtschaftlichen Sinn wird in erster Linie durch Angebot und Nachfrage gebildet und ist beeinflußt einerseits von dem Wert des Grundes und etwaiger Baulichkeiten (Substanzwert), der als unterste Wertgrenze anzusehen ist. Der Verkehrswert ist aber auch anderseits beeinflußt durch den Nutzen, den eine Liegenschaft dem Besitzer abwirft (Ertragswert), der als oberste Wertgrenze bezeichnet werden kann. Bei jeder Liegenschaft muß, um den Besitz einer solchen erstrebenswert erscheinen zu lassen, der Ertragswert höher als der Substanzwert sein, wodurch der Anreiz zur Bewirtschaftung eines Grundstückes, bzw. zur Erbauung eines Zinshauses erst gegeben erscheint. Der hauptsächlichste Grundsatz für die Bewertung von Liegenschaften findet sich in dem Werke F. W. Roß: Leitfaden für die Ermittlung des Bauwertes von Gebäuden, welcher lautet: „Bei einer Schätzung sind lediglich die dauernden Eigenschaften des zu schätzenden Gegenstandes und nur der durchschnittliche für die gewöhnliche Bewirtschaftung in den Händen jedes Besitzers erreichbare Wert festzustellen."

Die gesetzlich niedergelegten Grundsätze für die Bewertung von Liegenschaften finden sich im allgemeinen bürgerlichen Gesetzbuch, dessen § 303 sagt: „Schätzbare Sachen sind diejenigen, deren Wert durch Vergleichung mit anderen im Verkehr befindlichen bestimmt werden kann," der § 304 besagt: „Der bestimmte Wert einer Sache heißt ihr Preis", und der § 305 lautet: „Wird eine Sache nach dem Nutzen geschätzt, den sie mit Rücksicht auf Zeit und Ort gewöhnlich und allgemein leistet, so entsteht der ordentliche oder gemeine Preis. Nimmt man aber auf besondere Verhältnisse und auf die in zufälligen Eigenschaften der Sache gegründete besondere Vorliebe desjenigen, dem der Wert ersetzt werden muß, Rücksicht, so entsteht der außerordentliche Preis", und § 306 besagt: „in allen Fällen, wo nichts anderes entweder bedungen oder von dem Gesetz verordnet wird, muß bei der Schätzung einer Sache der gemeine Preis zur Richtschnur genommen werden."

Die Realschätzungsordnung (Verordnung der Minister der Justiz, des Innern und des Ackerbaues vom 25. Juli 1897, R.G.Bl. Nr. 175) gibt unter III. bei der Schätzung zu beobachtende Grundsätze, schon verschiedene Vorschriften bekannt, welche bei exekutiven Schätzungen zu beachten sind. Insbesondere der § 15 legt fest, daß die Wertermittlung regelmäßig zu erfolgen hat, entweder durch Feststellung des Verkaufswertes (Verkehrs-, Handels-, Marktwert), nach Flächenmaßeinheiten (bei Gebäuden nach Objekten) oder durch Kapitalisierung des jährlichen Reinertrages. Weiters besagt der § 16, daß Gebäude, welche der Hauszinssteuer unterliegen, samt den dazugehörigen, unverbauten Flächen stets zweifachen Bewertungen zu unterziehen sind, nämlich jener nach dem kapitalisierten Zinsertrag und jener nach dem Grund- und Bauwert. Der Durchschnitt aus beiden Bewertungen ist als Schätzwert anzunehmen.

Aus allen vorangeführten Überlegungen geht hervor, daß jener Wert, welcher allgemein die Öffentlichkeit interessiert bzw. interessieren muß, nur der Verkehrswert sein kann, das heißt jener Betrag, welcher im Falle eines freihändigen, nicht erzwungenen Verkaufes mit Sicherheit als Erlös für die käufliche Sache zu erwarten ist. Dieser Verkehrswert kann mit den vorerwähnten Zweckwerten, wie Urwert, Belehnungswert, Hypothekarwert, Grund- und Bauwert oder Ertragswert annähernd zusammenfallen und wird auch in Zeiten normalen Wirtschaftslebens derart übereinstimmen, daß der Verkehrswert sich zwischen den Gestehungskosten und dem Ertragswert bewegen wird.

In Zeiten abnormalen Wirtschaftslebens hingegen, wie wir sie jetzt zu durchleben gezwungen sind und die durch die Erschütterungen des Weltkrieges hervorgerufen wurden, hat der Begriff des Verkehrswertes einer Liegenschaft immer ungeahnte Veränderungen erfahren. Die Erlassung von Zwangsvorschriften, welche der allgemeinen Verarmung Rechnung tragend, das Emporschnellen der Mietzinse als unerträgliche Belastung der Mieter erscheinen lassen, hat das Erträgnis der Miethäuser derartig herabgemindert, daß von einem Ertrage im Sinne der Vorkriegszeit auf längere Zeit hinaus nicht mehr gesprochen werden kann. Zu diesen Kriegserscheinungen treten noch jene Verordnungen hinzu, welche die Demolierung und den Umbau von alten, nicht mehr den heutigen Wohnungsanforderungen entsprechenden Gebäuden unmöglich machen, weil die Rücksichtnahme auf die überall vorhandene Wohnungsnot, die Erhaltung der vorhandenen Wohnungen als unerläßlich notwendig erscheinen läßt.

Im Falle des Verkaufes eines in der Vorkriegszeit einen Reinertrag abwerfenden Gebäudes kann somit der Käufer nur mit einer Besserung des Ertrages einer solchen Liegenschaft in Zukunft rechnen, er kann also nur einen eskomptierten, in absehbarer Zeit zu erhoffenden Ertragswert bezahlen, welcher naturgemäß, je nach der Verschiedenheit der bestehenden Mieterschutzgesetze, ein vollkommen ungleicher sein muß. Es ergibt sich hieraus, daß jene Beträge, welche als Erlös bei heutigen Liegenschaftsverkäufen erzielt werden, wohl als Verkehrswerte anzusprechen sind, weil sie dem Verkehr in solchen Wertsachen entsprechen, diese Erlöse jedoch von den bisherigen Vorstellungen über den Wert solcher Liegenschaften vollkommen losgelöst erscheinen, da in solchen heutigen Verkaufsergebnissen auch nicht mehr annähernd die Entschädigung für die Herstellungskosten solcher Liegenschaften zu erblicken ist.

Tatsächlich haben sich in den Nachkriegsjahren bei Hausverkäufen nur solche Beträge erreichen lassen, welche vorsichtig rechnende Kaufleute nur dann jahrelang ertraglos festlegen konnten, wenn ertragreiche Zeiten bald zu erwarten sind.

Diese von solchen Gesichtspunkten ausgehenden Verkehrswerte haben auch tatsächlich eine gewisse Übereinstimmung in der Auffassung des kauflustigen Publikums gezeigt, welche einen Überblick über die Bestimmung des Verkehrswertes ermöglichen. Es hat sich weiters gezeigt, daß die Einreihung der Liegenschaften in höhere oder niedere Wertgruppen sich von verschiedenen Gesichtspunkten ausgehend, vollzogen hat. Es war naheliegend, daß Liegenschaften durch deren Besitz vorkriegsähnliche Erträge zu erwarten waren oder deren Vorkriegsertrag rasch und in absehbarer Zeit erreichbar scheint, wesentlich höher verwertet werden konnten, als solche Liegenschaften, welche mit unvalorisierten Vorkriegserträgnissen noch auf längere Jahre hinaus zu rechnen haben werden.

In die erste Gruppe, das ist jene der derzeit höher bewerteten Liegenschaften, gehören alle, welche für Nahrungsmittelerzeugung und zur Herstellung jener Artikel dienen, welche zur Befriedigung der Bedürfnisse des täglichen Lebens der Bevölkerung verwendbar sind.

In die zweite Gruppe, das ist jene der niedriger zu bewertenden Liegenschaften, gehören alle Baulichkeiten, insbesondere in den großen Städten, welche Mietwohnungen enthalten, deren Erträgnis durch die erlassenen Mieterschutzgesetze auf ein derartig geringes Ausmaß herabgedrückt wurde, daß der Begriff eines Ertragswertes bei solchen Gebäuden derzeit nicht mehr vorhanden ist.

Während die Liegenschaften der ersten Gruppe, also rein landwirtschaftliche Liegenschaften, auf Grund derselben Gesichtspunkte bewertet werden, wie es in der Vorkriegszeit üblich war, nämlich auf Grund des kapitalisierten Ertrages, kann diese Bewertungsart bei Fabriken nicht mehr beibehalten werden. Die Industrie Österreichs, die vor dem Krieg auf das ganze Absatzgebiet der alten österreichisch-ungarischen Monarchie und auf Export, hauptsächlich in die Balkanländer, aufgebaut war, ist durch den Zusammenbruch der Monarchie und durch die Aufrichtung von Industrieschutz-Zollgrenzen gegen die Nachbarländer auf ein wesentlich geringeres Absatzgebiet beschränkt.

Insbesondere wurden jene Industrien durch den Zusammenbruch schwer betroffen, welche als reine Kriegsindustrieanlagen während des Krieges erbaut oder vergrößert wurden und heute ihrer Existenzberechtigung beraubt sind. Der Umstand, daß ein Großteil von Fabriksanlagen aus kleinen Anfängen heraus, durch fortwährende, oft nicht sehr glückliche Vergrößerungen räumlich zwar ausgedehnt, betriebstechnisch jedoch ungünstig gestaltet wurde, somit die Erzeugung eine ungleich kostspieligere sein muß, als bei Fabriken, welche nach neuesten und zweckdienlichsten Grundsätzen erbaut sind, ergibt, daß das Alter, die Beschaffenheit, die betriebstechnisch zweckdienlichste Bauart und weitere die Herstellungskosten beeinflussende Momente, wie Anschluß an bestehende Eisenbahnlinien, Vorhandensein eigener Kraftzentralen, allgemein günstige Lage der Liegenschaft, Vergrößerungsmöglichkeit bzw. Unterteilungsmöglichkeit für verschiedenartige Betriebe und Verwendbarkeit für verschiedene Industriezweige, auf den Verkehrswert einer solchen Liegenschaft derzeit einen ungleich stärkeren Einfluß ausüben, als dies schon in der Vorkriegszeit der Fall war.

Es wird sich somit bei der Bewertung von Fabriksliegenschaften in erster Linie darum handeln, jene Momente richtig einzuschätzen, welche unter den heutigen besonders erschwerten Verhältnissen noch eine Bestandfähigkeit und Verwendbarkeit für industrielle Zwecke gerechtfertigt erscheinen lassen. Es kann daher bei der Bewertung von Fabriksliegenschaften nicht der Grund- und Bauwert allein in Betracht gezogen werden, sondern es muß dieser unter voller Berücksichtigung der vorerwähnten Gesichtspunkte einer Abminderung unterworfen werden. Immerhin kann aber bei einigen wenigen Industrieunternehmungen, die zur Deckung wirklich vorhandenen und gesicherten Industriebedarfes oder zur Erzeugung gesicherter, hochwertiger Exportqualitätsware dienen, der Liegenschaftswert ein derart hoher sein, daß nicht nur valorisierte Friedensverkehrswerte gerechtfertigt erscheinen, sondern daß sogar ein Umbau oder Neubau solcher Fabriksanlagen gerechtfertigt ist, wenn hiedurch eine wesentlich rationellere Erzeugungsmöglichkeit gesichert erscheint.

Alle übrigen Industriebaulichkeiten jedoch werden, entsprechend der wesentlich verringerten Nachfrage, auch einen wesentlich verringerten Verkehrswert besitzen. Dieser Verkehrswert kann als äußerste unterste Grenze unter ungünstigsten Umständen sogar bis auf den Altmaterial- oder Demolierungswert der Baulichkeiten herabsinken, wenn veraltete Bauart, schlechter Bauzustand, Mangel moderner

Industrienotwendigkeiten, allgemein ungünstige, abseitige Lage, einen Betrieb als derzeit unmöglich und aussichtslos erscheinen lassen und eine Verwendung der Gebäude zu Wohn- und Lagerzwecken ausgeschlossen erscheint.

Am ungünstigsten ist derzeit der Verkehrswert von Miethäusern durch die bestehenden Mieterschutzverordnungen beeinflußt, da wie bereits erwähnt, derartige Liegenschaften nur als Zukunftsanlagewerte gesucht werden. Die heutige Erträgnislosigkeit dieser Baulichkeiten einerseits, die Ungewißheit der Zukunft und die Unsicherheit des anzunehmenden Kapitalisierungszinsfußes anderseits erschweren die Beurteilung des Verkehrswertes außerordentlich. Aber auch bei Miethäusern ist ähnlich wie bei Fabriksgebäuden eine Anzahl von Kennzeichen vorhanden, welche eine höhere Bewertung gegenüber anderen rechtfertigen. In erster Linie ist es die allgemein günstige Lage, die moderne Grundrißbildung und die solide Bauart und schließlich die Qualität der Bewohner, welche eine wesentlich höhere Bewertung gerechtfertigt erscheinen lassen. Anderseits haben jene Miethäuser, welche in minder guter Lage sich befinden, derzeit nicht mehr jene schweren Mängel anhaften, welche in der Vorkriegszeit in der Bewohnung durch kapitalsschwache Mieter, durch häufigen Wechsel der Parteien und durch starke Leerstehungen gekennzeichnet waren, nachdem die großen Umwälzungen sozialpolitischer Natur, diese seinerzeitigen Mängel stark abgeschwächt haben. Trotzdem haftet jedoch letzteren Miethäusern immer noch die ungünstige Lage und fast ausnahmslos die wenig solide Bauart an, welche auch heute noch eine verhältnismäßig stärkere Verminderung des Verkehrswertes bedingen. Demnach erscheint eine Differenzierung des Verkehrswertes nach Lage, Beschaffenheit und Bauart auch heute unbedingt gerechtfertigt. Es ergibt sich hieraus, daß reine Miethäuser von diesem Gesichtspunkte aus in folgende vier Hauptgruppen zu teilen sind:

1. Eigenwohnhäuser in entsprechend guter Lage und vollendetster zeitgemäßer Bauausführung;
2. Eigenwohnhäuser in minder guter Lage und nicht mehr zeitgemäßer Bauausführung;
3. reine Miet- und Geschäftshäuser in hervorragend guter Lage mit zeitgemäßer Wohnkultur, gutem Bauzustand und guter Bauausführung;
4. reine Miethäuser in minder guter Lage, veralteter Wohnungsausstattung, Massenmiethäuser und Arbeiterwohnhäuser in minder guter Bauausführung bei mangelhafter Instandhaltung.

In diese vier Gruppen wären noch bezüglich der Lage zu dem jeweiligen Stadtzentrum gewisse Untergruppen einzureihen.

Eine Ausnahme in der Bewertung bilden jene Gruppen von Liegenschaften, welche nicht auf Grund des valorisierten Friedensertragswertes bewertet werden können, insbesondere Neubauten von Miethäusern und Eigenwohnhäusern, welche auf Grund bestehender Steuererleichterungen nach dem Zusammenbruch neu erbaut wurden und außerhalb der Mieterschutzgesetze gestellt wurden und daher in der Lage sind, derart hohe Zinserträge abzuwerfen, daß eine Bewertung auf Grund des Ertrages ermöglicht wird.

Alle Liegenschaften jedoch, ohne Ausnahme, müssen heute der Wertverminderung unterworfen werden, welche durch die allgemeine Verarmung, durch die Geldknappheit und das Darniederliegen aller Erwerbsunternehmungen berechtigt erscheint.

Aus diesen Betrachtungen ergibt sich, daß übereinstimmend mit den bestehenden Gepflogenheiten auf dem Realitätenmarkt als Ausgangspunkt für die Bewertung von Miethäusern auch heute noch im allgemeinen der Friedenswert zur Grundlage genommen werden muß, weil sonstige Anhaltspunkte, welche rechnerisch durch die derzeitigen Verhältnisse begründet erscheinen, tatsächlich nicht zur Verfügung stehen. Es erscheint daher notwendig derzeit noch den heutigen Verkehrswert als ein Vielfaches des Friedenswertes aufzustellen und hiezu die folgenden Formeln zu verwenden:

$$W = V \times F \tag{1}$$

worin W den heutigen Verkehrswert,
V das Vielfache und
F den Friedenswert

bedeuten.

Nun wurde aber der Friedenswert einer normalen zinsentragenden Liegenschaft berechnet nach der Formel:

$$F = \frac{S + E}{2} + Stf \tag{2}$$

worin F den Friedenswert,
S „ Substanzwert,
E „ Ertragswert und
Stf „ Wert etwa vorhandener Steuerfreiheit

bedeuten.

Der Substanzwert S setzt sich wieder zusammen laut folgender Formel:

$$\text{aus } S = G + B \tag{3}$$

worin G den Wert des Grundstückes (Grundwert) und
B „ „ „ Gebäudes (Bauwert)

vorstellen.

Der Ertragswert E hingegen ergibt sich aus der Formel:

$$E = \frac{Bz - St}{P} \times 100 \tag{4}$$

wobei Bz den Jahresbruttozins des Jahres 1914,
St die im Jahre 1914 bestandenen Steuern, Erhaltungskosten und sonstige Abzugsposten und Abgaben und
P den im Jahre 1914 üblichen Prozentfuß (Zinsfuß)

bedeuten.

Der Wert der Steuerfreiheit Stf für jene Steuererleichterungen, welche im Jahre 1914 in Geltung waren, spielt für die heutige Verkehrswertermittlung keine Rolle mehr, weil alle Arten von Steuerfreiheiten, die vor dem Kriege gesetzlich gewährt wurden, um einen Anreiz zu gesteigerter Bautätigkeit zu bieten, derzeit schon abgelaufen sind. Es ist somit der Wert der Steuerfreiheit für die heutige Verkehrsermittlung von Gebäuden, die aus der Vorkriegszeit stammen, ohne jeden Belang. Da jedoch den verhältnismäßig wenigen, aus privaten Mitteln errichteten zinstragenden Gebäuden, die nach dem Kriege in Wien in der Zeit vom 29. November 1921 bis 31. Dezember 1926 erbaut wurden, eine 30jährige Steuerfreiheit durch die Gesetze vom 30. September 1921, L.G.Bl. für Wien Nr. 127, ferner vom 7. April 1922, L.G.Bl. für Wien Nr. 63, ferner vom 20. April 1923, L.G.Bl.

für Wien Nr. 57, und vom 15. Mai 1925, L.G.Bl. für Wien Nr. 26, gewährt wurde, soll der Vollständigkeit halber hier auch die Formel für den Zeitwert der Steuerfreiheit *Stf* angeführt werden, welche lautet:

$$Stf = M \times \frac{q^n - 1}{q^n (q-1)} \qquad (5)^{1)}$$

wobei M die terminliche (semestrale oder jährliche) Minderleistung an Steuern infolge Steuerersparnis;
$q = (1 + 0{,}01\,p)$ den Kapitalisierungszinsfuß bei $p\,^0/_0$ Verzinsung und
n die Anzahl der Termine (Semester oder Jahre) bedeuten, während welcher die Steuerersparnis bis zu ihrem Ende noch andauert.

Bezüglich Bestimmung des Wertes der Gebäude (Bauwert) B sind noch folgende Formeln von Wichtigkeit:

$$B = H - A \qquad (6)$$

wobei H die Friedensbauherstellungskosten bedeuten, welche heute zu erwarten gewesen wären, wenn an Stelle des Krieges eine normale Wirtschaftsentwicklung bis auf den heutigen Tag möglich gewesen wäre und
A die durch zunehmendes Alter und Abnützung an der Substanz verursachte Wertabminderung (Amortisation, Altersentwertung) bedeutet.

Diese Wertabminderung ist um so größer, je größer das Alter des Gebäudes ist und wird im allgemeinen besonders bei Wohnhausbauten um so rascher zunehmen, je größere Fortschritte jene technischen Errungenschaften und sanitären Wohnungseinrichtungen aufweisen, welche die zunehmende Wohnkultur der letzten Jahrzehnte kennzeichnet. Alle jene technischen Errungenschaften, welche die letzten modernen, vornehmen Wohnhausbauten als selbstverständliche Notwendigkeit aufweisen, wie Personenaufzug, Zentralheizung, zentrale Warmwasserversorgung, Staubsaugeanlage, Klopfbalkons, Baderäume, entsprechende Diener-, Vor- und Nebenräume, Dienertreppen usw. oder bei Kleinwohnungshäusern: wie Wohnküchen, Gemeinschaftsküchen, zentrale Waschküchen, Kindertagesräume usw. und welchen die unaufhaltsam fortschreitende Wohnkultur sich dienstbar macht, entwerten unsere älteren Wohnhausbauten weitaus rascher und unbarmherziger, als es durch die natürliche Abnützung der Substanz durch den täglichen Gebrauch der Bewohner begründet erscheint.

Diese kulturelle Entwertung verursacht besonders bei städtischen Wohnhausbauten die Notwendigkeit eines Umbaues zu einer Zeit, in der das Gebäude aus statischen Gründen noch für viele Jahre als vollkommen bestandfähig zu bezeichnen wäre und oft kaum das „Jünglingsalter" überschritten hat.

Ganz ähnlich liegen die Entwertungsverhältnisse auch bei Fabriksbauten. Auch hier ist der ungeheure Fortschritt aller technischen Wissenschaften das treibende Element, welches bei statisch noch sehr bestandfähigen Gebäuden, deren Umbau als unbedingte Notwendigkeit erscheinen läßt. Die durchgreifende Mechanisierung und Rationalisierung in allen Fabriksbetrieben, die Ökonomisierung der Kraftzentralen, die Vereinfachung, Verbilligung und Modernisierung der Herstellungs-

---

1) Zur Auswertung der Formel (5) dient Tabelle S. 662.

methoden sowie die gründliche Erfüllung sozialer Forderungen der Arbeiter, lassen die durchgreifende Umgestaltung, ja selbst den Umbau von ganzen Fabrikstrakten, oft nach verhältnismäßig kurzer Lebensdauer als unaufschiebbar erscheinen.

Nachdem diese gewaltsamen Entwertungen in keiner, auch nur annähernd praktisch verwendbaren Art feststellbar sind, trotzdem die einschlägige Literatur hierüber sehr interessante, aber naturgemäß nur auf persönlichen Ansichten beruhende, stark divergierende Angaben aufweist, ist eine wirklich verläßliche, rechnerische Erfassung dieser Entwertung kaum anzugeben. Trotzdem die einschlägige Literatur zumeist eine progressive Steigerung der Wertabminderung vorschlägt und zur Berechnung der zutreffenden Wertabminderungsfaktoren umfangreiche Tabellen aufstellt, die auf rein theoretischen Lebensdauerannahmen beruhen, erscheint es mit Rücksicht auf die vorerwähnten, viel schwerwiegenderen, gewaltsamen kulturellen Entwertungsmomente für den praktischen Schätzungsgebrauch ungleich richtiger, die theoretische Lebensdauer, als eine in den meisten Fällen unerreichbare Ziffer unberücksichtigt zu lassen und zur Bestimmung der Größe der vorhandenen Wertabminderung nur das derzeitige Alter in Vergleich zu ziehen, zu der voraussichtlich noch zu erwartenden Lebensdauer eines Bauwerkes. Bei dieser Beurteilung wird nicht so sehr das absolute, als vielmehr das relative Alter und insbesondere die hochwertige Bauausführung und Instandhaltung eine ausschlaggebende Rolle spielen, ebenso der Standort des Gebäudes in verhältnismäßig geschützter Lage in geschlossenen Städten, oder in einer den Witterungseinflüssen stark ausgesetzten isolierten Lage am flachen Lande. Für diese Art der Berechnung der Wertabminderung genügt aber vollständig die Annahme, daß die Wertabminderung sich nicht progressiv, sondern proportional vollzieht, so daß zur Berechnung der Wertabminderung sich folgende Formel anwenden läßt:

$$A = K \times \frac{l}{l+L} \tag{7}$$

worin K die heutigen Bauherstellungskosten,
l das derzeitige Alter des Bauwerkes,
L die voraussichtlich noch zu erwartende vollwertige Lebensdauer des Bauwerkes bedeuten.

Für die allgemeine Beurteilung der normalen Bestanddauer von Gebäuden dürften nachstehende Angaben ausreichen:

a) Bestanddauer für Wohnhäuser:

1. In vollendetster hochwertiger Ausführung, in Städten rund 250 Jahre
   „ „ „ „ am flachen Land rund 150 bis 200 „
2. „ guter Ausführung, in Städten rund .... 150 „ 200 „
   „ „ „ am flachen Land rund.................. 120 „ 150 „
3. „ minderguter einfacher Ausführung, in Städten rund ...... 120 „
   „ „ „ „ am flachen Land rund.. 70 „ 100 „

b) Bauernhäuser und landwirtschaftliche Bauten:

1. In guter Ausführung, als Massivbauten rund ....100 Jahre
2. „ „ „ teils als Massiv-, teils als Holzbauten rund ..... 70 „
3. „ „ „ reine Holzbauten rund .... 50 „

c) **Industriebauten:**

1. Ältere Konstruktion als Massivbauten rund	100	Jahre
2. Neuere „ in Eisenbetonbauweise rund	150 bis 200	„
3. Nebengebäude, hiezu wie Speicher usw. als Massivbauten rund	100	„
„ teils als Massiv-, teils als Holzbauten rund	60 „ 80	„
„ reine Holzbauten rund	30 „ 40	„

Unter Berücksichtigung der bisherigen Ausführungen ergibt sich die volle erschöpfende Formel für die Berechnung des heutigen Verkehrswertes einer aus der Vorkriegszeit stammenden, zinstragenden Liegenschaft:

$$W = V \times \left\{ \frac{G + \frac{H \times L}{l + L} + \frac{Bz - St}{P} \times 100}{2} \right\} \tag{8}$$

In dieser Formel (8) sind bereits alle Faktoren erläuternd besprochen, bis auf den Faktor:

V, das Vielfache des Friedenswertes:

Wie schon erwähnt, bildet dieses Vielfache einen rechnerisch nicht feststellbaren Wert, der nur auf Grund reichlicher Erfahrung, als das Ergebnis aus freihändigen Verkäufen, vergleichs- und gefühlsmäßig angenommen werden kann.

Tatsächlich haben die zahlreichen Verkäufe von Wiener Zinshäusern in der letzten Zeit ergeben, daß die Preise von Wiener Durchschnitts-Zinshäusern, aus der Vorkriegszeit stammend, sich zwischen dem ein- bis zweifachen Friedensbruttozins in Gold bewegt haben. Das heißt, daß ein solches Zinshaus, welches im Jahre 1914 z. B. *K 10 000,00* Bruttozins getragen hat, je nach seiner Lage und Bauart, einen Verkehrswert besitzt zwischen:

K 10 000,00 × *14,400* × 1 = *K 144 000 000,00* und
K 10 000,00 × *14,400* × 2 = *K 288 000 000,00*

oder umgerechnet auf ein Vielfaches des Friedenswertes ergäbe sich für Zinshäuser aus der Vorkriegszeit stammend:

$$V = 1200 \text{ bis } 2500.$$

Hiezu ist zu erwähnen, daß solche Zinshäuser in unausgebauten Stadtteilen, von der ärmsten Bevölkerungsschichte bewohnt, in billigster Ausführung und starker, das natürliche Maß übersteigender Abnützung, selbst bis auf den 800fachen Friedenswert herabsinken können, während umgekehrt solche Zinshäuser in hervorragend guter Geschäftsgegend, in besonders guter Bauausführung, Verkehrswerte bis zum 3500-, ja selbst 4500fachen Friedenswert erreichen können.

Im Falle große, das Durchschnittsmaß übersteigende Bauschäden vorhanden sind, bilden die heutigen Kosten der Beseitigung dieser außergewöhnlichen Instandsetzungsauslagen eine Abzugspost von dem vorerrechneten Verkehrswert.

Verkaufspreise, die erreicht wurden bei Miethäusern, in denen eine Wohnung oder ein Geschäftslokal unbenützt war, können nicht als Richtschnur für die Ermittlung des Verkehrswertes herangezogen werden, weil es sich hier nicht um einen „gemeinen“, sondern um einen „außerordentlichen“ Preis im Sinne des § 305 des allgemeinen bürgerlichen Gesetzbuches handelt.

Obwohl die Friedenswerte von Wiener Zinshausbauten, die vor dem Kriege erbaut wurden, heute den Bausachverständigen noch vollkommen geläufig und in Erinnerung sind, so scheint es doch mindestens interessant, die heutigen Verkehrswerte nicht nur mit den seinerzeitigen Friedenswerten, sondern auch mit den heutigen Herstellungskosten in Beziehung zu bringen, weil sich bei dieser Gegenüberstellung die wertvernichtende Auswirkung des Mietengesetzes in erschreckender Deutlichkeit zeigt. Von diesem Standpunkte aus betrachtet, ergibt sich, daß die heutigen Verkehrswerte, die am Realitätenmarkt erreichbar sind, bei Vorkriegshäusern betragen:

1. bei einfachst ausgestatteten Zinshäusern in minder guter Lage rund . 5 bis 8%
2. bei einfach ausgestatteten Zinshäusern in Normalwohnlagen rund .... 8 „ 15%
3. bei gut und modern ausgestatteten Zinshäusern in Haupt- und Verkehrsstraßen rund .... 15 „ 25%
4. bei hervorragend gut ausgestatteten Wohn- und Geschäftshäusern in sehr guter zentraler Lage von Geschäftsvierteln, Villen und Eigenwohnhäusern in ausgesprochenen Villenvierteln rund .... 20 „ 35%
5. ausgesprochene Großgeschäftshäuser im Kern des geschäftlichen Hauptverkehres und Eigenwohnpaläste in besonders bevorzugten, vornehmen Wohnvierteln rund .... 35 „ 50%

der heutigen Herstellungskosten.

Selbstverständlich müssen auch hier das Lebensalter und die etwa mangelhafte Instandhaltung dieser Gebäude vollauf berücksichtigt werden.

Ungleich schwieriger als die Schätzung von Zinshäusern ist die Schätzung von Fabriksanlagen. Die Gründe hiefür sind darin zu suchen, daß Fabriksanlagen Sonderzweckbauten sind, die keine derart allgemein verwertbare Marktware darstellen wie Zinshäuser, also einem wesentlich eingeschränkteren Interessentenkreis gegenüberstehen. Es ist somit mangels verwendbarer Vergleichsresultate die richtige Bewertung von Fabriksanlagen ungemein erschwert. Weitere Erschwernisse für die Bewertung bilden die oft abseitige Lage, die zu großzügige oder zu engherzig dimensionierten oder betriebstechnisch ungünstig situierten Gebäude, die schwere Verwertungsmöglichkeit für andere Industriezwecke und geringe Anpassungsfähigkeit an geänderte Betriebsnotwendigkeiten, wie Vergrößerung oder Verkleinerung des Betriebes.

Hiebei ist jedoch nicht zu übersehen, daß unter Umständen eine abseitige isolierte Lage vollauf berechtigt sein kann, wenn z. B. das Vorhandensein günstiger, billiger Kraftquellen (Wasserkräfte), unmittelbar benachbarte Fundstellen von Ur- oder Rohstoffen, günstige billige Arbeiterlöhne usw. große betriebstechnische Vorteile und Ersparnisse gewährleisten. Derartige Verhältnisse können unter Umständen von so weittragender Bedeutung sein, daß die Verlegung solcher Betriebe in verkehrsreiche Industriegegenden oft nur mit schweren Opfern, in manchen Fällen überhaupt nicht durchführbar ist oder eine gänzliche Umstellung auf andere Produktion bedingt. Weiters erschwerend für die richtige Werterkenntnis ist der Umstand, daß Verkäufe von Fabriksanlagen häufig wegen Veralterung der Betriebsstätten oder wegen gänzlicher Einstellung des Betriebes, also zwangsweise, erfolgen. Unter diesen Verhältnissen kann der Wert solcher Fabriksanlagen auf den Wert der Grundstücke mehr dem Altmaterialwert der Gebäude, also auf die unterste Wertgrenze herabsinken.

Handelt es sich aber um den Verkauf einer im vollen lebensfähigen Betrieb stehenden Fabriksanlage, so sind bei der Bewertung im allgemeinen die heutigen

Herstellungskosten (Grund- und Bauwert) zugrunde zu legen, hiebei aber folgende wertvermindernde Faktoren entsprechend zu berücksichtigen:

1. Vorhandene Wertabminderung an Gebäuden verursacht durch Alter und Abnützung (Amortisation);
2. allgemeine ungünstige Lage der gesamten Industrie hervorgerufen durch allgemeine Verarmung als Auswirkung des Weltkrieges (Arbeitslosigkeit);
3. verminderte Ertragsmöglichkeit industrieller Unternehmungen durch erhöhte Verpflichtungen sozialer Natur (Zwangsarbeitereinstellungen, Fürsorgeabgabe, erhöhte Steuern usw.);
4. unbegründete, ungünstige, abseitige Lage der ganzen Anlage;
5. Mangel einer notwendigen eigenen Kraftzentrale;
6. Mangel oder Unmöglichkeit der Herstellung eines notwendigen Geleiseanschlusses;
7. Mangel an notwendigen Arbeiterwohnungen;
8. ungünstige veraltete Bauart der Betriebsgebäude;
9. fehlende Vergrößerungsmöglichkeit;
10. schwere Verwertungsmöglichkeit für andere Industriezwecke:
    a) wegen übermäßiger Größe der Gesamtanlage (Kriegsindustrieanlagen);
    b) wegen übermäßiger Umbaukosten.

Zu diesen Abminderungsfaktoren wäre folgendes zu erwähnen:

Die Wertabminderung 1. durch Alter und Abnützung (Amortisation) ist nach denselben Gesichtspunkten zu beurteilen, wie in Formel (7) angegeben.

Nachdem die Wertabminderungsfaktoren 2. und 3. derzeit wohl ausnahmslos allen Industrie- und Fabriksanlagen anhaften und auch in Zukunft noch so lange anhaften werden, als die Auswirkung des Weltkrieges störend empfunden wird und die heutige Unmöglichkeit der vollen Ausnützung vorhandener Betriebseinrichtungen besteht, so bilden diese Faktoren wertvermindernde Momente, die derzeit bei jeder, auch der modernst erbauten Industrieanlage, Berücksichtigung finden müssen.

Die Höhe dieser zwei Faktoren richtig anzunehmen, muß wohl dem Empfinden und den bei der Besichtigung erhaltenen Eindrücken des Schätzmeisters vorbehalten bleiben. Sie kann richtigerweise nicht im vollen, derzeit sich fühlbar machenden Umfang veranschlagt werden, sondern es muß die Hoffnung auf eine in absehbarer Zeit zu erwartende Besserung der Produktionsverhältnisse mildernd zum Ausdruck gelangen, ähnlich wie bei der Wertermittlung der Miethäuser. Von diesem Gesichtspunkte aus, der Eskomptierung einer besseren Zukunft, erscheint eine Berücksichtigung dieser zwei Wertabminderungsfaktoren in einer Höhe von annähernd 35% der heutigen, um die Amortisation verminderten Bauherstellungskosten als entsprechend.

Die übrigen Wertabminderungsfaktoren 4. bis 10. sind nur in jenen Fällen als Abzugsposten anzuwenden, wo sie wertvermindernd in Erscheinung treten und können pro zutreffenden Faktor, je nach seiner Wichtigkeit, annähernd mit je 10% Berücksichtigung finden.

Auf keinen Fall aber dürfen alle anzunehmenden Abminderungsfaktoren zusammen 95% der heutigen Bauherstellungskosten übersteigen, weil logischerweise der Wert des Bau-Altmateriales im Ausmaße von rund 5% vorhanden bleiben muß.

Es mag vielleicht auf den ersten Blick befremdend erscheinen, von tatsächlich vorhandenen Bauwerten, zugunsten nicht vorhandener Bauteile, Abzüge zu machen.

Diese Maßregel erscheint jedoch durch die heutige Geldknappheit vollauf begründet, weil besonders Industrieunternehmungen in den seltensten Fällen imstande sind, große Investitionen vorzunehmen, selbst dann nicht, wenn es gilt notwendige Wertobjekte zu schaffen, weil die verfügbaren Geldmittel oft knapp zur Aufrechthaltung der eingeschränkten Betriebe ausreichen. Es steht daher außer allem Zweifel, daß fehlende Betriebsnotwendigkeiten, in der Art der in den Posten 4. bis 10. angeführten, derzeit eine starke Wertverminderung der gesamten Anlage bedeuten und im vorerwähnten Sinne bei der Bewertung Berücksichtigung finden müssen.

B. Schätzung von Gebäuden zum Zwecke der Feuerversicherung

Der Zweck solcher Schätzungen besteht in der Ermittlung und Festlegung jener Einzelziffern und Beträge, welche aufgewendet werden müssen, um Schäden, die durch Feuer und Löschungsarbeiten entstanden sind, durch Versicherungsgesellschaften vergütet zu erhalten. Um derartige Schadensziffern in einwandfreier Weise ermitteln zu können, ist es unerläßlich, über derartige Unterlagen zu verfügen, welche es ermöglichen, den vor einem Brand vorhanden gewesenen Zustand eines Gebäudes festzustellen und die durch den Brand vernichteten Werte errechnen zu können.

Diese Brandschäden werden nur als reine Materialschäden vergütet, und zwar nicht in der Höhe der Kosten der Neuherstellung, sondern nur in jener Höhe, der dem Zustand des verbrannten Gutes knapp vor dem Brande entspricht, also unter Berücksichtigung der Neuherstellungskosten, abzüglich einer entsprechenden Abschreibung für Alters- und Gebrauchsabnützung.

Demnach entfallen die für Feuerversicherungszwecke vorzunehmenden Schätzungen ihrer Hauptsache nach in zwei Gruppen, nämlich:

I. Schätzungen von Baulichkeiten zum Zwecke der Versicherung gegen Brandschäden (Bestandwertschätzungen) und

II. Schätzung jener Bauwerte, die durch Brände vernichtet oder beschädigt wurden (Brandschadenschätzungen).

I. Bestandwertschätzungen:

Um diesen Bestandwertschätzungen jene Eigenschaften zu verleihen, deren sie als verläßliche Unterlage zur Beurteilung von erlittenen Brandschäden bedürfen, müssen sie derart verfaßt sein, daß sie jederzeit genaue Aufschlüsse, sowohl über den Wert als auch über den Baubestand eines Objektes geben können. Zu diesem Zweck müssen sie folgende vier Angaben enthalten:

a) Massen des zu versichernden Wertgegenstandes;
b) Neuwert oder Herstellungskosten dieser Massen;
c) Alter und Entwertung am Tage der Schätzung;
d) Zeit- oder Versicherungswert am Tage der Schätzung.

Ad a) Bei Gebäuden werden die Massen in Form einer genauen, detaillierten Massenaufstellung unter Beilage von Skizzen in Form von Bauvorausmaßen oder Kostenanschlägen mit kurzer Beschreibung angeführt.

Ad b) Der Neuwert oder die Herstellungskosten sind für jede Massenpost, unter genauer Berücksichtigung der örtlichen Verhältnisse, wie Zubringungs-, Lohn- und Materialkosten, einzusetzen.

Tabelle der Faktoren $\frac{q^n - 1}{q^n (q - 1)}$

mit welchen die terminliche Steuerersparnis multipliziert werden muß, um den Barwert der Steuerfreiheit zu erhalten.

Anzahl der noch steuerfreien Termine	$1^3/_4$%	2%	$2^1/_4$%	$2^1/_2$%	3%	$3^1/_2$%	4%	$4^1/_2$%	5%	$5^1/_2$%	6%
1	0,98280	0,98039	0,97800	0,97561	0,97087	0,96618	0,96154	0,95694	0,95238	0,94787	0,94340
2	1,94870	1,94156	1,93447	1,92742	1,91347	1,89969	1,88609	1,87267	1,85941	1,84632	1,83339
3	2,89798	2,88388	2,86990	2,85602	2,82861	2,80164	2,77509	2,74896	2,72325	2,69793	2,67301
4	3,83094	3,80773	3,78474	3,76197	3,71710	3,67308	3,62990	3,58753	3,54595	3,50515	3,46511
5	4,74786	4,71346	4,67945	4,64583	4,57971	4,51505	4,45182	4,38998	4,32948	4,27028	4,21236
6	5,64900	5,60143	5,55448	5,50813	5,41719	5,32855	5,24214	5,15787	5,07569	4,99553	4,91732
7	6,53464	6,47199	6,41025	6,34939	6,23028	6,11454	6,00205	5,89270	5,78637	5,68297	5,58238
8	7,40505	7,32548	7,24718	7,17014	7,01969	6,87396	6,73274	6,59589	6,46321	6,33457	6,20979
9	8,26049	8,16224	8,06571	7,97087	7,78611	7,60769	7,43533	7,26879	7,10782	6,95220	6,80169
10	9,10122	8,98259	8,86622	8,75206	8,53020	8,31661	8,11090	7,91272	7,72173	7,53763	7,36009
11	9,92749	9,78685	9,64911	9,51421	9,25262	9,00155	8,76048	8,52892	8,30641	8,09254	7,88687
12	10,73955	10,57534	10,41478	10,25776	9,95400	9,66333	9,38507	9,11858	8,86325	8,61852	8,38384
13	11,53764	11,34837	11,16360	10,98318	10,63500	10,30274	9,98565	9,68285	9,39357	9,11708	8,85268
14	12,32201	12,10625	11,89594	11,69091	11,29607	10,92052	10,56312	10,22283	9,89864	9,58965	9,29498
15	13,09288	12,84926	12,61217	12,38138	11,93794	11,51741	11,11839	10,73955	10,37966	10,03758	9,71225
16	13,85050	13,57771	13,31263	13,05500	12,56110	12,09412	11,65230	11,23402	10,83777	10,46216	10,10590
17	14,59508	14,29187	13,99768	13,71220	13,16612	12,65132	12,16567	11,70719	11,27407	10,86461	10,47726
18	15,32686	14,99203	14,66766	14,35336	13,75351	13,18968	12,65930	12,15999	11,68959	11,24607	10,82760
19	16,04606	15,67846	15,32290	14,97889	14,32380	13,70984	13,13394	12,59329	12,08532	11,60765	11,15812
20	16,75288	16,35143	15,96371	15,58916	14,87747	14,21240	13,59033	13,00794	12,46221	11,95038	11‘46992
21	17,44755	17,01121	16,59043	16,18455	15,41502	14,69797	14,02916	13,40472	12,82115	12,27524	11,76408
22	18,13027	17 65805	17,20335	16,76541	15,93692	15,16712	14,45112	13,78442	13,16300	12,58317	12,04158
23	18,80125	18,29220	17,80279	17,33211	16,44361	15,62041	14,85684	14,14777	13,48857	12,87504	12,30338
24	19,46069	18,91393	18,38904	17,88499	16,93554	16,05837	15,24696	14,49548	13,79864	13,15170	12,55036
25	20,10878	19,52346	18,96238	18,42438	17,41315	16,48151	15,62208	14,82821	14,09394	13,41393	12,78336
26	20,74573	20,12104	19,52311	18,95061	17,87684	16,89035	15,98277	15,14661	14,37519	13,66250	13,00317
27	21,37173	20,70690	20,07150	19,46401	18,32703	17,28536	16,32959	15,45130	14,64303	13,89810	13,21053
28	21,98695	21,28127	20,60783	19,96489	18,76411	17,66702	16,66306	15,74287	14,89813	14,12142	13,40616
29	22,59160	21,84438	21,13235	20,45355	19,18845	18,03577	16,98371	16,02189	15,14107	14,33310	13,59072
30	23,18585	22,39646	21,64533	20,93029	19,60044	18,39205	17,29203	16,28889	15,37245	14,53375	13,76483
31	23,76988	22,93770	22,14702	21,39541	20,00043	18,73628	17,58849	16,54439	15,59281	14,72393	13,92909
32	24,34386	23,46833	22,63767	21,84918	20,38877	19,06887	17,87355	16,78889	15,80268	14,90420	14,08404
33	24,90797	23,98856	23,11753	22,29188	20,76579	19,39021	18,14765	17,02286	16,00255	15,07507	14,23023
34	25,46238	24,49859	23,58683	22,72379	21,13184	19,70068	18,41120	17,24676	16,19290	15,23703	14,36814
35	26,00725	24,99862	24,04580	23,14516	21,48722	20,00066	18,66461	17,46101	16,37419	15,39055	14,49825
36	26,54275	25,48884	24,49467	23,55625	21,83225	20,29049	18,90828	17,66604	16,54685	15,53607	14,62099
37	27,06904	25,96945	24,93366	23,95732	22,16724	20,57053	19,14258	17,86224	16,71129	15,67400	14,73678
38	27,58628	26,44064	25,36299	24,34860	22,49246	20,84109	19,36786	18,04999	16,86789	15,80474	14,84602

Ad c) Das Alter ist festzustellen und sodann unter Berücksichtigung der Bauart, des jeweiligen Bauzustandes, der Verwendung, Instandhaltung und der voraussichtlich noch zu erwartenden zukünftigen Lebensdauer, der Grad der Abnützung und Entwertung am Schätzungstag im Verhältnis zur Gesamtlebensdauer zu berechnen (siehe Formel (7).

Für die Berechnung des Grades der Abnützung dürften die im Anschluß an Formel (7) angeführten Angaben über Bestanddauer von Gebäuden genügend Anhaltspunkte geben. Jedenfalls aber muß bei der Berechnung des Zeitwertes darauf Bedacht genommen werden, daß auch bei den ältesten Gebäuden der Zeitwert nie unter dem Altmaterialwert sinken kann, das ist jener Betrag, der durch Verkauf von Bestandteilen (Ziegel, Holz, Eisen usw.) des abzubrechenden Hauses erlöst werden kann, nach Abzug der Kosten der Demolierung.

Ad d) Durch Gegenüberstellung des Neuwertes zur vorhandenen Entwertung ergibt sich der Zeitwert am Tag der Schätzung.

II. Brandschadenschätzungen:

Zwecks Ermittlung der Höhe der von den Versicherungsgesellschaften an den Versicherten zu leistenden Schadensvergütungen, wird der Zeitwert der vernichteten oder beschädigten Teile eines Bauwerkes ermittelt. Hiebei wird in analoger Weise wie bei den Bestandwertschätzungen vorgegangen, indem der Zeitwert am Tage des Brandes rechnerisch ermittelt und als Vergütungsbetrag angenommen wird. (Siehe auch: Grundzüge der Feuerversicherung.)

Siedlungswesen

Von Oberstadtbaurat Ing. Rudolf Münster

Grundaufwand: Für die erste Ermittlung der für die Siedlung erforderlichen Grundfläche sind zu den Flächen der geplanten Siedlerstellen etwa 25% für Straßen- und Wirtschaftswege zuzuschlagen; dabei sind sparsame Aufschließung, eine Größe der einzelnen Siedlerstellen (umfassend Vorgarten, Haus, Hof und Garten) von 200 bis 300 m² und die Errichtung der Einfamilienhäuser in Reihen oder Gruppen vorausgesetzt. Bei größeren Siedlerstellen wird der perzentuelle Zuschlag etwas geringer, bei Einzel- oder Doppelhäusern erhöht er sich wesentlich. Die für etwaige Gemeinschaften (Spielplätze, Genossenschaftshaus u. dgl.) erforderlichen Grundflächen sind besonders zu ermitteln.

Lageplan: Die wirtschaftlichste Aufschließung ergibt ein Lageplan mit möglichst kurzen Straßen und beiderseitiger Verbauung in Reihen oder Gruppen. Auf ein Siedlerhaus entfallen dann bei obigen Parzellengrößen und einer verbauten Fläche von etwa 40 m² per Haus rund 5 bis 6 m Straßenlänge. Bei kurzen Gruppen und besonders bei Doppel- und Einzelhäusern tritt nicht nur eine namhafte Verteuerung der Baukosten durch die Mehrkosten der Eckhäuser ein (siehe unten), sondern es erhöhen sich auch die Kosten der Aufschließung ganz wesentlich durch die Verlängerung der erforderlichen Straßen. (Bei Doppelhäusern gegenüber langen Gruppen um etwa 20%.)

Bei der Linienführung der Straßen ist die rein westöstliche Richtung zur Vermeidung reiner Nordfronten der Häuser nach Möglichkeit einzuschränken.

Kurze Wohnstraßen können mit etwa 3 m Fahrbahnbreite und beiderseitigen Gehwegen von 1 m Breite (oder auf der einen Seite 1,5 m Gehweg, auf der anderen Seite 0,5 m Schutzstreifen), zusammen also mit einer Breite von 5,0 m zwischen den Vorgartenabfriedungen ausgeführt werden; längere Wohnstraßen sollen zweispurig mit mindestens 5,0 m Fahrbahnbreite und beiderseitigem Gehweg von 1,5 m Breite, zusammen mit 8 m Breite angelegt werden. Der Hausabstand soll in allen Fällen wenigstens 12 bis 14 m betragen. Sackgassen haben einen Wendeplatz von 8 m Durchmesser zu erhalten. Sehr vorteilhaft kann die Anordnung großer Baublöcke mit Randverbauung der umschließenden Straßen und Erschließung der verbleibenden Kernflächen der Baublöcke durch Wohnhöfe sein. Wirtschaftswege haben eine Breite von 2,0 m zu erhalten.

Grundrißeinteilung: Für die Haustypen der Siedlerhäuser (Einfamilienhäuser) lassen sich naturgemäß keine bestimmten Regeln aufstellen. Als zweckmäßig, wirtschaftlich und auch für größere Familien ausreichend haben sich zweigeschossige Siedlerhäuser von etwa 40 m² verbauter Fläche erwiesen, die im Erdgeschoß einen Vorraum, eine Wohnküche und eine Spüle oder einen Vorraum, ein Wohnzimmer und eine Küche nebst kleiner Waschküche, im Obergeschoß ein Schlafzimmer und eine bis zwei kleine Schlafkammern enthalten.

Bauausführung und Bauerleichterungen: Die möglichst billige Bauausführung der Siedlerhäuser setzt eine Reihe von Bauerleichterungen voraus, die zum Teil noch über die in der Bauordnung für Wien für Kleinhäuser geltenden Bestimmungen hinausgehen und die fallweise zugestanden werden. Die wichtigsten dieser Bauerleichterungen sind: Geschoßhöhen 2,60 m (entsprechend einer Lichthöhe der Räume von etwa 2,30 bis 2,35 m); Kellerlichthöhe 1,90 m; Verwendung von Hohlmauern an Stelle von Massivwänden, Ausführung der Kellermauern in gleicher Stärke wie die Erdgeschoßmauern (wenn statisch zulässig!); Anordnung von hölzernen Tramdecken mit versenkter Sturzschalung und Rohrputz oder von offenen hölzernen Decken ohne Beschüttung (im letzteren Falle muß der obere Stock mit einem ausreichenden Wärmeschutz sicherstellenden Belag versehen sein und muß die Deckenuntersicht in Küchen, Kochnischen, Wasch- und Spülküchen, Baderäumen und Aborten mit einem Rohrputz versehen werden); Verwendung der Träme des oberen Stockwerkes als Bundtramlage des Daches ohne Sicherung der Verbindungsstellen mit dem Dachgehölz gegen Flammenangriff; Einbau von Weichholzstiegen ohne Rohrputz der Unterseite mit einem Steigungsverhältnis bis 1 : 1 (gewöhnlich 20 cm Stufenhöhe und 23 cm Stufenbreite); Verwendung von Torfstreuklosetten und Kompostierung der Fäkalien in Düngergruben (an Stelle der Anordnung von Senkgruben), wenn die dauernde Verwertung der Abfallstoffe für die Düngung der Gärten gegeben ist (intensive Bewirtschaftung und Gartengröße von mindestens 400 m²). Bei Genossenschaftssiedlungen, deren Häuser im Eigentum der Genossenschaft verbleiben, werden überdies die Trennungswände der Siedlerhäuser halbsteinstark als Wohnungstrennungswände ausgeführt, wobei die Dachschalung oder Lattung an der Trennungswand unterbrochen und die Dacheindeckung in Mörtel gelegt wird.

Als Hohlmauern empfehlen sich besonders Ziegelhohlmauern, bestehend aus zwei je 12 cm starken, aus liegenden Scharen gebildeten Wänden, die in jeder vierten Schar durch 1 m voneinander entfernte, schachbrettartig verteilte Ankersteine verbunden sind. Solche Wände sind Wänden aus Betonhohlsteinen und ausgefachten oder verkleideten Fachwerkswänden wirtschaftlich ebenbürtig, hinsichtlich Dauerhaftigkeit und Schutz gegen Kälte und Schlagregen jedoch weit überlegen. Zur Druckverteilung des Deckengewichtes auf die Hohlmauern ordnet man am besten unter der Tramlage einen Gürtel aus Vollmauerwerk in der Höhe von vier Ziegelscharen an, der mit zwei Rundeisen von 7 bis 10 mm Durchmesser bewehrt wird. Eisenbetonroste sind weniger zweckmäßig und bedürfen einer Verkleidung (Wärmeisolierung, Verhütung von Schwitzwasser).

Siedlungszonen: Für das Wiener Stadtgebiet wurden mit Gemeinderatsbeschluß vom 4. Mai 1921, Pr. Z. 4980, für bestimmte abgegrenzte Siedlungsgebiete besondere Verbauungsbestimmungen beschlossen, die im wesentlichen folgendes beinhalten: Gewerbliche Betriebe und Anlagen werden in den Siedlungsgebieten nur fallweise zugelassen, wenn sie den Interessen der Siedlung oder der Siedler dienen und wenn damit keine Belästigungen durch Rauch, Ruß, Staub, Lärm oder widrige Gerüche sowie keine Verunreinigung der Abwässer verbunden sind. In den Siedlungsgebieten sollen hauptsächlich Einfamilienhäuser errichtet werden; Mehrfamilienhäuser können zugelassen werden, wenn an jeder Stiege und in jedem Geschoß nicht mehr als zwei Wohnungen liegen. Die Häuser können ebenerdig mit ausgebauten Dachgeschossen oder einstockhoch erbaut werden. Die Wohnungen sollen in der Regel nicht mehr als 65 m^2 Wohnfläche (das sind die Wohn- und Schlafräume und die Wohnküchen nach Abzug der Kochnische) und nicht mehr als 55 m^2 sonstige Nutzfläche aufweisen. Die verbaute Fläche darf bei Einfamilienhäusern und bei Zweifamilienhäusern mit zwei Wohngeschossen nicht mehr als 120 m^2, bei ebenerdigen Zweifamilienhäusern und bei Drei- und Vierfamilienhäusern nicht mehr als 240 m^2 betragen. Bei Mehrfamilienhäusern sind überdies ebenerdige Anbauten für Wirtschaftszwecke bis zu 30 m^2 verbauter Fläche für jede Wohnung zulässig. Die Größe der Parzellen hat in der Regel bei Einfamilienhäusern 400 m^2, bei Mehrfamilienhäusern 400 m^2 für jede Wohnung zu betragen, wobei Vorgärten von weniger als 4 m Breite und weniger als 30 m^2 Fläche außer Betracht bleiben können.

Baukosten: Die Baukosten eines einstöckigen Siedlerhauses von etwa 40 m^2 verbauter Fläche, etwa ein Drittel unterkellert, Hauptmauern aus Ziegelhohlmauerwerk, Decken mit Rohrputz und Beschüttung auf versenkter Sturzschalung, weichen Fußböden, Strangfalzziegeldach, Installation der Wasser- und Gasleitung, des Abortes und des elektrischen Lichtes samt Herstellung der Anschlüsse betragen bei einem Reihenhaus (Mittelhaus) und bei Zugrundelegung der obenangeführten Raumeinteilung und aller Bauerleichterungen je nach Lage etwa 300 bis 350 Schilling per Quadratmeter. Eckhäuser sind um etwa 10% teurer. Zur ersten Orientierung über die gesamten Kosten einer genossenschaftlichen Siedlungsanlage mit obigen Haustypen und sparsamer Aufschließung mögen die folgenden Zahlen dienen, wobei vorausgesetzt ist, daß die erforderlichen Leitungen an der Grenze der Siedlung vorhanden sind, also keine Zuleitungen notwendig werden: Für die Verteilung des Trinkwassers rund 1,5 bis 2,0%, für die des Leuchtgases rund 1,5 bis 2,0%, für die Stromverteilung (Freileitungen und Transformator) rund 1,0 bis 1,5%, für die Herstellung der Wohnstraßen (ein- oder zweispurige Makadamstraße und berieselte Gehwege) rund 4,0 bis 5,0%, für die Entwässerung und die Fäkalienableitung bei Senkgruben und Sickergruben samt Leitungen rund 4,0 bis 5,0%, bei Kanalisierung rund 6,0 bis 7,0% der Baukosten der Siedlungshäuser.

Über Wesen und Erwirkung gewerblicher Schutzrechte

Von Patentanwalt Ing. J. Knöpfelmacher, Wien

Unter gewerblichen Schutzrechten wird im allgemeinen verstanden: Das Patentrecht, das Recht des Gebrauchsmusterschutzes (in Österreich noch nicht geschaffen), das Muster- und Markenrecht.

A. Das Patentrecht (Patentwesen)

a) Österreich. Durch Patente werden neue (d. h. noch nicht veröffentlichte oder offenkundig benützte) Erfindungen geschützt, die sich auf Verarbeitung von Rohstoffen oder Halbfabrikaten beziehen und nicht nur Maschinen und Maschinenbestandteile, chemische und Arbeitsverfahren, sondern auch Fabrikate umfassen können, letzteres allerdings meist nur, wenn sie auf besondere chemische Verfahren zurückzuführen und neu sind.

Die Anmeldung und Erteilung eines Patentes kann auf den Namen des Erfinders oder seines Rechtsnachfolgers erfolgen.

Auf Patente von Diensterfindungen hat (vorausgesetzt, daß dem Erfinder Verdienstanteil zugesichert wird) das Unternehmen, auf sonstige Erfindungen eines Dienstnehmers aber nur dieser Anspruch, letzteren auch dann, wenn gegenteilige Verträge bestehen.

Die Erteilung des Patentes erfolgt an den ersten Anmelder oder seinen Rechtsnachfolger, doch erwirbt ein früherer Erfinder, wenn er vor der Anmeldung dieses Patentes an der Erfindung gearbeitet hat, für sich ein unveräußerliches Vorbenützerrecht. Hingegen kann der Vorerfinder, sofern er nachweisen kann, daß der Anmelder die Erfindung seinen Zeichnungen oder Modellen widerrechtlich entnommen hat, bewirken, daß das zu erwerbende Patent dem Anmelder aberkannt und auf ihn übertragen wird. Diese Anfechtung kann auch nach Erteilung des Patentes durchgeführt werden.

In allen Fällen ist der Erfinder berechtigt, die Aufnahme seines Namens in Urkunden und Patentregister zu fordern.

Enteignung von Patenten durch Staats- und Militärbehörden ist gegen Entschädigung zulässig.

Auf Erfindungen, die eine weitere Entwicklung bestehender, durch Patent geschützter Erfindungen darstellen und ohne Benützung dieser älteren Erfindung nicht anwendbar sind, können, wenn sie von dem Besitzer des älteren Patentes angemeldet werden, Zusatzpatente erteilt werden; ansonsten werden die darauf erteilten Patente von den älteren Patenten abhängig und auch von Amts wegen abhängig erklärt, wenn der Inhaber des älteren Patentes rechtzeitig einen diesbezüglichen Antrag stellt.

Der Besitzer des abhängigen Patentes hat das Recht, nach drei Jahren seit dem Bestand des älteren Patentes, von dem Besitzer desselben eine Benützungslizenz zu verlangen, sofern die jüngere Erfindung erhebliche gewerbliche Bedeutung hat. Der Inhaber des jüngeren Patentes ist aber dann auch seinerseits verpflichtet, dem Besitzer des älteren Patentes eine Lizenz auf das jüngere Patent zu erteilen.

Erfindungen können auch schon im Stadium der Patentanmeldung verkauft, übertragen und vererbt, jedoch lizenzweise vergeben und gepfändet nur nach Erteilung des Patentes werden, soweit die Wirksamkeit Dritten gegenüber in

Betracht kommt, was durch die Eintragung in das (grundbuchähnliche) Patentregister eintritt.

Das Patent kann wegen Nichtzahlung der Jahresgebühren oder durch Verzicht erlöschen, durch Entscheidung wegen Nichtausübung nach Ablauf von drei Jahren zurückgenommen, wegen Nichtneuheit der Erfindung vernichtet, wegen ungerechtfertigter Entnahme aberkannt oder schließlich wegen der Benützung einer vorher patentierten Erfindung abhängig erklärt werden.

Die Anmeldung eines Patentes erfolgt beim Patentamt in Wien: 1. Durch Zahlung der Anmeldegebühr (jetzt *S 25,00* nur mit Erlagschein), 2. Einreichung der erforderlichen Unterlagen (zwei Beschreibungen mit Patentansprüchen und zwei Zeichnungen, eine auf Leinwand und eine auf Karton im Ausmaße von $21 \times 29{,}7$ cm, von welchen jede aus mehreren Blättern bestehen kann) und 3. durch Einreichung eines Gesuches, in welchem die Daten des Anmelders, der Titel der Erfindung und die Art und Zahl der Beilagen anzuführen sind. Zweckmäßig wird ein mit gleichen Daten, wie das Gesuch, versehenes Rubrum mit eingereicht, auf welchem der Zeitpunkt der Anmeldung vom Patentamte bestätigt wird. Durch diese Einreichung wird die Priorität der Anmeldung gesichert.

Stempelung: Gesuch *S 6,00*, Beilagen je *S 0,20* pro Blatt oder einseitig maschinenbeschriebenen Bogen.

Gesuch und Beilagen werden einem Fachreferenten der Anmeldeabteilung zur Vorprüfung auf Form der Anmeldung und Neuheit der Erfindung zugewiesen. Dieser erläßt einen befristeten Vorbescheid, wenn die Form nicht gewahrt oder die Erfindung ganz oder teilweise bekannt ist, oder aber er anerkennt die Patentfähigkeit und beschließt, die Erfindung bekanntzumachen. (Bekanntmachungsbeschluß.) Der Empfang eines Vorbescheides verpflichtet den Anmelder, die beanständeten Mängel innerhalb der gegebenen Frist (die verlängert werden kann) durch Äußerung zu widerlegen oder durch Verbesserung der Unterlagen (Einschränkung der Erfindung o. dgl.) zu beheben. Gelingt ihm dies, dann wird die Anmeldung bekanntgemacht, andernfalls abgewiesen, wogegen Beschwerde erhoben werden kann. Wird die Erledigungsfrist nicht ausgenützt oder überschritten, dann gilt die Anmeldung als zurückgenommen, kann aber innerhalb vier Monaten durch Zahlung der vollen Anmeldegebühr und Erledigung des Vorbescheides wieder aufgerichtet werden. Die Bekanntmachung kann über Antrag durch drei bzw. durch Zahlung einer Gebühr von derzeit *S 25,00* bis *75,00* durch zwölf Monate verhindert werden.

Die Bekanntmachung der Anmeldung erfolgt im Patentblatte und gleichzeitig die Auslegung der Unterlagen im Patentamt zur öffentlichen Einsicht während zweier Monate.

Vor Ablauf dieser zwei Monate kann gegen die Erteilung eines Patentes von jedermann Einspruch erhoben werden, mit der auf Beweise gestützten Begründung: 1. daß die Erfindung nicht neu und patentfähig sei, 2. daß sie ganz oder teilweise durch ein älteres österreichisches Patent geschützt ist, 3. daß der Anmelder nicht der Erfinder und zur Anmeldung nicht berechtigt war, vielmehr die Erfindung unberechtigt den Unterlagen des wirklichen Erfinders entnommen und ohne dessen Einwilligung angemeldet hat, und 4. daß die Erfindung von einer früher patentierten Erfindung abhängig ist. Der Einspruch ist doppelt einzureichen und mit Quittung über Zahlung von *S 10,00* als Einspruchsgebühr zu versehen. Stempelung *S 1,00* pro Bogen.

Mit der Bekanntmachung beginnt der provisorische Patentschutz auf die Erfindung. Innerhalb der zwei Monate der Bekanntmachung ist die erste Jahresgebühr (*S 30,00*) einzuzahlen. Ist kein Einspruch erhoben, dann wird das Patent erteilt.

Der Einspruch kann ganz oder teilweise zurückgewiesen, das Patent versagt oder aber beschränkt oder im vollen Umfang erteilt werden; Kostenanspruch ist zulässig. Gegen die Entscheidung des Fachreferenten über Zurückweisung der Anmeldung, Versagung des Patentes oder Zurückweisung des Einspruches (ganz oder teilweise) kann Beschwerde erhoben werden; diese ist doppelt einzureichen, zu begründen und mit Bestätigung über Zahlung von *S 10,00* zu versehen; Stempelung pro ersten Bogen *S 2,00*, sonst *S 1,00*.

Im Falle der Erteilung, durch die der definitive Patentschutz beginnt, wird dem Anmelder die Nummer des Patentes bekanntgegeben, nachher Beschreibung und Zeichnung in Druck veröffentlicht und der Urkunde beigeheftet.

Durch den Patentschutz wird dem Patentinhaber das ausschließliche Recht erteilt, den Gegenstand des Patentes im Hoheitsgebiet des Staates zu erzeugen und zu verkaufen. Eingriffe in dieses Recht können zivilrechtlich durch Unterlassungs- und Entschädigungsklage oder, wenn der Eingriff wissentlich begangen wurde, auch strafrechtlich verfolgt werden.

Der Lauf des Patentes beginnt am Tage der Bekanntmachung, von welchem an jährlich die Jahresgebühren zu zahlen sind, durch welche das Patent aufrechterhalten wird. Dies kann bis zum Ablauf des 18. Jahres geschehen. Der Fälligkeitstag ist stets der Tag der Bekanntmachung, doch können die Gebühren noch bis zum Ablauf des dritten Monates nach diesem Tage mit einem Zuschlag von 20% bezahlt werden. Nach Ablauf dieser Zeit erlischt das Patent, doch kann es innerhalb weiterer sechs Monate gegen Zahlung eines 100%igen Zuschlages wieder aufgerichtet werden, wenn triftige Gründe für die Versäumnis nachgewiesen werden. Die Gebühren betragen für die Jahre: I und II: *S 30,00*, III: *35,00*, IV: *45,00*, V: *55,00*, VI: *70,00*, VII: *90,00*, VIII: *120,00*, IX: *150,00*, X: *180,00*, XI: *230,00*, XII: *300,00*, XIII: *380,00*, XIV: *480,00*, XV: *600,00*, XVI: *800,00*, XVII: *1100,00*, XVIII: *1500,00*.

Ausländer können nur durch berufsmäßige Vertreter (Patentanwälte o. dgl.) Patente anmelden und Rechte aus diesen Patenten geltend machen.

b) Ausland: In den meisten Auslandsstaaten sind die formellen Erfordernisse für Patentanmeldungen die gleichen wie in Österreich. Dem Erteilungsverfahren nach hingegen unterscheiden sie sich in solche, welche: 1. Neuheitsprüfung, 2. Einspruchsberechtigte Bekanntmachung oder 3. nur formelles Prüfungs- bzw. reines Erteilungsverfahren haben.

Zu 1. gehören: Deutschland, Tschechoslowakei, Polen, Schweden, Norwegen, Dänemark, Finnland, Rußland, Holland und zum Teil England, ferner die Vereinigten Staaten von Amerika und Kanadà, Britisch Indien und Australien, zu 2. Ungarn und Jugoslawien (S. H. S.) und zu 3. alle anderen europäischen und überseeischen Staaten.

Die Patentgesetze der Tschechoslowakei und Deutschlands sind den österreichischen Bestimmungen am nächsten. Bezüglich der Gebührenfälligkeiten stimmen die Patentgesetze in Österreich und der Tschechoslowakei miteinander überein. Die meisten anderen Staaten einschließlich Deutschland, Ungarn, Schweiz, Frankreich usw. haben die Gebührenfälligkeit auf den Anmeldetag, einige auch auf den Erteilungstag verlegt.

Die Vereinigten Staaten von Amerika und Kanada schreiben nur eine einmalige Gebühr (*Dollar 20,00*) für alle 17 bzw. 18 Jahre vor, welche sechs Monate nach Datierung des Annahmebeschlusses zu zahlen ist.

Durch die erste Anmeldung in Österreich (oder in einem der anderen sogenannten Unionsstaaten) sichert sich der Anmelder den Prioritätsschutz von einem Jahr in sämtlichen Staaten der Patentunion, zu welchen derzeit gehören: alle Staaten Europas mit Ausnahme Rußlands, ferner die Vereinigten Staaten von Amerika, Brasilien, Mexiko, Britisch-Indien, Australien, Tunis, Kuba, Algerien, Ceylon, Marokko usw. Die Anmeldungskosten betragen (die Inanspruchnahme eines Patentanwaltes vorausgesetzt), für einen einfachen Erfindungsgegenstand, im größten Teile der europäischen Staaten im Durchschnitt ungefähr je *S 200,00* bis *250,00*, für die nordischen Staaten *S 350,00* bis *450,00*, für Rußland und die überseeischen Staaten *S 500,00* bis *800,00*.

c) Allgemeines. Für die Anmeldung eines Patentes (sofern diese unter Beanspruchung eines Patentanwaltes erfolgt) ist erforderlich: 1. Eine Skizze oder Zeichnung der Erfindung oder ein Modell, 2. eine Erläuterung unter Bezugnahme auf das auf diesem Gebiete bisher Bestehende und unter Hervorhebung des Neuen und der neuen Wirkung und Vorteile, welche durch die Erfindung gegenüber dem Bestehenden erzielt werden, 3. eine entsprechende Vollmacht, für welche Formulare vom Patentanwalt über Wunsch und nach Angabe der Staaten beigestellt werden.

B. Gebrauchsmusterschutz

Dieser hat nahezu die gleiche Wirkung wie der Patentschutz, wird aber (da ohne Neuheitsprüfung) rascher und gegen geringere Gebühr, jedoch für kürzere Dauer (sechs bis zehn Jahre) erteilt. Er eignet sich hauptsächlich für einfache Gebrauchsgegenstände und ist für Verfahren (chemische oder Arbeitsverfahren) nicht zulässig. Derzeit haben Gebrauchsmusterschutz: Deutschland, Polen und Japan (Jugoslawien annähernd).

C. Musterschutz

Umfaßt die äußere Form (ornamentale Ausgestaltung) eines Gegenstandes. Daher in Deutschland auch der Name „Geschmackmusterschutz". Wird in Österreich auf drei Jahre erteilt. In anderen Staaten für längere Dauer. — Es können auch viele (Sammel-) Muster unter einem Umschlage geschützt werden. Die Eintragung erfolgt durch die zuständige Handels- und Gewerbekammer. Gebühr in Österreich pro Jahr und Muster *S 2,00*.

D. Markenschutz

Österreich. Umfaßt die namentliche oder bildliche Bezeichnung der Ware eines Unternehmens; wird demnach nur einem Unternehmen erteilt, das durch Vorlage eines Gewerbescheines oder handelsgerichtlichen Auszuges ausgewiesen werden muß; er ist darum nur mit dem Unternehmen übertragbar. — Mindestdauer zehn Jahre und unbeschränkt verlängerbar. Wortmarken, die nur aus Angaben über Bestimmung, Mengen oder Gewichtsverhältnisse, Eigenheiten oder Ort der Herstellung der Ware bestehen, sind nicht registrierbar. Die Anmeldung erfolgt durch die Handels- und Gewerbekammer. Gebühr *S 19,00* und Stempel für das Zertifikat *S 1,00*.

Ausland.

Die Erlangung des Markenschutzes im Ausland setzt meist vorherige Eintragung im Ursprungsland (Österreich) voraus.

Internationale Marken.

Auf Grund der Heimatsmarke kann eine internationale Eintragung in den Marken-Unionsstaaten erfolgen. Die Kosten sind ungefähr so hoch wie jene der Eintragung in zwei Auslandstaaten. Zur Union gehören die Staaten: Österreich, Ungarn, Tschechoslowakei, Jugoslawien, Deutschland, Rumänien, Italien, Belgien, Frankreich, Spanien, Portugal, Holland, Schweiz, Brasilien, Kuba, Mexiko. Die Anmeldung erfolgt durch die inländische Behörde (Handels- und Gewerbekammer). Gebühren: *Schw. Fr. 100,00* und Inlandsgebühr (rund *S 30,00*).

Grundzüge der Feuerversicherung

(Anhang: Sonstige für das Baugewerbe wesentliche Versicherungszweige)

Von Ing. Oskar Taglicht, Versicherungskonsulent

A. Einleitung

a) Grundbegriff der Versicherung

Dem gesamten Versicherungswesen liegt das Bedürfnis zugrunde, Schäden, die dem einzelnen durch materielle Verluste erwachsen und seine wirtschaftliche Lage gefährden, auf eine Mehrheit von Individuen, die der Möglichkeit gleichartiger Schadensereignisse ausgesetzt sind, zu überwälzen und zu verteilen. Um dies zu ermöglichen, wird jedem einzelnen der in Betracht kommenden Individuen eine Beitragsleistung, die sogenannte „Prämie“, zur Zahlung auferlegt. Bei Eintritt des Schadensereignisses wird dann der Gesamtbetrag der Prämien zur Deckung des Verlustes der Betroffenen herangezogen.

b) Betriebsformen der Versicherung

Die in Österreich zum Betriebe des Versicherungsgewerbes zugelassenen Unternehmungen (Versicherer) gliedern sich im wesentlichen in zwei voneinander prinzipiell verschiedene Hauptgruppen:

a) Versicherungs-Aktiengesellschaften, deren Betrieb auf industrieller Grundlage aufgebaut ist und unter Zugrundelegung des eingezahlten Aktienkapitals (als Rückhalt) für Rechnung und Gefahr der Gesamtheit der Aktionäre erfolgt, denen die Gesamtheit der Versicherungsnehmer (Versicherten) gegenübersteht. Die von letzteren zu leistenden Prämienzahlungen werden für die ganze Vertragsdauer eventuell bis zur Beendigung des Geschäftsbetriebes durch den Konkurs im vorhinein festgelegt. Die Festsetzung der Prämientarife ist auf die durch die Statistik gegebenen Erfahrungen basiert, so zwar, daß mit der Gesamtprämie sowohl für die Deckung vorgekommener Schäden als auch der Regie, des Sachaufwandes usw. zumindest das Auslangen gefunden werden soll. Gewinn und Verlust aus dem Geschäftsbetrieb betreffen in gleicher Weise lediglich die Aktionäre, deren Interessen der Verwaltungsrat der Gesellschaft vertritt.

b) Wechselseitige Versicherungsanstalten, bei denen Versicherungsnehmer und Versicherer ein untrennbares Ganzes darstellen. Bei dieser Betriebsform haben zunächst die Versicherungsnehmer einen vorschußweisen Beitrag in der Höhe des vermutlichen Bedarfes für die bevorstehende Geschäftsperiode zu leisten. Je nachdem sich dann am Ende der Geschäftsperiode ein Gewinn oder Verlust (Mehrbedarf) ergibt, gelangt an die Versicherungsnehmer ein Bonus (Dividende) zur Ausschüttung oder Gutschrift auf die nächstfolgende Prämienschuldigkeit oder wird das sich ergebende Defizit in Gestalt eines zu leistenden Nachschusses von den Versicherungsnehmern getragen. Dem Verwaltungsrate der Aktiengesellschaft entspricht bei der wechselseitigen Anstalt das von den Versicherten gewählte Kuratorium.

In jedem Falle unterliegt der Betrieb staatlicher Aufsicht und können etwaige Beschwerden gegen den Geschäftsbetrieb beim Versicherungsdepartement des Innenministeriums eingebracht werden.

c) Rechtsgrundlagen der Versicherung

Die rechtliche Basis des Versicherungsgeschäftes bilden:

a) das Gesetz über den Versicherungsvertrag vom 23. Dezember 1917, R.G.Bl. Nr. 501,

b) die allgemeinen Versicherungsbedingungen,

c) der Versicherungsantrag (Polizze).

Ad a). Das Gesetz über den Versicherungsvertrag erstreckt sich auf das gesamte Gebiet des privaten Versicherungsrechtes und unterscheidet zwischen Schadens- und Personenversicherung. Das erste Hauptstück des Gesetzes bildet einen Rahmen für die sämtlichen Versicherungszweigen gemeinsamen allgemeinen Vorschriften. Das zweite enthält daran anschließend die für die Schadensversicherung gültigen allgemeinen und besonderen Bestimmungen (Feuer-, Vieh-, Hagel-, Transport- und Haftpflichtversicherung). Den Abschluß bilden die Abschnitte über Lebens- und Unfallversicherung.

Ad b). Die allgemeinen Versicherungsbedingungen (amtlichen Musterbedingungen) geben einen kurzen, teilweise zugunsten des Versicherungsnehmers vom Gesetze abweichenden Auszug aus diesem, der, für jeden Versicherungszweig entsprechend adaptiert, die praktisch wichtigsten Bestimmungen zur Aufklärung der Partei enthält. Die Versicherungsbedingungen sind der Partei vor Antragsfertigung bei sonstiger Unverbindlichkeit des Antrages zu behändigen und diese Tatsache durch gesonderte Bestätigung der Partei auf dem Antragsformular ersichtlich zu machen. Sie sind auch der vom Versicherer ordnungsmäßig unterfertigten Polizze anzuschließen.

Es ist jedem Versicherungswerber zu empfehlen, sich vor Vertragsabschluß durch Einsichtnahme in diese Bedingungen über die aus dem abzuschließenden Vertrag ihm erwachsenden Rechte und Pflichten eingehend zu informieren.

Ad c). Der Versicherungsantrag bildet die Hauptgrundlage des zwischen dem Versicherer (nachfolgend auch Gesellschaft oder Anstalt genannt) und Versicherungsnehmer (Partei) abzuschließenden Vertrages. Die von den Gesellschaften ausgegebenen gedruckten Antragsformulare enthalten eine Reihe von Fragen (Rubriken), deren Beantwortung (Ausfüllung) dem Versicherer von dem Umfange der zu übernehmenden Gefahren durch Beschreibung des Risikos und seiner Nachbarschaft Kenntnis gibt und ihm so die Bestimmung der Prämie ermöglicht. Hiebei bedeutet Risiko im engeren Sinne die Haftung für die durch Annahme des gestellten

Antrages von der Gesellschaft zur Tragung übernommenen Gefahren, hier (im weiteren Sinne) den Inbegriff der versicherten Sachen selbst. Die Fragenbeantwortung hat durch den Versicherungswerber selbst oder nach seinen Angaben zu erfolgen, worauf der Antrag von ihm zu unterfertigen und der Gesellschaft einzureichen ist. Diese entscheidet sich dann für Annahme oder Ablehnung des Antrages.

Soll die Versicherung ihrer Bestimmung, dem Versicherungsnehmer im Schadensfalle vollen Ersatz zu bieten, entsprechen, so ist es nötig, die Antragsfragen, wenn auch kurz, so doch in einer jeden Zweifel ausschließenden Weise sachlich richtig zu beantworten, da erfahrungsgemäß jede Unrichtigkeit oder Zweideutigkeit in der Textierung der Fragenbeantwortung im Falle des Schadens zu unangenehmen Weiterungen zwischen beiden Vertragsteilen, eventuell auch zur Schmälerung oder zum Verlust des erhobenen Ersatzanspruches führen kann.

Auf Grund des angenommenen Antrages fertigt nunmehr die Gesellschaft das Vertragsinstrument selbst, die „Polizze", aus, die kurz und übersichtlich die wesentlichsten Angaben des Antrages über das zu versichernde Risiko wiederholt, soweit dieselben zur Beurteilung der Versicherung selbst und zur Prüfung der berechneten Prämie nötig sind.

Der Versicherungsnehmer wird gut daran tun, bei Übernahme der Polizze dieselbe einer genauen Durchsicht zu unterziehen und, falls darin Abweichungen vom Antrag ersichtlich sind, binnen Monatsfrist bei der Gesellschaft zu reklamieren, da sonst diese Abweichungen als von ihm genehmigt gelten. Ebenso müssen besondere Vereinbarungen, die über den Rahmen der allgemeinen Versicherungsbedingungen hinausgehen, von der Gesellschaft der Polizze schriftlich beigefügt sein, wie denn das Gesetz auch für alle Anzeigen und Erklärungen der Gesellschaft gegenüber die schriftliche Form bedingt.

Insbesondere ist es während des weiteren Verlaufes der Versicherungsdauer unumgänglich nötig, alle wesentlichen Veränderungen des Risikos (Wert, Besitzverhältnisse, Versicherungsort, Gefahrenumfang usw.) zur Vermeidung späterer Weiterungen der Gesellschaft ungesäumt bekanntzugeben und deren schriftliche Kenntnisnahme zu verlangen.

Nachfolgend werden die wichtigsten für das Bauwesen in Betracht kommenden Versicherungszweige kurz besprochen, eingehender nur die Feuerversicherung.

B. Feuerversicherung

a) Grundbegriff der Feuerversicherung

Die Feuerversicherung bietet Deckung für alle Schäden, die durch Brand, Blitzschlag, Leuchtgasexplosion, Explosion von Heizeinrichtungen und Beleuchtungskörpern in Wohngebäuden und Explosion von Dampfkesseln infolge Dampfdruckes an den versicherten Gegenständen verursacht werden.

Den Feuerschäden gleichzuhalten sind die durch mittelbare Einwirkung des Feuers (Rauch-, Ruß- und Hitzeschäden) sowie durch Präventivmaßregeln (Löschen, Niederreißen, Ausräumen im gebotenen Umfange und atmosphärische Niederschläge) oder durch Abhandenkommen beim Brande hervorgerufenen Wertminderungen oder Verluste.

Explosionen anderer Art als die vorangeführten sowie die durch den Brandschaden sich ergebenden Abfuhr- und Aufräumungskosten können auf Grund besonderer Vereinbarung in den Haftungsbereich der Versicherung einbezogen werden.

Von der Ersatzpflicht ausgeschlossen sind Sprengstoffexplosionen und die durch unsachgemäße Verwendung des Feuers im Wirtschafts- oder Gewerbebetriebe verursachten „Betriebsschäden" (z. B. Ausbeulung ungenügend gespeister Kessel, Induktions- und Influenzschäden an elektrischen Einrichtungen gelegentlich von Blitzschäden, Kurzschlußschäden, Schäden am Trockengut infolge von Heizungsmängeln, Zylinderrisse an Motoren, Sengschäden u. a. m.), falls kein Weitergreifen des Brandes erfolgt.

b) Polizzenerfordernisse

Die Polizze muß über nachfolgende Punkte Aufschluß geben:

1. Versicherer und Versicherungsnehmer,
2. Gegenstand der Versicherung,
3. Versicherungssumme,
4. Versicherungsort,
5. Versicherungsdauer und
6. Prämie.

Ad 1. Versicherer und Versicherungsnehmer (Versicherter) Besitzverhältnisse

Eingangs der Polizze muß sowohl der volle Firmenwortlaut des Versicherers als auch der Namen oder die Firma des Versicherungsnehmers, und falls für fremde Rechnung versichert wurde, auch des Versicherten, das heißt desjenigen, in dessen Interesse die Versicherung genommen wurde, ersichtlich sein.

Im allgemeinen gelten nur die dem Versicherungsnehmer gehörigen Sachen als durch die Versicherung gedeckt, fremdes Eigentum dagegen nur dann, wenn dies durch einen entsprechenden Zusatz in der Polizze ausdrücklich bekundet ist.

Änderungen in den Eigentumsverhältnissen bedürfen, damit die Versicherung ihre Wirkung nicht verliere, der schriftlichen Bestätigung seitens der Gesellschaft.

Bei Wechsel immobilen Eigentums gehen Rechte und Pflichten aus dem Versicherungsvertrage auf den Erwerber über, doch steht beiden Vertragsteilen einen Monat nach erfolgter Besitzänderung das Kündigungsrecht zu. Im Falle der Veräußerung beweglicher Sachen erlischt bei deren Übergabe an den Käufer die Versicherung. Erbschaft berührt das Versicherungsverhältnis nicht.

Wird eine Versicherung für fremde Rechnung genommen, so scheidet sich die Person des Versicherungsnehmers von der des Versicherten. Ersterer tritt in die Rechte des letzteren gegenüber der Gesellschaft ein.

Ad 2. Gegenstand der Versicherung

Jene Werte, für die der Versicherungsnehmer im Schadensfalle Ersatz seitens der Gesellschaft wünscht, bilden den Gegenstand der Versicherung. Dieselben sind möglichst kurz, deutlich und sachkundig aufzuzählen (Risikobeschreibung). Was in dieser Beschreibung nicht enthalten ist oder keinen Bestandteil der im Polizzentexte angeführten versicherten Sachen bildet, fällt nicht unter die Versicherung.

Gegenstand der Versicherung können sowohl unbewegliche (Gebäude) als auch bewegliche Sachen (Fahrnisse) sein.

I. Gebäudeversicherung. Mangels besonderer Vereinbarung gilt bei Gebäuden der Bauwert, das heißt alle Bestandteile des Gebäudes mit Ausnahme der Grund- und Kellermauern als versichert. Dieser Modus stellt für den Versicherungsnehmer zufolge seiner einfachen Konstruktion und der Billigkeit der Prämie die zweckentsprechendste Art der Versicherung dar.

Es ist jedoch auch möglich, das Dachwerk, den Unterbau ohne Mauern, endlich die Mauern selbst gesondert zu versichern.

Hiebei begreift die Versicherung des Dachwerkes den Dachstuhl samt Eindeckung, Giebelverschalung, Dachfußboden und alle Gebäudeteile oberhalb desselben mit Ausnahme der gemauerten Rauchfänge und der Feuer- und Giebelmauern in sich.

Unter der Versicherung aller Unterbauteile ohne Mauern sind sämtliche Gebäudeteile vom Dachfußboden abwärts zu verstehen, die einen integrierenden baulichen Bestandteil des Gebäudes bilden, ausgenommen Mauern und Steinstiegen. Öfen, Herde u. dgl., die das Eigentum des Hausbesitzers bilden, fallen gleichfalls unter diese Versicherung.

Die Versicherung der Mauern endlich umfaßt sämtliche Mauern des Gebäudes mit Einschluß der Schornsteine und steinernen Stiegen, jedoch mit Ausschluß der Grund- und Kellermauern.

Die beiden wesentlichsten Kriterien für die Prämienbemessung sind Bauart und Bedachung des Gebäudes.

Die Bauart eines Gebäudes wird durch das Material bestimmt, aus dem dessen Umfassungs- und Giebelmauern bestehen, und wird bezeichnet als

a) massiv, wenn diese Wände aus Stein, gebrannten Ziegeln oder Beton bestehen;

b) als Riegelwand oder Holz, falls sie aus ausgemauerten Riegeln oder Holz hergestellt sind;

c) als gemischt, wenn sie teils aus massivem Material, teils aus Riegelwand oder Holz bestehen.

Für die Bezeichnung der Bedachung eines Gebäudes ist das Eindeckungsmaterial ausschlaggebend, und zwar gilt es als

a) harte Dachung, wenn die Eindeckung aus Ziegeln, Schiefer, Metall usw.,

b) weiche Dachung, wenn sie aus Holz, Stroh, Schindeln, Brettern oder Rohr, und

c) gemischte Dachung, wenn sie ohne Trennung durch Feuermauern teils aus hartem, teils weichem Material besteht.

Hiebei gelten als Feuermauern solche Mauern, die, zur Gänze aus massivem Material hergestellt, mindestens 30 cm stark sind und wenigstens 45 cm über das Dach hinausreichen.

Zusammenhängende Gebäude verschiedener Bauart und Bedachung werden bei mangelnder Trennung durch Feuermauern als zum gleichen Risiko gehörig betrachtet und nach Bauart und Bedachung des feuergefährlichsten von ihnen prämiiert.

Zweckmäßig ist die Beifügung einer Situationsskizze zum Antrag, die sowohl über das zu versichernde Risiko selbst als auch über die Nachbarschaftsverhältnisse Auskunft gibt.

II. Fahrnisversicherung. Von Fahrnissen sind zunächst versicherbar: Wohnungseinrichtungen, Warengeschäfte aller Art, totes und lebendes Inventar der Landwirtschaft, über besondere Vereinbarung auch Bargeld, ungemünztes Edelmetall, lose Edelsteine und Perlen, Wertpapiere, Urkunden und Schriften aller Art sowie Sammlungen (zusammenfassend als Zivilfeuerversicherung bezeichnet), dann Industriematerialien, industrielle Erzeugnisse jeder Art und in jedem Arbeitsstadium sowie die maschinelle und sonstige Fabrikseinrichtung, welche alle zusammen mit den Fabriksobjekten den Gegenstand der Fabrikenfeuerversicherung bilden. Modelle, Schnitte, Stanzen u. dgl., über deren Bestand fortlaufend Aufzeichnungen zu führen sind, werden nur mit 75% ihres Wertes zur Versicherung übernommen. Für solche, die nicht wieder hergestellt werden, wird im Schadensfalle lediglich der Materialwert ersetzt.

Für die Fabrikenversicherung bestehen, den Besonderheiten und Gefahren der einzelnen Industrien angepaßt, spezielle Sicherheitsvorschriften, deren Einhaltung der gesellschaftlichen Kontrolle unterliegt und eine unbedingte Voraussetzung der Ersatzpflicht der Gesellschaft bildet. Übrigens gelangen für Fabriken wesentlich höhere Prämiensätze zur Berechnung als in der Zivilfeuerversicherung.

Bau- und Montageversicherung. Auch für die Dauer des Baues oder der Montage, also zeitlich begrenzt durch den Tag der Gebrauchsnahme des Risikos, können Bauten und Einrichtungen versichert werden, und zwar nach Wahl der Partei entweder gleich mit dem voraussichtlichen Endwert oder unter etappenweiser Steigerung des entsprechend gewählten Anfangswertes auf die Höhe des Endwertes.

Es ist, namentlich bei größerem Umfang des Risikos, notwendig, die einzelnen Objekte systematisch geordnet aufzuzählen und dann eine postenweise Aufzählung des zu versichernden Inhaltes, nach Objekten geordnet, folgen zu lassen, wobei zweckmäßigerweise gleichartige Gegenstände unter einer Post vereinigt werden.

Wesentliche Veränderungen im Bestand der versicherten Gegenstände bedürfen, um des Versicherungschutzes teilhaftig zu werden, der ausdrücklichen Kenntnisnahme und Bestätigung seitens der Gesellschaft.

Ad. 3. Versicherungswert und Versicherungssumme (Vollwert- und Premier-risque-Versicherung)

Bei Festsetzung der zu versichernden Summen ist stets an dem Grundsatz festzuhalten, daß die Versicherung im Schadensfalle zu keinem Gewinn für den Versicherungsnehmer führen, sondern nur den ihm tatsächlich erwachsenen Schaden ersetzen soll. Die Versicherungssumme soll also dem vollen Werte der versicherten Sachen möglichst nahekommen. Man spricht in diesem Falle von

a) Vollwertversicherung. Hiebei ist als Versicherungswert der Kostenbetrag der Neubeschaffung (die Gestehungskosten) der zu versichernden Sachen, der sogenannte Neuwert, anzunehmen, von welchem im Falle vorangegangener Benützung die durch Alter, Abnützung, Gebrauch, Systemänderung, Betriebsstillstand oder andere Ursachen herbeigeführte Wertminderung, die Amortisationsquote, in Abzug zu bringen ist. Die Differenz zwischen dem Neuwert und der Amortisationsquote führt zum Zeitwert, das ist dem Werte der versicherten Sachen zur Zeit der Wertfeststellung, der auch die Basis für die Ermittlung der Schadenshöhe liefert. Falls bei Errechnung eines Neuwertes die Kosten der Neubeschaffung den Verkehrswert (Marktwert) übersteigen, ist letzterer als Versicherungswert anzunehmen. Verkaufspreise sollen nur bei bereits verkauften Waren versichert werden, während Liebhaberwerte überhaupt nicht versicherbar sind.

Überversicherung. Die in der Polizze angegebene Versicherungssumme hat die Bestimmung, die Ersatzpflicht des Versicherers nach oben abzugrenzen, so daß derselbe in jedem Falle nur bis zur Höhe dieser Summe haftet. Überschreitet also die Versicherungssumme den Versicherungswert (Überversicherung), so wird nur der ermittelte Schaden ersetzt. Die Prämie für den den tatsächlichen Wert der versicherten Sachen übersteigenden Teil der Versicherungssumme ist unnütz verausgabt worden.

Unterversicherung. Ist dagegen die für eine Post versicherte Summe niedriger als der Wert der in dieser Post versicherten Sachen (Unterversicherung), so gelangt im Schadensfalle nur derjenige Teil des ermittelten Schadens zum Ersatz, der dem Verhältnis dieser Summe zum Versicherungswert entspricht. Die Partei wird nicht voll, sondern nur „im Verhältnis (pro rata)“ entschädigt.

Mehrfache Versicherung. Größere Risken werden vielfach nicht von einem Versicherer allein übernommen, sondern nach Wahl der Partei unter mehrere Gesellschaften als Mitversicherer verteilt, die dann auch im Verhältnis der Höhe der übernommenen Anteile gemeinsam haften (mehrfache Versicherung). Jedem Mitversicherer müssen die anderen Mitversicherer und die Höhe ihrer Anteile bekannt sein.

Doppelversicherung. Übersteigt bei mehrfacher Versicherung die Versicherungssumme den wahren Wert der versicherten Sachen, so entsteht Doppelversicherung. Falls hiebei der Partei die Absicht, sich einen rechtswidrigen Vermögensvorteil zu verschaffen (dolus), nachweisbar zur Last fällt, ist Nichtigkeit des Vertrages die Folge.

Die Festsetzung der Versicherungssumme erfolgt am besten auf Grund von Fakturen, Kostenvoranschlägen oder Inventuren. Unklug ist es, durch zu niedriges Ansetzen der Versicherungssumme Prämie sparen zu wollen, was sich im Schadensfalle stets bitter rächt. Wer richtig versichert sein will, dem ist vielmehr zu empfehlen, die Versicherungssumme mit Rücksicht auf die möglichen Höchstwerte zu wählen. Bei Versicherung von Warenlagern, Fabriken usw. besteht übrigens für den Versicherungsnehmer die gesetzliche Vorschrift zur Führung von geschützt aufzubewahrenden Aufzeichnungen (Büchern) und zur periodischen Errichtung von Inventuren, die im Schadensfalle Behelfe für die Ermittlung der Schadenshöhe abzugeben bestimmt sind.

Schätzung. Zur richtigen Bezifferung der Versicherungssumme ist eine Schätzung der versicherten Sachen nötig. Dieselbe kann in kurzer Form durch die Partei selbst oder ihren Beauftragten erfolgen (z. B. bei Gebäuden nach dem Quadratmeter verbauter Fläche oder Kubikmeter umbauten Raumes), liefert jedoch bei Eintritt des Schadens (Versicherungsfalles) der Gesellschaft gegenüber kein Beweismittel für die Existenz der geschätzten Sachen am Schadenstage.

Vorschätzung. Eine solidere Grundlage für den Schadensfall, die am häufigsten in der Industrie Anwendung findet, gibt die Vorschätzung, welche, von autorisierten Experten auf Parteikosten durchgeführt, eine genaue, postenweise nach Gebäuden und Inhalt geordnete Aufzählung und Beschreibung der versicherten Werte darstellt. Solche Vorschätzungen sind auch für den Versicherer verbindlich, müssen jedoch mindestens alle fünf Jahre zwecks Festlegung der zwischenzeitig eingetretenen Wertänderungen einer Revision unterzogen werden. (Siehe „Liegenschaftsbewertungen“.)

Der Vollwertversicherung haftet bei Risken, die der Gefahr eines Totalschadens nicht ausgesetzt sind, der Mangel an, daß die bei sonstiger Gefahr der Unterversicherung und ihrer ruinösen Folgen nötige Deckungnahme für den Gesamtwert des Risikos unverhältnismäßig große Kosten erfordert. Der Umstand nun, daß der starken Prämienbelastung der Partei die Unmöglichkeit eines totalen Schadens gegenübersteht, schafft eine ungleiche Belastung beider Vertragsteile. Infolgedessen wurde in Kreisen der Versicherungsnehmer der Wunsch rege, die Versicherungssumme in solchen Fällen nur mit einem Bruchteil des vollen Wertes anzusetzen und so ohne allzuhohen Prämienaufwand dem eigenen Bedürfnisse anzupassen. Diesem Wunsche trägt die

b) Bruchteilversicherung bzw. die Premier-risque-Versicherung (Versicherung auf erstes Risiko) Rechnung. Während die keinerlei Beschränkung unterliegende Premier-risque-Versicherung zurzeit bei uns nur in relativ geringem Ausmaß geübt wird, schränkt die in größerem Umfang (oft unter dem gleichen Titel) in Erscheinung tretende Bruchteilversicherung den Begriff des „ersten Risikos" durch Festsetzung eines Höchstwertes ein, so zwar, daß Versicherungssumme und Höchstwert zueinander in einem bestimmten prozentualen Verhältnis (z. B. 1 : 10) stehen müssen. Falls der Gesamtwert der versicherten Gegenstände am Schadenstage den in der Polizze angegebenen Höchstwert nicht übersteigt, erfolgt volle Entschädigung bis zur Höhe der Versicherungssumme, anderenfalls tritt Unterversicherung (pro rata-Entschädigung) ein.

Der durch Verringerung der Versicherungssumme für die Gesellschaft resultierende Prämienausfall wird, zum Teile wenigstens, durch Berechnung erhöhter Prämien ausgeglichen. Doch ergibt sich noch immer für die Partei eine Prämienersparnis, also finanzielle Entlastung, von der in verschiedenen Versicherungszweigen, besonders in der Industrieversicherung, gern und ausgiebig Gebrauch gemacht wird.

Ad 4. Versicherungsort

Da die Versicherung nur innerhalb der im Vertrage bezeichneten Örtlichkeit gilt, ist diese durch zweifelfreie Angabe von Land, Bezirk, Ort, Straße, Hausnummer usw. festzulegen und die Polizze dahin nachzuprüfen, ob die Wertverteilung darin richtig zum Ausdruck gebracht wurde.

Außerhalb ihres räumlichen Geltungsbereiches gewährt die Versicherung, falls keine besonderen Vereinbarungen über die Ausdehnung desselben bestehen, keinerlei Deckung.

Veränderungen in der räumlichen Anordnung der versicherten Gegenstände sind daher der Gesellschaft zur Kenntnis zu bringen und von ihr zu bestätigen.

Bei größerer Ausdehnung des Risikos, namentlich in der Fabrikenversicherung, wird vielfach von der Freizügigkeitsklausel Gebrauch gemacht, die dem Versicherungsnehmer ausgleichend die Möglichkeit bietet, ohne besondere Anzeige an die Gesellschaft örtliche Verschiebungen der Inhaltsposten aus einem Objekt des Risikos in ein anderes gleich oder niedriger tarifiertes desselben Risikos vorzunehmen.

Ad 5. Versicherungsdauer

Die Festlegung jenes Zeitraumes, für welchen die Versicherung Geltung haben soll, der Versicherungsdauer, ist in das Belieben der Partei gestellt. Die übliche kürzeste Versicherungsdauer, im Gesetze auch als „Versicherungsperiode" bezeichnet, ist ein Jahr. Doch kann die Versicherung auch für kürzere Dauer als ein Jahr (unterjährig) oder mehrjährig getätigt werden.

Naturgemäß bevorzugen die Gesellschaften den Abschluß langfristiger Verträge, also mehrjährige Versicherungen, die ihnen ohne wesentliche Regieerhöhung ein Vielfaches an Einnahmen gewährleisten. Als Entgelt bieten sie der Partei einen Vorteil in Gestalt des sogenannten Dauer- oder Mehrjährigkeitsrabattes, der eine erhebliche Ermäßigung der Prämie beinhaltet.

Die vorzeitige Lösung mehrjähriger Verträge ist, wo nicht besondere Vereinbarungen in Gestalt einer der Polizze beigefügten Kündigungsklausel bestehen, für die Partei nur möglich, wenn der Gesellschaft bei einem Schaden Verweigerung oder Verzögerung in der Anerkennung begründeter Entschädigungsansprüche zur Last fällt. Die Gesellschaft anderseits besitzt das Kündigungsrecht in den Fällen nicht rechtzeitiger Prämienzahlung, erheblicher Gefahrerhöhung, bei Verletzung vereinbarter Sicherheitsvorschriften, im Schadensfalle nach geleisteter Entschädigung oder bei nachweisbar dolosen Ansprüchen der Partei. Kündigt die Gesellschaft, so muß sie der Partei den nicht verdienten Teil der Prämie rückerstatten. Hört das Risiko zu existieren auf, so erlischt die Versicherung und mit ihr die weitere Prämienzahlungsverpflichtung. Ebenso verpflichtet die Anzeige einer erfolgten Reduktion der versicherten Werte die Gesellschaft zu entsprechender Prämienreduktion vom Zeitpunkt der nächstfolgenden Prämienfälligkeit ab.

Vielfach wird, besonders bei Gegenseitigkeitsanstalten, die Versicherung unter der Bedingung geschlossen, daß, falls nicht bis zu einem bestimmten Termin der letzten Versicherungsperiode Kündigung des Vertrages durch die Partei erfolgt, der ungekündigte Vertrag sich stillschweigend jeweils um die Dauer eines Jahres verlängert.

Ad 6. Prämie und Gerichtsstand

Die Prämie stellt das Entgelt dar, welches die Partei der Gesellschaft für den von dieser gewährten Versicherungsschutz zu entrichten hat. Die Prämiensätze werden in eigene statistisch begründete Prämientarife zusammengefaßt, die, gewöhnlich in Prozenten oder Promille ausgedrückt, entsprechend den Änderungen im Wirtschaftsleben Schwankungen unterliegen.

Maßgebend für die Höhe der Prämie ist der Gefahrenumfang des Risikos, also Bauart und Bedachung der Versicherungsgebäude selbst, deren Inhalt mit den daran haftenden Gefahren, Beheizung und Beleuchtung, aber auch die Gefahren der Nachbarschaft und oft auch subjektive Momente, die aus den besonderen Verhältnissen der Risikobesitzer und -benützer oder aus der allgemeinen Wirtschaftslage hervorgehen.

Der Abstufung des Gefahrenumfanges entspricht auch eine Abstufung der Prämiensätze nach Orts- und Gefahrenklassen. Bei günstigen Verhältnissen gelangen von den Grundprämien entsprechende Nachlässe oder Rabatte mit den verschiedensten Begründungen und Bezeichnungen in Abschlag, während die Einbeziehung besonderer Gefahren (z. B. Explosionsgefahr) in den Versicherungsschutz Prämienzuschläge erfordert.

Die ungeklärte Wirtschaftslage nach dem Zusammenbruch zwang die Gesellschaften, vom Staate die Erlaubnis zur Einhebung besonderer Gebührenzuschläge zu erbitten, die außer zur Deckung der staatlichen und Landes- bzw. Gemeindeabgaben (Stempel, Feuerwehrbeitrag) noch zur Bestreitung des erhöhten Verwaltungsaufwandes dienen. Diese als Nebengebühren prozentual jeder Prämienzahlung zugerechneten Zuschläge beinhalten derzeit eine nicht unerhebliche Verteuerung der Prämie, dürften jedoch allmählich abgebaut werden.

Die Verpflichtung der Gesellschaft erscheint erst dann gegeben, wenn nach dem Abschluß einer Versicherung die erste Prämie bei Präsentation der Polizze von der Partei zur Gänze bezahlt wurde. Doch kann die Partei auch schon vor Erhalt der Polizze und ohne sofortige Prämienzahlung durch Ausstellung eines Deckungsbriefes seitens der Gesellschaft vollen Versicherungsschutz erhalten. Allerdings erlischt die Wirksamkeit dieses Briefes mit dem Momente der Präsentierung der Polizze. Nicht rechtzeitige Prämienzahlung enthebt die Gesellschaft jeder Zahlungsverpflichtung im Schadensfalle, ausgenommen den Fall, daß der Prämienanspruch gerichtlich geltend gemacht wird.

Ist die Zahlung einer Folgeprämie bei Fälligkeit nicht erfolgt, so tritt ein Mahnverfahren in Erscheinung. Die Gesellschaft muß der Partei unter Bekanntgabe der Konsequenzen weiteren Zahlungsverzuges schriftlich eine einmonatliche Nachfrist setzen, nach deren Ablauf die Versicherung mangels Prämienzahlung ruht. Selbstredend steht der Gesellschaft das Recht der gerichtlichen Eintreibung der offenen Prämienforderung, aber auch das der Kündigung des Vertrages in diesem Falle frei.

Unterläßt es die Gesellschaft, binnen drei Monaten nach dem Fälligkeitstag einer Erstprämie bzw. nach dem Ablaufe der gestellten Nachfrist bei Folgeprämien die Prämie einzuklagen, so gilt dies als Rücktritt vom Vertrag. Die Prämie ist also nach diesem Zeitraum nicht mehr klagbar.

Der Gerichtsstand, das heißt der Standort des Gerichtshofes, bei welchem die Einbringung von Klagen aus dem Vertragsverhältnis zu erfolgen hat, ist in den Endbestimmungen der allgemeinen Versicherungsbedingungen präzisiert.

c) Der Schaden

Maßnahmen bei Eintritt des Schadens. Bei Eintritt des Versicherungsfalles, also des Schadens, obliegt der Partei zunächst die Pflicht, auf die rascheste Unterdrückung des Brandes und Minderung seiner Folgen hinzuwirken. Im Interesse beider Teile ist geeignete Löschhilfe anzurufen und der Inhalt des gefährdeten Risikos, soweit als nötig und möglich, zu bergen. Die der Partei aus den Rettungsmaßnahmen erwachsenden Kosten, der sogenannte Rettungsaufwand, sind von der Gesellschaft zu ersetzen. Um die geretteten Werte vor weiterem Verderben zu schützen, sind sie in zweckdienlicher Weise zu deponieren. Im übrigen aber sind die vom Brande betroffenen Objekte, abgesehen von den durch etwaige Rettungsmaßnahmen bedingten Veränderungen, bis zum Eintreffen des Gesellschaftsdelegierten unverändert zu belassen. Um einem weit verbreiteten

Irrtum zu begegnen, sei hier bemerkt, daß den aus öffentlichen Mitteln erhaltenen oder unterstützten Feuerwehren für ihre Hilfeleistung kein besonderes Entgelt gebührt.

Die Schadensanzeige. Längstens innerhalb dreier Tage nach erlangter Kenntnis von dem stattgehabten Schaden sind Gesellschaft und Ortspolizei durch den Beschädigten auf dem kürzesten Wege von dem Geschehenen zu verständigen. Die Gesellschaft läßt nun, insbesondere bei größeren Schäden, durch ihre Organe eine Vorbesichtigung der Schadensstätte vornehmen und ordnet bei diesem Anlasse eventuell notwendige Aufräumungsarbeiten, z. B. Abtransport des Schuttes, Freilegen, Ordnen und Reinigen der beschädigten Gegenstände usw. an.

Die Schadensrechnung. Der Beschädigte hat sodann über Aufforderung, innerhalb einer ihm vom Versicherer gestellten angemessenen Frist, demselben ein nach Polizzenposten geordnetes Verzeichnis der in den versicherten Räumen am Schadenstage vorhanden gewesenen, beschädigten und unbeschädigten Gegenstände samt Wertangabe, die Schadensrechnung, vorzulegen.

Vorbehaltlose Abgabe unbedingt vertrauenswürdiger Daten erscheint hiebei wie auch im späteren Verlaufe der Schadensabwicklung für den Beschädigten dringend geboten, um so mehr, als ein gegenteiliges Vorgehen leicht zur Minderung oder gar zum Verlust der gestellten Ansprüche führen kann.

Die Schadenserhebung. Nunmehr tritt der gesellschaftliche Erhebungsbeamte oder Liquidator in Funktion. Vermag derselbe bezüglich der Schadenshöhe zu keinem Übereinkommen mit dem Versicherten zu gelangen, so steht nach den Versicherungsbedingungen beiden Vertragsteilen das Recht zu, zu fordern, daß der Betrag des Schadens an den versicherten Gegenständen durch ein schiedsgerichtliches Sachverständigenverfahren festgestellt werde. Auf dieses Verfahren finden die Bestimmungen der Zivilprozeßordnung Anwendung.

Der Schiedsspruch. Von beiden Teilen werden, und zwar gesondert für Gebäude und Inhalt (Einrichtung und Vorräte), schriftlich Sachverständige als Schiedsrichter bestellt. Diese wählen zunächst für den Fall, daß sie über die ihnen zur Beurteilung vorliegenden Fragen nicht zu einer Einigung zu gelangen vermögen, einen dritten Schiedsrichter als Obmann, der innerhalb der Grenzen der beiden Schiedssprüche unanfechtbar entscheidet. Befangene Schiedsrichter können abgelehnt werden. Die Bestellungsprotokolle sind vor Beginn der Verhandlungen von beiden Parteien und von den Schiedsrichtern zu fertigen. Letztere übernehmen protokollarisch die Verpflichtung, ihr Mandat ungesäumt und unbeeinflußt, bei persönlicher Haftung im Falle aus schuldbarer Säumnis erwachsenen Schadens, bis ans Ende durchzuführen. Während der Verhandlungen vor Fällung des Schiedsspruches sind die Parteien von ihnen anzuhören. Ein solcher Schiedsspruch ist, abgesehen von Formfehlern bei der Abfassung der Protokolle, nur dann anfechtbar, wenn er auf nachweisbar falschen oder dolosen Grundlagen aufgebaut ist.

Der Schiedsspruch hat sich nur auf die Wertfeststellung hinsichtlich der versicherten Gegenstände bzw. auf die Höhe des an ihnen verursachten Schadens, jedoch in keiner Weise auf die Entscheidung sonstiger mit dem Schadensfalle zusammenhängenden Fragen, namentlich nicht solcher zu erstrecken, die das Vorhandensein oder den Umfang der gesellschaftlichen Ersatzpflicht selbst betreffen. Er muß, für jede Post gesondert, den Neu- und den Zeitwert der darin versicherten Sachen sowie die ziffernmäßige Höhe des daran stattgehabten Schadens enthalten.

Jeder Teil trägt die Kosten seines Schiedsrichters, sonstige Erhebungskosten gehen zu Lasten der Gesellschaft.

Der Liquidationsvorgang. Bei Gebäudeschäden sind natürlich die Schadensdaten am leichtesten feststellbar, da, abgesehen von vorhandenen oder im Wege der Baubehörde leicht beschaffbaren Plänen, der Lokalaugenschein meist die nötigen Unterlagen für die Wertberechnung bietet.

Kleinere Inhaltsschäden werden meist im kurzen Wege durch Barvergütung (Ersatz der Reparaturkosten) oder Naturalersatz entschädigt. Hier sei bemerkt, daß die Gesellschaft wohl das Recht, aber nicht die Pflicht des Ersatzes in natura hat. Zumeist wird sie aber die Ersatzleistung in Form einer Barentschädigung zur Anwendung bringen.

Bei größeren Inhaltsschäden wird zunächst der Bestand am Schadenstage inventiert. Diese Bestandsaufnahme gibt im Verein mit den vorhergegangenen Inventuren, den von der Partei beizubringenden bücherlichen und sonstigen Daten und Behelfen über den zwischenzeitigen Zuwachs und Abgang an versicherten Werten, endlich der Schadensrechnung und Expertise einen hinreichenden Maßstab für die Höhe des Schadens. Hiebei sind grundsätzlich nur Gestehungskosten bis zur Höhe des Marktwertes am Schadenstage bzw. nur Zeitwerte in Anschlag zu bringen, doch sind natürlich auch vorgekommene Auslagen des Versicherungsnehmers für die betroffenen Inhaltsposten, die mit der Ersatzbeschaffung zusammenhängen, wie Fracht, Zoll, Versicherung, Steuer, Montage usw. einzubeziehen.

Die Entschädigung. Aus dem fertigen Schiedsspruch scheidet der Liquidator die nicht ersatzpflichtigen oder solche Posten aus, hinsichtlich derer Zweifel an der Ersatzpflicht bestehen, und berechnet sodann unter Berücksichtigung einer etwa vorhandenen Unterversicherung die Entschädigung. Die Ablehnung erhobener Ansprüche muß der Partei in jedem Falle mittels eingeschriebenen Briefes mitgeteilt werden und erlangt Rechtskraft, wenn die Partei nicht binnen sechs Monaten die gerichtliche Klage einbringt.

Vor Zahlung der Entschädigung ist die Gesellschaft berechtigt, von dem Beschädigten die Beibringung eines behördlichen Schuldlosigkeitszeugnisses, desgleichen im Falle vorhandener Zahlungshindernisse (z. B. Pfandrechte) die Beibringung der bezüglichen Freilassungserklärungen oder Zahlungszustimmungen zu fordern, nach Gebäudeschäden auch den Nachweis der Verwendung der Entschädigung zum Wiederaufbau des betroffenen Risikos, ansonsten nur der Verkehrswert ersetzt wird.

Die Entschädigung wird einen Monat nach erfolgter Schadensanzeige fällig, es sei denn, daß die Schadenserhebung ohne Verschulden der Gesellschaft bis zu diesem Zeitpunkte nicht durchführbar war. Im letzteren Falle wird die Entschädigung 14 Tage nach Beendigung der Erhebungen fällig. Doch kann die Partei nach Ablauf eines Monates vom Anzeigedatum eine Abschlagszahlung in der Höhe des voraussichtlichen Entschädigungsbetrages verlangen.

Nach dem Schaden kürzt sich die Versicherungssumme für den Rest des Versicherungsjahres um den Betrag der Entschädigung, kann jedoch durch entsprechende Nachversicherungsaufgabe für dieses Zeitintervall wieder auf den vollen Stand gebracht werden. (Kündigung nach dem Schaden, siehe Versicherungsdauer.) Die Brandreste (Rimanenzen oder Rudera) gehen nach erfolgter Schadenszahlung in das Eigentum der Gesellschaft über.

Verjährung der Ansprüche aus dem Versicherungsvertrage tritt drei Jahre nach Schluß desjenigen Jahres ein, in dem der Schaden stattfand.

C. Anhang

(Sonstige für das Baugewerbe wesentliche Versicherungszweige)

a) Betriebstillstand- (Chomage-) Versicherung

Sie ersetzt die Verluste, die dem Versicherungsnehmer zufolge etwaiger in seinem Betriebe durch einen ersatzpflichtigen Brandschaden (Explosionsschaden) eintretenden Störungen erwachsen.

Sie stellt einen Zusatz zu der für das gleiche Risiko laufenden Feuerversicherung dar, haftet und erlischt mit dieser gemeinsam.

Versicherungsfähig sind industrielle und gewerbliche Betriebe, aber auch Handels- und sonstige auf kaufmännischer Basis aufgebaute Erwerbsunternehmungen. Die Ersatzleistung im Schadensfalle kann umfassen:

a) die Verluste, die dem Versicherungsnehmer durch den Entgang von Reingewinn aus dem Betriebe, und (oder)

b) diejenigen, die ihm durch den notwendigen Aufwand an fortlaufenden Betriebsauslagen, z. B. Gehälter, Löhne, Steuern, Miete, Versicherungsprämien u. dgl. während der Dauer des Betriebsstillstandes bis zum Ende der Haftzeit erwachsen.

Die Haftzeit läuft vom Schadenstage ab durch längstens zwölf Monate.

Als Grundlage für die Aufstellung des Versicherungswertes dient das Ausmaß eines vollen Betriebsjahres des versicherten Unternehmens, und zwar sowohl hinsichtlich des Reingewinnes, den der Versicherungsnehmer in seinem Gesamtbetriebe ohne Eintreten des Versicherungsfalles erzielt hätte, als auch bezüglich der Summe aller versicherten Betriebsauslagen, die er für das Risiko hätte aufwenden müssen.

Besonderer Vereinbarung bedarf die Ausdehnung der gesellschaftlichen Haftung auf Warenschäden (ausgenommen Kaufläden), auf Wertminderungen durch Verderben oder verringerte Verwendbarkeit, auf solche bewegliche und unbewegliche Gegenstände, die sich außerhalb der Versicherungsräumlichkeit befinden, und auf die Rückwirkung des Betriebsstillstandes des versicherten Risikos auf andere Betriebsstätten.

Von der Haftung unter allen Umständen ausgeschlossen sind Pönalien oder Entschädigungen zufolge nichteingehaltener Verbindlichkeiten oder Fristen, endlich Schäden an Geld, Wertpapieren und Schriften.

Vor dem Abschluß von Chomage-Versicherungen im Auslande, namentlich England, ist mit Rücksicht auf den ausländischen Gerichtsstand, der im Streitfalle zu großen Unzukömmlichkeiten führt, wie auch auf den von dem unsrigen stark abweichenden Aufbau des dortigen Versicherungswesens zu warnen.

b) Glasversicherung

Die Glasversicherung ersetzt Glasbruchschäden, das heißt Schäden, die dem Versicherungsnehmer durch Zerbrechen oder Springen der versicherten Gläser erwachsen. Doch kann die Haftung der Gesellschaft durch besonderes Abkommen auch auf die Fassung oder Umrahmung dieser Gläser oder die darauf angebrachten Schriften, Ornamente u. dgl. erstreckt werden.

Nicht ersatzpflichtig sind:

Schäden an den versicherten Gläsern, hervorgerufen durch Brand, Blitz- oder Hagelschlag, dann Schäden gelegentlich von Einbruchsdiebstählen oder Gewalttätigkeiten bei Unruhen und Kundgebungen;

Schäden, die sich während des Einsetzens der Gläser selbst, bei Arbeiten an denselben oder ihren Fassungen, bei Adaptierungen oder Bauarbeiten in den versicherten Räumen oder an dem gleichen Hause ergeben;

endlich Schäden infolge Pulver- oder Sprengstoffexplosionen in öffentlichen Depots oder Fabriken und solche, die auf Elementarereignisse bzw. vis major zurückzuführen sind.

Die Gesellschaft kann im Schadensfalle außer bei bestehender Unterversicherung nach Wahl Naturalersatz oder Barentschädigung leisten. Der Naturalersatz erfolgt durch Beschaffung von Gläsern gleicher Art, wie sie zur Zeit des Versicherungsfalles bestanden haben. Bei Unterversicherung gelangt die aus dieser resultierende Barentschädigung zur Auszahlung.

Der Wert der in das Eigentum der Gesellschaft übergehenden Glasbruchreste darf von der Entschädigung nicht in Abzug gebracht werden. Notverglasung geht zu Parteilasten.

c) Maschinenbruchversicherung

Aufgabe der Maschinenbruchversicherung ist der Ersatz von Schäden, die durch innere oder äußere Ursachen an Maschinen und maschinellen Vorrichtungen hervorgerufen werden.

Als innere Ursachen gelten Guß-, Konstruktions- und Materialfehler und bei elektrischen Maschinen Kurzschluß, als äußere dagegen Betriebsunfälle, auch wenn solche durch ungeschickte, fahrlässige oder böswillige Manipulationen nicht in leitender Stellung befindlicher Betriebsangehöriger oder betriebsfremder Personen verschuldet wurden, dann Sturm, Wolkenbruch und Eisgang, endlich Schäden bei Montage oder Demontage innerhalb des Betriebsgrundstückes. Über besondere Vereinbarung kann die Haftung der Gesellschaft auch auf Fundamentschäden, die mit vorangegangenem Maschinenbruch in ursächlichem Zusammenhang stehen, oder auf solche Schäden ausgedehnt werden, die durch Rohrbruch oder Defekte an hydraulischen Anlagen infolge Wasseraustrittes verursacht wurden.

Dagegen ist eine Reihe von Fällen von der Ersatzpflicht ausgenommen, als deren wichtigste genannt seien:

Schäden, die auf Abnützung (darunter auch solche durch Ansatz von Rost oder Kesselstein einschließlich ihrer Folgeerscheinungen) zurückzuführen sind;

Schäden an noch unter Garantie stehenden Maschinen;

Defekte, die notorisch bei Vertragsabschluß bereits bestanden;

Schäden, die auswechselbare Werkzeuge, Formen, Transmissionsmittel u. dgl. betreffen;

Feuer-, Blitz-, Explosions-, Elementarschäden (mit Ausschluß der im ersten Absatze angeführten) und Aufruhrschäden.

Die Prämienberechnung erfolgt, auch bei älteren Maschinen, stets auf Basis des Neuwertes. Trotzdem werden nur bei reparabler Beschädigung die Reparaturkosten voll ersetzt, während bei Totalschäden oder Nachschaffung neuer Ersatzteile die entfallende Amortisationsquote dem Beschädigten zur Tragung auferlegt wird.

d) Wasserleitungsschaden-Versicherung

Sie bietet Deckung gegen die Folgen von Schäden, die an den versicherten Sachen durch Ausströmen von Wasser aus den innerhalb der Versicherungsräumlichkeiten oder deren Nachbarobjekten verlaufenden, das häusliche Verbrauchswasser zu- oder ableitenden Wasserleitungsanlagen verursacht wurden, sofern die unmittelbare Einwirkung des Leitungswassers die Beschädigung herbeigeführt hat. Hiebei ist es gleichgültig, ob der Schaden durch Zufall (z. B. Rohrbruch), durch unsachgemäße oder böswillige Behandlung der Anlage (z. B. Offenlassen von Hähnen, Verstopfung der Abflüsse) entstanden ist.

Versicherbar sind Gebäude, Mobiliar und Waren. Vorbedingung ist dauernde, gute Erhaltung der Anlage durch den Besitzer.

Mitgedeckt ist weiter die Haftpflicht des Versicherungsnehmers für Wasserschäden an fremden Gebäuden oder Mobilien (nicht an Waren!), für die er auf Grund gesetzlicher (aber nicht vertraglicher!) Bestimmungen zu haften hat.

Nicht gedeckt sind Schäden, die auf das Eindringen von Hoch-, Grund-, Regen-, Löschwasser und ähnliche Anlässe zurückzuführen sind, Schäden an den Leitungsanlagen selbst, an Dampfheizungs-, Warmwasserbereitungs- oder hydraulischen Aufzugsanlagen infolge Bruchs, Undichtwerdens, Frost oder natürlicher Abnützung, Wasserleitungsschäden gelegentlich von Bränden, Schäden nach Elementarkatastrophen oder infolge höherer Gewalt, endlich solche, die in der Zeit vor Vertragsschluß entstanden sind oder später als sechs Monate nach ihrem Zutagetreten gemeldet wurden.

Über besondere Vereinbarung können jedoch auch Schäden, die durch ausströmendes Wasser an maschinellen (besonders elektrischen) Anlagen, sowie solche, die durch das aus Heizungs-, Warmwasserbereitungs-, hydraulischen Aufzugs-, Sprinkler- und öffentlichen Leitungsanlagen austretende Wasser herbeigeführt wurden, in den Haftungsbereich der Versicherung einbezogen werden.

Basis der Prämienberechnung liefert bei Gebäuden der Bauwert, bei Fahrnissen der Versicherungswert.

e) Unfallversicherung

Sie bietet Deckung gegen die Folgen körperlicher Unfälle des privaten und beruflichen Lebens. Als solche gelten Ereignisse, die unabhängig von jeder Beeinflussung durch den Versicherungsnehmer, plötzlich und unmittelbar eine mechanische Schädigung seines Körpers bewirken (auch Verbrennung, Gasaustritt und elektrischer Schlag).

Die Versicherung deckt also keinesfalls Strahlenwirkung (z. B. Röntgenbestrahlung), Infektionen, Vergiftungen und Überanstrengungen. Wohl aber sind Blutvergiftungen, Zerrungen u. dgl. in direkter Folge eines gleichzeitigen Unfalles mitgedeckt. Erkrankungen jeder Art (Schlaganfälle, Eingeweidebrüche usw.) und Krankheitsübertragung durch Insektenstich gelten nicht als Unfall oder Unfallsfolge.

Ausgeschlossen von der Haftung sind weiters:

Unfälle nach Eintritt von Bewußtseinsstörungen, Lähmungen und ähnlichen Krankheitszuständen, bei chirurgischen Operationen jedes Umfangs (auch Hühneraugenoperationen), nach Zuwiderhandeln gegen behördliche Vorschriften (z. B. Alkohol- und Raufexzesse, Duell und Abspringen von Bahnen), zufolge höherer Gewalt, während der Kriegsdienstleistung, bei Preis- und Wettübungen und bei gefährlichen Wagnissen (außer bei Lebensrettung).

Besonderer Vereinbarung bedarf der Einschluß der Haftung für Unfälle bei Ausübung von Sporten. Personen, die mit schweren körperlichen Defekten oder chronischen Leiden behaftet sind, dann solche, die jünger als 18 oder älter als 70 Jahre sind, sind nicht versicherbar.

Der lokale Geltungsbereich der Unfallversicherung erstreckt sich auf Europa und Fahrten auf regulären Passagierdampferlinien zwischen europäischen Häfen oder von solchen nach außereuropäischen Häfen des Mittel- und Schwarzen Meeres.

Die Versicherung kann genommen werden für: 1. Tod, 2. bleibende und 3. vorübergehende Erwerbsunfähigkeit (Invalidität).

Ad 1. wird nach Eintritt des Versicherungsfalles die versicherte Summe voll ausbezahlt.

Ad 2. die bleibende Invalidität ist entweder

a) eine totale (Verlust zweier Extremitäten, gänzliche Erblindung oder Geistesstörung) oder

b) eine partielle (Verlust einzelner Gliedmaßen u. ä.).

Im Falle a) gelangt die volle Versicherungssumme, im Falle b) nach Abschluß des Heilverfahrens als Ersatz für den durch die dauernd verringerte Arbeitsfähigkeit bedingten Erwerbsausfall je nach dem festgestellten Umfange der Invalidität ein Betrag bis zu 60% der vereinbarten Kapitalsabfindung zur Auszahlung, bei geistigen oder Nervenstörungen jedoch eine Rente, die der vereinbarten Versicherungssumme entsprechend auf Grund einer der Polizze beigedruckten Rententafel berechnet wird.

Ad 3. Bis zu höchstens 200 Tagen wird die vereinbarte Tageskursquote, solange gänzliche Berufsstörung vorliegt, in voller, sonst in entsprechend geminderter Höhe ausbezahlt.

Ein Berufsverzeichnis teilt die Versicherungsnehmer in Gefahrenklassen ein, die entsprechende Prämienabstufung ermöglichen. Damit ist auch die Verpflichtung des Versicherungsnehmers gegeben, die Gesellschaft von etwa eingetretenen Berufsänderungen (Gefahrenänderung) unverweilt zu verständigen. Auch erhebliche Verschlechterungen im Gesundheitszustande des Versicherten unterliegen der Anzeigepflicht.

Nach eingetretenem Schadensfalle ist der Gesellschaft durch den Versicherungsnehmer auf eigene Kosten ein ärztliches Attest über den Umfang des erlittenen Unfalles und den Verlauf der Behandlung vorzulegen. Sonstige Erhebungskosten fallen der Gesellschaft zur Last.

Das Schiedsrichteramt in Streitfällen wird durch Ärzte ausgeübt.

Die lebenslängliche Eisenbahn- und Dampfschiff-Unfallversicherung deckt die Folgen von Verletzungen, die durch einen dem benützten Transportmittel (öffentliche Bahnen in allen Ländern der Welt und Dampfschiffe auf den europäischen Wasserstraßen und Seewegen) zustoßenden Unfall herbeigeführt wurden.

Über Arbeiter-Unfallversicherung siehe Abschnitt: „Arbeitsrecht usw."

f) Haftpflichtversicherung

Das allgemeine bürgerliche Gesetzbuch statuiert in den Paragraphen 1293 bis 1341 die Verpflichtung zum Ersatz von Schäden, die gegenüber dritten Personen direkt oder indirekt verschuldet wurden, wobei Versehen, schuldbare Unwissenheit, Mangel an gehöriger Aufmerksamkeit oder gehörigem Fleiß dem Begriffe des Verschuldens gleichzuhalten sind (Schuldhaftpflicht).

Von dieser gesetzlichen Haftpflicht ist die vertragliche zu scheiden, die erst auf Grund besonderer vertraglicher Vereinbarung übernommen wird, also vom Willen der Vertragspartner abhängig ist.

Die Haftpflichtversicherung ersetzt demnach jene Vermögensverluste, die dem Versicherungsnehmer erwachsen, wenn gegen ihn wegen Personen- oder Sachbeschädigung auf Grund gesetzlicher (nach besonderer Vereinbarung auch vertraglicher) Bestimmungen Ansprüche erhoben werden, außerdem im Zivilprozeßfalle die Gesamtkosten, im Strafverfahren die Verteidigungskosten (letztere beide außerhalb der Versicherungssumme).

Demgemäß begrenzt die Polizze die Leistung der Gesellschaft durch Festsetzung gesonderter Maximalgrenzen für Personen- und Sachschaden. Gedeckt sind auch Schäden, die durch Vertreter des Versicherungsnehmers verschuldet wurden, soweit letzterer für deren Schadenshandlungen zu haften hat.

Nicht gedeckt dagegen sind Ansprüche naher Angehöriger oder Firmengesellschafter des Versicherungsnehmers, Schäden, die durch Mängel der vom Versicherungsnehmer gelieferten Sachen verursacht wurden. Schäden an Sachen, die vom Versicherungsnehmer erzeugt oder ihm zur Benützung, Aufbewahrung, Bearbeitung u. dgl. übergeben wurden, Schäden infolge Feuers, Explosion, Gase, Dämpfe, Rauch, Ruß, Temperatur- und Feuchtigkeitseinflüsse, Erschütterungen und Senkungen, Geräusch und Geruch, endlich Wild- und Flurschäden.

Die wichtigsten Gefahrenquellen der Haftpflichtversicherung sind:

1. Unfallversicherungspflichtige Industrie- und Gewerbebetriebe;
2. Kaufmännische und Handelsgeschäfte und nicht unfallversicherungspflichtige Gewerbebetriebe;
3. Land- und Forstwirtschaftsbetriebe;
4. Haus- und Grundbesitz;
5. Bade- und Heilanstalten, Personen der Gesundheitspflege, Laboratorien, Apotheken und Drogerien;
6. Gastwirtschaftsbetriebe, Theater, Vergnügungseinrichtungen;
7. Privatpersonen, Sportausübung und Vereine;
8. Gemeinden und Schulen;
9. Transportbetriebe, Bahn- und Schiffahrtsbetriebe, Schleppbahngleise und Straßen;
10. Kraftfahrzeuge.

g) Autoversicherung

Die Autoversicherung umfaßt:

1. Die Fahrzeugversicherung (auch Kasko- oder Havarieversicherung genannt).
2. Die Autohaftpflichtversicherung.
3. Die Autounfallversicherung für:
   a) Insassen von Kraftfahrzeugen (ohne Namensnennung);
   b) für namentlich angeführte Personen;
   c) für Chauffeure.

Ad 1. Die Fahrzeugversicherung deckt in erweiterter Anlehnung an die Maschinenbruchversicherung Schäden, die an dem versicherten Fahrzeug durch einen von außen wirkenden Unfall verursacht wurden, nach besonderer Vereinbarung auch Feuer, Explosion, Raub und Diebstahl des ganzen Wagens oder mit ihm fest verbundener Bestandteile und mutwillige Beschädigung.

Für die Prämienberechnung bildet der Neuwert des Fahrzeuges analog der Maschinenbruchversicherung die Grundlage, auch die Modalitäten des Schadenersatzes sind von dort übernommen.

Ad 2. Finden die Bestimmungen der im Abschnitt IIIf behandelten Haftpflichtversicherung sinngemäße Anwendung.

Ad 3. Desgleichen die Normen der sub IIIe besprochenen Unfallversicherung mit der Einschränkung, daß nur Unfälle, die die versicherten Personen zufolge eines dem Kraftfahrzeug selbst zustoßenden Schadenereignisses erleiden, der Ersatzpflicht unterliegen.

Der Bahn- und Flußtransport

Von Emil Tutsch

A. Der Bahntransport

I. Reglementarische Bestimmungen

Die Beförderung auf der Eisenbahn setzt den Abschluß eines Frachtvertrages voraus. Der Frachtvertrag wird durch die zum Zwecke der Beförderung nach einem anderen Ort erfolgte Übergabe des Gutes und des Frachtbriefes an die Eisenbahn abgeschlossen. Voraussetzung für die Beförderung mit durchgehendem Frachtbrief von der Versand- bis zur Bestimmungsstation ist das Vorhandensein einer die ganze Beförderungsstrecke umfassenden gesetzlichen Regelung. Andernfalls ist die Beförderung bis zu der beabsichtigten Bestimmungsstation mit einem

Frachtbrief nicht möglich (z. B. Österreich—Türkei, Österreich—Spanien). Die gesetzlichen Bestimmungen, auf Grund welcher der Vertrag zum Abschluß gelangt, die Beförderung durch die Bahn besorgt und das Gut am Bestimmungsort dem Empfänger ausgefolgt wird, finden sich für den internen Verkehr der Staaten in der Eisenbahn-Verkehrsordnung (E. V. O.)[1]).

Die gesetzlichen Bestimmungen für internationale Transporte, das ist für Transporte über zwei oder mehrere Staaten, finden sich im Internationalen Übereinkommen (I. Ü.), sofern die am Transport beteiligten Staaten dem I. Ü. beigetreten sind[2]).

Die Vorschriften der E. V. O. decken sich in der Hauptsache mit denen des I. Ü., obschon die E. V. O. in mancher Hinsicht erleichternde Bestimmungen enthält.

Die Urkunde über den Frachtvertrag ist der Frachtbrief. Er ist verschieden ausgestattet, je nachdem es sich um interne oder internationale Transporte handelt bzw. um Eil- oder Frachtgüter. Die Ausstellung des Frachtbriefes obliegt dem Verfrächter. In den Frachtbriefen sind Rubriken enthalten, von denen einzelne vom Absender ausgefüllt werden müssen, und auch solche, deren Ausfüllung ihm freigestellt ist. Jede einzelne Rubrik des Frachtbriefes muß mit der größten Sorgfalt ausgefüllt werden. Zunächst hat der Absender Namen und genaue Adresse des Empfängers in den Frachtbrief einzusetzen (obligatorisch). Eine ungenaue Angabe würde eventuell zur Folge haben, daß die Bahn entweder das Gut nicht abliefern kann oder unter Umständen einem Nichtberechtigten ausfolgt. Da der Absender der Eisenbahn für die Richtigkeit und die Vollständigkeit der in den Frachtbrief aufgenommenen Angaben und Erklärungen haftet und alle Folgen trägt, die aus unrichtigen, ungenauen oder ungenügenden Eintragungen entspringen, welche Bestimmungen von der Rechtsprechung auch für den vorerwähnten Fall herangezogen werden, so würden diese mangelhaften Eintragungen zur Folge haben, daß die Bahn die Kosten, die durch das Ablieferungshindernis entstehen, bzw. den Schaden, der durch die Fehlausfolgung entstehen könnte, nicht ersetzt. Aus den gleichen Gründen muß die Bestimmungsstation mit der im Stationsverzeichnis der Bahn angeführten Bezeichnung angegeben werden (obligatorisch), weil andernfalls eine mit erheblichen Mehrkosten verbundene Verschleppung möglich wäre, und die Bahn in diesem Fall auch die Fracht von der Station, nach welcher das Gut verschleppt wurde, bis zur nachträglich festgestellten richtigen Bestimmungsstation anrechnen würde.

Eine weitere Rubrik ist für die Angaben des beantragten Beförderungsweges bzw. für die Angabe der anzuwendenden Tarife vorgesehen (fakultativ). Im internen Verkehr besteht kein Anlaß, in diese Rubrik irgendwelche Eintragungen zu machen, da die Bahn nach der E. V. O. verpflichtet ist, bei Frachtgütern jenen Tarif anzuwenden, der den billigsten Frachtsatz bietet, und bei gleichen Frachtsätzen über mehrere Wege jenen Tarif, der die kürzeste Lieferfrist gewährt. Hingegen wird es sich bei internationalen Transporten empfehlen, den Tarif bzw. den Beförderungsweg genau anzugeben, weil die Bahn andernfalls denjenigen Weg zu wählen hat, welcher ihr für den Absender am zweckmäßigsten scheint. Sie haftet für die Folgen der Wahl nur dann, wenn ihr hiebei ein grobes Verschulden

---

[1]) In einzelnen Staaten auch Eisenbahnbetriebsreglement genannt (E. B. R..)

[2]) Dies ist bei den meisten Staaten der Fall.

zur Last fällt. Da aber ein solches in den seltensten Fällen anerkannt wird, muß zur Vermeidung oft sehr erheblicher Mehrfrachten darauf geachtet werden, daß der Beförderungsweg so vorgeschrieben wird, daß die billigste Frachtberechnung sichergestellt ist. Von der Vorschreibung des Tarifes bzw. des Beförderungweges kann allerdings auch im internationalen Verkehr abgesehen werden, wenn von der Versand- bis zur Bestimmungsstation ein durchgehender Tarif besteht.

Weitere Rubriken betreffen die Angabe von Zeichen und Nummern, des Inhaltes (obligatorisch) und des Gewichtes (fakultativ). Zeichen und Nummer müssen mit jenen auf den Kolli übereinstimmen. Der Inhalt muß derart genau angegeben werden, daß Ungenauigkeiten und insbesondere unrichtige Bezeichnungen vermieden werden. Als ungenau wird eine Inhaltsbezeichnung dann angesehen, wenn nach der gewählten Angabe verschiedene Tarifierungen möglich wären. Die Bahn ist alsdann berechtigt, die höchste nach diesen Angaben in Betracht kommende Tarifierung anzuwenden. Als unrichtig ist die gewählte Bezeichnung anzusehen, wenn das Gut nach seiner Beschaffenheit in eine höhere Tarifklasse einzureihen wäre als auf Grund der gewählten Bezeichnung. Sobald nun die Bahn diesen vom Absender begangenen Fehler, der geeignet ist, eine Frachtverkürzung herbeizuführen, wahrnimmt, rechnet sie außer der richtigen Fracht gemäß den einschlägigen Bestimmungen der E. V. O. einen Frachtzuschlag in der Höhe des Doppelten des Unterschiedes zwischen der infolge der unrichtigen Angabe entstandenen und der richtig berechneten Fracht von der Aufgabe- bis zur Bestimmungsstation[1]).

Der Absender ist nicht verpflichtet, eine Gewichtsangabe zu machen. Fehlt sie, so nimmt die Bahn die Abwage vor und haftet auch für das von ihr festgestellte Gewicht. Hat aber der Absender das Gewicht in den Frachtbrief eingesetzt, so ist in bezug auf die Haftung und auf die Anrechnung eines Frachtzuschlages zu unterscheiden, ob es sich um Stückgut handelt oder um eine Wagenladung[2]).

Bei Stückgütern haftet die Bahn auch dann für das Gewicht, wenn sie die Sendung nicht nachgewogen hat. Sie darf, soferne sie das Gewicht prüft, keinen Frachtzuschlag rechnen, wenn sie hiebei ein höheres Gewicht feststellt als das vom Absender im Frachtbrief angegebene. Bei Wagenladungen hingegen ist die Bahn nicht verpflichtet, eine Gewichtsüberprüfung vorzunehmen, wenn der Absender das Gewicht im Frachtbrief angegeben hat. Tut sie es aber, so muß der Absender falls ein Mehrgewicht festgestellt würde, einen Frachtzuschlag zahlen, der das Doppelte des Unterschiedes zwischen der infolge der unrichtigen Angabe entstandenen und der richtig berechneten Fracht von der Aufgabe- bis zur Bestimmungsstation beträgt. Abgesehen davon hat selbstverständlich die Frachtzahlung für das von der Bahn ermittelte Gewicht zu erfolgen. Das vom Absender angegebene Gewicht wird als richtig angesehen, wenn es gegenüber dem von der Bahn festgestellten um nicht mehr als 2% des Eigengewichtes des Wagens differiert.

Gegen die Anrechnung des Frachtzuschlages kann sich der Absender — abgesehen von dem Falle, daß er ein Gewicht nicht einsetzt und es also der Bahn überläßt, die Verwiegung vorzunehmen — nur schützen, wenn er auch in jenen Fällen

---

[1]) Siehe Beispiel 1, S. 697.

[2]) Als Wagenladung gilt im allgemeinen eine Sendung, für die ein besonderer Wagen zur Beladung verlangt wird, oder eine Sendung, für welche die Fracht für mindestens 5000 kg bezahlt wird.

bei Wagenladungen einen Antrag auf bahnämtliche Verwiegung stellt, in denen er selbst schon ein Gewicht angegeben hat. In einem solchen Falle darf die Bahn selbst dann keinen Frachtzuschlag erheben, wenn sie dem gestellten Antrag aus irgendwelchen Gründen nicht zu entsprechen vermochte.

Auch in Hinsicht auf die Haftung der Bahn ist es erforderlich, die Wagenladung bahnamtlich verwiegen zu lassen. Die E. V. O. und auch das I. Ü. bestimmen nämlich, daß bei den vom Absender verladenen Gütern[1]) die Angaben des Frachtbriefes über das Gewicht nur dann als Beweis gegen die Eisenbahn dienen, wenn sie die Sendung nachgewogen und dies im Frachtbrief beurkundet hat. Wird also ein Antrag auf Gewichtsfeststellung im Frachtbrief nicht gestellt, so hat dieser Umstand zur Folge, daß der Reklamant im Schadensfalle den Beweis der vollgewichtigen Verladung zu erbringen hat, während im anderen Falle das von der Bahn festgestellte Gewicht gegen sie sprechen würde.

Eine weitere Rubrik gibt dem Absender die Möglichkeit, durch entsprechende Vorschreibung 1. die Frachtgebühren selbst zu entrichten, 2. sie auf den Empfänger zu überweisen oder 3. sie zum Teile selbst zu zahlen. Macht der Absender von keiner dieser Möglichkeiten Gebrauch, so gilt die Fracht als auf den Empfänger überwiesen. Auch darf er andere Gebühren in den Freivermerk mit aufnehmen (z. B. Zoll). Eine folgende Rubrik dient der Angabe der Höhe eines etwaigen Barvorschusses oder einer Nachnahme. Endlich ist an entsprechender Stelle die Unterschrift mit Namen oder Firma, unter Angabe der Wohnung, einzusetzen (obligatorisch). Auch hier ist die deutliche Aufnahme der Adresse ein Gebot der Vorsicht, weil die Sendung aus irgendwelchen Gründen auf einer Unterwegsstation angehalten oder in der Bestimmungsstation vom Empfänger nicht übernommen werden könnte und die Bahn ihrer Pflicht, den Absender vom Ablieferungshindernisse im Wege der Versandstation zu verständigen, nur dann zu entsprechen vermag, wenn sie die Adresse des Absenders kennt.

Sobald die Abfertigungsstelle das Gut mit dem Frachtbrief zur Beförderung angenommen hat, ist der Frachtvertrag abgeschlossen. Als Zeichen der Annahme ist dem Frachtbrief der Tagesstempel aufzudrücken, und zwar auf Verlangen des Absenders in seiner Gegenwart, was dann von besonderer Wichtigkeit ist, wenn ein bestimmter Termin der Auflieferung vom Absender nachgewiesen werden muß. Die Eisenbahn bescheinigt die Annahme des Gutes unter Angabe des Tages, an dem es zur Beförderung angenommen ist, auf einem Frachtbriefduplikat oder auf einem Aufnahmeschein. Sie befördert das Gut, nachdem sie die Frachtgebühren ermittelt und sie, je nach der Vorschreibung, vom Absender eingehoben[2]) oder auf den Empfänger überwiesen hat, nach der Bestimmungsstation. Sobald der Frachtvertrag abgeschlossen ist, hat die Bahn die Verpflichtung, den Transport nach Maßgabe des frachtbrieflichen Inhaltes auszuführen, es wäre denn, daß der Absender von dem ihm zustehenden Rechte Gebrauch macht, mittels bei der Versandstation unter Vorlage des Frachtbriefduplikates bzw. Aufnahmescheines getroffener nachträglicher Verfügung eine Änderung des ursprünglichen Frachtvertrages herbeizuführen. Der zulässige Inhalt einer solchen Verfügung richtet sich nach den verschiedenen Vorschriften der an dem Transport beteiligten Länder. Sie

[1]) Das sind in der Hauptsache Wagenladungen.

[2]) In diesem Falle ist der Frachtvertrag erst nach Bezahlung der Gebühren abgeschlossen.

betreffen in der Hauptsache die Möglichkeit, ein Gut an den Absender rückbefördern oder an einen anderen Empfänger in der gleichen oder einer anderen Bestimmungsstation frankiert oder unfrankiert mit oder ohne Nachnahme ausfolgen zu lassen. Die Bahn ist verpflichtet, innerhalb bestimmter in der E. V. O. bzw. im I. Ü. vorgesehenen Fristen die Bereitstellung in der Bestimmungsstation zu besorgen. Diese Frist (Lieferfrist) setzt sich zusammen aus der Expeditionsfrist, die in den meisten internen Verkehren und im I. Ü. für Frachtgüter mit zwei Tagen festgesetzt ist, und aus der Transportfrist, die für je 250 km zwei Tage beträgt. Außerdem darf die Bahn mit Genehmigung der Aufsichtsbehörde unter gewissen Bedingungen Zuschlagsfristen festsetzen. Wenn solche bestehen, ist die Lieferfrist gewahrt, wenn vor ihrem Ablauf (unter Berücksichtigung der oben erwähnten und der Zuschlagsfristen) das Gut in der Bestimmungsstation bereitgestellt ist. Allerdings ist noch zu beachten, daß während der zollämtlichen Abfertigung und anderer nicht im Willen der Eisenbahn liegenden Aufenthalte der Lauf der Lieferfristen ruht.

Wenn die Lieferfrist überschritten ist, vergütet die Bahn im internen Verkehr für jeden Tag der Überschreitung (im internationalen Verkehr für jedes $^1/_{10}$ der Lieferfrist) einen gewissen Teil der Fracht, der, abgesehen von der Länge der Überschreitung, auch danach bestimmt wird, ob das Interesse an der Lieferung deklariert ist oder nicht[1]). Die Höchstvergütung beträgt, wenn ein Zeitschaden, d. i. ein Schaden, der mit der Verspätung in ursächlichem Zusammenhang steht, nicht nachgewiesen wird:

a) bei nicht deklariertem Interesse an der Lieferung $^5/_{10}$ der Fracht,

b) bei deklariertem Interesse das Doppelte von a) bis zur angegebenen Summe, höchstens aber die ganze Fracht. Bei nachgewiesenem Schaden übersteigen die von der Bahn zu leistenden Vergütungen dieses Ausmaß. (Für die Angabe des Betrages, mit dem das Interesse an der Lieferung deklariert wird, ist im Frachtbrief eine Rubrik enthalten.)

Die Bahn muß, wenn sie offensichtliche Mängel (Minderung, Beschädigung, Verlust) wahrnimmt, protokollarische Feststellungen machen (Tatbestandsaufnahme). Sie ist hiezu auch verpflichtet, wenn der Empfänger solche Mängel behauptet. In der Tatbestandsaufnahme ist insbesondere festzuhalten die Art der Verpackung, das Gewicht, eventuell die bestimmt erkennbaren Ursachen, die Art und der Umfang des Schadens und der Wert des beschädigt bzw. gemindert vorgefundenen Gutes, der gewöhnlich auf Grund der vom Empfänger vorgelegten Originalrechnung bestimmt wird.

Wird beim Bezug, sei es, weil die Gewichtsprüfung scheinbar keinen Anhaltspunkt für eine Minderung bietet, sei es, daß der Zustand der Verpackung auf eine Minderung oder Beschädigung nicht schließen läßt, ein Protokoll nicht aufgenommen, so besteht für den Empfänger noch immer die Möglichkeit einer protokollarischen Feststellung von Mängeln, soferne er diese äußerlich nicht erkennbaren Mängel unverzüglich nach der Entdeckung und spätestens eine Woche nach der Abnahme des Gutes von der Bahn meldet und eine Untersuchung verlangt (Hausprotokoll) oder eine gerichtliche Feststellung in derselben Frist beantragt.

Für den protokollarisch festgestellten, in der Zeit von der Annahme zur Beförderung bis zur Ablieferung entstandenen Schaden (Verlust, Minderung, Beschädigung) haftet die Bahn, es sei denn, daß er durch ein Verschulden der Partei, durch

---

[1]) Siehe Beispiel 2 und 3, S. 697 und 698.

höhere Gewalt, durch äußerlich nicht erkennbare Mängel der Verpackung oder durch die natürliche Beschaffenheit des Gutes verursacht wurde. Daß ihre Haftung nicht gegeben ist, muß die Bahn beweisen[1]). Jedoch trägt die Beweislast der Verfrächter in besonderen in der E. V. O. bzw. I. Ü. angegebenen Fällen. Sie liegen z. B. vor bei Verladung in offenen Wagen, wenn der Schaden aus dieser Verladungsart entstanden sein konnte, bei Gütern, die der Bruchgefahr, der Austrocknung, dem inneren Verderben ausgesetzt sind, bei Schäden, die durch natürliche Beschaffenheit des Gutes hervorgerufen sein konnten, und bei Schäden, die bei vom Absender verladenen Gütern infolge mangelhafter Verladung entstehen konnten. In allen diesen Fällen ist es Sache des Reklamanten, zu beweisen, daß diese Umstände den Schaden nicht herbeigeführt haben konnten oder daß der Schaden durch Verschulden der Bahn entstanden ist.

Auf Grund der Feststellung im Protokoll kann der Empfänger oder ein Dritter, wenn er eine Legitimation des Empfängers vorweist, die Reklamation bei der zuständigen Bahnverwaltung erheben. Als zuständig ist die Versand- oder Empfangsbahn anzusehen oder endlich jene Bahn, auf deren Strecke sich der Schaden ereignet hat. Der Reklamation sind, sofern es sich um Verlust, Minderung oder Beschädigung handelt, der eingelöste Frachtbrief und eine Wertbescheinigung beizuschließen.

Die Ansprüche gegen die Bahn verjähren in einem Jahre. Die Verjährung beginnt bei Beschädigung oder Minderung mit dem Ablauf des Tages, an dem abgeliefert wurde, bei Verlust mit dem Ablauf der Lieferzeit[2]). Handelt es sich um einen Anspruch wegen Lieferfristüberschreitung, so gelten die gleichen Bestimmungen mit der Einschränkung, daß der erste Anspruch spätestens am 14. Tage, den Tag der Abnahme nicht mitgerechnet, eingebracht werden muß. Wurde der Frachtbrief vom Empfänger nicht eingelöst, so ist zur Geltendmachung der Ansprüche (Reklamationen) wegen Verlustes, Minderung oder Beschädigung des Gutes oder wegen Überschreitung der Lieferfrist der Absender berechtigt.

Muß die Bahn auf Grund des Frachtvertrages Ersatz leisten, so ist der Schadensbemessung jener Wert zugrunde zu legen, den ein Gut derselben Art und Beschaffenheit am Orte der Absendung am Tage der Annahme zur Beförderung hatte. Ist der Schaden durch Vorsatz oder grobe Fahrlässigkeit der Eisenbahn herbeigeführt, so ist in allen Fällen der volle Schaden zu ersetzen (also z. B. der nachgewiesene Gewinnentgang).

Sofern es sich um Fehler bei Berechnung der Fracht oder der Gebühren oder um solche bei Anwendung der Tarife handelt, ist der Bahn auf Verlangen das zu wenig Geforderte nachzuzahlen und zwar vom Absender bei frankierten, vom Empfänger bei unfrankierten Sendungen; das zu viel Erhobene ist von der Bahn zu erstatten. Die Reklamationen sind vom Frachtzahler (oder einem Dritten, wenn er legitimiert ist) auf Grund des Frachtzahlungsdokumentes einzubringen. Als

---

[1]) In jenen Fällen, in denen ein Hausprotokoll aufgenommen wurde, muß die Partei beweisen, daß der Schaden in der Zeit zwischen der Annahme und der Ablieferung entstanden ist.

[2]) Durch die schriftliche Anmeldung des Anspruches bei der Bahn wird die Verjährung gehemmt. Erfolgt auf die Reklamation ein abschlägiger Bescheid, so läuft die Verjährung von dem Tage an weiter, an dem die Eisenbahn den Einschreiter hievon verständigt und die seinerzeit beigegebenen Belege rückschließt. Ein Rekurs vermag eine verjährungshemmende Wirkung nicht auszuüben.

solches ist bei frankierten Gebühren das Frachtbriefduplikat oder der Aufnahmeschein anzusehen, bei überwiesenen Gebühren der vom Empfänger eingelöste Frachtbrief. Als zur Austragung der Reklamation zuständig ist jene Bahnverwaltung anzusehen, bei welcher Zahlung geleistet wurde. Im Falle der Klage steht jedoch dem Kläger die Wahl zwischen den Bahnen ebenso zu, wie in Fällen von Verlust, Minderung, Beschädigung oder Lieferfristüberschreitung. Hinsichtlich der Verjährung solcher Ansprüche und der Hemmung der Verjährungsfrist gilt das bereits Gesagte. Es kann also die Bahn noch binnen Jahresfrist eine Frachtnachzahlung verlangen. Eine verläßliche Warenkalkulation setzt daher die Überprüfung der Fracht voraus, da andernfalls eine nachträgliche Forderung der Bahn sich zum Nachteil des Empfängers auswirken kann. Überdies kann eine zu hoch berechnete Fracht die Konkurrenzfähigkeit hindern.

II. Tarifarische Bestimmungen

Die Eisenbahn ist laut der E. V. O. und dem I. Ü. verpflichtet, Tarife aufzustellen, die über alle Bestimmungen Auskunft geben, die den Beförderungsvertrag und die Gebühren betreffen. Die Tarife müssen gehörig veröffentlicht sein und jedermann gegenüber in der gleichen Weise angewendet werden. Eine Preisermäßigung darf nur allgemein gewährt und muß gehörig veröffentlicht werden. Wo die Veröffentlichung zu erfolgen hat, ist stets im Vorwort des betreffenden Tarifes angegeben. Tariferhöhungen oder Erschwerungen werden nicht sofort wirksam, sondern in der Regel erst nach einer in den Bestimmungen der einzelnen Länder angegebenen Frist.

Die Tarife gliedern sich in einen Teil, der die bereits besprochenen reglementarischen Bestimmungen, und in einen Teil, der die tarifarischen Bestimmungen aller Bahnen eines Staates enthält, und endlich in einen Teil, der für jede Bahn gesondert erstellt wird und den besonderen Verhältnissen der betreffenden Bahn Rechnung trägt. Dazu kommt ein Kilometerzeiger für jede Bahn, der die tarifkilometrischen Entfernungen zwischen den einzelnen Stationen aufzeigt.

Allgemeines

Die Eisenbahn teilt die Güter in verschiedene Klassen ein. Entscheidend hiefür ist im allgemeinen der Handelswert, das Gewicht des Gutes und der Raum, den es einnimmt. Da sich der Wert einer Sendung nach dem Grad der Verarbeitung richtet, ist es selbstverständlich, daß Rohprodukte billiger tarifieren als Halbfabrikate, diese wieder billiger als Ganzfabrikate. Man kann also sagen, je geringer der Wert eines Gutes, desto niedriger die Klasse, in die es eingereiht ist. Dabei schafft die Bahn noch weitere Unterscheidungen derart, daß sie auch die Klassifizierung von Gütern gleicher Art nach Mengen abstuft, so daß Stückgüter teurer sind als Wagenladungen. Hiebei wird noch ein weiterer Unterschied zwischen Ladungen von 5 Tonnen, solchen von 10 Tonnen, in vielen Staaten auch von 15 und 20 Tonnen gemacht. Daher: Je größer die zur Auflieferung gebrachte Menge von Gütern gleicher Art, desto niedriger die Klasse, oder bei gleichbleibender Klassifizierung, desto billiger der Frachtsatz.

Ein weiteres Merkmal der Tarifbildung ist, daß die Güter per 100 kg und 1 km um so billiger befördert werden, je länger die zu durchfahrende Strecke innerhalb eines Tarifgebietes ist[1]). Es wird also die gleiche Menge auf einer Strecke von 300 km zu einem billigeren Einheitssatz befördert als auf einer Strecke von 10 km. (Fallende Staffel.)

Der allgemeine Tarif (Teil I) bezweckt, den Eisenbahnen des betreffenden Staatsgebietes durch nach den vorerwähnten Grundsätzen erfolgte Einreihung der Güter in bestimmte Klassen möglichst große Einnahmen zu sichern. Hiebei können volkswirtschaftliche Erfordernisse nicht immer in wünschenswertem Maße berücksichtigt werden; diese Bestrebung kommt erst in dem von jeder einzelnen Bahn ausgegebenen Tarif (Lokaltarif) zum Ausdruck, indem Rohprodukte bei der Verfrachtung zum Verarbeitungsort, ferner Fabrikate, sei es nur in der Ausfuhr, sei es auch bei Verfrachtungen im Inlande, dadurch begünstigt werden, daß die betreffenden Güter billigeren Klassen zugewiesen werden. Dem auf Erhöhung der Frachtmengen und damit auf Hebung der Einnahmen gerichteten Bestreben der Bahn dienen endlich Durchfuhrtarife (Transittarife) oder von Fall zu Fall für bestimmte Waren und bestimmte Verkehrsgebiete veröffentlichte Frachtsätze in den in den Tarifen genannten Amtsblättern.

Tarif, Teil I

Die tarifarischen Bestimmungen für alle Bahnen eines Landes sind in einem Heft zusammengefaßt, das allgemein als Teil I bezeichnet wird, wobei gewöhnlich noch der Zusatz B gemacht wird, zum Unterschied von jenem Teil, der die reglementarischen Bestimmungen enthält und den Zusatz A trägt. Im wesentlichen ist der Inhalt dieses Tarifes in allen Staaten gleichartig aufgebaut.

Er enthält zunächst die besonderen Bestimmungen für bestimmte Güter; als solche sind jene anzusehen, die vermöge ihrer Beschaffenheit oder ihres Umfanges einer besonderen Regelung im Hinblick auf die vorerwähnten Grundsätze für die tarifarische Einreihung bedürfen. Es sind dies in der Hauptsache lebende Tiere, Fahrzeuge und solche Gegenstände, die infolge ihrer Länge einen besonders großen Raum eines oder mehrerer Wagen einnehmen. Während nun bei den in den Gütereinteilungen genannten Gütern das tatsächliche Gewicht maßgebend ist, wird in allen diesen Fällen ein bestimmtes Einheitsgewicht der Frachtberechnung zugrunde gelegt, und zwar auch dann, wenn das tatsächliche Gewicht geringer ist.

Ein weiterer Abschnitt enthält dann sämtliche Güter, für die eine Klassifikation vorgesehen ist, und zwar in der buchstabenmäßigen Reihenfolge. Für jene Güter, die keine Erwähnung finden, gilt, daß sie zur höchsten im Tarif vorgesehenen Klasse befördert werden.

Die Einteilung der Güter in Klassen ist in den einzelnen Ländern verschieden durchgeführt[2]). In Österreich z. B. sind die Frachtstückgüter den Klassen 7 bis 12 zugewiesen, die Wagenladungen für Frachtgüter den Klassen 14 bis 31; in der Tschechoslowakischen Republik den Klassen I und II und den Wagenladungsklassen A bis C, ferner den Klassen der Spezialtarife 1 bis 3 und der Klasse für sperrige Güter; in Deutschland den Stückgutklassen I und II und den Wagenladungsklassen A bis F; in Jugoslawien einer Klasse für sperrige Güter, ferner

[1]) Hiemit ist gemeint, daß für die ganze Strecke ein Kilometer- und ein Frachtsatzzeiger gilt.

[2]) Nach dem Stande vom 1. Jänner 1927.

den Klassen I bis II, A bis C und den Spezialtarifen 1 bis 3. In welcher Weise die Klassifikation im Tarif durchgeführt erscheint, zeigen folgende Beispiele:

Post	Güter	Für Mengen von		
		unter 5000 kg für den Frachtbrief	mindestens 5000 kg	mindestens 10 000 kg
			für den Frachtbrief und Wagen	für den Frachtbrief und Wagen
	In Österreich			
330	Baugeräte, Bauwerkzeuge für Erd- und Bauarbeiten, z. B.: Bauwerkzeuge zu Asphaltierungszwecken (eiserne Öfen, Eimer, Rührstangen, Besen, Drahtbürsten, Walzen u. dgl.), Butten, Eisenblechformen, Gerüstklammern, Gießkannen, Hauen, Holzformen, Holzrollen, Kalkfässer, Kalkkasten, Kalktiegel, Kalktröge, Keile, Klammern, Krampen, Leitern, Malterkasten, Mörtelbretter, Mörtelkasten, Picken, Rührer, Rüstböcke, Sandgitter, Schaffeln, Schaufeln, Schiebkarren (Schiebtruhen), Schöpfer, Schurfgitter, Siebe, Spaten, Stößel und Wurfgitter	12	22	23
	Nicht hierunter fallen Aufzüge, Motoren, Pumpen, Quetschen, Rammbären, Schmieden und Steinbrecher sowie maschinelle Einrichtungen aller Art.			
	Bauholz und Gerüstholz fällt unter Post 394, 396, 397 und 402; Rollbahnwagen siehe Post 836; Tiefbohrgeräte und Tiefbohrwerkzeuge, gebrauchte, siehe Post 894.			
957	Steinkitt (Steinmörtel), Kittmehl	10	20	21
	Steinkitt (Steinmörtel) ist ein Gemisch von Kittmehl mit Steinabfällen (in trockenem Zustand).			
	In der Tschechoslowakischen Republik			
43	Baugeräte und Bauwerkzeuge für Erd- und Bauarbeiten, sämtliche gebraucht, zusammengesetzt oder zerlegt	II	A	C
	Hieher gehören z. B. Bauwerkzeuge zu Asphaltierungszwecken (eiserne Öfen, Eimer, Rührstangen, Besen, Drahtbürsten, Walzen u. dgl.), Eisenblechformen, Kalkkasten, Kalktröge, Holzformen, Kalktiegel, Mörtelkübel, Holzrollen, Keile, Rüstböcke, Gießkannen, Schaufeln, Rührer, Hauen, Schöpfer, Stößel, Krampen, Mörtelbretter, Wurfgitter, Schurfgitter, Sandgitter, Butten, Spaten, Siebe, Klammern, Gerüstklammern, Kalkfässer, Schaffeln, Picken, Schiebkarren (Schiebtruhen), Mörtelkasten, Leitern.			

Post	Güter	Für Mengen von unter 5000 kg für den Frachtbrief	mindestens 5000 kg für den Frachtbrief und Wagen	mindestens 10 000 kg für den Frachtbrief und Wagen
	Hieher gehören nicht: Rammbären, Pumpen, Steinbrecher, Schmieden, Quetschen, Motoren, Aufzüge sowie maschinelle Einrichtungen aller Art. Bauholz und Gerüstholz werden wie Holz tarifiert; Rollbahnwagen, siehe diese; Tiefbohrgeräte und Tiefbohrwerkzeuge, gebrauchte, siehe diese.			
	Für Steinkitt ist in der Güterklassifikation nichts vorgesehen, weshalb in der Tschechoslowakischen Republik die teuerste Klasse zu rechnen ist, soferne nicht in den Lokaltarifen der Bahnen besondere Bestimmungen hinsichtlich der Klassifikation enthalten sind.			
	In Jugoslawien			
15	Baugeräte und Werkzeuge für Erd- und Bauarbeiten, sämtliche gebraucht, zusammengesetzt oder zerlegt	II	A	C
	Hieher gehören nicht: Aufzüge, Motoren, Pumpen, Quetschen, Hämmer, Steinbrecher sowie maschinelle Einrichtungen aller Art. Als Bauwerkzeuge werden angesehen, z. B. Werkzeuge zu Asphaltierungszwecken (Öfen, Eimer, Rührstangen, Drahtbürsten, Walzen u. dgl.), Butten, Eisenblechformen, Gerüstklammern, Gießkannen, Hauen, Holzformen, Holzwalzen, Fässer, Bretter, Tröge und Kisten für Kalk und Malter, Keile, Klammern, Leitern, Krampen, Rührer, Sandgitter, Schaffeln, Spaten, Schiebkarren, Siebe u. dgl.			
18	Kitt:			
	a) Glaserkitt	I	II	A
	b) Steinkitt und Kittmehl	I	A	B
	Steinkitt ist ein Gemisch von Kittmehl mit Steinabfällen im trockenen Zustande.			

In den verschiedenen Staaten werden die gleichen Güter tarifarisch verschieden benannt und müssen demgemäß im Frachtbrief bezeichnet werden. Die Sammelbezeichnung allein, z. B. Geräte oder Baugeräte, ist nicht zulässig. Eine solche Bezeichnung würde zur Folge haben, daß die höchste Tarifklasse, im genannten Falle die Klasse I, zur Anwendung gelangt. In Österreich allerdings kann die Sammelbezeichnung gewählt werden, wenn neben derselben ein Hinweis auf die Post der Güterklassifikation erfolgt, z. B. Baugeräte der Post 330.

Die Bahn hebt außer den Frachtgebühren noch für bestimmte Leistungen andere Gebühren ein. Die wichtigsten dieser Gebühren sind die Lager- und Wagenstandgelder, von welchen die letzteren zur Einhebung gelangen, wenn Wagen über eine bestimmte Frist hinaus (gewöhnlich 24 Stunden, doch kann die Frist durch Veröffentlichung verkürzt werden) unentladen stehen bleiben[1]). Das Lagergeld wird eingehoben, wenn eine Sendung in den Magazinsräumen oder auf der Rampe eines Magazins lagert. Diese Gebühren werden auch dann eingehoben, wenn das Verschulden an dem Verzug nicht die Partei (Absender oder Empfänger) trifft. Die Anrechnung solcher Gebühren hat nur dann zu unterbleiben, wenn die Bahn selbst die Verzögerung schuldhaft herbeigeführt hat.

Tarif, Teil II

Dieser Tarif, der von jeder Bahn gesondert erstellt wird und den besonderen Verhältnissen derselben angepaßt ist, gliedert sich in mehrere Teile. Er enthält in der Hauptsache Vorschriften hinsichtlich der Frachtberechnung auf Schleppbahnen, Bestimmungen hinsichtlich der Berechnung besonderer Gebühren in bestimmten, namentlich angeführten Stationen und endlich die Deklassifikationen, das heißt die in billigeren Klassen aufgenommenen Gegenstände in der Art, daß diese Artikel in Ausnahme- oder Ausfuhrtarife aufgenommen sind, von denen die ersteren entweder ganz allgemein auf der betreffenden Bahn zur Anwendung gelangen oder nur von oder nach bestimmten Stationen gewährt werden. Die letzteren beziehen sich, wie schon der Begriff ausdrückt, auf namentlich angeführte Güter, die zur Ausfuhr gelangen. Im letzten Abschnitt oder in einem besonderen Heft sind sodann die Frachtsätze für die aus den Kilometerzeigern zu entnehmenden Entfernungen enthalten, und zwar sowohl für die normalen Klassen nach dem Gütertarif, Teil I B, als auch für die Ausnahme- und Ausfuhrtarife.

Die Verbandtarife

Wenn zwei oder mehrere Bahnen eines oder mehrerer Staaten die Beförderung auf Grund einer einheitlichen Güterklassifikation[2]) und zu Frachtsätzen vornehmen, die in einer Währung (dieser Grundsatz ist allerdings in manchen Verbandstarifen durchbrochen) ausgedrückt sind, so spricht man von Verbandstarifen. Die Frachtsätze sind in der Regel in Schnittform erstellt[3]), derart, daß die Frachtsätze für die eine Bahn bis zum Übergang auf die andere Bahn bzw. bis zu den verschiedenen Landesgrenzen in dem einen Schnitt ausgewiesen sind, ab diesem Punkt in einem zweiten Schnitt. Um die Beförderung im Verband vorteilhafter zu gestalten als die Abfertigung von Bahn zu Bahn, verzichten die beteiligten Bahnen auf einen geringfügigen Teil ihrer Anteile und nehmen bei der Umrechnung der Frachtsätze in die vereinbarte Einheitswährung des Verbandes einen günstigen Umrechnungskurs an.

[1]) In den meisten Staaten hat die Ver- und Entladung von Wagenladungen tarifgemäß die Partei zu besorgen.

[2]) Da sich die Güterklassifikationen der einzelnen Staaten, wie aus den bereits vorgeführten Beispielen zu ersehen ist, nicht decken, ist für die Erstellung eines Verbandtarifes die Aufstellung einer besonderen Gütereinteilung erforderlich, welche eine Kombination der Gütereinteilungen sämtlicher an dem betreffenden Verband beteiligten Länder darstellt.

[3]) Siehe Beispiele 5 und 9, S. 697 bis 700.

Solche Verbandtarife bestehen derzeit im Verkehr zwischen: Österreich und Triest, Tschechoslowakischer Republik und Triest, Österreich und Tschechoslowakischer Republik, Österreich und Deutschland, Tschechoslowakischer Republik und Deutschen Seehäfen, Österreich und Deutschland, Österreich und Ungarn, Polen und Rumänien, Frankreich und Italien, Belgien und Italien, Deutschland und Italien.

In absehbarer Zeit dürfte die Beförderung zwischen allen Staaten auf Grund von Verbandtarifen möglich sein.

Beispiele[1])

Die nachfolgenden Beispiele geben einen allgemeinen Überblick über die Tarifarten und Frachtberechnungsmöglichkeiten. Die Berechnungsgrundlagen unterliegen allerdings — abgesehen von den Berechnungen der Frachtzuschläge und der Lieferfristen — gewissen Änderungen, weil die Tarifbildung stets im Flusse ist; man kann daher, wenn es sich um die Abfertigung eines Transportes handelt, der fachmännischen Beihilfe eines mit dem Tarifmaterial versehenen Spediteurs nicht entraten. Gleichwohl zeigen die Beispiele, in welcher Weise bei der Ermittlung eines Frachtsatzes vorgegangen werden muß. Grundsätzlich muß bei Abfertigung von Bahn zu Bahn (lokaltarifmäßige Abfertigung) ein Frachtsatz in folgender Weise aufgesucht werden: 1. Feststellung der Entfernung, 2. Güterklassifikation nach dem Tarif, Teil I B, 3. Prüfung auf Detarifierung durch Einsichtnahme in die Lokaltarife eventuell Durchfuhrtarife und Verordnungsblätter. Bei Berechnungen in Verbandverkehren richtet sich das Verfahren bei Ermittlung des Frachtsatzes, je nach der Anlage des Tarifes, nach ähnlichen Gesichtspunkten.

1. Beispiel: **Berechnung des Frachtzuschlages.**

Annahme: Zum Versand gelangen 1000 kg neue eiserne Öfen, eiserne Eimer und eiserne Walzen von Wien Westbahnhof nach Linz. Die gewählte Deklaration lautete: Gebrauchte Bauwerkzeuge zu Asphaltierungszwecken. Es liegt also eine unrichtige Deklaration vor. Es ergibt sich folgende Berechnung:

a) Neue eiserne Öfen usw. laut Gütertarif, Teil I, Abteilung B, Klasse 10
b) Gebrauchte Bauwerkzeuge „ „ „ I, „ B, „ 12

183 km zu a), Frachtsatz 507 g per 100 kg Fracht	*S 50,70*
183 „ „ b), „ 426 „ „ 100 „ „	„ *42,60*
	S 8,10
Eingehoben laut Deklaration *S 42,60*	
Nachträglich eingehoben laut Feststellung	*S 50,70*
mehr dem doppelten Unterschied zwischen a) und b) als Frachtzuschlag	„ *16,20*
	S 66,90

2. Beispiel: **Lieferfristberechnung im internen Verkehr.**

Annahme: Eine Frachtgutsendung, bestehend aus 1000 kg Gütern aller Art, wurde am 5. August 1926 in Wien Westbahnhof aufgeliefert und am 20. April in der 16. Stunde in der Bestimmungsstation Innsbruck Hauptbahnhof bereitgestellt. Frachtgebühren laut Frachtbrief *S 136,90,* Entfernung: 543 km.

Abfertigungsfrist	2 Tage
Beförderungsfrist	6 „
Zuschlagsfrist	3 „ [2])
	11 Tage
verbraucht wurden	14 Tage 16 Stunden
überschritten	3 Tage 16 Stunden

[1]) Nach dem Stande vom 1. Jänner 1927.

[2]) Man unterscheidet zwischen ständigen Zuschlagsfristen, die in den bezüglichen Tarifen hinsichtlich des Ortes und des Ausmaßes Erwähnung finden, und den temporären, die für die Zeit außerordentlicher Verhältnisse erlassen, erhöht, vermindert oder aufgelassen werden können. In diesem Falle handelt es sich um eine temporäre Zuschlagsfrist.

Zu leistende Vergütung $^4/_{10}$ der reinen Frachtgebühren, das sind *S 54,76*.

Bei deklariertem Interesse an der Lieferung mit:

a) *S 120,00*, Vergütung *S 109,52*, das ist das Doppelte der Vergütung, die bei unterbliebener Deklaration zu leisten ist.

b) *S 80,00*, Vergütung *S 80,00*, das heißt das Doppelte der Vergütung, die bei unterbliebener Deklaration zu leisten ist, aber nicht mehr als den angegebenen Betrag. Ist er niedriger als die Entschädigung bei unterbliebener Deklaration, so ist letztere zu leisten.

3. Beispiel: **Lieferfristberechnung im internationalen Verkehr.**

Annahme: 10000 kg Eisenbahnschwellen: Wien—Hamburg; Entfernung 1114 km; aufgeliefert 2. Mai 1926; bereitgestellt 18. Mai, 10 Uhr:

a) Expeditionsfrist	48 Stunden
b) Transportfrist	240 „
c) Zuschlagsfristen in Österreich	0 „
„ „ Deutschland	0 „
Zollamtshandlung in der Grenzstation Passau	12 „
zusammen	300 Stunden
verbraucht	370 „
überschritten	70 Stunden

Reine Lieferfrist a) und b) = 288 Stunden; $^1/_{10}$ der Lieferfrist 28,8 Stunden; Überschreitung $^3/_{10}$ der Lieferfrist; Vergütung für je $^1/_{10}$ der Lieferfrist $^1/_{10}$ der reinen Frachtgebühren; daher im ganzen $^3/_{10}$ der reinen Frachtgebühren.

4. Beispiele für die Berechnung von Frachtgebühren.

a) Zement 12000 kg, Ladegewicht 12000 kg. Biedermannsdorf—St. Pölten. Tarifierung laut Gütertarif, Teil I B, Klasse 20[1]).

Anzuwenden: Österreichischer Eisenbahnverband[1]).

Berechnung:

zu a) 17 km bis Klein Schwechat:

Klasse: Artikeltarif 34, Klasse 29, Frachtsatz *25 g*, Fracht .... *S 30,00*

zu b) 88 km bis St. Pölten:

Klasse: Artikeltarif 34, Klasse 29, Frachtsatz *64 g*, Fracht .... „ *76,80*

Summe .... *S 106,80*

b) Schamottziegel, lose in Stroh verladen, 10000 kg, Podmokly Č. S. D.[2])—Wien.

Frachtberechnung im Tschechoslowakisch-Österreichischen Eisenbahnverband.

Tarifierung laut Gütertarif, Teil I, des Verbandes IX—23, Ausnahmetarif 108, Klasse XII—23.

Berechnung:

Von oder nach		bis und ab Schnittpunkt A	B	C	D	E	F	G
Podmokly	*č. h.*	800	744	786	814	814	856	934
Wien Nordwestbhf.	„ „	736	542	356	412	454	370	292
	č. h.	1536	1286	1142	1226	1268	1226	1226

Der Frachtberechnung sind die Teilfrachtsätze jenes Schnittes zugrunde zu legen über den sich der billigste Gesamtfrachtsatz ergibt. Im vorliegenden Falle gilt Schnitt C, Frachtsatz *č. h. 1142* per 100 kg; Gesamtfracht *č. K. 1142.*

[1]) In diesem Fall ist die Einsichtnahme in den Gütertarif, Teil I B, nicht erforderlich. Das Heft „Österreichischer Eisenbahnverband“ gibt nämlich die Möglichkeit, von bestimmten oder nach bestimmten namentlich angeführten Verbandbahnhöfen bestimmte, gleichfalls besonders angegebene, in Artikel-(Ausnahme-) oder Ausfuhrtarife eingereihte Güter zur gleichen Tarifklasse, für jede Bahn gesondert, zu berechnen. Zement ist in einem Artikeltarif Nr. 34 genannt. Die Abrechnung erfolgt daher für die Eisenbahn Wien—Aspang und die Österreichischen Bundesbahnen zu den sich nach Artikeltarif Nr. 34 ergebenden Frachtsätzen.

[2]) Das ist Bodenbach; die tarifmäßige Benennung lautet wie oben angegeben.

c) Tonfliesen, glasiert, unverpackt, 10 000 kg.
Inzersdorf Ort—Bern Hptbhf.
Tarifierung laut Gütertarif, Teil IB:
a) Österreich.................................... Klasse 19
b) Schweiz, Spezialtarif .... II—b
Tarifierung laut Lokaltarif:
1. der Österreichischen Bundesbahnen, Artikeltarif 16, Klasse 21
2. „ Schweizerischen „ „ 0

Berechnung:
zu 1. 763 km bis Buchs-St. Gallen:
Klasse: Artikeltarif 16, Klasse 121, Frachtsatz....*S 4,22*
Fracht ....„ *422,00*
zu 2. 235 km Buchs-St. Gallen—Bern Hptbhf.:
Klasse: Spezialtarif II b, Frachtsatz ......*Schw. Fr. 3,75*
Fracht .... „ „ *375,00*

d) Granitsteine, poliert, ohne Bildhauerarbeiten, in Schutzleisten, 10000 kg.
Frydberk—Cernauti.
Tarifierung laut Gütertarif, Teil IB:
a) in der Tschechoslowakischen Republik......Klasse A
b) in Polen .... „ VII
c) in Rumänien .... „ D
Tarifierung laut Lokaltarif:
1. der Tschechoslowakischen Staatsbahnen, Ausnahmetarif 25
2. „ Polnischen „ „ 0
2. „ Rumänischen „ „ 0

Berechnung:
zu a) 172 km bis Petrovice u Bohumina statní hranice:
Klasse: Ausnahmetarif 25, Frachtsatz... *č. K. 8,84*, Fracht *č. K. 884,00*
zu b) 698 km bis Śniatyn-Załucze:
Klasse VII: Frachtsatz .... *zl. 3,13*, „ *zl. 313,00*
zu c) 27 km bis Cernauti:
Klasse D: Frachtsatz.................*Lei 14,00*, „ *Lei 1400,00*

e) Friesen, gehobelt, genutet, gefedert (Friesbrettchen), 15 000 kg.
Vinkovce—Wien-Matzleinsdorf.
Tarifierung laut Gütertarif, Teil IB:
a) in Jugoslawien: Klasse B
b) in Österreich: „ 19.
Tarifierung laut Lokaltarif:
1. der Staatsbahnen des Königreiches der Serben, Kroaten und Slowenen, Ausfuhrtarif 8, 16. Reihe;
2. der Österreichischen Bundesbahnen: Klasse A bzw. Klasse 19.

Berechnung:
zu 1. 455 km bis Spielfeld:
Klasse: Ausfuhrtarif 8, Reihe 14, Frachtsatz *Dinar 26,15*, Fracht *Dinar 3922,50*,
zu 2. 299 km ab Spielfeld bis Wien:
Klasse 19, Frachtsatz *S 3,75*, Fracht *S 562,50*.

f) Ziegel, verpackt (Gipsbaudielen), 15 000 kg.
Mödling—Stettin.
A. Tarifierung laut Gütertarif, Teil IB.
a) in Österreich ....Klasse 29
b) „ der Tschechoslowakischen Republik.... „ C
c) „ Deutschland .... „ E

Tarifierung laut Tarif:

1. der Österreichischen Bundesbahnen ...... Klasse 0
2. „ Tschechoslowakische Staatsbahnen ... „ 0
3. „ Deutschen Reichsbahnen .... „ 0

Berechnung:

zu a) 144 km bis Staatsgrenze bei Unterretzbach:
Klasse 29 .... Frachtsatz *108 g*, Fracht *S 162,00*

zu b) 354 km bis Děčin dolní nádr.:
Klasse C .... „ *9,35 č. K.* „ *č. K. 1402,50*

zu c) 365 km bis Stettin:
Klasse E .... „ *129 Pf.* „ *M 193,50*

B. Frachtberechnung im Tschechoslowakisch-Österreichischen Eisenbahnverband bis Děčin dolní nádr. (ab dort unverändert), Tarifierung laut Gütertarif, Teil I, des Verbandes IX—23.

Berechnung:

Von		bis zum Schnittpunkt A	B	C	D	E	F	G
Mödling	č. h.	755	671	500	454	500	454	376
Děčin dolní nadr.	„ „	910	842	893	927	927	978	1080
	č. h.	1665	1513	1393	1381	1427	1432	1456

Anzuwendender Frachtsatz *č. K. 13,81*, Fracht bis Děčin dolní nadr. *č. K. 2071,50.*
Fracht zu A *S 162,00 + S 294,50 (č. K. 1402,50 à 21 g) = S 456,50.*
„ „ B *č. K. 2071,50 × 21 g = S 435,00,*
daher Abfertigung im Verband vorteilhafter; hiebei bleiben die Sätze ab Děčin dolní nadr. unbeachtet, weil sie unverändert bestehen.

B. Der Flußtransport

I. Allgemeines

Der wichtigste schiffbare Fluß Mitteleuropas ist die Donau[1]). Den Schiffsverkehr auf derselben besorgt eine Reihe von Schiffahrtsgesellschaften, von denen die bedeutendsten in einem Kartell vereinigt sind und dementsprechend die Beförderung von Gütern wohl auf Grund gesondert herausgegebener, aber auf gleicher Grundlage erstellter Tarife besorgen. Aber auch die Tarife der außer Kartell stehenden Schiffahrtsgesellschaften zeigen keinen wesentlichen Unterschied gegenüber den der anderen. Die Gesellschaften übernehmen die Beförderung auf Grund des Tarifes, Teil I, bestehend aus der Abteilung A (reglementarische Bestimmungen) und aus der Abteilung B (tarifarische Bestimmungen), sowie auf Grund besonderer Vorschriften, die im Lokalgütertarif, Teil II, usw. enthalten sind. Die im Teil I A enthaltenen reglementarischen Bestimmungen sind als eine Ergänzung des seit dem Jahre 1876 geltenden Betriebsreglements anzusehen.

II. Reglementarische Bestimmungen

Wie beim Bahntransport, bildet auch beim Schiffstransport der Frachtbrief die Grundlage des mit der Schiffahrtsgesellschaft abgeschlossenen Frachtvertrages.

[1]) Von der Besprechung der Bestimmungen der Schiffahrtsgesellschaften anderer Flüsse wird mit Rücksicht darauf, daß sich die Beförderungsvorschriften in den grundlegenden Bestimmungen mit den reglementarischen der Donauschiffahrten decken, abgesehen. Allerdings wird bei der Erstellung der Frachtsätze vielfach nach anderen Grundsätzen vorgegangen.

Im allgemeinen kann die Auflieferung nur von einer Schiffsstation nach einer anderen der gleichen Schiffahrtsgesellschaft erfolgen. Ausnahmsweise kann auch eine Vereinbarung getroffen werden, daß von einer Bahnstation ausgehende Frachtbriefe auch für die Weiterbeförderung von der Umschlagstation auf der Schiffsstrecke verwendet werden. In bezug auf den Inhalt der Schiffsfrachtbriefe und die rechtliche Bedeutung der Eintragungen gilt das über die Bahnfrachtbriefe Gesagte, ebenso hinsichtlich der Frachtzuschläge, der Ansprüche wegen unrichtiger Frachtberechnung und der Verjährung solcher Ansprüche. Eine Lieferzeit für Frachtgüter wird nicht garantiert und für Verzögerung der Lieferung Schadenersatz nicht geleistet. Für Schäden an Gütern (Verlust, Minderung oder Beschädigung) wird, sofern sie in der Zeit von der Auflieferung an der Schiffsversandstation bis zur Ablieferung an der Bestimmungsstation entstanden sind, Ersatz geleistet. Ausgenommen von der Ersatzleistung sind Schäden, entstanden durch:

a) Erdbeben, Krieg, Aufruhr, behördliche Verfügung,

b) durch Witterungseinflüsse (jedoch sind Schäden, entstanden durch Regen, Schnee, Hochwasser, Hagel und Eis, von der Gesellschaft zu tragen),

c) durch unrichtige Angaben im Frachtbrief, ferner

d) Schäden, die durch die Partei selbst, und endlich

e) Schäden, die durch natürliche Beschaffenheit oder mangelhafte Verpackung oder durch vom Absender bewirkte mangelhafte Verladung herbeigeführt wurden.

Als Schadenersatz kommt bei Verlust der Markt- bzw. Börsenwert vom Auflieferungstage an der Schiffsauflieferungsstation in Betracht. Ferner ersetzt die Schiffahrtsgesellschaft die erwachsenen Frachtkosten und sonstigen Gebühren und einen Gewinnentgang bis zu 15% des festgestellten Wertes, bei Minderung den verhältnismäßigen Anteil, bei Beschädigung den Wert dieser Stücke, abzüglich des erlösbaren Wertes nach der Beschädigung.

III. Tarifarische Bestimmungen

Die Frachtgüter werden in die Klassen I bis X eingeteilt. Die Einreihung der Güter in die einzelnen Klassen ist in der Gütereinteilung enthalten. Auch hier sind hinsichtlich der Einreihung der Güter die gleichen Grundsätze maßgebend wie beim Bahntransport. Ebenso ist die Höhe des Frachtsatzes von der zur Auflieferung gelangenden Menge abhängig, derart, daß für Mengen von mindestens 5000 kg oder Frachtzahlung für diese Mengen ein billigerer Satz zur Anwendung kommt als für Stückgüter, ein höherer aber als für Mengen von mindestens 10 000 kg oder Frachtzahlung für diese Mengen. Außerdem ist Beförderung in Schleppladungen vorgesehen, das sind Verfrachtungen ein und desselben Gutes oder von Gütern, die der gleichen Post der Gütereinteilung zugewiesen sind, in Mengen von mindestens 300 Tonnen oder aber in geringeren Mengen, falls sie den Laderaum ausfüllen. Zur Beförderung in Schleppladungen werden nur Güter auf Grund fallweiser Vereinbarung angenommen.

Von den Nebengebühren, die beim Schiffstransport in Frage kommen, ist die Umschlagsgebühr die wichtigste. Sie stellt die Entlohnung dar für das Verbringen der Güter von den an die Lände gestellten Eisenbahnwagen in den Schiffsraum oder umgekehrt. Ferner kommen als Nebengebühren in Betracht: Lagergeld und Überwinterungsgebühr, das ist eine Gebühr, die für zufolge Verkehrsbehinderung innerhalb der Winterzeit geborgene oder in angehaltenen Schleppern lagernde Güter, erhoben wird.

Als Lokalgütertarif, Teil II, wird jenes Heft bezeichnet, das die tarifarischen Bestimmungen der einzelnen Schiffahrtsgesellschaften und die Frachtsätze enthält. Der Lokaltarif der Donau-Schiffahrtsgesellschaften ist in der Hauptsache als Stationstarif erstellt, das heißt, es sind die Frachtsätze in den einzelnen Stationsverbindungen nicht erst nach Feststellung von kilometrischen Entfernungen zu ermitteln, sondern auf Grund der ausgerechneten Sätze, wie aus dem nachfolgenden Beispiel zu ersehen ist[1]:

Tarifziffern für 100 kg

Nach oder von	Von oder nach Passau, Obernzell												
	Frachtgutklassen für Mengen												
	unter 5000 kg					von mindestens 5000 kg bzw. 10 000 kg							
	I ST	II ST	III ST	IV ST	V-X ST	I 5	I 10	II 5	II 10	III 5	III 10	IV 5	IV 10
Regensburg	440	400	330	330	230	400	370	370	330	270	200	270	200
Bratislava	1670	1170	1050	720	510	1430	1240	1000	870	900	780	610	530
Budapest, Ujpest	2700	1960	1740	1260	950	2130	1850	1620	1400	1430	1250	1030	890
Beograd, Zemun, Theißmündung	3590	2780	2450	1760	1340	3060	2660	2370	2060	2040	1820	1500	1300

Die Frachgutklassen sind im Tarife für Mengen von mindestens 5000 bzw. 10 000 kg bis zur Klasse X ausgewiesen. Wie aus diesem Beispiel zu ersehen ist, sind die Frachtsätze, um bei deren Erstellung den Währungsverschiedenheiten auszuweichen, in Tarifziffern ausgedrückt. Die Fracht wird sodann auf Grund der Bestimmungen des Tarifes unter Benützung der Tarifeinheit in die in einer besonderen Tabelle angegebene Währung umgerechnet, z. B.:

Von Stationen	nach Stationen			
	in Bayern	in Österreich	in Ungarn	im Königreiche S. H. S.
in Bayern, in Österreich, in Ungarn	in Reichspfennigen	in österr. Groschen	in Pengő	in Para

Die zur Anwendung gelangenden Verhältniszahlen sowie deren Änderungen werden jeweils im Kundmachungswege bekanntgegeben. Sie sind in den wichtigsten Relationen wie folgt festgesetzt:

Zur Umrechnung auf Reichspfennige .....0,3.
„ „ „ österr. Groschen 0,42
„ „ „ fillér 0,40
„ „ „ Para ....4,00.

[1]) Beispiele nach dem Stande vom 1. Jänner 1927.

Demnach würde sich die Frachtberechnung bei Beförderung eines der Klasse IV zugewiesenen Gutes von Passau nach Budapest in Mengen von 10 000 kg wie folgt stellen.

1. Tarifziffern 890; 2. Währung: Pengő; 3. Verhältniszahl 0,40, daher $890 \times 50 =$ fillér 445 für 100 kg.

Zur Vereinfachung der Ermittlung der Frachtsätze ist auf Grund der Tarifziffern ein besonderer Gebührenzeiger mit ausgerechneten Gebühren erstellt.

Neben den allgemeinen Tarifen bestehen noch besondere Hefte, die für verschiedene Massengüter schon die ausgerechneten, ermäßigten Frachtsätze enthalten. Überdies werden aus besonderen Anlässen von Fall zu Fall auf bestimmte Fristen erstreckte, ermäßigte Sätze durch Veröffentlichung in den hiefür vorgesehenen Amtsblättern erlassen.

Bestimmung der Schleppbahnrentabilität

Bezeichnungen:

$L =$ Länge der Schleppbahn in Kilometer von der Fabrik zur Station,
$l =$ „ des Fahrweges „ „ „ „ „ „ „
$K =$ Fuhrwerkskosten für eine Tonne und Kilometer,
$B =$ Baukosten der Schleppbahn, exklusive Grundeinlösung,
$p =$ Zinsfuß,
$E =$ Erhaltungskosten der Schleppbahn für ein Jahr und Kilometer,
$Z =$ Schleppbahngebühr für einen Waggon ($= 10$ Tonnen),
$Q =$ Jahresgewichtsumsatz an Gütern auf der Schleppbahn in Tonnen,
$a =$ jährliche Abschreibung.

Unter der Annahme einer zehnjährigen Amortisation berechnet sich die erforderliche Mindestfracht Q aus:

$$\frac{Bp}{100} + EL + a + Q \cdot \frac{Z}{10} \lesseqgtr KlQ$$

mit:

$$Q \gtreqless \frac{0{,}01\, B \cdot p + EL + a}{Kl - 0{,}1\, Z}.$$

Beispiel: $L = 0{,}8$ km, $l = 1{,}0$ km, $K = 1{,}25$ S, $B = 48\,000$ S, $p = 10\%$, $E = 1800$ S, $Z = 3{,}0$ S, $a = 2400$ S.

Die erforderliche Mindestfracht folgt daher aus obiger Gleichung mit:

$Q = 8840$ Tonnen $= 884$ Waggons.

Förderung auf Schleppgleisen

Die auf einer Steigung von m‰ beförderte Bruttolast darf gesetzt werden:

Für ein mittelstarkes Pferd oder einen Ochsen . . . 56 : (4 + m) Tonnen
„ „ starkes Pferd . . . . 93 : (4 + m) „
„ einen starken Ochsen . . . . 78 : (4 + m) „

Gesundheitstechnik

Von Ingenieur Leopold Fischer

A. Heizung.

B. Lüftung.

C. Gasversorgung.

D. Versorgung von Häusern mit kaltem und warmem Wasser.

E. Sanitäre Einrichtungen.

F. Wasserabflußleitungen und Kanalisation.

Gesundheitstechnik

Von Ing. Leopold Fischer

A. Heizung

I. Berechnung des Wärmebedarfes

Der Berechnung sind folgende Annahmen zugrunde zu legen:

a) Anzunehmende tiefste Außentemperaturen

Südtirol, Küstenland, Istrien, Dalmatien — 10° C; Niederösterreich, Oberösterreich, Salzburg, Steiermark, Krain, Mähren, Südböhmen, Ungarn, Kroatien, Slavonien — 20° C; Nordtirol, Kärnten, Nordböhmen, Schlesien, Galizien, Bukowina, Siebenbürgen — 25° C.

Für besonders günstige und windgeschützte Lagen können höhere Außentemperaturen angenommen werden; für besonders hochgelegene oder dem Winde ausgesetzte Orte empfiehlt sich die Annahme tieferer Außentemperaturen.

b) Einzuhaltende Raumtemperaturen (in Kopfhöhe gemessen)

Räume für sitzende Lebensweise (Wohnzimmer, Bureaus, Schul- und Sitzungssäle) 18 bis 20° C; Räume für starke Körperbewegung (Turnsäle, Werkstätten usw.) 12 bis 15° C; Räume für vorübergehende Benützung oder Aufenthalt in Straßenkleidung (Treppenhäuser, Gänge, Vorräume, Aborte) 10 bis 12° C; Baderäume, Krankensäle 20 bis 25° C.

c) Anzunehmende Temperaturen für unbeheizte Räume

Unbeheizter, geschlossener Raum, aber zwischen erwärmten Räumen liegend, + 5° C; einseitig, neben erwärmten Räumen liegender, geschlossener Raum 0° C; Keller 0° C; unbeheizter, öfter mit der Außenluft in Verbindung stehender Raum (Einfahrten, Vorhallen) — 5° C; Fußboden nichtunterkellerter Räume 0° C; Dachräume unter Metall- oder Schieferdach — 10° C; Dachräume unter Ziegel-, Zement- oder Pappedächern — 5° C.

d) Für 1 m² Fläche und 1° C Temperaturunterschied sind die in den folgenden Tabellen enthaltenen *K*-Werte in Wärmeeinheiten per Stunde (W. E.) für die Wärmedurchlässigkeit von Baustoffen und Baubestandteilen anzunehmen:

1. *K*-Werte für Außenwände

α) aus Ziegelmauerwerk

Mauerstärke in m	0,15	0,30	0,45	0,60	0,75	0,90	1,05	1,20
Ziegelmauer mit Außen- und Innenputz	2,36	1,56	1,19	0,95	0,79	0,68	0,60	0,56
Rohziegelbau und Innenputz	2,59	1,70	1,28	1,01	0,84	0,71	0,62	0,57
Ziegelmauer mit 5 cm Luftschichte	—	1,35	0,97	0,82	0,70	0,59	0,52	0,46
„ „ 3 „ Gipsdiele und 5 cm Luftschichte	1,22	0,97	0,80	—	—	—	—	—

β) aus Stampfbeton

Mauerstärke m	Beton, massig K =	Beton mit Luftschichte K =	Mauerstärke m	Beton, massig K =	Beton mit Luftschichte K =
0,2	2,45	1,51	0,8	1,24	0,94
0,3	2,11	1,37	0,9	1,14	0,88
0,4	1,85	1,25	1,0	1,06	0,84
0,5	1,64	1,16	1,1	—	0,79
0,6	1,48	1,07	1,2	—	0,75
0,7	1,35	1,00	1,3	—	0,72

2. *K*-Werte für Innenwände

Ziegelmauer mit Putz	Stärke in m	0,15	0,30	0,45	0,60	0,75	0,90	—	—
	K =	2,1	1,4	1,1	0,88	0,71	0,60	—	—
Rabitzwand	Stärke in m	0,04	0,06	0,08	0,10	—	—	—	—
	K =	3,1	2,8	2,5	2,3	—	—	—	—
Holzwand ohne Putz	Stärke in m	0,015	0,020	0,025	—	—	—	—	—
	K =	2,4	2,1	2,0	—	—	—	—	—
Holzwand, beiderseits Putz	Stärke in m	0,020	0,025	0,030	0,040	—	—	—	—
	K =	1,3	1,2	1,1	1,0	—	—	—	—
Korksteinwand	Stärke in m	0,07	0,12	0,25	0,38	—	—	—	—
	K =	0,99	0,57	0,29	0,20	—	—	—	—
Gipsdielenwand	Stärke in m	0,03	0,04	0,05	0,06	0,07	0,08	0,09	0,10
	K =	3,2	3,01	2,90	2,80	2,64	2,53	2,42	2,33

3. Fußböden und Decken

Bohlendecke .... $K = 0{,}27$ Tramdecke ...... $K = 0{,}49$; $K_1 = 0{,}24$
Einfache Holzdecke .... $K = 1{,}6$ Eisenbetondecke .. $K = 1{,}16$; $K_1 = 0{,}91$

K gilt für kältere Luft über Fußboden, K_1 für kältere Luft unter Fußboden.

4. Dächer

Eisenbetondach mit Luftschichte .... $K = 0{,}98$
„ ohne „ .... $K = 2{,}81$
Teerpappedach auf Schalung von 25 mm Stärke $K = 2{,}13$
Zinkdach „ „ „ 25 „ „ $K = 2{,}17$
Kupferdach „ „ „ 25 „ „ $K = 2{,}17$
Schieferdach „ „ „ 25 „ „ $K = 2{,}10$
Ziegeldach ohne Schalung .... $K = 4{,}85$
Holzzementdach .... $K = 1{,}32$
Wellblechdach ohne Schalung .... $K = 10{,}40$

5. Fenster und Oberlichten

Einfache Fenster .... $K = 5{,}2$ Drahtglas .... $K = 5{,}1$
Doppelfenster .... $K = 2{,}3$ Einfach verglaste Oberlichte . $K = 5{,}6$
Hohlglasbausteine .... $K = 2{,}6$ Doppelt „ „ . $K = 2{,}35$

6. Türen

Dicke des Holzes in mm		20	30	40	50	60
Weiches Holz	Innentür, $K =$	2,15	1,74	1,47	1,27	1,12
	Außentür, $K =$	2,38	1,89	1,58	1,35	1,17
Hartes Holz	Innentür, $K =$	2,90	2,51	2,28	2,05	1,86
	Außentür, $K =$	3,34	2,87	2,53	2,26	2,05

e) Zuschläge zu den unter Zugrundelegung obiger Angaben und Einheitswerte K berechneten Wärmemengen:

Für Lage: Die Nordlage soll mit einem Zuschlag von 20%, die Ost- und Westlage mit einem solchen von 15%, die Südlage ohne Zuschlag von den für diese Flächen berechneten Wärmemengen bedacht werden. Für zwischenliegende Lagen sind die Zuschläge durch Zwischenschaltung zu berechnen.

Für Windanfall: 10%.

Für Räume über 4 m lichte Höhe ist an Stelle der Temperatur T in Kopfhöhe eine Innentemperatur $\frac{T'+T}{2}$ anzunehmen, wenn $T' = T + 0{,}1\,T\,(h - 3)$ und h die lichte Raumhöhe ist.

Für Anheizen: 15 bis 20% (entfällt für Räume, in welchen Heizkörper aufgestellt werden, die außer der Raumerwärmung auch noch die Frischlufterwärmung zu leisten haben [z. B. Fensterheizkörper mit Frischluftzuführung]).

f) Beispiel:

Berechnung des Wärmebedarfes eines Raumes (Transmissionsberechnung)
(Abb. 1)

Raum	Himmelsrichtung	Temperaturdifferenz	Mauerstärke m	Bezeichnung der Abkühlungsfläche		Fläche m²	Koeffizient	Wärmeabgabe[1]) W.E.	Zuschläge %	Zuschläge W.E.
5	N	40°	0,45	AW	4,40×4,70—DF	17,7	1,19	845	20	170
	N	40°		DF	1,50×2,00	3	2,3	275	20	55
	W	40°	0,45	AW	5,10×4,70—DF	21	1,19	1000	15	150
	W	40°		DF	1,50×2,00	3	2,3	275	15	40
		5°	0,30	IW	5,10×4,70—IT	21,9	1,4	155		
		5°		IT	0,95×2,20	2,1	1,74	20		
		25°		D	4,40×5,10	22,4	1,16	650		
							Summe....	3220		415[2])
					10% Zuschlag für Windanfall			320		
					15% „ „ Anheizen			480		
								415[2])		

Der Berechnung der Heizfläche des Ofens sind zugrunde zu legen. 4435 W.E.

In obiger Transmissionsberechnung bedeuten:

AW ....Außenwand
IW ....Innenwand
F ....Doppelfenster
IT .... Innentüre
D............... Decke

[1]) Wärmeabgabe = Fläche × Koeffizient × Temperaturdifferenz.

II. Heizungsarten

a) Jeder Raum erhält seine eigene Feuerstelle: Ofenheizung.

b) Eine Gruppe von Räumen oder ganze Gebäude werden von einer Feuerstelle aus versorgt: Zentralheizung.

c) Gruppen von Gebäuden werden von einer Kesselhausanlage aus geheizt: Fernheizung.

Eine richtig angelegte Heizung muß folgenden Anforderungen entsprechen: Erhaltung eines gleichmäßigen Wärmegrades; Erhaltung der Luftreinheit; gleichmäßige Temperaturverteilung; Erhaltung der Innenflächen aller Umfassungen auf einem der Lufttemperatur ungefähr gleichen Wärmegrad; gute Regulierbarkeit.

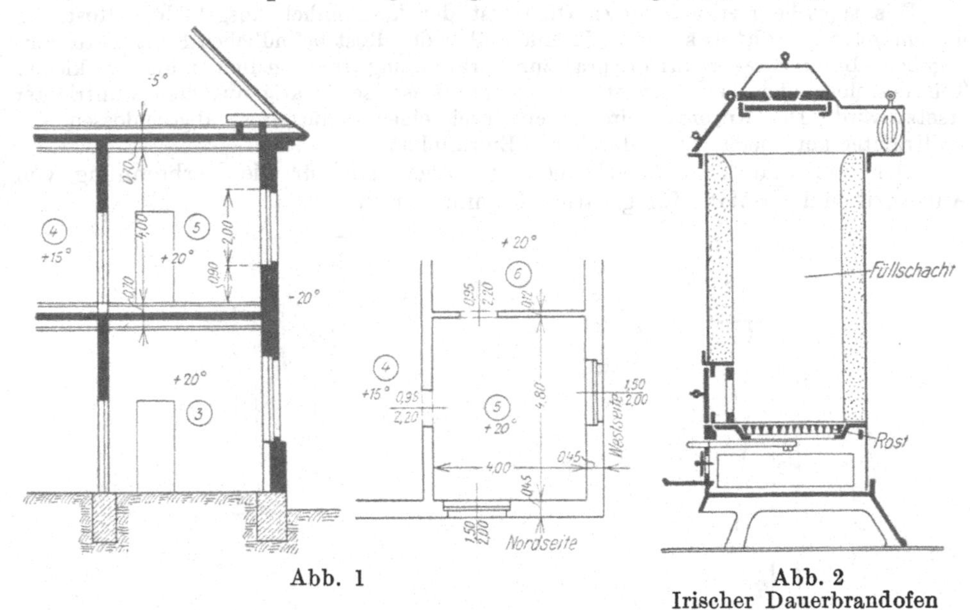

Abb. 1

Abb. 2
Irischer Dauerbrandofen

Ad a) Ofenheizung.

1. Eiserne Öfen

Die am meisten angewendete Art des eisernen Ofens ist der sogenannte „irische Dauerbrandofen" (Abb. 2).

Sein Hauptmerkmal ist der mit einer Schamotteausfütterung versehene Füllschacht, der so groß ist, daß er den Brennstoffbedarf eines ganzen Tages aufnehmen kann. Am unteren Ende des Füllschachtes ist ein Schüttelrost eingebaut, der eine besonders leichte Reinigung von Asche und Schlacke ermöglicht. Am oberen Ende befindet sich der Rauchabzug, in welchem meist eine Drosselklappe montiert ist, durch die der größte Teil des Rauchrohrquerschnittes abgeschlossen werden kann; dadurch wird verhindert, daß bei abgestelltem Ofen Wärmemengen unausgenützt durch den Schornstein abziehen.

Den oberen Abschluß des Füllschachtes bildet die Einfüllöffnung.

Diese Ofentype eignet sich am besten für den Betrieb mit gasarmen Brennmaterialien, wie Magerkohle und Koks in Stückgrößen von rund 3 bis 4 cm.

Tabelle und Preise der gangbarsten Typen (Ing. Reich, Wien)

Heizkraft, maximal rund m³	Ganze Höhe cm	Bodenraum Breite cm	Bodenraum Tiefe cm	Rohrstutzen-durchmesser mm	Höhe bis Unterkante Rohrstutzen cm	Gewicht ohne Verpackung kg	Preis, schwarz gewichst S
100	92	33	28	92	70	62	100
150	105	38	31	105	79	70	120
250	120	41,5	34,5	112	90	90	160
350	130	45,5	39,5	118	100	120	200

Eine zweite, sehr verbreitete Konstruktion des eisernen Füllofens ist der „amerikanische Dauerbrandofen" (Abb. 3).

Das typische Merkmal dieses Ofens ist der korbähnlich ausgebildete Rost. In diesem gelangt nicht das ganze, in einem über den Rost befindlichen Fülltrichter aufgegebene Brennmaterial auf einmal zur Verbrennung, sondern immer nur ein kleiner Teil desselben, der dann, soweit er abgebrannt ist, selbsttätig aus dem Fülltrichter ersetzt wird. Der Korbrost wird unten durch einen Schüttelrost abgeschlossen, der Fülltrichter am oberen Ende durch die Einfüllplatte.

Der amerikanische Dauerbrandofen eignet sich für die Verbrennung von Anthrazit und ebenfalls für gasarme Brennmaterialien.

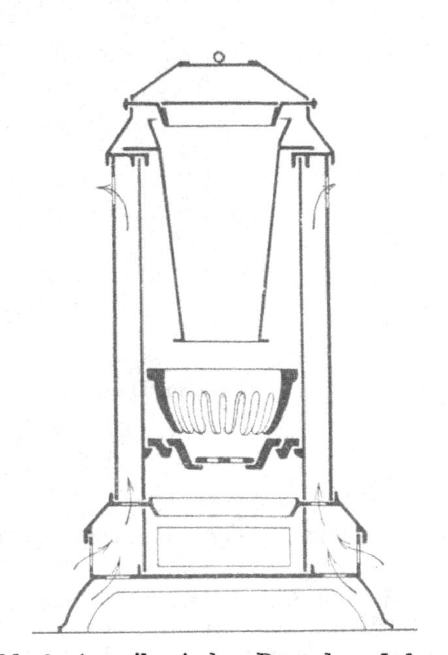

Abb. 3. Amerikanischer Dauerbrandofen

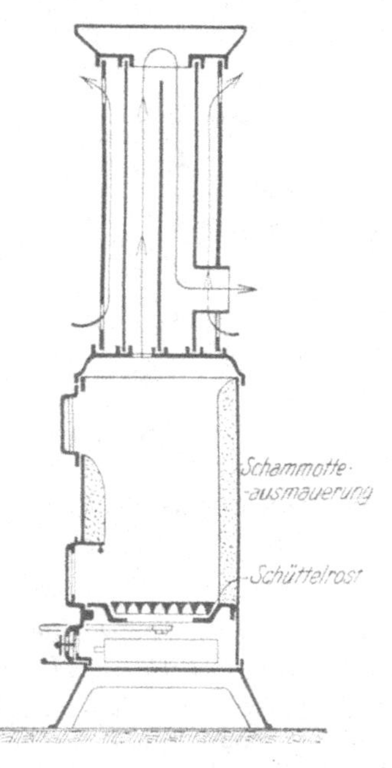

Abb. 4. Großraumofen

Tabelle und Preise der gangbarsten Typen (Ing. Reich, Wien)

Heizkraft, maximal rund m³	Ganze Höhe cm	Bodenraum Breite cm	Bodenraum Tiefe cm	Rohrstutzen-durchmesser mm	Höhe bis Unterkante Rohrstutzen cm	Gewicht ohne Verpackung kg	Preis, schwarz gewichst S
140	120	39	37	118	58	122	300
180	127	43	42	125	70	135	360

Großraumöfen für die Beheizung von Werkstätten, Sälen usw. (Abb. 4). Bei diesen tritt die Strahlungswirkung wegen der großen Entfernung zwischen dem Ort des Wärmebedürfnisses und dem Ofen zurück und ist es nötig, die Oberfläche der Öfen möglichst zu vergrößern, um Heizflächen für die zu erwärmende Luft zu schaffen.

Der Preis eines Ofens für die Erwärmung von rund 1000 m³, in schwarzgewichster Ausführung, stellt sich ungefähr auf *S 300,00.*

Für die Bestimmung der Größe eiserner Öfen kann bei günstigen Lageverhältnissen 1 m² luftberührte Ofenheizfläche als ausreichend für rund 90 m³ Rauminhalt angenommen werden.

2. Kachelöfen

Während die Speicherung der Wärme bei eisernen Öfen in den Brennstoff verlegt wird, liegt sie bei Kachelöfen in der Masse des Ofens. Die Wände des letzteren werden aus Kacheln von ungefähr 12 mm Plattendicke mit Ansatz eines rippenartigen Wulstes (Rumpf genannt) durch Ausfüllen des viereckigen Umschlußraumes dieses Wulstes und durch Hinterfüttern mit feuerfesten Platten hergestellt. Die Ausfütterung des Rumpfes und die Hinterfütterung werden verschieden dick gemacht, so daß sich Wände von ungefähr 70 bis 100 mm Stärke ergeben, die demnach verschiedenes Wärmeaufspeicherungs- und Wärmedurchlaßvermögen besitzen.

Durchschnittlich reicht 1 m² Ofenheizfläche für rund 20 m³ Rauminhalt aus.

Die Form und Ausführung von Kachelöfen wird der Raumausstattung angepaßt, und empfiehlt es sich, die Preise bei Spezialfirmen einzuholen.

3. Gasheizöfen

Örtliche Heizung mit Leuchtgas, das von vorhandenen Zentralen geliefert wird. (Näheres siehe Abschnitt C, „Gasversorgung“.)

4. Elektrische Öfen

Die elektrische Heizung besteht in der Umsetzung des elektrischen Stromes in Wärme durch Einschaltung entsprechender Leitungswiderstände. (Siehe auch Elektrotechnik.)

Diese Heizungsart bietet gegenüber den bisher erwähnten die größten Vorteile hinsichtlich Einfachheit der Bedienung und Ortsveränderlichkeit der Öfen und hat den besten überhaupt erzielbaren Wirkungsgrad, da die gesamte erzeugte Wärme in dem zu beheizenden Raum verbleibt.

Die elektrische Raumheizung wird der hohen Kosten wegen für Dauerheizung nur dort zu empfehlen sein, wo elektrische Energie aus Wasserkraftwerken zu billigen Preisen abgegeben wird. Sonst dient diese Heizungsart nur für die Erwärmung kleinerer Räume oder als Aushilfsheizung neben anderen Heizungen.

Elektrischer Kachelofen, Abb. 5

Zum Anschluß an zwei Leiter eines Gleich-, Wechsel- oder Drehstromnetzes bis 250 Volt, 1000 Watt. Der Ofen eignet sich zum Anschluß an jede Lichtleitung und hält die Wärme auch nach erfolgter Ausschaltung.

Watt	Für Räume von etwa m³	Ohne Anschlußschnur, für Volt 110, 150, 220	Netto rund kg	Größte Abmessungen in mm			Stromstärke bei Volt		
		Preis S		Höhe	Breite	Tiefe	110	150	220
							in Amp.		
500	10	50,00	9	430	310	190	4,5	3,5	2,3
1000	20	54,00	9	430	310	190	9	7	4,5

Elektrische Öfen mit Eisengehäuse, regelbar

Bis 1000 Watt an jede Lichtleitung anschließbar. Bis 250 Volt, 2000 Watt, 20 Amp. ortsveränderlich (tragbar) zu verwenden. Darüber sind die Öfen laut Verbandsvorschriften fest anzuschließen.

Abb. 5. Elektr. Kachelofen (Elin A. G.)

Abb. 6. Elektr. Ofen, regelbar (Elin A. G.)

Abb. 7. Elektr. Ofen, regelbar (Elin A. G.)

α) Zum Anschluß an zwei Leiter eines Gleich-, Wechsel- oder Drehstromnetzes bis 500 Volt, Abb. 6

Watt	Für Räume von etwa m³	Ohne Anschlußleitung, für Volt 110, 150, 220	Ohne Anschlußleitung, für Volt 300, 440	Netto rund kg	Größte Abmessungen in mm			Stromstärke bei Volt				
		Preis S			Höhe	Breite	Tiefe	110	150	220	300	440
								in Amp.				
1000	20	48,00	66,00	7	610	410	280	9	7	4,5	3,5	2,3
2000	45	68,00	86,00	7	610	410	280	18	14	9	7	4,5
3000	70	110,00	126,00	7	610	410	280	28	20	14	10	7
4000	100	162,00	180,00	10	610	690	280	36	28	18	14	9
5000	140	186,00	204,00	10	610	690	280	45	34	23	17	11,5
6000	180	216,00	240,00	10	610	690	280	56	40	28	20	14

Bis 250 Volt, 2000 Watt, 20 Amp. regelbar auf die Hälfte und ein Viertel der Leistung. Darüber regelbar nur auf die Hälfte der Leistung.

β) Zum Anschluß an die drei Hauptleiter eines Drehstromnetzes bis 500 Volt, Abb. 7

Watt	Für Räume von etwa m³	Ohne Anschlußleitung, für Volt 110, 220	Ohne Anschlußleitung, für Volt 380	Netto rund kg	Größte Abmessungen in mm			Stromstärke bei Volt		
		Preis S			Höhe	Breite	Tiefe	110	220	380
								in Amp.		
3000	70	132,00	132,00	7	610	410	280	16	8	5
4500	120	210,00	204,00	10	610	690	280	24	12	7,5
6000	180	240,00	240,00	10	610	690	280	32	16	10

Ad b) Zentralheizungsanlagen.

Sie dienen für Gruppen von Räumen oder für ganze Gebäude, die von einer zentralen Feuerstelle versorgt werden und bei welchen Dampf, warmes Wasser oder warme Luft als Wärmeträger dienen.

1. Dampfheizungen

α) Niederdruckdampfheizungen, β) Hochdruckdampfheizungen und γ) Abdampfheizungen.

α) Niederdruckdampfheizungen

Das Wesen derselben besteht in der Verwendung von niedrig gespanntem Dampf von meist 0,05 bis 0,15 Atm. als Wärmeträger. Der Dampf wird in eigenen Kesseln erzeugt, die im Keller des zu beheizenden Hauses zur Aufstellung gelangen. Vom Kessel wird der Dampf durch schmiedeeiserne Röhren, die meist an der Kellerdecke verlegt werden, zu den Steigsträngen geführt, an welche in den Stockwerken die einzelnen Heizkörper angeschlossen sind. In diese gibt der Dampf seine Wärme ab. Von den Heizkörpern führt die Kondenswasserleitung parallel mit der Dampfleitung wieder in den Kessel zurück.

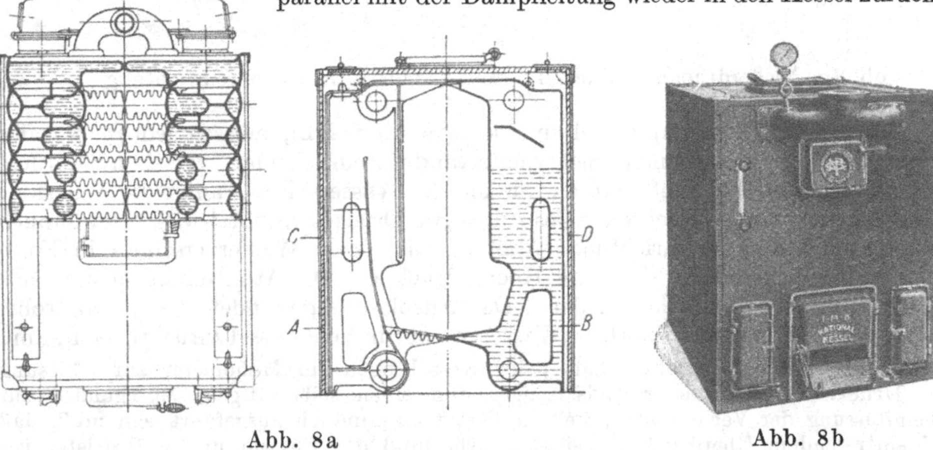

Abb. 8a Abb. 8b

Niederdruckdampfkessel

Die Niederdruckdampfkessel werden aus Schmiedeeisen oder aus Gußeisen (Abb. 8, a—c) hergestellt. Erstere werden nur für größere Anlagen verwendet, während sonst fast durchwegs gußeiserne Kessel zur Aufstellung gelangen, die aus einzelnen Gliedern bestehen, die zusammengeschraubt oder gepreßt werden. Bei diesen viel weniger Platz in Anspruch nehmenden Kesseln werden vor allem die Kosten der Einmauerung erspart und sind dieselben gegen Rostbildung viel widerstandsfähiger als die schmiedeeisernen Kessel. Die Hauptmerkmale eines guten Kessels sind: gerade aufsteigende Heizflächen, eine große Kontaktheizfläche, volle Ausnützung der Rauchgase, kurzer, wassergekühlter Rost, der an den Gliedern angegossen ist, leichte Reinigung der Heizflächen und solide Nippelverbindung.

Bei allen Kesseln ist ein größerer Füllschacht angeordnet, der so viel Brennmaterial (Nußkoks) aufzunehmen vermag, daß eine neuerliche Beschickung erst nach rund 6 Stunden wieder erforderlich ist.

Als Heizfläche eines Kessels wird die gesamte von den Feuergasen bespülte Fläche des Wassers und Dampfraumes (auf der Feuerseite gemessen) gerechnet.

Die beiläufigen Kosten von 1 m² gußeiserner Niederdruckdampfkessel-Heizfläche betragen rund *S 300,00*, in welchem Preis die Kosten für die komplette grobe und feine Armatur mitinbegriffen sind.

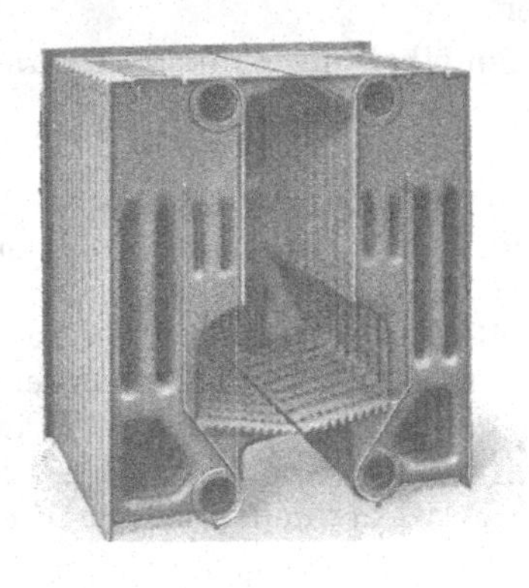

Abb. 8c. Niederdruckdampfkessel

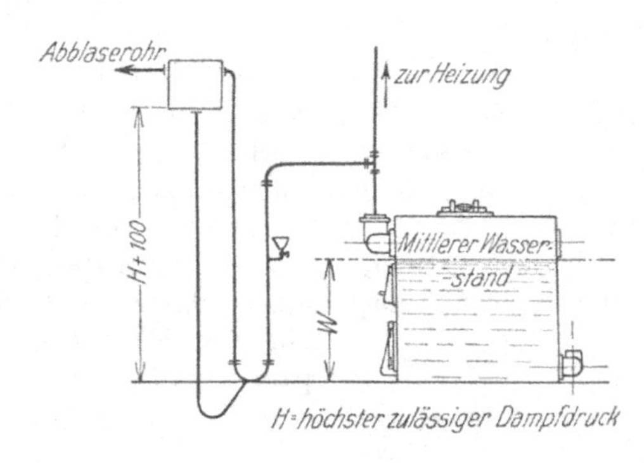

Abb. 9. Standrohreinrichtung

Die Niederdruckdampfkessel sind konzessionsfrei, müssen jedoch mit der gesetzlich vorgeschriebenen Sicherheitsstandrohreinrichtung versehen werden, die so beschaffen sein muß, daß ein Sinken des Wasserspiegels unter die Feuerlinie selbst bei längerem Überschreiten des zulässigen Druckes verhütet wird. Gewöhnlich besteht die Standrohreinrichtung (Abb. 9) aus einem Wasserverschluß in Form einer U-förmigen Röhre, die, dem Höchstdruck von 0,5 Atm. entsprechend, eine größte Höhe von 5 m erhalten darf. Das Ausblaserohr mündet in ein Standrohrgefäß, von dem das ausgeworfene Wasser wieder in den Kessel zurückfließen kann.

Außer dem Standrohr erhält jeder Kessel noch ein Manometer zur Ablesung des Druckes, einen Wasserstandsanzeiger und einen selbsttätigen Zugregulator zur Beeinflussung der Verbrennung, welcher derart empfindlich ausgeführt sein muß, daß bei eintretendem Überdruck ein sicherer Abschluß der Luftzufuhr gewährleistet ist.

Für die Ausführung der Dampf- und Kondensleitungen werden über 2″ Durchmesser schmiedeeiserne, patent geschweißte Siederohre, bis 2″ Durchmesser schmiedeeiserne, schwarze, nahtlose Gasrohre verwendet.

Schmiedeeiserne Gasrohre

mit Gewinden und Muffen in normaler Wandstärke für Gas- und Wasserleitungen usw.

Bis einschließlich 1″ stumpfgeschweißt oder nahtlos, über 1″ nahtlos

Innendurchm. engl. Zoll			1/4	3/8	1/2	3/4	1	1 1/4	1 1/2	1 3/4	2
Außendurchm. rund mm			13	16,5	20,5	26,5	33	42	48	52	59
Preis per Lfm. in normalen Fabrikationslängen Groschen	schwarz,	geschweißt	90	90	116	155	218	307	385	424	496
		nahtlos	100	100	125	167	218				
	verzinkt,	geschweißt	129	129	166	221	312	439	551	622	726
		nahtlos	142	142	179	239	312				

Siederohre mit normaler Wand

in normalen Fabrikationslängen, für Lokomotiven, Dampfkessel, Dampfleitungen, Saft- und Säureleitungen usw.

Äußerer Durchmesser engl. Zoll	$2^1/_2$	$3^1/_2$	4	$4^1/_2$	5	$5^1/_2$	6	$6^1/_2$
Äußerer Durchmesser mm	63,5	89	102	114	127	140	152	165
Wandstärke .... mm	3	$3^1/_4$	$3^3/_4$	$3^3/_4$	4	$4^1/_2$	$4^1/_2$	$4^1/_2$
Gewicht, per Meter ..... ca. kg	4,48	6,87	9,09	10,20	12,13	15,04	16,37	17,81
Preis, per Lfm....... Groschen	548	832	1075	1155	1441	1783	2049	2171

Die Verbindung obiger Röhren erfolgt entweder durch autogenes Schweißen oder bei Siederöhren durch Flanschenverbindungen, bei Gasröhren durch schmiedeeiserne Fittings.

Die Dampfleitungen werden in der Regel mit Gefälle in der Strömungsrichtung des Dampfes montiert und vor dem Aufsteigen durch Schleifen entwässert, die so lang gemacht werden, daß sie selbst von dem höchsten Dampfdruck, der bei der betreffenden Anlage erreichbar ist, nicht entleert werden können.

Die Dampfleitungen werden, soweit sie durch unbeheizte Räume führen (mit Kieselguhrmasse oder Korkschalen), isoliert.

Die Kondenswasserleitungen werden per Lfm. mit 5 bis 10 mm Gefälle in der Stromrichtung des Wassers verlegt.

Die Entlüftung erfolgt zentral durch die Kondenswasserleitung oder durch Entlüftungsventile (lokale Entlüftung).

Die Heizkörper werden aus glatten Röhren gebildet, die Rohrschlangen wagrecht, besser jedoch senkrecht (wegen geringerer Staubablagerungsmöglichkeit) oder auch als Rohrregister angeordnet.

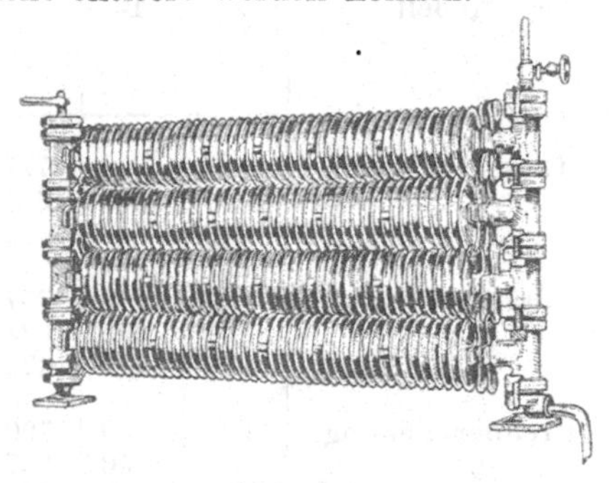

Abb. 10
Ofen aus Rippenrohrelementen

Abb. 11. Normales Rippenrohr

Rippenrohrheizkörper (in Ofenform, Abb. 10), aus Elementen zusammengebaut, oder Stränge, aus Rippenrohren (Abb. 11) gebildet, werden nur in untergeordneten Räumen, Fabriken u. dgl. verwendet und haben insbesondere den Nachteil, daß die engen Lücken zwischen den Rippen nur schwer zu reinigen sind, so daß die allmählich anhaftenden Staubmengen langsam geröstet werden. Dieser verbrannte Staub erregt ein Trockenheitsgefühl im Hals und hat oft eine Reizung und Entzündung der Schleimhäute zur Folge.

Preisliste fertiger Öfen aus Doppel-T-Rippenrohrelementen (Körting A. G.)

Anzahl der Elemente	Höhe des Ofens	Öfen aus 700-mm-Elementen			Öfen aus 1060-mm-Elementen		
		Heizfläche m²	Gewicht rund kg	Preis rund S	Heizfläche m²	Gewicht rund kg	Preis rund S
2	400	2,70	50	90,00	4	100	135,00
3	525	4,05	70	120,00	6	147	240,00
4	650	5,40	90	150,00	—	—	—
5	775	6,75	110	180,00	—	—	—
6	900	8,16	130	215,00	—	—	—

Die Kosten für 1 m² Rippenrohrheizfläche betragen ungefähr *S 10,00.*

Der vollkommenste Heizkörper ist der Radiator mit seinen vorwiegend senkrechten und glatten Oberflächen. Die Radiatoren werden in ein- bis sechssäuliger Ausführung (Abb. 12 und 13) meist aus Gußeisen, jedoch in neuerer Zeit auch aus Schmiedeeisen erzeugt. Die einzelnen Glieder sind oben und unten durch Rechts- und Linksgewindenippel miteinander verbunden, wodurch eine dauernde zuverlässige Metallverbindung gewährleistet ist.

1 m² Radiatorheizfläche stellt sich durchschnittlich auf *S 35,00.*

Maße und Heizflächen von Radiatoren (Abb. 12 und 13)

Modell	A	B	C	D	E	F	G	Heizfläche je Glied m²	Wasserinhalt je Glied rd. Liter
Classic 4 säulig	920	848	777	102	143	143	50	0,28	1,00
	760	695	624	102	143	143	50	0,23	0,85
	610	543	472	102	143	143	50	0,19	0,70
Classic 6 säulig	920	848	777	102	218	218	50	0,42	1,50
	760	695	624	102	218	218	50	0,35	1,30
	610	543	472	102	218	218	50	0,28	1,10
Premier 1 säulig	965	900	790	114	140	140	76	0,29	2,30
	815	750	637	114	140	140	76	0,24	1,95
	750	690	574	114	140	140	76	0,21	1,80
	660	600	485	114	140	140	76	0,19	1,60
	560	500	383	114	140	140	76	0,15	1,35
Premier 2 säulig	1145	1080	965	114	197	210	76	0,47	3,90
	965	900	790	114	197	210	76	0,37	3,30
	815	750	637	114	197	210	76	0,31	2,80
	750	690	574	114	197	210	76	0,29	2,55
	660	600	485	114	197	210	76	0,25	2,25
	560	500	383	114	197	210	76	0,20	1,95
Premier 3 säulig	1145	1080	968	114	233	233	76	0,58	4,25
	965	900	790	114	233	233	76	0,48	3,60
	815	750	637	114	233	233	76	0,40	3,05
	750	690	574	114	233	233	76	0,36	2,80
	660	600	485	114	233	233	76	0,32	2,50
	560	500	383	114	233	233	76	0,26	2,10

Die Baulänge der Übergangsgewinde bzw. Stopfen ist für Classic-Radiatoren rund 20 mm, für alle übrigen Modelle und Höhen rund 15 mm.

Während man bei Einzelheizungen gezwungen ist, die Öfen fast ausnahmslos an die Innenwände in die Nähe der Schornsteine zu verlegen, wird der Radiator meist in die Fensternische eingebaut, beherrscht in seiner ganzen Ausdehnung die Hauptabkühlungsfläche, beansprucht keinen nutzbaren Raum und erhält auf diese Weise eine Umrahmung (Abb. 14). Die von außen durch die Fenster einströmende kalte Luft wird unmittelbar von der Heizung aufgefangen und in erwärmtem Zustand an die Raumluft übertragen.

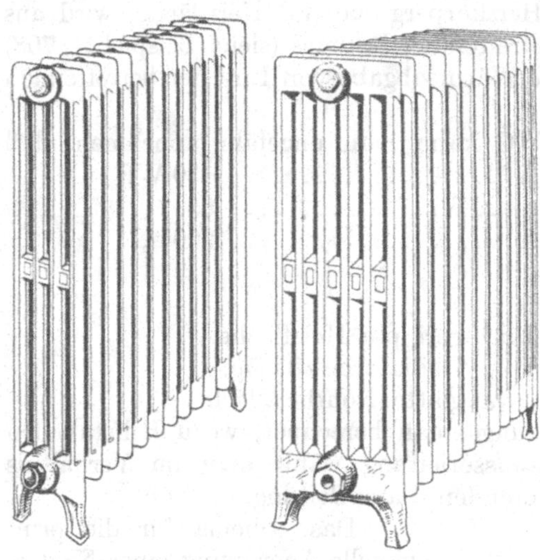

Abb. 12. Radiatoren
viersäulig sechssäulig

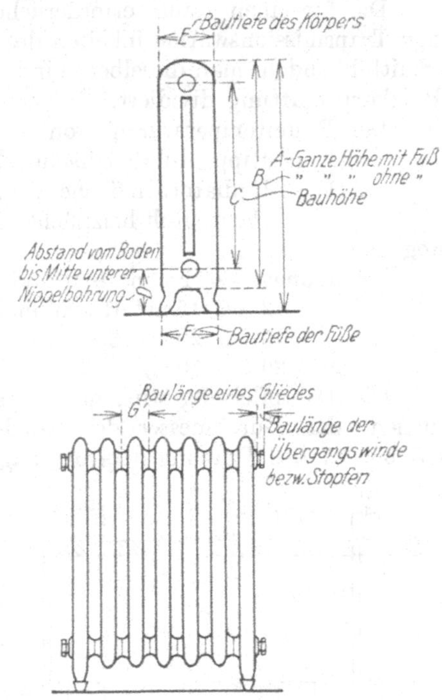

Abb. 13. Zweisäuliger Radiator

Verkleidungen der Heizkörper aus architektonischen Gründen sind nicht zu empfehlen, da durch dieselben die Wärmeabgabe des Ofens beeinträchtigt und auch oft die Reinigung der Heizkörper unter der Verkleidung vernachlässigt wird.

Jeder Heizkörper erhält in der Dampfzuleitung ein metallenes, doppelt einstellbares Regulierventil zur Regelung der Wärmeabgabe bzw. zur vollständigen Ausschaltung derselben.

Dieses doppelt einstellbare Regulierventil wird vielfach und mit Vorteil durch ein einfaches Absperrventil in der Dampfzuleitung und durch einen einstellbaren oder automatisch wirkenden Kondenswasserableiter ersetzt.

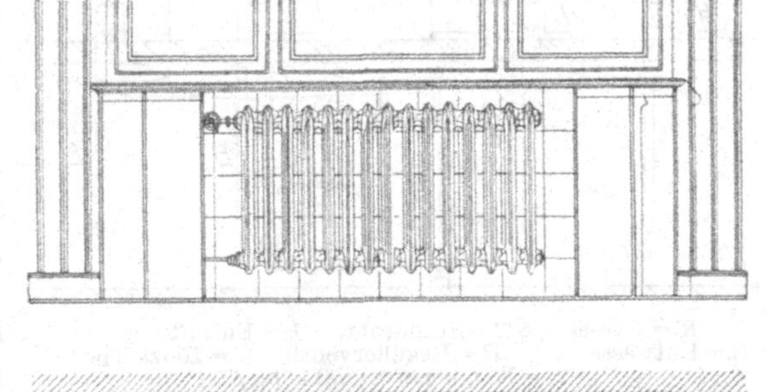

Abb. 14. Einbau eines Radiators in einer Fensternische

Anhaltspunkte für die Berechnung einer Niederdruckdampfheizungsanlage:

Die Ermittlung der Kesselheizfläche erfolgt aus der Summe der berechneten Transmissionswärmeeinheiten aller zu beheizenden Räume, auf die noch rund 10% für den Verlust durch die Kesselwände und Dampfrohre zuzuschlagen sind.

Man bewertet schmiedeeiserne Kessel mit rund 10000 WE, gußeiserne Kessel mit 7000 bis 8000 WE per m².

Die für einen Raum erforderliche Heizkörpergröße (m² Heizfläche) wird aus den Transmissionswärmeeinheiten des betreffenden Raumes (siehe Beispiel S. 708) ermittelt, indem man dieselben durch die Wärmeabgabe von 1 m² der betreffenden Heizkörpergattung dividiert.

Bei Raumtemperaturen von + 20° C kann man ungefähr annehmen, daß

1 m²	Rippenrohrheizfläche	450 WE
1 „	Radiatorheizfläche	650 „
1 „	glatte Rohrheizfläche	900 „

abgeben.

Schätzungsweise rechne man auf:

12 bis 15 m³	Rauminhalt	1 m²	gerippte Heizfläche,
15 „ 20 „	„	1 „	Radiatorheizfläche,
20 „ 30 „	„	1 „	glatte Rohrheizfläche.

Die Dampfleitung wird nach Spannungsabfall berechnet, wozu Hilfstabellen dienen; den Durchmesser der Kondenswasserleitung wählt man im Verhältnis 0,5 bis 0,7 des Durchmessers der zugehörenden Dampfleitung.

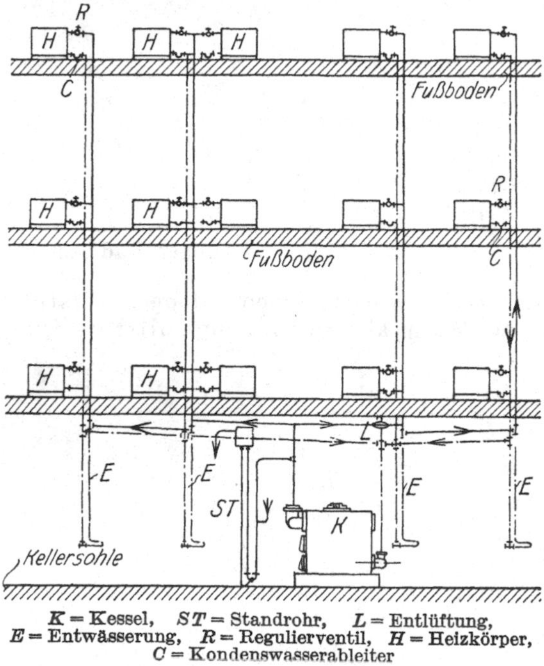

Das Schema für die prinzipielle Anordnung einer Niederdruckdampfheizung ist aus Abb. 15 zu ersehen.

Die Niederdruckdampfheizung eignet sich besonders für Anlagen mit Unterbrechung der Heizung, also für Wohn- und Geschäftshäuser, Schulen, Fabriksgebäude usw.

Erwähnt sei noch die Niederdruckdampfheizung mit reduziertem Hochdruckdampf, bei welcher die Dampfentnahme aus einem Hochdruckdampfkessel erfolgt, und wobei der Dampf mittels eines Reduzierventils auf die gewünschte Niederdruckdampfspannung gebracht wird.

Bei solchen Heizungsanlagen ist der Betriebsdruck meist höher gewählt; dieselben werden vorwiegend für Fabriksheizungen verwendet.

K = Kessel, *ST* = Standrohr, *L* = Entlüftung, *E* = Entwässerung, *R* = Regulierventil, *H* = Heizkörper, *C* = Kondenswasserableiter

Abb. 15
Schema einer Niederdruckdampfheizung

β) Hochdruckdampfheizungen

Bei Hochdruckdampfheizungen wird Dampf von 1 bis 3 Atm. Spannung verwendet, der meist vorhandenen Betriebskesseln entnommen wird. Hochdruckdampfkessel unterstehen dem Dampfkesselgesetze.

Vom Kesselhaus führt die Dampfleitung meist mit voller Kesselspannung bis in die zu beheizenden Gebäude; in diesen befindet sich die sogenannte Reduzierstation, bestehend aus Absperr-, Reduzier- und Sicherheitsventil. Hier wird der Dampf auf jene Spannung reduziert, mit welcher er dann in die Heizkörper geleitet wird. Nur in seltensten Fällen läßt man das Kondenswasser abfließen; gewöhnlich leitet man es in eine im Kesselhaus befindliche Zisterne zurück, um die Kessel wieder damit zu speisen. Als Heizkörper werden meist glatte Rohrheizstränge, Rohrregister und Rippenrohre verwendet, Radiatoren höchstens bis zu einem Betriebsdruck von 2 Atm.

Man kann überschlägig erwärmen:

30 bis 40 m³ Rauminhalt mit 1 m² gerippter Heizfläche,
40 „ 50 „ „ „ 1 „ Radiatorheizfläche,
45 „ 60 „ „ „ 1 „ glatter Rohrheizfläche.

Die Hochdruckdampfheizung wird hauptsächlich für Fabriksräume, Werkstätten, Magazine und auch für Trockenanlagen verwendet.

Die Vorteile der Hochdruckdampfheizung sind rasche Wärmeentwicklung, billige Anlagekosten, die hauptsächlichtsen Nachteile die erforderliche Bedienung durch geprüfte Heizer und der immerhin nicht gefahrlose Betrieb.

γ) Abdampfheizungen

Als Wärmeträger dient hier der von Dampfmaschinen abgehende Dampf (Abdampf). Die Dampfentnahme zu Heizzwecken erfolgt von der Auspuffleitung der Maschine vor Eintritt in den etwa vorhandenen Vorwärmer. Hinter dem Abzweiger der Heizleitung wird in die Auspuffleitung eine Drosselklappe eingebaut, um den Abdampf in die Heizleitung oder aber ins Freie führen zu können.

Das mitgerissene Zylinderöl macht meist eine Reinigung des Dampfes erforderlich (Abdampfentöler), ohne welche es zur Kesselspeisung keinesfalls wieder verwendet werden darf.

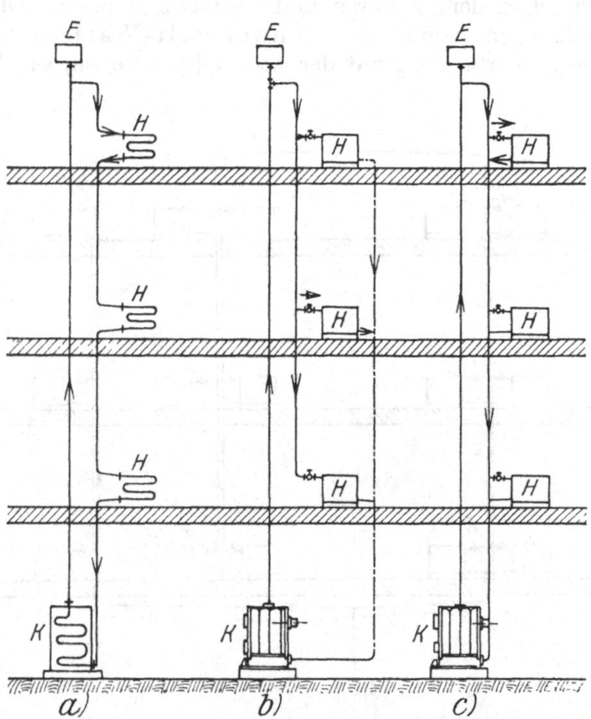

Abb. 16 a—c. Schema einer Wasserumlaufanlage

2. Wasserheizungen

Unter einer Zentralwasserheizung versteht man die Übertragung der Wärme aus einem Ofen (Warmwasserkessel) durch Rohrleitungen nach den Orten des Wärmebedarfes und Rückführung des Wassers von dort zum Kessel.

Man unterscheidet drei Systeme der Wasserumlaufanlage (Abb. 16 a—c).

Durchleitung des ganzen Heizwassers aufeinanderfolgend durch alle Wärmeabgabestellen (Abb. 16a). (Verwendung bei Heißwasserheizung.)

Verteilung des Heizwassers auf die einzelnen Heizkörper durch die Vorlaufleitung und Ableitung des in den Heizkörpern abgekühlten Wassers in die Rücklaufleitung, welche dasselbe in den Kessel zurückführt (Abb. 16b). (Meist angewendete Form der Warmwasserheizung.)

Das Heizwasser wird an allen Heizkörpern vorbeigeführt und letztere oben und unten an diese Leitung angeschlossen (Abb. 16c). (Einrohrsystem.)

Bei jedem dieser Systeme muß ein Ausdehnungsgefäß E (Expansionsgefäß) vorgesehen sein, welches ermöglicht, daß das Wasser je nach seiner Wärmeaufnahme sich ausdehnen und bei Wärmeverminderung, ohne Verursachen eines leeren Raumes, sich wieder zusammenziehen kann.

Die Ursache der Umlaufbewegung des Wassers in dem betreffenden Heizsystem ist der Überdruck der abgekühlten Wassersäule in der Rücklaufleitung über die erhitzte Wassersäule in der Vorlaufleitung, also der Gewichtsunterschied zwischen dem kälteren und wärmeren Wasser. Die hierauf beruhenden Wasserheizungen nennt man Schwerkraft-Warmwasserheizungen, welche, wenn sie in Verbindung mit der Atmosphäre stehen, als Niederdruck-Warmwasserheizungen bezeichnet werden, deren höchste Wassertemperatur 100° C beträgt und in welchen eine Druckbildung ausgeschlossen ist. — Werden Schwerkraft-Warmwasserheizungen in geschlossener Ausführung mit einer Wassertemperatur von 120° C, entsprechend einem Überdruck von 1 Atm. betrieben, so spricht man von Mitteldruck-Warmwasserheizungen. Wasserheizungen, deren höchste Wassertemperatur rund 150° C beträgt, entsprechend einem Überdruck von mindestens 4 Atm., nennt man Heißwasserheizungen (Perkins-Heizungen).

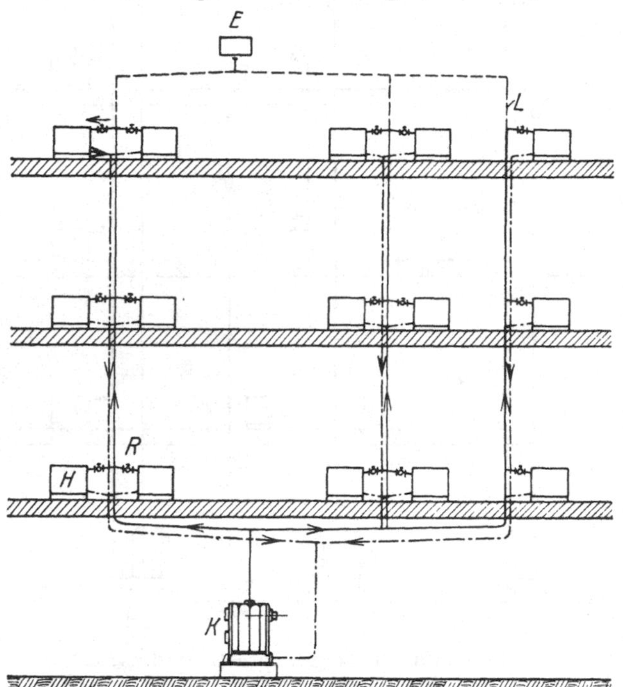

K=Kessel, H=Heizkörper, R=Regulierhahn, E=Expansionsgefäß

Abb. 17. Niederdruck-Warmwasserheizung, Verteilung von unten

Werden als Mittel zur Beschaffung eines künstlichen Überdruckes Dampf oder auch Luft in die Steigrohrleitung eingeführt, um derart die aufsteigende Wassersäule leichter zu machen als die abwärtsführende, so spricht man von Schnellumlauf-Warmwasserheizungen, falls zur Umlaufbeschleunigung eine Pumpe herangezogen wird, von Pumpenheizungen.

a) Niederdruck-Warmwasserheizungen. Die Einrichtung dieser Anlagen kann mit unterer oder oberer Rohrverteilung erfolgen.

In Abb. 17 ist eine Verteilung von unten her dargestellt. Vom Kessel führt die Vorlaufleitung unterhalb der tiefststehenden Heizkörper durch das ganze Gebäude zu den Steigsträngen.

Die Rückleitung des in den Heizkörpern abgekühlten Wassers erfolgt durch Fallrohrleitungen, welche in die Rücklauf- (Sammel-) Leitung münden, die unten an den Kessel anschließt.

Durch diese Verteilung erspart man eine Steigleitung, die das gesamte Heizwasser zunächst unverteilt emporführt. Aber es ergibt sich eine Verschlechterung des Heizungsbetriebes; denn in den vertikalen Verteilungssträngen wird sich das Wasser immer etwas abkühlen und bei oberer Verteilung, wie sie Abb. 18 andeutet, hat diese Abkühlung eine Beschleunigung des Wasserumlaufes zur Folge, weil der Überdruck des abwärts bewegten Wassers gegenüber der in der Steigrohrleitung befindlichen Wassersäule größer wird.

Man zieht im allgemeinen eine obere Verteilung des Heizwassers vor.

Die Warmwasserkessel werden ebenso wie jene für Niederdruckdampfheizungen aus Schmiedeeisen hergestellt oder es kommen gußeiserne Gliederkessel zur Verwendung.

Jeder Kessel erhält einen Füllraum und wird mit einem Wasserhöhenanzeiger, Thermometer und Zugregler ausgestattet.

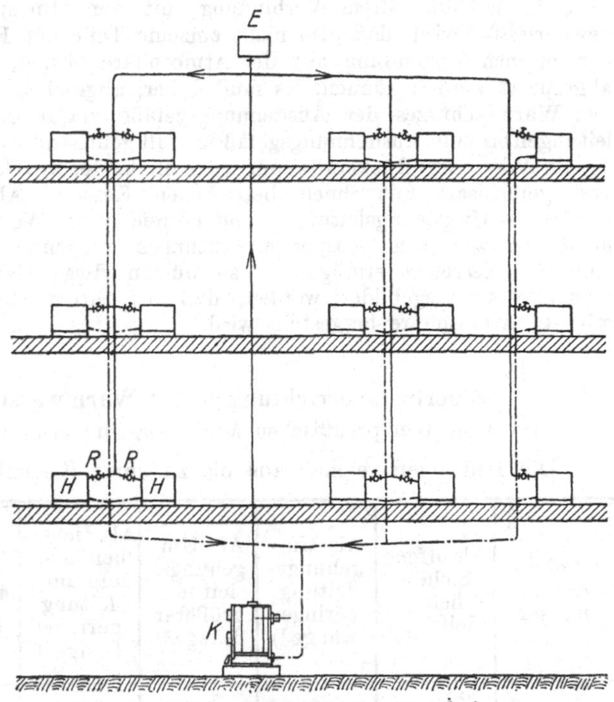

Abb. 18. Niederdruck-Warmwasserheizung, Verteilung von oben

Als Heizfläche gilt bei gußeisernen Kesseln die gesamte von den Feuergasen bespülte Begrenzungsfläche (auf der Feuerseite gemessen).

1 m² gußeiserne Kesselheizfläche stellt sich einschließlich allen groben und feinen Armaturen auf rund *S 260,00.*

Die Ausführung der Vorlauf-Steig- und Rücklaufleitungen erfolgt aus patentgeschweißtem Siederohr bzw. nahtlosem, schwarzem Gasrohr.

Alle im Keller und auf dem Dachboden in ungeheizten Räumen liegenden Heiz- oder auch Luftrohre sind gegen Wärmeverluste zu isolieren.

Die aus Radiatoren oder glatten Rohren bestehenden Heizkörper erhalten in der Warmwasserzuleitung Regulierhähne, die es ermöglichen, den Zufluß von Wasser zu den einzelnen Heizkörpern zu regulieren oder gänzlich abzustellen.

Der Inhalt des zur Aufnahme der Volumenvergrößerung des erwärmten Wassers an höchster Stelle angeordneten Expansionsgefäßes in Litern soll gleich sein 1 bis 1,2 Radiatorheizfläche in m².

Die Anordnung der als Sicherheitsleitungen bezeichneten Anschlußrohre an das Ausdehnungsgefäß ist in Preußen durch Ministerialerlaß vom 5. Juni 1925 wie folgt festgelegt:

Mit Rücksicht auf mehrfache explosionsartige Zerstörungen von Niederdruck-Warmwasserheizkesseln mit offenen Ausdehnungsgefäßen muß Wert darauf gelegt werden, daß die offene Verbindung mit der Atmosphäre unter allen Umständen gewährleistet wird, daß also nicht einzelne Teile der Rohrleitungen, die dem Zweck der offenen Verbindung mit der Atmosphäre dienen, verengt oder sogar vollständig abgesperrt werden können. Es muß daher, abgesehen von der Forderung hinreichenden Wärmeschutzes der Ausdehnungsgefäße, dafür gesorgt werden, daß die Steigleitungen bis zum Ausdehnungsgefäß überall genügend weit bemessen, und daß — sofern in die Vor- oder Rücklaufleitung oder in beide, zwecks Ausschaltung der Heizkessel von gemeinsam mit ihnen betriebenen Kesseln, Absperrvorrichtungen eingebaut werden — Umgehungsleitungen von hinreichender Weite vorgesehen werden. Werden in diesen wiederum Absperrvorrichtungen angebracht, um die Ausschaltung der einzelnen Kessel zu ermöglichen, so müssen diese Absperrventile als Wechselventile in der Weise ausgebildet werden, daß bei ihrem Abschluß eine offene Verbindung mit der Atmosphäre hergestellt wird.

Sicherheitsvorrichtungen für Warmwasserheizungsanlagen

nach den preußischen Ministerialvorschriften vom 5. Juni 1925

Die Leitungen reichen aus bis zu einer Kesselheizfläche in m²:

Rohrdurchmesser	Als offene Sicherheitsleitung	Als Umgehungsleitung geringer Länge[1])	Als Umgehungsleitung größerer Länge[2])	Als Sicherheitsausdehnungsleitung geringer Länge[3])	Als Sicherheitsrücklaufleitung geringer Länge[3])	Als Sicherheitsausdehnungsleitung größerer Länge[4])	Als Sicherheitsrücklaufleitung größerer Länge[4])
25,5	4,5	4,1	—	8,0	10,0	—	—
34,0	10,2	8,0	4,1	20,0	36,0	8,0	10,0
39,5	15,5	11,2	8,0	30,0	58,0	20,0	36,0
49,5	28,0	18,9	11,2	56,0	115,0	30,0	58,0
57,5	42,0	26,6	18,9	84,0	180,6	56,0	115,0
64,0	60,0	34,0	26,6	120,0	240,1	84,0	180,6
70,0	77,2	42,0	34,0	151,0	302,5	120,0	240,1
76,5	99,0	50,0	42,0	189,1	378,2	151,2	302,5
82,5	122,4	60,0	50,0	227,8	455,6	189,1	378,2

[1]) Länge der Umgehung nicht über 3 m, der Ausblaseleitung 15 m.
[2]) Länge der Umgehungsleitung über 3 m, der Ausblaseleitung über 15 m.
[3]) Horizontalweg nicht über 20 m, Zahl der Richtungsänderungen nicht über 8.
[4]) Horizontalweg über 20 m, Richtänderungen mehr als 8.

Für die Berechnung einer Warmwasserheizungsanlage kann man ungefähr annehmen, daß:

1 m^2 schmiedeeiserner Kessel	....	rund	10 000 WE
1 ,, gußeiserner ,,	....	,,	7000 bis 8000 ,,
1 ,, Radiatorheizfläche	....	,,	450 ,, 500 ,,
1 ,, glatte Rohrheizfläche	....	,,	650 ,, 700 ,,

abgeben.

Bei Warmwasserheizungen für Wohnhäuser rechnet man überschlägig:

für 10 bis 12 m^3 Rauminhalt 1 m^2 Radiatorheizfläche
,, 12 ,, 15 ,, ,, 1 ,, glatte Rohrheizfläche.

Für die Berechnung der Rohrleitungen ist der tiefstliegende und in weitester Entfernung vom Kesselhaus befindliche Heizkörper maßgebend, für den die wirksame Druckhöhe bestimmt wird. Von derselben ist der Anteil der Einzelwiderstände abzuziehen und der Rest durch die Gesamtlänge dieses ungünstigsten Stromkreises zu dividieren, wodurch der Druckabfall für das laufende Meter erhalten wird. Hilfstabellen (siehe Dr. techn. Karl Brabbée, „Rohrnetzberechnungen") wird sodann der Rohrdurchmesser entnommen.

Niederdruck-Warmwasserheizungen finden für Wohnhäuser, Schulen, Krankenhäuser und öffentliche Gebäude, ferner auch für Gewächshäuser (Gewächshausheizungen) Anwendung und sind in gesundheitlicher und wirtschaftlicher Beziehung die besten und im Dauerbetriebe die sparsamsten Zentralheizungen. Sie verbreiten eine angenehm milde Wärme, sind generell schon am Kessel in weiten Grenzen regulierbar (durch Einstellung der Temperatur des Heizwassers) und einfach in der Bedienung. Diesen Vorteilen stehen die höheren Anlagekosten, die beschränkte Ausbreitung in wagerechter Richtung und die Einfriergefahr gegenüber.

Abb. 19
Küchenherd-Anbaukessel

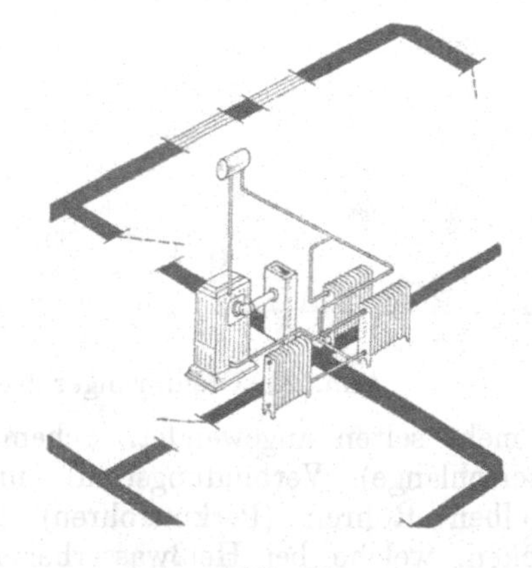

Abb. 20
Anordnung einer Etagenheizung

Die Wohnungs- (Stockwerks- oder Etagen-) Warmwasserheizung. Gewöhnlich handelt es sich um Heizungen, bei welchen Kessel und Heizkörper auf dem Wohnungsfußboden, also in gleicher Höhe, aufgestellt werden.

Vom Kessel (der auch in Verbindung mit dem Küchenherd gebracht werden kann, Abb. 19) steigt die Vorlaufleitung bis ungefähr zur Decke und verteilt sich mit Gefälle zu den Heizkörpern. Die Rücklaufleitung von den Heizkörpern wird soweit als möglich *über* und dann *am* Wohnungsfußboden (eventuell auch an der Decke des darunterliegenden Stockwerkes) zum Kessel zurückgeführt. (Schematische Anordnung Abb. 20.)

Das Ausdehnungsgefäß wird am höchsten Punkte der Vorlaufleitung angeschlossen, muß jedoch, um es nachsehen zu können, in einer gewissen Entfernung von der Decke montiert werden. Falls dadurch bei niedrigen Wohnungen die Vorlaufleitung so tief zu liegen käme, so daß sie nicht mehr über den Türen montiert werden könnte, muß das Ausdehnungsgefäß in einem untergeordneten Raume der darüberliegenden Wohnung (Bade-, Dienstbotenzimmer oder Klosett) angeordnet werden. Je höher die Vorlaufleitung verlegt werden kann, um so größer ist die Druckhöhe, die den Wasserumlauf hervorbringt, desto besser die Wirkung der Heizungsanlage und desto geringer die Anlagekosten (da schwächere Rohrdimensionierung möglich).

Der Betrieb und die Einrichtung der Etagenheizung sind genau die gleichen wie bei gewöhnlichen Niederdruck-Warmwasserheizungen; die ofenförmige Form des Kessels (Abb. 21) ermöglicht es, letzteren in einem der Wohnräume aufzustellen; dort dient er gleichzeitig als Heizkörper.

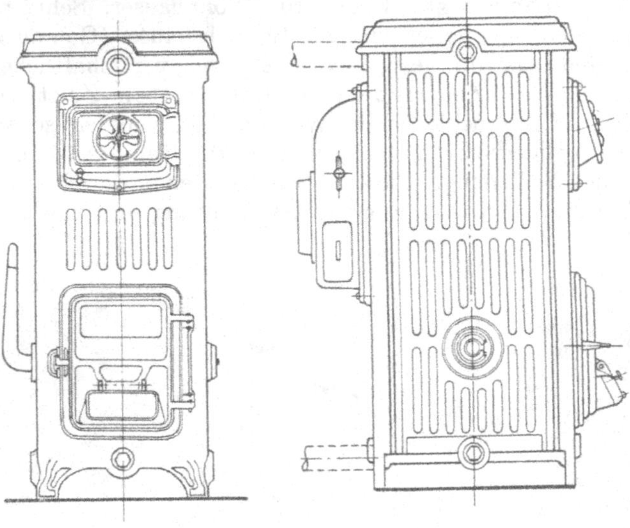

Abb. 21. Ofenförmiger Kessel

Im Wesen ebenfalls gleich jenen der Niederdruck-Warmwasserheizung, nur mit dem Unterschied, daß die Anlage ein geschlossenes System bildet, ist die *Mitteldruck-Warmwasserheizung*, bei welcher das Wasser bis auf rund 120° C erwärmt wird. Sie findet heute nur noch ausnahmsweise Anwendung.

Auch die *Heißwasser-(Perkins-) Heizung* wird nur mehr selten angewendet. (Schematische Abb., vgl. S. 719.) Wärmeerzeuger (Feuerschlange), Verbindungsrohre und Heizkörper (Heizschlange) werden aus denselben Rohren (Perkinsrohren) hergestellt, die entsprechend den hohen Drücken, welche bei Heißwasserheizungen vorkommen können, dimensioniert sind (siehe nachfolgende Tabelle).

Innerer Durchmesser	engl. Zoll	$^7/_8$	$^5/_8$
	mm	23	16
Äußerer Durchmesser	engl. Zoll	$1^5/_{16}$	$1^1/_{16}$
	mm	34	27

Die Temperatur des Heizwassers beträgt rund 150 bis 180° C, entsprechend einem Betriebsdruck von 5 bis 10 Atm.

Die maximale Länge eines Systems, also Feuerschlange, Verbindungsrohre und Heizschlangen, beträgt 200 m; jede Anlage wird, je nach ihrer Ausdehnung, in eine Anzahl Systeme geteilt. Das Ausdehnungsgefäß erhält ein entsprechend belastetes Überdruckventil.

Die Anlage muß infolge der auftretenden hohen Drücke, die sich insbesondere beim Anheizen ergeben, auf 100 bis 150 Atm. geprüft werden.

Eine Regelung der Wärmeabgabe erfolgt durch Änderung der Heizwassertemperatur.

Unter Pumpen-Warmwasserheizungen versteht man Anlagen, deren Ausführung die gleiche ist wie jene der Niederdruck-Warmwasserheizung, jedoch erfolgt die Umwälzung des Wassers durch mechanische Mittel, meist mit Zentrifugalpumpen. Letztere werden in den Rücklauf der Anlage, vor Eintritt desselben in die Kessel, eingeschaltet. Der Pumpendruck wird der horizontalen Ausdehnung der Anlage angepaßt.

Bei Dampfwasserheizungen unterscheidet man zwei Systeme, und zwar:

1. Dampf wird in die mit Wasser gefüllten Raumheizkörper eingeleitet (örtliche Dampfwasserheizung).

2. Dampf dient zur Erwärmung des Heizwassers an einer Zentralstelle (Zentraldampfwasserheizung). Der Dampf wird in diesem Falle meist durch Dampfheizspiralen geleitet, welche man bei Niederdruckdampf mit 15 000, bei Hochdruckdampf mit 35 000 WE per m² und Stunde bewertet.

3. Die Luftheizung als Zentralheizung

Bei derselben erfolgt die Erwärmung der Räume durch Einführung warmer Luft, die sich mit der Raumluft mischt. Luftheizung wird mit Vorteil als Großraumheizung (z. B. zur Erwärmung großer Fabriksräume, Turnhallen, Kinos, Kirchen usw.) angewendet. Bei Anordnung von Luftheizungen für Wohnhäuser erzielt man, insbesondere bei exponierter Lage derselben, keine gute Wirkung.

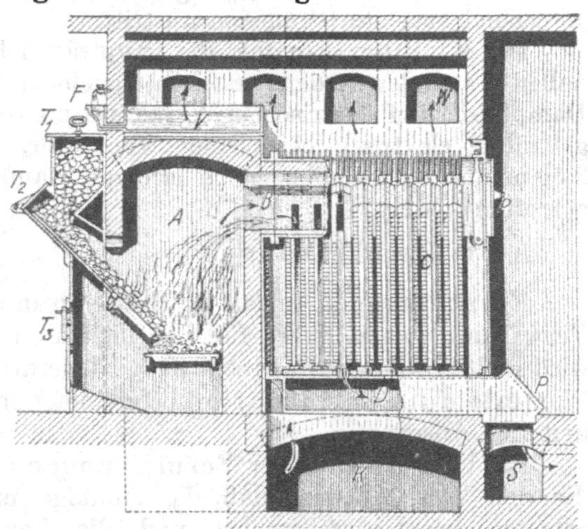

A = Feuerraum, T_1, T_2, T_3 = Füllöffnungen, B = oberes Verteilungsrohr, C = Rippenheizelemente, D = Rauchsammelrohre, S = Schornsteinfuchs, P = Reinigungstüren, K = Kaltluftkanal, W = Warmluftkanal

Abb. 22. Doppelreihiger Kalorifere (Körting A.G.)

Man spricht von Frischluft- und Umluftheizungen, je nachdem die abgekühlte Luft ins Freie geleitet oder zur nochmaligen Erwärmung wieder in den Heizapparat zurückgeführt wird. Das Anheizen erfolgt meist durch Umluftheizung und ist bei demselben noch diejenige Wärmemenge zu decken, die erforderlich ist, um den Rauminhalt von der niederen Anfangstemperatur auf die vorgeschriebene Raumtemperatur zu erwärmen. Ferner kann man Luftheizungen noch in solche mit natürlichem Auftrieb der Luft und solche mit Ventilatorenbetrieb einteilen. Die Erwärmung der Luft erfolgt durch Feuerluftöfen (Abb. 22, Kalorifere) oder durch Dampf- respektive Warmwasserheizkörper, in letzterer Zeit auch auf elektrischem Wege.

Wärmeabgaben bei Frischluftheizungen:

Heizapparat	glatte Heizfläche	Rippenheizfläche
	WE/m²/Stunde	
Feuerluftofen	2000	1200—1500
Niederdruckdampfheizkörper	900—1000	600— 700
Hochdruckdampfheizkörper	1100—1200	700— 800
Heißwasserheizfläche	750— 850	—

Die Anlagen mit natürlichem Auftrieb bestehen aus einer Heizkammer (meist im Keller angeordnet) sowie aus Zu-, Um-, respektive Abluftkanälen, durch die die Zirkulation der Luft nach dem zu beheizenden Raum und von dort zurück in die Heizkammer oder ins Freie ermöglicht wird. Durch Umstellung von an geeigneten Stellen eingebauten Klappen kann mit Um-, Abluft oder gemischtem Betrieb gearbeitet werden.

Bei Luftheizungen mit Ventilatorenbetrieb wird die Luft entweder von Kleinheizapparaten, welche in den Räumen entsprechend verteilt sind, angesaugt und erwärmt wieder in den Raum ausgeblasen oder aber in einem zentral aufgestellten Gebläseheizkörper erwärmt und von Ventilatoren in eine den ganzen Raum durchziehende Verteilungsleitung gefördert, aus der die Luft durch entsprechend verteilte Öffnungen austritt.

Die Kleinheizkörper, die hauptsächlich für die Luftheizung von Fabrikshallen verwendet werden, bestehen aus einem Heizapparat, in dem die Luft mittels Dampf oder auf elektrischem Wege erwärmt wird und einem mit diesem zusammengebauten, elektrisch betriebenen Ventilator. Das Ausblasen der Luft hat etwa 3,50 m über dem Fußboden zu erfolgen, damit die Arbeiter vom Luftstrom nicht getroffen werden.

Ad c) Fernheizungen

Fernheizungen finden für Häusergruppen Anwendung, die unter derselben Verwaltung stehen, z. B. für Fabriksbauten, Spitalanlagen u. dgl. Die Wärme wird hiebei in Form von Hoch- bzw. Niederdruckdampf oder Warmwasser verteilt. Vorteile der Zentralisation: Vereinfachung des Betriebes und Übersichtlichkeit der Anlagen.

Die Unterbringung der Fernleitungen erfolgt meist in begehbaren Kanälen, die den Vorteil bieten, daß die Montage und die laufenden Instandhaltungsarbeiten leicht durchgeführt und die Leitungen infolge der Kanalhöhe in horizontalem und sogar schwach ansteigendem Terrain mit Gefälle verlegt werden können. Kanäle derart dimensionieren, daß man aufrecht in denselben gehen kann und ein Durchgang von mindestens 70 bis 80 cm freibleibt (Abb. 23).

Bei Dampfleitungen muß auf gute Ausdehnbarkeit der Leitungen geachtet werden; falls dieselben nicht in Bogen- oder Zickzackführung verlegt werden können, sind ein- oder zweischenkelige Kompensatoren oder teleskopartige Vorrichtungen einzuschalten (Abb. 24 a, b). Die Leitungen werden an den Kanalwänden beweglich gelagert und in gewissen Abständen durch Fixpunkte festgehalten.

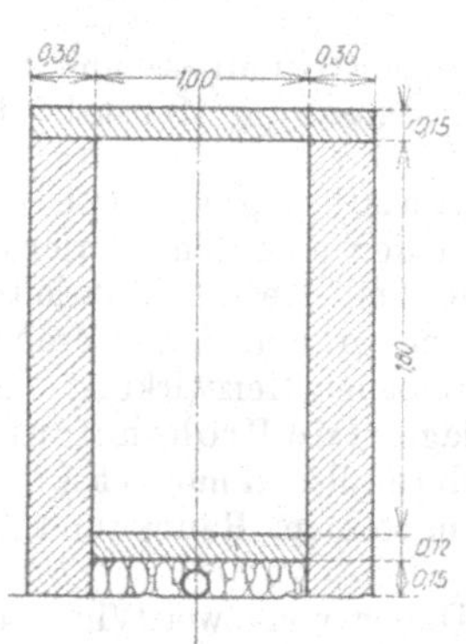

Abb. 23. Mindestabmessungen eines begehbaren Fernleitungskanals in m

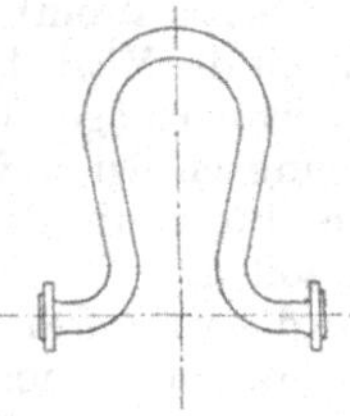

Abb. 24a. Zweischenkeliger Kompensator

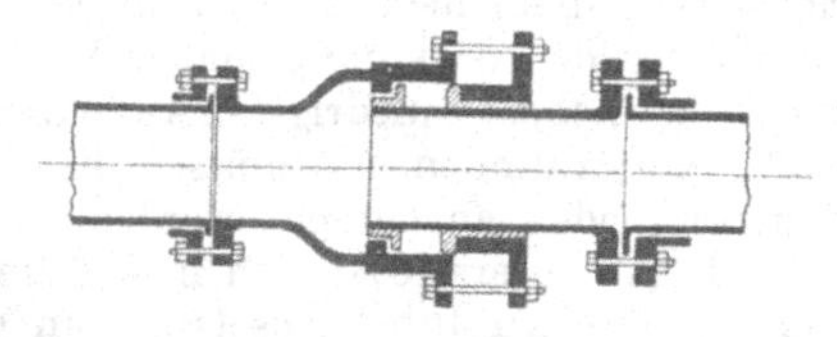

Abb. 24b
Teleskopartige Ausdehnungsvorrichtung

Sehr ausgedehnte Heizungen womöglich mit einer Fernthermometeranlage ausstatten, damit der Heizer die Temperaturen vom Kesselhaus aus konstatieren kann.

Grundlagen für den Entwurf, die Vergebung, Montage und Übernahme von Zentralheizungsanlagen.

Der ausführenden Firma sind genaue Baupläne zu übergeben; außerdem sind noch folgende Fragen zu beantworten:

1. Für welche niedrigste Außentemperatur ist die Anlage zu berechnen?
2. Welche Räume sind zu beheizen und auf welche Temperatur? (In den Plänen einzutragen.)
3. Für welche Räume ist ein bestimmter Luftwechsel zu berücksichtigen?
4. Wie ist das Gebäude nach den Himmelsrichtungen gelegen? (Auf den Plänen angeben.)
5. Ist das Gebäude freistehend oder ein- respektive mehrseitig an beheizte Gebäude angebaut? (Temperatur der anstoßenden Räume nach Möglichkeit angeben.)
6. Welche Teile des Gebäudes sind dem Windanfall besonders ausgesetzt?
7. Woraus bestehen die Außenmauern?
8. Erhalten die Außenmauern Mörtelverputz oder bleiben sie unverputzt?
9. Erhalten die Außenwände eine innere Verschalung?
10. Welche Räume erhalten doppelte und welche einfache Fenster?
11. Wie hoch sind die Fenster im Lichten?
12. Wie groß ist die Höhe vom Fußboden bis Unterkante Fensterbrett?
13. Sind die vorhandenen Oberlichten einfach oder doppelt verglast?
14. Wie ist die Konstruktion der Zwischendecken?
15. Wie ist die Bedachung ausgeführt?
16. Welches sind die verschiedenen Geschoßhöhen (einschließlich Bodendicke)?
17. Welche Räume kommen für Kessel- und Kohlenraum in Frage?
18. Kann der Kesselraum vertieft werden und um wieviel?
19. Wie groß ist der für den Heizkessel vorgesehene Rauchfang?
20. An welchen Stellen in den Zimmern sollen die Heizkörper montiert werden?

21. Welche Heizkörper werden verkleidet und wie ist die Verkleidung beschaffen?
22. Werden die Leitungen frei oder in Mauerschlitzen verlegt?
23. Welche verfügbare Stromart (Gleich- oder Wechselstrom, Spannung in Volt, Periodenzahl bei Wechselstrom) ist vorhanden?

Den Firmen soll die Möglichkeit geboten werden, auf Grund ihrer Erfahrungen eventuell Alternativvorschläge zu machen.

Die Ausführung erfolgt auf Grund von Montageplänen (Grundrisse und Strangschemen), die dem Bauherrn vor Beginn der Arbeit mindestens im Maßstabe 1 : 100 vorgelegt werden sollen.

Nach Beendigung der Montage hat eine Erprobung stattzufinden, und zwar bei Warmwasserheizungen auf einen Druck, der den höchsten Betriebsdruck der Anlage um 1 Atm. übersteigt; bei Dampfheizungen sind Kessel, Rohrleitungen und Heizkörper durch Inbetriebsetzung auf Dichtigkeit zu prüfen. Diese probeweise Inbetriebsetzung dient nicht zum Nachweise der vorgeschriebenen Heizwirkung, sondern zur Feststellung der ordnungsgemäßen Funktion der Anlage. Die Probeheizung hat bei der vorgeschriebenen niedrigsten Außentemperatur, andernfalls bei möglichst niederer Temperatur stattzufinden und müssen die Thermometer mitten im Raum rund 1,50 m über dem Fußboden angebracht werden.

Die Haftung erstreckt sich in der Regel auf die Dauer von zwei Wintern vom Tage der probeweisen Inbetriebsetzung an gerechnet.

Die Betriebskosten einer Heizungsanlage setzen sich aus den Kosten für Brennmaterial, Instandhaltung der Anlage und Bedienungskosten zusammen.

Die Brennmaterialkosten können auf Grund des maximalen stündlichen Wärmebedarfes W nach folgender Formel berechnet werden:

$$K = \frac{W}{1000} \times n \times z$$

wobei n eine Erfahrungszahl ist, die für Wohnhäuser mit 1,2, für Schulen und Krankenhäuser mit 1,3 und für Fabriken mit 1,4 einzusetzen ist; z bedeutet die Zahl der Heiztage, die für Wohnhäuser und Schulen 180, für Krankenhäuser 220 und für Fabriken 150 beträgt.

Die Instandhaltungskosten werden sich bei guten Anlagen hauptsächlich auf das Reinigen der Kessel, Rauchzüge und Kamine sowie auf kleine Dichtungsarbeiten beschränken. Die Bedienungskosten sind je nach der Größe der Anlagen verschieden. Etagen- und kleinere Zentralheizungen werden von dem Hauspersonal besorgt, in Geschäften, Hotels, Schulen u. dgl. bedienen die Heizungsanlagen meist Portiere, für ausgedehnte Zentralheizungen eigene Heizer.

Vorzusehende bauliche Anordnungen beim Kesselhaus, dem Kamin und dem Brennmaterialraum.

Vor dem Kessel zur Bedienung genügend Platz freilassen, bei Kleinkesseln ungefähr 1,50 m, bei Großkesseln 2 bis 3 m. Für kleinere Bauten genügt ein Kesselraum von rund 2 × 3 m, für größere Gebäude, in welchen zwei Kessel aufgestellt werden, ein solcher von rund 4 × 5 m.

Der einwandfreie Betrieb einer Anlage ist von der guten Funktion der Kamine abhängig. Die lichte Weite — f — gemauerter Kamine wird nach der Formel:

$$f = \frac{W}{30 \times \sqrt{h}} \text{cm}^2$$

berechnet. W bedeutet die maximale stündliche Wärmeleistung des Kessels in WE, h die Kaminhöhe in m. Die Werte dieser Formel sind in nachstehender Tabelle enthalten.

Tabelle über freie Kaminquerschnitte in cm^2

Kaminhöhe (H)	bei einer Kesselheizfläche (F) in m² von:															
	2	3	4	5	6	7	8	9	10	12	14	16	18	20	25	30
	resp. einer maximalen Wärmeleistung (W) in kcal/h von rund															
	16 000	24 000	32 000	40 000	48 000	56 000	64 000	72 000	80 000	96 000	120 000	128 000	144 000	160 000	200 000	240 000
	resp. einem maximalen stündlichen Koksverbrauch (K) in kg/h von rund															
m	4	6	8	10	12	14	16	18	20	24	28	32	36	40	50	60
5	240	360	470	590	710	830	950	1070	1190	1420	1660	1900	2130	2370	2970	3570
10	170	260	340	420	510	590	680	760	840	1020	1190	1350	1520	1690	2110	2540
15	140	210	280	350	410	480	550	620	690	830	970	1100	1240	1380	1720	2070
20	120	180	240	300	360	420	480	540	600	720	840	950	1070	1190	1490	1790
25	110	165	220	275	330	380	430	480	540	640	750	860	960	1060	1330	1600
30	100	150	200	250	300	315	390	440	490	590	685	780	880	980	1220	1460

Kaminquerschnitte unter 18×18 oder 20×20 cm werden gewöhnlich nicht ausgeführt, selbst wenn die Tabelle kleinere Abmessungen ergibt. (Tabellenwerte links vom starken Linienzug.)

Bevor mit der Installation einer Zentralheizung begonnen wird, muß in allen Räumen der richtige Wagriß angezeichnet und dort, wo die Heizkörper aufgestellt werden sollen, die Fußbodenoberfläche hergestellt sein. Falls die Steig- und Fallstränge frei verlegt werden, müssen die Wandflächen, entlang welchen die Rohre liegen, verputzt sein. Mauerschlitze und Durchbrüche dürfen erst nach erfolgter Prüfung der Anlage oder zumindest der betreffenden Stränge verputzt werden.

B. Lüftung

Die Lufterneuerung auf natürlichem Wege durch Poren der Umfassungswände, undichtschließende Fenster, die zeitweise auch geöffnet werden, genügt in den meisten Fällen zur ausreichenden Ventilation der Räume. (Natürliche Lüftung.) Der Druckunterschied des wärmeren oder kälteren Raumes gegen die Außenluft bewirkt den natürlichen Luftwechsel. Dieser Druckunterschied (und mit diesem der Luftwechsel) nimmt mit der Höhe des Raumes, der Undichtheit der Umfassungswände und dem Temperaturunterschied zwischen innen und außen zu. Im Winter kann man unter normalen Verhältnissen bei geheizten Räumen einen einmaligen Luftwechsel in der Stunde annehmen. Durch in Fenster eingesetzte Jalousieklappen, Verwendung von Dachreitern u. dgl., besonders aber durch die Anordnung eines Abluftkanals kann die Ventilationswirkung gesteigert werden.

Die Wirkung dieser Abluftkanäle kann infolge des Auftriebes mit jener von Kaminen verglichen werden, ist jedoch sehr ungleich, weil sie von der Witterung abhängt. Der Auftrieb kann durch Erwärmung der Luft am unteren Ende des Kanals erhöht werden (z. B. durch Gasflammen). Am wirksamsten ist jedoch die Anbringung eines Ventilators, welcher hauptsächlich für Räume, wie Bäder, Pissoirs, Aborte u. dgl., empfohlen werden kann.

Um Versammlungsräume, Restaurationssäle, Bureaux usw. zugfrei zu lüften, darf die Luft nicht nur abgesaugt, sondern muß auch gleichzeitig zugeführt werden. Diese muß aber, um keine Zugerscheinung hervorzurufen, wenigstens auf die Raumtemperatur erwärmt werden. Nur wenn die Anlage auch zur Kühlung des Raumes dienen soll, kann die Temperatur der einströmenden Luft um höchstens 5° C unter jener der Raumluft liegen, die Austrittsgeschwindigkeit derselben aber 0,3 m in der Sekunde nicht überschreiten.

Lüftungsarten mit Ventilatorenbetrieb

1. **Druck- oder Pulsionslüftung:** Die Luft wird vom Ventilator in den Raum hineingeblasen, also Überdruck erzeugt; Anwendung für Räume, in die aus der Umgebung keine Luft eindringen kann.

2. **Saug- oder Aspirationslüftung:** In die angrenzenden Räume soll keine Luft austreten. Anwendung für Bäder, Garderoben, Restaurationsküchen, Pissoirs und Aborte.

Oft werden auch Zu- und Abluftventilatoren aufgestellt.

Die Größe des Luftwechsels richtet sich nach der Art des Raumes und dem Zwecke der Anlage.

Man muß unterscheiden, ob es sich in Räumen bloß um die Erneuerung verdorbener Luft oder auch gleichzeitig um die Beheizung handelt, ferner ob die Anlage zur Befeuchtung oder Trocknung der Raumluft dienen soll.

Rietschel gibt auf Grund von Erfahrungen die in der Tabelle folgenden Angaben; hiebei ist jedoch jederzeit der größte Luftwechsel anzustreben, und nur falls Zugerscheinungen eintreten, soll der geringere Luftwechsel Platz greifen.

Gegenstand	Geringster	Größter
	stündlicher Luftwechsel	
	m^3 per Kopf	
Krankenräume für Erwachsene	75	75—120
Krankenräume für Kinder	35	35
Schulräume:		
für Schüler im Alter bis zu 10 Jahren	10	17
für Schüler im Alter von über 10 Jahren	15	25
Aufenthaltsräume für Erwachsene:		
bei bestimmter Anzahl der Anwesenden	20	35
bei unbestimmter Anzahl der Anwenden	1faches d. Rauminh.	2faches d. Rauminh.
Küchen und Aborte	3 „ „ „	5 „ „ „

Man rechnet ferner für Versammlungslokale, Kinos und Theater bei Temperaturen bis — 10° C 20 bis 25 m^3 per Stunde und Kopf; bei Räumen, in welchen stark geraucht wird, ferner bei Bädern, Pissoirs und Aborten nimmt man 5- bis 10fachen, bei Küchen 10- bis 25fachen Luftwechsel an.

Zur Erzeugung eines guten Effekts ist besonders auf die zweckmäßige Anordnung der Luftein- und -austrittsgitter zu achten.

Die Luftentnahme soll an Orten vorgenommen werden, an welchen dieselbe möglichst rein ist.

Falls staub- und rußfreie Luft von außen schwer zu bekommen ist, muß dieselbe gereinigt werden. Dies erfolgt beim Eintritt in das Gebäude, indem man die Luft durch eine Staubkammer leitet (ein großer Kellerraum), in welcher deren Geschwindigkeit so gering gehalten wird, daß mitgerissene Verunreinigungen sich absetzen. Eine weitere Reinigung kann sodann durch Filter oder Luftwäscher vorgesehen werden.

Ferner ist ein Heizapparat erforderlich, in welchem die Luft für Lüftungsanlagen auf 20 bis 22° C, für Luftheizungen auf 40 bis 50° C erwärmt werden kann.

Als Ventilatoren sind, wenn möglich, Zentrifugalventilatoren anzuwenden; Schraubenventilatoren nur dort, wo es sich um Ausblasen der Luft ins Freie handelt.

Vom Ventilator bzw. Heizapparat führt sodann die Zuluft durch Kanäle nach den Räumen. Man unterscheidet horizontale Verteilungskanäle, die aus verzinktem Eisenblech hergestellt werden und für mehrere Räume dienen, und vertikale Kanäle für jeden einzelnen Raum, die gewöhnlich in den Mauern hochsteigen. Die Luftgeschwindigkeit in den Kanälen sowie die Austrittsgeschwindigkeit in die Räume soll 3 bis 4 m in der Sekunde nicht übersteigen. (Bei Anordnung der Lufteintrittsgitter im unteren Teile der Seitenwände oder in der Decke darf die Geschwindigkeit 0,3 m in der Sekunde nicht überschreiten.) Die Ein- und Austrittsgitter sind derart anzuordnen, daß die frische Luft den ganzen Raum durchstreicht; sie liegen daher meist an sich gegenüberliegenden Wänden.

Die Abluftkanäle liegen ebenso wie die Zuluftkanäle in den Mauern und münden entweder in den Dachboden aus, von wo die Abluft durch die mit Jalousien versehenen Dachlücken oder durch Aufsätze entweicht (z. B. bei Sälen).

Abluftkanäle von Räumen, in welchen geraucht wird, ferner von Küchen, Bädern, Pissoirs und Aborten müssen direkt über Dach geleitet werden.

C. Gasversorgung

1. Verbrennung des Gases

Gas, wie es von Gaswerken geliefert wird, besteht entweder aus reinem Steinkohlengas oder aus einer Mischung von Steinkohlen- und Wassergas.

Steinkohlengas besteht aus Wasserstoff, Methan, Kohlenoxyd, schweren Kohlenwasserstoffen, Kohlensäure und Stickstoff; von diesen Bestandteilen ist das Kohlenoxyd giftig.

Steinkohlengas bedarf zu seiner vollkommenen Verbrennung auf ein Raumteil Gas etwa 0,9 Raumteile Sauerstoff oder 4,5 Raumteile Luft, Mischgas mit einem Wassergasgehalt von rund 30% auf ein Raumteil Gas rund 3,9 Raumteile Luft.

Entzündet man Gas, so verbrennt es aus einer kreisförmigen Öffnung mit einer langen, spitzen, aus einer schlitzförmigen Öffnung mit einer breiten, leuchtenden Flamme zu Kohlensäure und Wasserdampf. Die zur Verbrennung erforderliche Luftmenge wird teils durch die Ausströmungsenergie des Gases, teils durch den Auftrieb der heißen Flamme angesaugt. Das Leuchten der Gasflamme wird dadurch hervorgerufen, daß einzelne Kohlenwasserstoffe, sobald sie sich der Verbrennungszone nähern, infolge der Wärme zerfallen und die freigewordenen Kohlenstoffteilchen, ehe sie verbrennen, glühend werden.

Wird irgend ein kalter Körper in eine leuchtende Flamme gebracht, so tritt zwar der Zerfall der Kohlenwasserstoffe ebenfalls ein, aber die Kohlenstoffteilchen verbrennen nicht mehr, sondern schlagen sich als Ruß an dem kalten Körper nieder. Deshalb ist eine leuchtende Flamme z. B. beim Kochen nicht zu verwenden, da dort an Gefäße, die mit kalter Flüssigkeit gefüllt sind, Wärme abgegeben wird, wobei die Flammen die Gefäßwände berühren müssen. Soll eine Berußung vermieden werden, dann ist es erforderlich, die Flamme zu entleuchten, was durch Zumischung von Luft zum Gas erfolgt, bevor dieses verbrennt. Der in der Flamme enthaltene Kohlenstoff wird durch den Sauerstoff der beigemischten Luft sofort aufgespeichert und das Gas verbrennt mit blauer Flamme.

2. Gasleitungsanlagen in den Gebäuden

Die Zuleitungen, das sind jene Leitungen, welche das Gas vom Hauptrohr bis zu dem zu versorgenden Gebäude führen, werden von den Gaswerken verlegt. Jene Gasleitungen, welche sich innerhalb des Gebäudes befinden, nennt man

Privatgasleitungen; sie können auch von Installateuren ausgeführt werden. Die Anordnung dieser Leitungen richtet sich vielfach nach den Ausführungsbestimmungen, welche in den betreffenden Orten vom Gaswerk vorgeschrieben sind.

Die Gasleitungen im Innern von Gebäuden werden aus schmiedeeisernen Rohren hergestellt, welche mit Weichgußformstücken verbunden werden.

Bei Dimensionierung der Gasleitungen sind folgende stündliche Gasverbrauchsziffern zu berücksichtigen, und zwar:

Glühlichtbrenner 150 l, Kocherbrenner 400 l, Brat- und Backöfen 800 l, Heizöfen je nach Größe 1000 bis 2000 l, Badeöfen je nach Größe 4000 bis 6000 l, Gasmotoren per P. S. 750 l.

Nach Bestimmung der beiläufigen Länge kann die lichte Weite der betreffenden Gasleitung der folgenden Tabelle entnommen werden.

Durchflußmenge in m³

bei verschiedenen Leitungslängen und Durchmessern

Lichte Weite		Länge der Leitung in Metern							
Zoll	mm	3	5	10	20	30	50	100	150
3/8	10	0,5	0,4	0,225	0,14	—	—	—	—
1/2	13	1,3	1,0	0,600	0,36	0,25	0,13	—	—
3/4	20	3,7	2,8	1,800	1,10	0,70	0,30	0,15	—
1	25	7,0	5,3	3,400	2,10	1,50	1,00	0,40	0,3
1 1/4	32	14,0	10,0	7,000	4,20	3,40	2,30	1,50	1,1
1 1/2	40	24,0	18,0	12,000	7,50	5,80	4,00	2,50	2,0
2	50	49,0	38,0	25,000	17,00	14,00	10,00	7,00	6,0
2 1/2	63	93,0	71,0	49,000	33,00	26,00	20,00	14,00	11,0
3	75	156,0	121,0	83,000	57,00	46,00	39,00	23,00	19,0
4	100	366,0	282,0	196,000	136,00	116,00	83,00	58,00	47,0

Bei Bestimmung der Rohrweiten soll stets auf eine etwaige Vergrößerung der Anlage und auf eine Vermehrung der Gasabgabe in dem betreffenden Hause Rücksicht genommen werden.

Unter Putz liegende Leitungen sollen mindestens 13 mm lichte Weite erhalten.

Die Gasleitungen sollen möglichst zugänglich sein und vor Frost geschützt werden. **Die Führung von Rohrleitungen durch Schornsteine und Kanäle ist strenge verboten.**

Um die Ansammlung von Wasser in den Leitungen zu verhindern, sind diese bei nassen Gasmessern mit Gefälle zu denselben, bei trockenen Gasmessern mit Gefälle von denselben zu verlegen. Sind an einzelnen Stellen größere Wasseransammlungen zu erwarten, so werden daselbst Wassersäcke angeordnet, die mit einer Wassersackschraube verschlossen werden. Tritt eine Leitung von einem warmen in einen kalten Raum, so ist das Gefälle nach dem wärmeren Raum hin zu verlegen und dort ein Wassersack anzuordnen.

Die Prüfung der Gasleitungen auf absolute Dichtigkeit erfolgt durch Abpressen derselben mit Luft und Bestreichen der Verbindungsstellen mit Seifenwasser.

Außerdem nimmt das Gaswerk vor Anschluß der Privatgasleitungen an die Zuleitung und vor Aufstellung der Gasmesser noch eine amtliche Prüfung der Verteilungs-, Steig- und Wohnungsleitungen vor, die daher auch nicht früher verputzt werden dürfen.

Absperrhähne, welche in jeder Steigleitung und in der Zuleitung zu jeder Wohnung außerhalb derselben, meist hinter Hahntürchen, zu versetzen sind, müssen derart angeordnet werden, daß sie jederzeit leicht zugänglich sind.

Die Bestimmung der Größe des Gasmessers erfolgt durch das Gaswerk. Folgende Tabelle gibt Aufschluß über Flammenzahl, Leistung und Rohranschluß sowie über Abmessungen der Gasmesser, wie sie von den städtischen Gaswerken der Gemeinde Wien zur Aufstellung gelangen.

Gasmesser-Tabelle

„Gemeinde Wien — städtische Gaswerke"

Beigestellt werden Gasmesser für Flammen		5	10	20	30	45	50	60	80	100	150	200
Der Gasmesser liefert stündlich eine Gasmenge von m³		0,8	1,5	2,8	4,3	6,6	7,2	8,5	11,4	14,3	22,5	28,5
Maße in mm	Höhe mit Holländer	440	515	650	700	785	800	850	940	990	1130	1150
	Breite	350	425	520	556	620	668	705	730	810	900	955
	Höhe	290	347	450	530	575	610	680	790	825	990	1160
Nötige Stärke der Zuleitung in mm		19	25	38	38	38 oder 51	38 oder 51	51	51	51	63	63

Der Gasmesser soll an einem kühlen, aber frostfreien und trocken gelegenen Ort eines gut lüftbaren Raumes derart aufgestellt werden, daß er bequem zugänglich ist und leicht abgelesen werden kann.

Bei innerhalb der Wohnung liegenden Leitungen ist dringend zu beachten, daß in jede zu einem Gasgerät führende Abzweigleitung, gleichgültig ob letztere fest oder mittels Schlauch angeschlossen ist, ein Absperrhahn eingebaut wird, dessen Stellung „auf" oder „zu" leicht erkennbar ist. Der Hahn ist geschlossen, wenn der Griff oder die Kerbe quer zur Gasleitung steht, offen, wenn er in die Richtung der Gasleitung fällt. Eventuell sind Aufschrifttafeln vorzusehen; die Hähne müssen auch derart angebracht sein, daß sie zunächst bequem erreichbar, aber auch gegen ein ungewolltes Verstellen, z. B. durch Anstreifen mit Kleidern, gesichert sind.

3. Gasbeleuchtung

a) Beleuchtungskörper

Man unterscheidet: Wandlampen, Hängelampen und transportable Stehlampen.

Wandlampen sind entweder beweglich oder fest, Hängelampen bestehen aus einem herabhängenden Rohr mit daran befindlichem Unterteil, transportable Stehlampen werden mittels eines Schlauches mit einem an der Wand befindlichen Schlauchhahn in Verbindung gesetzt. Die Schläuche, welche aus Gummi oder Metall bestehen, dürfen nur zur Überleitung des Gases für kurze Strecken verwendet werden.

b) Das Gasglühlicht

Das Gasglühlicht (Auerlicht) besteht aus einem Bunsenbrenner und einem Glühkörper. Das Leuchtgas wird nicht direkt als Lichtquelle benützt, sondern dient, mit Luft gemischt, dazu, einen aus Gewebe hergestellten und mit einer Lösung getränkten Glühkörper zu erhitzen und zum Leuchten zu bringen.

Der Brenner besteht (Abb. 25 a bis d) aus einer Düse mit fünf kleinen Löchern a, aus einem Brennerrohr mit vier Luftröhrchen b, der Brennerkrone mit dem Glühkörperträger c und der Durchschlagsplatte d.

Je nach der Größe unterscheidet man drei Arten von Glühlichtbrennern, und zwar:

1. Den Juwel- oder Liliputbrenner für Treppen-, Flur- und Küchenbeleuchtung, welcher einen Gasverbrauch von rund 60 l in der Stunde und eine Lichtstärke von 35 bis 40 Hefnerkerzen hat;

2. den Normalbrenner mit einem Gasverbrauch von 100 bis 110 l per Stunde und einer Lichtstärke von 70 bis 90 Hefnerkerzen;

3. den Starklichtbrenner mit einem Gasverbrauch von 200 bis 220 l per Stunde und einer Lichtstärke von 200 Hefnerkerzen.

Beim hängenden Gasglühlicht (Invertlicht) wird die Hauptmenge des Lichtes unmittelbar nach unten gestrahlt. Die Hängelichtbrenner haben eine sicher wirkende Luftregulierung; mit denselben können Lichtstärken erzielt werden, welche mit stehenden Glühkörpern nicht erreichbar sind. Die Einrichtung des am meisten angewendeten Grätzinbrenners ist aus Abb. 26 zu ersehen.

Gasbeleuchtung ist befähigt, den gesteigerten modernen Anforderungen vollgerecht zu werden und wird besonders in letzter Zeit zur indirekten Beleuchtung mittels Reflektorlampen verwendet. (Diffuses Licht.)

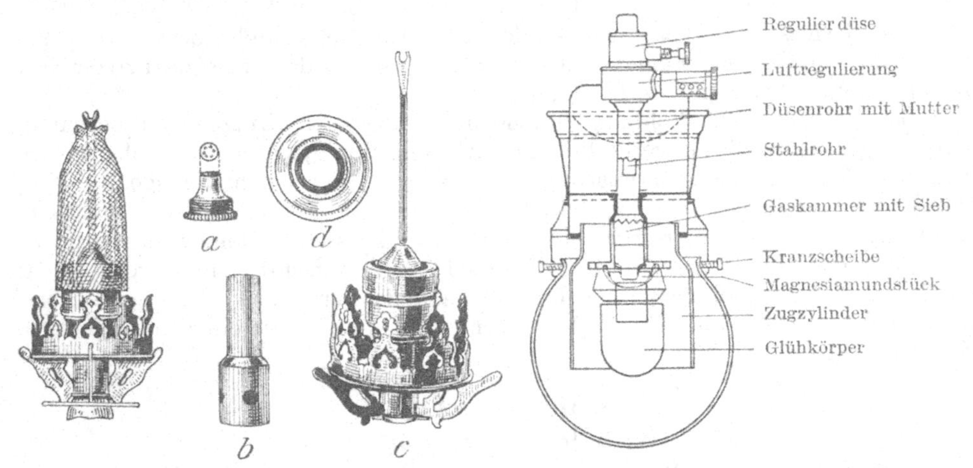

Abb. 25. Glühlichtbrenner mit Glühkörper

Abb. 26. Grätzinbrenner

4. Gasheizung

Sie hat sich dort als zweckmäßig erwiesen, wo es sich um vorübergehende rasche Erwärmung zeitweise benützter Räume handelt. Vorzüge: Große Sauberkeit im Betriebe, einfache Bedienung, stete Betriebsbereitschaft, schnelles Anheizen mit sofortiger Wärmeabgabe, leichte Regelung derselben, Möglichkeit des sofortigen Abstellens. Nachteile: Höhere Brennstoffkosten, Möglichkeit von Gasausströmungen und Explosionen.

Der Wärmebedarf ist den folgenden Spaleckschen Tabellen zu entnehmen; die Zahlentafel für zeitweise Heizung dient jedoch nur für übliche Raumgrößen in Wohn- und Geschäftshäusern; für größere Hallen, wie Kirchen, Bethäuser usw., muß der stündliche Wärmeverlust besonders berechnet werden.

Tabellen zur Ermittlung des Wärmebedarfes und der Ofengröße

Tabelle 1

Ermittlung der **Wärmeklasse** auf Grund nachstehender Vorbedingungen

Art der Heizung	Dauerheizung																							
Lage des Raumes	ungeschützt												geschützt											
Außentemperatur	−20° C				−10° C				±0° C				−20° C				−10° C				±0° C			
Verlangte Innentemperatur °C	12	15	18	20	12	15	18	20	12	15	18	20	12	15	18	20	12	15	18	20	12	15	18	20
Wärmeklasse	7	8	8a	9	5	6	6a	7	3	4	4a	5	5	6	6a	7	4	5	5a	6	2	3	3a	4

Art der Heizung	Zeitweise Heizung																							
Lage des Raumes	ungeschützt												geschützt											
Außentemperatur	−20° C				−10° C				±0° C				−20° C				−10° C				±0° C			
Verlangte Innentemperatur °C	12	15	18	20	12	15	18	20	12	15	18	20	12	15	18	20	12	15	18	20	12	15	18	20
Wärmeklasse	12	15	18	20	10	13	16	18	6	9	12	14	7	10	13	15	6	9	12	14	4	7	10	12

Für Temperaturdifferenzen, die zwischen obigen Tabellenwerten liegen, ist der entsprechende Wert der Wärmeklasse durch geradlinige Zwischenschaltung zu berechnen.

Tabelle 2

zeigt den der Raumgröße entsprechenden **Wärmebedarf** auf Grund der nach Tabelle 1 gefundenen Wärmeklassen

Raumgröße m³	Wärmeklasse																					
	2	3	3a	4	4a	5	5a	6	6a	7	8	8a	9	10	11	12	13	14	15	16	17	18	19	20
	Wärmeeinheiten-Stunden																							
20	700	1050	1225	1400	1575	1750	1925	2100	2275	2450	2800	2975	3050	3500	3850	4200	4550	4900	5250	5600	5950	6300	6650	7000
30	850	1275	1480	1700	1900	2125	2300	2550	2760	2975	3400	3600	3825	4250	4675	5100	5525	5950	6375	6800	7225	7650	8075	8500
40	1000	1500	1750	2000	2250	2500	2750	3000	3250	3500	4000	4250	4500	5000	5500	6000	6500	7000	7500	8000	8500	9000	9500	10000
50	1100	1650	1925	2200	2475	2750	3025	3300	3575	3850	4400	4675	4950	5500	6050	6600	7150	7700	8250	8800	9350	9900	10450	11000
60	1200	1800	2100	2400	2700	3000	3300	3600	3900	4200	4800	5100	5400	6000	6600	7200	7800	8400	9000	9600	10200	10800	11400	12000
70	1300	1950	2275	2600	2925	3250	3575	3900	4225	4550	5200	5525	5850	6500	7150	7800	8450	9100	9750	10400	11050	11700	12350	13000
80	1400	2100	2450	2800	3150	3500	3850	4200	4550	4900	5600	5950	6300	7000	7700	8400	9100	9800	10500	11200	11900	12600	13300	14000
90	1530	2300	2680	3060	3440	3825	4210	4590	4975	5355	6120	6500	6895	7650	8415	9180	9945	10710	11475	12240	13000	13760	14500	15250
100	1650	2475	2890	3300	3710	4125	4540	4950	5365	5775	6600	7010	7425	8250	9075	9900	10725	11550	12375	13200	14025	14850	15675	16500
110	1780	2670	3115	3560	4000	4450	4895	5340	5770	6200	7120	7565	8010	8900	9790	10680	11370	12260	13350	14240	15100	16000	16860	17750
120	1900	2850	3325	3800	4275	4750	5225	5700	6175	6650	7600	8075	8550	9500	10450	11400	12350	13300	14250	15200	16150	17100	18050	19000
140	2070	3100	3620	4135	4655	5175	5690	6210	6725	7245	8280	8790	9315	10350	11385	12400	13465	14490	15525	16550	17575	18600	19650	20650
160	2240	3360	3920	4480	5040	5600	6160	6720	7280	7840	8960	9520	10080	11200	12320	13440	14560	15680	16800	17920	19040	20130	21240	22300
180	2400	3600	4200	4800	5400	6000	6600	7200	7800	8400	9600	10200	10800	12000	13200	14400	15600	16800	18000	19200	20400	21600	22800	24000
200	2600	3900	4550	5200	5850	6500	7150	7800	8450	9100	10400	11050	11700	13000	14300	15600	16900	18200	19500	20800	22100	23400	24700	26000

Beispiel über die Benützung der Tabelle.

Ein ungeschützt liegender Raum von 100 m³ soll bei einer Außentemperatur von —10° C auf eine Innentemperatur von + 15° C durch zeitweise Heizung erwärmt werden.

Abb. 27. Reflektorofen

Aus der Tabelle 1 ergibt sich die Wärmeklasse 13, der nach der Tabelle 2 bei einer Raumgröße von 100 m³ ein Wärmebedarf von 10 725 WE entspricht. Bei Annahme eines unteren Heizwertes des Gases von 3800 WE per m³ und einem Wirkungsgrad des Ofens von 85% werden aus 1 m³ Gas 3800 × 85 = 3230 WE. nutzbar erhalten. Der stündliche Gasverbrauch des Ofens beträgt daher 10 725 : 3230 = rund 3,3 m³.

Die Gasheizung trägt durch Entnahme von Verbrennungsluft aus dem zu heizenden Raum auch zu dessen Entlüftung bei, da 1 m³ zur Verbrennung rund 5 bis 6 m³ Luft benötigt.

Gebräuchlichste Typen von Gasheizöfen:

1. Der Reflektorofen (Abb. 27)

Die Heizung erfolgt durch Leuchtflammenbrenner, hinter denen sich ein Reflektor aus blankpoliertem Kupferblech befindet, der einen Teil der erzeugten Wärme in den Raum ausstrahlt. Die Verbrennungsgase ziehen nach Umstreichen der im oberen Teile des Ofens eingebauten Lufterwärmungskanäle in den Abzugsschacht.

Eine besondere Art dieser Öfen sind die Wandheizöfen (Abb. 28), die, weil an der Wand montiert, die Möglichkeit einer guten Raumausnützung bieten.

Bei diesen Öfen ist das Heizregister in einem kaminartigen Umbau eingeschlossen, in dem die erwärmte Luft wie in einem Schornstein hochsteigt, wodurch eine besonders starke Luftumwälzung stattfindet.

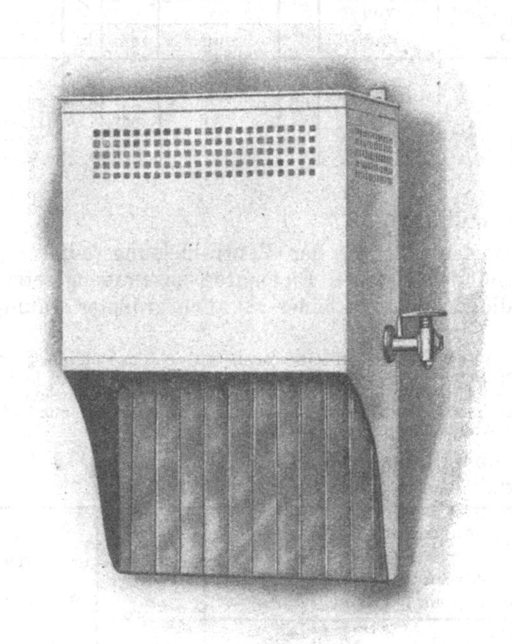

Abb. 28. Wandofen

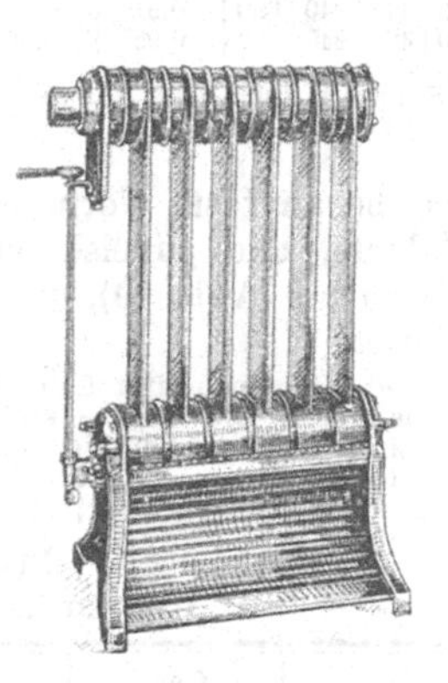

Abb. 29 Radiatorofen

Tabelle über Reflektoröfen
(Fabrikat Friedr. Siemens)

Größen, Gasverbrauch, Heizkraft und Gewicht

Modell	Höhe	Breite bis Mitte Hahn	Tiefe	Reflektorbreite	Gasverbrauch pro Stunde bei 3200 WE[1]) beim Anheizen	Gasverbrauch pro Stunde bei 3200 WE[1]) beim Fortheizen	Gasverbrauch pro Stunde bei 4000 WE[1]) beim Anheizen	Gasverbrauch pro Stunde bei 4000 WE[1]) beim Fortheizen	Erwärmt einen Raum auf +18° C bei −20° C Außentemperatur von	Rohrweite der Gaszuleitung	Höhe vom Fußboden bis Mitte Gaseinströmung	Höhe vom Fußboden bis Mitte Abzugrohr	Durchmesser d. Abzugrohres	Nettogewicht	Preis, lackiert
	mm	mm	mm	mm	m³	m³	m³	m³	m³	″	mm	mm	mm	kg	S
4 B	610	360	320	260	0,90	0,20	0,72	0,16	40	1/2	330	550	50	15	121,00
4 C	810	490	330	330	1,40	0,46	1,12	0,37	60	1/2	440	720	60	25	159,00
4 D	810	560	330	400	1,80	0,60	1,44	0,48	90	1/2	440	720	67	28	181,00
4 E	860	660	330	500	2,50	0,83	2,00	0,60	128	3/4	490	750	76	33	201,00
4 F	860	760	330	600	2,80	0,90	2,24	0,74	146	3/4	490	750	87	37	225,00
4 G	880	930	350	770	3,50	1,10	2,80	0,95	180	3/4	490	750	92	43	262,00
4 H	1010	1060	370	900	3,80	1,30	3,00	1,00	220	3/4	590	850	99	51	298,00

[1]) Heizwerte des Gases per m³.

Tabelle über Wandheizöfen
(Fabrikat Friedr. Siemens)

Modell	Höhe	Breite bis Mitte Hahn	Tiefe	Reflektorbreite	Gasverbrauch pro Stunde bei 3200 WE[1]) beim Anheizen	Gasverbrauch pro Stunde bei 3200 WE[1]) beim Fortheizen	Gasverbrauch pro Stunde bei 4000 WE[1]) beim Anheizen	Gasverbrauch pro Stunde bei 4000 WE[1]) beim Fortheizen	Erwärmt einen Raum auf + 18° C bei — 20° C Außentemperatur von	Gasanschluß	Höhe von Unterkante des Ofens bis Mitte Gaseinströmung	Durchmesser des Abzugrohres	Nettogewicht	Preis, lackiert
	mm	mm	mm	mm	m^3	m^3	m^3	m^3	m^3	''	mm	mm	kg	S
H	320	270	150	185	0,35	0,07	0,30	0,06	13	3/8	180	—	2,00	38,00
H 1	580	340	240	280	0,63	0,14	0,50	0,10	24	1/2	280	50	6.80	73,00
H 2	580	390	240	340	0,70	0,18	0,56	0,14	27	1/2	280	50	7,20	85,00
H 3	580	440	240	380	0,91	0,25	0,73	0,20	36	1/2	280	60	8,00	95,00
H 4	580	490	240	430	0,95	0,30	0,76	0,24	46	1/2	280	60	9,50	101,00

[1]) Heizwert des Gases per m^3.

2. Der Radiatorofen

Die bekannteste Form des Gasheizofens ist der den Zentralheizungsradiatoren nachgebildete, aus gußeisernen oder schmiedeeisernen Elementen zusammengesetzte Radiatorofen (Abb. 29), welcher für die Beheizung kleiner als auch größerer Räume benützt wird.

Der Radiatorofen besitzt Leuchtflammenbrenner (Schnittbrenner), hinter dem sich meist ein Reflektor befindet. Die Abgase steigen in den flachgedrückten Röhren der Radiatorelemente hoch, werden in einer gemeinsamen Kopfverbindung gesammelt und mittels eines Abzugrohres in den Schornstein geführt. Am Abzugsende der Kopfverbindung haben die meisten Öfen einen Wassersack zur Aufnahme von Niederschlagswasser, das durch eine Ablaßschraube entfernt werden kann.

Preistabelle über Radiatoröfen
(Fabrikat „Imperial" der Ferrum-Werke)

Nr.	Anzahl der Heizglieder	Gasverbrauch in der Stunde bis zu m^3	Gibt ab in der Stunde bis zu WE	Außenmaße Höhe mm	Außenmaße Breite mm	Außenmaße Tiefe mm	Gasanschluß	Durchmesser des Abzugrohres mm	Preis, graphitiert Schilling
0100/4	4	0,70	2300	1000	435	360	3/4''	60	160,00
0100/5	5	0,88	2800	1000	520	360	3/4''	60	185,00
0100/6	6	1,05	3400	1000	600	360	3/4''	60	210,00
0100/7	7	1,20	3900	1000	680	360	3/4''	80	235,00
0100/8	8	1,40	4500	1000	765	360	3/4''	80	260,00
0100/10	10	1,75	5600	1000	935	360	3/4''	80	310,00

3. Glühkörperöfen

Sie haben besonders in neuester Zeit größere Verbreitung gefunden. Sie arbeiten mit entleuchteten Flammen (Bunsenbrenner); über jeder einzelnen Flamme ist ein aus rippenförmig durchbrochenen, länglichen Magnesiaröhrchen bestehender Glühkörper angeordnet, der durch die Flammen auf Rotglut erwärmt wird und derart die erzeugte Wärme durch Strahlung aussendet. Über dem Glühkörper ist entweder ein Heizregister oder ein radiatorähnlicher Heizgliederaufbau angeordnet, in welchem die restliche Wärme weiterverwertet wird.

Gasheizöfen müssen an die Gasleitung ausnahmslos durch eine feste Verbindung angeschlossen werden. Die Benützung von Schläuchen ist verboten.

Vor jeden Ofen ist ein bequem zugänglicher Absperrhahn in die Gaszuleitung einzubauen, an dessen Stellung leicht zu erkennen sein muß, ob er geöffnet oder geschlossen ist.

Die Zuleitung zu den Öfen ist derart zu dimensionieren, daß die der Höchstleistung der Öfen entsprechende Gasmenge zugeführt werden kann. (Vgl. Tabelle S. 732.)

Jeder Ofen soll derart im Raum aufgestellt werden, daß er gleichmäßig nach allen Seiten ausstrahlen und eine lebhafte Luftumwälzung hervorrufen kann.

Mit Gas geheizte Kessel von Warmwasser- oder Niederdruckdampfheizungen dienen als Ersatz bei Großkesselanlagen und haben sich besonders in Übergangszeiten (Frühjahr und Herbst) als zweckmäßig erwiesen. (Geringere Zahl der Betriebsstunden, leichte Betriebsunterbrechung.)

Über die Abführung der Abgase siehe S. 742.

5. Warmwasserversorgung durch Gas

(siehe auch den Abschnitt über Warmwasserbereitung, S. 747)

Die Leistung der Gaswarmwasserbereiter wird von den Fabriken in Liter Wasser per Minute angegeben, welche den Bereiter bei normalem Gasdruck und Heizwert des Gases um eine bestimmte Anzahl von Temperaturgraden erwärmt. Bei der Verbrennung des Gases wird nicht die ganze Wärmemenge auf das Wasser übertragen, da die Abgase mit ungefähr 150° C abziehen müssen, damit der Schornstein den erforderlichen Zug erhält. Der Wirkungsgrad guter Warmwasserbereiter (Verhältnis der nutzbar gemachten zur aufgewendeten Wärmemenge) kann mit 85 bis 90% angenommen werden.

Die Gaswarmwasserbereiter werden als Durchfluß- oder als Vorratserwärmer erzeugt. Das kalte Wasser wird in den aus verzinntem Kupfer hergestellten Heizflächen, die entweder als Rohrschlange, als ebene oder zylindrische Flächen ausgebildet sind, erwärmt.

Im allgemeinen werden sie mit leuchtenden Flammen ausgestattet, die sich unbegrenzt kleinstellen lassen, jedoch den Nachteil haben, daß sie bei Berührung mit kalten Flächen Ruß absetzen, der ein schlechter Leiter ist und den Wärmeübergang der Heizgase an das Wasser verhindert. Daher Berührung der leuchtenden Flammen mit den Heizflächen durch richtige Einstellung der Gaszufuhr vermeiden.

Abb. 30 Heizschlange mit Lamellen

Durch die starke Abkühlung der Heizgase an den wasserführenden Wandungen (insbesondere bei Inbetriebsetzung) bildet sich Kondenswasser, das durch eine eigene Leitung abgeführt werden muß.

Bei den Gaswarmwasserbereitungsapparaten befinden sich auf der einen Seite der Heizfläche Wasser, auf der anderen die Heizgase; beide Seiten sind gleich groß. Wenn die Fläche der wasserberührten Wandungen (Heizfläche) klein bleibt, ein möglichst großer Wärmeübergang aber erzielt werden soll, muß jene Fläche, an welche die Heizgase die Wärme abgeben, vergrößert werden (meist durch Anordnung von Lamellen).

In den großen Flächen der Lamellen (Abb. 30) geben die Heizgase ihre Wärme ab, die von dort an die eigentliche Heizfläche und von dieser an das Wasser weitergeleitet wird.

α) Gasbadeöfen für Einzelversorgung. Man unterscheidet offene und geschlossene Gasbadeöfen. Bei ersteren fällt das Wasser aus Brausen in sehr feiner Verteilung herab und wird hiebei von den in entgegengesetzter Richtung streichenden, heißen Verbrennungsgasen erwärmt. Durch diese unmittelbare Berührung erhält aber das Wasser den Geruch des Gases und nimmt die durch die Verbrennung entstehenden Verunreinigungen auf, weshalb es nur für Badezwecke geeignet.

Die offenen Gasbadeöfen sind infolge ihrer einfachen Bauart viel billiger als die geschlossenen; bei denselben kommen Defekte weder durch Frostgefahr noch solche infolge Durchbrennens vor.

Bei geschlossenen Gasbadeöfen tritt das Wasser mit den Heizgasen nicht in unmittelbare Berührung. Am häufigsten werden sogenannte Durchflußerwärmer verwendet, bei denen das Wasser während des Durchfließens erwärmt wird.

Der Wasserinhalt soll hiebei möglichst gering sein, weshalb der Ofen, wenn das Gas ohne Wasserdurchfluß brennt, sehr rasch defekt werden würde. Der Apparat muß deshalb mit einer Armatur versehen sein, bei welcher der Gashahn erst dann geöffnet werden kann, wenn Zündflamme und Wasserhahn bereits offen sind; diese Konstruktion sichert gegen falsche Bedienung. Es kann aber durch irgendeinen Umstand das Wasser plötzlich ausbleiben, wodurch eine Zerstörung des Apparats schnell herbeigeführt werden könnte; um dieser Gefahr vorzubeugen, schützt man den Apparat durch Vorsehen einer Wassermangelsicherung.

Preistabelle (Junkers Wand-Gasbadeöfen)

Erwärmt von 10° auf 35° C Liter	Preis in Schilling Apparat verkupfert	Anmerkung
13—16	340	[1]) Mit Wassermangelsicherung.
18—22[1])	515	
26—32[1])	700	

Die Abb. 31 erläutert das Wesentlichste des Gasbadeofens (System Professor Junkers), der hauptsächlich als Wandofen Verwendung findet.

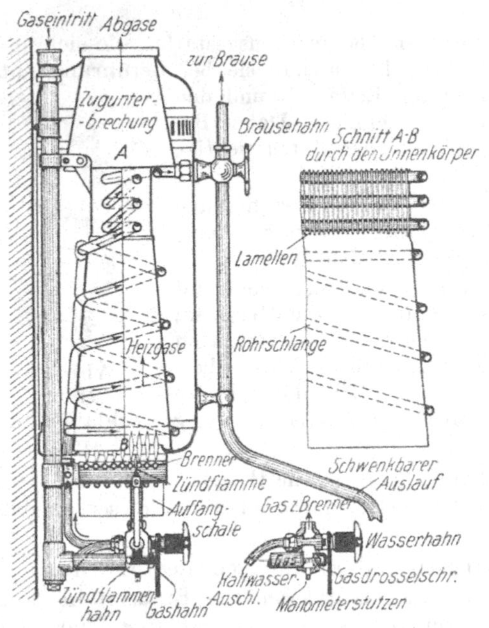

Abb. 31. Junkers Wand-Gasbadeöfen

β) Vorratserwärmer (Speicher). Wenn das Wasser nicht während des Durchlaufens, sondern auf Vorrat erwärmt wird, so spricht man von Vorratserwärmern (Speicher), die stets eine gewisse Menge heißen Wassers vorrätig haben.

Das Gas muß schon einige Zeit vor der beabsichtigten Wasserentnahme angezündet werden. Die Wassertemperatur wird dann selbsttätig durch einen Temperaturregler derart geregelt, daß bei Erreichung einer Höchsttemperatur (rund 80° C) die Brennerflammen derart kleingestellt werden, daß nur so viel Gas zugeführt wird, als zur dauernden Erhaltung dieser Höchsttemperatur erforderlich ist. Das kalte Wasser wird im unteren Teile des Ofens zugeführt, damit es sich nicht sofort mischt und die Temperatur des Wasservorrates herabsetzt, das warme Wasser oben entnommen.

γ) Stromautomaten für zentrale Wasserversorgung. Das Wasser wird während des Durchfließens erwärmt. Solange die Flammen brennen, kann der mit dem Apparat verbundenen Warmwasserleitung durch bloßes Öffnen eines Zapfhahnes an beliebigen Stellen heißes Wasser entnommen werden.

Die Armatur ist derart ausgebildet, daß bei Öffnen irgend einer Zapfstelle Gas aus dem Brenner austritt und sich selbsttätig an der stets brennenden Zündflamme entzündet.

Der Regelung der Gaszufuhr des Junkerschen Stromautomaten liegt folgendes Prinzip zugrunde (Abb. 32):

Ein kreisförmiger Wasserraum wird durch eine Membran in zwei einzelne Kammern geteilt; jede ist durch einen besonderen Kanal mit der Kaltwasserzuleitung verbunden. Zwischen den Mündungen beider Kanäle ist in die Kaltwasserleitung eine Stauscheibe eingesetzt. Hier tritt bei Wasserdurchfluß eine Stauung ein, so daß der Wasserdruck vor der Verengung größer ist als der hinter derselben. Dieser Druckunterschied wird durch die beiden Kanäle auf die Membrankammer übertragen und die Membran durch den von einer Seite erzeugten Überdruck durchgebogen. Diese Bewegung wird auf das geschlossene Gasventil übertragen und dieses geöffnet, so daß Gas zum Brenner treten und sich an der ständig brennenden Zündflamme entzünden kann.

Hört der Wasserdurchfluß auf, so stellt sich auf beiden Seiten der Membran wieder gleicher Druck ein und das Gasventil geht unter Einwirkung der Spannfeder wieder in seine geschlossene Stellung zurück; der Brenner verlöscht.

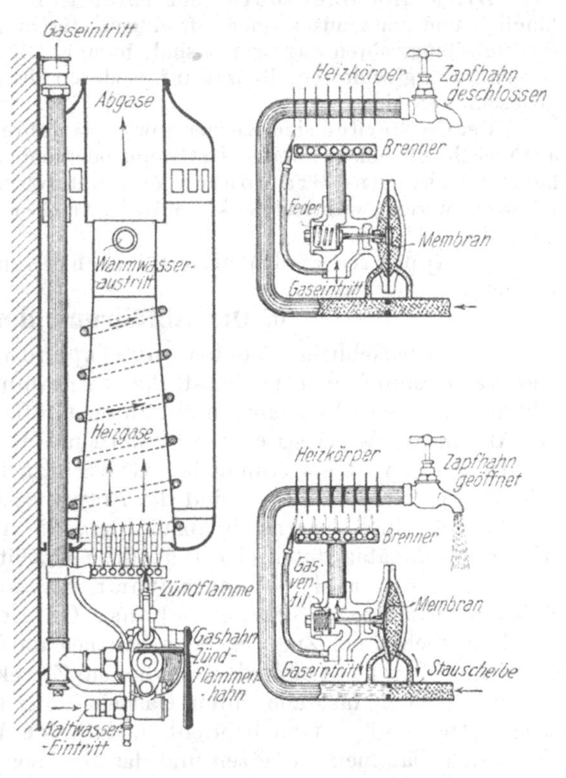

Abb. 32. Junkers Stromautomat

Die Automaten werden für eine Leistung von 6 bis 30 l in der Minute erzeugt.

δ) Das Gas zur Speisebereitung. Vorzüge des Kochens mit Gas gegenüber jenem mit Kohle: Außerordentlich bequeme und einfache Bedienung, stete Gebrauchsbereitschaft und Reinlichkeit, schnelle und leichte Regelung der Wärme und Wirtschaftlichkeit bei verständiger Bedienung.

Preistabelle (Stromautomaten)

Erwärmt von 10 auf 35° C	Apparat verkupfert
6— 7,5 l	S 340,00
13—16 l	„ 440,00
18—22 l	„ 560,00
26—32 l	„ 750,00

Bei allen Gaskochern kommt zur Vermeidung der Rußbildung die entleuchtete Flamme (Bunsenflamme) zur Verwendung. Man unterscheidet der Konstruktion nach offene und geschlossene Kochplatten und bezeichnet dieselben je nach der Anzahl der Brenner als Ein-, Zwei-, Drei- und Vierlochbrenner.

Der wichtigste Teil eines Kochapparates ist der Brenner, der mit einem Hahn versehen ist, der derart gestellt werden kann, daß sowohl starkes (Gasverbrauch 400 l in der Minute) als auch schwächeres Feuer entsteht. Die Kochgeschirre werden unmittelbar über den Brenner gestellt, so daß die offene Flamme den ganzen

Boden des Topfes heizt und die aufsteigende Wärme auch seine Seitenwände bestreicht. Sobald der Inhalt kocht, kann durch Drehen des Hahnes nach links die volle Flamme durch die kleine Sparflamme (die nur noch 35 bis 40 l stündlichen Gasverbrauch hat) ersetzt werden.

Brat- und Backrohre sind mit leuchtender Flamme ausgestattet, die länglich und spitz aus kleinen Öffnungen, die in geringen Abständen in den eisernen Gasverteilungsrohren angeordnet sind, brennt. Die kastenförmigen Brat- und Backöfen weisen meist geschlossene Bauart auf, wodurch sie vom Verbrennungsraum vollkommen abgeschlossen sind.

Bei Gasherden sind Kocher sowie Bratrohre in einem Apparat vereinigt, welcher auch noch mit einem zweiten Bratraum oder einem Tellerwärmer ausgestattet werden kann. Kocher und Bratröhren können durch Schläuche an die Gasleitung angeschlossen werden, während Gasherde in fester Verbindung mit derselben stehen müssen.

Gasapparate werden auch für technische und gewerbliche Zwecke verwendet.

6. Die Abführung der Abgase

Die hauptsächlichen Verbrennungsprodukte des Gases sind Kohlensäure und Wasserdampf, die beide bei stärkerer Ansammlung in einem Raume gesundheitsschädlich wirken. Von einer bestimmten Größe der Gasgeräte an muß daher für die Abführung der Abgase gesorgt werden.

In Küchen ist ein stündlicher Gasverbrauch von 2,4 m³ auf 50 m³ Luftraum zulässig. In Großgasküchen sind die Abgase von Brat- und Backschränken durch Anschluß an einen Schornstein abzuführen. Die Abführung der Abgase der Gasherde erfolgt zweckmäßig durch eine künstliche Entlüftung der Großgasküche.

Badeöfen und Wasserautomaten sind ausnahmslos an einen Schornstein anzuschließen, ebenso Gasheizöfen.

Der wechselnde Zug des Schornsteines darf auf den Heizraum des Gasheiz- oder -Badeofens nicht einwirken. Zu diesem Zwecke ordnet man Zugunterbrecher an, mit welchen fast alle guten Gasheiz- und Gaswarmwasserbereitungsapparate ausgestattet sind. Ist zu befürchten, daß sich Windstöße durch den Schornstein bis zu den Flammen fortsetzen und das Brennen derselben stören könnten, so sind Rückstausicherungen einzuschalten, als welche vielfach schon die Zugunterbrecher ausgebildet sind.

In der Abb. 33 sind die Wirkungen des Zugunterbrechers und der Rückstausicherung bildlich gekennzeichnet.

Zur Abführung der Verbrennungsgase genügt deren Auftrieb und ist vor allem dafür zu sorgen, daß derselbe nicht durch Abkühlung beeinträchtigt wird. Deshalb sind die Querschnitte der Abgasleitungen nicht größer als notwendig auszuführen; für deren Dimensionierung kann nachfolgende Tabelle dienen.

Weiten der Abgasrohre für Gasfeuerstätten

Stündlicher Gasverbrauch m³	Weite des Abzugrohres		Anmerkung
	Erforderlicher Querschnitt cm²	Gewählter lichter Durchmesser cm	
2	65	9,8	Die Weiten der Abgasleitung dürfen auf dem Wege von der Feuerstätte bis zur Schornsteinmündung nicht verengt werden.
5	111	12,0	
7	171	15,0	
10	228	17,0	
15	295	20,0	

Für die Abgase von Gasfeuerstätten sollen nur solche Schornsteine verwendet werden, die nicht in den Außenwänden liegen, weil diese kalt sind und die Abgase sich so weit abkühlen könnten, daß sich der Wasserdampf entweder teilweise oder vollständig niederschlägt, wodurch der Schornstein durchnäßt und unbrauchbar wird. Unter keiner Bedingung soll man Schornsteine wählen, in welchen gleichzeitig Kohlenfeuerstätten einmünden; ebenso ist die Einmündung der Abgase von Gasheiz- oder -Badeöfen in vorhandene Kohlenfeuerstätten (Kachelöfen, Herde) strenge verboten.

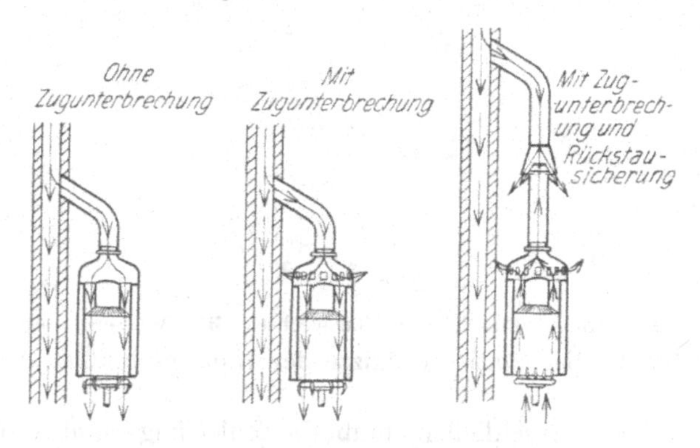

Abb. 33. Zugunterbrecher und Rückstausicherung

D. Versorgung von Häusern mit kaltem und warmem Wasser

1. Kaltwasserbedarf und dessen Versorgung

Trinkwasser muß frei von Krankheitserregern, klar, farb- und geruchlos sein, darf keinen fremdartigen Geschmack haben und soll die Temperatur von 7 bis 13° C weder unter- noch überschreiten. Der Wohlgeschmack wird hauptsächlich durch Kohlensäure erzielt; nach Reichardt & Kubel ist Trinkwasser noch gut zu nennen, wenn es unter 100 000 Teilen nicht mehr enthält als:

10	bis	50	Teile festen Rückstand,	0,2	bis	3	Teile	Chlor,
0,4	,,	1,5	,, Salpetersäure,	6,3	,,	10	,,	Schwefelsäure,
3	,,	5	,, organische Stoffe,	18	,,	20		deutsche Härtegrade,

wobei man unter deutschen Härtegraden das Vorhandensein von 1 Teil Kalziumoxyd auf 100 Teile Wasser versteht.

Städte haben im allgemeinen eine zentrale Wasserversorgung, während in ländlichen Gegenden die Einzelversorgung vorherrschend ist. Der Verbrauch an Wasser richtet sich nach der Zahl der Einwohner, den örtlichen Verhältnissen, der Zahl der Gewerbetreibenden und dgl. (siehe Wasserbedarf, S. 450).

2. Anschluß des Einzelhauses an die Zentralwasserversorgung (Abb. 34)

Der Anschluß des Einzelhauses an das Straßenhauptrohr erfolgt durch Anbohren der Hauptleitung oder durch in diese eingesetzte Abzweigstücke.

Vom Straßenhauptrohr führt die (gewöhnlich 1″ starke) Zuleitung (Hausanschlußleitung genannt) ins Hausinnere zum Wassermesser. Hinter der Anbohrung befindet sich der Straßenwechsel und wird sowohl dieser als auch die Zuleitung bis zum Wassermesser durch das Wasserleitungswerk montiert. Vor den Wassermesser wird noch der Hauswechsel eingebaut.

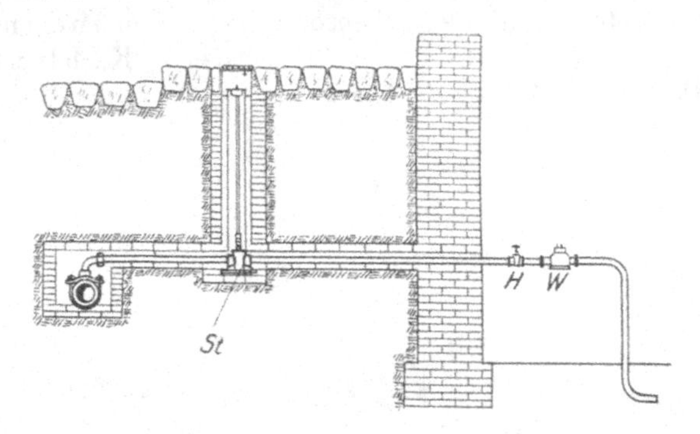

St = Straßenwechsel, *H* = Hauswechsel, *W* = Wassermesser

Abb. 34. Schematische Skizze der Hausanschlußleitung

Um Frostgefahr auszuschließen, muß die Zuleitung rund 1,50 m unter dem Straßenniveau verlegt werden.

Die Dimensionierung der Zuleitungen unter 30 m Länge kann entsprechend den nachstehenden Angaben erfolgen:

Für 1 Zapfstelle mit 10 bis 20 mm Durchflußöffnung mindestens 15 mm lichter Durchmesser.

Für 2 bis 20 Zapfstellen mit 10 bis 20 mm Durchflußöffnung mindestens 25 mm lichter Durchmesser.

Für 20 bis 40 Zapfstellen mit 10 bis 20 mm Durchflußöffnung mindestens 30 mm lichter Durchmesser.

Für 40 bis 60 Zapfstellen mit 10 bis 20 mm Durchflußöffnung mindestens 40 mm lichter Durchmesser.

Über 60 Zapfstellen mit 10 bis 20 mm Durchflußöffnung mindestens 50 mm lichter Durchmesser.

Zuleitungen über 30 m sollen nicht unter 40 mm lichte Weite erhalten.

Der Raum, in welchem der Wassermesser aufgestellt wird, muß gegen Frost und Beschädigungen geschützt und jederzeit zugänglich sein.

Von hier ab beginnt das Hausrohrnetz. Die Hauptverteilung erfolgt in der Regel im Keller, wo sie am einfachsten durchgeführt und auch durch Verlegen in einer Tiefe von rund 0,6 m unter Kellersohle gegen Frost geschützt werden kann. Um Setzungen und Beschädigungen der Rohrleitungen vorzubeugen, werden diese in einen geschlichteten Ziegelkanal eingebettet. Von der Kellerleitung zweigen die Steigleitungen ab, die man derart anordnet, daß möglichst viele

Auslaufstellen in den einzelnen Stockwerken durch kurze Verbindungen angeschlossen werden können. Die Absperrventile der Steigstränge werden unter einem Abdeckrahmen leicht zugänglich verlegt und erhalten Entleerungshähnchen, um bei Außerbetriebsetzung oder Reparatur eines Stranges diesen leicht entleeren zu können.

Am tiefsten Punkt der Kellerleitung liegt, ebenfalls unter einem Abdeckrahmen, der Hauptabsperrhahn mit Entleerungshähnchen, der die gesamte Hauswasserleitung, mit Ausnahme des allgemeinen Auslasses, absperrt. Letzterer soll möglichst im Erdgeschoß des Hauses montiert werden und stellt jenen Auslauf dar, welcher die Abgabe von Wasser wenigstens an einer Stelle des Hauses ermöglichen soll, falls die sonstige Hausleitung aus irgendeinem Grunde abgesperrt werden muß.

Sind die Kellerleitungen und Steigstränge verlegt, so wird eine Dichtigkeitsprobe für das ganze Rohrnetz vorgenommen. Bei großen Objekten kann diese Druckprobe auch sektionsweise erfolgen. Zu diesem Zwecke werden sämtliche Auslässe bis auf den höchstgelegenen verpfropft; zwecks Entweichen der Luft bleibt dieser höchstgelegene Auslaß so lange offen, bis eingepumptes Wasser daselbst austritt. Hierauf wird derselbe abgedichtet. Erst nach durchgeführter Druckprobe werden die Rohrgraben im Keller zugeschüttet und die Mauerschlitze verputzt.

Materialien für die Herstellung der Wasserleitungen:

Für Leitungen über 40 mm Durchmesser gußeiserne Muffendruckrohre und deren Formstücke.

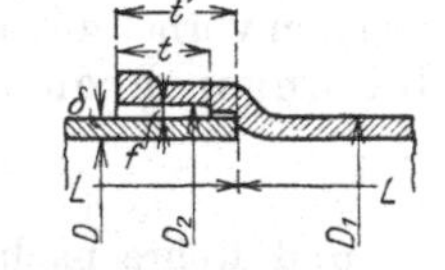

Normale gerade Muffenröhren

nach deutschem Normale

Lichte Weite D	Wand-stärke δ	Muffen-weite D_2	Muffen-tiefe t'	Bau-länge L	Normalgewicht der Muffe	per 1 Kurr.-meter Rohr ausschl. der Muffe	per 1 Kurr.-meter Rohr einschl. der Muffe	eines Rohres von vorstehender Baulänge
mm				m	kg			
30	7,5	59	71	2,0	1,75	6,5	7,4	14,8
40	8,0	70	74	2,0	2,7	8,8	10,1	20,2
40	8,0	70	74	2,5	2,7	8,8	9,9	24,7
50	8,0	81	77	2,0	3,1	10,6	12,1	24,3
50	8,0	81	77	2,5	3,1	10,6	11,8	29,6
60	8,5	92	80	3,0	3,9	13,3	14,6	43,7
70	8,5	102	82	3,0	4,4	15,2	16,7	50,0
70	8,5	102	82	4,0	4,4	15,2	16,3	65,2
80	9,0	113	84	3,0	5,1	18,2	19,9	59,8
80	9,0	113	84	4,0	5,1	18,2	19,5	79,0
90	9,0	123	86	3,0	5,7	20,3	22,2	66,6
90	9,0	123	86	4,0	5,7	20,3	21,7	86,9

Lichte Weite D	Wand-stärke δ	Muffen-weite D_2	Muffen-tiefe t'	Bau-länge L	Normalgewicht der Muffe	per 1 Kurr.-meter Rohr ausschl. der Muffe	per 1 Kurr.-meter Rohr einschl. der Muffe	eines Rohres von vorstehender Baulänge
mm				m	kg			
100	9,0	133	88	3,0	6,2	22,3	24,4	73,2
100	9,0	133	88	4,0	6,2	22,3	23,8	95,5
100	9,0	133	88	5,0	6,2	22,3	23,6	118,0
125	9,5	159	91	3,0	7,6	29,1	31,7	95,0
125	9,5	159	91	4,0	7,6	29,1	31,0	124,0
125	9,5	159	91	5,0	7,6	29,1	30,6	153,1
150	10,0	185	94	3,0	9,9	36,4	39,7	119,2
150	10,0	185	94	4,0	9,9	36,4	38,9	155,6
150	10,0	185	94	5,0	9,9	36,4	38,4	191,9
175	10,5	211	97	3,0	12,0	44,4	48,4	145,1
175	10,5	211	97	4,0	12,0	44,4	47,4	189,5
175	10,5	211	97	5,0	12,0	44,4	46,8	234,0
200	11,0	238	100	3,0	14,4	52,9	57,7	173,0
200	11,0	238	100	4,0	14,4	52,9	56,5	226,0
200	11,0	238	100	5,0	14,4	52,9	55,8	279,0

Der Preis für 100 kg beträgt für Rohre *S 50,00* und für Fassons *S 65,00.*

Die Zuleitungen von der Straße in das Gebäude sowie die Hausleitungen werden vornehmlich aus schmiedeeisernen, verzinkten, verstärkten Wasserleitungsröhren nach dem Lemberger Normale hergestellt.

Tabelle nahtloser Lemberger Rohre

und Rohre nach dem Normale der Gemeinde Wien mit Gewinden und Muffen

		$^1/_2$	$^3/_4$	1	$1^1/_4$	$1^1/_2$	2
Innendurchmesser	engl. Zoll	$^1/_2$	$^3/_4$	1	$1^1/_4$	$1^1/_2$	2
Außendurchmesser des Rohres und Gewindes	mm	20,5	26,5	33	42	48	59
Wandstärke	rund mm	3,5	4	4,5	4,5	5	5
Preis per Lfm. in normalen Fabrikationslängen in **Groschen**	schwarz	182	243	316	445	558	719
	verzinkt	260	346	452	637	798	1053

Die Verbindung vorstehender Rohre erfolgt durch verzinkte Verbindungs- und Formstücke.

Bis zu 1″ verwendet man ferner Bleidruckrohre, welche durch Lötung miteinander verbunden werden.

Gewichtstabelle der Bleidruckrohre

				kg per m
$^3/_8$ Zoll =	10 × 18 mm	Drucksicherheit	20 Atm.	1,87
$^1/_2$ „ =	12,5 × 21,9 „	„	18 „	2,80
$^3/_4$ „ =	19 × 29,5 „	„	13,5 „	4,55
1 „ =	23 × 37 „	„	15 „	7,56

Der Preis per Kilogramm Bleirohr stellt sich ungefähr auf *S 2,00.*

3. Wasserbeschaffung durch Pumpen

Die Zentralwasserversorgung wird aus technischen, mehr noch aus wirtschaftlichen Gründen meist nur für ein begrenztes Gebiet eingerichtet, so daß Häuser und Gebäude außerhalb dieses Gebietes von den Vorteilen derselben ausgeschlossen sind. Die Wasserversorgung solcher Anwesen erfolgt mittels Pumpen, das sind Maschinen, die der Ortsänderung und Förderung von Wasser dienen, und zwar in der Weise, daß sie das Wasser ansaugen und an eine gewünschte Stelle auf einem genau vorgeschriebenen Wege fördern (Einzelhauswasserversorgung, siehe auch S. 551).

Hiezu werden verwendet: Kolben-, Kreisel-, Rotations-, Hand- sowie Dampfstrahlpumpen.

Bei der Wasserversorgung eines Wohnhauses durch Pumpen handelt es sich darum, die Förderung des Wassers automatisch dem jeweiligen Wasserkonsum anzupassen, um von der Aufmerksamkeit der Bedienungsperson unabhängig zu sein. Dies wird durch die automatische Wasserversorgung unter Verwendung eines Hochbehälters erreicht, bei welcher die Pumpe das Wasser so lange in den Hochbehälter fördert, bis der Wasserspiegel in demselben eine obere Grenze erreicht hat. Erst wenn der Wasserspiegel durch Entnahme so weit gesunken ist, daß er eine untere Grenze erreicht hat, wird die Pumpe automatisch wieder in Betrieb gesetzt und fördert hierauf so lange, bis der Wasserspiegel wieder bis zur oberen Grenze gestiegen ist.

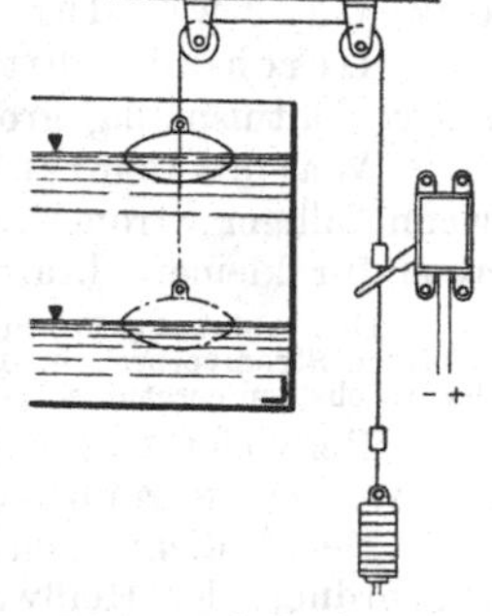

Abb. 35. Schwimmer-Anlaßvorrichtung

Wenn das betreffende Elektrizitätswerk es zuläßt, kann der Motor auch durch einen Anstoßhalter (Abb. 35) direkt eingeschaltet werden; anderenfalls müßte eine besondere Vorrichtung vorgeschaltet werden.

4. Warmwasserbereitung

a) Warmwasserbereitungsanlagen für örtliche Entnahme: Warmwasserbereitung und -versorgung sind vereinigt.

b) Zentral-Warmwasserbereitungsanlagen: Ein Warmwassererzeuger versorgt eine größere Anzahl Auslaufstellen.

Der Wärmebedarf wird aus $WE = Q\ (t_1 - t_0)$ berechnet, wobei Q die Wassermenge in kg bedeutet, die von t_0 auf t_1 Grad erwärmt wird. Auf den derart ermittelten Wärmebedarf kommt noch ein Zuschlag von 10 bis 20%.

Praktische Angaben über die Größe des Warmwasserbedarfes:

Es werden benötigt:

Für Badewannen	200	l Warmwasser
„ Fußbadewannen	20 bis 25	„ „
„ Sitzbadewannen	40	„ „
„ Waschtische je nach Größe pro Kopf und Tag	25 „ 35	„ „
„ Bidets	12	„ „
„ Küchenspültische je nach Größe pro Becken	40 „ 80	„ „

Von den für den Haushalt erforderlichen Wassermengen (50 bis 70 l pro Kopf und Tag) entfallen durchschnittlich etwa zwei Drittel für Koch- und Reinigungszwecke.

a) Warmwasserbereitungsanlagen für örtliche Entnahme

1. Mit Hilfe von festem Brennstoff. Hieher gehören die Kohlenbadeöfen.

Sie bestehen aus einem zylindrischen Kupferblechkessel, der in einem gußeisernen Unterteil, welcher die Feuerbüchse enthält, ruht. Die Feuergase steigen in einem eingebauten Kupferrohr hoch, geben die Wärme an die Wand des Wasserbehälters ab und münden sodann in den Schornstein.

Tabelle über Kohlenbadeöfen

Durchmesser des Zylinders in englischen Zoll	12	13	14	15
Durchmesser des Zylinders in Millimetern	316	341	369	395
Zylinderhöhe 1,27 m; Wasserinhalt ungefähr Liter..	95	115	135	155
Preis per Stück	S 200,00	210,00	230,00	240,00

2. Mit Hilfe von Gas (siehe S. 739).

3. Mit Hilfe von Elektrizität. Die elektrischen Warmwassererzeuger werden als Durchlauferhitzer und Speicher hergestellt.

Durchlauferhitzer dienen meist zur Erwärmung kleiner Wassermengen, da sie verhältnismäßig große Strommengen innerhalb kurzer Zeit erfordern.

Warmwasserspeicher kommen hauptsächlich für größere Anlagen in Betracht, wenn billiger Strom (Nachtstrom) zur Verfügung steht, werden jedoch in letzter Zeit auch für kleinere Einzelversorgungsanlagen verwendet.

Das Anheizen der Speicher dauert längere Zeit, erfordert jedoch nur einen geringeren, gleichmäßigen Stromverbrauch. Durch eingebaute Temperaturregler wird der Stromverbrauch bei Erreichung der Höchsttemperatur selbsttätig ausgeschaltet.

Bei voller Ausnutzung des Speicherwassers sind auf 1 l Wasser etwa 0,1 bis 0,11 *kWh* zur Wassererwärmung und Deckung der Wärmeverluste erforderlich.

Der Bedienungshahn bei Einzelversorgungsanlagen wird in der Kaltwasserleitung angeordnet, der Heißwasserauslauf ist offen.

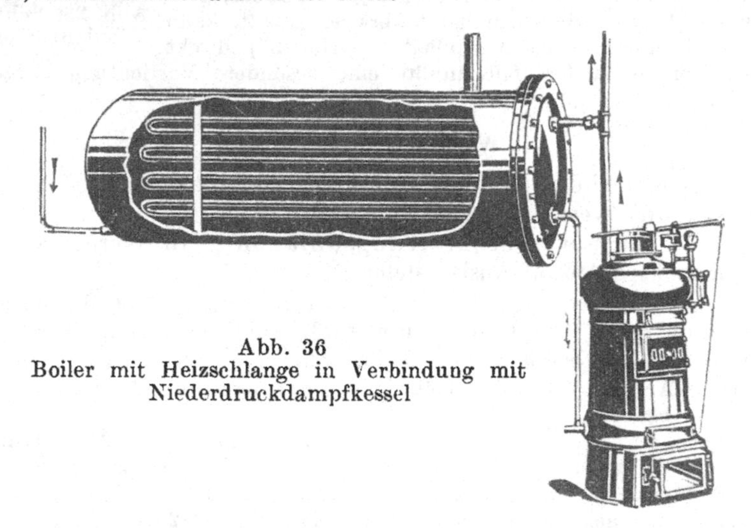

Abb. 36
Boiler mit Heizschlange in Verbindung mit Niederdruckdampfkessel

4. Einzelerwärmung mit Dampf (Abb. 36). Die Erwärmung kann in einem Vorratsbehälter erfolgen, in dem eine mit Dampf geheizte Rohrschlange eingebaut ist. 1 m² Heizschlange kann mit 5000 bis 6000 *WE* in der Stunde bewertet werden. Das Kondenswasser wird zum Dampfkessel zurückgeführt.

Ferner kann die Warmwasserbereitung durch unmittelbares Einblasen von Dampf in das Vorratsreservoir mit Hilfe eines Dampfstrahlanwärmers erfolgen. In beiden vorerwähnten Fällen fließt das erzeugte Warmwasser vom Behälter durch eine Rohrleitung zur Entnahmestelle.

Die bequemste Warmwasserbereitung mittels Dampf ist die direkte Mischung von Dampf- und Kaltwasser in einem Mischhahn vor Austritt aus demselben.

5. Einzelerwärmung mit Hilfe von Warmwasser. Anwendung selten; statt der vorerwähnten Dampfheizschlange kann eine solche für Warmwasser verwendet werden, deren Rückleitung wieder zum Wärmeerzeuger führt.

b) Zentral-Warmwasserbereitungsanlagen

1. Gemeinsame Warmwasserbereitung vom Küchenherd aus (Abb. 37).

Die Anlage besteht aus dem Warmwassererzeuger (Heizschlange), dem Warmwasserreservoir (Boiler), der Verbindungsleitung zwischen Heizschlange und Behälter, der Verteilungsleitung, sowie dem Füll- und Expansionsreservoir.

Das Verbrauchswasser wird entweder durch die Heizschlange selbst in den Küchenherd geleitet, dort erwärmt und sodann nach dem Speicherbehälter hochgeführt (direkte Erwärmung), oder es erwärmt sich nur das in einer Zirkulationsleitung befindliche Heizwasser im Herd und gibt, in Rohrschlangen durch den Behälter hindurchgeführt, seine Wärme an das dort aufgespeicherte Gebrauchswasser ab. Da das Gebrauchswasser oft kalkhältig ist, daher bei den hohen Temperaturen der Herdfeuerung in den Heizschlangen Verlegungen durch Kalkniederschläge bald eintreten würden, empfiehlt sich die indirekte Erwärmung.

2. Durch Gas, siehe S. 740.

3. Durch Elektrizität. Hier kommt hauptsächlich die Erwärmung in Speichern, allerdings nur bei geringen Stromkosten (vornehmlich durch Nachtstrom), in Frage.

4. Durch Dampf oder Warmwasser. Als Wärmequelle benützt man vielfach Dampf- oder Warmwasserheizungen. Rohrschlangen, die von Dampf oder Warmwasser der Zentralheizungsanlagen durchströmt werden, werden in einen Boiler eingebaut, der entweder unmittelbar an die Kaltwasserleitung angeschlossen oder durch ein Füllreservoir mit eingebautem Schwimmkugelhahn gespeist wird.

Die warmwasserführenden Rohrleitungen werden aus schmiedeeisernem, verzinktem Leitungsrohr (siehe Tabelle S. 715) hergestellt.

Die Warmwasserleitungsrohre müssen mit stetigem Gefälle verlegt und mit einer Isolierung versehen werden.

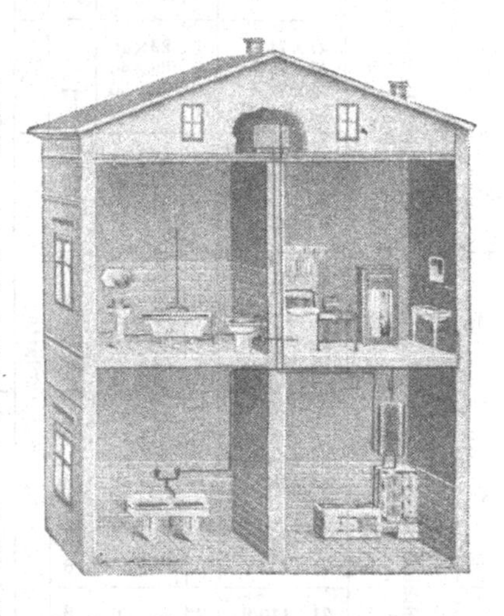

Abb. 37. Gemeinsame Warmwasserbereitung vom Küchenherd aus

Tabelle über Durchflußmengen für Warmwasserleitungen in e/sec

$\frac{p}{l}$	d = lichter Durchmesser in Millimetern						Anmerkung
	13	20	25	32	38	51	
1,00	0,39	1,00	2,00	3,74	5,74	11,9	p = die zur Verfügung stehende Druckhöhe in Metern
0,50	0,28	0,70	1,40	2,64	4,12	8,4	l = Länge der Leitung in Metern
0,33	0,22	0,58	1,16	2,15	3,31	6,9	$\frac{p}{l}$ = Reibungsgefälle
0,20	0,17	0,45	0,90	1,67	2,57	5,3	
0,14	0,15	0,39	0,78	1,41	2,23	4,5	
0,10	0,12	0,32	0,64	1,18	1,81	3,7	
0,067	0,10	0,26	0,52	0,97	1,48	3,0	
0,050	0,09	0,22	0,44	0,85	1,28	2,7	
0,033	0,07	0,18	0,36	0,69	1,04	2,2	
0,020	0,055	0,14	0,28	0,53	0,81	1,7	
0,014	0,047	0,12	0,24	0,45	0,75	1,4	
0,010	0,039	0,10	0,20	0,37	0,57	1,2	

5. Herd- und Ofenbau

Zusammengestellt nach den Preislisten der Fa. Hans Schüller u. Co., Wien

Postnummer	Ofengattung	Plattengröße/Breite des Herdbrettes in cm	Bratröhren Anzahl	Bratröhren Maße in cm	Inhalt des kupfernen Wasserwandels in Litern	Heizbrust in Zoll	Lochplatte, gebunden	Wandeinfassung	Eisenzeug	Herstellung	Nettopreise in S (ab Fabrik) eckstehend	Nettopreise in S (ab Fabrik) freistehend	Aufzahlung in Schilling für eiserne Schutzstange eckstehend	Aufzahlung in Schilling für eiserne Schutzstange freistehend	Aufzahlung in Schilling für besetzte Wandeinfassung	Aufzahlung in Schilling für Tellerrost
1[1])	Tischherde einschließlich Herdbrett, Eckschiene, Fußtritt, Rost (Abb. 38)	47×71/7	1	29×46	—	—	eine	—	schwarz lackiert	in Rohbau gemauert	135	153	—	—	—	—
		47×79/7	1	29×46	—	—	eine	—	schwarz lackiert	in Rohbau gemauert	140	158	—	—	—	—
		55×79/8	1	29×50	—	—	eine	—	schwarz lackiert	in Rohbau gemauert	153	173	—	—	—	—
		55×87/8	1	32×50	—	—	eine	—	schwarz lackiert	in Rohbau gemauert	165	185	—	—	—	—
2[2])		47×71/7	1	29×46	—	5/6	eine	glatt	blankgefeilt und poliert	mit weißen Fliesen verkleidet	210	235	12	18,0	3,6	12
		47×79/7	1	29×46	—	5/6	eine	glatt	blankgefeilt und poliert	mit weißen Fliesen verkleidet	220	245	13	19,5	3,8	12
		55×79/8	1	29×50	—	5/6	eine	glatt	blankgefeilt und poliert	mit weißen Fliesen verkleidet	240	270	14	21,0	4,0	12
		55×87/8	1	32×50	—	5/6	eine	glatt	blankgefeilt und poliert	mit weißen Fliesen verkleidet	260	290	15	22,5	4,3	12
3[3])		47×79/7	1	29×46	16	5/6 mit Schutzplatte	eine	glatt, 60 cm hoch	blankgefeilt und poliert	mit weißen Fliesen verkleidet	275	300	13	19,5	3,8	12
		47×87/7	1	29×46	16	5/6 mit Schutzplatte	eine	glatt, 60 cm hoch	blankgefeilt und poliert	mit weißen Fliesen verkleidet	285	310	14	21,0	4,0	12
		55×79/8	1	29×50	16	5/6 mit Schutzplatte	eine	glatt, 60 cm hoch	blankgefeilt und poliert	mit weißen Fliesen verkleidet	300	330	14	21,0	4,0	12
		55×87/8	1	29×50	16	5/6 mit Schutzplatte	eine	glatt, 60 cm hoch	blankgefeilt und poliert	mit weißen Fliesen verkleidet	320	350	15	22,5	4,3	12
4[4])		47×87/7	1	29×46	10	5/6 mit Schutzplatte	eine	glatt, 60 cm hoch	blankgefeilt und poliert	mit weißen Fliesen verkleidet	280	305	14	21,0	4,0	12
		47×95/7	1	29×46	10	5/6 mit Schutzplatte	eine	glatt, 60 cm hoch	blankgefeilt und poliert	mit weißen Fliesen verkleidet	290	315	15	22,5	4,3	12
		55×87/8	1	29×50	10	5/6 mit Schutzplatte	eine	glatt, 60 cm hoch	blankgefeilt und poliert	mit weißen Fliesen verkleidet	310	340	15	22,5	4,3	12
		55×95/8	1	32×50	12	5/6 mit Schutzplatte	eine	glatt, 60 cm hoch	blankgefeilt und poliert	mit weißen Fliesen verkleidet	330	360	16	24,0	4,6	14
		55×103/8	1	32×50	12	5/6 mit Schutzplatte	eine	glatt, 60 cm hoch	blankgefeilt und poliert	mit weißen Fliesen verkleidet	350	380	17	25,5	5,0	14
5		55×87/8	2	29×50	13	5/6 mit Schutzplatte	zwei	glatt	blankgefeilt und poliert	mit weißen Fliesen verkleidet	345	375	15	22,5	4,3	12
		55×95/8	2	32×50	13	5/6 mit Schutzplatte	zwei	glatt	blankgefeilt und poliert	mit weißen Fliesen verkleidet	365	395	16	24,0	4,6	14
		55×103/8	2	32×50	13	5/6 mit Schutzplatte	zwei	glatt	blankgefeilt und poliert	mit weißen Fliesen verkleidet	385	415	17	25,5	5,0	14
		63×95/8	2	32×55	13	5/6 mit Schutzplatte	zwei	glatt	blankgefeilt und poliert	mit weißen Fliesen verkleidet	400	435	17	25,5	5,0	14
		63×103/8	2	32×55	13	5/6 mit Schutzplatte	zwei	glatt	blankgefeilt und poliert	mit weißen Fliesen verkleidet	420	455	18	27,0	6,0	14
		63×110/8	2	32×55	15	5/6 mit Schutzplatte	zwei	glatt	blankgefeilt und poliert	mit weißen Fliesen verkleidet	480	515	20	30,0	6,6	20
		71×110/8	2	35×60	18	5/6 mit Schutzplatte	zwei	glatt	blankgefeilt und poliert	mit weißen Fliesen verkleidet	540	580	25	35,0	8,0	20
		71×118/8	2	35×60	18	5/6 mit Schutzplatte	zwei	glatt	blankgefeilt und poliert	mit weißen Fliesen verkleidet	560	600	25	35,0	10,0	20
6[5])		71×110/9	2	35×60	18	5/6 mit Schutzplatte	zwei	glatt	blankgefeilt und poliert	mit weißen Fliesen verkleidet	620	670	25	35,0	8,0	20
		71×118/9	2	35×60	18	5/6 mit Schutzplatte	zwei	glatt	blankgefeilt und poliert	mit weißen Fliesen verkleidet	650	700	25	35,0	10,0	20
		79×126/10	2	40×70	30	5/6 mit Schutzplatte	zwei	glatt	blankgefeilt und poliert	mit weißen Fliesen verkleidet	850	950	30	50,0	15,0	28
		79×142/12	2	45×70	30	5/6 mit Schutzplatte	zwei	glatt	blankgefeilt und poliert	mit weißen Fliesen verkleidet	1000	1100	40	75,0	20,0	28

Postnummer	Ofengattung	Plattengröße/Breite des Herdbrettes in cm	Bratröhren Anzahl	Bratröhren Maße in cm	Inhalt des kupfernen Wasserwandels in Litern	Heizbrust in Zoll	Lochplatte, gebunden	Wandeinfassung	Eisenzeug	Herstellung	Nettopreise in S (ab Fabrik) eckstehend	Nettopreise in S (ab Fabrik) freistehend	Aufzahlung in Schilling für Wärmerohr (Rechaud)	Aufzahlung in Schilling für Tellerrost eckstehend	Aufzahlung in Schilling für Tellerrost freistehend	Aufzahlung in Schilling für Kohlenwagen
7[6])	Aufsatzherde einschl. Herdbrett mit eiserner Schutzstange, Eckschienen, Fußtritt, Holzlochrahmen, vier Putztürl, Rost (Abb. 39)	55×79/8	2	32×50	18	5/6	zwei	und Kopfeinfassung	blankgefeilt und poliert	mit weißen Fliesen verkleidet	520	635	29	13	19	48
		55×87/8	2	32×50	18	5/6	zwei	und Kopfeinfassung	blankgefeilt und poliert	mit weißen Fliesen verkleidet	540	658	29	15	23	48
		55×95/8	2	32×50	18	5/6	zwei	und Kopfeinfassung	blankgefeilt und poliert	mit weißen Fliesen verkleidet	560	680	29	15	23	48
		63×79/8	2	32×55	18	5/6	zwei	und Kopfeinfassung	blankgefeilt und poliert	mit weißen Fliesen verkleidet	560	680	31	13	19	48
		63×87/8	2	32×55	18	5/6	zwei	und Kopfeinfassung	blankgefeilt und poliert	mit weißen Fliesen verkleidet	585	710	31	15	23	48
		63×95/8	2	32×55	18	5/6	zwei	und Kopfeinfassung	blankgefeilt und poliert	mit weißen Fliesen verkleidet	610	735	31	15	23	48
		63×103/8	2	32×55	18	5/6	zwei	und Kopfeinfassung	blankgefeilt und poliert	mit weißen Fliesen verkleidet	635	765	31	22	34	60
		63×110/8	2	32×55	18	5/6	zwei	und Kopfeinfassung	blankgefeilt und poliert	mit weißen Fliesen verkleidet	660	800	31	22	34	60

Anmerkung:

[1]) Hiezu ein Heiz- und ein Aschentürl. Aufschlag für Heizbrust mit Schutzplatte *S 10,00*

[2]) Poterieverlängerung ohne Beigabe der Tonrohre *S 25,00*

[3]) Wasserwandl, liegend

[4]) Wasserwandl, stehend: ad 1 bis 4 Aufzahlung für zweite Lochplatte *S 1,50*

[5]) Stärkere Ausführung für Gasthäuser usw. mit 1/2 Zoll starken Platten

[6]) Aufzahlung für Putztürlbrust *S 6,40*

Gasherdanbau. Verlängerung von Herdbrett und Fußtritt um die Gasherdplatte, zwei Kochstellen samt Ringen, einer Gasbratröhre mit allen erforderlichen Einschubblechen, Hähnen und Gasrohren samt Wechselhahn. *Preis* für Gasherdanbau *S 500,00.*

Kesselherdanbau. Anbau eines Kupferkessels samt Herdbrettverlängerung, Heizbrust $^5/_6$″ mit Aschentürl, Rost, mit weißen Fliesen verkleidet, komplett aufgestellt:

a) Kupferkessel, 40 cm Durchmesser, Kesselblech (Schwarzblech) 55/55 cm .... S 164,00 (170,00)[1])

b) Kupferkessel, 46 cm Durchmesser, Kesselblech (Schwarzblech) 63/63 cm .... „ 193,00 (200,00)[1])

Gasthausherde (zwei Bratröhren, Wasserwandl, Wärmerohr, Tellerrost usw.), je nach Größe:
freistehend....S 860,00 bis 2700,00, längsfreistehend....S 1080,00 bis 3500,00

Abb. 38. Tischherd

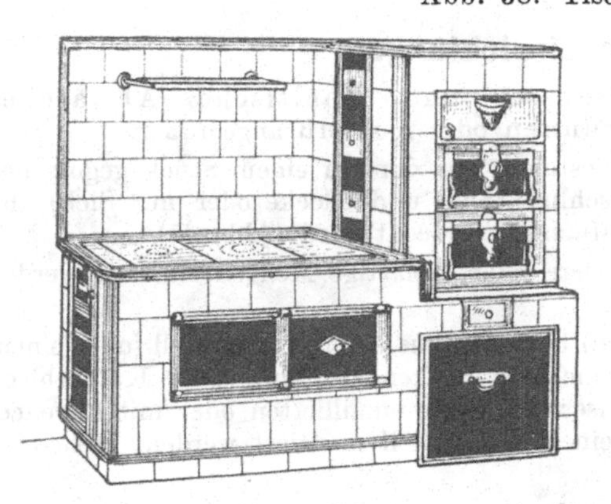

Abb. 39. Aufsatzherd

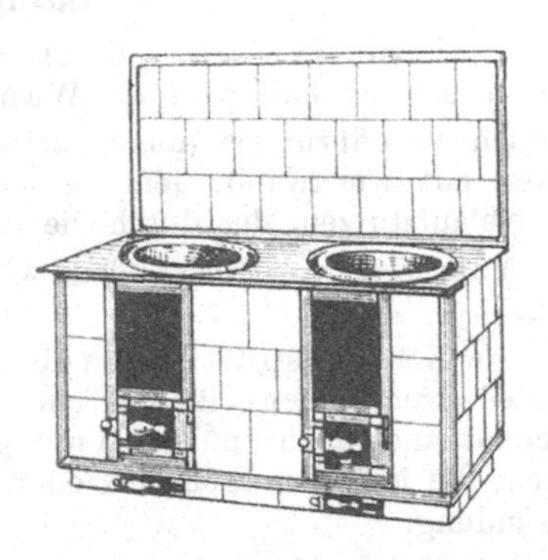

Abb. 40. Waschküchenherd

Restaurationsherde (drei Bratröhren, Wasserwandl, Wärmerohr, Tellerrost usw.): *S 4000,00*; Anbau eines **Wärmekastens** *S 300,00*, eines **Fleischkesselherdes** *S 700,00.*

[1]) Wenn eiserne Schutzstange mitgeliefert wird.

Waschküchenherde (Abb. 40)

Ausstattung	Kupferkessel		Durchmesser in cm	46		50		55		60	
			Anzahl	1	2	1	2	1	2	1	2
Abdeckblech aus verzinktem Eisenblech, Fußtritt, Eckschiene, alles Eisenzeug, schwarz; Heiztürl mit Schutzplatte, Aschentürl; im **Rohbau,** verputzt oder die Fugen verbrämt	eckstehend		Schilling	180	340	200	380	235	445	270	510
	freistehend			200	360	220	400	260	470	300	540
	Aufzahlung für Heizbrüste	1		9	—	12	—	12	—	12	—
		2		—	18	—	24	—	24	—	24
	Aufzahlung für Holzdeckel	1		9	—	9	—	10,5	—	12,5	—
		2		—	18	—	18	—	21	—	25
Abdeckblech aus verzinktem Eisenblech, Fußtritt, Eckschiene, alles Eisenzeug, schwarz; Zwei Heiztürl, zwei Aschentürl; mit weißen Fliesen verkleidet	eckstehend			210	400	235	450	275	530	310	600
	freistehend			235	420	260	470	300	550	350	620
	Aufzahlung für Heizbrüste	1		9	—	12	—	12	—	12	—
		2		—	18	—	24	—	24	—	24
	Aufzahlung für Holzdeckel	1		9	—	9	—	10,5	—	12,5	—
		2		—	18	—	18	—	21	—	25
	Aufzahlung für 4 Reihen Wandverfliesung	eckstehend		60	90	65	100	75	120	85	130
		freistehend		40	60	43	65	55	75	65	85

E. Sanitäre Einrichtungen

1. Wandbrunnen, Küchenausgüsse und Spültische (Abwäsche). Unter jedem Auslauf wird ein Wandbrunnen oder Ausguß angeordnet.

Die Wandbrunnen (aus Gußeisen) bestehen aus dem in einem Stück gegossenen Becken mit Rückwand, dem Geruchverschluß (Sieb und Glocke oder nur Sieb) und dem Ablaufstutzen, der durch die Ablaufmaske verdeckt wird (Abb. 41).

Ausgüsse dort verwenden, wo größere oder breiartige Mengen entfernt werden sollen.

Die Küchenspültische (Abwäsche) bestehen aus einem Holzgestell (oder einem Schmiedeeisenrahmen), in dem ein oder mehrere Becken aus Zink- oder Kupferblech eingebaut sind; auch Spültische mit gußeisernen, innen emaillierten oder mit Fayencebecken, die auf Wandkonsolen oder in einem Fußgestell montiert werden, stehen in Verwendung.

Unter den Abwäschen ist in der Ablaufleitung ein Fettfänger mit großer Reinigungsschraube vorzusehen.

2. Klosettanlagen. In Objekten, die keine Wasserleitung haben, werden Klosettypen verwendet, bei denen die Abfuhr der Fäkalien durch bloßes Eingießen von Wasser in die Schale erfolgt (Trichter- und Klappenklosetts ohne Spülwasserbehälter) oder das Reinigungswasser in einen mit der Schale in Verbindung stehenden Wasserbehälter (Rückenreservoir) gegossen wird (Klappenklosetts mit Rückenreservoir).

Letztere werden auch mit Wasserbehälter mit selbsttätiger Füllung (Schwimmkugelventil) ausgeführt und direkt an die Wasserleitung angeschlossen.

Spülklosetts mit Hochreservoir (einwandfreieste Klosettbauart) gelangen dort zur Aufstellung, wo eine Hauswasserleitung vorhanden ist.

Sie bestehen aus einem Hochspülkasten, der eventuell durch Ventilspülvorrichtung, wie Flussometer, Aquaspüler u. dgl. ersetzt werden kann, der Klosettschale samt Sitzbrett, dem Spülrohr, das ist die Verbindungsleitung zwischen Spülkasten und Klosettschale, sowie der Gainze, das ist dem Anschlußrohr zwischen Klosettschale und dem Abortabfallrohr.

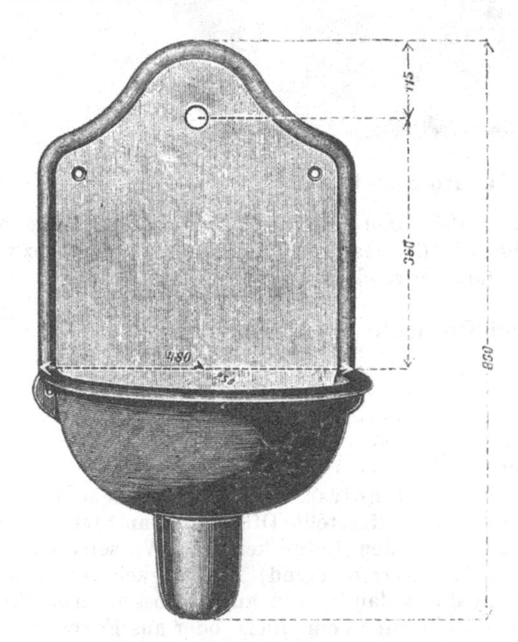

Abb. 41. Wandbrunnen

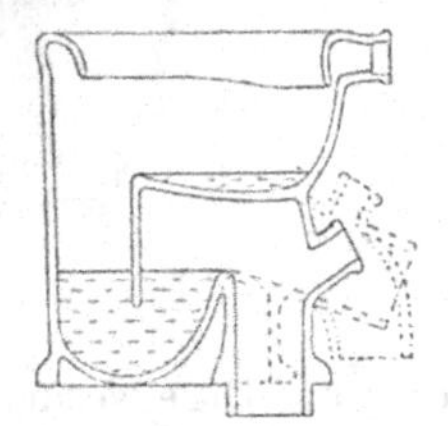

Abb. 42. Auswaschbecken (Panamaschale)

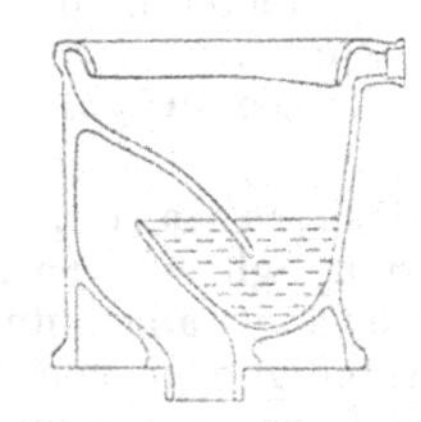

Abb. 43. Tiefspülbecken Balticschale

Als Material für die Spülbecken dient meist Fayence und emailliertes Gußeisen, für die Unterbauten mit dem Geruchverschluß (für einfachere Wohnungen) Gußeisen, für die Becken Fayence.

Man unterscheidet: Auswasch-, Tiefspül- und Absaugebecken.

Die Auswaschbecken bestehen aus einem flachen, schalenförmig ausgebildeten Becken und dem darunterliegenden Geruchverschluß (Abb. 42).

Die Tiefspülbecken haben die Form eines Trichters, der unten in den Geruchverschluß übergeht (Abb. 43).

Die Absaugebecken haben ebenfalls trichterförmige Becken mit anschließendem Geruchverschluß, jedoch hohen Wasserstand; sie arbeiten mittels Heberwirkung.

Die Spülkasten haben die Aufgabe, eine gewisse Wassermenge in Vorrat anzusammeln, durch die nach Betätigung des Zuges, durch sofortige heftige Spülung, die Klosettschale gereinigt wird.

Die meisten Spülkasten arbeiten mit Heberwirkung, wodurch der Wasserinhalt in kürzester Zeit zum Abfluß gebracht wird; hierauf füllt sich der Spülkasten durch einen Schwimmkugelhahn von neuem aus der Leitung. Die Spülkasten werden aus Gußeisen, emailliertem Eisenblech, Fayence und ähnlichen Materialien hergestellt. Eine der gebräuchlichsten Konstruktionen ist in Abb. 44 dargestellt.

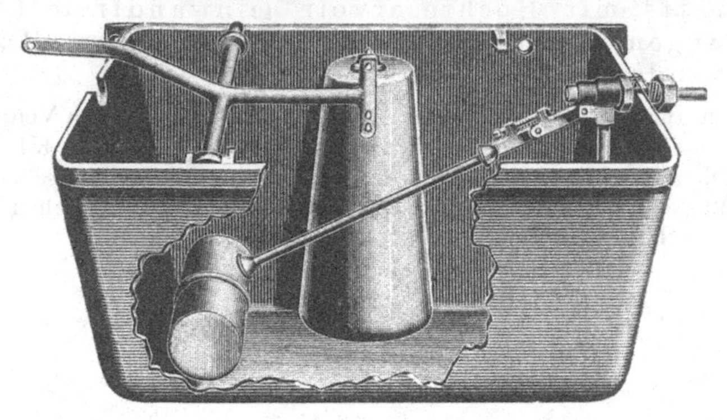

Abb. 44. Hochspülkasten

Die Spülrohre werden meist aus Bleirohren 32 mm l. W. hergestellt, die Gainzen aus Gußeisen oder Blei; bei Abdichtung der Gainzeneinmündung in den Abzweiger des Abortabfallrohres besondere Sorgfalt verwenden!

Dimensionen und Gewichte von Bleigainzen

Durchmesser in englischen Zoll	4	$4\frac{1}{2}$	5
„ äußerer in mm	108	124	136
„ innerer „ „	104	120	132
Gewicht in kg per m	7,63	8,80	9,70

Preis per 1 kg....... S 2,00

3. Pissoiranlagen. Pißbecken (Urinoirs) werden in Bureauxgebäuden, Gasthäusern u. dgl., seltener in Wohnhäusern, aufgestellt. Oft werden an Stelle mehrerer Urinoirs Pißwände angeordnet. Meistens werden Pißbecken mit Wasserspülung, die entweder ständig oder von Zeit zu Zeit (intermittierend) in Tätigkeit ist, versehen und mittels Geruchverschluß direkt an die Ablaufleitung angeschlossen (Abb. 45).

Die Pissoirschalen werden aus Gußeisen, innen emailliert, oder aus Fayence sowohl für flache Wand als auch in Eckform, Pißwände meist aus geglättetem Beton oder Schieferplatten hergestellt. Für Ölpissoire werden auch Schalen aus Stahlblech verwendet (Abb. 46).

Unter der Pissoirschale ist ein meist aus verzinktem Eisen oder Messing hergestellter Fußbodensyphon anzuordnen (Abb. 47).

Vor Inbetriebsetzung eines Ölpissoirs ist der Syphon mit Wasser zu füllen und hierauf so lange Öl in denselben einzugießen, bis die Ölschichte eine Höhe von ungefähr 10 mm hat.

4. Badezimmereinrichtungsgegenstände. Die Badewannen werden meist freistehend, seltener versenkt montiert, oft auch an Wänden an- oder in Nischen eingebaut und mit Umkleidungen versehen.

Freistehende Badewannen werden aus Holz (heute nur mehr für Moor- und medizinische Bäder) oder aus Zinkblech (wegen ihrer Billigkeit *[Preis S 160,00]* bei Kleinwohnungsbauten) hergestellt. Teurer, jedoch beständiger sind Badewannen aus Stahlblech, die innen und außen emailliert ausgeführt werden *(Preis S 300,00)* und den Vorteil der leichten Reinigungsmöglichkeit bieten. Am häufigsten im Gebrauch sind die gußeisernen, innen emaillierten, außen grundierten Badewannen. Die üblichen Ausführungsgrößen und Preise sind aus nachfolgender Tabelle zu entnehmen.

Tabelle über gußeiserne, innen emaillierte Badewannen

Nummer	1	2	3	Normalwannen	4	5
Äußere obere Länge ... cm	152,5	164,5	167	171	182	183
„ „ Breite ... „	73	71	73,5	76	73,5	78,5
Innere Tiefe .... „	43,5	43,5	43,5	46,5	43,5	50
Wulstbreite .... „	7,5	6,5	7,5	8	7,5	8
Gewicht ohne Füße.... kg	79	90	92	102	112	122
Preis S...	220.00	230,00	235,00	240,00	260,00	285,00

Abb. 45. Pissoir mit Wasserspülung

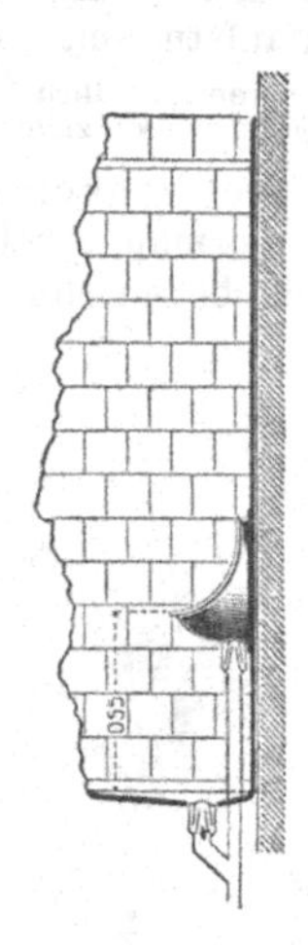

Abb. 46. Ölpißanlage

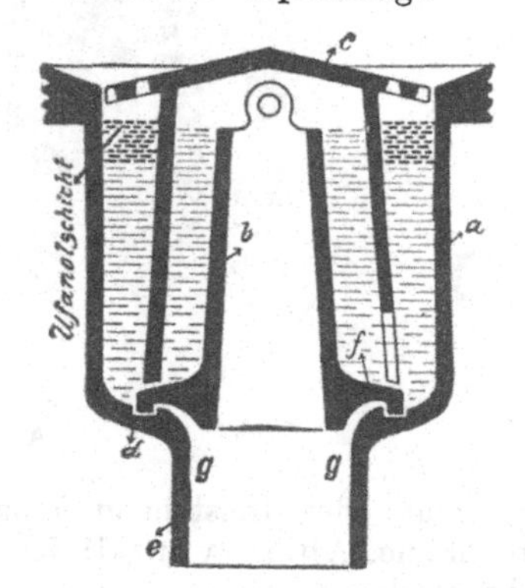

Abb. 47. Teller-Ölsyphon

Gußeiserne Badewannen werden auf vier gußeiserne Füße gestellt, in Luxusbädern oft auf einen durchgehenden Sockel. Bei Anbau an Wände oder Einbau in Nischen werden die freistehenden Seiten mit Kacheln verkleidet. Hiebei ist auf dichten Anschluß der Wand bzw. der Wandverkleidung besonders zu achten!

Wannen aus Feuerton kommen nur in sehr luxuriösen Badezimmern zur Aufstellung. Gewicht rund 250 bis 400 kg.

Versenkte Badewannen sind zur Gänze oder nur teilweise in den Fußboden eingelassen, daher beim Bau entsprechende Vorkehrungen treffen! Der Körper einer versenkten Wanne wird aus Beton hergestellt, die Wände mit Fliesen verkleidet.

Neben den Badewannen werden in besser ausgestatteten Badezimmern auch Sitzbadewannen aufgestellt, die, aus den gleichen Materialien hergestellt, mit Standbatterien für Kalt- und Warmwasserleitungen versehen werden.

Alle Wannen sind mit einer Überlaufvorrichtung auszustatten, die in die Abflußleitung der Wannen mündet, in der eine Geruchsperre vorzusehen ist.

Bidets; sie bestehen hauptsächlich aus Fayence oder Feuerton, werden mit einem Spülrand ausgestattet und erhalten Ablaufventile (ähnlich den Waschtischabläufen). Bei einfachen Ausführungen führt die Kalt- und Warmwasserzuleitung zu einem gemeinsamen Einlaufstutzen, vor welchen in beiden Leitungen Absperrventile eingebaut sind.

Bei feineren Ausführungen wird noch eine Bodenbrause angeordnet, zu der von der Standbatterie Kalt- und Warmwasser zugeführt werden.

5. Waschbecken (Waschtische). Material: emailliertes Gußeisen, Fayence oder Feuerton. Normale Ausführungen 60 bis 70 cm lang und 40 bis 50 cm breit, Handwaschbecken bedeutend kleiner. Die Waschtische werden entweder an die Rückwand

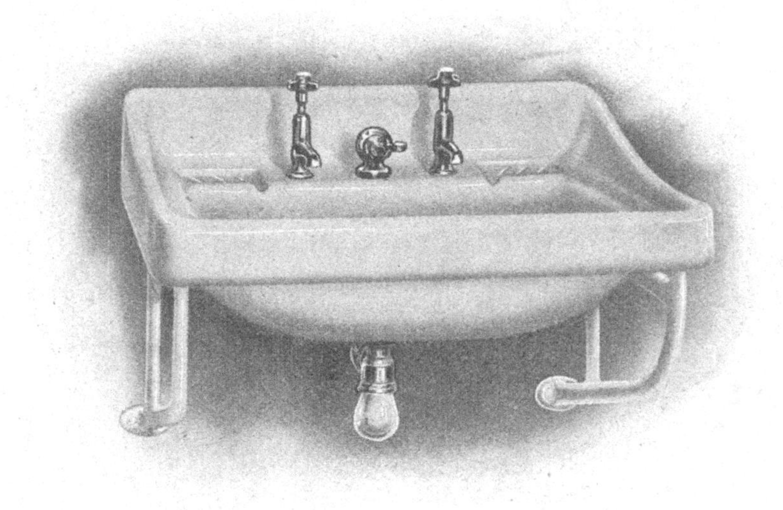

Abb. 48. Waschtischanlage

angebaut oder freistehend montiert (Abb. 48). Auslaufventile: Schwenk- oder Stehhähne. Ablaufventil: Kegel- oder Hebelventil, letzteres in Form eines Standrohrventils.

F. Wasserabflußleitungen und Kanalisation

Die senkrecht geführten Abwasserleitungen werden aus gußeisernen, schottischen Rohren hergestellt, über deren Abmessungen die Tabelle S. 757 Aufschluß gibt.

Die Grundleitungen werden aus Steinzeugrohren hergestellt (vgl. Tabelle S. 346, 347); deren **Hauptrohre** erhalten für ein Gebäude mit nicht mehr als 1000 m² Grundfläche 150 bis 200 mm Durchmesser, die **Nebenkanäle** einen solchen von 100 bis 125 mm. In einer derart dimensionierten Kanalisation können 15 Sekundenliter leicht abgeführt werden.

Hauptleitungen sollen mit einem Gefälle von 1:20 bis 1:50 verlegt werden, da sonst eine regelmäßige Durchspülung der Leitung erforderlich ist. **Grundsätzlich sollen alle Kanäle auf kürzestem Weg aus dem Gebäude geführt werden.** Sowohl bei jeder Richtungsänderung als auch beim Austritt aus dem Hausinnern ist in der Kanalisation ein **Revisionsschacht** mit darunterliegendem Putzrohr anzuordnen.

Niederschlagswässer aus den **Höfen** sind im Anschluß an das Hauskanalisationsnetz abzuleiten; hiezu dienen Bodenentwässerungen, die behufs leichter Reinigung mit einem aushebbaren Schlammtopf, in dem die gröberen Verunreinigungen zurückgehalten werden, versehen sind. Die auf das Dach von Gebäuden auffallenden Niederschlagswässer werden mittels Abfallrohren, die aus gußeisernen, schottischen Kupferblech-, meist jedoch aus Zinkblechrohren hergestellt sind, abgeleitet; die Einmündung in die Grundleitung kann ohne Einschaltung einer Geruchsperre erfolgen. Die Entwässerungsleitungen von Höfen und Dächern werden mit einem Mindestdurchmesser von 100 mm ausgeführt.

Brauchswässer, das sind alle dem Wasserleitungsnetz entnommenen Wässer (wie Bäder-, Spül- und Waschwässer), werden in senkrecht geführten, gußeisernen **schottischen Abfallsträngen** in das Hauskanalisationsnetz geleitet; **jeder einzelne Fallstrang erhält eine Geruchsperre.**

Gewichte der schottischen Rohre in kg

Gegenstand				Durchmesser in mm (″) 48 (2″)	57 (2½″)	70 (3″)	98 (4″)	123 (5″)	148 (6″)	Preis
Gerades Rohr	Länge in mm (″)	6′ = 1800 mm		9,0	12,0	14,0	21,0	26,0	32,0	100 kg Rohre kosten rund S 65,00; 100 „ Fassons „ „ „ 90,00
		5′ = 1500 „		7,0	8,0	11,0	17,5	21	28	
		4′ = 1200 „		5,8	7,0	9,7	14	18	21	
		3′ = 900 „		4,0	6,0	7	10	14	15	
		2′ = 600 „		2,6	3,0	5,5	7	9	11	
		1′ = 300 „		1,8	2,0	3	4	5	6	
Bogen, 22½°, 45°, 67° und 90°				1,4	2	2,8	5	7	8	
„ 90°, mit Fußplatte				2,5	5	6	8	10	12	
Etagebogen				2	2,6	3	6,5	8	10	
Einfache Abzweige				2,4	3	4,4	7	8	12	
Deckel mit schmiedeeisernem Bügel und Schraube für Abzweige				1,7	2,2	2,8	3,5	4,8	6	
Doppelte Abzweige				3	3,3	5,5	9	13	19	
Reduktionsrohr	von (″)	57	auf	1,9	—	—	—	—	—	
		70		2,2	2,4	—	—	—	—	
		98		3,8	4	4,2	—	—	—	
		123		5	5,5	6	6,2	—	—	
		148		5,5	6	6,5	7	7,3	—	
Überschubmuffe				0,7	0,8	1,0	1,5	1,8	2,5	
Syphon mit Deckel				3	4	6	9	14	20	
Birnsyphon				5	7	11	20	25	30	
Putzrohr mit ovalem Putzloch und Bügelverschluß				2	2,4	3,6	6	8	10	

Über Ableitung der Fäkalien in den Hauskanal siehe Klosettanlagen. Die Abfallstränge müssen eine Entlüftung erhalten, durch welche gesundheitsschädliche Gase ins Freie geführt werden und das Ansaugen der Wasserverschlüsse der Geruchsperren verhindert wird.

Die Entlüftung für das gesamte Kanalnetz ist derart anzulegen, daß alle Fallstränge bis über Dach geführt werden. Jede Geruchsperre soll auch von ihrem höchsten Punkte aus entlüftet werden.

Die Abführung der Abfallstoffe kann durch Einleitung in geschlossene örtliche Sammelstellen (die häuslichen Abfallstoffe werden meist getrennt nach den Fäkalien und Gebrauchsabwässern abgeführt) oder nach dem System der Schwemmkanalisation erfolgen.

Literatur

Bestimmungen für die Aufstellung des Wärmeerfordernisses, empfohlen vom Österr. Ingenieur- und Architektenverein. Wien: 1906.

Der eiserne Zimmerofen, herausgegeben von der Vereinigung deutscher Eisenofenfabriken. R. Oldenburg, Berlin und München: 1923.

Brabée, K. H.: Rietschels Leitfaden der Heiz- und Lüftungstechnik. Julius Springer, Berlin.

Wieprecht (J. Ritter): Entwerfen und Berechnen von Heizungs- und Lüftungsanlagen. C. Marhold, Halle a. d. S.

Hottinger, Ing. M.: Heizung und Lüftung. R. Oldenburg. 1926.

Schachner, Richard: Gesundheitstechnik im Hausbau. R. Oldenburg. 1926.

Albrecht-Berlin: Hilfstabellen für die Gasverkäufer. Herausgegeben von „Der Gasverbrauch“, G. m. b. H., Berlin W 35, 1925.

Kuckuk. Friedrich: Der Gasrohrleger und Gaseinrichter. R. Oldenburg. 1925.

Weil, Ing. Ed.: Lehrbuch für die Installation der Gas- und Wasserleitungen. Alfred Hölder, Wien. 1920.

Schacht, Alfred: Die Einzelhaus-Wasserversorgung. Julius Springer, Berlin. 1914.

Sachverzeichnis

ANZEIGENTEIL

Verzeichnis der Inserenten

TONWAREN ABTEILUNG

DER NIEDERÖSTERREICHISCHEN

ESKOMPTE

GESELLSCHAFT

WIEN I STUBENRING: 24

TELEPHON 79-5-70 SERIE

STEINZEUGROHRE, FUSSBODENPLATTEN, KLINKER

GLASIERTE WANDVERKLEIDUNGS-PLATTEN (FLIESEN)

PINI & KAY
MASCHINENFABRIK
WIEN·XVI·
RÜCKERTGASSE № 17
MODERNSTE
HÖCHSTLEISTUNGSGATTER
DOPPELSPALTGATTER
SÄGEWERKSMASCHINEN
TONNENLAGER-EINBAU
REKONSTRUKTIONEN

CERESIT
macht nasse Keller, feuchte
Wohnungen staubtrocken
Ia REFERENZEN
PROSPEKTE GRATIS
ÖSTERR. CERESIT-GESELLSCHAFT M.B.H.
WIEN, XIX. EISENBAHNSTR. 61

Printed in the United States
By Bookmasters